中国制造2025

现代机械设计手册

第二版

单行本

MODERN HANDBOOK OF MECHANICAL DESIGN

逆向设计与数字化设计

李卫民　盛忠起　朱建宁　主编

化学工业出版社

·北　京·

《现代机械设计手册》第二版单行本共20个分册，涵盖了机械常规设计的所有内容。各分册分别为：《机械零部件结构设计与禁忌》《机械制图及精度设计》《机械工程材料》《连接件与紧固件》《轴及其连接件设计》《轴承》《机架、导轨及机械振动设计》《弹簧设计》《机构设计》《机械传动设计》《减速器和变速器》《润滑和密封设计》《液力传动设计》《液压传动与控制设计》《气压传动与控制设计》《智能装备系统设计》《工业机器人系统设计》《疲劳强度可靠性设计》《逆向设计与数字化设计》《创新设计与绿色设计》。

本书为《逆向设计与数字化设计》，主要介绍了逆向工程数字化数据测量设备、逆向设计中的数据预处理、三维模型重构技术、常用逆向工程设计软件、逆向设计实例；数字化设计技术概论、数字化设计系统的组成、计算机图形学基础、产品的数字化造型、计算机辅助设计技术、有限元分析技术、并行工程技术、虚拟样机技术等。本书可作为机械设计人员和有关工程技术人员的工具书，也可供高等院校相关专业师生参考。

图书在版编目（CIP）数据

现代机械设计手册：单行本. 逆向设计与数字化设计/李卫民，盛忠起，朱建宁主编. —2版. —北京：化学工业出版社，2020.2
ISBN 978-7-122-35648-2

Ⅰ.①现… Ⅱ.①李… ②盛… ③朱… Ⅲ.①机械设计-手册 Ⅳ.①TH122-62

中国版本图书馆CIP数据核字（2019）第252666号

责任编辑：张兴辉 王烨 贾娜 邢涛 项潋 曾越 金林茹　　装帧设计：尹琳琳
责任校对：王素芹

出版发行：化学工业出版社（北京市东城区青年湖南街13号 邮政编码100011）
印　　装：大厂聚鑫印刷有限责任公司
787mm×1092mm 1/16 印张26 字数885千字 2020年2月北京第2版第1次印刷

购书咨询：010-64518888 售后服务：010-64518899
网　　址：http://www.cip.com.cn
凡购买本书，如有缺损质量问题，本社销售中心负责调换。

定　价：89.00元

《现代机械设计手册》第二版单行本出版说明

《现代机械设计手册》是一部面向“中国制造2025”，适应智能装备设计开发新要求、技术先进、数据可靠、符合现代机械设计潮流的现代化机械设计大型工具书，涵盖现代机械零部件设计、智能装备及控制设计、现代机械设计方法三部分内容。旨在将传统设计和现代设计有机结合，力求体现“内容权威、凸显现代、实用可靠、简明便查”的特色。

《现代机械设计手册》自2011年出版以来，赢得了广大机械设计工作者的青睐和好评，先后荣获全国优秀畅销书、中国机械工业科学技术奖等，第二版于2019年初出版发行。为了给读者提供篇幅较小、便携便查、定价低廉、针对性更强的实用性工具书，根据读者的反映和建议，我们在深入调研的基础上，决定推出《现代机械设计手册》第二版单行本。

《现代机械设计手册》第二版单行本，保留了《现代机械设计手册》（第二版6卷本）的优势和特色，结合机械设计人员工作细分的实际状况，从设计工作的实际出发，将原来的6卷35篇重新整合为20个分册，分别为：《机械零部件结构设计与禁忌》《机械制图及精度设计》《机械工程材料》《连接件与紧固件》《轴及其连接件设计》《轴承》《机架、导轨及机械振动设计》《弹簧设计》《机构设计》《机械传动设计》《减速器和变速器》《润滑和密封设计》《液力传动设计》《液压传动与控制设计》《气压传动与控制设计》《智能装备系统设计》《工业机器人系统设计》《疲劳强度可靠性设计》《逆向设计与数字化设计》《创新设计与绿色设计》。

《现代机械设计手册》第二版单行本，是为了适应机械设计行业发展和广大读者的需要而编辑出版的，将与《现代机械设计手册》第二版（6卷本）一起，成为机械设计工作者、工程技术人员和广大读者的良师益友。

化学工业出版社

前言

FORWORD

《现代机械设计手册》第一版自2011年3月出版以来，赢得了机械设计人员、工程技术人员和高等院校专业师生广泛的青睐和好评，荣获了2011年全国优秀畅销书（科技类）。同时，因其在机械设计领域重要的科学价值、实用价值和现实意义，《现代机械设计手册》还荣获2009年国家出版基金资助和2012年中国机械工业科学技术奖。

《现代机械设计手册》第一版出版距今已经8年，在这期间，我国的装备制造业发生了许多重大的变化，尤其是2015年国家部署并颁布了实现中国制造业发展的十年行动纲领——中国制造2025，发布了针对“中国制造2025”的五大“工程实施指南”，为机械制造业的未来发展指明了方向。在国家政策号召和驱使下，我国的机械工业获得了快速的发展，自主创新的能力不断加强，一批高技术、高性能、高精尖的现代化装备不断涌现，各种新材料、新工艺、新结构、新产品、新方法、新技术不断产生、发展并投入实际应用，大大提升了我国机械设计与制造的技术水平和国际竞争力。《现代机械设计手册》第二版最重要的原则就是紧密结合“中国制造2025”国家规划和创新驱动发展战略，在内容上与时俱进，全面体现创新、智能、节能、环保的主题，进一步呈现机械设计的现代感。鉴于此，《现代机械设计手册》第二版被列入了“十三五国家重点出版物规划项目”。

在本版手册的修订过程中，我们广泛深入机械制造企业、设计院、科研院所和高等院校进行调研，听取各方面读者的意见和建议，最终确定了《现代机械设计手册》第二版的根本宗旨：一方面，新版手册进一步加强机、电、液、控制技术的有机融合，以全面适应机器人等智能化装备系统设计开发的新要求；另一方面，随着现代机械设计方法和工程设计软件的广泛应用和普及，新版手册继续促进传动设计与现代设计的有机结合，将各种新的设计技术、计算技术、设计工具全面融入传统的机械设计实际工作中。

《现代机械设计手册》第二版共6卷35篇，它是一部面向“中国制造2025”，适应智能装备设计开发新要求、技术先进、数据可靠、符合现代机械设计潮流的现代化的机械设计大型工具书，涵盖现代机械零部件及传动设计、智能装备及控制设计、现代机械设计方法及应用三部分内容，具有以下六大特色。

1. 权威性。《现代机械设计手册》阵容强大，编、审人员大都来自设计、生产、教学和科研第一线，具有深厚的理论功底、丰富的设计实践经验。他们中很多人都是所属领域的知名专家，在业内有广泛的影响力和知名度，获得过多项国家和省部级科技进步奖、发明奖和技术专利，承担了许多机械领域国家重要的科研和攻关项目。这支专业、权威的编审队伍确保了手册准确、实用的内容质量。

2. 现代感。追求现代感，体现现代机械设计气氛，满足时代要求，是《现代机械设计手册》的基本宗旨。“现代”二字主要体现在：新标准、新技术、新材料、新结构、新工艺、新产品、智能化、现代的设计理念、现代的设计方法和现代的设计手段等几个方面。第二版重点加强机械智能化产品设计（3D打印、智能零部件、节能元器件）、智能装备（机器人及智能化装备）控制及系统设计、数字化设计等内容。

（1）“零件结构设计”等篇进一步完善零部件结构设计的内容，结合目前的3D打印（增材制造）技术，增加3D打印工艺下零件结构设计的相关技术内容。

“机械工程材料”篇增加3D打印材料以及新型材料的内容。

(2) 机械零部件及传动设计各篇增加了新型智能零部件、节能元器件及其应用技术，例如“滑动轴承”篇增加了新型的智能轴承，“润滑”篇增加了微量润滑技术等内容。

(3) 全面增加了工业机器人设计及应用的内容：新增了“工业机器人系统设计”篇；“智能装备系统设计”篇增加了工业机器人应用开发的内容；“机构”篇增加了自动化机构及机构创新的内容；“减速器、变速器”篇增加了工业机器人减速器选用设计的内容；“带传动、链传动”篇增加并完善了工业机器人适用的同步带传动设计的内容；“齿轮传动”篇增加了RV减速器传动设计、谐波齿轮传动设计的内容等。

(4)“气压传动与控制”“液压传动与控制”篇重点加强并完善了控制技术的内容，新增了气动系统自动控制、气动人工肌肉、液压和气动新型智能元器件及新产品等内容。

(5) 继续加强第5卷机电控制系统设计的相关内容：除增加“工业机器人系统设计”篇外，原“机电一体化系统设计”篇充实扩充形成“智能装备系统设计”篇，增加并完善了智能装备系统设计的相关内容，增加智能装备系统开发实例等。

“传感器”篇增加了机器人传感器、航空航天装备用传感器、微机械传感器、智能传感器、无线传感器的技术原理和产品，加强传感器应用和选用的内容。

“控制元器件和控制单元”篇和“电动机”篇全面更新产品，重点推荐了一些新型的智能和节能产品，并加强产品选用的内容。

(6) 第6卷进一步加强现代机械设计方法应用的内容：在3D打印、数字化设计等智能制造理念的倡导下，“逆向设计”“数字化设计”等篇全面更新，体现了“智能工厂”的全数字化设计的时代特征，增加了相关设计应用实例。

增加“绿色设计”篇；“创新设计”篇进一步完善了机械创新设计原理，全面更新创新实例。

(7) 在贯彻新标准方面，收录并合理编排了目前最新颁布的国家和行业标准。

3. 实用性。新版手册继续加强实用性，内容的选定、深度的把握、资料的取舍和章节的编排，都坚持从设计和生产的实际需要出发：例如机械零部件数据资料主要依据最新国家和行业标准，并给出了相应的设计实例供设计人员参考；第5卷机电控制设计部分，完全站在机械设计人员的角度来编写——注重产品如何选用，摒弃或简化了控制的基本原理，突出机电系统设计，控制元器件、传感器、电动机部分注重介绍主流产品的技术参数、性能、应用场合、选用原则，并给出了相应的设计选用实例；第6卷现代机械设计方法中简化了繁琐的数学推导，突出了最终的计算结果，结合具体的算例将设计方法通俗地呈现出来，便于读者理解和掌握。

为方便广大读者的使用，手册在具体内容的表述上，采用以图表为主的编写风格。这样既增加了手册的信息容量，更重要的是方便了读者的查阅使用，有利于提高设计人员的工作效率和设计速度。

为了进一步增加手册的承载容量和时效性，本版修订将部分篇章的内容放入二维码中，读者可以用手机扫描查看、下载打印或存储在PC端进行查看和使用。二维码内容主要涵盖以下几方面的内容：即将被废止的旧标准（新标准一旦正式颁布，会及时将二维码内容更新为新标准的内容)；部分推荐产品及参数；其他相关内容。

4. 通用性。本手册以通用的机械零部件和控制元器件设计、选用内容为主，主要包括机械设计基础资料、机械制图和几何精度设计、机械工程材料、机械通用零部件设计、机械传动系统设计、液压和气压传动系统设计、机构设计、机架设计、机械振动设计、智能装备系统设计、控制元器件和控制单元等，既适用于传统的通用机械零部件设计选用，又适用于智能化装备的整机系统设计开发，能够满足各类机械设计人员的工作需求。

5. 准确性。本手册尽量采用原始资料，公式、图表、数据力求准确可靠，方法、工艺、技术力求成熟。所有材料、零部件和元器件、产品和工艺方面的标准均采用最新公布的标准资料，对于标准规范的编写，手册没有简单地照抄照搬，而是采取选用、摘录、合理编排的方式，强调其科学性和准确性，尽量避免差错和谬误。所有设计方法、计算公式、参数选用均经过长期检验，设计实例、各种算例均来自工程实际。手册中收录通用性强、标准化程度高的产品，供设计人员在了解企业实际生产品种、规格尺寸、技术参数，以及产品质量和用户的实际反映后选用。

6. 全面性。本手册一方面根据机械设计人员的需要，按照“基本、常用、重要、发展”的原则选取内容，另一方面兼顾了制造企业和大型设计院两大群体的设计特点，即制造企业侧重基础性的设计内容，而大型的设计院、工程公司侧重于产品的选用。因此，本手册力求实现零部件设计与整机系统开发的和谐统一，促进机械设计与控制设计的有机融合，强调产品设计与工艺技术的紧密结合，重视工艺技术与选用材料的合理搭配，倡导结构设计与造型设计的完美统一，以全面适应新时代机械新产品设计开发的需要。

经过广大编审人员和出版社的不懈努力，新版《现代机械设计手册》将以崭新的风貌和鲜明的时代气息展现在广大机械设计工作者面前。值此出版之际，谨向所有给过我们大力支持的单位和各界朋友表示衷心的感谢！

主　编

目录

CONTENTS

第31篇　逆向设计

第1章　概　述

第2章　逆向工程数字化数据测量设备

第3章　逆向设计中的数据预处理

第4章　三维模型重构技术

第5章 常用逆向工程设计软件

第6章 逆向设计实例

第 32 篇 数字化设计

第 1 章 数字化设计技术概论

第 2 章 数字化设计系统的组成

第 3 章 计算机图形学基础

第 4 章 产品的数字化造型

第 5 章 计算机辅助设计技术

第6章 有限元分析技术

第7章 并行工程技术

第8章 虚拟样机技术

第 31 篇
逆向设计

篇主编：盛忠起　朱建宁

撰　稿：盛忠起　谢华龙　许之伟　李　飞

朱建宁　尤学文　韩朝建　徐　超

葛亦凡　李照祥

审　稿：卢碧红　隋天中

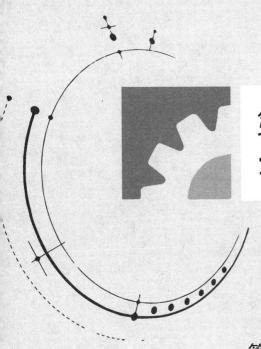

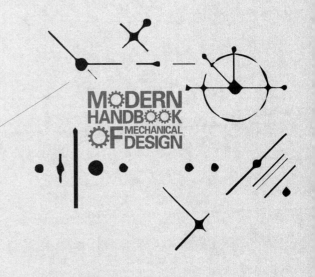

第 1 章　概　　述

自 20 世纪 80 年代以来，以计算机技术为代表的信息技术得到了迅猛发展，对人们的生活方式和思维方式都产生了巨大的影响。同时随着全球经济一体化的到来、市场竞争的日趋激烈以及人们需求个性化对产品提出的更高要求，传统的产品设计方式、产品生产组织方式已经很难适应新形势的发展和要求，为此人们进行了广泛深入的研究，不断涌现出如逆向工程、并行工程、CIMS、精良生产、敏捷制造、虚拟制造、JIT 等设计、制造、管理的新思想、新技术和新方法，其中的逆向工程（reverse engineering，RE）作为产品设计制造的一种技术手段尤为引人注目。

在设计制造领域，任何产品的问世都蕴含着对已有科学技术的应用和借鉴，并在此基础上加以消化和吸收，同时采用移植、组合、改进等再设计方法开发出新产品。这也是促进我国机械行业快速发展、学习先进技术与方法、增强自主创新能力的有效途径之一。通过逆向工程可使产品研制周期大大缩短，生产率大幅提高。

逆向工程的思想最初是来自从油泥模型到产品实物的设计过程，随着计算机技术和测量技术的发展，逆向工程目前已经发展成为以实物为研究对象，利用计算机辅助测量、计算机辅助设计、计算机辅助制造等先进测量、设计、制造技术进行产品复制、产品仿制和产品开发的一种主要技术手段，同时逆向工程也扩展到了医学、地理、考古、刑侦、军事等相关领域。

（1）逆向工程的概念与一般流程

逆向工程也称反求工程，广义逆向工程是以包括影像（图像、照片、影视资料等）、软件（程序、技术文件等）和实物（样件、产品、模型等）为研究对象，应用现代设计方法学、生产工程学、材料学和有关专业知识，研究对象的形态特征、工作原理、技术方案、功能、结构材料等的一种技术。在机电产品的逆向工程中，主要以实物为研究对象。实物逆向工程是将实物转换为 CAD 模型相关的数字化技术、几何模型重建技术和产品制造技术的总称。将逆向工程技术和快速成型（rapid prototyping，RP）技术应用于产品设计，已经成为支持产品快速设计、创新设计和快速制造的重要支撑工具。

通常的产品开发一般都遵循严格的研发程序，即首先要根据市场需求，提出设计目标和技术要求，然后进行功能设计、概念设计、结构设计、施工设计，经过这样一系列的设计活动后形成设计图样，最后制造出产品。这就是正向设计，概括地说，正向设计是由未知到已知、由想象到现实的过程。

逆向设计（reverse design）也称反求设计，它是逆向工程的重要组成部分。以实物为研究对象的逆向设计是以对实物测量采集的数据为基础，采用逆向造型系统和工具重构实物 CAD 模型，并在此基础上对产品进行分析、修改、优化的方法和技术。它是以设计方法学为指导，以现代设计理论、方法、技术为基础，运用各种专业人员的工程设计经验、知识和创新思维，对已有产品或模型进行解析、深化和再创造的过程。

基于实物的制造业逆向工程流程如图 31-1-1 所示。首先对实物原型利用 3D 数字化测量设备获取其外形（点云）数据，而后采用逆向设计系统软件或模块进行数据处理和三维重建。三维重建模型可通过数据转换接口生成 STL 文件传送至快速成型机，将实物原型制作出来；也可通过 CAD、CAE 系统对三维重建模型进行分析、修改、优化和再设计，得到新产品三维模型。该模型可通过数据转换接口生成 STL 文件传送至快速成型机，将产品原型制作出来；也可通过 CAM 系统对其加工过程进行仿真，生成 NC 代码并传送至产品制造系统，将产品制造出来；还可通过 CAD 系统，生成二维工程图，采用相关制造设备将产品制造出来。

（2）逆向工程的关键技术

逆向工程的关键技术主要涉及数据获取、数据预处理、曲面重构、CAD 模型构建、快速成型五个方面。

① 数据获取。数据获取是逆向工程的首要环节，它是指通过特定的测量设备和测量方法对物体表面形状进行数据采集，并将其转换成离散的坐标点数据。根据测量方式不同，数据采集方法可分为接触式测量和非接触式测量两大类。接触式测量通过传感测头与物体接触而记录下其表面点的坐标位置；非接触式测量主要是基于光学、声学、磁学等领域中的基本原理，将一定的物理模拟量通过适当的算法转换为物体表面的坐标点数据。

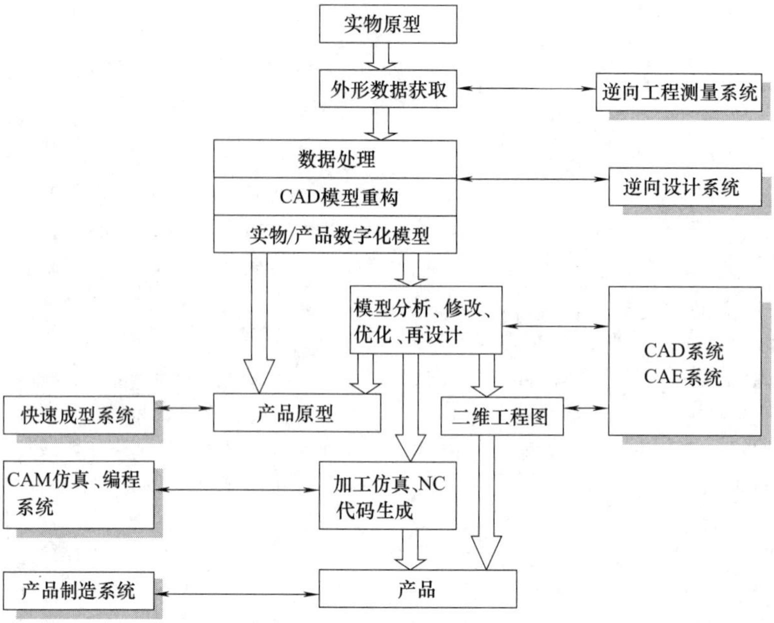

图 31-1-1　基于实物的制造业逆向工程流程

② 数据预处理。数据预处理是逆向工程中 CAD 模型重建的关键环节，它的结果将直接影响后期重建模型的质量，因此需要在模型重构前，对数据进行必要的处理。数据预处理通常包括多视拼合、噪声处理、数据精简、数据分块等方面的工作。多视拼合的任务是将多次装夹获得的测量数据融合到统一坐标系中，该过程亦可称为坐标归一或坐标统一。目前，多视拼合主要有点位法、固定球法和平面法等。由于实际测量过程中受到各种因素的影响，获得的数据不可避免地会引入数据误差，出现不连续或数据噪声。为了降低或消除噪声对后续建模质量的影响，有必要剔除噪声点并对测量点进行数据平滑。数据平滑通常采用高斯、平均或中值滤波来完成。对于高密度点云数据，由于存在大量的冗余数据，还要对其进行数据精简，按一定要求减少测量点云的数量。不同类型的点云可采用不同的精简方式，对于散乱点云，可采用随机采样的方法进行精简；对于扫描线点云和多边形点云可采用等间距缩减、倍率缩减、等量缩减、弦偏差等方法；对于网格化点云，可采用等分布密度和最小包围区域法进行数据精简。数据分块是针对由多张曲面片构成的物体提出的。实际产品表面往往无法由一张曲面完整描述，而是由多张曲面片组成，因而要对测量数据进行分割。按属于不同曲面片，将其数据划分为不同的子集，然后对各子集分别构造曲面模型。数据分块可大致分为基于边、基于面和基于边、面的数据分块混合技术。

③ 曲面重构。测量数据经过预处理之后，每一片分割后的点云数据需要用恰当类型的曲面来表示。要求构造出的曲面能满足精度和光顺性的要求，并与相邻的曲面光滑拼接。曲面重构涉及曲面特征的识别，即识别出曲面的几何类型，是二次曲面、扫掠曲面还是自由曲面。在逆向工程应用中，大多数产品表面是二次曲面，尤其是以平面、球面、圆柱面、锥面居多。采用局部几何形态分析方法，可以快速、自动地识别该面片点云是否为平面、球面、圆柱面、锥面。对于更一般的二次曲面，如椭球面、抛物面、双曲面等，可利用全局几何形态方法，对点云进行一般二次曲面拟合，根据曲面参数，判断该点云的曲面类型。扫掠曲面拟合作为非线性最小平方拟合问题，通过迭代优化求解误差函数，得到最优的发生线、方向线和每一测量点对应的参数值。自由曲面拟合一般利用 B 样条曲面或 NURBS 曲面实现，B 样条曲面可以看成是 NURBS 曲面的一个特例。自由曲面拟合可分为曲面插值与曲面逼近两类。当点云数据存在噪声时，采用插值方法生成的曲面光顺性很差，因此在实际应用中，一般采用逼近的方法进行曲面重构。

④ CAD 模型构建。模型构建目的是用完整的面、边、点信息表示模型的位置和形状。由于重构的曲面之间可能存在着裂缝，或者缺少曲面边界信息等因素，使得表示产品模型的几何信息和拓扑信息不完整。因此要使用如延伸、求交、裁剪、过渡、缝合等方法，建立模型完整的面、边、点信息。

对于构建的 CAD 模型进行检验与修正，主要包括精度和模型曲面品质的检验与修正。精度反映了构建的模型与产品实物差距的大小，其评价指标可分为整体指标、局部指标、量化指标和非量化指标。模型与实物的对比问题可以转换为计算点到曲面距离的问题，其精度指标可以采用距离表示。模型的质量评价是逆向工程的一项重要内容，目前质量评价尚无明确的标准，对构建的模型的质量评价主要依靠一些能具体量化的指标，并通过最终产品的实际应用效果加以检验。实际应用中，可采用控制顶点、曲率梳、反射线、等照度线、高光线和高斯曲率等方法，对曲面的品质和曲面拼接连续性精度进行评价。

⑤ 快速成型。在逆向工程中，快速成型机用来快速制作实物或产品样件，实现原型的放大、缩小、修改等功能。通过对制得的样件进行测量、评估、功能试验等手段，验证零件与原设计的不足。由此可形成一个包括测量、设计、制造、检测的快速逆向工程闭环反馈系统，为产品的快速开发和制造提供有效的工具支持。

(3) 逆向工程的应用领域

目前基于实物的逆向工程的应用领域主要有以下几种情况。

① 产品复制。在没有设计图纸、设计图纸不完整或没有 CAD 模型的情况下，对零件原型进行测量，形成零件的设计图纸或 CAD 模型，并以此为依据生成数控加工的 NC 代码或通过其他制造方式，加工复制出一个相同的零件。

② 产品验证。由于相关学科发展的限制，并非所有零部件的外形、尺寸、功能和性能分析都可以在 CAD、CAE 下完成，往往需要通过反复实验最终确定。这种情况下，通常采用逆向设计的方法，例如航天航空领域，为了满足产品空气动力学等要求，要在初始设计模型的基础上经过各种性能测试（如风洞实验等）建立符合要求的产品模型。又如在模具制造中，经常需要通过反复试冲和修改模具型面才能得到最终符合要求的模具。这类零件一般具有复杂的自由曲面外形，最终的实验模型将成为设计或构建 CAD 模型的主要依据。

③ 产品外观评价。工业造型、外形设计领域（例如汽车外形设计）中广泛采用真实比例的木制或泥塑模型，以便对产品外形进行美学评价，并且最终需用逆向工程技术将这些比例模型转换为真实尺寸的 CAD 模型，进行相关的处理，从而进行工业生产。

④ 产品设计。在设计新产品时，往往要参考已有的产品，它可以是老产品，也可以是市场上的同类产品。对于外观设计，经常会利用相关产品的某些外表曲面或者油泥模型。这些都需要通过逆向工程获取其数据和 CAD 模型，为新产品的设计提供参考，或在此基础上进行分析和改进。

⑤ 特殊需求领域。在一些特殊领域，为了专门目的，必须从实物模型出发得到产品数字化模型。如文化艺术方面的艺术品、文物的复制；医疗方面的人体骨骼和关节的复制、假肢制造和口腔修复；刑侦方面的脚印、工具痕迹获取等诸多方面都有应用。

第2章 逆向工程数字化数据测量设备

2.1 逆向工程测量方法

在对实物进行逆向工程时，首先要对其进行测量，即通过特定的测量设备和测量方法获取零件廓形的几何数据，在此基础上方可进行零件的逆向设计，完成建模、评价、改进以及后续的制造。零件廓形的数据采集有多种方法，其中采用高效、高精度的数字化测量系统进行数据采集是逆向工程中最重要和最常用的测量方法，也是逆向工程实现的基础和关键技术之一。

有多种数字化测量方法可进行零件廓形的数据采集，根据测量时是否与零件表面接触，数据采集方法有接触式测量和非接触式测量之分。

接触式测量包括使用基于力触发器原理的触发式数据采集（触发式测量法）和扫描式数据采集（扫描式测量法）。非接触式测量可分为光学式和非光学式，其中光学式测量在实物表面测量中应用最为广泛，光学式测量包括三角形法、结构光法、立体视觉法、激光干涉法、激光衍射法等；非光学式测量包括CT测量法、MRI测量法、超声波法和层析法等。测量方法的具体分类如图31-2-1所示。

上述各种测量方法在测量精度、测量速度、测量成本、应用条件等方面都不尽相同，对于逆向工程测量而言，应满足以下要求：

- 采集数据的精度应满足逆向工程的实际需求；
- 尽可能降低测量成本；
- 数据采集要快，尽量减少测量在整个逆向工程中所占的时间比例；
- 获取的数据要有良好的完整性，不宜遗漏，以避免补测或模型重构带来的麻烦和精度损失；
- 数据采集过程中应避免对测量实物造成破坏。

逆向工程测量中常用的测量方法有：三坐标测量法、工业CT扫描法、层切扫描法、照相测量法、激光三角法、结构光法、立体视觉法等，其特点比较如表31-2-1所示。

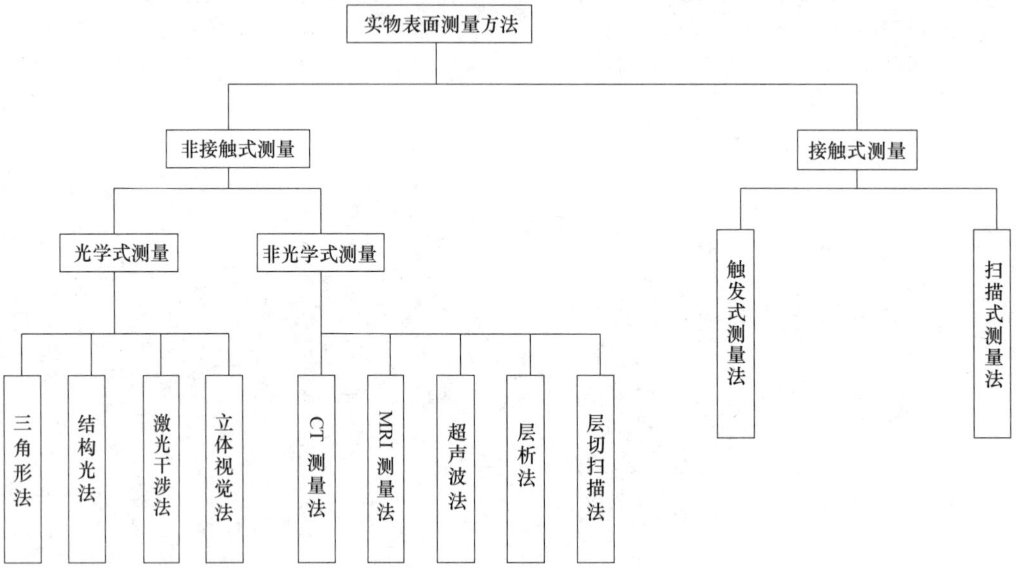

图31-2-1 实物表面数字化测量方法

表31-2-1 常用数据测量方法性能特点比较

测量方式	测量精度	测量速度	测量对象	三维重构性	与快速成型机集成性	材料限制	测量成本
三坐标测量法	高(±0.2μm)	慢	测头可触及的内、外表面	差	差	有	高

续表

测量方式	测量精度	测量速度	测量对象	三维重构性	与快速成型机集成性	材料限制	测量成本
工业 CT 扫描法	低(±1mm)	较慢	内、外表面	中	中	有	较高
层切扫描法/照相测量法	较高(±0.02mm)	较慢	内、外表面，尺寸不宜过大	中	中	无	较高
激光三角法	较高(±5μm)	快	外表面	好	好	无	较高
结构光法	高(±3μm)	快	外表面	好	好	无	较低
立体视觉法	低(±0.1mm)	快	外表面	差	差	无	较高

上述测量方法中，三坐标测量法测量精度高，但测量速度慢，复杂曲面的零件很难使用三坐标测量机逐层获取数据，同时测量还受到测头的限制，不易测量曲率变化大的凹陷处的数据，对于自由曲面的测量，还要考虑半径补偿的问题；工业 CT 扫描法能通过逐层扫描采集数据，但由于设备在断层法向的数据精度很差，层厚也在 1mm 左右，需要由专门的数据处理软件进行校正和插补，难以复制出精度较高的机械零件或模型；层切扫描法虽能测量出物体的内、外表面数据，但必须以破坏原件为代价，对于复杂零件的整体复制特别有用；光学扫描法是利用光束对物体外表面进行无接触快速测量，数据量庞大，适合各种类型的工件，如软性物体表面、表面曲率变化大且测头探针不易触及的物体表面以及不允许磨损的物体表面；立体视觉法是利用两个（多个）摄像机拍摄图像中的视差，以及摄像机之间位置的空间几何关系来获取目标点的三维坐标值，立体视觉测量法精度不高，很少用于机械领域。

2.1.1　接触式测量

测头是测量设备的关键部件。测头精度的高低在很大程度上决定了设备的测量重复性及精度，不同零件需要选择不同功能的测头进行测量。按照与被测表面接触方式，接触式测量又可分为触发式测量法和扫描式测量法。

（1）触发式测量法

触发式测量法采用触发式测头（trigger probe)，又称为开关测头。测头的主要任务是探测零件并发出锁存信号，实时锁存被测表面坐标点的三维坐标值。当测头的探针接触到零件表面时，由于探针头部受力变形触发采样中的开关，由此通过数据采集系统记录下探针头部，即球形测头的中心坐标。这样测头在测量装置的带动下逐点移动，就能采集到零件表面轮廓的坐标数据。在触发式数据采集过程中，探针必须偏移一个固定数值才会触发开关，而且一旦接触到零件表面后，探针需要法向退出以避免测杆折断。触发式测头一般发出跳变的方波电信号，利用电信号的前缘跳变作为锁存信号，由于前缘信号很陡，一般在微秒级，因此保证了锁存坐标值的实时性。触发式测头结构简单，寿命长，具有较好的测量重复性（0.28～0.35μm），而且成本低廉，测量迅速，因而得到较为广泛的应用，但该方法数据采集速度较低。

（2）扫描式测量法

扫描式测量法采用扫描式测头（scanning probe)，又称为比例测头或模拟测头。由于数据采集过程是连续进行的，速度比点接触触发式测头快很多，采样精度也较高。此外，由于接触力较小，允许用小直径探针去扫描零件的细微部分。这种测量方式速度快，可以用来采集大规模的数据。

扫描式测头实质上相当于 X、Y、Z 三个方向皆为差动电感测微仪，X、Y、Z 三个方向的运动靠三个方向的平行片簧支撑，是无间隙转动，测头的偏移量由线性电感器测出。此类测头不仅能作触发式测头使用，更重要的是，能输出与探针的偏转成比例的信号（模拟电压或数字信号），由计算机同时读入探针偏转及测量机的三维坐标信号（作触发测头时则锁存探测表面坐标点的三维坐标值），以保证实时得到被探测点的三维坐标。由于取点时没有测量机的机械往复运动，因此采点率大大提高。扫描式测头用于离散点测量时，探针的三维运动可以确定该点所在表面的法矢方向，因此更适于曲面的测量。高速扫描时，由于加速度而引起的动态误差很大，不可忽略，必须加以补偿。在扫描过程中，测头总是沿着曲面表面运动，即使速度的大小不变，亦存在着运动方向的改变，因而总存在加速度及惯性力，使得测量机发生变形，测头也在变负荷下工作，由此导致测量上的误差，扫描速度越高影响越大，甚至成为扫描测量误差的主要来源。

（3）触发式测头与扫描式测头的选用

触发式测头与扫描式测头的特点、选用场合见表 31-2-2。

表 31-2-2 触发式测头与扫描式测头的特点、选用场合

测头类型	特点	选用场合
触发式测头	•可完成快速和重复性的测量任务 •通用性强 •有多种不同类型的触发测头及附件供采用 •采购及运行成本低 •应用简单 •坚固耐用,使用寿命长 •测头体积较小,易于在窄小空间应用 •由于测点时测量机处于匀速直线低速状态,测量机的动态性能对测量精度影响较小 •测量采点速度低	•当零件所被关注的是尺寸(如小的螺纹底孔)、间距或位置,并不强调其形状误差(如定位销孔) •确信所用的加工设备有能力加工出形状足够好的零件,主要关注尺寸和位置精度时,接触式触发测量是合适的,特别是对于离散点的测量及零件的在线测量
扫描式测头	•高速的采点率 •高密度采点保证了良好的重复性、再现性 •有更高级的数据处理能力 •比触发测头结构复杂 •对离散点的测量较触发测头慢 •高速扫描时,由于加速度而引起的动态误差很大,不可忽略,必须加以补偿 •针尖式测头易磨损	•适于有形状要求的零件和轮廓的测量。也适用于不能确信所用的加工设备能加工出形状足够好的零件,而形状误差成为主要问题时的情况 •对于未知曲面的扫描,扫描式测头显示出了独特的优势。测量机运动在"探索方式"下工作,可根据已运动的轨迹来计算下一步运动的轨迹、计算采点密度等 •由于扫描测头可以直接判断接触点的法矢,对于要求严格定位、定向测量的场合,对离散点的测量也具有优势
	可更换式扫描测头: 高精度快速扫描测头,通过获取大量的数据点,完成对箱体类零件和轮廓曲面的可靠测量。可安装分度式测座,并可与其他测头进行互换	主要用于几何元素、复杂形状和轮廓的测量,可对诸如尺寸、位置和形状等几何特征进行完整的描述
	固定式扫描测头: 极高精度的扫描测座,可向测量机发送连续的数据信息。被安装于测量机 Z 轴上,并可配置较长的加长杆,以完成较深特征元素的测量工作	主要用于检测形状误差、复杂几何形状和轮廓外形,包括尺寸、位置和形状

2.1.2 非接触式测量

非接触式测量具有接触式测量不可替代的优势,在逆向工程测量中应用越来越广泛,并且是测量技术发展的趋势之一。与接触式测量相比,主要有以下特点。

•不必进行测头半径补偿,因为光点的位置就是被测工件表面的位置。

•测量速度快,不必像接触式测头那样逐点进行测量。

•可直接测量软工件、薄工件、不可接触的高精度工件。

•测量精度稍差。非接触式测头大多使用光敏位置探测(position sensitive detector,PSD)来检测光点的位置,目前 PSD 的精度仍不够高。

•易受工件表面的反射特性影响,如颜色、斜率等,因为非接触式测头大多是接收工件表面的反射光或散射光。

•PSD 易受环境光线及散光影响,故噪声较高,噪声信号的处理比较困难。

•使用 CCD 作探测器时,成像镜头的焦距会影响测量精度,工件几何外形变化大时可导致成像失焦和模糊。

•工件表面的粗糙度对测量结果会有影响。

(1) 三角法

三角法是根据光学三角形测量原理,利用光源和光敏元件之间的位置和角度关系来计算零件表面点的坐标数据。其基本原理是:利用具有规则几何形状的激光,投影到被测量表面上,形成的漫反射光点(光带)的像被安置于某一空间位置上的 CCD(charge coupled device,电荷耦合器件)图像传感器吸收,根据光点(光带)在物体上成像的偏移,通过被测物体基平面、像点、像距等之间的关系,按三角几何原理即可测量出被测物体的空间坐标。

根据入射光的不同，以三角法为原理的测量方法可分为点光源测量、线光源测量和面光源测量三种。

① 点光源测量。测量时，点光源测头一次测量一个点，测头在给定平面内（扫描平面）沿给定方向运动，形成扫描线，依次移动平面，可以扫描整个曲面轮廓。若目标平面相对于参考平面的高度为 s，则两者在探测器上成像的位移为 e，其原理如图 31-2-2 所示。

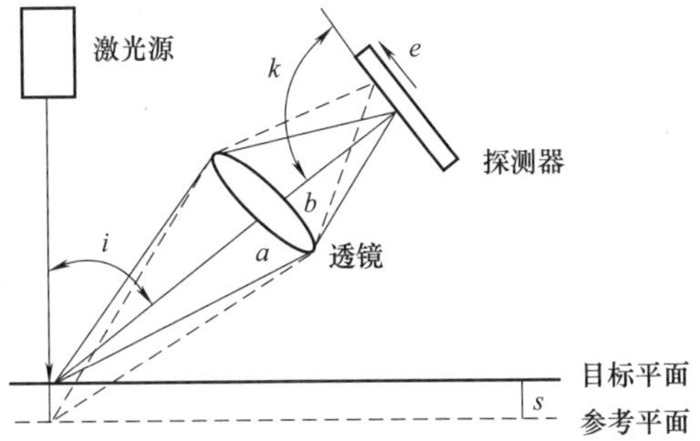

图 31-2-2　点光源测量原理

该测量方式主要应用在高度精密测量领域，一般不用于逆向工程测量。

② 线光源测量。线光源测量法也叫光切法，测量时，线光源测头一次测量一条扫描线。测量原理如图 31-2-3 所示，由一个发光二极管和线发生器产生线激光，投影到物体表面，同时该激光线在物体表面产生反射，反射光进入一个相机中。由于该相机与激光线束投射方向成一定角度，物体表面形状的变化就转化为激光反射线形状的变化，该变化通过标定可得到准确的三维空间信息。

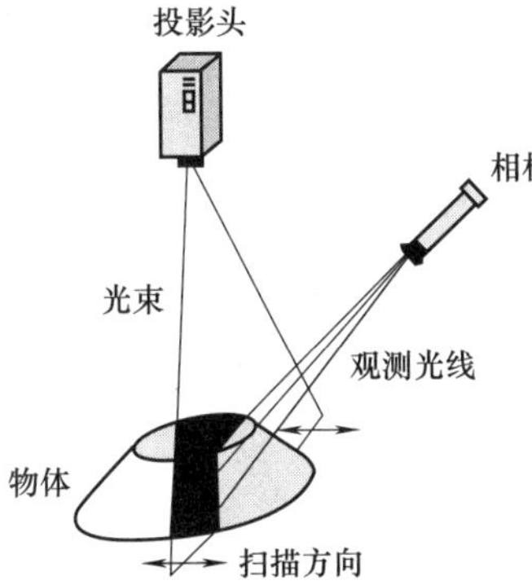

图 31-2-3　线光源测量原理

③ 面光源测量。基本原理如图 31-2-4 所示，它是利用激光在被测物体表面投射一光条，由于被测表面起伏及曲率变化，投射的光条随轮廓位置变化起伏而扭曲变形，由 CCD 摄像机摄取激光束影像，这样就可由激光束的发射角度和激光束在 CCD 内成像位置，通过三角几何关系获得被测点距离和坐标等数据。

三角法的优点是结构简单、经济、易于实现、允许的工作与采样速度高、光斑直径小、工作距离长、（例如在离工件表面 40～100mm 也可对工件进行探测）、测量范围大（例如±5～±10mm）、容易满足实际应用要求。三角法已成为目前最成熟、应用最为广泛的激光测量技术。激光三角法的测量精度为 0.005～0.01mm，采样速度可达每秒数万个点。在汽车、模具及模型测量等精度要求不太高、速度要求快的场合获得广泛应用。但该测量方法只能测量物体的外表面，并且由于是基于光学反射原理测量，对被测物体表面的粗糙度、漫反射率和倾角都比较敏感，这些都限制了它的使用范围。

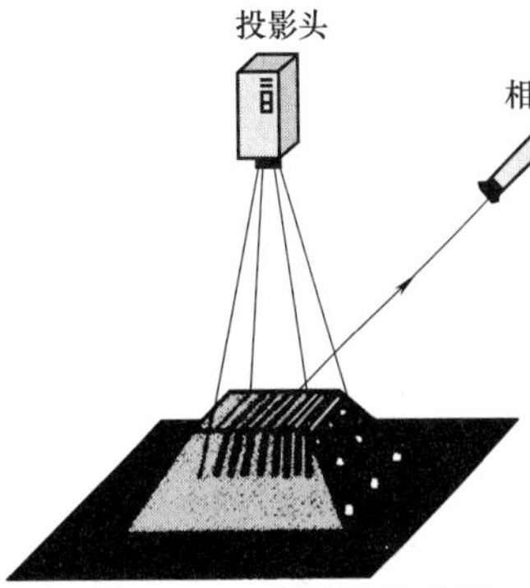

图 31-2-4　面光源测量原理

（2）结构光法

结构光法也称投影光栅法，结构光法基本原理如图 31-2-5 所示，它是把一定模式的光源（如光栅）投影到被测件表面，受被测物体表面高度的限制，光栅影线发生变形，利用两个镜头获取不同角度的图像，通过解调变形光栅影线，就可以得到被测表面的整幅图像上像素的三维坐标。

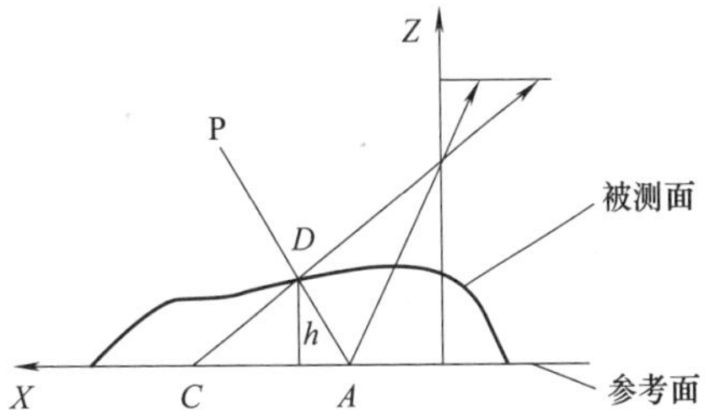

图 31-2-5　结构光法测量原理

测量时，入射光线 P 照射到参考面上的 A 点，当测量物体时 P 照射到物体表面的 D 点，从图示方向观察，A 点就移到 C 点位置，这样距离 AC 就携带了高度信息 $z=h(x, y)$，即高度受到了表面形状的调制。目前，解调变形光栅影线的主要方法有傅里叶分析法和相移法，傅里叶分析法比相移法容易实现自动化，但精度稍低。

结构光法被认为是目前三维形状测量中最好的方

法之一。优点是测量范围大、稳定、速度快、成本低、设备携带方便、受环境影响小、易于操作。缺点是精度较低、测量量程较短，且只能测量表面曲率变化不大的、较平坦的物体；对于表面变化剧烈的物体，在陡峭处往往会发生相位突变，使测量精度大大降低；工件本身的表面色泽、粗糙度也会影响测量的精度，为提高测量精度，需在被测量表面涂上“反差增强剂”或进行喷漆处理。

（3）立体视觉测量法

计算机立体视觉测量又称为三维场景分析，是计算机视觉测量方法中重要的距离感知技术。它在机器人视觉、物体特征识别、航空测量、卫星遥感、飞机导航、军事等方面有着广泛的应用。该方法主要分为单目视觉、双目视觉、三目及多目视觉。它直接模拟人类视觉处理景物的方式，从二维图像和图像序列中去解释三维场景中存在哪些物体、这些物体以什么样的空间位置或相互关系存在，可以在多种条件下灵活地获取景物纹理信息和计算出立体信息。计算机立体视觉测量基本原理是：用摄像机从不同的角度对物体摄像，通过多幅图像中同名特征点的提取与匹配，得出同名特征点在多个图像平面上的坐标，再利用成像公式，计算出被测点的空间坐标。即根据同一个三维空间点在不同空间位置的两个（多个）摄像机拍摄的图像中的视差，以及摄像机之间位置的空间几何关系来获取该点的三维坐标值。立体视觉测量法精度不高，它的分辨率一般是在毫米数量级，最高也只有0.1mm左右，但该方法具有快速的信息获取能力，可实现动态测量，目前这种方法很少用于逆向工程的测量中。

（4）计算机断层扫描法

计算机断层扫描技术最具代表性的是CT扫描机。通常它用X射线在某平面内从不同角度去扫描物体，并测量射线穿透物体衰减后的能量值，经过特定的算法得到重建的二维断层图像，即层析数据。改变平面高度，可测出不同高度上的一系列二维图像，并由此构造出物体的三维实体原貌，其测量原理如图31-2-6所示。

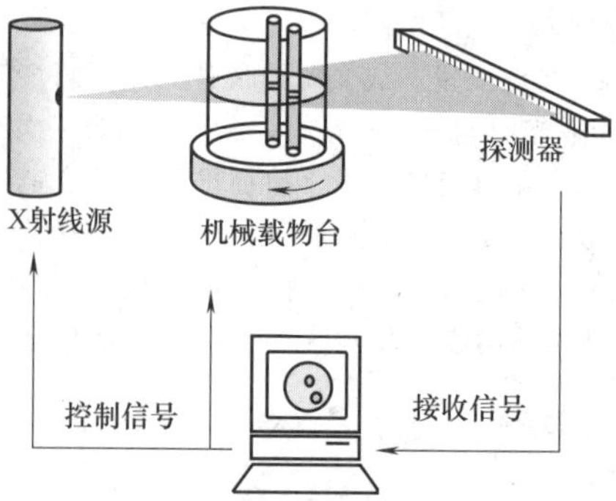

图31-2-6 CT扫描机测量原理

工业CT特别适合于复杂内腔物体的无损三维测量，利用这种方法，可直接获取物体的截面数据，然后转化为快速成型设备所采用的STL或CLI文件格式。该方法是目前较为先进的非接触式检测方法，它可针对物体的内部形状、壁厚，尤其是内部构造进行测量。但这种方法空间分辨率较低，获取数据时间长，重建图形计算量大，设备造价高，且只能获得一定厚度截面的平均轮廓。

与该方法类似的还有核磁共振（MRI）测量法。该技术的理论基础是核物理学的磁共振理论，是20世纪70年代末以后发展的一种新式医疗诊断影像技术。和CT扫描一样，可以提供人体的断层的影像，其基本原理是用磁场来标定人体某层的空间位置，然后用射频脉冲序列照射，当被激发的核在动态过程中自动恢复到静态场的平衡时，把吸收的能量发射出来，然后利用线圈来检测这种信号并输入计算机，经过处理转换为屏幕上的显示图像。MRI提供的信息量大于医学影像学中的其他许多成像技术，而且不同于已有的成像方法，它能深入物体内部且不破坏物体，对生物没有损害，在医疗上应用广泛。但这种方法造价高，目前对非生物材料不适用。

（5）超声波测量法

该测量方法的原理是当超声波脉冲到达被测物体时，在被测物体的两种介质交界表面会发生回波反射，通过测量回波与零点脉冲的时间间隔，可以计算出各表面到零点的距离。这种方法相对于CT或MRI而言，其设备简单，成本较低，但测量速度较慢，且测量精度主要由探头的聚焦特性决定。由于各种回波比较杂乱，必须精确地测量出超声波在被测材料中的传播声速，利用数学模型的计算来定出每一层边缘的位置。特别是当物体中有缺陷时，受物体材料及表面特性的影响，测量出的数据可靠性较低。该法主要用于无损探伤及厚度检测，但由于超声波在高频下具有很好的方向性，即束射性，它在三维扫描测量中的应用前景正在日益受到重视。

（6）层切扫描/照相测量法

这种测量方法可对任意复杂零件内外表面进行数据采集。它以极小的厚度去逐层切削实物（最小厚度可控制在0.01mm左右），并对每一截面通过扫描或照相来获取其图像数据，测量精度可达±0.02mm。

图31-2-7为层切扫描测量系统装置示意图。将待测量零件的空洞部分用树脂材料进行填充，填充物的颜色与零件的颜色要有一定的对比度，以便于图像的识别与轮廓提取。待树脂固化后，把它装夹到铣床上，采用轴向进给铣削加工方式对零件进行逐层铣削，得到包含有

零件与树脂材料的截面。每铣削一层，就采用光学扫描仪或 CCD 摄像机等设备对当前截面进行采样，并通过图像处理技术进行边界轮廓的提取。最后利用这些轮廓数据就可构造出零件的三维几何模型。该方法是目前断层测量精度较高的方法之一，可对任意形状、任意结构零件的内外轮廓进行数据采集，并且成本相对较低，与工业 CT 相比，价格便宜 70%～80%，但该测量方式是破坏性的，并且由于加工设备等原因，零件的外形和尺寸均受到一定限制。

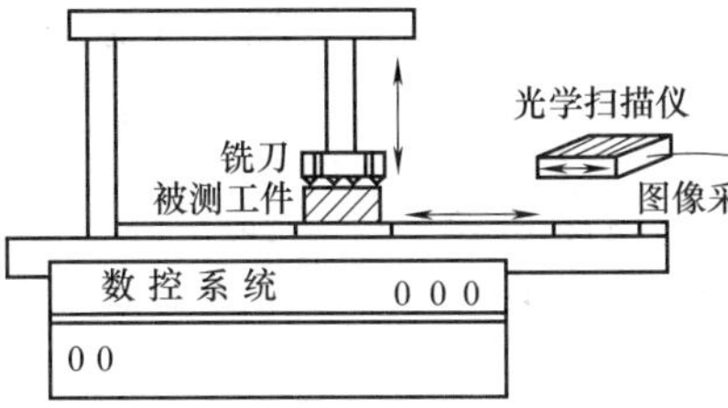

图 31-2-7 层切扫描测量系统装置图

2.2 坐标测量机原理、结构与特点

坐标测量机（coordinate measuring machine，CMM）是一种高效新型的大型精密测量仪器，它广泛应用于制造、电子、汽车和航天等工业领域中，可以对具有复杂形状的工件的尺寸、形状及相互位置进行测量，如箱体、导轨、涡轮、叶片、缸体、凸轮、齿轮等空间型面的测量等。

坐标测量机（也称三坐标测量机）一般采用触发式接触测头和扫描式接触测头，前者一次采样只能获取一个点的三维坐标值，后者测头可以在工件上滑动测量，连续获取表面的坐标信息。另外，现在一些坐标测量机还可使用光学测头进行非接触式测量。

坐标测量机的主要优点是测量精度高，适应性强，对于没有复杂内部型腔、特征几何尺寸多、只有少量特征曲面的零件，使用坐标测量机进行三维数字化测量是非常有效可靠的手段。坐标测量机的不足之处是：由于使用接触式测量，导致测量死角的存在，一般接触式测头测量效率低，且不能测量软物体，而且测量路径的规划较为复杂，测量过程需要较多的人工干预，坐标测量机价格昂贵，对使用环境要求高，测量数据密度较低。随着坐标测量机技术的发展，已有一些坐标测量机既可以使用接触式测头，也可通过接口与非接触式测头相适配完成测量。

坐标测量机如果按其测量范围分类，可分为小型坐标测量机、中型坐标测量机和大型坐标测量机。小型测量机测量范围小于 500mm，主要用于小型精密对象；中型测量机的测量范围为 500～2000mm，它是应用最多的机型；大型机的测量范围大于 2000mm，主要应用于各类大型零部件的测量，如汽车外壳、发动机叶片等。

如果按测量精度分，坐标测量机可分为：低精度测量机，单轴最大测量不确定度在 $1\times10^{-4}L$（L 为最大量程，单位为 mm）左右，空间最大测量不确定度小于 $(2\sim3)\times10^{-4}L$；中等精度测量机，单轴最大测量不确定度大体在 $1\times10^{-5}L$，空间最大测量不确定度小于 $(2\sim3)\times10^{-5}L$。这类坐标测量机一般放在生产车间内，用于生产过程中的检测；精密测量机，单轴最大测量不确定度小于 $1\times10^{-6}L$，空间最大测量不确定度小于 $(2\sim3)\times10^{-6}L$。

坐标测量机按其结构形式可分为直角坐标测量机和便携式坐标测量机。其中，直角坐标测量机采用的是传统的框架式结构，它又可分为桥式、龙门式、悬臂式等；而便携式坐标测量机则采用的是关节臂式结构。

2.2.1 坐标测量机原理

三坐标测量机是由三个互相垂直的测量轴和各自的长度测量系统组成的测量设备，在测量机上安装分度台、回转台后，系统可具备极坐标（柱坐标）系测量功能。测量时，被测零件放置在测量机的测量空间中，通过设备的运动系统带动测头对测量空间内任意位置的被测点进行测量，获得其坐标位置，根据这些点的空间坐标值，经计算即可求出被测对象的几何尺寸、形状和相互位置关系。坐标测量机一般由主机部分、控制系统、软件系统及探测系统组成，系统构成如图 31-2-8 所示。

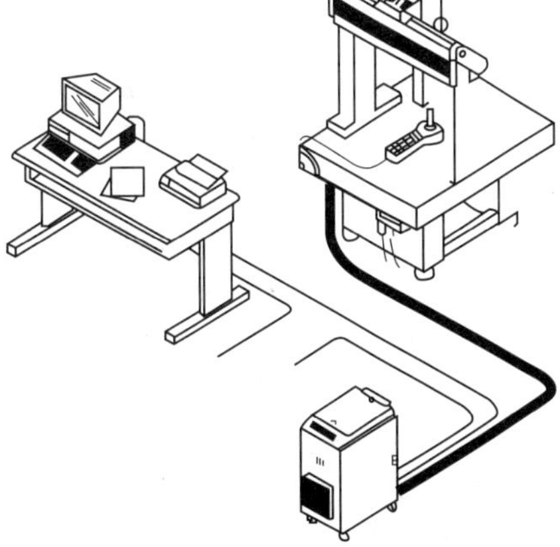
图 31-2-8 坐标测量机系统构成

（1）主机部分

三坐标测量机的主机结构如图31-2-9所示，它是坐标测量机的本体，包括机械构架、标尺系统、导轨、驱动装置、平衡部件、转台与附件。其中，机械构架有多种结构形式，它是工作台、立柱、桥框、壳体等机械结构的集合体；标尺系统是长度测量系统的重要组成部分，包括线纹尺、精密丝杠、感应同步器、光栅尺、磁尺和光波波长及数显电气装置等；导轨是实现三维运动的部件，多采用滑动导轨、滚动轴承导轨和气浮导轨，其中以气浮导轨为主要形式；驱动装置用于实现机动和程序控制伺服运动功能，它由丝杠螺母、滚动轮、钢丝、齿形带、齿轮齿条、光轴滚动轮、伺服马达等组成；平衡装置主要用于 Z 轴框架中，用于平衡 Z 轴的重量，使 Z 轴上下运动时无偏重的干扰，Z 向测力稳定；转台与附件可使测量机增加一个转动自由度，包括分度台、单轴回转台、万能转台和数控转台等。

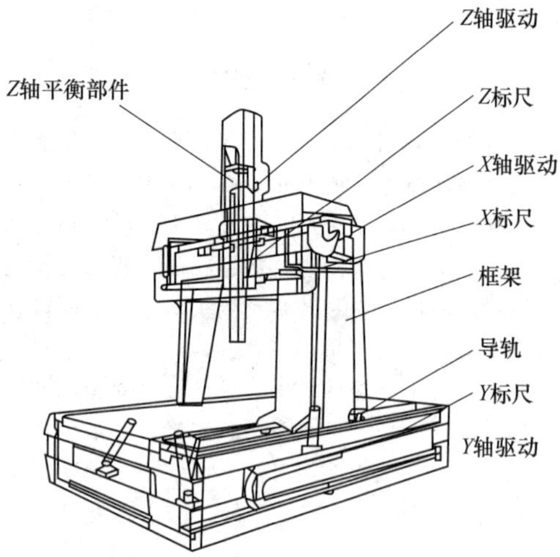

图31-2-9 三坐标测量机主机结构

（2）控制系统

控制系统是坐标测量机的关键组成部分之一，可进行单轴与多轴联动控制、外围设备控制、通信控制和逻辑控制等，该系统还包括计算机、打印与绘图装置等硬件部分。其主要功能是读取空间坐标值，控制测量瞄准系统对测头信号进行实时响应与处理，控制机械系统实现必需的运动，实时监控坐标测量机的状态以保障整个系统的安全性与可靠性。

（3）软件系统

软件系统可进行坐标变换与测头校正，生成探测模式与测量路径，还用于基本几何元素、形状与位置误差测量，齿轮、凸轮、螺纹的测量，曲线与曲面的测量等，具有统计分析、误差补偿和网络通信等功能。

根据软件功能的不同，坐标测量机的软件可分为基本测量软件、专用测量软件、统计分析软件、附加功能软件。

1）基本测量软件。基本测量软件是坐标测量机必备的最小配置软件，它用于完成整个测量系统的管理，通常具备如下功能。

① 运动管理。包括运动方式选择、运动进度选择、测量速度选择等。

② 测头管理。包括测头标定、测头校正、自动补偿测头半径和各向偏值、测头保护及测头管理。

③ 零件管理。用于确定零件坐标系和坐标原点以及不同零件坐标系的转换。

④ 辅助功能。坐标系、地标平面、坐标轴的选择，公制、英制转换及其他各种辅助功能。

⑤ 输出管理。输出设备选择、输出格式及测量结果类型的选择等。

⑥ 几何元素测量。用于各种几何元素（如点、线、圆、面、圆柱、圆锥、球等）的测量、形位公差（如平面度、直线度、圆度、圆柱度、球度、圆锥度、平行度、垂直度、倾斜度、同轴度等）的测量。

2）专用测量软件。专用测量软件是指在基本测量软件平台上开发的针对某种具有特定用途的零部件的测量与评价软件。如齿轮、叶片、螺纹、凸轮、转子、自由曲线、自由曲面等特殊测量评价软件/模块。这样，在测量机上使用这些软件/模块，可代替一些专用的测量仪器，拓展了测量机的应用领域，满足用户特定的检测要求。

3）统计分析软件。该软件是通过测量对加工设备能力和性能进行统计分析，以保证批量生产质量的程序。它由三坐标测量机采集测量数据，并自动、实时地分析被测零件的尺寸。它是一种连续监控加工的方法，可对加工过程中的零件尺寸进行监控，判断被加工零件是合格件还是超差件，或在零件超差前发现其超出尺寸极限的倾向，给出相应信息，以防止出现废品，如给出换刀信号、误差补偿信号及补偿值等。软件可以在线给出反馈信号或以图形、打印、显示等方式表示统计分析的结果。

4）附加功能软件。为了增强坐标测量机的功能，用软件方法提高测量精度，测量机生产商还提供一些附加功能软件。如随行夹具测量软件、最佳配合测量软件、误差检测软件、误差补偿软件、激光测头驱动软件以及驱动其他厂家测量机的驱动软件等。

（4）探测系统

探测系统由测头及其附件组成，它的主体即测头可在三个方向上感受瞄准信号和微小位移，以实现瞄准和测微功能。测头包括机械测头、电气测头和光学测头。

2.2.2　直角坐标测量机结构形式与特点

坐标测量机的结构形式与系统造价、被测物体的测量范围、测量精度等因素有很大关系，根据直角坐标测量机的机械结构，可对坐标测量机结构作如下分类，详见表 31-2-3。

表 31-2-3　**直角坐标测量机结构形式与特点**

结构类型	结 构 特 点	结构示意图
固定工作台悬臂式坐标测量机	固定工作台悬臂式坐标测量机装有探测系统的 Z 向测量轴可在垂直方向移动，箱形架导引 Z 轴向测量轴可沿着水平悬臂梁在 Y 轴方向移动，该悬臂梁相对机座又可沿着水平面的导槽在 X 轴方向移动。此种结构形式为三边开放，容易装拆工件，且工件可以伸出台面即可容纳较大工件，但因悬臂会造成精度不高，一般为小型测量机。此机型早期很盛行，现在应用不普遍	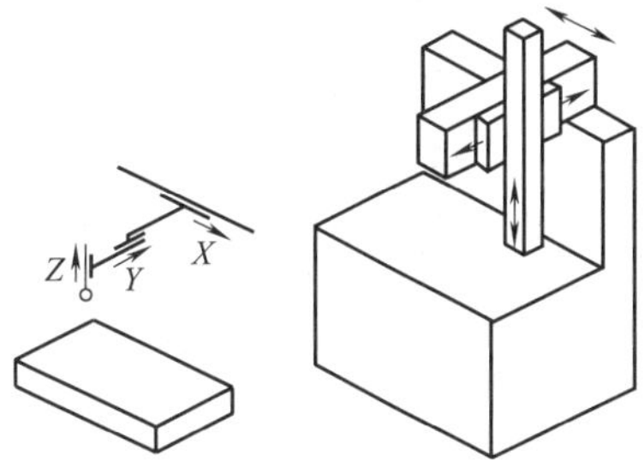 原理示意图　示例
移动工作台悬臂式坐标测量机	移动工作台悬臂式坐标测量机装有探测系统的 Z 向测量轴可在垂直方向移动，同时 Z 向测量轴安装在悬臂梁上，该悬臂梁相对机座可在水平面上沿着 Y 轴方向移动，承载工件的工作台可在水平面上沿 X 轴方向移动。此种结构形式为三边开放，装拆工件容易，且工件可以伸出台面，可容纳较大工件，但承载力不高，并且由于悬臂精度不高，应用较少	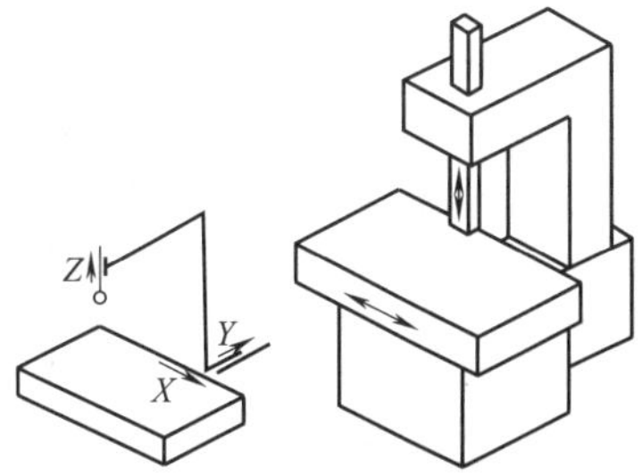 原理示意图　示例
移动桥式坐标测量机	移动桥式坐标测量机装有探测系统的 Z 向测量轴可在垂直方向移动，箱形架导引主轴沿水平梁在 X 方向移动，此水平梁被两支柱支撑于两端，梁与支柱构成 Π 形桥架，同时桥架可沿着导槽相对于机座在 Y 轴方向移动 移动桥式坐标测量机是目前中小型测量机的主要结构形式，因为梁的两端被支柱支撑，其挠度较小，承载能力较大，本身具有台面，受地基影响相对较小，开敞性好，精度比悬臂式精度高、比固定桥式精度稍低	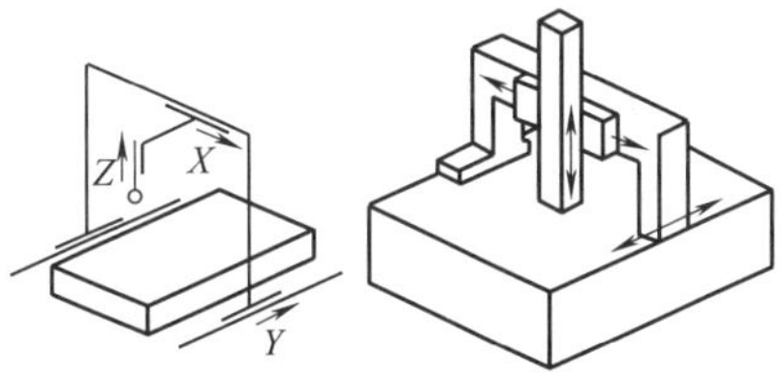 原理示意图　示例
固定桥式坐标测量机	高精度测量机通常采用固定桥式结构，坐标测量机装有探测系统的 Z 向测量轴可在垂直方向移动，箱形架导引主轴沿水平梁在 X 方向移动，此水平梁由两支柱支撑于两端，梁与支柱形成的 Π 形桥架固定在机座上。承载工件的工作台可在水平面上沿 Y 轴方向移动。固定桥式测量机的优点是结构稳定，整机刚性强，中央驱动，偏摆小，光栅在工作台的中央，阿贝误差小，X、Y 方向运动相互独立，相互影响小；缺点是被测量对象由于放置在移动工作台上，降低了机器运动的加速度，承载能力较小	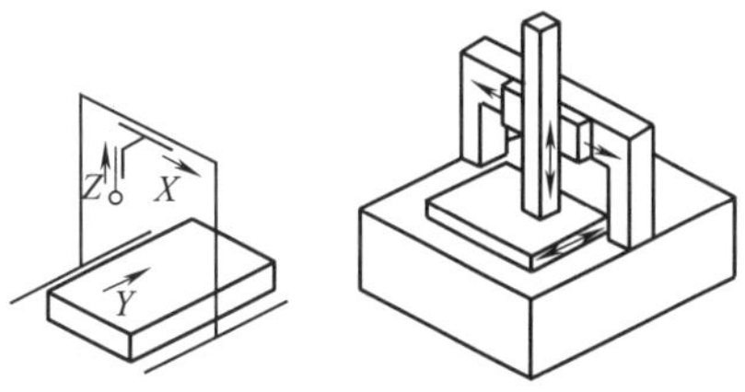 原理示意图　示例

续表

结构类型	结构特点	结构示意图
龙门式坐标测量机	龙门式坐标测量机装有探测系统的 Z 向测量轴可在垂直方向移动，箱形架导引主轴沿水平梁在 X 方向移动，该水平梁两端分别被支撑在固定的Ⅱ形桥架上并且可在其导轨上沿 Y 轴方向作水平移动。工件由机座或地面承载。龙门式坐标测量机一般为大中型测量机，用于大中型零部件的测量，它要求有较好的地基。龙门式立柱虽然影响操作的开阔性，但减少了移动部分质量，有利于精度及动态性能的提高。为此，近来亦发展了一些小型带工作台的龙门式测量机。龙门式测量机最长可到数十米，由于其刚性要比水平臂式好，对大尺寸工件而言，可保证足够的精度。龙门式结构便于工件安装和检测。龙门式结构实现运动部件最小惯性，同时保持结构的最大刚性	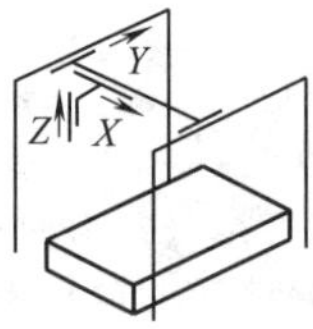 原理示意图 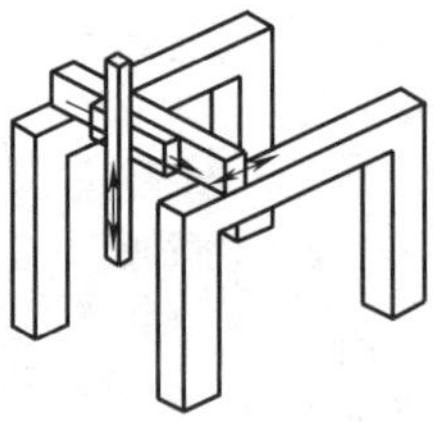 示例
L 形桥式坐标测量机	L 形桥式坐标测量机装有探测系统的 Z 向测量轴可在垂直方向移动，箱形架导引主轴沿水平梁在 X 方向移动，L 形桥架在机座平面或低于平面上的导轨和在Ⅱ形桥架上的导轨上沿 Y 轴方向作水平运动，机座承载工件。L 形桥式设计是为了使桥架在 Y 轴移动时有最小的惯性而作的改变。它与移动桥式相比，移动组件的惯性较小，因此操作较容易，但刚性较差	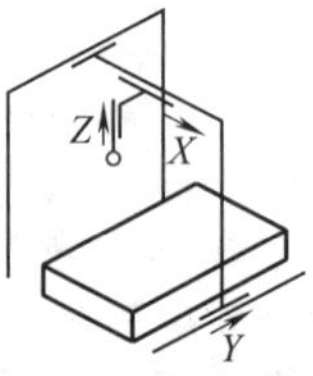 原理示意图 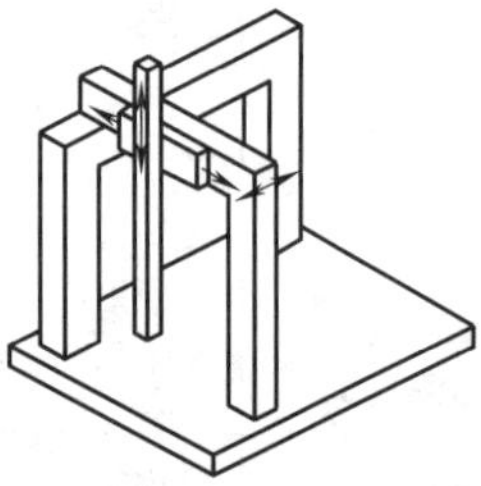 示例
柱式坐标测量机	柱式坐标测量机装有探测系统的 Z 向测量轴可在垂直方向移动，工作台可沿 X 方向和 Y 方向移动 柱式坐标测量机精度比固定工作台悬臂测量机高，一般只用于小型高精度测量机，适用于要求前方开阔的工作环境	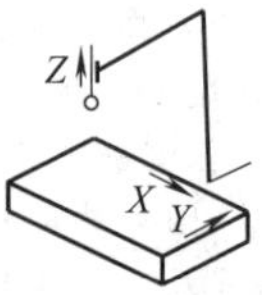 原理示意图 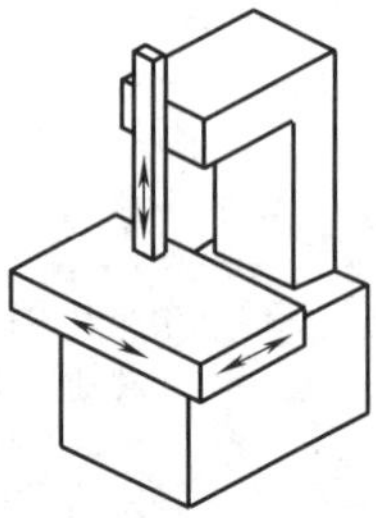 示例
水平悬臂式坐标测量机	水平悬臂式坐标测量机装有探测系统的测量轴可沿 Y 轴方向作水平移动。支撑水平臂的箱形架沿着支柱可在 Z 轴方向移动，支柱安装在机座上并可沿着水平面的导槽在 X 轴方向移动。如果对该形式的坐标测量机进行细分，可分为水平悬臂移动式坐标测量机、固定工作台水平悬臂坐标测量机、移动工作台水平悬臂坐标测量机 水平悬臂测量机在 X 方向很长，Z 向较高，整机开敞性比较好，是测量汽车各种分总成、白车身时最常用的测量机	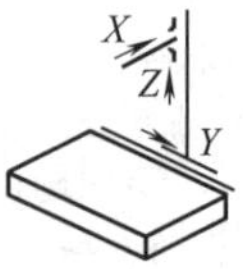 原理示意图 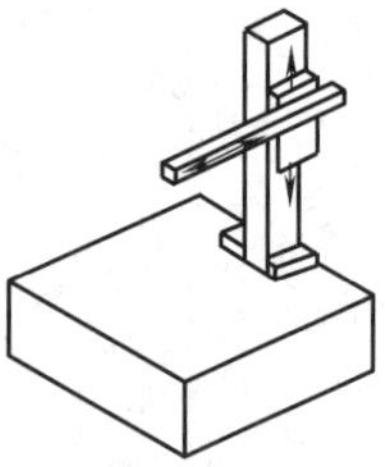 示例

2.2.3　便携式关节臂坐标测量机结构形式与特点

直角坐标的框架式三坐标测量机具有精度高、功能完善等优势，因而在中小尺寸工业零件的几何检测和逆向工程测量中占有统治地位。但由于这种结构形式的测量机不便携带和框架尺寸的限制，对于现场的零件测量、较隐蔽部位的测量、大型零部件和设备以及飞行器、车辆等的测量，其应用受到了限制。便携式关节臂测量机（也可称为便携式测量机或关节臂测量机）是继传统的直角坐标测量机后出现的一种新型结构形式的坐标测量机。

(1) 便携式关节臂坐标测量机的特点

便携式关节臂坐标测量机与传统的直角坐标测量机相比，无论从结构上还是使用上，都有自身的特点，其主要特点如下。

- 在结构上，采用了不同于直角框架的关节臂形式。
- 坐标系的建立，更多地应用了矢量坐标系或球坐标系。
- 在探测系统方面，除了传统的接触式探测系统外，更多地采用了非接触式探测系统——光学或激光甚至雷达系统。
- 由于计时系统的精确性大大提高，现在常常把距离的测量转化为时间间隔的测量。
- 重量轻且便于携带。
- 便携式关节臂坐标测量机采用多自由度设计，可实现任意空间点位置和隐藏点的测量，测量范围大且测量基本无死角。但可能也会有测量死角或精度特别差的区域，一般在使用说明书中有说明，使用时应特别注意。
- 在检测空间一固定点坐标时，便携式关节臂坐标测量机与直角坐标系测量机完全不同，在测头确定的情况下，直角坐标测量机各轴的位置 X、Y、Z 对固定空间点是唯一的、完全确定的。而便携式测量机各臂对测头测量一个固定空间点时却有无穷的组合，即各臂在空间的角度和位置是无穷多，不是唯一的，因而各关节在不同角度位置的误差对同一点的位置检测误差影响很大。
- 由于测量机的各臂长度固定，引起误差的主要因素在于各转角的误差，因此转角误差的测量和补偿对提高关节臂测量机的精度至关重要。
- 探测系统（测头）距各关节的距离不同，根据实验和理论推导，不同级的转角误差对测量结果的影响是不同的，越靠近基座处关节的转角误差对测量结果影响越大。
- 由于测量机固定在基座上，基座的固定方式及刚性对测量精度及重复性的影响亦不能忽略。
- 一般来说，便携式关节臂坐标测量机的精度比传统的框架式三坐标测量机精度要低，精度一般为 10μm 级以上，且只能手动，所以选用时要注意应用场合。

(2) 便携式关节臂坐标测量机结构形式

便携式关节臂坐标测量机是由几根固定长度的臂，通过绕互相垂直轴线转动的关节（分别称为肩、肘和腕关节）互相连接，在最后的转轴上装有探测系统的坐标测量装置。

便携式关节臂坐标测量机不是一个直角坐标测量系统，每个臂的转动轴或者与臂轴线垂直，或者绕臂自身轴线转动。一般用三个“-”隔开的数来表示肩、肘和腕的转动自由度。如图 31-2-10 所示，测量机的配置为 2-1-2，表示该测量机共有 5 个关节，其中有 2 个肩关节（A、B）、1 个肘关节（D）、2 个腕关节（E、F）。图 31-2-11 所示测量机的配置为 2-2-3，表示该测量机共有 7 个关节，其中有 2 个肩关节（A、B）、2 个肘关节（C、D）、3 个腕关节（E、F、G）。便携式测量机关节数一般小于 7，目前多为手动测量机。

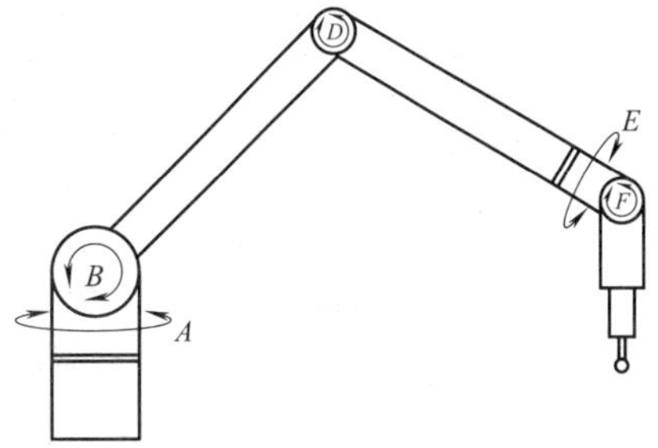

图 31-2-10　5 自由度坐标测量机

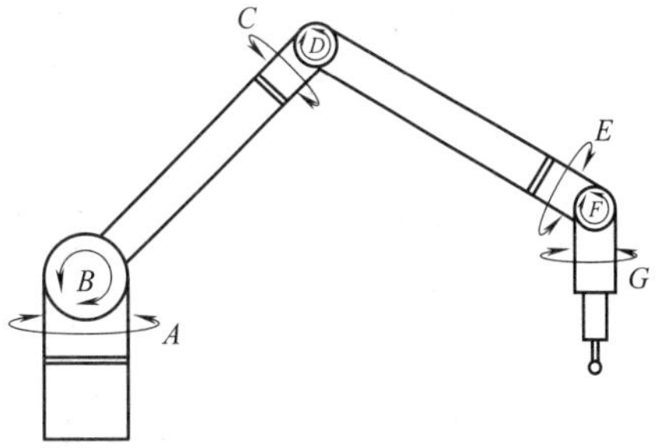

图 31-2-11　7 自由度坐标测量机

2.3　坐标测量机主要生产商及部分产品

目前，坐标测量机国外主要生产厂家有：瑞

典的 Hexagon（海克斯康）；美国的 FARO（法如）、OGP；英国的 Renishaw（雷尼绍）；德国的 Wenzel（温泽）、Zeiss（蔡司）；日本的三丰、东京精密等，有些已在国内建立生产基地，国外坐标测量机主要厂商及产品如表 31-2-4 所示。

表 31-2-4　　国外坐标测量机主要厂商及产品一览表

公司名称	主要坐标测量机产品	网址	说明
Hexagon（瑞典，海克斯康）	• 桥式三坐标测量机：Global S、Global、Global Mini、Explorer、Inspector、Pioneer、Innova • 超高精度三坐标测量机：Leitz Infinity、Leitz PMM-C、Leitz PMM-Xi、Leitz Reference HP、Leitz Reference Xi、Leitz PMM-F、Leitz PMM-G、Micro Plus、Leitz SIRIO Xi • 悬臂式三坐标测量机：DEA BRAVO HD、DEA BRAVO HP、DEA PRIMA NT、DEA TORO • 龙门式三坐标测量机：DEA ALPHA、DEA DELTA Slant、DEA Lambda SP、Apollo • 车间型三坐标测量机：TIGO SF、Leitz Sirio SX、4.5.4 SF • 关节臂坐标测量机：ROMER 绝对关节臂、Tango-S 手持式便携扫描系统	http://www.hexagonmi.com/ http://www.hexagonmetrology.com.cn/	在国内设有独资公司：海克斯康测量技术（青岛）有限公司
三丰（日本，Mitutoyo）	• 标准 CNC 三坐标测量机 CRYSTA-Apex S/C 系列 • 高精度 CNC 三坐标测量机 STRATO-Apex/FALCIO Apex 系列 • 联入生产线型 CNC 三坐标测量机 MACH-3A/MACH-V9106 • 手动三坐标测量机 Crysta-Plus M443/500/700 系列 • SpinArm-Apex 系列多关节臂式三坐标测量系统 • 车身测量系统 CARBstrato/CARBapex • 三坐标测量机用软件 MCOSMOS/MiCAT Planner	http://www.mitutoyo.com/ http://www.mitutoyo.com.cn/	
FARO（美国，法如）	• FaroArm 测量臂 • ScanArm 扫描臂 • Gage 测量机 • Laser Tracker 激光跟踪仪 • Laser Scanner 激光扫描仪 • 3D Imager 三维成像仪	https://www.faro.com/zh-cn/	
Wenzel（德国，温泽）	• LH/XOrbit/LHF/XOplus 系列桥式三坐标测量机 • LH Classic 系列桥式三坐标测量机 • LH Gantry 系列龙门三坐标测量机 • RSplus 系列敞开式悬臂测量机 • RA 系列地面平台式悬臂测量机 • RAplus 系列三坐标测量机 • LIBERTY 5 轴坐标测量机 • Mobile Scan3D 便携式 CNC 激光扫描系统 • PointMaster V4 逆向工程软件服务包	http://www.wenzel-cmm.com/ http://www.wenzel-cmm.cn/	在国内设有独资公司：温泽测量仪器（上海）有限公司

续表

公司名称	主要坐标测量机产品	网址	说明
蔡司（德国，Zeiss）	·桥式三坐标测量机：CONTURA、ACCURA、MICURA、PRISMO、SPECTRUM II、XENOS ·在线三坐标测量机：DuraMax、GageMax、Center-Max ·大型三坐标测量机：ACCURA 2000、MMZ T、MMZ E、MMZ G ·悬臂式三坐标测量机：CARMET、PRO、PRO T	http://www.zeiss.com/ http://www.zeiss.com.cn/	
东京精密（日本，ACCRETECH）	·Carl Zeiss 系列三坐标测量机：PRISMO ultra、PRISMO navigator、MICURA、ACCURA、CONTURA、CONTURA aktiv、Center Max navigator 等 ·XYZAX 系列三坐标测量机：XYZAXFUSION NEX、XYZAX SVA NEX、XYZAX SVA-A、XYZAX mju NEX、XYZAX SVF NEX	http://www.accretech.jp/ http://www.accretech.com.cn/	在国内设有独资公司：东精精密设备（上海）有限公司
Renishaw（英国，雷尼绍）	·触发式测头系统 ·扫描测头系统 ·空间激光测量	http://www.renishaw.com/ http://www.renishaw.com.cn/	

Hexagon（海克斯康）是遍及全球的测量系统供应商，在测量技术市场处于领先地位，提供世界级的测量技术和服务。海克斯康拥有众多三坐标测量仪器品牌，生产各种尺寸三坐标测量机、便携式三坐标测量机、激光跟踪仪、影像测量仪等测量仪器，能够以很高的精度和速度提供大量的测量数据。该公司部分坐标测量机规格型号和技术参数见表 31-2-5～表 31-2-10 所示。

表 31-2-5　Global S Chrome 桥式三坐标测量机

型号	行程范围 /mm×mm×mm	外形尺寸 /mm×mm×mm
05.07.05	500×700×500	1024×1455×2516
07.10.07	700×1000×700	1277×1905×2777
09.12.08	900×1200×800	1598×2455×3160
09.15.08	900×1500×800	1598×2755×3160
09.20.08	900×2000×800	1598×3255×3185
12.15.10	1200×1500×1000	1898×2905×3513
12.22.10	1200×2200×1000	1898×3605×3488
12.30.10	1200×3000×1000	1898×4405×3513
15.22.10	1500×2200×1000	2138×3605×3488
15.30.10	1500×3000×1000	2138×4405×3513

日本三丰公司是著名的测量机生产厂家，早在 1968 年就开始开发坐标测量机，随后又相继开发出光学读数式、旋转编码式、线性编码式、手动式三维测量等测量机品种。已在 20 个国家和地区建立了研究开发、生产及销售中心，在大约 80 个国家或地区建立了代销机构。部分坐标测量机规格型号和技术参数见表 31-2-11～表 31-2-15。

表 31-2-6　Explorer 桥式三坐标测量机

型号	行程范围 /mm×mm×mm	外形尺寸 /mm×mm×mm
04.05.04	400×490×390	1030×1160×2130
04.07.04	400×690×390	1030×1285×2340
05.07.05	500×700×500	999×1445×2562
07.10.05	700×1000×500	1199×1740×2562
07.10.07	700×1000×700	1199×1740×2915
06.08.06	600×800×600	1150×1623×2638
06.10.06	600×1000×600	1150×1823×2658
08.10.06	800×1000×600	1350×1823×2658
08.12.06	800×1200×600	1350×2023×2658
10.12.08	1000×1200×800	1600×2177×2936
10.15.08	1000×1500×800	1600×2477×2946
10.21.08	1000×2100×800	1600×3077×2946

表 31-2-7　超高精度三坐标测量机行程范围　mm

型号		X 向	Y 向	Z 向
Leitz Infinity	12.10.7	1200	1000	700
	12.10.6	1200	1000	600
Leitz PMM-C	8.10.6	800	1000	580
	12.10.6	1200	1000	580
	12.10.7	1200	1000	700
	12.10.7 Ultra	1200	1000	700
	16.12.7	1600	1200	700
	16.12.10	1600	1200	1000
	24.12.7	2400	1200	700
	24.12.10	2400	1200	1000
	24.16.7	2400	1600	700
	24.16.10	2400	1600	1000

表 31-2-8 BRAVO HD 系列悬臂式三坐标测量机

mm×mm×mm

型号	行程范围	外形尺寸
40.16.21	4000×1600×2100	4997×4148×3475
40.16.25	4000×1600×2500	4997×4148×3525
40.16.30	4000×1600×3000	4997×4148×3585
60.16.21	6000×1600×2100	6997×4148×4640
60.16.25	6000×1600×2500	6997×4148×4690
60.16.30	6000×1600×3000	6997×4148×4750
70.16.21	7000×1600×2100	7997×4148×5250
70.16.25	7000×1600×2500	7997×4148×5300
70.16.30	7000×1600×3000	7997×4148×5360
90.16.21	9000×1600×2100	9997×4148×6320
90.16.25	9000×1600×2500	9997×4148×6370
90.16.30	9000×1600×3000	9997×4148×6430

表 31-2-9 DEA ALPHA 系列龙门式三坐标测量机

mm×mm×mm

型号	行程范围	外形尺寸
20.33.10	2000×3300×1000	4200×3640×3555
20.33.15	2000×3300×1500	4200×3640×4555
20.50.15	2000×5000×1500	5900×3640×4555
25.33.15	2500×3300×1500	4200×4140×4555
25.50.15	2500×5000×1500	5900×4140×4555
25.33.18	2500×3300×1800	4200×4140×4860
25.50.18	2500×5000×1800	5900×4140×4860

表 31-2-10 车间型三坐标测量机行程范围 mm

型号	*X* 向	*Y* 向	*Z* 向
TIGO SF5.6.5	500	580	500
4.5.4 SF	355	514	353

表 31-2-11 CRYSTA-Apex S/C 系列标准 CNC 三坐标测量机

型号		CRYSTA-Apex S544	CRYSTA-Apex S574	CRYSTA-Apex S776	CRYSTA-Apex S7106	CRYSTA-Apex S9106 [CRYSTA-Apex S9108]	CRYSTA-Apex S9166 [CRYSTA-Apex S9168]	CRYSTA-Apex S9206 [CRYSTA-Apex S9208]
测量范围/mm	*X* 轴	500	500	700	700	900	900	900
	Y 轴	400	700	700	1000	1000	1600	2000
	Z 轴	400	400	600	600	600(800)	600(800)	600(800)
分辨率/μm		0.1	0.1	0.1	0.1	0.1	0.1	0.1
精度①/μm	$E_{0,MPE}$	$1.7+3L/1000, 1.7+4L/1000$②		$1.7+3L/1000, 1.7+4L/1000$②		$1.7+3L/1000, 1.7+4L/1000$②		
	$P_{FTU,MPE}$	1.7		1.7		1.7		
	MPE_{THP}	2.3		2.3		2.3		
工作台	材料	花岗岩	花岗岩	花岗岩	花岗岩	花岗岩	花岗岩	花岗岩
	尺寸/mm×mm	638×860	638×1160	880×1420	880×1720	1080×1720	1080×2320	1080×2720
	紧固用螺钉孔/mm	M8×1.25	M8×1.25	M8×1.25	M8×1.25	M8×1.25	M8×1.25	M8×1.25
工件	最大高度/mm	545	545	800	800	800(1000)	800(1000)	800(1000)
	最大质量/kg	180	180	800	1000	1200	1500	1800
质量(主机)/kg		515	625	1675	1951	2231	2868	3912

型号		CRYSTA-Apex S121210	CRYSTA-Apex S122010	CRYSTA-Apex S123010	CRYSTA-Apex C163012 [CRYSTA-Apex C163016]	CRYSTA-Apex C164012 [CRYSTA-Apex C164016]	CRYSTA-Apex C165012 [CRYSTA-Apex C165016]
测量范围/mm	*X* 轴	1200	1200	1200	1600	1600	1600
	Y 轴	1200	2000	3000	3000	4000	5000
	Z 轴	1000	1000	1000	1200(1600)	1200(1600)	1200(1600)
分辨率/μm		0.1	0.1	0.1	0.1	0.1	0.1
精度①/μm	$E_{0,MPE}$	$2.3+3L/1000, 2.3+4L/1000$②			$3.3+4.5L/1000, 3.3+5.5L/1000, (4.5+5.5L/1000, 4.5+6.5L/1000$②$)$		
	$P_{FTU,MPE}$	2.0			5.0(6.0)		
	MPE_{THP}	2.8			6.0(7.0)		
工作台	材料	花岗岩	花岗岩	花岗岩	花岗岩	花岗岩	花岗岩
	尺寸/mm×mm	1420×2165	1420×2965	1420×3965	1800×4205	1800×5205	1800×6205
	紧固用螺钉孔/mm	M8×1.25	M8×1.25	M8×1.25	M8×1.25	M8×1.25	M8×1.25

续表

型号		CRYSTA-Apex S121210	CRYSTA-Apex S122010	CRYSTA-Apex S123010	CRYSTA-Apex C163012 [CRYSTA-Apex C163016]	CRYSTA-Apex C164012 [CRYSTA-Apex C164016]	CRYSTA-Apex C165012 [CRYSTA-Apex C165016]
工件	最大高度/mm	1200	1200	1200	1400(1800)	1400(1800)	1400(1800)
	最大质量/kg	2000	2500	3000	3500	4500	5000
质量(主机)/kg		4050	6150	9110	10600(10650)	14800(14850)	19500(19550)

型号		Cysta-Apex C203016	Crysta-Apex C204016
测量范围/mm	X 轴	2000	2000
	Y 轴	3000	4000
	Z 轴	1600	1600
分辨率/μm		0.1	0.1
精度①/μm	$E_{0,MPE}$	4.5+8L/1000,4.5+9L/1000②	
	$P_{FTU,MPE}$	6.0	
	MPE_{THP}	6.0	
工作台	材料	花岗岩	花岗岩
	尺寸/mm×mm	2200×4205	2200×5205
	紧固用螺钉孔/mm	M8×1.25	M8×1.25
工件	最大高度/mm	1800	1800
	最大质量/kg	4000	5000
质量(主机)/kg		14100	19400

① 本测量机带有温度补偿系统。统一标准 ISO 10360-2/4/5 使用的探测系统：SP25M 带有 ϕ4mm×50mm 测针，L 为测量长度，mm。

② 保证精度的温度范围：16～26℃。

表 31-2-12　STRATO-Apex/FALCIO Apex 系列高精度 CNC 三坐标测量机

型号		STRATO-Apex 776	STRATO-Apex 7106	STRATO-Apex 9106	STRATO-Apex 9166
测量范围/mm	X 轴	700	700	900	900
	Y 轴	700	1000	1000	1600
	Z 轴	600	600	600	600
分辨率/μm		0.02	0.02	0.02	0.02
精度①/μm	$E_{0,MPE}$	0.9+2.5L/1000	0.9+2.5L/1000	0.9+2.5L/1000	0.9+2.5L/1000
	$P_{FTU,MPE}$	0.9	0.9	0.9	0.9
	MPE_{THP}	1.8	1.8	1.8	1.8
工作台	材料	花岗岩	花岗岩	花岗岩	花岗岩
	尺寸/mm×mm	880×1420	880×1720	1080×1720	1080×2320
	紧固用螺钉孔/mm	M8×1.25	M8×1.25	M8×1.25	M8×1.25
工件	最大高度/mm	770	770	770	770
	最大质量/kg	500	800	800	1200
质量(主机)/kg		1895	2180	2410	3085

型号		FALCIO Apex 162012 [162015]	FALCIO Apex 163012 [163015]	FALCIO Apex 164012 [164015]
测量范围/mm	X 轴	1600	1600	1600
	Y 轴	2000	3000	4000
	Z 轴	1200(1500)		
分辨率/μm		0.1	0.1	0.1
精度①/μm	$E_{0,MPE}$	2.8+4L/1000(3.3+4.5L/1000)		
	$P_{FTU,MPE}$	2.8(3.3)		
	MPE_{THP}	2.8(110s)[3.5(90s)]		

续表

型号		FALCIO Apex 162012 [162015]	FALCIO Apex 163012 [163015]	FALCIO Apex 164012 [164015]
工作台	材料	花岗岩	花岗岩	花岗岩
	尺寸/mm×mm	1850×3280	1850×4280	1850×5280
	紧固用螺钉孔/mm	M8×1.25	M8×1.25	M8×1.25
工件	最大高度/mm	1350(1650)		
	最大质量/kg	3500	4000	4500
质量(主机)/kg		9550(9600)	14000(14050)	25000(25050)

① 本测量机带有温度补偿系统。统一标准 ISO 10360-2/4/5 使用的探测系统：SP25M 带有 ϕ4mm×50mm 测针，L 为测量长度，mm。

表 31-2-13 MACH-V9106/MACH-3A 653 联入生产线型 CNC 三坐标测量机

型号		MACH-V9106	型号		MACH-3A 653
测量范围/mm	X 轴	900	测量范围/mm	X 轴	600
	Y 轴	1000		Y 轴	500
	Z 轴	600		Z 轴	280
分辨率/μm		0.1	分辨率/μm		0.1
精度①/μm	MPE_E	2.5+3.5L/1000,2.9+4.3L/1000,3.6+5.8L/1000②	精度①/μm	MPE_E	2.5+3.5L/1000,2.8+4.2L/1000,3.2+5.0L/1000,3.5+5.7L/1000,3.9+6.5L/1000③
	MPE_P	2.5(2.2:使用 SP25M)		MPE_P	2.5

① 本测量机带有温度补偿系统。统一标准：ISO 10360-2 使用的探测系统：TP7M 带有 ϕ4mm×20mm 测针，L 为测量长度，mm。

② 保证精度的温度范围：19～21℃，15～25℃，5～35℃。

③ 保证精度的温度范围：19～21℃，15～25℃，10～30℃，5～35℃，35～40℃。

表 31-2-14 CRYSTA-Plus M443/500/700 系列手动三坐标测量机

型号		CRYSTA-Plus M443	CRYSTA-Plus M544	CRYSTA-Plus M574	CRYSTA-Plus M776	CRYSTA-Plus M7106
测量范围/mm	X 轴	400	500	500	700	700
	Y 轴	400	400	700	700	1000
	Z 轴	300	400	400	600	600
分辨率/μm		0.5	0.5	0.5	0.5	0.5
精度/μm	E	3.0+4.0L/1000	3.5+4.0L/1000		4.5+4.5L/1000	
	R	4.0	4.0		5.0	
工作台	材料	花岗岩	花岗岩	花岗岩	花岗岩	花岗岩
	尺寸/mm×mm	624×805	764×875	764×1175	900×1440	900×1740
	紧固用螺钉孔/mm	M8×1.25	M8×1.25	M8×1.25	M8×1.25	M8×1.25
工件	最大高度/mm	480	595	595	800	800
	最大质量/kg	180	180	180	500	800
质量(主机)/kg		360	450	575	1451	1697

表 31-2-15 SpinArm-Apex 多关节臂式三坐标测量系统

型号	SpinArm-Apex 186S	SpinArm-Apex 246S	SpinArm-Apex 306S	SpinArm-Apex 366S
测量范围/mm	1800	2400	3000	3600
重复性/mm	±0.040	±0.050	±0.080	±0.100
精度/mm	±0.055	±0.065	±0.100	±0.135
质量(主机)/kg	14.5	14.7	15.2	15.6

型号	SpinArm-Apex 247S	SpinArm-Apex 307S	SpinArm-Apex 367S
测量范围/mm	2400	3000	3600
重复性/mm	±0.055	±0.090	±0.110
精度/mm	±0.080	±0.135	±0.165
质量(主机)/kg	15.1	15.6	16.0

美国 FARO 科技公司是从事设计、开发、推广和销售便携式计算机测量设备以及用来创建虚拟模型或对现有模型进行评估的专用软件的制造商供应商。该公司的主要产品包括 Gage（测量机）、FaroArm（测量臂）、Laser Scanner（激光扫描仪）、Laser Tracker（激光跟踪仪）和 CAM2 软件系列等，该公司部分坐标测量臂规格型号和技术参数见表 31-2-16。

德国温泽集团的产品涵盖了三坐标、逆向工程、无损检测、工业 CT、微焦点等众多领域，提供了三维测量、齿轮测量、计算机断层扫描、光学高速扫描和造型等多个行业的独特解决方案，在汽车、航空航天、发电及医疗等众多行业中有大量应用。温泽在全球范围内已交付安装超过 10000 台测量设备。其子公司和业务伙伴在超过 50 个国家销售产品，并提供售后服务以满足客户需求。该公司部分坐标测量机规格型号和技术参数见表 31-2-17～表 31-2-19 所示。

目前国内包括独资和合资公司，已有数十家不同规模的生产厂家，其主要厂家及产品见表 31-2-20。

表 31-2-16　FARO Quantum FaroArm 便携式坐标测量臂①

接触式测量(测量臂)②										
测量范围/m	SPAT③/mm		E_{UNI}④/mm		P_{SIZE}⑤/mm		P_{FORM}⑥/mm		L_{DIA}⑦/mm	
	6 轴	7 轴	6 轴	7 轴	6 轴	7 轴	6 轴	7 轴	6 轴	7 轴
Quantum^{M}1.5	0.018	—	0.028	—	0.012	—	0.020	—	0.034	—
Quantum^{M}2.5	0.026	0.028	0.038	0.042	0.018	0.020	0.030	0.035	0.045	0.060
Quantum^{M}3.5	0.044	0.055	0.066	0.085	0.030	0.040	0.050	0.060	0.080	0.110
Quantum^{M}4.0	0.053	0.065	0.078	0.100	0.034	0.040	0.060	0.080	0.096	0.132

非接触式测量(扫描臂)⑧	
测量范围/m	L_{DIA}⑦/mm
Quantum^{M}2.5	0.063
Quantum^{M}3.5	0.100
Quantum^{M}4.0	0.115

① 所有值表示 MPE（最大允许误差）。
② 接触式测量（测量臂）：符合 ISO 10360-12。
③ SPAT 为单点摆臂测试。
④ E_{UNI}为两点之间的长度误差，将测量值与标称值进行比较。
⑤ P_{SIZE}为接触式测量球体尺寸误差，比较测量值与标称值。
⑥ P_{FORM}为接触式测量球体形状误差。
⑦ L_{DIA}为球体位置直径误差（包含从多个方位测量的球体中心的球形区域的直径）。
⑧ 非接触式测量（扫描臂）：全系统性能符合 ISO 10360-8 附录 D。

表 31-2-17　桥式三坐标测量机有效测量范围　mm

机型		X 轴	Y 轴	Z 轴
LH	LH65	650	750/1200	500
	LH87	800	1000/1500/2000	700
	LH108	1000	1200/1600/2000/2500	800
	LH1210	1200	1600/2000/2500/3000	1000
	LH1512	1500	2000/2500/3000/4000	1200/1300
XOrbit	XO55	500	700/1000	500
	XO87	800	1000/1500/2000	700
	XO107	1000	1200/1500/2000	700
LHF	LHF	2500～4000	4000～10000	1700～2500
XOplus	XOplus 55	500	500/700/1000	500
	XOplus 77	700	1000/1500/2000	700
	XOplus 98	900	1200/1500/2000	800
LH	LH Classic 54	500	600	400
	LH Classic 65	650	750/1200	500
	LH Classic 87	800	1000/1500/2000	700
	LH Classic 108	1000	1200/1600/2000/2500	800
	LH Classic 1210	1200	1600/2000/2500/3000	1000

表 31-2-18　　LH-Gantry 龙门系列三坐标的有效测量范围　　mm

机型	X 轴	Y 轴	Z 轴
LH1515	1500	2000/2500/3000/4000	1500
LH2015	2000	3000/4000/5000	1500

表 31-2-19　　水平臂式三坐标测量机有效测量范围　　mm

机型		X 轴	Y 轴	Z 轴
RSplus 系列敞开式悬臂测量机	RSplus	4000～6000	1000～2100	1200～3000
	RSDplus	4000～6000	1800～4000	1200～3000
RA 系列地面平台式悬臂测量机	RA/RAF	4000～24000	1000～2100	1200～3000
	RAD/RADF	4000～24000	1800～4000	1200～3000
RAplus 系列地面平台式悬臂测量机	RAplus	4000～24000	1600～2100	2100～3000
	RADplus	4000～24000	3000～4000	2100～3000

表 31-2-20　　国内坐标测量机主要厂家及产品一览表

公司名称	坐标测量机产品	网址	性质
北京航空精密机械研究所	·FUTURE 系列三坐标测量机 ·PEARL 系列三坐标测量机 ·CENTURY 系列三坐标测量机 ·LM 系列三坐标测量机	http://www.bj303.com/	
北京南航立科机械有限公司	·悬臂式三坐标测量划线机：单立柱测量划线机，双立柱测量划线机，全自动 CNC 双机 ·桥式三坐标测量机：神箭系列-SWORD-渊虹，神箭系列-SWORD-含光 ·大型龙门式三坐标测量机：神箭系列-SWORD-巨阙，神箭系列-SWORD-天照 ·五轴在线测量系统	http://www.bjnhlk.com/	
贵阳新天光电科技有限公司	·LUXURY 系列三坐标测量机 ·MAGI 系列三坐标测量机 ·CLASSIC 系列三坐标测量机 ·FASHION 系列三坐标测量机	http://www.chfoic.com/	
西安爱德华测量设备股份有限公司	·桥式三坐标测量机：Daisy 系列，LEGEND 系列，ML 系列 ·超高精度三坐标测量机：MGH-高精度系列 ·龙门式三坐标测量机：Atlas 系列，Atlas B 系列 ·复合式三坐标测量机：O-Scope U422/O-Vision U553 系列，Dreamer 系列 ·影像坐标测量仪：Perfect 系列，O-Scope M/O-Scope A 系列	http://www.china-aeh.com/	德国 AEH 独资公司
西安力德测量设备有限公司	·EXPERT 高精度三坐标测量机 ·FLY 系列数控三坐标测量机 ·GREAT 系列大量程数控测量机 ·GREAT-D 系列超大量程数控测量机 ·TOP 系列超高精度数控测量机 ·DRAGON 系列手动三坐标测量机	http://www.leadmetrology.com.cn/	
青岛雷顿数控测量设备有限公司	·Miracle 系列三坐标测量机 ·Miracle-P 系列三坐标测量机 ·Cruiser 系列三坐标测量机 ·Metroking 系列三坐标测量机 ·Navigator 系列三坐标测量机 ·Hiscanner 三维激光扫描测量机	http://www.leader-nc.com.cn/	美国 Leader Metrology Inc 合资公司

续表

公司名称	坐标测量机产品	网址	性质
思瑞测量技术(深圳)有限公司	• Tango 系列三坐标测量机 • Croma 系列三坐标测量机 • Function 系列三坐标测量机 • Tango-R 关节臂测量机 • Tango-S 手持式扫描系统 • Laser-RE 系列复合型激光扫描机	http://www.serein.com.cn/	瑞典 Hexagon 控股公司
广东万濠精密仪器股份有限公司	• CMS-C 全自动三坐标测量机 • CMS-MV 复合式手动三坐标测量机 • CMS-M 手动三坐标测量机	http://www.rational-wh.com/	
深圳市壹兴佰测量设备有限公司	• YXB 双高架龙门式三坐标测量机 • YXB 双立柱龙门式三坐标测量机 • YXB 全自动桥式三坐标测量机 • YXB 手动桥式三坐标测量机 • YXB 全自动单边高架三坐标测量机	http://www.myxbcee.com/	
苏州怡信光电科技有限公司	• EM 系列手动型三坐标测量机 • ENC 系列自动型三坐标测量机	http://www.easson.com.cn/	隶属于中国香港怡信集团
昆山三友新天机电科技有限公司	• Metroking 系列三坐标测量机 • Miracle 系列三坐标测量机 • NC 龙门型自动影像测量仪	http://www.zgsunyo.com/	
青岛弗尔迪测控有限公司	• Squirrel 纯手动型三坐标测量机 • Seal 手动可升级型三坐标测量机 • Seagull 自动普及型三坐标测量机 • Leopard 全自动型三坐标测量机 • Roc 高精度自动系列测量机 • Elephant 固定龙门系列测量机 • Whale 移动龙门系列测量机	http://www.fd-cmm.com/	
济南德仁三坐标测量机有限公司	• HIT 系列三坐标测量机 • SIGMA 系列三坐标测量机 • MHB 系列三坐标测量机 • PFB 系列三坐标测量机 • MHG 系列三坐标测量机 • GIANT 系列三坐标测量机 • HIT-V 系列三坐标测量机 • PLUTO 系列三坐标测量机	http://www.dukin.com.cn/	隶属于韩国 DUKIN 株式会社
青岛麦科三维测控技术股份有限公司	• Swift 系列三坐标测量机 • Enjoy/Enjoy-plus 系列三坐标测量机 • Super 系列三坐标测量机 • View/View-plus 系列桥式测量机 • Discovery 系列大型龙门式三坐标测量机 • Greenwich 系列固定桥式测量机	http://www.metro-3d.com/	
上海量具刃具厂有限公司	• SLCMM 系列三坐标测量机	http://www.smctw.com.cn/	
智泰集团	• 3DFAMILY-MVF 复合式三坐标测量仪 • 3DFAMILY-CMF Classic 全自动三坐标测量仪 • 3DFAMILY-CLF PLUS 全自动三坐标测量仪 • 3DFAMILY-CELLO 双悬臂坐标测量仪 • 3DFAMILY-VIOLA 单悬臂坐标测量仪 • 3DFAMILY-CLF 全自动三坐标测量仪 • 3DFAMILY-CMF 全自动三坐标测量仪 • 3DFAMILY-MMF 手动三坐标测量仪	http://www.3dfamily.com/	
北京光电汇龙科技有限公司	• Micro-Vu 非接触三坐标测量仪 • HL-ACM 复合式自动三坐标测量机 • HL-ACM 全自动三坐标测量机 • HL-ACM 大行程三坐标测量机 • HL-ACM 龙门式三坐标测量机 • BACES 3D 关节臂测量机	http://www.bjhleo.com/	

2.4 典型光学测量设备

用于逆向工程的光学测量设备从使用光源来分，主要有激光和自然光。能提供此类设备的厂商集中在国外，其中比较有影响的主要有德国的 GOM 公司、Steinbichler 公司，法国的 Kreon Industrie 公司，比利时的 Metris 公司，美国的 3D Digital 公司等。这里就其典型产品的主要特点和技术参数介绍如下。

（1）ATOS 扫描仪

ATOS 测量系统是德国 GOM 公司的产品，其测量过程是基于光学三角形原理，将特定的光栅条纹投影到测量工件表面，通过两个高分辨率 CCD 数码相机对光栅干涉条纹进行拍照，利用光学拍照定位技术和光栅测量原理，可在极短的时间获得复杂工件表面的完整点云。其独特的流动式设计和不同视角点云的自动拼合技术，使扫描不需要借助于机床的驱动，扫描范围可达 12m。其扫描点云可用于产品开发、逆向工程、快速成型、质量控制，甚至可实现直接加工。

ATOS 采用高分辨率 CCD 数码相机采集数据，可在极短时间内获得复杂表面的密集点云，并可根据表面的曲率变化生成网格面，便于后期的曲面重建和直接加工。可清晰获得细小特征，并可方便提取工件表面特征（圆孔、方孔、边界线、黑胶带线等）。

对于不同视角的测量数据，系统依靠粘贴在工件表面公共的三个参考点，可自动拼合在统一坐标系内，从而获得完整的扫描数据。可根据工件尺寸选择不同直径的参考点，对于被参考点覆盖而在工件表面留下的空洞，软件可根据周围点云的曲率变化进行插补。对于复杂的大型工件，采用数码相机拍照和整合定位计算，可迅速测量出全部参考点的空间三坐标值，从而建立统一的参考点的坐标框架，再利用 ATOS 扫描头进行测量，获得完整的扫描点云。通过这种方式，可消除积累误差、提高大型工件的扫描精度。ATOS 测量头技术参数见表 31-2-21。

（2）Optix 扫描仪

3D Digital 激光扫描仪运用了激光点射式测距原理，开机工作后，激光从扫描仪的一个窗口以 30°扇形角扫描输出，被测物体表面形成的亮点被 3DD 激光扫描仪特有的 CCD 数码摄像机所拍摄。在 3DD 激光扫描仪内，摄像机信号在每个 NTSC 像素时间（约 70ns）内被数字化后传输给计算机，并交给计算机识别处理。

由于激光输出的窗口和摄像机之间有严格的距离关系，因此可以测得空间一点的三维坐标。每一条扫描线内有 1000 个点，每次扫描可以有 200～1000 线，用户可以通过仪器的驱动软件调整所需的扫描线数，这样每次扫描最多可以得到一百万个点的三坐标尺寸数据。经过后续软件的加工后，扫描得出的结果是一个和被测物体表面形状完全吻合的空间点云形状。

3D Digital 公司的 Optix 500 系列产品配有可拆卸扫描头，同一基座可装配多个扫描头。该系列产品具有体积小、重量轻等特点，可安装在三脚架上使用，同时配有 USB 即插即用接口，可与 Windows 操作系统兼容，Optix 扫描仪可与外部数码摄像头连接。3D Optix 扫描仪已由 3D Scanworks 公司集成至机器人系统。Optix 测量头技术参数见表 31-2-22。

表 31-2-21 ATOS 测量头技术参数

	ATOS 标准级工业数字化仪		ATOS 专业级工业数字化仪	
	ATOS CompactScan 2M	ATOS CompactScan 5M	ATOS Ⅱ TripleScan	ATOS Ⅲ TripleScan

测量范围/mm	35×30×20～1000×750×750	40×30×20～1200×900×900	38×24×15～2000×1500×1500	38×29×15～2000×1500×1500
测量距离/mm	420～1170	420～1170	490～1980	490～2330
相机分辨率	2×2000000pixel	2×5000000pixel	2×5000000pixel	2×8000000pixel
单幅测量时间/s	0.8	0.8	1	2
点云密度/mm	0.021～0.615	0.017～0.481	0.02～0.62	0.01～0.61
测量精度/mm	0.005～0.05	0.005～0.05	0.002～0.02	0.004～0.05
曝光次数/次	最多 7 次	最多 7 次	最多 7 次	最多 7 次
光栅技术	电外差法相位+格雷码光栅	电外差法相位+格雷码光栅	电外差法相位+格雷码光栅	电外差法相位+格雷码光栅
激光指示器	√	√	√	√
扫描头尺寸/mm	340×130×230	340×130×230	600×500×900	600×500×900
扫描头质量/kg	3.9	3.9	13	13
控制器	内置	内置	内置	内置

（3）Nikon 扫描仪

Nikon 公司的 XC65D×（-LS）、LC60D×、L100、LC15D×扫描测量头均用于坐标测量机上。多激光 XC65D×扫描测量头能捕捉各种三维细节特点：棱边、凹陷、筋板和自由曲面，无须通过用户交互来捕捉任何曲面。LC60D×是 Metris 公司的下一代数字 3D 线扫描测量头，它具有较高的扫描效率、性能和鲁棒性。L100 对于在 CMM 台面上进行特征测量和逆向工程具有较长的投射距离。由于采用更小的视野，LC15 D×对于较小的零件和具有严格公差的细小零件，如涡轮叶片、移动电话等，LC15 D×可保证其测量精度和所需要的点密度。各测量头技术参数见表 31-2-23～表 31-2-25。

表 31-2-22　Optix 测量头技术参数

技术参数	型号		
	500L	500M	500S
传感器分辨率	2590×1920（5MP）		
X 向点距/μm	100	50	12
Y 向点距/μm	125	75	20
精度（Z 向标准偏差）/μm	50	25	8
体积精度（X×Y×Z）/μm³	125×125×50	75×75×50	18×25×12
Z 向最小操作距离/mm	750	375	150
景深/mm	100	100	100
扫描范围（X、Y）/mm	600×550/675×625	250×200/375×325	75×50/175×125
扫描仪尺寸/mm	575×100×150	325×100×150	
质量/kg	4	3	

表 31-2-23　XC65Dx/XC65Dx-LS 测量头技术参数

型号	XC65Dx	XC65Dx-LS
测量精度/μm	12	15
扫描速度	交叉扫描模式：3×25000 点/s 线扫描模式：1×75000 点/s 75 线/s	交叉扫描模式：3×25000 点/s 线扫描模式：1×75000 点/s 75 线/s
条纹宽度/mm	3×65	3×65
测量景深/mm	3×65	3×65
工作距离/mm	75	170
尺寸/mm	155×86×142	155×86×142
质量/g	440	480
激光安全等级	2	2
测头兼容	PH10M，PH10MQ，CW43，PHS	PH10M，PH10MQ，CW43，PHS

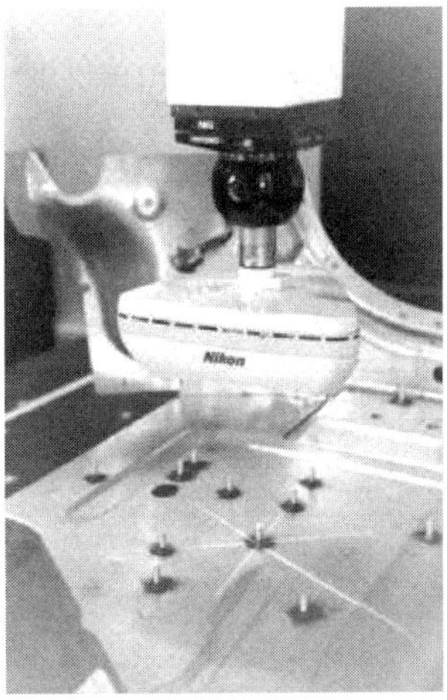

表 31-2-24　LC60Dx 测量头技术参数

测量精度/μm	9
条纹宽度/mm	60
扫描速度/点·s^{-1}	75000
分辨率/μm	60
工作距离/mm	95
景深范围/mm	60×60
质量/g	390
激光安全等级	2
测头兼容	PH10M，PH10MQ，CW43，PHS

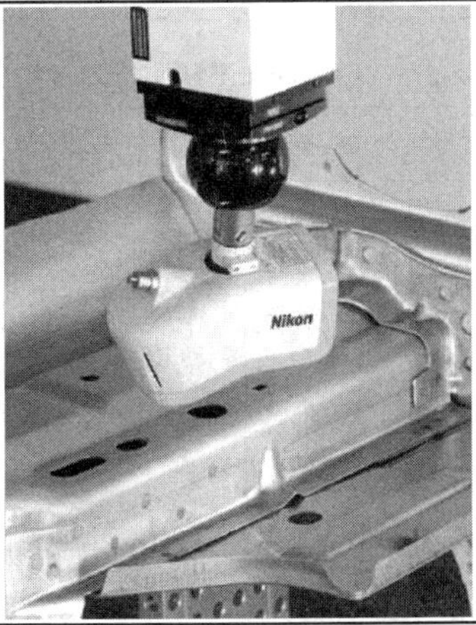

(4) Kreon 扫描仪

Aquilon 是 Kreon 出品的顶级 3D 扫描仪，专为高要求的工业应用设计。双摄像头提供完整的扫描表面图像。高精度和高速度是 Aquilon 3D 扫描仪的核心特征。Kreon 线激光传感器 Zephyr Ⅱ 采用了国际顶尖科技，打造了世界首款蓝光传感器，并提供基础级及高精级两种不同等级的产品。Kreon 各测量头技术参数见表 31-2-26～表 31-2-28。

表 31-2-25 LC15Dx 测量头技术参数

扫描速度/点·s^{-1}	70000
景宽/mm	18
景深/mm	15
投射距离/mm	60
精度/μm	1.9
分辨率/μm	22
尺寸/mm	104×100×58
质量/g	370
激光安全等级	2
测头兼容	PH10M,PH10MQ,CW43,PHS

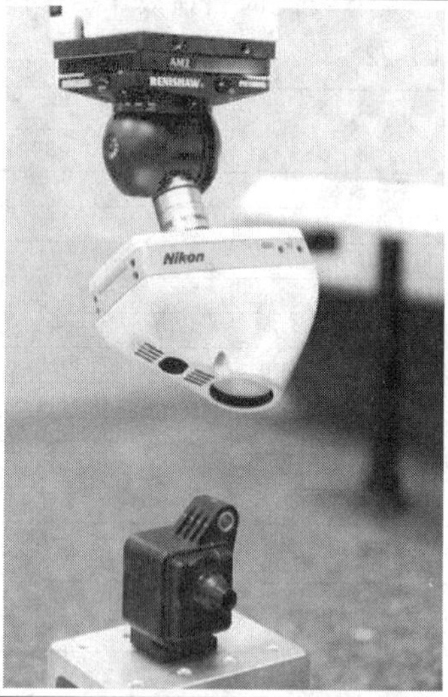

表 31-2-26 Solano 测量头技术参数

型号	Solano CMM	Solano Blue
线分辨率/μm	140	140
测量距离/mm	50	100
视野范围/mm	100	100
自动质量检测	有	有
温度补偿	有	有
激光安全等级	红色,2M 等级	蓝色,2M 等级
图例		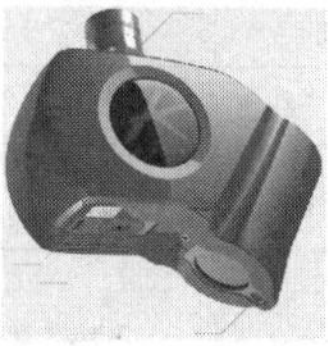

表 31-2-27 Aquilon 测量头技术参数

型号	Aquilon
扫描速度/点·s^{-1}	1000000
精度/μm	5
激光线长度/mm	50
测量范围/mm	75
投射距离/mm	60
激光安全等级	2

表 31-2-28 Zephyr Ⅱ 测量头技术参数

型号	Zephyr Ⅱ	Zephyr Ⅱ blue
扫描速度/点·s^{-1}	250000	250000
精度/μm	15	10
激光束宽度/mm	100	70
分辨率/μm	80	50
工作间距/mm	95	75
可测范围/mm	130	75
多探针测量精度/μm	20	15
AQC	有	有
温度补偿	有	有
激光安全等级	红色,2M 等级	蓝色,2M 等级
通信接口	USB	USB

(5) COMET6 扫描仪

COMET 6 是 Zeiss（卡尔蔡司）公司最新推出的第六代光学扫描仪，广泛应用于工业逆向设计、有限元分析、生产线在线检测等领域。

COMET 6 扫描测量系统利用白色光栅投影法（使用投影光栅和照相机的三角形测量法），通过白光光源将一系列的光栅化光束投射到待测量的物体上，再用单镜头沿着光束方向将这些投射到物体表面上的光栅拍下来，通过数位式地移动光栅，投影的模式也会随之变化。因此，对每一个在镜头上获得的图片，都会分配一个确定的编码。对物体每一个点的三维位置，可以从两个目标镜头之间的距离及三角法中的角度计算得到。同时可配合 photogrammetry 系统（数字相机定位系统），能有效地消除累积误差，非常适合大型物体表面的扫描工作。COMET 6 测量头技术参数见表 31-2-29。

表 31-2-29 COMET 6 测量头技术参数

规格		COMET 6 8M	COMET 6 16M
相机分辨率		3296×2472	4896×3264
测量场与测量范围/mm	80	86×64×40	81×54×40
	150	142×106×80	145×97×80
	250	283×213×160	274×193×160
	400	386×289×200	382×254×200
	700	666×499×400	656×437×400
	1200	1216×912×600	1235×823×600
三维点距/μm	80/150	26/43	16/30
	250/400	86/117	56/78
	700/1200	202/369	134/252
工作距离/mm	80/150	420/600	420/600
	250/400	600/785	600/785
	700/1200	785/1400	785/1400
最快测量速度/s		＜1	1,2

(6) FARO Quantum 测量臂

FARO Quantum 测量臂是全球具有创新性的便携式坐标测量仪，能够让制造商通过进行逆向工程、三维检测、尺寸分析、CAD 比较、工具认证等验证产品质量。Quantum 是符合最新制定的、最苛刻的 ISO 10360-12：2016 国际测量质量标准的测量臂，可在任何工作环境中最大限度地提供测量一致性和可靠性。FARO Quantum 具有四种工作范围，是 FARO 最直观、最符合人体工学设计和最精确的测量臂。它非常适合高精度测量工作，能使制造商的部件和组件满足最苛刻的规格要求。Quantum 结合 FAROBlu Laser Line Probe HD，可以提供卓越的非接触测量功能。

(7) T-Scan 手持激光扫描仪

Zeiss 公司 T-Scan 手持激光扫描仪是由一个空间定位接收系统、控制器及手持激光扫描器构成。手持激光扫描器上有许多天线装置用于发射信号，而空间定位接收系统通过接收到的手持式激光扫描器发出的信号，就能精确定位手持式激光扫描器在空间的位置，从而可在坐标系中将工件表面数字化，获得点云数据。

T-Scan 扫描仪的使用像刷子在曲面上刷漆一样，可以手持或通过机械手夹持。通过扫描器在被测量曲面上移动，获得三维坐标点数据，如图 31-2-12 所示。因为通过跟踪仪来定位，所以在有效测量场内都能得到高精度的扫描数据，并且支持无线的点位测量。

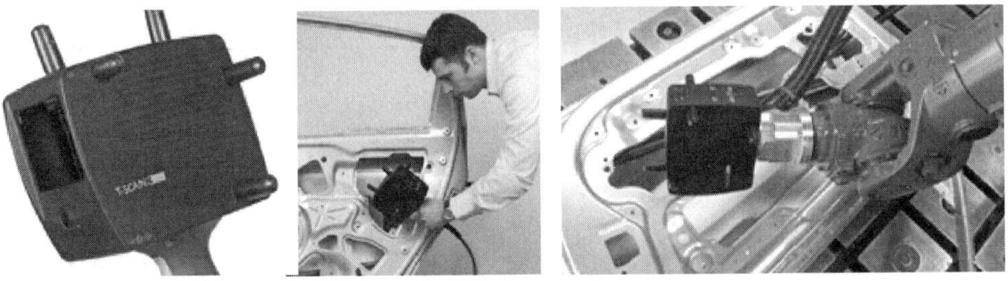

图 31-2-12 手持激光扫描仪

T-Scan系统测量原理如图31-2-13所示，该系统由一个多边形镜头定位的一根直线可视激光束（670nm、激光等级2），通过高频（10kHz）扫描来对物体表面进行扫描测量；应用三角定律，激光束在物体表面经反射后由激光接收器接收，然后经计算获得物体表面的位置坐标。

激光扫描器的六度空间位置（三个空间定位加三个转角）则由光学跟踪器来确定，该跟踪器会自动捕捉激光扫描器上共29个红外定位点中至少4个点，从而确定该激光扫描器的空间位置。

通过移动扫描器，整个物体表面就能被记录下来。而测量下来的三维坐标点则会实时显示在计算机显示屏上。一个导航束用于确定在移动扫描器时能保持最佳的光束距离。其产品特点如下。

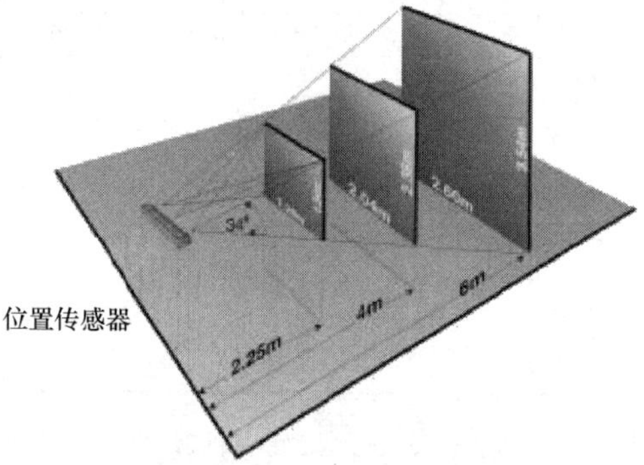

图31-2-13 T-Scan系统测量原理

• 扫描宽度大：扫描宽度高达125mm，对于较大物体也能保持较快的扫描速度。

• 实时显示：在扫描过程中，扫描结果可以实时显示在计算机屏幕上，这使得扫描操作变得非常直观。

• 激光等级2：由于采用等级为2的激光束，从而不需专门防护，对人体无害。

• 可变的点云密度：由于可以在一根扫描激光束内调节点密度，使得可以自动获得高密度的物体轮廓线。

• 点与点间饱和度控制：通过对激光束内点与点间饱和度的自动控制，使得即使在测量带垂直结构的物体时也能获得较高的精度，因此可避免针对被测物体的准备工作。

• 不需标定：无论是激光扫描头还是光学跟踪器都处于已标定状态，用户不需要在现场进行烦琐的标定工作。

• 测量体积大：工作范围在2～6m，可以测量较大的物体。

• 扫描适应性强：除了透明物体和镜面物体，其余材质均不需涂显像剂。

• 支持测量功能：配合Ployworks、Metrolog等软件，可以实现传统测量的功能，而且测量范围大，测量更灵活。

• 点云质量高：扫描后能生成完美的STL点云，为后期工作打好基础。

T-Scan激光扫描仪技术指标见表31-2-30、表31-2-31。

表31-2-30 T-Scan CS扫描仪技术指标

测量深度/mm	±50
扫描宽度/mm	高达125
平均测量距离/mm	150
扫描线频/Hz	高达160
数据获取率/点·s^{-1}	高达210.000
扫描仪质量/g	1100
扫描仪尺寸/mm	300×170×150
电脑和扫描仪标准线缆长度/m	10
横向分辨率/mm	0.075
扫描线点数/点	1312
激光类型	激光二极管
波长/nm	658
激光安全等级	2M

表31-2-31 T-Scan LV扫描仪技术指标

测量景深/mm	±50
线宽/mm	高达125
平均工作距离/mm	150
扫描线频/Hz	高达160
数据获取率/点·s^{-1}	高达210.000
扫描头质量/g	1100
扫描头尺寸/mm	300×170×150
扫描头-笔记本标准线长/m	10
平均点距/mm	0.075
扫描线点数/点	1312
激光类型	激光二极管
波长/nm	658
激光安全等级	2M

第 3 章　逆向设计中的数据预处理

逆向设计中的测量数据按数据点的数量可分为一般数据点和“点云”（point cloud）数据。一般数据点的数据量不是很大，通常由接触式坐标测量机获得。点云是一特殊的测量数据点，一般由激光扫描仪等非接触式测量设备获得，其数据量比一般数据点的数据量大得多，也称海量数据。点云的数据量一般从几万到几百万数据点不等，按测量数据是否规整，可分为规则数据和散乱（arbitrary）数据，其数据特点如表 31-3-1 所示。

在逆向设计中获取的数据点无论是接触式测量还是非接触式测量，在测量中都不可避免地要产生测量误差。如零件尖锐边和边界附近的测量数据，测量数据中的坏点可使该点及其周围的曲面片偏离原曲面；由于实物几何和测量手段的制约，在获取数据时，会存在部分测量盲区和缺口；对于接触式三坐标测量机，测得的数据一般是未经测头半径补偿的球心轨迹数据；对于激光扫描测量，会产生海量数据等。这将对后续的曲线、曲面以及实体重构的过程产生影响。因此，在三维重建前，要使这些测量点符合造型的要求，必须对其数据进行必要的预处理。数据的预处理包括测头半径补偿、数据的剔除、数据的平滑、数据的拼合、数据的精简、数据的修补、数据的分割等内容。

3.1　测头半径补偿

当采用接触式测头对曲面进行测量时，由于测头半径的影响，直接得到的坐标数据并不是测头与被测表面接触点的坐标，而是测头球心的坐标，因此通常都要进行测头的半径补偿。

在接触式测量中，根据补偿原理可分为二维补偿和三维补偿；根据补偿时间可分为实时补偿和事后补偿。目前的 CMM 测量中，广泛采用二维自动补偿方法，即在测量时，将测量点和测头半径的关系都处理成二维情况，并将补偿计算编入测量程序中，在测量时自动完成数据的测头半径补偿。这种补偿方法，简化了补偿计算，不影响测量采点和扫描速度。当被测点的表面法矢方向位于测量截面内时，测点坐标和测

表 31-3-1　规则数据和散乱数据

数据类型		数据特点	示意图	数据获取方式
散乱数据		测量点没有明显的几何分布特征，呈散乱无序状态		随机扫描方式下的 CMM、激光测量，立体视觉测量等系统的点云呈现散乱状态
规则数据	扫描线数据	测量点由一组扫描线组成，扫描线上的所有点位于扫描平面内	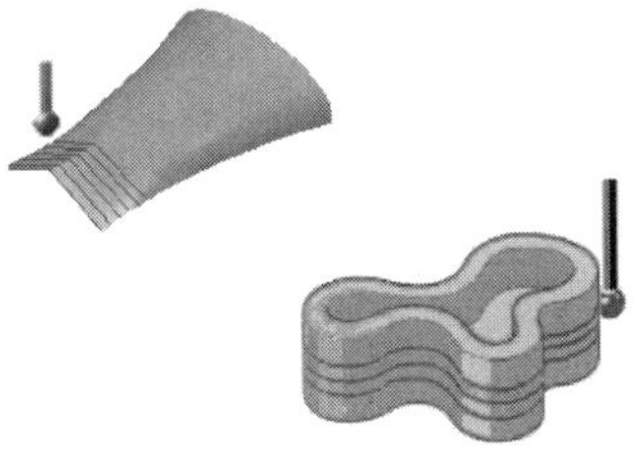	CMM、激光点光源测量系统沿直线扫描和线光源测量系统扫描测量数据呈现扫描线特征
	网格化数据	点云中所有点都与参数域中一个均匀网格的顶点相对应	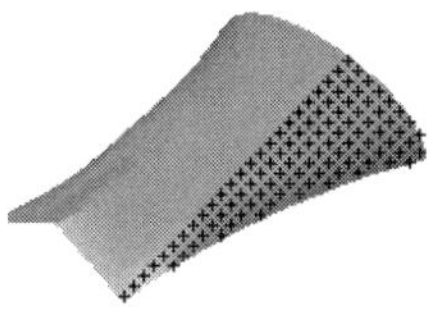	莫尔等高线测量、工业 CT、层切法等获得的数据可呈现网格特征

头中心相差一个测头半径值，即被测轮廓与测头球心轨迹是等距线关系，这时采用二维补偿是精确的。对于一些由平面、二次曲面等组成的规则形状表面，通常是这种情况；但对于一些由自由曲面组成的复合曲面，被测点的表面法矢方向不在测量截面内时，其测量点连线为空间曲线，即被测轮廓与测头球心轨迹是等距面关系。这时采用二维补偿误差较大，当逆向工程模型的精度要求较高时，应对测头进行三维补偿。这种情况下，要实现球形测头半径补偿必须知道被测轮廓或者测头与曲面接触点的法矢。因此，进行测头半径补偿的核心问题就是确定被测轮廓各点的法矢。

实时补偿是在数据测量过程中，每次采点后，测量程序自动计算其补偿量，最终记录输出的是补偿过的数据点集。目前CMM的测量程序中都具有自动补偿功能，但多采取上述的二维补偿方法。能够实现测头半径实时三维补偿的一种方法是微平面法，即在CMM测量时，测头在测点P的一个小邻域内，分别在其周围采集三个参考点，用这三点构成小平面的法矢作为测点P处的法矢，进行半径补偿。该方法适用于复杂曲面的手动测量和自动测量，但测量工作量和测量时间大大增加。事后数据处理补偿是测量完成后，根据测头半径、表面曲面的性质和所采取的测量方法来计算每个点的补偿量或采取其他方法处理补偿问题。三维补偿计算较为烦琐，工作量也大，适合处理复杂曲面和轮廓曲线的补偿问题。这里仅就三维补偿常用方法作一介绍。

3.1.1 拟合补偿法

3.1.1.1 B样条曲面补偿法

在CMM上采用球形测头进行曲面测量时，测头保持与曲面接触并沿测量平面移动，测头中心轨迹所形成的曲面实质上与被测曲面是等距面关系，测量机所采集的数据则是该等距曲面上的系列离散点。因此，对测头三维补偿，主要有两种方法：一是曲面整体偏距处理；另一个是测量点补偿。

(1) 曲面偏距方法

基于测头中心轨迹和被测点轨迹的关系，可以采取曲面偏距方法。造型时，对所有测量点不进行补偿处理，曲面构建后，曲面整体向内偏移一个测头半径值。测量时，要求对同一曲面的数据采样过程中，扫描测头半径不变和测轴方向保持一致。这种处理方法简单、避免了计算，适合处理表面形状不太复杂的零件。但该方法没能获得被测点的坐标数据，为日后进行相关的数据处理和分析带来了不便。

(2) 测量点三维补偿计算

如果采样点$\boldsymbol{Q}_{ij}$呈网状分布，即$\boldsymbol{Q}_{ij}$是双有序点列，过采样点$\boldsymbol{Q}_{ij}$可以用双三次B样条曲面拟合出测头中心轨迹曲面$\boldsymbol{S}^*$，用曲面$\boldsymbol{S}^*$来描述测头中心轨迹曲面。

设$\boldsymbol{d}_{i,j}(i=0,1,\cdots,n+1;j=0,1,\cdots,m+1)$为双三次$B$样条曲面的$(n+2)\times(m+2)$个控制顶点，曲面$\boldsymbol{S}^*$可表示为

$$\boldsymbol{S}^*(u,v)=\boldsymbol{UBD}_{ij}\boldsymbol{B}^T\boldsymbol{V}^T(0\leqslant u<1;0\leqslant v<1) \tag{31-3-1}$$

$$\boldsymbol{U}=[1,\ u,\ u^2,\ u^3]$$

$$\boldsymbol{V}=[1,\ v,\ v^2,\ v^3];$$

$$\boldsymbol{B}=\begin{bmatrix}1 & 4 & 1 & 0\\ -3 & 0 & 3 & 0\\ 3 & -6 & 3 & 0\\ -1 & 3 & -3 & 1\end{bmatrix}$$

$$\boldsymbol{D}_{ij}=\begin{bmatrix}\boldsymbol{d}_{i-1,j-1} & \boldsymbol{d}_{i-1,j} & \boldsymbol{d}_{i-1,j+1} & \boldsymbol{d}_{i-1,j+2}\\ \boldsymbol{d}_{i,j-1} & \boldsymbol{d}_{i,j} & \boldsymbol{d}_{i,j+1} & \boldsymbol{d}_{i,j+2}\\ \boldsymbol{d}_{i+1,j-1} & \boldsymbol{d}_{i+1,j} & \boldsymbol{d}_{i+1,j+1} & \boldsymbol{d}_{i+1,j+2}\\ \boldsymbol{d}_{i+2,j-1} & \boldsymbol{d}_{i+2,j} & \boldsymbol{d}_{i+2,j+1} & \boldsymbol{d}_{i+2,j+2}\end{bmatrix}$$

随着采样密度的增加，曲面$\boldsymbol{S}^*$能以任意给定的精度逼近测头中心轨迹曲线，而且曲面$\boldsymbol{S}^*$上$\boldsymbol{Q}_{ij}$点的法矢量与被测曲面上对应的测头触点处的法矢量趋于共线。

测头半径补偿是根据所采集的一系列测头中心坐标点找到被测表面上对应的测头触点。根据所建立的测头中心轨迹曲面方程，用轨迹曲面$\boldsymbol{S}^*$在采样点$\boldsymbol{Q}_{ij}$处的单位法矢量$\boldsymbol{n}_{ij}^*(u_i,\ v_j)$代替被测曲面$\boldsymbol{S}$在对应点$P_{ij}$处的法矢量，可得测头半径补偿公式

$$\boldsymbol{P}_{i,j}=\boldsymbol{Q}_{i,j}\pm r\boldsymbol{n}_{i,j}^* \tag{31-3-2}$$

$$\boldsymbol{n}_{i,j}^*(u_i,v_j)=\frac{\boldsymbol{S}_u^*(u_i,v_j)\times\boldsymbol{S}_v^*(u_i,v_j)}{|\boldsymbol{S}_u^*(u_i,v_j)\times\boldsymbol{S}_v^*(u_i,v_j)|} \tag{31-3-3}$$

式中，r为测头半径。当被测曲面位于轨迹面法矢量所指的一侧，取“+”号，反之取“−”号。通过求取测头中心轨迹曲面在采样点处关于参数u、v的偏导数，对双三次B样条曲面，有

$$\begin{cases}\boldsymbol{S}_u^*=(\boldsymbol{D}_{i+1}^j-\boldsymbol{D}_{i-1}^j)/2\\ \boldsymbol{S}_v^*=(\boldsymbol{D}_{j+1}^i-\boldsymbol{D}_{j-1}^i)/2\end{cases} \tag{31-3-4}$$

$$\begin{cases}\boldsymbol{D}_i^j=\dfrac{1}{6}(\boldsymbol{d}_{i,j-1}+4\boldsymbol{d}_{i,j}+\boldsymbol{d}_{i,j+1})\\ \boldsymbol{D}_j^i=\dfrac{1}{6}(\boldsymbol{d}_{i-1,j}+4\boldsymbol{d}_{i,j}+\boldsymbol{d}_{i+1,j})\end{cases} \tag{31-3-5}$$

B样条曲面补偿方法，对由单一类型曲面组成的实物外形是一种适宜的方法，但对由组合曲面形成的复杂表面，构建双三次B样条曲面难度较大，必须在数据分割的基础上，分片构建B样条曲面。存在的问题是由于各个曲面片拼接处的数据存在重叠，因此法矢的估计会产生偏差。

3.1.1.2 Kriging补偿法（参数曲面法）

Kriging补偿法是一种统计方法，Mayer（1997）提出了一种利用Kriging方法构建参数曲面，进而计算法矢的球头半径补偿方法。

一个变形曲线在3D空间移动可以产生一个参数曲面，其数学表达式为：

$$P=P(s,t):x=x(s,t),y=y(s,t),z=z(s,t)$$

根据Kriging方法，一个参数曲面可以用两个Kriging轮廓沿 s 和 t 方向来定义，一个Kriging轮廓包括两部分，一个移动和一个广义协方差，它决定物体的形状，偏移表示曲面的平均形状，而广义协方差产生一系列偏差，它能使数据点被插值，每个轮廓产生一系列在空间移动的曲线。

（1）参数曲线

曲面上一点 P 的参数表达式为

$$\boldsymbol{P}(s,t)=[x(s,t)\quad y(s,t)\quad z(s,t)]^{\mathrm{T}} \tag{31-3-6}$$

一个Kriging曲线对 N 点插值等式可以写为

$$P(t)=a_0+a_1t+\sum_{j=1}^{N}b_j\,|t-t_j|^3 \tag{31-3-7}$$

式中，参数 t_j，$1\leqslant j\leqslant N$ 表示曲线长度的逼近，可由下式计算（$t_0=0$）

$$t_{i+1}=t_i+[(x_{i+1}-x_i)^2+(y_{i+1}-y_i)^2+(z_{i+1}-z_i)^2]^{1/2},\ 1\leqslant i\leqslant N-1 \tag{31-3-8}$$

式（31-3-7）中的前面两项表示以线性移动形式的曲线的平均形状，累加项里的三次函数是对平均形状的修正，它通过一个三次形状函数 $K(h)=h^3$ 给出。在Kriging方法中，第二项里的偏差通常来自一形状函数 $K(h)$，称为广义协方差，在Kriging中应用最广泛的广义协方差是三次 $K(h)=h^3$，对数形式 $K(h)=h^2\ln(h)$，线性形式 $K(h)=h$。它也能和一个线性移动一起表示，这些广义协方差产生一个Kriging系统，它分别等价于一、二和三阶样条插值。

系数 a_0、a_1 和 b_j 通过插值等式（31-3-7）的第一项拟合数据点来获得

$$p(t_i)=P_i(x_i,y_i,z_i),\quad 1\leqslant i\leqslant N \tag{31-3-9}$$

因为有 $N+2$ 个未知数，需补充两个方程，对线性偏移，通过增加无偏移条件得到

$$\sum_{j=1}^{N}b_j=0,\quad \sum_{j=1}^{n}b_jt_j=0 \tag{31-3-10}$$

（2）参数曲面

一个参数曲面由两个分别沿 s 和 t 方向的Kriging轮廓 A 和 B 定义，对具有线性移动和广义协方差 $K_a(h)$ 的Kriging轮廓，在 s 方向（t 固定）的曲线参数等式可以写成

$$P_t(s)=a_0+a_1s+\sum_{l=1}^{I}b_lK_a(|s-s_l|) \tag{31-3-11}$$

假定沿 t 方向存在 J 个截面，每个由 I 个数据点 $P_{ij}(x_{ij},y_{ij},z_{ij})$（$1\leqslant i\leqslant I$）定义。$J$ 截面的参数表达式见式（31-3-7）。系数 a_0、a_1 和 b_j 可由下式求解

$$[K_A][b]=[P] \tag{31-3-12}$$

式中 $[b]=\{b_1\cdots b_i\cdots b_l a_0 a_1\}^{\mathrm{T}}$，求解 $[b]$ 代入式（31-3-7）得

$$[P_{t_j}(s)]^{\mathrm{T}}=[\cdots K_a(|s-s_l|)\cdots 1s][K_A]^{-1}\begin{bmatrix}P_{ij}\\ \text{—}\\ \cdots 0\cdots\\ \cdots 0\cdots\end{bmatrix} \tag{31-3-13}$$

对一个具有线性移动的Kriging轮廓 B，在 t 方向（s 固定）的曲线参数等式可以写为

$$P_t(t)=A_0+A_1t+\sum_{k=1}^{J}B_kK_b(|t-t_k|) \tag{31-3-14}$$

同理沿 s 方向的 I 截面的等式为

$$[P_{s_i}(t)]^{\mathrm{T}}=[\cdots K_b(|t-t_k|)\cdots 1t][K_B]^{-1}\begin{bmatrix}P_{ij}\\ \text{—}\\ \cdots 0\cdots\\ \cdots 0\cdots\end{bmatrix} \tag{31-3-15}$$

最终曲面的Kriging插值公式为

$$P(s,t)=[\cdots K_a(|s-s_l|)\cdots 1s][K_a]^{-1}\times\begin{bmatrix}P_{ij} & \begin{matrix}0 & 0\\ \vdots & \vdots\\ 0 & 0\end{matrix}\\ \begin{matrix}0\cdots 0\\ 0\cdots 0\end{matrix} & \begin{matrix}0 & 0\\ 0 & 0\end{matrix}\end{bmatrix}[K_B]^{-1}\begin{bmatrix}\vdots\\ K_b(|t-t_k|)\\ \vdots\\ 1\\ t\end{bmatrix} \tag{31-3-16}$$

上面的等式产生了一个复杂曲面的参数表达，对每个Kriging轮廓的线性移动和广义协方差也许会改变。例如，当 $K(h)=h$ 时，得到的是一个分段的线性曲面。

（3）曲面法矢

分别对式（31-3-16）s 和 t 求偏导可以定义两个曲面上的 slope 矢量。曲面的点 $P(s,t)$ 沿 s 方向的偏导矢（slope vector）为

$$\frac{\partial P(s,t)}{\partial s}=\left[\frac{\partial x(s,t)}{\partial s}\quad\frac{\partial y(s,t)}{\partial s}\quad\frac{\partial z(s,t)}{\partial s}\right]^{\mathrm{T}} \tag{31-3-17}$$

同样地，沿 t 方向的偏导矢为

$$\frac{\partial P(s,t)}{\partial t}=\left[\frac{\partial x(s,t)}{\partial t}\quad\frac{\partial y(s,t)}{\partial t}\quad\frac{\partial z(s,t)}{\partial t}\right]^{\mathrm{T}} \tag{31-3-18}$$

面片在 $P(s,t)$ 点的单位法矢是这些偏导矢的叉积

$$\boldsymbol{N}(s,t)=\frac{\dfrac{\partial P(s,t)}{\partial s}\times\dfrac{\partial P(s,t)}{\partial t}}{\left|\dfrac{\partial P(s,t)}{\partial s}\times\dfrac{\partial P(s,t)}{\partial t}\right|} \tag{31-3-19}$$

（4）补偿过程

① 测头中心轨迹曲面。测量数据包含 J 个轮廓（在 t 方向）和 I 个数据（沿 s 方向），形成一个 $I\times J$ 网格。点在曲面上分布不要求规则，复杂区域的点可以密一些。当测头到达每个路径的端点时，一个新的轮廓被定义，在指定的移动和协方差值下，通过 Kriging 插值将产生中心曲面。这个曲面是一个球头中心的轨迹曲面，命名为 S_p。

② 补偿曲面。如果 $P_{p,i}$ 是在测头中心曲面的第 i 个测量点，在 $P_{p,i}$ 法矢 $\boldsymbol{N}_{p,i}$ 由式（31-3-19）计算，如图 31-3-1 所示，如果 R 是球头半径，在补偿曲面的偏置点 $\boldsymbol{P}_{c,i}$ 为

$$\boldsymbol{P}_{c,i}=\boldsymbol{P}_{p,i}+R\boldsymbol{N}_{p,i} \tag{31-3-20}$$

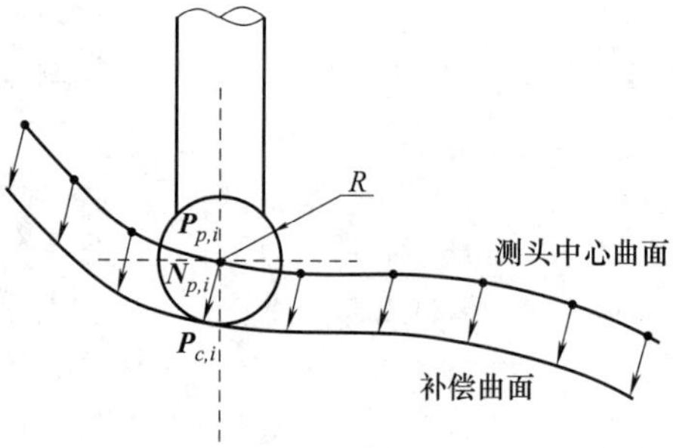

图 31-3-1　测头中心曲面和补偿曲面

利用 $\boldsymbol{P}_{c,i}$ 补偿曲面 S_c 能由公式（31-3-16）产生。

3.1.2　直接计算法

对于规则有序的测量点，根据数据点信息，可以直接计算某一确定点的法矢 $\boldsymbol{n}_{ij}^{*}(u_i,v_j)$，方法为分别计算点 P 周围的四个矢量 $\boldsymbol{u}$、$\boldsymbol{v}$、$\boldsymbol{r}$ 和 $\boldsymbol{s}$，再计算矢量相互的叉积 $\boldsymbol{u}\times\boldsymbol{s}$、$\boldsymbol{u}\times\boldsymbol{r}$、$\boldsymbol{v}\times\boldsymbol{s}$、$\boldsymbol{v}\times\boldsymbol{r}$，见图31-3-2。这样法矢 $\boldsymbol{n}_p$ 可近似等于四个矢量积的平均，即

$$\boldsymbol{n}_p=[(\boldsymbol{u}\times\boldsymbol{s})+(\boldsymbol{u}\times\boldsymbol{r})+(\boldsymbol{v}\times\boldsymbol{s})+(\boldsymbol{v}\times\boldsymbol{r})]/4 \tag{31-3-21}$$

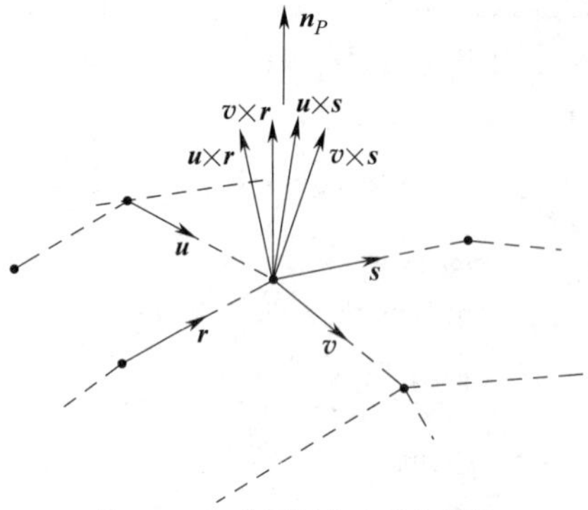

图 31-3-2　曲面网格点法矢计算

还可以引入权系数以考虑点的不规整，计算公式修正为

$$\boldsymbol{n}_p=[(\boldsymbol{u}\times\boldsymbol{s})w_1+(\boldsymbol{u}\times\boldsymbol{r})w_2+(\boldsymbol{v}\times\boldsymbol{s})w_3+(\boldsymbol{v}\times\boldsymbol{r})w_4]/4 \tag{31-3-22}$$

式中，w_i 为权系数，可由周边到计算点的距离大小决定。

对测量点距差别较大的点列，可以采取三角形平均法来计算法矢，设离散点 P 的 n 个相关三角形（以 P 为顶点）为 T_1、T_2、…、T_n，$\boldsymbol{n}_i$ 为 T_i 的单位法矢（右手定则），则 P 处的曲面法矢 $\boldsymbol{n}_p$ 可由如下近似公式计算

$$\boldsymbol{n}_p=\left\{\sum_{i=1}^{n}\frac{\boldsymbol{n}_i}{d_{i,1}d_{i,2}}\right\}\Big/\left|\sum_{i=1}^{n}\frac{\boldsymbol{n}_i}{d_{i,1}d_{i,2}}\right| \tag{31-3-23}$$

式中，$d_{i,1}$、$d_{i,2}$ 为三角形与顶点 P 相连接的两条边的长度。Choi 1991 年进一步给出了一种修正的法矢近似计算公式

$$\boldsymbol{n}_p=\left\{\sum_{i=1}^{n}\frac{\boldsymbol{n}_i}{d_i^2}\right\}\Big/\left|\sum_{i=1}^{n}\frac{\boldsymbol{n}_i}{d_i^2}\right| \tag{31-3-24}$$

式中，d_i 为连接点 P_i 和其对面边中点的直线段的长度，见图 31-3-3。补偿计算中应考虑以下问题：

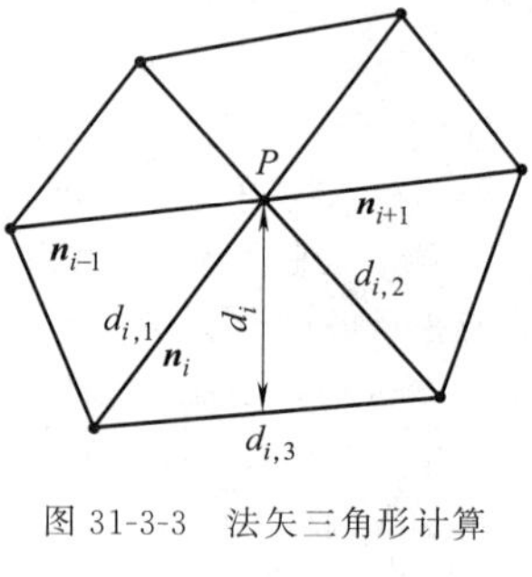

图 31-3-3　法矢三角形计算

（1）数据规则化处理

上述计算假定采样点的分布是双有序的，但这增加了测量操作的工作量和困难，对一些复杂形状曲面的测量，往往只进行一个截面的扫描测量，对呈放射状的曲面，只能保证同一个截面的采样点是有序的，为使补偿方法适应单有序测量，可以采取以下方法将单有序点列规则化成双有序点列。

将同一截面的采样点拟合成 B 样条曲线，采用升降阶的方法使不同截面间曲线的节点数相同，将不同截面上第 i 个节点连接起来形成等参数曲线，这样就使两个方向的曲线形成网状，经过规则化处理后所得到的节点是双有序的，以这些节点为交点所形成的网格线能够反映被测曲面的特征。

（2）边界点处法矢计算

上述方法并不严格适用，Choi. K. B 在 1991 年提出了一种曲面边界处法矢的计算方法，如图 31-3-4 所示。顶点 O、P、S 位于曲面边界上，为估算顶点 P 处的法矢，在外边界处虚增两个顶点 Q' 和 R'，连接三角形 $OQ'P$、$PQ'R'$、$PR'S$，使

$$\begin{cases}\theta_{OP}=(\theta_{OQ'}+\theta_{PQ})/2\\ \theta_{SP}=(\theta_{PR'}+\theta_{SR})/2\\ d_{OQ}=d_{OQ'}\\ d_{SR}=d_{SR'}\end{cases}\qquad(31\text{-}3\text{-}25)$$

式中，θ_{SR} 为共享边 SR 的两三角形的平面法矢的夹角；d_{SR} 为边 SR 的距离。

然后利用前面的公式，计算曲面边界线上点 P 的法矢。

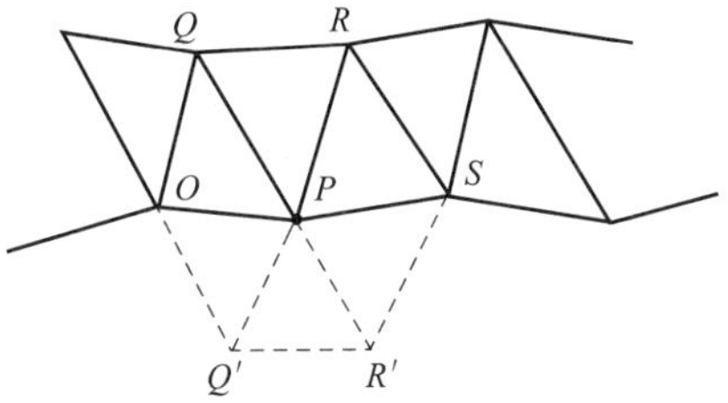

图 31-3-4　边界点法矢计算

（3）轮廓边界测量

在使用坐标测量机对边界点进行测量时还应考虑，由于接触打滑，使得边界测量测点不准确。解决办法是内等距地测量边界内测点，构造曲面模型，通过曲面延伸计算得到边界数据，为避免延伸曲面的自交和重叠，要求：

- 曲面边缘测量点的布置应与真实边界等距，距离尽量小一些；
- 边缘测量点的布置应适当密布且均匀；
- 根据具体产品的外形特征，采用不同的延伸方式。

3.1.3　三角网格法

对单有序点列的点云数据，Shun-Ren Liang 于 2002 年提出一种在两列数据间构建三角网格，然后求解网格法矢，对三角形中的三个测量点沿法矢方向进行补偿的方法。该方法根据测头移动方向，首先输入和归并数据点，测量数据归类的目的是使曲面测量数据点规则有序。然后构建三角网格，这样每个三角网格的法矢方向也随之确定。

通过建立三角网格来求出法矢的方法是连接相邻路径中对应点来建立三角网格，处理时避免了三角网格的重叠和相交。因为两条路径上的测点数量一般是不相等的，建立网格的工作主要是确定连接线段数和附加线段数。

测量路径为测头一次测量的移动轨迹。所谓连接线段是用来连接基本路径（两个相邻路径的数据点数少的一条为基本路径）和目标路径（两个相邻路径的数据点数多的一条为目标路径）上点的线段。附加线段是基本路径中上点的区域。在进行线段连接时应遵循：如果点属于不需要附加线段的区域，则根据计算确定的连接线段数连接对应点；如果点位于需要附加线段的区域，则根据计算确定的附加线段数，在该区域连接对应点。具体方法步骤如下。

① 决定基本路径和目标路径。比较两个相邻路径的数据点数，多的为目标路径，如果相等，取当前路径为基本路径。

② 搜寻路径间的对应点连接线段。确定连接线段和附加线段的公式为

$$(b+t-1)/b=n\cdots m\qquad(31\text{-}3\text{-}26)$$

式中，b 为基本路径上的测点数；t 为目标路径上的测点数；商 n 取整，等于连接线段数；余数 m 是目标线段的保留点数，即附加线段数。例如图 31-3-5 中，两个路径的点数为 5 和 8，通过式（31-3-26）计

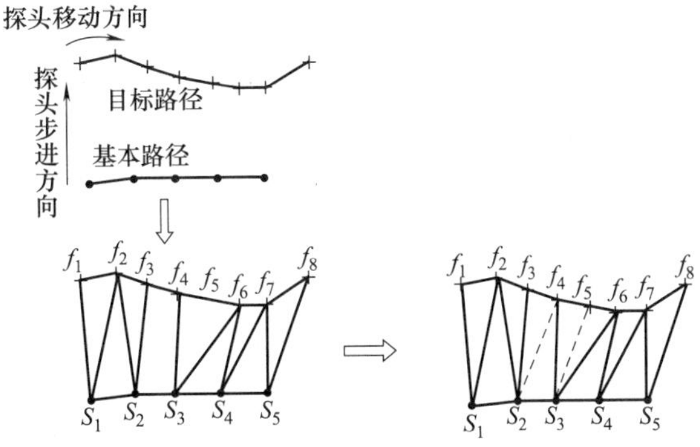

图 31-3-5　三角网格构建示意图

算，得知：连接线段数为2，附加线段数也为2。这说明在基本路径的每个点有两条连接线段连接到目标路径，整个区域中有两条附加线段。

由式（31-3-26）得到下面两种情况。

a. 余数为0。三角网格能用基本路径的每个点连接 n 条连接线段形成。

b. 余数不为0。还需另外通过附加线段连接。这种情况需要确定一个附加线段的区域。基本上，那些在基本路径中间区域分布的点能被确定，称为需要附加线段的区域。开始点 s 和结束点 e 可根据下式确定

$$s=\text{floor}[(b-m)/2]+1$$

$$e=s+m-1 \tag{31-3-27}$$

式中，floor 为最小取整函数；b 为基本路径上的测点数；m 为附加线段数。

该等式的物理意义是，从基本路径上的测点数得到附加线段数后，计算平均值，得到在附加线段区域前那点的一个空间，如图 31-3-5 中，$s=2$、$e=3$ 分别被选作开始点和结束点。

③ 完成连接。

④ 计算每个网格的单位法矢。每个网格的法矢方向应该朝外，这里存在两个法矢 **A** 和 **B**。

如果网格是由 s_i、f_j 和 f_{j+1} 构成，则

$$\boldsymbol{A}=s_i f_j,\ \boldsymbol{B}=s_i f_{j+1}$$

如果网格是由 s_i、s_{i+1} 和 f_j 构成，则

$$\boldsymbol{B}=f_j s_i,\ \boldsymbol{A}=f_j s_{i+1}$$

3.1.4 半球测量法

半球测量法是将三维补偿转化为二维补偿的一种方法。该方法可消除三维曲面截形测量时由于被测曲面的扭曲对测头所造成的干涉，使曲面测量转化为曲线测量，从而可大大简化测量和数据处理过程，是一种既简便又具有较高测量精度的实用测量方法。

（1）测量基本原理

对于三维曲面测量，一般情况下球形测头与被测曲面的接触点是不在测量平面内的，半球形测头测量法的基本思想是：沿测量平面将与被测曲面相接触的球形测头一侧半球切去，保留其另一侧半球，从而使其接触点全部落在测量平面内。这样，就会使球心轨迹与接触点轨迹呈等距线关系，因此，只要测得球心轨迹坐标，对半球形测头进行二维补偿，就可较精确地求得曲面在该测量平面内的截形。例如，测量图 31-3-6 所示的右旋螺旋面，当用球形测头测量其端截形时，其接触点轨迹是一条空间曲线，球形测头与被测螺旋面的接触点分布在测量平面两侧。如果设想沿测量平面将球形测头切开，并把与曲面相接触的半球去掉，只保留其带阴影部分的另一半球（测量平面的左下部和右上部半球），这样就消除了曲面第三轴对球形测头的干涉，使接触点全部落在测量平面内，从而实现了接触点由三维向二维的转化。

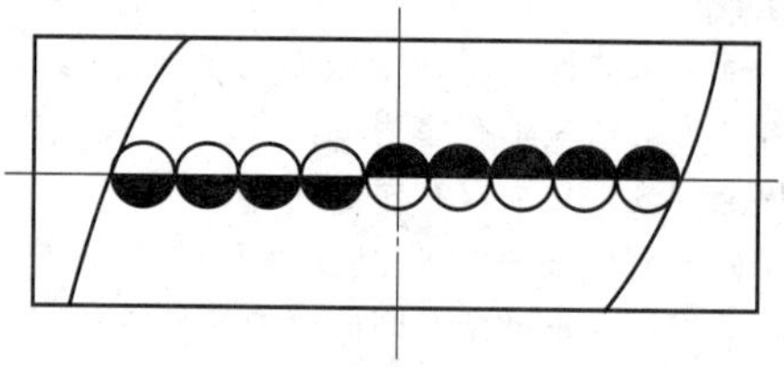

图 31-3-6 半球形测头测量原理

（2）半球形测头与测量误差

采用半球形测头测量法不同于传统的球形测量方法，当测头为理想半球时，从理论上该方法不存在齿形测量误差，但实际上不可能将其制成理想的半球。为保证半球形测头测量精度和一定的使用寿命，应使半球的高度 H 略大于球的半径 R，如图 31-3-7 所示。这样，当测头的棱边磨损时，还可以进行适当的修复，但这样处理，当按 R（或 R_1）进行半径补偿时，将存在一定的测量误差，其理论最大齿形误差均为 $\mathrm{d}R$。因此半球的高度 H 或 $\mathrm{d}H$ 的取值大小将直接影响齿形测量精度。当测头半径 R 一定时，$\mathrm{d}H$ 与 $\mathrm{d}R$ 的关系曲线如图 31-3-8 所示，由图中曲线变化可知，不同球头半径 R，其 $\mathrm{d}H$ 的尺寸对齿形误差 $\mathrm{d}R$ 的影响是不同的。假设根据测头半径 R 的不同，保证 $\mathrm{d}H$ 在 0.03～0.07mm，则齿形误差 $\mathrm{d}R$ 将会控制在 0.5μm 左右，可见其误差是非常小的。

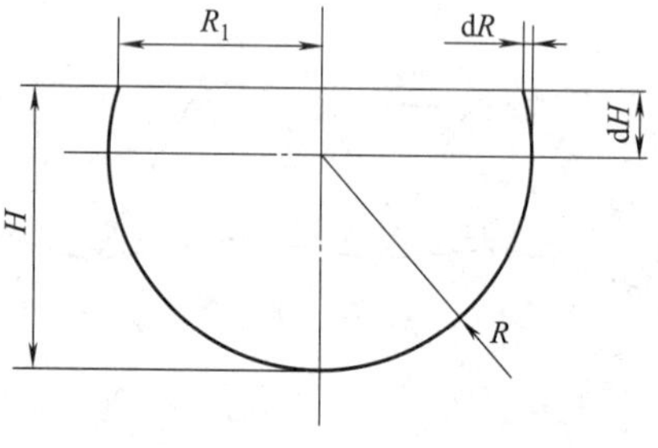

图 31-3-7 半球形测头尺寸

（3）测量的实施

目前所使用的大多数三坐标测量机由于本身结构上的问题，使得测头不能旋转，只有少数三坐标测量机具有旋转功能。对于不具备旋转功能的坐标测量机，需要有一套专门与测头相连接的调整装置来调整半球形测头的转位，以便在测量曲面截形时，通过对该装置的调整，使半球形测头的平面与测量平面重合，并根据测头与被测曲面的接触情况，决定是否使测头回转180°，以消除曲面第三轴的干涉。通过半球

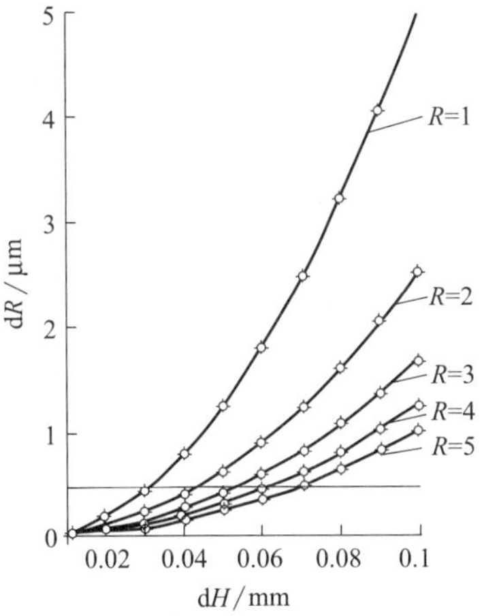

图 31-3-8　dH 与 dR 关系曲线

形测头对曲面进行测量的基本流程如图 31-3-9 所示。

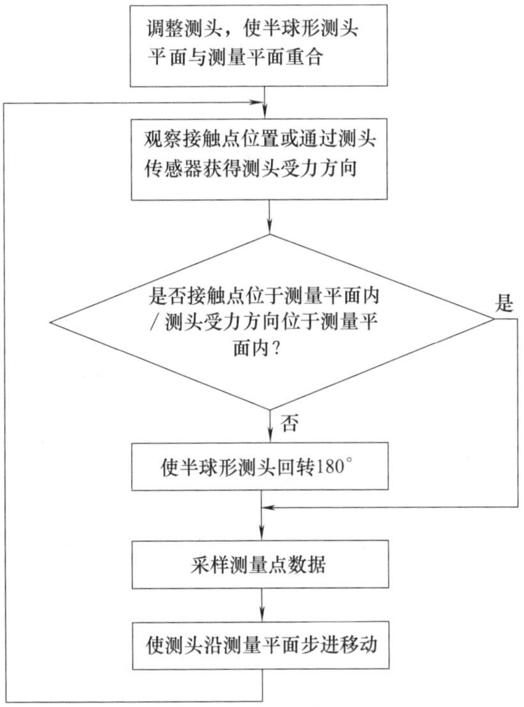

图 31-3-9　测量的基本流程

3.2　数据的剔除

在逆向设计中，数据中的噪声点对曲线的光顺性、曲面造型的质量影响较大，这些噪声点通常是由于测量设备的标定参数发生改变和测量环境发生变化造成的。对人工手动测量，还会由于操作误差如探头接触部位错误使数据失真。因此测量数据的预处理首先是从数据点集中找出可能存在的噪声数据点。

根据测量点的布置情况，测量数据又可大致分为两类：截面测量数据和散乱测量数据。截面测量数据是规则数据，对于截面测量数据，由于数据量不是很大并且有一定的规律，常用的检查方法是将这些测量数据在图形终端上直接显示，或者生成曲线曲面，采用半交互半自动的方法对测量数据进行检查、调整。对于散乱不规则的测量数据点，由于拓扑关系散乱，执行光顺预处理十分困难，一般通过图形终端进行人工交互检查与调整。

等截面数据扫描通常是根据被测量对象的几何形状，锁定一个坐标轴进行数据扫描得到的二维数据点集。由于数据量大，测量时不可能对一个点进行重复测量（基准点除外）。如果在同一截面的数据扫描中，存在一个点与其相邻的点偏距较大，就可以认为这样的点是噪声点。常用的噪声点剔除方法见表 31-3-2。

3.3　数据的平滑

测量过程中有时会受到各种人为因素或随机因素的影响产生噪声点，数据平滑的目的就是消除这些测量噪声，以便得到精确的模型和好的特征提取效果。采用平滑法，应力求保持待求参数所能提供的信息不变。判断的依据应慎重选择，因为处理不当往往会造成特征信息的丢失。

考虑无限个型值点的平滑问题，平滑后的型值由原型值线性叠加而成，即

$$P_n = \sum_{v=-\infty}^{+\infty} P_v L_v$$

式中，$\{P_v\}$（$v=\cdots,-1,0,1,\cdots$）是原数据点；$\{L_v\}$是权因子，是偶系列 $L_{-v}=L_v$。

数据$\{P_n\}$比$\{P_v\}$“平滑”，直观上就是新数据点$\{P_n\}$的“波动”不超过原数据点的“波动”，这种“波动”可用各阶差分度量。实际应用时不但要求处理后的数据要较前平滑，同时还要求前、后两组数据的“偏离”不能过大。

3.3.1　数据平滑处理方法

数据平滑处理方法主要有：平均法、五点三次平滑法、最小二乘法、样条函数法等，常用数据的平滑处理方法见表 31-3-3。

3.3.2　数据平滑滤波方法

数据平滑滤波方法主要有中值滤波法、平均值滤波法、高斯滤波法等，见表 31-3-4。实际使用中可根据点云质量和后续建模要求，灵活选择滤波算法。

表 31-3-2 **常用的噪声点剔除方法**

方　法	说　明
直观检查法	通过图形终端用肉眼观察，将与截面数据点集偏离较大的点或存在于屏幕上的孤点剔除。这种方法适合于数据的初步检查，可直接从数据点集中筛选出一些偏差比较大的异常点
曲线检查法	通过截面数据中的首末数据点，用最小二乘法拟合得到一条拟合曲线。曲线的阶次可根据曲面截面的形状设定，通常为3～4阶，然后分别计算截面中间数据点到该样条曲线的欧氏距离，如果$\Vert e_i \Vert \geqslant [\varepsilon]$，则认为$P_i$是坏点，应予剔除，这里$[\varepsilon]$为给定的允差 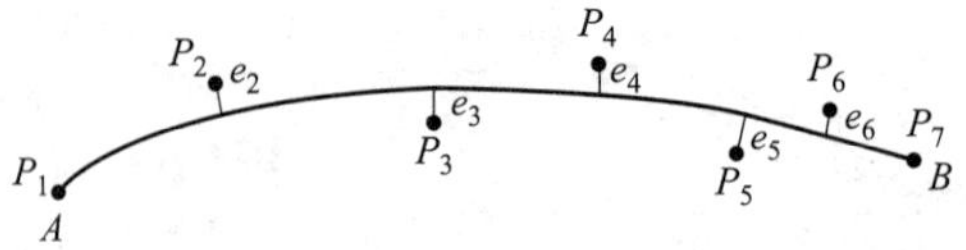
弦高差方法(1)	连接检查点的前后两点，计算P_i到弦的距离，同样如果$\Vert e_i \Vert \geqslant [\varepsilon]$，则认为$P_i$是坏点，应予剔除。这种方法适合于测量点均布并且点较为密集的场合，特别是在曲率变化较大的位置 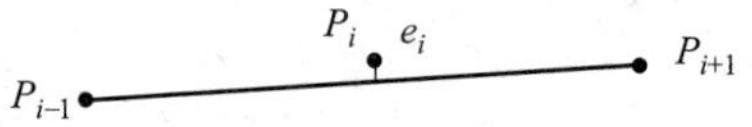
弦高差方法(2)	以上三种方法都是事后处理方法，即已经测量得到数据，再来判断数据的有效性。根据等弦高差的方法，还可以建立一种在测量过程中，对测量位置确定和测量数据进行取舍的方法。具体做法是：编制CMM测量程序，给定允许弦差，当测量扫描时不断计算运动轨迹当前采样点和已记录点的连线(弦)到该段运动轨迹中心的高度h，通过和给定弦差比较，来判定当前采样点是否列入记录。其中弦高差h可按下式计算： 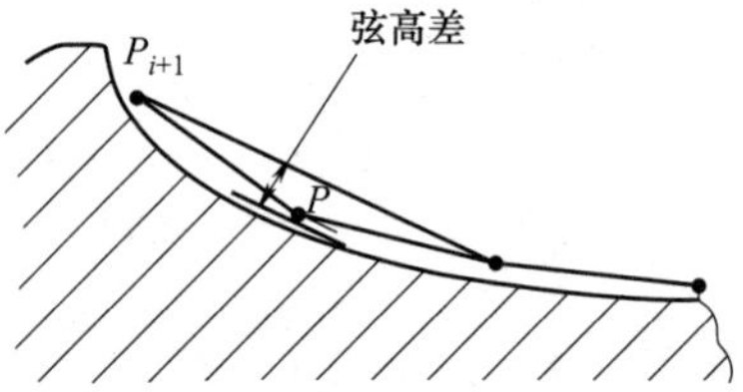 $h=\dfrac{\vert A(x-x_i)+B(y-y_i)\vert}{(A^2+B^2)^{1/2}}$ 式中　$A=y_i-y_{i+1}$　$B=x_i-x_{i+1}$

表 31-3-3 **常用数据平滑处理方法**

方　法	说　明
简单平均法	简单平均法的计算公式为 $P_i=\dfrac{1}{2N+1}\sum_{n=-N}^{N}h(i)p(i-n)$ 该式又称$2N+1$点的简单平均。当$N=1$时，为3点平均；当$N=2$时，为5点平均。如果将式看作一个滤波公式，则滤波因子为 $h(i)=[h(-N),\cdots,h(0),\cdots,h(N)]=\left(\dfrac{1}{2N+1},\cdots,\dfrac{1}{2N+1},\cdots,\dfrac{1}{2N+1}\right)=\dfrac{1}{2N+1}(1,\cdots,1,\cdots,1)$
加权平均法	取滤波因子$h(i)=[h(-N),\cdots,h(0),\cdots,h(N)]$，要求 $\sum_{i=-N}^{N}h(i)=1$
直线滑动平均法	应用最小二乘法原理对离散数据进行线性平滑的方法，即为直线滑动平均法。其三点滑动平均的计算公式为($N=1$)： $\begin{cases}p_i=\dfrac{1}{3}(p_{i-1}+p_i+p_{i+1})\\ p_0=\dfrac{1}{6}(5p_0+2p_1-p_2)\\ p_m=\dfrac{1}{6}(p_{m-2}+2p_{m-1}+5p_m)\end{cases}$ 式中，$i=1、2、\cdots、m-1$；p_i的滤波因子为： $h(i)=[h(-N),\cdots,h(0),\cdots,h(N)]=(0.333,0.333,0.333)$

续表

方　　法	说　　明
五点三次平滑法	五点三次平滑是对等间距点上的观测数据进行平滑，其基本原理如下：设已知 n 个等距点 $x_0<x_1<\cdots<x_{n-1}$ 上对应的观测数据为 $y_0,y_1,\cdots,y_{n-1}$，则可以在每个数据点的前后各取两个相邻的点，用三次多项式 $$y=a_0+a_1x+a_2x^2+a_3x^3$$ 对观测数据进行拟合。将五组观测数据分别代入该式中，利用最小二乘原理可以求出系数 a_0、a_1、a_2、a_3，最后可以得到五点三次的平滑公式如下： $$\overline{y}_{i-2}=\frac{1}{70}(69y_{i-2}+4y_{i-1}-6y_i+4y_{i+1}-y_{i+2})$$ $$\overline{y}_{i-1}=\frac{1}{35}(2y_{i-2}+27y_{i-1}+12y_i-8y_{i+1}+2y_{i+2})$$ $$\overline{y}_{i}=\frac{1}{35}(-3y_{i-2}+12y_{i-1}+17y_i+12y_{i+1}-3y_{i+2})$$ $$\overline{y}_{i+1}=\frac{1}{35}(2y_{i-2}-8y_{i-1}+12y_i+27y_{i+1}+2y_{i+2})$$ $$\overline{y}_{i+2}=\frac{1}{70}(-y_{i-2}+4y_{i-1}-6y_i+4y_{i+1}+69y_{i+2})$$ 式中，$\overline{y}_i$ 是 y_i 的光滑值
最小二乘法	设拟合公式为： $$y=f(x)=a_0+a_1x+a_2x^2+\cdots+a_nx^n$$ 已知 m 个点的值 (x_1,y_1)，(x_2,y_2)，$\cdots$，(x_m,y_m)，且 $m\gg n$，根据最小二乘法原理，待求系数 $(a_0,a_1,\cdots,a_n)$ 可通过解下面联立方程组求得： $$(\sum x_i^0)a_0+(\sum x_i)a_1+(\sum x_i^2)a_2+\cdots+(\sum x_i^n)a_n=\sum(x_i^0y_i)$$ $$(\sum x_i)a_0+(\sum x_i^2)a_1+(\sum x_i^3)a_2+\cdots+(\sum x_i^{n+1})a_n=\sum(x_iy_i)$$ $$(\sum x_i^2)a_0+(\sum x_i^3)a_1+(\sum x_i^4)a_2+\cdots+(\sum x_i^{n+2})a_n=\sum(x_i^2y_i)$$ $$\vdots$$ $$(\sum x_i^n)a_0+(\sum x_i^{n+1})a_1+(\sum x_i^{n+2})a_2+\cdots+(\sum x_i^{2n})a_n=\sum(x_i^ny_i)$$ 对于直线拟合 $y=f(x)=a_0+a_1x$，待求系数可直接由下面公式求得： $$a_0=\frac{\sum y_i-a_1\sum x_i}{m}\qquad a_1=\frac{m\sum x_iy_i-\sum x_i\sum y_i}{m\sum x_i^2-(\sum x_i)^2}$$ 式中，$\sum$ 均为对 $i=0,1,2,\cdots,m$ 求和

表 31-3-4　　常用数据平滑滤波方法

方　　法	说　　明
中值滤波法	中值滤波法将采样点的值取滤波窗口内各数据点的统计中值，由此来取代原始测点，故这种方法在消除数据毛刺方面效果较好。假设相邻的 3 点分别为 P_0、P_1 和 P_2，该方法将相邻的 3 个点取平均值来取代原始点，得到新点为 $P_1'=(P_0+P_1+P_2)/3$，其中虚线所连的点代表测得的原始采集点，实线所连的点代表平滑滤波后的点 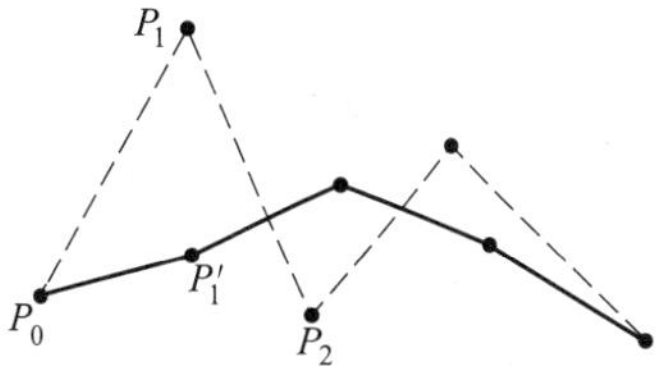
平均值滤波法	平均值滤波法将采样点的值取滤波窗口内各数据点的统计平均值，由此来取代原始测点，改变点云的位置，使点云平滑，其中虚线所连的点代表测得的原始采集点，实线所连的点代表平滑滤波后的点 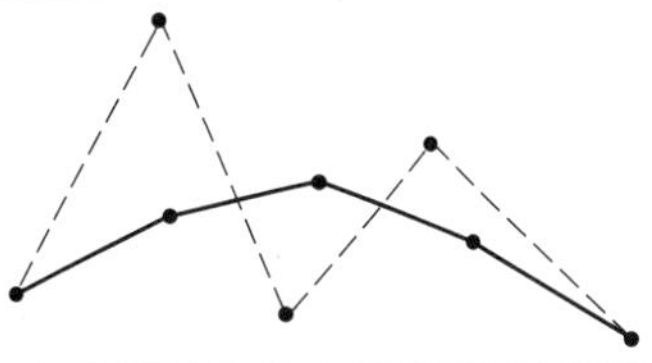
高斯滤波法	该方法以高斯滤波器在指定域内将高频噪声滤除掉。高斯滤波法在指定域内的权重为高斯分布，其平均效果较小，在滤波的同时，能较好地保持原数据的形貌，因而常被使用。其中虚线所连的点代表测得的原始采集点，实线所连的点代表平滑滤波后的点 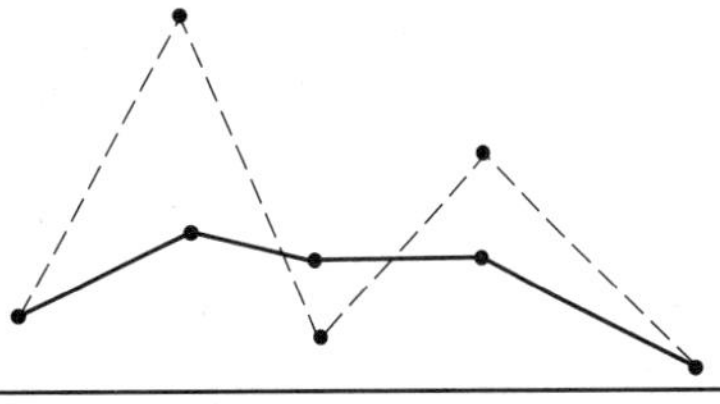

续表

方法	说明
自适应 N 点加权平滑滤波	该方法考虑了相邻各点相对于当前位置的作用大小，采用加权的办法求得各点处的平均值，权值由一加权函数 $\omega(k)$ 决定。同 N 点平滑滤波方法相同，$N=2i+1$，自适应的 N 点加权平滑滤波公式为： $$\overline{y}_p=\frac{1}{\sum_{k=-i}^{i}\omega(k)}\left[\sum_{k=-i}^{i}y_{p+k}\omega(k)\right]$$ 式中 $\overline{y}_p$——曲线上第 p 点的加权平均值 y_{p+k}——曲线上第 $p+k$ 点的采样值 $\omega(k)$——加权函数，$\omega(k)=\frac{1}{ak^2+1}$（$a>0$ 为自适应因子，k 为整数） 为保证曲面不失真，通常 N 值都取得很小，一般为 $N=3$ 或 5。在曲面特别平坦的情况下，也可取 $N=7$ 或 9，不会影响精度。本方法的自适应性体现在加权函数的自适应因子 a 上，a 值越大，权值越小，a 值越小，权值越大。a 是按照被测曲线的曲率变化来取值的，即 $a=\lvert y''_p \rvert$。这种选取方法的计算量大，使用中可根据被测曲线曲率变化的情况分段选取。曲率变化大的地方 a 取较大值，曲率变化小处 a 取较小值。一般情况下 $a=1$。这样做的目的是通过减弱较远相邻点对平滑点的作用，使曲率变化大的地方减小失真。这种平滑滤波可根据要求重复进行一次

3.4 数据的拼合

3.4.1 数据拼合问题

在零件表面形状的测量过程中，无论是接触式测量还是非接触式测量，在很多情况下无法一次完成对整个零件的测量过程，其影响因素主要包括：

· 复杂型面往往存在投影编码盲点或视觉死区，无法一次完成全部型面的测量，需要从其他方向进行补测；

· 对于大型零件，受测量系统范围限制，必须分块测量；

· 当被测物体有定位和夹紧要求时，一次测量无法同时获得定位面及夹紧面的测量数据，需引入二次测量。

工程实际中，为完成对整个物体模型的测量，常把物体表面分成多个局部相互重叠的子区域，从多个角度获取零件不同方位的表面信息。从各个视觉分别测量得到多个独立的点云，称为多视点云。由于在测量不同的区域时，都是在与测量位置对应的局部坐标系下进行的，多次测量所对应的局部坐标系是不一致的，必须把各次测量对应的局部坐标系统一到同一坐标系，并消除两次测量间的重叠部分，以获得被测物体表面完整的数据信息和一致的数据结构，此处理过程即为多视数据拼合或多视数据对齐。目前主要有两种方法用来处理多视点云的拼合。

1）利用专用精密的定标仪器获取多视角数据以及它们之间的变换关系，完成数据的拼合。采用该方法实现数据的拼合，需要利用转换平台，直接记录工件在测量过程中的移动量和转动角度。对于 CMM 等接触式测量方式，可通过测量软件直接对数据点进行运动补偿；对于激光扫描测量方式，将多视传感器安装在可转动的精密伺服机构上，按生成的多传感器检测规划，将视觉传感器的测量姿态准确地调整到预定方位，由精密伺服机构提供准确的坐标转换关系。该方法将不同视角下的测量数据根据定标仪器测得的位移和转角参数换算到同一基准坐标系下，具有较高的拼合精度与处理效率，方便快捷，不需要事后的数据处理，但需要增加精密的运动平台和辅助测量装置等，价格昂贵，并且该方法不能完全满足任意视角的测量工作。

2）通过软件事后对数据进行拼合处理。事后数据拼合处理又可以分为：基于基准点（辅助球）对齐的拼合、基于图形特征对齐的拼合和自动拼合。

① 基于基准点对齐的拼合。该方法是在被测量的物体周围或物体上固定若干个圆形或球形标记作为参考基准点，在每次数据测量中，必须保证至少有三个基准点同时被重复测量到，然后通过对齐这些标记点，实现两片点云数据的拼合。该方法拼合过程简单易行，但前期准备工作比较麻烦。

② 基于图形特征对齐的拼合。该方法利用一些图形特征，如点、线、面、圆柱、球等规则形状来对齐数据。该方式的优点是可以利用图形存在的几

何特征，过程快捷、结果准确。但是通常情况下，一个特征往往被分隔在不同的视图当中，由于缺乏完整的零件表面特征信息，而使得局部造型较为困难。

③ 自动拼合的方法是多视点云数据拼合的发展方向，该方法基本上是在上述两种方法的基础上实现的。

多视拼合问题归结为非线性优化问题，其数学定义可描述为：给定两个来自不同坐标系的三维扫描点集，找出两个点集的空间变换，以便它们能合适地进行空间匹配。假定用 $\{\boldsymbol{p}_i \mid \boldsymbol{p}_i \in R^3,\ i=1,2,\cdots,N\}$ 表示第一个点集，第二个点集用 $\{\boldsymbol{q}_i \mid \boldsymbol{q}_i \in R^3,\ i=1,2,\cdots,M\}$ 表示，两个点集的对齐匹配转换为使下列目标函数最小

$$F(\boldsymbol{R},\boldsymbol{T})=\sum(\boldsymbol{R}\boldsymbol{p}_i+\boldsymbol{T}-p_i')^2=\min \quad (31\text{-}3\text{-}28)$$

这里 $\boldsymbol{R}$ 和 $\boldsymbol{T}$ 分别是应用于点集 $\{\boldsymbol{p}_i\}$ 的旋转和平移变换矩阵，p_i' 表示在 $\{\boldsymbol{q}_i\}$ 中找到的和 $\boldsymbol{p}_i$ 匹配的对应点。这样数据拼合问题的研究也就集中于寻求对式（31-3-28）的快速有效的求解方法上。目前已提出多种方法，其中基于三基准点的定位方法是一种简单实用的方法。

3.4.2　基于三基准点对齐的数据拼合

（1）基准点的设置与测量

基于三基准点对齐的数据拼合是目前广泛使用的一种数据拼合方法，由于三个点可以建立一个坐标关系，因此测量时可在零件上设立三个基准点，用符号标记，在进行零件表面数据测量时，如果需要变动零件位置，每次变动必须重复测量基准点；如果模型要求装配建模，应分别测量零件状态和装配状态下的基准点。不论是单个零件的多次测量还是多个零件的装配测量，其数据拼合均可采用该方法实现，这样在不同的坐标系下得到的数据，通过将三个基准点移动使其对齐，就能将其数据拼合在一个造型坐标系下。图 31-3-10（a）所示为同一零件的两片点云数据，其中包含三个辅助球位置的数据，通过该部分数据的对齐，得到的零件拼合数据如图 31-3-10（b）所示。

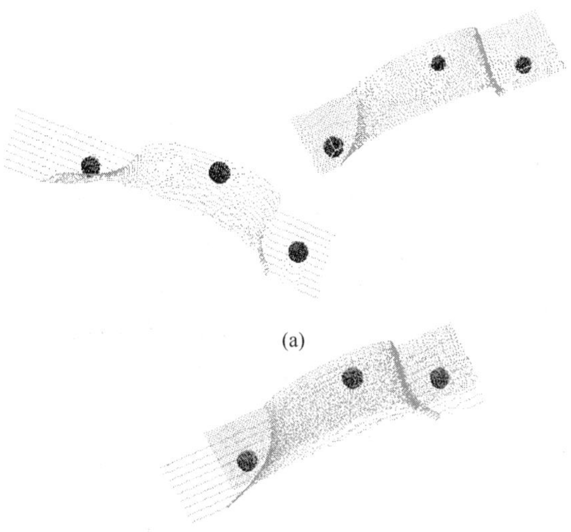

(a)　(b)

图 31-3-10　基于三基准点的数据拼合

（2）三基准点对齐的坐标变换方法

在实物表面的数字化过程中，由于物体的移动造成测量坐标的定位变化，相同的位置在不同的测量过程中，其数据是不同的。但对于同一点来说，相当于从一个坐标系变换到另一个坐标系。因此实际上是把数据拼合问题转换为坐标变换问题。

实现三维数据点集的对齐，首先是建立对应点集距离的最小二乘目标函数，然后利用四元组法、矩阵的奇异值分解法求取刚体运动的旋转和平移矩阵。测量数据的多视统一可以看成是一种刚体移动，因此，可以利用上述数据对齐方法来处理。由于三点可以建立一个坐标关系，如果测量时，在不同视图中建立用于对齐的三个基准点，通过对齐这三个基准点，就可实现三维测量数据的多视统一，这实际上是将数据的对齐问题转换为坐标变换问题。

设测量基准点为 p_1、p_2 和 p_3，第二次测量时，基准点坐标变换为 q_1、q_2 和 q_3，刚体变换可通过三个步骤实现：

① 将 p_1 变换到 q_1；

② 将矢量 $(\boldsymbol{p}_1-\boldsymbol{p}_2)$ 变换到 $(\boldsymbol{q}_1-\boldsymbol{q}_2)$，使两个矢量的方向一致；

③ 将包含 p_1、p_2 和 p_3 三点的平面变换到包含 q_1、q_2 和 q_3 三点的平面。

具体算法步骤如下。

a. 作矢量 $(\boldsymbol{p}_2-\boldsymbol{p}_1)$、$(\boldsymbol{p}_3-\boldsymbol{p}_1)$、$(\boldsymbol{q}_2-\boldsymbol{q}_1)$、$(\boldsymbol{q}_3-\boldsymbol{q}_1)$

b. 令 $\boldsymbol{V}_1=\boldsymbol{p}_2-\boldsymbol{p}_1$，$\boldsymbol{W}_1=\boldsymbol{q}_2-\boldsymbol{q}_1$

c. 作矢量 $\boldsymbol{V}_3$ 与 $\boldsymbol{W}_3$

$$\begin{cases}\boldsymbol{V}_3=\boldsymbol{V}_1\times(\boldsymbol{p}_3-\boldsymbol{p}_1)\\ \boldsymbol{W}_3=\boldsymbol{W}_1\times(\boldsymbol{q}_3-\boldsymbol{q}_1)\end{cases} \quad (31\text{-}3\text{-}29)$$

d. 作矢量 $\boldsymbol{V}_2$ 与 $\boldsymbol{W}_2$

$$\begin{cases}\boldsymbol{V}_2=\boldsymbol{V}_3\times\boldsymbol{V}_1\\ \boldsymbol{W}_2=\boldsymbol{W}_3\times\boldsymbol{W}_1\end{cases} \quad (31\text{-}3\text{-}30)$$

e. 作单位矢量

$$v_1=\frac{V_1}{|V_1|},\ v_2=\frac{V_2}{|V_2|},\ v_3=\frac{V_3}{|V_3|} \tag{31-3-31}$$

$$w_1=\frac{W_1}{|W_1|},\ w_2=\frac{W_2}{|W_2|},\ w_3=\frac{W_3}{|W_3|}$$

f. 把系统 $[v]$ 的任意点变换到系统 $[w]$，用变换关系

$$P_i'=P_iR+T \tag{31-3-32}$$

g. 因为 $[v]$ 和 $[w]$ 是单位矢量矩阵，$[w]=[v]R$，所以所求的关于 $[w]$ 系统的旋转矩阵为：

$$R=[v]^{-1}[w] \tag{31-3-33}$$

h. 由式（31-3-32）得 $T=P_i'-P_iR$，使 $P_1'=q_1$、$P_1=p_1$ 并将式（31-3-33）代入，可得平移矩阵 T

$$T=q_1-p_1[v]^{-1}[w] \tag{31-3-34}$$

i. 式（31-3-32）可改写为

$$P'=P[v]^{-1}[w]-p_1[v]^{-1}[w]+q_1 \tag{31-3-35}$$

三点坐标变换示意图如图 31-3-11 所示。

3.4.3 多视数据统一

物体在进行多次测量，通过数据拼合后得到的多视数据不可避免地存在数据重叠区。因此，数据拼合后应对重叠区域进行数据统一，以便为 CAD 模型重建和快速原型的切片数据处理，建立没有冗余数据的统一数据集。

下面是 Hong-Tzong 提出的通过建立数据集的三角形网格，对重叠区域进行插值计算，获得新数据点的一种多视数据统一方法，具体算法步骤如图 31-3-12所示。

（1）建立三角形网格

三角形网格是基于两条相邻的扫描线构建的，设扫描是按相同方向进行，扫描线之间不存在交叉，由于每条扫描线上的点一般是不相等的，因此应选择最短距离来建立三角形网格。

（2）基于切片的数据再采样

基于切片的数据再采样使用一个平面对三角形网格进行切割，通过搜寻相邻的三角形来获得新的处于相同平面上的数据采样点集，这个过程和 STL 文件的切片相同。采样步骤为：

a. 在切割平面之间建立平面等式和间距；

b. 跟踪三角形网格的建立次序，找出第一个与平面相交的三角形，并找出交点；

c. 搜查其他相邻的与平面相交的三角形，并找出交点；

d. 继续步骤 c，找出所有与平面相交的网格的交点；

e. 重复步骤 b～d，找出与所有平面的交点。

（3）切片数据统一

用一个平面去切割多个数据集将产生一系列新的位于相同平面上的数据点，这些再取样的数据点能被组合形成一新的扫描线，处理重叠区域的数据统一的一种方法是用比例权因子来计算重叠区内新的点坐标，如图 31-3-13 所示，虚线内的区域是两个数据集的重叠部分，P_1～P_4 和 Q_1～Q_4 属于各自点集的数据点，由式（31-3-36）获得新数据点为 Z_1～Z_4。

$$Z_i=\frac{(N-i)P_i+iQ_i}{N},\ i=1,2,\cdots,N-1 \tag{31-3-36}$$

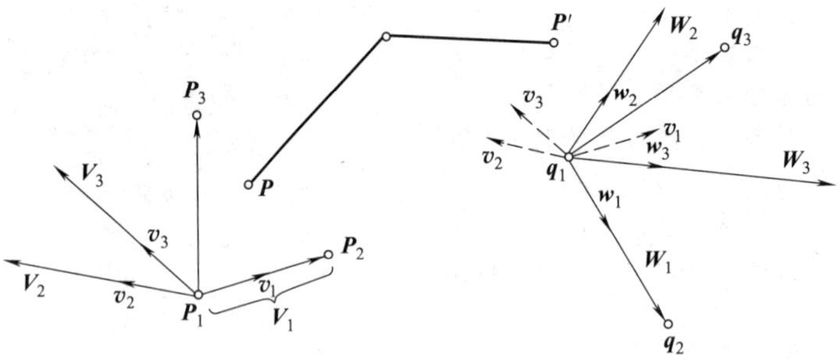

图 31-3-11 三点坐标变换示意图

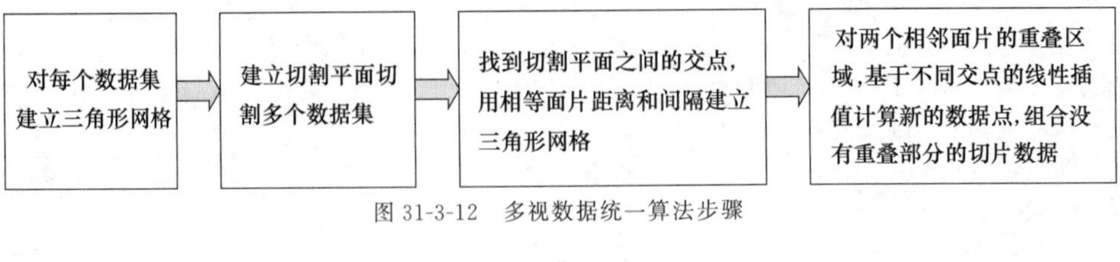

图 31-3-12 多视数据统一算法步骤

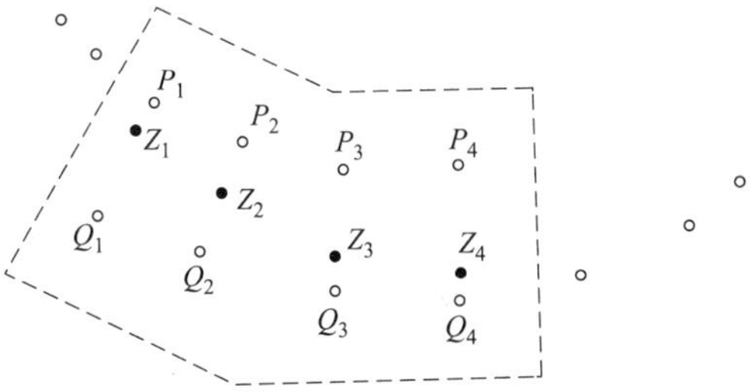

图 31-3-13　两个切片数据集的重叠区域

对原始切片点应用线性比例权值，当测量靠近扫描线的端点或扫描数据的边界时，激光测量的精度趋于下降，因此，当用式（31-3-36）来计算对每个数据点集的影响权值时，靠近扫描线中心的点将获得较高的权值，而靠近端点的较低。这使插值在连接处更加光滑和具有更加可靠的精度。这样，三角形网格能在两个点集之间被构建，新的点可以通过线性插值来连接两个点集，如图 31-3-14 所示。

3.4.4　数据拼合的误差分析

多视点云的拼合精度取决于公共参考基准点的测量精度；在相同测量误差的情况下，基准点的位置选取不同，也会影响数据的拼合精度。为保证对齐精度，参考基准点的选择及测量应遵循下列原则。

· 参考点应该粘贴在待测物体平坦的位置，以减少标志点处点云修补的难度及相应的测量误差，并且参考点要以散乱的形式粘贴，这样可避免在参考三维坐标求解时产生误差。

· 公共参考点尽量选用摄像机正面能采集到的参考点，可通过加入圆度检测来判别参考点的位置，以减少参考点在侧面因为形变所引起的误差。

· 当误差相同时，三基准点构成的三角形面积越大，相对误差越小，即基准点的选择距离越远，测量误差对数据对齐的影响越小。

· 在测量误差呈正态分布时，三基准点构成的三条边误差趋于相同。为使各个点的影响相同，相对误差趋于相等，基准点的选取应尽量接近等边三角形。

· 基准点的位置应尽量选择在探头容易接触、不会产生变形的地方，位置标记记号应尽可能小。这样可以使每次探头的触点落在相同的位置，以减小视觉误差。

· 同一基准点的测量，探头应尽量在同一方向接触，并按同一方式进行补偿；同时，应反复测量几次，取几次测量的平均值；多次测量应尽量在相同的环境中完成，同时，检查测量机的零位，避免温度误差。

这样，当采用三基准点法进行数据拼合时，每个基准点的误差可以看成是等权值的，重定位可按误差平均分布处理。因此算法可改进为：

步骤 1，计算三个点的均值；

步骤 2，计算三角形的质心；

步骤 3，计算三个点到质心的距离，选择误差最小的两个点和质心组成一个新的三角形；

步骤 4，转步骤 1，将三个测量基准点中的一个改为三角形的质心，进行重合。

对于数据拼合的误差估计，Hong-Tzong 在确定误差模型的基础上，提出了评估对齐参数的不确定性的理论公式。根据多视数据对齐公式，拼合的误差模型可以表示为

$$\varepsilon_i \approx (\Delta \boldsymbol{R} p_i + \Delta \boldsymbol{T} - p_i) n_i, i = 1, 2, \cdots, N \tag{31-3-37}$$

式中，$\Delta \boldsymbol{R}$ 和 $\Delta \boldsymbol{T}$ 是小的旋转和平移扰动，计算式为

$$\Delta \boldsymbol{R} = \begin{bmatrix} 1 & -\Delta\gamma & \Delta\beta \\ \Delta\gamma & 1 & -\Delta\alpha \\ -\Delta\beta & \Delta\alpha & 1 \end{bmatrix} \tag{31-3-38}$$

式中，α、β、γ 为欧拉角。

$$\Delta \boldsymbol{T} = \begin{bmatrix} \Delta t_x \\ \Delta t_y \\ \Delta t_z \end{bmatrix} \tag{31-3-39}$$

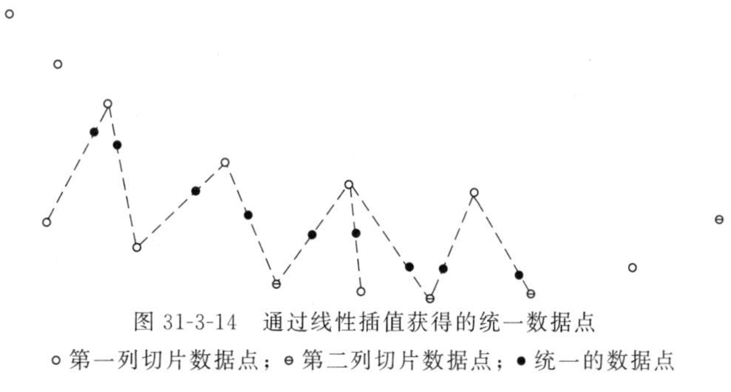

图 31-3-14　通过线性插值获得的统一数据点

○ 第一列切片数据点；⊖ 第二列切片数据点；● 统一的数据点

将式（31-3-38）和式（31-3-39）代入式（31-3-37），并展开为矩阵形式

$$\begin{bmatrix}\varepsilon_1\\ \varepsilon_2\\ \\ \vdots\\ \\ \varepsilon_N\end{bmatrix}=\begin{bmatrix}-(n_1\times p_1)^{\mathrm T} & n_{x1} & n_{y1} & n_{z1}\\ -(n_2\times p_2)^{\mathrm T} & n_{x2} & n_{y2} & n_{z2}\\ \vdots & \vdots & \vdots & \vdots\\ -(n_N\times p_N)^{\mathrm T} & n_{xN} & n_{yN} & n_{zN}\end{bmatrix}\begin{bmatrix}\Delta\alpha\\ \Delta\beta\\ \Delta\gamma\\ \Delta t_x\\ \Delta t_y\\ \Delta t_z\end{bmatrix} \quad (31\text{-}3\text{-}40)$$

或者

$$\widetilde{\varepsilon}=\boldsymbol{A}\Delta\widetilde{t} \quad (31\text{-}3\text{-}41)$$

式中，$\boldsymbol{A}$ 为敏感矩阵；$\widetilde{\varepsilon}$ 为曲面法矢测量误差，$\Delta\widetilde{t}$ 为对齐参数误差。因为 $\boldsymbol{A}$ 不是一个平方矩阵，变换公式（31-3-41）为

$$\Delta\widetilde{t}=[(\boldsymbol{A}^{\mathrm T}\boldsymbol{A})^{-1}]\widetilde{\varepsilon} \quad (31\text{-}3\text{-}42)$$

对 $\widetilde{\Delta t}$ 进行一阶展开

$$\Delta t_i=\sum_{j=1}^{N}\frac{\Delta t_i}{\Delta p_j}\varepsilon_i=[(\boldsymbol{A}^{\mathrm T}\boldsymbol{A})^{-1}\boldsymbol{A}^{\mathrm T}]_{\mathrm{rowi}}\widetilde{\varepsilon} \quad (31\text{-}3\text{-}43)$$

假定，Δt_i 和 ε_i 是正态分布，得

$$\sigma_{t_j}^2=\sum_{j=1}^{N}\left(\frac{\Delta t_i}{\Delta p_j}\right)^2 s^2 \quad (31\text{-}3\text{-}44)$$

式中，$\sigma_{t_j}^2$ 和 s^2 分别是 Δt_i 和 ε_i 的标准差，将 $\sigma_{t_j}^2$ 乘以一个常数 c（如 $c=3$，表示有 99.7% 的置信度），对齐参数的不确定度表示为

$$U=c\sigma_{t_j} \quad (31\text{-}3\text{-}45)$$

$$t_{j,(\mathrm{evaluated})}-c\sigma_{t_j}\leqslant t_{j,(\mathrm{true})}\leqslant t_{j,(\mathrm{evaluated})}+c\sigma_{t_j} \quad (31\text{-}3\text{-}46)$$

从上面公式可看出，不确定度越小，对齐参数的精度越高。进一步定义对齐参数对误差的敏感度为

$$S_{t_i}=\frac{\sigma_{t_i}}{S}=\sqrt{\sum_{j=1}^{N}\left(\frac{\Delta t_i}{\Delta p_j}\right)^2}=\sqrt{\sum_{j=1}^{N}\|[(\boldsymbol{A}^{\mathrm T}\boldsymbol{A})^{-1}\boldsymbol{A}^{\mathrm T}]_{\mathrm{rowi}}\|^2} \quad (31\text{-}3\text{-}47)$$

因为敏感矩阵 $\boldsymbol{A}$ 是扫描数据点位置和法矢的函数，主要和数字化几何对象有关，如果取一个标准球，假定扫描数据点在球上均匀分布，将得到下面的结果

$$\sigma_{t_i}=\sqrt{\frac{3}{N}}\times s,\quad i=4,5,6 \quad (31\text{-}3\text{-}48)$$

该结果说明，对齐参数对一个圆球的不确定度和扫描误差的标准偏差成正比例，反比于扫描数据点数的平方根。推广到任何扫描几何对象，包括自由曲面

$$\sigma_{t_i}=\frac{K}{\sqrt{N}}\times s \quad (31\text{-}3\text{-}49)$$

式中，K 为扫描几何的函数，当扫描几何和区域固定时，它是一个常数。对前面的球体，K 等于 $\sqrt{3}$。但对其他情况，K 是未知的，需要标定，如一个自由曲面。

从式（31-3-46）可知，对齐精度由不确定带控制，随扫描采样尺寸的增加，不确定带将减小。这样，可将 $3\sigma_{t_i}$ 认为是对齐参数 t_i 的精度控制，如果几何常数 K 可能被估计，一个合适的控制参数 t_i 下的采样尺寸可定义为

$$N=\left(\frac{K}{S_{t_i}}\right)^2=\left(\frac{K}{\sigma_{t_i}/s}\right)^2 \quad (31\text{-}3\text{-}50)$$

注意：这个对齐尺寸仅仅是单参数 t_i 的，为覆盖所有六个对齐参数，用最大的 σ_{t_i} 来计算对齐采样尺寸，最后结果将能满足所有的不确定控制要求。典型的，在两个扫描数据点集的对齐中，通常数据集中包含大量的数据点，对齐过程是相当耗时的。因此可通过二次采样，在仅需要小的采样尺寸下，进行对齐操作。起初需估计几何常数 K，通过采样构建出敏感矩阵 $\boldsymbol{A}$（它仅是点矢量和法矢的函数），从式（31-3-47）计算出最大敏感度，这样就能估算出几何常数 K（$K=S_{\max}\sqrt{N}$）。

3.5　数据的修补

在对实物进行逆向工程测量时，由于实物拓扑结构以及测量机本身结构和测量方式所限，在实物数字化过程中会存在一些探头无法测到的区域。另外实物零件中经常存在经剪裁或“布尔减”运算等生成的外形特征，如表面凹边、孔及槽等，使曲面出现缺口，这样在造型时就会出现数据“空白”现象，这种情况会使逆向工程建模变得困难，因此数据的修补是逆向工程测量中经常遇到的问题。

解决办法一般是通过数据插补的方法来补齐“空白”处的数据，最大限度获得实物剪裁前的信息，这将有助于模型重建工作，并使恢复的模型更加准确。主要方法有以下几种。

（1）实物填充法

在对实物测量之前，将凹边、孔及槽等区域用一种填充物填充好，填充表面应尽量平滑、与周围区域要光滑连接。填充物要求具有一定的可塑性，在常温下有一定的刚度特性，可以支持接触探头的测量。实践当中，一种方法是采用可进行浇铸的填充物进行浇铸填充，如生石膏、水、环氧树脂、磷苯二甲酸二丁酯、乙二胺和铁粉。将其按一定的比例调匀，然后对

孔或槽的缺口进行填充，等其表面变硬后就可以进行测量。测量结束将填充物去除，再测出孔或槽的边界，由此来确定剪裁边界。

实物填充法虽然原始，且不同填充材料、填充物的收缩率、操作环境以及操作者的技能等因素都会对修补精度影响很大，但不失为一种简单、方便而行之有效的方法。

（2）造型设计法

在模型重建过程中，可根据实物外形曲面的几何特征和与其周边特征间的相互关系，使用三维建模软件或逆向造型软件中相关的曲面创建与编辑功能，构建出相应的曲面，然后再通过对曲面的剪裁，分离出要修补的曲面，得到测量点。

（3）曲线、曲面插值补充法

曲线、曲面插值补充法主要用于插补区域面积不大、周围数据信息完善的场合。其中曲线插补主要适用于具有规则数据点或采用截面扫描测量的曲面，曲面插补既适用于规则数据点，也适用于散乱点。曲面类型包括参数曲面、B 样条曲面和三角曲面等。

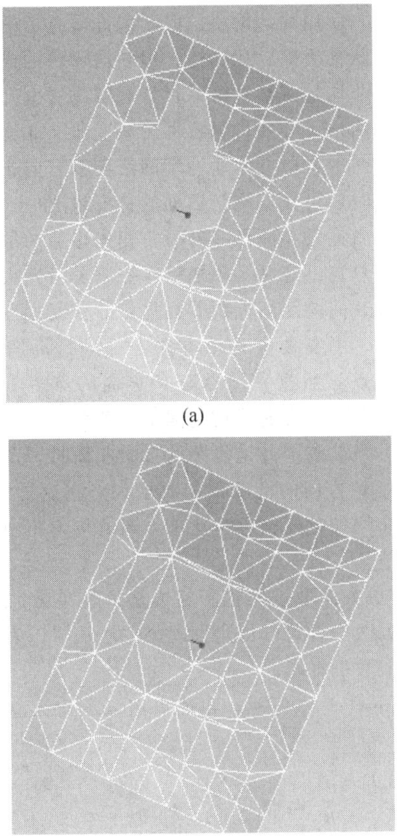

图 31-3-15　孔洞修补

1）曲线拟合插补。首先利用已得到的测量数据对得到的截面形状进行曲线拟合，根据曲面的几何形状，利用曲线编辑功能，选择曲线切向延拓、抛物线延拓和弦向延拓等不同方式，将曲线延拓通过需插补的区域，然后再离散曲线形成点列，补充到数据缺失区域。对特征边界处数据不整齐的情况也可以采用此方法进行数据的整形处理。

2）曲面拟合插补。曲面拟合插补的方法和曲线相同，也是首先根据曲面特征，拟合出覆盖缺口或空洞区域的一张曲面，再将曲面离散形成点阵补充测量数据，如数据缺失区域处于拟合曲面之外，相应地，也是利用曲面编辑功能，将曲面延拓通过需插补的区域，进行数据补充。

无论是基于曲线还是曲面插补，两种情况得到的数据点都需在生成曲面后，根据曲面的光顺和边界情况反复调整，以达到最佳插补效果。

（4）三角网格修补法

通过扫描获得的高密度点云，常常会出现数据的缺失，这种缺陷可使用现有逆向工程软件或模块中的点云处理功能，在对样件进行三维模型重建前，采用三角网格修补方法加以解决。即利用点云网格化功能，在点云上建立三角网格，形成点云曲面，然后针对三角网格出现的孔洞或破损边缘，使用手动或自动网格修补功能进行修补。孔洞修补如图 31-3-15 所示，其

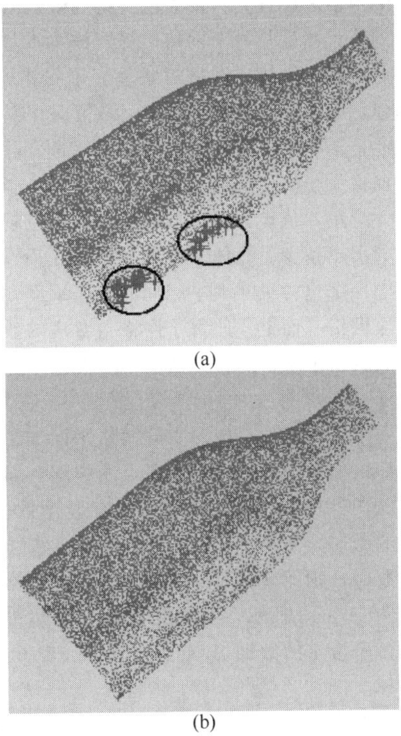

图 31-3-16　边缘修补

第
31
篇

中图31-3-15（a）为修补前的孔洞，图31-3-15（b）为孔洞修补后的效果；边缘修补如图31-3-16所示，其中图31-3-16（a）为修补前的边缘，图31-3-16（b）为修补后的边缘。

3.6　数据的精简

逆向工程中通过激光扫描技术获取的点云数据量非常庞大，如何处理这些庞大的点云数据成为基于激光扫描造型的主要问题。如果不加删减地直接使用点云进行三维模型重建，从数据点生成模型表面要花很长时间，整个过程也将变得难以控制。事实上并不是所有的点云数据对模型的重建都有用处，为了提高逆向工程的效率，在保证一定精度的前提下，有必要对数据进行精简处理。

在对数据进行精简时，不同类型的数据可采用不同的方法，散乱点云可通过随机采样的方法来精简；扫描线点云和多边形点云可采用等间距缩减、倍率缩减、等量缩减、弦偏差等方法；网格化点云可采用等分布密度法和最小包围区域法进行数据缩减。数据精简只是对原始点云中的点进行了删减，并没有对数据进行修改和产生新点。针对激光扫描的数据精简方法主要有以下两种。

（1）均匀网格法

均匀网格法原理是：首先把所得的数据点进行均匀网格划分，然后从每个网格中提取样本点，网格中的其余点将被去除掉。网格通常垂直于扫描方向（Z向）构建，由于激光扫描的特点，z值对误差更加敏感。因此，选择中值滤波用于网格点筛选，数据的减少率由网格大小决定，网格尺寸通常由用户指定，网格的尺寸越小，从点云中提取的样本数据点越多，去除点的数据点越少。具体步骤如下：先在垂直于扫描方向建立一个包含尺寸大小相同的网格平面，将所有点投影至网格平面上，使每个网格与对应的数据点匹配。然后，基于中值滤波方法网格中的某个点被提取出来。

将每个网格中的点按照点到网格平面的距离远近进行排序，如果某个点位于排序点的中间，那么这个点就被选中保留。这样一个网格内有n个数据点时，当n为奇数时，则第$(n+1)/2$个数据点被选择；当n为偶数时，则第$n/2$或$(n+2)/2$个数据点被选择。如图31-3-17所示，投影到该网格的数据点是7个，则排序为4的数据A被选择保留，其余的数据被去除掉。

均匀网格法可以去除大量的数据点，通过均匀网格中值滤波，可以有效地把那些被认为是噪声的点去除。当被处理的扫描平面垂直于测量方向，这种方法显示出非常良好的操作性。另外，这种方法只是选用其中的某些点，而非改变点的位置，可以很好地保留原始数据。均匀网格方法特别适合于简单零件表面瑕点的快速去除。

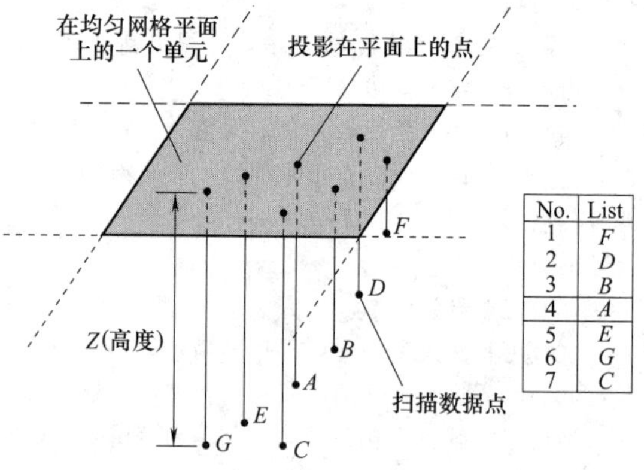

图31-3-17　均匀网格法

（2）非均匀网格法

在逆向工程技术中，精确地重现零件形状至关重要，而采用均匀网格法进行数据精简时，在这方面却受到限制。应用均匀网格法时，也许没有考虑所提供零件的形状会丢失，比如边，但它对零件的成型却不可缺少。非均匀网格法可以很好地解决这个问题，该方法能使网格尺寸能根据零件形状变化。非均匀网格方法分为两种：单方向非均匀网格和双方向非均匀网格。应用时，可根据测量数据的特征来选择。

当用激光条纹测量零件时，扫描路径和条纹间隔都是由用户自己定义，扫描路径控制着激光头的移动方向，条纹间的距离控制着扫描点的密度。当测量简单曲面时，不需要在每个方向上都进行高密度的扫描。如果点云数据密度沿着V方向的点多于沿着U方向的点，则单方向非均匀网格更适合于捕获零件的外表面。当被测零件是复杂的自由曲面时，点数据在U方向和V方向的密度都需要增大，在这种情况下，双方向非均匀化网格方法比单方向非均匀化网格方法更加有效。

1）单方向非均匀化网格方法。在单方向非均匀化网格方法中，可以由角偏差的方法从零件表面点云数据获取数据样本。

如图31-3-18所示，角度可由三个连续点的方向

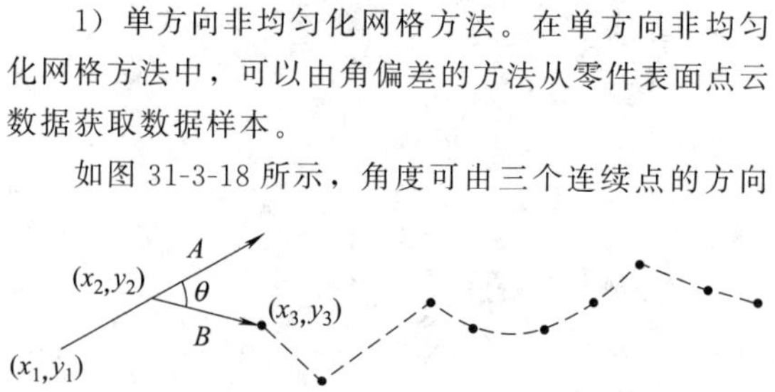

图31-3-18　角偏差方法

矢量计算而得，如（x_1，y_1），（x_2，y_2），（x_3，y_3）三点。角度代表曲率信息，角度小，曲率就小；反之，角度大，曲率也大。根据角度大小，高曲率的点可以被提取出来。沿着U方向的网格尺寸是由激光条纹的间隔所固定，它一般由用户自己决定。在V方向上的网格尺寸主要由零件外形的几何信息决定。通过角偏差抽取的点代表高曲率区域，为精确地表示零件外形，在进行数据精简时，这些点必须保留下来。这样，使用角度偏差法进行点抽取后，沿V方向的网格基于抽取点被分割，如图31-3-19（a）所示。分割过程中，如果网格尺寸大于最大网格尺寸，它通常由用户提前设置。网格被进一步分割，直到小于最大网格尺寸为止，见图31-3-19（b）。当对网格中点应用中值滤波时和均匀网格法相同，将产生一个代表样点，最后保留点是由每个网格的中值滤波点和由角度偏移提取的点组成。与均匀网格法相比，这种方法可以在精确保证零件外形的前提下，更有效地减少数据。

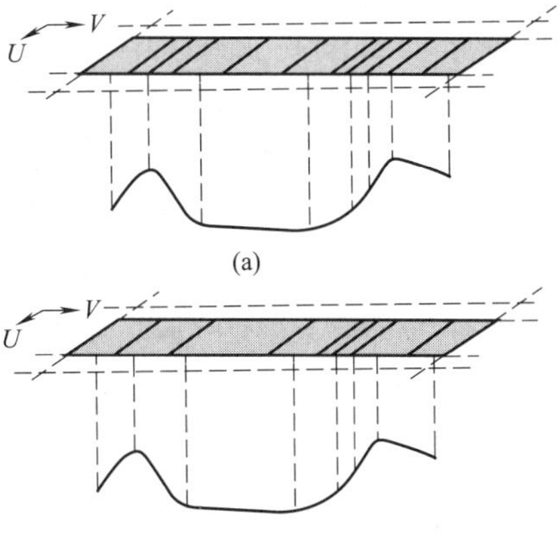

图31-3-19　单方向非均匀网格

2）双方向非均匀网格方法。在双方向非均匀化网格方法中，应分别求得各个点的法矢，根据法矢信息再进行数据减少。法矢计算首先将点数据实行三角形多边化，当计算一个点的法矢时，需要利用相邻三角形的法矢信息。在需计算的点周围存在6个相邻的三角形，点的法矢$\boldsymbol{N}$，可以由下式计算：

$$\boldsymbol{N}=\frac{\sum_{i=1}^{6}\boldsymbol{n}_i}{\left|\sum_{i=1}^{6}\boldsymbol{n}_i\right|} \tag{31-3-51}$$

在所有点的法矢都得到后，就产生了网格平面，网格尺寸由用户自己定义，主要取决于零件形状的计划数据减少率。如果要大量减少数据点，应增大网格。通过在网格平面上的投影点，对应于每个网格的数据点被分成组，求出这些点的平均法矢。选择点法矢的标准偏差作为网格细分准则，标准偏差通常根据零件形状和数据减少率设定。如果网格的偏差大，说明被测量件的几何形状复杂，为获得更多的采样点，网格需要进一步细分。网格细分可采用四叉树方法，如图31-3-20所示，如果标准的网格偏差大于给定值，则网格被分成4个子单元，这个过程中网格可根据偏差反复进行分割，直到网格的标准偏差小于给定值，或者网格尺寸达到用户设定的限制值，网格最小尺寸根据零件的复杂程度选定。网格建立完成之后，用中值滤波选出每个网格代表点。

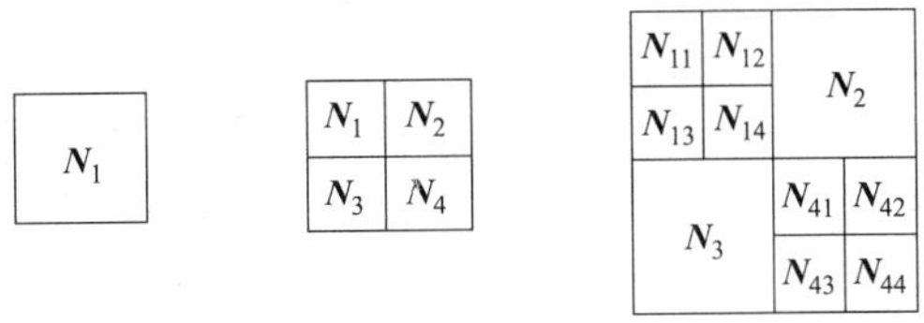

(a) 初始单元　(b) 第一次分解　(c) 第二次分解

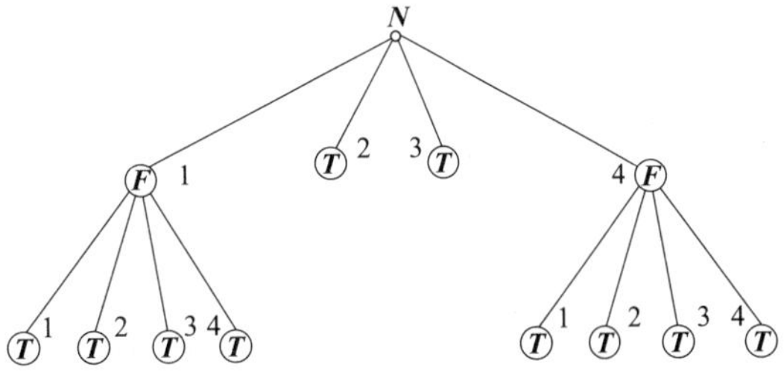

图31-3-20　双方向非均匀网格的分割

与单方向非均匀网格方法相比，双方向非均匀网格方法可以提取更多的数据点，所得的物体形状也更加精确，特别是在处理具有变化尺寸的自由形状物体方面更加有效。

3.7　数据的分割

逆向工程中，产品外形只由一张曲面构成的情况并不多，通常产品都是按一定特征设计和制造的，产品表面往往是由多张单一曲面混合而成，这些曲面主要由大量初等解析曲面如平面、圆柱面、圆锥面、球面及自由曲面组成。因此，在模型重建时要将整个数据进行分割，即根据组成实物外形曲面的子曲面所属类型，将属于同一子曲面类型的数据成组，将全部数据划分成代表不同曲面类型的数据域。这样当后续曲面模型重建时，先分别拟合单个的曲面片，然后再通过曲面的过渡、合并、裁剪、倒圆等手段，将多个曲面“缝合”成一个整体，这个过程也即模型重建。

3.7.1 点云数据分割方法

数据分割是基于曲面特征识别来进行的，目前的主要方法仍然是根据曲面曲率的信息来判断曲面的类型，对表面棱线则通过曲线曲率的变化来加以判定。数据分割可分为基于测量的分割、手工分割和自动分割，三种方法的特点见表31-3-5。

根据数据分割原理，有两种基本分割方法：基于边的数据分割和基于面的数据分割。

（1）基于边的数据分割

基于边的数据分割方法首先根据组成曲面片的边界轮廓特征，两个曲面片之间的相交、过渡特征，以及形状表面曲面片之间存在的棱线或脊线特征，确定出相同类型曲面片的边界点。然后连接这些边界点形成边界环，最后判断点集是处于环内还是环外，实现数据分割。

基于边的技术必须考虑寻找边界特征点的问题。寻找边界特征点，主要由数据点集计算局部曲面片的法矢量或者高阶导数，通过法矢的突然变化和高阶导数的不连续来判断一个点是否是边点。因为反射光以及边界附近的曲率变化大，通常靠近尖锐边的测量数据是不可靠的，而且可用于分割的点的数量又较少，只有接近边的点是可用的，大量其他点的信息不能用来辅助生成可靠的面片。这意味着判断依据对“假”数据具有高的敏感性，同时找出的具有相切连续或者高阶连续的光滑边也是不可靠的，因为基于噪声点的计算易产生错误的推理结果，如果对数据进行光滑处理，又会使推理结果失真，丢失特征位置。

（2）基于面的数据分割

基于面的数据分割方法是尝试推断出具有相同曲面性质的点，然后进一步决定所属的曲面，最后由相邻的曲面决定曲面间的边界。基于面是一种较好的分割方法，这种方法和曲面的拟合结合在一起，在处理数据分割过程中，这种方法同时完成了曲面的拟合，但是该方法不适用于自由曲面。相比较基于边的方法，基于面的方法是数据分割中更具有发展前途的一种技术。

在大多数场合，既不知道曲面类型，也不能划分数据点集，因此只能在这两个过程的并行中，反复计算，寻求最符合要求的结果。根据判断准则的确定，基于面的方法可以分为自下而上和自上而下两种。

自下而上的方法是首先选定一个种子点，由种子点向外延伸，判断其周围邻域的点是否属于同一个曲面，直到在其邻域不存在连续的点集为止，最后将这些小区域（邻域）组合在一起。在过程进行中，曲面类型并不是一成不变的。比如开始时，由于点的数量少，判断曲面是平面；随着点的增多，曲面也许改变为圆柱面或一个半径比较大的球面。

自上而下的方法开始于这样的假设：所有数据点都属于一个曲面，然后检验这个假定的有效性。如果不符合，则将点集分成两个或更多的子集，再应用曲面假设于这些子集，重复以上过程，直到假设条件满足。

上述两种方法必须考虑下列问题：在自下而上的方法中，种子点的选取是困难的；同时开始时，如果存在一种以上的符合条件的曲面类型，如何选择需要仔细考虑；如果有一个坏点被选入，它将使判断依据失真，即这种方法对误差点是敏感的，但又不能让过

表31-3-5 数据分割的基本方法

基于测量的分割	手工分割	自动分割
基于测量的分割是在测量过程中，操作人员根据实物的外形特征，将外形曲面划分成不同的子曲面，并对曲面的轮廓、孔、槽边界、表面脊线等特征进行标记，在此基础上，进行测量的路径规划，测量时将不同的曲面特征数据保存在不同的文件中。这种方法适合于曲面特征比较明显的实物外形和接触式测量，操作者的水平和经验对获取的数据质量将产生直接影响	手工分割是采用手工的方式，通过逆向设计软件的操作界面直接提取数据的边界，利用这些边界，将其数据进行分割。然后对于每一片数据，再选择合适的曲面进行拟合。通过这种方法重构CAD模型效率低，重构精度主要取决于操作者的实际经验、操作技能和对模型的理解	自动分割分为基于边和基于面两种基本方法 a. 基于边的方法。该方法原理简单可行，可以通过人工交互的方法实现；对于敏感数据，特别是激光扫描得到的数据，常常在清晰的边界处不够可靠；可用于数据分割点的数目少，仅限于采用的边界点范围内；由于噪声点和测量误差的影响，寻找光滑边界点十分困难；为减少误差，对数据进行光顺处理后的点的曲率和法矢可能发生变化，特征的位置可能会移动 b. 基于面的方法。该方法使用了更多的点，可最大限度利用所有可以得到的数据信息；可以直接确定哪些点属于哪些曲面；可直接提供点云数据的最佳拟合曲面；很难选定最佳的种子点；无法表示出一张复杂的自由曲面

程碰到这样的点就停止。因此，是否增加一个点到区域中，有时难以决定。而自上而下方法的主要问题是选择在哪里和如何分割数据点集，而且经常是用直线作分割边界，这和曲面片的自然边界是不一致的，由此可导致最后曲面“组合或缝合”时，边界凸凹不光滑；另一个问题是数据点集重新划分后，计算过程又必须从头开始，计算效率较低。

3.7.2　散乱数据的自动分割

对散乱数据点的分割，提出的方法是一种基于边的方法，在分割过程中实现曲面几何特征信息的抽取，该方法由三步组成：

① 建立一个三角网格曲面，以便在离散数据点中建立清晰的拓扑关系，通过相邻的拓扑进一步优化来建立二阶的实物几何；

② 对无序的网格应用基于曲率的边界识别法来识别切矢不连续的尖锐边和曲率不连续的光滑边；

③ 用抽取的边界来分割的网格面片构成组。

利用三角网格结构插值于采样点来线性地拟合实物外形，可用于冲突识别、计算机视觉和动画。但对逆向工程，网格表示却受到限制，因为用许多法矢不连续的平面三角面片来表示光滑的曲面是不精确的。为获得精确的表示，应采用 B 样条曲面片来构建网格，以获得一个分段光滑的几何模型。

因为 B 样条曲面片不适合于处理曲率不连续的几何形状，因此，确定光滑曲面之间的边界曲线变得重要，特别是对于机械零件等产品，边界曲面通常包含特殊功能、加工过程和工程意义而专门设计的几何特征曲面。一般地，几何特征包括平面、球面、柱、圆环面和雕塑曲面，这些特征曲面至少是二阶连续的。如果能将属于不同特征的数据点成组，将会给重建高精度的几何模型带来方便。

离散数据点中的拓扑关系是未知和模糊的，不容易直接进行数据分割。因此，一种可用的解决办法是事先构建一个能捕捉实物外形的三角网格，并且网格曲面达到原始曲面几何的二阶逼近，这样每个网格曲面将与相应的几何曲面特征相对应。在这基础上将网格边作为基本的边界元，实现边界直接识别。因为这个过程中识别的边界不是完整的，为自动构建连续的边界，在这里提出一个边界区的概念，尽管边界区并没有给出精确的边界位置，但它们能有效地分割网格，最终的实际边界曲线可以由相邻曲面的求交获得。具体的分割方法包括多域构建、边界识别和网格面片成组。

（1）多域构建

从无序的数据点云，利用增长算法，首先构建一个插值于采样点的分片的线性三角网格，对于一个连续的、由多种面片类型组成的曲面，三角网格通过在采样点中建立组合结构来捕捉实物拓扑，并达到对实物几何的一阶逼近。然后计算曲率信息，通过改变三角网格的局部拓扑，使原始曲面和重建的网格曲面之间的曲率导数达到最小，实现对三角网格结构的优化，最终优化的三角网格结构为二阶几何的恢复提供一多种类的域和进行 3D 数据分割所需的导数特性。

（2）边界识别

利用前面所建立的拓扑和曲率信息进行边界识别，比较每个网格边和相邻顶点在同一方向的方向曲率，根据曲率信息，位于边界或附近的网格边被首先识别为边界，靠近边界曲线附近的边界区域，包括顶点、边和面被抽取，利用识别的边界就可将多域数据分割成不相连的子组。由于测量噪声的影响，为避免位于边界或附近的网格边被误识为边界，精确的边界曲线需通过两相邻曲面的求交来获得。

1）边界分类。为方便边界识别，根据实物曲面及曲率是否连续，可将实物边界分为三类：D^0 边界、D^1 边界和 D^2 边界。

对 D^1 边界，物体曲面是连续的，但边界的切矢量不连续；而 D^2 边界，物体曲面和边界切矢量都是连续的，但方向矢量不连续；如果数据没有完全扫描整个曲面，这时会出现位置不连续，称 D^0 边界，见图 31-3-21。D^0 边界在多域创建过程中可自动识别。图 31-3-22 给出了不同离散点边界的横截面曲线特性。

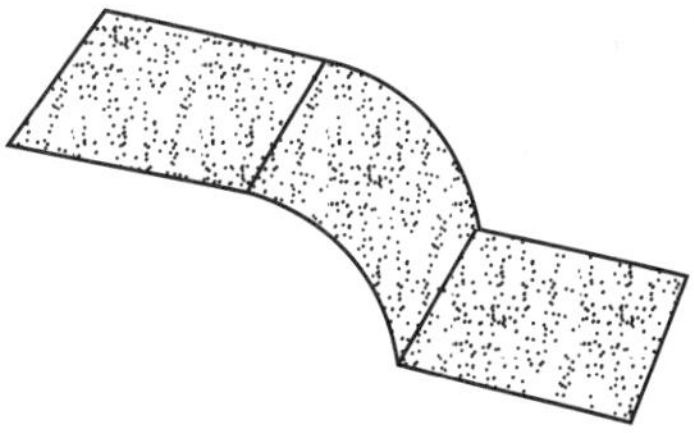

图 31-3-21　三种类型的边界

2）边界识别方法。传统的边界识别方法将离散点当做边界元，它是无方向的，结果会受到噪声的干扰，因为每个点是零维实体，不能进行方向识别。一个连续网格域的构建，不仅建立起了采样点之间明确的相邻关系，还因为一维网格边实体的引进，使方向识别成为可能。具体的识别方法又分为两种，面向边的边界识别和基于曲率的边界识别。

① 面向边的边界识别。与面向点的识别不同，当分割用于具有恢复的曲率性质的网格域时，如将网格边作为基本的构造元，可实现边的方向的识别。因为每个边本身就具有方向，无论它是否位于边界线

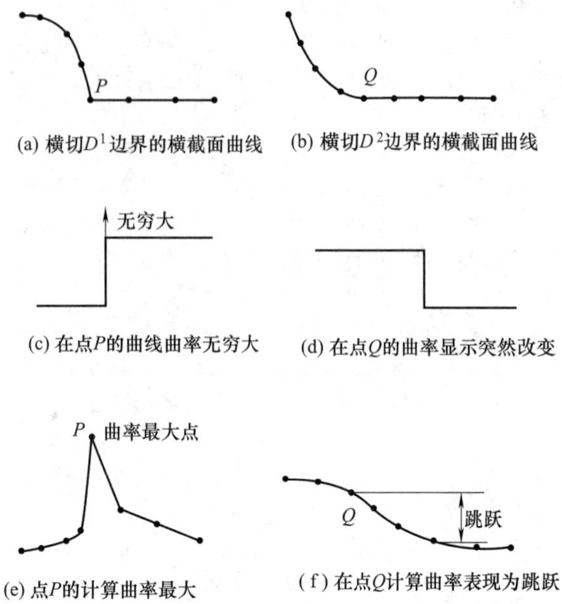
P
Q
(a) 横切D^1边界的横截面曲线
(b) 横切D^2边界的横截面曲线
无穷大
(c) 在点P的曲线曲率无穷大
(d) 在点Q的曲率显示突然改变
P 曲率最大点
Q
跳跃
(e) 点P的计算曲率最大
(f) 在点Q计算曲率表现为跳跃

图 31-3-22　不同离散点边界的横截面曲线特性

上，都能通过检查垂直于它的方向的方向曲率来决定。边界边被定义为网格边，网格边的两个端点从位于两个特征曲面的边界线上或附近采样得到。

② 基于曲率的边界识别。边界识别的第二种方法是基于计算的方向曲率的改变来识别，在过程进行之前，要定义网格边的“邻居”。每个网格边的邻居定义为它的两个邻接面片的两个位置相反的顶点，如图 31-3-23 所示，边界 e 的邻居是顶点 v_3 和 v_4，分别具有计算切平面 P_3 和 P_4，$\boldsymbol{T}_3$ 和 $\boldsymbol{T}_4$ 分别为 P_3 和 P_4 上与 e 垂直的矢量。这样，根据在两个顶点的计算曲率张量，就能计算出 v_3 在相切方向 $\boldsymbol{T}_3$ 的方向曲率 $k_{v3}(\boldsymbol{T}_3)$ 和 v_4 在相切方向 $\boldsymbol{T}_4$ 的方向曲率 $k_{v4}(\boldsymbol{T}_4)$。

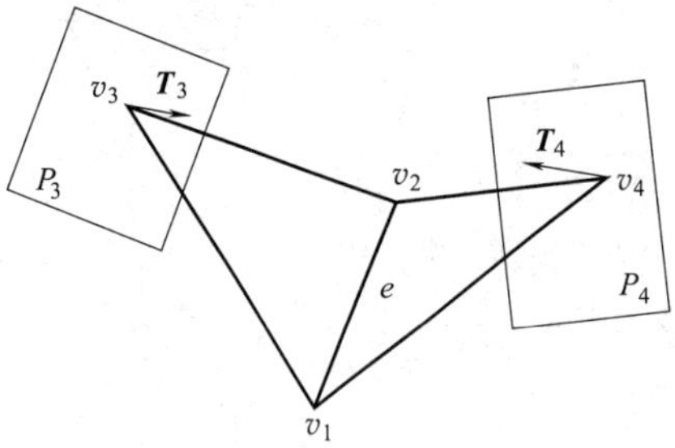

图 31-3-23　边界 e 的“邻居”定义

如用 k_e 表示边界 e 的计算曲率，边界可根据下面两个准则识别。

a. 边界 e 是 D^1 边界，如果

$$\min\{|k_e| - |[k_{v3}(\boldsymbol{T}_3)]|, |k_e| - |[k_{v4}(\boldsymbol{T}_4)]|\} > 0 \tag{31-3-52}$$

则

$$\max\{|k_e| - |[k_{v3}(\boldsymbol{T}_3)]|, |k_e| - |[k_{v4}(\boldsymbol{T}_4)]|\} > t_1 \tag{31-3-53}$$

b. 边界 e 是 D^2 边界，如果

$$\max[k_{v3}(\boldsymbol{T}_3), k_{v4}(\boldsymbol{T}_4)] > k_e > \min[k_{v3}(\boldsymbol{T}_3), k_{v4}(\boldsymbol{T}_4)] \tag{31-3-54}$$

则

$$|k_{v3}(\boldsymbol{T}_3) - k_{v4}(\boldsymbol{T}_4)| > t_2 \tag{31-3-55}$$

式中，t_1 和 t_2 是指定的阈值。

c. 边界区抽取。要精确地确定边界曲线是困难的，因为采样点并不一定是准确位于边界线上的点；靠近边界的测量点信息是不可靠的；根据带有噪声的点计算的曲率不一定是准确的。因此，提出“边界区”概念，以处理不完整边界的识别问题。边界区由靠近边界曲线的网格单元组成，尽管边界区并没有给出边界线的精确位置，但它能有效地将网格分为不同及不相连的组，这样，特征曲面能与各自的数据组拟合，特征曲面之间的拓扑关系也能根据建立的网格拓扑找出，最终边界线的精确位置则可以通过相邻特征曲面的相交来求出。边界区抽取过程分为三步：边界树抽取、边界区构建和分支修剪。

• 与已经识别的边界边连接的边集称为边界树，在边界树的任何两边之间至少存在一个包含边界边的封闭折线路径。开始时，一个边界树初始化为一个任意的边界边，称为种子边，接下来所有与种子边相连的边界边被增加到边界树，这些边界边又作为新的种子边，再增加补充，直到没有新的边界边增加，搜寻过程结束。

• 已经抽取的边界边仅包含网格边，需要扩增相关的面片、顶点来构建边界区，边界树之间也许会由非边界边连接。

• 由边界树扩增建立的边界区结构中，会存在一些具有“死端点”的分支，在边界区的一条边如果仅有一个端点和边界区有关，就认为这条边具有死端点。对数据分割来说，包含有死端点的分支没有包含有用的信息，需要被剪除。剪除操作可以通过搜寻死端点完成。

(3) 网格面片成组

抽取出的边界区域将三角面片分割成没有连接的网格面片，每一个网格面片都和一个曲面特征对应。网格面片抽取由面片成组过程完成，它将分离的网格单元集合在一起，整个过程通过网格域的增长算法实现，如图 31-3-24 所示。每个网格面片从一个初始的种子三角形开始，沿面片边界增长，碰到边界区域的单元时停止。不在边界区域的所有三角形都成组后，面片成组过程停止。

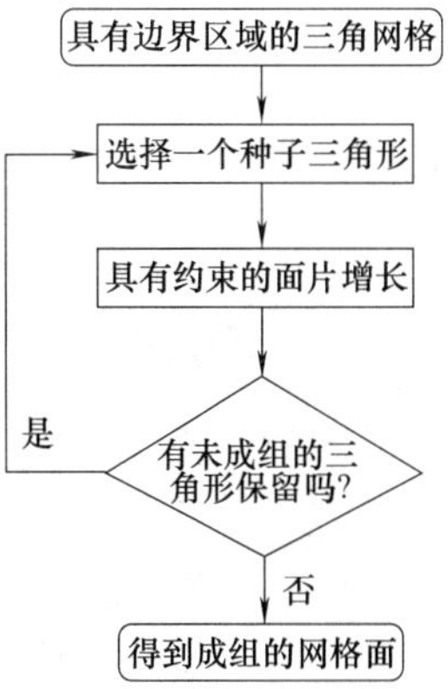

图 31-3-24　网格面片成组

(4) 多级分割

一条 D^1 边界曲线的法矢量和 D^2 边界曲线的曲率大小可以用来表示一条边界曲线的强度，因为边界周围处于不同的曲面中，因此，由邻域得到的计算曲率是不可靠的。自然地，网格附近强的边界线的计算曲率将受到边界形状的影响。对于具有复杂几何外形的实物，会存在具有不同强度的边界曲线，这样，用单一阈值进行边界识别，不能保证得到最优的结果。如果阈值较高，不能有效地识别“弱”的边界；反之，一条虚假的边界会出现在“强”的边界周围。这时，在边界识别中采用多阈值是一种理想的解决途径。

多级分割即采用多阈值来识别边界线，首先采用较高的阈值将原始网格曲面分成“强”边界区隔离的网格面片。利用抽取的形状信息，靠近“强”边界区的网格单元的曲率信息被再次测定，并且只考虑那些具有相同网格面片的邻域，这样，测定的曲率将会较好地反映这个单一网格面片的局部形状。在再次测定曲率的基础上，较低的阈值被用来从抽取面片中识别“弱”的边界线，从而实现多级分割。

第4章 三维模型重构技术

实物逆向设计的核心内容和基本目的是实现实物三维CAD模型的重建，以便为后续的工程分析、产品再设计、数控仿真、加工制造等提供CAD模型的支持。目前成熟的三维模型重建根据造型方法可分为：基于曲线的模型重建和基于曲面的直接拟合。

基于曲线的模型重建是先将测量数据点通过插值（interpolation）或拟合（approximation）构造样条曲线（或参数曲线），然后再通过曲面造型，如扫描（sweep）、混合（blend）、放样（lofting）、边界曲面（boundary）等方法，将曲线构建成曲面（曲面片），最后通过延伸、剪裁、过渡和合并等曲面编辑工具，得到完整的曲面模型，图31-4-1所示为基于曲线拟合的模型重建过程。

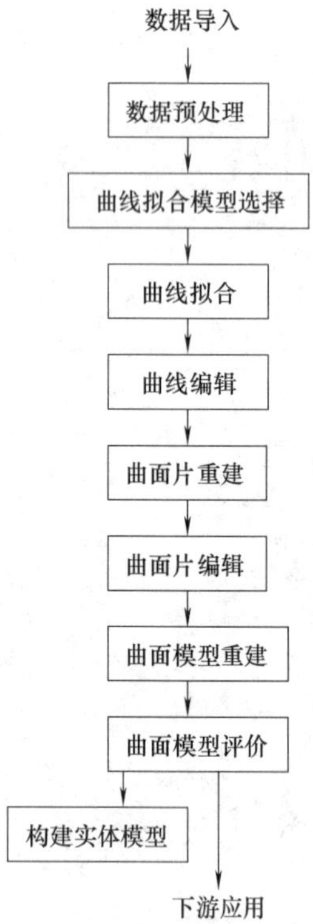

图31-4-1 基于曲线拟合的模型重建过程

基于曲面的直接拟合是对测量数据点预处理后，直接进行曲面片拟合，然后利用曲面编辑工具，将获得的曲面片经过过渡、混合、连接形成最终的曲面模型，其过程如图31-4-2所示。

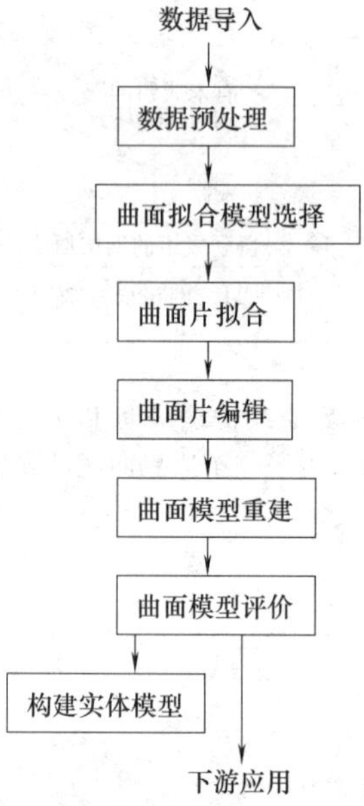

图31-4-2 基于曲面拟合的模型重建过程

4.1 曲线拟合造型

插值和拟合是数值逼近的重要组成部分，构造一条曲线顺序通过所给定的数据点，称为对这些数据点进行插值，曲线与数据点的误差为零。常用的插值方法有：线性插值、拉格朗日插值、逐次线性插值、抛物线插值、样条插值等。当数据点存在噪声时，使用

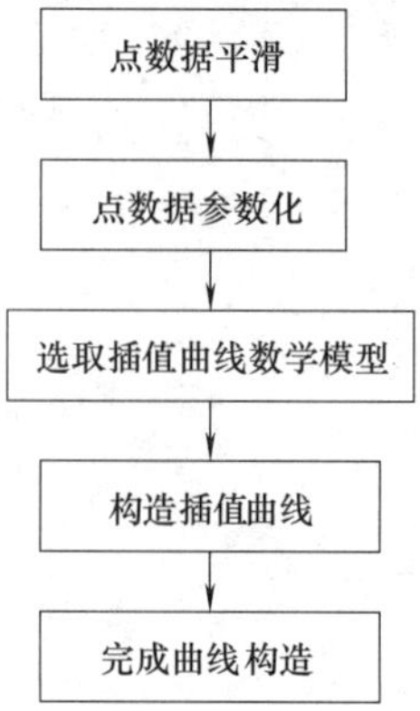

图31-4-3 曲线插值过程

插值法构造曲线，应先进行数据平滑处理以去除噪声，曲线插值过程见图 31-4-3。

如果获得的数据点较粗糙、误差较大，要构造一条曲线使之严格通过给定的一组数据点，则所建立的曲线将不够平滑，尽管可以对数据进行平滑处理，但在一定程度上会丢失曲线或曲面的几何特征信息。这时采用曲线拟合法来构造曲线更为合适，即构造一条曲线，使之在某种条件下最接近给定的数据点。采用曲线拟合首先要指定一个允许误差，设定曲线控制点的数目，基于所有的测量数据点，用最小二乘法求出一条曲线后，计算测量数据点到拟合曲线的距离。若最大距离大于设定的误差值，则需要增加控制点的数目，然后重新进行基于最小二乘法的曲线拟合，直到误差满足为止，曲线拟合过程如图 31-4-4 所示。

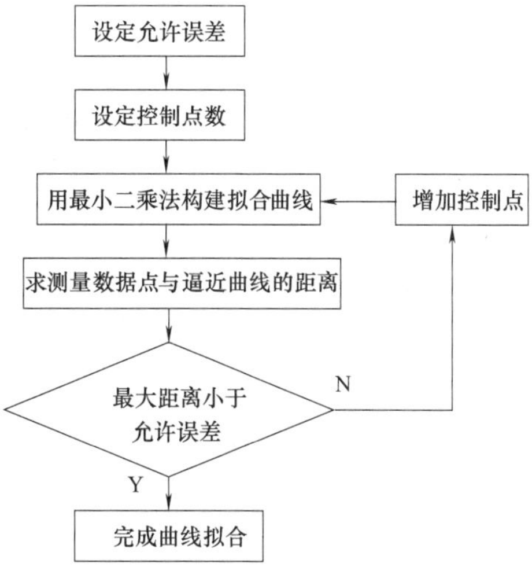

图 31-4-4　曲线拟合过程

4.1.1　参数曲线的插值与拟合

4.1.1.1　参数多项式

在计算机辅助几何设计（CAGD）中，基表示的参数矢函数形式已成为形状数学描述的标准形式。多项式表示形式简单，采用多项式函数作为基函数即多项式的基，相应得到参数多项式曲线。当选定一组多项式基函数后，通过改变多项式的次数及基表示定义形状的系数矢量，能获得丰富的形状表达，且容易计算函数值及各阶导数值，能较好地满足要求。

幂（又称单项式 monomial）基 u^j（$j=0,1,\cdots,n$）是最简单的多项式基，相应的参数多项式的全体构成 n 次多项式空间。n 次多项式空间任一组 $n+1$ 个线性无关的多项式都可以作为一组基，因此存在无穷多组基。不同组基之间仅相差一个线性变换。

一个 n 次参数多项式曲线方程可表示为

$$\boldsymbol{p}(u)=\sum_{j=0}^{n}\boldsymbol{a}_j u^j \tag{31-4-1}$$

式中，$\boldsymbol{a}_j$ 为系数矢量。

同一条参数多项式曲线可以采用不同的基表示，由此决定了它们具有不同的性质、不同的特点。

4.1.1.2　数据点参数化

采用一般多项式函数来构造插值曲线与拟合曲线时，在取定 xoy 坐标后，x 坐标严格递增的 3 个点唯一决定一条抛物线，$n+1$ 个点唯一决定一个不超过 n 次的插值多项式。但采用参数多项式插值时，顺序通过 3 个点可以有无数条抛物线，顺序通过 $n+1$ 个点的不超过 n 次的参数多项式曲线也可以有无数条。要唯一决定一条插值于 $n+1$ 个点 $\boldsymbol{P}_i$（$i=0,1,\cdots,n$）的参数插值曲线或拟合曲线，必须先给数据点 $\boldsymbol{P}_i$ 赋予相应的参数值，使其形成一个严格递增的序列 Δu：$u_0<u_1<\cdots<u_n$，u_n 称为关于参数的一个分割，其中每个参数值称为节点或断点。它决定了位于插值曲线上的数据点与其参数域 $u\in[u_0,\ \cdots,\ u_n]$ 内的对应点之间的一种对应关系。对一组有序数据点决定一个参数分割，称为对这组数据点实行参数化。同一组数据点，如果数据点的参数化不同，将产生不同的插值曲线。对数据点进行参数化有以下方法。

（1）均匀参数化（等距参数化）法

使每个节点区间长度（用向前差分表示）$\Delta_i=u_{i+1}-u_i=$ 正常数，$i=0,1,\cdots,n-1$，即节点在参数轴上呈等距分布，为处理方便，常取成整数序列 $u_i=i$，$i=0,1,\cdots,n$。

均匀参数化法适合于数据点多边形各边（弦）接近相等的场合。

（2）积累弦长参数化（弦长参数化）法

$$\begin{cases}u_0=0\\ u_i=u_{i-1}+|\Delta\boldsymbol{P}_{i-1}|,\ i=1,2,\cdots,n\end{cases} \tag{31-4-2}$$

式中，$\Delta\boldsymbol{P}_{i-1}$ 为向前差分矢量，$\Delta\boldsymbol{P}_{i-1}=\boldsymbol{P}_i-\boldsymbol{P}_{i-1}$ 即弦线矢量。

积累弦长参数化法克服了数据点按弦长分布不均匀情况下采用均匀参数化所出现的问题，如实反映了数据点按弦长的分布情况，在多数情况下能获得满意的结果。

（3）向心参数化法

$$\begin{cases}u_0=0\\ u_i=u_{i-1}+|\Delta\boldsymbol{P}_{i-1}|^{1/2},\quad i=1,2,\cdots,n\end{cases} \tag{31-4-3}$$

由于积累弦长参数化法并不能完全保证生成光顺的插值曲线，Lee 在 1989 年提出了这一修正公式，但实际结果反映不出数据点相邻弦线的折拐情况。

（4）修正弦长参数化（Foley 参数化）法

$$\begin{cases} u_0=0 \\ u_i=u_{i-1}+k_i\,|\Delta \boldsymbol{P}_{i-1}|, \quad i=1,2,\cdots,n \end{cases} \tag{31-4-4}$$

式中，$k_i=1+\dfrac{3}{2}\left(\dfrac{|\Delta \boldsymbol{P}_{i-2}|\theta_{i-1}}{|\Delta \boldsymbol{P}_{i-2}|+|\Delta \boldsymbol{P}_{i-1}|}+\dfrac{|\Delta \boldsymbol{P}_i|\theta_i}{|\Delta \boldsymbol{P}_{i-1}|+|\Delta \boldsymbol{P}_i|}\right)$

$$\theta_i=\min\left(\pi-L\boldsymbol{P}_{i-1}\boldsymbol{P}_i\boldsymbol{P}_{i+1},\ \frac{\pi}{2}\right)$$

$$|\Delta \boldsymbol{P}_{-1}|=|\Delta \boldsymbol{P}_n|=0$$

这里采用了修正弦长，修正系数 $k_i\geqslant 1$。与前后邻弦长 $|\Delta \boldsymbol{P}_{i-2}|$ 及 $|\Delta \boldsymbol{P}_i|$ 相比，若弦长如 $|\Delta \boldsymbol{P}_{i-1}|$ 越小，且与前后邻弦长夹角的外角 θ_{i-1}、θ_i（不超过 $\pi/2$ 时）越大，则修正系数 k_i 就越大，因而修正弦长即参数区间 $\Delta_{i-1}=k_i\,|\Delta \boldsymbol{P}_{i-1}|$ 也就越大。这样对于因该曲线段绝对曲率偏大，与实际弧长相比，实际弦长偏短的情况起到了修正作用。

上述各种对数据点的参数化法都是非规范的，要获得规范参数化 $[u_0, u_n]=[0,\ 1]$，则需将上述参数化结果作如下简单处理：

$$u_i \Leftarrow u_i/u_n, \quad i=0,1,\cdots,n$$

4.1.1.3　多项式插值曲线

在构造多项式插值曲线时，曲线方程的待定系数矢量个数应等于数据点的数目。若采用的多项式基为幂基，插值曲线方程为

$$p(u_i)=\sum_{j=0}^{n}\boldsymbol{a}_j u_i^j \tag{31-4-5}$$

式中，系数矢量 $\boldsymbol{a}_j$（$j=0,1,\cdots,n$）待定。设已对数据点实行了参数化，将参数值 $u_i(i=0,1,\cdots,n)$ 代入方程，使之满足插值条件

$$\boldsymbol{p}(u_i)=\sum_{j=0}^{n}\boldsymbol{a}_j u_i^j=\boldsymbol{p}_i, \quad i=0,1,\cdots,n \tag{31-4-6}$$

式（31-4-6）为一线性方程组

$$\begin{bmatrix} 1 & u_0 & u_0^2 & \cdots & u_0^n \\ 1 & u_1 & u_1^2 & \cdots & u_1^n \\ \vdots & \vdots & \vdots & \ddots & \vdots \\ 1 & u_n & u_n^2 & \cdots & u_n^n \end{bmatrix}\begin{bmatrix} \boldsymbol{a}_0 \\ \boldsymbol{a}_1 \\ \vdots \\ \boldsymbol{a}_n \end{bmatrix}=\begin{bmatrix} \boldsymbol{p}_0 \\ \boldsymbol{p}_1 \\ \vdots \\ \boldsymbol{p}_n \end{bmatrix} \tag{31-4-7}$$

由线性代数可知，其系数矩阵是范德蒙（Vandermonde）矩阵，是非奇异的，因此存在唯一解。采用幂基的多项式曲线具有形式简单、易于计算的优点，但系数矢量的几何意义不明显。构造插值曲线时，必须解一个线性方程组。当 n 很大时，系数矩阵会呈病态。

除幂基外，常用的多项式基还有拉格朗日（Lagrange）基，相应的插值方法为拉格朗日插值法，其广义形式包括牛顿（Newton）均差形式和埃尔米特（Hermite）插值。

对于多项式插值，一般情况下，需要满足的插值条件越多，导致曲线的次数就越高；次数越高，曲线出现过多的扭摆的可能性越大。解决办法是，在满足一定连续条件下将各段低次曲线逐段拼接起来。这样以分段方式定义的曲线称为组合或复合曲线，相应用分片方式定义的曲面就是组合曲面。

在工程中，一般常用的是三次曲线。参数三次曲线既可生成带有拐点的平面曲线，又能生成空间曲线次数最低的参数多项式曲线。实际上，大多数形状表示与设计都是用三次参数化来实现的。参数三次曲线、曲面又称为弗格森（Ferguson）曲线和弗格森样条曲面。曲线用幂基表示为

$$\boldsymbol{P}(t)=\boldsymbol{a}_0+\boldsymbol{a}_1 t+\boldsymbol{a}_2 t^2+\boldsymbol{a}_3 t^3, \quad t\in[0,\ 1] \tag{31-4-8}$$

4.1.1.4　最小二乘拟合

拟合曲线采用基表示的参数 n 次（$n<m$）多项式曲线如式（31-4-9）所示

$$\boldsymbol{p}(u)=\sum_{i=0}^{n}\boldsymbol{a}_i\varphi_i(u) \tag{31-4-9}$$

式中，$\varphi_i(u)$ 为 n 次多项式空间的一组基；$\boldsymbol{a}_i=[x_i\quad y_i\quad z_i]$（$i=0,1,\cdots,n$）为待定的系数矢量。设所给数据点 $\boldsymbol{p}_k=[\overline{x}_k\quad \overline{y}_k\quad \overline{z}_k]$（$k=0,1,\cdots,m$），并已实行参数化，决定了参数分割 Δu：$u_0<u_1<\cdots<u_m$，若用插值方法处理，由于矢量方程个数 $m+1$ 超出了未知矢量个数，方程组是超定的，一般情况下，解是不存在的。这时只能寻求在某种意义下最接近这些数据点的参数多项式曲线 $\boldsymbol{p}(u)$ 作为拟合曲线。

最常用的方法是最小二乘拟合法，即取拟合曲线 $\boldsymbol{p}(u)$ 上具有参数值 u_k 的点 $\boldsymbol{p}(u_k)$ 与数据点 $\boldsymbol{p}_k$ 间的距离的平方和达到最小，即

$$J=\sum_{k=0}^{m}|\boldsymbol{p}(u_k)-\boldsymbol{p}_k|^2=J_x+J_y+J_z \tag{31-4-10}$$

式中，J 称为目标函数，其中

$$J_x=\sum_{k=0}^{m}\left[\sum_{i=0}^{n}x_i\varphi_i(u_k)-\bar{x}_k\right]^2$$

$$J_y=\sum_{k=0}^{m}\left[\sum_{i=0}^{n}y_i\varphi_i(u_k)-\bar{y}_k\right]^2 \quad (31\text{-}4\text{-}11)$$

$$J_z=\sum_{k=0}^{m}\left[\sum_{i=0}^{n}z_i\varphi_i(u_k)-\bar{z}_k\right]^2$$

要使 J 为最小，J_x、J_y、J_z 都应为最小，即应使下列的偏导数为零

$$\begin{cases}\dfrac{\partial J_x}{\partial x_j}=0\\ \dfrac{\partial J_y}{\partial y_j}=0 \text{ 或 } \left[\dfrac{\partial J_x}{\partial x_j} \quad \dfrac{\partial J_y}{\partial y_j} \quad \dfrac{\partial J_z}{\partial z_j}\right]=0, J=0,1,\cdots,n\\ \dfrac{\partial J_z}{\partial z_j}=0\end{cases}$$

(31-4-12)

由上式可推出高斯（Gaussian）正交方程组

$$\boldsymbol{\Phi}^{\mathrm{T}}\boldsymbol{\Phi}\boldsymbol{A}=\boldsymbol{\Phi}^{\mathrm{T}}\boldsymbol{P} \quad (31\text{-}4\text{-}13)$$

式（31-4-13）又称为法方程。其中 $\boldsymbol{\Phi}^{\mathrm{T}}$ 是 $\boldsymbol{\Phi}$ 转置。由于 $\varphi_i(u)$ $(i=0,1,\cdots,n)$ 线性无关，故 $\boldsymbol{\Phi}$ 是满秩的。$\boldsymbol{\Phi}^{\mathrm{T}}\boldsymbol{\Phi}$ 是 $n+1$ 阶对称可逆阵，方程存在唯一解。

如果要考虑各数据点具有不同的重要性和可靠性，可对每个数据点引入相应的权或称权因子 h_k $(k=0,1,\cdots,m)$。这样式（31-4-10）的目标函数变为

$$J=\sum_{k=0}^{m}h_k\left|\boldsymbol{p}(u_k)-\boldsymbol{p}_k\right|^2 \quad (31\text{-}4\text{-}14)$$

其法方程相应变为

$$(\boldsymbol{H\Phi})^{\mathrm{T}}(\boldsymbol{H\Phi})\boldsymbol{A}=(\boldsymbol{H\Phi})^{\mathrm{T}}(\boldsymbol{HP}) \quad (31\text{-}4\text{-}15)$$

式中

$$\boldsymbol{H}=\begin{bmatrix}\sqrt{h_0} & 0 & \cdots & & 0\\ 0 & \sqrt{h_1} & 0 & \cdots & 0\\ \vdots & 0 & \ddots & & \vdots\\ & \vdots & & \ddots & 0\\ 0 & 0 & \cdots & 0 & \sqrt{h_m}\end{bmatrix} \quad (31\text{-}4\text{-}16)$$

4.1.2 B样条曲线插值与拟合

B样条方法具有表示与设计自由曲线曲面的强大功能，曲线除保留了 Bézier 方法的优点外，还具有能描述复杂形状的功能和局部性质。因此B样条方法是流行最广泛的形状数学描述方法之一，而且已成为关于工业产品几何定义国际标准的有理B样条方法的基础。

4.1.2.1 B样条曲线插值

B样条曲线方程可写为

$$\boldsymbol{p}(u)=\sum_{i=0}^{n}\boldsymbol{d}_iN_{i,k}(u) \quad (31\text{-}4\text{-}17)$$

式中，$\boldsymbol{d}_i(i=0,1,\cdots,n)$ 为控制顶点；$N_{i,k}(u)$ $(i=0,1,\cdots,n)$ 为 k 次规范B样条基函数。B样条基是多项式样条空间具有最小支承的一组基，称为基本样条（basic spline），简称B样条。

B样条曲线插值一般称为反算B样条曲线插值曲线，为了使一条 k 次B样条曲线通过一组数据点 $\boldsymbol{q}_i$ $(i=0,1,\cdots,m)$，一般使曲线的首末端点分别与首末数据点一致，使曲线的分段连接点分别依次与B样条曲线定义域内的节点一一对应，即 $\boldsymbol{q}_i$ 点有节点值 $u_{k+i}(i=0,1,\cdots,m)$。该B样条插值曲线将由 n 个控制顶点 $\boldsymbol{d}_i$ $(i=0,1,\cdots,n)$ 与节点矢量 $\boldsymbol{U}=[u_0, u_1, \cdots, u_{n+k+1}]$ 来定义。其中，$n=m+k-1$，即控制点数目要比数据点数目多出 $k-1$ 个，共有 $m+k$ 个未知顶点。根据端点插值要求，可取 $k+1$ 个重节点的端点的固支条件。于是有 $u_0=u_1=\cdots=u_k=0$，$u_{n+1}=u_{n+2}=\cdots=u_{n+k+1}=1$。接着对数据点取规范累积弦长参数化得 $\tilde{u}_i(i=0,1,\cdots,m)$，相应可确定定义域内的节点值为 $u_{k+1}=\tilde{u}_i$ $(i=0,1,\cdots,m)$。这样可由插值条件给出以 $n+1$ 个控制顶点为未知矢量的 $m+1$ 个线性方程组成的线性方程组

$$\boldsymbol{p}(u_i)=\sum_{j=0}^{n}\boldsymbol{d}_jN_{j,k}(u_i)=\sum_{j=i-k}^{i}\boldsymbol{d}_jN_{j,k}(u_i)=\boldsymbol{q}_{i-k}$$

$$u\in[u_i, u_{i+1}]\subset[u_k, u_{n+1}]; \quad i=k,k+1,\cdots,n$$

(31-4-18)

在实际构造B样条插值曲线时，对次数 k，广泛采用 C^2 连续的三次B样条曲线作为插值曲线。如果数据点数 $m+1$ 小于或等于4，且未给出边界条件时，可不必采用一般的B样条曲线作为插值曲线，可采用特殊的B样条曲线即 Bézier 曲线作为插值曲线，依次得到一次 Bézier 曲线（直线）、二次 Bézier 曲线（抛物线段）、三次 Bézier 曲线。

4.1.2.2 B样条曲线拟合

B样条曲线作为拟合曲线，可以解决参数曲线和 Bézier 曲线仅靠提高次数来满足拟合精度要求的问题。在插值问题里，控制顶点的数目由选择次数和数

据点的数目自动确定，不存在误差问题；而在拟合问题里，曲线误差界 E 要与被拟合的数据点一起给出。通常情况下，预先不知道需要多少控制顶点才能达到所要的拟合精度。因此，拟合一般是一个迭代的过程。

用B样条曲线对数据点整体拟合大致有两种方案，两种方案的中心问题是怎样给定控制顶点的数目，以便构造一条对给定数据点的拟合曲线，两种方案的基本操作步骤如图31-4-5和图31-4-6所示。

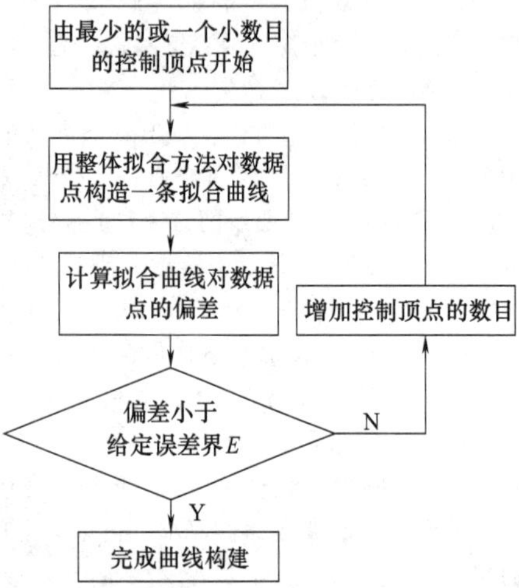

图31-4-5　曲线逼近方案1

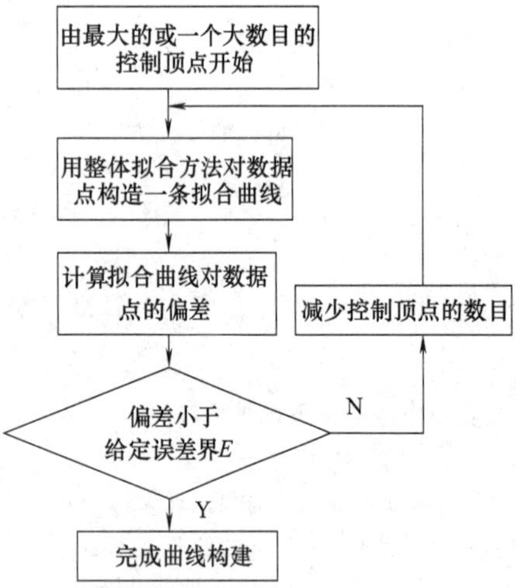

图31-4-6　曲线逼近方案2

(1) 最小二乘曲线拟合

为了避免非线性问题，预先计算数据点的参数值 $\bar{u}_i$ 和节点矢量 $\boldsymbol{U}$，可以建立并求解未知控制顶点的线性最小二乘问题。设给定 $m+1$ 个数据点 $\boldsymbol{q}_0$、$\boldsymbol{q}_1$、…、$\boldsymbol{q}_m$ $(m>n)$，拟合曲线次数 $k\geqslant 1$，试图寻找一条 k 次B样条曲线

$$\boldsymbol{p}(u)=\sum_{j=0}^{n}\boldsymbol{d}_j N_{j,k}(u),\quad u\in[0,\ 1] \tag{31-4-19}$$

满足 $\boldsymbol{q}_0=\boldsymbol{p}(0)$，$\boldsymbol{q}_m=\boldsymbol{p}(1)$；其余数据点 $\boldsymbol{q}_i(i=1,2,\cdots,m-1)$ 在最小二乘意义上被拟合，即目标函数

$$f=\sum_{i=1}^{m-1}[\boldsymbol{q}_i-\boldsymbol{p}(\bar{u}_i)]^2 \tag{31-4-20}$$

是关于 $n-1$ 个控制顶点 $d_j(j=0,1,\cdots,n-1)$ 的一个最小值。式中 $\bar{u}_i$ $(i=0,1,\cdots,m)$ 是数据点的参数值，可由累积弦长参数法决定。

为了决定B样条基函数 $N_{j,k}(u)$，必须给定节点矢量 $\boldsymbol{U}=[u_0,\ u_1,\ \cdots,\ u_{n+k+1}]$。根据端点插值与曲线定义域要求，采用定义域两端节点为 $k+1$ 的重节点端点条件，也即固支条件。于是有：$u_0=u_1=\cdots=u_k=0$，$u_{n+1}=u_{n+2}=\cdots=u_{n+k+1}=1$。定义域共包含 $n-k+1$ 个节点区间，其节点值的选取应反映数据点参数值 $\bar{u}_i$ 的分布情况，可按如下方法确定。

设 c 是一个正实数，$i=\text{int}(c)$ 表示了 $i\leqslant c$ 最大整数。令

$$c=\frac{m+1}{n-k+1} \tag{31-4-21}$$

则定义域的内节点为

$$i=\text{int}(jc),\alpha=jc-i$$

$$u_{k+j}=(1-\alpha)\tilde{u}_{i-1}\alpha+\alpha\tilde{u}_i,\ j=1,2,\cdots,n-k$$

按如上决定的内节点值保证了定义域每个节点区间至少包含一个 $\tilde{u}_i$。

在此强调，生成的拟合曲线一般不精确通过数据点 $\boldsymbol{q}_i(i=1,2,\cdots,m-1)$，且 $\boldsymbol{p}(\tilde{u}_i)$ 不是在曲线上与 $\boldsymbol{q}_i$ 的最近点。设

$$\boldsymbol{r}_i=\boldsymbol{q}_i-\boldsymbol{q}_0 N_{0,k}(\tilde{u}_i)-\boldsymbol{q}_m N_{n,k}(\tilde{u}_i),i=1,2,\cdots,m-1 \tag{31-4-22}$$

将参数值 $\tilde{u}_i$ 及式(31-4-22)一起代入式(31-4-20)，得

$$f=\sum_{i=1}^{m-1}[\boldsymbol{q}_i-\boldsymbol{p}(\tilde{u}_i)]^2=\sum_{i=1}^{m-1}\left[\boldsymbol{r}_i-\sum_{j=1}^{n-1}\boldsymbol{d}_j N_{j,k}(\tilde{u}_i)\right]^2 \tag{31-4-23}$$

应用线性最小二乘拟合技术，要使目标函数 f 为最小，应使它关于 $n-1$ 个控制顶点 $\boldsymbol{d}_j$ $(j=0,1,\cdots,n-1)$ 的导数等于零。它的第 l 个导数为

$$\frac{\partial f}{\partial \boldsymbol{d}_l}=\sum_{i=1}^{m-1}\left[-2\boldsymbol{r}_i N_{l,k}(\tilde{u}_i)+2N_{l,k}(\tilde{u}_i)\sum_{j=1}^{n}\boldsymbol{d}_j N_{j,k}(\tilde{u}_i)\right]^2 \tag{31-4-24}$$

这意味着

$$-\sum_{i=1}^{m-1}\boldsymbol{r}_iN_{l,k}(\tilde{u}_i)+\sum_{i=1}^{m-1}\sum_{j=1}^{n-1}\boldsymbol{d}_jN_{l,k}(\tilde{u}_i)N_{j,k}(\tilde{u}_i)=0 \tag{31-4-25}$$

于是

$$\sum_{j=1}^{n-1}\left[\sum_{i=1}^{m-1}N_{l,k}(\tilde{u}_i)N_{j,k}(\tilde{u}_i)\right]\boldsymbol{d}_j=\sum_{i=1}^{m-1}\boldsymbol{r}_iN_{l,k}(\tilde{u}_i) \tag{31-4-26}$$

这给出了一个以控制顶点 $\boldsymbol{d}_1$，$\boldsymbol{d}_2$，…，$\boldsymbol{d}_{n-1}$ 为未知量的线性方程。让 $l=1,2,\cdots,m-1$，则得到有 $n-1$ 个该未知量的 $n-1$ 个方程的方程组

$$(\boldsymbol{N}^{\mathrm{T}}\boldsymbol{N})\boldsymbol{D}=\boldsymbol{R} \tag{31-4-27}$$

这里 $\boldsymbol{N}$ 是 $(m-1)\times(n-1)$ 标量矩阵

$$\boldsymbol{N}=\begin{bmatrix} N_{1,k}(\tilde{u}_1) & \cdots & N_{n-1,k}(\tilde{u}_1) \\ \vdots & \ddots & \vdots \\ N_{1,k}(\tilde{u}_{m-1}) & \cdots & N_{n-1,k}(\tilde{u}_{m-1}) \end{bmatrix} \tag{31-4-28}$$

$\boldsymbol{N}^{\mathrm{T}}$ 是 $\boldsymbol{N}$ 的转置阵。$\boldsymbol{R}$ 和 $\boldsymbol{D}$ 都是含 $n-1$ 个矢量元素的列阵

$$\boldsymbol{R}=\begin{bmatrix} N_{1,k}(\tilde{u}_1)\boldsymbol{r}_1 & \cdots & N_{1,k}(\tilde{u}_{m-1})\boldsymbol{r}_{m-1} \\ \vdots & \ddots & \vdots \\ N_{n-1,k}(\tilde{u}_1)\boldsymbol{r}_1 & \cdots & N_{n-1,k}(\tilde{u}_{m-1})\boldsymbol{r}_{m-1} \end{bmatrix},$$

$$\boldsymbol{D}=\begin{bmatrix} \boldsymbol{d}_1 \\ \vdots \\ \boldsymbol{d}_{n-1} \end{bmatrix} \tag{31-4-29}$$

在前面所确定的内节点条件下，式（31-4-27）中的矩阵（$\boldsymbol{N}^{\mathrm{T}}\boldsymbol{N}$）是正定的和情况良好的，可由高斯消元法求解。进而，（$\boldsymbol{N}^{\mathrm{T}}\boldsymbol{N}$）有个小于 $k+1$ 的半带宽。即如果 $N_{i,j}$ 是第 i 行、第 j 列元素，当 $|i-j|>k$，则 $N_{i,j}=0$。在计算机编程实现时，应考虑仅存储非零元素以节省存储空间。

（2）在规定精度内的曲线拟合

上述两种方案中，方案一是由小数目控制顶点开始，方案二是由大数目控制顶点开始，经过拟合，检查偏差，如果必要，前者增加控制顶点，后者减少控制顶点。偏差检查通常是检查最大距离

$$\max_{0\leqslant i\leqslant m}|\boldsymbol{q}_i-\boldsymbol{p}(\tilde{u}_i)| \tag{31-4-30}$$

或

$$\max_{0\leqslant i\leqslant m}\left[\min_{0\leqslant u\leqslant 1}|\boldsymbol{q}_i-\boldsymbol{p}(u)|\right] \tag{31-4-31}$$

后者称为最大范数距离。尽管方案二要比方案一的计算开销大，但用户通常应用后者。一般地，由于

$$\min_{0\leqslant u\leqslant 1}|\boldsymbol{q}_i-\boldsymbol{p}(u)|\leqslant|\boldsymbol{q}_i-\boldsymbol{p}(\tilde{u}_i)| \tag{31-4-32}$$

这将导致曲线具有较少的控制顶点。要强调的是，方案一、方案二有可能都不收敛，应在软件实现时加以处理。

对于方案一，曲线拟合的过程如下：由最少即 $k+1$ 个控制顶点开始，拟合得一条拟合曲线，然后用最大范数距离式（31-4-31）检查曲线偏差是否小于 E。对于每一个节点区间，维持一个记录，以表明是否已经收敛。如果式（31-4-31）对于所有 i，$\tilde{u}_i\in[u_j, u_{j+1}]$ 都满足，则该节点区间 $[u_j, u_{j+1}]$ 已经收敛。在每次拟合和随后的偏差检查以后，在每个非收敛节点区间的中点插入一个节点，相应就增加了一个顶点。过程进行中还应注意处理某些节点区间不包含 $\tilde{u}_i$，以致生成奇异方程组的情况。

对于方案二，曲线拟合的过程如下：从一个等于数据点数目的控制顶点，生成一次 B 样条曲线即插值曲线，进入循环。在最大误差界 E 内消去节点，升阶一次后，用其次数、节点矢量对数据点进行最小二乘拟合得到新控制顶点，将所有数据点投影到当前曲线上，得到并修正它们到当前曲线的距离，到指定次数为止。进行最后的最小二乘拟合，投影所有数据点到当前曲线上得到并修正它们到当前曲线的距离，并在最大误差界 E 内消去节点。为了减少控制顶点数目，可采用节点消去技术。消去节点后的曲线一般不同于原曲线，控制顶点与节点矢量都发生了变化。但是，消去一个节点所产生的影响是局部的。

实际上，上述曲面拟合算法就是数据减少算法，对给定大量数据点，情况是好的。算法假设在节点消去阶段，就可以消去相当数目的节点。否则因为升阶，有可能要求比现有数据点更多的控制顶点，或者存在许多重节点使方程组奇异，结果可能导致这个最小二乘拟合步骤失败。这种情况下，可用一个较高次数曲线重新开始这一过程。

4.2　曲面拟合造型

曲面直接拟合造型既可以处理有序点，也可以处理点云数据。下面以 B 样条曲面为例，介绍对有序点和散乱点的插值和拟合方法。

4.2.1　有序点的 B 样条曲面插值

4.2.1.1　曲面插值的一般过程

B 样条曲面对数据点的插值也称为曲面反算或逆

过程，即构造一张 $k\times l$ 次 B 样条曲面插值给定呈拓扑矩形阵列的数据点 $\boldsymbol{p}_{i,j}$（$i=0$，1，…，r；$j=0$，1，…，s）。通常，类似曲线反算，使数据点阵四角的 4 个数据点成为整张曲面的 4 个角点，使其他数据点成为相应的相邻曲面片的公共角点。这样数据点阵中每一排数据点就都位于曲面的一条等参数线上。曲面反算问题虽然也能像曲线反算那样，表达为求解未知控制点顶点 $\boldsymbol{d}_{i,j}$（$i=0$，1，…，m；$j=0$，1，…，n；$m=s+k-1$；$n=r-1$）的一个线性方程组，但这个线性方程组往往过于庞大，给求解及在计算机上实现带来困难。更一般的解题方法是表达为张量积曲面计算的逆过程。它把曲面的反算问题化解为两阶段的曲线反算问题。待求的 B 样条插值曲面方程可写成

$$\boldsymbol{p}(u,v)=\sum_{i=0}^{m}\sum_{j=0}^{n}\boldsymbol{d}_{i,j}N_{i,k}(u)N_{j,l}(v) \tag{31-4-33}$$

该式又可改写为

$$\boldsymbol{p}(u,v)=\sum_{i=0}^{m}\sum_{j=0}^{n}\boldsymbol{d}_{i,j}N_{j,l}(v)N_{i,k}(v) \tag{31-4-34}$$

给出类似于 B 样条曲线方程的表达式

$$\boldsymbol{p}(u,v)=\sum_{i=0}^{m}\boldsymbol{c}_i(v)N_{i,k}(u) \tag{31-4-35}$$

这里控制顶点被下述控制曲线所替代

$$\boldsymbol{c}_i(v)=\sum_{j=0}^{n}\boldsymbol{d}_{i,j}N_{j,l}(v),\quad i=0,1,\cdots,m \tag{31-4-36}$$

若固定参数值 v，就给出了在这些控制曲线上 $m+1$ 个点 $\boldsymbol{c}_i(v)$（$i=0,1,\cdots,m$）。这些点又作为控制顶点，定义了曲面上以 u 为参数的等参数线。当参数 v 扫过它的整个定义域时，无限多的等参数线就描述了整张曲面。显然，曲面上这无限多以 u 为参数的等参数线中，有 $n+1$ 条插值给定的数据点，其中每一条插值对应数据点阵的一列数据点。这 $n+1$ 条等参数线称为截面曲线。于是可由反算 B 样条插值曲线求出这些截面曲线的控制顶点 $\overline{\boldsymbol{d}}_{i,j}$（$i=0$，1，…，$m$；$j=0$，1，…，$s$）。

$$\boldsymbol{s}_j(u_{k+i})=\sum_{r=0}^{n}\overline{\boldsymbol{d}}_{y,j}N_{r,k}(u_{k+i})=\boldsymbol{p}_{i,j},\quad i=0,1,\cdots,m;j=0,1,\cdots,n \tag{31-4-37}$$

一张以这些截面曲线为它的等参数线的曲面要求一组控制曲线来定义截面曲线的控制顶点 $\boldsymbol{c}_i(v_{l+j})=\overline{\boldsymbol{d}}_{i,j}$（$i=0,1,\cdots,m$；$j=0,1,\cdots,s$）。类似曲线插值，这里选择了一组 v 参数值 v_{l+j}（$j=0,1,\cdots,s$）为控制曲线的节点，即数据点 $\boldsymbol{p}_{i,j}$ 的 v 参数值，于是，该问题被表达为 $m+1$ 条插值曲线的反算问题

$$\sum_{s=0}^{n}\boldsymbol{d}_{i,s}N_{s,l}(v_{l+j})=\overline{\boldsymbol{d}}_{i.j},j=0,1,\cdots,s;i=0,1,\cdots,m \tag{31-4-38}$$

解这些方程组，可得到所求 B 样条插值曲面的 $(m+1)\times(n+1)$ 个控制顶点 $\boldsymbol{d}_{i,j}$（$i=0$，1，…，m；$j=0$，1，…，n）。

4.2.1.2 双三次 B 样条插值曲面的反算

（1）参数方向与参数选取

对给定的呈拓扑矩形阵列的数据点 $\boldsymbol{q}_{i,j}$（$i=0,1,\cdots,r;j=0,1,\cdots,s$），如果其中每行（或列）都位于一个平面内，则取插值于各行（或列）数据点的一组曲线为截面曲线，以 u 为参数。现设每列数据点为横向（u 向）截面数据点，共有 $s+1$ 个截面。另一方向为纵向，以 v 为纵向参数线的参数。如果每列与每行数据点都非平面数据点，则按其在空间分布，适当地把一个方向取为横向截面参数方向，以 u 为参数，另一方向为纵向参数方向，以 v 为参数。

（2）节点矢量的确定

与曲线类似，曲面的两个参数方向的节点矢量由数据点的参数化确定。插值曲面的定义域取成规范定义域。相应数据点沿两个参数方向的参数化都应取成规范参数化，当横向（u 向）截面曲线为平面曲线时，纵向（v 向）所取统一的规范参数化 $\tilde{v}_j$（$j=0,1,\cdots,s$），根据截面在空间分布情况确定。横向则取平均规范累积弦长参数化，得 $\tilde{u}_i$（$i=0,1,\cdots,r$）。取对于一般情况，类似参数双三次样条曲面那样，对给定的曲面数据点取双向平均规范累积弦长参数化，得数据点 $\boldsymbol{q}_{i,j}$ 的一对参数值（$\tilde{u}_i$，$\tilde{v}_j$）（$i=0,1,\cdots,r;j=0,1,\cdots,s$）。现在得到单位正方形域的矩形网格划分。通常两个参数方向的参数次数都取成三次，由此构造得双三次 B 样条插值曲面。但如果沿任一参数方向的数据点小于或等于 4，即 r 和 s 等于 1、2 或 3，且又未给出任何边界条件要求时，则该参数方向的参数次数依次可取为 1、2 或 3。

设要求构造的双三次 B 样条插值曲面方程为

$$\boldsymbol{p}(u,v)=\sum_{i=0}^{m}\sum_{j=0}^{n}\boldsymbol{d}_{i,j}N_{i,3}(u)N_{j,3}(v),0\leqslant u,v\leqslant 1 \tag{31-4-39}$$

两个参数方向的节点矢量分别为 $\boldsymbol{U}=[u_0, u_1, \cdots, u_{m+4}]$ 与 $\boldsymbol{V}=[v_0, v_1, \cdots, v_{n+4}]$，其中 $m=r+2$，$n=s+2$。曲线面定义域为 $u\in[u_3, u_{m+1}]=[0, 1]$，$v\in[v_3, v_{n+1}]=[0, 1]$。定义域内节点对于数据点的参数值，即 $(u_i, v_j)=(\tilde{u}_{i-3}, \tilde{v}_{j-3})$ $(i=3, 4, \cdots, m+1; j=3, 4, \cdots, n+1)$。若曲面沿任一参数方向譬如 u 参数方向首末数据点相重，要求沿该参数方向构造 C^2 连续的闭曲面，节点矢量 $\boldsymbol{U}$ 中定义域外的节点 $u_0=u_{m-2}-1$，$u_1=u_{m-1}-1$，$u_{m+2}=1+u_4$，$u_{m+3}=1+u_5$，$u_{m+4}=1+u_6$。若曲面沿 v 参数方向首末数据点相重，要求沿该参数方向构造 C^2 连续的闭曲面，节点矢量 $\boldsymbol{V}$ 中定义域外的节点可类似地确定。若曲面沿任一参数方向如 u 参数方向首末数据点虽相重，但不要求沿该参数方向构造 C^2 连续的闭曲面，或沿该参数方向是开曲面，则该参数方向节点矢量取成四重节点的固支端点条件，即 $u_0=u_1=u_2=u_3=0$，$u_{m+1}=u_{m+2}=u_{m+3}=u_{m+4}=1$，$v$ 参数方向类似地处理。

(3) 反算控制顶点

利用张量积曲面的性质，将曲面反算问题化解为一系列曲线反算问题。改写曲面方程为

$$\begin{aligned}\boldsymbol{p}(u,v) &= \sum_{i=0}^{m}\left[\sum_{j=0}^{n}\boldsymbol{d}_{ij}N_{j,3}(v)\right]\boldsymbol{N}_{i,3}(u)\\ &= \sum_{i=0}^{m}\boldsymbol{c}_i(v)\boldsymbol{N}_{i,3}(u)\end{aligned} \tag{31-4-40}$$

其中 $m+1$ 条控制曲线 $\boldsymbol{c}_i(v)=\sum_{j=0}^{n}\boldsymbol{d}_{i,j}\boldsymbol{N}_{j,3}(v)$ $(i=0, 1, \cdots, m)$ 上参数为 v_j 的 $m+1$ 个点，即位于曲面的截面曲线

$$\boldsymbol{p}(u,v_j) = \sum_{i=0}^{m}\boldsymbol{c}_i(v_j)\boldsymbol{N}_{i,3}(u) \tag{31-4-41}$$

上的控制顶点。而数据点 $\boldsymbol{q}_{i,j}(i=0,1,\cdots,r)$ 位于该截面曲线上。于是可以由这些点反算出它的控制顶点 $\boldsymbol{c}_i(v_j)$ $(i=0,1,\cdots,m)$。重复这一过程，当下标 j 取遍 v 参数定义域 $[v_3, v_{n+1}]$ 内节点的下标值时，就可反算出 $s+1=n-1$ 条截面曲线的全部控制顶点 $\boldsymbol{c}_i(v_j)$ $(i=0,1,\cdots,m; j=3, 4, \cdots, n+1)$。而这些控制顶点又分别位于 $m+1$ 条控制曲线 $\boldsymbol{c}_i(v)=\sum_{j=0}^{n}\boldsymbol{d}_{i,j}\boldsymbol{N}_{j,3}(v)$ $(i=0,1,\cdots,m)$ 上。取定第 i 条控制曲线，依次代入 $v_j(j=3,4,\cdots,n+1)$ 就得到已求出的位于该控制曲线上的那些控制顶点。将这些控制顶点 $\boldsymbol{c}_i(v_j)$ $(j=3,4,\cdots,n+1)$ 看做位于曲线上的“数据点”，就可以反算出该控制曲线的控制顶点，即所要求的插值曲线的第 i 行控制顶点 $\boldsymbol{d}_{i,j}$ $(j=0,1,\cdots,n)$。重复这一过程，就可以反算出 $m+1$ 条控制曲线的控制顶点 $\boldsymbol{d}_{i,j}$ $(j=0,1,\cdots,n; i=0, 1,\cdots,m)$，此即定义B样条插值曲面的全部控制顶点。

对于实际问题，还必须考虑边界情况。对于沿任一参数方向如上述截面曲线方向（即 u 参数方向）是 C^2 连续的闭曲面，因沿该参数方向的首末3个控制顶点相重 $\boldsymbol{d}_{m-2,j}=\boldsymbol{d}_{0,j}$，$\boldsymbol{d}_{m-1,j}=\boldsymbol{d}_{1,j}$，$\boldsymbol{d}_{m,j}=\boldsymbol{d}_{2,j}$。每一个截面曲线只有 $m-2$ 个未知控制顶点待定，反算截面曲线的控制顶点时，r 个线性方程恰好求解这 $r=m-2$ 个未知控制顶点。另一参数方向也类似。如果沿两个参数方向都是 C^2 连续闭曲面，则可能生成拓扑上形似球面或环面的封闭曲面。下面仅考虑沿任一参数方向如上述截面曲线方向（u 参数方向）为开曲面的情况。对于沿该参数方向虽然首末是封闭的闭曲面但并不要求首末相接处 C^2 连续的情况，也按开曲面情况处理。这时，由数据点阵中一列 $r+1=m-1$ 个数据点不足以反算所在截面曲线的 $m+1$ 个控制顶点。必须提供合适的边界条件以建立相应的附加方程，才能联立求解。有多种可供选择的边界条件。以切矢条件为例，即提供各截面曲线（u 线）的端点 u 向切矢，又提供纵向各排数据点的等参数线（v 线）的端点 v 向切矢，还提供数据点四角数据点处的混合偏导矢（即扭矢）。可按如下步骤反算控制顶点。

- 在节点矢量 $\boldsymbol{U}$ 上依次取 $j=0,1,\cdots,s$，得数据点阵中每列数据点即截面数据点 $\boldsymbol{q}_{i,j}(i=0,1,\cdots,r)$ 及其首末端点 u 向切矢，应用B样条曲线反算，构造出 $s+1=n-1$ 条截面曲线，得到它们的B样条控制顶点 $\boldsymbol{c}_i(v_j)$ $(i=0,1,\cdots,m; j=3,4,\cdots,n+1)$，这里 $m=r+2$。这些控制顶点分别位于 $m+1$ 控制曲线 $\boldsymbol{c}_i(v)$ $(i=0,1,\cdots,m)$ 上。
- 在节点矢量 $\boldsymbol{U}$ 上，分别视首末截面数据点处 v 向切矢为“位置矢量”表示的“数据点”，又视四角角点扭矢为端点 u 向切矢，应用曲线反算，分别求出定义首末 u 参数边界（即首末截面曲线）的跨界切矢曲线的控制顶点 $\dot{\boldsymbol{c}}_{i,0}(v_3)$ $(i=0,1,\cdots,m)$ 与 $\dot{\boldsymbol{c}}_{i,s}(v_{n+1})$ $(i=0,1,\cdots,m)$。
- 固定下标 i，得到第一步求出的 $n-1$ 条截面曲线的控制顶点 $\boldsymbol{c}_i(v_j)$ $(i=0,1,\cdots,m; j=3, 4,\cdots,n+1)$ 阵列中的第 i 排顶点 $\boldsymbol{c}_i(v_j)$ $(j=3, 4,\cdots,n+1)$。它们位于同一条控制曲线上。以该排顶点为“数据点”，以上一步求出的跨界切矢曲线的第 i 个控制顶点为端点切矢，在节点矢量 $\boldsymbol{V}$ 上应用曲线反算，求出第 i 条控制曲线的B样条控制顶点 $\boldsymbol{d}_{i,j}$

$(j=0,1,\cdots,n)$。依次使下标取遍 $i=0,1,\cdots,m$，即可反算出 $m+1$ 条控制曲线的全部控制顶点 $\boldsymbol{d}_{i,j}(i=0,1,\cdots,n;\ i=0,1,\cdots,m)$，即为所求双三次样条插值曲面的控制顶点。

4.2.2 B样条曲面拟合

4.2.2.1 最小二乘曲面拟合

以一个固定数目 $(m+1)\times(n+1)$ 控制顶点的 $k\times l$ 次B样条曲面

$$\boldsymbol{p}(u,v)=\sum_{i=0}^{m}\sum_{j=0}^{n}\boldsymbol{d}_{i,j}\boldsymbol{N}_{i,k}(u)\boldsymbol{N}_{j,l}(v),0\leqslant u,v\leqslant 1 \tag{31-4-42}$$

拟合给定曲面数据点阵 $\boldsymbol{q}_{i,j}$ $(i=0,1,\cdots,r;\ j=0,1,\cdots,s)$。皮格尔的方法和B样条曲面反算中解决整体曲面插值类似，简单地沿一个方向的数据点拟合曲线，然后沿另一个方向拟合曲线，通过生成的控制顶点，最后生成的拟合曲面精确地插值数据点阵的4个角点 $\boldsymbol{q}_{0,0}$、$\boldsymbol{q}_{r,0}$、$\boldsymbol{q}_{s,0}$、$\boldsymbol{q}_{r,s}$。该过程重复最小二乘曲线拟合过程。首先，对曲面数据点实行双向规范累积弦长参数化，接着决定沿两个方向的节点矢量 $\boldsymbol{U}$ 与 $\boldsymbol{V}$，计算 u 向的 $\boldsymbol{N}$ 和 $(\boldsymbol{N}^{\mathrm{T}}\boldsymbol{N})$ 矩阵，对其进行LU分解，依次对每列 $r+1$ 个数据点用 $m+1$ 个控制顶点的 k 次B样条曲线拟合（计算 u 向右端列阵 $\boldsymbol{R}$，对方程组执行向前消元、向后回代，解出 $m+1$ 个中间控制顶点），共生成 $(m+1)\times(s+1)$ 个中间控制顶点。然后，以 $(n+1)\times(s+1)$ 个控制顶点为数据点，计算 v 向的 $\boldsymbol{N}$ 和 $(\boldsymbol{N}^{\mathrm{T}}\boldsymbol{N})$ 矩阵，对其进行LU分解，依次对每行 $s+1$ 个数据点用 $n+1$ 个控制顶点的 l 次B样条曲线拟合（计算 v 向右端列阵 $\boldsymbol{R}$，对方程组执行向前消元、向后回代，解出 $n+1$ 个中间控制顶点），共生成定义曲面的 $(m+1)\times(n+1)$ 个控制顶点。注意沿每个方向，矩阵 $\boldsymbol{N}$ 和 $(\boldsymbol{N}^{\mathrm{T}}\boldsymbol{N})$ 仅需计算一次，相应 $(\boldsymbol{N}^{\mathrm{T}}\boldsymbol{N})$ 的LU分解沿每个方向也只需进行一次。

当然，也可以先拟合 $r+1$ 行数据点，然后拟合生成的 $n+1$ 列中间控制顶点。一般地，两种顺序的结果是不相同的。

如果给定的数据点在拓扑上不构成矩形阵列，而是依次沿“纵向”在各个“横”截面内给出，这时，可先以公共的控制顶点数和节点矢量，逐个拟合出各截面的逼近曲线，视截面沿纵向分布决定另一参数方向的节点矢量，以横向拟合得到的中间控制顶点为数据点，沿纵向拟合生成插值曲面。缺点是难以保证曲面的光顺性。

4.2.2.2 在规定精度内的曲面拟合

对于在用户规定的某个误差界 E 内的曲面数据点拟合，一般需要迭代进行。每次拟合后，检查拟合曲面对数据点的偏差。采用最大范数偏差

$$\max_{\substack{0\leqslant i\leqslant r\\0\leqslant j\leqslant s}}\left[\min_{\substack{0\leqslant u\leqslant l\\0\leqslant v\leqslant l}}\left|\boldsymbol{q}_{i,j}-\boldsymbol{p}(u,v)\right|\right] \tag{31-4-43}$$

度量拟合程度，类似在规定精度内的曲线拟合也可能会遇到算法失败的问题，需作相应处理。

4.2.3 任意测量点的B样条曲面拟合

B样条曲面拟合方法主要针对呈拓扑矩形阵列的数据点，对曲线来说则是点链，见图31-4-7(a)、图31-4-7(b)。对数据点是不规则的[图31-4-7(c)]或呈散乱状的情况[图31-4-7(d)]，下面介绍一种将任意测量点参数化实现B样条曲线、曲面拟合的方法，如果是规则数据点，此方法的直接拟合将更加有效。

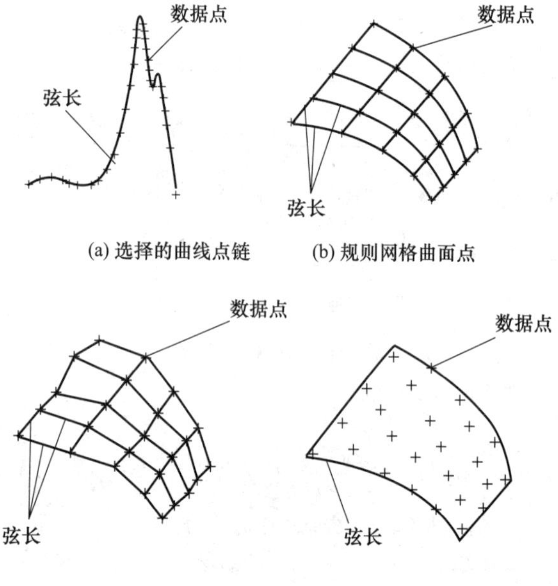

(a) 选择的曲线点链　(b) 规则网格曲面点

(c) 不规则的网格曲面点　(d) 随机分布的网格曲面点

图31-4-7 测量点分布

4.2.3.1 B样条曲线、曲面及最小二乘拟合定义

B样条曲线、曲面可用下面的等式定义

$$\boldsymbol{p}(u)=\sum_{i=0}^{n}\boldsymbol{d}_i\boldsymbol{N}_{i,k}(u) \tag{31-4-44}$$

$$\boldsymbol{p}(u,v)=\sum_{i=0}^{m}\sum_{j=0}^{n}\boldsymbol{d}_{i,j}\boldsymbol{N}_{i,k}(u)\boldsymbol{N}_{j,l}(v),0\leqslant u,v\leqslant 1 \tag{31-4-45}$$

式（31-4-44）、式（31-4-45）可写成矩阵的形式

$$\begin{cases}\boldsymbol{b}^{\mathrm{T}}(\bullet)\cdot\boldsymbol{X}=\boldsymbol{x}(\bullet)\\\boldsymbol{b}^{\mathrm{T}}(\bullet)\cdot\boldsymbol{Y}=\boldsymbol{y}(\bullet)\\\boldsymbol{b}^{\mathrm{T}}(\bullet)\cdot\boldsymbol{Z}=\boldsymbol{z}(\bullet)\end{cases}\tag{31-4-46}$$

这里 $\boldsymbol{x}(\bullet)$、$\boldsymbol{y}(\bullet)$，$\boldsymbol{z}(\bullet)$ 表示在曲线或曲面上的点 $\boldsymbol{P}$；$\boldsymbol{X}$、$\boldsymbol{Y}$、$\boldsymbol{Z}$ 表示控制点 x、y 和 z 的集合。对 B 样条曲线

$$(\bullet)=(u)$$

$$\boldsymbol{X}=[x_1,x_2,\cdots,x_n]^{\mathrm{T}}$$
$$\boldsymbol{Y}=[y_1,y_2,\cdots,y_n]^{\mathrm{T}}\tag{31-4-47}$$
$$\boldsymbol{Z}=[z_1,z_2,\cdots,z_n]^{\mathrm{T}}$$

$$\boldsymbol{b}(u)=[N_1(u),N_2(u),\cdots,N_n(u)]^{\mathrm{T}}\tag{31-4-48}$$

对 B 样条曲面

$$(\bullet)=(u)$$

$$\begin{aligned}\boldsymbol{X}&=[x_1,x_2,\cdots,x_n]^{\mathrm{T}}\\&=[x_{11},x_{12},\cdots,x_{1n_v},x_{21},\cdots,x_{n_un_v}]^{\mathrm{T}}\\\boldsymbol{Y}&=[y_1,y_2,\cdots,y_n]^{\mathrm{T}}\\&=[y_{11},y_{12},\cdots,y_{1n_v},y_{21},\cdots,y_{n_un_v}]^{\mathrm{T}}\\\boldsymbol{Z}&=[z_1,z_2,\cdots,z_n]^{\mathrm{T}}\\&=[z_{11},z_{12},\cdots,z_{1n_v},z_{21},\cdots,z_{n_un_v}]^{\mathrm{T}}\end{aligned}\tag{31-4-49}$$

$$\begin{aligned}\boldsymbol{b}(u,v)&=[N_1(u,v),N_2(u,v),\cdots,N_n(u,v)]^{\mathrm{T}}\\&=[N_{u1}(u)N_{v1}(v),N_{u1}(u)N_{v2}(v),\cdots,\\&\quad N_{u1}(u)N_{un_v}(v),N_{u2}(u)N_{v1}(v),\cdots,\\&\quad N_{un_u}(u)N_{vn_v}(v)]^{\mathrm{T}}\end{aligned}\tag{31-4-50}$$

这里 $\boldsymbol{n}=\boldsymbol{n}_u\cdot\boldsymbol{n}_v$ 是总控制点数。设 $\boldsymbol{m}$ 为测量点集，即

$$\boldsymbol{m}=\{\overline{\boldsymbol{P}}_i=[\overline{x}_i,\overline{y}_i,\overline{z}_i]^{\mathrm{T}},i=1,2,\cdots,m\}\tag{31-4-51}$$

并且 $\boldsymbol{u}=\{u_i,\ i=1,2,\cdots,m\}$ 对应曲线点，$\boldsymbol{u}=\{u_i,i=1,2,\cdots,m\}$ 和 $\boldsymbol{v}=\{v_i,\ i=1,2,\cdots,m\}$ 分别为对应于 $\boldsymbol{m}$ 的曲面位置参数点。将测量点和位置参数代入等式（31-4-45），得

$$\begin{cases}\boldsymbol{b}^{\mathrm{T}}(\bullet_i)\cdot\boldsymbol{X}=\overline{\boldsymbol{x}}_i\\\boldsymbol{b}^{\mathrm{T}}(\bullet_i)\cdot\boldsymbol{Y}=\overline{\boldsymbol{y}}_i\quad i=1,2,\cdots,m\\\boldsymbol{b}^{\mathrm{T}}(\bullet_i)\cdot\boldsymbol{Z}=\overline{\boldsymbol{z}}_i\end{cases}\tag{31-4-52}$$

或写成矩阵的形式

$$\begin{aligned}\boldsymbol{B}\cdot\boldsymbol{X}&=\overline{\boldsymbol{X}}\\\boldsymbol{B}\cdot\boldsymbol{Y}&=\overline{\boldsymbol{Y}}\\\boldsymbol{B}\cdot\boldsymbol{Z}&=\overline{\boldsymbol{Z}}\end{aligned}\tag{31-4-53}$$

这里

$$\begin{aligned}\overline{\boldsymbol{X}}&=[\overline{x}_1,\overline{x}_2,\cdots,\overline{x}_m]^{\mathrm{T}}\\\overline{\boldsymbol{Y}}&=[\overline{y}_1,\overline{y}_2,\cdots,\overline{y}_m]^{\mathrm{T}}\\\overline{\boldsymbol{Z}}&=[\overline{z}_1,\overline{z}_2,\cdots,\overline{z}_m]^{\mathrm{T}}\end{aligned}\tag{31-4-54}$$

分别表示测量点坐标 x、y 和 z 的集合。

矩阵 $\boldsymbol{B}$ 为

$$\boldsymbol{B}=\begin{bmatrix}B_1(\bullet_1)&B_2(\bullet_1)&B_3(\bullet_1)&\cdots&B_n(\bullet_1)\\B_1(\bullet_2)&B_2(\bullet_2)&B_3(\bullet_2)&\cdots&B_n(\bullet_1)\\\vdots&\vdots&\vdots&\vdots&\vdots\\B_1(\bullet_m)&B_2(\bullet_m)&B_3(\bullet_m)&\cdots&B_n(\bullet_m)\end{bmatrix}_{m\times n}\tag{31-4-55}$$

对 B 样条曲线 $(\bullet_i)=(u_i)$；B 样条曲面 $(\bullet_i)=(u_i,\ v_i)$，$i=1,2,\cdots,m$。

当 $m=n$ 时，求解方程（31-4-55）得到 B 样条曲线、面插值于测量点的解；当 $m>n$ 时，可得到式的最小二乘解。最小二乘表达式为

$$\min_{\boldsymbol{X}}\boldsymbol{S}=(\boldsymbol{B}\cdot\boldsymbol{X}-\overline{\boldsymbol{X}})^{\mathrm{T}}\cdot(\boldsymbol{B}\cdot\boldsymbol{X}-\overline{\boldsymbol{X}})\tag{31-4-56}$$

4.2.3.2　基本曲面参数化

对测量数据点进行参数化，通常有均匀参数化、累积弦长参数化和向心参数化方法，这里推荐使用累积弦长参数化方法。

（1）参数化过程

测量点的参数化即确定 B 样条曲线或曲面相对于散乱点的位置参数。方法是：首先构造一初始曲面（base surface），此初始曲面是对最终拟合曲面的第一次拟合，先将测量点分别投影到初始曲面，再把各投影点作为测量点曲面拟合的位置参数。具体过程如下。

1）建立初始曲面。初始曲面可以由拟合基础几何的特性曲线定义，多数情况，用四条近似边界即可定义初始曲面。如果曲面较复杂，再利用其他内部特性曲线。特性曲线通常由测量点拟合得到。

2）确定对应于各投影点的参数位置。投影测量点到初始曲面，投影方向既可选择曲面法向，也可由投影矢量确定，投影过程由最小二乘法实现

第 31 篇

$$d_i^2(u_i,v_i)=\min_{u,v} d_i^2(u,v) \qquad (31\text{-}4\text{-}57)$$

式中，(u_i,v_i) 是与投影点 $\overline{P}_i=[\overline{x}_i,\ \overline{y}_i,\ \overline{z}_i]^{\mathrm{T}}$ 对应的位置参数，当投影方向是曲面法矢时，d_i 是曲面上的点 $P(u,v)=[x(u,v),y(u,v),z(u,v)]^{\mathrm{T}}$ 到测量点 $\overline{P}_i$ 的距离；当投影方向是一给定的矢量时，d_i 是曲面点到经过测量点 $\overline{P}_i$ 的投影线的垂直距离，这种情况下，投影点是投影线和曲面的交点。求解上式，得到的参数集 $\{(u_i,\ v_i)\mid i=1,2,\cdots,m\}$ 用作测量点 $m=\{\overline{P}_i=[\overline{x}_i,\ \overline{y}_i,\ \overline{z}_i]^{\mathrm{T}}\mid i=1,2,\cdots,m\}$ 的位置参数进行最小二乘曲面拟合。

（2）基本曲面的定义

一个基本曲面可以是任何参数曲面，既可以是自由曲面，也可以是简单的曲面，如平面、柱面或球面，作为基本曲面应满足下列条件。

1）唯一的局部映射性质。局部映射性是指在 UV 平面上存在一个封闭的曲线，其中所有的投影点被定位。唯一性是指在基础曲面上的任何两个点在 u、v 面上封闭的曲线内应该有两个不同的投影点，一个孤点只有一个投影点，见图 31-4-8。

2）光顺和封闭。尽可能简单和光滑，并且和基础曲面相像。

3）基本曲面的参数化。基本曲面的参数化直接影响拟合曲面的参数化，它可以由特性曲线的参数化控制，如基本曲面是四边曲面，曲面参数化可通过四条边界的参数化控制。

（3）构建基本曲面

对外形较简单的实物曲面，其基本曲面也较简单，如可通过基础曲面的四个角点来构建一双线性的B样条曲面，其他较复杂的曲面可通过以下方式构建。

1）基于四条边界构建。多数情况下，基本曲面可通过四条拟合的边界来构建，如图 31-4-9（a）、图 31-4-9（b）所示，通常可获得一个理想的基本曲面。构建方法可采用 Coon's 曲面插值于四条边界的方法。设四条边界为B样条表示，并且非相邻的两条边界有相同数量的节点，这样，一个插值的B样条曲面能被定义，用边界相同的两个节点序列，和在 $\{v_{1j}\}_{j=1}^{n_v}$、$\{v_{n_u j}\}_{j=1}^{n_v}$ 与 $\{v_{i1}\}_{i=1}^{n_u}$、$\{v_{in_v}\}_{i=1}^{n_u}$ 之间的控制点定义，曲面的控制点 v_{ij} 可由双线性混合计算

$$v_{ij}=[1-u_i,\ u_i]\begin{bmatrix}v_{1j}\\ v_{n_u j}\end{bmatrix}+[v_{i1},\ v_{in_v}]\begin{bmatrix}1-v_j\\ v_j\end{bmatrix}-[1-u_i,\ u_i]\begin{bmatrix}v_{11} & v_{1n_v}\\ v_{n_u 1} & v_{n_u n_v}\end{bmatrix}\begin{bmatrix}1-v_j\\ v_j\end{bmatrix} \qquad (31\text{-}4\text{-}58)$$

这里 u_i 和 v_j 被定义为

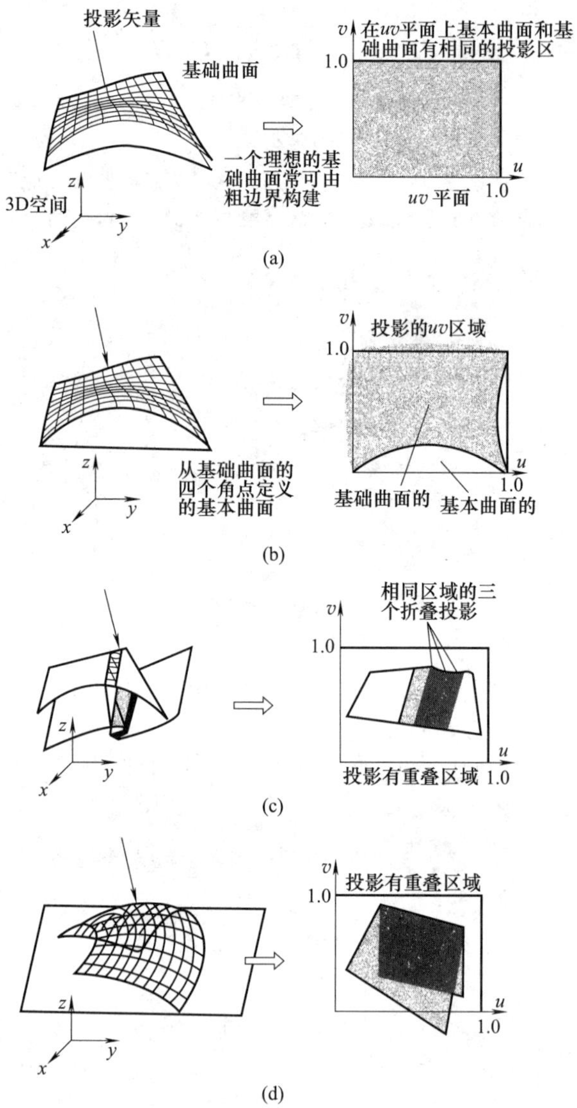

图 31-4-8　基本曲面的局部映射性质

$$u_i=(i-1)/(n_u-1),\ i=1,2,\cdots,n_u$$
$$v_j=(j-1)/(n_v-1),\ j=1,2,\cdots,n_v \qquad (31\text{-}4\text{-}59)$$

2）基于截面曲线构建。如果存在一系列数目为 m 的拟合截面曲线，可通过它们来构建一基本曲面，设所有的截面曲线

$$P_j(u)\sum_{i=1}^{n} N_i(u)\cdot p_{ij},\ j=1,2,\cdots,m \qquad (31\text{-}4\text{-}60)$$

定义在相同的节点序列 $\xi=\{\xi_i\}_1^{n+k}$，并且具有相同的阶次 k、控制点数 n 和参数范围 $[\xi_k,\ \xi_{n+1}]$。这

里：$\{p_{ij}\}_{i=1}^{n}$，$j=1,2,\cdots,m$ 是 m 条曲线的 $m\times n$ 个控制点。这样，插值于 m 条截面曲线的 B 样条曲面可定义为

$$\boldsymbol{p}(u,v)=\sum_{i=1}^{n_u}\sum_{j=1}^{n_v}\boldsymbol{d}_{i,j}\boldsymbol{N}_{i},k(u)\boldsymbol{N}_{j},l(v) \tag{31-4-61}$$

式中，$n_u=n$，$k_u=k$，$n_v=m$ 和 $k_v=\min\{n_v, k_u\}$。控制点 $\{\boldsymbol{d}_{ij}\}_{j=1}^{n_v}$，$i=1,2,\cdots,n_u$ 可通过对第 i 列控制点 $\{\boldsymbol{d}_{ij}\}_{j=1}^{n_v}$ 应用曲线插值获得。

上述拟合曲线的位置参数定义为

$$v_j=(v_{0j}+v_{1j})/2,\ j=1,2,\cdots,n_v \tag{31-4-62}$$

式中，$\{v_{0j}\}_{j=1}^{n_v}$ 是 $\{\boldsymbol{P}_{ij}\ (0.0)\}_{j=1}^{n_v}$ 的向心参数化参数；类似地，$\{v_{1j}\}_{j=1}^{n_v}$ 是 $\{\boldsymbol{P}_{ij}(1.0)\}_{j=1}^{n_v}$ 的向心参数。普通节点列 $\boldsymbol{\zeta}=\{\zeta_j\}_{1}^{n_v+k_v}$ 可由平均方法定义，ζ 是最终拟合曲面的 v 节点，而 $\boldsymbol{\xi}=\{\xi_i\}_{1}^{n_u+k_u}$ 是 u 节点。当只有两条截面曲线时，基本曲面为直纹面 (ruled surface)。

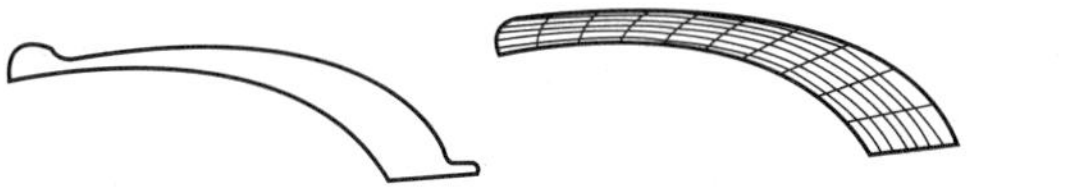

(a) 特性曲线　　(b) 由(a)的四条边界定义的基本曲面

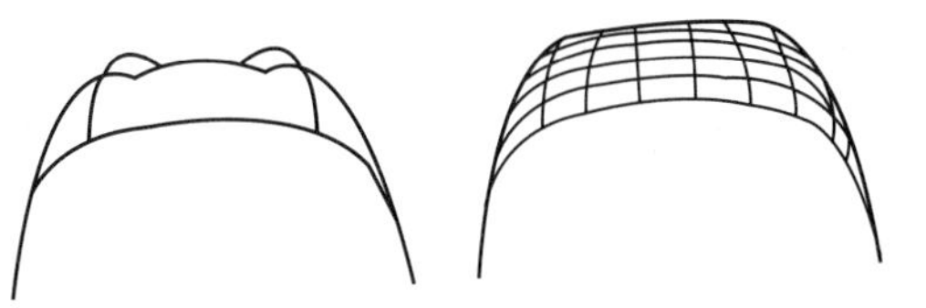

(c) 特性曲线　　(d) 由(c)的四条边界加上一些截面曲线定义的基本曲面

图 31-4-9　两个常用的基本曲面

3）基于边界和内截面曲线构建。由边界线和内截面线构建 B 样条曲面如图 31-4-9（c)、图 31-4-9（d）所示，设截面曲线族（包括边界线）

$$\boldsymbol{P}_j(u)=\sum_{i=1}^{n_u}N_i(u)\cdot\overline{\boldsymbol{p}}_{ij},j=1,2,\cdots,m \tag{31-4-63}$$

定义在相同的节点序列 $\overline{\boldsymbol{\xi}}=\{\overline{\xi}_j\}_{1}^{n_u+k_u}$ 上，并且曲线具有相同的阶次 k_u，控制点 n_u，参数范围为 $[\overline{\xi}_{k_u}, \overline{\xi}_{n_u+1}]$。这里 $\{\overline{\boldsymbol{p}}_{ij}\}_{i=1}^{n_u}$，$j=1,2,\cdots,m$ 是 $m\times n_u$ 个控制点。进一步设两条边界曲线族

$$\boldsymbol{Q}_i(v)=\sum_{j=1}^{n}N_i(v)\cdot\overline{\boldsymbol{q}}_{ij},i=1,2 \tag{31-4-64}$$

定义在相同的节点列 $\{\xi\}=\{\xi_j\}_{1}^{n+k}$，并且曲线具有相同的阶次 k，控制点 n，参数范围为 $[\overline{\xi}_k, \overline{\xi}_{n+1}]$。这里 $\{\overline{\boldsymbol{q}}_{ij}\}_{i=1}^{n}$，$i=1$，2 是 $2n$ 个控制点。两条边界曲线其中之一称为主边界，另一条称为次要边界。拟合过程从截面曲线族的构建开始，算法过程如下。

① 投影 $\{\boldsymbol{P}_j(0.0)=\overline{\boldsymbol{p}}_{1,j}\}_{j=1}^{m}$ 到主要曲线、$\{\boldsymbol{P}_j(1.0)=\overline{\boldsymbol{p}}_{n_u,j}\}_{j=1}^{m}$ 到次要曲线以得到下列位置参数 $\{\overline{v}_{0,j}\}_{j=1}^{m}$ 和 $\{\overline{v}_{1,j}\}_{j=1}^{m}$。

② 定义平均采样参数 $\{\overline{v}_j\}_{j=1}^{n}$ 为

$$\overline{v}_j=\begin{cases}0.0 & j=1\\ \left(\sum\limits_{i=1}^{j+k}\overline{\xi}_i\right)/(k+1) & 1<j<n\\ 1.0 & j=n\end{cases} \tag{31-4-65}$$

这样的选择将保证主曲线在采用点 $\{\overline{v}_j\}_{j=1}^{n}$ 进行拟合过程中能平稳地构建。

③ 插入 $\{\overline{v}_{0,j}\}_{j=1}^{m}$ 的所有参数到 $\{\overline{v}_j\}_{j=1}^{n}$，对于 $\overline{v}_{0j}$ 中的每一个，如果存在整数 l 使

$$|\overline{v}_{0j}-\overline{v}_l|=\min|\overline{v}_{0j}-\overline{v}_l|\leqslant\frac{1.0}{2k(n-k+1)} \tag{31-4-66}$$

即当 $\overline{v}_l$ 接近 $\overline{v}_{0j}$ 时，代替插入，$\overline{v}_l$ 将被 $\overline{v}_{0j}$ 替代。而当插入发生时，在 $\overline{\xi}=\{\overline{\xi}_j\}_{1}^{n+k}$ 位置，一个新的节点将被插在 $[\overline{\xi}_I, \overline{\xi}_{I+1}]$ 区间的中心，序号 I 被选定使 $\overline{\xi}_I\leqslant\overline{v}_{0j}<\overline{\xi}_{I+1}$。$\{\overline{v}_j\}_{j=1}^{n_v}$ 代表参数集 $\{\overline{v}_{0j}\}_{j=1}^{m}$ 和 $\{\overline{v}_j\}_{j=1}^{n}$ 的组合，$\xi=\{\xi_j\}_{1}^{n_v+k}$ 代表插入后形成的一个新的节点序，这里 $k_v=k$ 和 $n\leqslant n_v<n+m$ 取决于插入或替换发生的时间。

④ 应用下面的分段线性变换将 $\{v_j\}_{j=1}^{n_v}$ 变换到 $\{\overline{v}_j\}_{j=1}^{n_v}$，$\{\overline{v}_{0j}\}_{j=1}^{m}$ 变换到 $\{\overline{v}_{1j}\}_{j=1}^{m}$

$$\overline{v}_j=\overline{v}_{1I}+(v_j-\overline{v}_{0I})\frac{\overline{v}_{1,I+1}-\overline{v}_{1I}}{\overline{v}_{0,I+1}-\overline{v}_{0I}} \tag{31-4-67}$$

$$\overline{v}_{0I}\leqslant v_j\leqslant\overline{v}_{0,I+1},\ j=1,2,\cdots,n_v$$

在 $m=n_v$ 和 $\overline{v}_j=\overline{v}_{1j}$，$j=1,2,\cdots,m$ 的情况下，最终的拟合曲面将插值于所有的曲线网格。

⑤ 估计 $\{\boldsymbol{Q}_1(v_j)\}_{j=1}^{n_v}$ 和 $\{\boldsymbol{Q}_2(\overline{v}_j)\}_{j=1}^{n_v}$，它们是用来构建拟合曲面的截面曲线的开始和结束控制点。现在有一个由一些控制点组成的矩形带，其中 $\{\boldsymbol{P}_j(0.0)=\overline{\boldsymbol{P}}_{1j}\}_{j=1}^{m}\subset\{\boldsymbol{Q}_1(v_j)\}_{j=1}^{n_v}$ 和 $\{\boldsymbol{P}_j(1.0)=\overline{\boldsymbol{P}}_{n_uj}\}_{j=1}^{m}\subset\{\boldsymbol{Q}_2(\overline{v}_j)\}_{j=1}^{n_v}$，但仅需要检测它们中的一部分。

⑥ 用 Farin 的方法计算这些新的截面曲线的内控

制点，正如一个 Coon's 曲面将计算每一个矩形，用 $\{\{P_{ij}\}_{i=1}^{n_u}\}_{j=1}^{n_v}$ 代表 n_v 条截面曲线的控制点集，注意，这里 $\{\{\overline{P}_{ij}\}_{j=1}^{n_u}\}_{j=1}^{n}\subset\{\{P_{ij}\}_{i=1}^{n_u}\}_{j=1}^{n_v}$。

利用这些截面曲线，对控制点集 $\{P_{ij}\}_{j=1}^{n_v}$，$i=1,2,\cdots,n_u$ 的 n_u 列的每一点应用曲线拟合算法，它的位置参数由包含普通节点 $\xi=\{\xi_j\}_1^{n_v+k_v}$ 的 $\{v_j\}_{j=1}^{n_v}$ 定义，设 $\{v_{ij}\}_{j=1}^{n_v}$，$i=1,2,\cdots,n_u$ 是第 n_u 条插值曲线的控制点，由曲线网定义的拟合曲面为

$$p(u,v)=\sum_{i=1}^{n_u}\sum_{j=1}^{n_v}d_{i,j}N_{u,i}(u)N_{v,j}(v) \tag{31-4-68}$$

上式定义在节点 $\boldsymbol{\xi}=\{\xi_i\}_1^{n_u+k_u}$ 和 $\boldsymbol{\xi}=\{\xi_j\}_1^{n_v+k_v}$ 上。

4.3　曲线的光顺

4.3.1　能量光顺方法

能量光顺方法主要是针对样条曲线。样条可以理解为一根受载荷变形的弹性梁。曲线型值点相当于作用于弹性梁上的压铁，同时可以理解为梁上的集中载荷，迫使梁变形。实践表明，在一定的约束条件下，梁的弯曲弹性势能越小，曲线就越趋于光顺。改变压铁的位置就是为了寻求梁的弯曲变形能趋于最小的状态。能量法光顺的基本原理即通过移动型值点，使得过型值点的曲线所代表的弹性梁的变形能最小。

使用能量法进行光顺是一个反复过程，一次调整一般不可能达到要求，需要反复进行迭代。计算表明，若以弯曲弹性势能最小为判别准则，一直修改下去，则最终相当于把端点以外的所有压铁全部剔除。此时，曲线将偏离型值点过远，背离了设计要求。因此应该给出一个合适的判别准则，以中止迭代过程。

4.3.1.1　能量法构造过程

设 $\boldsymbol{P}_i$，$i=0,1,\cdots,n$ 是曲线的型值点序列。$\boldsymbol{P}_i'$，$i=0,1,\cdots,n$ 表示各型值点处的切矢，如图 31-4-10 所示。则曲线的分段表达式为

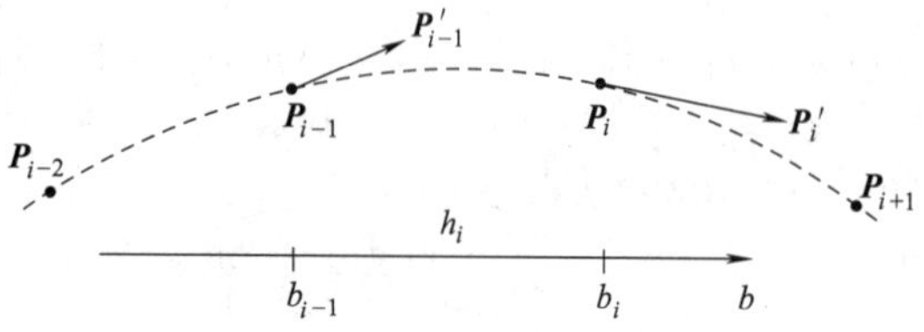

图 31-4-10　分段曲线

$$\boldsymbol{R}_i(u)=\boldsymbol{P}_{i-1}F_0(u)+\boldsymbol{P}_iF_1(u)+h_i[\boldsymbol{P}_{i-1}'G_0(u)+\boldsymbol{P}_i'G_1(u)]$$

$$0\leqslant u\leqslant 1, 1\leqslant i\leqslant n \tag{31-4-69}$$

式中，$\boldsymbol{P}_{i-1}'$ 和 $\boldsymbol{P}_i'$ 为相对于累加弦长的切矢量。且有如下关系

$$h_i=b_i-b_{i-1}, b=b_{i-1}+uh_i$$

式中，F_i、G_i 为适当的混合函数。

根据分段曲线的首末点的位置和切矢连续条件，以及混合函数的性质，得到如下联立方程

$$\boldsymbol{Q}_{i,0}=\boldsymbol{P}_{i-1}$$
$$\boldsymbol{Q}_{i,1}=\boldsymbol{B}_i$$
$$\boldsymbol{Q}_{i,2}=3\boldsymbol{A}_i-2\boldsymbol{B}_i-k_i\boldsymbol{B}_{i+1}$$
$$\boldsymbol{Q}_{i,3}=-2\boldsymbol{A}_i+\boldsymbol{B}_i+k_i\boldsymbol{B}_{i+1}$$

式中，$k_i=h_i/h_{i+1}$；$\boldsymbol{A}_i=\boldsymbol{P}_i-\boldsymbol{P}_{i-1}$；$\boldsymbol{B}_i=\boldsymbol{P}_{i-1}'h_i$。且令 $k_n=1$。

根据弹性力学的理论，弯曲弹性能可以表示为

$$U=\frac{EJ}{2}\int_0^l \boldsymbol{K}^2(s)\mathrm{d}s$$

式中，l 为样条长度；s 为弧长；$\boldsymbol{K}(s)$ 为弧长处的曲率；EJ 为弯曲刚度常数。

小挠度曲线的曲率矢量可以近似地表示为

$$\boldsymbol{K}(s)\approx\frac{1}{h_i^2}\boldsymbol{R}_i''(u)$$

则第 i 段曲线的弯曲弹性势能可以表示为

$$U_i=\frac{EJ}{2h_i^3}\int_0^1 \boldsymbol{R}_i''^2(u)\mathrm{d}u$$

计算上式，得到

$$U_i=\frac{2EJ}{h_i^3}(\boldsymbol{Q}_{i,2}^2+3\boldsymbol{Q}_{i,2}\boldsymbol{Q}_{i,3}+3\boldsymbol{Q}_{i,3}^2) \tag{31-4-70}$$

则整条样条曲线的总弹性势能为

$$U=U_1+U_2+\cdots+U_n$$

为使此总弹性势能最小，可以调整 $\boldsymbol{P}_i$、$\boldsymbol{B}_i$，即

$$\frac{\partial U}{\partial \boldsymbol{B}_i}=0, \frac{\partial U}{\partial \boldsymbol{P}_i}=0$$

求解并整理上式，得到方程组

$$\boldsymbol{B}_i+2k_i(1+k_i)\boldsymbol{B}_{i+1}+k_i^2k_{i+1}\boldsymbol{B}_{i+2}=3(\boldsymbol{A}_i+k_i^2\boldsymbol{A}_{i+1})$$
$$i=1,2,\cdots,n-1 \tag{31-4-71}$$

$$-2\boldsymbol{P}_{i-1}+2(1+k_i^3)\boldsymbol{P}_i-2k_i^3\boldsymbol{P}_{i+1}=\boldsymbol{B}_i+(1-k_i^2)k_i\boldsymbol{B}_{i+1}-k_i^3k_{i+1}\boldsymbol{B}_{i+2}$$
$$i=1,2,\cdots,n-1 \tag{31-4-72}$$

式（31-4-71）是利用二阶连续条件导出的三次样条的节点关系式。这说明，用能量法光顺的曲线是二阶连续的。

解式（31-4-71）得到一组 $\boldsymbol{B}_i$，相当于压曲线。继而，解式（31-4-72）得到一组修正的 $\boldsymbol{P}_i$，再按照

第31篇

修正后的 $\boldsymbol{P}_i$ 解式（31-4-71），又得到一组修正后的 $\boldsymbol{B}_i$，这相当于搬动压铁修正曲线。交替求解式（31-4-71）和式（31-4-72）则可迭代计算 $\boldsymbol{B}_i$ 及 $\boldsymbol{P}_i$，从而得到光顺后曲线的型值点和节点切矢。

在式（31-4-71）和式（31-4-72）中，都是只有 $n-1$ 个方程，求解变量有 $n+1$ 个，因此需要引入边界条件。实际应用中，可以假设样条曲线的边界不变，即 $\boldsymbol{P}_0$、$\boldsymbol{P}_n$、$\boldsymbol{B}_1$、$\boldsymbol{B}_{n+1}$ 不变，则未知变量为 $n-1$个。求解过程实际为一矩阵求逆过程，可以证明系数矩阵都是三对角阵，且为强优对角矩阵，故解存在且唯一，可以使用追赶法求解。

4.3.1.2　迭代停止准则及方法

在光顺的迭代过程中，应给出适当的迭代停止准则。可考虑使用以下几种方式。

① 始终监视曲线各分段连接点处的曲率值，在迭代过程中，这些连接点处的曲率值的符号发生变化。当迭代达到一定程度，这些曲率符号将停止变化。这时，曲线已经比较光顺，并且持续迭代下去也不会对曲线形态产生太大影响，则可以停止迭代，输出结果。

② 监视曲线各节点的修改量，若发现超出了用于预先给定的修改容差时，停止迭代，输出结果。

③ 监视曲线各节点处的平均修改百分比，若发现此值的变化率非常小，则说明曲线已经基本不发生变化，则可以停止迭代，输出结果。

上述算法对型值点的修改量不能控制。为解决此问题，可以使用穗板卫算法，即使用加权法控制型值点位置的修改量。此方法将每一个节点位置看成是吊在一个弹性系数为 C_i 的小弹簧上，如图 31-4-11 所示。设弹簧的初始长度为零，当去除外力（相当于搬去压铁），梁发生变形拉伸每一根弹簧。这时产生两种势能，一种是梁的弯曲弹性势能，另一种是小弹簧的势能。这两种能量的总和为

$$U=\frac{1}{2}\sum_{i=0}^{n}C_i\left|\boldsymbol{P}_i-\boldsymbol{Q}_i\right|+\frac{EJ}{2}\int_0^l \boldsymbol{K}^2(s)\mathrm{d}s$$

式中，$\boldsymbol{P}_i$ 为修改后的型值点的位置矢量；$\boldsymbol{Q}_i$ 为初始型值点的位置矢量。

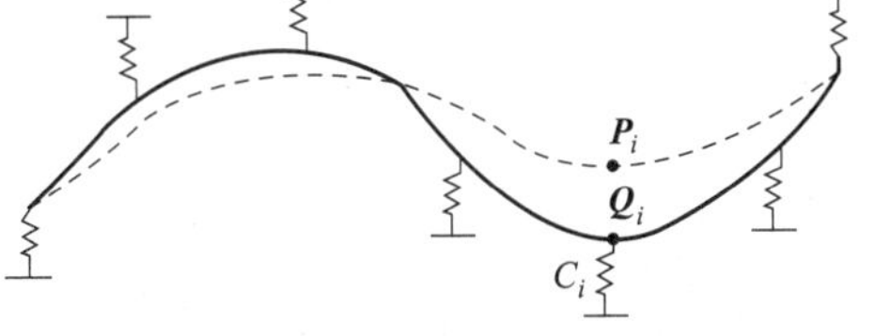

图 31-4-11　穗板卫算法模型

以 U 为评价函数，调整 $\boldsymbol{P}_i$、$\boldsymbol{B}_i$ 使 U 达到最小。此时 C_i 可以作为权系数调整型值点的修改量。当 $C_i=0$时，则相当于没有弹簧的物理模型。

4.3.2　参数样条选点光顺

在以弹性梁内能为基础的光顺方法中，Kjellander 方法是最典型的局部选点光顺法。如图 31-4-12 所示的 C^2 连续的三次参数样条 $\boldsymbol{r}(t)$，其分段连接点为 $\boldsymbol{p}_i=\boldsymbol{r}(t_i)$。

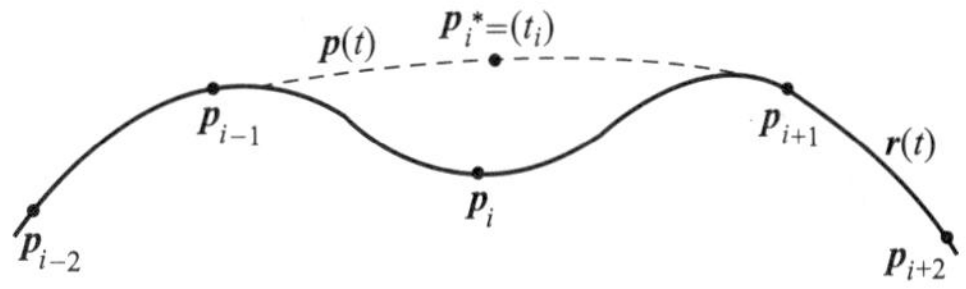

图 31-4-12　三次参数样条的光顺法

设 $\boldsymbol{p}_i$ 为要在此进行光顺的分段连接点，算法的基本思想是在 $\boldsymbol{p}_i$ 点附近找出另一点 $\boldsymbol{p}_i^*$ 来代替 $\boldsymbol{p}_i$，重新拟合曲线得 $\boldsymbol{r}^*(t)$，则认为 $\boldsymbol{r}^*(t)$ 比 $\boldsymbol{r}(t)$ 更光顺。

三次参数曲线选点光顺算法。

① 输入三次参数曲线 $\boldsymbol{r}(t)$ 及光顺位置 i。

② 以边界信息 $\boldsymbol{p}_{i-1}$、$\boldsymbol{p}_{i+1}$及 $\boldsymbol{p}'_{i-1}$、$\boldsymbol{p}'_{i+1}$构造一段三次样条曲线 $\boldsymbol{p}(t)$，令 $\boldsymbol{p}_i^*=\boldsymbol{p}(t_i)$。

③ 由于 $\boldsymbol{p}(t)$ 与 $\boldsymbol{r}(t)$ 在点 $\boldsymbol{p}_{i-1}$和 $\boldsymbol{p}_{i+1}$处只达到 C^1 连续，所以重新插值点列 $\boldsymbol{p}_0,\boldsymbol{p}_1,\cdots,\boldsymbol{p}_{i-1},\boldsymbol{p}_i^*,\boldsymbol{p}_{i+1},\cdots,\boldsymbol{p}_m$，生成新的更光顺的曲线 $\boldsymbol{r}^*(t)$。

④ 输出曲线 $\boldsymbol{r}^*(t)$，结束。

需要指出的是，这种光顺算法虽然是局部选点修改，但实际上却是全局光顺算法。每次光顺都要影响整条曲线。因为在上述算法的第③步，为达到 C^2 连续而重新进行了曲线拟合，造成对点 $\boldsymbol{p}_i$ 的修改影响了整条曲线。其次，在大部分情况中，此算法能取得较好的效果，但偶尔也会出现一些失败的例子，因此对此算法的应用要慎重选择。

4.3.3　NURBS 曲线选点光顺

在参数样条形式下选点修改，然后重新拟合，这种算法并不能称为完全意义上的曲线光顺，只是对曲线上离散点的修正，在本质上都是全局修改算法。曲线光顺不应只在曲线构造后才进行，而应该在构造曲线时，就尽量考虑光顺性问题，从而构造出较光顺的曲线。这里主要介绍在使用 NURBS 曲线构造完成后的局部选点光顺法。

4.3.3.1　曲线选点修改基本原理与光顺性准则

如图 31-4-13（a）所示，设有曲线 $\boldsymbol{r}(t)$，$\{t_i\}$ 为

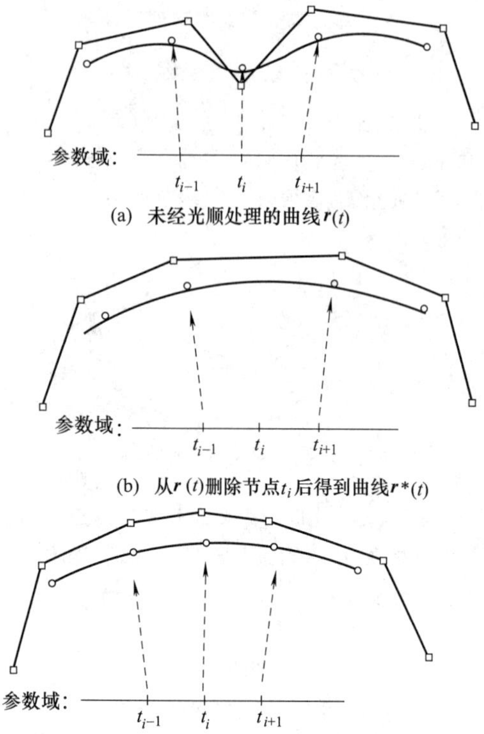

(c) 在曲线$r^*(t)$中重新插入节点t_i后得到曲线$r^{**}(t)$

图 31-4-13 NURBS 曲线选点修改基本原理

其节点序列。为不失一般性，假设其内节点重复度都为 1。此曲线在 $\boldsymbol{r}(t_i)$ 处最不光顺。为消除这种不光顺，采用 NURBS 节点消去算法，消去节点 t_i，形成一新曲线 $\boldsymbol{r}^*(t)$，如图 31-4-13（b）所示。为保持光顺后曲线结构不变，在 $\boldsymbol{r}^*(t)$ 的区间 $[t_{i-1}, t_{i+1}]$ 中，重新插入节点 t_i，形成曲线 $\boldsymbol{r}^{**}(t)$，如图 31-4-13（c）所示。以 $\boldsymbol{r}^{**}(t)$ 替换 $\boldsymbol{r}(t)$，则光顺后的曲线在 t_i 处达到 C^∞ 连续。

关于光顺性准则，一般采用 Farin 给出的准则。因 NURBS 曲线是分段有理多项式，在曲线的定义区间内，只有在分段连接处，即节点矢量中的节点值处，具有 C^{k-r} 连续。其中 k 为曲线次数，r 为节点重复度。其余处均有 C^∞ 连续。从曲线的曲率图中反映出，曲率的 C^1 不连续只能发生在节点矢量的内节点处。据此，给出曲线光顺性的定量描述

$$S = \sum_{i=k+1}^{n-1} Z_i \tag{31-4-73}$$

$$Z_i = |k'(t_i^-) - k'(t_i^+)| \tag{31-4-74}$$

式中，n 为控制顶点数；$k'(t_i^-)$ 和 $k'(t_i^+)$ 分别为曲率图中曲率值在 t_i 处的左导数和右导数。

以 S 作为衡量整条曲线光顺性的准则。S 越小则曲线越光顺。对于圆弧段和直线段，S 为零，说明此定义符合人们对光顺性的直观感觉。

在选点修改的过程中，可取 Z_i 为最大时的节点 t_i 作为最不光顺点，进行光顺处理。

4.3.3.2 节点删除方法与光顺中的误差控制

光顺算法中涉及节点的插入和删除。节点插入在 NURBS 配套技术中已有成熟的方法。由于节点删除是一非确定性问题，有必要作一简要讨论。

如图 31-4-14 所示，设有一非有理 B 样条曲线 $\boldsymbol{r}(t)$，节点矢量和控制顶点分别为

$$\boldsymbol{T} = \{t_0, t_1, \cdots, t_{i+k}, t_d, t_{i+k+1}, \cdots, t_{n+k+1}\}$$

$$\boldsymbol{V} = \{\boldsymbol{V}_0, \boldsymbol{V}_1, \cdots, \boldsymbol{V}_i, \boldsymbol{V}_{i+1}, \boldsymbol{V}_d, \boldsymbol{V}_{i+2}, \boldsymbol{V}_{i+3}, \cdots, \boldsymbol{V}_n\}$$

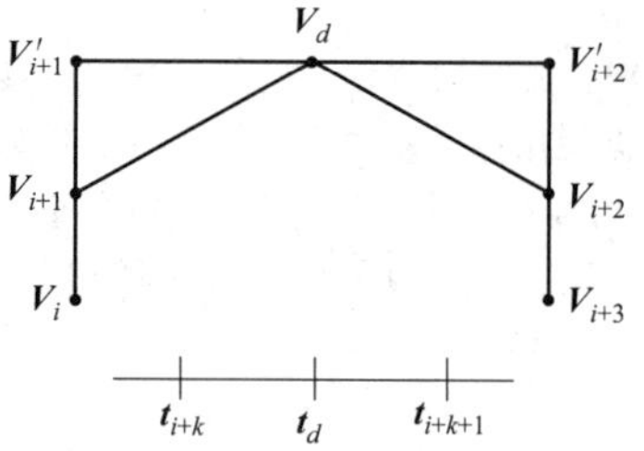

图 31-4-14 非有理 B 样条曲线的节点和控制点

若 $\boldsymbol{r}(t)$ 是由另一曲线 $\boldsymbol{r}'(t)$ 在节点 t_d 处插入节点而来，其节点矢量和控制顶点分别为

$$\boldsymbol{T}' = \{t_0, t_1, \cdots, t_{i+k}, t_{i+k+1}, \cdots, t_{n+k+1}\} = \boldsymbol{T} - t_d$$

$$\boldsymbol{V}' = \{\boldsymbol{V}_0, \boldsymbol{V}_1, \cdots, \boldsymbol{V}_i, \boldsymbol{V}'_{i+1}, \boldsymbol{V}'_{i+2}, \boldsymbol{V}_{i+3}, \cdots, \boldsymbol{V}_n\}$$

那么应有下式成立

$$\begin{cases} \boldsymbol{V}_{i+1} = (1-\alpha_{i+1}) \cdot \boldsymbol{V}_i + \alpha_{i+1} \cdot \boldsymbol{V}'_{i+1} \\ \boldsymbol{V}_d = (1-\alpha_{i+2}) \cdot \boldsymbol{V}'_{i+1} + \alpha_{i+2} \cdot \boldsymbol{V}'_{i+2} \\ \boldsymbol{V}_{i+2} = (1-\alpha_{i+3}) \cdot \boldsymbol{V}'_{i+2} + \alpha_{i+3} \cdot \boldsymbol{V}_{i+3} \end{cases} \tag{31-4-75}$$

其中 $\alpha_i = \dfrac{t_d - t_i}{t_{i+k} - t_i}$，记为矩阵形式

$$\begin{bmatrix} \alpha_{i+1} & 0 \\ 1-\alpha_{i+2} & \alpha_{i+2} \\ 0 & 1-\alpha_{i+3} \end{bmatrix} \cdot \begin{bmatrix} \boldsymbol{V}'_{i+1} \\ \boldsymbol{V}'_{i+2} \end{bmatrix} = \begin{bmatrix} \boldsymbol{V}_{i+1} - (1-\alpha_{i+1}) \cdot \boldsymbol{V}_i \\ \boldsymbol{V}_\mathrm{d} \\ \boldsymbol{V}_{i+2} - \alpha_{i+3} \cdot \boldsymbol{V}_{i+3} \end{bmatrix}$$

简记为

$$\boldsymbol{T} \cdot \boldsymbol{V}' = \boldsymbol{V} \tag{31-4-76}$$

此时可安全地在 $\boldsymbol{r}(t)$ 中消去节点 t_d 得到 $\boldsymbol{r}'(t)$，使得 $\boldsymbol{r}(t)$ 与 $\boldsymbol{r}'(t)$ 完全重合。

线性系统式（31-4-76）为过约束，无精确解。常见的解法运用最小二乘法，即

$$\boldsymbol{V}' = (\boldsymbol{T}^\mathrm{T} \cdot \boldsymbol{T})^{-1} \cdot \boldsymbol{T}^\mathrm{T} \cdot \boldsymbol{V}$$

得到的曲线 $\boldsymbol{r}'(t)$ 与原曲线不重合。把节点 t_d 重新插入 $\boldsymbol{r}'(t)$ 得到光顺后的曲线。显然原曲线的控制顶点 $\boldsymbol{V}_{i+1}$，$\boldsymbol{V}_d$，$\boldsymbol{V}_{i+2}$ 被改动。

还可以采用另外一种解法。从式（31-4-75）中删除第二式，得到

$$\begin{cases}\boldsymbol{V}_{i+1}=(1-\alpha_{i+1})\cdot\boldsymbol{V}_i+\alpha_{i+1}\cdot\boldsymbol{V}'_{i+1}\\ \boldsymbol{V}_{i+2}=(1-\alpha_{i+3})\cdot\boldsymbol{V}'_{i+2}+\alpha_{i+3}\cdot\boldsymbol{V}_{i+3}\end{cases}$$

解上式

$$\begin{cases}\boldsymbol{V}'_{i+1}=\dfrac{\boldsymbol{V}_{i+1}-(1-\alpha_{i+1})\cdot\boldsymbol{V}_i}{\alpha_{i+1}}\\ \boldsymbol{V}'_{i+2}=\dfrac{\boldsymbol{V}_{i+2}-\alpha_{i+3}\cdot\boldsymbol{V}_{i+3}}{1-\alpha_{i+3}}\end{cases}\qquad(31\text{-}4\text{-}77)$$

得到曲线 $\boldsymbol{r}'(t)$。把节点 t_d 重新插入 $\boldsymbol{r}'(t)$ 得到光顺后的曲线。显然只有原曲线的控制顶点 $\boldsymbol{V}_d$ 被改动，且改动量为

$$\boldsymbol{\delta}_d=\boldsymbol{V}_d-[(1-\alpha_{i+2})\cdot\boldsymbol{V}'_{i+2}+\alpha_{i+3}\cdot\boldsymbol{V}'_{i+3}]\qquad(31\text{-}4\text{-}78)$$

比较上述节点消除的两种算法，显然后者影响的控制顶点较少，且误差容易控制。在实践应用中，采用后者取得了良好效果。针对 NURBS 曲线，只需在齐次坐标空间内完成上述算法后，投影回笛卡儿坐标空间即可。

由于光顺是一个修改过程，因此在上述光顺过程中，必须考虑误差控制。对于非有理 B 样条，其改动量可表示为

$$[\boldsymbol{r}(t)-\boldsymbol{r}'(t)]=\sum_{j=0}^{n}N_{j,k}(t)\cdot\boldsymbol{\delta}_j$$

事实上，在某个定义域区间 $[t_{i+k},\ t_{i+k+1}]$ 中，只有 $k+1$ 个基函数非零，改写上式为

$$[\boldsymbol{r}(t)-\boldsymbol{r}'(t)]=\sum_{j=i}^{i+k}N_{j,k}(t)\cdot\boldsymbol{\delta}_j$$

由于 B 样条基函数的权性 $\left(\sum_{j=0}^{n}N_{j,k}(t)\equiv1\right)$，有

$$[\boldsymbol{r}(t)-\boldsymbol{r}'(t)]\leqslant\sum_{j=i}^{i+k}\boldsymbol{\delta}_j$$

因此，对于给定的允许误差 ε，只需保证下式成立即可

$$\left|\sum_{j=i}^{i+k}\boldsymbol{\delta}_j\right|\leqslant\varepsilon\qquad(31\text{-}4\text{-}79)$$

有关有理 B 样条曲线的误差分析，过程比较复杂，在此只给出下面的结果：

设 $\boldsymbol{R}(t)=\{\boldsymbol{r}(t)\cdot\omega(t),\omega(t)\}$ 为有理 B 样条曲线的齐次坐标形式。对于给定的允许误差 ε，在定义域区间 $[t_{i+k},\ t_{i+k+1}]$ 中，只需保证下式成立即可

$$\left|\sum_{j=i}^{i+k}\boldsymbol{\delta}_j\right|\leqslant\frac{\varepsilon\cdot\omega_{\min}}{1+|\boldsymbol{r}(t)|_{\max}}\qquad(31\text{-}4\text{-}80)$$

其中 $\boldsymbol{\delta}_j$ 为式（31-4-78）的齐次坐标形式，$\omega_{\min}=\min[\omega(t)]$，$|\boldsymbol{r}(t)|_{\max}=\max|\boldsymbol{r}(t)|$。

4.3.3.3　曲线选点迭代光顺算法

NURBS 曲线选点迭代光顺算法如下。

① 输入曲线 $\boldsymbol{r}(t)$ 及允许误差 ε。

② 应用式（31-4-73）和式（31-4-74）计算 S 和 Z_i。并根据 Z_i 选出最不光顺节点 t_d，其中 $Z_d=\max(Z_i)$。

③ 应用式（31-4-77）和式（31-4-75）对节点 t_d 进行删除和重新插入操作，更新控制顶点 $\boldsymbol{V}_d$。

④ 对每段曲线，应用式（31-4-79）或式（31-4-80），检查光顺是否超差。若否，则进行第②步。

⑤ 放弃本次光顺，输出结果，结束。

在上述算法中，有几个问题需注意。

① 光顺性 S 是整体的衡量指标。应用式（31-4-77）和式（31-4-75）虽然使曲线在节点 t_d 处更光顺（Z_d 递减），但并不能保证整条曲线更光顺（S 递减）。因此在迭代过程中，应监视 S 的变化趋势。一旦发现 S 变大，则放弃修改，终止迭代。

② 在应用中发现如图 31-4-15（b）所示情况，图 31-4-15（a）是未光顺曲线。曲率图在节点 t_d 的两侧发生符号改变，t_d 应为不光顺节点，但应用式（31-4-74）却不能将 t_d 标记为不光顺节点。

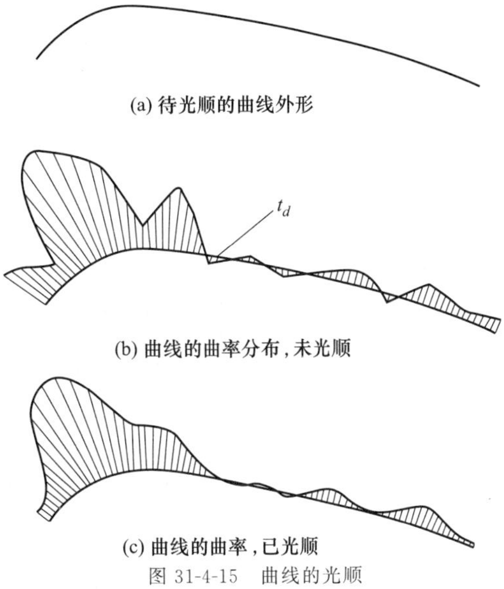

(a) 待光顺的曲线外形

(b) 曲线的曲率分布，未光顺

(c) 曲线的曲率，已光顺

图 31-4-15　曲线的光顺

为解决此问题，应附加另一条光顺性准则：当曲率图在节点 t_d 两侧区间 $[t_{i+k},\ t_d]$ 和 $[t_d,\ t_{i+k+1}]$ 内同时发生符号改变时，将 t_d 标记为最不光顺节点，即令 $Z_d=\text{MaxValue}$，MaxValue 为一足够大的正值。

③ 此算法是真正的局部光顺算法。每次光顺只修改一个控制顶点，并且只影响相应的 $k+1$ 段曲线，误差容易控制。

4.4 曲面的光顺

对于曲面光顺，其光顺准则很难精确给出。早期的一种做法是用任意平面族与曲面的相交曲面族的光顺性作为曲面的光顺性判据。或者使用曲面上的等参数线的光顺性作为曲面的光顺性判据。这些方法可以归类为网格法光顺，即通过对曲面上网格的修改来代替对曲面的修改。

网格法有其固有的缺点：网格的光顺不一定说明曲面的光顺；双向的网格光顺存在约束协调问题。对此，1983年 Nowacki 和 Reese 提出以薄板应变能作为曲面光顺准则，该准则有明显的物理意义，也是当今公认的一个比较合理的准则。但由此准则构造算法比较困难。下面针对这两种典型方法，分别介绍工程实用的曲面光顺算法。

4.4.1 网格法光顺

由于 NURBS 曲面是 NURBS 曲线在齐次空间中的张量积扩展，因此可以认为曲线光顺算法可扩展应用到曲面光顺中。下面针对 NURBS 曲面，给出通过曲线光顺算法扩展的曲面光顺算法。

NURBS 曲面光顺算法步骤如下。

① 输入 NURBS 曲面，包括带权控制风格 $\{\omega_{i,j}\cdot \boldsymbol{V}_{i,j}\}$，$i=0,\cdots,n_u$；$j=0,\cdots,n_w$，节点矢量 $\boldsymbol{U}$ 和 $\boldsymbol{W}$，以及允许误差 ε。

② 以节点矢量 $\boldsymbol{U}$ 和带权控制顶点。

$\boldsymbol{V}_j=\{\omega_{0,j}\cdot \boldsymbol{V}_{0,j},\omega_{1,j}\cdot \boldsymbol{V}_{1,j},\cdots,\omega_{n_u,j}\cdot \boldsymbol{V}_{n_u,j}\}$，$j=0$，…，$n_w$ 构成一 NURBS 曲线族。对此曲线族中的每一条曲线，应用 NURBS 曲线选点迭代光顺算法进行光顺处理。更新带权控制风格 $\{\omega_{i,j}\cdot \boldsymbol{V}_{i,j}\}$，$i=0$，…，$n_u$；$j=0$，…，$n_w$。

③ 以节点矢量 $\boldsymbol{W}$ 和带权控制顶点 $\boldsymbol{V}_i=\{\omega_{i,0}\cdot \boldsymbol{V}_{i,0},\omega_{i,1}\cdot \boldsymbol{V}_{i,1},\cdots,\omega_{i,n_v}\cdot \boldsymbol{V}_{i,n_w}\}$，$i=0,\cdots,n_u$ 构成一 NURBS 曲线族。对此曲线族中的每一条曲线，应用 NURBS 曲线选点迭代光顺算法进行光顺处理。更新带权控制网格 $\{\omega_{i,j}\cdot \boldsymbol{V}_{i,j}\}$，$i=0,\cdots,n_u$；$j=0,\cdots,n_w$。

④ 输出结果，结束。

上述算法实际上是对位于双向节点矢量中的节点处的曲面双向等参数曲线进行光顺，也可以理解为对构成曲面的插值曲线进行光顺。此算法尚无理论解释。因为即使构成了曲面的曲线光顺，尚不能保证曲面就一定光顺。同时，双向的网格光顺也会互有影响。

该算法在实际应用中收到了良好效果，也有其存在的实用依据。例如当设计师检查汽车蒙皮是否光顺时，往往将其置于一组平行的线光源照射下，目测蒙皮上的反射光线是否光顺，以此作为曲面光顺的依据。

4.4.2 能量法光顺

Nowacki 等根据弹性薄板的应变能这一物理概念，将曲面看成是一个薄板面，其应变能量就作为判断曲面好坏的准则。光顺过程即为一最小化过程：调整曲面的定义参数（一般调整控制网格顶点），使得薄板应变能量最小。薄板应变能量计算公式是

$$E=C\iint\left\{\left(\frac{\partial^2 F}{\partial x^2}+\frac{\partial^2 F}{\partial y^2}\right)^2-2(1-\gamma)\left[\frac{\partial^2 F}{\partial x^2}\frac{\partial^2 F}{\partial y^2}-\left(\frac{\partial^2 F}{\partial x\,\partial y}\right)^2\right]\right\}\mathrm{d}x\,\mathrm{d}y$$

式中，$F(x,y)$ 为曲面的笛卡儿表达式；C 为常量；γ 为 Poision 系数。这里可取 $C=1$。

如果 $\gamma=0$，即假设曲面是小变形的，则可得

$$E=C\iint\left[\left(\frac{\partial^2 F}{\partial x^2}\right)^2+2\left(\frac{\partial^2 F}{\partial x\,\partial y}\right)^2+\left(\frac{\partial^2 F}{\partial y^2}\right)^2\right]\mathrm{d}x\mathrm{d}y$$

由几何学知，上式具有旋转不变性。实际上，上式可以写成以下形式

$$E=C\iint(K_1^2+K_2^2)\mathrm{d}x\mathrm{d}y$$

式中，K_1、K_2 为主曲率。

上式主要针对非参数曲面，而对于参数曲面，求解上式的最小值非常困难，这也正是参数曲面光顺的难点之一。很多学者在研究曲线、曲面光顺中，尝试使用曲线的二阶导数的平方代替曲率的平方，当曲线一阶导数比较小时，这种逼近比较精确；也尝试使用曲面的二阶偏导的二次型逼近曲率的平方。这些尝试均得到了满意的效果。

可以使用下式作为应变能的度量

$$E=C\iint\left[\alpha\left(\frac{\partial^2 \boldsymbol{r}}{\partial u^2}\right)^2+2\beta\left(\frac{\partial^2 \boldsymbol{r}}{\partial u\,\partial w}\right)^2+\gamma\left(\frac{\partial^2 \boldsymbol{r}}{\partial w^2}\right)^2\right]\mathrm{d}u\mathrm{d}w$$

式中，$\alpha\geqslant0$，$\beta\geqslant0$，$\gamma\geqslant0$，$\alpha+\beta+\gamma>0$，$\boldsymbol{r}(u,\ w)$ 是参数曲面的表达式。此处的 E 称为广义能量积分。

下面给出一个 B 样条曲面的能量光顺算法。

容易验证，能量可以表达为控制网格顶点的函数

$$\boldsymbol{E}=\boldsymbol{B}^{\mathrm{T}}\boldsymbol{F}\boldsymbol{B}$$

式中，$\boldsymbol{B}=(\boldsymbol{b}_0,\cdots,\boldsymbol{b}_{(n+1)i+j})^{\mathrm{T}}$，$\boldsymbol{b}_{(n+1)i+j}=\boldsymbol{V}_{i,j}$，$i=0,1,\cdots,m$；$j=0,1,\cdots,n$，是 B 样条曲面的控制网格顶点；$\boldsymbol{F}$ 为 $(m+1)\times(n+1)$ 阶对称方阵。

若曲面控制网格中有多个坏点 $\boldsymbol{b}_{i_1}$，$\boldsymbol{b}_{i_2}$，…，$\boldsymbol{b}_{i_k}$，对其引入控制顶点修改量 $\boldsymbol{T}=(\boldsymbol{t}_{i_1},\ \cdots,\ \boldsymbol{t}_{i_k})^{\mathrm{T}}$，则能量函数可以改写为

$$\boldsymbol{E}=\boldsymbol{B}^{\mathrm{T}}\boldsymbol{F}\boldsymbol{B}+\boldsymbol{C}^{\mathrm{T}}\boldsymbol{T}+\frac{1}{2}\boldsymbol{T}^{\mathrm{T}}\boldsymbol{Q}\boldsymbol{T} \qquad (31\text{-}4\text{-}81)$$

式中，$\boldsymbol{C}^{\mathrm{T}}=2\left(\sum_{j=0}^{(n+1)m+n}\boldsymbol{b}_j\boldsymbol{F}_{j,\,i_1},\ \sum_{j=0}^{(n+1)m+n}\boldsymbol{b}_j\boldsymbol{F}_{j,\,i_2},\ \cdots,\ \sum_{j=0}^{(n+1)m+n}\boldsymbol{b}_j\boldsymbol{F}_{j,\,i_k}\right)$

第31篇

$$Q=2\begin{bmatrix} F_{i_1i_1} & F_{i_1i_2} & \cdots & F_{i_1i_k} \\ \vdots & \vdots & \ddots & \vdots \\ F_{i_ki_1} & F_{i_ki_2} & \cdots & F_{i_ki_k} \end{bmatrix}$$

可以证明 Q 是正定矩阵，根据优化理论可知，光顺过程是一个二次规划问题，使得式（31-4-81）最小的解为

$$T=-Q^{-1}C \tag{31-4-82}$$

则控制顶点 b_0，…，$b_{i_1}+t_{i_1}$，…，$b_{i_k}+t_{i_k}$，…，$b_{(n+1)m+n}$网格所形成的曲面将比原曲面更光顺。上述光顺过程可以迭代进行，直到得到满意的结果。

4.5　曲线曲面编辑与曲面片重建方法

曲线曲面编辑与曲面片创建是曲面造型必不可少的方法，不同的 CAD 三维建模软件，虽然对曲线和曲面的编辑、曲面片重建的操作以及功能的强弱有所不同，但其方法基本是一样的，这里对这些方法做一简要介绍。

4.5.1　曲线的编辑

曲线编辑是基于曲线的曲面造型的重要环节之一，通过插值或拟合得到曲线段后，在进行曲面造型之前，还应通过曲线的各种编辑功能对曲线进行修形操作，这样，一方面可以修补由于测量数据的不完整带来的拟合曲线缺陷，另一方面，从曲面造型的角度出发，也要求曲线具有完整、连续、光滑的特点，以保证创建曲面的光顺性。其主要编辑方法如下。

（1）曲线连接（connect）

曲线连接（桥接）是用一条空间曲线将两个对象（曲线、直线、圆弧等）以某种连续形式（G^0、G^1 或 G^2）进行连接，形成一条曲线。

（2）曲线分割（divide）

该功能用于将一条曲线、直线、圆（弧）等在其指定位置进行分割，形成两条或多条曲线。曲线分割后，可以对其各分割段分别进行各种操作，如删除、连接、曲面构建等。

（3）曲线延伸（extend）

将曲线、直线、圆弧等延伸到指定的位置。延伸边界可以是曲线、直线、圆（弧）、点等对象。

（4）曲线裁剪（trim）

该操作可以使相互交叉的曲线、直线、圆（弧）等对象按用户意图进行裁剪，去掉多余的部分。

（5）过渡圆角（fillet）

过渡圆角可以在曲线、直线、圆（弧）等两个对象间建立一圆角，使该圆角与这两个对象相切。

（6）偏置线（offset）

偏置线是将已有的曲线、直线、圆（弧）等对象沿着其法向向里或者向外偏置一定的距离形成新的对象。

（7）曲线修改（modify）

该操作可对样条曲线进行修改，即通过添加、删除、移动型值点或控制点来修改样条曲线。此外还可以对样条曲线进行光滑处理，光滑后的曲线虽然形状发生变化，但型值点数不变。

4.5.2　曲面的编辑

一般情况下，零件仅由一张曲面构成模型的外形是不多的。多数零件的外形都是根据自身的形状特点，由各种曲面片通过剪切、过渡、拼合等操作而形成的封闭曲面模型。获得最终的曲面模型，在实际操作中通常采取的方法是利用三维 CAD 系统提供的各种曲面编辑功能，根据已知模型的几何特征信息，将这些曲面片拼接成完整的曲面模型。在这个过程中，CAD 系统曲面编辑功能的强弱，对模型重建的速度、品质有着直接的影响，曲面编辑的主要方法见表 31-4-1。

表 31-4-1　曲面编辑的主要方法

曲面编辑方法	说　明
曲面连接（connect）	曲面连接（桥接）是在两个独立的曲面之间以 G^0、G^1 或 G^2 某种连续形式进行连接，形成一张曲面 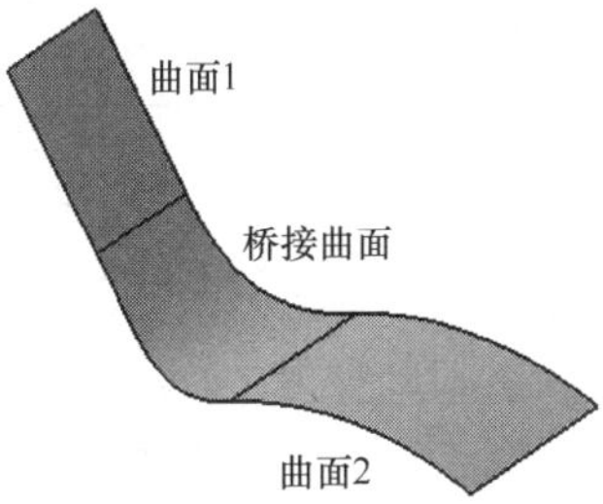

续表

曲面编辑方法	说　明
曲面分割(split)	该功能可利用曲线等对象,将与其相交的曲面进行分割,使之成为两个对象。分割后的曲面,可分别对其进行其他操作 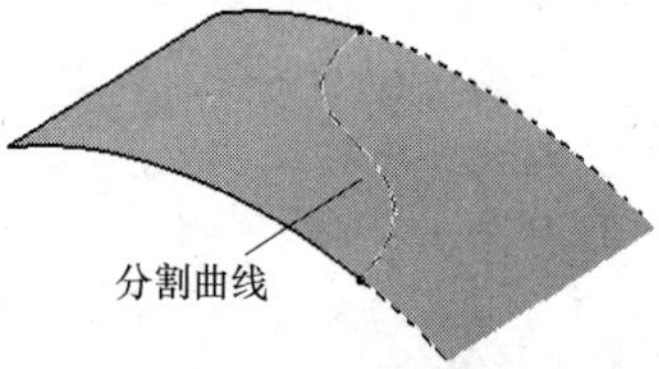
曲面延伸(extend)	该功能是将曲面按某种延伸方式(如相同曲面、逼近曲面、相切曲面等)进行延伸。曲面可以通过选择方向或延伸长度值的正负确定是对原曲面进行延伸还是缩短 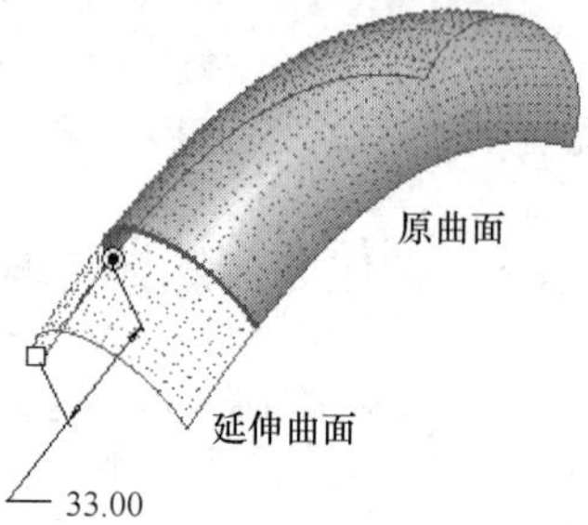
曲面裁剪(trim)	曲面裁剪操作是利用曲线、曲面、基准面等来切割剪裁已存在的曲面,切除曲面多余的部分。主要方法有:用切除特征裁剪曲面、用曲面特征裁剪曲面、用曲面上的曲线裁剪曲面等。 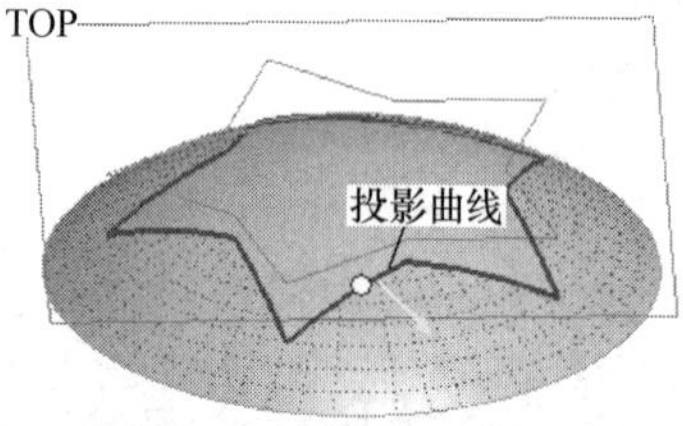
曲面圆角(fillet)	曲面圆角可以是曲面与曲面之间的倒圆角,也可以是曲面自身边线圆角,倒圆角的方式也有多种,如简单圆角、变半径圆角、边线圆角、三面圆角等。对于三面圆角,还存在着倒圆角的过渡情况,如滚球式过渡、扫描过渡、曲面片过渡等方式。曲面倒圆角后,将自动完成修剪 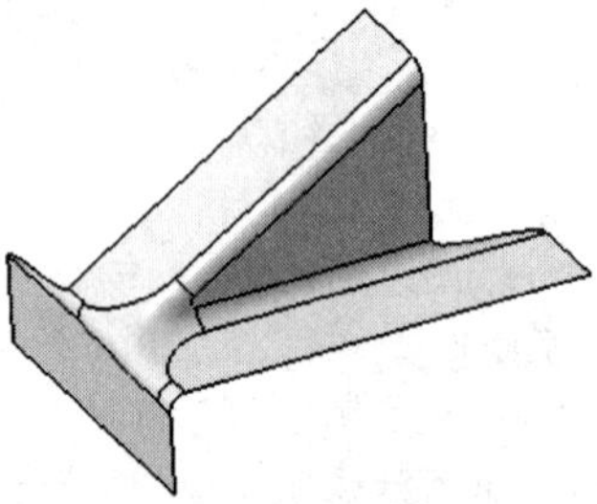
曲面偏置(offset)	曲面偏置是将已有的曲面沿着曲面的法向向里或者向外偏置一定的距离形成新曲面 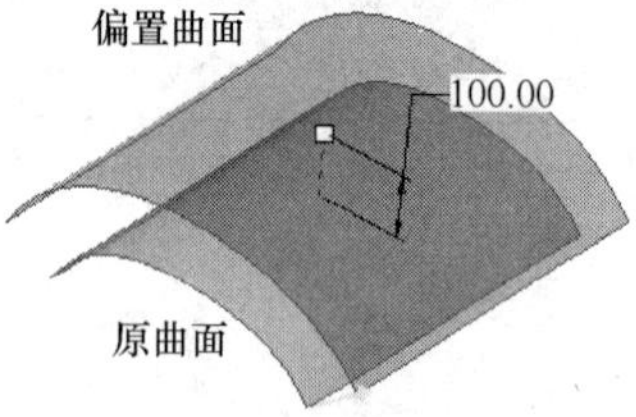
曲面修补(healing)	曲面修补是对曲面之间存在的缝隙进行修补,缩小曲面之间的距离。缝合中,缝补曲面与原曲面可以 G^0、G^1 等连续形式进行连接。在实际设计过程中,修补功能完成的缝隙都比较小,比较大的缝隙一般用曲面连接(桥接)功能完成 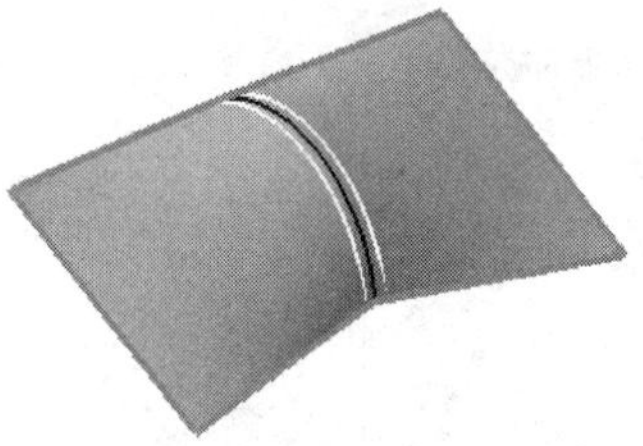

续表

曲面编辑方法	说　明
曲面合并(merge)	曲面合并或称曲面缝合是将若干个单独创建的曲面合并成一个曲面。合并后的曲面可作为一个整体进行操作，如曲面偏置、实体转换等 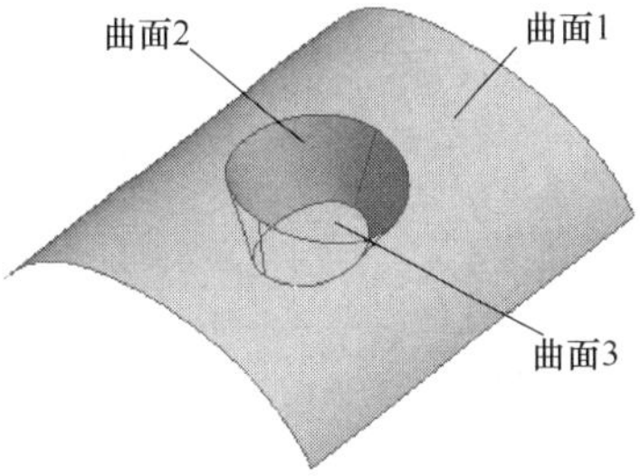
曲面修改(modify)	曲面的修改方法主要有：通过修改构建曲面的曲线形状和参数修改曲面；通过移动网格曲面的节点或控制点修改曲面；通过改变网格曲面的节点数量修改曲面 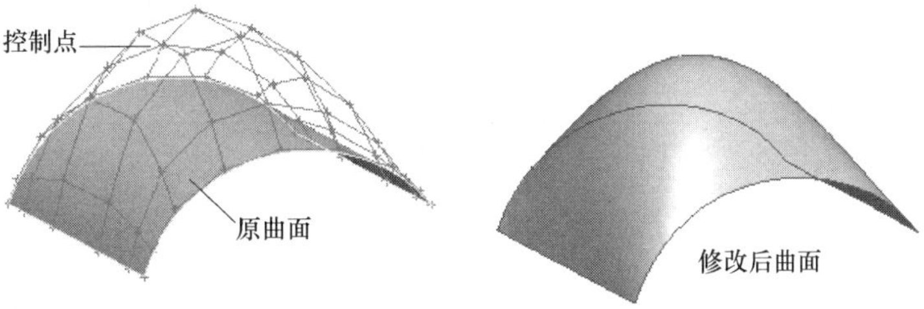

4.5.3　基于曲线的曲面片重建

在曲线创建后，可以通过不同的曲面造型方法进行曲面模型的重建，主要的曲面造型方法有：拉伸曲面（extend）、旋转曲面（revolution）、扫描曲面（sweep）、混合曲面（blend）、直纹曲面（ruled surface）、边界曲面、N 边曲面、平行曲面、网格曲面等，主要的曲面造型方法见表 31-4-2。

表 31-4-2　主要的曲面造型方法

曲面造型方法	说　明
拉伸曲面(extend)	拉伸曲面是由一曲线沿着某一方向(一般是沿着建立拉伸曲线平面的法向方向)作线性延伸构成的曲面 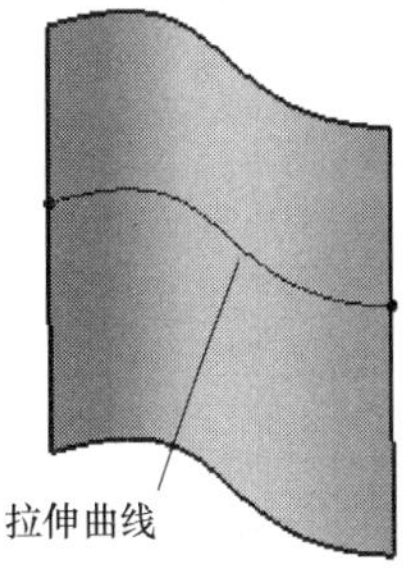
旋转曲面(revolution)	旋转曲面是由一条轮廓曲线绕一轴线旋转一定的角度构建的曲面 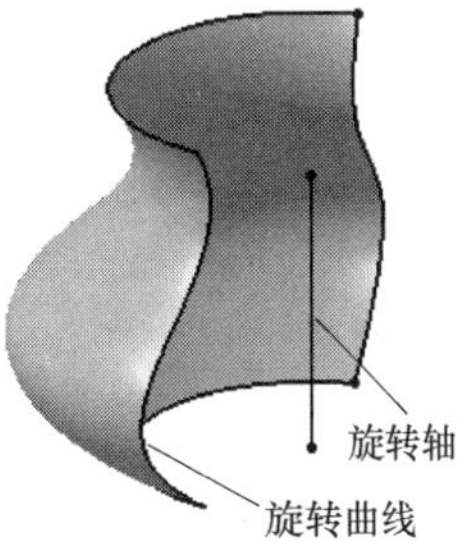

续表

曲面造型方法	说明
扫描曲面 (sweep)	扫描曲面也称扫掠曲面，是由一条轮廓曲线（截面曲线）沿着若干条空间路径曲线（导引线或引导线）运动构成的曲面。扫描曲面的控制方法比较多，既可以是一条轮廓曲线沿一条路径曲线运动所生成的曲面，也可以是一条轮廓曲线沿多条路径曲线运动构成的曲面，如图所示，其中图(a)为一条轮廓曲线沿一条路径曲线运动所生成的曲面，图(b)为一条轮廓曲线沿多条路径曲线运动构成的曲面。为了避免扫描曲面在创建过程中发生干涉，与轮廓曲线的尺寸相比，扫描路径曲线的曲率不应太大 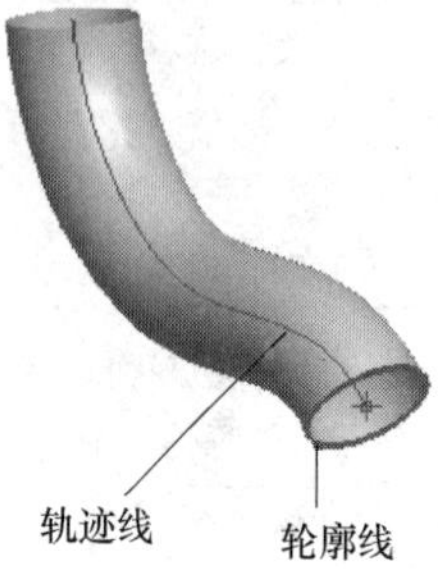 图(a) 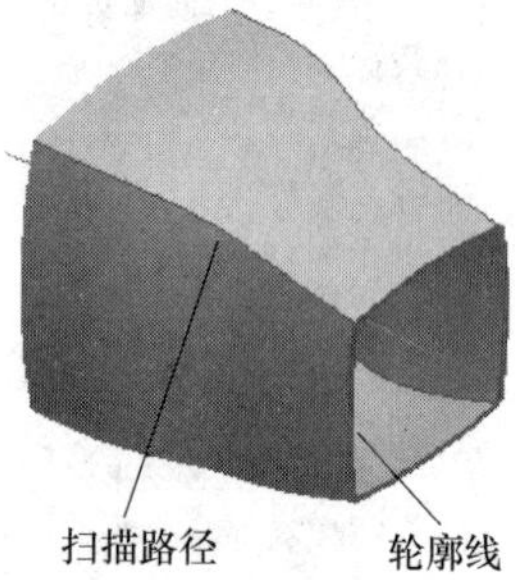 图(b)
混合曲面 (blend)	混合曲面也称混成曲面、放样曲面、叠层曲面或举升曲面，它是由一系列（至少需要两个）不同的截面曲线（轮廓曲线），以渐进变形的方式产生的曲面。图示曲面是通过三个截面轮廓所构建 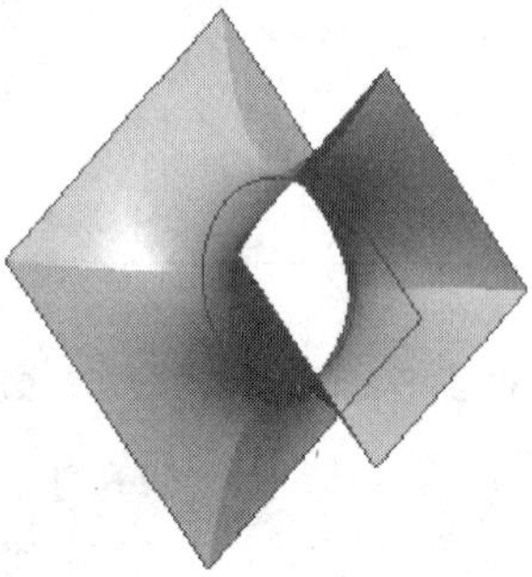
网格曲面(mesh)	网格曲面是通过 U、V 两个方向的一系列曲线创建的曲面，该方法利用相交的曲线当成经纬，创建出网格曲面。网格曲面可分为单方向网格曲面和双方向网格曲面。单方向网格曲面由一组平行或近似平行的曲线构成；双方向网格曲面由一组纵横相交的曲线构成。图(a)为通过正常网格(3×4)曲线建立的网格曲面；图(b)为一组曲线三条在一端相交，另一组为两条曲线和一个曲线交点共同构成的网格曲面 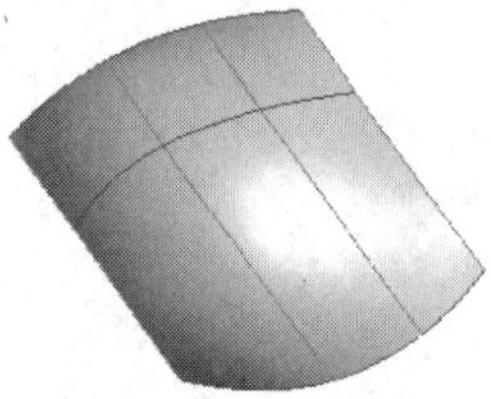 图(a) 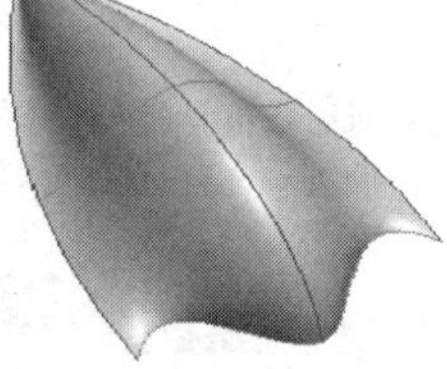 图(b)
直纹曲面 (ruled surface)	直纹曲面是由一族直线所构成的曲面，即过曲面任意点都存在过该点且落在该曲面上的直线。有的三维软件中没有直纹曲面功能，但可通过扫描曲面创建直纹曲面。图示为通过螺旋扫描创建的直纹曲面 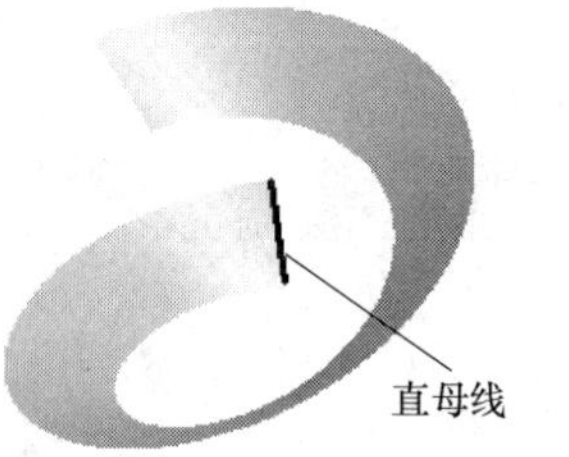

续表

曲面造型方法	说　明
边界曲面 (boundary)	边界曲面是通过曲面的边线构建的曲面,边界曲线必须头尾相连。通常边界曲面由四条边线创建,特殊情况下,也可由三条或两条边线创建,但其创建的曲面不如前者质量高,可能的情况下,应尽量避免或与邻接的曲面一起考虑,对其加以修补。通过边界曲线构建的曲面如图所示,其中(曲线封闭部分)图(a)为四条边线创建的曲面,图(b)为三条边线创建的曲面,图(c)为两条边线创建的曲面 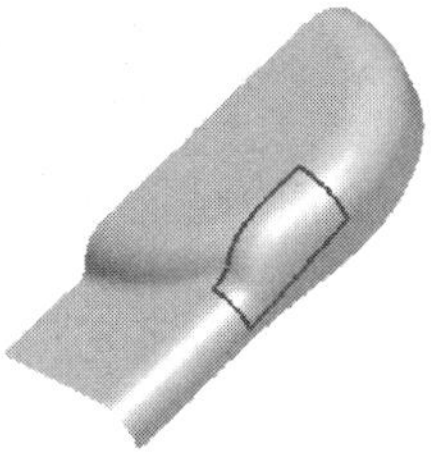 图(a) 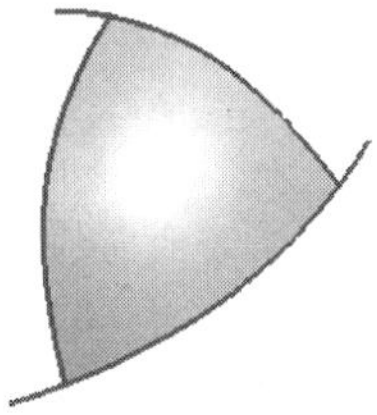 图(b) 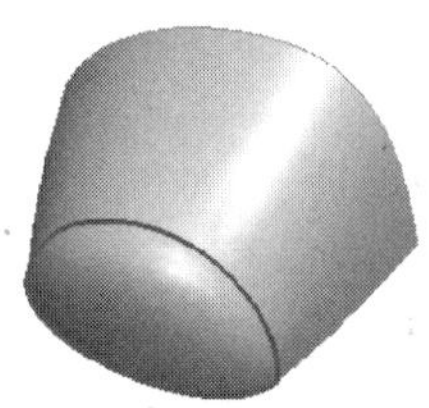 图(c)
N 边曲面 (*N*-sided surface)	*N* 边曲面也称为填充曲面,是由多条边线包围的区域填充形成的曲面,如图所示。填充曲面的边界曲线必须是头尾相连的,并且至少为五条 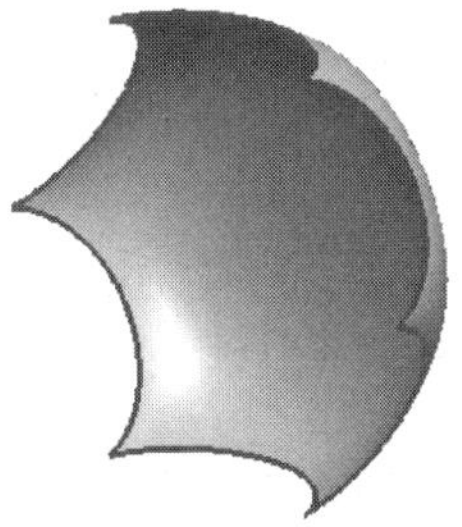

4.6　模型重建质量与评价

4.6.1　工程曲面的分类

(1) 工程曲面分类

就曲面质量而言，可分为三类：A 级、B 级、C 级。A 级（Class A）曲面没有十分严格的数学描述，Class A 一词最初是由法国 Dassault System 公司在开发大型 CAD/CAM 软件包 CATIA 时提出并付诸应用的，常译作 A 级曲面，专指车身模型中对曲面质量有较高要求或特殊要求的一类曲面。汽车外形设计对曲面的评定标准分为 A、B、C 三级，现在这种分类也逐渐为人们所接受并应用于其他工业产品的设计当中。

1）A 级曲面。一般用于汽车车身外形曲面（如顶盖、发动机罩外板、保险杠）等光顺度、美学要求比较高的曲面。此外主要从美学需要出发，在消费类产品中，如手机、洗衣机、家用电器、卫生设备等也采用 A 级曲面。

2）B 级曲面。一般汽车内部钣金件和结构件大部分都是初等解析几何面构成，这部分曲面不需要从美学上考虑进行一些人性化的设计，只需从性能和工艺要求出发。在满足性能及工艺要求后就可以认为达到要求的曲面通常称 B 级曲面。对于一个产品来说，通常从外观上看不到的地方都可做成 B 级曲面，这样无论对于结构性能，还是对于加工成本来说，都是有益的。

3）C 级曲面或要求更低的曲面。C 级主要是结构支撑件，如支架等。这种曲面在 CAD 工程中比较少用，大多用在雕塑、快速成型和影视动画中，在 CAD 工程中一般做成 B 级曲面。

(2) A 级曲面的概念

对于 A 级曲面，目前还没有统一的定义。对于实际工程来讲，A 级曲面通常取决于工程的需求及要求。在产品开发的整个流程中，其阶段工作重点是确定产品表面曲面的品质，这一阶段通常称构造 A 级曲面。

A 级曲面不只是一般意义上曲面质量的等级，它是既满足几何光滑要求，又满足审美需求的曲面。因此需要从工业设计及美学的角度考虑，A 级曲面一般需要满足以下特征。

• 最重要的一个特征就是光顺，即在光滑表面上避免出现突然的凸起和凹陷等。在两张曲面间过渡时，A 级曲面除了局部细节外，需要的是曲率逐渐变化的过渡，这种过渡使产品外形摆脱了机械产品的生硬，而采用普通的倒圆角是不合适的。

• 除了细节特征外，一般来讲趋向于采用大的曲率半径和一致的曲率变化，即无多余的拐点。

• 除了细节特征外，曲面一般不能由初等解析曲面构成，应以柔和的NURBS来构造。

• 为达到美观的要求，A级曲面的关键曲线不仅要光顺，而且还要与设计意图保持一致。

汽车业界对于A级曲面要求也有不同的标准，一般A级曲面要求相邻曲面间的间隙在0.005mm以下（有些汽车厂甚至要求到0.001mm），切率改变（tangency change）在0.16°以下，曲率改变（curvature change）在0.005°以下；或者沿着曲面和相邻的曲面有几乎相同的曲率半径（相差0.05mm或更小，位置偏差0.001mm或角度相差0.016°）。

4.6.2 模型重建误差分析

在逆向工程中，从产品原型的制造、实物原型的数据测量、原型的数据处理、CAD模型的重建到模型的制造，每一环节都可能会产生误差，模型质量评价主要解决以下问题：

由逆向工程中重建的模型和实物样件的误差有多大？所建立的模型是否可以接受？根据模型制造的零件是否与数学模型相吻合？

前两个问题是评价重构CAD模型的精度，第三个问题是评价制造零件的制造误差。在产品逆向工程模型重构过程中，从形状表面数字化到CAD建模都会产生误差。评价一个逆向工程过程的精度或误差大小，可通过将最终的逆向制造产品与原实物进行的对比、计算两者间的总体误差来判断、确定逆向工程产品的有效性和准确性。这种方法通过坐标测量机对逆向制造产品与原实物直接进行测量来实现。但如果产品外形是由复杂曲面组成的，直接对两个对象进行测量比较，存在一定困难，这时可以将质量评价分成以下两个过程。

第一个过程是比较实物原型和CAD模型的差异。该过程的模型评价包括两个方面：一是通过比较实物数据模型和重构CAD模型的差异来评价模型精度；二是对CAD模型的光顺性能，即曲面质量进行评价。

第二个过程是检验制造产品和CAD模型的差异。对于第二个过程，首先对产品进行数字化测量，形成产品数据模型，然后将测得的数据点和重构CAD模型对齐，通过计算点到模型的距离来比较差异。

最后将两个过程的精度相加即为逆向工程的总精度或总误差。上述两个过程都是将数据模型和CAD模型进行比较，这和实际情况有所不同，同时也忽略了数字化过程的误差，应该说不是一个完整的方法。但在目前的技术条件下，重建模型评价通常还是选择这种方法。

逆向工程误差的来源主要有：原型误差、测量误差、数据处理误差、造型误差、制造误差，其中前两项误差属于测量过程中的误差，三、四项属于逆向设计中的误差，最后一项属于制造过程中的误差。通过这些环节传递的累积误差即为逆向工程总的误差，其表达式为

$$\varepsilon_{总}=\varepsilon_{原}+\varepsilon_{测}+\varepsilon_{处}+\varepsilon_{造}+\varepsilon_{制} \quad (31\text{-}4\text{-}83)$$

这里仅就前四项误差进行讨论。

（1）原型误差

逆向工程是根据实物原型重构模型的，由于实物原型在制造时会存在制造误差，使实物几何尺寸和设计参数之间存在偏差，如果原型是使用过的，还存在磨损误差。原型误差一般较小，其大小一般在原设计的尺寸公差范围内，对使用过的产品可根据使用年限，考虑加上适当的磨损量。另外实物的表面粗糙度会影响数据的测量精度。

（2）测量误差

测量误差是逆向设计中主要的误差来源，采用不同的测量设备、不同的测量方法、甚至不同的操作人员，测量误差都会有所不同。对于接触式CMM测量方式，测量误差包括测量设备系统误差、测量人员视觉和操作误差、被测模型的变形误差、补偿误差等。

系统误差主要由标定误差、温度误差和测头误差组成，尽管目前使用的三坐标测量机的测量精度可以精确到几微米，但其温度误差通常可达到十几微米。其原因是测量温度在规定的20℃基准温度以外时，所得到的结果会导致单轴测量错误，即产生温度误差。为控制误差大小，除保持环境温度恒定外，还应控制区域温度的大小。区域温度是指工件温度和测量机光栅尺的温度，当工件材料的热导率和光栅尺材料的热导率相差较大时，工件和光栅尺有温差存在，也会导致误差。为了监控温度误差，测量过程中，需定时对坐标零点进行校准。

测量人员视觉和操作误差主要是在手动测量过程中，特别是进行基准点、表面棱线和轮廓线测量时产生。测量探头的触点完全由操作者视觉定位，难以保证探头中心和被测点中心完全重合。另外操作不当，使测头运动速度过高，可产生较大接触力，使测杆弯曲，由此会产生较大的测量误差。

对于容易产生变形的实物模型，采用接触测量时，会由于模型发生变形而产生误差。这时应选择适宜的接触测量力，同时注意实物的装夹和固定。

采用接触式测头进行测量时，还会涉及补偿误差问题。由于测头半径的影响，得到的坐标数据并不是测头所触及的表面点的坐标，而是测头球心的坐标。当被测点的表面法矢方向通过测头球心时，测点坐标和测头中心坐标相差一个测头半径值。目前在接触式

CMM 测量中，广泛采用二维补偿方法，即在测量时，将测量点和测头半径的关系处理成二维情况，并将补偿计算编入测量程序中，在测量时自动完成数据的测头补偿。对于平面、柱面等规则曲面的测量，二维补偿是精确的，但对于空间自由曲面的测量，如果对测头进行二维半径补偿，就会存在补偿误差。关于测头半径补偿，可参见 3.1。

采用非接触测量可有效避免由于测量人员视觉和操作，以及接触式测头半径、接触力、测杆变形等方面带来的误差。

（3）数据处理误差

数据处理误差是指对测量数据进行平滑及转换过程中产生的误差。数据平滑有时会损失特征点的信息，而数据转换（数据坐标变换）主要用于多视数据的拼合，受测量范围的限制，当零件的外表和内腔（或零件的上下面）都需要测量时，测量过程往往要分多次装夹完成。因为每次测量的坐标系不同，而模型重建必须统一在一个坐标系下进行，这样就需要数据的坐标变换（重定位）。在变换矩阵计算时存在计算误差，如果选择基准点定位，基准点的选择、基准点的测量误差都将影响其变换的精度。

（4）造型误差

造型误差是在进行三维模型重建过程中产生的误差。主要有曲线、曲面拟合误差和曲面光顺误差。目前曲线和曲面的拟合一般是采用最小二乘法来进行拟合，这就存在拟合精度的控制问题。对于审美要求较高的表面，仅仅满足重构精度是不够的，还必须使曲面的品质达到光顺的要求，这样在对曲面进行光顺的过程中，会使曲面背离原始点云，从而增大重建模型的误差。

4.6.3　曲线曲面的连续性与光顺性

4.6.3.1　曲线曲面的连续性

曲线的连续性有两种不同的度量方法，一种是多年来沿用的函数曲线的可微性。组合参数曲线在连接处具有直到 n 阶连续导矢，即 n 次连续可微，这类称为 C^n 或 n 阶参数连续性（parametric continuity）；另一种称为几何连续性（geometric continuity）。组合曲线在连接处满足不同于 C^n 的某一组约束条件称为具有 n 阶几何连续性，简记为 G^n。

由于参数连续性不能客观准确地度量参数曲线连接的光顺性，而被称为视觉连续性的几何连续性所取代。几何连续性与参数选取及具体的参数化无关，是对参数连续性度量参数曲线连接光顺性苛刻而不必要的限制的松弛，即对参数化的松弛，它要求较弱的限制条件。因而曲线的连续性通常用几何的连续性进行评价。与参数曲线类似，参数曲面的连续性也需要用几何连续性来描述。关于参数曲线（面）的几何连续性描述与特点见表 31-4-3。

表 31-4-3　参数曲线（面）的几何连续性描述与特点

连续性	描述与特点	曲率梳图	使　用
G^0	描述：如果两曲线（面）有公共连接点（线），并且只是简单的相接，则称位置连续或 G^0 连续 特点：两曲线（面）位置连续，曲线（面）上存在尖点（折线），而连接处的切线方向和曲率均不一致（有跳跃）。这种连续性的表面看起来会有一个很尖锐的接缝，属于连续性中级别最低的一种	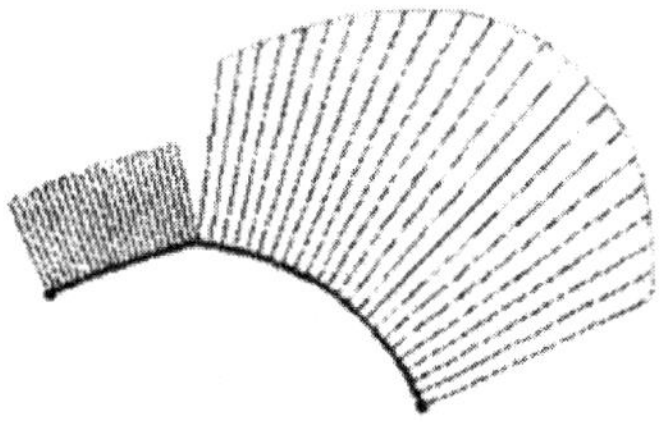	由于在曲线（面）之间产生尖点或折线，应尽量避免，不常用
G^1	描述：若两曲线（面）在公共连接点（线）处具有公共的切矢（切平面）或公共的曲线（面）的法线，则称它们在该处具有一阶几何连续性或 G^1 连续性 特点：它们不仅在连接处端点（线）重合，而且切线的方向一致。这种曲面共同相切于同一边界，连接表面不会有尖锐的连接接缝，但是两种表面在连接处曲率有跳跃，所以在视觉效果上仍然会有很明显的差异，会有一种表面中断的感觉	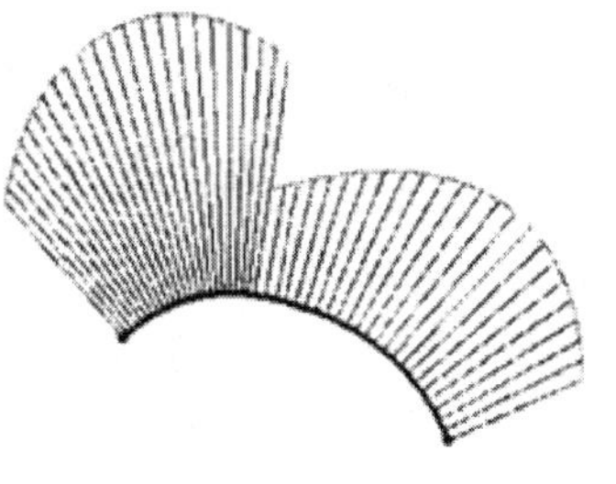	由于制作简单，容易成功，在某些地方非常实用。通常用倒角工具生成的过渡面都属于这种连续级别

续表

连续性	描述与特点	曲率梳图	使　用
G^2	描述:若两曲线(面)沿公共连接点(线)处具有公共的(法)曲率,则称它们在该处具有二阶几何连续性或 G^2 连续性 特点:它们不但符合上述两种连续性的特征,而且在共同相接的边界曲率相同。这种连续性的曲面没有尖锐接缝,也没有曲率的突变,视觉效果光滑流畅,没有突然中断的感觉	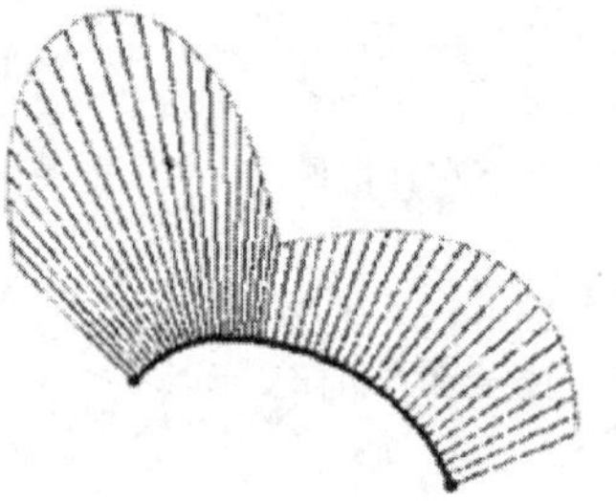	由于视觉效果非常好,是追求的目标。这种连续性的表面主要用于制作模型的主面和主要的过渡面、A 级曲面等要求较高的产品表面
G^3	描述:若两曲线(面)沿公共连接点(线)的曲率的变化率连续,则称它们在该处具有三阶几何连续性或 G^3 连续性 特点:这种连续级别不仅具有上述连续级别的特征,在接点处曲率的变化率也是连续的,这使得曲率的变化更加平滑。曲率的变化率可以用一个一次方程表示为一条直线。这种连续级别的表面有比 G^2 更流畅的视觉效果	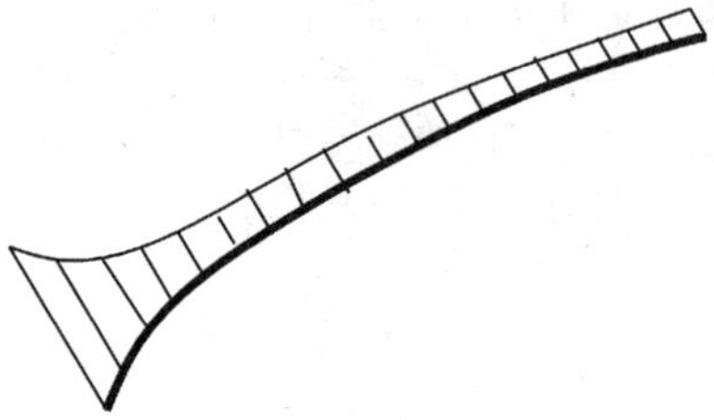	这种连续级别通常不使用,因为它们的视觉效果和 G^2 几乎相差无几,而且消耗更多的计算资源。这种连续级别的优点只有在制作像汽车车体这种大面积、为了得到完美的反光效果而要求表面曲率变化非常平滑时才会体现出来

图 31-4-16 所示为三种连续性的曲面连接对比,其中图 31-4-16（a）最外侧是 G^0 连续，中间是 G^2 连续，最里侧的是 G^1 连续。

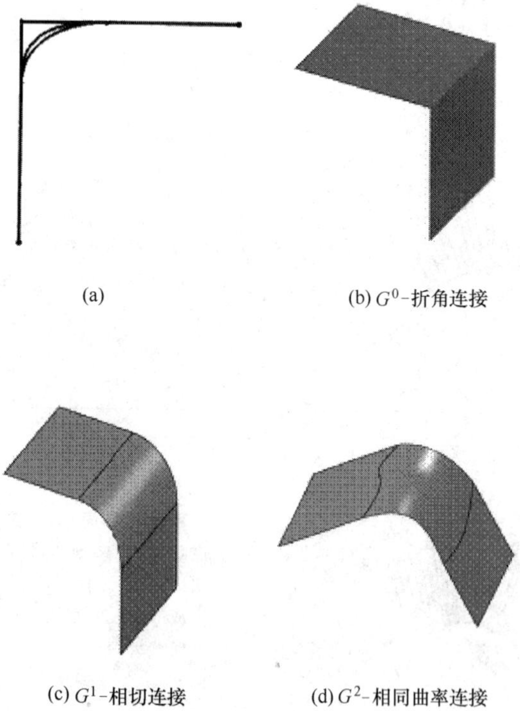

(a)　(b) G^0-折角连接

(c) G^1-相切连接　(d) G^2-相同曲率连接

图 31-4-16　三种连续性的曲面连接对比

4.6.3.2　曲线曲面的光顺性

什么样的曲线曲面是光顺的？直观上来看，直线、圆弧、平面、柱面和球面等简单几何形状是光顺的。如果一条曲线拐来拐去，有尖点或许多拐点，或一张曲面上有很多皱纹，凸凹不平，则认为这样的曲线和曲面是不光顺的。此外，在车身数学放样中，通常认为在插值于给定型值点的所有曲线和曲面中，通过这些型值点的弹性样条曲线或弹性薄板是最光顺的。但很难给光顺性下一个准确的定义。

此外，在不同的实际问题中，对光顺性的要求也不同，截至目前，对光顺性还没有一个统一的标准。

国外有学者曾经提出如下的光顺准则。

• 若一条曲线的曲率图由相对较少的单调段组成，则称为光顺的。

• 将对于曲率半径随弧长变化图的频度分析作为光顺性的某个度量，即占支配地位的频率越低，曲线就越光顺。

国内的学者，如苏步青教授、刘鼎元教授、施法中教授等认为应有如下准则。

• 二阶几何连续。

• 不存在奇点和多余拐点。

• 曲率变化较小。

• 应变能较小。

综上所述，对于曲线，光顺性有以下特点。

• 二阶参数连续。即所谓的 C^2 连续。

• 没有多余拐点。就是说不允许在不应该出现拐点的地方出现了拐点。如图 31-4-17 所示，其中图 31-4-17（a）无多余拐点，图 31-4-17（b）出现一个多余拐点。

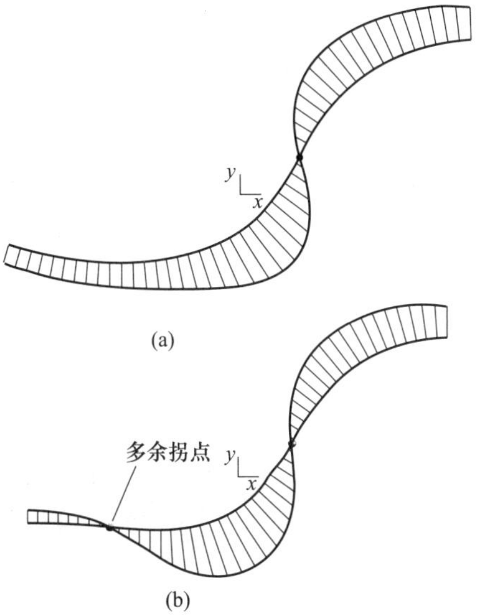

图 31-4-17　曲线的拐点

• 曲率变化较均匀：当曲线上的曲率出现大幅度改变时，尽管没有多余拐点，曲线仍不光顺，因此要求光顺后的曲率变化比较均匀。如图 31-4-18 所示，其中图 31-4-18（a）曲率变化均匀，图 31-4-18（b）曲率变化不均匀。

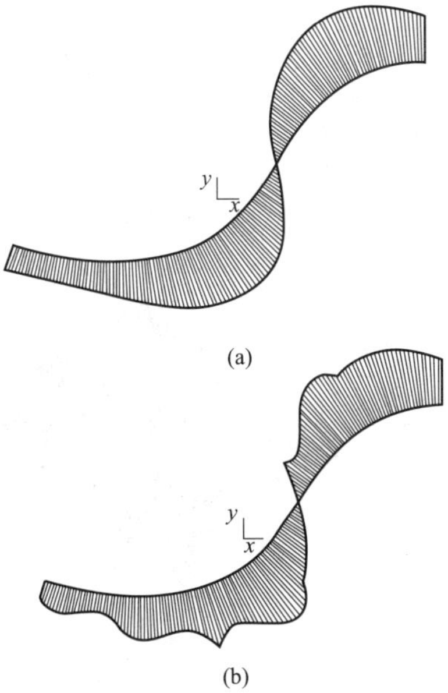

图 31-4-18　曲线的曲率变化

• 不存在多余变挠点。

• 挠率变化比较均匀。

对于曲面，通常依据曲面上的关键曲线以及曲面曲率的变化是否均匀来判断：

• 关键曲线（如骨架线）光顺。如图 31-4-19 所示，其中图 31-4-19（a）关键曲线光顺，图 31-4-19（b）关键曲线不光顺。

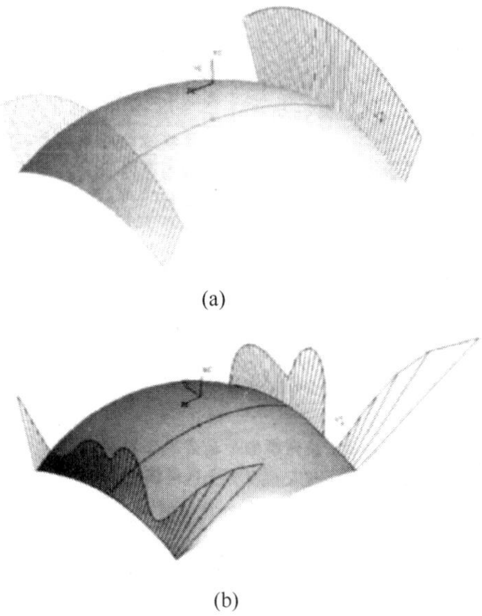

图 31-4-19　曲面关键曲线的光顺

• 网格线无多余拐点及变挠点。

• 主曲率在节点处的跃度（曲率的跳跃）足够小。

• 高斯曲率变化均匀。如图 31-4-20 所示，其中图 31-4-20（a）高斯曲率变化均匀，图 31-4-20（b）高斯曲率变化不均匀。

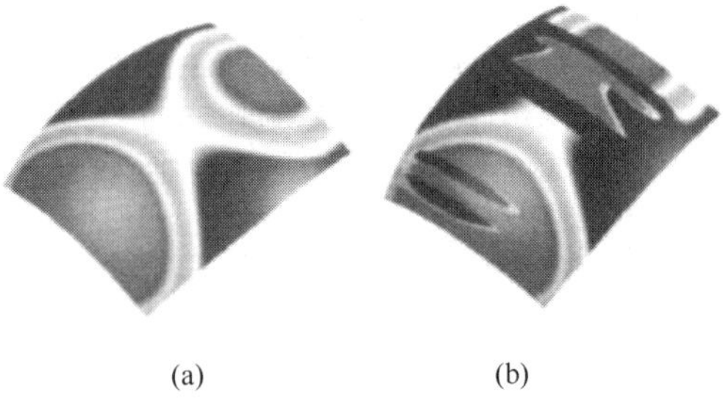

图 31-4-20　曲面高斯曲率变化

4.6.4　模型精度分析与评价

在逆向设计后期，应对构建的 CAD 模型进行精度分析与评价，评价指标分为整体指标和局部指标。整体指标指的是实物或模型总体性质，如整体几何尺寸、体积、面积（表面积）以及几何特征间的几何约束关系，如孔、槽之间的尺寸和定位关系；局部指标指的是曲面片与实物对应曲面的偏离程度；量化指标指精度的数值大小，非量化指标主要用于曲面模型的评价，如表面的光顺性等，主要通过曲面的高斯曲率分布、光照效果、法矢和主曲率图检验光顺效果，并参照人的感官评价。

对规则的几何产品，采用整体指标进行精度评价比较适宜，而且也易于实现。但对由自由曲面组合而成的具有复杂几何外形的产品，其曲面之间的约束关系难以确定，只能采取局部评价指标，包括量化和非量化指标。

4.6.4.1　基于曲率的方法

曲率分析是曲线和曲面分析的一个最重要的工具，该方法可以获取有关曲线或曲面总体或局部的曲率信息，可以识别出导致出现波动或凹凸的区域，找到曲率的极大或极小值的分布、曲线（面）与相邻曲线（面）的连续性等信息。利用曲率对光顺性进行分析的方法见表 31-4-4。

表 31-4-4　　基于曲率的曲面分析方法

曲率的颜色映射	曲率的颜色映射就是把曲面上每一点处的曲率值用颜色和亮度信息直观地表示出来。图示为在 Pro/E 上的以不同颜色显示各点的着色曲率 图(a)为高斯曲率，光谱的红端颜色为最小高斯曲率，光谱的蓝端颜色为最大高斯曲率 高斯曲率也称全曲率，用来显示曲面上每点的最小和最大法向曲率的乘积。高斯曲率的特点是：当法矢 n 改变方向时，主曲率 k_1、k_2 同时改变符号，而高斯曲率不受影响。因此，对于柱面和平面等这样的具有固定曲率的模型，其高斯曲率为 0，其他曲面的高斯曲率具有正、负和 0 值 图(b)为曲面上每点的最大法向曲率，其中光谱的红端颜色为最大的最大法向曲率，光谱的蓝端颜色为最小的最大法向曲率 图(c)为截面曲率，其中光谱的红端颜色为最大截面曲率，光谱的蓝端颜色为最小截面曲率 截面曲率是用色彩显示零件平行于参考平面的横截面切口曲率，分析某方向上截面的曲率分布，即使用与参考平面平行的平面截取曲面，所显示的每一个截面曲线的曲率就是截面曲率。对于同一个曲面，选择不同的参考平面，截面曲率的计算结果也不同 从曲率线的形状与分布、彩色光栅图像的明暗区域及变化，可直观地了解曲面的光顺情况。若整张曲面的颜色比较一致，则曲面的曲率变化较为连续，光顺性较好	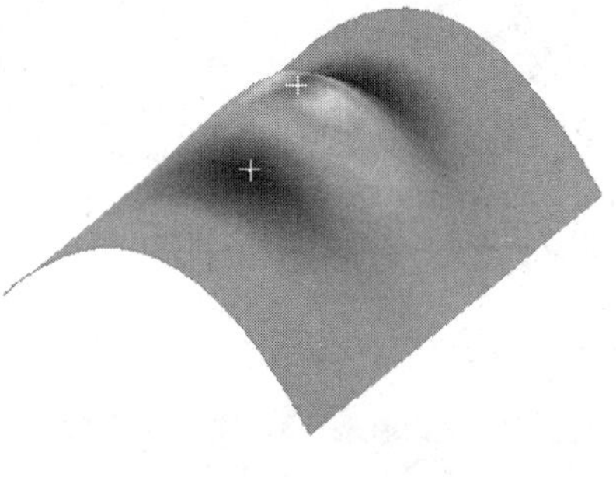 图(a)　高斯曲率 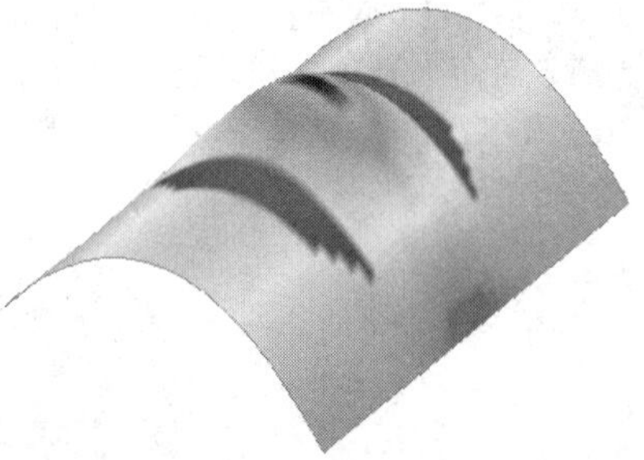 图(b)　最大法向曲率 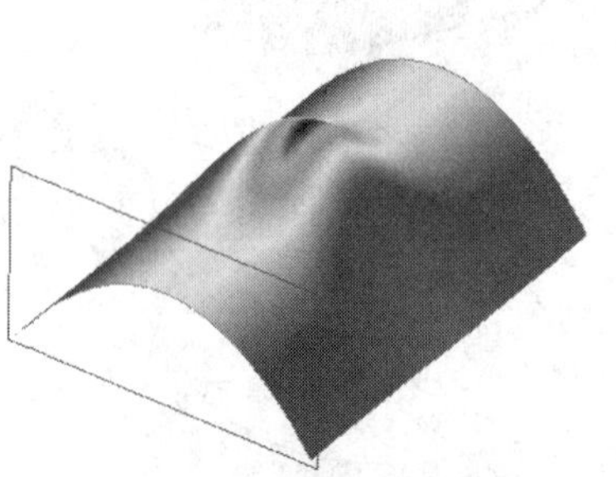 图(c)　截面曲率

续表

曲率梳(子)图	对曲线而言,三维工程软件系统中的曲线曲面造型功能中,一般都提供曲线曲率数值的形象化表示,通常称为曲率梳图(curvature comb)。通过它可以直观地评价曲线的光顺情况,以便通过调整控制顶点手工修改,有些商业软件提供曲线自动光顺功能,但只能在小范围内进行自动光顺处理,作用极其有限 如图(d)所示为用一组平行平面去截给定的曲面时,截交线的曲率变化。在每一条截交线上,画出表示曲率半径变化趋向的直线段。若截交线的曲率半径变化比较均匀,则曲面比较光顺。也可用以正交线方式显示曲面上的法向曲率大小来进行双向曲率分析,见图(e)。图(f)为对曲面的边界曲率进行检查	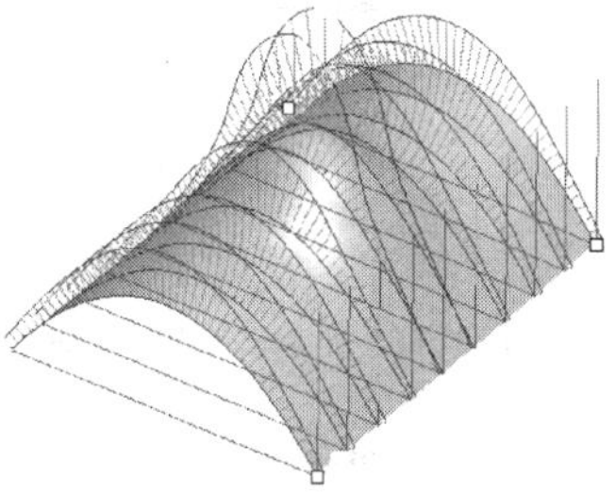 图(d)　截面曲率 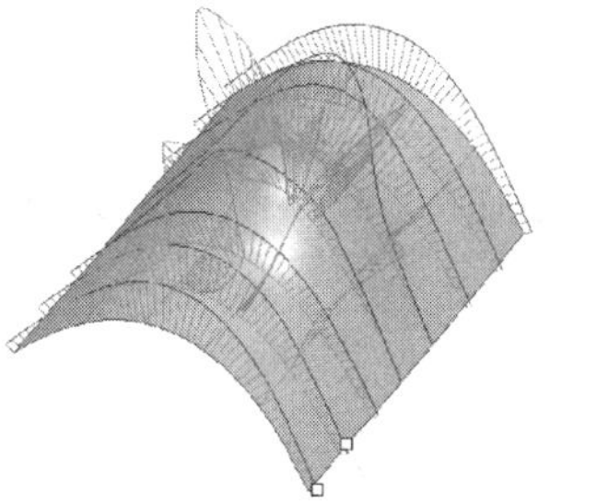 图(e)　双向曲率 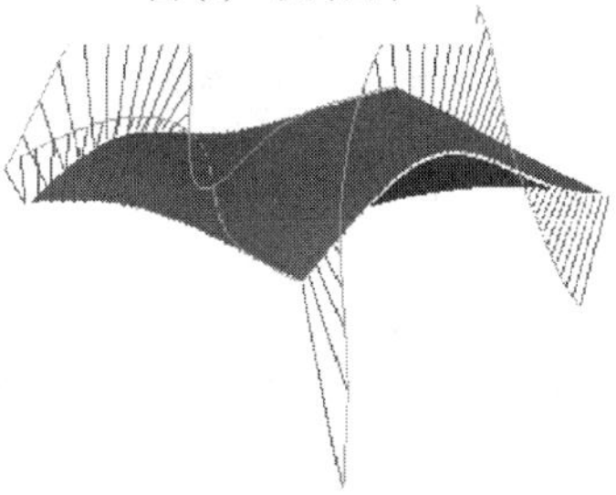 图(f)　边界曲率

4.6.4.2　基于光照模型的方法

曲面品质分析方法主要是分析曲面的光顺性，尽管可以通过曲面的曲率变化来评价光顺效果，但一般情况下并无具体的曲率值作为依据，因此仅用曲率轮廓图检查对于评估曲面质量是不够的。多数场合，还是以光作为媒介，采用光照模型方法，通过人的眼光来判断曲面是否光顺。

在汽车工业中，通常采用平行光照射的方法来检查车身曲面是否光顺。基于光照模型的方法是对这一过程的模仿，它比较直观，主要反映曲面法矢的变化情况。通过这种检查可以从总体上了解和把握曲面的光顺美感和造型风格等信息，常用的几种方法见表 31-4-5。

4.6.4.3　任意点到曲面的距离

逆向设计中，可以用一系列采样点来描述实物样件，即通过模型重建技术将实物样件转换为三维数字化模型。因此，实物样件与模型曲面之间的误差，可以通过采样点与模型曲面之间的误差表示。模型与实物的比较问题可转换为采样点到曲面的距离，其精度指标可以采用最大距离、平均距离和距离误差估计等距离指标表示。对组合曲面可以分别计算各个子曲面的距离指标，而且采样点不必选择所有测量数据点，只需从测量点集中选取一些点作为计算参考点。当采样参考点到模型曲面的距离指标的最大值不超过给定的阈值，则可认为重建模型是合格的。

表 31-4-5　　**基于光照模型常用的几种方法**

光照模型的方法	说明	
反射线法	原理:反射线法是应用最为成熟的一种曲面分析方法。此功能可以建立一组平行直线光源,使其从一个特殊方向观看时,光源照射时曲面所反射的曲线 如图所示,V 是一固定视点,$L_i(t)$ 是一组平行光源,$\boldsymbol{B}$ 为光源的方向矢量,对于参数曲面 $S(u,v)$,$\boldsymbol{n}(u,v)$ 为曲面的单位法矢量,反射线由曲面上的一组点 P 组成,点 P 在曲面上的法线方向 $\boldsymbol{n}$ 分别与点 P 到光源的矢量 $\boldsymbol{R}$ 和与视点 V 所成角度相等 反射线的存在性与视点的方位有关,必须选择合理的视点,才能保证反射线的唯一性,并能够投影到曲面上	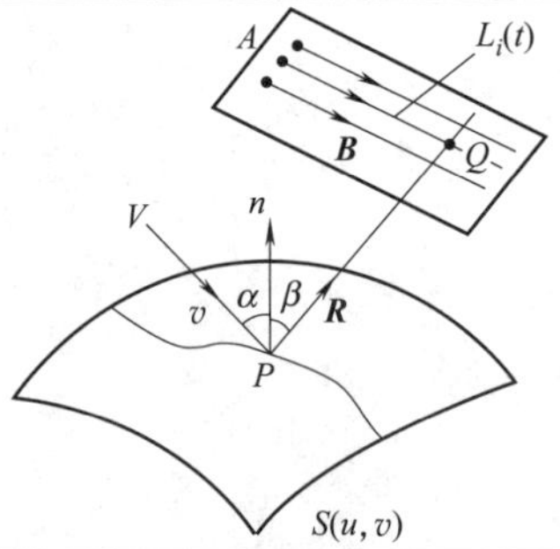
	特点与应用:通常,检查曲面上的细微缺陷可以通过反射线的不规则扭曲反映出来;同时它也可以用于检查曲面的连续性,反射线的连续性比对应的曲面的连续性降低一阶。如果曲面是 G^i 连续的,则反射线 $G^{(i-1)}$ 连续 G^0 的反射线在每个表面上产生一次反射,反射线呈间断分布 G^1 的反射线将产生一次完整的表面反射,反射线连续但呈扭曲状 G^2 的反射线将产生横过所有边界的完整的和光滑的反射线 反射线比较规则,分布较均匀,则曲面的光顺性比较好,反之则光顺性较差;如果两相邻曲面上的反射线断开,则该两曲面最多点连续;如反射线有尖点,则曲面切矢连续;如反射线光滑过渡,则两曲面曲率连续 反射线法虽然得到广泛的应用,但其受视点的影响,反射线法的效果在很大程度上取决于视点的选择和检查人员的经验水平	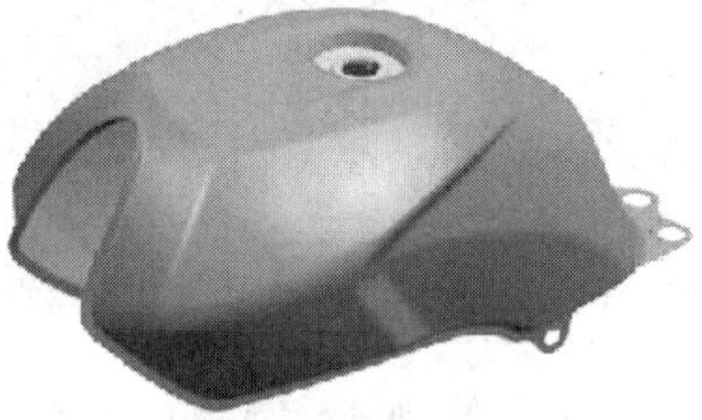 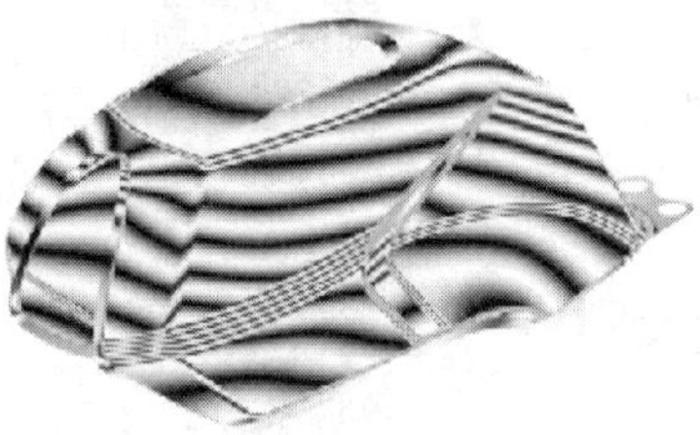 摩托车油箱反射条纹检查
等照度线法	原理:等照度线由曲面上具有相同光照度的点集合所形成的曲线称为等照度线。等照度线是一种等距离的条纹,观察此条纹在曲面上的反射情况,可以了解曲面的状态与品质 等照度线的构成原理如图所示,入射光是一组平行光源,平行光线的方向矢量为 $\boldsymbol{l}$,$\boldsymbol{n}(u,v)$ 为平行光线与参数曲面 $S(u,v)$ 交点 P 处的法向矢量。用平行光线的方向矢量与对应法向矢量的夹角来标定光照度的话,等照度线上的点 P 满足 $(\boldsymbol{l},\boldsymbol{n}(u,v))=\cos\alpha=\text{const}$ 等照度线为所有点 P 的轨迹,取不同的 α 值可以建立一系列的等照度线	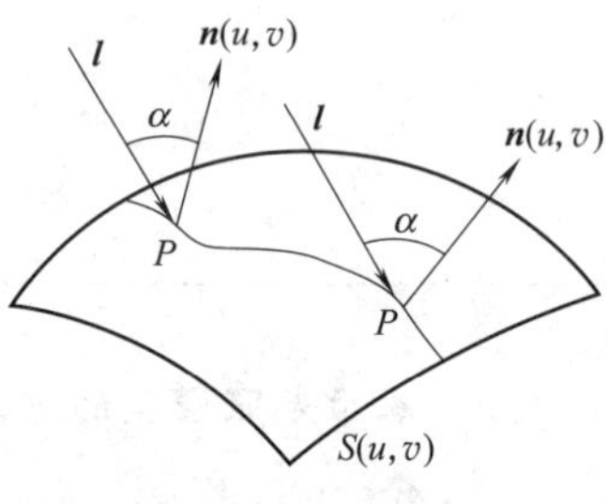
	特点与应用:可以根据等照度线的走向和分布来分析曲面的光顺性,检查曲面的连续性。与反射线法一样,等照度线的连续次数比曲面连续次数小1次。若等照度线连续且分布均匀,则被检曲面的光顺程度高,如果相邻曲面上的等照度线是光滑过渡的,则这些曲面之间满足曲率连续。另外,等照度线的形状也反映了曲面形状的变化,如在球面上,等照度线为圆形 由于平行光线的方向矢量 $\boldsymbol{l}$ 是固定的,因此等照度线不受视点的影响,是对反射线法的一种改进。应该看到,如果曲面是一个平面,则其法向固定不变,从而导致平面上的所有点都成为交点,等照度线失去唯一性,因此等照度线不适用于平面或几乎是平面的情况	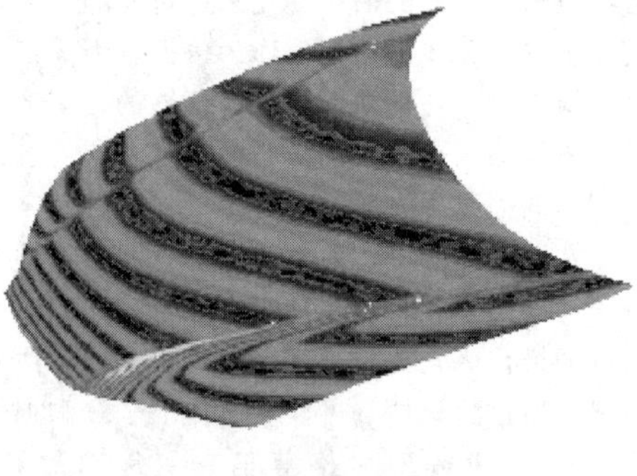 发动机罩等照度线分析效果

续表

光照模型的方法	说　明	
高光线（高亮线）法	原理：高光线法是一种简化的反射线法，取消了视点。简化原理如下：如果取入射线、反射线和法向量重合，则反射线简化为高亮线。其实质就是使得通过高亮线的法向直线与平行光线的垂直距离等于零。如图所示，参数曲面 $S(u,v)$ 上点 P 处的法向矢量为 $\boldsymbol{n}$，平行光线为 $L_i(t)=A_i+Bt$，过点 P 的法向直线为 $E(t)=P+\boldsymbol{n}(u,v)t$，两直线之间的垂直距离可表示为 $d(u,v)=\|(B\times\boldsymbol{n})\times(A_i-P)\|/\|(B\times\boldsymbol{n})\|$ 根据高亮线的定义，取 $d=0$，则对于确定的 $L_i(t)$ 和 $S(u,v)$ 可以解得一系列的点 P 组成高亮线，不同的 A_i 可以确定一系列的高亮线	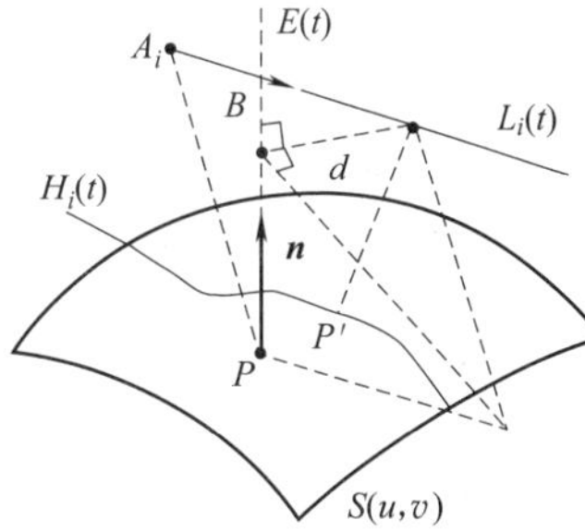
	特点与应用：高光线是曲面上一些点的集合，这些点的法矢和光线的垂直距离等于零，它可以通过计算等高线获得，具有较快的速度，是一种有效的、适用于实时曲面品质评价方法，可用于检查曲面的连续性和凹凸性。高光对曲面上点的法矢方向的变化十分敏感。轮廓图的杂乱无章表明曲面上相应区域内曲率分布不均。与反射线法一样，如果高亮线是 $G^{(i-1)}$ 连续的，则对应曲面 G^i 连续	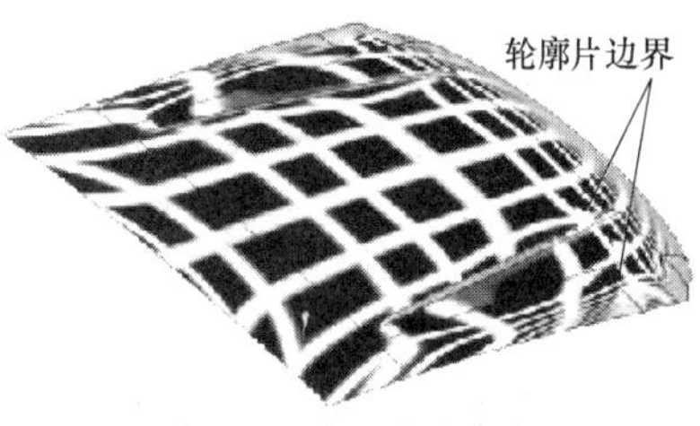 发动机罩的高光线检查效果
真实感图形	借助于先进的图形绘制技术，通过光源设置、材质性能、透明处理和背景搭配等技巧渲染出真实感图形（彩色光照图），使其对曲面的形状有一个非常直观的了解。但通常彩色光照图显示并不十分有效，因为光照图显示的目的是得到高质量的图像，并不能完全显示出产品的曲面质量	 车体真实感渲染图形

(1) 点到平面的最短距离

已知一点和平面 K_n，见图 31-4-21，$\boldsymbol{n}$ 为坐标原点到平面的单位法矢，$\boldsymbol{P}$ 是 $\boldsymbol{Q}$ 到平面的最近点，即 $\boldsymbol{D}_{\min}=|\boldsymbol{P}-\boldsymbol{Q}|$，此时 $\boldsymbol{P}$ 必须满足

$$(\boldsymbol{P}-\boldsymbol{Q})\times\boldsymbol{n}=0 \quad (31\text{-}4\text{-}84)$$

这样 $(\boldsymbol{P}-\boldsymbol{Q})$ 平行于 $\boldsymbol{n}$，且 $\boldsymbol{P}$ 满足平面方程

$$Ax+By+Cz+D=0 \quad (31\text{-}4\text{-}85)$$

也可以写成　$(\boldsymbol{P}-\boldsymbol{Q})\times(\boldsymbol{P}-\boldsymbol{K}_n)=0$

(2) 点到曲面间的最短距离

令点 $\boldsymbol{Q}$ 到曲面 $\boldsymbol{r}(u,v)$ 的最近的点是 $\boldsymbol{P}(u,v)$，则在点 $\boldsymbol{P}(u,v)$ 的邻域内有 $\boldsymbol{D}_{\min}=|\boldsymbol{P}-\boldsymbol{Q}|$，矢量 $(\boldsymbol{P}-\boldsymbol{Q})$ 必须与曲面在 $\boldsymbol{P}(u,v)$ 的法矢方向相同，如图 31-4-22 所示。因而，点到曲面的最短距离问题可以转化为计算点在参数曲面 $\boldsymbol{r}(u,v)$ 上的投影，投影方向为曲面的法矢。一般地，空间任意点在曲面的投影可以表示为

$$\boldsymbol{Q}-\boldsymbol{P}=R\ \frac{\boldsymbol{r}_u\times\boldsymbol{r}_v}{|\boldsymbol{r}_u\times\boldsymbol{r}_v|} \quad (31\text{-}4\text{-}86)$$

式中，$\boldsymbol{P}$ 为 $\boldsymbol{Q}$ 在曲面上的投影；R 为点 $\boldsymbol{Q}$ 到曲面 $\boldsymbol{r}(u,v)$ 的最短距离；$\boldsymbol{r}_u=\frac{\partial \boldsymbol{r}}{\partial u}$、$\boldsymbol{r}_v=\frac{\partial \boldsymbol{r}}{\partial v}$ 为参数曲面的偏导数。

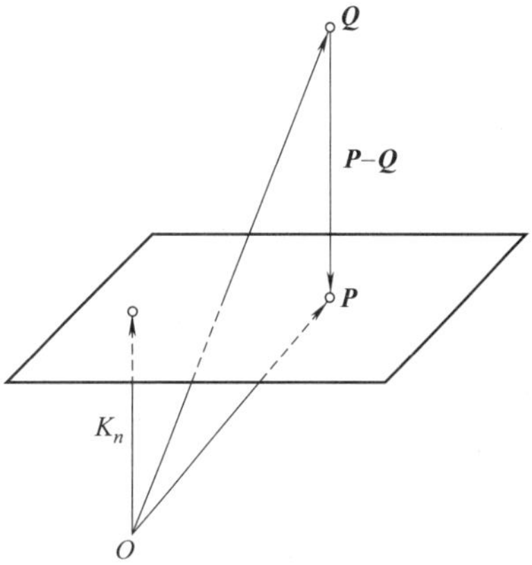

图 31-4-21　点到平面的最短距离

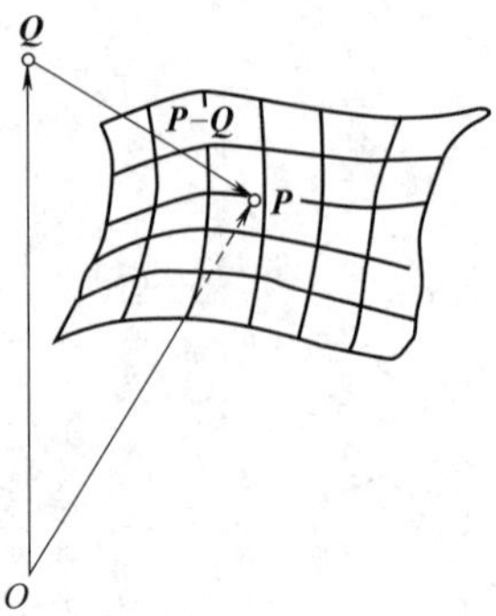

图 31-4-22 点到曲面的最短距离

对于复杂曲面来说，方程式（31-4-86）为高次非线性方程，通常可用 Newton-Rephson 迭代法求解，但 Newton-Rephson 法对初值要求严格，初值选取不当，会导致计算发散；同时 Newton-Rephson 法比较费时，实践中不是理想的方法。在工程中为了避免解线性方程组，常采用几何分割的方法，将曲面离散成一系列平面片组成的多面体，然后计算点到各个平面片的距离，取其中的最小值为要求的最短距离。这种方法的计算精度与曲面的离散程度成正比，要得到较高的精度，就必须离散出更多的曲面片，但计算速度也随之下降了。

用距离作为判定指标，实践中距离分析的对象可以是两组几何元素，如曲面与曲面、曲线与曲面、点（云）与曲面、曲线与曲线、点（云）与曲线等，同时距离可以是法向距离，也可以是沿某一坐标轴方向的距离。如图 31-4-23 所示为曲面与曲面的法向距离，图 31-4-24 所示为曲线与曲面的 Z 向距离，图31-4-25 所示为点（云）与曲面的 Z 向距离。

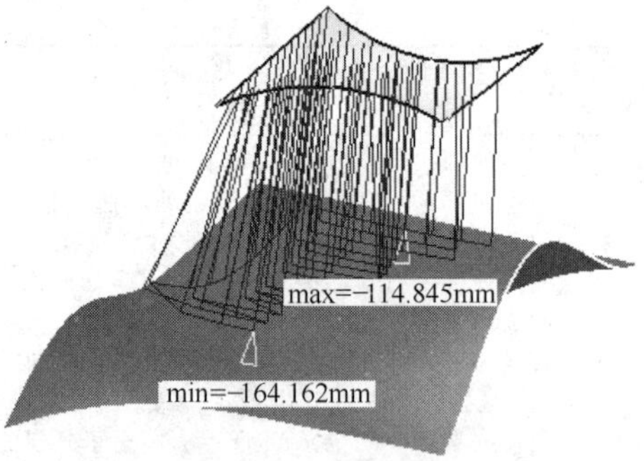

图 31-4-23 曲面与曲面的法向距离

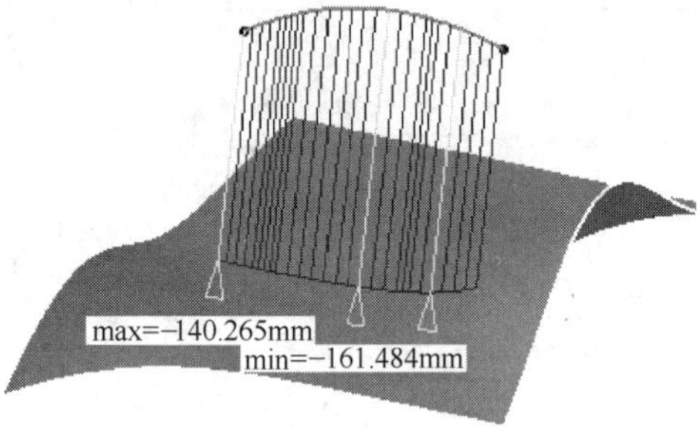

图 31-4-24 曲线与曲面的 Z 向距离

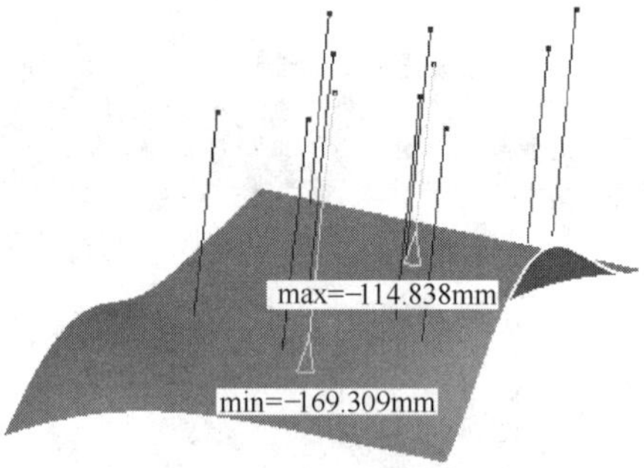

图 31-4-25 点（云）与曲面的 Z 向距离

第31篇

第 5 章　常用逆向工程设计软件

5.1　逆向工程设计软件简介

逆向设计是以实物原型为基础，通过测量测绘、扫描等手段得到实物的相关数据，再运用软件的 CAD 功能，从而对产品进行复制或创新设计。逆向工程软件能直接接收来自测量设备的产品数据，通过必要的编辑和功能处理，生成复杂的三维曲线或曲面原型，匹配上标准数据格式后，将这些曲线、曲面数据传输到合适的 CAD/CAM 系统中，经过反复修改完成最终的产品造型。

在逆向工程应用初期，由于没有专用的逆向工程设计软件，只能选择一些正向的 CAD/CAM 系统来完成模型的重建。由于逆向设计的特点，正向的 CAD/CAM 软件已不能满足快速、便捷、正确地进行模型重建的需要。后来，为满足复杂曲面重建的要求，一些软件商如 PTC、CATIA 等，在其传统 CAD 系统里集成了逆向造型模块。而伴随着逆向工程及其相关技术理论研究的深入进行及其成果商业应用的广泛开展，大量的商业化专用逆向工程 CAD 建模系统日益涌现。当前，市场上提供了专业逆向建模功能的系统达几十种，较具代表性的有 UG 公司的 Imageware、Geomagic 公司的 Geomagic Warp、Geomagic Design X、Geomagic Design Control、PTC 公司的 ICEM Surf、DELCAM 公司的 CopyCAD 软件以及浙江大学的 RE-Soft 系统等。

（1）逆向设计模块

它是在现有商品化三维设计软件的基础上，针对逆向设计特点，集成了相应的处理模块。如 Creo 中的扫描工具（scan tools）、重新造型（restyle）、小平面特征（facet feature），CATIA 中的数字化外形编辑器（digitized shape editor）、快速曲面重建（quick surface reconstruction），UG NX 中的 UG 逆向工程（UG/In-shape）。这些逆向设计模块为整体系列软件产品中的一部分，无论数据模型还是几何引擎均与系列产品中的其他组件保持一致。这样做的好处是利用其逆向模块构建的模型可以直接进入该软件 CAD 或 CAM 模块中，实现了数据的无缝集成，自动化程度比较高，方便了用户。但这类集成的模块与专业逆向设计软件相比，其功能不够强大，在点云质量不高和细节特征较多时，不能较好地完成任务，在根据特征划分点云和数据处理方面还有待改进，人工控制能力也有待加强。

（2）专业逆向设计软件

除了集成在现有三维 CAD 软件上的逆向设计模块外，已有专门的商业化逆向设计软件，其中具有代表性的有 Imageware、Geomagic 系列软件等。这类软件专业性强、功能强大、操作方便，特别是对于海量点云的数据处理能力要远远强于逆向设计模块。从复杂的曲面造型功能上讲，目前流行的逆向工程软件尚难与主流 CAD/CAM 系统软件抗衡，但作为重要的曲线、曲面造型的数据管道，越来越多的逆向工程软件被选作这些 CAD/CAM 系统的第三方软件。目前，虽然商用的逆向工程软件类型很多，但是在实际设计中，专门的逆向工程设计软件还存在着较大的局限性。例如，Imageware 软件在读取点云等数据时，系统工作速度较快，能较容易地进行海量点数据的处理；但进行面拟合时，Imageware 所提供的工具及面的质量却不如其他 CAD 软件如 Creo、NX 等。

根据造型方式的不同，逆向设计的技术路线可以分为“正向”和“逆向”两种技术路线。采用“正向”技术路线的基本步骤是点→线→面，特点是测量密度较小，速度较慢。其测量方式为接触式测量，适用对象是柔性多配合产品。若采用“正向”技术路线，推荐使用的逆向工程软件即为 Creo 或 CATIA 等正向的软件。采用“逆向”技术路线的基本步骤是点→多边形→面，特点是测量密度大，速度快。其测量方式多为非接触式扫描测量，适用对象是刚性非配合产品。若采用“逆向”技术路线，则推荐使用的逆向工程软件为 Imageware 或 Geomagic 等逆向造型软件。在具体逆向设计中，一般采用几种软件配套使用、取长补短的方式。为此，在实际建模过程中，建模人员往往采用“正向”+“逆向”的建模模式，即在正向 CAD 软件的基础上，配备专用的逆向造型软件，如 Imageware、Geomagic 等。在逆向软件中先构建出模型的特征线，而后把这些线导入正向 CAD 系统中，由正向 CAD 系统来完成曲面的重建。

5.2　Geomagic Wrap 软件

5.2.1　软件介绍

Geomagic Wrap 是 Geomagic 公司的 3D 模型数据

转换应用工具，提供了强大的工具箱，包含了点云和多边形编辑功能以及强大的造面工具，可根据任何实物零部件通过扫描点云自动生成准确的数字模型，具有许多亮点，如UV调整工具、折角选择功能、DXF雕刻工具、特征UV绘图工具、纹理面尺寸工具、点云-多边形展开功能，强大而专业的功能可以让用户在几分钟内完成三维扫描、三角网格处理、曲面创建等工作流程，能够以易用、低成本、快速而精确的方式帮助从点云过渡到可立即用于下游工程、制造、艺术和工业设计等的3D多边形和曲面模型。

5.2.2 工作流程

Geomagic Wrap软件中完成一个NURBS曲面的建模需要三个阶段的操作，分别为点阶段、多边形阶段、曲面阶段（包含形状模块/制作模块）。点阶段的主要作用是对导入的点云数据进行预处理，将其处理为整齐、有序及可提高处理效率的点云数据。多边形阶段的主要作用是对多边形网格数据进行表面光顺与优化处理，以获得光顺、完整的三角面片网格，并消除错误的三角面片，提高后续的曲面重建质量。曲面阶段分为两个模块：形状模块和制作模块。形状模块的主要作用是获得整齐的划分网格，从而拟合成光顺的曲面；制作模块的主要作用是分析设计目的，根据原创设计思路对各曲面进行定义曲面特征类型并拟合成准CAD曲面。图31-5-1表示Geomagic Wrap软件的主要工作流程。

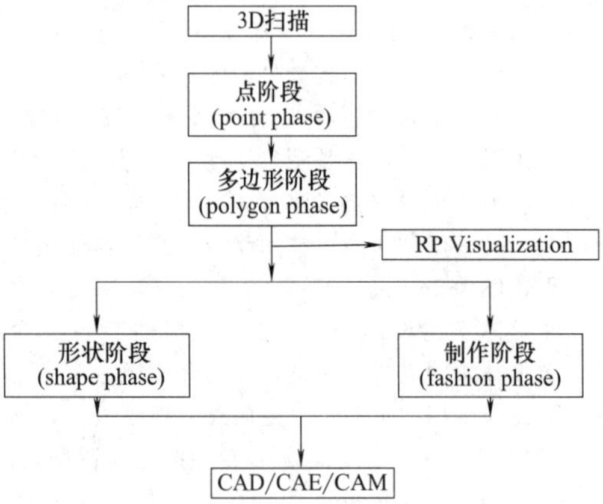

图31-5-1 Geomagic Wrap软件的主要工作流程

5.2.3 基本功能

点阶段是从硬件设备获取点云后进行一系列的技术处理，从而得到一个完整而理想的点云数据，并封装成可用多边形数据模型。其主要思路：首先根据需要对导入点云数据进行合并点对象处理，生成一个完整的点云；通过着色处理来更好地显示点云；然后进行去除非连接项、去除体外孤点、减少噪声、统一采样、封装等技术操作。

多边形阶段是在点云数据封装后进行一系列的技术处理，从而得到一个完整的理想多边形数据模型，为多边形高阶段的处理以及曲面的拟合打下基础。其主要思路是：首先根据封装多边形数据进行流形操作，再进行填充孔处理；去除凸起或多余特征，将多边形用砂纸打磨光滑，对多边形模型进行松弛操作；然后修复相交区域去除不规则三角形数据，编辑各处边界，进行创建或者拟合孔等技术操作。必要的时候还需要进行锐化处理，并将模型的基本几何形状拟合到平面或者圆柱，对边界的延伸或者投影到某一平面，还可以进行平面截面以得到规整的多边形模型。

曲面阶段/形状模块是从多边形阶段转换后进行一系列的技术处理，从而得到一个理想的曲面模型。其主要思路是：①进行轮廓线技术处理，探测轮廓线、编辑轮廓线、探测曲率、移动曲率线、细分/延伸轮廓线、编辑/延伸、升级/约束、松弛轮廓线、自动拟合曲面；②进行曲面片处理，构造曲面片、松弛曲面片、编辑曲面片、移动曲面片、移动面板、压缩曲面片层、修理曲面片、绘制曲面片布局图；③进行格栅处理，构造格栅、指定尖角轮廓线；④完成NURBS曲面的处理，进行拟合曲面、合并曲面、删除曲面、3D比较等技术处理；⑤得到理想的NURBS曲面，以IGES格式文件输出到其他系统。

曲面阶段/制作模块是根据多边形阶段下的三角形网格曲面进一步生成NURBS曲面，其主要思路是：首先，根据曲面表面的曲率变化生成轮廓线，并对轮廓线进行编辑达到理想效果，通过轮廓线的划分将整个模型分为多个曲面；其次，根据轮廓线进行延伸并编辑，通过对轮廓线的延伸完成各个曲面之间的连接部分；最后，对各个曲面进行定义，并拟合各个曲面及曲面之间的连接部分。

5.2.4 主要数据处理模块

Geomagic Wrap主要数据处理模块如表31-5-1所示。

5.2.5 主要特点

① 提供快速并易于使用的解决方案，将自动智能工具可视化和转化点云数据到可用的3D模型。支持应用最多的非接触3D扫描和探针接触式设备。

② 基于3D扫描数据进行点云编辑并快速创建精确的多边形模型。

③ 强大的重分格栅工具从杂乱的扫描数据中创建整齐的多边形模型。

表 31-5-1　Geomagic Wrap 主要数据处理模块

模块	作　用	功　　能
基础模块	为软件操作人员提供基础的操作环境	文件存取、显示控制及数据结构
点处理模块	对导入的点云数据进行预处理，将其处理为整齐、有序以及可提高处理效率的点云数据	• 导入点云数据 • 选择体外孤点、非连接项、减少噪点、删除点云 • 对点云数据进行曲率、等距、统一或者随机采样 • 添加点、偏移点 • 由点云创建曲线，并可对曲线进行编辑、分裂/合并、摘选、拟合、投影、转为边界等处理 • 对点云三角面片网格化封装
多边形处理模块	对多边形网格数据进行表面光顺与优化处理，以获得光顺、完整的三角面片网格，并消除错误的三角面片，提高后续的曲面重建质量	• 清除、删除钉状物，减少噪点以光顺三角网格 • 细化或者简化三角面片数目 • 加厚、抽壳、偏移三角网格 • 填充内、外部孔或者拟合孔，并清除不需要的特征 • 合并/平均多边形对象，并进行布尔运算 • 锐化曲面之间的连接，形成角度 • 选择系统平面或者生成的对象曲面对模型进行截面运算 • 手动雕刻曲面或者加载图片在模型表面形成浮雕 • 打开或封闭流形，增强表面啮合 • 创建边界，并可对边界进行伸直、增加/减少控制点、松弛、延伸、细分、投影、创建对象等处理 • 修复相交区域，消除重叠的三角形
形状模块	实现数据分割与曲面重构，通过获得整齐的划分网格，从而拟合出光顺的曲面	• 自动拟合曲面 • 探测轮廓线，并对轮廓线进行绘制、松弛、收缩、合并、细分、延伸等处理 • 探测曲率线，并对曲率线进行移动、设置级别、升级/约束等处理 • 构造曲面片，并对曲面片进行移动、松弛、修理等处理 • 定义面板类型，均匀化铺曲面片 • 构造栅格，并可对栅格进行松弛、编辑、简化等处理 • 拟合 NURBS 曲面，并可修改 NURBS 曲面片层、表面张力 • 对曲面进行松弛、合并、删除等处理
制作模块	通过定义曲面特征类型并拟合成准 CAD 曲面	• 探测轮廓线，并对轮廓线进行绘制、松弛、收缩、合并、细分、延伸等处理 • 统一或自适应方式对轮廓线进行延伸，并对延伸线进行编辑 • 根据划分的曲面分类为平面、圆柱、圆锥、球、伸展、拔模伸展、旋转、自由曲面类型 • 拟合初级曲面 • 拟合连接 • 对初级曲面的修剪或者未修剪曲面进行偏差等分析，对不符合要求的曲面重新进行构建 • 创建 NURBS 曲面，并可输出整个模型、未修剪初级曲面、已修剪初级曲面或者剖面曲线
参数转换模块	将定义的曲面数据送到其他 CAD 软件中进行参数化修改	• 选择数据交换对象 • 选择数据交换类型：曲面、实体、草图 • 将数据添加至当前活动的 CAD 零件文件或者将数据添加至新的 CAD 零件文件 • 选择曲面数据发送至 CAD 软件环境

④ 用于孔填充、平滑化、修补和不透水模型创建的多边形编辑工具。

⑤ 立即使用来自 Geomagic Wrap 的数据进行 3D 打印、快速成型和制造。

⑥ 扩展的精确曲面创建工具提高了曲面质量和布局的控制，并实现了对 NURBS 补丁布局、曲面质量和连续性的完全控制。

⑦ 在 KeyShot 中快速完成数据渲染，使设计作品拥有令人惊叹的照片般的视觉效果。

⑧ 从扫描数据应用程序的多边形设计主体中提取曲线和硬质要素。

⑨ 强大的脚本工具能够对 Wrap 现有功能进行极大地扩展并实现程序的完全自动化。

⑩ 使用简单、全面的精确曲面创建界面将模型的精确曲面创建导入到 NURBS 中。

5.3 Geomagic Design X 软件

5.3.1 软件介绍

Geomagic Design X 及其前身 Rapidform XOR 具有强大的逆向建模功能，已得到广泛应用。Geomagic Design X 提供了一个全新的又为大家所熟悉的建模过程，它不仅支持所有逆向工程的工作流程，而且创建模型的设计界面和过程与主流 CAD 应用程序相似，用 SolidWorks、CATIA、Creo 或 NX 等进行设计工作的工程师，可以直接使用 Geomagic Design X 进行建模设计。Geomagic Design X 不仅拥有参数化实体建模的能力，还拥有 NURBS 曲面拟合能力，能够利用这两种能力共同创建有规则特征及自由曲面特征的 CAD 模型。

5.3.2 工作流程

Geomagic Design X 软件的主要工作流程如图31-5-2所示。

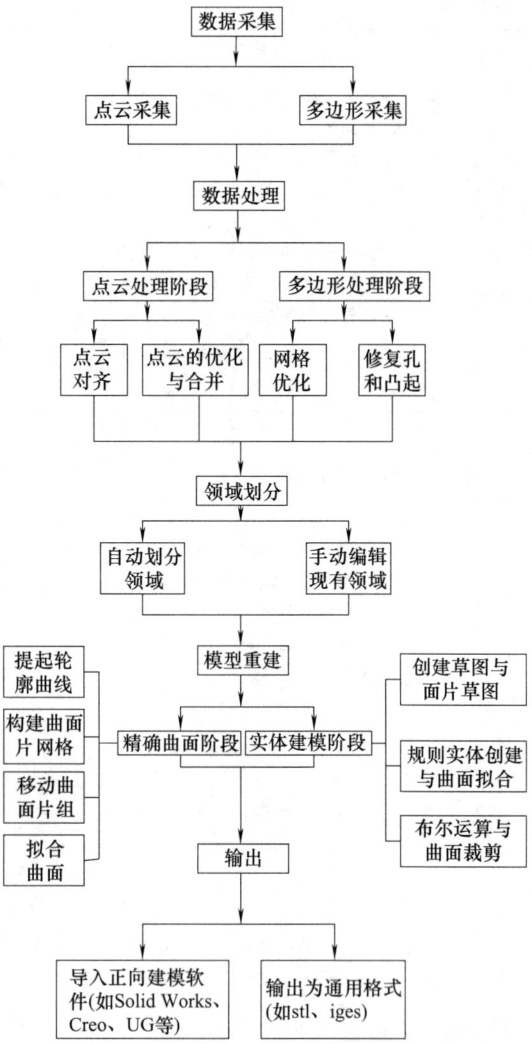

图 31-5-2 Geomagic Design X 软件的主要工作流程

Geomagic Design X 逆向设计的基本原理是对直接的三维扫描数据（包括点云或多边形，可以是完整的或不完整的）进行处理后生成面片，再对面片进行领域划分，依据所划分的领域重建 CAD 模型或 NURBS 曲面来逼近还原实体模型，最后输出 CAD 模型。建模流程可划分为数据采集、数据处理、领域划分、模型重建和输出共五个前后联系紧密的阶段来进行。整个操作过程主要包括点阶段、多边形阶段、领域划分阶段、模型重建阶段。点阶段主要是对点云进行预处理，包括删除杂点、点云采样等操作，以获得一组整齐、精简的点云数据。多边形阶段的主要目的是对多边形网格数据进行表面光顺与优化处理，以获得光顺、完整的多边形模型。领域划分阶段是根据扫描数据的曲率和特征将面片分为相应的几何领域，得到经过领域划分后的面片数据，为后续模型重建提供参考。模型重建可分为两个流程：精确曲面阶段和实体建模阶段。精确曲面阶段的主要目的是进行规则的网格划分，通过对各网格曲面片的拟合和拼接，拟合出光顺的 NURBS 曲面。实体建模阶段的主要目的是以所划分的面片数据为参考建立截面草图，再通过旋转、拉伸等正向建模方法重建实体模型。

5.3.3 基本功能

Geomagic Design X 软件中对点云的处理包括点云的优化、编辑、合并/结合、单元化向导。其中点云的优化与合并/结合在点阶段使用比较频繁，特别是杂点消除、采样、平滑、合并/结合等命令。多边形阶段处理数据对象为面片，面片是点云用多边形（一般是三角形）相互连接形成的网格，其实质是以三角形网格的形式反映数据点与其邻近点的拓扑连接关系。多边形阶段的工作是修复面片数据上错误网格，并通过平滑、锐化、编辑境界等方式来优化面片数据。Geomagic Design X 中的对齐模块提供了多种对齐方法，将扫描的面片（或点云）数据从原始的位置移动到更有利用效率的空间位置，为扫描数据的后续使用提供更简洁的广义坐标系统。通过对齐模块提供的工具，可将面片数据分别与用户自定义坐标系、世界坐标系以及原始 CAD 数据进行对齐，分别对应于对齐模块中“扫描到扫描”“扫描到整体”及“扫描到 CAD”三组对齐工具。

领域阶段是将多边形数据模型按曲率进行数据分块，使数据模型各特征（圆柱、自由曲面等）通过领域进行独立表达，从而将多边形模型划分为一个领域组。多边形模型作为领域阶段的编辑对象，是由三角形面片连接组成的多边形网格，多边形网格的基本元素包括单元面、单元边线、单元顶点及边界四个部分。单元边线及单元顶点构成三角形单元面，三角形单元面相互拼接，将边界范围内的区域填充成多边形网格面。领域是由单元面组成的连续数据区域，不含有单元边线和单元顶点。在进行领域划分时，可根据曲率值划分出不同特征区域。

Geomagic Design X 软件中的草图模块功能与主流的正向 CAD 软件类似，利用该模块可以在三维空间中的任何一个平面内建立草图平面。应用草图模块中提供的草图工具，用户可以轻易地根据设计需求画出模型的平面轮廓线；通过添加几何约束与尺寸约束可以精确控制草图的几何尺寸关系，精确表达设计的意图，实现尺寸驱动与参数化建模。创建的草图还可以进一步用实体造型工具进行拉伸、旋转等操作，生成与草图相关联的实体模型。草图模块在逆向建模过程中的主要功能是用基准平面的偏移平面截取模型特征的轮廓线，并利用其草图绘制功能对截取的截面轮廓线进行绘制、拟合和约束等操作，使其尽可能精确地反映模型的真实轮廓。首先，在对点云模型或面片模型进行特征分解和功能分析，在明确原始设计意图的基础上，根据特征及功能的主次关系制定合理的建模顺序。然后，根据不同的模型特征选取合适的基准平面，通过基准平面的偏移平面与模型相交，获取能够清楚表达模型特征轮廓的截面线。最后，通过绘制、拟合等操作将投影在基准平面的截面轮廓线重构，并添加尺寸和位置约束，便于后续的参数化建模。

Geomagic Design X 建模模块的要领是在前期点云数据处理的基础上，通过拖动基准平面与模型相交获取特征草图，再利用拉伸、旋转等操作命令创建出实体模型。首先，根据模型表面的曲率设置合适的敏感度，将模型自动分割成多个特征领域。然后，根据建模需求对领域进行编辑，即根据原始设计意图对模型特征进行识别，规划出建模流程。在已掌握设计意图的基础上，通过定义基准面和拖动基准面改变与模型相交的位置来获取模型特征截面线，并利用草图工具进行草图拟合，精确还原模型局部特征的二维平面草图。最后，通过常用的三维建模工具创建出与原实物模型吻合的实体模型。

“3D 草图”模块包含“3D 面片草图”和“3D 草图”两个模式，处理的对象是面片和实体。在“3D 草图”模式下，可以创建样条曲线、断面曲线和境界曲线。“3D 面片草图”模式下也可以创建上述曲线，区别在于其创建的曲线在面片上。“3D 面片草图”模式下还可以创建、编辑补丁网格，通过补丁网格拟合 NURBS 曲面，这与曲面创建模块中的补丁网格功能相同。“3D 草图”模式下创建的曲线保存在“3D 草图中”，“3D 面片草图”模式下创建的曲线保存在 3D 面片草图中。每个草图文件都是独立的，通过变换要素可以将已有草图中的曲线变换到当前草图，通过草图创建的曲线可以作为裁剪工具剪切曲面，也可以作为拉伸、放样等建模命令的要素。

精确曲面是一组四边曲面片的集合体，按不同的曲面区域来分布，并拟合成 NURBS 曲面，以表达多边形模型（可以是开放的或封闭的多边形模型）。相邻四边曲面片边界线和边界角（使用指定的除外）需是相切连续。曲面模型创建过程中，软件提供了手动和半自动编辑工具来修改曲面片的结构和边界位置。创建 NURBS 曲面过程中的关键一步是将面片模型分解成为一组四边曲面片网格。四边曲面片网格是构建 NURBS 曲面的框架，每个曲面片由四条曲面片边界线围成。模型的所有特征均可由四边曲面片表示出来，如果某个重要的特征没有被曲面片很好地定义，可通过增加曲面片数量的方法进行解决。

Geomagic Design X 测量模块可以测量对象上点与点的距离、点与线或平面的距离、两线或两平面的距离、平面与线的距离，这样可以方便地计算出测量模块基本尺寸、几何形状之间位置尺寸和几何形状主要轮廓尺寸等，同时还可以计算实体模型中的角度、半径和测量断面等一系列数据。

5.3.4 主要数据处理模块

表 31-5-2 Geomagic Design X 的主要数据处理模块

模块	作 用	功 能
初始模块	给软件操作人员提供基础的操作环境	文件打开与存取、对点云或多边形数据采集方式的选择、建模数据实时转换到正向建模软件中以及帮助选项等
模型模块	对实体模型或曲面进行编辑与修改	•创建实体(曲面):拉伸、回转、放样、扫掠基础实体(或曲面) •进入面片拟合、放样向导、拉伸精灵、回转精灵、扫掠精灵等快捷向导命令 •构建参考坐标系与参考几何图形(点、线、面) •编辑实体模型,包括布尔运算、圆角、倒角、拔模、建立薄壁实体等 •编辑曲面,包括剪切曲面、延长曲面、缝合曲面、偏移曲面等 •阵列相关的实体与平面,移动、删除、分割实体或曲面
草图模块	对草图进行绘制 包括草图与面片草图两种操作形式。草图是在已知平面上进行草图绘制,面片草图是通过定义一个平面,截取面片数据的截面轮廓线为参考进行草图绘制	•绘制直线、矩形、圆弧、圆、样条曲线等 •选用剪切、偏置、要素变换、阵列等常用绘图命令 •设置草图约束条件,设置样条曲线的控制点
3D草图模块	绘制3D草图 包括3D草图与3D面片草图两种形式	•绘制样条曲线 •进行对样条曲线的剪切、延长、分割、合并等操作 •提取曲面片的轮廓线、构造曲面片网格与移动曲面组 •设置样条曲线的终点、交叉与插入的控制数
对齐模块	用于将模型数据进行坐标系的对齐	•对齐扫描得到的面片或点云数据 •对齐面片与世界坐标系 •对齐扫描数据与现有的CAD模型
曲面创建模块	通过提取轮廓线、构造曲面网格,从而拟合出光顺、精确的NURBS曲面	•自动曲面化 •提取轮廓线,自动检测并提取面片上的特征曲线 •绘制特征曲线,并进行剪切、分割、平滑等处理 •构造曲面网格 •移动曲面片组 •拟合曲面
点处理模块	对导入的点云数据进行处理,以获取一组整齐、精简的点云数据,封装成面片数据模型	•运行"面片创建精灵"命令快速创建面片数据 •修改模型中点的法线方向 •对扫描数据进行三角面片化 •消除点云数据中的杂点,平滑点云数据并进行采样处理 •偏移、分割点云,将点、线、面等要素变化为点云
多边形模块	对多边形数据模型进行表面光顺及优化处理,以获得光顺、完整的多边形模型,并消除错误的三角面片,提高后续拟合曲面的质量	•运行"面片创建精灵"将多边形数据快速转换为面片数据 •"修补精灵"智能修复非流行顶点、重叠单元面、悬挂的单元面、小单元面等 •智能刷将多边形表面进行平滑、消减、清除、变形等操作 •填充孔、删除特征、移除标记 •加强形状、整体再面片化、面片的优化等 •消减、细分、平滑多边形 •选择平面、曲线、薄片对模型进行裁剪 •通过曲线或手动绘制路径来移除面片的某些部分 •修正面片的法线方向 •赋厚、抽壳、偏移三角网格 •合并多边形对象,并进行布尔运算
"领域"模块	根据扫描数据的曲率和特征将面片划分为不同的几何领域	•自动分割领域 •重新对局部进行领域划分 •手动合并、分割、插入、分离、扩大和缩小领域 •定义划分领域的公差与孤立点比例

5.3.5 主要特点

① 拓宽设计能力：Geomagic Design X 通过最简单的方式由3D扫描仪采集的数据创建出可编辑、基于特征的CAD数模并将它们集成到现有的工程设计流程中。

② 加快产品上市时间：Geomagic Design X 可以缩短从研发到完成设计的时间，从而可以在产品设计过程中节省数天甚至数周的时间。对于扫描原型、现有的零件、工装零件及其相关部件以及创建设计来说，Geomagic Design X 可以在短时间内实现手动测量并且创建CAD模型。

③ 改善CAD工作环境：无缝地将三维扫描技术添加到日常设计流程中，提升了工作效率，并可直接将原始数据导出到 SolidWorks、Siemens NX、Inventor、Creo。

④ 实现不可能：Geomagic Design X 可以创建出非逆向工程无法完成的设计。例如，需要和人体完美拟合的定制产品，创建的组件必须整合现有产品、精度要求精确到几微米，创建无法测量的复杂几何形状。

⑤ 降低成本：可以重复使用现有的设计数据，因而无须手动更新旧图纸、精确地测量以及在CAD中重新建模。减少高成本的失误，提高了与其他部件拟合的精度。

⑥ 强大且灵活：Geomagic Design X 基于完整CAD核心而构建，所有的作业用一个程序完成，用户不必往返进出程序，并且依据错误修正能自动处理扫描数据，所以能够更简单快捷地处理更多的数据。

⑦ 基于CAD软件的用户界面更便于理解学习：使用过CAD的工作人员很容易开始 Geomagic Design X 的学习，Rapidform 的实体建模工具是基于CAD的建模工具，简洁的用户界面有利于软件的学习。

5.4 Geomagic Control X 软件

5.4.1 软件介绍

Geomagic Control X 是一款强大和精确的三维计量和检测系统，原名为 Geomagic Qualify，其应用于三维扫描仪和其他便携式检测设备的测量流程，用户可通过这个平台在检测对象上方便地进行编辑、CAD比较和GD&T等自动化操作。它利用一系列广泛的计量工具为用户提供针对检测测量和质量验证的流程，如硬测头和非接触式扫描获取数据，而这些数据可使用户大幅度节约时间并提高精度。同时 Geomagic Control X 拥有功能强大的脚本定制能力，它可处理大量点云数据并加以分析和运行三维扫描仪，同时该技术可利用丰富的数据自动化生成易解读的偏差色谱图，并可对复杂任务进行自动化处理，提供的形位公差、硬测和方位检查功能可加快零件的测量速度和精确度。较之其他同类型软件，它最大的特点在于“GD&T”功能，该功能提供全方位直观的测量、尺寸和公差工具及选项，有了这个功能，自动检测几何特征或实时偏差工具等操作用户都能轻松完成。

5.4.2 工作流程

用 Geomagic Control X 进行质量检测，先需要进行辅助性的操作，这包括删除噪点和点云拼接等，待得到完好的点云数据再进入检测过程。其操作过程可简单归纳为点云处理、对齐、比较、分析和生成报告五个阶段，其主要工作流程如图31-5-3所示。

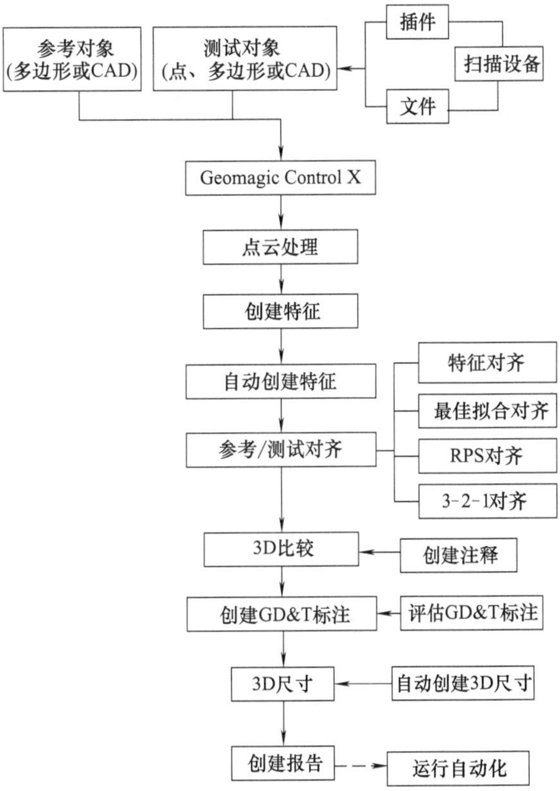

图31-5-3 Geomagic Control X 软件的主要工作流程

5.4.3 基本功能

(1) 点云处理

点云处理包括删除噪点、数据采样和点云拼接等操作。使用三维扫描设备得到实物的点云数据时，难免会引入一些杂点，这将对检测结果带来影响。因此，在将扫描所得到的点云数据导入 Geomagic Control X 后，应将多余的点删除。操作时可手动选择将一些多余的点删除，也可利用“非连接项”“体外孤点”命令让软件自动选择多余的点，再手动将其删除。“数据采样”通过简化点云数据，可以在保持精度的同时加快检测过程。点云拼接是将零件的各部分点云数据拼接成一个完整的点云数据。当扫描设备不能将整个零件一次全部扫描时，可在零件上贴上标志点，把零件分成几个区域分别扫描。导入软件后再组合成完整的零件点云数据。

（2）创建特征

特征是模型实际上存在或虚构的一个对象，如点、直线、圆、槽、平面、球、圆柱体、圆锥体等。特征可以在参考对象和测试对象上分别创建，在测试数据比较完整的情况下，也可以通过参考对象上已创建的特征自动在测试对象上创建相对应的特征。创建的这些特征将为后续操作提供参考，如对齐、尺寸分析和比较意图。

（3）对齐

经过处理后的点云数据在与 CAD 模型比较前，应将它们尽可能重合在一起，这样就可以通过对比看出各处的偏差。所以，应首先通过坐标变换把两者统一到同一个坐标系下，即对齐操作。Geomagic Control X 提供了多种对齐方法，而常用的主要有基于特征对齐、3-2-1 对齐、RPS 对齐和最佳拟合对齐四种方式。

（4）比较分析

Geomagic Control X 通过生成三维彩色偏差图模型来反映整个零件各部位的误差情况，还可以对偏差色谱进行定义和修改，包括分段偏差色谱。也可对横截面和选定区域创建二维和三维尺寸图，比较二维和三维特征，测量点到点、特征到特征的距离和角度。在检测报告中可以创建“通过/失败”的图形化报告，方便阅读分析。

（5）生成报告

Geomagic Control X 的生成报告功能可自动生成详细的检测报告，报告中包含检测数据、多重视图、注释等结果。自动生成检测报告的格式有 HTML、PDF、3D PDF、Word、XPS、CSV 和 XML 等。生成的 3D PDF 格式报告，可以用 Adobe Reader 查看全交互的三维模型报告，导出的 CSV 和 Unicode 数据可以应用于趋势分析和统计过程控制（SPC）。Geomagic Control X 还允许用户使用报告设计工具设计和自定义检测报告。定制报告，可以选择或排除某些视图、表格和专栏，可以为指定的格式设置字体类型和大小，下载专门的 Logo，甚至创建定制化的报告模板。

5.4.4 主要数据处理模块

表 31-5-3 Geomagic Control X 的主要数据处理模块

模块	功能	操作命令	
点云处理模块	对初始扫描数据进行一系列的预处理，包括去除非连接项、去除体外孤点、采样等处理，从而得到一个完整、理想且合用的点云数据，或封装成可用的多边形数据模型	“采样”工具栏（在不移动任何点的情况下减小点的密度）	• 统一采样：按照指定距离的方式对点云数据进行采样，是最常用的采样方法，同时可以指定模型曲率的保持程度 • 曲率采样：按照设定的百分比减少点云数据，同时可以保持点云曲率明显部分的形状 • 格栅采样：用于对导入的点云按照点与点的距离进行等距采样，是有效减小点云数量的方法（适合于无序的点云数据） • 随机采样：用随机的方法对点云进行采样，用于模型特征比较简单、比较规则的无序的点云数据
		“修补”工具栏（对点云数据按照一定的方式进行数据精减）	• 裁切点：用于从对象中删除已选点之外的所有点 • 删除点：用于从对象中删除所有选择点 • 选择非连接项：用于删除那些偏离主点云的点集或孤岛 • 选择体外孤点：可以进行体外孤点的选择并去除这些体外孤点。体外孤点是指模型中偏离主点云距离比较大的点云数据，通常是由于扫描过程中不可避免地扫描到背景物体，如桌面、墙、支撑结构等物体，必须删除

续表

模块	功　能	操作命令	
点云处理模块	对初始扫描数据进行一系列的预处理，包括去除非连接项、去除体外孤点、采样等处理，从而得到一个完整、理想且合用的点云数据，或封装成可用的多边形数据模型	“修补”工具栏（对点云数据按照一定的方式进行数据精减）	• 减少噪声点：用于减少在扫描过程中产生的一些噪声点数据。噪声点是指模型表面粗糙的、非均匀的外表点云，扫描过程中由于扫描仪器轻微的抖动等原因产生。“减少噪声点”处理可以使数据平滑，降低模型这些噪声点的偏差值，在后来封装的时候能够使点云数据统一排布，更好地表现真实的物体形状 • 着色点：用于点云着色，以更加清晰、方便地观察点云的形状 • 填充孔：用于填充无序点对象表面上的孔 • 添加点：用于在无序点对象上的平面创建点 • 偏移点：用于按一定的距离沿着法向方向偏移无序点 • 法线：分为法线修补和法线删除两个操作命令，它用于处理无序的点对象，使其产生所需的法线。“法线修补”命令对无序的点对象进行处理，使其产生法线、翻转法线、移除不必要的法线。“法线删除”命令可以删除裸露在点云之外且没有用处的法线 • 扫描线：分为扫描线插补和扫描线顺序两个操作命令，它是用于修复某些扫描设备扫出的扫描线。“扫描线插补”命令用于对点云的优化处理，以便于生成高质量的多边形，适用于无序的点云数据。“扫描线顺序”命令是使无序排列的点数据转化为有序排列的点数据，适用于无序的点云数据
		“联合”工具栏（将同一模型的多个扫描数据合并成一个扫描数据或者一个多边形模型）	• 联合点对象：是将多次扫描数据对象合并成一个点对象，同时在模型管理器中出现一项“合并的点”。此“合并的点”对象将成为一个完整的点云数据 • 合并：用于合并两个或两个以上的点云数据为一个整体，并且自动执行点云减噪，统一采样、封装，生成可视化的多边形模型，多用于注册完毕之后的多块点云之间的合并
		“封装”工具栏（把点云数据转换为多边形模型）	封装：将围绕点云进行封装计算，使点云数据转换为多边形模型

续表

模块	功能	操作命令
特征模块	特征可以在参考和测试上分别根据人为判断指定特征的类型来创建(如指定为平面特征、直线特征等);对于测试对象的特征创建,在测试数据比较完整的情况下,还可以通过参考对象上已创建的特征自动在测试对象上创建相对应的特征;另外,对于参考模型的特征还可以通过“快捷特征”的方式自动识别创建	•所有圆和槽:在CAD对象上对所有圆、圆角槽、椭圆槽、方槽和矩形槽自动创建特征子对象 •直线:创建直线特征并为其指定名称 •圆:创建圆形特征并为其指定名称 •椭圆:创建椭圆形特征并为其指定名称 •矩形槽:创建矩形槽特征并为其指定名称 •圆形槽:创建圆形槽特征并为其指定名称 •点目标:创建点目标特征并为其指定名称 •直线目标:创建直线目标特征并为其指定名称 •点:创建点特征并为其指定名称 •球体:创建球体特征并为其指定名称 •圆锥体:创建圆锥体特征并为其指定名称 •圆柱体:创建圆柱体特征并为其指定名称 •平行面:创建一组平行平面特征并为其指定名称 •平面:创建平面特征并为其指定名称
对齐模块	对齐包括两种类型:一是点云数据之间的对齐,这种对齐是由于模型过大或数字化仪器扫描范围的局限性等原因,使得模型数字化过程中需要分次扫描获取多个点云数据,这样为了将同一个物理模型上分次扫描的点云重新组合起来,需要将模型的不同侧对齐成一个点云,以便得到完整的数字化测试模型;二是完整测试模型与CAD参考模型的对齐,其目的是为后续的比较与评估做准备。这两种对齐类型正好是大多数完整的对齐过程都要经过的两个步骤,首先是点云之间的对齐合并,然后再将对齐合并后的点云与CAD参考模型对齐。对齐有多种方法,不同的对齐方法将会对后面的分析结果产生影响,因此选择合适的对齐方式,对于要执行的检测类型是非常重要的	•最佳拟合对齐:使用最佳拟合的方法将一个对象移动至另一个对象,以共享同一坐标系位置 •基于特征对齐:根据相匹配的特征对将两个对象对齐以共享同一坐标系位置 •RPS对齐:根据配对的参考点移动一个或多个对象以共享坐标系位置 •3-2-1对齐:在测试对象和参考对象上分别创建X、Y和Z平面,重新定向测试对象,使得三个平面与参考的三个平面相匹配 •对齐到全局:使对象的“特征”与“世界坐标系”的平面、轴、“特征”或者原点对齐。当扫描数据(测试对象)进行检测时,该命令非常有用。数据对齐到全局坐标系后,可以很方便地截取截面和投影视图 •到坐标系:在空间内移动测试对象,使其坐标系与参考坐标系对齐 •手动对齐:通过手动平移、旋转或旋转对象中心来移动空间内的测试对象 •最后对齐:保存当前对齐以备将来使用,并加载之前保存的对齐
分析模块	Geomagic Control X的核心步骤在比较分析上,只有在此部分才算是真正意义上的对零件点云数据进行具体的检测操作。前面的点对象处理、建立参考对象、创建特征/基准特征、对齐等操作都是为对比分析作前期准备的,主要是为得到一个更能表现出零件真实状况的结果对象,其中比较分析功能主要有3D和2D两个工具单元	•3D比较:在对齐测试对象到参考对象后,结果对象的形式创建出三维彩色偏差图来量化两者间的结果偏差,并在模型管理器中生成新的结果对象 •2D比较:此命令即是将已定义好的测试对象与参考对象对应的二维横截面进行比较,并以须状图的形式显示出两截面之间的偏差 •创建注释:此命令用以在指定点创建测试对象与参考对象间偏差的标注,同时还可在结果对象上查看此点的坐标。这些指定的点可以是手动创建点,也可以是自动使用以位置集保存的坐标点 •特征比较:此命令用于将测试对象与参考对象上对应的特征进行比较,以便为后续能标注出各对应特征间的尺寸与位置偏差做准备

续表

模块	功　能	操 作 命 令
分析模块	Geomagic Control X 的核心步骤在比较分析上，只有在此部分才算是真正意义上的对零件点云数据进行具体的检测操作。前面的点对象处理、建立参考对象、创建特征/基准特征、对齐等操作都是为对比分析作前期准备的，主要是为得到一个更能表现出零件真实状况的结果对象，其中比较分析功能主要有 3D 和 2D 两个工具单元	• 注释特征：此命令一般都配合特征比较命令使用，用于在测试对象上创建特征的几何细节（如直径大小、圆的中心 3D 偏差等）与特征通过/失败状态的标注 • 边界比较：此命令用于创建测试对象与参考对象边界之间的偏差，并以彩色须状图显示 • 评估壁厚：此命令用于计算平行表面或是准平行表面之间的距离，在计算完成后可以通过创建注释查看指定位置的壁厚 • 间隙与面差：此命令用于测量几乎接触的两个部件之间的水平距离和垂直距离 • 编辑色谱：此命令是通过编辑偏差色谱对象来控制色谱的外观显示及位置 • 边计算：此命令是用来计算钣金件边缘的实际位置与理论位置间的偏差。但在执行该命令前必须先确认测试对象是否有扫描线信息，否则不可执行此命令 • 几何公差标注：此命令为用户提供了在 CAD 参考对象上定义几何公差的工具 • 贯穿对象截面：此命令用于创建点对象、多边形或 CAD 对象的横截面。2D 尺寸的创建必须依托贯穿对象截面命令在参考对象或测试对象上创建横截面才可以进行。一般在执行该命令前也必须先创建好相关的特征 • 2D 尺寸：在执行 2D 尺寸命令前需先通过“贯穿对象截面”命令定义好相关的平面截面。其中 2D 尺寸命令下有两个子命令，分别为创建和重新编号 • 测量特征：此命令是通过测头探测对象特征，实时计算对象上的 3D 尺寸和几何公差 • 测量距离：此命令主要是用来报告零件两点间的距离 • 计算：此计算命令集可对对象分别进行体积、体积到平面、重心和面积等的计算 • 点坐标：此命令用于生成手动选择点的 X、Y、Z 坐标值并将其导出为文本文件
报告模块	Geomagic Control X 可以自动生成包括 HTML、PDF、Word 和 Excel 等格式的多种报告，其中适用于 Web 的报告可以让各部门共享检测结果	• 创建报告：单击“创建报告”图标，软件将自动创建报告，并将报告保存到默认位置。单击“创建报告(另存为)”图标，可将自动创建的报告另存到所需要的地址 • 报告输出格式：在“创建”组中可以选所需要的报告输出格式，选择时只要选中格式前的复选框即可，可同时选择两种或更多种格式 • 3D PDF 模型：选中“3D PDF 模型”复选框，则可在报告中生成一个 3D 检测结果模型，可用 Adobe Reader 查看。在 Adobe Reader 中只需单击激活 3D 模型，按住鼠标左键，并移动即可旋转模型，还可通过鼠标滚轮缩放模型 • 报告定义：“报告定义”的下拉列表中显示了已定义的报告名称，如没有定义则显示为“none” • 样式模板：一般默认样式为“Letter Portrait”。在“样式模板”后面还有一个“编辑”按钮，可对样式模板进行编辑

5.4.5　主要特点

① 显著节约了时间和资金。可以在数小时（而不是原来的数周）内完成检验和校准，因而可极大地缩短产品开发周期。

② 改进了流程控制。可以在内部进行质量控制，而不必受限于第三方。

③ 提高了效率。Geomagic Control X 是为设计人员提供的易用和直观的工具，设计人员不再需要分析报告表格，检测结果直接以图文的形式显示在操作者眼前。

④ 改善了沟通。自动生成的、适用于 Web 的报

告改进了制造过程中各部门之间的沟通。

⑤ 提高了精确性。Geomagic Control X 允许用户检查由上万个点定义的面的质量，而由 CMM 定义的面可能只有几十个点。

⑥ 使统计流程控制（SPC）自动化。针对多个样本进行的自动统计流程控制可深入分析制造流程中的偏差趋向，并且可用来验证产品的偏差趋势。

5.5 UG/Imageware 软件

5.5.1 软件介绍

Imageware 由美国 EDS 公司出品，后被德国 Siemens PLM Software 所收购，现在并入旗下的 UG NX 产品线。Imageware 是著名的逆向工程软件，广泛应用于汽车、航空航天及消费家电、模具和计算机零部件等设计领域。它作为 UG 软件中专门为逆向工程设计的模块，具有强大的测量数据处理、曲面造型和误差检测的功能，可以处理几万至几百万个的点云数据。Imageware 开创了自由曲面造型技术的新天地，它为产品设计的每一个阶段（从早期的概念到生产出符合产品质量的表面，直到对后续工程和制造所需的全 3D 零件进行检测）都提供了一个综合进行 3D 造型和检测的方法。Imageware 的发展方向是将高级造型技术和创意思维推向广义的设计、逆向工程和潮流市场，其最终结果就是提供加速设计、工程和制造，以使集成、速度和效率达到一个新水平。

第31篇

5.5.2 工作流程

Imageware 遵循了由点→线→面的数据处理流程，简单清楚，易于掌握，Imageware 软件的主要工作流程见图 31-5-4。一般设计流程如下：输入扫描点数据，并从 CAD 系统中将其他必要的曲线或曲面输入 Imageware；根据对目的曲面的分析，将点云分割成易处理的截面（点云）；从点云截面中构造新的点云，以便构造曲线；评估曲线的品质，如果曲线不能达到用户需求的精度，则在利用曲线构造曲面之前，将其修正；由曲线和点云构造出曲面，并从起点处建立与邻近元素的连续性；评估曲面的品质，如果曲面不能达到用户需求的精度，将其修正；通过 IGES、VDA-FS、DXF 或 STL 格式，将最终的曲面和构造的实体输出至 CAD 系统。

5.5.3 基本功能

（1）点处理阶段

1）点云信息和显示。当导入一个点云文件时，通常第一步是查看点云的对象信息，以获取相关的资料如点云数量、坐标等。点云的显示方式有以下几种：以离散方式（Scatter）、以折线方式（Polyline）、以三角网格方式（Polygon Mesh）、以三角网格的平光着色方式（Flat Shade）和以三角网格的反光着色方式（Gouraud Shade）。

2）去除跳点和噪声点。通常在对象表面数字化过程中，不可避免会受到一些因素的干扰，产生杂点。对于大量的杂点，可用肉眼观察，然后通过“Circle- Select Points”功能将其删除；对于少量的杂点可用“Pick Delete Points 1”命令逐个删除。为保证结果的准确性，需要对点云进行判断，去除噪声点。方法有两种：点云平均和点云过滤。

3）对齐。通常通过扫描仪得到的点云数据，其坐标系与 Imageware 中的坐标系不一致，给点云后续处理工作带来麻烦，或者由于某些扫描仪不能一次获得一件物体各个面的点云数据，读入的文件为该物体各个侧面的点云数据，这时需要将点云数据对齐，以获得完整的点云数据。对齐的方法有 3-2-1 法、交互法、混合法、约束的混合法、逐步法、最佳拟合法、约束的最佳拟合法等。

4）采样。对目标点云进行采样可以适当减少其数据点的数量，提高计算机的计算速度。采样方法有平均采样、弦高采样和距离采样等。

5）特征提取。特征提取方法有弦偏差、弦偏差采样和基于弦偏差的特征抽取。弦偏差用于识别具有高曲率的特征数据点，弦偏差采样通过减少数据点来修改激活的点云，基于弦偏差的特征抽取与弦偏差采样相同，但是产生一个新的点云。

（2）线处理阶段

Imageware 软件中的曲线主要用 NURBS 表示，同时还包括 B-Spline 等，定义一条曲线的元素包括方向、节点、跨距、起始端点、控制点和阶次等。

1）创建曲线。创建曲线不需要其他元素作为基础，可通过 Imageware 本身具有的功能直接新建曲线，如折线、B 样条曲线和 NURBS 曲线等三维样条线，以及直线、圆、圆弧、长方体、椭圆等基本二维曲线。

2）构造曲线。构造曲线则是基于一定的实体类型来生成曲线、如由点云拟合曲线、由曲面析出曲线等。构造方法有拟合自由形状曲线、指定公差的拟合曲线、基本拟合曲线、基本构造曲线、基本曲面构造曲线等。由点云拟合曲线通常采用三种方式，分别是均匀曲线、基于公差的曲线拟合和插值曲线。

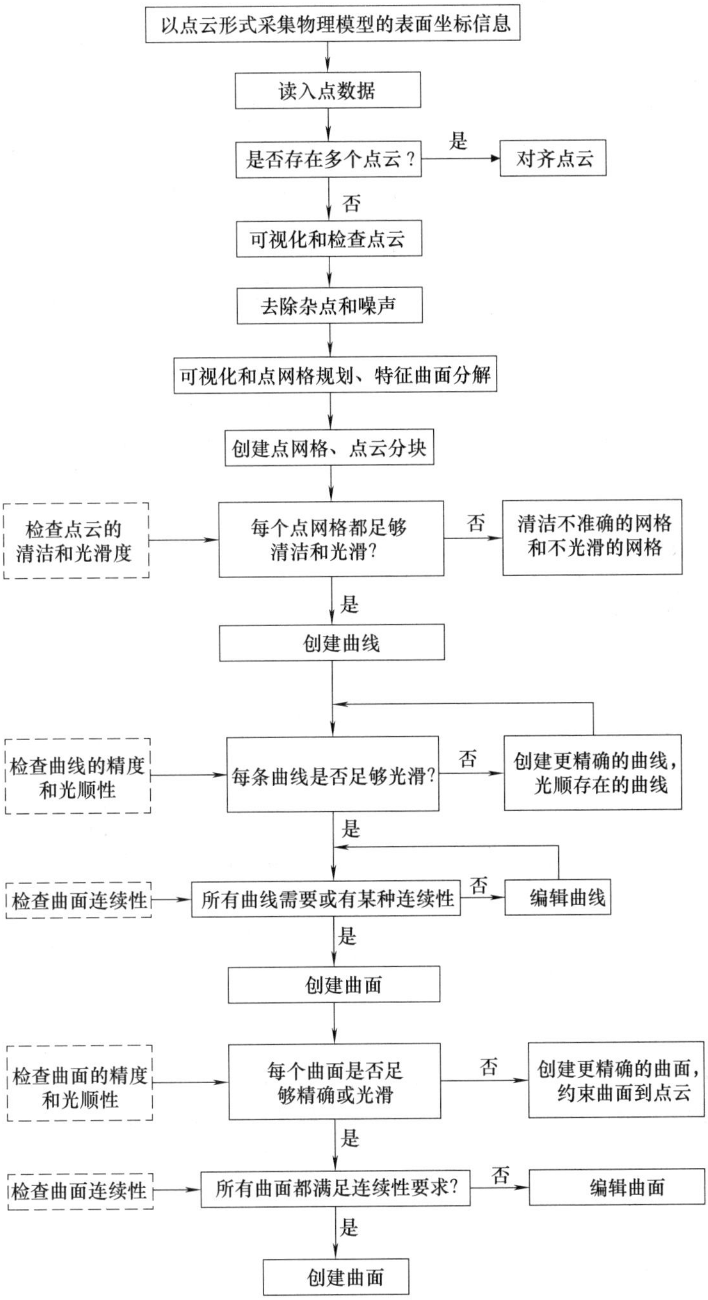

图 31-5-4　Imageware 软件的主要工作流程

3）曲线分析和诊断。曲线分析主要包括控制点分析、曲率分析和连续性分析。曲线诊断包括曲线和点之间、曲线和曲线之间的诊断，可以检测曲线和点或者曲线和曲线之间的差异，参数设置包括公差、最大距离和最大角。

4）曲线编辑。曲线编辑操作有合并曲线、曲线修整、曲线重新参数化、曲线修改、曲线查询和曲线延伸等。

（3）曲面阶段

Imageware 软件中的曲面主要以 NURBS 表示，定义曲面的参数包括正负法矢、UV 方向节点、跨距、控制点、阶次及剪裁恢复性质等。

1）曲面的显示。曲面的显示方式有曲线网格、光滑阴影、高中低分辨率。

2）曲面构建。曲面构建方式主要有下述四种。

① 直接构建基本曲面。通过此命令，可以在

Imageware 中创建平面、圆柱面、圆锥面和球面等一般解析曲面。

② 基于曲线的曲面构建。有两种方式：一种是通过指定构成曲面的四条边界线来构建曲面；另一种是由曲线通过特定的路径生成曲面，常见的有扫掠、旋转、拉伸等。

③ 基于测量点直接拟合的曲面构建。Imageware 提供由点云直接拟合曲面的一系列功能，包括均匀曲面、由点云构建圆柱面、插值曲面、平面及其他基本曲面。

④ 基于测量点和曲线的曲面构建。可以根据点云和指定的四条边界线来创建一个 B 样条曲面。

3）曲面编辑。曲面编辑包括曲面偏移、剪断、分割、修整、修改合并、剪切、曲率半径计算、显控制点网格、识别轮廓形状、缺陷的横切面图等。

4）曲面分析和曲面检测。曲面分析是一个关键的技术，包括曲面控制点、曲面连续性等。曲面检测包括曲面点云、曲面和曲面间的差异检测。

5.5.4 主要数据处理模块

（1）基础模块

包含文件存取、显示控制和数据结构等功能。

（2）点处理模块

包含处理点云数据的工具，主要功能有：由测量设备中读取点云数据、抽样点云、点云排序、点云剖面、增加点云和切割/修剪点云等。

（3）曲线、曲面模块

提供完整的曲线与曲面建立和修改的工具，包括扫掠、放样及局部操作用到的倒圆、翻边及偏置等曲面建立命令。几何的编辑可以用多种方法实现，首先就是通过直接编辑曲线及曲面的控制点。Imageware 曲面模块提供了功能强大的曲面匹配能力，一般用户需要使用高质量的 Bezier 模型（汽车的 Class A 曲面）或高阶次的几何连续，在这个模块里均可实现。

（4）多边形造型模块

Imageware 产品针对模型修补、基本特征构建及快速成型应用中对 stl 数据的处理工具，提供了一个综合的工具集。这些工具通过一个可靠而又高效的方式将工程的设计意图传递到最终产品。基于多边形的创建、可视化、修改、布尔运算等工具保证了用户可以高效地从多种数据源中多次使用数据，以获得更加精练的产品设计。

（5）检测模块

在作图过程中，需要一些检测工具来及时检查所作的图是否正确，Imageware 的检测模块可以及时、动态地更新检测值和检测图。通过这个功能，作图人员可以很快地了解目前所作图形的品质与正确性，若不符合标准可以直接去调整。

（6）评估模块

包含定性和定量评定模型总体质量的工具。定量评估提供关于事物与模型精确的数据反馈，定性评估强调评价模型的美学质量。

5.5.5 主要特点

① 为整个创建制定过程；
② 有效地加强产品沟通；
③ 基于约束的造型；
④ 扩展了基于曲线的造型；
⑤ 模型的动态编辑；
⑥ 保持数据的兼容性。

5.6 Creo 软件的逆向设计模块

5.6.1 软件介绍

在 Creo 软件中，进行逆向设计的模块有：扫描工具（scan tools）、小平面特征（facets feature）、重新造型（restyle）。其中，在扫描工具环境中，提供了扫描数据处理、型曲线与型曲面的创建和修改工具；在小平面特征环境中，提供了由点云处理到构建三角形网格面的相关工具；在重新造型环境中，可在小平面（三角形网格）数据基础上重建 CAD 模型，用户可直接输入三角形网格数据或使用“小平面建模”功能通过转换点集数据进行模型创建。

5.6.2 扫描工具

扫描工具（scan tools）是集成于 Creo 软件中的专门用于逆向工程建模的工具模块。“扫描工具”最初是响应汽车工业的要求开发的。现在，“扫描工具”是一个完全集成于 Creo 中的可用于逆向工程的工具模块。“扫描工具”是一种非参数化环境工具，它使用户可以专注于模型的特定区域，并使用不同的工具来获得期望的形状和曲面属性。

扫描工具使用了“型”（style）特征——独立几何，以便将设计活动孤立在一个单一特征中。独立几何是 Creo 的超级特征，该特征是一个复合特征，它包括所有创建或输入扫描工具中的几何和参照数据。在型特征内部，曲线称为型曲线，曲面称为型曲面，所有的输入特征、在其中创建的几何都成为型特征的一部分。型特征的内部对象如曲线、曲面等，在型特征外部或它们相互之间没有父子从属关系，因此可以自由操作这些型特征，而不需考虑型特征对象之间以及与模型其他部分之间的父子关系与几何参照。利用扫描工具可完成下述任务：

- 输入、生成和过滤原始数据；
- 输入几何，包括曲线、曲面和多面数据；
- 创建和修改曲线；
- 手工或修复几何；
- 将几何从后续特征收缩到型特征。

扫描工具提供了根据扫描数据建立光滑曲面的工具，根据扫描数据的特点、误差和光滑程度的需要，基于个人逆向工程的经验，可以选择基于曲线、基于曲面或两者结合起来进行模型重建。

（1）基于曲线的逆向工程

首先根据扫描数据建立“Style”曲线，然后通过“Style”曲线建立曲面。通过这个方法可获得最终的曲面或获得用于基于曲面的方法的起始曲面。采用这种方法，在大多数情况下要想获得光滑的曲面，只能使用扫描数据的一小部分。这通常会导致曲面和未使用的扫描点之间存在比较大的误差。要减少误差，定义曲面时应使用更多的特征曲线，曲面的质量可能会因此降低。

（2）基于曲面的逆向工程

在基于曲面的逆向工程里，可根据常规的Creo曲面（如拉伸、旋转扫描等）和“Style”曲面建立曲面的复制曲面，然后让曲面适应扫描数据，以获得规定之内的误差。通过增加和去除网格线，可以提供控制曲面的光滑程度和灵活控制曲面细节的能力。基于曲面的方法可以快速建立光滑的曲面，并控制曲面对扫描数据的偏差最小。

1）扫描工具的工作流程。使用扫描工具通过扫描数据建立光滑曲面的流程包括7个主要过程，每个过程又包含若干个步骤。

① 进入扫描工具环境。在菜单栏中执行“插入”→“独立几何”命令即进入扫描工具环境。在该环境下，主要通过使用“几何”菜单和“独立几何”工具栏来实现特征操作。

“几何”菜单中的以下选项可以访问特定功能。

- 示例数据来自文件：从输入的数据中建立扫描曲线或修改现有扫描数据，以消除噪声点（坏点）删除不相关的点或重新组合扫描点。
- 曲线：参考原始扫描数据上的点建立型曲线，或修改现有的型曲线，或通过选择点直接建立型曲线，也可以通过复制其他曲线建立型曲线。
- 曲面：建立、修改或删除型曲面，在扫描工具里，用户可以建立或操作不同的型曲面。

② 导入基本数据。执行菜单“几何”→“示例数据来自文件”命令，可将ibl、igs、vda三种格式的数据导入进来。

③ 准备扫描数据和面片结构设计

- 导入数据后，系统自动将其测量的数据点连接成曲线（称为扫描曲线）。修改扫描曲线，去除噪声点（坏点）和无关的点。修改扫描数据，并确定曲面的结构。
- 获得合适的面片。曲面片结构需参照以下原则：使曲面片的数量最少；当曲率发生急剧变化时，建立新的曲面片；避免使用变形的曲线作为曲面片的边界曲线；避免建立没有通过足够的扫描点来决定曲面形状的曲面片。根据曲面片的结构把扫描数据划分为不同的区域。要划分扫描数据，可建立型曲线。这些型曲线不必是光滑的，它们主要用来在视觉上定义面片的结构，并且作为型曲面分配的参考点界线。

④ 建立型曲线。建立型曲线的主要目的：建立混合型曲面。近似的扫描数据曲面和骨架曲面作为初始的型曲面。初始的型曲面是拟合扫描数据得到的近似曲面。建立用来保证零件公差的关键区域里的曲线，这些曲线将直接用于构建最后的型曲面。建立型曲线允许使用原始数据组来拟合光滑曲线，而不用修改原始的扫描数据。型曲线可通过“scan-tools”提供的很多工具来进行编辑。如果型曲线被用来建立初始的型曲面，应遵循以下原则：构建曲线的点应尽量少；曲线必须是光滑；要相对简单地获得尽量小的公差。如果型曲线被用来创建最终的型曲面，应遵循以下原则：在保证所需公差的前提下，型曲线应通过尽可能少的点；必须有好的曲率变化。

⑤ 建立初始型曲面。有多种建立初始型曲面的方法，选择哪种方法由要建立的曲面片的特点决定第一个建立的曲面片应该是最大的，并且曲率相对比较小；最后建立的曲面片通常是最小的，通常是较大的曲面片之间的过渡曲面并且具有比较大的曲率。用做第一个曲面片的基本曲面可以是一个混合曲面、一个近似的扫描数据曲面、一个骨架曲面，或一个常规的Creo曲面。在任何情况下，最初的曲面必须尽量简单，并且具有足够的信息来捕捉由扫描数据定义的零件形状。如果曲面偏差太大，可以使用控制多边形或控制多面来改善曲面的形状。可以从一个常规的Creo曲面开始，先建立一个曲面的复制曲面，然后使用曲面拟合功能来得到初始的型曲面。

⑥ 曲面拟合与对齐。将曲面面向参考点拟合，拟合精度由设置公差控制，增加精度反复拟合直到获得满意的曲面。曲面还需要被对齐到相邻的参考边和

基准平面上，以获得曲面边界的正确位置，保证与相邻面片的连续性。

⑦ 圆角和过渡曲面的建立。在有圆角的地方要进行圆角过渡。如果曲面间有一定距离，又需要光滑连接，则要建立过渡曲面进行桥接。

考虑到有些产品只侧重于造型的美观设计，而忽视产品的功能性，因此在创建3D模型时，不必刻意按照上述工作流程精确通过所有的测绘点，而是以测绘点数据为参照数据，创建出平滑的外形曲线，然后以外形曲线创建出平滑的曲面。特别是对于一些几何特征比较明显的模型，可以直接捕捉原设计意图，如通过拉伸、旋转等功能创建实体特征或曲面特征等。

在扫描工具环境下，可以使用所有的基准和曲面特征。在退出扫描工具环境时，系统将存储所有在型特征内的更改。

2）扫描工具技术特点。扫描工具提供了很多工具来建立和重新定义光滑的曲线和曲面，包括以下功能。

- 自动根据测量的点数据拟合曲线和曲面。
- 动态地通过控制多边形来控制曲线和曲面建立和修改型曲面，通过修改和定义型曲面的功能来改变型曲面的形状。
- 使用多边形动态地修改导入的曲线。
- 对曲线和曲面进行的修改，其影响可以通过图形显示反馈出来，包括修改曲率、斜率、变形和参考点的偏差等。
- 在修改曲线和曲面时，为曲线和曲面定义边界条件。
- 在模型上显示反射曲线。

扫描工具的技术特点如下。

- 在扫描工具环境中可处理面组、曲面、曲线和原始数据等对象。但在扫描工具环境中，只能修改一组有限的非解析几何。
- 可使用扫描工具将任何现有曲线或曲面复制并转换为可修改图元。如果使用了“输入数字诊断”的许可，可通过将对象收缩到扫描工具几何中引入原有的扫描工具对象，如曲线和曲面。
- 扫描工具是一种非参数化环境工具，为了将设计活动孤立在一个单一特征中，扫描工具使用了“型特征”的概念。进入扫描工具时就开始使用型特征。型特征是一个复合特征，包含所有创建或输入到扫描工具中的几何和参数数据。所有输入型特征在其中创建的几何都成为型特征的一部分。型特征的内部对象，如单独的曲面、曲线等，在型特征外部或它们相互之间没有父子从属关系。这样便可以自由操作曲面，而不需考虑型特征对象之间以及与模型其余部分之间的参照和父子关系。
- 输入数字格式（高密度和低密度类型）。扫描工具数据格式包括igs、ibl、vda、pts等。
- 在扫描工具环境中创建的特征是型特征的内在特征，不能从扫描工具环境外部进行访问。
- 曲线、曲面编辑定义。

5.6.3 小平面特征

小平面建模包括：

- 输入通过扫描对象获得的点集；
- 纠正由于所用扫描设备的局限性而导致的点集几何中的错误；
- 创建包络并纠正错误，例如，移除不需要的三角形，生成锐边及填充凹陷区域；
- 创建多面几何并用多种命令编辑该几何，以精调完善多面曲面。

（1）小平面建模工具

小平面建模有三个工具：点处理工具、包络处理工具和小平面处理工具。

1）点处理工具。操作包括：将扫描文件输入Creo零件中；为输入的数据指定放置参照坐标系。使用“点”（points）菜单中的可用命令修改点集。可进行以下操作：去除错误数据；对点进行取样以减少计算时间；降低噪声，即使用统计方法降低点的偏差；填充模型中的间隙或孔。执行菜单“插入”→“小平面特征”命令，在“打开”对话框中可选择pts、acs、vtx、ibl等文件格式，导入点云数据后，进入“小平面特征”界面。此时，“点云”在图形区域中出现，菜单栏中也出现了“点”菜单，界面右侧的工具栏中出现“点”按钮工具栏。“点”菜单中的命令与界面右侧出现的工具栏中的“点”按钮工具的功能是互相对应的。

2）包络处理工具。使用“点”菜单修改点集后，可包络该点集以创建三角剖分的模型（也称为包络），编辑该包络可以：移除不需要的三角形；显示所有的底层几何。包络可由封闭曲面和开放曲面组成，而这些曲面依次由三角形、边和顶点组成。由于点集中的所有点都用于创建包络，所以它维护了全部几何信息，包括内部结构。“包络”阶段可划分为两类编辑操作：“粗调操作”自动化程度较高而精度较低，可用来快速修改模型；“精调操作”自动化程度较低，但在编辑模型时能提供更出色、更细节化的控制。

对“点云”进行处理后，执行“包络”命令创建由三角形平面构成包络曲面模型。此时在菜单栏中，原有的“点”菜单也改变为“换行”菜单。“换行”菜单中命令即是包络处理工具的相关命令。

3）小平面处理工具。将某个模型引入“小平面”阶段时，可使用一系列命令移除内部结构并编辑模型，以精整和完善多面曲面。此阶段的多数命令将更改现有点的坐标或添加新点，因此，多面几何将与原始点集不同。在对包络模型进行粗调、精调，执行“小平面”命令后，在菜单栏中将出现“多面体面”菜单，在界面左侧的工具栏中也将出现小平面处理按钮。

（2）小平面特征建模的工作流程

1）点处理

① 使用“插入”（insert）→“小平面特征”（facet feature）并输入 pts、acs、vtx 或 ibl 文件，输入点集。

② 去除错误数据，如在所需几何外部的点。

③ 将其他点集添加到同一特征。

④ 必要时可删除部分点。

⑤ 将噪声减到最小。

⑥ 对点进行取样以整理数据并减少计算时间。

⑦ 由点集创建包络。

2）包络处理

① 通过在选定区域内扩展曲面或扩展曲面直到点密度改变处，来移除三角形。

② 移除由点集创建包络时在模型的间隙生成的连接面。

③ 以直线方式贯穿模型来移除三角形，这类似于钻孔。

④ 向几何的选定区域添加三角形的一个单独的层。

⑤ 填充选定几何的所有凹陷部分。

⑥ 填充需要附加体积的区域，以便定义在扫描时变模糊的边。

3）小平面处理

① 删除不需要的小平面。

② 减少三角形的数量而不损坏曲面的连续性或细节。

③ 填充可能在扫描过程中引入的间隙。

④ 通过减小小平面尺寸改善多面几何。

⑤ 通过以选代方式改变顶点坐标来平滑多边形曲面。

⑥ 反转有公共边的两个小平面的方向。

⑦ 通过分割现有小平面或选取三个开放顶点来创建新的小平面，从而添加小平面。

5.6.4　重新造型

（1）重新造型概述

重新造型（restyle）是 Creo 中一个逆向工程环境，可基于多面（三角形网格）数据重建曲面 CAD 模型，也可直接输入三角网格数据或使用 Creo 的“小平面特征”功能通过转换点集数据进行创建。

要在“重新造型”环境中操作，需要重新造型提供一整套的自动、半自动和手动工具，可用来执行以下任务。

① 创建和修改曲线，包括在多面数据上的曲线。

② 对多面数据使用曲面分析以创建特性曲线。这些曲线表示具有类似曲率的（在等值线分析时）模型区域，或者曲率突变（在极值分析时）区域，如模型的锐边。

③ 使用多面数据创建并编辑全部或部分解析曲面、拉伸曲面和旋转曲面。

④ 使用多面数据和曲线创建、编辑和处理自由形式的多项式曲面，包括高次 B 样条和 Bezier 曲面。

⑤ 对多面数据拟合自由形式曲面。

⑥ 管理曲面间的连接和相切约束。

⑦ 执行基本的曲面建模操作，包括曲面外推与合并。

为了将设计活动孤立在单一特征中，Creo 中的“重新造型”使用了“重新造型”特征这一概念。“重新造型”特征为复合特征，包含所有作为“重新造型”中子特征创建的几何和参照数据。所有在“重新造型”特征中创建的几何均为该特征的一部分。“重新造型”特征仅从属于基础“小平面”特征。如果修改“小平面”特征，“重新造型”特征也随之更新。在“重新造型”特征中创建的几何与模型中原有特征之间没有其他的父子从属关系。

挂起“重新造型”特征，可能会删除其参照的“小平面”特征。在“重新造型”中创建的基准也是“重新造型”特征的一部分。在此情况下，“重新造型”几何保持不变。一旦删除“小平面”特征，“重新造型”就不能参照其他“小平面”特征。在“重新造型”中创建异步基准特征，例如平面、点和坐标系等。这些在“重新造型”中创建的基准也是“重新造型”特征的一部分。因此，所生成的图元会丢失其在创建时的所有参照，且不能编辑其定义。在“重新造型”特征内创建的曲线和曲面之间无父子从属关系。但是，会保持曲面之间和曲面与曲线之间的几何关系。例如，对用于创建曲面的曲线进行修改将造成对该曲面进行更新。在“重新造型”特征后创建的特征可将在“重新造型”内创建的几何图元用作参照，其方式与使用任何其他几何对象相同。

(2) 重新造型的工作流程

① 在 Creo 中打开所需的小平面模式。

② 执行菜单命令“插入”→“重新造型”，进入“重新造型”环境。

③ 使用着色视图和诸如曲面分析、最大曲率分析、高斯曲率分析和三阶导数分析等分析方法，了解对象的曲面模型的结构。

④ 首先构建比较简单和较大的曲面，这些曲面可用作更复杂的程序化曲面和曲面分析的方向参照。

⑤ 使用不同的曲面创建工具创建曲面，也可在小平面上创建区域，使用此区域以及曲面创建工具创建曲面。

⑥ 对于自由曲面，可使用“拟合”和“投影”工具。必须为曲面指定区域或参照点才能对其进行拟合。

⑦ 如果曲面必须彼此相交，则可能需要延伸这些曲面。在某些情况下，在延伸后需要重新拟合自由曲面。

⑧ “重新造型”可自动约束使用曲线创建的自由形式曲面。如果需要对单个曲面和曲线进行适当修改，可根据需要编辑或移除约束。

⑨ 使用“诊断”(diagnostics) 工具可实现曲面和曲线特性的动态可视化。

⑩ 使用“重新造型树”(restyle tree) 工具可在“重新造型”中隐藏/取消隐藏或删除曲面模型的元件。完成“重新造型”特征后，可使用所创建的几何创建常规的 Creo 特征。

5.7 CATIA 软件的逆向设计模块

5.7.1 软件介绍

CATIA 用于逆向设计的模块主要有 DSE (digitized shape editor) 数字化外形编辑器模块、QSR (quick surface reconstruction) 快速曲面重建模块、GSD (generative shape design) 创成式外形设计模块、FSS (freestyle shaper) 自由曲面造型模块、PDG (part design) 零件设计模块等。其中 DSE、QSR 是逆向工程的专用模块，可以提供多种格式的点云输入和输出数据，除了具有对点云数据进行处理的功能外，还提供了强大的曲面、曲线直接拟合功能，由于植入了 STYLER 算法，CATIA 的 POWER FIT 功能较强大，只是人工控制能力稍差，对于精度要求不高 (0.3～0.5mm) 的情况已经完全可以把握。对曲面与测量点的偏差大于 0.1mm 的 Class A 曲面，CATIA 完全可以胜任，因此通过 CATIA 逆向工程的专用模块进行曲面重构可以满足大部分产品设计的要求。

5.7.2 工作流程

CATIA 软件逆向建模工作流程可以分为三个阶段：第一阶段是点云处理，主要包括数据导入、点云过滤和降噪、创建网格以及改善网格质量；第二阶段是曲线曲面创建，主要包括创建交线、边界曲线和特征曲线重构、创建模型曲面；第三阶段是品质分析，主要包括曲面质量评估、距离分析和偏差分析。图 31-5-5 所示的是 CATIA 软件的主要工作流程。

5.7.3 基本功能

DSE 数字曲面编辑器模块拥有强大的点云数据预处理功能，通过对点云进行剪切、合并、过滤、三角网格化等处理，以不丢失特征为前提将庞大的点云转换为部分点数据，点云经过三角网格化处理后，工件的特征更容易观察，可以建立特征线提供给 CATIA 其他模块进行建模，也可直接进行 NC 加工。

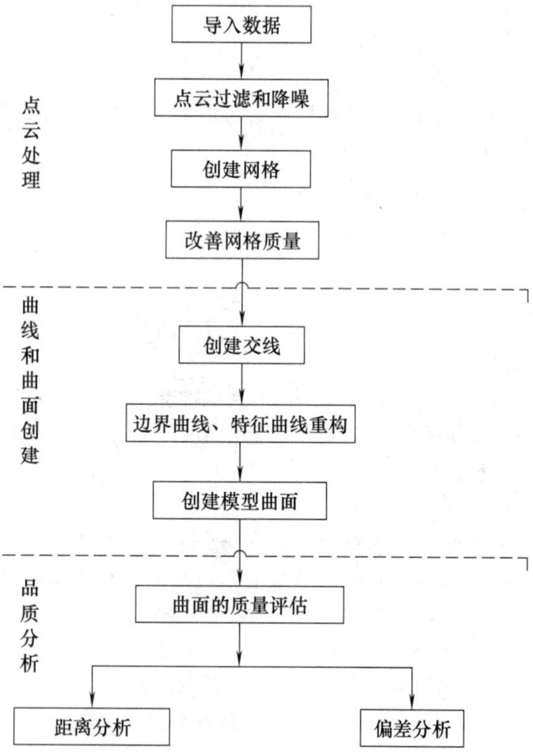

图 31-5-5 CATIA 软件的主要工作流程

点云经过数字曲面编辑模块处理之后，可以在 QSR 快速曲面重构模块中快速而有效地构建曲面，进一步缩短了产品开发的流程。快速曲面重构模块拥有强大的曲面重构功能，包括建立自由边界、提取特征曲线、由 n 边边界重建自由曲面、辨识及重建几何曲面（平面、圆柱、圆球、圆锥等）

CATIA 的 GSD 创成式曲面外形设计模块包括线框构造和曲面造型功能，它为用户提供了一系列应用广泛、功能强大、使用方便的工具集，以建立和修改用于复杂外形设计所需的各种曲面。同时，创成式曲面造型模块造型方法采用了基于特征的设计方法和全相关技术，在设计过程中能有效地捕捉设计意图，因此极大地提高了设计者的设计质量和效率，并为后续设计更改提供了强有力的技术支持。通过创成式曲面造型模块与逆向工程设计的其他模块相结合，可以生成质量好的外形，也可以根据产品的结构特点及点云特征，运用此模块的强大的造型功能逐步建构出产品原型，并可以进行实时分析。

5.7.4　主要数据处理模块

表 31-5-4　CATIA 的主要数据处理模块

模块	功　能	命令操作
数字曲面编辑器模块	具有强大的点云数据处理功能，可以进行导入及清理点云数据、三角网格化点云、作点云剖面提取曲线、提取特征线以及点云质量分析	• Cloud Import and Export（导入导出点云）：可以把测量仪器所取得的点云数据导入 CATIA 中或从 CATIA 中导出 • Cloud Edition（编辑点云）：对点云进行选择（Select）、移除（Remove）或过滤（Filter）以及特征线保护（Protect） • Reposit（重置点云）：对点云进行对齐 • Mesh（铺面）：建立三角网格，偏置平滑网格及孔洞修补等 • Cloud Operation（操作点云）：合并及分割点云或网格面 • Scan Creation（创建交线）：截取点云断，获得自由边界等 • Curve Creation（创建曲线）：可由扫描生成曲线或绘制 3D 曲线 • Cloud Analysis（点云分析）：提供点云信及偏差检测
快速曲面重构模块	拥有快速而有效的曲面重构功能，包括：建立自由边界，提取特征曲线，由 n 边边界重建自由曲面，辨识重建几何曲面（平面、圆柱、圆球、圆锥等）	• Cloud Edition（点云编辑）：可以随意选择局部点云 • Scan Creation（创建交线）：截取点云断面交线，获得自由边界等 • Curve Creation（创建曲线）：可由扫描线生成曲线或绘制 3D 曲线 • Domain Creation（创建轮廓）：由现成的曲线构造封闭轮廓，为作面准备 • Surface Creation（创建曲面）：由轮廓线及点云构造曲面 • Operations（曲线曲面操作）：可对曲线曲面进行拼合，切割等操作
创成式曲面外形设计模块	用于曲面与曲线的创建与修改	• Sketches（草绘）：在所选的平面上进行草绘操作 • Wire frame（线框构架）：线框构架用于创建点、曲线与基准平面 • Law（参数）：公式参数定义 • Surfaces（曲面）：曲面构建 • Volumes（实体）：通过曲线、曲面生成实体 • Operations（操作）：修改操作，可以对曲线、曲面等对象进行修改 • Constraints（约束）：约束定义，可以在 3D 空间下行约束定义 • Annotations（注解）：注解标识 • Analysis（分析）：可以分析曲线、曲面的连接性，曲面锥度角，曲线、曲面曲率等 • Advanced Replication Tools（高级复制功能）：可以进行高级复制、阵列等 • Advanced Surfaces（高级曲面）：高级曲面构建操作，通过凸起、变形、约束曲线曲面等方式生成曲面 • Developed Shapes（生长曲面）：包括展开曲面与生成曲面两种方式生成曲面

5.7.5 主要特点

① 点及点云数据处理的高效率；

② 可以构建 Class A 曲面（CATIA FS 模块及 Automotive Class A 模块）；

③ 可以根据需要快速构建 Class B 曲面（CATIA QSR 模块）；

④ GSD 模块曲面功能强大，并可进行可行性分析；

⑤ 多样化检测工具（曲率分析、连续分析、距离分析等）；

⑥ 三角网格曲面直接进行 3 轴加工（SMG 模块）；

⑦ 以 DMU SPA 对数位模型进行空间干涉检测。

第 6 章　逆向设计实例

6.1　基于 Geomagic Wrap 的螺旋结构逆向设计

6.1.1　产品分析

在各类型产品生产过程中，螺旋结构是一种常见的结构。在实际生产中，可运用逆向工程技术将螺旋结构转换为 CAD 模型，以便进行后续的工作。本节以一段螺旋结构为例，介绍曲面结构的逆向工程过程，采用的软件为 Geomagic Wrap 2017。主要操作步骤如下：

① 点云的处理；
② 多边形的处理；
③ 形状阶段的处理；
④ 逆向设计的评价。

6.1.2　点云的处理

本例中的点云是采用扫描设备获取的原始点云。在进行逆向工程之前，需对点云进行技术处理，包括合并对象、去除非连接项等，具体步骤如下。

（1）打开点云

启动 Geomagic Wrap 2017 软件，选择【打开】命令，查找文件并选中打开，在工作区显示点云数据，如图 31-6-1 所示。

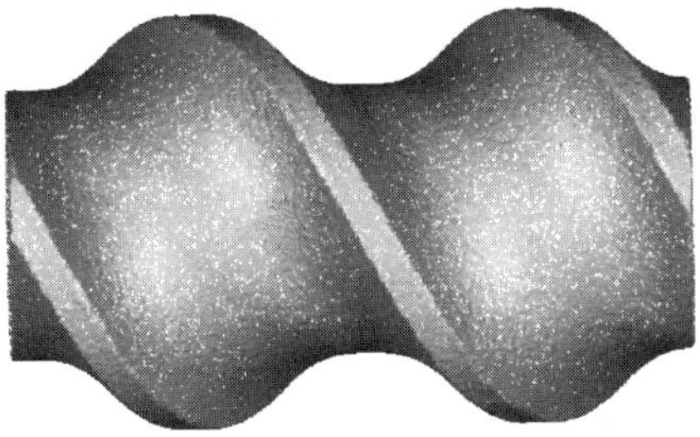

图 31-6-1　螺旋点云数据

（2）合并点对象

选择菜单栏【点】→【合并】，或点击，可将点云数据合并，在模型管理器中可以看到修改后的螺旋模型，如图 31-6-2 所示。

图 31-6-2　合并为一个点云

（3）将点云着色

为更清晰地观察点云的形状，对点云进行着色处理。选择菜单栏【点】→【着色】→【着色点】，或点击图标，对点云进行着色。

（4）选择非连接项

选择菜单【点】→【选择】→【非连接项】，或点击图标，在管理器面板弹出如图 31-6-3 所示的“选择非连接项”对话框。

“分隔”低、中间、高三个选项，分别表示非连接点集与主点云距离大小；“尺寸”表示多大数量的点数会被选中，例如默认值“5.0”，即所需选的点云数量是点云总量的 5%或更少，并分离这些点束。在“分隔”的列表框中选择“低”，“尺寸”选择默认值“5.0”，确定后，会选中点云中的非连接项，并呈现红色。选择【点】→【删除】，或者按“Delete”键删除选中的点。

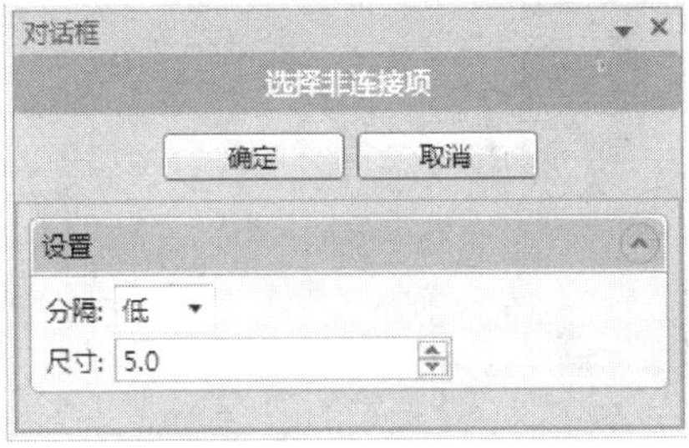

图 31-6-3　“选择非连接项”对话框

（5）去除体外孤点

选择菜单【点】→【选择】→【体外孤点】，或点击图标，在管理器面板弹出如图 31-6-4 所示的“体外孤点”对话框。其中“敏感度”表示探测体外孤点的敏感程度，其值越大，越敏感，则选择的体外孤点越多。设置“敏感度”值为默认值“85.0”，确定后，此时体外孤点被选中（呈红色），如图 31-6-5 所示。选择【点】→【删除】，或者按“Delete”键删除选中的点。

体外孤点指模型中偏离主体点云较远的点集，通常是由于扫描过程中误扫描到背景物体，因此必须删除。

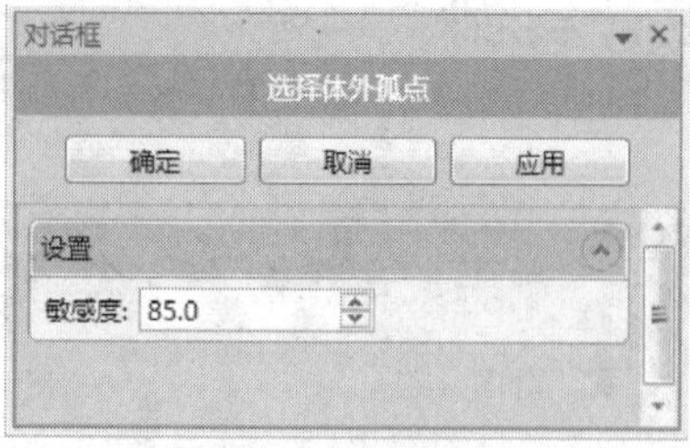

图 31-6-4　“选择体外孤点”对话框

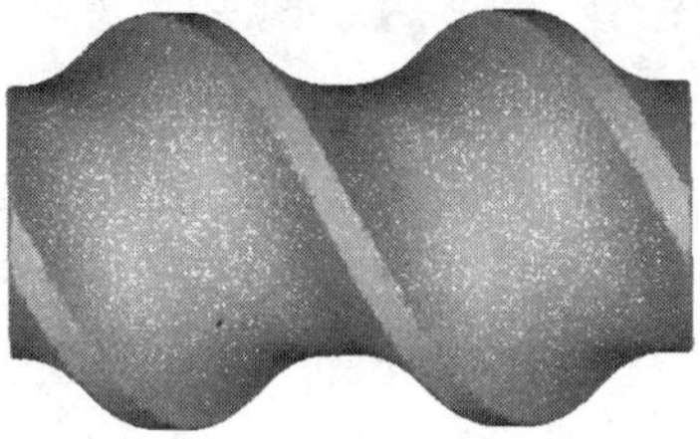

图 31-6-5　体外孤点显示

（6）减少噪声

选择菜单【点】→【减少噪声】，或点击图标，在管理器模板中弹出如图 31-6-6 所示的“减少噪声”对话框。

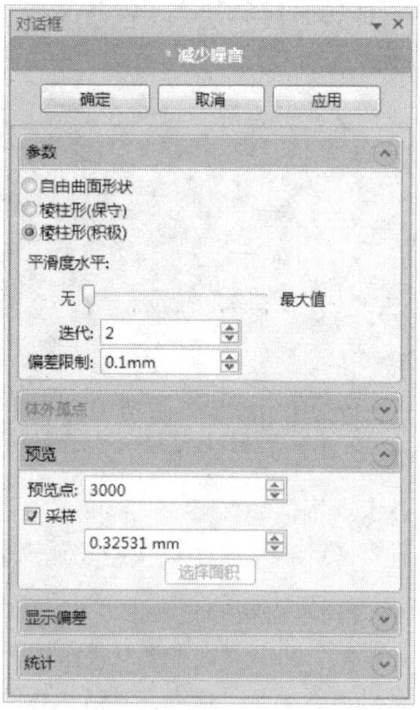

图 31-6-6　“减少噪声”对话框

选择“自由曲面形状”，“平滑级别”调至“无”，“迭代”为“2”，“偏差限制”为“0.1mm”。选择“预览”选框，“预览点”表示被封装和预览的点数量，定义为“3000”，取消选中“采样”选项。在模型中选择一块区域预览，选择不同的“平滑级别”，预览区域的图像将会变化。

图 31-6-7 和图 31-6-8 分别为平滑级别最小和平滑级别最大的预览效果。

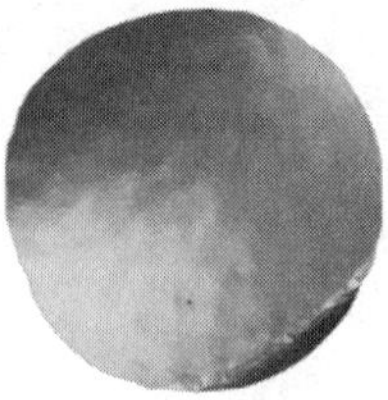

图 31-6-7　平滑级别最小

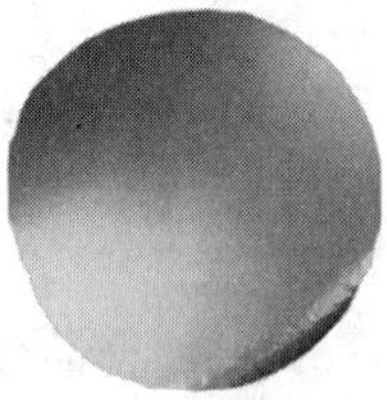

图 31-6-8　平滑级别最大

（7）统一采样

选择菜单【点】→【统一采样】，或点击图标，在管理器模板中弹出如图 31-6-9 所示的“统一采样”对话框。单击“绝对”选项，定义“间距”为“0.6mm”，单击“确定”退出命令。

（8）封装数据

选择菜单【点】→【封装】，或点击图标。在管理器模板中弹出如图 31-6-10 所示的“封装”对话框，该命令将围绕点云进行封装计算，将点云转换为多边形模型。

（9）保存文件

将该阶段的模型数据进行保存。

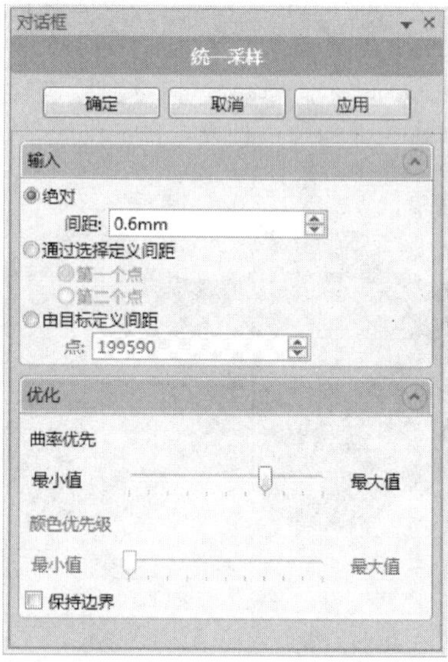

图 31-6-9　“统一采样”对话框

6.1.3　多边形的处理

点云经过封装处理后，进入多边形阶段。在多边形阶段根据需求对模型进行多重处理，得到理想的多

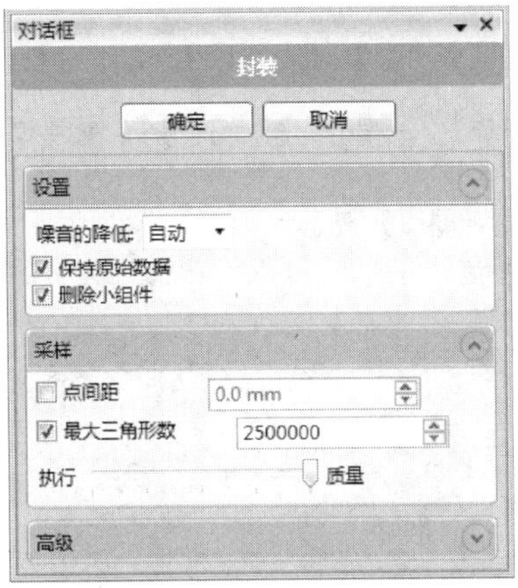

图 31-6-10　“封装”对话框

边形模型。

（1）隐藏点云显示多边形模型

打开上述处理完的点云模型后，会同时出现点云和多边形模型，为方便观察多边形模型，将点云模型进行隐藏，如图 31-6-11 所示。

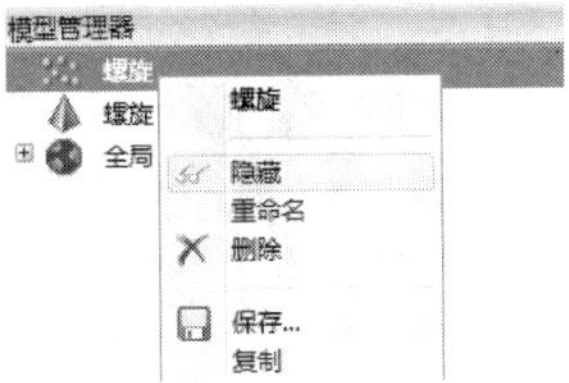

图 31-6-11　隐藏点云操作

（2）创建流型

为删除模型中的非流型的三角形，先对多边形阶段的模型创建流型。选择菜单【多边形】→【流型】，或点击图标。创建流型存在两种方式：开流型；闭流型。当模型是片状而不封闭时，可创建开流型，即从开放的对象中删除非流型的三角形。当模型为封闭结构时，则创建一个闭流型，即从封闭的对象中删除非流型三角形。

（3）填充孔

如图 31-6-12 所示，选择【多边形】→【填充孔】，或点击图标和可根据孔的类型，进行选择，填充方式共有三种：

① 填充完整孔；

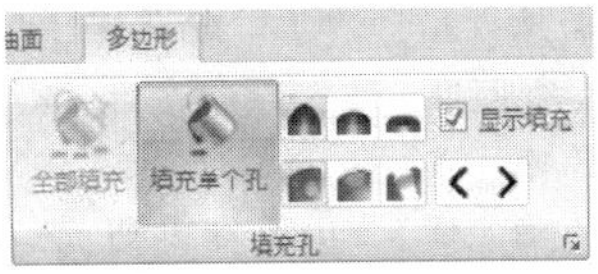

图 31-6-12　“填充孔”对话框

② 填充边界孔；

③ 生成桥填充。

在此实例中，选择填充单个孔，如图 31-6-13 所示，选择孔的红色边缘，模型中缺失的数据会根据选定方法被填补上，其结果如图 31-6-14 所示。

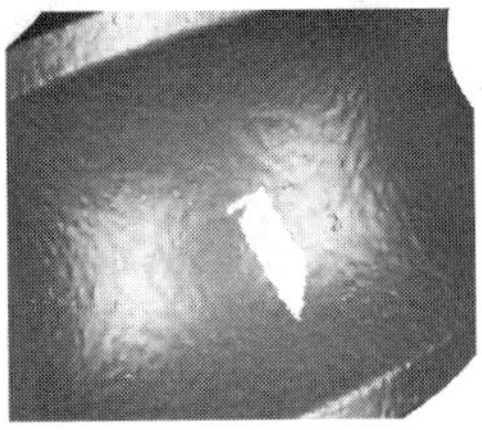

图 31-6-13　孔填充前

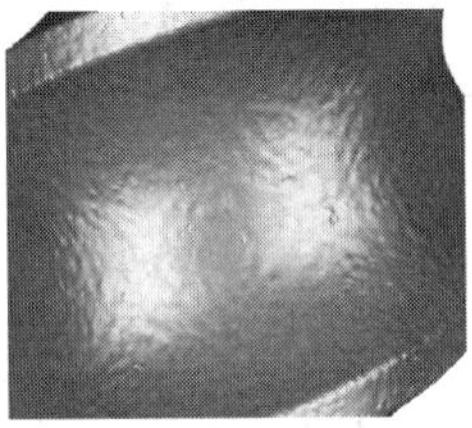

图 31-6-14　孔填充后

（4）简化多边形

为在不妨碍表面细节和颜色的前提下减少三角形的数量，用更少的三角形来表示多边形物体，需要对模型进行简化多边形操作。选择【多边形】→【简化】，或点击图标。在模型中弹出如图 31-6-15 所示的对话框。

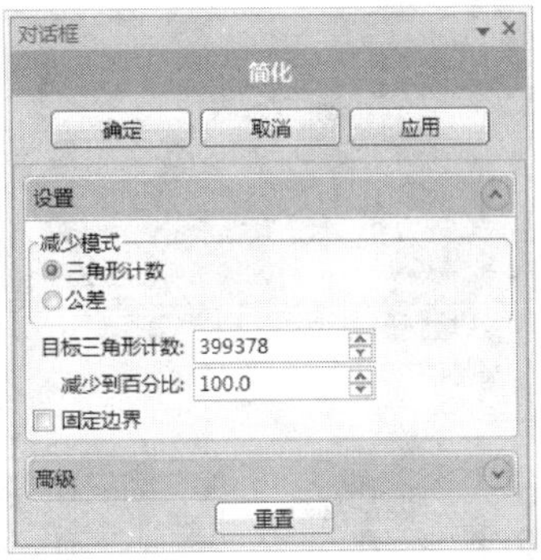

图 31-6-15　“简化”对话框

（5）砂纸打磨

选择【多边形】→【砂纸】，或点击图标。在模型管理器中弹出如图 31-6-16 所示的“砂纸”对话框。选择“松弛”单选项。

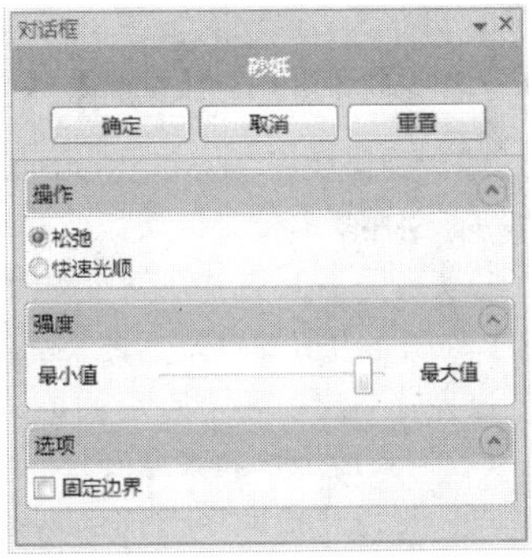

图 31-6-16　选择“松弛”单选项

将“强度”值设在中间位置，按住鼠标左键在需要打磨的地方左右移动即可。打磨前、后的效果分别如图 31-6-17 和图 31-6-18 所示。

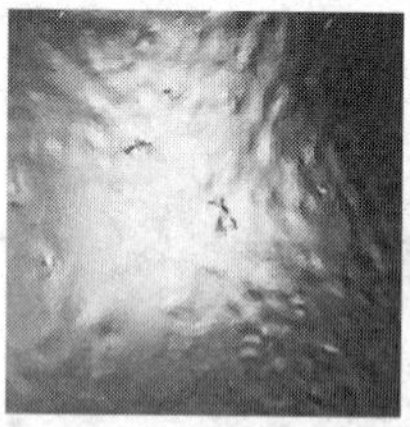
图 31-6-17 打磨前

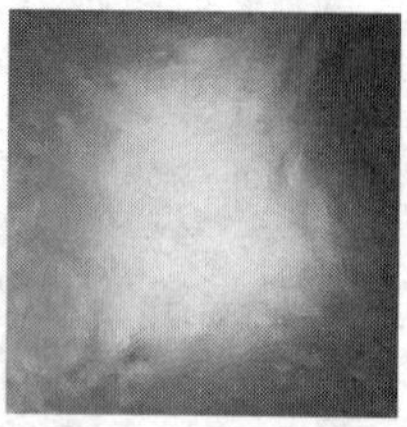
图 31-6-18 打磨后

（6）去除特征

执行去除特征前，首先选取需要去除特征的部位，如图 31-6-19 所示。再单击【多边形】→【去除特征】，或点击图标 。图 31-6-20 和图 31-6-21 给出了去除特征前后的效果对比图。

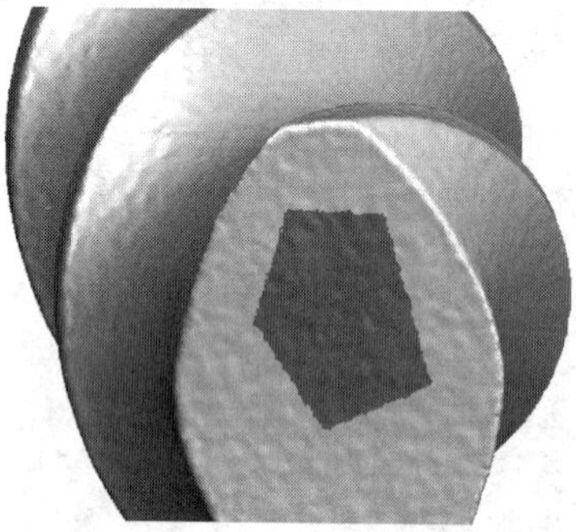
图 31-6-19 选择去除特征的区域

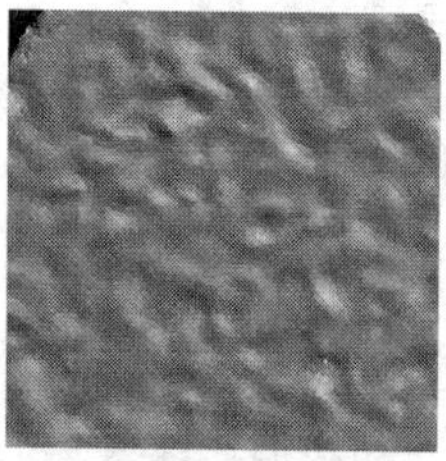
图 31-6-20 去除特征前

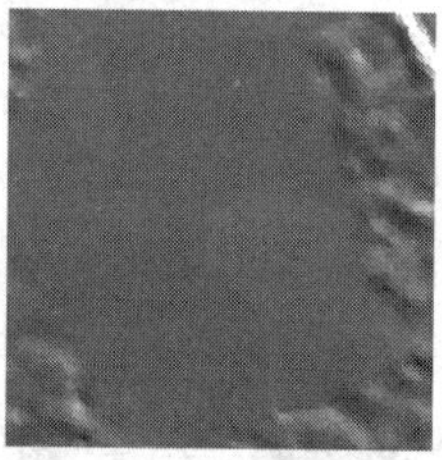
图 31-6-21 去除特征后

（7）编辑边界

选择【多边形】→【边界】→【修改】→【编辑边界】，或点击图标 。弹出如图 31-6-22 所示的对话框。

编辑边界有 3 种基本模式。

① 整个边界——直接选中需要编辑的边界，输入控制点的个数和张力值即可。

② 部分边界——选中两个点之间的边界进行编辑，同样输入控制点的个数和张力值。

③ 拾取点——通过拾取多个控制点来确定一个理想的边界。

（8）松弛边界

选择【多边形】→【边界】→【修改】→【松弛边界】，或点击图标 ，如图 31-6-23 所示。松弛边界分为 2 种模式。

① 松弛整个边界；

② 松弛部分边界。

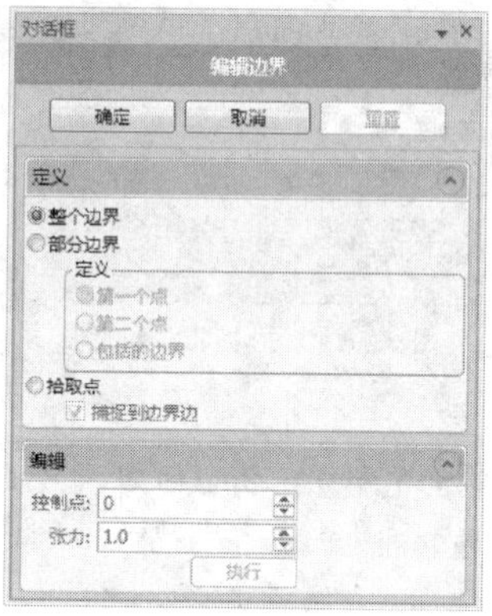

图 31-6-22 “编辑边界”对话框

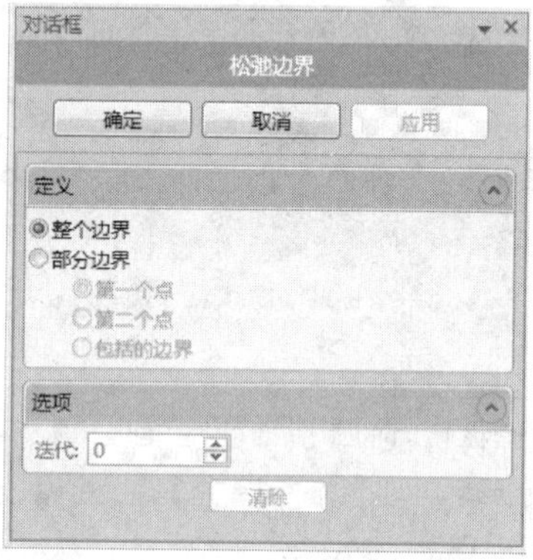

图 31-6-23 “松弛边界”对话框

（9）松弛多边形

选中需要松弛的三角形区域，如图 31-6-24 所示，选择菜单栏【多边形】→【松弛】，或点击图标 。可通过设置“平滑级别”和“强度”，优化模型的光滑度。

（10）保存文件

将该阶段的模型数据进行保存。

6.1.4 形状阶段处理

本阶段的任务是在一个已经处理好的多边形对象上拟合 NURBS 曲面。

（1）探测曲率

选择【精确曲面】，进入精确曲面编辑模式。选择【精确曲面】→【探测轮廓线】→【探测曲率】，或点

击图标 。在管理器面板弹出如图 31-6-25 所示的对话框。选中“自动评估”复选框，“曲率级别”为“0.3”。选中“简化轮廓线”复选框，应用完成该命令。生成轮廓线如图 31-6-26 所示。

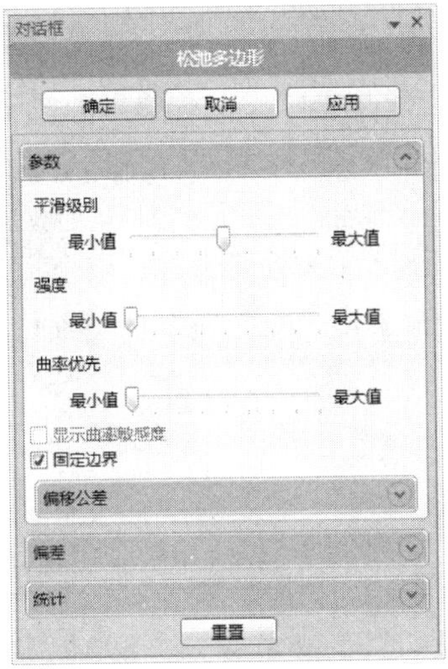

图 31-6-24　“松弛多边形”对话框

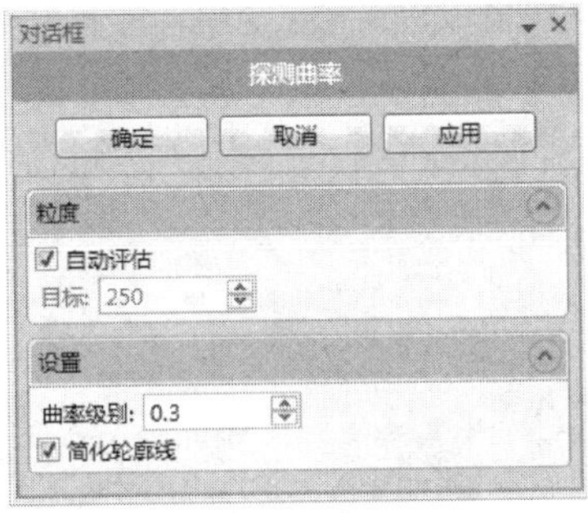

图 31-6-25　“探测曲率”对话框

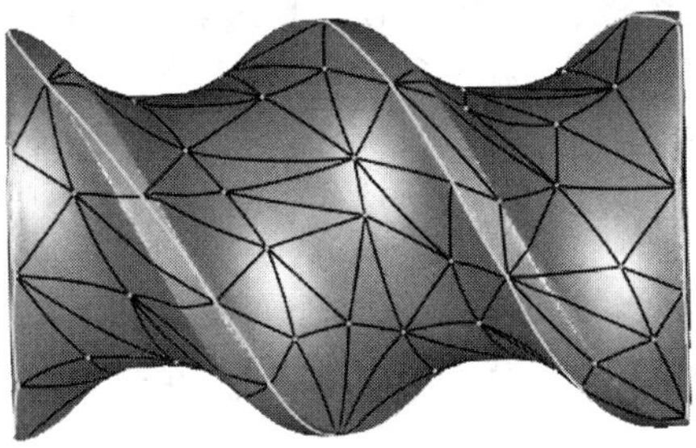

图 31-6-26　生成轮廓线

(2) 升级或约束轮廓线

选择【轮廓线】→【升级/约束】，或点击图标 。弹出“升级/约束”对话框，如图 31-6-27 所示。如选错轮廓线，可按住“Ctrl”键同时单击该轮廓线，取消升级或降级。升级/约束后的效果如图 31-6-28 所示。

图 31-6-27　“升级/约束”对话框

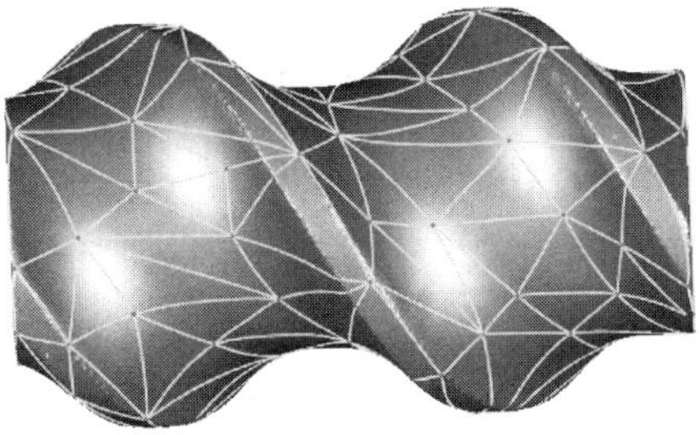

图 31-6-28　升级/约束后的效果

(3) 移动面板

选择【构造曲面片】，或点击图标 。弹出“构造曲面片”对话框，如图 31-6-29 所示。选择自动估计，应用后得到曲面如图 31-6-30 所示。

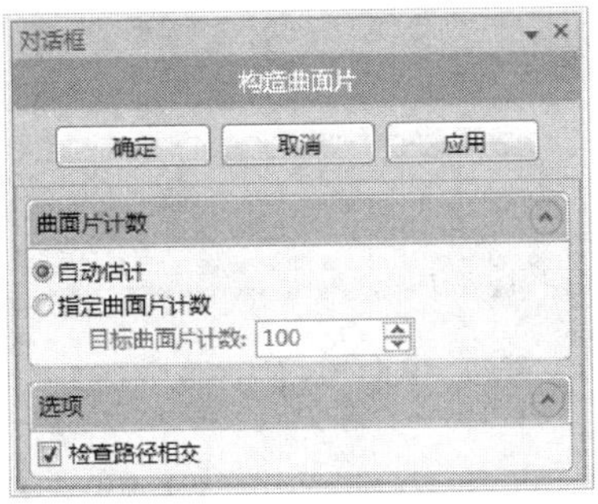

图 31-6-29　“构造曲面片”对话框

选择【精确曲面】→【移动】→【移动面板】，或点击图标 。弹出“移动面板”对话框，如图 31-6-31 所示。在“操作”一栏中选择“编辑”选项，就可以将轮廓线的顶点移动到想要的地方。

(4) 压缩/解压缩曲面片

为获得理想的曲面质量，可快速增加或减少曲面片的行数。选择【精确曲面】→【压缩曲面片层】，或

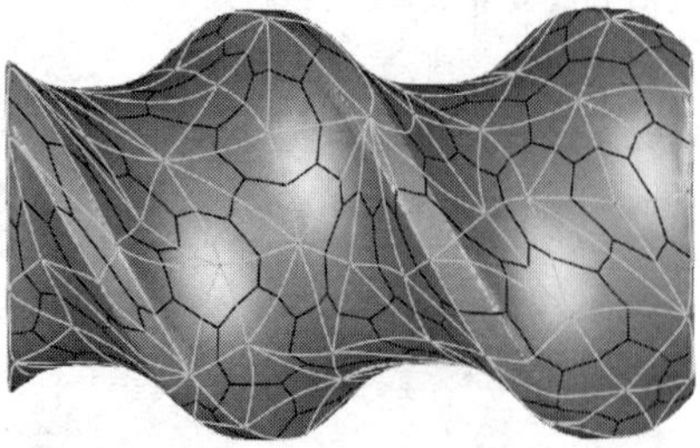

图 31-6-30 构造曲面片

点击图标。弹出“压缩曲面片层”对话框，如图 31-6-32 所示。在对话框中选择“压缩”选项。在模型的区域顶面区域单击一点，该区域被加亮，如图 31-6-33 和图 31-6-34 所示。

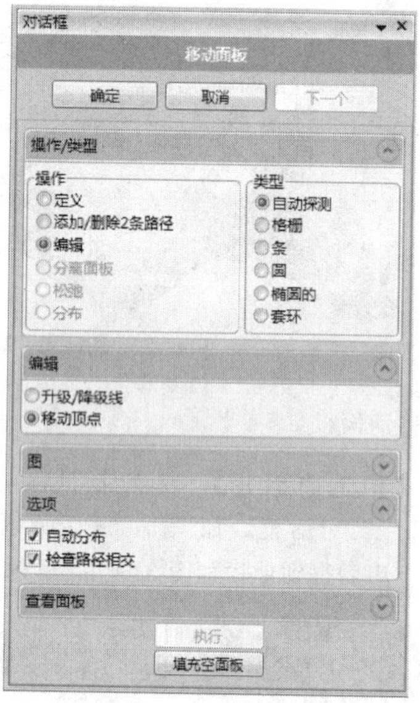

图 31-6-31 “移动面板”对话框

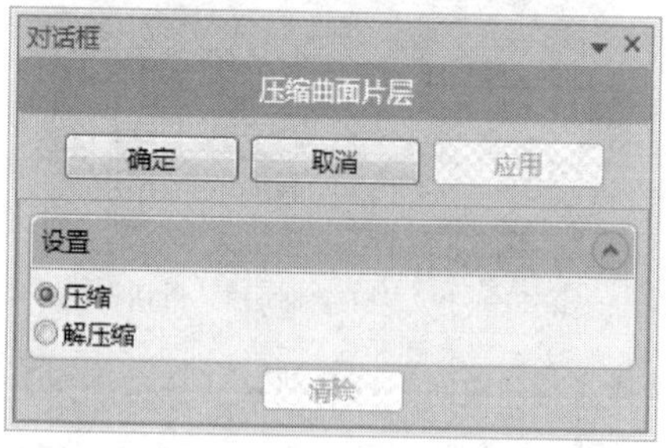

图 31-6-32 “压缩曲面片层”对话框

（5）编辑曲面片顶点

选择【精确曲面】→【修理曲面片】，或点击图标。弹出“编辑曲面片”对话框，选择默认选项，拖动曲面片顶点进行调整，如图 31-6-35 所示。

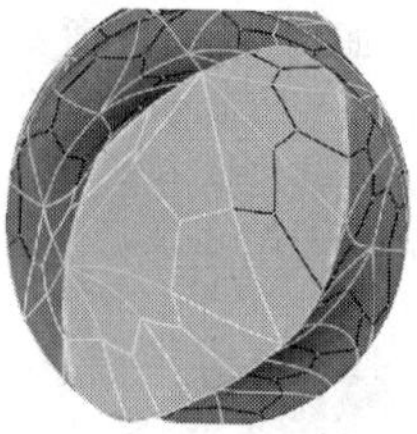

图 31-6-33 压缩前

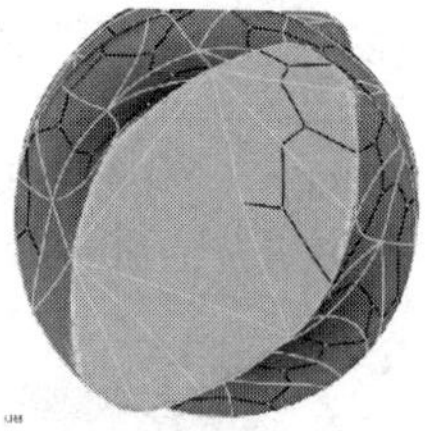

图 31-6-34 压缩后

该命令用于修改之前构造的曲面片的一些错误，包括修改一些相交路径、更改曲面片的数目等。修改前后的对比如图 31-6-36 和图 31-6-37 所示。

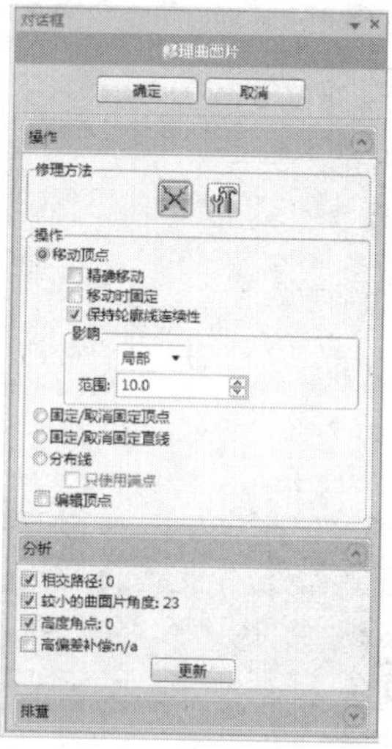

图 31-6-35 “修理曲面片”对话框

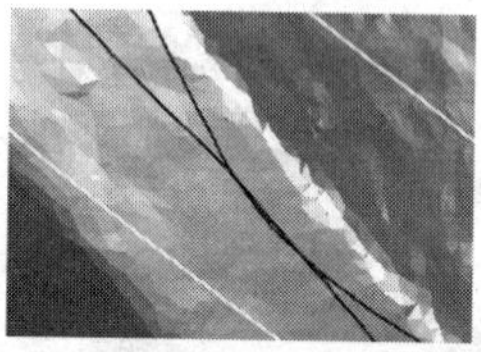

图 31-6-36 修改前

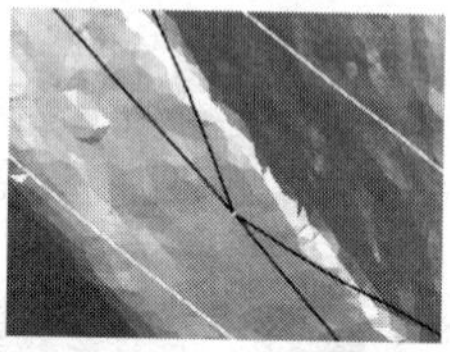

图 31-6-37 修改后

（6）构建格栅

选择【精确曲面】→【构造格栅】，或点击图标。设置“分辨率”为“20”，单击确定，这表示每个曲面片会生成 20 个更小的曲面片，如图 31-6-38 和图 31-6-39 所示。

（7）拟合曲面

选择【精确曲面】→【曲面】→【拟合曲面】，或点击图标。如图 31-6-40 所示，选择“常数”，设置“控制点”为“6”，“表面张力”为“0.25”，单击确定，即可自动拟合一个连续的曲面到格栅网上，如图 31-6-41 所示。

(8) 保存文件

完成操作后，将模型保存。

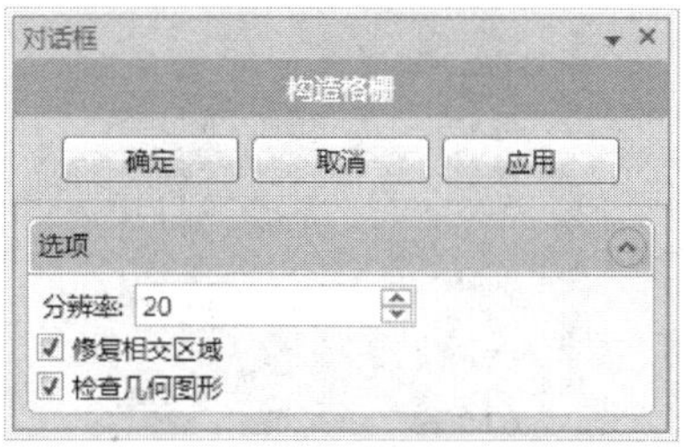

图 31-6-38　“构造格栅”对话框

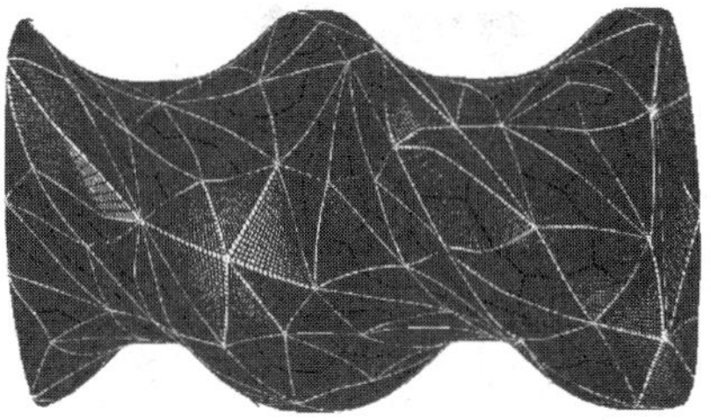

图 31-6-39　生成格栅

图 31-6-40　“拟合曲面”对话框

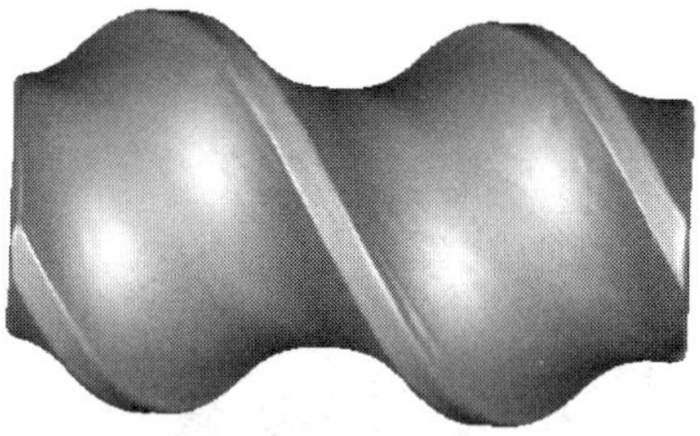

图 31-6-41　拟合曲面

6.1.5　逆向结果的分析

选择【精确曲面】→【分析】→【偏差】，或点击图标。弹出偏差分析对话框，如图 31-6-42 所示，按要求输入最大偏差，本例中以 2mm 分析，点击应用，得到如图 31-6-43 和图 31-6-44 所示的结果。

该例中，标准偏差为 0.0713mm，上、下偏差最大点，分别出现在图 31-6-45 中指示处。可根据逆向工程设计要求加以修改。

图 31-6-42　“偏差分析”对话框

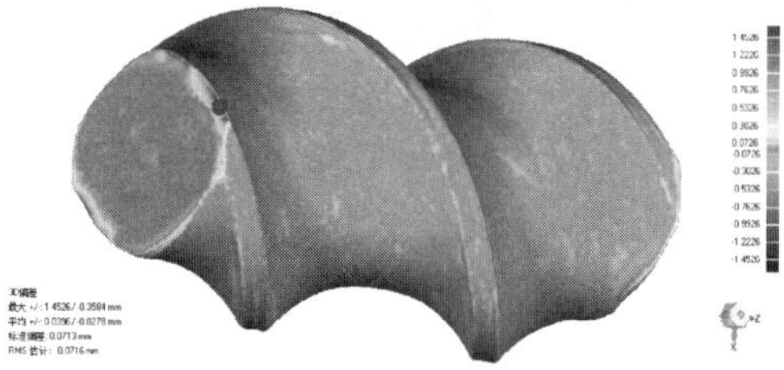

图 31-6-43　偏差分析结果

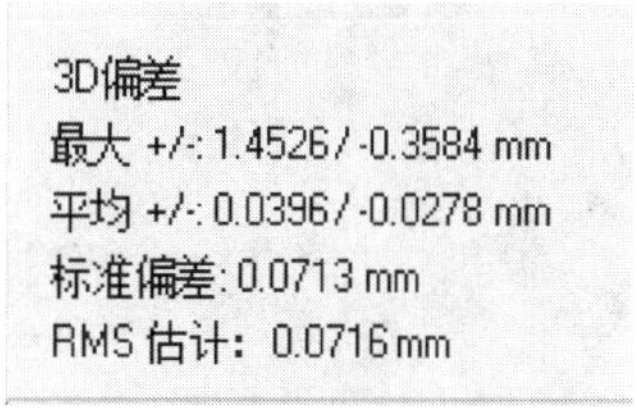

图 31-6-44　偏差分析数据

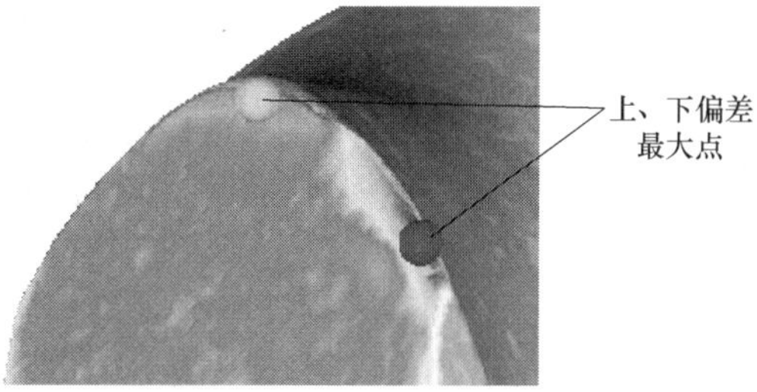

图 31-6-45　上、下偏差最大点

6.2　基于 Geomagic Design X 的发动机叶轮模型逆向设计

叶轮是机械行业常见的零件，常用于压缩机、离心泵以及各种动力机械中。本节以发动机叶轮模型为例，通过逆向工程数据采集技术获取叶轮三角网格数据后，利用 Geomagic Design X 逆向设计软件对叶轮模型进行逆向设计。

6.2.1 叶轮模型领域划分与对齐摆正

（1）叶轮模型领域划分

点击【导入】将通过扫描设备获得的叶轮三角网格数据后导入 Geomagic Design X 中，点击“领域”工具栏下方的自动分割图标，“敏感度”设置为“30%”，“面片的粗糙程度”设置为“中等”，如图 31-6-46 所示，点击确定即可完成三角网格数据的自动划分，如图 31-6-47 所示。

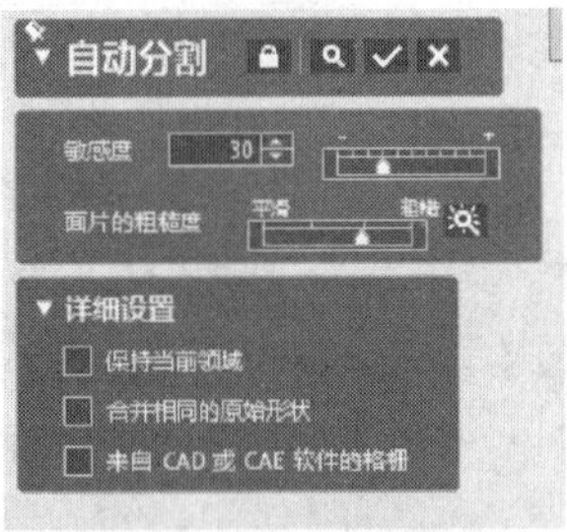

图 31-6-46 “自动分割”对话框

图 31-6-47 领域自动分割完成

（2）创建叶轮对齐基准平面

点击【模型】栏下的平面图标，弹出如图 31-6-48 所示的对话框，在“方法”选项中选择“提取”，“拟合选项”中“拟合类型”选择“最优匹配”，同时选取叶轮的上平面，点击确定即可创建平面 1，创建结果如图 31-6-49 所示。

（3）提取叶轮中间轴线

点击【模型】工具栏下的线图标，弹出如图 31-6-50 所示的对话框，“方法”选项中选择“提取”，“采样比率”选项中选择“100%”，同时选中叶轮中心圆柱面，点击确定即可创建中心线 2，如图 31-6-51 所示。

图 31-6-48 “追加平面”对话框

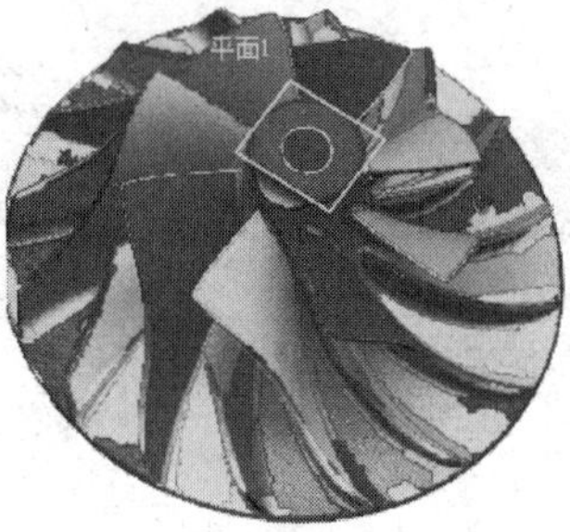

图 31-6-49 追加平面完成

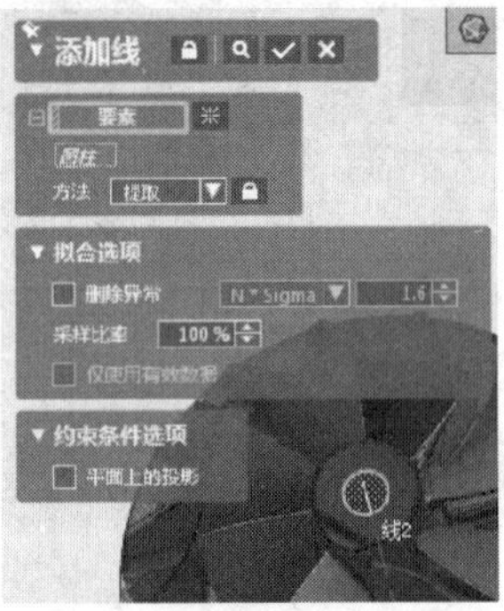

图 31-6-50 “添加线”对话框

图 31-6-51 添加线完成

（4）绘制对齐平面

点击【草图】工具栏下的草图按钮，在“基

准平面”选项中选择之前创建的平面 1，然后按照叶轮端面形状绘制直线，点击直线按钮，绘制两条相互垂直的直线，如图 31-6-52 所示，直线绘制完成后点击退出。在“模型”工具栏中选择拉伸按钮，选择“任意高度”拉伸出如图所示的面片，点击确定即可完成，如图 31-6-53 所示。

图 31-6-52　绘制两条相互垂直的直线

图 31-6-53　创建拉伸面

（5）手动对齐模型与世界坐标系

点击【对齐】工具栏下的手动对齐按钮，弹出如图 31-6-54 所示的对话框，点击图标进入下一步，出现如图 31-6-55 所示的对话框，其中“位置”选项中需选择之前拉伸的平面在平面 1 中的交点位置，“移动”选项卡下选择“X-Y-Z”，然后“Z 轴”平面选择之前创建的平面 1，“X 轴”与“Y 轴”平面分别选择之前拉伸出来的平面，“对象”选项卡不需更改，至此完成叶轮模型的对齐摆正操作，完成后可点击“视图”选项，进入视图的多角度观察。若对齐摆正没有问题，则可将对齐摆正用到的平面 1 拉伸出来的平面删除或者隐藏，这样方便后续对模型进行逆向设计。

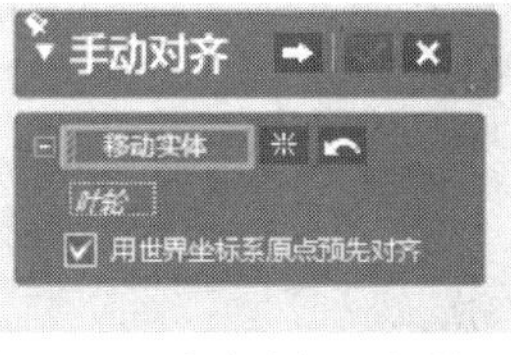

图 31-6-54　“手动对齐”对话框（一）

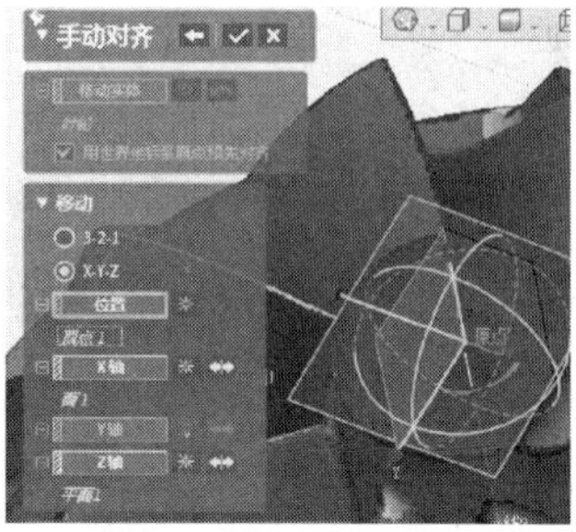

图 31-6-55　“手动对齐”对话框（二）

6.2.2　叶轮基体的逆向设计

（1）提取叶轮模型集体轮廓线

叶轮模型对齐摆正后，点击“草图”工具栏下方的面片草图按钮，弹出如图 31-6-56 所示的对话框，选择“回转投影”对话框，“中心轴”选择之前创建的中心线 2，“基准平面”选择右视基准面，“追加断面多线段”选项中，“基准平面偏移角度”设置为“20°”，“轮廓投影范围”设置为“0°”，点机上方“确定”按钮即可将模型的回转投影提取出来，提取之后如图 31-6-57 所示。

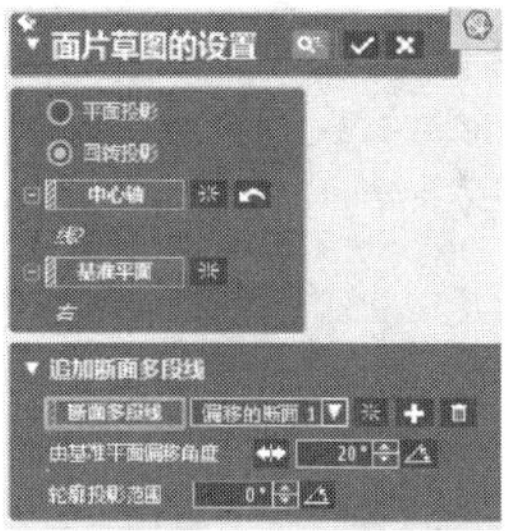

图 31-6-56　“面片草图的设置”对话框

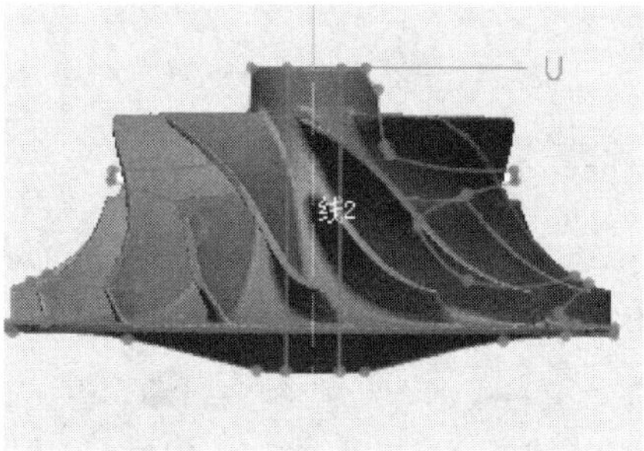

图 31-6-57　提取回转投影线

（2）绘制出叶轮基体的轮廓线

点击直线按钮，绘制出左半边轮廓中的直线

部分，点击样条曲线按钮样条曲线，将左半边的曲线绘制出来，绘制好的草图如图 31-6-58 所示。点击“退出”按钮即可完成草图的绘制。

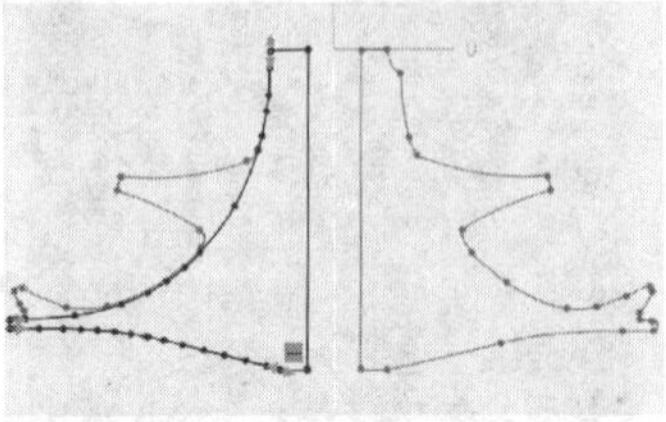

图 31-6-58　绘制轮廓线

（3）回转生成叶轮基体曲面

点击【模型】下曲面回转命令，弹出如图 31-6-59 所示对话框，“轮廓”选项中选择草图链 1，“轴选”项中选择线 2，“方法”选项中选择“单侧方向”，“角度”选项中选择“360°”，点击确认即可得到叶轮回转基体曲面，如图 31-6-60 所示。

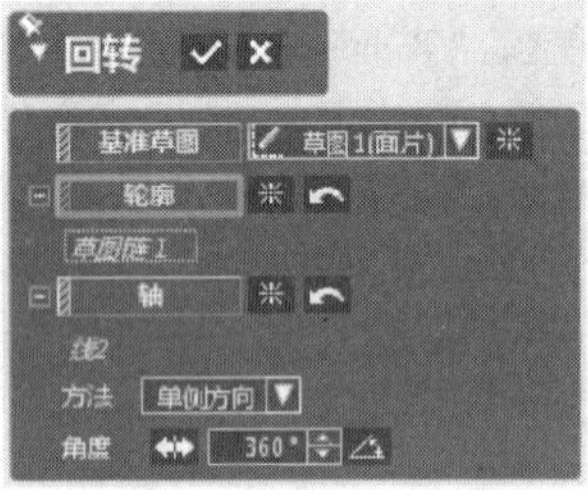

图 31-6-59　“回转”对话框

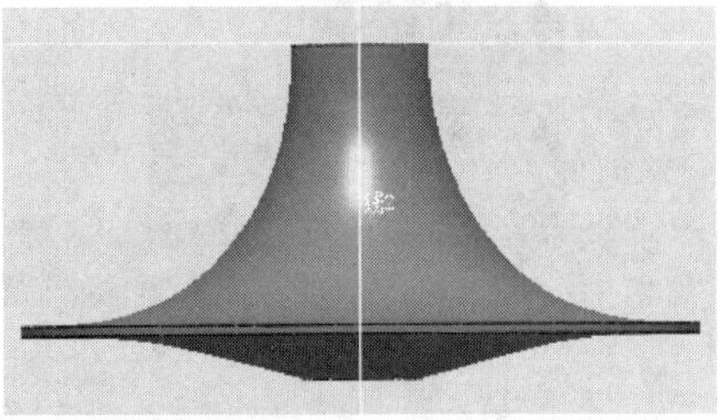

图 31-6-60　曲面回转完成

6.2.3　大小叶片的逆向设计

（1）领域合并

按住“Ctrl”键选中大叶片的上侧领域，点击【领域】工具栏中的合并领域按钮，将大叶片上侧领域合并成一块，如图 31-6-61 所示。按照同样的方式，将大叶片下侧的领域进行合并，合并后如图 31-6-62 所示。

（2）叶片的曲面拟合

领域合并完成后，选中大叶轮的上侧领域，点击

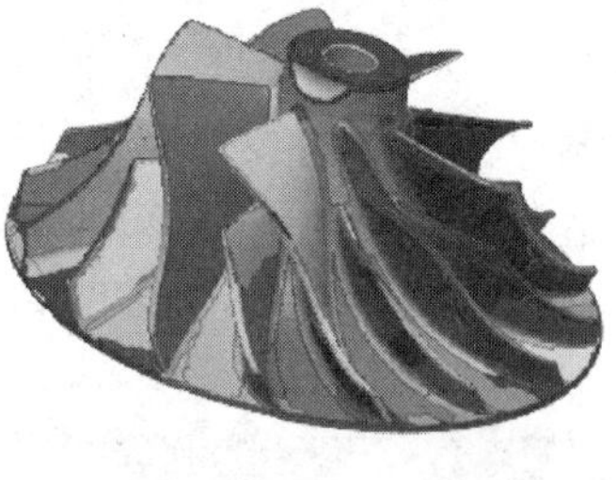

图 31-6-61　叶片上侧领域合并后

图 31-6-62　叶片下侧领域合并后

模型工具栏中的面片拟合命令，弹出如图 31-6-63所示命令窗口，“分辨率”选项中选择“控制点数”，“UV 控制点数”设置为“20”，“拟合平滑等级”选择“中上等”，“详细设置”中“延长方法”设置为“线性”。然后单击上方下一步按钮，进入下一步，弹出如图 31-6-64 所示命令窗口，默认设置即可继续点击“下一步”按钮，之后点击确定按钮，即可完成大叶轮上侧面片拟合操作，如图 31-6-65 所示。

按照上述同样的方法将大叶片的下侧曲面拟合出来，拟合之后如图 31-6-66 所示。

图 31-6-63　面片拟合（一）

（3）叶轮基体与大叶片上下两侧面做剪切

点击“模型”工具栏中的剪切曲面命令，弹出如图 31-6-67 所示对话框，其中“工具要素”选择叶轮的基体曲面，“对象体”选择面片拟合 1 与面片

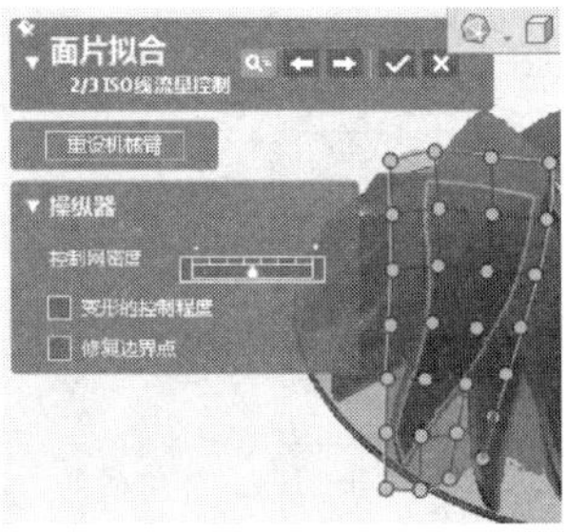

图 31-6-64　面片拟合（二）

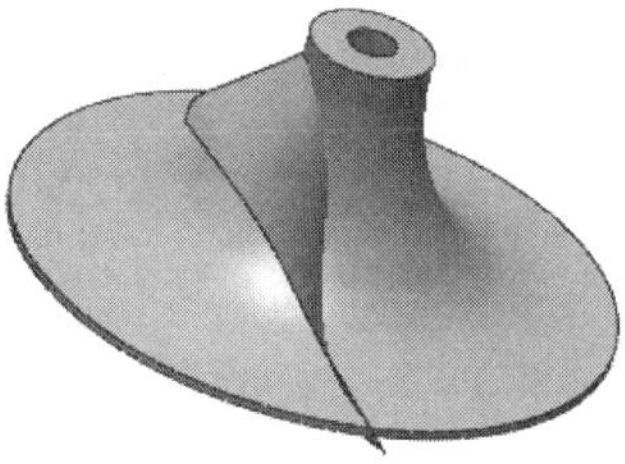

图 31-6-65　面片拟合（三）

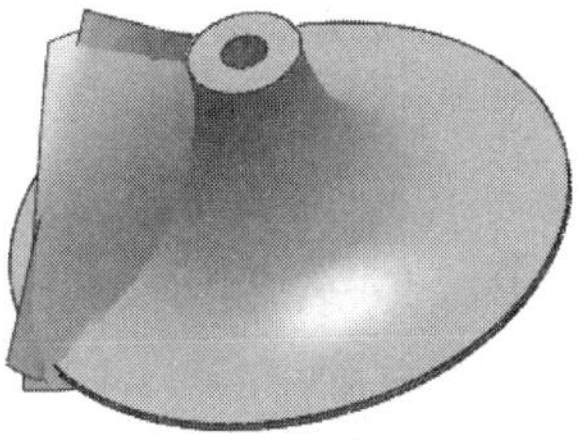

图 31-6-66　面片拟合（四）

拟合 2，然后点击下一步按钮，弹出如图 31-6-68所示对话框，在“结果”选项中“残留体”选择需要留下的曲面片，然后点击确定按钮。

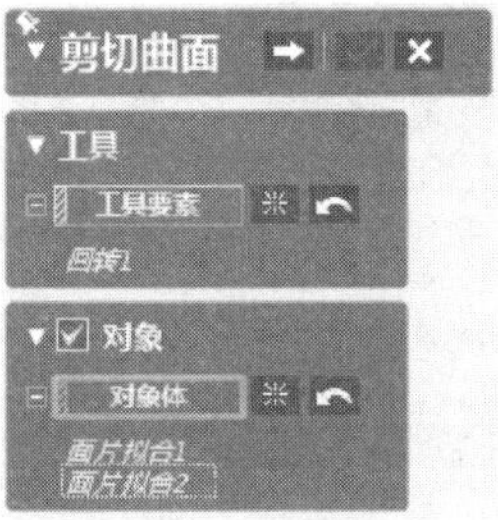

图 31-6-67　“剪切曲面”对话框（一）

（4）绘制大叶轮外形轮廓曲线

点击【草图】工具栏下的面片草图按钮，弹出如图 31-6-69 所示窗口，选择“回转投影”，“中心轴”选择之前提取的线 2，“集中平面”选择右视基准面，

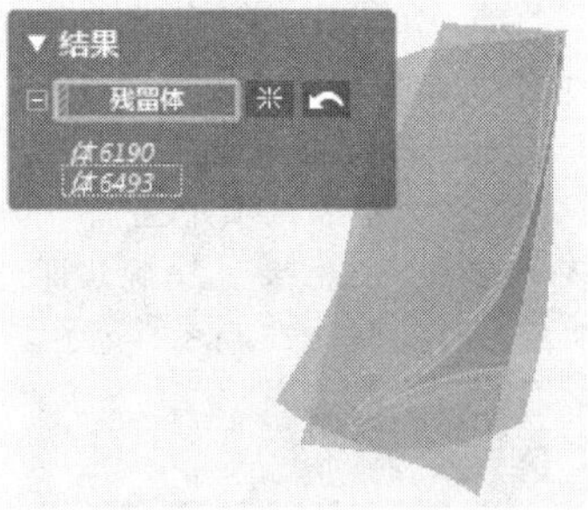

图 31-6-68　“剪切曲面”对话框（二）

“轮廓投影范围”调整至“25°”，点击确定按钮，即可提取大叶轮外形轮廓线，如图 31-6-70所示。点击确定之后，进入草图绘制界面，点击直线按钮与样条曲线按钮 样条曲线，将大叶轮左侧轮廓线绘制出来，绘制完成如图 31-6-71 所示。

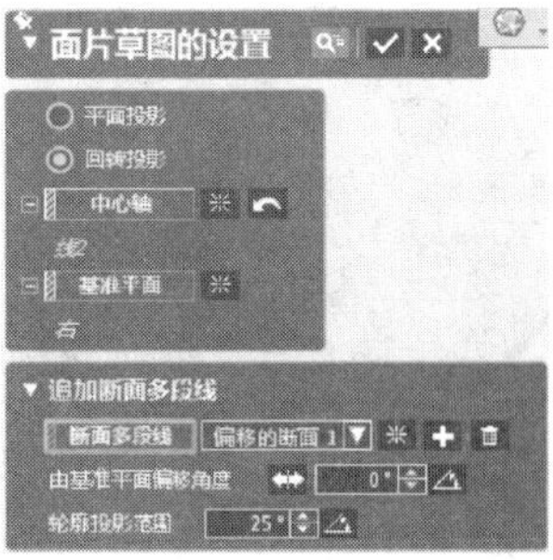

图 31-6-69　提取大叶轮外形轮廓线

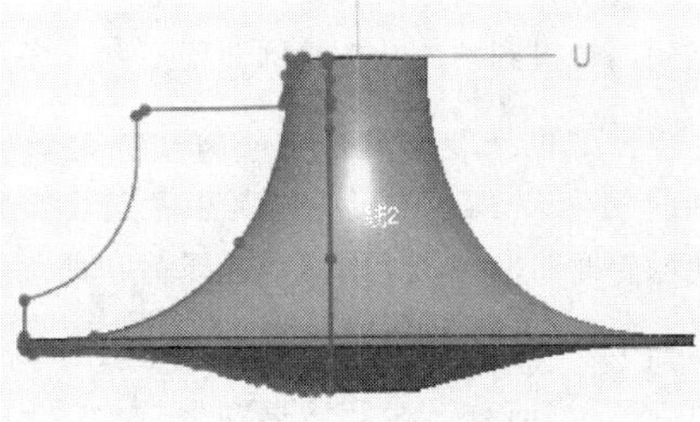

图 31-6-70　提取外形轮廓线

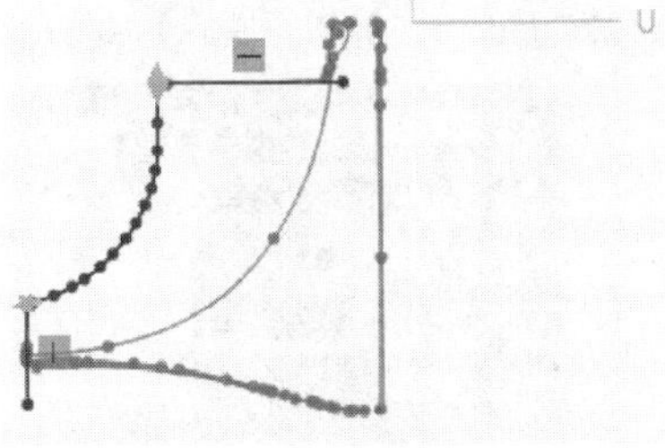

图 31-6-71　绘制外形轮廓线

（5）构建大叶轮外形轮廓曲面

旋转曲面得到大叶轮外形轮廓曲面，草图绘制完

第31篇

成后点击“退出”按钮即可退出草图的绘制。点击“模型”菜单下曲面回转命令，弹出如图 31-6-72 所示对话框，“轮廓”选项中选择草图链 1，“轴”选项中选择线 2，“方法”选项中选择“单侧方向”，“角度”选项中选择“250°”，点击确认即可得到叶轮回转基体曲面，如图 31-6-73 所示。

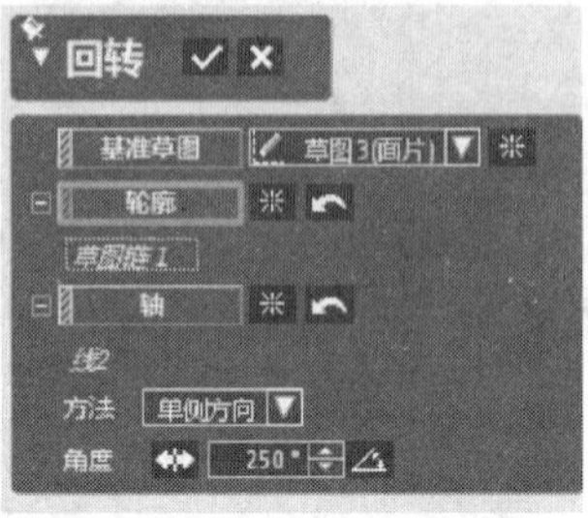

图 31-6-72　“回转”对话框

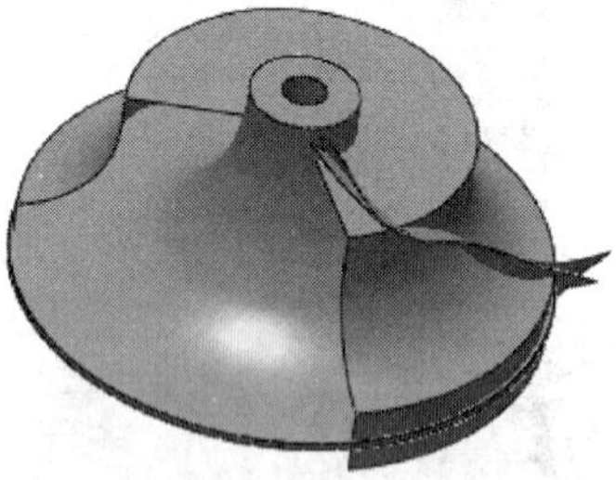

图 31-6-73　回转基体曲面完成

（6）剪切叶片面片

利用回转得到的大叶轮轮廓曲面对叶片面片进行剪切，点击“模型”工具栏中的剪切曲面命令，弹出如图 31-6-74 所示对话框，其中“工具要素”选择叶轮的轮廓曲面，“对象体”选择剪切曲面 1-1 与剪切曲面 1-2，然后点击下一步按钮，弹出如图 31-6-75 所示对话框，在“结果”选项中“残留体”选择需要留下的大叶片的上下两侧的曲面片，然后点击确定按钮即可。剪切完成后如图 31-6-76 所示

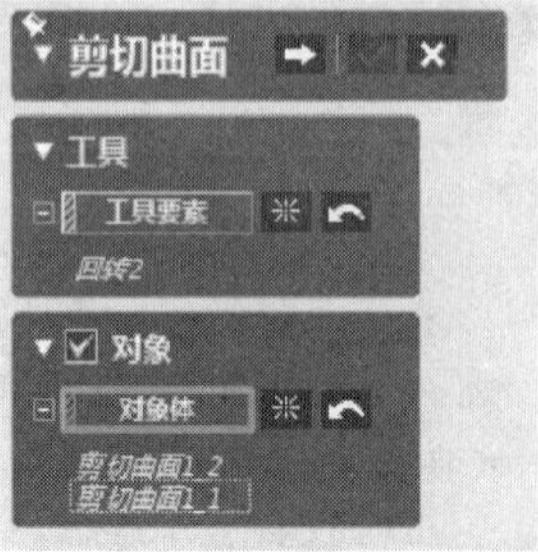

图 31-6-74　“剪切曲面”对话框（一）

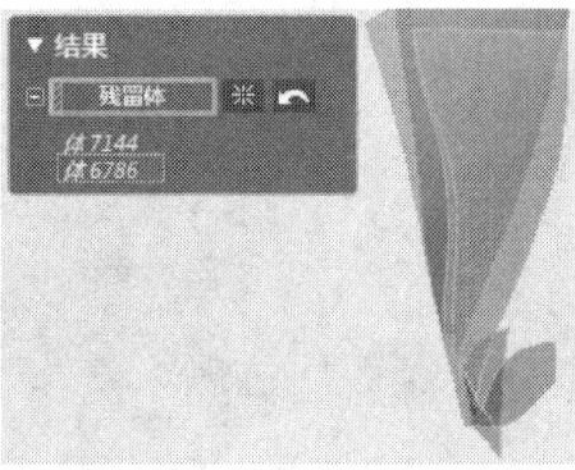

图 31-6-75　“剪切曲面”对话框（二）

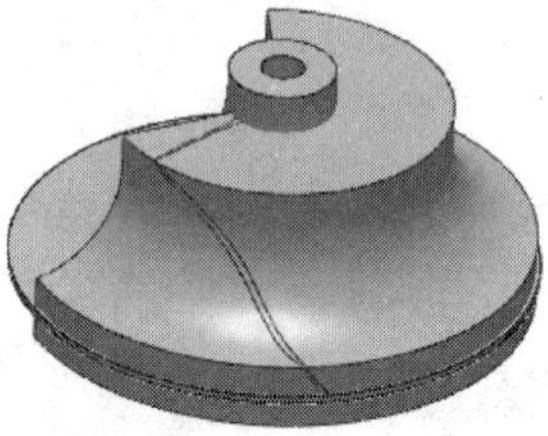

图 31-6-76　剪切曲面完成

（7）剪切大叶片外轮廓的反向曲面

利用叶片曲面对大叶片外轮廓曲面进行反向的曲面剪切，点击“模型”工具栏中的剪切曲面命令，弹出如图 31-6-77 所示对话框，其中“工具要素”选择两叶片的拟合曲面，“对象体”选大叶片的外轮廓曲面，然后点击下一步按钮，弹出如图 31-6-78 所示对话框，在“结果”选项中“残留体”选择需要留下大叶片外轮廓曲面，然后点击确定按钮即可。剪切完成后如图 31-6-79 所示。

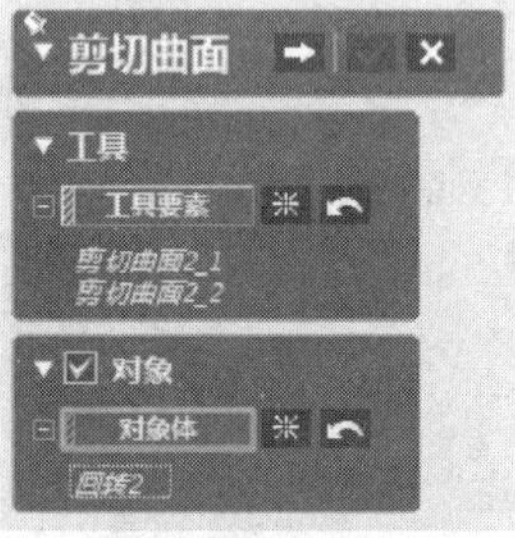

图 31-6-77　“剪切曲面”对话框（一）

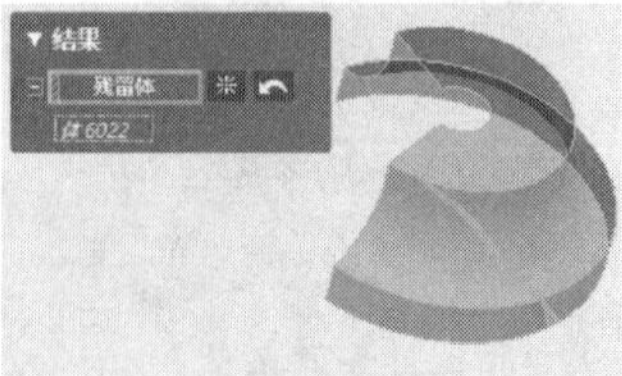

图 31-6-78　“剪切曲面”对话框（二）

按照上述步骤逆向设计出小叶片的曲面模型。大、小叶片曲面模型如图 31-6-80 所示。

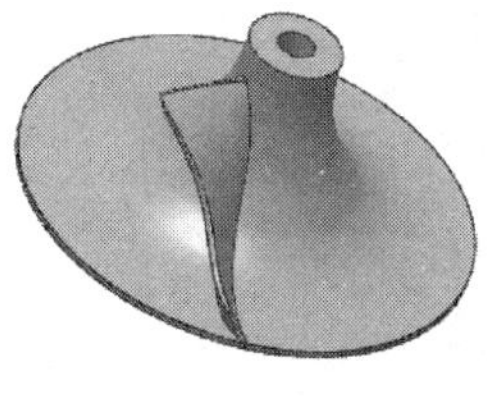

图 31-6-79　剪切曲面完成

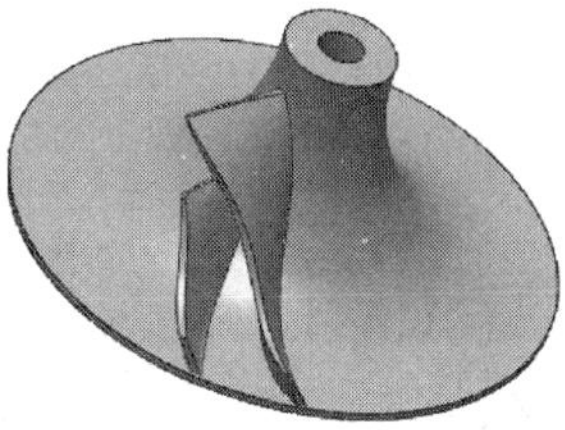

图 31-6-80　大、小叶片曲面模型

6.2.4　叶片阵列及叶轮缝合

（1）缝合叶片曲面

得到大、小叶片曲面后，点击“模型”菜单下的缝合命令，弹出如图 31-6-81 所示的对话框，选择叶片上下及中间曲面模型，然后点击下一步按钮，最后点击确定按钮即可完成大叶片曲面的缝合。按照同样的方法缝合小叶片曲面模型。

（2）阵列叶片

缝合后得到大小一组叶片，点击“模型”菜单下的“圆形阵列”按钮，弹出如图 31-6-82 所示对话框，在“圆形阵列”选项卡中“体”命令选择之前缝合好的大小叶片，“回转轴”选项选择线 2，“要素数”为“8”，“合计角度”为“360°”，设置好之后点击确定即可完成叶片的阵列，阵列结果如图 31-6-83 所示。

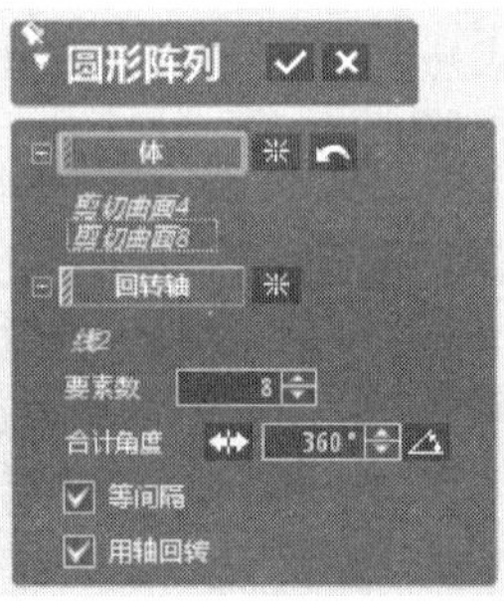

图 31-6-82　“圆形阵列”对话框

图 31-6-83　圆形阵列完成

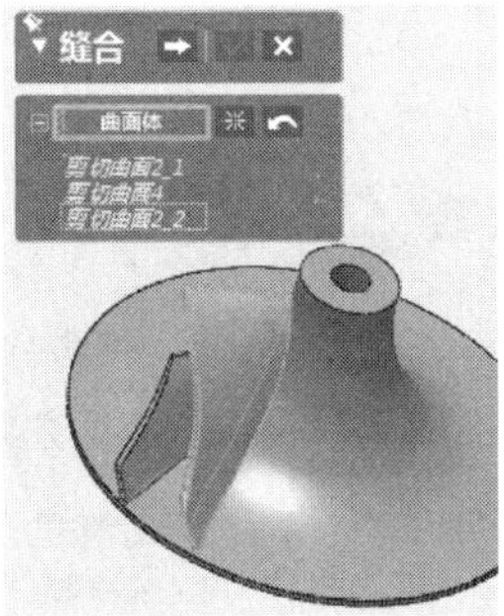

图 31-6-81　“缝合”对话框

（3）将叶轮缝合成实体

点击“模型”菜单下缝合命令，弹出如图 31-6-84 所示对话框，在“曲面体”选项中选择所有叶片及叶轮基体，然后点击下一步按钮，弹出如图 31-6-85 所示对话框，点击确定按钮。至此，完成叶轮逆向建模的整个过程。

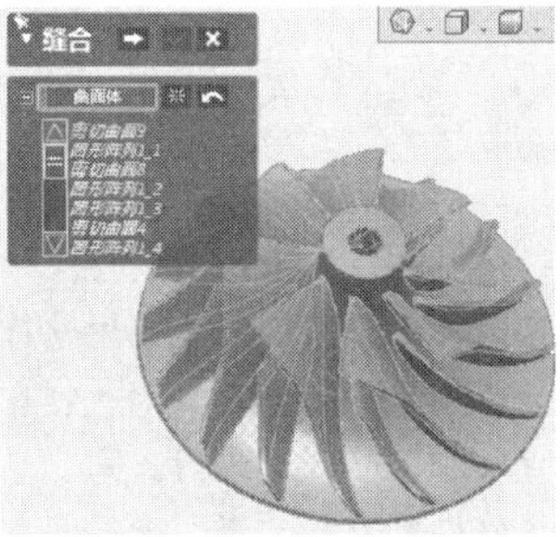

图 31-6-84　“缝合”对话框

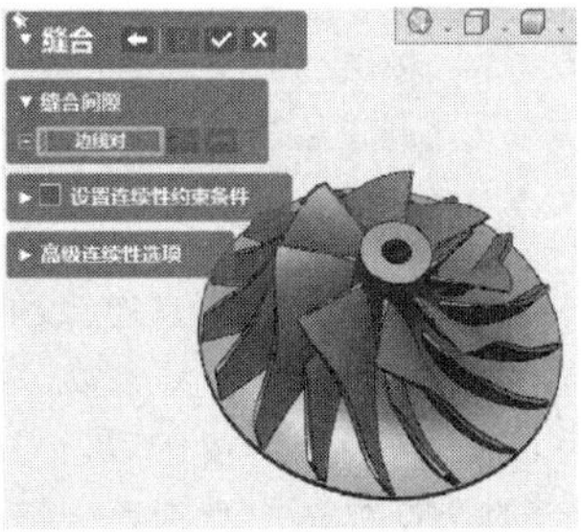

图 31-6-85　曲面缝合完成

6.3 基于 Geomagic Control X 的机车转向架构架焊接变形检测

转向架构架是机车车辆的大型核心零部件之一，在车辆行进过程中，直接承受车辆载荷及冲击，其制造精度直接影响机车产品的质量，从而决定着车辆运行的安全性和稳定性。通过逆向工程技术获取制造过程中转向架构架的点云数据，并与其对应的设计模型相比对，从而能够反映出该构架焊接变形的大小及趋势。这种方法为零件的制造变形提供了一种柔性化的检测方案。

6.3.1 点云预处理

(1) 导入点云数据

启动 Geomagic Control X 软件平台，单击左上角的“启动”按钮图标→【导入】→选择点云文件所在的位置，完成点云的导入。机车转向架构架点云导入后的形态如图 31-6-86 所示。

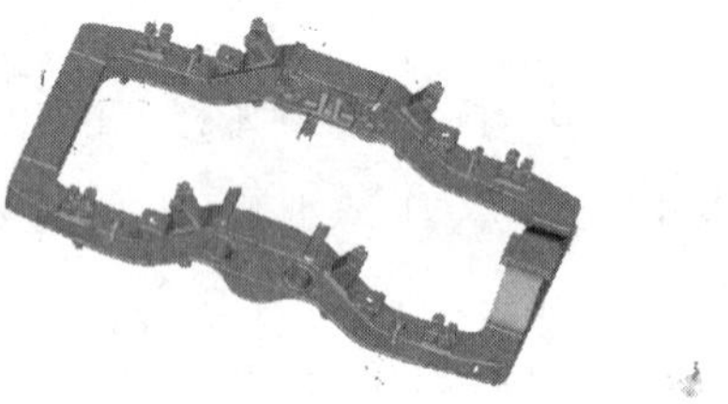

图 31-6-86 导入点云

(2) 点云去噪

一般来说，由于测量系统中系统误差和随机误差的影响，测量得到的点云中都不可避免地存在冗余杂点，这些点称为噪声点。如果直接用这样的点云进行分析会影响分析结果的准确性，因此，在数据分析之前需要先对点云中的噪声点进行去除。

首先选择软件上方的“点”选项卡，进入点处理模块，如图 31-6-87 所示。

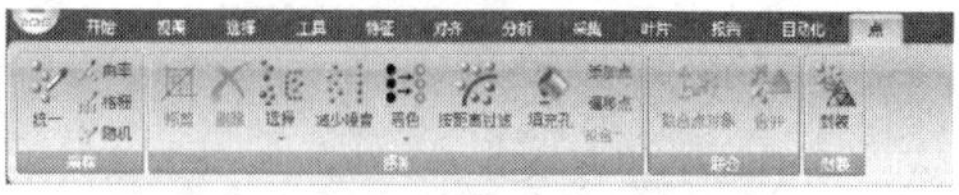

图 31-6-87 选项卡命令

选择【修补】→【选择】→【非连接项】命令，将“分隔”设置为“低”，“尺寸”设置为“5.0”，如图 31-6-88 所示。单击“确定”按钮后，与零件主体点云不相连部分的杂点被选中为红色。按下键盘上的“Delete”键将这些噪声点删除。

图 31-6-88 “选择非连接项”对话框

接下来单击【选择】→【体外孤点】命令，将“敏感度”设置为“90.0”，如图 31-6-89 所示。单击“应用”→“确定”。再次按下键盘上的“Delete”键将这些体外孤点删除。

图 31-6-89 “选择体外孤点”对话框

上述“去除非连接项”和“去除体外孤点”两部分操作的主要目的是删除与主体点云偏离较远的点和点集（或称为孤岛）。下面将继续通过【减少噪声】命令对点云中影响曲面重构质量的噪声点进行去除，以更好地表现实体零件的拓扑结构。

选择【减少噪声】命令，在参数设置中选择“棱柱形（积极）”选项，单击“应用”→“确定”。

(3) 点云精简

被测量的机车转向架构架点云数据量十分庞大，由图 31-6-86 可以看出，点的数量多达 9392471 个，若不进行有效的数据精简，将严重影响计算机的运算速度，降低检测效率。因此，有必要在数据分析前对点云进行精简。

选择【采样】→【曲率】命令，将“百分比”设置为 50，单击“应用”→“确定”后可以看到：点云中点的数量由 9392471 个减少为 4642463 个，如图 31-6-90 所示。

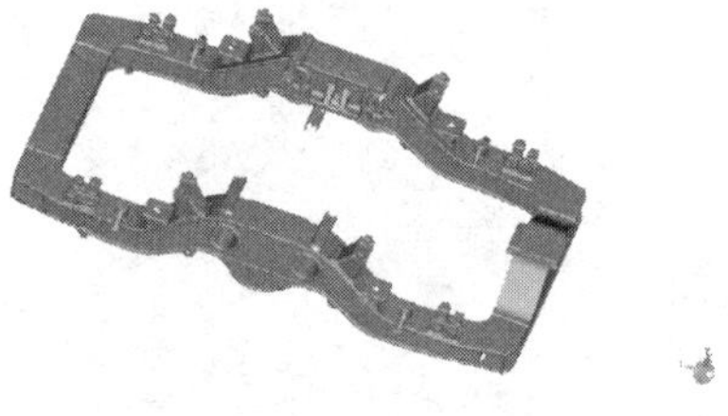

图 31-6-90 精简后的点云

(4) 点云封装

以点云模式显示的数据模型呈半透明状态，其视觉效果较差，为了更加直观地观察到实体原型的形态并简化其运算，需要将点云转化为多边形曲面片的形式进行显示。这种把点云转换为多边形曲面片的过程称为封装。

选择【点】→【封装】命令，勾选“封装”对话框中的“优化稀疏数据”和“优化均匀间隙数据”，单击确定按钮完成点云封装。封装后的点云模型会以三角形面片的形式显示出来，显示效果如图 31-6-91 所示。

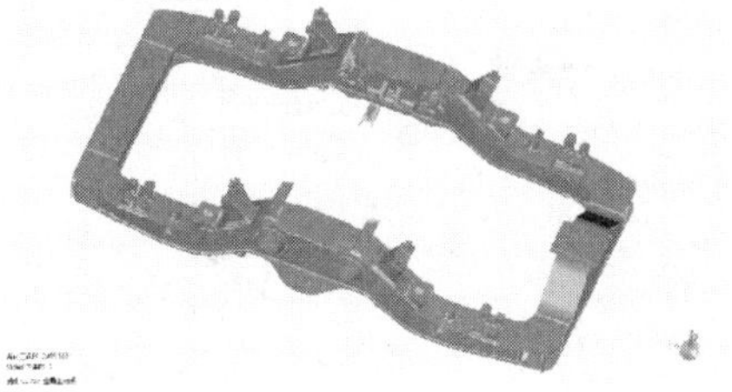

图 31-6-91　封装后的点云模型

（5）多边形网格修复

全局修复的主要目的是删除多边形模型中的钉状物等特征，去除形如金字塔状的三角形组合，并将与模型主体不相连的三角形曲面片进行去除。在 Geomagic Control 中进行数据全局修复主要用到网格医生和流形两部分功能。

首先在软件上方的工具栏中选择“多边形”选项卡，选择“网格医生”，在左侧对话框中单击“应用”→“确定”，如图 31-6-92 所示。

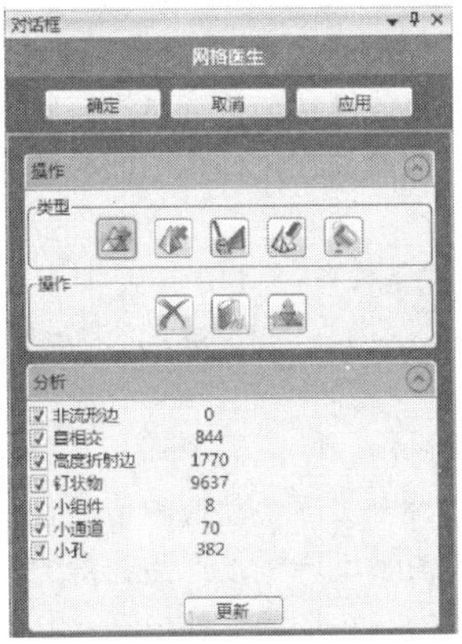

图 31-6-92　“网格医生”对话框

接下来对多边形网格模型进行流形处理，其主要目的是去除与模型主体不相连的多边形曲面片。选择【流形】→【开流形】，完成流形创建。

（6）去除多余特征

被测机车转向架构架的设计模型如图 31-6-93 所示。为保证点云和设计模型的匹配程度，需要在点云模型中将设计模型中没有的部分进行去除，需要去除的部分在图中圈出。去除多余特征前后的点云如图 31-6-94 所示。

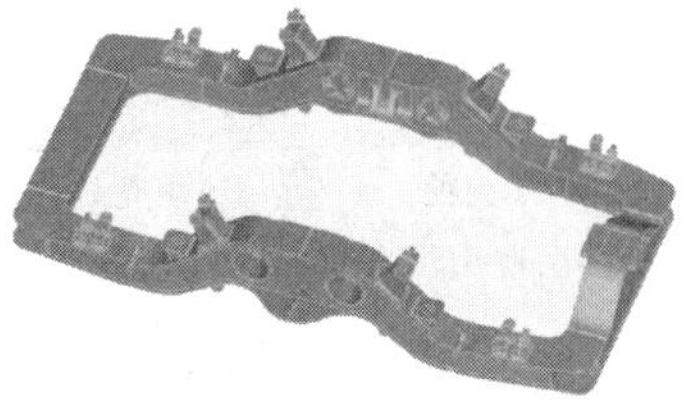

图 31-6-93　构架设计模型

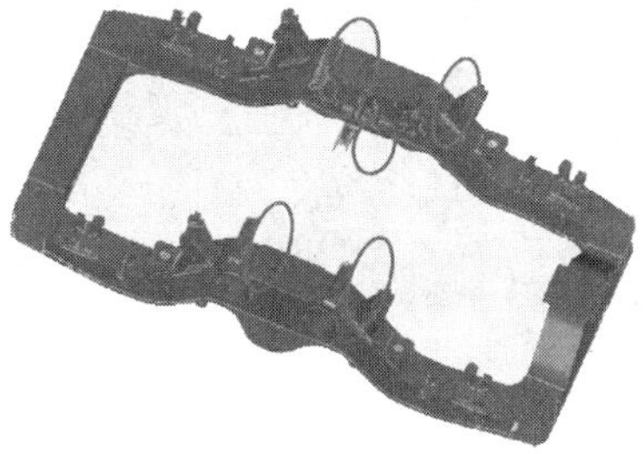

(a) 去除前

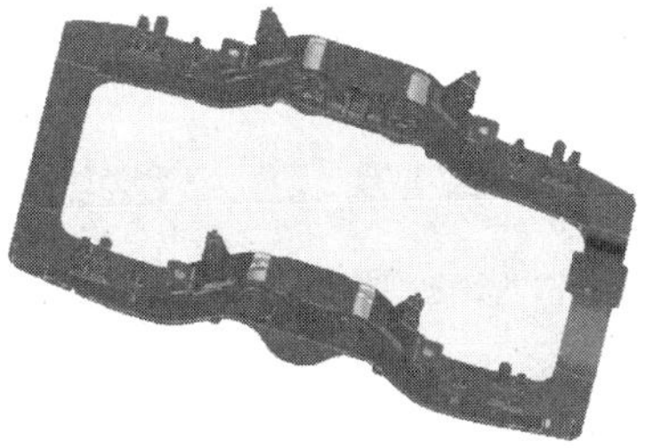

(b) 去除后

图 31-6-94　多余特征去除前后对比

（7）孔填充

对点云中缺失的数据需要通过 Geomagic Control 中的“填充孔”功能来进行插补。模型中主要存在的孔的类型及其分别对应的处理方式如下：

1）简单内部孔。选择【填充孔】→【填充单个孔】命令，激活“曲率”和“内部孔”两个选项，将光标移动到所要填充孔的边界附近，边界会显示为红色，单击后孔就会按照边界曲率的变化类型被填充，如图 31-6-95 所示。

2）复杂内部孔。选择【填充孔】→【填充单个孔】命令，激活“曲率”和“搭桥”两个选项，选择孔的边界上的两个点，此时在这两点间就会形成

第31篇

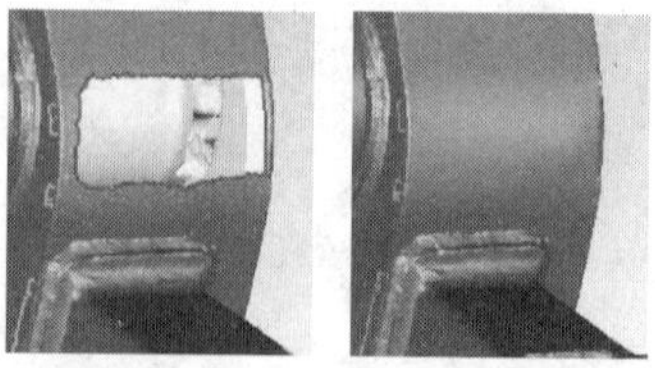
(a) 填充前 (b) 填充前

图 31-6-95 简单内部孔填充

一段曲面片，多次“搭桥”后可以将复杂内部孔分隔成多个简单内部孔，然后按照简单内部孔的处理方式对剩余部分进行填充，如图 31-6-96 所示。

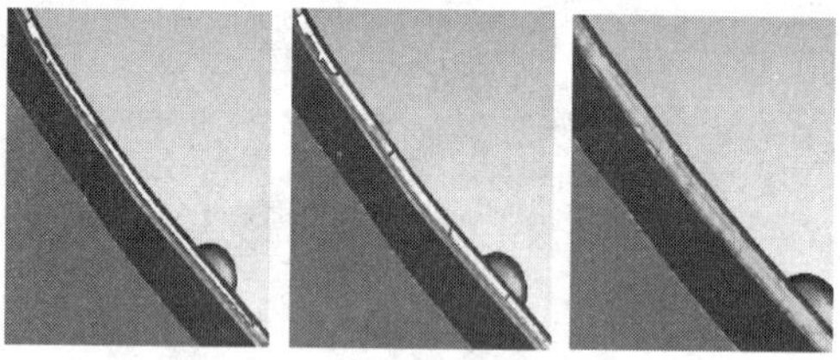
(a) 填充前 (b) 搭桥 (c) 填充后

图 31-6-96 复杂内部孔填充

3）边界孔。选择【填充孔】→【填充单个孔】命令，激活“曲率”和“边界孔”两个选项，选择孔边界线的两点，再次单击孔的内部完成填充，如图 31-6-97 所示。

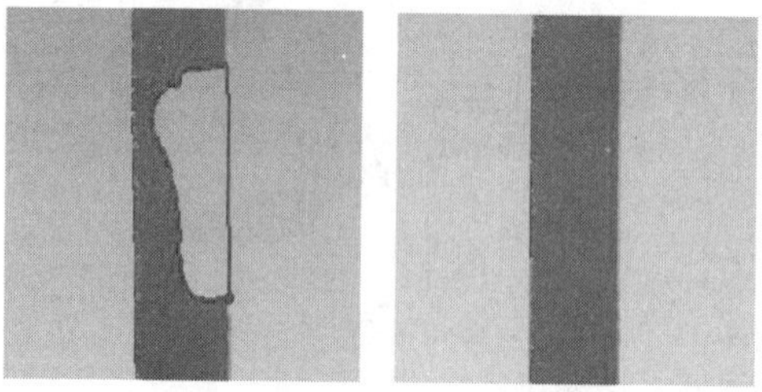
(a) 填充前 (b) 填充后

图 31-6-97 边界孔填充

6.3.2 点云与设计模型坐标系配准

完成点云预处理后，将设计模型导入工作面板中，其具体步骤如下：单击 Geomagic Control 左上角的启动按钮图标→【导入】，选择设计模型文件所在的位置，将设计模型导入工作面板中，导入后的结果如图 31-6-98 所示。

图 31-6-98 中被测构架点云模型和设计模型的坐标系并不一致，因此在分析前需要对两者的坐标系进行配准，具体方法如下：在左侧的“模型管理器”下将“点云模型”设置为“Test”（检测），“设计模型”设置为“Reference”（参考），如图 31-6-99 所示。

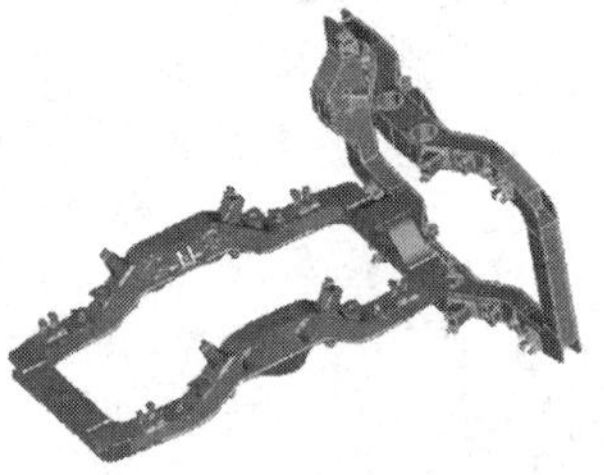
图 31-6-98 设计模型导入

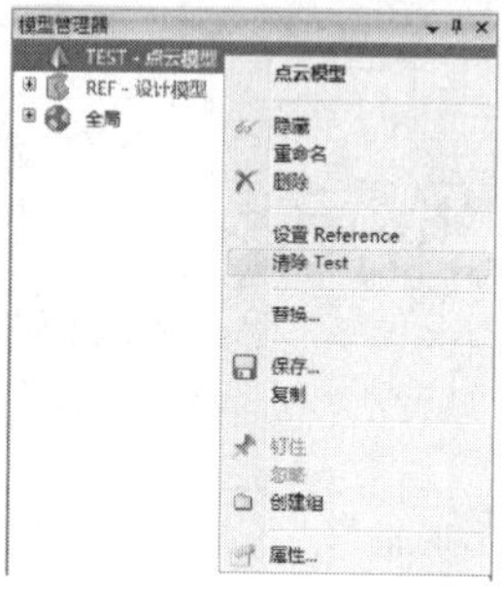

图 31-6-99 Test 和 Reference 设置

Geomagic Control 软件平台下提供了基于特征对齐、最佳拟合对齐、RPS 对齐以及 3-2-1 对齐四种坐标系对齐方式，其各自的特点及适用范围如下。

① 基于特征对齐：利用零件本身存在的平面、圆柱、圆锥、孔等规则几何特征为基准进行坐标系对齐，对零件某些重要表面的配准精度较高，能够消除基准曲面的基准不重合误差。适用于形状规则或者具有平面、圆柱、圆锥等明显规则几何特征的零件模型；或在零件某些部位的对齐基准有特殊要求的情况下，要优先保证零件在该部位的测量基准和设计基准对齐偏差最小。

② 最佳拟合对齐：适用于形状不规则或者没有明显几何特征作为基准的空间复杂曲面类的零件模型。

③ RPS 对齐：在指定方向上对模型进行约束，检测过程更加符合实际手动检测情况，具有较大的灵活性。多用于流水生产线上产品的检测；比较适用于具有定位孔、槽等特征的零件模型；此外，还用于叶片和钣金类零件的坐标系配准。

④ 3-2-1 对齐：一般用于被测零件模型表面具有三个（或三个以上）两两相交或相互垂直的平面的情况。

本例中将采用基于特征对齐和最佳拟合对齐相结合的方式，介绍坐标系对齐的具体步骤。

（1）创建对齐特征

在点云模型视图下：选择【特征】→【平面】→【最

佳拟合】，选取构架底面点云，单击“应用”→“确定”。以同样的方法在构架侧面再拟合出 2 个平面，如图 31-6-100 所示。

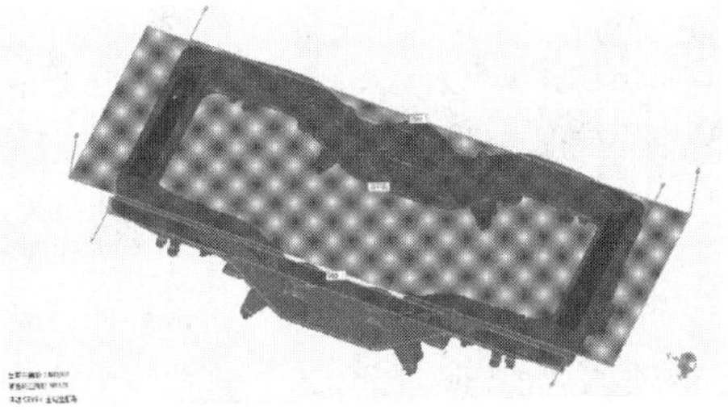

图 31-6-100　拟合平面

选择【特征】→【平面】→【2 平面平均】，把“侧面 1”设置为平面 1，把“侧面 2”设置为平面 2，单击“应用”→“确定”，建立如图 31-6-101 所示的中间平面。

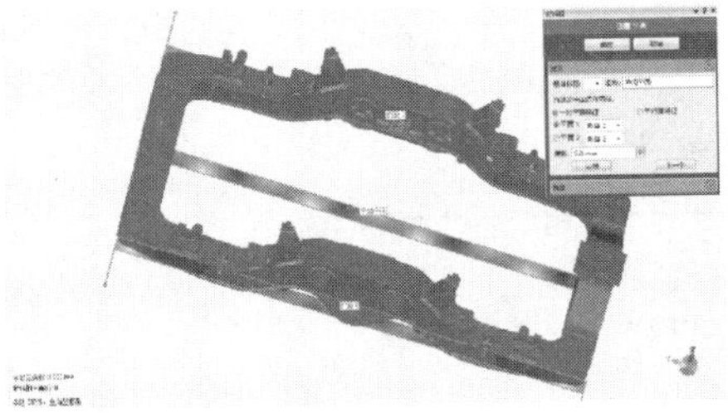

图 31-6-101　创建中间平面

接下来将视图切换至设计模型下：选择【特征】→【平面】→【CAD】，选取构架底面，单击“应用”→“确定”，此时在设计模型的底面提取出了相应的平面，如图 31-6-102 所示。

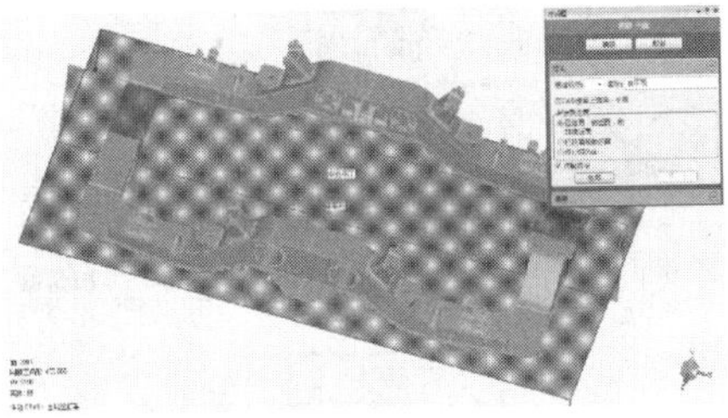

图 31-6-102　创建底平面特征

（2）坐标系对齐

选择【对齐】→【基于特征对齐】，在左侧对话框“特征输入”栏内将点云模型和设计模型中对应的特征平面创建“特征对”，如图 31-6-103。此时通过“统计”栏内信息可以看到两个平面共限制了模型的 5 个自由度，如图 31-6-104 所示。

单击【操作】→【最佳拟合】，然后单击“确定”按钮，完成坐标系对齐。对齐后的结果如图 31-6-105 所示。

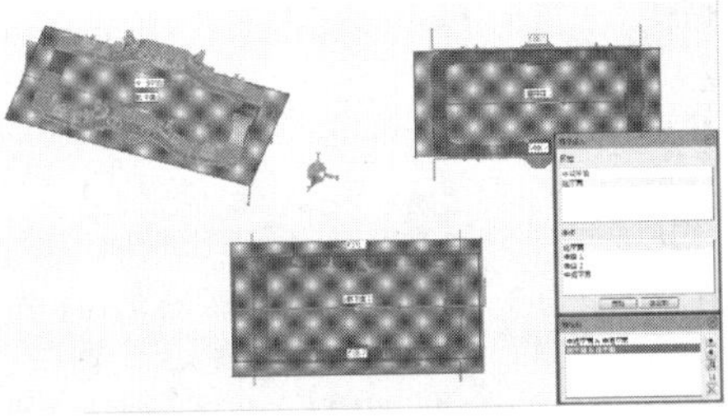

图 31-6-103　创建平面特征对

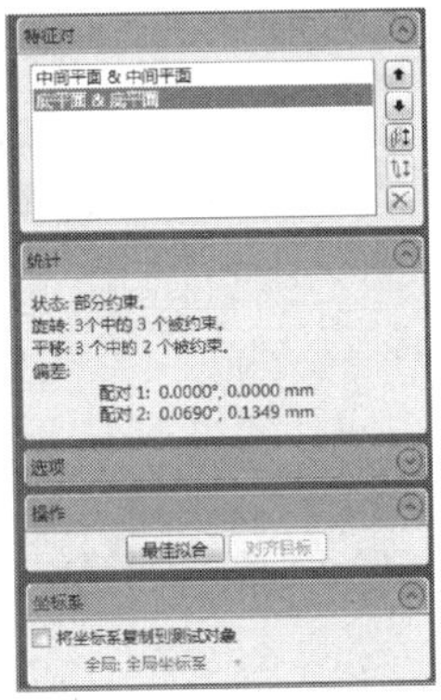

图 31-6-104　“特征对”对话框

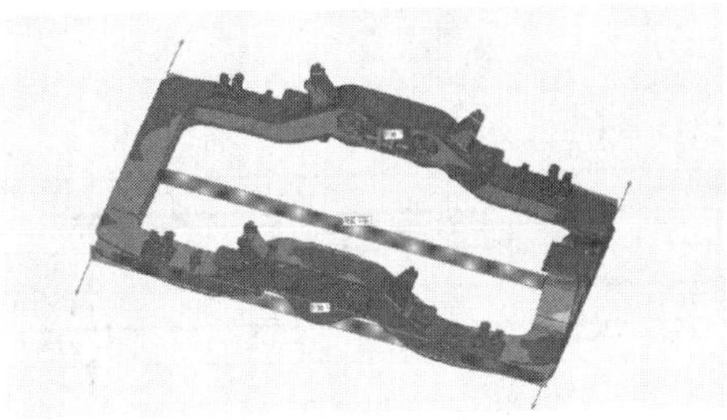

图 31-6-105　坐标系对齐后效果图

6.3.3　检测结果分析

（1）3D 比较

选择【分析】→【3D 比较】命令，设置“最大偏差”为“10mm”，“临界角”为“45°”，然后单击“应用”→“确定”，输出如图 31-6-106 所示 3D 偏差色谱图，通过色谱图可以清晰地看出构架各部位的制造变形情况。

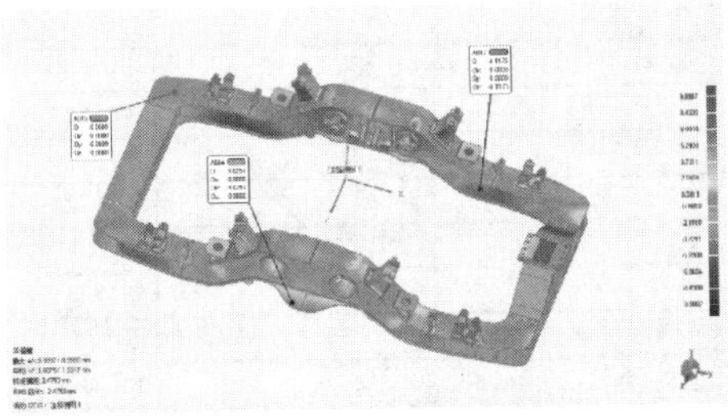

图 31-6-106　3D 偏差色谱图

选择【结果】→【创建注释】命令，单击被测零件表面一点，可以创建出如图 31-6-106 所示的注释卡，该注释卡上注明了该点制造变形量的具体数值。

（2）创建报告

创建报告主要通过 Geomagic Control X 的【报告】命令完成。在【报告】命令下共有创建、模板选项、分析三个组，如图 31-6-107 所示。其中，“创建”部分用于设置报告的格式并输出报告；“模板选项”部分用于设置模板样式；“分析”部分主要用于对多个检测报告的结果趋势进行统计和分析。

下面以机车转向架构架为例介绍检测报告输出的一般流程。

图 31-6-107　“报告”选项卡

首先选择【报告】命令，在“创建”部分将报告格式选为“PDF”，单击“创建报告”按钮，完成检测报告输出。如图 31-6-108 所示，报告中展示了被测零件在七个视图下的偏差色谱图，并给出了制造实体零件和设计模型偏差的统计信息。根据统计信息中提供的偏差分布情况，可以对产品的制造质量进行定量的评价。

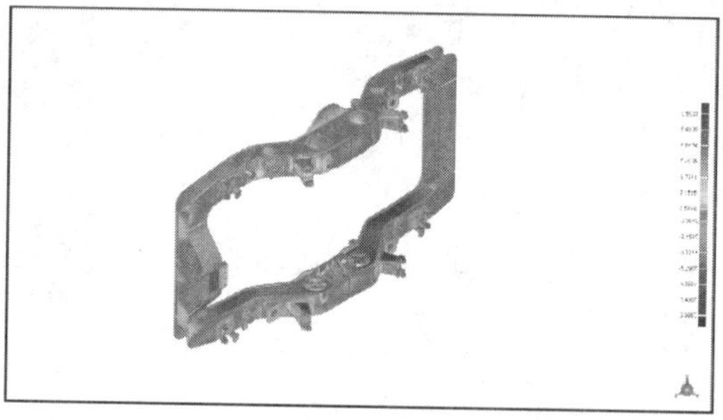

作者: xxx
客户名称: xxx
参考模型: 22107120000002_sw0004.prt
测试模型: 点云模型

偏差分布

>=Min	<Max	# 点	%
-9.9997	-8.4300	3470	0.2907
-8.4300	-6.8604	8584	0.7191
-6.8604	-5.2908	15904	1.3323
-5.2908	-3.7211	44715	3.7459
-3.7211	-2.1515	100649	8.4317
-2.1515	-0.5819	325192	27.2425
-0.5819	0.5819	340585	28.5320
0.5819	2.1515	203936	17.0845
2.1515	3.7211	69088	5.7878
3.7211	5.2908	38690	3.2412
5.2908	6.8604	25170	2.1086
6.8604	8.4300	12363	1.0357
8.4300	9.9997	5346	0.4479

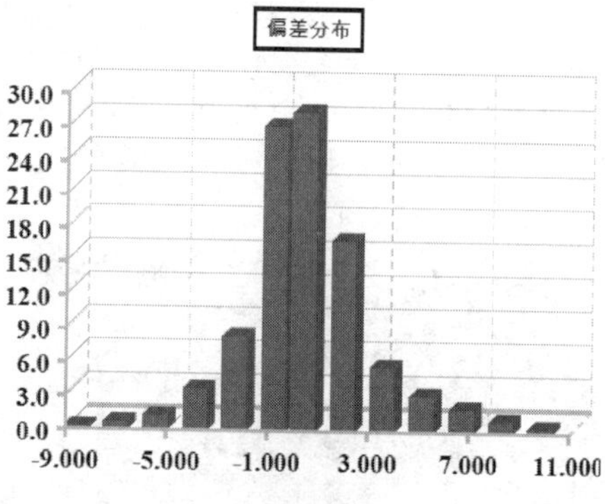

分布(+/-)	# 点	%
-6 * 标准偏差	0	0.0000
-5 * 标准偏差	0	0.0000
-4 * 标准偏差	7614	0.6379
-3 * 标准偏差	23839	1.9971
-2 * 标准偏差	96576	8.0905
-1 * 标准偏差	497533	41.6801
1 * 标准偏差	428623	35.9073
2 * 标准偏差	86688	7.2622
3 * 标准偏差	38820	3.2521
4 * 标准偏差	13559	1.1359
5 * 标准偏差	441	0.0369
6 * 标准偏差	0	0.0000

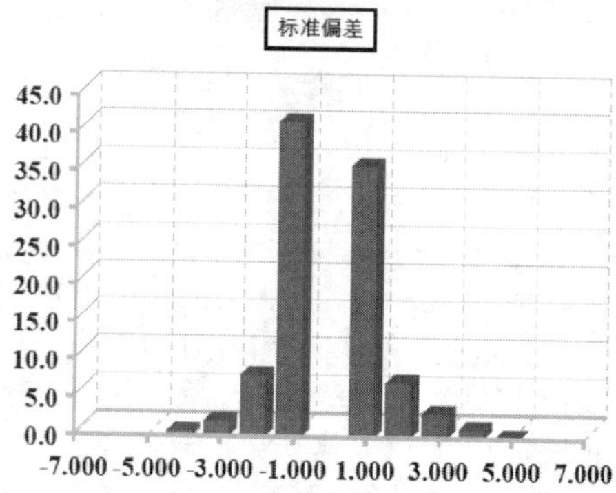

图 31-6-108　检测报告

6.4　基于 UG/Imageware 的发动机气道逆向设计

发动机气道的空间形状是影响发动机进排气性能的重要因素之一，对发动机整体性能也有较大的影响。传统发动机气道的设计与研制方法试验周期长，工作比较烦琐，无法快速实现气道形状的优化设计。因此，需运用逆向工程技术将发动机气道模型进行实体化，以便进行后续的相关工作，从而进行工业生产。这里以发动机气道模型为例，介绍其逆向工程过程，采用的软件为 UG/Imageware。逆向工程设计主要操作方法和步骤如下。

6.4.1　输入和处理点云数据

用不同的点测量工具测得的点云数据一般都可以被读入 Imageware 中。

（1）进入 Imageware 逆向环境

启动 NX imageware，从菜单“Start”→单击“NX Imageware”，即可进入 Imageware 逆向环境。

（2）输入点云数据

点击【文件】→【打开】，将后缀为“igs”的气道模型以 ASCII Delimited（LABEL）方式打开，输入点云数据，如图 31-6-109 所示。

图 31-6-109　输入点云数据

（3）删除杂点

由输入的点云数据可知，其点云中有一些无用点，需要进行删除。点击【修改】→【抽取】→【圈选点】，其对话框如图 31-6-110 所示。

将保留点云选为外侧，即保留所圈区域外侧的点，点击“应用”按钮然后圈选无用的杂点，再点击“应用”按钮即可删除所圈杂点。对于大量的杂点，可以用框选功能处理；而对于小量的杂点，或者形状不规则的杂点区域可以用拾取删除点的方法进行删除。去除杂点后的气道点云如图 3-6-111 所示。

（4）数据精简

图 31-6-110　“圈选点”对话框

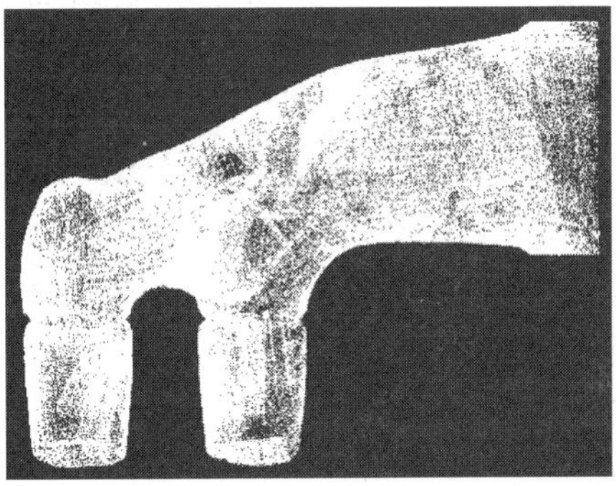

图 31-6-111　去除杂点后的气道点云

导入的点云所包含的数据点过大，需要减少点云数量。点云在三维空间的位置没有对称性。单击【修改】→【数据简化】→【距离采样】，在弹出的对话框“点云”栏中点击“选择所有”，在“距离公差”栏中输入距离误差为“0.5000”。单击“应用”按钮，这里的距离误差根据样件精度的要求有所变化，一般可以选择为 0.15～0.5，如图 31-6-112 所示。

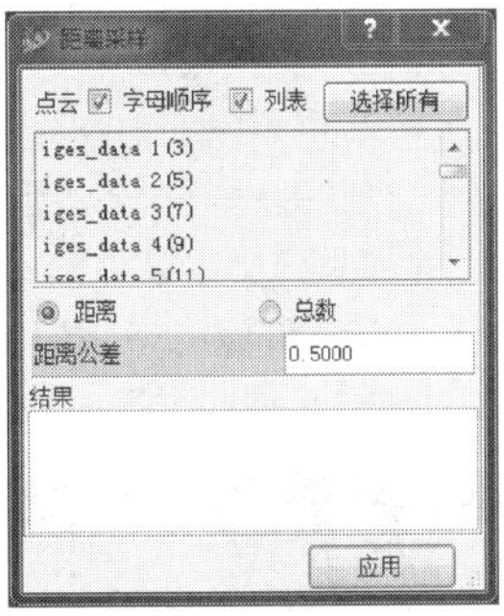

图 31-6-112　“距离采样”对话框

经过降低点云数据的操作结束后，在对话框的“结果”栏中显示计算的结果，如图 31-6-113 所示。

由结果知：点云数据由原来的 660576 个点降为 338255 个点，减少了原始点云的 48%。这样处理以后，用户在进行其他操作时的速度会增加许多。数据精简后的点云如图 31-6-114 所示。

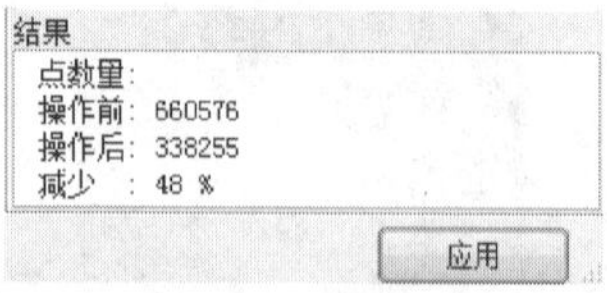

图 31-6-113 数据精简结果

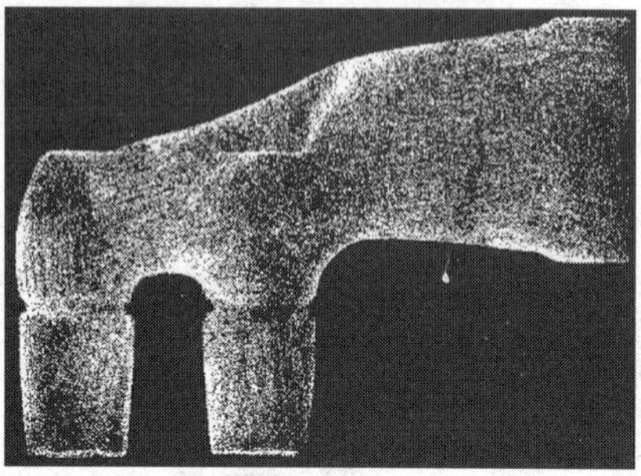

图 31-6-114 数据精简后的点云

（5）三角形网格化

使用菜单命令【显示】→【点】→【显示】，快捷键为“Ctrl”＋“D”，得到“点显示”对话框，如图 31-6-115 所示。

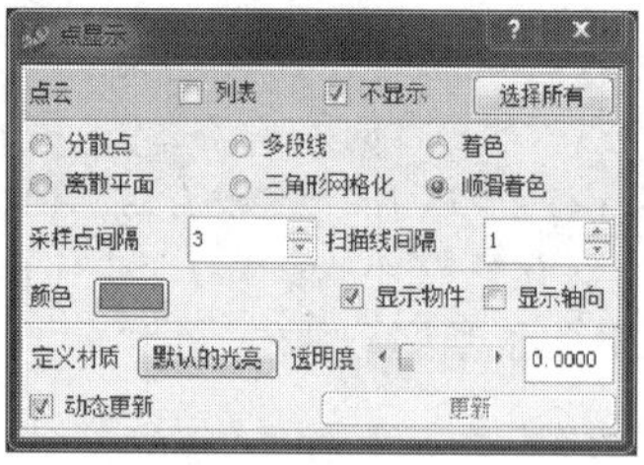

图 31-6-115 “点显示”对话框

将“采样点间隔”栏中的数值改为“3”，即只将点云中的数据点显示出原来的 1/3，其余的点不显示。对点云进行可视化处理，即多边形化点云，以便查看点云成形后的效果。使用菜单命令【构建】→【三角形网格化】→【点云三角形网格化】，得到如图 3-6-116 所示的“点云三角形网格化”对话框。

图 31-6-116 “点云三角形网格化”对话框

在“相邻尺寸”栏中输入多边形的间隔距离，这里的距离一般可以设定为点云距离误差的 5～10 倍。网格化后的点云数据如图 3-6-117 所示。

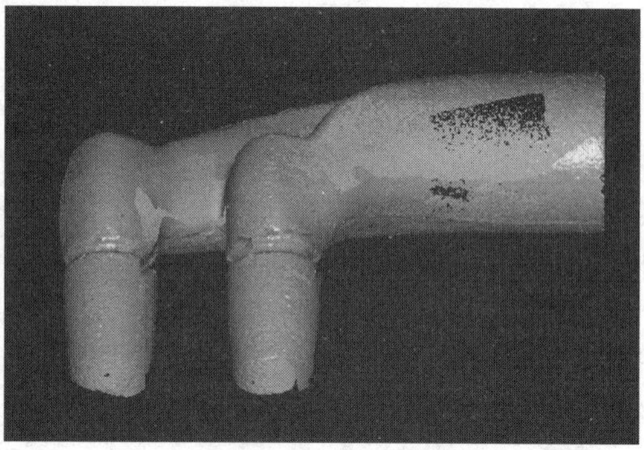

图 31-6-117 网格化后的点云数据

（6）数据分割

通过剖面截取点云的方式将点云数据进行分割，剖面截取点云方式有平行点云截面、环状点云截面、交互式点云截面以及沿曲面截面 4 种方式。

• 平面点云截面：点击菜单命令【构建】→【剖面截取点云】→【平行点云截面】，得到“平行点云截面”对话框，如图 31-6-118 所示。

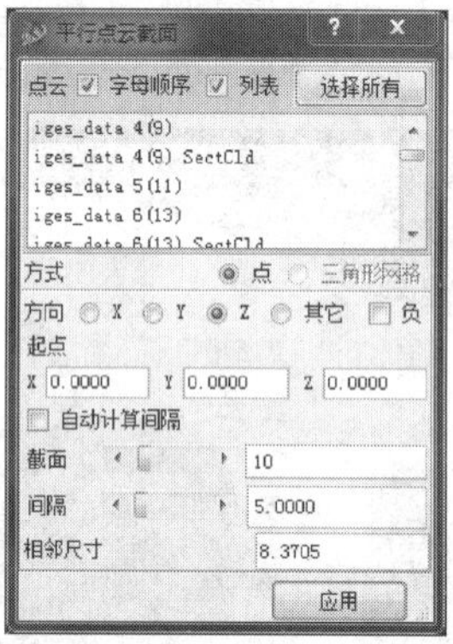

图 31-6-118 “平面点云截面”对话框

• 环状点云截面：点击菜单命令【构建】→【剖面截取点云】→【环状点云截面】，得到“环状点云截面”对话框，如图 31-6-119 所示。“轴位置”栏，可以通过坐标系的三个轴和三个旋转点来确定坐标系放置的位置。“起点”栏表示旋转起始位置。勾选“自动计算间隔复选框”可使系统自动计算起始点到终点的距离，再根据设定的断面数来自动计算断面角度。“截面”栏表示断面数量。

• 交互式点云截面：点击菜单命令【构建】→【剖面截取点云】→【交互式点云截面】，得到“互动点云截面”对话框，如图 31-6-120 所示。可在视图区域选择剖断面的两个端点。

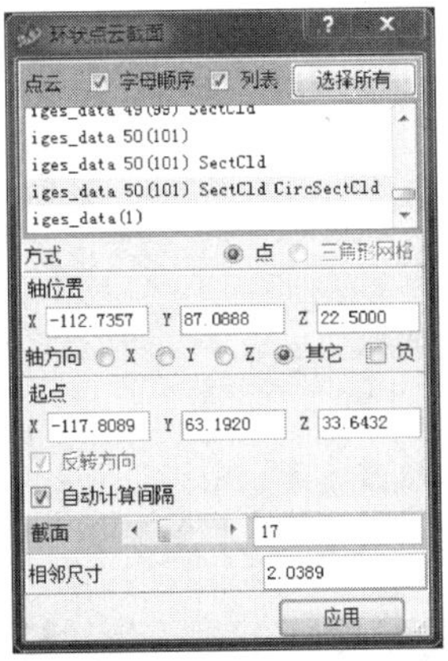

图 31-6-119　“环状点云截面”对话框

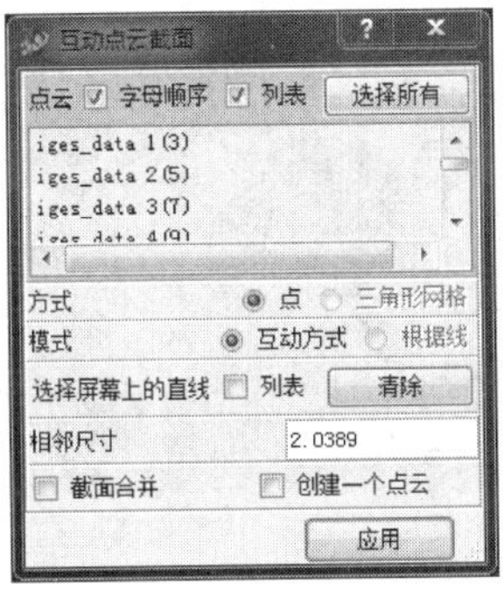

图 31-6-120　“互动点云截面”对话框

• 沿曲线截面：点击菜单命令【构建】→【剖面截取点云】→【沿曲线截面】，得到“曲线定位截面”对话框，如图 31-6-121 所示。其中“点云”栏选择被剖断的点云，“曲线”栏选择曲线，“截面”栏设定沿曲线的剖断面个数，“截面延伸”栏中设定剖断面的大小，这里设定要保证剖断面范围大于点云。

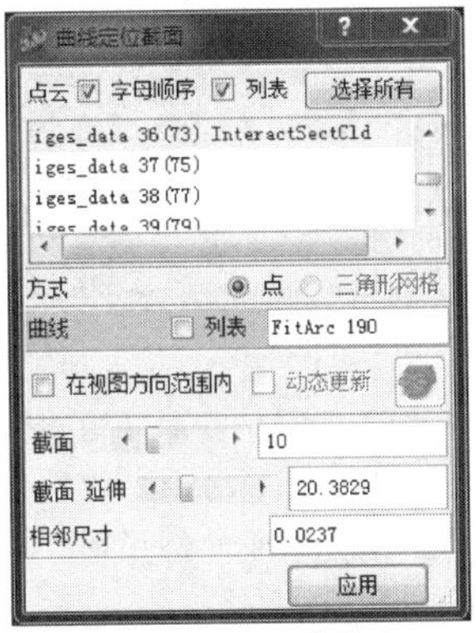

图 31-6-121　“曲线定位截面”对话框

经过运用以上四种方式对点云进行数据分割，得到了数据分割后的点云，如图 31-6-122 所示。

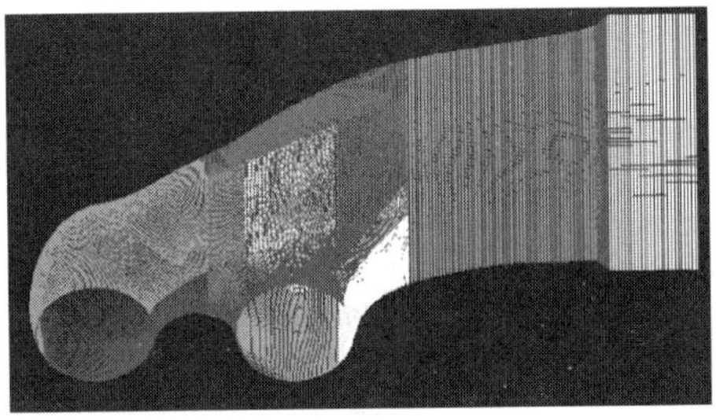

图 31-6-122　数据分割结果

6.4.2　模型重建

将数据分割后的点云进行分块操作，生成模型的特征曲线与特征曲面。

（1）特征曲线生成

根据生成曲线要求，有多种曲线生成方式，例如 3D 曲线（3D Curve）、直线、圆弧等。

① 3D 曲线（3D Curve）：通过菜单命令【创建】→【3D 曲线】→【3D B-样条】，可以得到如图 31-6-123 所示的对话框。可以在视图适当的位置选择曲线的节点。

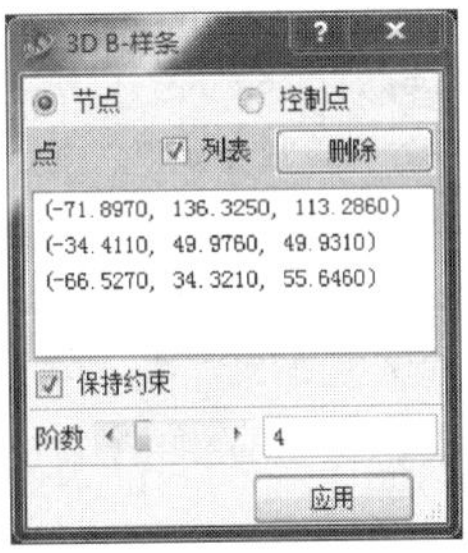

图 31-6-123　“3D B-样条”对话框

② 直线：通过菜单命令【创建】→【简易曲线】→【直线】，可以得到如图 31-6-124 所示的对话框。

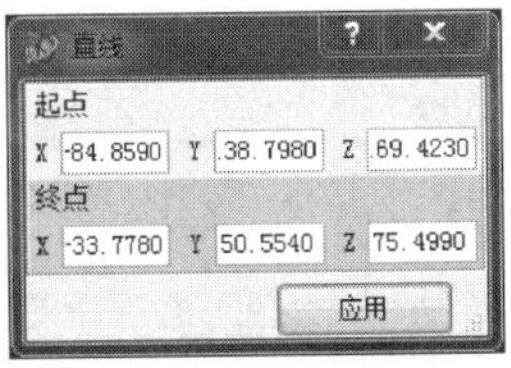

图 31-6-124　“直线”对话框

③ 圆弧：通过菜单命令【创建】→【简易曲线】→【圆弧】，可以得到如图 31-6-125 所示的对话框。单击“中心”栏，输入圆弧中心的坐标，或者可在视图区域直接选取。单击“方向”栏，为圆弧所在的平面指定一个法线方向。在“起点角度”与“终点角度”栏中分别输入起始点、终点与 X 轴正方向的交角度。在“半径”栏输入圆弧的半径值。

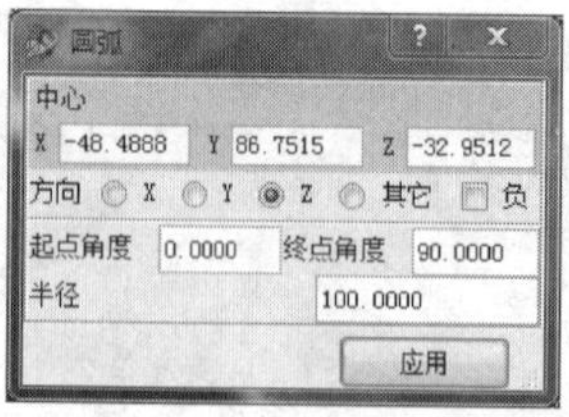

图 31-6-125 “圆弧”对话框

④ 圆：通过菜单命令【创建】→【简易曲线】→【圆】，可以得到如图 31-6-126 所示的对话框。单击“中心”栏，输入圆心的坐标，或者可在视图区域直接选取。单击“方向”栏，输入圆所在平面的法线方向。在“半径”栏输入圆的半径。

图 31-6-126 “圆”对话框

⑤ 椭圆：通过菜单命令【创建】→【简易曲线】→【椭圆】，可以得到如图 31-6-127 所示的对话框。单击“中心”栏，输入椭圆中心的坐标，或者可在视图区域直接选取。单击“法向”栏，选择椭圆所在平面的法线方向。在“长轴”栏选择椭圆长半轴方向，在“长轴半径”中输入长半轴半径。在“短轴”栏选择椭圆短半轴方向，在“短轴半径”中输入短半轴半径。

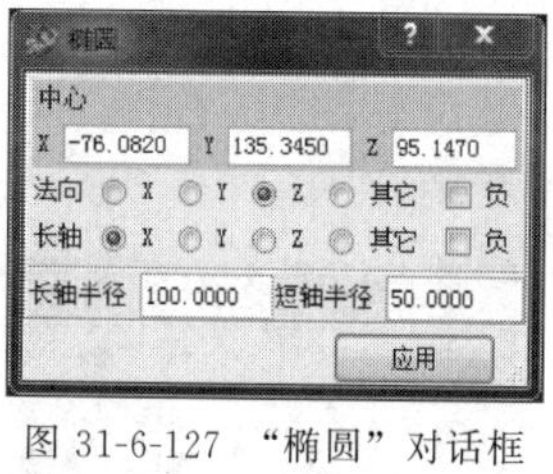

图 31-6-127 “椭圆”对话框

⑥ 由点拟合曲线：通过菜单命令【构建】→【由点云构建曲线】→【拟合直线】等命令依次将曲线拟合成相应的基本曲线，这里以拟合圆为例说明，其对话框如图 31-6-128 所示。在“点云”栏选择要拟合成为圆的点云，单击“应用”按钮即可。

根据点云特征，经过重复运用以上曲线生成方式后得到如图 31-6-129 所示的最终特征曲线。

(2) 特征曲面生成

在特征曲线基础上进行曲面造型。根据特征曲线特征以及点云特征，有多种曲面生成方式，例如简易

图 31-6-128 “拟合圆”对话框

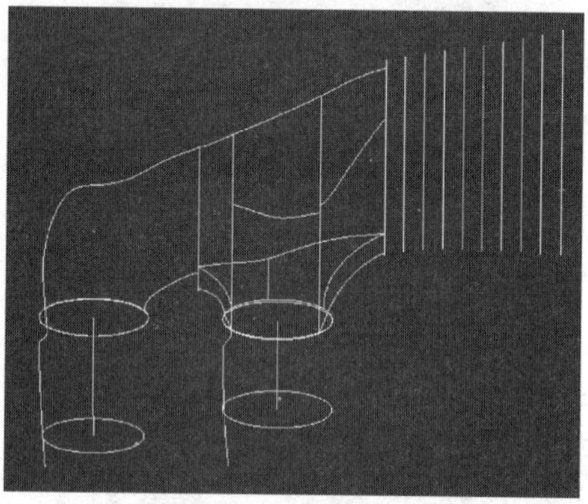

图 31-6-129 特征曲线生成

曲面、由点云构建曲面、由点云和曲线拟合曲面等。

① 简易曲面：执行【创建】→【简易曲面】→【圆柱】等命令，依次生成相应的曲面，这里以圆柱为例说明，其对话框如图 31-6-130 所示。在视图的适当位置选择圆柱的中心点，也可以在相应的输入框内输入中心点的坐标值。在“方向”栏输入圆柱面的轴向方向，在“半径”栏输入圆柱的半径，在“高度”栏输入圆柱高度即可。

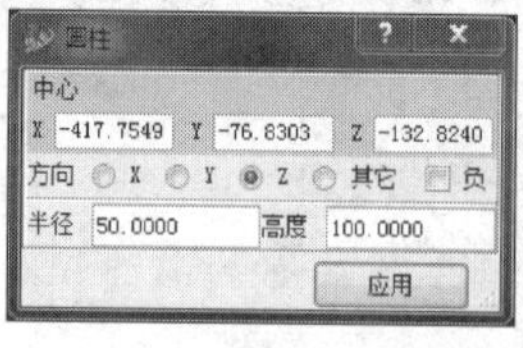

图 31-6-130 “圆柱”对话框

② 由点云构建曲面：点击【构建】→【由点云构建曲面】→【自由曲面】等命令，依次生成相应的曲面，这里以构建自由曲面为例说明，其对话框如图 31-6-131 所示。设置对话框中的参数，单击“应用”按钮确定即可。

③ 由点云和曲线拟合曲面：点击菜单命令【构建】→【曲面】→【依据点云和曲线拟合】，其对话框如图 31-6-132 所示。单击“点云”栏，选择需要拟合

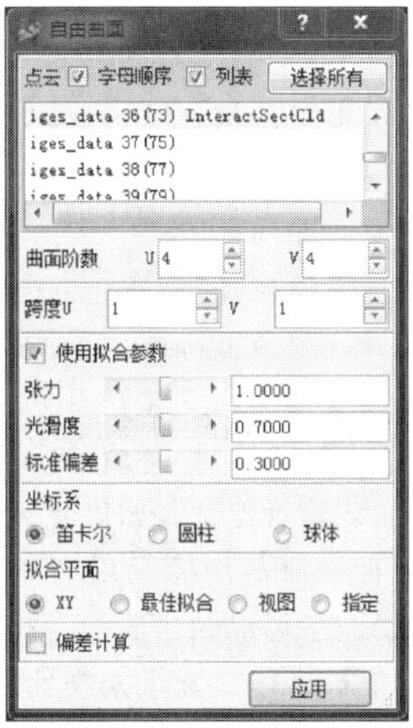

图 31-6-131　“自由曲面”对话框

生成的点云，顺时针或者逆时针选择 4 条边界曲线，单击“应用”按钮即可。

图 31-6-132　“依据点云和曲线拟合”对话框

④ 通过曲线的曲面：点击菜单命令【构建】→【曲面】→【Bi-双向放样】，得到其对话框如图 31-6-133 所示。单击“路径曲线”栏，选择“2”，定义路径曲线为 2 条。分别在“路径曲线 1”“路径曲线 2”和“轮廓曲线”栏选择对应曲线，单击“应用”按钮即可。

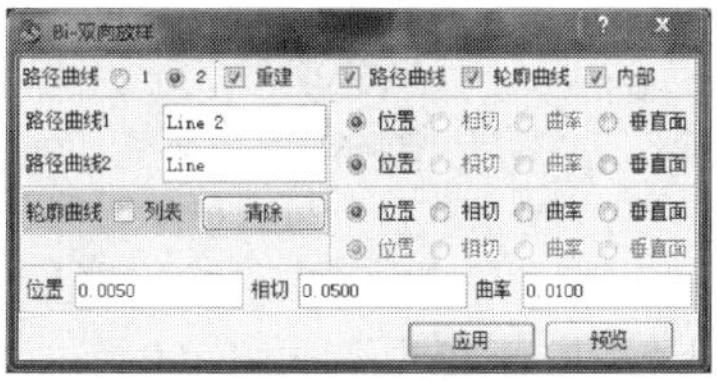

图 31-6-133　“Bi-双向放样”对话框

⑤ 扫掠曲面：根据指定的扫掠线和扫掠路径曲线生成曲面，其操作命令与通过曲线的曲面类似，对话框如图 31-6-134 所示。

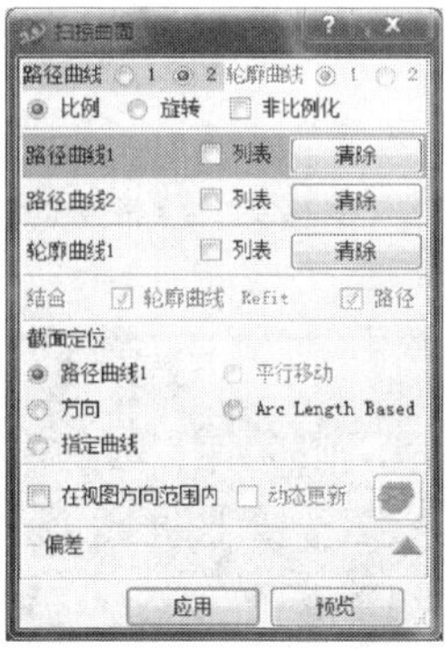

图 31-6-134　“扫掠曲面”对话框

根据点云以及生成曲线特征，经过重复运用以上曲面生成方式，生成特征曲面，对特征曲面进行相应的编辑，例如凸缘面、桥接曲面、倒圆角、缝合曲面等，最终得到如图 31-6-135 所示的曲面。

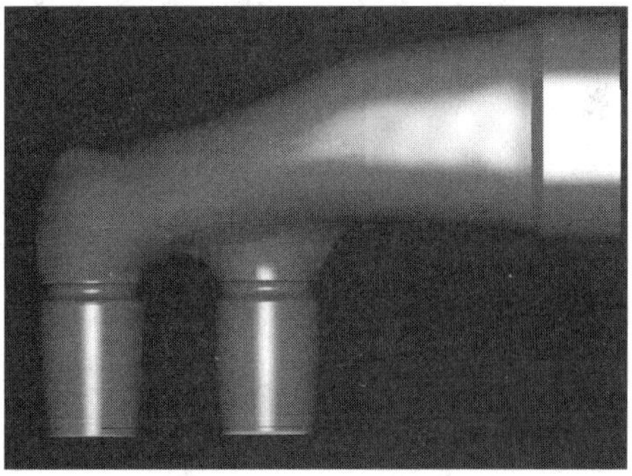
图 31-6-135　特征曲面生成

(3) 误差分析

进行模型的测量与检查工作。模型的误差分析包括多方面，例如连续性分析、基于点云的差异、基于曲线的差异、基于曲面的差异等，由于其命令操作相似，只介绍曲面与点云的操作方法。

曲面与点云的差异：通过菜单命令【测量】→【曲面偏差】→【点云偏差】，其对话框如图 31-6-136 所示。单击“曲面”栏，选择要比较的曲面，单击“点

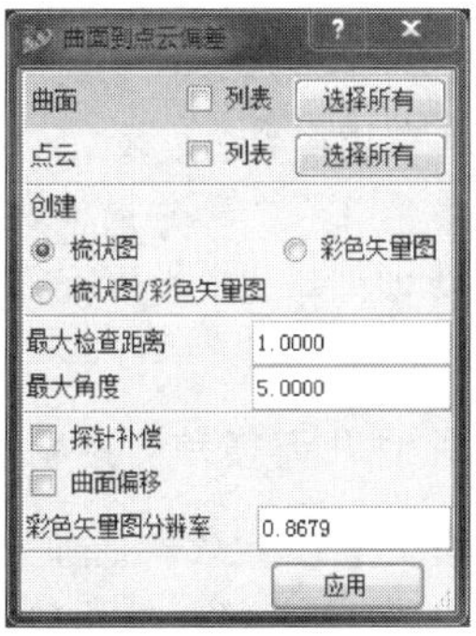

图 31-6-136　“曲面到点云偏差”对话框

云”栏，选择需要进行比较的点云，在“创建”栏选择“梳状图”选项，单击“应用”按钮即可。

该气道重构模型经过多方面分析后均在误差允许范围内，曲面特征误差分析结果如图31-6-137所示，故所得模型可靠。

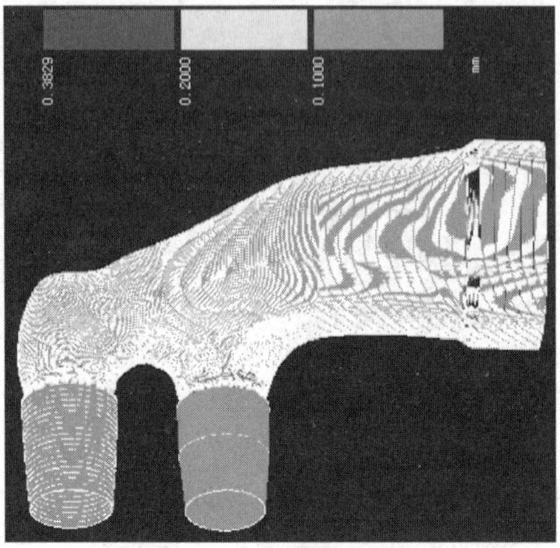

图31-6-137　误差分析结果

(4) Pro/Engineer实体化

将模型另存为“igs”格式，在三维软件Pro/Engineer中将模型实体化，所得实体化三维模型如图31-6-138所示，进而为后续的有限元分析提供模型。

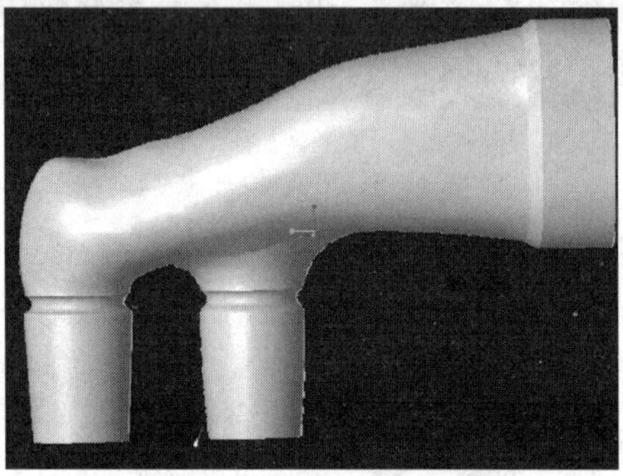

图31-6-138　实体化三维模型

6.5　基于Creo的铸造件逆向设计

本节以铸造件模型为例，基于Creo软件演示其逆向设计过程，介绍在Creo逆向模块中点云数据的导入、扫描曲线的创建、小平面特征、重新造型等功能。

6.5.1　独立几何模块

独立几何模块是Creo软件逆向工程中重要模块之一，属于非参数设计环境，利用该模块可以对特定区域进行创建和修改，并获得所需形状的曲面属性。利用独立几何可以执行以下任务：

① 输入原始点云数据；

② 输入几何、包括曲线、曲面和多面数据；

③ 创建和修改曲线；

④ 手动或自动修复几何；

⑤ 将几何转换成造型特征。

6.5.2　扫描曲线的创建和修改

扫描曲线的创建就是把高密度点云数据输入“独立几何”，用某种方法过滤掉无用的点，然后依次通过过滤的点光滑连接形成扫描曲线。扫描曲线的创建方法有三种“扫描曲线”“自动定向曲线”“截面”。

(1) 扫描曲线

扫描曲线是沿扫描曲线过滤原始数据。详细步骤如下。

1) 点击【选择工作目录】命令，将工作目录设置到指定文件下，如图31-6-139所示。

图31-6-139　【选择工作目录】命令

2) 新建一个零件的三维模型。

3) 选择【获取数据】，点击【独立几何】命令，系统进入“独立几何”用户界面，如图31-6-140所示。

4) 进入“扫描工具”后，点击【示例数据来自文件】

命令，在系统弹出的“导入原始数据”对话框中选中“高密度”单选框，如图31-6-141所示，在“选取坐标系”的提示下，选取“PRT_CSYS_DEF”坐标系，系统弹出“打开”对话框。

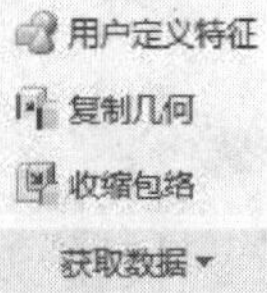

图31-6-140　获取数据

图31-6-141　导入原始数据

5）在“打开”对话框中，选择点云文件后打开，此时系统自动导入点云数据，同时弹出图 31-6-142 所示的“原始数据”对话框。

6）创建扫描曲线。在“可见点百分比”中输入数值“20”，选中“扫描曲线”单选框，在“曲线距离”文本框中输入数值“30”，在“点公差”文本框中输入数值“0.3”，点击“预览”按钮，单击完成操作。

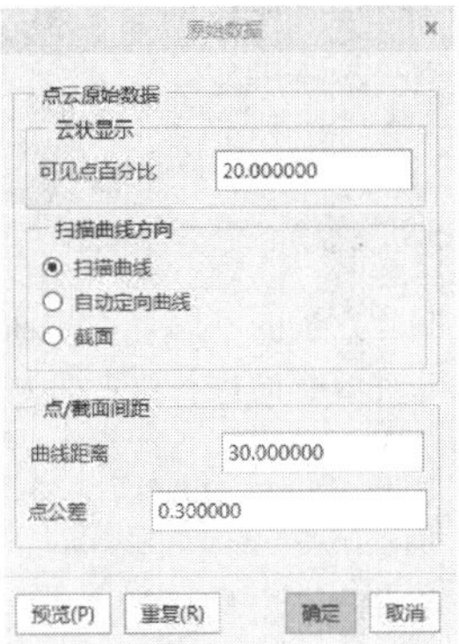

图 31-6-142　“原始数据”对话框（一）

（2）自动定向曲线

自动定向曲线是系统自动确定最佳的扫描方向，若干平面与原始数据相交生成的一组曲线，如图 31-6-143所示。

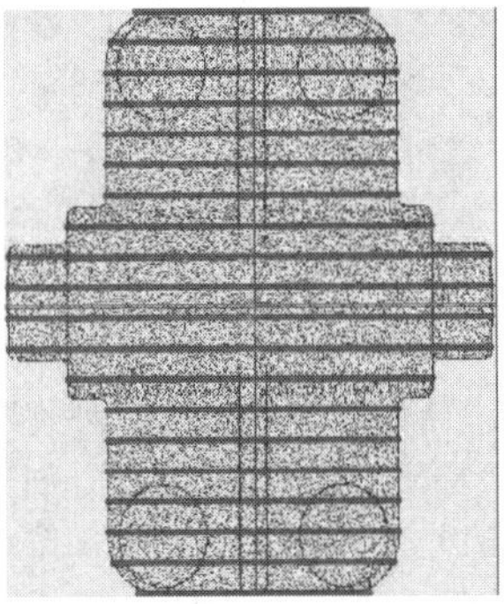

图 31-6-143　自动定向曲线

1）参考（1）扫描曲线中的 1）～5），同样的打开方式。

2）创建扫描曲线。在“原始数据”对话框（二）的“可见点百分比”文件中输入数值“15”，选中“自动定向曲线”单选框，在“剖面数量”文本框中输入数值“20”，在“接近区域”文本框中输入数值“1.9”，“点公差”文本框里输入数值“0.7”，单击“预览”后单击“确定”按钮，如图 31-6-144 所示。

（3）截面

截面是定义平面与点云相交创建一组曲线，其类

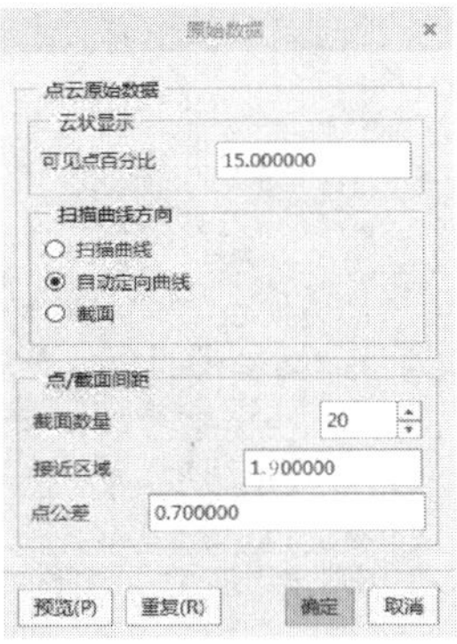

图 31-6-144　“原始数据”对话框（二）

型分为“平行剖面”“根据基准面确定一组剖面”和“垂直选定曲线的剖面”。

1）参考（1）扫描曲线中的 1）～5），同样的打开方式。

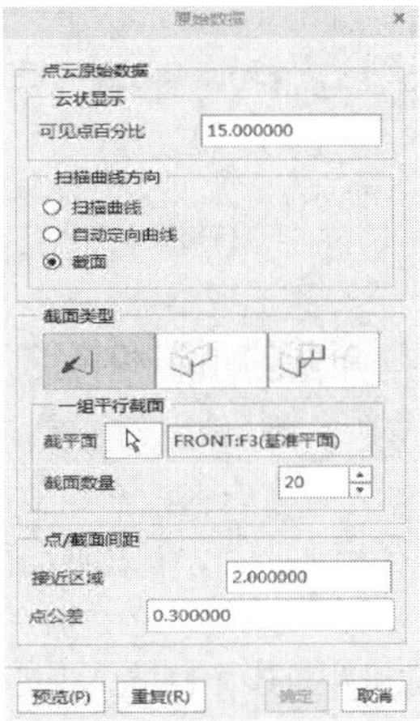

图 31-6-145　“原始数据”对话框（三）

2）创建扫描曲线。如图 31-6-145 所示，在“原始数据”对话框（三）的“可见点百分比”文件中输入数值“15”，选中“截面”单选框，确认“剖面类型”区域中的“平行剖面”按钮被按下，单击“剖面”后的箭头按钮，选择 FRONT 基准面为平行剖面，在“剖面数量”文本框中输入数值“20”，在“接近区域”文本框中输入“2”，在“点公差”中输入“0.3”，点击“预览”后单击“确定”按钮，结果如图 31-6-146 所示。

扫描曲线的修改就是将拟合质量差的曲线或者不满足设计要求的曲线在“独立几何”模块下利用“删除”“重组点”和“扫描点”进行修改。

“删除”是指两种方式删除或保留选定曲线；“对点重新分组”指连接、分开或创建曲线；“扫描点”指移除、显示或遮蔽扫描曲线上的点，如图 31-6-147

图 31-6-146 通过截面创建的曲线

所示。

图 31-6-147 扫描曲线修改工具

6.5.3 型曲线的创建和修改

在"独立几何"中，扫描的曲线是无法进行曲面构建的，需要将扫描所得曲面转化成构建曲面的曲线，主要方法有三种："自示例数据"创建曲线，"通过点"创建曲线和"自曲线"创建曲线。

"自示例数据"指选择扫描曲线进行复制，即创建完成型曲线。

"通过点"指按"Ctrl"键依次选取曲线经过的点即创建型曲线。

"自曲线"指选取扫描曲线，给定"输入每条曲线必须经过的点数目"，单击"确定"按钮即完成型曲线创建。

Creo 软件中"独立几何"模块同样提供了型曲线的修改工具，如图 31-6-148 所示，分别为"使用曲线的控制多边形修改曲线""使用曲线的型点修改曲线""将曲线拟合到指定的参考点"。运用该修改工具进行型曲线的修改，能够保证型曲线的精度。

6.5.4 型曲面的创建和修改

型曲面的创建分为自曲线、自曲面两种方法。自曲线操作如下：选择格式曲线形成骨架的第一方向；选择格式曲线形成骨架的第二方向；输入插入点数量；单击"确定"按钮完成。自曲面即将导入数据中

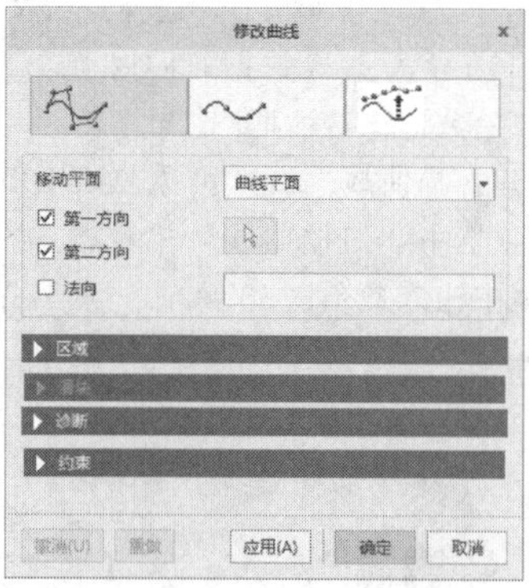

图 31-6-148 修改型曲线

原有的曲面进行复制。

由于曲面拟合方法的不同，在型曲面的创建过程中存在误差，要对型曲面进行修改。型曲面的修改方式分为控制多面体、栅格线、按参考点拟合三种，如图 31-6-149 所示。

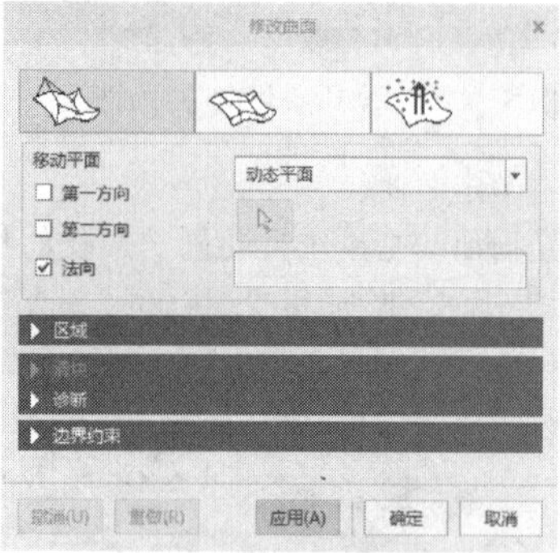

图 31-6-149 修改型曲面

6.5.5 小平面特征

利用 Creo 软件进行逆向设计大多数采用小平面特征，小平面特征有纠正几何错误、创建包络、删除不需要的三角面、生成锐边及填充凹陷区域、创建多面几何，达到精准调整多面曲面的效果。

小平面特征的主要工作流程包括点处理、包络处理、小平面处理。

• 点处理：降低噪声；去除几何外部的点；对点进行取样整理以减少计算时间；填充模型中的间隙孔等。

• 包络处理：点阶段完成后，创建包络并纠正错误；删除三角形；填充选定几何的凹陷；移除腹板等。

• 小平面处理：对生成的小平面特征进行编辑和优化；删除不需要的平面；填充小平面；不损坏曲面连续性的情况下较少三角形的数量。

下面以铸造件为例，重点介绍小平面特征的功能

和流程。

(1) 设置工作目录

点击【选择工作目录】命令，将工作目录设置到指定文件下。

(2) 新建一个零件的三维模型并进行命名。

(3) 导入点云数据

选择【获取数据】→【导入】命令，系统会弹出“文件”对话框，选择需要处理的点云数据，如图 31-6-150 所示。在“轮廓”对话框中单击“细节”，将零件尺寸选择毫米为单位。“导入类型”选择小平面，其他选择默认即可，如图 31-6-151 和图 31-6-152 所示。

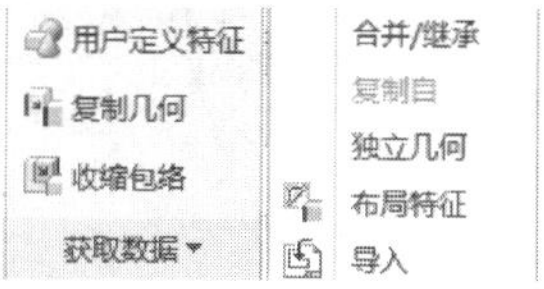

图 31-6-150　获取数据

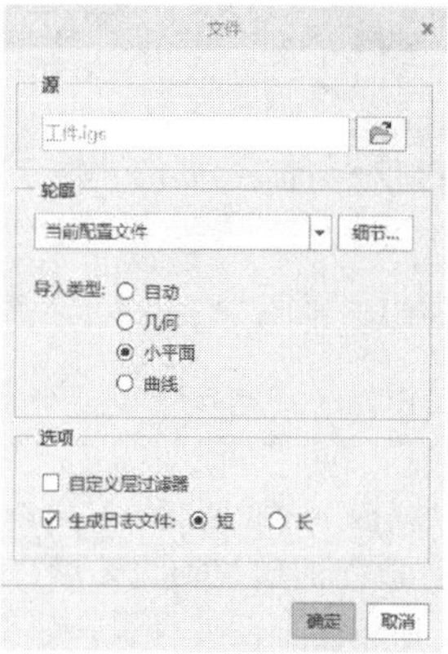

图 31-6-151　设置导入文件

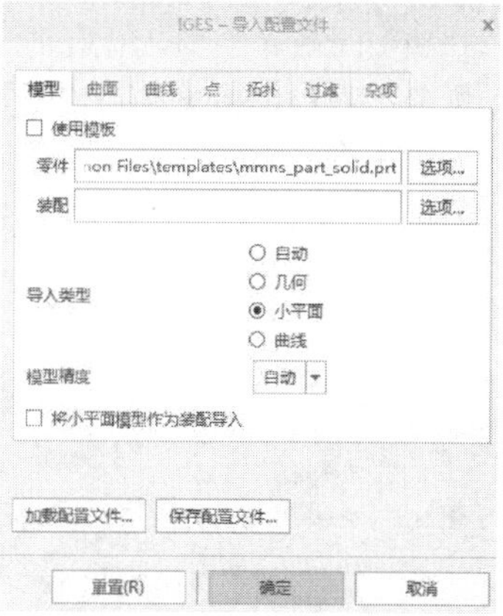

图 31-6-152　设置单位

(4)“点处理”阶段

点云数据成功导入后，进入“点处理”阶段，如图 31-6-153 和图 31-6-154 所示，利用这些命令即可对点云数据进行编辑处理。以铸造件为例，点处理执行了降低噪声、示例及填充孔命令。

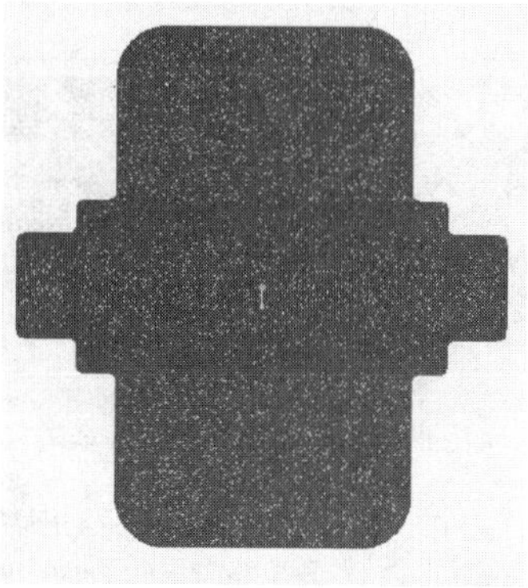

图 31-6-153　点云数据

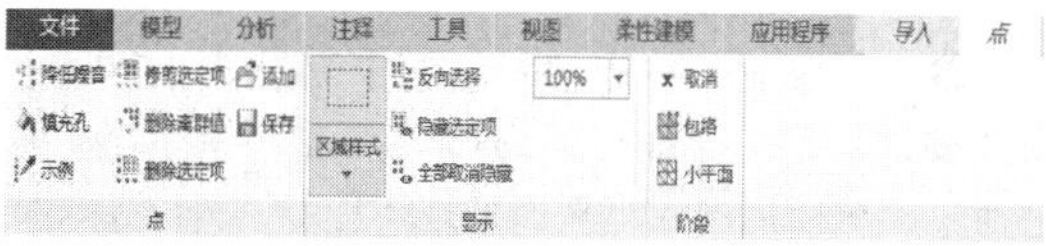

图 31-6-154　点处理阶段

(5) 包络处理

单击【包络】命令。系统开始进行运算处理，屏幕下方会出现如图 31-6-155 所示的提示信息，当处理完成后工件成为着色状态，此时系统出现“包络”菜单栏，如图 31-6-156 所示。

图 31-6-155　包络过程

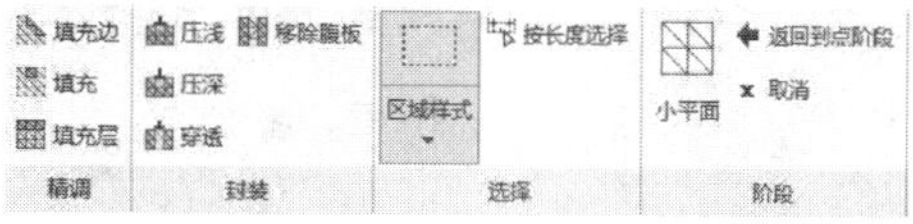

图 31-6-156　“包络”菜单栏

(6) 编辑包络网络

由于点云数据的采集存在误差，并且系统包络计算的精确程度不同，难免会出现瑕疵，所以必须对生成的包络进行编辑处理。主要介绍以下三种命令。

• 压浅：移除选中三角形并显示下面的三角形。

• 压深：该命令移除与选定三角形的点密度匹配的所有三角形。

• 穿透：以直线贯穿选定区域的方式来删除三角形。

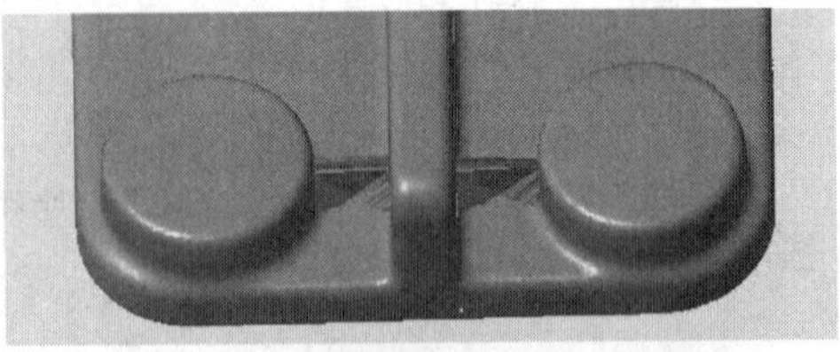

(a) 包络处理前

(b) 包络处理后

图 31-6-157 包络处理前后对比

如图 31-6-157 所示，能够明显看出需要处理的包络区域，选中包络区域，单击“封装”菜单栏中的“压浅”按钮，系统将自动删除包络区域。

（7）小平面处理

包络完成后，单击“封装”菜单栏中的“小平面”按钮，系统将自动弹到图 31-6-158 所示的“小平面”菜单栏，进入小平面处理环境。

图 31-6-158 小平面处理阶段

常用的小平面处理阶段命令如下。

• 清除：通过创建锐边或使曲面平滑清理多面几何。两种模式：自由成型、机械，如图 31-6-159 所示。

• 分样：按比例减少小平面数量，勾选“固定边界”复选框，以维持边界精度，如图 31-6-160 所示。

图 31-6-159 清除

图 31-6-160 分样

• 精整：通过增大小平面的密度和有选择地移动小平面的顶点，改进小平面模型的形状，如图 31-6-161所示。

利用“小平面特征”对点云数据进行处理，效率高，操作简单，实用性强。经过小平面特征处理后的模型如图 31-6-162 所示。

6.5.6 重新造型

“重新造型”是 Creo 软件的逆向工程环境，需要

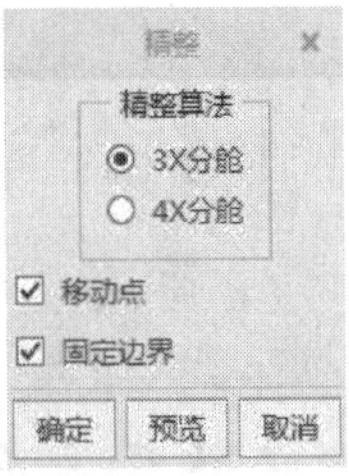

图 31-6-161 精整

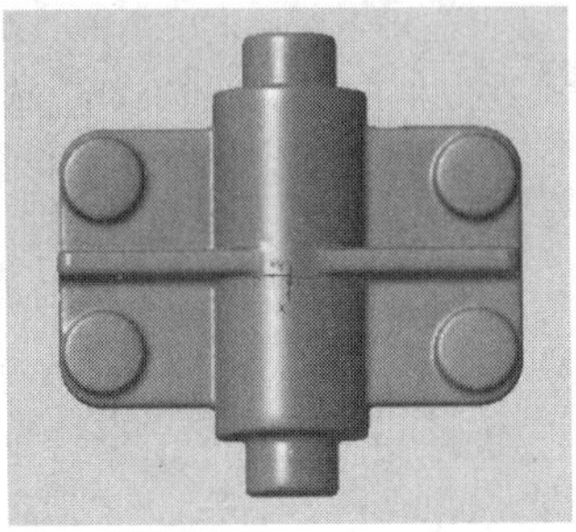

图 31-6-162 经过小平面特征处理后的模型

在已有的多面数据和“小平面特征”的基础上进行创建曲面。如图 31-6-163 所示，“重新造型”提供全套的逆向设计工具。

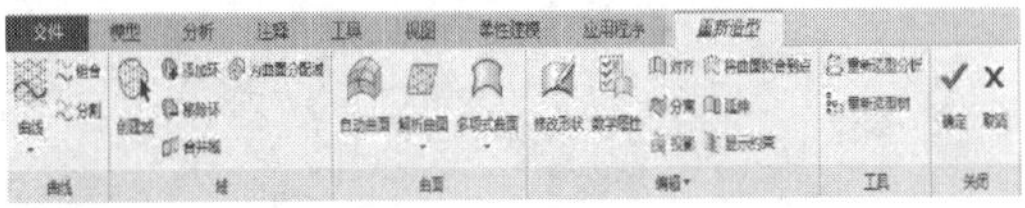

图 31-6-163 “重新造型”界面

① 设置工作目录，并打开由“小平面特征”处理后的几何特征。

② 点击“曲面”菜单栏进入“重新造型”模块。

③ 对于铸造件的圆柱面，采用“多项式曲面”中的“放样”方法进行曲面构建，如图 31-6-164 所示。首先以 TOP 面为参考，依次创建 5 个基准面；然后点击“曲线”中的“截面”，按“Ctrl”键依次选取 5 个基准面，系统自动生成 5 条曲线；之后点击“多项式曲面”中的“放样”，依次选取 5 条曲线，点击“确定”按钮后系统自动生成曲面，如图 31-6-165 所示。模型上面的圆形面由“填充”操作完成。

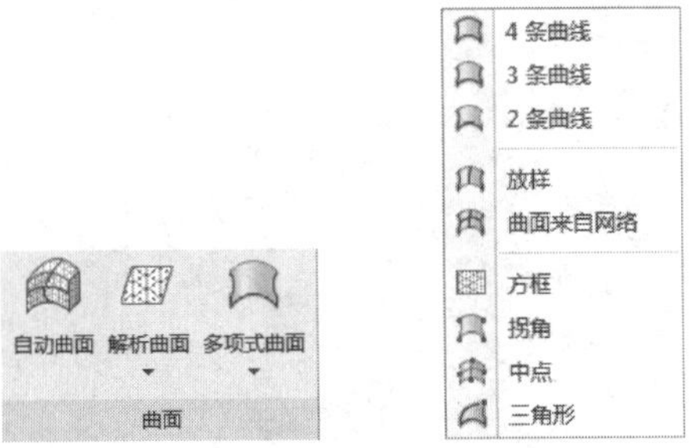

图 31-6-164 放样

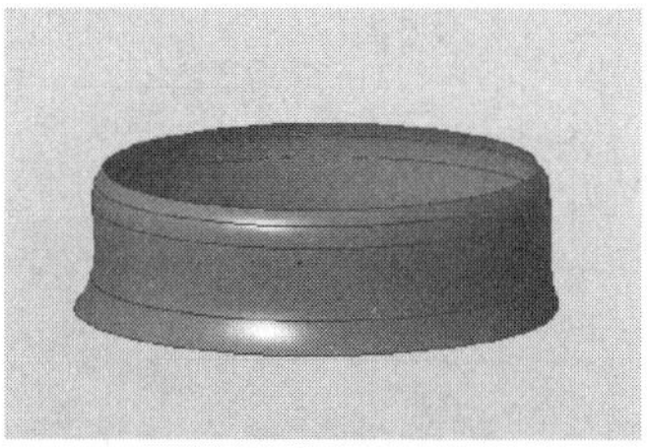

图 31-6-165　放样创建的曲面

④ 对于不规则曲面使用上述的“放样”方法，对于规则曲面的造型，应使用 Creo 的正向设计思维建模。如图 31-6-166 所示，首先创建两个基准面，利用“曲面”中的“截面”获取一条曲线，将该曲线投影到另外一个基准面上。

在“草绘”模块下画出投影曲线。在“分析”模块下测量拉伸距离，如图 31-6-167 所示。最后利用“拉伸”功能进行三维建模。

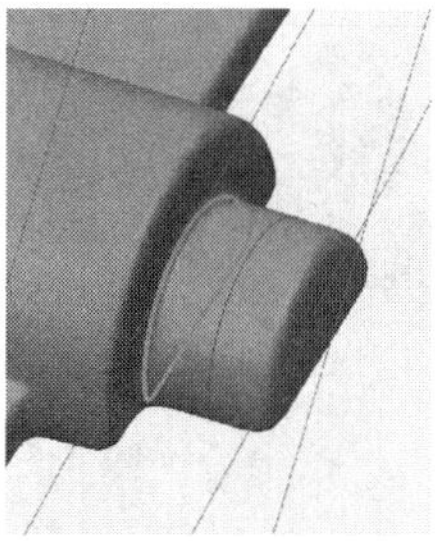

图 31-6-166　投影曲线

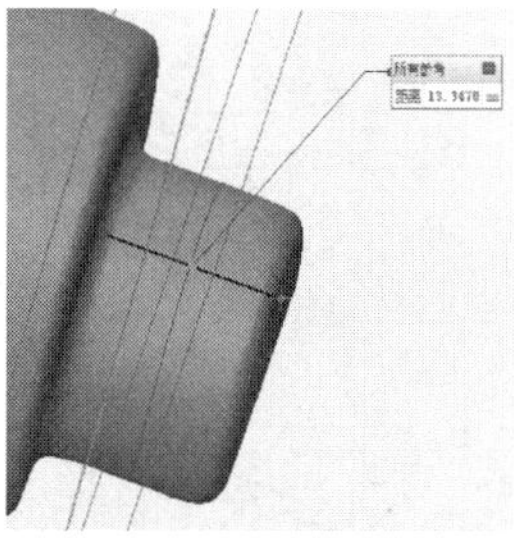

图 31-6-167　测量拉伸距离

从整个模型可以看出，该铸造件为对称结构，可对模型的四分之一部分进行逆向设计，最后整体的模型由镜像即可得出，最终的逆向模型如图 31-6-168 所示。

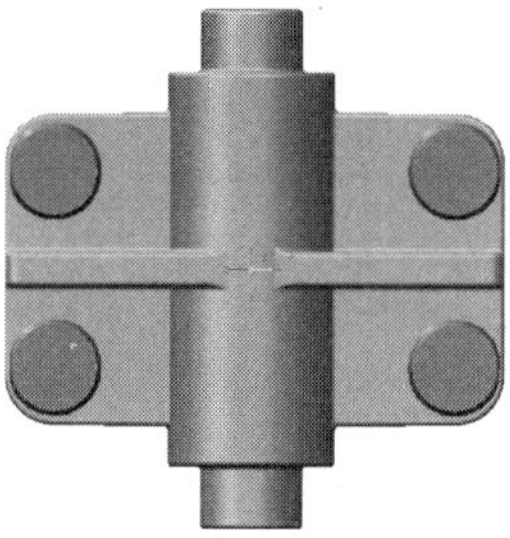

图 31-6-168　最终的逆向模型

6.6　基于 CATIA 的钣金件逆向设计

钣金件是通过钣金工艺加工出来的产品，钣金件具有质量小、强度高、成本低等优点，使得钣金件的应用越来越广泛。同时钣金件具有结构复杂、尺寸大、拉延深度大等特点，使得钣金件的设计和制造过程成为产品生产的重要环节。为了使生产出来的钣金件符合市场要求，通常会运用逆向工程技术将钣金件模型转换为真实尺寸的 CAD 模型，以便进行后续的相关工作。

本节以钣金件模型为例，介绍其逆向设计过程，采用的软件为 CATIA。本例主要运用 CATIA 中的数字曲面编辑器模块（DSE）、快速曲面重构模块（QSR）、创成式外形设计模块（GSD）、自由曲面造型模块（FS）。通过对点云进行删除、过滤、创建特征线、构造基础曲面，通过曲面的接合、过渡、裁剪等细节特征处理，最终生成全部曲面，并对曲面进行品质和偏差分析等一系列操作，得到高质量曲面。

6.6.1　点云处理

该部分在 Digitized Shape Editor（数字曲面编辑器）环境下进行。

（1）新建文件类型

选择【新建】命令，弹出“新建”对话框，在对话框中选择类型，单击“确定”按钮，建立一个 Part（零件）类型文件，如图 31-6-169 所示。

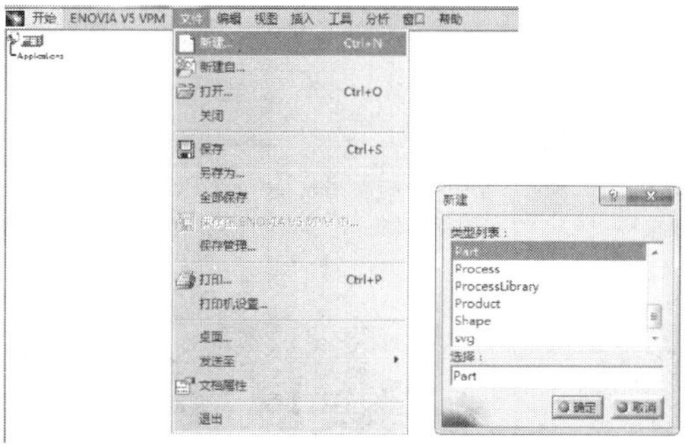

图 31-6-169　新建 Part 类型文件

（2）进入数字曲面编辑环境

选择【开始】→【形状】(Shape)，单击“Digitized Shape Editor”选项，进入“数字曲面编辑器”模块，如图 31-6-170 所示。CATIA 数字化编辑模块主要应用于产品的逆向设计过程，可以协助用户方便快捷地处理点云。

（3）导入点云数据

单击 Cloud Import（点云输入）按钮，在“Selected File”选项中，单击对话框中按钮，导入点云数据。为了更加准确地查找到要导入的点云，可以在“选择文件”对话框中点击“文件类型”，选择要输入点云的类型。如图 31-6-171 所示。本案例选择的“BanJin. stl”，单击“应用”按钮，输入点

云，如图 31-6-172 所示。

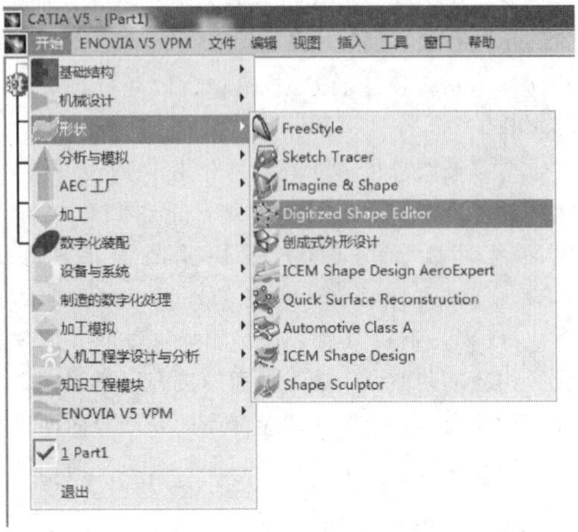

图 31-6-170 进入"数字曲面编辑器"

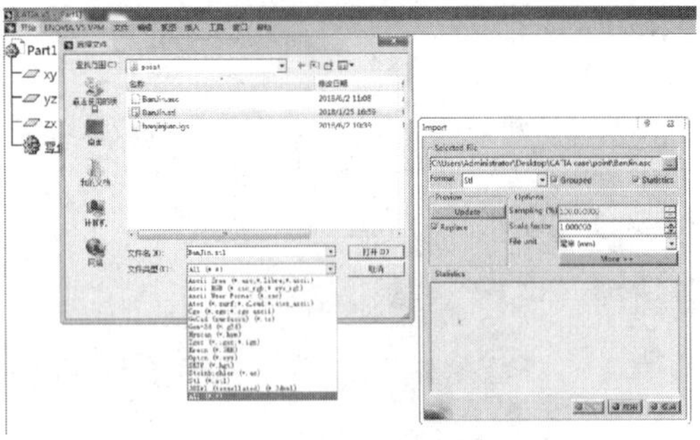

图 31-6-171 选择导入点云文件类型

图 31-6-172 导入点云

（4）过滤点云数据

当点云密度较大时，会影响计算机后期对点云的处理速度和曲面重构的精度，因此需要在保留点云特征的前提下，对点云进行过滤处理。单击 Cloud Filter（点云过滤器）按钮，在打开的对话框中，选择点云，在对话框中选择“Filter Type”（过滤方式）为“Adaptative”（适应），设置“弦偏差”为“0.001mm”，然后按“应用”按钮进行预览，配置好合适的弦偏差后，单击“确定”按钮完成。使用这种方法过滤点云的特点是可以很好地保留曲面轮廓的基本特征。由图 31-6-173 可以看出，过滤之后的钣金件点云明显减少。

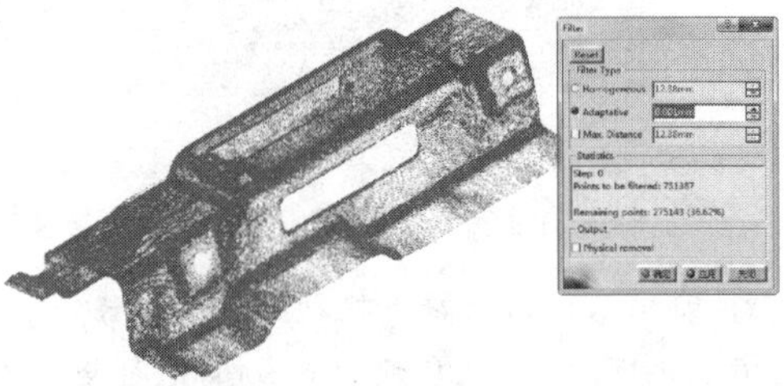

图 31-6-173 过滤点云数据

（5）重新激活全部钣金件点云

点击 Activation（激活）按钮，选择点云，点击 Activate All（激活所有）按钮，如图 31-6-174 所示，点击“确定”按钮完成。

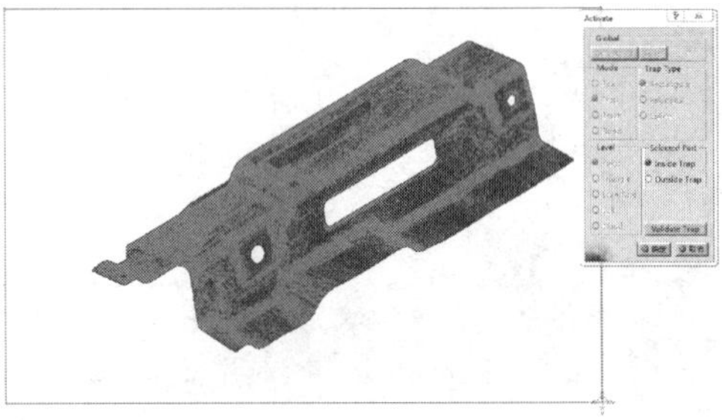

图 31-6-174 激活钣金件点云

（6）创建钣金件网格

点击 Mesh Creation（网格创建）按钮，打开“Mesh Creation”对话框，选择点云，激活 3D Mash（3D 网格）、Shading（遮蔽）、Flat（平面）、Neighborhood（邻接）选项，设置“Neighborhood 值”为“8mm”，点击“应用”按钮预览，如图 31-6-175 所示，点击“确定”按钮完成。在点云铺面时，如果铺出来的网格存在孔洞，可以利用补洞功能（Fill Holes）按钮，填补孔洞。

图 31-6-175 创建钣金件网格

（7）改善网格质量

单击 Flip Edges（翻转边线），设定“Depth”值为“2”，点击“应用”按钮预览，如图 31-6-176 所示，点击“确定”按钮完成。通过该步骤修正三角网格的边线，重组三角网格，使网格更加平滑，有利于后续模型重建工作。

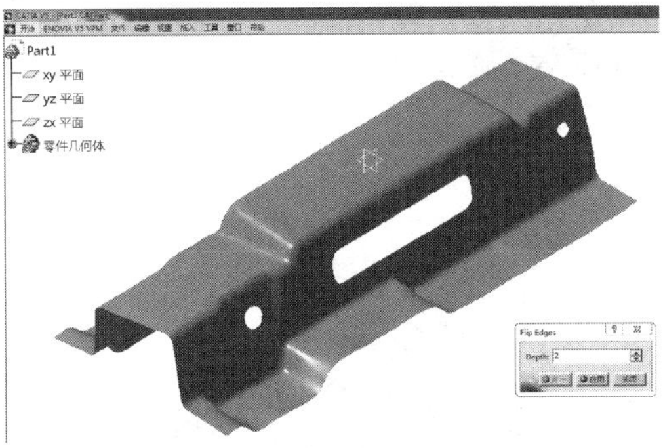

图 31-6-176　改善钣金件网格质量

6.6.2　创建空间曲线曲面

该部分需要在 Quick Surface Reconstruction（快速曲面重构）和创成式外形设计模块（GSD）环境下协同进行。

（1）进入快速曲面重构环境

从菜单栏中选择【开始】→【形状】下拉按钮，选择“Quick Surface Reconstruction”，即可进入快速曲面重构环境，如图 31-6-177 所示。

图 31-6-177　进入快速曲面重构环境

（2）创建截面交线

点击 Planar Sections（截面）按钮，点击“Element”后的按钮，选择钣金件网格，在打开的对话框中的“Plane Definition（平面定义）”栏中设置 *ZX* 平面，此时在视图区出现 *ZX* 平面。在平面移动箭头处（参考平面操作器）操作鼠标，可实现平面移动，点击鼠标右键，在弹出菜单栏中选择“编辑”命令，打开对话框，设定“Y”坐标为“0”，即可精确定位钣金件的截面交线位置，如图 31-6-178 所示。关闭该对话框，回到“Planar Sections”对话框，点击“应用”按钮预览后，点击“确定”按钮完成。

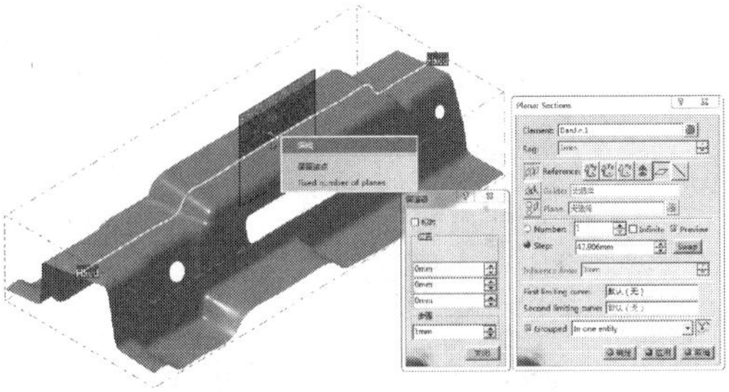

图 31-6-178　创建截面交线

（3）创建空间曲线

单击 3D Curve（空间曲线）按钮，点选钣金件上平面的截面交线，依次创建 3 条与平面相拟合的空间曲线，在最后点位处双击鼠标或单击“确定”按钮完成曲线创建，如图 31-6-179 所示。

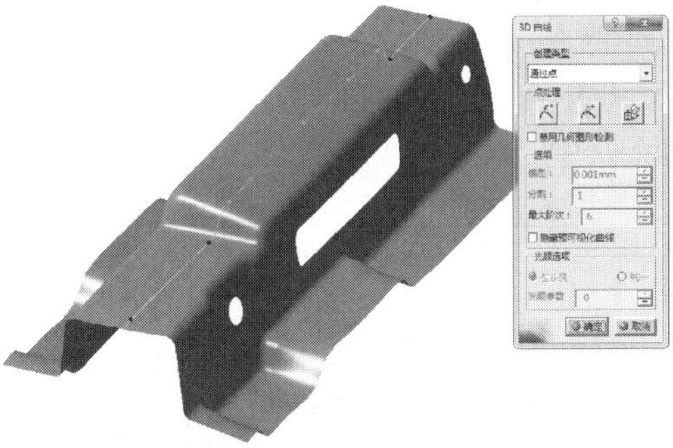

图 31-6-179　创建空间曲线

（4）进入创成式外形设计环境

从菜单栏中选择【开始】→【形状】下拉按钮，选择创成式外形设计模块，即可进入创成式外形设计环境，如图 31-6-180 所示。

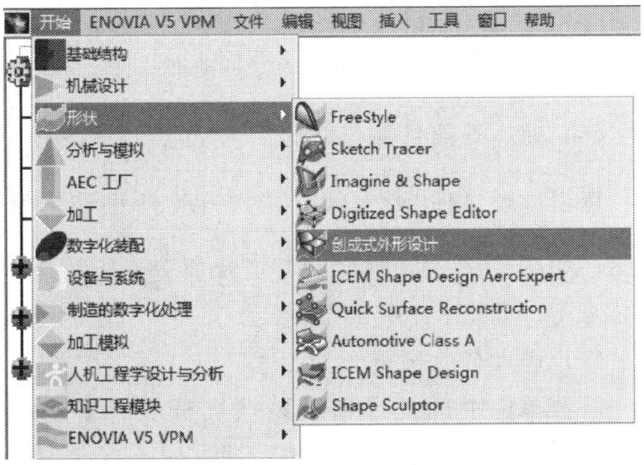

图 31-6-180　创成式外形设计环境

（5）扫掠空间曲面

点击 Sweep（扫掠）按钮，依次选择引导曲线和拔模方向，即得到扫掠曲面，同理可得另两个扫掠曲面，如图 31-6-181 所示。

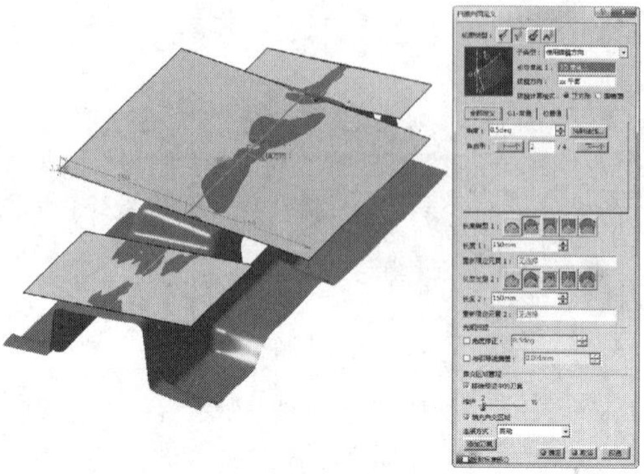

图 31-6-181 扫掠空间曲面

重复（2）～（5），在“Quick Surface Reconstruction”（快速曲面重构）环境下，通过 Planar Sections（截面）命令创建截面交线；通过 3D Curve（空间曲线）命令创建空间曲线；切换至创成式外形设计环境，通过 Sweep（扫掠）命令得到空间曲面，如图 31-6-182 所示。

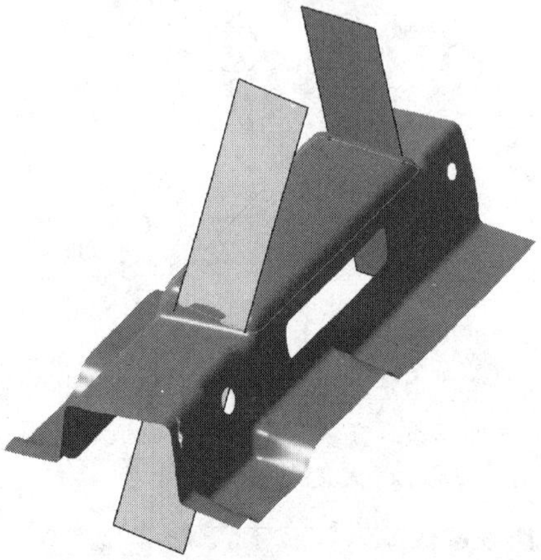

图 31-6-182 创建空间曲面

（6）曲面外插延伸与修剪

点击外插延伸按钮，依次延伸所创建的空间曲面，如图 31-6-183 所示。点击修剪按钮，进行曲面修剪，如图 31-6-184 所示。

（7）进入草绘环境

从菜单栏中选择【开始】→【机械设计】下拉按钮，选择“草图编辑器”模块，即可进入草绘设计工作台，如图 31-6-185 所示。

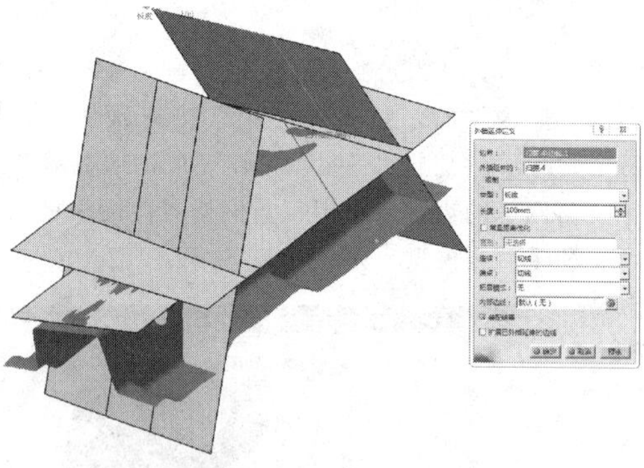

图 31-6-183 曲面延伸

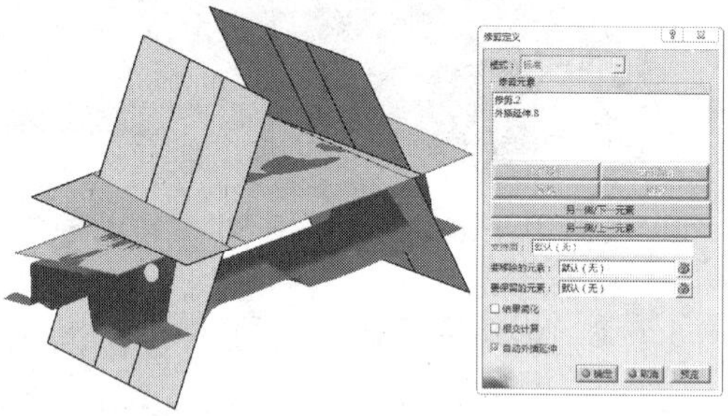

图 31-6-184 曲面修剪

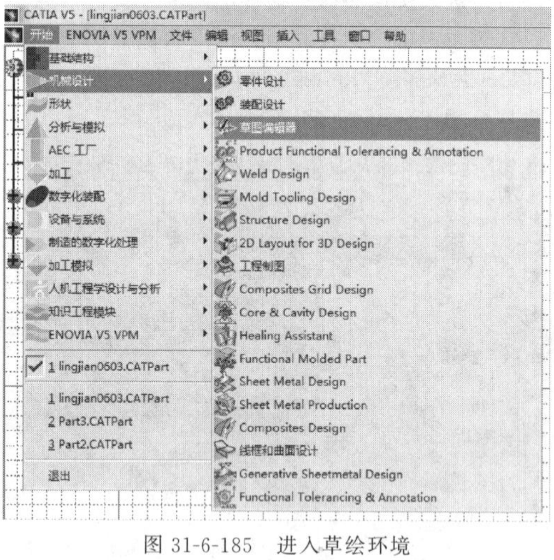

图 31-6-185 进入草绘环境

（8）草绘曲线

点击草绘按钮，进入草绘，选择【直线】命令，绘制空间曲线，如图 31-6-186 所示。

（9）投影曲线

回到“Quick Surface Reconstruction”（快速曲面重构），点击 Curve Projection（曲线投影）按钮，在“Direction”的空白框中，点击鼠标右键，选择

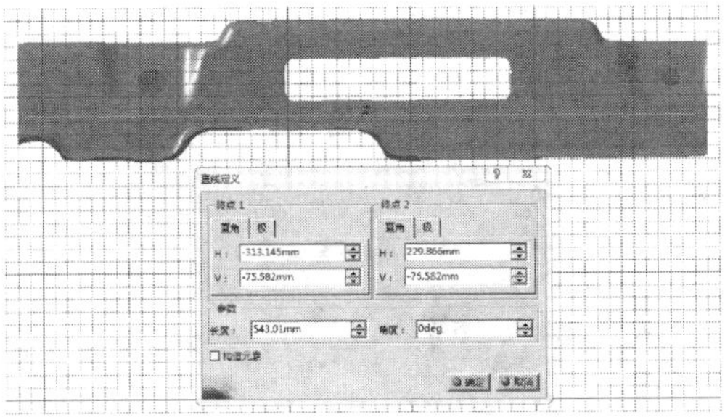

图 31-6-186　草绘曲线

“Y 部件”，依次点选需要投影的曲线和被投影的点云或网格上，即得到投影曲线，如图 31-6-187 所示。

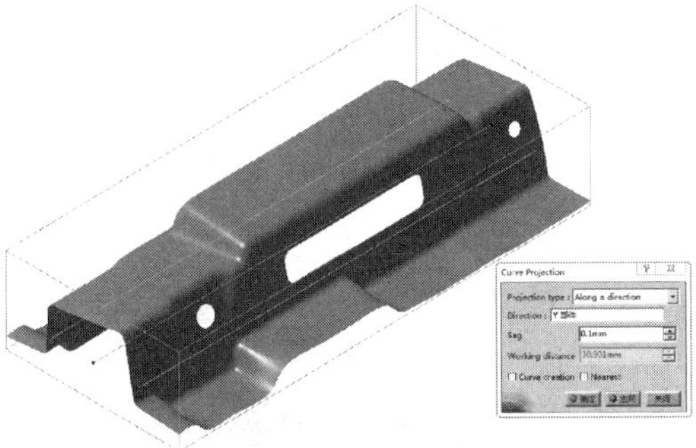

图 31-6-187　投影曲线

（10）曲面外插延伸与修剪

点击外插延伸按钮，依次延伸所创建的空间曲面，点击修剪按钮，修剪延伸的曲面，如图 31-6-188 所示。

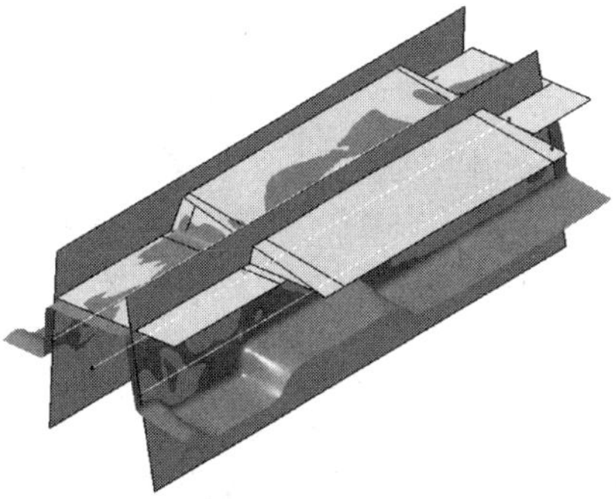

图 31-6-188　曲面外插延伸与修剪

重复（2）～（5），在“Quick Surface Reconstruction”（快速曲面重构）环境下，通过 Planar Sections（截面）命令，创建截面交线；通过 3D Curve（空间曲线）命令，创建空间曲线；切换至创成式外形设计环境，通过 Sweep（扫掠）命令，得到空间曲面，如图 31-6-189 所示。同理可得另两个扫掠曲面，如图 31-6-190 所示。

图 31-6-189　创建空间扫掠曲面（一）

图 31-6-190　创建空间扫掠曲面（二）

（11）曲面修剪

点击修剪按钮，修剪曲面，如图 31-6-191 所示。

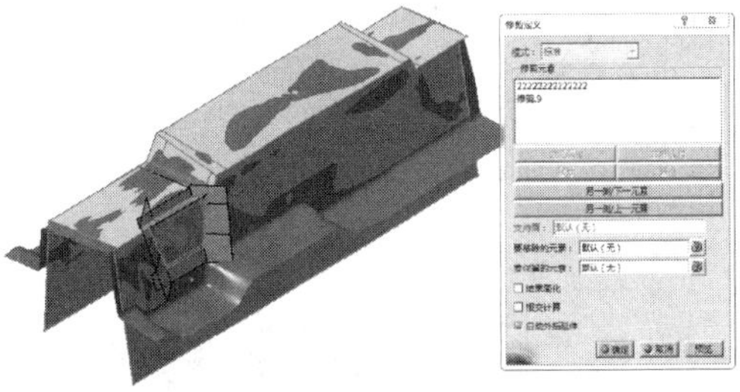

图 31-6-191　曲面修剪

重复（2）～（5），在“Quick Surface Reconstruction”（快速曲面重构）环境下，通过 Planar Sections（截面）命令，创建截面交线；通过 3D Curve（空间曲线）命令，创建空间曲线；切换至创成式外形设计环境，通过 Sweep（扫掠）命令，得到空间曲面，如图 31-6-192 所示。同理可得另两个扫掠曲面，如图 31-6-193 所示。点击修剪按钮，得到修剪后的曲面，如图 31-6-194 所示。

（12）曲面接合

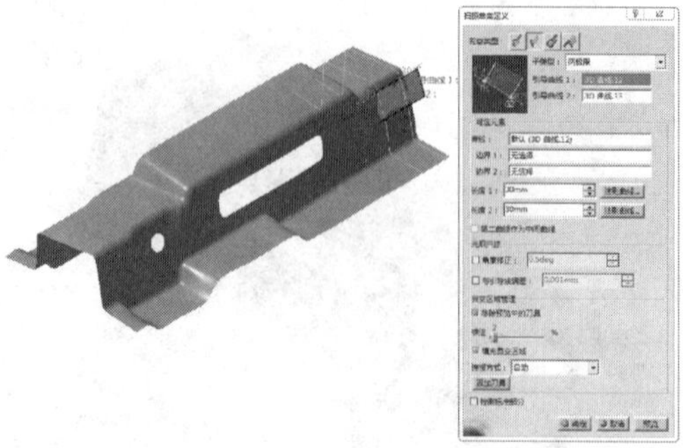

图 31-6-192 创建空间扫掠曲面（三）

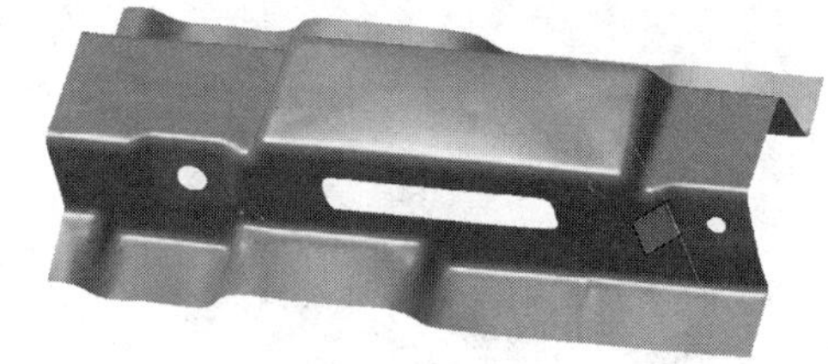

图 31-6-193 创建空间扫掠曲面（四）

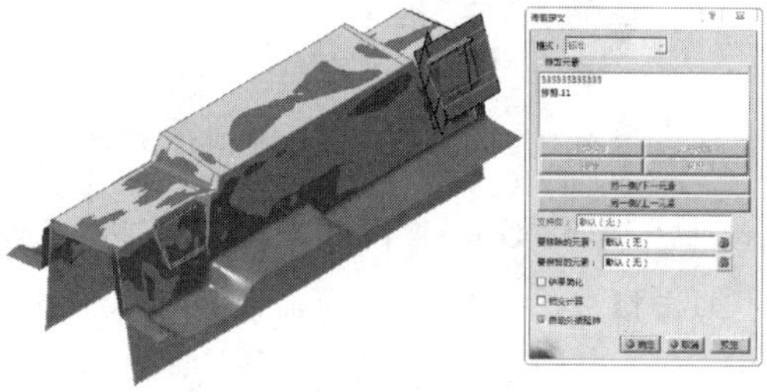

图 31-6-194 修剪曲面

点击 Join（接合）按钮，选择要接合的曲面，点击“确定”按钮，即可得到接合曲面，如图 31-6-195所示。

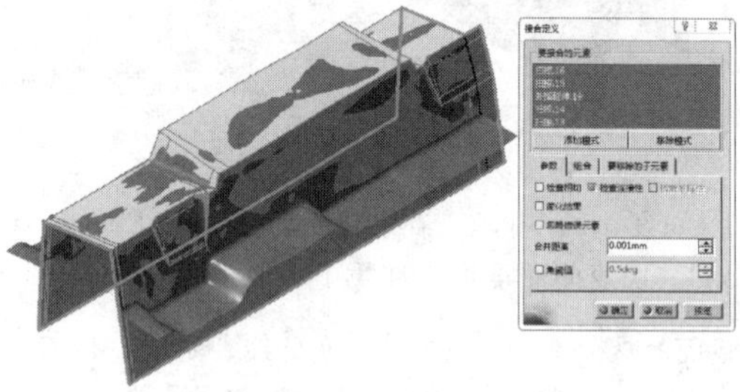

图 31-6-195 曲面接合

（13）曲面倒圆角

点击 Edge Fillet（倒圆角），设定圆角半径，选择要圆角化的对象，可以通过“预览”选项查看倒圆角状态，点击“确定”按钮，完成倒圆角，如图 31-6-196 所示。

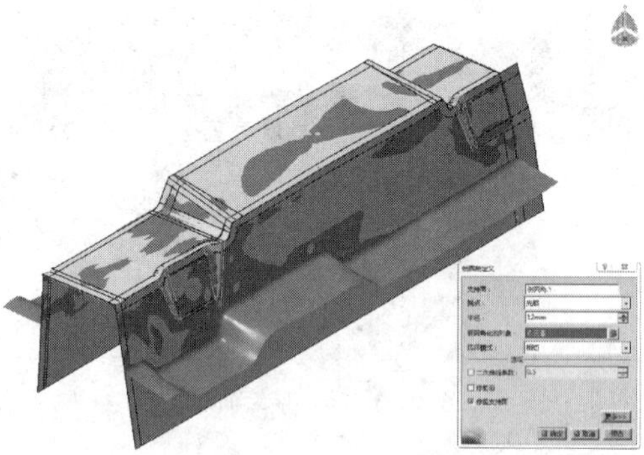

图 31-6-196 曲面倒圆角

（14）扫掠曲面

首先，切换至草绘环境，绘制截面曲线；切换至创成式外形设计环境，点击 Sweep（扫掠）按钮，依次点选引导曲线和拔模方向，即得到扫掠曲面，如图 31-6-197 所示。

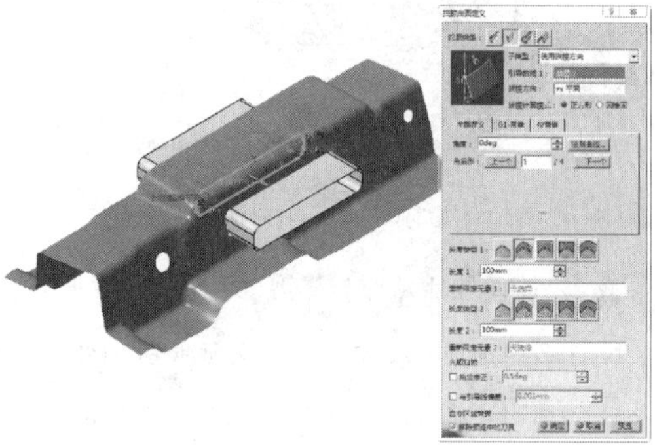

图 31-6-197 扫掠曲面

（15）拉伸曲面

首先，切换至草绘环境，绘制圆弧曲线；切换至创成式外形设计环境，点击拉伸按钮，在对话框中点选轮廓选项，选择草绘的圆弧曲线，拉伸长度可以用鼠标进行拖拽控制，也可以直接输入固定数值。如图 31-6-198 所示。

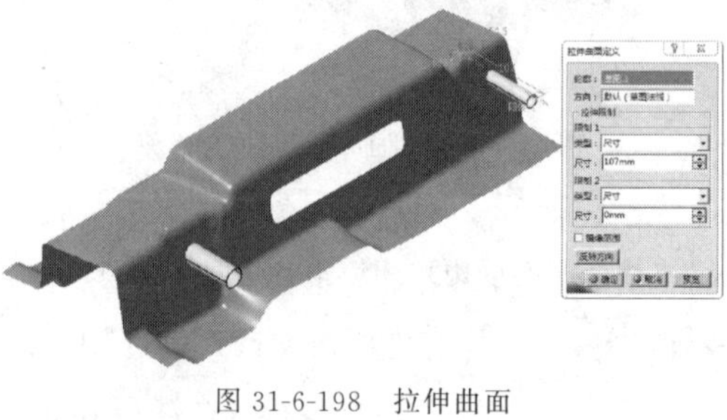

图 31-6-198 拉伸曲面

重复（2）～（5），在“Quick Surface Reconstruction”（快速曲面重构）环境下，通过 Planar Sections

（截面）命令，创建截面交线；通过从扫描线生成曲线命令，创建空间曲线；切换至创成式外形设计环境；通过 Sweep（扫掠）命令，得到空间曲面，如图 31-6-199 所示。

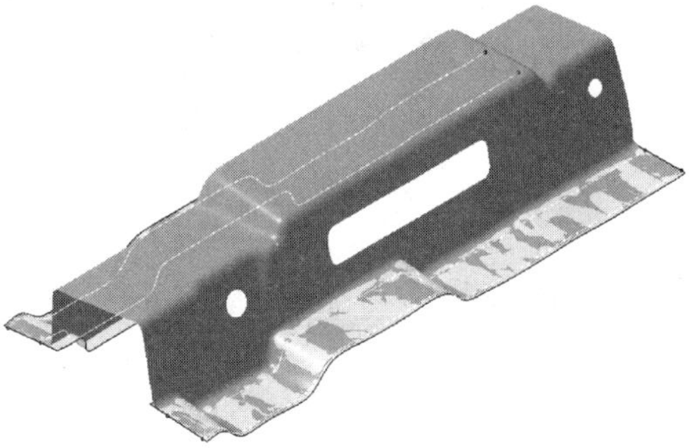

图 31-6-199　创建空间曲面

重复（11）～（13），点击修剪按钮，对曲面进行修剪；点击 Join（接合）按钮，对曲面进行接合；点击 Edge Fillet（倒圆角），设定圆角半径，选择要圆角化的对象，可以通过“预览”选项查看倒圆角状态，点击“确定”按钮，完成倒圆角，并完成逆向工程建模，如图 31-6-200 所示。

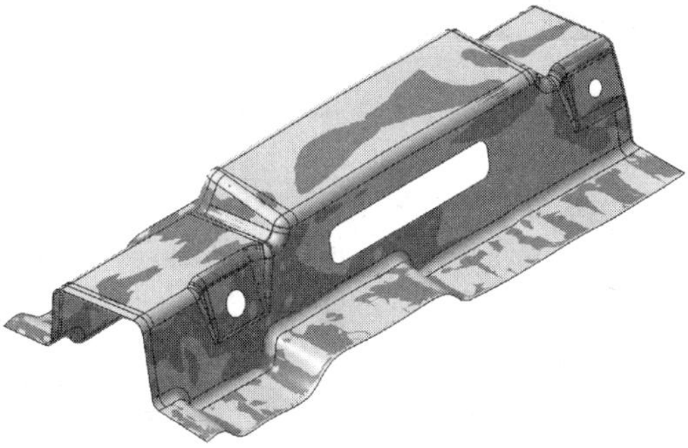

图 31-6-200　完成逆向工程建模

6.6.3　钣金件逆向品质分析

（1）距离分析

距离分析可以分析两组元素之间的距离。在“自由曲面”(Free Style) 模块中，点击 Distance Analysis（距离分析）按钮，对生成的曲面进行距离分析，检测曲面与点云的贴合度，如图 31-6-201 所示。

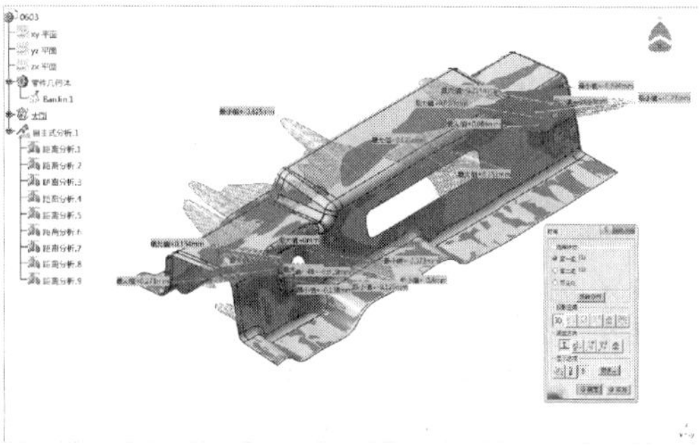

图 31-6-201　距离分析

（2）偏差分析

在“Digitized Shape Editor”（数字曲面编辑器）环境下，点击 Deviation Analysis（偏差分析）按钮，对逆向曲面与原始点云进行偏差分析，偏差分析结果如图 31-6-202 所示。

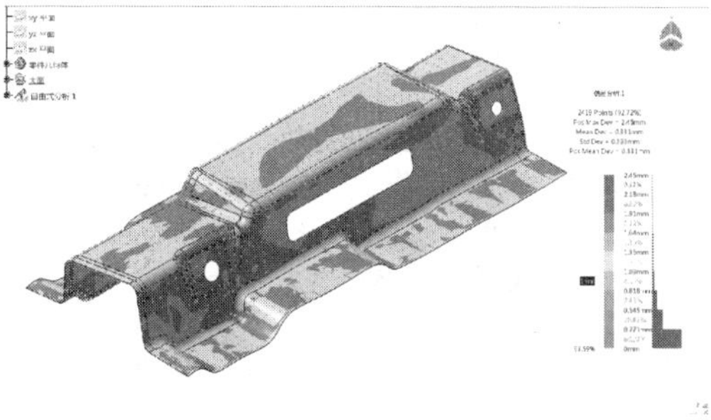

图 31-6-202　偏差分析结果

（3）完成钣金件逆向工程建模

逆向工程完成后的钣金件模型，如图 31-6-203 所示。

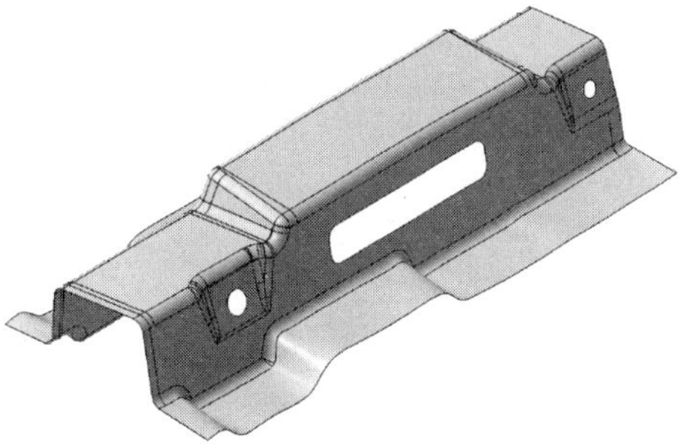

图 31-6-203　钣金件模型

参考文献

[1] 成思源，杨雪荣. 逆向工程技术. 北京：机械工业出版社，2017.

[2] 卢碧红，曲宝章. 逆向工程与产品创新案例研究. 北京：机械工业出版社，2013.

[3] 刘伟军，孙玉文等. 逆向工程——原理·方法及应用. 北京：机械工业出版社，2009.

[4] 常智勇，万能. 计算机辅助几何造型技术. 第3版. 北京：科学出版社，2017.

[5] 王霄. 逆向工程技术及其应用. 北京：化学工业出版社，2004.

[6] 缪亮. 三坐标测量技术. 北京：中国劳动社会保障出版社，2017.

[7] 闻邦椿. 机械设计手册. 第6卷. 第5版. 北京：机械工业出版社，2018.

[8] 王霄，刘会霞等. CATIA逆向工程实用教程. 北京：化学工业出版社，2006.

[9] 左克生，胡顺安. CATIA逆向设计基础. 西安：西安电子科技大学出版社，2018.

[10] 钮建伟. Imageware逆向造型技术及3D打印. 第2版. 北京：电子工业出版社，2018.

[11] 成思源，杨雪荣. Geomagic Design X逆向设计技术. 北京：清华大学出版社，2017.

[12] 陈丽华. 逆向设计与3D打印. 北京：电子工业出版社，2017.

[13] 辛志杰. 逆向设计与3D打印实用技术. 北京：化学工业出版社，2017.

[14] 刘鑫. 逆向工程技术应用教程. 北京：清华大学出版社，2013.

[15] 张俏. 基于Geomagic Design X的曲面逆向建模技术及应用. 内燃机与配件，2018，(20)：231-232.

[16] 管官，顾文文，杨蕖. 基于逆向工程的船用螺旋桨数字化检测方法. 船海工程，2018，47 (5)：23-26.

[17] 尤宝，梁晓辉. 泵体水力模具逆向工程技术研究. 制造业自动化，2018，40 (9)：132-136，144.

[18] 王星，刘志刚，陈伟平，任永超，李津. 三坐标测量机在模具制造中逆向工程的应用. 模具制造，2018，18 (9)：50-56.

[19] 姜淑凤，张英琦. 逆向重建中B样条曲面过渡/微调精简方法. 北京理工大学学报，2018，38 (8)：802-807.

[20] 陈冬武. 逆向工程和激光技术在叶轮修复中的应用. 兰州：兰州理工大学，2018.

[21] 张文灼. 基于Geomagic的汽车节温器盖逆向工程设计及其型面精度检测技术研究. 石家庄：河北科技大学，2018.

[22] 季锋，罗火贤，郑瑞欣. 基于逆向工程的汽车三维数据采集、处理方法及应用. 汽车科技，2017，(2)：40-44.

[23] 单岩，李兆飞，彭伟. ImageWare逆向造型基础教程. 第2版. 北京：清华大学出版社，2013.

[24] 成思源. Geomagic Qualify三维检测技术及应用. 北京：清华大学出版社. 2012.

[25] 北京兆迪科技有限公司. Creo 2.0曲面设计教程. 北京：机械工业出版社. 2013.

[26] 刘博，刘悦，王倩. 基于UG/Imageware的汽车反光镜的逆向设计. 机械研究与应用，2012，(5)：86-88.

[27] 谢玮. Pro/ENGINEER Wildfire 5.0产品造型设计. 北京：清华大学出版社，2016.

[28] 北京兆迪科技有限公司. CATIA V5R20宝典. 北京：机械工业出版社，2017.

[29] Xuewen You，Baozhang Qu，Bihong Lu. Detection Method for Manufacturing Quality of High-Speed Train Driver Room Steel Structure. 2018 15th International Conference on Ubiquitous Robots (UR2018)，2018：786-790.

第31篇

第 32 篇
数字化设计

篇主编：李卫民
撰　稿：李卫民　刘淑芬　赵文川　刘　阳
刘志强　唐兆峰　宋小龙　于晓丹
邢　颖
审　稿：刘永贤

MODERN HANDBOOK OF MECHANICAL DESIGN

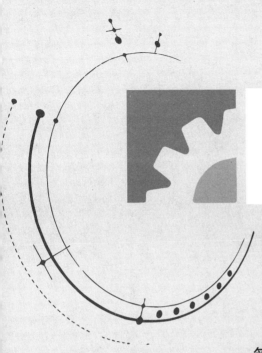

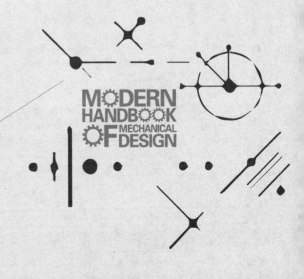

第1章　数字化设计技术概论

1.1　数字化设计技术内涵

1.1.1　数字化设计技术的概念

数字化设计，可以分成“数字化”和“设计”两部分。

数字化就是把各种各样的信息都用二进制的数字来表现。数字化技术起源于二进制数字，在半导体技术和数字电路学的推动下使得很多复杂的计算可以由机器或电路完成。发展到今天，微电子技术更是将我们带到了数字化领域的前沿。

设计就是设想、运筹、计划和预算，它是人类为了实现某种特定的目的而进行的创造性活动，设计几乎包括了人类能从事的一切创造性工作。设计的另一个定义是指控制并且合理地安排视觉元素：线条、形体、色彩、色调、质感、光线、空间等，涵盖艺术的表达和结构造型。设计是特殊的艺术，其创造的过程是遵循实用化求美法则的。设计的科技特性表明了设计总是受到生产技术发展的影响。

数字化设计就是数字技术和设计的紧密结合，是以先进设计理论和方法为基础、以数字化技术为工具，实现产品设计全过程中所有对象和活动的数字化表达、处理、存储、传递及控制。其特征表现为设计的信息化、智能化、可视化、集成化和网络化；其主要研究内容包括产品功能数字化分析设计；其方法是产品信息系统集成化设计。图 32-1-1 为数字化设计系统构成框图。

目前为止，数字化设计技术的发展历程可以大体上划分为以下五个阶段。

(1) CAX 工具的广泛应用

自 20 世纪 50 年代开始，各种 CAD/CAE/CAM 工具开始出现并逐步应用到制造业中。这些工具的应用表明制造业已经开始利用现代信息技术来改造传统的产品设计过程，标志着数字化设计的开始。

(2) 并行工程思想的提出与推行

20 世纪 80 年代后期提出的并行工程思想是一种新的指导产品开发的哲理，是在现代信息技术的支持下对传统的产品开发方式的一种根本性改进。PDM（产品数据管理）技术及 DFX（如 DFM、DFA 等）技术是并行工程思想在产品设计阶段应用的具体体现。

(3) 虚拟样机技术

随着技术的不断进步，仿真在产品设计过程中的应用变得越来越广泛而深刻，由原先的局部应用（单一领域、单点）逐步扩展到系统应用（多领域、全生命周期）。虚拟样机技术正是这一发展趋势的典型代表。

(4) 协同仿真技术

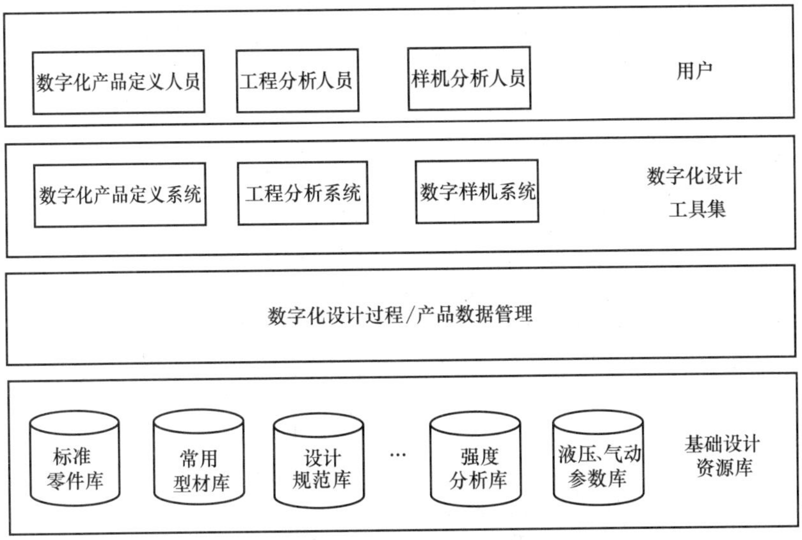

图 32-1-1　数字化设计系统的构成框图

协同仿真技术将面向不同学科的仿真工具结合起来构成统一的仿真系统，可以充分发挥仿真工具各自的优势，同时还可以加强不同领域开发人员之间的协同与合作。目前 HLA 规范已经成为协同仿真技术的重要国际标准，基于 HLA 的协同仿真技术也将会成为虚拟样机技术的研究热点之一。

（5）多学科设计优化技术（MDO）

复杂产品的设计优化问题可能包括多个优化目标和分属不同学科的约束条件。现在的 MDO 技术为解决学科间的冲突，寻求系统的全局最优解，提供了可行的技术途径。

纵观数字化设计技术的发展历程可以看出，虽然几十年来各种技术思想层出不穷，但时空两个方向上的趋同始终是发展的主流。宏观上看，数字化设计的发展历程正相当于现代信息技术在产品设计领域中的应用由点发展为线，再由线发展为面的过程。仿真的广泛应用正在成为当前数字化设计技术发展的主要趋势。随着虚拟样机概念的提出，使得仿真技术的应用更加趋于协同化和系统化。开展关于虚拟样机及其关键技术的研究，必将提高企业的自主设计和开发能力，推动企业的信息化进程。

产品设计的数字化是企业信息化的重要内容。近年来，随着产品复杂性的不断增长，以及企业间竞争的日趋激烈，传统的产品设计方法已经很难满足企业当前生存和发展的需要。为了能在竞争中处于有利位置，实现产品设计数字化势在必行。

产品设计过程本质上是一个对信息进行采集、传递、加工处理的过程，其中包含了两种重要的活动：设计活动和仿真活动。因此，产品设计也可以看作是一个设计活动和仿真活动彼此交织相互作用的过程。设计推动信息流程向前演进，而仿真则是验证设计结果的重要手段。随着技术的发展，仿真的重要性正在不断加强。

近年来，随着计算机技术和新技术的发展，以计算机为基础的数字化技术已被广泛地应用到产品的开发中，成为提高企业综合竞争力的有效工具。可以说，一个国家的数字化设计技术水平是衡量其工业发展水平的重要标志。

目前，数字化设计技术已广泛应用到产品开发的各个阶段，表 32-1-1 给出了产品不同设计阶段与数字化设计技术之间的关系。

表 32-1-1 产品不同设计阶段与数字化设计技术之间的关系

设计阶段	数字化设计技术
概念化设计	几何建模技术；造型辅助功能；可视化操作；图形变换
设计建模	几何建模技术；造型辅助功能；可视化操作；图形变换；装配；爆炸图；模具设计；特定的造型软件
设计分析、优化及评价	有限元分析软件；形状、结构优化程序；运动学及动力学仿真软件；定制的程序及软件
设计文档	工程图；装配图；尺寸、公差标注；物料单（BOM）；渲染图；数控编程；其他设计文档

1.1.2 数字化设计的主要内容

数字化设计技术的范畴包括计算机图形学、CAX 技术中的设计部分、并行工程和虚拟样机技术等，其中计算机图形学（computer graphics，CG）、计算机辅助设计（computer aided design，CAD）和计算机辅助工程（computer aided engineering，CAE）是数字化设计（digital design，DD）技术的基础。

数字化设计技术集成了现代设计过程中的多项先进技术，包括三维建模、装配分析、优化设计、系统集成、产品信息管理、虚拟设计、多媒体和网络通信等，是一项多学科的综合技术。涉及以下主要内容。

（1）CAD/CAE/CAPP/CAM/PDM

CAD/CAE/CAPP/CAM 分别是计算机辅助设计、计算机辅助工程、计算机辅助工艺设计和计算机辅助制造的英文缩写，它们是制造业信息化中数字化设计及制造技术的核心，是实现计算机辅助产品开发的主要工具。

PDM 技术集成并管理与产品有关的信息、过程及人与组织，实现分布环境中的数据共享，为异构计算机环境提供了集成应用平台，从而支持 CAD/CAE/CAPP/CAM 系统过程的实现。

1）CAD（计算机辅助设计） CAD 在早期是英文 computer aided drawing（计算机辅助绘图）的缩写，随着计算机软硬件技术的发展，人们逐步地认识到单纯使用计算机绘图还不能称为计算机辅助设计。真正的设计是整个产品的设计，它包括产品的构思、功能设计、机构分析和加工制造等，二维工程图设计只是产品设计中的一小部分。于是 CAD 的含义由 computer aided drawing 改为 computer aided design，CAD 也不再仅仅是辅助绘图，而是协助创建、修改、分析和优化的设计技术。

2）CAE（计算机辅助工程） CAE 计算机辅助工程通常指有限元分析和机构的运动学及动力学分析。有限元分析可完成力学分析（线性、非线性、静态、动态）、场分析（热场、电场、磁场等）、频率响应和结构优化等。机构分析能完成机构内零部件的位移、速度、加速度和力的计算，机构的运动模拟及机构参数的优化。

3）CAPP（计算机辅助工艺设计）　CAPP 是计算机辅助工艺设计（computer aided process planning），就是向计算机输入被加工零件的几何信息和加工工艺信息（材料、热处理、批量等）后，由计算机自动输出零件的工艺路线和工序内容等工艺文件，换言之，也就是利用计算机来定制零件的加工工艺过程，以便把毛坯加工成符合工程图样要求的零件。它利用计算机技术辅助工艺人员设计零件从毛坯到成品的制造方法，是将企业产品设计数据转换为产品制造数据的一种技术。

工艺过程设计是联系产品设计与车间生产的纽带。CAPP 是 CAD 与 CAM 真正集成的桥梁，是计算机集成制造 CIMS 的技术基础之一，CAPP 的技术基础是成组技术（GT）、零件信息描述和工艺设计的决策方式。

4）CAM（计算机辅助制造）　计算机辅助制造（computer aided manufacturing，CAM）有狭义和广义的两个概念。CAM 的狭义概念指的是从产品设计到加工制造之间的一切生产准备活动，它包括 CAPP、NC 编程、工时定额的计算、生产计划的制订、资源需求计划的制订等。这是最初 CAM 系统的狭义概念。目前，CAM 的狭义概念甚至更进一步缩小为 NC 编程的同义词。CAPP 已被作为一个专门的子系统，而工时定额的计算、生产计划的制订、资源需求计划的制订则划分给 MRPⅡ/ERP 系统来完成。CAM 的广义概念包括的内容则多得多，除了上述 CAM 狭义定义所包含的所有内容外，它还包括制造活动中与物流有关的所有过程（加工、装配、检验、存储、输送）的监视、控制和管理。计算机辅助制造系统的组成可以分为硬件和软件两方面：硬件方面有数控机床、加工中心、输送装置、装卸装置、存储装置、检测装置、计算机等；软件方面有数据库、计算机辅助工艺过程设计、计算机辅助数控程序编制、计算机辅助工装设计、计算机辅助作业计划编制与调度、计算机辅助质量控制等。

5）CAD/CAM 集成系统　随着 CAD/CAM 技术和计算机技术的发展，人们不再满足于这两者的独立发展，从而出现了 CAM 和 CAD 的组合，即将两者集成（一体化），这样以适应设计与制造自动化的要求，特别是近年来出现的计算机集成制造系统（CIMS）的要求。这种一体化组合可使在 CAD 中设计生成的零件信息自动转换成 CAM 所需要的输入信息，防止信息数据的丢失。产品设计、工艺规程设计和产品加工制造集成于一个系统中，提高了生产效率。

CAD/CAM 集成系统是指把 CAD、CAE、CAPP、CAM 和 PPC（生产计划与控制）等各种功能不同的软件有机地结合起来，用统一的执行控制程序来组织各种信息的提取、交换、共享和处理，保证系统内部信息流的畅通，协调各个系统有效地进行。国内外大量的经验表明，CAD 系统的效益往往不是从其本身，而是通过 CAM 和 PPC 系统体现出来的；反过来，假如 CAM 系统没有 CAD 系统的支持，花巨资引进的设备往往很难得到有效的利用；PPC 系统假如没有 CAD 和 CAM 的支持，既得不到完整、及时和准确的数据作为计划的依据，订出的计划也较难贯彻执行，生产计划和控制将得不到实际效益。因此，人们着手将 CAD、CAE、CAPP、CAM 和 PPC 等系统有机地、统一地集成在一起，从而消除“自动化孤岛”，取得最佳的效益。

6）PDM（产品数据库管理）　随着 CAD 技术的推广，原有技术管理系统难以满足要求。在采用计算机辅助设计以前，产品的设计、工艺和经营管理过程中涉及的各类图纸、技术文档、工艺卡片、生产单、更改单、采购单、成本核算单和材料清单等均由人工编写、审批、归类、分发和存档，所有的资料均通过技术资料室进行统一管理。自从采用计算机技术之后，上述与产品有关的信息都变成了电子信息。简单地采用计算机技术模拟原来人工管理资料的方法往往不能从根本上解决先进的设计制造手段与落后的资料管理之间的矛盾。要解决这个矛盾，必须采用 PDM 技术。

PDM（产品数据库管理）是从管理 CAD/CAM 系统的高度上诞生的先进的计算机管理系统软件。它管理的是产品整个生命周期内的全部数据。工程技术人员根据市场需求设计的产品图纸和编写的工艺文档仅仅是产品数据中的一部分。

PDM 系统除了要管理上述数据外，还要对相关的市场需求、市场分析、设计和制造过程中的全部更改历程、用户使用说明及售后服务等数据进行统一有效的管理。

（2）ERP（企业资源规划）

企业资源规划（ERP）系统是指建立在信息技术基础上，对企业的所有资源（物流、资金流、信息流、人力资源）进行整合集成管理，采用信息化手段实现企业供销链管理，从而达到对供应链上的每一环节实现科学管理。ERP 系统集信息技术与先进的管理思想于一身，反映时代对企业合理调配资源、最大化地创造社会财富的要求，成为企业在信息时代生存、发展的基石。

（3）RE（逆向工程技术）

对实物作快速测量，并反求为可被3D软件接受的数据模型，快速创建数字化模型（CAD），进而对样品做修改和详细设计，达到快速开发新产品的目的。三坐标测量设备是逆向工程技术典型应用。

（4）RP（快速成形）

快速成形（rapid prototyping）技术是20世纪90年代发展起来的，被认为是近年来制造技术领域的一次重大突破，其对制造业的影响可与数控技术的出现相媲美。RP系统结合了机械工程、CAD、数控技术、激光技术及材料科学技术，可以自动、直接、快速、精确地将设计思想物化为具有一定功能的原型或直接制造零件，从而可以对产品设计进行快速评价、修改及功能试验，有效地缩短了产品的研发周期。

（5）异地、协同设计

异地、协同设计是在Internet/Intranet的环境中，进行产品定义与建模、产品分析与设计、产品数据管理及产品数据交换等。异地、协同设计系统在网络设计环境下为多人、异地实施产品协同开发提供支持工具。

（6）基于知识的设计

设计知识包括产品设计原理、设计经验、既有设计示例和设计手册、设计标准、设计规范等；设计资源包括材料、标准件、既有零部件和工艺装备等资源。将产品设计过程中需要用到的各类知识、资源和工具融到基于知识的设计或CAD系统之中，支持产品的设计过程是数字化设计的基本方法。

（7）虚拟设计、虚拟制造

综合利用建模、分析、仿真以及虚拟现实等技术和工具，在网络支持下，采用群组协同工作，通过模型来模拟和预估产品功能、性能、可装配性、可加工性等各方面可能存在的问题，实现产品设计、制造的本质过程，包括产品的设计、工艺规划、加工制造、性能分析、质量检验、过程管理与控制等。

（8）概念设计、工业设计

概念设计是设计过程的早期阶段，其目标是获得产品的基本形式或形状。广义的概念设计应包括从产品的需求分析到详细设计之前的设计过程，如功能设计、原理设计、形状设计、布局设计和初步的结构设计。从工业设计角度看，概念设计是指在产品的功能和原理基本确定的情况下，产品外观造型的设计过程主要包括布局设计、形状设计和人机工程设计。计算机辅助概念设计和工业设计以知识为核心，实现形态、色彩、宜人性等方面的设计，将计算机与设计人员的创造性思维、审美能力和综合分析能力相结合，是实现产品创新的重要手段。

（9）绿色设计

绿色设计是面向环保的设计（design for environment），包括支持资源和能源的优化利用、污染的防止和处理、资源的回收再利用和废弃物处理等诸多环节的设计，是支持绿色产品开发、实现产品绿色制造、促进企业和社会可持续发展的重要工具。

（10）并行设计

并行设计是以并行工程模式替代传统的串行式产品开发模式，使得在产品开发的早期阶段就能很好地考虑后续活动的需求，以提高产品开发的一次成功率。

1.1.3　数字化设计的特点

数字化设计是以计算机软硬件为基础、以提高产品开发质量和效率为目标的相关技术的有机集成。与传统产品开发手段相比，它强调计算机、数字化信息和网络技术在产品开发中的作用，具有如下特点。

（1）计算机和网络技术是数字化设计的基础

与传统的产品开发相比，数字化设计技术建立在计算机技术之上。它充分利用了计算机的优点，如强大的信息存储能力、高效的逻辑推理能力、重复工作能力、快速准确的计算能力、高效的信息处理能力等，极大地提高了产品开发的效率和质量。

此外，随着网络技术的日益成熟，以计算机网络为支撑的产品异地、异构、协同、并行开发已成为数字化设计的发展趋势，也成为现代产品开发必不可少的技术手段。

（2）计算机只是产品数字化的辅助工具

计算机的应用提高了产品开发的效率和质量，但它只是人们从事产品开发的辅助工具，并不能取代人的思维。首先，计算机的计算和逻辑推理等能力都是人通过程序赋予的；其次，新产品的开发是具有创造性的活动，而目前的计算机还不具备创造性思维，但人具有创造性思维，能够针对所开发的产品进行分析和综合，再将之建立合理的数学模型、编制解算程序，同时人还可以控制计算机和程序的运行，并对计算结果进行分析、评价和修改，选择优化方案；再次，人的直觉、经验和判断是产品开发中不可缺少的，也是计算机无法代替的。人和计算机的特点比较如表32-1-2所示。

表32-1-2　人和计算机的特点比较

比较项目	人	计算机
数值估算能力	弱	强
推理和逻辑判断能力	以经验、想象和直觉进行推理	模拟的、系统的逻辑推理
信息存储能力	差，与时间有关	强，与时间有关
重复工作能力	差	强
分析能力	直觉分析强、数值分析差	无直觉分析、数值分析强
出错率	高	低

由此可见，在产品的数字化设计过程中，人始终具有最终的控制权、决策权，计算机及其网络环境只是重要的辅助工具，只有正确地处理好人和计算机之间的关系，最大限度地发挥各自的优势，才能获得最大的经济效益。

(3) 数字化设计能有效地提高产品质量、缩短开发周期、降低生产成本

计算机强大的信息存储能力可以存储各方面的技术知识和产品开发中所需要的数据，为产品设计提供科学依据。人机交互的产品开发，有利于发挥人机各自的优势，使得产品设计方案更加合理。通过有限元分析和产品优化设计，可及早发现设计中存在的问题，采用虚拟设计技术，优化产品的拓扑、尺寸和结构，克服了以往被动、静态、单纯依赖人的经验的缺点。基于计算机网络技术，产品的设计与开发由传统的串行开发转变为产品的并行开发，可有效地提高产品的开发质量、缩短开发周期、降低生产成本，加快产品更新换代的速度，提高产品及生产企业的市场竞争力。

(4) 数字化设计技术只涵盖产品生命周期的某些环节

随着相关软硬件的日益成熟，数字化设计技术在产品开发过程中成为不可缺少的手段。但是，数字化设计技术只是产品生命周期的一个环节。除此之外，产品生命周期还包括产品数字化制造、产品需求分析、市场营销、售后服务以及生命周期结束后的材料回收利用等环节。

此外，在产品的数字化设计与制造过程中，还涉及订单管理、物料需求管理、产品数据管理、生产管理、人力资源管理、财务管理、成本控制、设备管理的数字化管理（digital management）环节。数字化设计技术、数字化制造技术和数字化管理技术的有机结合，可以从根本上提升企业的综合竞争能力。

1.2　数字化设计技术的相关技术

1.2.1　“工业 4.0”与“中国制造 2025”

21 世纪以来，新一轮科技革命和产业变革正在孕育兴起，全球科技创新呈现出新的发展态势和特征。这场变革是信息技术与制造业的深度融合，是以制造业数字化、网络化、智能化为核心，建立在物联网和务（服务）联网基础上，同时叠加新能源、新材料等方面的突破而引发的新一轮变革，将给世界范围内的制造业带来深刻影响。这一变革，恰与中国加快转变经济发展方式、建设制造强国形成历史性交汇，这对中国是极大的挑战，同时也是极大的机遇。

中国已经清楚地认识到这些问题，中国政府越来越关注“工业 4.0”，也就是德国政府针对制造业制定的高科技战略，并结合我国国情提出了“中国制造 2025”战略。

1.2.1.1　“工业 4.0”

“工业 4.0”一词最早是在 2011 年的汉诺威工业博览会提出的。这一概念在德国学术界和产业界推动下形成，现在，它已经成为德国的国家战略。

(1)“工业 4.0”的概念

“工业 4.0”概念包含了由集中式控制向分散式增强型控制的基本模式转变，目标是建立一个高度灵活的个性化和数字化的产品与服务的生产模式。在这种模式中，传统的行业界限将消失，并会产生各种新的活动领域和合作形式。创造新价值的过程正在发生改变，产业链分工将被重组。

而从消费意义上来说，“工业 4.0”就是一个将生产原料、智能工厂、物流配送、消费者全部编织在一起的大网，消费者只需用手机下单，网络就会自动将订单和个性化要求发送给智能工厂，由其采购原料、设计并生产，再通过网络配送直接交付给消费者。

“工业 4.0”项目主要分为两大主题，一是“智能工厂”，重点研究智能化生产系统及过程，以及网络化分布式生产设施的实现；二是“智能生产”，主要涉及整个企业的生产物流管理、人机互动以及 3D 技术在工业生产过程中的应用等。该计划特别注重吸引中小企业参与，力图使中小企业成为新一代智能化生产技术的使用者和受益者，同时也成为先进工业生产技术的创造者和供应者。

“互联网＋制造”就是“工业 4.0”。“工业 4.0”是德国推出的概念，美国叫“工业互联网”，我国叫“中国制造 2025”，这三者本质内容是一致的，都指向一个核心，就是智能制造。

(2)“工业 4.0”的特点

互联：“工业 4.0”的核心是连接，要把设备、生产线、工厂、供应商、产品和客户紧密地联系在一起。

数据：“工业 4.0”连接产品数据、设备数据、研发数据、工业链数据、运营数据、管理数据、销售数据、消费者数据。

集成：“工业 4.0”将无处不在的传感器、嵌入式终端系统、智能控制系统、通信设施通过 CPS 形成一个智能网络，通过这个智能网络，使人与人、人与机器、机器与机器以及服务与服务之间，能够形成

互联，从而实现横向、纵向和端到端的高度集成。

创新："工业4.0"的实施过程是制造业创新发展的过程，制造技术、产品、模式、业态、组织等方面的创新将会层出不穷，从技术创新到产品创新，到模式创新，再到业态创新，最后到组织创新。

转型：对于中国的传统制造业而言，转型实际上是从传统的工厂，从2.0、3.0的工厂转型到4.0的工厂，整个生产形态上，从大规模生产转向个性化定制。实际上整个生产的过程更加柔性化、个性化、定制化。这是工业4.0一个非常重要的特征。

(3)"工业4.0"的技术关键

"工业4.0"有九大技术支柱，包括工业物联网、云计算、工业大数据、工业机器人、3D打印、知识工作自动化、工业网络安全、虚拟现实和人工智能。

智能制造、智能工厂是工业4.0的两大目标。

1.2.1.2 "中国制造2025"

(1)"中国制造2025"概念的提出

《中国制造2025》于2015年由中国百余名院士专家着手制定，为中国制造业未来10年设计顶层规划和路线图，通过努力实现中国制造向中国创造、中国速度向中国质量、中国产品向中国品牌三大转变，推动中国到2025年基本实现工业化，迈入制造强国行列。

(2)"中国制造2025"的主要内容

"中国制造2025"是升级版的中国制造，体现为四大转变、一条主线和九大任务。

① 四大转变：

一是由要素驱动向创新驱动转变；

二是由低成本竞争优势向质量效益竞争优势转变；

三是由资源消耗大、污染物排放多的粗放制造向绿色制造转变；

四是由生产型制造向服务型制造转变。

② 一条主线：以体现信息技术与制造技术深度融合的数字化网络化智能化制造为主线。

③ 九大任务：围绕实现制造强国的战略目标，《中国制造2025》明确九大战略任务和重点。

一是提高国家制造业创新能力；

二是推进信息化与工业化深度融合；

三是强化工业基础能力；

四是加强质量品牌建设；

五是全面推行绿色制造；

六是大力推动重点领域突破发展，聚焦新一代信息技术产业、高档数控机床和机器人、航空航天装备、海洋工程装备及高技术船舶、先进轨道交通装备、节能与新能源汽车、电力装备、农机装备、新材料、生物医药及高性能医疗器械等十大重点领域；

七是深入推进制造业结构调整；

八是积极发展服务型制造和生产型服务业；

九是提高制造业国际化发展水平。

(3)"中国制造2025"的核心要素

借鉴发达国家经验，结合我国实际，我国要打造"中国制造2025"，实现制造业由大到强的转变，创新是关键，质量是根基。坚持以质取胜战略是打造"中国制造2025"的核心要素。

① 以质量铸就中国制造的灵魂；

② 以标准引领中国制造质量的提升；

③ 以品牌打造中国制造的名片；

④ 以质量秩序保障中国制造的健康繁荣。

(4)"中国制造2025"的发展方向

2015年政府工作报告提出，要实施"中国制造2025"，坚持创新驱动、智能转型、强化基础、绿色发展，加快从制造大国转向制造强国。在这一过程中，智能制造是主攻方向，也是从制造大国转向制造强国的根本路径。

《中国制造2025》明确，通过政府引导、整合资源，实施国家制造业创新中心建设、智能制造、工业强基、绿色制造、高端装备创新等五项重大工程，实现长期制约制造业发展的关键共性技术突破，提升中国制造业的整体竞争力。

为确保完成目标任务，《中国制造2025》提出了深化体制机制改革、营造公平竞争市场环境、完善金融扶持政策、加大财税政策支持力度、健全多层次人才培养体系、完善中小微企业政策、进一步扩大制造业对外开放、健全组织实施机制等8个方面的战略支撑和保障。

(5)"中国制造2025"的发展领域

"中国制造2025"顺应"互联网+"的发展趋势，以信息化与工业化深度融合为主线，重点发展新一代信息技术、高档数控机床和机器人、航空航天装备、海洋工程装备及高技术船舶、先进轨道交通装备、节能与新能源汽车、电力装备、新材料、生物医药及高性能医疗器械、农业机械装备共十大领域。

1.2.2 大数据、云计算和物联网技术

1.2.2.1 大数据

随着网络和信息技术的不断普及，人类产生的数据量正在呈指数级增长，大约每两年翻一番，根据监测，这个速度在2020年之前会继续保持下去。这意味着人类在最近两年产生的数据量相当于之前产生的

全部数据量。

这些由我们创造的信息背后产生的数据早已经远远超越了目前人力所能处理的范畴。如何管理和使用这些数据，逐渐成为一个新的领域，于是大数据的概念应运而生。

（1）大数据的概念

大数据不是一种新技术，也不是一种新产品，而是一种新现象。“大数据”本身是一个比较抽象的概念，单从字面来看，它表示数据规模的庞大。但是仅仅数量上的庞大显然无法看出“大数据”这一概念和以往的“海量数据（massive data）”“超大规模数据（very large data）”等概念之间有何区别。对于大数据尚未有一个公认的定义。不同的定义基本是从大数据的特征出发，通过这些特征的阐述和归纳试图给出其定义。在这些定义中，比较有代表性的是 4V 定义，即认为大数据需满足 4 个“V”特点。

① 数据体量（volumes）巨大：大型数据集，从 TB 级别跃升到 PB 级别。

② 数据类别（variety ）繁多：来自多种数据源，数据种类和格式冲破了以前数据所限定的结构化数据范畴，囊括了半结构化和非结构化数据。

③ 处理速度（velocity）快：包含大量在线或实时数据分析处理的需求，1 秒定律。

④ 价值（value）密度低：以视频为例，连续不间断监控过程中，可能有用的数据仅仅一两秒钟。

（2）大数据的相关技术

大数据技术是指从各种类型的巨量数据中，快速获得有价值信息的技术。解决大数据问题的核心是大数据技术，主要可分为：数据采集、数据存取、基础架构、数据处理、统计分析、数据挖掘、模型预测和结果呈现等 8 种技术。

大数据技术主要形成了离线批处理、实时流处理和交互式分析三种计算模式：离线批处理（batch processing）技术以 Map Reduce 和 Hadoop 系统为代表；实时流处理（stream processing）技术以 Yahoo 的 S4 系统为代表；交互式分析（interactive analysis）技术以谷歌的 Dremel 系统为代表。

（3）大数据与云计算

大数据与云计算的关系就像一枚硬币的正反面一样密不可分。如果将各种大数据的应用比作一辆辆“汽车”，支撑起这些“汽车”运行的“高速公路”就是云计算。正是云计算技术在数据存储管理与分析等方面的支撑才使得大数据有用武之地。

大数据是包括交易数据和交互数据集在内的所有数据集。

大数据＝海量数据＋复杂类型的数据。

（4）大数据要解决的核心问题

与传统海量数据的处理流程相类似，大数据的处理也包括获取与特定的应用相关的有用数据，并将数据聚合成便于存储、分析、查询的形式；分析数据的相关性，得出相关属性；采用合适的方式将数据分析的结果展示出来等过程。相关步骤：

① 获取有用数据；

② 数据分析；

③ 数据显示；

④ 实时处理数据。

大数据最核心的价值就是对于海量数据进行存储和分析。相比现有的其他技术而言，大数据在“廉价、迅速、优化”这三方面的综合成本是最优的。

大数据时代已经到来，世界各国将在这一新的领域展开新一轮的竞争，我国应当抓住大数据时代的关键点，从国家战略制定、人才培养、基础技术研究、信息安全保障体系建设等方面展开相应的工作。

1.2.2.2　云计算

云计算（cloud computing）是一种新兴的 IT 交付方式，应用数据和 IT 资源能够通过网络作为标准服务在灵活的价格下快速地提供最终用户，对大数量的虚拟资源从管理上能够自动集中简化和灵活地来提供服务。云计算是基于互联网的相关服务的增加、使用和交付模式，通常涉及通过互联网来提供动态易扩展且经常是虚拟化的资源。

（1）云计算的定义

美国国家标准与技术研究院（NIST）定义：云计算是一个方便灵活的计算模式，它是按需通过网络进行访问和使用的计算资源的共享池（例如网络、服务器、存储、应用程序服务），它以用最少的管理付出，在与服务供应商有最少的交互的前提下，可以达到将各种计算资源迅速地配置和推出。

（2）云计算的类型

云计算按云服务的对象分为公用云、私有云和混合云。

公用云：面向外部用户需求，通过开放网络提供云计算服务，如 IDC、Google App、Saleforce 在线 CRM。

私有云：大型企业按照云计算的架构搭建平台，面向企业内部需求提供云计算服务，如企业内部数据中心等。

混合云：兼顾以上两种情况的云计算服务，如 Amazon Web Server 等既为企业内部又为外部用户提供云计算服务。

按提供的服务类型分为基础设施、应用平台和应用软件。

基础设施（infrastructure as a service）：以服务的形式提供虚拟硬件资源，如虚拟主机/存储/网络/数据库管理等资源。用户不需购买服务器、网络设备、存储设备，只需通过互联网租赁即可搭建自己的应用系统。

应用平台（platform as a service）：提供应用服务引擎，如互联网应用编程接口/运行平台等。用户基于该应用服务引擎，可以构建该类应用。

应用软件（software as a service）：用户通过Internet（如浏览器）来使用软件。用户不必购买软件，只需按需租用软件。

（3）云计算的特点

云计算是使计算分布在大量的分布式计算机上，而非本地计算机或远程服务器中，企业数据中心的运行与互联网更相似。这使得企业能够将资源切换到需要的应用上，根据需求访问计算机和存储系统。云计算特点如下。

1）超大规模 "云"具有相当的规模，Google云计算已经拥有100多万台服务器，Amazon、IBM、微软、Yahoo等的"云"均拥有几十万台服务器。企业私有云一般拥有数百上千台服务器。"云"能赋予用户前所未有的计算能力。

2）虚拟化 云计算支持用户在任意位置、使用各种终端获取应用服务。所请求的资源来自"云"，而不是固定的有形的实体。应用在"云"中某处运行，但实际上用户无需了解、也不用担心应用运行的具体位置。只需要一台笔记本或者一部手机，就可以通过网络服务来实现我们需要的一切，甚至包括超级计算这样的任务。

3）高可靠性 "云"使用了数据多副本容错、计算节点同构可互换等措施来保障服务的高可靠性，使用云计算比使用本地计算机可靠。

4）通用性 云计算不针对特定的应用，在"云"的支撑下可以构造出千变万化的应用，同一个"云"可以同时支撑不同的应用运行。

5）高可扩展性 "云"的规模可以动态伸缩，满足应用和用户规模增长的需要。

6）按需服务 "云"是一个庞大的资源池，你按需购买；云可以像自来水、电、煤气那样计费。

7）极其廉价 由于"云"的特殊容错措施，可以采用极其廉价的节点来构成"云"。"云"的自动化集中式管理使大量企业无需负担日益高昂的数据中心管理成本，"云"的通用性使资源的利用率较之传统系统大幅提升，因此用户可以充分享受"云"的低成本优势，经常只要花费几百美元、几天时间就能完成以前需要数万美元、数月时间才能完成的任务。

8）潜在的危险性 云计算服务除了提供计算服务外，还必然提供存储服务。但是云计算服务当前垄断在私人机构（企业）手中，而他们仅仅能够提供商业信用。对于政府机构、商业机构（特别是像银行这样持有敏感数据的商业机构）对于选择云计算服务应保持足够的警惕。一旦商业用户大规模使用私人机构提供的云计算服务，无论其技术优势有多强，都不可避免地让这些私人机构以"数据（信息）"的重要性挟制整个社会。对于信息社会而言，"信息"是至关重要的。另一方面，云计算中的数据对于数据所有者以外的其他用户是保密的，但是对于提供云计算的商业机构而言确实毫无秘密可言。所有这些潜在的危险，是商业机构和政府机构选择云计算服务、特别是国外机构提供的云计算服务时，不得不考虑的一个重要的前提。

总之，云计算是互联网的重要变革，移动运营商引入云计算技术是大势所趋；云计算将引起整个产业生态链的重组，运营商应积极进入核心产业链，主导云产业在ICT领域发展；云计算将带来新的技术革新与管理革新，运营商应提前做好应对策略研究，循序渐进，使规划建设思路以及运营管理体制与之相适应；云计算将引入新的商业模式，运营商应选择合适的角度切入，快速创造新业务增长点。

1.2.2.3 物联网技术

物联网技术的核心和基础仍然是互联网技术，是在互联网技术基础上延伸和扩展的一种网络技术，其用户端延伸和扩展到了任何物品和物品之间，进行信息交换和通信。因此，物联网技术的定义是：通过射频识别（RFID）、红外感应器、全球定位系统、激光扫描器等信息传感设备，按约定的协议，将任何物品与互联网相连接，进行信息交换和通信，以实现智能化识别、定位、追踪、监控和管理的一种网络技术。

（1）物联网技术的定义

物联网（internet of things）指的是将无处不在（ubiquitous）的末端设备（devices）和设施（facilities），包括具备"内在智能"的传感器、移动终端、工业系统、数控系统、家庭智能设施、视频监控系统等，和具备"外在使能"（enabled）的如贴上RFID的各种资产（assets）、携带无线终端的个人与车辆等"智能化物件或动物"或"智能尘埃"（mote），通过各种无线和/或有线的长距离和/或短距离通信网络实现互联互通（M2M）、应用大集成（grand integration）以及基于云计算的SaaS营运等模式，在内网（intranet）、专网（extranet）和/或互联网

(internet) 环境下，采用适当的信息安全保障机制，提供安全可控乃至个性化的实时在线监测、定位追溯、报警联动、调度指挥、预案管理、远程控制、安全防范、远程维保、在线升级、统计报表、决策支持、领导桌面（集中展示的 cockpit dashboard）等管理和服务功能，实现对“万物”的“高效、节能、安全、环保”的“管、控、营”一体化。

（2）物联网的关键技术

物联网是物与物、人与物之间的信息传递与控制。物联网有以下四大支柱技术，如图 32-1-2 所示。

1）传感器技术　这也是计算机应用中的关键技术。绝大部分计算机处理的都是数字信号，需要传感器把模拟信号转换成数字信号，计算机才能处理。

2）RFID 技术　RFID 技术是融合了无线射频技术和嵌入式技术的综合技术，RFID 在自动识别、物品物流管理方面有着广阔的应用前景。

3）M2M 技术　M2M 是机器对机器（machine to machine）通信的简称。目前，M2M 重点在于机器对机器的无线通信，以机器对机器、机器对移动电话（如用户远程监视）和移动电话对机器（如用户远程控制）三种方式存在。

4）两化融合　两化融合是指电子信息技术广泛应用到工业生产的各个环节，信息化成为工业企业经营管理的常规手段。信息化进程和工业化进程不再相互独立进行，不再是单方的带动和促进关系，而是两者在技术、产品、管理等各个层面相互交融，彼此不可分割，并催生工业电子、工业软件、工业信息服务业等新产业。两化融合是工业化和信息化发展到一定阶段的必然产物。工业信息化也是物联网产业主要推动力之一，自动化和控制行业是主力。

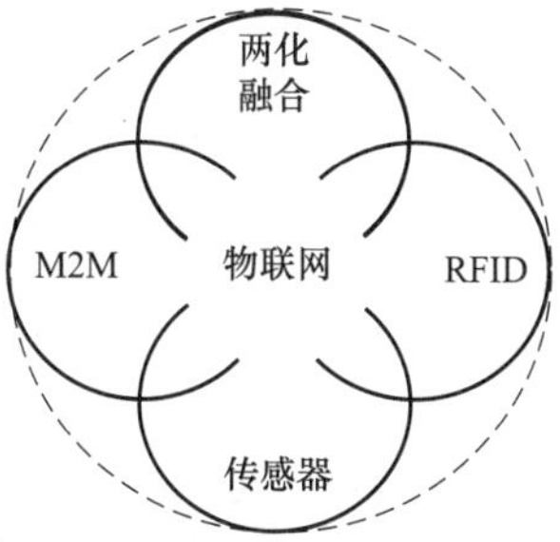

图 32-1-2　物联网的支柱技术

1.2.3　互联网＋

“互联网＋”是创新 2.0 下互联网发展新形态、新业态，是知识社会创新 2.0 推动下的互联网形态演进。“互联网＋”行动计划将重点促进以云计算、物联网、大数据为代表的新一代信息技术与现代制造业、生产性服务业等的融合创新，发展壮大新兴业态，打造新的产业增长点，为大众创业、万众创新提供环境，为产业智能化提供支撑，增强新的经济发展动力，促进国民经济提质增效升级。

（1）“互联网＋”的定义

“互联网＋”就是“互联网＋各个传统行业”，但这并不是简单的两者相加，而是利用信息通信技术以及互联网平台，让互联网与传统行业进行深度融合，充分发挥互联网在社会资源配置中的优化和集成作用，将互联网的创新成果深度融合于经济、社会各邻域之中，提升全社会的创新力和生产力，形成更广泛的以互联网为基础设施和实现工具的经济发展新形态。

“互联网＋”是对新一代信息技术（information communication technology）与“创新 2.0”相互作用与共同演化的高度概括。“互联网＋”＝新一代 ICT＋“创新 2.0”，如图 32-1-3 所示。

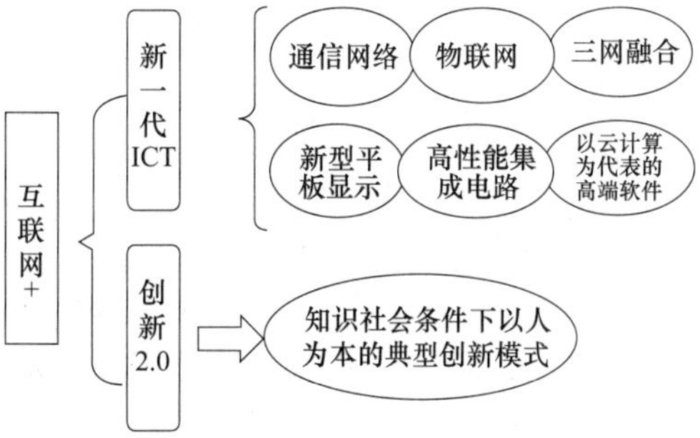

图 32-1-3　“互联网＋”的组成

（2）“互联网＋”的特征

“互联网＋”有六大特征。

1）跨界融合　“＋”就是跨界，就是变革，就是开放，就是重塑融合。敢于跨界了，创新的基础就更坚实；融合协同了，群体智能才会实现，从研发到产业化的路径才会更垂直。

2）创新驱动　中国粗放的资源驱动型增长方式早就难以为继，必须转变到创新驱动发展这条正确的道路上来。这正是互联网的特质，用互联网思维来求变、自我革命，也更能发挥创新的力量。

3）重塑结构　信息革命、全球化、互联网业已打破了原有的社会结构、经济结构、地缘结构、文化结构。权力、议事规则、话语权不断在发生变化。互联网＋社会治理、虚拟社会治理会是很大的不同。

4）尊重人性　人性的光辉是推动科技进步、经济增长、社会进步、文化繁荣的最根本的力量，互联网的力量之强大最根本来源于对人性的最大限度的尊重、对人体验的敬畏、对人的创造性发挥的重视。

5）开放生态 依靠创新、创意、创新驱动，同时要跨界融合、做协同，就一定要优化生态。对企业应优化内部生态，并和外部生态做好对接，形成生态的融合性。更重要的是创新的生态，如技术和金融结合的生态、产业和研发进行连接的生态等。关于互联网＋，生态是非常重要的特征，而生态的本身就是开放的。推进互联网＋，其中一个重要的方向就是要把过去制约创新的环节化解掉，把孤岛式创新连接起来，让研发由人性决定市场的驱动，让创业者有机会实现价值。

6）连接一切 连接是有层次的，可连接性是有差异的，连接的价值是相差很大的，但是连接一切是“互联网＋”的目标。

（3）“互联网＋”在工业中的应用

“互联网＋工业”即传统制造业企业采用移动互联网、大数据、物联网、云计算等信息通信技术，改造原有产品及研发生产方式，与“工业互联网”“工业4.0”的内涵一致。

1）移动互联网＋工业 移动互联网是移动通信和互联网融合的产物，继承了移动通信随时、随地、随身与网络连接的特性，也继承了互联网分享、开放、互动的优势。移动互联网是自适应的、个性化的、能够感知周围环境的服务。

借助移动互联网技术，传统制造厂商可以在汽车、家电、配饰等工业产品上增加网络软硬件模块，实现用户远程操控、数据自动采集分析等功能，极大地改善了工业产品的使用体验。

2）云计算＋工业 云计算是“创新2.0”时代基于互联网的大众参与的计算模式，其计算资源——无论是计算能力还是存储能力，都是动态的、可收缩的、虚拟化的，尤其重要的是以服务方式提供，可以方便实现分享和交互，并形成群体智能。

基于云计算技术，一些互联网企业打造了统一的智能产品软件服务平台，为不同厂商生产的智能硬件设备提供统一的软件服务和技术支持，优化用户的使用体验，并实现各产品的互联互通，产生协同价值。

3）物联网＋工业 物联网是智能感知、识别技术与普适计算、泛在网络的融合应用，被称为继计算机、互联网之后世界信息产业发展的第三次浪潮。应用创新是物联网发展的核心，以用户体验为核心的“创新2.0”是物联网发展的灵魂。

运用物联网技术，工业企业可以将机器等生产设施接入互联网，构建网络化物理设备系统（CPS），进而使各生产设备能够自动交换信息、触发动作和实施控制。物联网技术有助于加快生产制造实时数据信息的感知、传送和分析，加快生产资源的优化配置。

4）大数据＋工业 大数据是“创新2.0”时代复杂性科学视野下的数据收集、管理、处理和利用。用户不仅是数据的使用者，更是数据的生产者。数据围绕人的生产、生活而产生，不再是实验室里的样本，而是广阔社会空间的全数据。大数据也为以用户为中心、实现从封闭的实验室创新到以社会为舞台的开放创新提供了新的机遇。

工业大数据是未来工业在全球市场竞争中发挥优势的关键。无论是德国“工业4.0”、美国工业互联网还是“中国制造2025”，各国制造业创新战略的实施基础都是工业大数据的搜集和特征分析及以此为未来制造系统搭建的无忧环境。

5）网络众包＋工业 众包指的是一个公司或机构把过去由员工执行的工作任务，以自由自愿的形式外包给非特定的（而且通常是大型的）大众网络的做法，就是通过网络做产品的开发需求调研，以用户的真实使用感受为出发点。

众包的任务通常是由个人来承担，但如果涉及需要多人协作完成的任务，也有可能以依靠开源（软件项目上的公共协作，用于描述那些源码可以被公众使用的软件，并且此软件的使用、修改和发行也不受许可证的限制）的个体生产的形式出现。

1.2.4 虚拟现实技术

虚拟现实（virtual reality，VR）是由美国VPL Research公司创始人Jaron Lanier在1989年提出的。virtual的意思是虚假，其含义是这个环境或世界是虚拟的，是存在于计算机内部的；reality的意思就是真实，其含义是现实的环境或真实的世界。

（1）虚拟现实技术的概念

1989年，美国VPL Research公司创始人Jaron Lanier提出了“virtual reality（虚拟现实）”的概念。虚拟现实技术是指采用计算机技术为核心的现代高科技手段生成一种虚拟环境，用户借助特殊的输入/输出设备，与虚拟世界中的物体进行自然的交互，从而通过视觉、听觉和触觉等获得与真实世界相同的感受。

“虚拟”——“virtual”说明这个世界或环境是虚拟的，不是真实的，它是人工构造的，是存在于计算机内部的，用户应该能够“进入”这个虚拟的环境中。“进入”这个虚拟的环境中，是指用户以自然的方式与这个环境交互。

“交互”——包括感知环境并干预环境，从而产生置身于相应的真实环境中的虚幻感、沉浸感、身临其境的感觉。

虚拟现实或虚拟环境系统包括人类操作者、人机接口和计算机。

（2）虚拟现实技术的要素

① 高科技手段——计算机图形技术、计算机仿真技术、人机接口技术、多媒体技术、传感技术。

② 虚拟环境——模拟真实世界中的环境、模拟人类主观构造的环境、模拟真实世界中人类不可见的环境。

③ 输入/输出设备——包括游戏手柄/摇杆、3D数据手套、位置追踪器、眼动仪、动作捕捉器（数据衣）等输入设备，头戴显示器、3D立体显示器、3D立体眼镜、洞穴式立体显示系统等输出设备。

④ 自然的交互——用户采用自然的方式对虚拟物体进行操作并得到实时立体的反馈。如：语音、手的移动、头的转动、脚的走动等。

1.2.5　3D 打印技术

进入新世纪，走进新时代，在设计制造领域应用最广泛的技术就是 3D 打印技术。3D 打印带来了世界性制造业革命，以前是部件设计完全依赖于生产工艺能否实现，而 3D 打印机的出现将会颠覆这一生产思路，这使得企业在生产部件的时候不再考虑生产工艺问题，任何复杂形状的设计均可以通过 3D 打印机来实现。

3D 打印通常是采用数字技术材料打印机来实现的。常在模具制造、工业设计等领域被用于制造模型，后逐渐用于一些产品的直接制造，已经有使用这种技术打印而成的零部件。该技术在工业设计、建筑、工程和施工（AEC）、汽车、航空航天、牙科和医疗产业、教育、地理信息系统、土木工程、枪支以及其他领域都有所应用。

（1）3D 打印技术的概念

3D 打印技术（3D printing）有很多个称呼，学术上称为快速成形技术（rapid prototyping manufacturing，简称 RPM），3D 打印技术从制造工艺的技术上划分叫作增材制造（additive manufacturing，简称 AM）。它是一种以 3D 设计模型文件为基础，运用不同的打印技术、方式使特定的材料，通过逐层堆叠、叠加的方式来制造物体的技术。

（2）3D 打印技术的基本原理

3D 打印的原理是依据计算机设计的三维模型（设计软件可以是常用的 CAD 软件，例如 SolidWorks、Pro/E、UG 等，也可以是通过逆向工程获得的计算机模型），将复杂的三维实体模型“切”成设定厚度的一系列片层，从而变为简单的二维图形，逐层加工，层叠增长。

（3）3D 打印技术的流程

在 3D 打印时，首先设计出所需零件的计算机三维模型（数字模型、CAD 模型），然后根据工艺要求，按照一定的规律将该模型离散为一系列有序的单元，通常在 Z 向将其按一定厚度进行离散（习惯称为分层），把原来的三维 CAD 模型变成一系列的层片；再根据每个层片的轮廓信息，输入加工参数，自动生成数控代码；最后由成形机成形一系列层片并自动将它们连接起来，得到一个三维物理实体。

（4）3D 打印的分类

目前国内还没有一个明确的 3D 打印机分类标准，但是我们可以根据设备的市场定位将它分成三类：个人级、专业级、工业级。

按主要工艺技术分类可分为 FDM（熔融沉积成形）、LOM（分层实体制造）、SLS（选择性激光烧结）、SLA（立体光固化成形法）、DLP（数字光处理）和 3DP 等。

1）FDM 工艺　FDM 的加工原材料是丝状热塑性材料（如 ABS、MABS、蜡丝、尼龙丝等），加工时加热喷头在计算机的控制下，可根据截面轮廓信息，做 X-Y 平面的运动和高度 Z 方向的运动。丝状热塑性材料由供丝机构送至喷头，并在喷头加热至熔融状态，然后被选择性地涂覆在工作台上，快速冷却后形成了截面轮廓。一层成形完成后，喷头上升一个截面层高度，再进行第二层的涂覆，如此循环，最终形成三维产品。

FDM 工艺不用激光，使用、维护简单，成本较低。用 ABS 制造的原型因具有较高强度而在产品设计、测试与评估等方面得到广泛应用。近年来又开发出 PC、PC/ABS、PPSF 等更高强度的成形材料，使得该工艺有可能直接制造功能性零件。由于这种工艺具有一些显著优点，该工艺发展极为迅速，目前 FDM 系统在全球已安装快速成形系统中的份额最大。

2）LOM 工艺　LOM（laminated object manufacturing）工艺即分层实体制造法。LOM 又称层叠法成形，它以片材（如纸片、塑料薄膜或复合材料）为原材料，其成形工艺原理如图 32-1-4 所示，激光

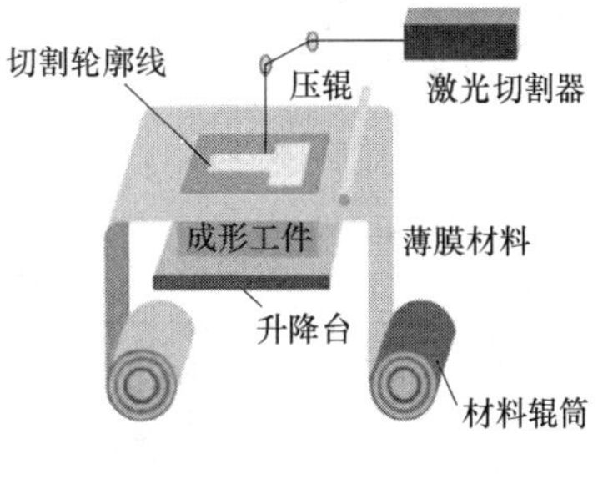

图 32-1-4　LOM 实体成形工艺原理

切割系统按照计算机提取的横截面轮廓线数据，将背面涂有热熔胶的纸用激光切割出工件的内外轮廓。切割完一层后，送料机构将新的一层纸叠加上去，利用热黏压装置将已切割层黏合在一起，然后再进行切割，这样一层层地切割、黏合，最终成为三维工件。

LOM 常用材料是纸、金属箔、塑料膜、陶瓷膜等，此方法除了可以制造模具、模型外，还可以直接制造构件或功能件。

该技术的优点是工作可靠，模型支撑性好，成本低，效率高；缺点是前、后处理费时费力，且不能制造中空结构件。成形材料：涂敷有热敏胶的纤维纸。制件性能：相当于高级木材。

3）SLS 工艺　SLS 工艺是利用粉末状材料成形的。将材料粉末铺洒在已成形零件的上表面，材料粉末在高强度的激光照射下被烧结在一起。

SLS 工艺特点是材料适应面广，不仅能制造塑料零件，还能制造陶瓷、蜡等材料的零件，特别是可以制造金属零件。这使得 SLS 工艺颇具吸引力。SLS 工艺不需加支撑，因为没有烧结的粉末起到了支撑的作用。其缺点是：成形件结构疏松多孔，表面粗糙度较高；成形效率不高。

4）SLA/DLP 工艺　SLA 是“stereo lithography appearance”的缩写，即立体光固化成形法。用特定波长与强度的激光聚焦到光固化材料表面，使之由点到线、由线到面顺序凝固，完成一个层面的绘图作业，然后升降台在垂直方向移动一个层片的高度，再固化另一个层面。这样层层叠加构成一个三维实体。

SLA 是最早实用化的快速成形技术，采用液态光敏树脂原料，工艺原理如图 32-1-5 所示。

SLA 技术的特点是成形精度高、成形零件表面质量好、原材料利用率接近 100%，而且不产生环境污染，特别适合于制作含有复杂精细结构的零件；但这种方法也有自身的局限性，比如需要支撑、树脂收缩导致精度下降、光固化树脂有一定的毒性等。

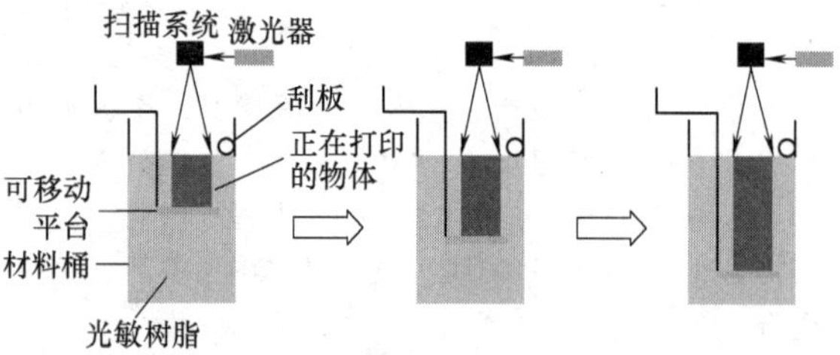

图 32-1-5　SLA 光固化成形工艺原理

DLP 激光成形技术和 SLA 立体平版印刷技术比较相似，不过它是使用高分辨率的数字光处理器（DLP）投影仪来固化液态光聚合物，逐层地进行光固化，由于每层固化时通过幻灯片似的片状固化，因此速度比同类型的 SLA 立体平版印刷技术速度更快。该技术成形精度高，在材料属性、细节和表面光洁度方面可匹敌注塑成型的耐用塑料部件。

5）3DP 工艺　3DP 即 3D printing，采用 3DP 技术的 3D 打印机使用标准喷墨打印技术，通过将液态连接体铺放在粉末薄层上，以打印横截面数据的方式逐层创建各部件，创建三维实体模型，采用这种技术打印成形的样品模型与实际产品具有同样的色彩，还可以将彩色分析结果直接描绘在模型上，模型样品所传递的信息较大。其工艺原理如图 32-1-6 所示。

（5）3D 打印的材料

3D 打印材料种类繁多，有各种分类方式，可按物理状态、化学性能、材料成形方法等角度分类，常用材料有 ABS、PLA、尼龙、橡胶、聚苯乙烯、聚碳酸酯（PC）、金属、陶瓷等，如表 32-1-3 所示。

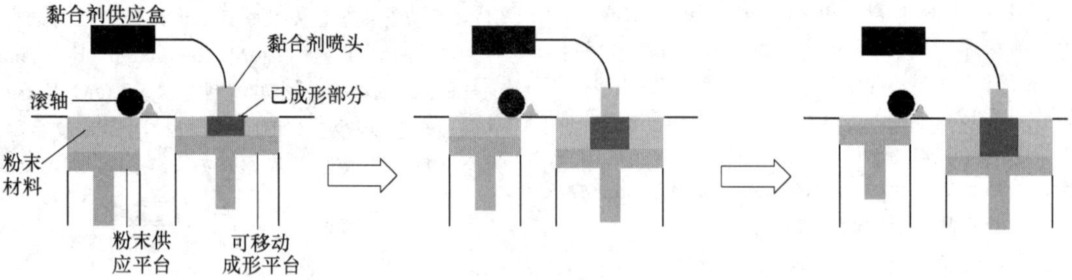

图 32-1-6　3DP 粉末黏合工艺原理

表 32-1-3　常用的 3D 打印材料

材料类别	材料名称	材料说明	应用场合	备注
塑料	ABS 塑料	具有优良的综合性能，有极好的冲击强度，尺寸稳定性好，电性能、耐磨性、抗化学药品性、染色性、成型加工和机械加工性较好	装备制造业、汽车制造、航空航天、医疗器械、电子消费品、家电等	ABS 是丙烯腈（A）、丁二烯（B）和苯乙烯（S）的三元共聚物

续表

材料类别	材料名称	材料说明	应用场合	备注
塑料	PLA（聚乳酸）	热稳定性好，加工温度170～230℃，有好的抗溶剂性，可用多种方式进行加工。由聚乳酸制成的产品除能生物降解外，生物相容性、光泽度、透明性、手感和耐热性好，有的聚乳酸（PLA）还具有一定的抗菌性、阻燃性和抗紫外线性	装备制造业、汽车制造、航空航天、医疗器械、电子消费品、家电	
	尼龙	具有良好的力学性能和生物相容性，经认证达到食品安全等级，高精细度，性能稳定，能承受高温烤漆和金属喷涂	汽车、家电、电子消费品等。适用于制作展示模型、功能部件、真空铸造原型、最终产品和零配件	
	PC	PC材料是真正的热塑性材料，具备工程塑料的所有特性。高强度、耐高温、抗冲击、抗弯曲，可以作为最终零部件使用。PC的强度比ABS材料高出60%左右，具备超强的工程材料属性	电子消费品、家电、汽车制造、航空航天、医疗器械等	
	环氧树脂	便于铸造的激光快速成形树脂：含灰量极低（1500°F时的残留含灰量＜0.01%）；可用于熔融石英和氧化铝高温型壳体系；不含重金属锑；可用于制造极其精密的快速铸造型模	汽车、家电、电子消费品等	
	光敏树脂	UV树脂，由聚合物单体与预聚体组成，其中加有光（紫外线）引发剂（或称为光敏剂），在一定波长的紫外线（250～300nm）照射下立刻引起聚合反应完成固化	汽车、家电、电子消费品等	
橡胶类材料	橡胶类材料	具备高的硬度、断裂伸长率、抗撕裂强度和拉伸强度，使其非常适合于要求防滑或柔软表面的应用领域	消费类电子产品、医疗设备以及汽车内饰、轮胎、垫片等	
金属材料（粉末）	不锈钢	具有很好的耐蚀性及力学性能，适用于功能性原型件和系列零件，被广泛应用于工程和医疗领域。它是最便宜的一种打印材料，既具有高强度，又适合打印大物品	家电、汽车制造、航空航天、医疗器械	特高强度钢，如马氏体钢、H13钢等，适用于注塑模具、工程零件
	铁镍合金	用于高温下苛求优异的力学和化学特性的合金	航空航天工业的动力涡轮机和相关零件的制造等	
	钴铬钼超耐热合金	基于钴铬钼超耐热合金材料，它具有优秀的力学性能、高耐蚀性及抗温特性	广泛应用于生物医学（人工关节制造）及航空航天等	
	Cobalt Chrome SP2	材料成分与Cobalt ChromeMP1基本相同，耐蚀性较MP1更强	主要应用于牙科义齿的批量制造，包括牙冠、桥体等	
	钛合金	生产最终使用的金属样件，质量可媲美开模加工的模型。钛合金模型的强度非常高，尺寸精密，能制作的最小细节的尺寸为0.1mm	家电、汽车制造、航空航天、医疗器械	
	铜合金	具有良好的力学性能、优秀的细节表现及表面质量、易于打磨，良好的收缩性可使烧结的样件达到很高的精度	适用于注塑模具和功能性原型件的制造	

续表

材料类别	材料名称	材料说明	应用场合	备注
金属材料(粉末)	铝合金	强度高,细节好,表面光洁度高	应用于薄壁零件如换热器或其他汽车零部件,还可应用于航空航天及航空工业级的原型及生产零部件	
	贵金属材料(金、纯银、黄铜等)	珠宝设计师将3D打印快速原型技术作为一种强大且可方便替代其他制造方式的创意产业	首饰、人像、纪念品等	
陶瓷材料	陶瓷材料	具有高强度、高硬度、耐高温、低密度、化学稳定性好、耐腐蚀等优异特性,在航空航天、汽车、生物等行业有着广泛的应用	3D打印的陶瓷制品不透水、耐热(可达600℃)、可回收、无毒,但其强度不高,可作为理想的炊具、餐具(杯、碗、盘子、蛋杯和杯垫)和烛台、瓷砖、花瓶、艺术品等家居装饰材料	
复合材料	镀银	银是一种导热、导电性很强的金属,将其打磨后则表面非常明亮,并且极具延伸性	首饰、人像、纪念品等	
	尼龙铝	尼龙铝是一种高强度并且硬挺的材料,做成的样件能够承受较小的冲击力,并能在弯曲状态下抵抗一些压力。其尺寸精度高,强度高,具有金属外观,适用于制作展示模型、模具镶件、夹具和小批量制造模具	飞机、汽车、火车、船舶、宇宙火箭、航天飞机、人造卫星、化学反应器、医疗器械、冷冻装置	
	尼龙玻纤(玻璃纤维和尼龙)	尼龙玻纤外观是一种白色的粉末。比起普通塑料,其拉伸强度、弯曲强度有所增强,具有极好的硬度,非常耐磨,耐热,性能稳定,能承受高温烤漆和金属喷涂,适用于制作展示模型、外壳件、高强度机械结构测试和短时间受热使用的零件、耐磨损零件	汽车、家电、电子消费品等	
其他材料	彩色石膏材料	由全彩砂岩制作的对象色彩感较强,3D打印出来的产品表面具有颗粒感,打印的纹路比较明显,使物品具有特殊的视觉效果	动漫、玩偶、建筑等	它的质地较脆,容易损坏,并且不适用于打印一些经常置于室外或极度潮湿环境中的对象
	蓝蜡和红蜡	采用多喷嘴立体打印(MJM)技术,表面光滑;蜡模,用于精密铸造,超越以前纯模型制作与展示功能	用于珠宝、服饰、医疗器械、机械部件、雕塑、复制品、收藏品进行石蜡模型失蜡铸造工艺	

(6) 3D打印制造的特点

1) 3D打印无处不在 3D打印可以打印许多材料、任意复杂形状、任意批量,可以应用于各工业和生活领域,可以在车间、办公室及家里实现制造。理论上3D打印无处不在、无所不能。但许多材料的打印、工艺的成熟度、打印成本、效率等尚不尽如人意,需要多学科交叉的创新研究,使之更好、更快、更廉价。

2) 支持产品快速开发 3D打印可以制造形状复杂的零件,所想即所得;直接由设计数据驱动,不需要传统制造必需的工装夹具、模具制造等生产准备,编程简单;在产品创新设计与设计验证中,特别方便;使产品开发周期与费用至少降低为一半,成为机电产品和装备快速开发的利器。

3) 增材制造 增材制造仅在需要的地方堆积材料,材料利用率接近100%。航空航天等大型复杂结构件采用传统切削加工,往往95%~97%的昂贵材料被切除。而在航空航天装备研发机制造中采用增材制造将会大大节约材料和制造成本，具有极其重要的价值。

4）个性化制造　3D 打印可以快速、低成本实现单件制造，使单件制造的成本接近批量制造。特别适合个性化医疗和高端医疗器械，如人工骨、手术模型、骨科导航模板等。

5）再制造　3D 打印用于修复磨损零部件的再制造，如飞机发动机叶片、轧钢机轧辊等，以极少的代价获得超值的回报。其应用在军械、远洋轮、海洋钻井平台乃至空间站的现场制造，具有特殊的优势。

6）开拓了创新设计的新空间　3D 打印可以制造传统制造技术无法实现的结构，为设计创新提供了非常大的创新空间；可以将数十个、数百个甚至更多的零件组装的产品一体化一次制造出来，大大简化了制造工序，节约了制造和装配成本。以 3D 打印新工艺的视角对产品、装备再设计，可能是 3D 打印为制造业带来的最大效益所在。近两年，3D 打印显现出颠覆性变革。如 GE 公司做的飞机发动机的喷嘴，把 20 个零件做成了一个零件，材料成本大幅度地减少，还节省燃油 15%。美国 3D 打印的概念飞机，重量可以减轻 65%。

7）引领生产模式变革　3D 打印可能成为可穿戴电子、家居用品、文化产业、服装设计等行业的个性化定制生产模式。一些专家认为，3D 打印等数字化设计制造将引领生产从大批量制造走向个性化定制的第三次工业革命。3D 打印已经成为最受创客欢迎的工具，将有力促进大众创新和万众创业。互联网＋3D 打印也将成为万众创新、万家创业的最佳技术途径。

8）创材　3D 打印制造出了耐温 3315℃ 的高温合金，用于“龙”飞船 2 号，大幅度增强了飞船推力。利用 3D 打印高能束的集中能量，以 3D 打印设备作为材料基因组计划的研制验证平台，可以开发出具有超高强度、超高韧性、超高耐温性、超高耐磨性的各种优秀材料，增材制造成为创材技术。

9）创生　3D 打印应用于组织支架制造、细胞打印等技术，实现生物活性器官的制造，实现一定意义上的创造生命，为生命科学研究和人类健康服务。

目前，3D 打印的技术尚有待深入广泛研究发展，其应用还很有限，但其创造的价值高，利润空间大。随着研发的深入，工业应用的不断扩大，其创造的价值越来越高。不久的将来，不仅在制造概念上，减材、等材、增材三足鼎立，在创造的价值上，也必将迎来三分天下的局面。

1.3　数字化设计技术的发展趋势

计算机技术、信息技术（information technology, IT）、网络技术以及管理技术的快速发展，对制造企业和新产品开发带来巨大的挑战，也提供了机遇。在网络信息时代，产品的数字化设计技术呈以下发展趋势。

① 制造信息的数字化。利用基于网络的 CAD/CAPP/CAE/CAM/PDM 集成技术，以实现全数字化设计与制造。

CAD/CAE/CAPP/CAM 应用过程中，利用 PDM 技术实现并行工程，可极大地提高产品开发的效率和质量，缩短设计周期，提高企业的竞争力。

② CAD/CAPP/CAE/CAM/PDM 集成技术与企业资源规划（ERP）、供应链（SCM）、客户关系管理（CRM），形成企业信息化的总体框架。CAD/CAPP/CAE/CAM/PDM 主要用于实现产品的设计、工艺和制造过程及其管理；企业资源规划（ERP）以实现企业产、供、销、人、财、物管理为目标；供应链（SCM）以实现企业内部与上游企业之间的物流管理为目标；客户关系管理（CRM）则可以帮助企业建立、挖掘和改善与客户之间的关系。

上述技术的集成，可以由内而外地整合企业的管理，建立从企业的供应决策到企业内部技术、工艺、制造和管理部门，再到用户之间的信息集成，以实现企业与外界的信息流、物流和资金流的畅通传递，从而有效地提高企业的市场反应速度和产品的开发速度，确保企业在竞争中取得优势。

③ 通过局域网实现企业内部的并行工程。通过互联网、内网、专网将企业的业务流程紧密地连接起来，对产品开发的所有环节（如订单、采购、库存、计划、制造、质量控制、运输、销售、服务、维护、财务、成本和人力资源等）进行高效、有序管理，实现资源共享，优化配置，使制造业向互联网辅助制造方向发展。

④ 虚拟工厂、虚拟设计、虚拟制造、动态企业联盟以及协同设计成为数字化设计的发展方向。以数字化设计技术为基础，可以为产品的开发提供一个虚拟环境，借助产品的三维数字化模型，可以使设计者更逼真地看到正在设计的产品及其开发过程，认识产品的形状、尺寸和色彩特征，用以验证设计的正确性和可行性。通过数字化分析，可以对虚拟产品的各种性能和动态特征进行计算仿真，模拟零部件的装配过程，检查所用零部件是否合适和正确。

数字化设计技术是计算机技术、信息技术、网络技术以及管理技术相结合的产物，是经济、社会和科学技术发展的必然结果。它适应了经济全球化、竞争国际化、用户需求个性化的需求，将成为未来产品开发的基本技术手段。

第 2 章 数字化设计系统的组成

2.1 数字化设计系统的组成

数字化设计是计算机技术在产品开发中的应用。要实现人-机交互环境下的设计、计算、分析等过程，需要一定的应用环境。其中，某些环境是数字化产品开发技术所特有的。总体上，数字化设计系统包括硬件系统和软件系统，如图 32-2-1 所示。

对于一个具体的数字化设计系统来讲，其硬件、软件相互的配置是需要进行周密考虑的，同时对硬软件的型号、性能以及厂家都需要进行全方位的考虑。

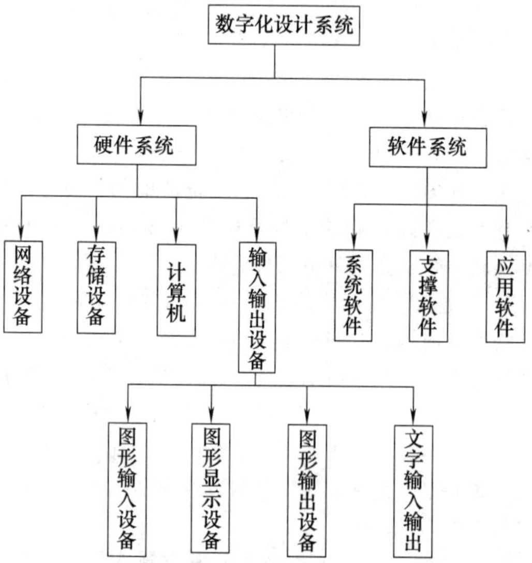

图 32-2-1 数字化设计系统的组成

2.2 数字化设计系统的硬件系统

数字化设计系统的硬件是由主机及其所属的外围设备组成的。数字化设计系统对硬件的主要要求如下。

(1) 强大的图形处理和人机交互功能

在数字化设计系统的信息处理中，几何图形信息处理占较大比重，一般都配有大型的图形处理软件。为了满足图形处理的需要，数字化设计系统要求计算机具有较大的内存、较高的运算速度及较高的分辨率等特点。此外，由于数字化设计系统的工作经常要多次修改及人工参与决策才能完成，因此，要求计算机具有方便的人机交互手段和快速的响应速度。

(2) 具有较大的外存储容量

由于面向对象、可视化、多媒体技术和大规模数值计算等技术的应用，用于数字化设计系统的各类软件都需要几百兆甚至几千兆的存储空间，而用户开发的图形库、数据库等则需要更大的硬盘资源。

(3) 良好的网络通信

为了实现系统的集成，使位于不同地点和不同生产阶段的各企业、各部门之间能够进行信息交流及协同工作，需要通过计算机网络将其连接起来，通过网络的应用组成网络化的数字化设计系统。

与计算机相关的硬件系统主要由主机、存储装置、输入输出设备及网络设备等部分组成。数字化系统的硬件设备如图 32-2-2 所示。

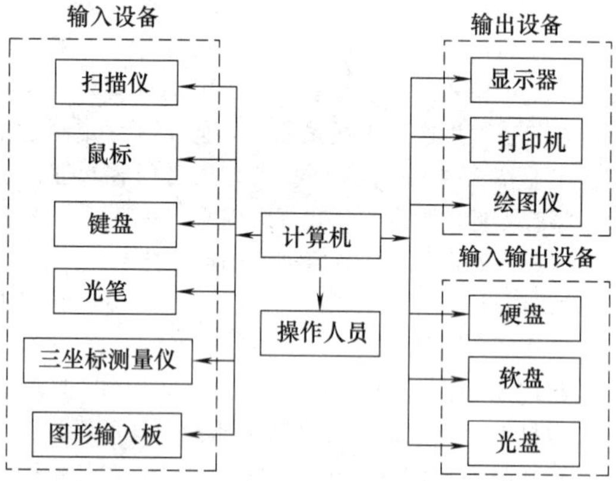

图 32-2-2 数字化系统的硬件设备

2.2.1 主机

主机是计算机的主体，由中央处理器（CPU）、内存储器及其连接主板组成，是计算机系统硬件的核心。主机结构有单个处理器和多个处理器之分，处理器体系结构有两种：复杂指令集体系结构（CISC）和精简指令集体系结构（RISC）。

评价中央处理器性能的主要技术指标有以下两项。

(1) 速度

速度的评价指标采用下述参数：工作时钟频率 MHz、MIPS 和 MFLOPS。MIPS 代表每秒执行一百万条整数运算指令，MFLOPS 代表每秒执行一百万条浮点数运算指令。MHz、MIPS 和 MFLOPS 值愈大，表示处理速度越快。由于不同类型的 CPU 具有不同的结构体系和指令系统，直接采用其产品规格提供的上述参数数据进行数据对比，不能反映真实性能对比。为了能客观地比较不同结构类型 CPU 性能，目前流行有若干测试软件，它们都是采用运行若干典型的基准测试程序，通过对比其运行工作时间而导出代表处理速度的参数。

(2) 字长

字长是指中央处理器在一个指令周期内从内存提取并处理的二进制数据的位数。位数愈多表明一次处理的信息量愈大，CPU 工作性能愈好。市场上常见的计算机的字长有 32 位、64 位等几种。

2.2.2　内存储器

内存储器用于存储 CPU 工作程序、指令和数据。根据存储信息的性能，内存储器分为读写存储器(RAM)、只读存储器（ROM）及高速缓冲存储器(Cache)。

随着高速处理器的出现，处理数据的速度大大提高，而作为内存储器的动态存储芯片的存取速度却跟不上，两者之间产生了“等待”现象。为弥补这种存取速度的不匹配，可在处理器和主板上分别加入小容量的高速存储器（高速缓冲存储器 Cache)，在运算处理时 CPU 首先在 Cache 中提取数据，提高了读写速度，克服了内存读写速度比微处理器慢的缺陷。

2.2.3　外存储器

外存储器主要有以下几种。

(1) 硬盘存储器

硬盘存储器是计算机系统中最主要的外存储设备，一个完整的硬盘存储器由驱动器（也叫磁盘机)、控制器和盘片三部分组成。通过控制器及驱动器对盘面进行读写操作，实现数据的存取。硬盘含有多个盘片，驱动器有多个读写磁头。

反映硬盘工作质量的主要技术参数是硬盘存储容量、读写速度及传输数据的速度和接口形式。

(2) 软盘存储器

软盘存储器简称软盘，与硬盘存储器的存储原理相同，但在结构上存在一定差别。硬盘转速高，存取速度快；软盘转速低，存储速度慢。硬盘是固定磁头、固定盘及盘组结构；软盘是活动磁头、可换盘片结构。硬盘对环境要求苛刻，软盘则对环境要求不太严格。

(3) 光盘存储器

光盘（optical disk）利用光学方式进行信息读写。计算机系统中所使用的光盘存储器是从激光视频唱片和数字音频唱片基础上发展起来的，根据性能和用途的不同，光盘存储器可分为三种类型：只读型光盘（CD-ROM)、只写一次型光盘（WORM）和可擦写型光盘（CD-RW)。

光盘存储器是计算机系统中一种先进的外存储控制设备。光盘驱动器也叫光驱，分只读光驱和可读写光驱，可读写光驱的工作方式与硬盘类似。光盘的特点是容量大、可靠性高、信息存储成本低，但存储速度不如硬盘快。

(4) 磁带存储器

磁带存储器原理与录音带或录像带相似，区别在于规格和材质等有所不同。磁带存储的容量比较大，记录单位信息的价格比磁盘低。磁带的格式统一、互换性好，与各种类型机械连接方便，常用于系统备份，是主要的后备存储器。磁带存储器是顺序存取设备，磁带上的文件按顺序存放，只能顺序查找，信息存取时间比磁盘长。

(5) 移动存储设备

移动存储设备是应数据备份和交换的需要而产生的。目前已发展出一些新型大容量、携带方便、速度快、安全并支持标准化的移动存储器。常用的有两大类，一种是大容量的移动硬盘（常以 GB 来计算)，主要采用火线 IEEE 1394 接口和 USB（universal serial bus）接口；另一种是采用 Flash 闪存的小容量的移动存储器（常以 MB 来计算)，接口大都采用 USB 接口，高级的还支持安全加密、启动等功能，取代软盘。

2.2.4　输入输出装置

2.2.4.1　输入设备

(1) 键盘

键盘是计算机最常用的输入设备，通过键盘，用户可以将字符类型数据输入到计算机中，向计算机发出命令或输入精确数据等。数字化设计系统工作时，设计参数数值、各种命令及各种字符等都可以通过键盘输入计算机。

(2) 鼠标

鼠标（mouse）是一种手动输入的屏幕指示装置，它用于移动光标在屏幕上的位置，以便在该位置上输入图形、字符，或激活屏幕菜单，非常适用于窗口环境下的工作。

鼠标一般有两个或三个按键，用于定位和拾取。定位是在屏幕上用光标确定一个位置，拾取是标记一个显示对象或选取光标所在处的菜单项目。

新型的鼠标还具有滚轮（wheel)，以便于实现翻页、滚屏、快速取得最佳视图等功能。

(3) 数字化仪

数字化仪（digitizer）是由一块尺寸为 A4～A0

的图板和一个类似于鼠标的定位器或触笔组成的。人们常把小型（A3、A4）数字化仪叫图形输入板（tablet）。数字化仪用于输入图形、跟踪控制光标及选择菜单，大尺寸规格的数字化仪常用于将已有图样输入计算机。

数字化仪的主要技术指标是分辨率和精度。分辨率是指数字化仪所能检测到的最小移动量，一般用每英寸能识别的点数或线数表示，一般可达到每英寸几千线，精度指位置识别的准确度，一般可达到±0.125 mm以上。

（4）扫描仪

扫描仪（scanner）通过光电阅读装置，可快速将整张图样信息转化为数字信息输入计算机。

扫描仪一般有大型和小型两种，大型扫描仪通常为单色扫描输入，主要用于工程图样信息的录入；小型扫描仪通常为彩色扫描输入，主要用于彩色图形和图像的录入。目前，中等水平的扫描仪光学分辨率已达600×1200dpi以上。

（5）摄像头和数码相机

摄像头将摄像单元和视频捕捉单元集成在一起，通过微机上USB接口来实现视频采集和传输，可用于实时视觉接受和网络环境协同工作用户间的视频交互。数码相机即数字式照相机，它为计算机真实图像输入提供了更为有效的手段。数码相机采用光电装置将光学图像转换成数字图像，然后存储在磁性存储介质中，并且可以直接连接输入计算机中进行显示和编辑修改处理。

（6）其他输入设备

除以上介绍的各种输入设备外，触摸屏也是一种很有特点的输入设备，它能对物体触摸位置产生反应，当人的手指或其他物体触到屏幕不同位置时，计算机能接收到触摸信号并按照软件要求进行响应处理。声音交互输入是另一种很有发展前景的多媒体输入手段，近年来，语音输入识别技术研究已取得一些突破性的进展，并已出现商品化软件。作为一种新的信息输入手段，声音输入正逐步走向市场并为人们所使用。在逐步推广应用的虚拟现实系统中，数据手套和各种位置传感器（如头盔）等也正在成为新的输入手段。

2.2.4.2 输出设备

（1）显示器和显示卡

显示器可分为单色和彩色两种。目前的计算机显示器的大小大多选择17″、19″，17″、19″是指显示器对角线距离为17in或19in。

彩色显示器的种类非常多，其性能差别也很大，为了使大家对其有更深入的了解，下面我们来学习一下显示器的一些术语和选择标准。

逐行扫描：指显示器的显像管在显示时从屏幕顶部开始从左到右一行一行地扫描，一直到底，反复进行。

隔行扫描：指显示器的显像管在显示时先扫描屏幕画面的第1、3、5等奇数行，再返回扫描屏幕第2、4、6等偶数行，所以隔行扫描的情况下一整幅画面是在两次扫描完成的。这种扫描方式对眼睛危害较大。

显示器分辨率：分辨率指的是在显示器显示图形时的水平像素与垂直像素的乘积。例如，1024×768指的是该显示器在显示画面时最高可达到水平方向有1024像素，垂直方向有768像素。像素越密，分辨率就越高，图像就越清晰。

点距：点距指相邻两水平像素的距离。目前17″显示器点距有0.21 mm、0.23 mm和0.25 mm等几个档次。一般来说，点距越小，图像显示就越细腻、越清楚，当然，价格也越高。

水平频率：显示器水平像素每秒钟扫描次数。

垂直频率：显示器垂直像素每秒钟扫描次数。

综上所述，在选择显示器时，应遵循下列标准。

扫描方式：逐行扫描，画面闪烁较轻，不伤眼睛。

点距：点距越小越好，一般点距应不大于0.23mm。

垂直频率：标准是72Hz，最好选72Hz以上。

水平频率：在30000～64000kHz之间。

平常所说的VGA或Super VGA指的就是显示卡，显示卡可分为CGA、EGA、VGA、Super VGA等，目前的计算机大多采用Super VGA显示卡与显示器相配。当主机和显示器相接时，需要一块显示卡，此卡插在计算机的主机板上。

（2）打印机

打印机是计算机的外部设备，其目的是把计算机的处理结果如数据、表格或图形直接输出到打印纸上。通常打印机一般可分为针式打印机、喷墨打印机、激光打印机、热蜡式和热升华打印机等几种。

1）针式打印机　顾名思义，针式打印机是通过打印针来进行工作的。接到打印命令时，打印针向外撞击色带，将色带的墨迹打印到纸上。其优点是结构简单、耗材省、维护费用低、可打印多层介质（如银行等需打印多联单据的场所）；缺点是噪声大、分辨率低、体积较大、打印速度慢、打印针易折断。针式打印机按针数可分为9针和24针两种，按打印宽度分为窄行（80行）和宽行（132行）两种，打印速度一般为每分钟 50～200 个汉字。目前我国广泛使用的是带汉字字库的 24 针打印机。

2）喷墨打印机　喷墨打印机是 20 世纪 80 年代中期研制成功的。它的特点是打印速度快、幅度宽、无噪声，使用普通纸即可进行打印。如果是彩色喷墨打印机，还可以输出彩色的汉字、图形和图像。喷墨打印机的打印精度比针式打印机高，相对激光打印机来说，价格较为便宜。

3）激光打印机　激光打印机利用电子成像技术进行打印。当调制激光束在硒鼓上沿轴向进行扫描时，按点阵组字的原理使鼓面感光，构成负电荷阴影，当鼓面经过带正电的墨粉时，感光部分就吸附上墨粉，然后将墨粉转印到纸上，纸上的墨粉经加热熔化形成永久性的字符和图形。其优点是印字质量高、分辨率高、噪声小、速度快、色彩艳丽，如缓冲区大，则占用主机的时间将相对减少。

4）其他形式打印机　除以上三种打印机之外还有热蜡式、热升华式打印机。热蜡式打印机也叫热转印打印机，它利用打印头上的发热元器件加热浸透彩色蜡的色带，使色带上的固体油墨转印到打印介质上；热升华式打印机通过加热将染料熔化后转印到纸张上，染料直接从固态升华到气态，打印效果极佳，能输出如照片般真实的图像。

这些打印机输出质量都非常好，但成本高、速度较慢，主要应用于印刷出版、制作精美画册、广告和工程图等高档彩色输出专业领域。

（3）绘图仪

绘图仪是计算机的外部设备之一。在一些专业领域，如汽车制造、飞机制造等领域，需要将用电脑设计的图形、模型等数据精确地描绘在纸上，此时打印机所打印纸面的大小和精度就不够用了。这时的专用设备一般是绘图仪，它是比打印机更高级、更专业化的输出设备。

绘图仪按输出的形式分为平板式和滚筒式两大类；按绘图所用工具又可分为笔式绘图仪和喷墨绘图仪；按绘出图形的色彩又可分为单色绘图仪和彩色绘图仪。

笔式绘图仪是通过选用不同颜色和不同粗细的绘图笔完成绘图的。它的优点是绘图精度较高、价格较低；缺点是绘图速度慢，对绘图仪用纸要求较高。喷墨绘图仪的输出精度高，绘图速度较快而且可以选用单张或成卷的绘图纸。彩色喷墨绘图仪可以输出效果像照片一样的彩色图像。

2.2.5　网络互联设备

（1）网络适配器

网络适配器（network adapter），又称网络接口卡或网卡。它在计算机管理下，按着某种约定协议，将计算机内信息保存的格式与网络线缆发送或接收的格式进行双向变换（一般借助共享内存，在系统内存和网卡内存之间进行数据信息交换），控制信息传递及网络通信。

（2）传输介质

网络连接可分为有线和无线两种，其相应介质有所不同。有线网络传输介质主要有双绞线、同轴电缆及光缆。双绞线分屏蔽双绞线 STP（shielded twisted pair）和非分屏蔽双绞线 STP（unshielded twisted pair）两种。同轴电缆由内部铜导线、中间绝缘层、用作地线的屏幕层及外部保护皮组成，一般分粗同轴电缆和细同轴电缆两种。光缆由折射率不同的内芯和外芯光导纤维组成，光导纤维封装在防护缆中，分为单模光纤（single-mode，SM）和多模光纤（multi-mode，MM）。单模光纤只传输主模，光线只沿光纤的内芯进行传输，避免了模式散射，传输频带宽，适合于大容量、长距离的光纤通信。多模光纤在一定波长下有多个模式在光纤中传输，由于存在色散或相差，使其传输性能较差、频带较窄，适合传输容量较小、距离较短的通信。这种用光纤信号传输的形式，具有抗磁干扰能力强、安全可靠、保密性好、速率高和远距离传输信号衰减小等优点。

另外还有由电话线、有线电视线路和电力线构成的网络。其中电力线通过利用传输电流的电力线作为信息载体，具有极大的便捷性，只要在市内任何有电源插座的地方，不用拨号就可以立即获得传出速度达 4.5～45Mbps 的高速网络接入。

无线网络，目前无线网采用的传输媒体主要有两种，即无线电波与红外线。无线电波作为传输媒体的无线网依据调制方式不同，可分为扩展频谱方式与窄带调制方式。扩展频谱方式的数据基带信号频谱被扩展到几倍到十几倍再由射频发射，牺牲了频带带宽，提高了通信系统的抗干扰能力和安全性；由于单位频带内的功率降低，对其他电子设备的干扰小，一般选择 ISM（industrial、scientific 及 medical）频段，不需向无线电管理委员会申请即可使用。窄带调制方式的数据基带信号频谱不做任何扩展直接由射频发射，频带占用少，利用率高，也可使用 ISM 频段，但当邻近的仪器设备或通信设备也使用这一频段时，会严重影响通信质量，通信的可靠性无法得到保障。红外线的最大优点是不受无线电干扰，不受无线电管理委员会的限制。然而，红外线对非透明物体的透过性极差，使传输距离受限。

现在高速无线网络的传输速率已达到 11Mbit/s

（IEEE802.11b）和 54Mbit/s（IEEE802.11a 和 IEEE802.11g），传输距离可达几十千米，甚至更远。

（3）调制解调器（modem）

调制解调器用于将数字信号转变成模拟信号或把模拟信号转换为数字信号，是利用电话线拨号上网的接口设备。从应用上说，借助网卡、调制解调器及传输介质就可以组成局域网。为提高网络性能，保证在局域网内、局域网之间或不同网络之间能够有效地传输信息，在组建计算机网络时，一般还要根据具体情况选用中继器（repeater）、集线器（hub）、网桥（bridge）、路由器（router）、网关（gateway）等互联设备。

（4）网络互联设备

中继器用于延伸同型局域网，在物理层连接两个网络，在网络间传递信息，起信号放大、整形和传输作用。当局域网物理距离超过了允许范围时，可用中继器将该局域网的范围进行延伸。但很多网络都限制了工作站之间加入中继器的数目。

集线器是局域网中计算机和服务器的连接设备，计算机通过双绞线连接到集线器上形成星形连接，并由集线器进行集中管理。其通常工作在物理层，相当于多端口中继器。

网桥在数据层连接两个局域网网段，隔离两网内通信，传送网间通信。当网络负载重而导致性能下降时，用网桥将其分为两个网段，可最大限度地缓解网络通信繁忙的程度，提高通信效率。网桥同时起隔离作用，一个网络段上的故障不会影响另一个网络段，从而提高了网络的可靠性。

交换机（switch）可以把网络从逻辑上划分成较小的段。它工作在数据链路层，与网桥相似，相当于多个网桥。

路由器工作在 OSI 模型的第三层，即网络层，利用网络层定义的逻辑上的网络地址（IP 地址）来区别不同的网络，实现网络的互联和隔离，保持各个网络的独立性。它适合连接复杂的大型网络、互联能力强，可以执行复杂的路由选择算法，处理的信息量比网桥多，但处理速度比网桥慢。而路由和交换的主要区别是交换工作在 OSI 参考模型的第二层（数据链路层），这决定了路由和交换在信息处理过程中需要使用不同的控制信息，因而两者实现各自功能的方式不同。

通常集线器运行在第一层，交换机在第二层，路由器在第三层。但这一界限已变得模糊，例如交换机的集线器、运行在第三层的交换机等。

网关（gateway）用于连接在网络层之上执行不同协议的子网，组成异构的互联网。网关能实现异构设备之间的通信，对不同的传输层、会话层、表示层、应用层协议进行翻译和变换。具有对不兼容的高层协议进行转换的功能，例如使 NetWare 的 PC 工作站和 SUN 网络互联。

2.2.6　硬件系统配置

按主机功能等级，数字化设计系统可分为：大中型机系统、小型机系统、工程工作站机系统和微型机系统。工程工作站机实际上也是小型机，它是以工程应用作为主要用途设计的。一般认为工程工作站机系统和微型机系统具有较好的性价比。

通常，将用户可以进行数字化设计工作的独立硬件环境（一般以图形终端为主的一些输入和输出装置的集合）称作工作站。按主机与工作站之间的配置情况，数字化设计系统又可分为独立配置系统、集中式系统和分布式网络配置系统。

独立配置系统是以单个主机支持独立的工作站；集中式系统是以一个中心主机同时支持若干个工作站，中心主机通常是大中型机或小型机，这种方式可以利用主机进行统一的控制和管理，用户一致性、可控制性、安全性好，但可伸缩性较差，当终端较多时服务器容易成为瓶颈；分布式系统包含多个主机，各主机分别支持一个或数个工作站，主机之间通过局域网络之间连接，为用户提供了分布式处理，各工作站可分享系统的软硬件资源。分布式网络系统是当前应用的主流，它能够适应集成化和团队协同设计的需要，并且便于系统继续扩充和升级，但其需要进行复杂的分布式管理，还要解决用户一致性问题，系统维护困难、安全性较差。

2.3　数字化设计系统的软件系统

根据执行任务的不同，数字化设计的软件系统可分为三个层次，即系统软件、支撑软件和专业性应用软件（图 32-2-3）。系统软件主要负责管理硬件资源及各种软件资源，它面向所有用户，是计算机的公共

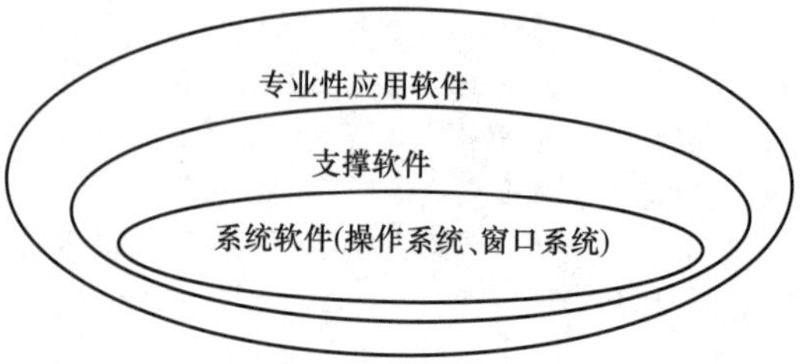

图 32-2-3　数字化设计系统的软件层次

性底层管理软件，包括操作系统、窗口系统和语言编译器，有时又称为开发平台。支撑软件运行在系统软件之上，是提供数字化设计各种通用功能的基础软件，通常由数字化设计软件开发公司提供，是数字化设计系统专业性应用软件的开发平台。专业性应用软件则是根据用户具体要求，在支撑软件基础上经过二次开发的用户化应用软件。

2.3.1　常用操作系统

操作系统是对计算机系统硬件（包括中央处理器、存储器、输入/输出设备）及系统配置的各种软件进行全面控制和管理的底层软件，负责计算机系统所有软件资源的监控和调度，使其协调一致、高效率地进行工作。用户通过操作系统控制和操纵计算机。图 32-2-4 所示为操作系统的分类。

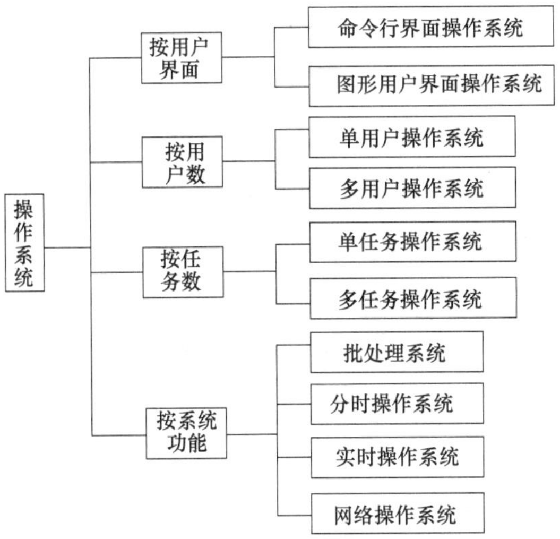

图 32-2-4　操作系统的分类

表 32-2-1 所示的是目前常用的操作系统及其特点。

2.3.2　数据库

（1）数据库（database）

为了有效地管理数字化设计过程中的数据、图形、声音、图像等信息，快速、准确地完成设计、计算、分析等各个环节，提出了数据库的概念。

数据库是存储在一起的相关数据的集合，这些数据是结构化的，无有害的或不必要的冗余，并为多种应用服务；数据的存储独立于使用它的程序；对数据库插入新数据，修改和检索原有数据均能按一种公用的和可控制的方式进行。当某个系统中存在结构上完全分开的若干个数据库时，则该系统包含一个“数据库集合”。

表 32-2-1　目前常用的操作系统及其特点

操作系统	特　点
DOS	Microsoft 公司研制的配置在 PC 上的操作系统，单用户命令行界面操作系统，从 4.0 版开始成为支持多任务的操作系统
Windows	包括 Windows 9X，Windows 2000，Windows NT，Windows XP，Windows Vista，Win7，Win10 等，是目前微机的主要操作系统，支持多任务工作
Unix	分时操作系统，主要用于服务器/客户机体系
Linux	由 Unix 发展而来，源代码开放
OS/2	为 PS/2 设计的操作系统，用户可自行定制界面
Mac OS	具有较好的图形处理能力，主要用于桌面出版和多媒体应用等领域。其用于苹果公司的 Power Macintosh 机及 Macintosh 一族计算机上，与 Windows 缺乏较好的兼容性
Novell Netware	基于文件服务和目录服务的网络操作系统，用于构建局域网

（2）数据库的主要特点

1）实现数据共享　数据共享包含所有用户可同时存取数据库中的数据，也包括用户可以用各种方式通过接口使用数据库，并提供数据共享。

2）减少数据的冗余度　同文件系统相比，由于数据库实现了数据共享，从而避免了用户各自建立应用文件，减少了大量重复数据，减少了数据冗余，维护了数据的一致性。

3）数据的独立性　数据的独立性包括数据库中数据库的逻辑结构和应用程序相互独立，也包括数据物理结构的变化不影响数据的逻辑结构。

4）数据实现集中控制　文件管理方式中，数据处于一种分散的状态，不同的用户或同一用户在不同处理中其文件之间毫无关系。利用数据库可对数据进行集中控制和管理，并通过数据模型表示各种数据的组织以及数据间的联系。

5）数据一致性和可维护性，以确保数据的安全性和可靠性　其主要包括：

① 安全性控制：以防止数据丢失、错误更新和越权使用。

② 完整性控制：保证数据的正确性、有效性和相容性。

③ 并发控制：使在同一时间周期内，允许对数据实现多路存取，又能防止用户之间的不正常交互作用。

④ 故障的发现和恢复：由数据库管理系统提供

一套方法，可及时发现故障和修复故障，从而防止数据被破坏。

6）故障恢复　由数据库管理系统提供一套方法，可及时发现故障和修复故障，从而防止数据被破坏。数据库系统能尽快恢复数据库系统运行时出现的故障，可能是物理上或是逻辑上的错误，比如对系统的误操作造成的数据错误等。

（3）常用数据库

表 32-2-2 列出了目前常用的数据库软件及其特点。

2.3.3 支撑软件

支撑软件包括：图形处理软件、几何造型软件和数据库管理系统等。

（1）图形处理软件

常用的二维图形软件基本功能有：①产生各种图形元素，如点、线、圆等；②图形变换，如放大、平移、旋转等；③控制显示比例和局部放大等；④对图形元素进行编辑和修改等操作；⑤尺寸标注、文字编辑、绘制剖面线等；⑥图形的输入、输出功能。常用的二维图形软件有 AutoCAD、CAXA 电子图版等软件。

为了使不同的数字化设计系统间进行数据交换，目前世界上研制了多种数据交换接口，典型的为 IGES 和 STEP。目前常用的图形软件标准有：

1）初始图形交换规范（IGES）　该标准的数据按顺序存储，每行记录长度为 80 个字符，采用了 ASCII

表 32-2-2　目前常用的数据库软件及其特点

数据库软件	特　点
DB2	DB2 为关系数据库领域的开拓者和领航人，IBM 在 1977 年完成了 System R 系统的原型，1980 年开始提供集成的数据库服务器——System/38，随后是 SQL/DSforVSE 和 VM，其初始版本与 System R 研究原型密切相关。DB2 for MVSV1 在 1983 年推出，该版本的目标是提供这一新方案所承诺的简单性、数据不相关性和用户生产率。1988 年 DB2 for MVS 提供了强大的在线事务处理（OLTP）支持，1989 年和 1993 年分别以远程工作单元和分布式工作单元实现了分布式数据库支持。DB2 Universal Database 6.1 是通用数据库的典范，是第一个具备网上功能的多媒体关系数据库管理系统，支持包括 Linux 在内的一系列平台
Oracle	Informix 在 1980 年成立，目的是为 Unix 等开放操作系统提供专业的关系型数据库产品。公司的名称 Informix 便是取自 Information 和 Unix 的结合。Informix 第一个真正支持 SQL 语言的关系数据库产品是 Informix SE(Standard Engine)。Informix SE 是在当时的微机 Unix 环境下主要的数据库产品。它也是第一个被移植到 Linux 上的商业数据库产品
SQL Server	1987 年，微软和 IBM 合作开发完成 OS/2，IBM 在其销售的 OS/2 Extended Edition 系统中绑定了 OS/2 Database Manager，而微软产品线中尚缺少数据库产品。因此，微软将目光投向 Sybase，同 Sybase 签订了合作协议，使用 Sybase 的技术开发基于 OS/2 平台的关系型数据库
PostgreSQL	PostgreSQL 是一种特性非常齐全的自由软件的对象——关系性数据库管理系统（ORDBMS），它的很多特性是当今许多商业数据库的前身。PostgreSQL 最早开始于 BSD 的 Ingres 项目。PostgreSQL 的特性覆盖了 SQL-2、SQL-92 和 SQL-3。首先，它包括了可以说是目前世界上最丰富的数据类型的支持；其次，目前 PostgreSQL 是唯一支持事务、子查询、多版本并行控制系统、数据完整性检查等特性的唯一的一种自由软件的数据库管理系统
MySQL	MySQL 是一个小型关系型数据库管理系统，开发者为瑞典 MySQL AB 公司。在 2008 年被 Sun 公司收购。目前 MySQL 被广泛地应用在互联网上的中小型网站中。由于其体积小、速度快、总体拥有成本低，尤其是开放源码这一特点，许多中小型网站为了降低网站总体拥有成本而选择了 MySQL 作为网站数据库
Access	美国 Microsoft 公司于 1994 年推出的微机数据库管理系统。它具有界面友好、易学易用、开发简单、接口灵活等特点，是典型的新一代桌面数据库管理系统
FoxPro	最初由美国 Fox 公司 1988 年推出，1992 年 Fox 公司被 Microsoft 公司收购后，相继推出了 FoxPro2.5、FoxPro2.6 和 Visual FoxPro 等版本，其功能和性能有了较大的提高。FoxPro 比 FoxBASE 在功能和性能上又有了很大的改进，主要是引入了窗口、按钮、列表框和文本框等控件，进一步提高了系统的开发能力

标准代码，数据文件在逻辑上划分为五段：①起始段；②全局段；③元素索引段；④参数数据段；⑤结束段。存在的问题：①元素范围有限，数据转换时，易发生数据丢失现象；②占用存储空间较大；③易发生数据传递错误。

2）数据交换和传输标准（SET）　该标准由法国宇航公司制定，采用变记录的 ASCII 顺序文件格式，允许跨记录分配数据，与 IGES 相比，它大大减小了文件的规模。该标准通用性强，适用于任何数据类型的交换和传输，结构上没有物理记录的概念，使用方便，对变长度记录限制少，引入字典概念，使用方便。该标准限于欧洲航空航天界。

3）产品定义数据接口（PDDI）　该标准主要用于航空航天界，是面向制造业产品数据定义的接口，为不同数字化设计用户提供了一种有效的中性文件格式，是面向 CIMS 产品数据定义模型及 PDES 和 STEP 的基础。

4）产品数据交换规范（PDES）　该标准支持产品的设计、分析、制造、测试等过程，并侧重于产品的数据交换。

5）产品数据交换标准（STEP）　STEP 标准解决了生产过程中的产品信息共享、CIMS 信息的集成等问题。STEP 标准基于集成产品的信息模型，是真正面向 CIMS 的产品数据定义和交换标准，STEP 标准已成为新的产品模型数据交换标准。

6）计算机图形设备接口（CGI）　CGI 主要提供一种控制图形硬件，与设备无关，使用户方便地控制图形设备，如图形的输入、修改、检索、显示输出等。

（2）几何造型软件

几何造型软件用于在计算机中建立物体的几何形状及其相互关系，为产品设计、分析和数控编程提供必要的信息。要实现产品的数字化开发，首先必须建立产品的几何模型，以后的处理和操作都是在此模型基础上完成的。因此，几何造型软件是产品数字化开发系统不可缺少的支撑软件。

几何造型的方法可以分为：线框造型、表面造型和实体造型三种基本形式。产生的相应模型分别是：线框模型、表面模型和实体模型。它们之间基本上是从低级到高级的关系，高级模型可以生成相应的低级模型。目前，多数开发系统都同时提供上述三种造型方法，并且三者之间可以相互转换。

目前，特征造型技术成为产品模型的重要发展方向。它可以提供产品的形状特征、材料特征、加工特征等信息，为产品的数字化、集成化开发奠定了基础。

（3）数据库管理系统

为了保证存储在其中的数据的安全和一致，实现数据的查询、添加、修改、保存、删除等工作，必须有一组软件来完成相应的管理任务，这组软件就是数据库管理系统，简称 DBMS。DBMS 随系统的不同而不同，但是一般来说，它应该包括以下几方面的内容。

① 数据库描述功能：定义数据库的全局逻辑结构、局部逻辑结构和其他各种数据库对象。

② 数据库管理功能：包括系统配置与管理、数据存取与更新管理、数据完整性管理和数据安全性管理。

③ 数据库的查询和操纵功能：该功能包括数据库检索和修改。

④ 数据库维护功能：包括数据引入引出管理、数据库结构维护、数据恢复功能和性能监测。

为了提高数据库系统的开发效率，现代数据库系统除了 DBMS 之外，还提供了各种支持应用开发的工具。

2.3.4　程序设计语言

数字化设计技术的应用软件采用程序设计语言来编写，在数字化设计系统中，可采用多种语言，目前比较常用的编程语言及其特点见表 32-2-3。

由于编程语言在面向对象及可视化技术方面的发展和应用，数字化设计应用程序变得更为简单、直观、实用。

表 32-2-3　常用编程语言及其特点

语　言	特　点
BASIC（VB、PowerBASIC、RealBASIC 等）	计算机基本语言，简单易学，能处理图形、声音等多媒体信息。语言和开发环境绑定在一起，既可以说 VB 是一种语言，也可以说 VB 是一种开发工具
Fortran	很接近人们的自然用语和数学公式，是为科学计算人员设计的，是工程技术人员熟悉的语言之一
Pascal & Delphi	结构化程度高，数据类型丰富，数据结构灵活，查错能力强。Pascal 语言结构严谨，可以很好地培养一个人的编程思想；Delphi 是一门真正的面向对象的开发工具，并且是完全的可视化，使用了真编译，可以将代码编译成为可执行的文件，而且编译速度非常快，具有强大的数据库开发能力，可以让用户轻松地开发数据库

续表

语　言	特　点
C 语言 & Visual C++	C语言灵活性好，效率高，可以接触到软件开发比较底层的东西；VC是微软制作的产品，与操作系统的结合更加紧密。C/C++语言有较多成熟的软件资源，是目前工程师应用的主流软件之一
SQL、Orcal & PowerBuilder	SQL、Orcal和PowerBuilder是目前最好的数据库开发工具。各种各样的控件，功能强大的SQL、Orcal和PowerBuilder语言都会帮助用户开发出自己的数据库应用程序
Cobol	面向事物处理的通信语言，容易理解和掌握，利用它可十分方便地编写有关人事管理、工资发放、商品销售等应用程序
LISP	函数型表处理语言，适合符号处理，多用于人工智能研究开发
汇编语言	介于机器指令与高级语言间的编程语言。用于直接调用机器指令，可充分有效地控制计算机硬件
Java	①简单：一方面Java的语法与C++相比较为简单，另一方面就是Java能使软件在很小的机器上运行，基础解释和类库的支持的大小约为40kB，增加基本的标准库和线程支持的内存需要增加125kB ②分布式：Java带有很强大的TCP/IP协议族的例程库，Java应用程序能够通过URL穿过网络来访问远程对象，由于Servlet机制的出现，使Java编程非常高效，现在许多大的Web Server都支持Servlet ③OO：面向对象设计，是把重点放在对象及对象的接口上的一个编程技术，其面向对象和C++有很多不同，在于多重继承的处理及Java的原类模型 ④健壮特性：Java采取了一个安全指针模型，能减小重写内存和数据崩溃的可能性 ⑤安全：Java用来设计网络和分布系统，这带来了新的安全问题，Java可以用来构建防病毒和防攻击的系统，Java在防毒这一方面做得比较好 ⑥中立体系结构：Java编译的文件可以在很多处理器上执行，编译器产生的指令字节码(Javabytecode)实现此特性，此字节码可以在任何机器上解释执行 ⑦可移植性：Java对基本数据结构类型的大小和算法都有严格的规定，所以可移植性很好 ⑧多线程：Java处理多线程的过程很简单，Java把多线程实现交给底下操作系统或线程程序完成，所以多线程是Java作为服务器端开发语言的流行原因之一 ⑨Applet和Servlet：能够在网页上执行的程序叫Applet，需要支持Java的浏览器很多，而Applet支持动态的网页，这是很多其他语言所不能做到的
C#	由于C/C++语言的复杂性，许多程序员都试图寻找一种新的语言，希望能在功能与效率之间找到一个更为理想的平衡点，C#（C sharp)是微软对这一问题的解决方案。C#是一种新的面向对象的编程语言。它使得程序员可以快速地编写各种基于Microsoft.NET平台的应用程序，Microsoft.NET提供了一系列的工具和服务来最大限度地开发利用计算与通信领域

2.3.5 数字化设计典型软件

目前，商品化的数字化设计支撑软件品种繁多、功能各异，表32-2-4给出了国内外典型数字化设计软件及其特点。

表32-2-4　国内外典型数字化设计软件及其特点

软件名称(国家)	主要用途	特　点
CAXA(中国)	CAD/CAM	我国自主开发的二维绘图、三维复杂曲面实体造型的CAD/CAM软件。其主要包括CAXA二维电子图版、CAXA三维电子图版、CAXA实体设计、CAXA注塑模设计师、CAXA制造工程师等系列软件
金银花系统(中国)	CAD/CAM	我国自主版权CAD/CAM软件。其主要应用于机械产品设计和制造中，可实现设计和制造一体化和自动化。其主要包括机械设计平台MDA、数控编程系统NCP、产品数据库管理PDS、工艺设计工具MPP
开目CAD(中国)	CAD/CAM	我国自主开发的二维绘图、三维实体造型的CAD/CAM软件。其产品包括开目CAD、电气CAD、机械零件CAPP、PDM、BOM、MIS(ERP)、OA、进存销、CRM等
大恒CAD(中国)	CAD	我国自主版权CAD软件。其主要针对机械制造及设计行业的机械CAD系统

续表

软件名称(国家)	主要用途	特　点
AutoCAD(美国)	CAD	AutoCAD软件是美国Autodesk公司开发的产品。AutoCAD软件现已成为全球领先的、使用最为广泛的计算机绘图软件，用于二维绘图、详细绘制、设计文档和基本三维设计。由于AutoCAD制图功能强大、应用面广，现已在机械、建筑、汽车、电子、航天、造船、地质、服装等多个领域得到了广泛应用，成为工程技术人员的必备工具之一
Unigraphics(UG)(美国)	CAD/CAE/CAM	Unigraphics CAD/CAM/CAE系统提供了一个基于过程的产品设计环境，使产品开发从设计到加工真正实现了数据的无缝集成，从而优化了企业的产品设计与制造。UG面向过程驱动的技术是虚拟产品开发的关键技术，在面向过程驱动技术的环境中，用户的全部产品以及精确的数据模型能够在产品开发全过程的各个环节保持相关，从而有效地实现并行工程。该软件不仅具有强大的实体造型、曲面造型、虚拟装配和产生工程图等设计功能，而且，在设计过程中可进行有限元分析、机构运动分析、动力学分析和仿真模拟，提高设计的可靠性；同时，可用建立的三维模型直接生成数控代码，用于产品的加工，其后处理程序支持多种类型数控机床。另外它所提供的二次开发语言UG/Open GRIP、UG/Open API简单易学，实现功能多，便于用户开发专用CAD系统
Pro/Engineer(Pro/E)(美国)	CAD/CAE/CAM	Pro/Engineer是美国PTC公司推出的新一代CAD/CAE/CAM软件，它是一个集成化的软件，其功能非常强大，利用它可以进行零件设计、产品装配、数控加工、钣金件设计、模具设计、机构分析、有限元分析和产品数据库管理、应力分析、逆向造型、优化设计等。从目前的市场来看，它所涉及的主要行业包括工业设计、机械、仿真、制造和数据管理、电路设计、汽车、航天、电器、玩具等，它在我国的CAD/CAM研究所和工厂中得到了广泛的应用，同时，国内的许多大学也纷纷选用该软件作为其研究开发的基础软件
CATIA(法国)	CAD/CAE/CAM	CATIA是法国Dassault System公司的CAD/CAE/CAM一体化软件，该软件以其强大的曲面设计功能而在飞机、汽车、轮船等设计领域享有很高的声誉，它的集成解决方案覆盖所有的产品设计与制造领域，其特有的DMU电子样机模块功能及混合建模技术更是推动着企业竞争力和生产力的提高
SolidEdge(美国)	CAD	SolidEdge是UGS PLM Solution Inc.公司所研发的3D绘图系统，采用与UG相同的Parasolid核心，全世界目前有200种以上的软件采用Paraslid作为软件研发的核心，这些软件所产生的实体文件都可以透过Parasolid档案格式做文件资料的交换，而不会有资料的损毁或遗失的相容问题。SolidEdge是中端的CAD软件
SolidWorks(美国)	CAD/CAE/CAM	SolidWorks是一套基于Windows的CAD/CAE/CAM/PDM桌面集成系统，是由美国SolidWorks公司在总结和继承了大型机械CAD软件的基础上，在Windows环境下实现的第一个机械CAD软件。随着SolidWorks版本的不断提高、性能的不断增强以及功能的不断完善，SolidWorks已经完全能满足现代企业机械设计的要求，并已广泛应用于机械设计和机械制造的各个行业，它主要包括机械零件设计、装配设计、动画和渲染、有限元高级分析技术和钣金制作等模块，功能强大，完全满足机械设计的需求
Cimatron(以色列)	CAD/CAM/PDM	Cimatron公司的Cimatron是基于CAD/CAM/PDM的产品，这套软件的针对性较强，被更多地应用到模具开发设计中。该软件能够给应用者提供一套全面的标准模架库，方便使用者进行模具设计中的分型面、抽芯等工作，而且在操作过程中都能进行动态的检查。但由于它针对的专业性强，因此Cimatron更多地应用于模具的生产制造业，而其他行业的使用者较少

续表

软件名称(国家)	主要用途	特　点
I-DEAS(美国)	CAD/CAE/CAM	SDRC公司的I-DEAS Master Series是高度集成化的CAD/CAE/CAM软件系统,在单一数字模型中完成从产品设计、仿真分析、测量直至数控加工的产品研发全过程;附加的CAM部分I-DEAS Camand可以方便地仿真刀具及机床的运动,可以从简单的2轴、2.5轴加工到以7轴5联动方式来加工极为复杂的工件,并可以对数控加工过程进行自动控制和优化;采用VGX(variational geometry extended,即超变量化几何)技术扩展了变量化产品结构,允许用户对一个完整的三维数字产品从几何造型、设计过程、特征到设计约束,都可以实时直接设计和修改,在全约束和非全约束的情况下均可顺利地完成造型,它把直接几何描述和历史树描述结合起来,从而提供了易学易用的特性。模型修改允许形状及拓扑关系变化,操作简便,并非像参数化技术那样仅仅是尺寸驱动,所有操作均为"拖放"方式,它还支持动态导航、登录、核对等功能。工程分析是它的特长,并具有多种解算器功能,解算器是I-DEAS集成软件的一个重要组成部分
MDT(美国)	CAD	MDT软件(autodesk mechanical desktop)集零件造型、曲面造型、装配造型和自动绘图等于一体,是一种面向现代化机械工程设计的三维设计工具集成软件包
MSC. MARC(美国)	CAE	MARC是Pedro Marcel于1967年在美国加利福尼亚州创办的全球第一家非线性有限元软件公司,其全称是Marc Analysis Research Corporation。MSC. Software公司于1999年收购了MARC,从而MSC. Marc成为了MSC. Software公司麾下的重要一员。MSC. Mar具有强大的一维、二维、三维机构分析能力,对非结构的温度场、流场、电场、磁场也提供了相应的分析求解能力,并具有模拟流-热-固、土壤渗流、声-结构、耦合电-磁、电-热、电-热-结构以及热-结构等多种耦合场的分析能力。为了满足高级用户的特殊需要和二次开发,MSC. Marc还提供了开放式用户环境,使用户能在软件原有功能的框架下极大地扩展其分析能力
MSC. NASTRAN(美国)	CAE	作为世界CAE工业标准及最流行的大型通用结构有限元分析软件,MSC. NASTRAN的分析功能覆盖了绝大多数工程应用领域,并为用户提供了方便的模块化功能选项,MSC. NASTRAN的主要功能模块有:基本分析模块(含静力、模态、屈曲、热应力、流固耦合及数据库管理等)、动力学分析模块、热传导模块、非线性分析模块、设计灵敏度分析及优化模块、超单元分析模块、气动弹性分析模块、DMAP用户开发工具模块及高级对称分析模块。除模块化外,MSC. NASTRAN还按解题规模分成10000节点到无限节点,用户引进时可根据自身的经费状况和功能需求灵活地选择不同的模块和不同的解题规模,以最小的经济投入取得最大效益。MSC. NASTRAN及MSC的相关产品拥有统一的数据库管理,一旦用户需要可方便地进行模块或解题规模扩充,不必有任何其他的担心
ANSYS(美国)	CAE	ANSYS软件是由美国ANSYS公司研制开发的大型通用有限元分析软件。该软件提供了丰富的结构单元、接触单元、热分析单元及其他特殊单元,能解决结构静力、结构动力、结构非线性、结构屈曲、疲劳与断裂力学、复合材料分析、压电分析、DYNA应用、热分析、流体动力学、声学分析、低频电磁场分析、高频电磁场分析、耦合场分析等问题,具有子结构/子模型、APDL、优化设计、二次开发等功能。ANSYS具有友好的图形用户界面,使用方便,广泛应用于机械电子、汽车、船舶、国防、航空航天、能源等领域
紫瑞CAE(中国)	CAE	紫瑞CAE是一个与三维CAD软件无缝集成的自动化程度很高的有限元分析软件,主要用于结构分析计算
JIFEX(中国)	CAE	JIFEX系统是具有创新算法和自主版权的大型通用有限元分析和优化设计的集成化软件系统,是大连理工大学工程力学系/工程力学研究所/工业装备结构分析国家重点实验室近三十多年研究开发应用的成果积累,也是国产有限元软件产业发展中的重要进展。JIFEX的突出特点是将有限元分析和优化设计合二为一,改变了CAE系统只能仿真分析不能优化设计的观念,提升了CAE技术在整个设计流程中的地位,成为数字化产品创新设计的核心技术

第32篇

续表

软件名称(国家)	主要用途	特　点
ADAMS (美国)	虚拟产品开发	ADAMS(Automatic Dynamic Analysis of Mechanical Systems)软件是美国MDI公司(Mechanical Dynamics Inc.)开发的虚拟样机分析软件。目前,ADAMS已经被全世界各行各业的数百家主要制造商采用。ADAMS软件使用交互式图形环境和零件库、约束库、力库,建立完全参数化的机械系统几何模型。其求解器采用多刚体系统动力学理论中的拉格朗日方程方法,建立系统动力学方程,对虚拟机械系统进行静力学、运动学和动力学分析,输出位移、速度、加速度和反作用力曲线。ADAMS软件的仿真可用于预测机械系统的性能、运动范围、碰撞检测、峰值载荷以及计算有限元的输入载荷等。ADAMS一方面是虚拟样机分析的应用软件,用户可以运用该软件非常方便地对虚拟机械系统进行静力学、运动学和动力学分析;另一方面,又是虚拟样机分析开发工具,其开放性的程序结构和多种接口,可以成为特殊行业用户进行特殊类型虚拟样机分析的二次开发工具平台
Deneb (美国)	虚拟产品开发	Deneb的ENVISION提供了一个高级的、基于物理的3D环境。对涉及结构、机械、人员动作的应用进行设计、检验和建立快速的原型
EAI产品 (美国)	虚拟产品开发	EAI(Engineer Animation,Inc)公司重点研究三维可视化技术。其产品用于满足汽车、重型设备、航空航天及其他制造业的用户工程设计中的三维可视化、数字原型等方面的需要。它提供的基于设计项目组的设计环境,可使用户方便地使整个工程项目可视化,分析研究整个装配过程,方便地浏览设计发生的变化所产生的结果,并进行实时通信,其选项使整个过程更加逼真。EAI的产品适用多种平台,与众多CAD软件能无缝连接
Visual Nastran DESKTOP 系列软件(美国)	虚拟产品开发	美国MSC公司开发的基于虚拟样机分析仿真系统,主要包括机构分析、动态仿真和有限元分析等专业功能

2.4　数字化设计系统的建立

数字化设计系统的建立，包括人员培训、购置硬件设备和购置软件设备等三个方面。其中数字化设计软件的购置有两种模式，即自主开发数字化设计软件系统和根据需要选择购买开发软件。

2.4.1　数字化设计软件系统的开发流程

随着科学技术的发展，数字化开发软件系统的功能越来越复杂，规模越来越大。为了保证软件开发的质量，必须遵循科学的方法。目前软件开发已经由个体作业方式发展成为一门专门的技术科学——软件工程学。

按着软件工程学的方法，数字化设计软件系统开发流程如图32-2-5所示。前五个阶段为软件开发期，最后一个阶段为软件维护期。软件开发期与软件维护期所用的时间和成本往往很接近。

实际上，软件的开发过程不可能完全按着直线方式进行，而是存在反复。下面介绍一下各阶段的任务和方法。

(1) 系统需求分析阶段

需求分析阶段有两个主要活动：一是“详细调查”，即了解当前系统工作情况的过程；二是“分析或决定系统要求”，即决定新系统要求的过程，要求应能满足用户的需求。

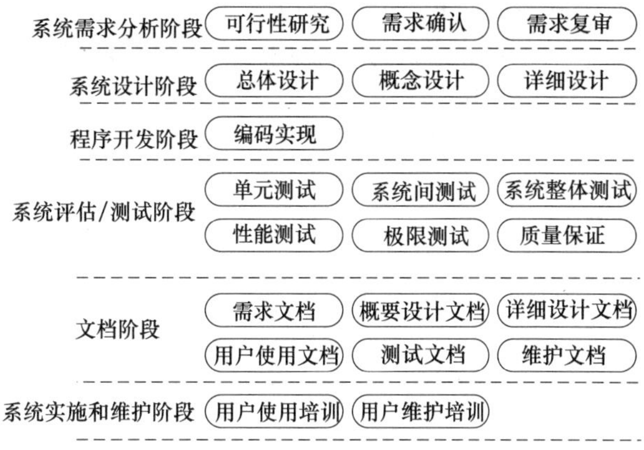

图32-2-5　软件系统开发流程

要确定当前系统的过程、分析过程的输入和输出及使用“客户需求说明书（CRS）”文档。CRS中需要写明的是本模块完成的任务、解决什么问题、有什么作用、为什么要这些功能，此外还应有适用范围、有什么不足、注意点是什么、还有哪些地方在以后可以进行改进。“客户需求说明书”文档包括系统输入列表、系统期望输出列表、系统流程总览、实施项目所需的硬件和软件、客户接收项目的标准、系统的实体关系图。

用户需求总结是受多方面因素影响的，为此，应对所有说明书进行分类，并执行功能分析或面向对象的分析，解决不明确内容、矛盾内容和待决定说明书，生成功能说明书文档的最终版本和需求分析报告。

(2) 系统设计阶段

在设计阶段，对分析模型进行调整，使其成为在应用环境中实施系统的基础，准备待开发系统的蓝图，即可理解的、完整的和详细的系统设计。

设计阶段的活动包括：一是设计用户图形界面(GUI) 标准。这些标准与应用程序的外观有关，应用程序的外观和流程要求保持一致，包括颜色、字形、标题和标签的尺寸、页眉和页脚的外观、控件的主题、位置和尺寸等。二是设计应用程序的界面。根据 GUI 标准设计屏幕的布局，可以是用户输入或显示信息的报表，把它们记录在界面设计文档中。三是设计数据库。设计数据库将遵循规范化的规则，把表设计记录在表设计文档中。四是设计过程模块。它包括将在分析阶段制订的过程定义转换为代码模块，过程设计记录在过程设计文档中。五是设计编码标准。设计的过程模块需要进行标准化，标准化包括设置程序和数据库的名称约定，标准化使代码的可读性更强，更易于维护，编码标准包括常规编码标准及函数声明的编码标准。六是创建原型。创建一个应用程序原型，即模拟应用程序的模型，作为系统开发的依据。七是写出详细的设计策划书，对系统组件有明确的功能定义，对组件的接口的设计事先有完整的记录，之后编写程序。八是分配和监控任务。估算完成项目所需人工小时数并创建任务清单，包括计划开始日期和结束日期、模块名称和说明书、完成模块所需的时间、进度状态等。

(3) 程序开发阶段

将系统设计方案具体实施，即根据系统设计说明书进行编程，以某种语言和数据库实现各功能模块。要对在原型中建立起来的用户界面进行最后的润色，使用基于关系数据库 (RDBMS) 工具建立数据库，通过添加代码来实现窗体的各项功能。

(4) 系统评估/测试阶段

系统测试是对系统分析、系统设计和程序设计的最后审查，是保证软件质量的关键。

根据设计任务书撰写测试计划，包括单元测试、系统间测试、性能测试、极限测试、质量保证测试和集成测试等。测试计划要进行认真审查，每个具体的测试方案都由专人执行，并记录每个测试方案的结果。测试与开发应同步进行，在部分组件编写完后就进行。

测试过程中任何缺陷都记录下来，分给开发工程师修改纠错，修改完毕由测试员先进行初步质量验证，通过后才能由开发工程师送进原代码的提交库。

每次任何影响到其他组件的程序纠错改动，不仅是经过改动的程序要重新测试，任何可能受到影响的其他组件或程序也必须重测，发行前要进行全程测试。

(5) 文档阶段

该阶段主要形成软件系统的各类文档资料，包括需求文档、概要设计文档、详细设计文档、用户使用文档、测试文档和维护文档等。

(6) 系统实施和维护阶段

实施阶段将执行系统的编码，将把已开发的系统安装到客户计算机上并调试，使其在网上进行试运行。实施过程包括创建安装计划、实施物理过程、准备和转换数据、进行用户培训、运行系统。

软件工程过程并不随着软件的安装交付而告终，从系统试运行开始进入了运行维护阶段，在此期间要详细做运行记录，对系统的功能、效果以及是否达到预期目标进行全面评价，不断改进，使系统不断完善。

要对系统使用人员进行岗前培训，包括软件系统的操作、出错信息的处理和系统的维护等方面。

对开发前期的工作项目做得越详细，如功能需求总结和设计规划书的撰写尽量做到周密严谨，后期的工作项目如编程测试等造成返工重做的概率就越小，会对整个项目的高效率和低开支起很大的促进作用。

2.4.2　数字化设计系统软硬件的选型

随着数字化设计技术的趋于复杂和完善，商品化软件已经能够满足大部分用户的需求。基于自主软件开发以建立开发系统的情况已不多见。为了满足特定产品的开发需要，提高产品的开发效率和质量，可以在已有的商品化软件基础上进行二次开发或定制系统。

数字化开发系统的选型应以用户的实际需求为基础，兼顾用户的中远期规划，重视比较分析各种软件系统的功能，充分考虑系统的可靠性、应用环境以及系统供应商的技术和服务能力。

(1) 软件系统选型原则

1) 选型的原则　确定自己的选型方案时，应从实际出发，既要考虑现在的需要，又要顾及用户将来的发展。软件产品不同于一般的工具，一般的工具如果以后不能满足需要时，可以随时更换，而软件则不一样，设计人员通过软件设计出来的图纸是技术的积累、将来设计的基础，更换新软件和这些设计结果的代价将十分昂贵。这是因为，一般的软件系统的数据格式是不兼容的，数据从一个软件转换到另一个软件中须通过数据格式转换的形式，而目前数据转换尚不能保证 100%正确。但是，企业也不能不根据现在的需求盲目追求先进，导致消化不了，造成资源的浪费。所以，应该采取总体规划、分步实施的原则来确定企业的软件系统规划，使 CAD、CAE、CAM、MIS 直至 CIMS 能有效结合成一体。

2）软件的选择　选型的核心就是选择一个合适的软件，该软件要能满足企业发展规划的要求。面对目前国内数字化软件市场十分复杂的情况，用户应着重考察软件的以下内容。

① 软件的运行平台。软件的运行平台是指该软件运行在什么操作系统下。目前的数字化设计软件一般都选用 Windows 操作系统。

② 软件的功能。软件的功能直接影响用户使用的方便性和设计效率。软件的功能当然是越丰富越好，但是企业应根据目前的需求和现有的购买力选择软件的功能，即上述分步实施的原则，不可能一步到位。根据目前我国的设计现状，第一阶段的目标应该是二维绘图，先甩掉绘图板，普及计算机设计后再考虑三维设计、有限元分析、仿真、CAM 等高级功能，当然，选择软件时应考虑将来的这些需要。二维绘图的软件除应有常见的绘图、编辑等功能外，还必须有进行机械设计的其他功能，如各类公差的查询标注、表面粗糙度的智能标注、常用件的设计、装配及明细表的处理、自动参数化设计、国家标准件库、提供给用户的建库工具、汉字处理等方面设计的功能参数库应该是以参数化为核心的开放库，而非由程序实现的“死库”，考察这些库是否开放有一个办法，即用户现场建立一个库或修改一下库的内容，看能否实现，否则，该库是不开放的，对于不开放的库，用户以后没有办法再键入自己的内容。所以并非各类库越多越好，而应是开放的库越多越好。一般来说，在完成相同功能的前提下，软件的所有执行程序越少越好。

③ 软件的界面。软件的界面是软件的一个门面。界面应该有中文菜单、中文提示，美观、易懂、操作方便。近年来兴起的 ICON（或叫图标）菜单较直观，但滥用图标菜单、图标太多也会叫人费解，图标菜单实际上是一种象形文字，众所周知，从象形文字进化到现代文字是人类的进步，图标菜单、中文菜单、命令行并存才能满足各个层次的需要。

④ 软件的开放性。软件的开放性非常重要，它涉及用户将来能否与现在的软件接上口，用户的 CAD、CAE、CAM 与 MIS 等的连接都要求数字化软件是开放的，软件的开放性同硬件的开放性同等重要，因为任何一个软件都不可能满足各行业用户的所有需要。这就有个软件的用户化问题，用户需要针对自己的产品做些开发、设计计算或专用图形库、专用 CAPP 等，以提高本企业的设计效率。另外，第三方软件开发商也可以在这些开放的软件平台上做开发，以满足各个行业的需要。开放的软件平台可以让用户开发自己的产品，扩充软件的使用范围，这也是软件业的发展趋势。一个不开放的数字化软件系统，其生命力是有限的。

⑤ 将来的需求。对机械设计来说，应该说明，甩掉图板并非设计的最终目的，设计的最终目的是提高设计水平和效率，二维设计并没有彻底改变传统的设计方式，况且装配设计过程的干涉、运动仿真、有限元分析、曲面设计、加工等是二维设计无法解决的；三维设计可以使设计更直观、更精确，也能实现 CAD/CAM 的集成。但是，片面追求哪一方面都是不符合实际的，用户应根据实际需要选择软件。需要说明的是，越来越多的三维设计软件在向微机上移植，在 PC 机器上实现由原工作站才能完成的工作已经成为现实。

3）价格及其他因素　价格是用户需考虑的一个重要因素，但不要作为主要因素来考虑。销售、开发商的技术服务、版本更新速度、技术开发实力、技术研究后劲等都应成为用户考虑的重要因素。一般来说国外软件的商品化程度高，但必须配备二次开发的应用软件才能满足用户的需要，所以价格要高一些；国产软件能满足用户的要求，使用也较方便，但商品化程度与国外的相比，目前还存在差距，价格便宜。随着市场的成熟、时间的推移，国产软件会成为我国数字化软件市场的主力。其他如公司的规模、经济实力等都是要考虑的因素，由几个人、十几人组成的公司，不可能完成一个完善的数字化软件的商品化，市场竞争是无情的，实力与风险是成反比的，用户有时要牺牲眼前利益而顾及长远利益。

总之，用户选定了一个软件就等于选择了一个固定的技术合作伙伴，所有的用户都希望选用的软件能成为市场的主流，减少投资。

（2）数字化开发系统的选型步骤

1）需求分析　在了解国内外主要数字化开发系统特点的基础上，对本单位所开发的系统、开发环境的性能要求做出分析。

2）性能评估　数字化开发系统的性能主要包括：①系统功能和性价比，系统功能包括绘图功能、几何造型功能、曲面设计功能、实体造型功能、工程分析功能、产品数据管理功能和系统的集成功能等；②系统适应性；③系统的质量和可靠性；④系统的环境适应能力；⑤软件的工程化水平。

3）编写需求建议书　需求建议书应包括以下内容：①企业对产品数字化的总体要求；②对软硬件设备规格的要求，包括计算机及其外围设备（CPU、内存、显存、硬盘容量、光盘、显示器、扫描仪、打印机、绘图仪等）、测量设备、测试设备、制造设备等；③系统对运行环境的要求；④系统对技术人员知识领域及素质的要求；⑤系统的检查、验收程序；⑥系统的交付日期、运输、安装和验收等。

人在产品的数字化开发系统中始终起核心和控制作用。为了有效地应用数字化系统，除了必要的软硬件系统外，还必须重视人才的培训工作。

建立数字化设计系统应遵循以下原则：①先选择有一定产品数字化开发基础的技术人员；②根据工作需要选择合适的数字化开发软硬件设备；③根据系统运行要求，合理地配置环境及应用条件。

第 3 章　计算机图形学基础

3.1　概述

3.1.1　计算机图形学的研究内容

计算机图形学（computer graphics，CG）是一种使用数学算法将二维或三维图形转化为计算机显示器的栅格形式的科学。

简单地说，计算机图形学就是研究如何在计算机中表示图形，以及利用计算机进行图形的计算、处理和显示的相关原理与算法。图形通常由点、线、面、体等几何元素和灰度、色彩、线型、线宽等非几何元素组成。从处理技术上来看，图形主要分为两类，一类是基于线条信息表示的，如工程图、等高线地图、曲面的线框图等；另一类是明暗图，也就是通常所说的真实感图形。

计算机图形学一个主要的目的就是要利用计算机产生令人赏心悦目的真实感图形。为此，必须建立图形所描述的场景的几何表示，再用某种光照模型，计算在假想的光源、纹理、材质属性下的光照明效果。所以计算机图形学与另一门学科——计算机辅助几何设计有着密切的关系。事实上，计算机图形学也把可以表示几何场景的曲线曲面造型技术和实体造型技术作为其主要的研究内容。同时，真实感图形计算的结果是以数字图像的方式提供的，计算机图形学也就和图像处理有着密切的关系。

图形与图像两个概念间的区别越来越模糊，但还是有区别的：图像纯指计算机内以位图形式存在的灰度信息；而图形含有几何属性，或者说更强调场景的几何表示，是由场景的几何模型和景物的物理属性共同组成的。

计算机图形学的研究内容非常广泛，如图形硬件、图形标准、图形交互技术、光栅图形生成算法、曲线曲面造型、实体造型、真实感图形计算与显示算法、非真实感绘制，以及科学计算可视化、计算机动画、自然景物仿真、虚拟现实等。

3.1.2　计算机图形学的应用领域

计算机图形学处理图形的领域越来越广泛，主要的应用领域有：

（1）计算机辅助设计与制造

CAD、CAM 是计算机图形学在工业界最广泛、最活跃的应用领域。计算机图形学被用来进行土建工程、机械结构和产品的设计，包括设计飞机、汽车、船舶的外形和发电厂、化工厂等的布局以及电子线路、电子器件等。有时，着眼于产生工程和产品相应结构的精确图形，然而更常用的是对所设计的系统、产品和工程的相关图形进行人-机交互设计和修改，经过反复的迭代设计，便可利用结果数据输出零件表、材料单、加工流程和工艺卡或者数据加工代码的指令。在电子工业中，计算机图形学应用到集成电路、印制电路板、电子线路和网络分析等方面的优势十分明显。随着计算机网络的发展，在网络环境下进行异地异构系统的协同设计，已成为 CAD 领域最热门的课题之一。现代产品设计已不再是一个设计领域内孤立的技术问题，而是综合了产品各个相关领域、相关过程、相关技术资源和相关组织形式的系统化工程。

CAD 领域另一个非常重要的研究方向是基于工程图纸的三维形体重建。三维形体重建是从二维信息中提取三维信息，通过对这些信息进行分类、综合等一系列处理，在三维空间中重新构造出二维信息所对应的三维形体，恢复形体的点、线、面及其拓扑元素，从而实现形体的重建。

（2）科学计算可视化

目前科学计算可视化广泛应用于医学、流体力学、有限元分析和气象分析当中。尤其在医学领域，可视化有着广阔的发展前途。依靠精密机械做脑部手术是目前医学上很热门的课题，而这些技术的实现基础则是可视化。当我们做脑部手术时，可视化技术将医用 CT 扫描的数据转化成图像，使得医生能够看到并准确地判别病人体内的患处，然后通过碰撞检测一类的技术实现手术效果的反馈，帮助医生成功完成手术。我们都知道现在的气象预报越来越准确，而且可以预报相继几天后的天气情况，这主要是利用了可视化技术。天气气象站将大量数据通过可视化技术转化成形象逼真的图形后，经过仔细分析就可以清晰地预见几天后的天气情况。这样给我们的生活带来了很多方便。

（3）图形实时绘制与自然景物仿真

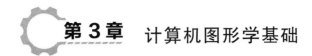

重现真实世界的场景叫作真实感绘制。真实感绘制主要是模拟真实物体的物理属性，简单地说就是物

体的形状、光学性质、表面的纹理和粗糙程度以及物体间的相对位置、遮挡关系等。在自然景物仿真这项技术中我们需要进行消除隐藏线及面，处理明暗效应、颜色模型、纹理、辐射度，进行光线跟踪等工作。这其中光照和表面属性是最难模拟的，而且还必须处理物体表面的明暗效应，以便用不同的色彩灰度来增加图形的真实感。自然景物仿真在几何图形、广告影视、指挥控制、科学计算等方面应用范围很广。平时在看电视或是上网的时候我们总能看到很多栩栩如生的广告，而且现在的广告做得越来越精彩、越来越逼真，非常吸引人，这其实都是利用自然景物的仿真技术实现的。使用这些技术可以使我们的生活更加丰富多彩。除了建造计算机可实现的逼真物理模型外，真实感绘制还有一个研究重点是研究加速算法，力求能在最短的时间内绘制出最真实的场景。

（4）计算机动画

随着计算机图形和计算机硬件的不断发展，人们已经不满足于仅仅生成高质量的静态场景，于是计算机动画就应运而生。事实上计算机动画也只是生成一幅幅静态的图像，但是每一幅都是对前一幅做一小部分修改，如何修改便是计算机动画的研究内容，这样，当这些画面连续播放时，整个场景就动了起来。计算机动画内容丰富多彩，生成动画的方法也多种多样，比如基于特征的图像变形、二维形状混合、轴变形方法、三维自由形体变形等。近年来人们普遍将注意力转向基于物理模型的计算机动画生成方法。这是一种崭新的方法，该方法大量运用弹性力学和流体力学的方程进行计算，力求使动画过程体现出最适合真实世界的运动规律。然而要真正到达真实运动是很难的，比如人的行走或跑步是全身的各个关节协调的结果，要实现很自然的人走路的画面，计算机方程非常复杂，计算量极大。基于物理模型的计算机动画还有许多内容需要进一步研究。

（5）计算机艺术

现在的美术人员，尤其是商业艺术人员都热衷于用计算机从事艺术创作，可用于美术创造的软件很多。计算机图形学除了广泛用于艺术品的制造，如各种图案、花纹及传统的油画、中国国画等，还成功地用来制作广告、动画片甚至电影，其中有的影片还获得了奥斯卡奖，这是电影界最高的殊荣。目前国内外不少人士正在研制人体模拟系统，这使得在不久的将来把历史上早已去世的著名影视明星重新搬上新的影视片成为可能。

3.1.3 计算机图形系统的硬件设备

计算机图形系统的硬件设备包括：主机、输入设备和输出设备。输入设备通常为键盘、鼠标、数字化仪、扫描仪、摄像头、数码相机和光笔等。输出设备则为图形显示器、绘图仪和打印机等。

3.2 图形变换

图形学的主要部分是图形变换，图形变换是用已有的简单图形通过几何变换和运算，构造出复杂的图形；用二维图形来表示三维图形；也可以通过快速变换静态图形获得动态效果。

图形变换既可以视为图形不动而坐标系变动，图形在新坐标系获得新坐标值的过程，也可以视为坐标系不动而图形变动，变动后的图形在坐标系的坐标值发生变化的过程。两者本质相同。

3.2.1 二维图形的基本几何变换

二维空间（平面）的一个点 P，可以用它的坐标（X，Y）来表示，也可以用一个 1×2 的矩阵 $[X \quad Y]$ 来表示。点由某一位置（X，Y）变换到另一个位置（X^*，Y^*），如图 32-3-1 所示，可以利用矩阵乘法来实现。即

$$[X^* \quad Y^*]=[X \quad Y]\begin{bmatrix}A & B\\ C & D\end{bmatrix}=[AX+CY \quad BX+DY]$$

即 $$\begin{cases}X^*=AX+CY\\ Y^*=BX+DY\end{cases}$$

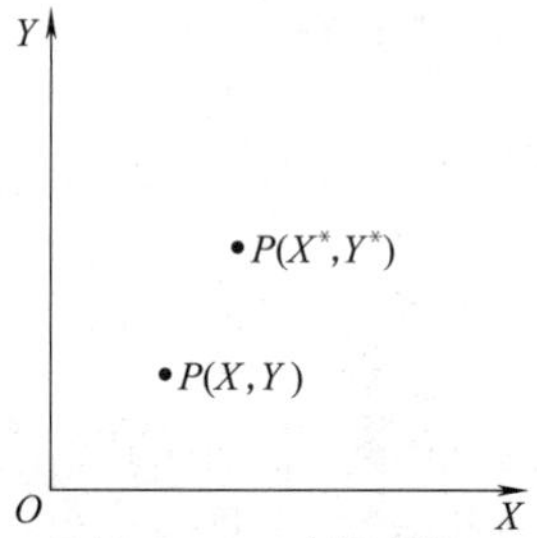

图 32-3-1 点的变换

我们把 2×2 矩阵 $\boldsymbol{T}=\begin{bmatrix}A & B\\ C & D\end{bmatrix}$ 称为变换矩阵。很明显，变换后，点的新坐标（X^*，Y^*）取决于 A、B、C、D 的值。下面讨论各元素对变换所起的作用。

3.2.1.1 恒等变换

若想使图形按原位置、原大小显示出来，如图 32-3-2 所示，则应令 $A=D=1$，$B=C=0$，变换矩阵为：

$$\boldsymbol{T}=\begin{bmatrix}A & 0\\ 0 & D\end{bmatrix}$$

$$[X \quad Y]\begin{bmatrix}A & 0\\ 0 & D\end{bmatrix}=[X \quad Y]=[X^* \quad Y^*]$$

显然，新坐标与旧坐标相等，点的位置在变化前后没发生变动。所以此时变换矩阵 **T** 称为恒等变换矩阵。这种变换即为恒等变换。

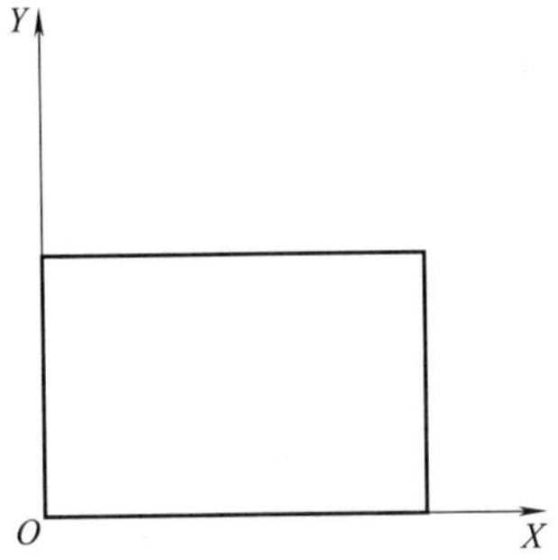

图 32-3-2　恒等变换

3.2.1.2　比例变换

我们经常要对一个图形进行放大或缩小，这可以通过比例变换来实现。使 $B=C=0$，则比例变换矩阵为：

$$\boldsymbol{T}=\begin{bmatrix} A & 0 \\ 0 & D \end{bmatrix}$$

$$[X \quad Y]\begin{bmatrix} A & 0 \\ 0 & D \end{bmatrix}=[X \quad Y]=[X^* \quad Y^*]$$

即
$$\begin{cases} X^*=AX \\ Y^*=DY \end{cases}$$

式中　A——X 方向的比例因子；

　　　D——Y 方向的比例因子。

运行上边程序，保持 $C=0$，$B=0$，尝试改变 A 和 D 的值，可以得到不同大小的正方形和不同比例的矩形。图 32-3-3 是指定 $A=1$，$B=0$，$C=0$，$D=2$ 所显示的图形。

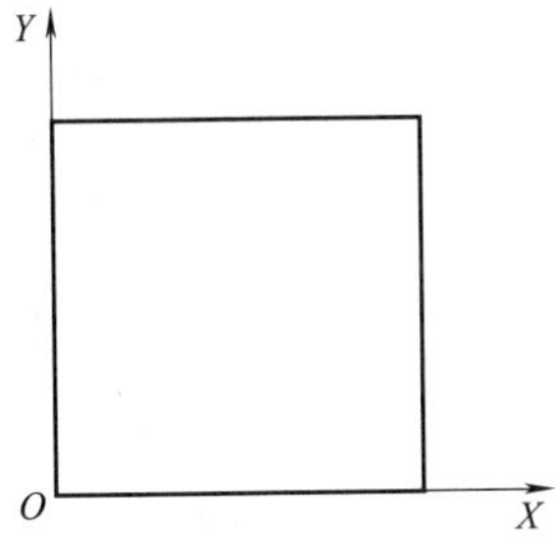

图 32-3-3　比例变换

3.2.1.3　反射变换

反射变换是指变换前后的图形对称于 X 轴或 Y 轴，或对称于某一特定的直线，如 45°线，或某一特定的点，如原点。

(1) 对 Y 轴的反射

变换矩阵为：

$$\boldsymbol{T}=\begin{bmatrix} -1 & 0 \\ 0 & 1 \end{bmatrix}$$

$$[X^* \quad Y^*]=[X \quad Y]\begin{bmatrix} -1 & 0 \\ 0 & 1 \end{bmatrix}=[-X \quad Y]$$

即
$$\begin{cases} X^*=-X \\ Y^*=Y \end{cases}$$

图 32-3-4 是 $A=-1$，$B=0$，$C=0$，$D=-1$ 时所显示的对 Y 轴反射的图形。

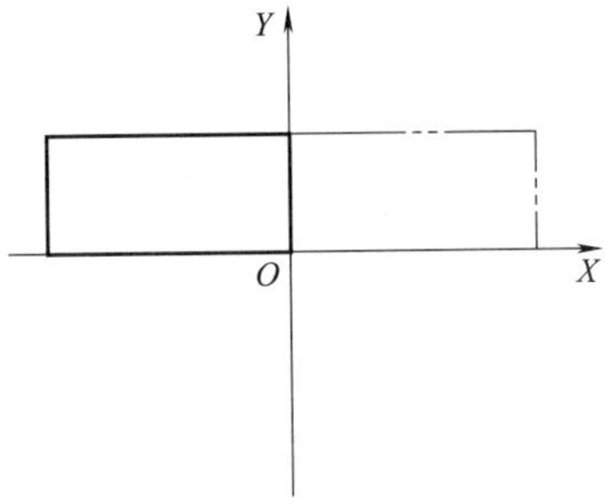

图 32-3-4　对 Y 轴反射

(2) 对 X 轴的反射

变换矩阵为：

$$\boldsymbol{T}=\begin{bmatrix} 1 & 0 \\ 0 & -1 \end{bmatrix}$$

$$[X^* \quad Y^*]=[X \quad Y]\begin{bmatrix} 1 & 0 \\ 0 & -1 \end{bmatrix}=[X \quad -Y]$$

即
$$\begin{cases} X^*=X \\ Y^*=-Y \end{cases}$$

变换结果是以 X 轴为对称轴产生反射。

图 32-3-5 是 $A=1$，$B=0$，$C=0$，$D=-1$ 时所显示的对 X 轴反射的图形。

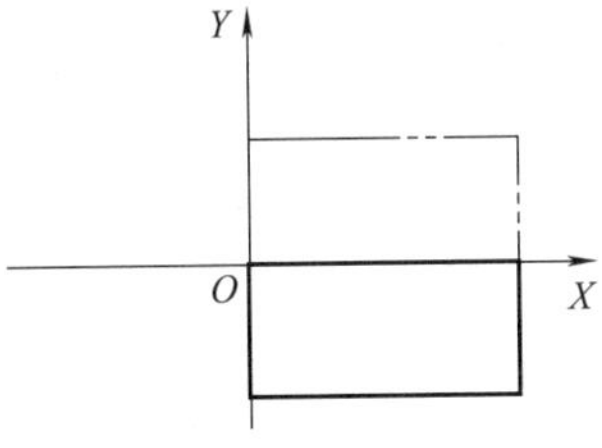

图 32-3-5　对 X 轴反射

(3) 对 45°轴的反射

变换矩阵为：

$$\boldsymbol{T}=\begin{bmatrix} 0 & 1 \\ 1 & 0 \end{bmatrix}$$

$$[X^* \quad Y^*]=[X \quad Y]\begin{bmatrix} 0 & 1 \\ 1 & 0 \end{bmatrix}=[Y \quad X]$$

即
$$\begin{cases} X^*=Y \\ Y^*=X \end{cases}$$

变换结果是以 45°线为对称轴产生反射。

图 32-3-6 是 $A=0$，$B=1$，$C=1$，$D=0$ 时所显示的对 45°线反射的图形。

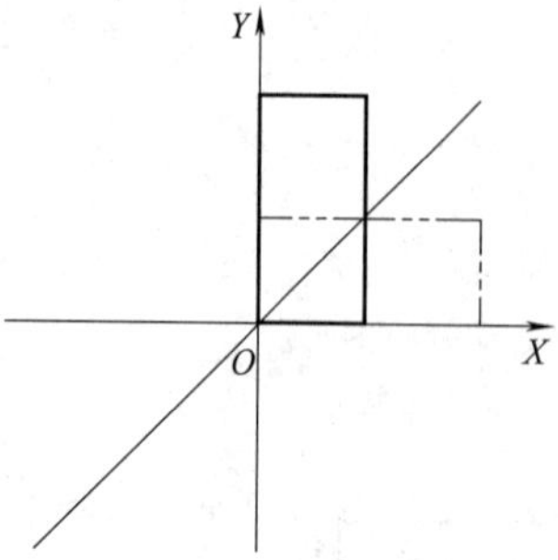

图 32-3-6 对 45°线反射

（4）对－45°轴的反射

变换矩阵为：

$$T=\begin{bmatrix}0 & -1\\ -1 & 0\end{bmatrix}$$

$$[X^* \quad Y^*]=[X \quad Y]\begin{bmatrix}0 & -1\\ -1 & 0\end{bmatrix}=[-Y \quad -X]$$

即
$$\begin{cases}X^*=-Y\\ Y^*=-X\end{cases}$$

变换结果是以－45°线为对称轴产生反射。

图 32-3-7 是 $A=0$，$B=-1$，$C=-1$，$D=0$ 时所显示的对－45°线反射的图形。

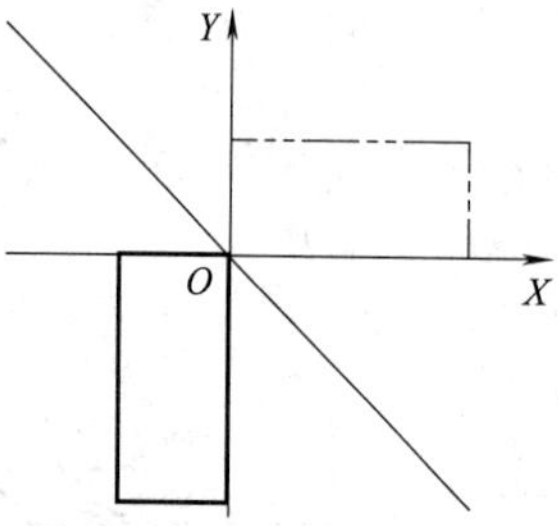

图 32-3-7 对－45°线反射

（5）对原点的反射

变换矩阵为：

$$T=\begin{bmatrix}-1 & 0\\ 0 & -1\end{bmatrix}$$

$$[X^* \quad Y^*]=[X \quad Y]\begin{bmatrix}-1 & 0\\ 0 & -1\end{bmatrix}=[-X \quad -Y]$$

即
$$\begin{cases}X^*=-X\\ Y^*=-Y\end{cases}$$

变换结果是对原点的反射。

图 32-3-8 是 $A=-1$，$B=0$，$C=0$，$D=-1$ 时所显示的图形。

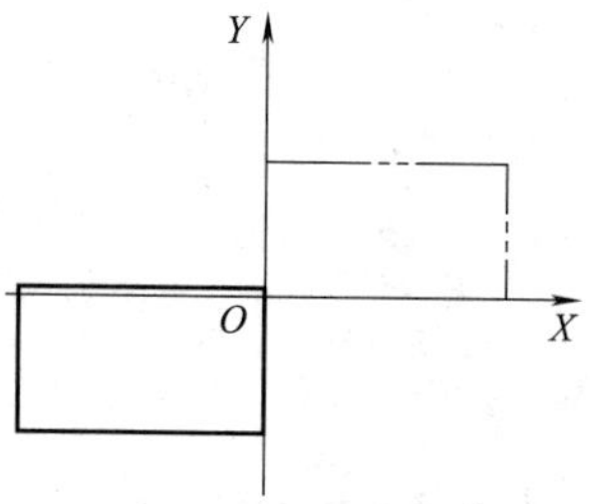

图 32-3-8 对原点的反射

3.2.1.4 错切变换

（1）沿 X 轴方向的错切

变换矩阵为：

$$T=\begin{bmatrix}1 & 0\\ C & 1\end{bmatrix}$$

$$[X^* \quad Y^*]=[X \quad Y]\begin{bmatrix}1 & 0\\ C & 1\end{bmatrix}=[X+CY \quad Y]$$

即
$$\begin{cases}X^*=X+CY\\ Y^*=Y\end{cases}$$

错切结果如图 32-3-9 所示。

令 $\tan\theta=CY/Y=C$

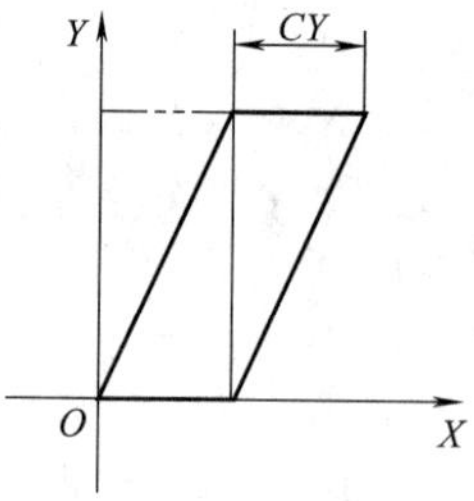

图 32-3-9 错切变换

若 $C>0$，图形沿 X 轴正方向错切，如图32-3-10所示。

若 $C<0$，图形沿 X 轴负方向错切，如图32-3-11所示。

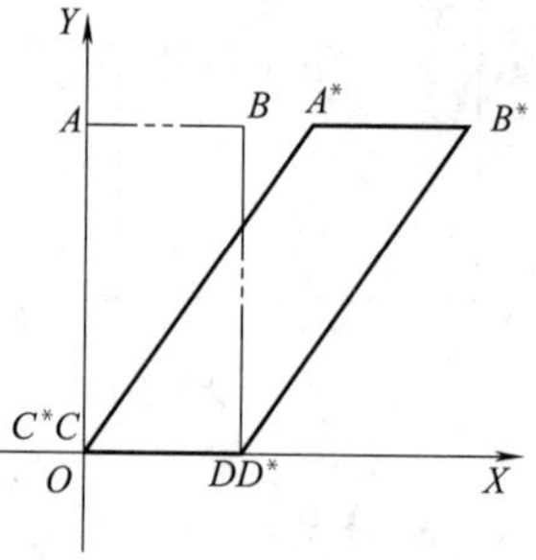

图 32-3-10 沿 X 轴正方向错切

（2）沿 Y 轴方向的错切

变换矩阵为：$T=\begin{bmatrix}1 & B\\ 0 & 1\end{bmatrix}$

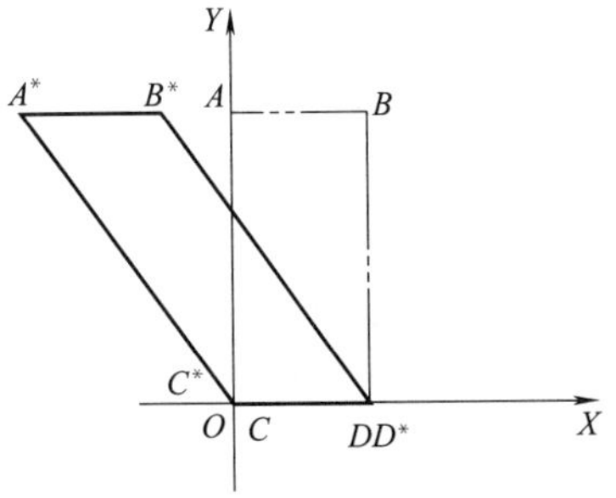

图 32-3-11　沿 X 轴负方向错切

$$[X^{*}\quad Y^{*}]=[X\quad Y]\begin{bmatrix}1 & B\\0 & 1\end{bmatrix}=[X\quad Y+BX]$$

即
$$\begin{cases}X^{*}=X\\Y^{*}=Y+BX\end{cases}$$

若 $B>0$，图形沿 Y 轴正方向错切，如图 32-3-12 所示。

若 $B<0$，图形沿 Y 轴负方向错切，如图 32-3-13 所示。

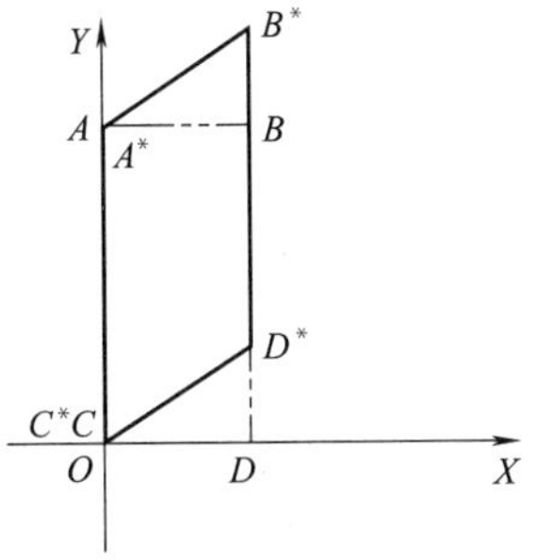

图 32-3-12　沿 Y 正方向错切

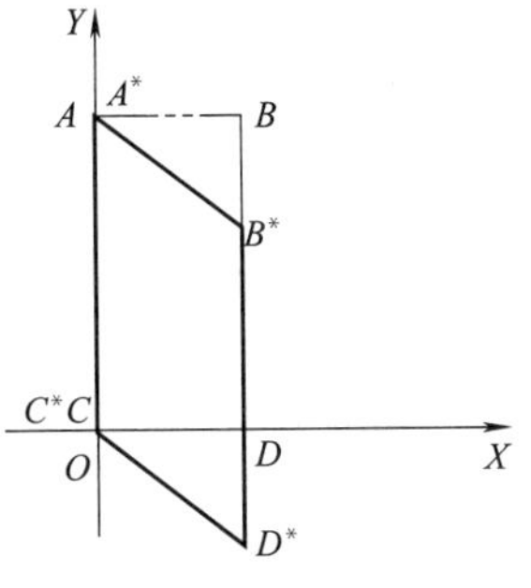

图 32-3-13　沿 Y 轴负方向错切

3.2.1.5　旋转变换

平面图形的旋转，是指图形绕坐标原点旋转一个 θ 角度。

此时：$A=\cos\theta$，$B=\sin\theta$，$C=-\sin\theta$，$D=\cos\theta$。

变换矩阵为：

$$T=\begin{bmatrix}\cos\theta & \sin\theta\\-\sin\theta & \cos\theta\end{bmatrix}$$

$$[X^{*}\quad Y^{*}]=[X\quad Y]\begin{bmatrix}\cos\theta & \sin\theta\\-\sin\theta & \cos\theta\end{bmatrix}$$
$$=[X\cos\theta-Y\sin\theta\quad X\sin\theta+Y\cos\theta]$$

即
$$\begin{cases}X^{*}=X\cos\theta-Y\sin\theta\\Y^{*}=X\sin\theta+Y\cos\theta\end{cases}$$

应当注意的是，这个旋转矩阵是特指图形绕原点（0，0）旋转的变换矩阵。并且规定逆时针方向旋转时，旋转角 θ 取正值；反之，按顺时针方向旋转时，旋转角 θ 取负值。

图 32-3-14 是经过旋转变换后产生的图形。

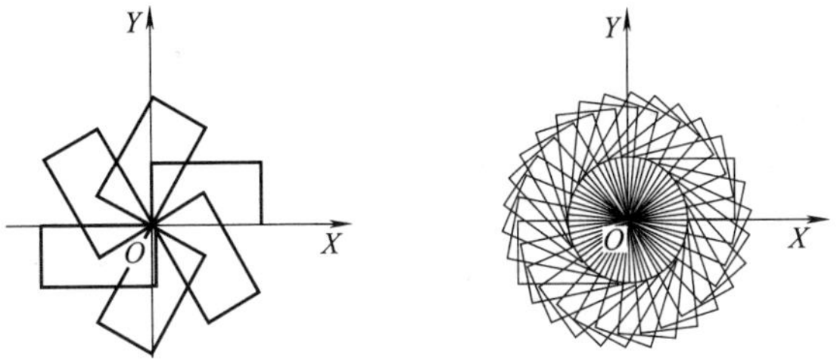

图 32-3-14　旋转变换

3.2.1.6　平移变换及齐次坐标

平移变换是二维变换中最基本的一种，但是，一般的 2×2 矩阵不能完成平移变换。原因是平移为：

$$\begin{cases}X^{*}=X+M\\Y^{*}=Y+N\end{cases}$$

一般 2×2 矩阵的任何积都不能找到上述关系，为了解决这一矛盾，我们引入一个附加坐标，使 $[X\quad Y]$ 和 $[X^{*}\quad Y^{*}]$ 变成 $[X\quad Y\quad 1]$ 和 $[X^{*}\quad Y^{*}\quad 1]$，再将变换矩阵 $\boldsymbol{T}$ 由 2×2 阶矩阵变成3×3 阶矩阵。

由 $\boldsymbol{T}=\begin{bmatrix}A & B\\C & D\end{bmatrix}$ 变为 $\boldsymbol{T}=\begin{bmatrix}A & B & 0\\C & D & 0\\M & N & 1\end{bmatrix}$

这样就可以进行平移变换了。

平移变换矩阵为 $\boldsymbol{T}=\begin{bmatrix}1 & 0 & 0\\0 & 1 & 0\\M & N & 1\end{bmatrix}$

$$[X^{*}\quad Y^{*}\quad 1]=[X\quad Y\quad 1]\cdot\boldsymbol{T}=[X+M\quad Y+N\quad 1]$$

即
$$\begin{cases}X^{*}=X+M\\Y^{*}=Y+N\end{cases}$$

式中　M——沿 X 方向的平移量；

　　　N——沿 Y 方向的平移量。

前面所讲的变换

$$[X^{*}\quad Y^{*}]=[X\quad Y]\begin{bmatrix}A & B\\C & D\end{bmatrix}$$

都可以表示为：

$$[X^* \quad Y^* \quad 1]=[X \quad Y \quad 1]\begin{bmatrix}A & B & 0\\ C & D & 0\\ 0 & 0 & 1\end{bmatrix}$$

这样，就可以用3×3阶矩阵$\begin{bmatrix}A & B & 0\\ C & D & 0\\ M & N & 1\end{bmatrix}$表示包括平移在内的各种线性变换了。

由于用三维坐标（X，Y，1）来表示二维空间中的点（X，Y），就导致了齐次坐标概念的引出。

用三维向量表示二维向量或者说用$n+1$维向量表示一个n维向量的方法，称为齐次坐标表示法。一般地把（X_1，Y_1，H）称为点（X，Y）的齐次坐标，其中H为任意实数。当$H=1$时，（X，Y，1）就是点（X，Y）的正常化（或标准化）的齐次坐标。也就是说正常化的齐次坐标中的前两个数，就是二维空间中点的坐标。所以，只要将点的齐次坐标正常化，即可得知该点的二维坐标。如齐次坐标（X，Y，H）正常化齐次坐标为（X/H，Y/H，1），它表示二维空间点（X/H　Y/H）。

点的齐次坐标并不是唯一的。例如（2，5）的齐次坐标可认为是（4，10，2）、（−20，−50，−10）、（2.1，5.25，1.05）或者（2，5，1）等等。（2，5，1）就是点（2，5）的正常化齐次坐标。

前面所讲比例、反射、错切、旋转、平移等变换都具有仿射变换的性质，即变换前后的图形之间仍保持以下性质。

① 从属性：变换前一直线上的每一点在变换后的直线上都有一确定的对应点。

② 同属性：变换前的点或直线，变换后仍是点或直线，即点对应点，直线对应直线。

③ 平行性：两平行直线经过变换后仍保持平行。

④ 定比性：变换前两线段之比等于变换后对应之比。

第32篇

3.2.2　二维图形的组合变换

很多变换是不能用某个矩阵进行单一的变换来实现的，而要用几个变换组合起来方可完成，这种变换称为组合变换或级联变换。

3.2.2.1　平面图形绕任意点旋转的变换

一般情况下图形绕平面上任意点$P(m, n)$的旋转，可按下述步骤进行。

① 将旋转中心点$P(m, n)$移到原点，原图形随之一起平移，这可用一个平移矩阵$\boldsymbol{T}_1$来实现，平移量X方向为$-m$、Y方向为$-n$。

② 绕原点旋转所需要的转角θ，用一个旋转矩阵$\boldsymbol{T}_2$来实现。

③ 将旋转后的图形再移回原位置。这可用一个平移矩阵$\boldsymbol{T}_3$来实现，平移量X方向为m、Y方向为n。

三个变换矩阵$\boldsymbol{T}_1$、$\boldsymbol{T}_2$、$\boldsymbol{T}_3$的级联，就是平面图形绕任意点旋转的变换矩阵$\boldsymbol{T}$。

$$\boldsymbol{T}=\boldsymbol{T}_1\cdot\boldsymbol{T}_2\cdot\boldsymbol{T}_3$$

$$=\begin{bmatrix}1 & 0 & 0\\ 0 & 1 & 0\\ -m & -n & 1\end{bmatrix}\begin{bmatrix}\cos\theta & \sin\theta & 0\\ -\sin\theta & \cos\theta & 0\\ 0 & 0 & 1\end{bmatrix}\begin{bmatrix}1 & 0 & 0\\ 0 & 1 & 0\\ m & n & 1\end{bmatrix}$$

$$=\begin{bmatrix}\cos\theta & \sin\theta & 0\\ -\sin\theta & \cos\theta & 0\\ m(1-\cos\theta)+n\sin\theta & n(1-\cos\theta)-m\sin\theta & 1\end{bmatrix}$$

则$[X^* \quad Y^* \quad 1]=[X \quad Y \quad 1]\cdot\boldsymbol{T}$

即

$$\begin{cases}X^*=X\cos\theta-Y\sin\theta+n\sin\theta+m(1-\cos\theta)\\ Y^*=X\sin\theta+Y\cos\theta-m\sin\theta+n(1-\cos\theta)\end{cases}$$

这样只要知道了旋转中心的坐标（m，n）和旋转角θ即可进行图形变换。

［例］ 使三角形ABC［$A(6, 4)$，$B(9, 4)$，$C(6, 6)$］绕点$P(5, 3)$旋转60°，求变换后的图形。

将已知条件代入变换矩阵$\boldsymbol{T}$中，得：

$$\boldsymbol{T}=\begin{bmatrix}\cos60^\circ & \sin60^\circ & 0\\ -\sin60^\circ & \cos60^\circ & 0\\ 5(1-\cos60^\circ)+3\sin60^\circ & 3(1-\cos60^\circ)-5\sin60^\circ & 1\end{bmatrix}$$

$$=\begin{bmatrix}0.5 & 0.866 & 0\\ -0.866 & 0.5 & 0\\ 5.098 & -2.830 & 1\end{bmatrix}$$

$$\begin{matrix}A\\B\\C\end{matrix}\begin{bmatrix}6 & 4 & 1\\ 9 & 4 & 1\\ 6 & 6 & 1\end{bmatrix}\begin{bmatrix}0.5 & 0.866 & 0\\ -0.866 & 0.5 & 0\\ 5.098 & -2.830 & 1\end{bmatrix}$$

$$=\begin{bmatrix}4.634 & 4.366 & 1\\ 6.134 & 6.964 & 1\\ 2.902 & 5.366 & 1\end{bmatrix}\begin{matrix}A^*\\B^*\\C^*\end{matrix}$$

其结果如图32-3-15所示。

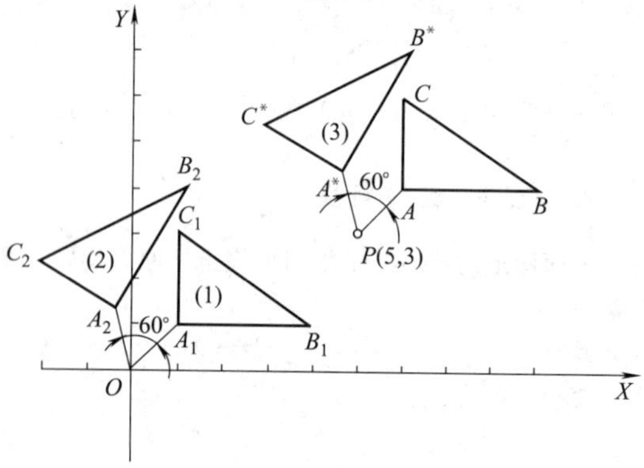

图32-3-15　平面图形旋转变换

3.2.2.2　平面图形以任意点为中心的比例变换

前面所讲的比例变换，是专指以原点为中心的比例变换。如果以任意点为中心进行比例变换，则图形不仅大小或形状发生了变化，而且其位置也随比例发生了变化。这样的变换，在一些问题的处理上不太方便，我们希望预先指定变换后图形的位置。以任意点 $P(m, n)$ 为中心的比例变换则较好地解决了定位问题。其变换可按下述步骤获得。

① 将比例中心 $P(m, n)$（即变换后的不动点）平移到原点，图形随之一同平移。这可以用一个平移矩阵 $\boldsymbol{T}_1$ 来实现，平移量 X 方向为 $-m$、Y 方向为 $-n$。

② 将平移后的图形按要求的比例进行缩放变换，这可用一个比例变换矩阵 $\boldsymbol{T}_2$ 来实现。

③ 再将变换后的图形移回原位置，即将比例中心 P 移回原处。这可用一个平移矩阵 $\boldsymbol{T}_3$ 来实现，平移量 X 方向为 m、Y 方向为 n。

所以，以任意点 $P(m, n)$ 为中心的比例变换矩阵应为：

$$\boldsymbol{T}=\boldsymbol{T}_1\cdot\boldsymbol{T}_2\cdot\boldsymbol{T}_3$$

$$\boldsymbol{T}=\begin{bmatrix}1 & 0 & 0\\ 0 & 1 & 0\\ -m & -n & 1\end{bmatrix}\begin{bmatrix}A & 0 & 0\\ 0 & D & 0\\ 0 & 0 & 1\end{bmatrix}\begin{bmatrix}1 & 0 & 0\\ 0 & 1 & 0\\ m & n & 1\end{bmatrix}$$

得 $$\boldsymbol{T}=\begin{bmatrix}A & 0 & 0\\ 0 & D & 0\\ m(1-A) & N(1-D) & 1\end{bmatrix}$$

$$[X^* \quad Y^* \quad 1]=[X \quad Y \quad 1]\cdot\boldsymbol{T}$$

$$\begin{cases}X^*=AX+m(1-A)\\ Y^*=DY+n(1-D)\end{cases}$$

［例］ 对图形 $\begin{matrix}A\\B\\C\\D\end{matrix}\begin{bmatrix}2 & 4 & 1\\ 5 & 4 & 1\\ 5 & 2 & 1\\ 2 & 2 & 1\end{bmatrix}$ 进行比例变换，比例因子 $A=D=2$，并要求变换后点 $D(2, 2, 1)$ 位置不变，求变换后的图形。

将已知条件代入矩阵 $\boldsymbol{T}$ 中，得：

$$\boldsymbol{T}=\begin{bmatrix}2 & 0 & 0\\ 0 & 2 & 0\\ 2(1-2) & 2(1-2) & 1\end{bmatrix}=\begin{bmatrix}2 & 0 & 0\\ 0 & 2 & 0\\ -2 & -2 & 1\end{bmatrix}$$

$$\begin{matrix}A\\B\\C\\D\end{matrix}\begin{bmatrix}2 & 4 & 1\\ 5 & 4 & 1\\ 5 & 2 & 1\\ 2 & 2 & 1\end{bmatrix}\begin{bmatrix}2 & 0 & 0\\ 0 & 2 & 0\\ -2 & -2 & 1\end{bmatrix}=\begin{bmatrix}2 & 6 & 1\\ 8 & 6 & 1\\ 8 & 2 & 1\\ 2 & 2 & 1\end{bmatrix}\begin{matrix}A^*\\B^*\\C^*\\D^*\end{matrix}$$

其结果如图 32-3-16 所示。

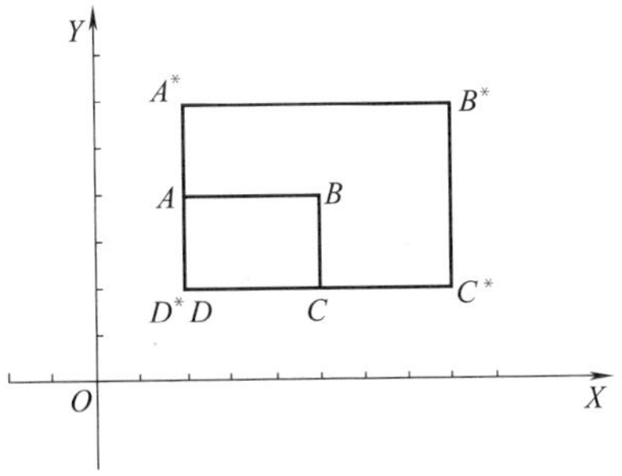

图 32-3-16　以任意点为比例中心的比例变换

3.2.3　三维图形的几何变换

在二维图形变换中，应用了齐次坐标来解决各种变换问题，即对二维平面图形的位置向量用三个分量 $[X \quad Y \quad 1]$ 表示后，就可以参与各种矩阵运算，进行图形变换。在对三维空间立体进行各种变换时，同时也要用齐次坐标，即用四个分量 $[X \quad Y \quad Z \quad 1]$ 来表示它的位置向量，它的变换应是 4×4 的矩阵。

设 $[X \quad Y \quad Z \quad 1]$ 表示空间点变换前的位置向量，用 $[X_1 \quad Y_1 \quad Z_1 \quad H]$ 来表示变换后点的位置向量，用 $[X^* \quad Y^* \quad Z^* \quad 1]$ 表示正常化后点的位置向量，则空间点的位置向量变换可用下式表示：

$$[X \quad Y \quad Z \quad 1]\cdot\boldsymbol{T}=[X_1 \quad Y_1 \quad Z_1 \quad H]\xrightarrow{\text{正常化}}[X^* \quad Y^* \quad Z^* \quad 1]$$

下式中 4×4 变换矩阵可写成

$$\boldsymbol{T}=\begin{bmatrix}A & B & C & P\\ D & E & F & Q\\ H & I & J & R\\ L & M & N & S\end{bmatrix}$$

进一步可把 $\boldsymbol{T}$ 矩阵分成四个子矩阵

$$\begin{bmatrix}3\times3 & 3\times1\\ 1\times3 & 1\times1\end{bmatrix}$$

这四个子矩阵的作用是：

3×3 矩阵使立体产生比例、反射、旋转和错切变换；

1×3 矩阵使立体产生平移变换；

3×1 矩阵使立体产生透视变换；

1×1 矩阵使立体产生整体比例变换。

3.2.3.1　平移变换

平移变换是使立体在空间平行移动一个位置，在平移过程中立体形状不发生改变，它的变换矩阵就是在单位矩阵中加入平移参数。X 坐标的平移量为 L，Y 坐标的平移量为 M，Z 坐标的平移量为 N，平移变换矩阵可写为：

$$\boldsymbol{T}_{平移}=\begin{bmatrix}1 & 0 & 0 & 0\\ 0 & 1 & 0 & 0\\ 0 & 0 & 1 & 0\\ L & M & N & 1\end{bmatrix}$$

若对空间点的位置向量进行平移变换，则

$$[X\quad Y\quad Z\quad 1]\begin{bmatrix}1&0&0&0\\0&1&0&0\\0&0&1&0\\L&M&N&1\end{bmatrix}$$

$$=[X+L\quad Y+M\quad Z+N\quad 1]$$

$$=[X^*\quad Y^*\quad Z^*\quad 1]$$

即

$$\begin{cases}X^*=X+L\\Y^*=Y+M\\Z^*=Z+N\end{cases}$$

［例］ 将立体 M 沿 X 方向平移 5、Y 方向平移 8、Z 方向平移 12，如图 32-3-17 所示。已知立体 M 的矩阵表示为

$$\boldsymbol{T}_{\mathrm{M}}=\begin{matrix}A\\B\\C\\D\\E\\F\\G\\H\end{matrix}\begin{bmatrix}5&0&0&1\\5&3&0&1\\0&3&0&1\\0&0&0&1\\5&0&2&1\\5&3&2&1\\0&3&2&1\\0&0&2&1\end{bmatrix}$$

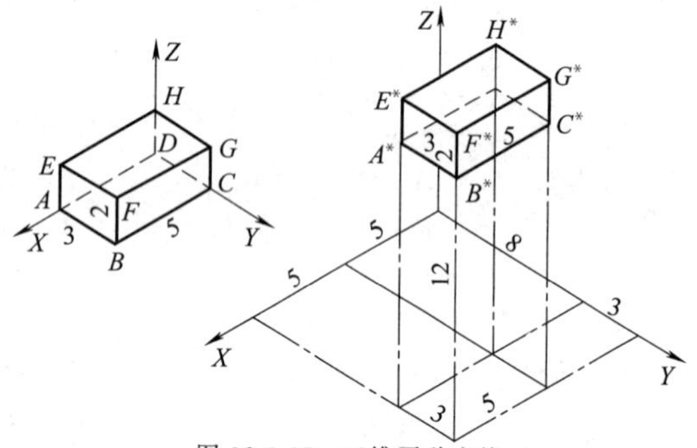

图 32-3-17　三维平移变换

平移矩阵：

$$\boldsymbol{T}_{\text{平移}}=\begin{bmatrix}5&0&0&1\\5&3&0&1\\0&3&0&1\\0&0&0&1\\5&0&2&1\\5&3&2&1\\0&3&2&1\\0&0&2&1\end{bmatrix}\begin{bmatrix}1&0&0&0\\0&1&0&0\\0&0&1&0\\5&8&12&1\end{bmatrix}$$

$$=\begin{bmatrix}10&8&12&1\\10&11&12&1\\5&11&12&1\\5&8&12&1\\10&8&14&1\\10&11&14&1\\5&11&14&1\\5&8&14&1\end{bmatrix}\begin{matrix}A^*\\B^*\\C^*\\D^*\\E^*\\F^*\\G^*\\H^*\end{matrix}$$

$$\boldsymbol{T}_{\mathrm{M}}^*=\boldsymbol{T}_{\mathrm{M}}\cdot\boldsymbol{T}_{\text{平移}}=\begin{bmatrix}5&0&0&1\\5&3&0&1\\0&3&0&1\\0&0&0&1\\5&0&2&1\\5&3&2&1\\0&3&2&1\\0&0&2&1\end{bmatrix}\begin{bmatrix}1&0&0&0\\0&1&0&0\\0&0&1&0\\L&M&N&1\end{bmatrix}$$

3.2.3.2　比例变换

把立体各点的坐标按某一比例放大或缩小的变换称为比例变换。在 4×4 的变换矩阵中，主对角线上的元素 A、E、J 分别起着 X、Y、Z 坐标的局部比例变换的作用，而元素 S 起整体比例变换的作用。下面先来研究元素 A、E、J 的作用。设 4×4 矩阵中其他元素为零，$S=1$，则局部比例变换矩阵为：

$$\boldsymbol{T}_{\text{局部}}=\begin{bmatrix}A&0&0&0\\0&E&0&0\\0&0&J&0\\0&0&0&1\end{bmatrix}$$

如对空间点的位置向量进行局部比例变换，则

$$[X\quad Y\quad Z\quad 1]\begin{bmatrix}A&0&0&0\\0&E&0&0\\0&0&J&0\\0&0&0&1\end{bmatrix}$$

$$=[AX\quad EY\quad JZ\quad 1]$$

$$=[X^*\quad Y^*\quad Z^*\quad 1]$$

即

$$\begin{cases}X^*=AX\\Y^*=EY\\Z^*=JZ\end{cases}$$

［例］ 对单位立方体 M 进行 $A=1$、$E=3$、$J=2$ 的局部比例变换，如图 32-3-18 所示，已知立方体 M 矩阵表示式为：

$$\boldsymbol{T}_{\mathrm{M}}=\begin{matrix}A\\B\\C\\D\\E\\F\\G\\H\end{matrix}\begin{bmatrix}1&0&0&1\\1&1&0&1\\0&1&0&1\\0&0&0&1\\1&0&1&1\\1&1&1&1\\0&1&1&1\\0&0&1&1\end{bmatrix}$$

则局部比例变换矩阵可写成：

$$\boldsymbol{T}_{\text{局部}}=\begin{bmatrix}1&0&0&0\\0&3&0&0\\0&0&2&0\\0&0&0&1\end{bmatrix}$$

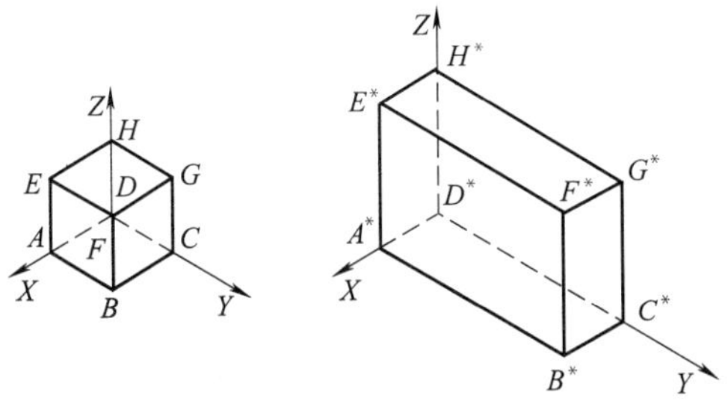

图 32-3-18　局部比例变换

$$\boldsymbol{T}_{\mathrm{M}}^{*}=\boldsymbol{T}_{\mathrm{M}}\cdot\boldsymbol{T}_{局部}=\begin{matrix}A\\B\\C\\D\\E\\F\\G\\H\end{matrix}\begin{bmatrix}1&0&0&1\\1&1&0&1\\0&1&0&1\\0&0&0&1\\1&0&1&1\\1&1&1&1\\0&1&1&1\\0&0&1&1\end{bmatrix}\begin{bmatrix}1&0&0&0\\0&3&0&0\\0&0&2&0\\0&0&0&1\end{bmatrix}$$

$$=\begin{bmatrix}1&0&0&1\\1&3&0&1\\0&3&0&1\\0&0&0&1\\1&0&2&1\\1&3&2&1\\0&3&2&1\\0&0&2&1\end{bmatrix}\begin{bmatrix}A^*\\B^*\\C^*\\D^*\\E^*\\F^*\\G^*\\H^*\end{bmatrix}$$

下面再研究元素 S 的作用。整体比例变换矩阵为：

$$\boldsymbol{T}_{整体}=\begin{bmatrix}1&0&0&0\\0&1&0&0\\0&0&1&0\\0&0&0&S\end{bmatrix}$$

若对空间点的位置向量进行整体比例变换，则：

$$[X\quad Y\quad Z\quad 1]\begin{bmatrix}1&0&0&0\\0&1&0&0\\0&0&1&0\\0&0&0&S\end{bmatrix}=[X\quad Y\quad Z\quad S]$$

$$\xrightarrow{正常化}\left[\frac{X}{S}\quad \frac{Y}{S}\quad \frac{Z}{S}\quad 1\right]=[X^*\quad Y^*\quad Z^*\quad 1]$$

即
$$\begin{cases}X^*=\dfrac{X}{S}\\Y^*=\dfrac{Y}{S}\\Z^*=\dfrac{Z}{S}\end{cases}$$

当 $S>1$ 时，是缩小的整体比例变换。

当 $S<1$ 时，是放大的整体比例变换。

图 32-3-19 是对单位立方体 M 进行整体比例变换，其比例元素 $S=1/2$。

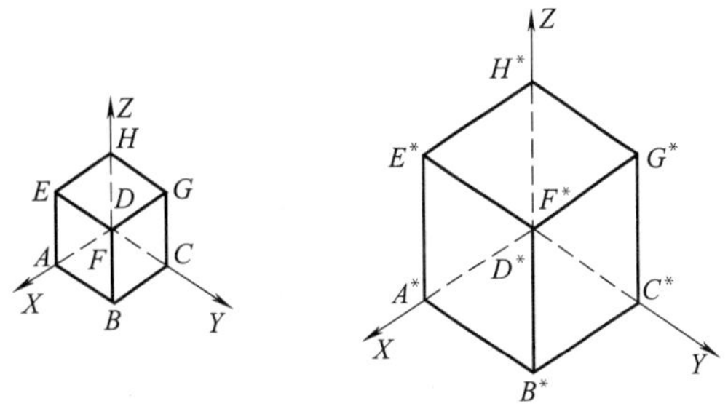

图 32-3-19　整体比例变换

3.2.3.3　旋转变换

旋转变换是使立体绕某轴转过一个角度。经过旋转变换后，立体只改变它的空间位置，而它的形状不起任何变化，可以选用坐标轴作为旋转轴，也可以选用空间任意倾斜直线作为旋转轴。在此只讨论绕坐标轴旋转的情况。我们规定旋转方向采用右手定则，即大拇指指向为旋转轴的正向，其余四个手指表示旋转方向，旋转方向为正，反之为负。

（1）绕 X 轴旋转

如图 32-3-20 中所示物体的坐标轴绕 X 轴正向旋转 θ 角时，有：

X 分量不变　　$X^*=X$

Y 分量不变　　$Y^*=Y\cos\theta-Z\sin\theta$

Z 分量不变　　$Z^*=Y\sin\theta+Z\cos\theta$

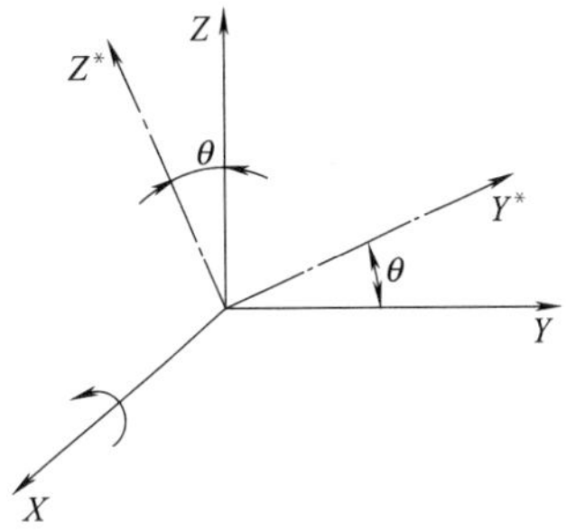

图 32-3-20　绕 X 轴旋转 θ 角

故旋转变换矩阵可写成：

$$\boldsymbol{T}_{X旋转}=\begin{bmatrix}1&0&0&0\\0&\cos\theta&\sin\theta&0\\0&-\sin\theta&\cos\theta&0\\0&0&0&1\end{bmatrix}$$

［例］　将图 32-3-21 所示的立体 M 绕 X 轴正向转 90°角，已知立体 M 的矩阵表示式为：

$$T_M=\begin{matrix}A\\B\\C\\D\\E\\F\\G\\H\end{matrix}\begin{bmatrix}2&0&0&1\\2&1&0&1\\0&1&0&1\\0&0&0&1\\2&0&2&1\\2&1&2&1\\0&1&2&1\\0&0&2&1\end{bmatrix}$$

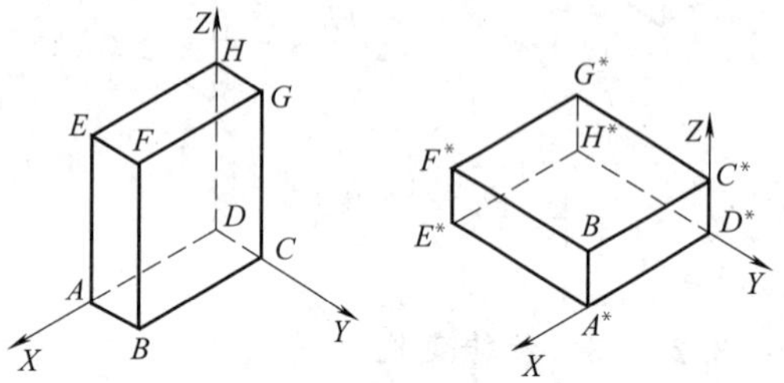

图 32-3-21 立体 M 绕 X 轴旋转 90°

旋转变换矩阵可写成：

$$T_{X旋转}=\begin{bmatrix}1&0&0&0\\0&\cos90^\circ&\sin90^\circ&0\\0&-\sin90^\circ&\cos90^\circ&0\\0&0&0&1\end{bmatrix}=\begin{bmatrix}1&0&0&0\\0&0&1&0\\0&-1&0&0\\0&0&0&1\end{bmatrix}$$

$$T_M^*=T_M\cdot T_{X旋转}=\begin{bmatrix}2&0&0&1\\2&1&0&1\\0&1&0&1\\0&0&0&1\\2&0&2&1\\2&1&2&1\\0&1&2&1\\0&0&2&1\end{bmatrix}\begin{bmatrix}1&0&0&0\\0&0&1&0\\0&-1&0&0\\0&0&0&1\end{bmatrix}$$

$$=\begin{bmatrix}2&0&0&1\\2&0&1&1\\0&0&1&1\\0&0&0&1\\2&-2&0&1\\2&-2&1&1\\0&-2&1&1\\0&-2&0&1\end{bmatrix}\begin{matrix}A^*\\B^*\\C^*\\D^*\\E^*\\F^*\\G^*\\H^*\end{matrix}$$

（2）绕 Y 轴旋转

如图 32-3-22 中所示物体的坐标轴绕 Y 轴正向旋转角 φ 时：

Y 分量不变 $Y^*=Y$

X 分量不变 $X^*=X\cos\varphi+Z\sin\varphi$

Z 分量不变 $Z^*=Z\cos\varphi-X\sin\varphi$

故旋转矩阵可写成：

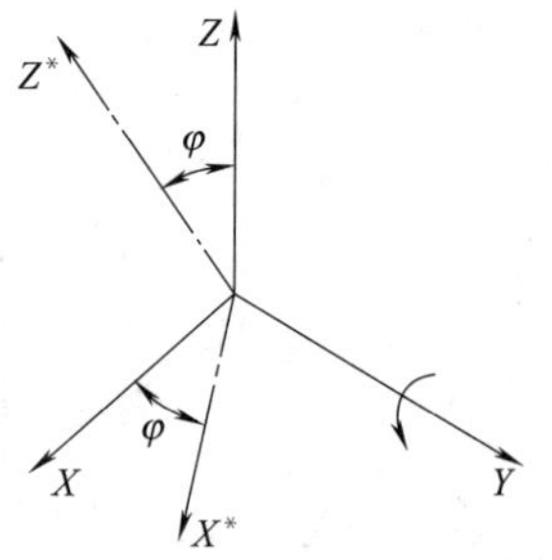

图 32-3-22 绕 Y 轴正向旋转 φ 角

$$T_{Y旋转}=\begin{bmatrix}\cos\varphi&0&-\sin\varphi&0\\0&1&0&0\\\sin\varphi&0&\cos\varphi&0\\0&0&0&1\end{bmatrix}$$

（3）绕 Z 轴旋转角

如图 32-3-23 中所示物体的坐标轴绕 Z 轴正向旋转角 ψ 时

Z 分量不变 $Z^*=Z$

X 分量不变 $X^*=X\cos\psi-Y\sin\psi$

Z 分量不变 $Y^*=X\sin\psi+Y\cos\psi$

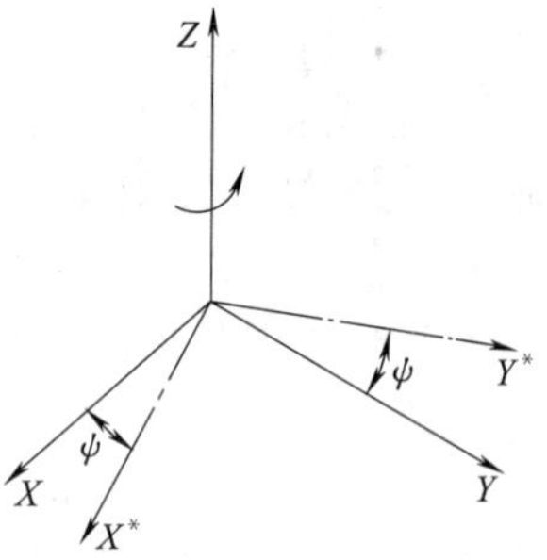

图 32-3-23 绕 Z 轴正向旋转 ψ 角

故旋转矩阵可写成：

$$T_{Z旋转}=\begin{bmatrix}\cos\psi&\sin\psi&0&0\\-\sin\psi&\cos\psi&0&0\\0&0&1&0\\0&0&0&1\end{bmatrix}$$

3.2.4 正投影变换

矩阵 $T=\begin{bmatrix}A&B&C&P\\D&E&F&Q\\H&I&J&R\\L&M&N&S\end{bmatrix}$ 中第一、二、三列元素分别主管 X、Y、Z 三坐标方向的变换，为了得到空间立体对投影面 V（正面）、H（水平面）、W（侧面）的正投影，我们只要令矩阵这方面的那一列元素为零就可以了。例如立体向 V 面进行投影，可令第二列元素为零，因为第二列元素主管 Y 坐标的变化，变换后使立体各点的 Y 坐标都为零，从而实现了对 V 面的投影：

$$\boldsymbol{T}_{\mathrm{V}}=\begin{bmatrix}1&0&0&0\\0&0&0&0\\0&0&1&0\\0&0&0&1\end{bmatrix}$$

立体向 H 面投影的变换矩阵，可使第三元素为零：

$$\boldsymbol{T}_{\mathrm{H}}=\begin{bmatrix}1&0&0&0\\0&1&0&0\\0&0&0&0\\0&0&0&1\end{bmatrix}$$

立体向 W 面投影的变换矩阵，可使第一列元素为零：

$$\boldsymbol{T}_{\mathrm{W}}=\begin{bmatrix}0&0&0&0\\0&1&0&0\\0&0&0&0\\0&0&0&1\end{bmatrix}$$

［例］ 将图 32-3-24 所示的立体 M 对 V 面进行正投影变换（即作物体 M 的正面投影）。已知立体 M 的矩阵表示为：

$$\boldsymbol{T}_{\mathrm{M}}=\begin{matrix}A\\B\\C\\D\\E\\F\\G\\H\end{matrix}\begin{bmatrix}0&2&0&1\\0&2&2&1\\1&2&2&1\\2&2&0&1\\0&0&0&1\\0&0&2&1\\1&0&2&1\\2&0&0&1\end{bmatrix}$$

$$\boldsymbol{T}_{\mathrm{M}}^{*}=\boldsymbol{T}_{\mathrm{M}}\cdot\boldsymbol{T}_{\mathrm{V}}=\begin{bmatrix}0&2&0&1\\0&2&2&1\\1&2&2&1\\2&2&0&1\\0&0&0&1\\0&0&2&1\\1&0&2&1\\2&0&0&1\end{bmatrix}\begin{bmatrix}1&0&0&0\\0&0&0&0\\0&0&1&0\\0&0&0&1\end{bmatrix}$$

$$=\begin{bmatrix}0&0&0&1\\0&0&2&1\\1&0&2&1\\2&0&0&1\\0&0&0&1\\0&0&2&1\\1&0&2&1\\2&0&0&1\end{bmatrix}\begin{matrix}A^{*}\\B^{*}\\C^{*}\\D^{*}\\E^{*}\\F^{*}\\G^{*}\\H^{*}\end{matrix}$$

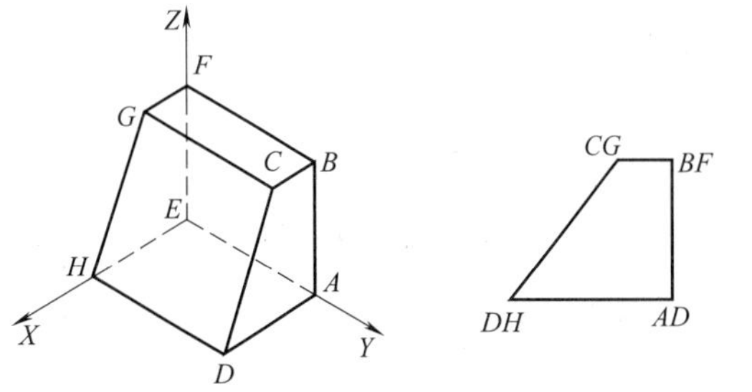

图 32-3-24　立体 M 的正投影变换

3.2.5　复合变换

根据国家标准规定，我国机械图样采用第一角画法，其坐标体系如图 32-3-25 所示，三视图的配置如图 32-3-26 所示。下面三视图的变换矩阵，均按图 32-3-25 所示的坐标体系进行推导。

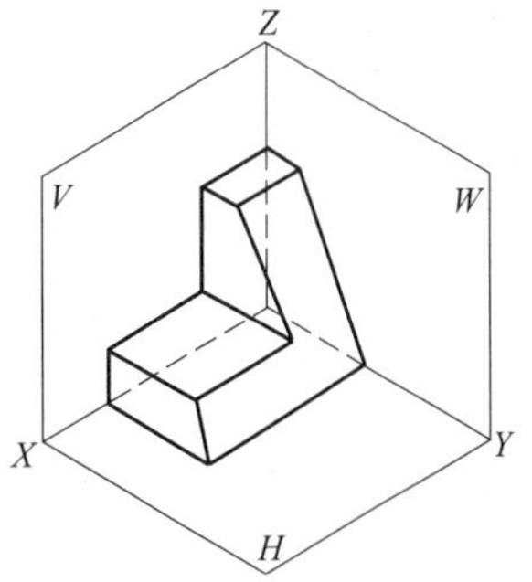

图 32-3-25　第一角画法的坐标体系

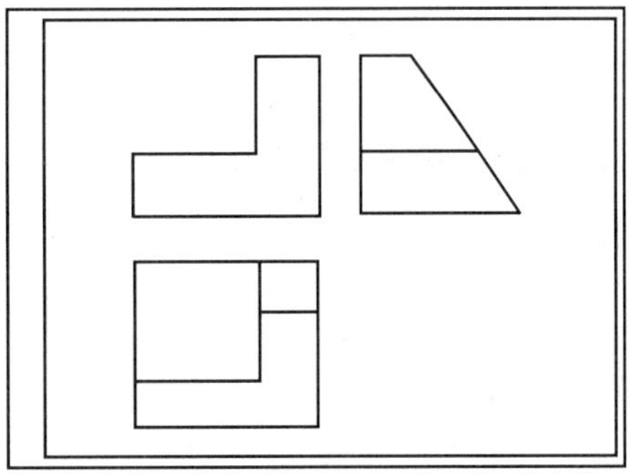
图 32-3-26　三视图的配置

三视图可以用两种方法得到，一种方法是先用正投影矩阵将物体分别投影到三个投影面 V、H、W 面上，然后再用旋转矩阵将 H 面投影和 W 面投影展平到 V 面上；另一种方法是先将物体绕坐标轴（X 或 Z）旋转 90°，然后向 V 面进行正投影。这两种方法最后的变换结果都是一样的。

为了不使三个视图紧紧地挤在一起，按上述方法之一得到三视图以后，还应进行视图平移。移动的方法是：V 面视图不动，将 H 面视图向下方移动一段距离，将 W 面视图向右方移动一段距离即可。下面我们按“先投影、再旋转”的方法来得到三视图的变换矩阵。

3.2.5.1 主视图变换矩阵

主视图是将立体直接向 V 面（XOZ 面）进行正投影变换得到的，因此主视图既不用旋转也不需要平移。其变换矩阵为：

$$\boldsymbol{T}_{主视}=\begin{bmatrix}1&0&0&0\\0&0&0&0\\0&0&1&0\\0&0&0&1\end{bmatrix}$$

3.2.5.2 俯视图变换矩阵

将立体直接向 H 面进行正投影，再将所得到的 H 投影绕 X 轴反方向旋转 90°，然后沿 Z 轴向下平移距离 N，使 V、H 两投影保持 N 间距，因此俯视图变换矩阵为：

$$\boldsymbol{T}_{俯视}=\begin{bmatrix}1&0&0&0\\0&1&0&0\\0&0&0&0\\0&0&0&1\end{bmatrix}\begin{bmatrix}1&0&0&0\\0&0&-1&0\\0&1&0&0\\0&0&0&1\end{bmatrix}$$

（向 H 面投影）（绕 X 轴旋转 $-90°$）

$$\begin{bmatrix}1&0&0&0\\0&1&0&0\\0&0&1&0\\0&0&-N&1\end{bmatrix}=\begin{bmatrix}1&0&0&0\\0&0&-1&0\\0&0&0&0\\0&0&-N&1\end{bmatrix}$$

（沿 Z 轴平移 $-N$）

3.2.5.3 左视图变换矩阵

将立体直接向 W 面投影，再将所得到的 W 投影绕 Z 轴正方向旋转 90°，然后沿 X 轴向右（负方向）平移距离 L，以使 V、W 两投影保持 L 间距，因此左视图变换矩阵为：

$$\boldsymbol{T}_{左视}=\begin{bmatrix}0&0&0&0\\0&1&0&0\\0&0&1&0\\0&0&0&1\end{bmatrix}\begin{bmatrix}0&1&0&0\\-1&0&0&0\\0&1&1&0\\0&0&0&1\end{bmatrix}$$

（向 W 面投影）（绕 Z 轴旋转 $+90°$）

$$\begin{bmatrix}1&0&0&0\\0&1&0&0\\0&0&1&0\\-L&0&0&1\end{bmatrix}=\begin{bmatrix}0&0&0&0\\-1&0&0&0\\0&0&1&0\\-L&0&0&1\end{bmatrix}$$

（沿 X 轴平移 $-L$）

3.2.5.4 三视图变换矩阵应注意的问题

在使用三视图变换矩阵编程序之前，需要注意以下三个问题。

① 我们所得到的三视图是按第一角的空间三面投影体系得到的，所以立体的各顶点坐标（X，Y，Z）应按此坐标系给出。

② 立体各顶点的三维坐标经过三视图矩阵变换后成为二维坐标，因为最后得到的三视图均在 V 面上，即 XOZ 面上，所以变换后平面图形（视图）的各顶点的二维坐标为 X 坐标和 Z 坐标，也就是说，经过视图变换所得到的三视图，实际上是一组在 XOZ 坐标系中的二维图形。

③ 这一组二维图形所在的 XOZ 坐标系与屏幕坐标系刚好相反。因此在画图时，应将变换后的图形各点的坐标转换为屏幕坐标。例如，立体上某一顶点 P，视图变换后的二维坐标为（X_P，Z_P），则其屏幕坐标应为：

$$X=X_0-X_P$$
$$Y=Y_0-Z_P$$

式中 X_0，Y_0——空间三面投影体系的坐标原点在屏幕坐标系中的位置坐标。

X_0、Y_0的值决定了三个视图在屏幕中的位置，若 X_0、Y_0改变，则三个视图也随之一起改变（移动）。

3.2.6 复合变换轴测图投影变换

在轴测图矩阵变换中，我们以正轴测图变换矩阵为例，将物体所在的直角坐标系先逆时针绕 Z 轴旋转 $+\theta$ 角，再顺时针绕 X 轴旋转 $-\varphi$ 角，然后向 V 面（XOZ 面）进行正投影，即可获得该物体具有立体感的一般正轴测投影，如图 32-3-27 所示。

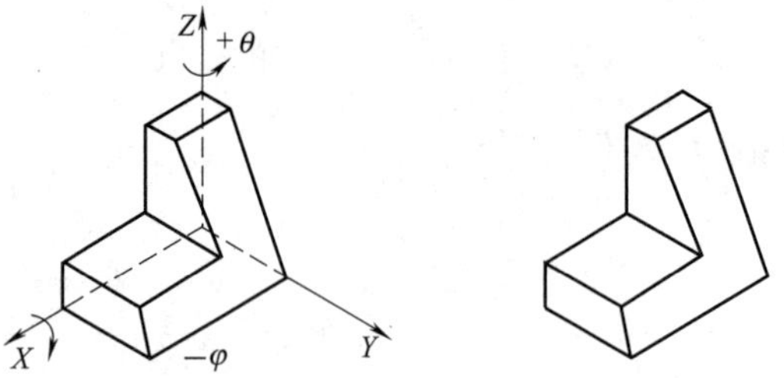

图 32-3-27 正轴测投影

按上述顺序，正轴测图投影的变换矩阵为：

$$\boldsymbol{T}_{正轴测}=\begin{bmatrix}\cos\theta&\sin\theta&0&0\\-\sin\theta&\cos\theta&0&0\\0&0&1&0\\0&0&0&1\end{bmatrix}$$

（绕 Z 轴转 $+\theta$）

$$\begin{bmatrix}1&0&0&0\\0&\cos\varphi&-\sin\varphi&0\\0&\sin\varphi&\cos\varphi&0\\0&0&0&1\end{bmatrix}\begin{bmatrix}1&0&0&0\\0&0&0&0\\0&0&1&0\\0&0&0&1\end{bmatrix}$$

（绕 X 轴转 $-\varphi$）　（向 V 面投影）

所以 $$T_{正轴测}=\begin{bmatrix}\cos\theta&0&-\sin\theta\sin\varphi&0\\-\sin\theta&0&-\cos\theta\sin\varphi&0\\0&0&\cos\varphi&0\\0&0&0&1\end{bmatrix}$$

$$\begin{cases}X^*=X\cos\theta-Y\sin\theta\\Z^*=(-X\sin\theta-y\cos\theta)\sin\varphi+Z\cos\varphi\end{cases}$$

只要任意给出 θ 和 φ 角，代入上述变换矩阵 $T_{正轴测}$ 中，再用空间立体的点集乘以这个变换矩阵，就可以方便地得到该物体的任意正轴测投影的点集。

3.3　三维物体的表示

我们遇到的各种各样的曲线，归纳起来，不外乎两类：第一类曲线可以用一个标准的解析式来表示，称为曲线的方程等；第二类曲线的特点是，不能确切给出描述整个曲线的方程，它们往往是由一些从实际测量得到的一系列离散数据点来确定的。这些数据点也称为型值点。

在平面直角坐标系内，如果一条曲线上的点都能符合某种条件，而满足该条件的点又均位于这条曲线上，那么可以把这种对应关系写成一个确定的函数式：

$$Ax^2+By^2+Cz^2+Dxy+Eyz+Fxz+Gx+Hy+Jz+K=0$$

这个函数式就称为曲线的方程，同样，该曲线即为这个方程的曲线，如圆、椭圆、双曲线等的方程。

在绘制这些曲线的时候，可以借助于各种标准工具，如画圆可以用圆规等。但对于非圆曲线，绘制时更常用的方法是借助于曲线板。先确定一些满足条件的、位于曲线上的坐标点，然后借用曲线板把这些点分段光滑地连接成曲线。

绘出的曲线的精确程度，则取决于所选择的数据点的精度和数量，坐标点的精度愈高，点的数量取得愈多，则连成的曲线愈接近于理想曲线。

其实，上面所说的方法也就是用计算机来绘制各类曲线的基本原理。由于图形输出设备的基本动作是显示像素点或者是画以步长为单位的直线段，所以，一般除了水平线和垂直线以外，其他的各种线条，包括直线和曲线，都是由很多的短直线段构成的锯齿形线条组成的。从理论上讲，绝对光滑的理想曲线是绘不出来的。

这就告诉了我们一个绘制任何曲线的基本原理，就是要把曲线离散化——把它们分割成很多短直线段，用这些短直线段组成的折线来逼近曲线。至于这些短直线段取多长，则取决于图形输出设备的精度。

在实际工程中经常会遇到这样的问题：由离散点来近似地决定曲线和曲面。如通过测量或实验得到一系列有序点列，根据这些点列需构造出一条光滑曲线，以直观地反映出实验特性、变化规律和趋势等。主要方法有：

① 曲线曲面的拟合：当用一组型值点来指定曲线、曲面的形状时，形状完全通过给定的型值点列。

② 曲线曲面的逼近：当用一组控制点来指定曲线、曲面的形状时，求出的形状不必通过控制点列。

3.3.1　曲线

3.3.1.1　参数曲线

大多数数字化设计系统利用三次参数曲线描述自由曲线，这是因为三次参数曲线已足以保证相连曲线的二阶连续。另外高于三次的参数曲线的计算费时，曲线上任何一点几何信息的变化都可导致曲线形状发生复杂的变化，因此，数字化设计中多采用三次参数曲线。

三维空间的三次参数曲线 $\{x(t),\ y(t),\ z(t)\}$ 为：

$$\begin{cases}x(t)=a_xt^3+b_xt^2+c_xt+d_x\\y(t)=a_yt^3+b_yt^2+c_yt+d_y\quad t\in[0,1]\\z(t)=a_zt^3+b_zt^2+c_zt+d_z\end{cases}$$

式中，a_x，a_y，a_z，b_x，b_y，b_z，c_x，c_y，c_z，d_x，d_y，d_z 为代数系数，可唯一地确定一条参数曲线的位置和形状。

三次参数曲线方程的矢量形式是：

$$P(t)=At^3+Bt^2+Ct+D$$

矩阵形式为：

$$P(t)=At^3+Bt^2+Ct+D=[t^3\quad t^2\quad t\quad 1]\boldsymbol{M}\quad 0\leqslant t\leqslant 1$$

其中：

$$\boldsymbol{M}=\begin{bmatrix}a_x&a_y&a_z\\b_x&b_y&b_z\\c_x&c_y&c_z\\d_x&d_y&d_z\end{bmatrix}$$

曲线上任意一点的切矢为：

$$\boldsymbol{P}'(t)=\left[\frac{dx(t)}{dt},\frac{dy(t)}{dt},\frac{dz(t)}{dt}\right]$$

三次参数曲线，共 12 个系数，需要 4 个约束条件（位置或切矢）来进行约束，求取这些系数值。依据约束条件不同，常用的主要三类拟合曲线为：Hermite曲线、三次Bezier曲线、B样条曲线。

3.3.1.2 Hermite曲线

（1）Hermite曲线定义

用给定曲线段的两个端点的位置矢量 P_0、P_1 以及两个端点处的切线矢量 P_0'、P_1' 来描述一条曲线。

（2）Hermite曲线的矩阵形式

$$\boldsymbol{P}(t)=[t^3 \quad t^2 \quad t \quad 1]\begin{bmatrix}2 & -2 & 1 & 1\\ -3 & 3 & -2 & -1\\ 0 & 0 & 1 & 0\\ 1 & 0 & 0 & 0\end{bmatrix}\begin{bmatrix}P_0\\ P_1\\ P_0'\\ P_1'\end{bmatrix} \quad t\in[0,1]$$

（3）Hermite曲线的特点

① Hermite曲线简单且易于理解，但需要给出两个端点处的切线矢量作为边界条件很不方便；

② 作为外形设计工具，缺少灵活性和直观性。

3.3.1.3 Bezier曲线

1962年，法国雷诺汽车公司的工程师 Pierre Bezier 提出了一种用于汽车外形设计的参数曲线，称为Bezier曲线，以此为基础，完成了一种曲线和曲面设计系统 UNISURF，并于1972年在该公司投入使用。由于Bezier曲线使得设计人员能够比较直观地认识到控制条件与生成的曲线之间的关系，操作非常方便，因此现已成为用于计算机辅助几何设计(CAGD)的重要工具。

（1）Bezie曲线的定义及性质

给定空间 $n+1$ 个控制点 P_i $(i=0,1,\cdots,n)$，利用 n 次 Bernstein 基函数 $B_{i,n}(t)$ 作为调和函数，可以确定一条 n 次 Bezier 曲线，该曲线的参数方程为：

$$P(t)=\sum_{i=0}^{n}B_{i,n}(t)P_i, 0\leqslant t\leqslant 1$$

依次连接控制点 P_0、P_1、…、P_n 的折线称为Bezier曲线的控制图（control graph），也称为控制多边形（control polygon）或特征多边形（characteristic polygon），控制图勾画出曲线的大致走向并且提示设计者控制点的先后次序。

根据 Bernstein 基函数的性质，可以推导出Bezier曲线具有如下性质：

1）端点位置　Bezier曲线以 P_0 为起点，以 P_n 为终点，即 $P(0)=P_0$，$P(1)=P_n$

2）端点切向量　Bezier曲线在起点和终点处的切向量分别为 $P'(0)=n(P_1-P_0)$，$P'(1)=n(P_n-P_{n-1})$，即曲线在起点和终点处分别与控制图的第一条边和最后一条边相切。

3）对称性　如果保持控制点的位置不变，只是颠倒其次序，即新控制点序列为 $P_i^*=P_{n-i}$，$0\leqslant i\leqslant n$，那么得到的新Bezier曲线形状不变，只是参数变化方向相反。

4）凸包（convex hull）性　由于 $0\leqslant B_{i,n}(t)\leqslant 1$ 并且 $\sum_{i=0}^{n}B_{i,n}(t)=1$，$0\leqslant t\leqslant 1$，$0\leqslant i\leqslant n$，因此，Bezier曲线上的点 $P(t)$ 是所有控制点的加权平均(weighted average)，即Bezier曲线一定位于控制点的凸包中。二维平面上若干个点的凸包是包含这些点的最小凸多边形，可以想象在这些点的位置上钉上钉子，然后用一根封闭的弹性橡皮筋包围在所有钉子的外面，橡皮筋因弹性自然收缩形成一个凸多边形，该凸多边形便是这些点的凸包。三维空间中若干个点的凸包是包含这些点的最小凸多面体，也可以想象用一个封闭的弹性橡皮薄膜包围在所有点的外面，橡皮薄膜因弹性自然收缩形成一个凸多面体，该凸多面体便是这些点的凸包。

可以利用Bezier曲线的凸包性来提高曲线裁剪的效率：先将凸包相对于裁剪窗口进行裁剪，如果凸包完全位于裁剪窗口内部，那么整条曲线也完全位于窗口内部；如果凸包完全位于裁剪窗口外部，那么整条曲线也完全位于窗口外部；只有当凸包与裁剪窗口相交时，才进一步求曲线与窗口的交点。

由于 $\sum_{i=0}^{n}B_{i,n}(t)=1$，$0\leqslant t\leqslant 1$，因此对于给定参数 t，我们只需要计算 n 个调和函数之值，即可得出最后一个调和函数之值，这样可以节省计算时间。

5）平面曲线的保型性　如果所有控制点位于同一个平面上，那么Bezier曲线是平面曲线，该平面曲线具有以下两条性质：

① 保凸性。如果Bezier曲线的控制多边形是凸多边形，那么该Bezier曲线也是凸的。

② 变差缩减性。平面上任意一条直线与Bezier曲线的交点个数不多于该直线与其控制多边形的交点个数。此性质说明Bezier曲线比其控制多边形的波动小，更平滑。

6）拟局部性　所谓局部性，是指移动一个控制点只影响曲线的一个局部。由于 $0<B_{i,n}(t)<1$，$0<t<1$，$0\leqslant i\leqslant n$，因此移动任意一个控制点都会影响整条曲线，也就是说，Bezier曲线不具有局部性。但是，由于 $B_{i,n}(t)$ 在 $t=i/n$ 处达到最大值，因此，当移动控制点 P_i 时，曲线上对应于参数 $t=i/n$ 处的

点的变化最大，远离参数 $t=i/n$ 处的点的变化越来越小，Bezier 曲线的这种性质称为拟局部性。

（2）常用 Bezier 曲线

根据 Bezier 曲线的定义，很容易推导出常用的一次、二次、三次 Bezier 曲线的表示。

1）一次 Bezier 曲线　当 $n=1$ 时，$B_{0,1}(t)=1-t$，$B_{1,1}(t)=t$。

于是我们得到一次 Bezier 曲线的参数方程：

$$P(t)=\sum_{i=0}^{1}B_{i,1}(t)P_i=(1-t)P_0+tP_1$$

$$=[P_0 \quad P_1]\begin{bmatrix}1 & -1\\0 & 1\end{bmatrix}\begin{bmatrix}1\\t\end{bmatrix},\ 0\leqslant t\leqslant 1$$

显然，一次 Bezier 曲线是连接起点 P_0 和终点 P_1 的直线段。

2）二次 Bezier 曲线　当 $n=2$ 时，$B_{0,2}(t)=(1-t)^2$，$B_{1,2}(t)=2t(1-t)$，$B_{2,2}(t)=t^2$。于是得到二次 Bezier 曲线的参数方程：

$$P(t)=\sum_{i=0}^{2}B_{i,2}(t)P_i=(1-t)^2P_0+2t(1-t)P_1+t^2P_2$$

$$=[P_0 \quad P_1 \quad P_2]\begin{bmatrix}1 & -2 & 1\\0 & 2 & -2\\0 & 0 & 1\end{bmatrix}\begin{bmatrix}1\\t\\t^2\end{bmatrix},0\leqslant t\leqslant 1$$

二次 Bezier 曲线是一条起点在 P_0 终点在 P_2 的抛物线。

3）三次 Bezier 曲线　当 $n=3$ 时，$B_{0,3}(t)=(1-t)^3$，$B_{1,3}(t)=3t(1-t)^2$，$B_{2,3}(t)=3t^2(1-t)$，$B_{3,3}(t)=t^3$。

三次 Bezier 曲线的参数方程：

$$P(t)=\sum_{i=0}^{3}B_{i,3}(t)P_i=(1-t)^3P_0+3t(1-t)^2P_1+3t^2(1-t)P_2+t^3P_3$$

$$=[P_0 \quad P_1 \quad P_2 \quad P_3]\begin{bmatrix}1 & -3 & 3 & -1\\0 & 3 & -6 & 3\\0 & 0 & 3 & -3\\0 & 0 & 0 & 1\end{bmatrix}\begin{bmatrix}1\\t\\t^2\\t^3\end{bmatrix}$$

$$0\leqslant t\leqslant 1$$

（3）Bezier 曲线的特点

① 拟合曲线不通过中间的控制点，但落在控制点所围成的凸包中，接近控制点所围成的折线；

② 可通过改变控制点的位置和配置变动曲线的形状，变动具有局部性；

③ 拟合方程的阶数随控制点的增多而增高，所以说 Bezier 曲线是整体逼近曲线，不能进行局部修改。

3.3.1.4 B 样条曲线

B 样条曲线对 Bezier 曲线进行改进，用 B 样条基函数替代了 Bernstein 基函数。B 样条曲线克服了 Bezier 曲线的不足，同时保留了 Bezier 曲线的直观性和凸包性，并且可以做到：①可以进行局部修改；②曲线更逼近特征多边形；③曲线的阶次与顶点数无关，因而更加灵活方便。因此 B 样条曲线成了工程设计中更常用的一种拟合曲线。

（1）B 样条曲线的数学表达式

k 阶（k 次）B 样条 B 样条曲线的数学表达式为：

$$P(t)=\sum_{l=0}^{n}P_{i+l}B_{l,k}(t) \quad t\in[0,\ 1]$$

$$B_{l,k}(t)=\frac{1}{k!}\sum_{j=0}^{k-l}(-1)^jC_{k+1}^j(t+k-l-j)^k,$$

$$l=0,1,\cdots,k$$

$$n=k-1$$

采用这样的 B 样条基函数生成的 B 样条曲线不过任何端点，而且在连接点处能做到 C2 连续（3 次 B 样条曲线）。实际上，对于 k 阶（k 次）B 样条，只需要 $k+1$ 个端点就能求出其中的一段，而 $i+k+1$ 个顶点可以拟合 i 段 k 次 B 样条。$P_{i+l}(i=0,1,\cdots,n)$，为定义第 i 段特征多边形的 $k+1$ 个顶点。也就是说，对于 B 样条曲线来说，特征多边形每增加一个顶点，就相应增加一段 B 样条曲线。因此，B 样条曲线很好地解决了曲线段的连接问题。

（2）三次 B 样条曲线

$k=3$；$i=0$，1，2，3。第 i 段三次 B 样条曲线为：

$$P(t)=\sum_{l=0}^{3}P_{i+l}B_{l,k}(t) \quad t\in[0,1]\text{其中}$$

$$B_{0,3}(t)=\frac{1}{3!}\sum_{j=0}^{3}(-1)^jC_4^j(t+3-j)^3$$

$$=\frac{1}{6}(-t^3+3t^2-3t+1)$$

$$B_{1,3}(t)=\frac{1}{3!}\sum_{j=0}^{2}(-1)^jC_4^j(t+2-j)^3$$

$$=\frac{1}{6}(3t^3-6t^2+4)$$

$$B_{3,3}(t)=\frac{1}{3!}\sum_{j=0}^{0}(-1)^jC_4^j(t-j)^3$$

$$=\frac{1}{6}t^3$$

$$B_{2,3}(t)=\frac{1}{3!}\sum_{j=0}^{1}(-1)^jC_4^j(t+1-j)^3$$

$$=\frac{1}{6}(-3t^3+3t^2+3t+1)$$

(3) B样条曲线的性质

1) 端点性质 对于 P_i、P_{i+1}、P_{i+2}、P_{i+3} 4个端点，可成靠近 P_{i+1}、P_{i+2} 两个型值点的一段B样条，再增加1个型值点，可利用 P_{i+1}、P_{i+2}、P_{i+3}、P_{i+4} 4个端点再产生一段B样条，依次类推可以生成整个3次B样条。

2) B样条在连接点处的连续性 n 次B样条曲线，具有 $n-1$ 阶导数连续性。

3) 局部性 每一段B样条由4个控制点的位置矢量组成，改变其中的一个控制点，最多影响4条B样条曲线的位置，因此，可对B样条曲线进行局部修改。

4) 可扩展性 增加1个型值点（控制点），可再增加一段B样条，且新增加的B样条与原曲线在连接点处仍是 C^2 连续。

(4) B样条曲线的适用范围

1) 对于特征多边形的逼近性 二次B样条曲线优于三次，B样条曲线三次Bezier曲线优于二次Bezier曲线。

2) 相邻曲线段之间的连续性 二次B样条曲线只达到一阶导数连续，三次B样条曲线则达到二阶导数连续。

3) 控制点的修改对曲线形状的影响 Bezier曲线：修改一个控制点将影响整条曲线的形状。B样条曲线：修改一个控制点只影响该控制点所在位置前后四段曲线的形状。

3.3.1.5 非均匀有理B样条曲线(NURBS)

随着对曲线和曲面精确描述要求的提高，NURBS得到了较快的发展和广泛的应用。目前许多数字化设计系统支持NURBS。

(1) NURBS的定义

三维空间中点 $P(x, y, z)$ 所对应的齐次坐标是四维坐标，可表示为 $P^w(wx, wy, wz, w)$。如果先在四维齐次坐标系中，按着普通B样条曲线的拟合方法进行拟合，然后再将拟合结果转换回三维空间坐标，其所构成的曲线即有理B样条曲线。如果某相邻节点值的差值不等，则为非均匀有理B样条曲线。

(2) NURBS曲线和曲面的特点

① 对标准的解析形状（如圆锥曲线、二次曲面等）和自由曲线、曲面提供了统一的数学表示，无论是解析形状还是自由格式的形状均有统一的表示参数，便于工程数据库的存取和调用；

② 可以通过控制点和权因子来灵活地改变形状；

③ 对插入节点、修改、分割、几何插值等处理能力较强；

④ 具有透视变换和仿射变换的不变性；

⑤ 非有理B样条，有理及非有理Bezier曲线、曲面是NURBS的特例表示。

3.3.2 曲面

在机械制造、汽车、飞机、船舶等产品的外形设计和放样工作中，曲面的应用非常广泛，这些部门对曲面的研究十分重视。从某种意义上讲，曲面的表示可以看作是曲线表示方法的延伸和扩展。

曲面的方程可表示为：

$$\boldsymbol{r}(u,w)=[x(u,w),\ y(u,w),\ z(u,w)]$$

式中 u，w——参数。

常见的拟合曲面有三种：①Coons曲面；②Bezier曲面；③B样条曲面。

3.3.2.1 Coons曲面

Coons曲面是用四个角点处的位矢、切矢和扭矢等信息来控制的，如图32-3-28所示。在描述Coons曲面时，采用由Coons本人创造的一套记号。曲面 $\boldsymbol{r}(u, w)$ 记作 uw：

$$uw=[x(u,w),\ y(u,w),\ z(u,w)]$$

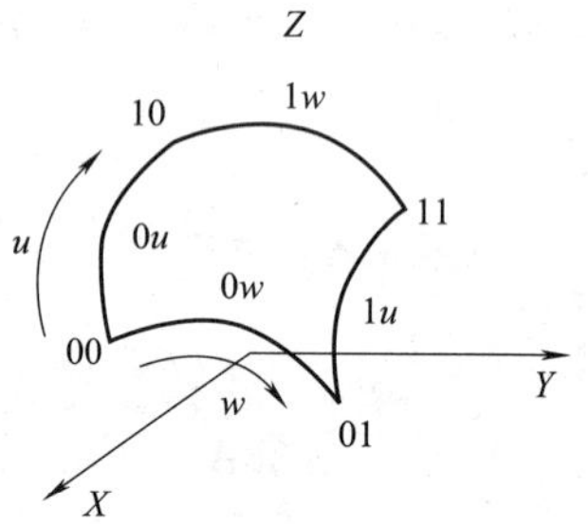

图32-3-28 Coons曲面

四角点位矢记作：

$$00=\boldsymbol{r}(0,0) \qquad 01=\boldsymbol{r}(0,1)$$
$$01=\boldsymbol{r}(1,0) \qquad 11=\boldsymbol{r}(1,1)$$

四角点沿 u 方向切矢记作：

$$00_u=\left.\frac{\partial \boldsymbol{r}(u,w)}{\partial u}\right|_{\substack{u=0\\w=0}} \qquad 01_u=\left.\frac{\partial \boldsymbol{r}(u,w)}{\partial u}\right|_{\substack{u=0\\w=1}}$$

$$10_u=\left.\frac{\partial \boldsymbol{r}(u,w)}{\partial u}\right|_{\substack{u=1\\w=0}} \qquad 11_u=\left.\frac{\partial \boldsymbol{r}(u,w)}{\partial u}\right|_{\substack{u=1\\w=1}}$$

四角点沿 w 方向切矢记作：

$$00_w=\frac{\partial \boldsymbol{r}(u,w)}{\partial w}\bigg|_{\substack{u=0\\w=0}}\qquad 01_w=\frac{\partial \boldsymbol{r}(u,w)}{\partial w}\bigg|_{\substack{u=0\\w=1}}$$

$$10_w=\frac{\boldsymbol{r}(u,w)}{\partial w}\bigg|_{\substack{u=1\\w=0}}\qquad 11_w=\frac{\boldsymbol{r}(u,w)}{\partial w}\bigg|_{\substack{u=1\\w=1}}$$

四角点处的扭矢记作：

$$00_{uw}=\frac{\partial \boldsymbol{r}(u,w)}{\partial u}\bigg|_{\substack{u=0\\w=0}}\qquad 01_{uw}=\frac{\partial^2 \boldsymbol{r}(u,w)}{\partial u}\bigg|_{\substack{u=0\\w=1}}$$

$$10_{uw}=\frac{\partial^2 \boldsymbol{r}(u,w)}{\partial u}\bigg|_{\substack{u=1\\w=0}}\qquad 11_{uw}=\frac{\partial^2 \boldsymbol{r}(u,w)}{\partial u}\bigg|_{\substack{u=1\\w=1}}$$

十六个控制信息写成矩阵：

$$\boldsymbol{C}=\begin{bmatrix}00 & 01 & 00_w & 01_w\\ 10 & 11 & 10_w & 11_w\\ 00_u & 01_u & 00_{uw} & 01_{uw}\\ 10_u & 11_u & 10_{uw} & 11_{uw}\end{bmatrix}=\begin{bmatrix}\text{角点位矢} & w\text{ 向切矢}\\ u\text{ 向切矢} & \text{扭矢}\end{bmatrix}$$

Coons 曲面的形状、位置与切矢、位矢有关，与扭矢无关，扭矢只反映曲面的凹凸程度。Coons 曲面是双三次曲面，其方程为：

$$uw=\boldsymbol{U}\cdot\boldsymbol{M}\cdot\boldsymbol{C}\cdot\boldsymbol{M}^{\mathrm{T}}\cdot\boldsymbol{W}^{\mathrm{T}}\quad(0\leqslant u\leqslant 1,0\leqslant w\leqslant 1)$$

式中：

$\boldsymbol{U}=[u^3\quad u^2\quad u^1\quad 1]$　$\boldsymbol{W}^{\mathrm{T}}=[w^3\quad w^2\quad w^1\quad 1]^{\mathrm{T}}$

$$\boldsymbol{M}=\begin{bmatrix}2 & -2 & 1 & 1\\ -3 & 3 & -2 & -1\\ 0 & 0 & 1 & 0\\ 1 & 0 & 0 & 0\end{bmatrix}$$

$$\boldsymbol{M}^{\mathrm{T}}=\begin{bmatrix}2 & -3 & 0 & 1\\ -2 & 3 & 0 & 0\\ 1 & -2 & 1 & 0\\ 1 & -1 & 0 & 0\end{bmatrix}$$

3.3.2.2 Bezier 曲面

Coons 曲面的扭矢往往不易理解，使用不方便。另外，要构造一张曲面，已知条件矢切矢和扭矢，在工程中也是不太现实。Bezier 曲面很好地克服了这一困难。

$$\boldsymbol{B}=\begin{bmatrix}Q_{00} & Q_{10} & Q_{20} & Q_{30}\\ Q_{01} & Q_{11} & Q_{21} & Q_{31}\\ Q_{02} & Q_{12} & Q_{22} & Q_{32}\\ Q_{03} & Q_{13} & Q_{23} & Q_{33}\end{bmatrix}$$

Bezier 曲面是 Bezier 曲线的扩展，Bezier 曲面的边界线就是由四条 Bezier 曲线构成的。三次 Bezier 曲线段由四个控制点确定，三次 Bezier 曲面片则由 4×4 控制点确定，如图 32-3-29 所示。16 个控制点组成一个矩阵：

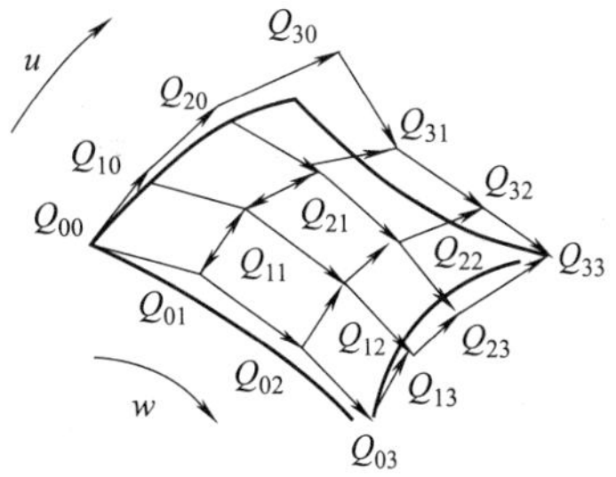

图 32-3-29　Bezier 曲面

曲面的形状、位置由边界上的四个角点决定。中间四个角点只反映曲面的凹凸程度。

Bezier 曲面的表达式为：

$$\boldsymbol{v}(u,w)=\boldsymbol{U}\cdot\boldsymbol{N}\cdot\boldsymbol{B}\cdot\boldsymbol{N}^{\mathrm{T}}\cdot\boldsymbol{W}^{\mathrm{T}}\quad(0\leqslant u\leqslant 1,0\leqslant w\leqslant 1)$$

式中：$\boldsymbol{U}=[u^3\quad u^2\quad u^1\quad 1]$　$\boldsymbol{W}^{\mathrm{T}}=[w^3\quad w^2\quad w^1\quad 1]^{\mathrm{T}}$

$$\boldsymbol{N}=\begin{bmatrix}-1 & 3 & -3 & 1\\ 3 & -6 & 3 & 0\\ -3 & 3 & 0 & 0\\ 1 & 0 & 0 & 0\end{bmatrix}=\boldsymbol{N}^{\mathrm{T}}$$

3.3.2.3 B 样条曲面

B 样条曲面也是 B 样条曲线的推广，与三次 Bezier 曲面一样，三次 B 样条曲面片也是由 4×4 控制点确定的，控制矩阵和曲面图形与 Bezier 曲面相同。与三次 B 样条曲线一样，三次 B 样条曲面也很好地解决了曲面片之间的连接问题。

曲面的表达式为：

$$\boldsymbol{v}(u,w)=\boldsymbol{U}\cdot\boldsymbol{N}\cdot\boldsymbol{B}\cdot\boldsymbol{N}^{\mathrm{T}}\cdot\boldsymbol{W}^{\mathrm{T}}\quad(0\leqslant u\leqslant 1,0\leqslant w\leqslant 1)$$

式中　$\boldsymbol{U}$，$\boldsymbol{W}$，$\boldsymbol{B}$——与 Bezier 曲面是一样的。

$$\boldsymbol{N}=1/6\begin{bmatrix}-1 & 3 & -3 & 1\\ 3 & -6 & 3 & 0\\ -3 & 0 & 3 & 0\\ 1 & 4 & 1 & 0\end{bmatrix}$$

双三次 B 样条曲面由空间的 4×4 特征点阵定义了一个 B 样条曲面片。在参数 u、w 方向每增加 4 个特征点，则增加一个 B 样条曲面片，并可自然保证二阶连续。

第 4 章 产品的数字化造型

4.1 概述

几何造型技术是数字化设计技术的核心与基础，是利用计算机以及图形处理技术来构造物体的几何形状，模拟物体静、动态处理过程的技术。通常，把能够定义、描述、生成几何模型，并能够进行交互编辑处理的系统称为几何造型系统。几何造型系统可分为线框造型、曲面造型和实体造型系统。

采用几何造型技术形成的物体的几何模型是对原物体确切的数学表达或对其某种状态的真实模拟。依据几何模型提供的各种信息，可以进行物体的运动学和动力学分析、结构分析、干涉检查、生成数控加工程序等后续应用。

目前，产品造型技术主要有线框造型技术、曲面造型技术、实体造型技术、参数化造型技术和特征造型技术等。

近年来，产品的结构化建模成为人们研究的重点。它包含了产品从零件、部件到装配的完整信息。产品的结构化建模提供了统一、完整的产品信息，为信息共享创造了条件。它是企业级的产品数字化模型，也是实现并行工程、虚拟产品开发和集成制造的信息源。

4.2 形体在计算机内部的表示

在计算机内部用一定结构的数据来描述、表示三维物体的几何形状及拓扑信息，称为形体在计算机内部的表示。它的实质就是物体的几何造型，目的是使计算机能够识别和处理对象，并为其他产品数字化开发模块提供信息源。

4.2.1 几何信息和拓扑信息

三维实体造型需要考虑实体的几何信息和拓扑信息。其中，几何信息是指构成几何实体的各几何元素在欧氏空间中的位置和大小。常用数学表达式描述几何元素在空间中的位置及大小。但是，数学表达式中的几何元素是无界的。实际应用时，需要把数学表达式和边界条件结合起来。

从拓扑信息的角度来看，顶点、边和面是构成模型的三个基本几何元素；从几何信息的角度来看，则分别对应点、直线（或曲线）和平面（或曲面）。上述三种基本元素之间存在多种可能的连接关系。以平面构成的立方体为例，它的顶点、边和面的连接关系共有九种：面相邻性、面-顶点包含性、面-边包含性、顶点-面相邻性、顶点相邻性、顶点-边相邻性、边-面相邻性、边-顶点相邻性、边相邻性等。

4.2.2 形体的定义及表示形式

在几何造型中，任何复杂形体都是由基本几何元素构造而成的。几何造型通过对几何元素的各种变换、处理以及集合运算产生所需要的几何模型。空间几何元素的定义，是了解和掌握几何造型技术的基础，并为进一步熟练应用不同软件所提供的各种造型功能打下基础。

（1）点

点是几何造型中最基本的几何元素，任何几何形体都可以用有序的点的集合来表示。点分为端点、交点、切点、孤立点等。在形体定义中，一般不允许存在孤立点。在自由曲线和曲面的描述中常用到三种类型的点，即控制点、型值点和插入点。

（2）边

边指两个相邻面或多个相邻面之间的交界。对于正则形体，一条边只能有两个相邻面；而对于非正则形体，一条边则可以有多个相邻面。边由两个端点定界，即由边的起点和终点界定。直线边或曲线边都是由其端点界定的。但曲线边通常由一系列型值点或控制点来定义，或用显式或隐式方程表示。边具有方向性，其方向为由起点沿边指向其终点。

（3）面

面是形体表面的一部分，由一个外环和若干个内环界定其范围。一个面可以没有内环，但必须有并且只能有一个外环。一个面的外环决定了该面的最大外部边界，一个面的若干个内环确定了该面内部所覆盖的所有内部边界。面具有方向性，一般用面的外法矢方向作为该面的正方向，该外法矢方向通常由组成面的外环的有向棱边按右手法则定义。在几何造型系统中，面通常分为平面、柱面、球面、抛物面等二次解析曲面，以及 Bezier 曲面、B 样条曲面等自由型曲面形式。

（4）环

环是有序、有向边（直线段或曲线段）组成的面的封闭边界。环中的边不能相交，相邻两条边共享一个端点。环有内外之分，确定面的最大外边界的环称为外环，确定面中内孔或凸台边界的环称为内环。环同样具有方向性，外环各边按逆时针方向排列，内环各边按顺时针排列，因此，在面上任一个环的左侧总在面内，而右侧总在面外。

（5）体

体是三维几何元素，是由封闭表面围成的维数一致的有效空间。为了保证几何造型的可靠性和可加工性，要求形体上任意一点的足够小的邻域在拓扑上应是一个等价的封闭圆，即围绕该点的形体邻域在二维空间中可构成一个单连通域。把满足这个定义的形体称为正则形体。形体的正则性限制任何面必须是形体表面的一部分，不能是悬面；每条边有且只能有两个邻面，不能是悬边；点至少和三条边邻接。图 32-4-1 所示是几个非正则形体的例子。

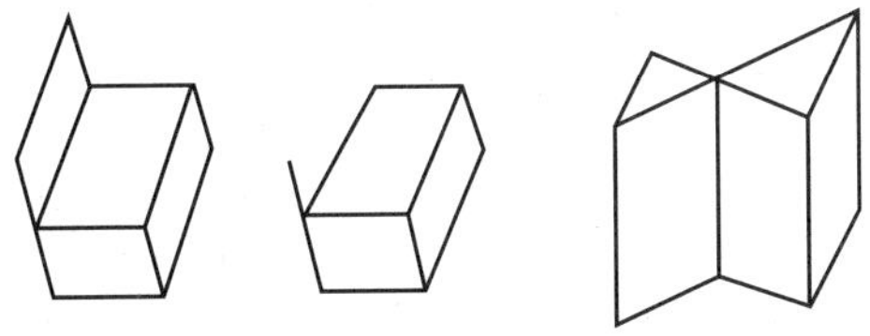

(a) 有悬面　(b) 有悬边　(c) 1条边有4个邻面

图 32-4-1　非正则形体

（6）外壳

外壳是指在观察方向上所能看到的形体的最大外轮廓线。

（7）体素

体素是指能用有限个尺寸参数定位和定形的体。体素通常指一些常见的可用以组合成复杂形体的简单实体，如长方体、圆柱体、圆锥体、球体、棱柱体、圆环体等，也可以是某一轮廓线沿某条空间参数曲线做平移扫描或回转扫描运动所产生的形体。

（8）定义形体的层次结构

几何元素之间有两种重要的信息表示：一是几何信息，用来表示几何元素的性质和度量关系，如位置、大小和方向等；二是拓扑信息，用以表示上述几何元素间的连接关系。形体在计算机内由几何信息和拓扑信息定义，通常用 6 层结构表示，如图 32-4-2 所示。

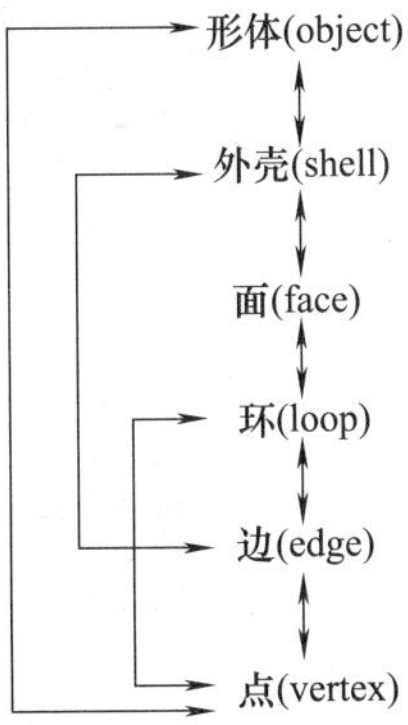

图 32-4-2　几何形体的层次结构

4.3　线框造型系统

（1）线框造型定义和特点

线框造型（wireframe modeling）是最早采用的几何造型方式，且至今仍在广泛应用。线框造型用顶点和边表示形体，通过对点和边的修改来改变构造形体的形状，即构造模型是一个简单的线框图。与该模型相关的数学表达是直线或曲线方程、点的坐标以及边和点的连接信息。该连接信息决定哪些点分别是哪条边的端点，以及哪条边在哪个点上与其他边相邻。用线框造型构造的模型称为线框模型（wireframe Model），如图 32-4-3 所示。

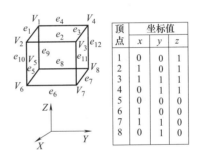

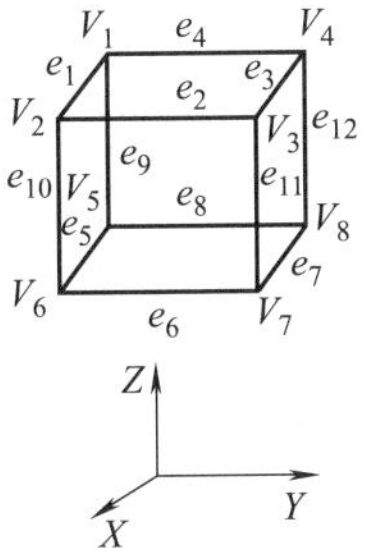

(a) 线框模型

顶点	坐标值 x	y	z
1	0	0	1
2	1	0	1
3	1	1	1
4	0	1	1
5	0	0	0
6	1	0	0
7	1	1	0
8	0	1	0

(b) 顶点表

棱线	顶点号	
1	1	2
2	2	3
3	3	4
4	4	1
5	5	6
6	6	7
7	7	8
8	8	5
9	1	5
10	2	6
11	3	7
12	4	8

(c) 棱线表

图 32-4-3　线框模型的数据结构

线框模型具有结构简单、易于理解等特点，是曲线造型和实体造型的基础。但是，用线框造型构造出的几何形体易产生不确定性。

同时，由于线框造型给出的不是连续的几何信息（只有顶点和棱边），不能明确定义给定点与形体之间的关系（即不能说明点是在形体的内部、外部还是表面），而缺乏这些信息则无法对构造模型进行物性分析、有限元分析，不能生成加工表面的刀具路线，也不能生成剖切图、渲染图等。由于这些问题的存在，线框造型正在逐渐被曲面造型和实体造型所取代。

（2）线框模型的优缺点

1）优点

① 构造模型时操作简便，处理速度快且占用内存少，特别适用于设计构思、建立设计图的总体空间位置关系及图形的动态交互显示；

② 利用投影变换，由三维线框模型可方便地生成各种正投影图、轴测图和任意观察方向的透视投影图。

2）缺点

① 易出现二义性理解；

② 缺少曲面边缘侧影轮廓线；

③ 缺少边与面、面与体之间关系的信息，不能描述产品。

4.4　曲面造型系统

（1）曲面造型的定义和特点

曲面造型（surface modeling）是用有向棱边围成的部分定义形体表面，由面的集合来定义形体。曲面造型在线框模型的基础上增加了有关面的信息（包括面、边信息和表面特征信息）以及面的连接信息（如面和面之间如何连接，某个面在哪条边上与另外一个面相邻等）。曲面造型可以满足求交、消隐、渲染处理和数控加工等要求，但曲面造型没有明确提出实体在表面的哪一侧，因此，在物性计算、有限元分析等应用中，表面模型在形体的表示上仍然缺乏完整性。由曲面造型构造的模型称为表面模型（surface model）。如图 32-4-4 所示立方体的表面模型的数据结构是在线框模型数据结构的基础上增加面的有关信息。

曲面造型系统用于构造复杂曲面，其目的主要有两个：一是从美学和外形功能要求的角度对构造模型进行评价和修改，如汽车、飞机、船舶等对外形要求较高的产品的造型设计；二是对构造曲面生成 NC 加工程序，完成对该曲面的加工。

（2）曲面造型的方法

常用曲面造型的方法见表 32-4-1。

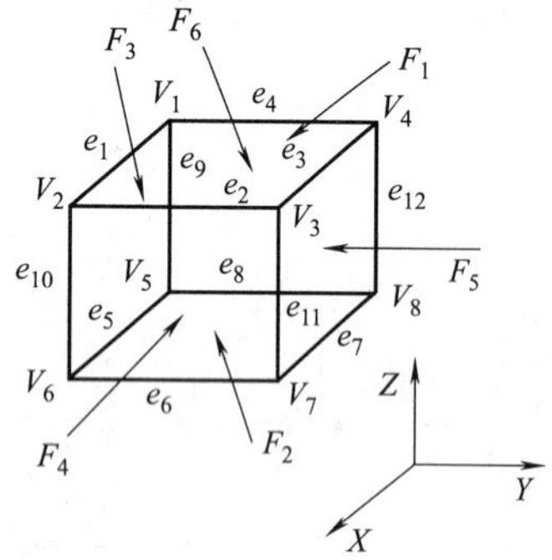

(a) 线框模型

顶点	坐标值 x	y	z
1	0	0	1
2	1	0	1
3	1	1	1
4	0	1	1
5	0	0	0
6	1	0	0
7	1	1	0
8	0	1	0

(b) 顶点表

棱线	顶点号	
1	1	2
2	2	3
3	3	4
4	4	1
5	5	6
6	6	7
7	7	8
8	8	5
9	1	5
10	2	6
11	3	7
12	4	8

(c) 棱线表

表面 F	棱线号			
1	1	2	3	4
2	5	6	7	8
3	1	10	5	9
4	2	11	6	10
5	3	12	7	11
6	4	9	8	12

(d) 表面表

图 32-4-4　表面模型的数据结构

表 32-4-1　　常用曲面造型的方法

方　法	造型方法	图　例
扫描曲面-线形拉伸面	由一条曲线（母线）沿着一定的直线方向移动而形成的曲面	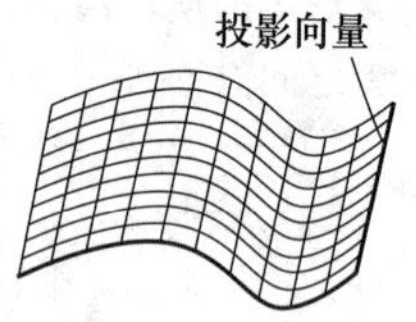
扫描曲面-旋转面	由一条曲线（母线）绕给定的轴线，按给定的旋转半径旋转一定的角度扫描而成的曲面	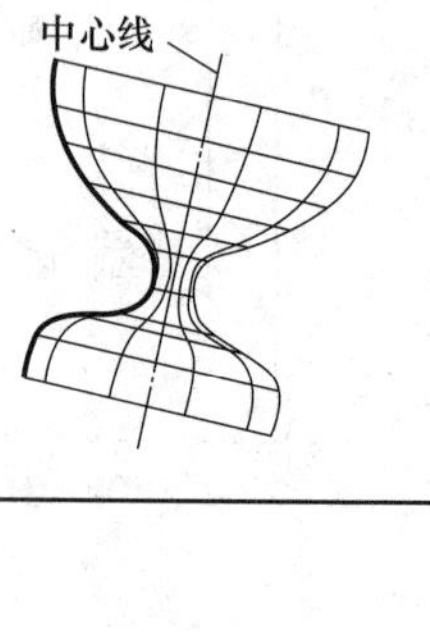

续表

方　法	造型方法	图　　例
扫描曲面-扫成面	由一条曲线（母线）沿着另一条（或多条）曲线绕扫描而成的曲面	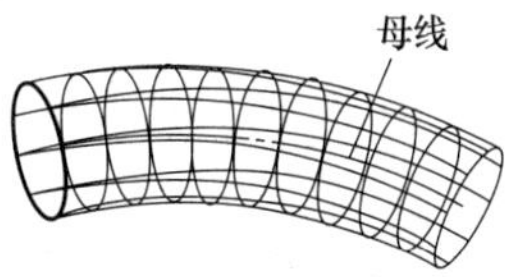
直纹面	以直线为母线，直线的端点在同一方向上沿着两条轨迹曲线移动所生成的曲面。如圆柱、圆锥面等都是典型的直纹面	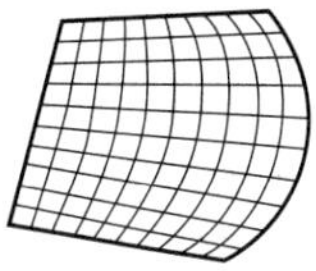
复杂曲面-Coons 曲面	由四条封闭边界所构成的曲面，主要用于构造一些通过给定值点的曲线	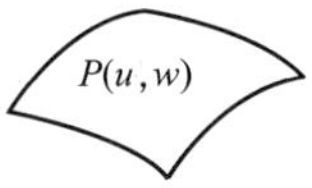
复杂曲面-Bezier 曲面	由位于矩形网格上的一组输入点（称为控制顶点）构造曲面，是以逼近为基础的曲面设计方法	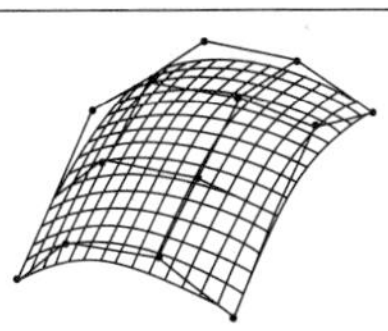
复杂曲面-B 样条曲面	由位于矩形网格上的一组输入点（称为控制顶点）构造曲面，是 B 样条曲线、Bezier 曲面方法在曲面构造上的推广	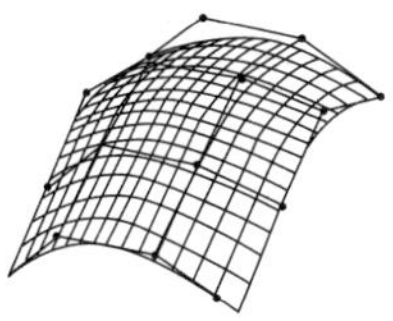
圆角曲面 （fillet surface）	它是两个曲面间的过渡曲面，性质为 B 样条曲面 说明：尽管定义曲面的方式多种多样，但它们都可以由 NURBS 曲面统一表示	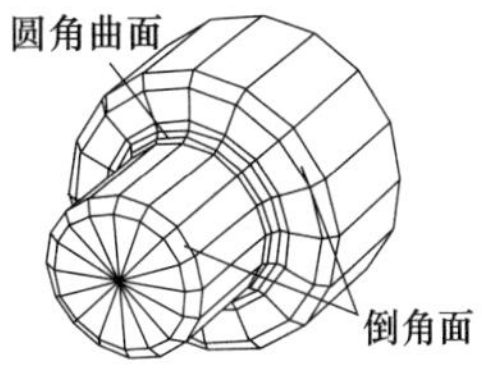
组合曲面 （composite surfaces）	由曲面片拼合成的复杂曲面。现实中，复杂的几何产品很难用一张简单的曲面进行表示。将整张复杂曲面分解为若干曲面片，每张曲面片由满足给定边界约束的方程表示 理论上，采用这种分片技术，任何复杂曲面都可以由定义完善的曲面片拼合而成	

（3）曲面造型的优缺点

1）优点

① 面造型能够构造诸如汽车、飞机、船舶、模具等非常复杂的物体；

② 面模型比线框模型提供了形体更多的几何信息，因而还可实现消隐、生成明暗图、计算表面积、生成表面数控刀具轨迹及有限元网格等。

2）缺点

① 操作复杂，需具备一定的曲面造型知识；

② 由于缺乏面与体的关系，不能区别体内与体

外，不能指出哪里是物体的内部、哪里是物体的外部，因此，表面模型仅适用于描述物体的外壳。

4.5 实体造型系统

4.5.1 实体造型的定义

实体造型（solid modeling）系统用于构造具有封闭空间、称为实体的几何形体。实体造型在表面模型的基础上明确定义了在表面的哪一侧存在实体，增加了给定点与形体之间的关系信息（点在形体内部、外部或在形体表面）。在实体造型系统中，可以得到所有与几何实体相关的信息。有了这些信息，应用程序就可完成各种操作，如物性计算、有限元分析、生成数控加工程序等。由实体造型构造的模型称为实体模型（solid mode）。实体模型是具有封闭空间的几何形体。实体模型在定义表面的同时，由各表面外环的有向棱边按右手法则定义了表面的外法矢方向，表面外法矢方向的反向为实体存在的一侧，如图 32-4-5 所示。在相邻两个面的公共边界上，棱边的方向相反。此外，也可以在定义表面的同时给出实体存在侧的一点，或通过直接定义表面的外法矢方向（在定义表面的同时，定义其外法矢方向）来指明在表面的哪一侧存在实体。

实体模型的核心问题是采用什么方法来表示实体。其与线框模型和表面模型的根本区别在于：实体模型不仅记录了全部几何信息，而且记录了全部点、线、面、体的信息。

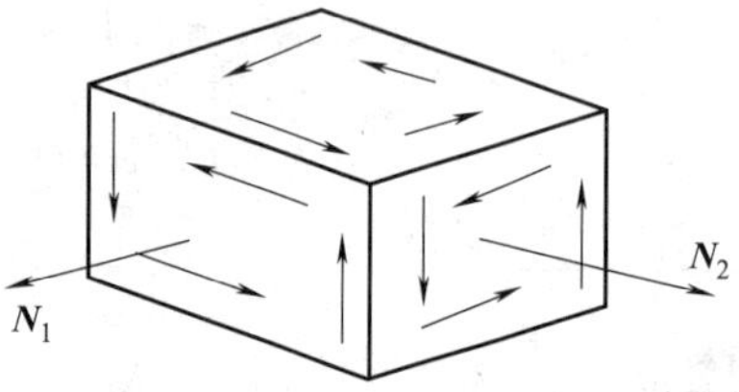

图 32-4-5 实体模型

在实体造型系统中，三维形体是通过各种造型功能构造的。随着实体的创建，与实体相关的数学描述也存储于计算机中。为了明确地表达和构造一个三维形体，在几何造型系统中，常用三种描述实体的数据结构：构造的实体几何表示法（constructive solid geometry representation），简称 CSG 法；边界表示法（boundary representation），简称 B-Rep 法；此外，还有实体空间分解枚举（八叉树）模型（decomposition model）。

4.5.2 构建实体几何模型（CSG）

CSG 法以二叉树形式说明通过基本体素间的集合运算来构造复杂形体的历史过程，这种形式称为 CSG 树型结构。基本体素间的集合运算例子如图 32-4-6 所示。

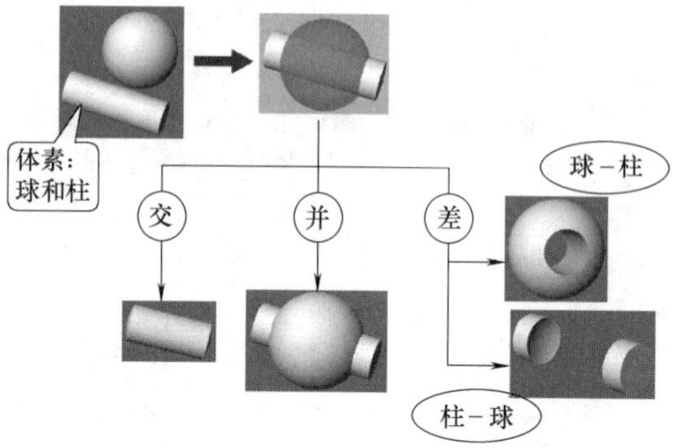

图 32-4-6 体素间的集合运算

CSG 树型结构的叶子节点表示体素或其几何变换参数，中间节点表示施加于其上的集合运算或几何变换的定义，其根节点为构造的几何形体，如图 32-4-7所示。

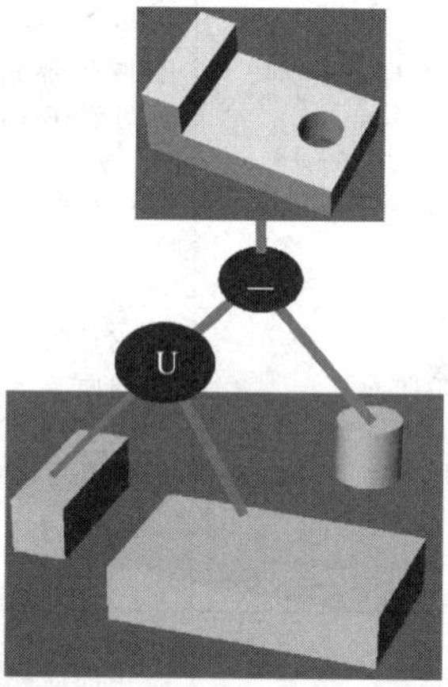

图 32-4-7 形体的 CSG 表示法

采用 CSG 数据结构具有以下优点。

① 数据结构简单、紧凑，数据管理方便。

② CSG 树存储的都是正则实体，给出了实体内外区域的明确定义。

③ 实体的 CSG 表示法随时可转换成相应的 B-Rep表示法，因此，CSG 树型表示可以被用作为 B-Rep 编写的应用程序的接口（界面）。

④ 通过改变相关体素的参数可以很容易地实现参数化造型。

然而，CSG 树型结构也有一些缺点，如下所示：

① 由于 CSG 树存储的是集合运算的历史，因此其造型过程只采用集合运算，这使其应用范围受到了限制，一些很方便的局部修改功能，如拉伸、倒圆等不能使用。

② 由 CSG 树中得到边界表面，边界棱边以及这些边界实体连接关系的信息需要进行大量的运算。因此，由一个采用 CSG 树型结构表示的形体中提取出所需要的边界信息是一件很困难的事。

基于 CSG 法的缺点，在实体造型中通常采用混合表示，即用 CSG 法实现实体的定义和输入后，将其转换成边界表示，再进行运算和显示输出。

4.5.3　边界表示几何模型（B-Rep）

组成实体边界的基本元素是顶点、棱边和面。边界表示法（B-Rep）存储了组成实体边界的基本元素（即顶点、棱边和面）及其连接关系信息，即采用边界表示定义的实体为有限数量的面的集合，而每个表面又可用它的边及顶点加以表示，如图 32-4-8 所示。

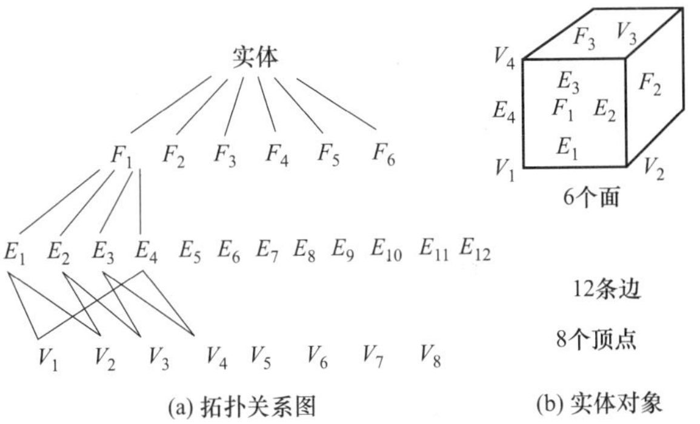

图 32-4-8　几何形体的边界表示

在此结构表示中，表达元素之间关系的信息为拓扑信息，表达元素本身形状和位置的信息为几何信息。

根据上述 B-Rep 表示可建立 B-Rep 数据结构的关系列表，关系列表由面表、边表和点表三部分组成。面表存储面名及构成该面的各边界棱边，各边的排列顺序按在形体外观察形体时的逆时针方向排列，在存储每个面的同时，还存储面的哪侧存在实体这一信息，即可在面的任一侧定义一个点并规定该侧是否存在实体；边表存储边名及构成边的起点和终点；点表存储各顶点名及一个定义实体存在的位于形体内的点，以及这些点的坐标值，这些坐标通常在构造几何形体的相应坐标系下定义。

B-Rep 法与表面模型的区别：边界表示法的表面必须封闭、有向，各个表面间有严格的拓扑关系，形成一个整体；而表面模型的面可以不封闭，面的上下表面都可以有效，不能判定面的哪一侧是体内与体外；此外，表面模型没有提供各个表面之间相互连接的信息。

B-Rep 法的优点与缺点如下。

① 优点：详细记录了三维形体所有几何元素的几何信息和拓扑信息，这在图像生成和模型表面积计算等应用中表现出明显的优点；此外，B-Rep 法所表示的实体不存在二义性。

② 缺点：存储量大、不能反映形体的构造过程。

4.5.4　空间位置枚举法（spatial occupancy enumeration）

空间位置枚举法是将物体所占据的整个空间分割为形状、大小相同的单元（如立方体），这些单元在空间以固定的规则网格连接起来，互不重叠，根据物体是否占据网格位置来定义物体的形状和大小。相应的数据结构是个三维数组，每个单元用数组的一个元素来表示，若此单元被物体所占据，则对应数组元素赋值为 1，否则为 0。数组的长度取决于所选取的分辨率，通常所描述物体的形状越复杂，细节越丰富，精度要求越高，则选取的空间分辨率也较高。此方法通常不单独使用，而是与其他表示法配合，作为中间表示来使用。

空间位置枚举法由于采用了三维数组表示，很容易建立几何体素的空间索引，对于需要进行空间搜索的操作（如查询、删除等），可大大地提高运算效率；三维数组可明确地体现几何单元间的拓扑关系，因而对两个空间实体进行交、并、差等布尔运算非常容易实现。此方法很容易判断某一空间位置是在物体内还是物体外，此特性使 CAD/CAM 系统中的干涉检查变得非常简单。空间位置枚举法无论选取多小的基本单元，由于没有部分空间占据的概念，所以空间实体的表达只能是近似的，描述的精度不高；随精度的增加，所需的存储空间会急剧增大。该方法难以操纵单个空间物体，难以实现对空间物体的旋转及坐标变换等。这种存储数据的结构是大型的稀疏数组，没有经过任何压缩，存储空间的利用率极低，计算速度也较慢。

4.5.5　实体空间分解枚举（八叉树）表示法（spatial partitioning representations）

八叉树表示法由空间位置枚举法发展而来，是一种层次数据结构，首先定义一个能够包含所表示物体的立方体，该立方体的三条棱边分别与所建立的坐标系平行，边长为 $2n$；如果物体占据了整个立方体，则可用此立方体表示该物体，否则将立方体平分为八个空间区域，每个区域均为边长缩小一半的立方体，对体内空间全部被物体占据的小立方体标识为“1”，若小立方体区域内不出现物体则标识为“0”，对不符合上述两条的小立方体标识为“−1”，接着对每个区域重复上述的分割过程，直至得到的立方体边长为单位长度为止。由此可见，物体可在软件程序里表示为一棵八叉树，标志为“1”和“0”的区域为终结点，不需进一步分割；而标志为“1”的区域为中间结点，需要进一步分割。

八叉树表示法结构简单，数据结构适于计算机表达，检索效率高，存储快捷；对复杂形状的实体表达非常有效，并且不受物体具体形状的影响；布尔操作和几何特征的计算效率很高；八叉树的结构特点使得物体的显示变得容易。

八叉树的表示精度取决于空间分辨率，只能是近似地表示空间物体；占用的存储空间较大，几何变换的计算量较大；模型生成依赖于其他表示法（如三维数组）；布尔运算中对于面的计算具有较高的不确定性。

4.5.6 扫描表示法（sweep representations）

空间中的二维形体沿着某一路径扫描时的运动轨迹将定义一个二维或三维物体，这种方法为扫描表示法。扫描表示法有两个要素：一个是运动的形体，称

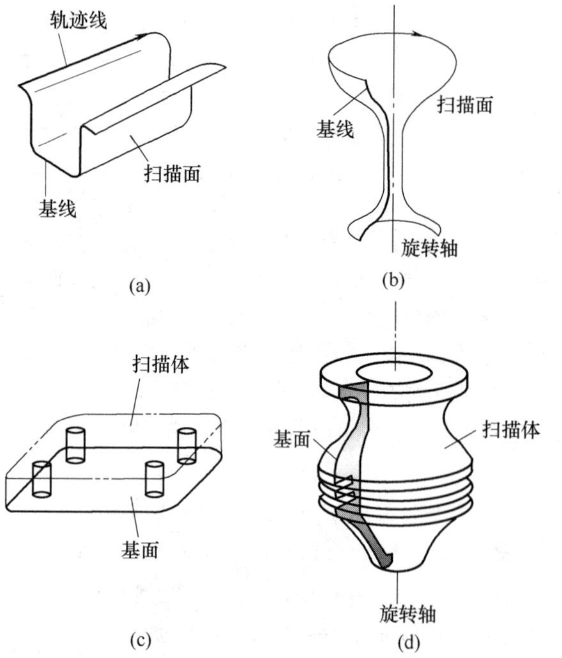

图 32-4-9 用扫描表示法生成实体

为基体，它可以为曲线、面；另一个是扫描运动的轨迹，称为扫描轨迹。图 32-4-9 所示为用扫描表示法生成实体的例子。

在以 B-rep 法表示为主的实体系统中，扫描表示法经常作为一种输入形体的手段。其过程是：设计二维图形→调用扫描命令→生成三维实体。

4.6 基于特征的实体造型

在实体造型时，几何模型难以修改，不能适应产品开发的动态过程。实体造型系统主要着眼于完善产品的几何描述能力，它只存储了物体的几何形状信息，缺乏产品在开发和生产整个生命周期所需的全部信息，如材料、尺寸公差、加工特征信息、表面粗糙度和装配要求等。因此，实体造型不能符合数据交换规范的产品模型，导致 CAD/CAE/CAPP/CAM/PDM 集成的先天困难。

另外，实体造型系统所提供的造型手段不符合工程师的设计习惯。它只提供了点、线、面或体素拼合这些初级构形手段，不能满足设计、制造对构形的需要。这是因为设计工程师和制造工程师在设计一个零件时，总是从那些对设计或制造有意义的基本特征出发进行构思以形成所需的零件。其中的特征包括各种槽（如方形槽、V 形槽、燕尾槽、盲槽）、凹坑、圆孔、螺纹孔、顶尖孔、退刀槽、倒角等。因此，为适应数字化设计与制造发展的需要，特征造型技术得到了应用和发展。特征模型中的几何分析、处理，在模型内部仍然需要通过三维实体几何模型技术实现，即特征造型是以实体造型为基础用具有一定设计或加工功能的特征作为造型的基本单元建立零部件的几何模型。

4.6.1 特征造型的定义

特征是一种综合概念，它作为“产品开发过程中各种信息的载体”，除了包含零件的几何拓扑信息外，还包含了设计制造等过程所需要的一些非几何信息，如材料信息、尺寸形状、公差信息、热处理及表面粗糙度信息和刀具信息等。因此特征包含丰富的工程语义，它是在更高层次上对几何形体上的凹腔、孔、槽等的集成描述，因此我们将特征定义为：一组具有确定的约束关系的几何实体，它同时包含某种特定的语义信息。将特征表达为如下形式：

产品特征＝形状特征＋工程语义信息

其中语义信息包括三类属性信息，即静态信息——描述特征形状、位置属性数据；规则和方法——确定特征功能和行为；特征关系——描述特征间

相互约束关系。依据不同应用功能，可以为特征赋予不同的语义信息。

4.6.2　特征的分类

特征中的属性可以包含多种信息和内容。一般情况下，特征可分为以下类型。

① 形状特征：用来描述具有一定工程意义的几何信息。形状特征又分为主特征和辅特征。其中，主特征用于构造特征的主题形状结构，辅特征用于对主特征进行局部修改，并依附于主特征。辅特征有正负之分。正特征向零件加材料，如凸台、筋等形状实体；负特征向零件减材料，如孔、槽等形状实体。辅特征还包括修饰特征，用来表示印记和螺纹等。

② 精度特征：用于描述产品几何形状、尺寸的许可变动量及其误差，如尺寸公差、形位公差、表面粗糙度等。精度又可细分为形状公差特征、位置公差特征、表面粗糙度等。

③ 性能分析特征：也称为技术特性，用于表达零件在性能分析时所使用的信息，如有限元网格划分等。

④ 材料特征：用于描述材料的类型、性能以及热处理等信息，如力学特性、物理特性、化学特性、导电特征、材料处理方式及条件等。

⑤ 装配特征：用于表达零部件的装配关系。此外，装配特征还包括装配过程中的所有信息（简化表达、相互配置方位、接合面及配合性质），以及装配过程中生成的形状特征（如配钻等）。

⑥ 运动学特征：用于表达连接副的相对运动关系等。

⑦ 补充特征：也称为管理特征，用于表达一些与上述特征无关的产品信息。如成组技术（GT）用于描述零件的设计编码等管理信息。

形状特征是特征造型的基本特征，其他特征是以形状特征为载体的附加特征。在实体造型系统中，特征集合和特征图库是根据几何形体的经常性和使用程度的高低建立的。根据设计和加工功能的需要，特征应是发展和可扩充的。用户可根据需要建立其他特征类型以组成用户化的特征库。

4.6.3　特征造型技术的实施

在实施特征造型技术时，可考虑如下要领。

① 特征造型系统必须建立在通用几何造型的平台上，具有线框、曲面和实体混合建模能力，同时针对某些专业应用领域的需要配置特征库。特征的定义是参数化的，每次调用时向各个参数赋值，实时生成需要的形体。

② 特征形素的主导连接形式是贴合，相当于加工特征中的辅助型面依附在主型面上。

③ 两个邻接形素间的共享面可以称作连接面。特征造型的数据结构中增加这一新单元后可以方便从父特征出发迅速找到某一面上所寄生的各个特征，对照加工过程，连接面实际上就是操作面。

④ 在特征造型中，子特征在父特征连接面的局部坐标中定位，某一特征定形和定位参数的修改可以局部操作完成，自动保持形素间的连接不变。

⑤ 三维空间特征体的定位由同向共面、反向共面、同轴、轴线平行、轴-轴等距平行、面-面等距平行 6 种定位约束关系的两两组合或多个组合实现。

4.6.4　特征造型的优点

① 在更高的层次上从事产品设计工作。使设计人员将更多的精力用在创造性构思上；使产品设计更易为别人所理解；使设计的图样更容易修改。

② 有助于加强产品设计、分析、工艺准备、加工、检验各部门之间的联系。

③ 促进产品的集成信息模型的实现，因为特征造型能够很好地表达产品的完整的技术和生产管理信息。

④ 有助于推动行业内的产品设计和工艺方法的规范化、标准化和系列化。

⑤ 促进智能数字化设计系统和智能制造系统的逐步实现。

4.6.5　参数化造型

传统的造型方法建立的几何模型具有确定的形状及大小。模型建立后，零件的形状和尺寸的编辑、修改过程烦琐，难以满足数字化设计的需要。参数化造型使用约束来定义和修改几何模型。约束反映了设计时考虑的因素，包括尺寸约束、拓扑约束及工程约束（如应力、性能）等。参数化设计中的参数与约束之间具有一定关系。当输入一组新的参数值，而保持各参数之间的原有约束关系时，就可以获得一个新的几何模型。因此，使用参数化造型软件时，不需关心几何元素之间能否保持原有的约束条件，从而可以根据产品的需要动态地、创造性地进行产品设计。

（1）尺寸驱动系统

尺寸驱动系统也称为参数化造型系统，但它只考虑尺寸及拓扑约束，不考虑工程约束。它采用预定义的方法建立图形的几何约束，并指定一组尺寸作为与几何约束集相关联。因此，当改变尺寸值时，对应的图形即发生改变。尺寸驱动可以大大提高产品的设计效率和质量。

图 32-4-10（a）为零件活塞尺寸驱动前图形，图 32-4-10（b）为零件活塞尺寸驱动后图形。

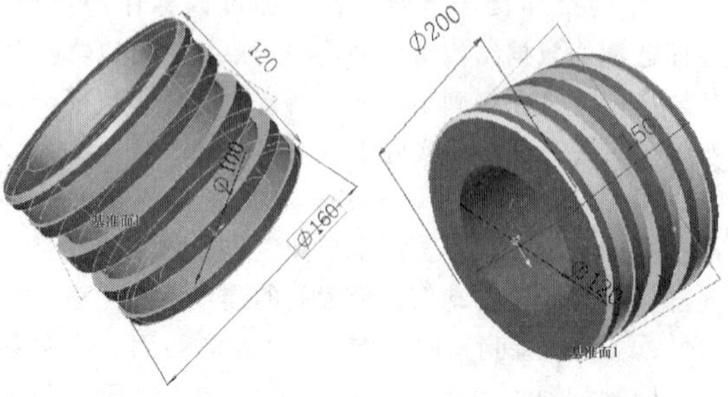

(a) 驱动前　　(b) 驱动后

图 32-4-10　尺寸驱动的参数化造型

（2）变量驱动系统

变量驱动也叫作变量化建模技术。变量化驱动将所有的设计要素如尺寸、约束条件、工程计算条件甚至名称都视为设计变量，同时允许用户定义这些变量之间的关系式以及程序逻辑，从而使设计的自由度大大提高。变量驱动进一步扩展了尺寸驱动这一技术，给设计对象的修改增加了更大的自由度。变量化建模技术为数字化设计软件带来了空前的适应性和易用性。

4.6.6　参数化特征造型系统

将参数化造型的思想用到特征造型中来，用尺寸驱动或变量设计的方法定义特征并进行相关操作，对产品的特征进行参数化造型，就形成了参数化特征造型，目前许多主流的实体造型系统如 I-DEAS 、Pro/Engineer、Unigraphics、CATIA、SolidWorks 等均提供了有关功能。

4.7　装配造型

在几何造型系统中，线框、曲面或实体造型主要用于单个零件的设计或构造，而非零件装配。工程师通常首先进行零件的设计，然后在产品开发的后期将其装配在一起以确定零件配合是否合理以及产品是否按预期的设想运行。

20 世纪 90 年代，随着并行工程的发展，推动了装配设计功能的开发。装配造型（装配设计）精确地保存了零件的设计过程和零件间的关系，设计人员可以按照零件间的配合顺序关系构造零件的几何形状。使用装配设计最多的行业是汽车业和航空业，这是因为其高度复杂的产品结构不仅要求其分布于世界各地的工程技术人员协同工作，并且对其第二或第三方供应商也有同样的要求。

4.7.1　装配造型的功能

目前，大型数字化设计系统的装配模块为零件分类、装配以及子装配的构成提供了一种逻辑结构，该结构可使设计人员识别单个零件、保留（保存）相关零件的过程数据、保存零件在装配体中的相互关系。由装配造型系统保存的关系数据包含了在一个装配体中有关零件及其连接的大量信息。其中，零件间的配合条件是最重要的关系数据，该条件用于识别一个零件如何被连接到另一个零件（如配合面是平面还是同轴柱面）。

利用装配体中有关配合、位置以及方位等数据，装配造型可以精确地识别零件是如何连接的。在许多系统中，零件的位置和方位数据都可由配合条件得到。

装配造型系统也提供创建零件间的参数约束关系，以及由一个零件及与该零件具有配合关系的其他零件测量其大小和尺寸的功能，这样可使用户方便地在配合部位重新输入几何数据。当某个零件被修改后，设计者不必再对整个装配体进行修改，而系统会自动完成对所有相关零部件的修改。图 32-4-11 所示为由 SolidWorks 软件装配模块创建的装配设计。

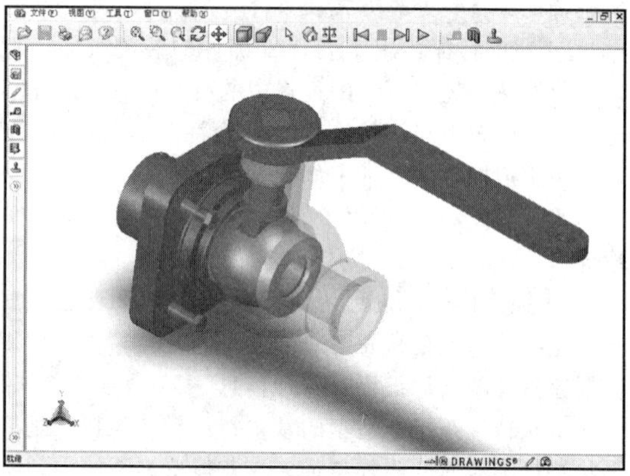

图 32-4-11　装配设计

装配造型系统可使设计人员创建和处理零件间的所有装配约束、定义相关零件的位置和运动。装配约束则可以捕捉各种设计意图，包括零件的公共尺寸，零件的相对位置，零件的排列、连接条件、工作参数以及一般配合条件等。

4.7.2　装配浏览

所有装配设计系统均提供某种类型的浏览器，以允许用户在零件定位、关系定义以及访问数字化设计模型、图纸和相关的零件数据方面与系统进行交互。浏览器采用树型结构，在不同层次的连接节点上显示零件和子装配的详细细节，浏览器通过将装配树和数字化设计模型同时显示于屏幕上来帮助用户找到有关零件，在浏览器中单击某个零件，其相关图形马上在数字化设计模型中高亮显示，反之亦然。图 32-4-12 所示为 SolidWorks 软件的装配树型结构。

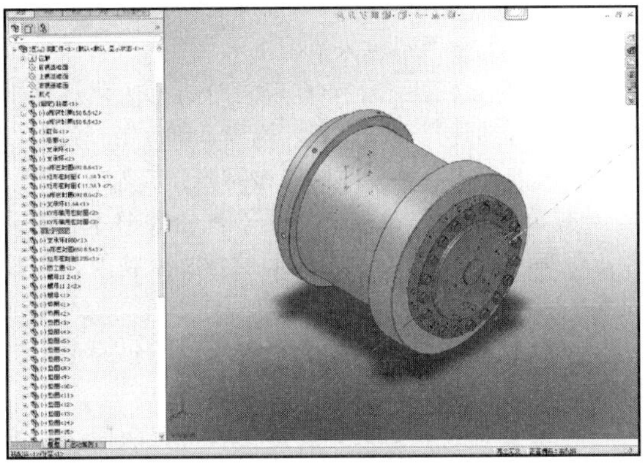

图 32-4-12　SolidWorks 软件的装配树型结构

4.7.3　装配模型的使用

由装配造型系统创建的装配模型可以以多种方式应用于产品设计。多数装配模型模块允许用户在一个装配体的零件间进行测量或由装配模型生成爆炸视图，爆炸图清晰地显示了一个装配体中所有零件的物理关系，这些视图在描述装配结构时特别有用。图 32-4-13 为液压缸的装配爆炸视图（SolidWorks 软件）。

另外，材质渲染显示可以以逼真的效果显示装配件中的所有零件。数字样机（Mock-up）不仅可使用户观察装配，还可以完成打包分析、干涉检查、运动分析等操作。数字样机甚至允许用户在虚拟现实环境下在装配体中漫游，以观察装配体如何工作并检查零件的相互作用。

装配模块还易于生成材料清单（BOM），该文档列出了一个产品所需要的各种材料以及一个装配体中的各个零件等。通过遍历装配结构和总结零件数据，很容易生成 BOM。

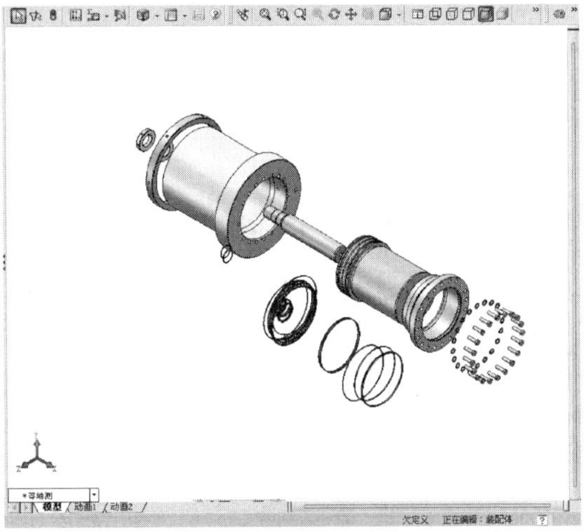

图 32-4-13　液压缸的装配爆炸视图

第 32 篇

第 5 章 计算机辅助设计技术

5.1 概述

计算机辅助设计技术是 20 世纪中叶以来最重要的技术之一，它极大地改变了制造业的面貌，其应用水平体现了一个国家工业发展的水平。该技术的产生最早可以追溯到 20 世纪 50 年代，随着计算机及其外围设备的发展，各种基础理论和相关技术日趋完善，计算机辅助设计技术已逐步成为提高生产力的重要手段。

5.1.1 CAD 技术的内涵

计算机辅助设计（computer aided design，CAD），是一种用计算机硬、软件系统辅助人们对产品或工程进行设计的方法与技术，包括设计、绘图、工程分析与文档制作等技术活动，它是一种新的设计方法，也是一门多学科综合应用的新技术。

从方法学角度看，CAD 采用计算机工具完成设计的全过程，包括：概念设计、初步设计（或称总体设计）和详细设计。在设计过程中，CAD 将计算机的海量数据存储和高速数据处理能力与人的创造性思维和综合分析能力有机地结合起来，充分发挥了各自的优势。

从技术角度看，CAD 技术把产品的物理模型转化为存储在计算机中的数字化模型，从而为后续的工艺、制造、管理等环节提供了共享的信息来源。

CAD 技术综合了现代设计理论和近代信息科学技术理论，随着计算机硬件和软件技术以及相关技术的不断发展而发展，现在的 CAD 技术已成为一种广义的、综合性的关于设计问题的解决方案，它涉及以下一些基础技术。

① 图形处理技术，如二维交互图形技术、三维建模技术及其他图形输入输出技术。

② 工程分析技术，如有限元分析、优化设计方法、物理特性计算（如面积、体积、惯性矩等计算）、模拟仿真及面向各种专业的工程问题分析等。

③ 数据管理与数据交换技术，如数据库、产品数据管理（PDM）、异构系统间的数据交换及接口技术等。

④ 文档处理技术，如文档制作、编辑及文字处理等。

⑤ 界面开发技术，如图形用户界面、网络用户界面、多通道多媒体智能用户界面等。

⑥ 基于 Web 的网络应用和开发技术等。

任何设计都表现为一种过程，每个过程都由一系列设计活动组成。活动间既有串行的设计活动，也有并行的设计活动。目前设计中的大多数活动都可以用 CAD 技术来实现，但也有一些活动目前还很难用 CAD 技术来实现，如设计的需求分析、设计的可行性研究等。将设计过程中能用 CAD 技术实现的活动集合在一起就构成了 CAD 过程，图 32-5-1 就说明了设计过程与 CAD 过程的关系。随着 CAD 技术的发展，设计过程中越来越多的活动都能用 CAD 工具加以实现，因此，CAD 技术的覆盖面将越来越广，以致整个设计过程就是 CAD 过程。

现在的 CAD 过程往往与制造过程中的计算机辅助工艺规划（CAPP）和数控编程（NCP）联系在一起，形成集成的 CAD/CAPP 系统，如图 32-5-2 所示。

在图 32-5-2 中，先根据市场需求确定产品设计的性能要求，然后用专家系统进行产品方案设计，接着用三维建模软件建立产品模型，并进行工程分析和详细设计，生成数字化模型或工程图。CAPP 的功能

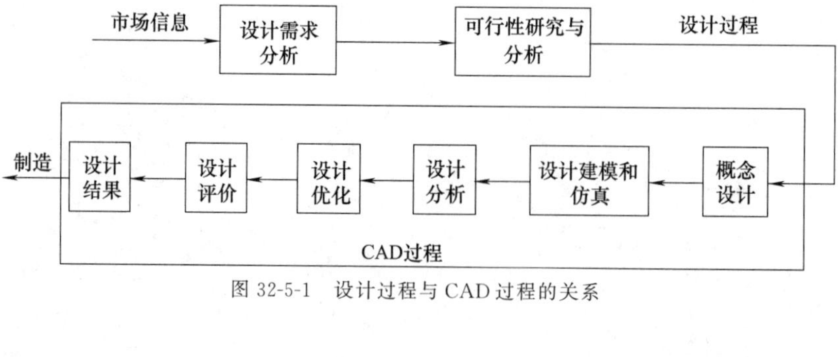

图 32-5-1 设计过程与 CAD 过程的关系

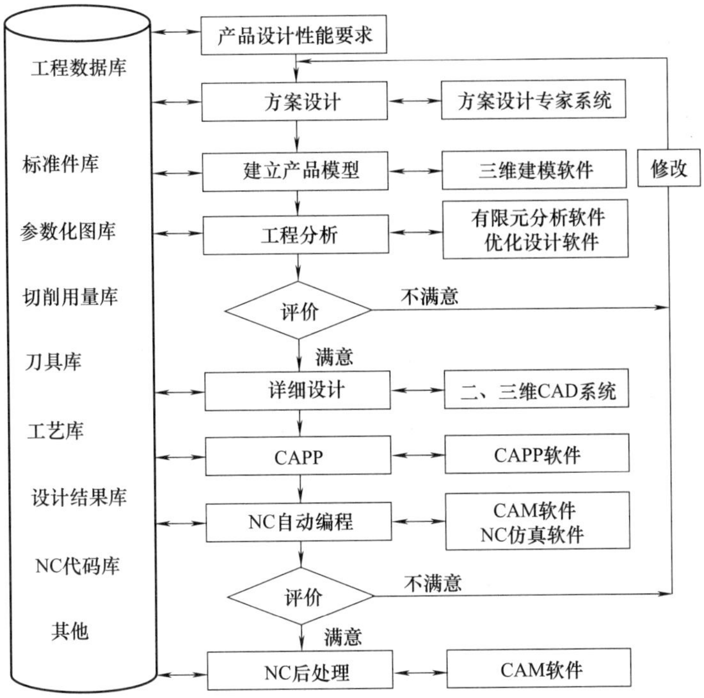

图 32-5-2　CAD/CAM 系统工作流程

是进行零件加工工艺路线及工序的编制，其作用除了为制订生产计划提供依据外，也为数控自动编程提供所需的信息。数控自动编程生成刀具加工轨迹并在屏幕上进行加工仿真，检查无误后，经后置处理生成加工代码，在数控机床上进行加工。图 32-5-2 中左边是工程数据库，构成了信息交换与集成的基础；右边列出了所需软件。

5.1.2　CAD 技术的特点与应用

5.1.2.1　CAD 技术的特点

CAD 技术是一项综合性的，集计算机图形学、数据库、网络通信等计算机及其他领域知识于一体的高新技术，是先进制造技术的重要组成部分，也是提高设计水平、缩短产品开发周期、增强行业竞争能力的一项关键技术。其特点如下。

① 提高设计效率。结构设计和工程制图的速度大大提高，且图纸格式统一、质量高，使节省的人力可应用于创造性设计，充分发挥人的长处，使设计周期大大缩短。据统计，机械产品设计周期可缩短四分之三，提高产品在市场上的竞争力。

② 能充分应用各种现代设计方法，提高设计质量。使用 CAD 系统，可用有限元分析产品的静动特性、强度、振动、热变形等；也可运用优化方法选择产品最佳性能、最高效率、最小消耗、最低成本性能；还可利用计算机仿真软件对产品进行运动、动力仿真，避免干扰，预先了解产品性能，降低实验费用。

③ 充分实现数据共享。图形系统和数据库使整个生产制造过程都使用统一的数据信息。这是实现 CAD 和 CAM 集成制造系统的前提与基础。同时共享还意味着产品数据标准化，易于企业积累产品资源，方便产品数据的存储、传递、转换，为无图纸加工和 CIMS 奠定基础。

④ 有利于实现智能设计。提高设计质量，根本在于人与计算机的有机结合，充分发挥计算机的长处。做好这一点，必然要发展计算机智能化技术。实现人工智能设计，只有在 CAD 系统基础上才有可能。

5.1.2.2　CAD 技术的应用

计算机辅助设计的发展与应用引起一场产品、工程设计领域的技术革命。CAD 技术的应用水平已成为衡量一个国家科学技术水平的重要标志之一。在国外，最早应用 CAD 技术的是飞机、汽车等大型制造业。随着计算机硬、软件的发展，CAD 系统的价格逐渐降低，使得中小型企业也有能力应用这一技术，因此 CAD 技术的应用经历了一个由大型企业向中小型企业逐步扩展的过程。目前，世界上工业发达国家已将 CAD 技术普遍应用于宇航、汽车、飞机、船舶、机械、电子、建筑、轻工及军事等领域。在我国，

CAD技术目前已广泛应用于国民经济的各个方面，其主要的应用领域有以下几个方面。

（1）制造业中的应用

CAD技术已在制造业中广泛应用，其中以机床、汽车、飞机、船舶、航天器等制造业应用最为广泛、深入。众所周知，一个产品的设计过程要经过概念设计、详细设计、结构分析和优化、仿真模拟等几个主要阶段。同时，现代设计技术将并行工程的概念引入到整个设计过程中，在设计阶段就对产品整个生命周期进行综合考虑。当前先进的CAD应用系统已经将设计、绘图、分析、仿真、加工等一系列功能集成于一个系统内。现在较常用的软件有UG、I-DEAS、CATIA、Pro/E、Euclid等CAD应用系统，这些系统主要运行在图形工作站平台上。在PC平台上运行的CAD应用软件主要有Cimatron、SolidWorks、MDT、SolidEdge等。由于各种因素，目前在二维CAD系统中Autodesk公司的AutoCAD仍占据相当的市场。

（2）工程设计中的应用

CAD技术在工程领域中的应用有以下几个方面。

① 建筑设计，包括方案设计、三维造型、建筑渲染图设计、平面布景、建筑构造设计、小区规划、日照分析、室内装潢等各类CAD应用软件。

② 结构设计，包括有限元分析、结构平面设计、框/排架结构计算和分析、高层结构分析、地基及基础设计、钢结构设计与加工等。

③ 设备设计，包括水、电、暖各种设备及管道设计。

④ 城市规划、城市交通设计，如城市道路、高架、轻轨、地铁等市政工程设计。

⑤ 市政管线设计，如自来水、污水排放、煤气、电力、暖气、通信（包括电话、有线电视、数据通信等）各类市政管道线路设计。

⑥ 交通工程设计，如公路、桥梁、铁路、航空、机场、港口、码头等。

⑦ 水利工程设计，如大坝、水渠、河海工程等。

⑧ 其他工程设计和管理，如房地产开发及物业管理、工程概预算、施工过程控制与管理、旅游景点设计与布置、智能大厦设计等。

（3）电气和电子电路方面的应用

CAD技术最早曾用于电路原理图和布线图的设计工作。目前，CAD技术已扩展到印制电路板的设计（布线及元器件布局），并在集成电路、大规模集成电路和超大规模集成电路的设计制造中大显身手，并由此大大推动了微电子技术和计算机技术的发展。

（4）仿真模拟和动画制作

应用CAD技术可以真实地模拟机械零件的加工处理过程、飞机起降、船舶进出港口、物体受力破坏分析、飞行训练环境、作战方针系统、事故现场重现等现象。在文化娱乐界已大量利用计算机造型仿真出逼真的现实世界中没有的原始动物、外星人以及各种场景等，并将动画和实际背景以及演员的表演天衣无缝地融合在一起，在电影制作技术上大放异彩，制作出一部部激动人心的巨片。

（5）其他应用

除了在上述领域中的应用外，在轻工、纺织、家电、服装、制鞋、医疗和医药乃至体育方面都会用到CAD技术。

5.2 CAD图形标准

设计人员利用CAD系统进行产品设计的过程中，人与计算机之间经常要进行各种交互操作，以把设计构思转换为经计算机计算、处理、反馈等一系列反复迭代过程后的设计实现。另外，某个CAD系统的图形信息可能来自某个外部程序（或其他系统）的设计计算结果，或者某些图形信息需要传递给外部程序进行计算处理，这就产生了图形系统与外部程序数据交换的需求。软件开发需要提供一种与设备无关的控制图形设备的方法来完成图形信息的描述和通信，以提高程序的与设备无关性和可移植性。此外，在设计过程中，设计人员可能采用多种CAD软件完成产品的设计，或需要与采用不同系统的合作方进行设计交流。对于由多种软件协同完成的设计结果，如何在各软件系统之间进行设计数据传递、信息交换，以及采用何种信息交换规范和图形软件标准，是CAD技术需要解决的重要问题。这就涉及CAD技术中的软件图形标准。

5.2.1 计算机图形接口和图形元文件

计算机图形接口（computer graphics interface，CGI）及计算机图形元文件（computer graphics metafile，CGM）是计算机图形子功能程序和图形输入输出装置之间的接口标准。制定这个层次标准的目的在于实现图形程序相对于图形输入输出装置的独立性。

CGI是图形命令与图形设备的接口标准。CGM是对静态图像储存文件进行标准规定，它为图像从一个硬件输出设备传递到另一个硬件设备或从一个系统传送到另一个系统提供了工具。对于不同的具体硬件图形输入输出设备，在图形标准文本中统一用“工作站”这一抽象的逻辑设备来代表。

5.2.1.1　计算机图形接口（CGI）

计算机图形接口标准是 ISO TC 97 组提出的图形软件与图形设备之间的接口标准，CGI 是第一个针对图形设备的接口，是图形系统中与硬件设备无关部分和与硬件设备有关部分的程序接口标准，而不是应用程序接口的交互式计算机图形标准。它的前身是 ANSI 制定的虚拟图形接口标准 VDI，1991 年被接受为国际标准（ISO/IEC 9536-1～6）。

CGI 标准主要是对应用软件和显示硬件装置之间的信息流格式进行了标准化，采用标准可提高图形对硬件装置的独立性及程序的移植性。

CGI 的目标是使应用程序和图形库直接与各种不同的图形设备相作用，使其在各种图形设备上不经修改就可以运行，即在用户程序和虚拟设备之间以一种独立于设备的方式提供图形信息的描述和通信。CGI 规定了发送图形数据到设备的输出和控制功能，用图形设备接收图形数据的输入、查询和控制功能。因为 CGI 是设备级接口，对出错处理和调试等只提供了最小支持。CGI 提供的功能集包括控制功能集、独立于设备的图形对象输出功能集、图段功能集、输入和应答功能集以及产生、修改、检索和显示像素数据的光栅功能集。在二维图形设备中可以找到 CGI 支持的功能，但没有一个图形设备包含 CGI 定义的所有功能，从这个意义上说，CGI 定义了程序与虚拟设备的接口。

CGI 标准文本分为 6 个部分，各部分的主要内容如下。

① 综述：介绍 CGI 的功能范围、实现的一致规则以及与其他标准（如 GKS）的关系。

② 控制、转换和错误处理：硬件装置的管理和坐标空间转换，如初始化或结束 CGI 命令、设置硬件装置为某种已知默认状态、虚拟设备坐标与设备坐标之间转换、窗口剪裁等。

③ 输出图素及属性：大体与 GKS 标准规定相类似（见 5.2.2.1 节所述）。

④ 图段：用以储存图形，并可以通过指定图段来实现显示处理，如可见或不可见、是否要增强并显示、显示的前后次序、可否被检测等。CGI 中的图段模式与 GKS 相类似。

⑤ 图形输入。

⑥ 光栅图形：规定了一系列用以构建、修改、存取和显示光栅图像的功能。光栅图像是以像素为单位组成的图像。

在上述各部分的内容中，②、③部分叙述的功能是基本功能，是 CGI 在系统中具体实现时必须包含的。

CGI 所定义的接口功能，需以高级语言编程实现。CGI 允许以软件对软件接口的方式或者软件对硬件接口的方式实现，前一实现可构建单独的 CGI 功能工具包，为应用软件主语言程序所调用；后一方式的实现则是符合 CGI 标准的硬件驱动程序。在接口连接中，应用程序调用 CGI 功能是向硬件设备传送数据流，数据流中包括调用的功能代号和相应的参数，参数数据应遵守 CGM 标准的字符型文件编码格式，在输出硬件端则对上述数据流进行解释并执行。

5.2.1.2　计算机图形元文件（CGM）

ANSI 在 1986 年公布了 CGM，ISO 在 1987 年又将其作为显示二维图形数据的国际标准。除此之外，英国标准协会 BSI（British Standard Institution）和美国国防部都把 CGM 作为国际性的标准化文件格式。

CGM 由一套标准的、与设备无关的定义图形的语法和词法元素组成，可以包含矢量信息和位图信息。CGM 分为四部分：第一部分是功能规格说明，包括元素标志符、语义说明以及参数描述；其余三部分分别描述了字符编码、二进制编码和文本编码，不同的编码是为了满足不同的应用对元文件不同的使用需求；字符编码方式优化了网络以及交互式环境下元文件的压缩和使用效率；二进制编码方式的处理效率最高；文本编码方式使元文件可读、可修改。

图形元文件规定了生成、存储、传输图形信息的具体格式。每个图形元文件包括一个元文件描述体和若干个逻辑上独立的图形描述体。元文件描述体包含与整个元文件相关的一些信息，这些信息用于产生元文件的总体特征。每一个元文件可以包含一幅或多幅图像。除了需要元文件的描述信息外，这些图像都各自被完整地定义。每个图形描述体又包括一个图形描述单元和一个图形数据单元。CGM 的结构如图 32-5-3 所示。常用的图形元文件有图形生成元文件和图段生成元文件两种。

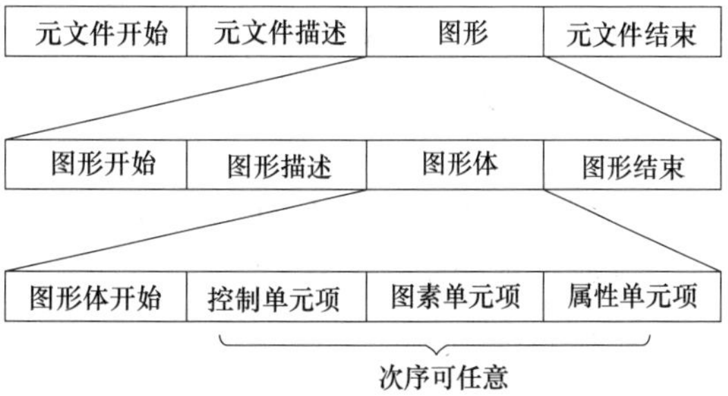

图 32-5-3　CGM 的结构

CGM 定义了标准的图形元文件，用 CGM 格式存储的图形数据与设备无关，可以在不同的图形系统之间相互移植。CGM 图形格式的这些优点使得它成为一种在 Internet 上传输图形信息的通用格式。但 CGM 是静态的图形生成元文件，不能产生图形的动态效果。

CGM 标准规定的单元项类型包括有：分隔元文件和分隔图形部分的单元、控制单元、图形元素单元、属性单元、补充（escape）单元（用以描述与设备及与系统有关的数据）、外部单元等。

CGM 标准文本 ISO/IEC 8632 共分 4 部分，第 1 部分是其功能描述，其余 3 部分则分别规定了 3 种文件编码形式：字符型编码、二进制型编码和正文型编码。在 3 种编码形式中，字符型编码的文件最紧凑，并可以在网络间传送；二进制型编码的文件在生成和解释处理时效率最高；正文型编码文件则可为用户所阅读，并可用一般文字处理软件进行编辑。

5.2.2 计算机图形软件标准

图形是描述几何形状的最基本形式，也是计算机与用户进行交换信息最主要的和最自然的方式，随着计算机图形学和 CAD 技术的发展，已制定了若干有关计算机图形软件的标准。计算机图形软件标准是 CAD 系统开发人员非常关心的图形系统核心问题之一 。

计算机图形软件标准是对有关图形处理功能、图形的描述定义以及接口格式等作出标准化规定，国际上通常采用的图形标准有 GKS、GKS-3D、PHIGS，以及近年来非常流行的 OpenGL 等，按它们在图形系统中所处的层次和功用（图 32-5-4），可划分为如下两个层次。

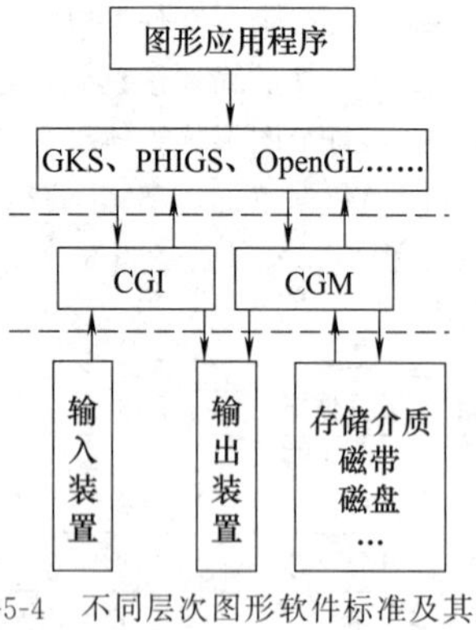

图 32-5-4　不同层次图形软件标准及其应用

（1）图形系统标准（图形子功能划分、子功能程序和应用程序连接标准）

属于这个层次的国际标准有图形核心系统（graphical kernel system，GKS ）和程序员层次交互图形系统（programmer's hierarchical interactive graphics system，PHIGS ）。制定这一层次标准的目的在于能合理构建图形应用程序并具有可移植性。图形系统标准中包括的基本概念和内容有：图形装置和工作站、输出图素及其属性、输入及交互模式、图形结构及操作处理、坐标系统及变换。GKS 和 PHIGS 标准从原则上对图形系统的功能和逻辑组成等进行了标准化。在具体应用软件环境中实现 GKS 和 PHIGS 的各项功能，是通过调用基本功能子程序（或由这些子程序进一步构建的工具包）来实现（图 32-5-5），各图形功能子程序可采用高级语言如 C、C＃、Visual Basic、Java 等编写。

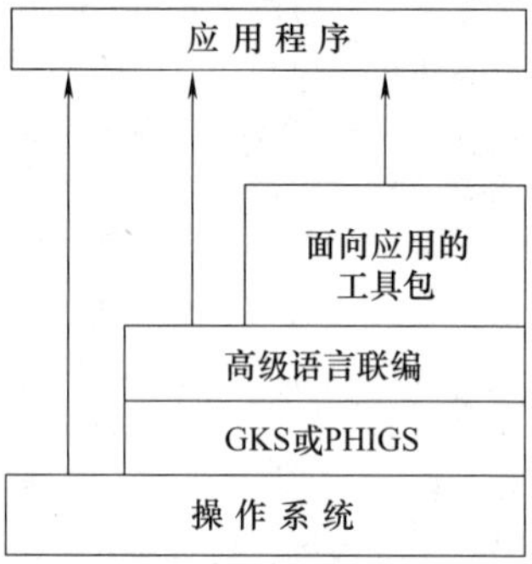

图 32-5-5　GKS 或 PHIGS 和高级编程语言联编

图形应用软件也可以直接采用调用通用图形软件包 GL（graphics library）的函数的方法进行图形处理。GL 现已发展为 OpenGL，是由 SGI 公司首先开发的，现在已成为一种事实上的工业标准。

（2）图形子功能程序和图形输入输出装置之间接口标准

这一层次的国际标准有计算机图形接口标准和计算机图形元文件标准，详见 5.2.1 节。

5.2.2.1　GKS 标准（GKS 和 GKS-3D）

GKS 是 ISO 开发的一个二维图形标准，它提供了图形输入/输出设备与应用程序之间的功能接口，定义了一个独立于语言的图形核心系统。

GKS 标准的基本内容和主要概念有：基本输出图素及其属性、图形输入方法和方式、图形的数据组织——图段、GKS 的级别、坐标系统和变换等。

（1）基本输出图素

GKS 规定的基本输出图素有 6 种（图 32-5-6）。

（2）输出属性

输出属性指有关控制输出图素外观的项目。GKS 将输出属性分为两类：全局性的属性和与工作站性能有关的属性。全局性的属性的控制值对各种工作站都取相同值。与工作站性能有关的属性的控制值与工作站有关，可单个规定，也可按工作站性能将属性控制值集束列为表，规定集束内容在表中的索引指示值，然后按索引指示值选择。例如，对折线可通过选择属性集束表索引指示值，同时选定其线型、线宽比例和颜色号等属性。

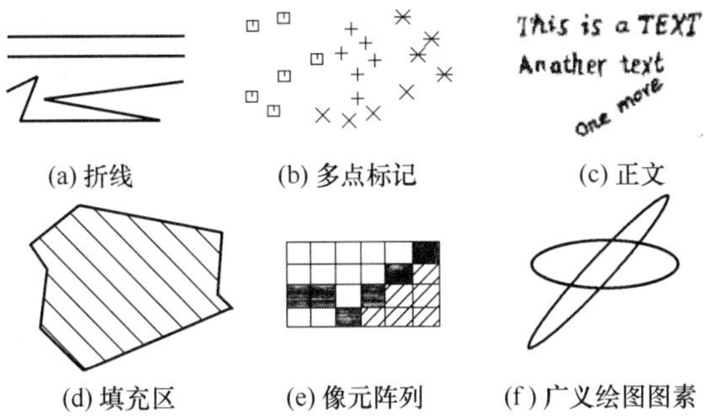

图 32-5-6　GKS 规定的基本输出图素

GKS 规定的基本图素输出属性见表 32-5-1。

表 32-5-1　基本图素输出属性

图素	与工作站有关的属性	全局属性
折线	线型 线宽比例因子 颜色号	无
多点标记	标记型式 标记大小比例因子 颜色号	无
区域填充	填充区域内部型式 填充区域型式号 填充颜色号	模式的参考点 模式大小
正文	字体及精度 字符放大因子 字符排列间隔 颜色号	字符高度 字符方位向量 正文排列方向 正文相对于参考点的对中性
像元阵列	无	无

（3）图形输入

GKS 将输入数据类型分为以下 6 种类型：①位置坐标输入；②点列坐标输入；③数值输入；④代表选择项的整数值；⑤拾取图段名或拾取指示图素集的识别标记；⑥字符串。

输入的操作方式可分为：

1）请求方式（REQUEST）　调用请求功能，等待输入操作后读取输入数据。

2）采样方式（SAMPLF）　调用采样功能，返回指定输入装置当前输入数值。

3）事件方式（EVENT）　GKS 中存储有等待输入数据队列，当数据队列对应的逻辑输入装置被激活时（事件被激发），系统即接受激发的队列数据。

（4）图段

图段是用以存储图形数据的单位记录，GKS 通过图段来构建和操作处理图形。在 GKS 中，图段不能相互引用和嵌套。图段内包含的图素应在生成图段时定义，生成结束后，图段内的图素数据不能再更改且也不能在图段内增加新图素，但可对整个图段进行复制、交换、改名、删除整个图段、检测是否被拾取、增强显示、改变显示覆盖优先级、控制其可视性等处理操作。

（5）输入输出逻辑装置（工作站）的分类和 GKS 级别

从应用功能角度，GKS 将工作站功能进行分类，输入功能分为 a、b、c 类；输出功能分为 0、1、2 类。为适应不同环境要求，GKS 实现时可采用不同类别输入功能和输出功能的组合，组合级别称为 GKS 级别，见表 32-5-2。

表 32-5-2　GKS 的级别

输出级		输入级		
		无输入(a)	只有请求方式输入功能(b)	全部方式输入功能(c)
简单的输出功能	0	0a	0b	0c
包括有图段输出功能	1	1a	1b	1c
全部输出功能，包括从与装置无关的图段储存器(WISS)中取出图段插入	2	2a	2b	2c

（6）坐标系统和变换

① 世界坐标（world coordinate，WC）：在应用程序中定义图形输入和输出的笛卡儿坐标系。

② 规范化设备坐标（normalized device coordinate，NDC）：虚拟的设备坐标，其坐标值范围规范化为 0～1。

③ 设备坐标（device coordinate，DC）：在图形设备上定义图形用的坐标系，其单位坐标值大小与设备有关。

将图形数据从世界坐标系变换至规范化设备坐标系，称为规范化变换。将图形数据从规范化设备坐标系变换至设备坐标，称为工作站变换（图 32-5-7）。

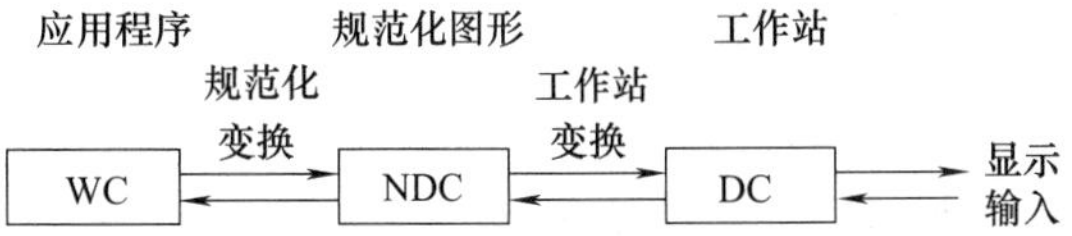

图 32-5-7　图形坐标变换

在具体应用过程中，GKS 系统由于是二维图形标准，不能代表迅速发展的三维图形功能。为此，

ISO/IEC 又继续制定了 GKS-3D 图形标准，该标准的制定规则与 GKS 基本一致，在功能上可以混合应用，但 GKS-3D 增加了与三维图形输入/输出、显示、视图等有关的功能。

5.2.2.2 PHIGS 标准（程序员层次交互图形系统）

PHIGS 是美国计算机图形技术委员会在 20 世纪 80 年代中期发布的一种图形信息系统标准，其目的主要是提供一个能被国际标准化组织（ISO）接受的图形标准。该标准的功能比较全面，对提高三维图形软件的可移植性和三维图形显示质量都具有重要的意义。

PHIGS 标准包含三个方面的含义：一是向应用程序开发者提供控制图形设备的图形系统接口；二是图形数据按照层次结构组织；三是提供了动态修改和绘制显式图形数据的方法。PHIGS 是为具有高度动态性、交互性的三维图形应用软件而设计的图形软件工具库，高效率地描述应用模型、迅速修改图形数据、重新显示修改后的图形是它最主要的特点。

PHIGS 由 328 个用户功能子程序组成，这些子程序按其内容又分为控制、输出图元、属性设置、变换、结构、结构管理与结构显示、档案管理、输入、图形元文件、查询、错误控制、特殊接口等功能模块。PHIGS 与 GKS-3D 系统相比，前者是在后者的概念上开发出来的，但又有很多的改进，这些改进主要表现在 PHIGS 有很强的模型化功能，而 GKS-3D 没有模型坐标系，几乎没有模型化的能力。此外，GKS-3D 图段的大部分内容一经建立就不能修改，只有图段的个别属性能够修改，而 PHIGS 系统允许其结构的任一部分在任何时刻都可以根据用户的要求加以改变。GKS-3D 图段的改动意味着需要先将其删除，然后再建立新的图段，而 PHIGS 不用删除图段就可以修改其图段的内容。总而言之，PHIGS 和 GKS-3D 两个图形系统在图形数据的组织、管理形式上是完全不一致的，PHIGS 更适合二维、三维、动态、实时的要求。当然，两者在许多基本概念上是一致的。

（1）PHIGS 系统框架结构

图 32-5-8 所示为 PHIGS 系统的框架结构及应用关系。

GKS 系统以实现显示表现和图形存储为主要功能，建立显示图形模型的工作由 GKS 之外的应用程序完成，图形数据的存储以相互独立的图段为单位存储。PHIGS 系统则具有建立显示模型的功能。PHIGS 将模型的定义、修改和显示表现分离，图形

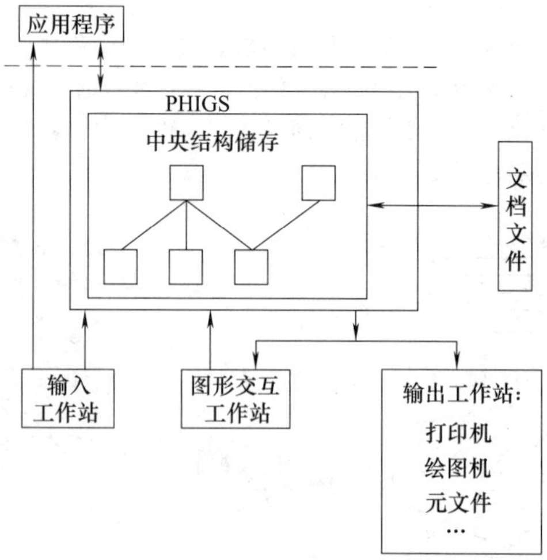

图 32-5-8 PHIGS 系统框架结构

数据存储在中央结构存储器中，数据可定义为具有层次隶属联系，由输出处理器对中央结构存储器中的结构数据进行解释处理并传送至工作站生成图形。

（2）输出图素及其属性

PHIGS 规定的基本图素种类大体与 GKS 标准相似。PHIGS 支持三维图素数据。每种基本图素都可以赋予若干属性。PHIGS 规定的属性共分为四类。

1）几何属性　用以控制图素的形状和大小尺寸。

2）非几何属性　影响其外观，例如图素的颜色。

3）观察属性　生成图形时观察视线的方位、观察坐标和屏幕显示坐标的映射关系和剪裁用参数等。

4）识别属性

① 拾取识别：用以供图形输入定位器拾取。

② 相关图素名集：用以定义与其相关联的图素集以便对相关图素集进行增强显示、不显示、检测其存在与否等操作。在 PHIGS-PLUS 中又增加了曲线和曲面基本图素类型，它包括三角形和四边形网格以及非均匀有理 B 样条（NURBS）曲线和曲面。

（3）图形输入

与 GKS 标准相同，规定有 6 种类型输入和 3 种输入工作方式。

（4）图形数据结构和模型编辑

PHIGS 中数据的基本单位是结构单元。底层的结构单元直接由图素组成，结构单元又可联合组成更高层次的结构单元，各结构单元之间的连接组成结构单元的树状层次网络。整个图形对应为根结构单元。各子图形则以各子结构单元代表。采用层次数据可以更准确地定义图形的组成隶属关系，这种层次结构的数据组织与一般 CAD 应用数据结构关系一致，有利于采用模块化技术建立模型。定义结构单元过程由调

用 Open Structure 功能开始，以 Close Structure 为结束。而 GKS 系统只采用单一层次的图段数据，因此不便用于构建模型。

PHIGS 中定义结构单元的内容有：输出图素及其属性、模型变换矩阵、观察输出选择、内部图素集名称、引用的其他结构单元等。对已定义了的图形结构可以作修改，PHIGS 提供了对模型的编辑修改功能，即打开一个结构单元，对结构单元内部的各图形元素的指针进行插入、移动、更换等操作，交互修改操作简单方便。

（5）显示表达

在工作站中生成图形是由一个称作转移（traversal）的操作来完成的，它对中央结构存储中模型的定义数据进行处理，提取出其图形信息，转移传送到工作站设备给出图形。在显示绘制图形时，往往不需要生成并显示全部图形，而只需要生成和显示其部分图形，PHIGS 可以选择欲显示的结构内容，并用 EXECUTE STRUCTURE 命令对选择指定的结构单元数据执行显示处理。

（6）坐标系统和变换

PHIGS 系统中引用 5 个坐标系统，即模型坐标系、世界坐标系、观察参考坐标系、规范化投影坐标系和设备坐标系，它们之间的变换有组合模型变换、观察变换、剪裁处理及投影图形映射到规范化设备变换和工作站变换。

① 模型坐标（modeling coordinate，MC）是以描述模型本身为基准定义各结构单元位置的坐标系。其坐标值是三维数据，如果结构单元只包含二维数据，则三维中的 z 坐标取为零。

② 世界坐标（world coordinate，WC）是描述物体对象并与设备无关的坐标系。在模型建立（或编辑修改）中，要将各结构单元在各模型坐标系中的数据组合变换至世界坐标，该变换称为组合模型变换。组合模型变换是与设备无关的。

③ 规范化投影坐标（normalized projection coordinate，NPC）是虚拟的规范化坐标系，其坐标值范围规范化为 0～1。

④ 设备坐标（device coordinate，DC）是图形装置坐标系。为了适应在多种不同图形设备上显示图形的要求，观察视图先经过剪裁处理并映射至规范化的投影坐标系，然后再变换到实际采用的图形设备。后一变换即工作站变换。

在显示过程，各坐标变换流程见图 32-5-9。

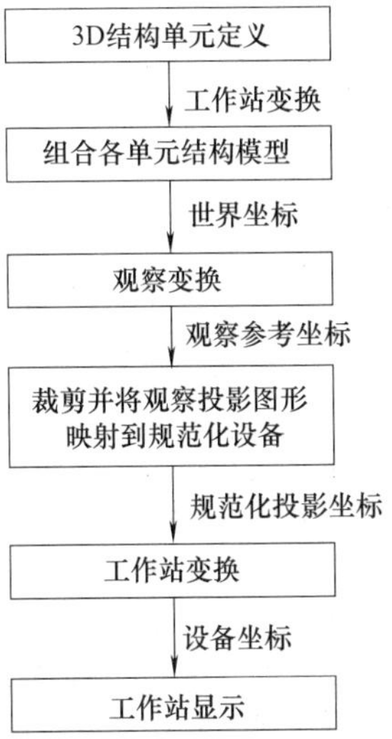

图 32-5-9　坐标变换流程

5.2.2.3　OpenGL 标准（开放图形库）

严格来说，开放图形库——OpenGL（open graphics library）并不是国际标准，它是由 SGI 公司根据自己的三维图形库 GL 开发设计的一个通用共享的开放式三维图形标准，最初应用在 SGI 的图形工作站上。由于该系统独立于操作系统和计算机硬件，加之系统功能强大、使用方便，许多大公司如 IBM、MicroSoft、HP、3UN 等都将 OpenGL 作为其图形处理的标准，久而久之使其自然成为业界的事实标准，广泛应用于产品设计、建筑、医学、地球科学、流体力学、游戏开发等领域。

（1）OpenGL 的基本概念

OpenGL 最初是 SGI 公司为其图形工作站开发的可以独立于窗口操作系统和硬件环境的图像开发环境，其目的是将用户从具体的硬件系统和操作系统中解放出来，可以完全不去理解这些系统的结构和指令系统，只要按规定的格式书写应用程序就可以在任何支持语言的硬件平台上执行。OpenGL 的前身是 SGI 公司为其图形工作站开发的 IRIS GL，由于 OpenGL 的高度可重用性，已经有几十家大公司表示接受 OpenGL 作为标准图形软件接口。目前加入 OpenGL 体系结构审查委员会（OpenGL ARB）的成员有 SGI 公司、Microsoft 公司、Intel 公司、IBM 公司、SUN 公司、原 DEC 公司（已由 Compaq 公司兼并）、HP 公司、AT&T 公司的 UNIX 软件实验室等。在 OpenGL ARB 的努力下，OpenGL 已经成为高性能图形和交互式视镜处理的工业标准，能够在 Windows、MacOS、BeOS、OS/2 及 UNIX 上应用。

作为图形硬件的软件接口，OpenGL 由几百个指令或函数组成。对程序员而言 OpenGL 是一些指令或函数的集合。这些指令允许用户对二维几何对象或三维几何对象进行说明，允许用户对对象实施操作以便把这些对象着色（render）到帧存（frame buffer）上。OpenGL 的大部分指令提供立即接口操作方式以便使说明的对象能够马上被画到帧存上。一个使用 OpenGL 的典型描绘程序首先在帧存中定义一个窗口，然后在此窗口中进行各种操作。在所有的指令中，有些调用用于画简单的几何对象，另外一些调用将影响这些几何对象的描绘，包括如何光照、如何着色以及如何从用户的二维或三维模型空间映射到二维屏幕。

对于 OpenGL 的实现者而言，OpenGL 是影响图形硬件操作的指令集合。如果硬件仅仅包括一个可以寻址的帧存，那么 OpenGL 就几乎完全在 CPU 上实现对象的描绘，图形硬件可以包括不同级别的图形加速器，从能够画二维的直线到多边形的网栅系统到包含能够转换和计算几何数据的浮点处理器。OpenGL 可以保持数量较大的状态信息。这些状态信息可以用来指示 OpenGL 如何往帧存中画物体，有一些状态用户可以直接使用，通过调用即可获得状态值；而另外一些状态只能根据它作用在所画物体上产生的影响才能获得。

OpenGL 是网络透明的，可以通过网络发送图形信息至远程机，也可以发送图形信息至多个显示屏幕，或者与其他系统共享处理任务。

OpenGL 是一个优秀的专业化 3D 的 API，能否支持 OpenGL 已成为检验高档图形加速卡的重要指标之一。在 OpenGL ARB 的努力下，OpenGL 的主要版本已有 1.0，1.1，1.2，1.3，14，1.5，2.0，3.0，3.1，3.2。用户可以用 OpenGL 作为开发图形应用程序的基础。

（2）OpenGL 的基本功能及绘制方式

OpenGL 包含一百多个库函数，并按一定的格式来命名。由这些核心库函数根据参数不同和形式的变化可以派生出三百多个函数。作为三维图形接口，OpenGL 具有包括基本图元、造型、着色、光照、景深、阴影、混合、动画、明暗处理、隐藏面消除、反走样、纹理映射、图像处理等绘制功能。另外，OpenGL 采用显示表（display lists）技术引入了 PHIGS 中层次结构的概念。在 OpenGL 的应用程序接口 API 顶部还设有实用程序库，支持绘制二次曲线和曲面、NURBS 曲线和曲面及若干其他高级图元。OpenGL 能够帮助用户高效地生成真正彩色的三维场景，包括从简单的三维物体到动态交互场景。具体地说，OpenGL 提供的主要功能如下。

1）建模　OpenGL 图形库除了提供基本的点、线和多边形的绘制函数外，还提供了复杂的三维物体（球、锥、多面体、茶壶等）以及复杂曲线曲面（Bezier、NURBS 等曲线曲面）的绘制函数。创建三维模型时，OpenGL 以定点为图元，由点构成线，由线及其拓扑结构构成多边形。应用点、线、多边形等基本几何图形可以绘制出任何用户想要绘制的三维形体。

2）视点的选择和变换　对于已完成了场景绘制的物体，用户可以选择观察角度和方式。QpenGI 是通过一系列的变换来响应用户的要求的，包括平移、旋转、缩放和镜像等基本几何变换以及平行投影和透视投影这两种投影变换。通过变换，可以选择不同视点，指定观察方向、角度及观察范围的大小以及物体的各个侧面等。

3）设置颜色模式　OpenGL 使用专门的函数和结构来设置颜色模式。OpenGL 有两种颜色模式：RGBA 模式和颜色索引模式，在 RGBA 模式中，颜色值由红色、绿色、蓝色值来描述。在颜色索引模式中，颜色值则由颜色索引表中的索引值来指定。对于两种颜色模式，OpenGL 还可以选择平面着色处理或平滑着色处理。

4）设置光照和材质　用 OpenGL 绘制的物体可以加上灯光，这使得绘制的物体与真实世界的物体极为相似。OpenGL 可以提供 4 种光，即辐射光（emitted light）、环境光（ambient light）、镜面光（specular light）、漫反射光（diffuse light），可以指定光的颜色、光源位置等相关参数。物体的光照效果还与物体本身的材质有关。材质是用光的反射率来表示的，OpenGL 可以对物体的材质进行定义，说明它们对光的反应特性。在医学图像处理中，好的光照效果可以使得医学器官的显示效果非常逼真。

5）增强图像效果　OpenGL 提供了一系列增强图像效果的函数，通过反走样（antialiasing）、融合（blending）、雾化（fog）来增强图像效果。反走样可改善图像中直线的锯齿状；融合可以提供半透明效果；雾化则可以模糊场景，使场景更逼真。可以对整个场景进行反走样处理，也可以实现类似照相技术中的对焦处理，还可以实现运动模糊等特殊效果。对于由顶点颜色决定的多边形面的颜色显示，可以选择平面着色或平滑着色。

6）管理位图和图像　OpenGL 可以管理两种类型的位图图像。其一是单色的位图，主要用于正确地生成字符等简单的图像。其二是真彩位图，它们可以按各种方式在屏幕和内存间进行传递。这样可以比较容易地把系统产生的三维图像转换成其他格式的图像，便于其他图像系统处理。

7）纹理映射（texture mapping）　通过众多的彩色多边形创建的物体往往因为表现其细节不够而显得

不够真实。基于此，OpenGL可以让程序员应用纹理映射（以点映射来包裹一个物体）把真实图像映射到物体的表面，逼真地表达物体表面的细节。

8）制作动画　为了生成平滑的动画，OpenGL采用双缓存技术。双缓存即前台缓存和后台缓存，后台缓存计算场景、生成画面；前台缓存显示后台缓存已画好的画面，从而产生平滑动画效果。

9）交互反馈　交互技术是OpenGL的一个重要应用。OpenGL提供三种工作模式：绘图模式、选择模式和反馈模式。绘图模式完成场景的绘制，可以借助于物体的几何参数及运动控制参数、场景的观察参数、光照参数、材质参数、纹理参数、OpenGL函数的众多常量控制参数、时间参数等和Windows对话框、菜单、外部设备等构成实时交互的程序系统。在选择模式下，则可以对物体进行命名，选择命名的物体，控制对命名物体的绘制。而反馈模式则给程序设计提供了程序运行的信息，这些信息也可反馈给用户，告诉用户程序的运行状况和监视程序的运行进程。

10）自动消隐　OpenGL利用Z-buffer技术自动地进行隐藏面和隐藏线的消除。根据所绘物体的景深不同，离视点近的物体会遮盖住离视点远的物体，自动进行消隐。

（3）OpenGL的命令执行模式及工作流程

OpenGL命令的执行采用客户/服务器模式（Client/Server），应用程序（客户）发出命令，命令被服务器（OpenGL内核）程序解释和处理。客户和服务器可以运行也可以不运行在同一台计算机上，因为OpenGL是网络透明的。

图32-5-10是绘图工作从CPU到帧缓存器的流程图。OpenGL有两种基本绘图对象：用顶点描述的几何图形和用像素描述的图像，纹理操作可以将这两种绘图对象结合在一起。

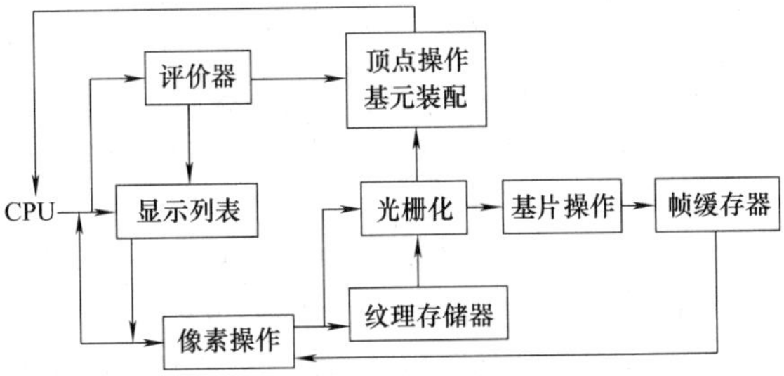

图32-5-10　OpenGL工作流程

（4）OpenGL函数及绘图基本步骤

OpenGL的绘制方式多种多样，内容十分丰富，对三维物体主要提供以下绘制方式。

• 线框绘制方式（wire frame）：这种方式仅绘制三维物体的网格轮廓线。

• 深度优先线框绘制方式（depth cued）：用线框方式绘图，但使远处的物体比近处物体暗一些，以模拟人眼看物体的效果。

• 反走样线框绘制方式（antialiased）：用线框方式绘图，绘制时采用反走样技术以减少图形线条的参差不齐。

• 平面明暗处理方式（flat shading）：对模型的平面单元按光照度进行着色，但不进行光滑处理。

• 光滑明暗处理方式（smooth shading）：对模型按光照绘制的过程进行光滑处理。这种方式更接近于现实。

• 阴影和纹理方式（shadow，texture）：在模型表面贴上纹理，加上光照阴影效果，使得三维场景像照片一样逼真。

• 运动模糊绘制方式（motion blured）：模拟物体运动时人眼观察所感觉到的动感模糊现象。

• 大气环境效果（atmosphere effects）：在三维场景中加入雾等大气环境效果，使人仿佛身临其境。

• 深度域效果（depth of effects）：类似于照相机镜头效果，模型在聚焦点处清晰，否则模糊。

OpenGL的函数共有4种，以gl开头命名的是其核心函数，执行基本功能；以glu开头命名的是实用库函数，在gl核心函数基础上提供高级辅助绘图功能；以glut开头命名的是一种非标准的函数，主要供初学者使用，使用它编写程序比较简单，但并非每种平台上都能使用；glX和wgl函数分别用来提供OpenGL与X Window和Win32的接口。

OpenGL的大部分命令提供立即执行操作方式，以便使绘制的对象能够立即被画到帧存上。一个使用OpenGL的典型描绘程序首先在帧存中定义一个窗口，然后在此窗口中进行各种操作。在所有的命令中，有些调用用于画简单的几何对象，另外一些调用将影响这些几何对象的描绘，包括如何加入光照、如何着色以及如何从用户的二维或三维模型空间映射到二维屏幕等。

绘制三维场景的基本步骤是：

1）设置像素绘制信息数据结构　像素绘制信息数据结构定义OpenGL绘制风格、颜色模式、颜色位数、深度位数等重要信息，然后通过glX或wgl函数，把OpenGL与X Window或Win32连接起来。

2）建立模型　根据具体应用，建立具体景物的三维模型，并对模型进行数学描述，例如医学图像处理模型、特征造型模型等。

3）舞台布置　把景物放置在三维空间的适当位

置，设置三维透视视觉体以观察场景、旋转观察角度、设置视点等。

4）效果处理　设置物体的材质（颜色、光学性能及纹理映射方式等），加入光照及光照条件，进行反走样、融合、雾化等处理。

5）光栅化　把景物及其颜色信息转化为可在计算机屏幕上显示的像素信息，在屏幕上绘制出图形。

其中步骤 1）主要涉及 OpenGL 与 X Window 或 Win32 的接口，读者可在此基础上逐渐深入学习 OpenGL 编程。有些步骤并非必要，但可增强图像效果，如 4），所以具体编程不一定要严格按这 5 步执行。

（5）OpenGL 编程实例

OpenGL 具有强大的图形功能和跨平台能力，可以应用于很多窗口系统和操作系统上，下面介绍在微机的 Windows 及 Visual C＋＋环境下，创建一个基于 OpenGL 的比较简单的应用程序的例子，以帮助读者快速入门。

具有 Windows 编程经验的人都知道，在 Windows 下用 GDI 作图必须通过“设备上下文”（evice context，DC）调用相应的函数；用 OpenGL 作图也是类似的，OpenGL 函数是通过“渲染上下文”（render context，RC）完成三维图形的绘制。Windows 下的窗口和设备上下文支持“位图格式”（PIXEL FORMAT）属性，和 RC 有着位图结构上的一致。只要在创建 RC 时与一个 DC 建立联系（RC 也只能通过已经建立了位图格式的 DC 来创建），OpenGL 的函数就可以通过 RC 对应的 DC 画到相应的显示设备上。这主要对应上节的步骤 1）。

OpenGL 在 VC 环境下的编程步骤如下。

① 建立基于 OpenGL 的应用程序框架。

② 创建项目：在 file New 中建立项目，基于单文档，View 类基于 Cview。

③ 添加库：在 project Setting 中指定库。

④ 初始化：选择 View Class Wizard，打开 MFC 对话框，添加相应的定义。

⑤ 添加类成员说明。

基于 OpenGL 的程序框架已经构造好，以后用户只需要在对应的函数中添加程序代码即可。

下面介绍如何在 VC＋＋上进行 OpenGL 编程。OpenGL 绘图的一般过程可以看作是这样的：先用 OpenGL 语句在 OpenGL 的绘图环境 Render Context（RC）中画好图，然后再通过一个 Swap buffer 的过程把图传给操作系统的绘图环境（DC）中，实实在在地画出到屏幕上。

下面以画一条 Bezier 曲线为例，详细介绍 VC＋＋上 OpenGL 编程的方法。文中给出了详细注释，以便给初学者明确的指引。一步一步地按所述去做，就能顺利地在 OpenGL 平台上画出一个图形。

（1）产生程序框架 Test. dsw

New Project→MFC Application Wizard（EXE）→“Test”→OK

注：加“　”者指要手工敲入的字串。

（2）导入 Bezier 曲线类的文件

用下面方法产生 BezierCurve. h 和 BezierCurve. cpp 两个文件：

WorkSpace→ClassView→Test Classes→<右击弹出>New Class→Generic Class（不用 MFC 类）→“CBezierCurve”→OK

（3）编辑好 Bezier 曲线类的定义与实现

写好下面两个文件：

BezierCurve. h　BezierCurve. cpp

（4）设置编译环境

① 在 BezierCurve. h 和 TestView. h 内各加上：

```
#include <GL/gl.h>
#include <GL/glu.h>
#include <GL/glaux.h>
```

② 在集成环境中：

Project→Settings→Link→Object/library module→" opengl32. lib glu32. lib glaux. lib" →OK

③ 设置 OpenGL 工作环境（下面各个操作，均针对 TestView. cpp）：

a. 处理 PreCreateWindow（）：设置 OpenGL 绘图窗口的风格。

cs. style→＝WS_CLIPSIBLINGS→WS_CLIPCHILDREN→CS_OWNDC;

b. 处理 OnCreate（）：创建 OpenGL 的绘图设备。

OpenGL 绘图的机制是：先用 OpenGL 的“绘图上下文”Render Context 把图画好，再把所绘结果通过 SwapBuffer（）函数传给 Window 的“绘图上下文”Device Context。要注意的是，程序运行过程中，可以有多个 DC，但只能有一个 RC。因此当一个 DC 画完图后，要立即释放 RC，以便其他的 DC 也使用。在后面的代码中，将有详细注释。

```
int CTestView::OnCreate(LPCREATESTRUCT lpCreateStruct)
{
```

```
if (CView::OnCreate(lpCreateStruct) ==-1)
return -1;
myInitOpenGL();
return 0;
}
void CTestView::myInitOpenGL()
{
m_pDC = new CClientDC(this); //创建 DC
ASSERT(m_pDC != NULL);
if (! mySetupPixelFormat()) //设定绘图的位图格式,函数下面列出
return;
m_hRC = wglCreateContext(m_pDC->m_hDC);//创建 RC
wglMakeCurrent(m_pDC->m_hDC, m_hRC); //RC 与当前 DC 相关联
} //CClient * m_pDC; HGLRC m_hRC; 是 CTestView 的成员变量
BOOL CTestView::mySetupPixelFormat()
{//我们暂时不管格式的具体内容是什么,以后熟悉了再改变格式
static PIXELFORMATDESCRIPTOR pfd =
{
sizeof(PIXELFORMATDESCRIPTOR), // size of this pfd
1, // version number
PFD_DRAW_TO_WINDOW|// support window
PFD_SUPPORT_OPENGL|// support OpenGL
PFD_DOUBLEBUFFER, // double buffered
PFD_TYPE_RGBA, // RGBA type
24, // 24-bit color depth
0, 0, 0, 0, 0, 0, // color bits ignored
0, // no alpha buffer
0, // shift bit ignored
0, // no accumulation buffer
0, 0, 0, 0, // accum bits ignored
32, // 32-bit z-buffer
0, // no stencil buffer
0, // no auxiliary buffer
PFD_MAIN_PLANE, // main layer
0, // reserved
0, 0, 0 // layer masks ignored
};
int pixelformat;
if ((pixelformat = ChoosePixelFormat(m_pDC->m_hDC, &pfd)) == 0)
{
MessageBox("ChoosePixelFormat failed");
return FALSE;
}
if (SetPixelFormat(m_pDC->m_hDC, pixelformat, &pfd) == FALSE)
{
MessageBox("SetPixelFormat failed");
return FALSE;
}
return TRUE;
}
```

c. 处理 OnDestroy ()。

```
void CTestView::OnDestroy()
{
wglMakeCurrent(m_pDC->m_hDC,NULL); //释放与 m_hDC 对应的 RC
wglDeleteContext(m_hRC); //删除 RC
if (m_pDC)
delete m_pDC; //删除当前 View 拥有的 DC
CView::OnDestroy();
}
```

d. 处理 OnEraseBkgnd ()。

```
BOOL CTestView::OnEraseBkgnd(CDC* pDC)
{
// TODO: Add your message handler code here and/or call default
// return CView::OnEraseBkgnd(pDC);
//把这句话注释掉,若不然,Window
//会用白色背景来刷新,导致画面闪烁
return TRUE;//只要空返回即可
}
```

e. 处理 OnDraw ()。

```
void CTestView:: OnDraw (CDC* pDC)
{
wglMakeCurrent (m_pDC->m_hDC, m_hRC); //使 RC 与当前 DC 相关联
myDrawScene (); //具体的绘图函数, 在 RC 中绘制
SwapBuffers (m_pDC->m_hDC); //把 RC 中所绘传到当前的 DC 上, 从而
//在屏幕上显示
```

wglMakeCurrent (m _ pDC-> m _ hDC, NULL); //释放 RC，以便其他 DC 进行绘图

}

void CTestView:: myDrawScene ()

{

glClearColor (0.0f, 0.0f, 0.0f, 1.0f); //设置背景颜色为黑色

glClear (GL _ COLOR _ BUFFER _ BIT | GL _ DEPTH _ BUFFER _ BIT);

glPushMatrix ();

glTranslated (0.0f, 0.0f, -3.0f); //把物体沿 (0, 0, -1) 方向平移

//以便投影时可见。因为缺省的视点在 (0, 0, 0)，只有移开

//物体才能可见。

//本例是为了演示平面 Bezier 曲线的，只要作一个旋转

//变换，就可更清楚地看到其 3D 效果。

//下面画一条 Bezier 曲线

bezier _ curve. myPolygon (); //画 Bezier 曲线的控制多边形

bezier _ curve. myDraw ( ); //CBezierCurve bezier _ curve

//是 CTestView 的成员变量

//具体的函数见附录

glPopMatrix ();

glFlush (); //结束 RC 绘图

return;

}

f. 处理 OnSize ()。

void CTestView::OnSize(UINT nType, int cx, int cy)

{

CView::OnSize(nType, cx, cy);

VERIFY(wglMakeCurrent(m_pDC->m_hDC, m _hRC)); //确认 RC 与当前 DC 关联

w=cx;

h=cy;

VERIFY(wglMakeCurrent(NULL, NULL)); //确认 DC 释放 RC

}

g. 处理 OnLButtonDown ()。

void CTestView:: OnLButtonDown (UINT nFlags, CPoint point)

{

CView::OnLButtonDown(nFlags, point);

if(bezier_curve. m_N>MAX-1)

{

MessageBox("顶点个数超过了最大数 MAX=50");

return;

}

//以下为坐标变换作准备

GetClientRect(&m_ClientRect); //获取视口区域大小

w=m_ClientRect. right-m_ClientRect. left; //视口宽度 w

h=m_ClientRect. bottom-m_ClientRect. top; //视口高度 h

//w,h 是 CTestView 的成员变量

centerx = (m _ ClientRect. left + m _ ClientRect. right)/2; //中心位置

centery = (m _ ClientRect. top + m _ ClientRect. bottom)/2; //取之作原点

//centerx,centery 是 CTestView 的成员变量

GLdouble tmpx,tmpy;

tmpx=scrx2glx(point. x); //屏幕上点坐标转化为 OpenGL 画图的规范坐标

tmpy=scry2gly(point. y);

bezier_curve. m_Vertex[bezier_curve. m_N]. x=tmpx; //加一个顶点

bezier_curve. m_Vertex[bezier_curve. m_N]. y=tmpy;

bezier_curve. m_N++; //顶点数加一

InvalidateRect(NULL,TRUE); //发送刷新重绘消息

}

double CTestView::scrx2glx(int scrx)

{

return (double)(scrx-centerx)/double(h);

}

double CTestView::scry2gly(int scry)

{

}

④ 附录：

a. CBezierCurve 的声明 (BezierCurve. h)：

class CBezierCurve

{

```
public:
myPOINT2D m_Vertex[MAX];//控制顶点,以数组存储
//myPOINT2D 是一个存二维点的结构
//成员为 Gldouble x,y
int m_N; //控制顶点的个数
public:
CBezierCurve();
virtual ~CBezierCurve();
void bezier_generation(myPOINT2D P[MAX], int level);
//算法的具体实现
void myDraw();//画曲线函数
void myPolygon(); //画控制多边形
};
```

b. CBezierCurve 的实现（BezierCurve. cpp）:

```
CBezierCurve::CBezierCurve()
{
m_N=4;
m_Vertex[0]. x=-0. 5f;
m_Vertex[0]. y=-0. 5f;
m_Vertex[1]. x=-0. 5f;
m_Vertex[1]. y=0. 5f;
m_Vertex[2]. x=0. 5f;
m_Vertex[2]. y=0. 5f;
m_Vertex[3]. x=0. 5f;
m_Vertex[3]. y=-0. 5f;
}
CBezierCurve::~CBezierCurve()
{
}
void CBezierCurve::myDraw()
{
bezier_generation(m_Vertex,LEVEL);
}
void CBezierCurve::bezier_generation(myPOINT2D P[MAX], int level)
{ //算法的具体描述,请参考相关书籍
int i,j;
level--;
if(level<0)return;
if(level==0)
{
glColor3f(1. 0f,1. 0f,1. 0f);
glBegin(GL_LINES); //画出线段
glVertex2d(P[0]. x,P[0]. y);
glVertex2d(P[m_N-1]. x,P[m_N-1]. y);
glEnd();//结束画线段
return; //递归到了最底层,跳出递归
}
myPOINT2D Q[MAX],R[MAX];
for(i=0;i {
Q. x=P. x;
Q. y=P. y;
}
for(i=1;i<m_N;i++)
{
R[m_N-i]. x=Q[m_N-1]. x;
R[m_N-i]. y=Q[m_N-1]. y;
for(j=m_N-1;j>=i;j--)
{
Q[j]. x=(Q[j-1]. x+Q[j]. x)/double(2);
Q[j]. y=(Q[j-1]. y+Q[j]. y)/double(2);
}
}
R[0]. x=Q[m_N-1]. x;
R[0]. y=Q[m_N-1]. y;
bezier_generation(Q,level);
bezier_generation(R,level);
}
void CBezierCurve::myPolygon()
{
glBegin(GL_LINE_STRIP); //画出连线段
glColor3f(0. 2f,0. 4f,0. 4f);
for(int i=0;i<m_N;i++)
{
glVertex2d(m_Vertex. x,m_Vertex. y);
}
glEnd();//结束画连线段
}
```

5.2.3　产品数据交换标准

随着计算机技术的发展与成熟，计算机辅助技术在产品设计领域得到了广泛应用。在这个领域里，设计过程的各个阶段所采用的“手段和方法”以及由此产生的“结果”都是以各种各样的数字化“信息”为基础的。为了有效利用这些信息，满足 CAD/CAM 集成的需要，方便企业内部和企业间的通信和交流，

越来越多的用户需要把产品数据在不同应用系统之间进行交换。因此，有必要建立一个统一的产品信息描述和交换标准，即产品数据交换标准，以提高数据交换的速度，保证数据传输的完整、可靠和有效。目前世界上几种著名的数据交换标准是 DXF、IGES 和 STEP。

5.2.3.1　DXF（图形交换文件）

DXF（drawing interchange format 或者 drawing exchange file）是 Autodesk 公司开发的用于 AutoCAD 与其他软件之间进行 CAD 数据交换的 CAD 数据文件格式。

AutoCAD 是一个广泛应用的图形编辑系统，它具有一个十分紧凑的图形数据库，采用 DWG 文件存储和管理图形文件。但是，用户很难直接利用该图库中的数据信息，其他的通用 CAD 软件也不能直接读 AutoCAD 的 DWG 图形文件。为此，AutoCAD 又规定了一种与 DWG 文件完全等价的，以 ASCII 码文本表示可供外部阅读的文件，称为 DXF 文件。DXF 文件可用于实现 AutoCAD 系统与其他系统之间交换图形数据。DXF 文件的格式虽然只是由 AutoCAD 系统提出并制定，但目前已为众多 CAD 系统所接受，绝大多数 CAD 系统都能读入或输出 DXF 文件，因此，DXF 已成为产品数据交换事实上的工业标准。

随着 AutoCAD 软件版本的不断升级，DXF 文件格式也在不断地发展和改进，当前不仅能够支持二维图形的数据交换，也能支持三维实体模型的数据交换。

（1）DXF 文件的总体结构

一个完整的 DXF 文件由 7 个段（SECTION）和文件结尾组成，每段中又有若干组。

① HEADER（标题）段：描述有关图形的一般信息，每个参数都有变量名和对应值。DXF 文件的标题段用来记录与图形相关的变量的设置值。这些变量值可以用 AutoCAD 命令来设置和修改。

② CLASSES（类）段：类段记录了应用程序定义的类，这些类的实例可以出现在块段、实体段和对象段中。

③ TABLES（表）段：包括有名表项的定义。

④ BLOCKS（块）段：描述图中组成每个块的各个实体的定义。

⑤ ENTITIES（实体）段：描述图中各个实体，包括各个引用块的信息。

⑥ OBJECTS（对象）段：描述系统非图形对象的信息。

⑦ THUMBNAILIMAGE（预视图像）段：该段为可选项，如果存盘时有预览图像则有该段。

此区域包含图形中的预览图像。该区域为可选项。如果用户使用了 SAVE 和 SAVE AS 命令选择对象选项，输出的 DXF 文件将只包含 ENTITIES 区域和 EOF 标记，且在 ENTITIES 区域中只包括用户选择输出的对象。如果选择一个插入图元，则在输出文件中不包括对应的块定义。

⑧ 文件结尾：文件以“□□0”和“EOF”两行结尾。“□”表示空格。

（2）DXF 文件中的组码及各组成段

DXF 文件实际上由许多组构成，每个组在 DXF 文件中占两行。首行为组码，是一个非负的整数，采用三个字符域，向右对齐并填满空格；组码既用于指出组值的类型，又用来指出组的一般应用，起标识符的作用。第二行是组值，用以表达组的具体内容，采用的格式取决于组码所规定的组的类型。

1）HEADER（标题）段　DXF 标题段用来记录与图形相关的变量的设置值。这些变量值可以用各种 AutoCAD 命令来设置或修改，每个变量在标题段中用组码 9 来规定名字，其后跟着描述变量的值，如表 32-5-3 所示。

表 32-5-3　标题段组码及组值

变量名标识符（组码）	变量名	组码	变量值
9	$ACADVER	1	AC1006=R10 AC1009=R11 … AC1014=R14 （ACAD 的版本号）
9	$INSBASE	10	0.0(插入基点)
…	…	…	…

2）CLASSES（类）段　类段描述了被定义的应用类的有关信息，这些类的实例（对象）出现在 BLOCKS（块）段、ENTITIES（实体）段和 OBJECTS（对象）段的数据项中。类的定义在其派生类内被认为是永久不变的，下面给出一个 DXF 文件中关于 CLASSES（类）段的例子与关于组码和变量值的注释。

```
0          //CLASSES 段开始
SECTION
2
CLASSES
0          // 对每次输入该段重复
CLASS
1          // DXF 类的记录名
<class dxf record>
```

```
2        // C++类名
<class name>
3        // 应用名
<app name>
90       // 标识对象代理权限设置
<flag>//可分别取 0,1,2,4,8,16,32,64,127,
         128,255,32768
       //表示不同的代理权限
280      // 代理权限设置
<flag>//1:表示生成的 DXF 文件不加载类的
         信息
       //0:表示生成的 DXF 文件加载类的信息
281      // 判断是否为实体标识
<flag>//1:表示该类是由 AcDbEntity 派生而
         来,并且可以
       // 放在 BLOCKS 和 ENTITIES 段
       // 0:表示该类的实例只能在 OBJECTS
         段出现
ENDSEC// CLASSES 段结束
```

3）TABLES（表）段　该段描述有名表项的定义。下面一段 DXF 代码描述了 TABLES 段的结构。

```
0        //TABLES(表)段开始
SECTION
0        //每个表的定义的入口
TABLE
2        //表名
<table type>
5
<handle>
100
AcDbSymbolTable
70       //表项的最大数目
<max. entries>
0        //每个表数据定义的入口
<table type>
·
·<data>
·
0        // 该表定义结束
ENDSEC
```

表 32-5-4 叙述了 AutoCAD 中 DXF 文件的表及其内容。

4）BLOCKS（块）段　DXF 文件的块段用来记录所有的块定义信息，无论是用 BLOCK 命令定义的块，还是在执行图案填充、尺寸标注或者其他内部操作而由系统自动生成的无名块，都要在块节中详细地描述。

每个块定义的信息都出现在 BLOCK 和 ENDBLK 之间，块定义不允许嵌套。表 32-5-5 介绍了有关块定义节中各个组码及其含义。

5）ENTITIES（实体）段　图形中所有的实体都出现在 ENTITIES（实体）段中，在完整地描述一个实体时，有些组是必须出现的，而有些组是任选的。有些组的含义对所有的实体都一样，而有些组与实体类型相对应。

表 32-5-4　DXF 文件的表及其内容

表名	中文含义	表的内容
VPORT	视窗配置表	有关视窗尺寸、显示观察方式等信息
LTYPE	线型表	每个线型的定义有关信息，包括线型名、长划和短划的长度、比例因子等
LAYER	层表	每个层的有关信息，包括层名、颜色、线型、开关状态、冻结状态等
STYLE	字体样式表	每个字体样式的定义信息，包括字体名、文字高度、宽度因子、倾斜角等
VIEW	视图表	视图的有关信息，如视图尺寸、中心点、观察方式等
DIMSTYLE	尺寸样式表	每个尺寸样式的有关信息，包括名称和相关尺寸变量的值的定义
UCS	用户坐标系表	每个用户坐标系的有关信息，包括用户坐标系名、坐标原点、各个坐标轴的方向等
APPID	应用标识表	记录了每个用户定义的关于数据扩展的应用名
BLOCK_RECORD	块名记录表	记录图中定义的块名

每个实体由一个标识实体类型（或实体名）的 0 组开始，实体描述段没有显式的结束标记，当遇到下一个实体开始时，即意味着该实体描述的结束。

其他公用的组及其含义如表 32-5-6 所示。

表 32-5-7 列出了 AutoCAD R14 中定义的 34 种实体类型的表示符号和意义。

6）OBJECTS（对象）段　该段描述了系统非图形对象的信息，这些对象能被 Autolisp 或 ARX 的实体调用。

下面一段 DXF 代码描述了 OBJECTS（对象）段的结构。

表 32-5-5 块定义节中组码及其含义

组码	含义
0	实体类型
5	句柄(标识)
102	被定义的组应用的开始
102	被定义的组应用的结束
100	AcDbEntity
8	层名
100	AcDbBlockBegin
2	块名
70	块的类型标志。例如：1＝无块名；2＝带属性的块
10	块的插入基点的 x 坐标
20,30	块的插入基点的 y 坐标和 z 坐标
3	块名
1	用 Xref(外部连接)命令定义的块所在的路径名

表 32-5-6 ENTITIES 段组码及其含义

组码	含　义
0	标识实体类型(或实体名)的开始
5	实体标识号(唯一的)
8	层名
6	线型名
38,39	实体的高度和厚度
62	颜色号
210,220,230	表示实体拉伸方向的 x、y 和 z 分量

0 // OBJECTS 段开始

SECTION

2

OBJECTS

0 //对象数据定义

<object type>

·

· <data>

·

0

ENDSEC //对象段定义结束

7）THUMBNAILIMAGE（预视图像）段　该段为可选项，如果存盘时有预览图像则有该段。

此区域包含图形中的预览图像。该区域为可选。如果用户使用了 SAVE 和 SAVE AS 命令选择对象选项，输出的 DXF 文件将只包含 ENTITIES 区域和 EOF 标记，且在 ENTITIES 区域中只包括用户选择输出的对象。如果选择一个插入图元，则在输出文件中不包括对应的块定义。THUMBNAILIMAGE（预视图像）段的机构如下：

0 //THUMBNAILIMAGE 段开始

SECTION

2

THUMBNAILIMAGE //预视图像预览段，即图形开始

…

表 32-5-7 AutoCAD R14 定义的实体类型

序号	表示符号	实体类型	序号	表示符号	实体类型
1	3DFACE	三维面	18	OLEFRAME	OLE 框架
2	3DSOLID	三维实体	19	OLE2FRAME	OLE2 框架
3	ARC	圆弧	20	POINT	点
4	ATTDEF	属性定义	21	POLYLINE	多义线
5	ATTRIB	属性	22	RAY	单向射线
6	BODY		23	REGION	构造面
7	CIRCLE	圆	24	SEQEND	无字段
8	DIMENDION	尺寸标注	25	SHAPE	型
9	ELLIPSE	椭圆	26	SOLID	颜色填充
10	HATCH	图案填充	27	SPLINE	样条曲线
11	IMAGE	图像	28	TEXT	文字
12	INSERT	插入块	29	TOLERANCE	公差标注
13	LEADER	引出线	30	TRACE	轨迹线
14	LINE	直线	31	VERTEX	曲线
15	LWPOLYLINE		32	VIEWPOINT	视点
16	MLINE	多重平行线	33	XLINE	双向射线
17	MTEXT	多行文字	34	ACADPROXYENTITY	代理实体

5.2.3.2　IGES（初始图形交换规范）

初始图形交换规范（Initial Graphics Exchange Specification，IGES）是由美国国家标准化研究所（ANSI）公布的、国际上产生最早的数据交换标准，也是目前应用最广泛的数据交换标准之一。IGES 用于在不同的 CAD/CAM 系统之间交换产品设计和制造信息，以产品设计图样为直接处理对象，规定了图样数据交换文件的格式规范，其原理是前处理器把内部产品定义文件翻译成符合 IGES 规范的“中性格式”文件，再通过后处理器将中性格式文件翻译成接受系统的内部文件。IGES 重点支持下列模型的数据交换：二维线框模型、三维线宽模型、三维表面模型、三维实体模型、技术图样模型。IGES 的最初版本是 1979 年的 1.0 版，发展中经历了 1982 年的 2.0 版、1986 年的 3.0 版、1988 年的 4.0 版，直至 1996 年的 5.3 版，该版本一直沿用至今，是 IGES 的最高版本，大多数 CAD 商用软件都支持 IGES 格式图形文件的输入和输出。利用 IGES 文件，用户可从中提取所需数据进行用户应用程序的开发。

（1）IGES 标准文件中的实体单元

IGES 规范将工程图样定义为以下三类实体单元的集合：

① 几何实体（点、线、圆弧等）；

② 标记实体（文字标注、实体标注等）；

③ 构造实体（子图形组成、属性定义等）。

典型实体单元示例见图 32-5-11。括号中的数字是实体的代号，IGES1.0 中的主要实体是组成线框模型用的有关实体，2.0 版本增加了有理 B 样条曲线和曲面、直纹曲面、旋转曲面、有限元及其节点等实体，从 4.0 版本起支持三维实体模型。

（2）IGES 文件的结构

IGES 的文件包括 5 个或 6 个段，它们必须按顺序依次出现，如表 32-5-8 所示。

表 32-5-8　IGES 的文件结构

序号	段名称	字母标识符	功能
1	标志段	B 或 C	只适用于二进制和压缩 ASCII 格式，通常的 ASCII 格式不用此段
2	开始段	S	对本 IGES 文件注解，至少一个记录
3	全局参数段	G	描述前处理器和后处理器的信息
4	目录条目段	D	为本文件包含的所有实体定义公共部分特征
5	参数数据段	P	包含每个实体的特定参数
6	结束段	T	是整个文件的最后一行记录，分别以字符 S，G，D，P 之后的数字记载各部分的总长度

（3）IGES 标准中的实体单元

1）开始段　该段提供有关文件的注释和说明，至少必须一个记录。第 1～72 列为用 ASCII 字符给出的说明，第 73 列为字母标识 S，第 74～80 列为记录顺序号。例如：

1　　　　　　　　　　　　　　72	73　　　80
This is beginning section of IGES file	S0000001
It can contain an arbitrary number of lines	S0000002
…	…
Using ASCII characters in columns 1～72	S000000*N*

2）全局参数段　全局参数段包含描述前、后处理器所需要的信息。具体地说是对全局性的 22 个参数进行定义。第 1～72 列为全局参数内容，第 73 列为字母标识，第 74～78 列为记录顺序号。全局参数以自由格式输入，需要时，前两个参数用来定义参数分界符（缺省值为逗号“,”）和记录分界符（缺省值为分号“;”）。详细内容参考表 32-5-9。

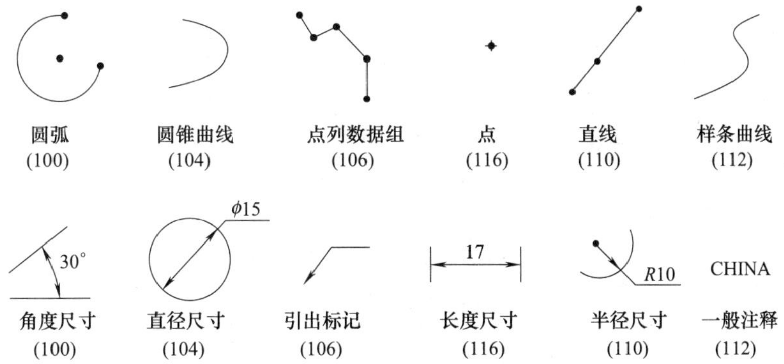

图 32-5-11　IGES 规范定义的典型实体单元示例

表 32-5-9 **IGES 文件全局参数说明**

序号	参数类型	内 容
1	字符串	参数分界符(默认值为逗号“,”)
2	字符串	记录分界符(默认值为分号“;”)
3	字符串	传送的产品图号
4	字符串	传送的文件名(IGES 文件名)
5	字符串	传送的系统名、销售商名、软件版本
6	字符串	前处理标志、版本
7	整型数	表示整型的二进制数
8	整型数	表示单精度浮点数指数部分的二进制数
9	整型数	表示单精度浮点数尾数部分的二进制数
10	整型数	表示双精度浮点数指数部分的二进制数
11	整型数	表示双精度浮点数尾数部分的二进制数
12	字符型	接受段指定的图号
13	浮点数	模型比例空间
14	整型数	单位代码:1=英寸;2=毫米;3=(按 ANSI/IEE260 标准);4=英尺;5=英里;6=米;7=千米;8=0.001 英寸;9=微米;10=厘米;11=微寸
15	字符串	单位名称:例如,当单位代码为 1 时,单位名称为 4HINCH;当单位代码为 2 时,单位名称为 2HMM
16	整型数	线条宽度分级数
17	浮点数	线条宽度最大值
18	字符串	IGES 文件生成的日期和时间 13H YY MM DD HH NN SS 年 月 日 时 分 秒
19	浮点数	最小网格大小
20	整型数	模型空间的最大坐标值。例如,本参数为 1000 则表示 $\|x\|,\|y\|,\|z\|<1000$
21	字符串	IGES 文件作者名
22	字符串	IGES 文件生成部门名
23	整型数	建立本文件所使用的版本号
24	整型数	生成本文件遵循的标准

3) 目录条目段 IGES 文件中的每个实体在目录条目段中都有一个目录条目。每个实体的条目由两个相邻的长度为 80 字符的行组成。每行分为 10 个域，共有 20 个域。每个域占有 8 个字符。目录条目段为文件提供一个索引，并包含每个实体的属性信息。在目录条目段中，实体的定义必须先于实体的引用。各域内的数据向右对齐。图 32-5-12 显示了目录条目段的结构，表 32-5-10 所示为目录条目段各域的意义。

1～8	9～16	17～24	25～32	33～40	41～48	48～56	57～64	65～72	73～80
(1) 实体类型号 ＃	(2) 参数数据 ＊	(3) 结构 ＃,＊	(4) 线型模式 ＃,＊	(5) 层 ＃,＊	(6) 视图 0,＊	(7) 变换矩阵 0,＊	(8) 标号显示关联 0,＊	(9) 状态号 ＃	(10) 顺序号 D＃
(11) 实体类型号 ＃	(12) 线宽加权 ＃	(13) 颜色 ＃,＊	(14) 参数行计数 ＃	(15) 格式 ＃	(16) 保留 1	(17) 保留 2	(18) 实体标号	(19) 实体下标 ＃	(20) 顺序号 D＃ +1

注：(*n*)——域编号；＃——整型数；＊——指针；＃,＊——整型数或指针；0,＊——0 或指针。

图 32-5-12 目录条目段的结构

表 32-5-10 **目录条目段各域的意义**

序号	域名	意义与注意
1	实体类型号	标志实体类型
2	参数数据	指向本实体参数数据记录第一行的指针,不包含字母 P

续表

序号	域名	意义与注意
3	结构	指向结构定义实体参数目录条目的指针，不包含字母 D
4	线型模式	指明用于显示一个几何实体的显示模式：1＝实线；2＝虚线；3＝剖面线；4＝中心线
5	层	指明一个图形的显示层(正值)，或与该实体相连的特性实体目录条目的指针(负值)
6	视图	指向视图实体目录条目的指针，或指向相连引例的指针。当值为 0 时，表示所有视图中被显示实体具有同样属性
7	变换矩阵	指向用于定义该实体的变换矩阵目录条目的指针。当值为 0 时，表示使用的是单位变换矩阵和零平移向量
8	标号显示相连性	指向标号显示相连性目录条目的指针
9	状态号	提供四组两位数字的状态值，在状态码中从左到右地记录这些状态值 1，2 位表示可见状态　3，4 位表示从属实体开关 00＝ 可见　00＝独立的 01＝ 不可见　01＝物理相关的 02＝逻辑相关的 03＝兼有 01 和 02 两者 5，6 位表示实体用途标志　7，8 位表示层次 00＝ 几何　00＝总的自顶向下 01＝ 注释　01＝总的延迟 02＝ 定义　02＝使用层次特性 03＝ 其他 04＝ 逻辑/位置的 05＝ 二维参数的
10	段代码与序号	以字母 D 为前导，从目录条目段开始行计算的行的实际数(奇数行)
11	实体类型号	与(域 1)相同
12	线宽加权值号	指明被显示实体应具有的厚度或宽度
13	颜色号	当精确的色调不重要时，用来规定颜色，或是指向较精确的颜色定义的指针 0＝无色　1＝黑色　2＝红色 3＝绿色　4＝蓝色　5＝黄色 6＝紫红色　7＝青色　8＝白色
14	参数标记行	指明该实体参数数据记录的行数
15	格式号	对不同的实体有不同的解释，这些解释是由格式号唯一标识的，在每个实体的描述中，都列出了可能的格式号
16		保留为将来使用
17		供留为将来使用
18	实体表号	最多八个字母一数字(右对齐)
19	实体下标	与标号相关的 1～8 位无符号数
20	段代码与序号	与(域 10)意义相同(偶数行)

4）参数数据段　参数数据段包含与实体相连的参数数据。参数数据以自由格式存放，其第一个域总是存放实体类型号。各参数间用参数分界符隔开。参数数据可记录在 1～64 列，第 65 列为空格，第 66～72 列放本参数所属实体的目录条目第一行的序号，第 73 列为 P，第 74～80 列为记录顺序号，见表 32-5-11。

在每个实体规定参数的末尾和记录分界符之前都定义了两组参数。第一组参数存放指向相连引例、总注释和文本模板各实体的指针，第二组参数存放指向一个或多个特性的指针，如下所示。

NV＝规定参数的最后一个参数的个数记数。

表 32-5-11　参数数据段的结构

1～64	66～72	73～80
(实体类型号)(参数分界符)(参数)(参数分界符)(参数)……	DE 指针	P000001
……(参数)(参数分界符)(参数)(参数分界符)(指针参数值 2)(记录分界符)	DE 指针	P000002
(实体类型号)(参数分界符)(参数)…… ……	DE 指针	P000003

注：DE 指针是指该实体第一个目录条目行的序号。

…	…	…	…
…	…	…	…
NV+1	NA	整型数	指向相连引例或正文实体的指针个数
NV+2	DE	指针	
…	…	…	…
…	…	…	…
NV+NA+1			
NV+NA+2	NP	整型数	指向特性的指针个数
NV+NA+3	DE	指针	
…	…	…	特性表
…	…	…	
NV+NA+NP+2			

5）结束段　结束段只有一行，它被分成 10 个域，每个域 8 列，结束段是文件的最后一行，在第 73 列放字母 T，第 74～80 列的顺序号为 1，见表 32-5-12 。

结束段的各域含有前述各段的标识字符（S，G，D，P）及各段的总行数。

（4）IGES 文件示例

表 32-5-12　结束段的域结构

域	列	内容
1	1～8	记录开始段总行数
2	9～16	记录全局参数段总行数
3	17～24	记录目录条目段总行数
4	25～32	记录参数数据段总行数
5～9	33～72	（不使用）
10	73～80	记录结束段总行数

```
An IGES file example                                                    S      1
,,11 HC:\test. dwg, 11HC: \test. igs, 54HAutoCAD-14. 01 ( Microsoft Windows NT  G      1
Version 4. 0 (x86)), 64HAutodesk  IGES Translator R14. 3 (Aug 7 1998) from      G      2
Autodesk, Inc. , 32, 38, 6, 99, 15, 11HC: \test. dwg, 1. 0D0, 1, 2HIN, 32767, 32. 767D0,
                                                                        G      3
15H19990413. 175325,0000002D0,200. 0D0,,,11,0,15H 19990413. 175241,;    G      4
110       1       0       1       0       0       0
                                                               000000000D      1
110       0       8       1       0
                                                                       0D      2
406       2       0       0       0       0       0                000000000D      3
406       0       0       1       3                                    0D      4
110       3       0       1       0       0       0
                                                               000000000D      5
110       0       8       1       0                                    0D      6
110       4       0       1       0       0       0
                                                               000000000D      7
110       0       8       1       0                                    0D      8
110       5       0       1       0       0       0
                                                               000000000D      9
```

```
110     0     8     1     0                        0D    10
100     6     0     1     0     0     0
                                           000000000D    11
100     0     8     1     0                        0D    12
212     7     0     1     0     0     0
                                           000010100D    13
212     0     8     4     2                        0D    14
214     11    0     1     0     0     0
                                           000010100D    15
214     0     8     3     3                        0D    16
214     14    0     1     0     0     0
                                           000010100D    17
214     0     8     3     3                        0D    18
206     17    0     1     0     0     0
                                           000000101D    19
206     0     8     1     0                        0D    20
212     18    0     1     0     0     0
                                           000010100D    21
212     0     8     2     7                        0D    22
106     20    0     1     0     0     0
                                           000010100D    23
106     0     8     2     40
                                                   0D    24
106     22    0     1     0     0     0
                                           000010100D    25
106     0     8     2     40
                                                   0D    26
214     24    0     1     0     0     0
                                           000010100D    27
214     0     8     2     3                        0D    28
214     26    0     1     0     0     0
                                           000010100D    29
214     0     8     2     3                        0D    30
216     28    0     1     0     0     0
                                            00000101D    31
216     0     8     1     0                        0D    32
110,100.0D0,100.0D0,0.0D0,200.0 D0,100.0 D0,0.0 D0;                    1P     1
406,2,0,1HO;                                                          3P     2
110,200.0 D0,100.0 D0,0.0 D0,200.0 D0,180.0 D0,0.0D0;                  5P     3
110,200.0 D0,180.0 D0,0.0 D0,100.0 D0,180.0 D0,0.0D0;                  7P     4
110,100.0 D0,180.0 D0,0.0 D0,100.0 D0,100.0 D0,0.0D0;                  9P     5
100,0.0 D0,150.0 D0,140.0 D0,170.0 D0,140.0 D0,170.0D0,140.0 D0;      11P     6
212,2,1,9.5 D0,6.0 D0,1003,1.5707963267949 D0,.5283344044332111 D0,0. 13P     7
0,142.514469533489 D0,137.94650667399 D0,0.0 D0,1Hn,2,140.0 D0,       13P     8
6.0 D0,1,1.5707963267949D0,.528344044332111 D0,0,0                    13P     9
150.719078298957 D0,142.735493812818 D0,0.0 D0,2H40;                  13P    10
```

```
214,1,4.05517502519881 D0,1.33333333333333 D0,0.0 D0,                    15P   11
167.27286055888 D0,150.082077569305 D0,136.181711552896 D0,               15P   12
131.934337944556 D0;                                                      15P   13
214,1,4.05517502019881 D0,1.33333333333333 D0,0.0 D0,                    17P   14
132.72713944112 D0,129.917922430695 D0,163.818288447104 D0,               17P   15
148.065662055444 D0;                                                      17P   16
206,13,15,18,150.0 D0,140,0 D0;                                           19P   17
212,1,3,12,12.0 D0,6.0 D0,1,1.5707963267949 D0,0.0 D0,0,0,144.0 D0,       21P   18
82.2550474479839 D0,0.0 D0,3H100;                                         21P   19
106,1,3,0.0 D0,100.0 D0,100.0 D0,100.0 D0,99.9 D0,100.0 D0,               23P   20
78.2550474479839 D0;                                                      23P   21
1006,1,3,0.0 D0,200.0 D0,100.0 D0,200.0 D0,99.9 D0,100.0 D0,              25P   22
78.2550474479839 D0;                                                      25P   23
214,1,40.0 D0,1.33333333333334 D0,0.0 D0,100.0 D0,80.2550474479839 D0,    27P   24
150.0 D0,80.2550474479839 D0;                                             27P   25
214,1,40.0 D0,1.33333333333334 D0,0.0 D0,200.0 D0,80.2550474479839 D0,    29P   26
150.0 D0,80.2550474479839 D0;                                             29P   27
216,21,27,29,23,25;                                                       31P   28
S        1G        4D        32P        28                                T     1
```

图 32-5-13 为该 IGES 文件传送图形。

整个文件按照开始段、全局参数段、目录条目段、参数数据段、结束段的次序依次排列，其代表的标识字符及顺序行号见第 73～80 列。

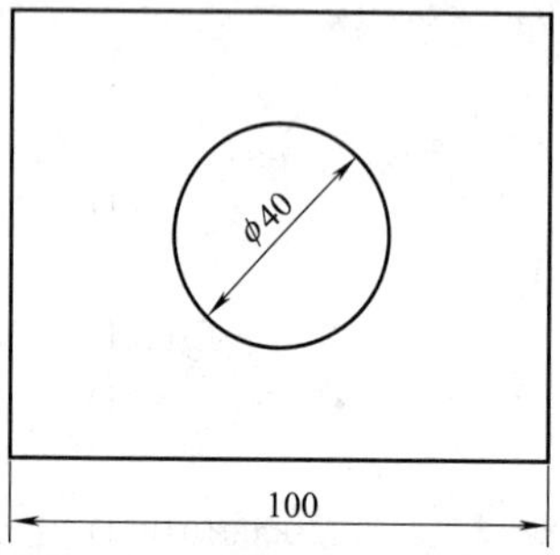

图 32-5-13 IGES 文件传送图形

1）标志段 S1 是文件的开始部分： S 1

Aπ IGES file example

是对本文件的文字注解。

2）全局参数段

,, 11 HC：\ test.dwg，11HC：\ test.igs，54HAutoCAD-14.01（ Microsoft Windows NT

G 1

Version 4.0 （x86）)，64HAutodesk IGES Translator R14.3（Aug 7 1998）from

G 2

Autodesk，Inc.，32，38，6，99，15，11HC：\ test.dwg，1.0D0，1，2HIN，32767，32.767D0，

G 3

15H19990413.175325，0000002D0，200.0D0，,，11，0，15H 19990413.175241，;

G 4

G1～G4 是文件的全局参数部分，最开始两个参数是用以定义分隔符和记录结束符的，本例中在两个逗点前什么也没有，表示采用默认符号“,”和“;”。后面依次表示表 32-5-9 所示的各个参数。例如，传送的产品图号（C：\ test.dwg）、文件名（C：\ text.igs）、软件版本［AutoCAD 14.01 Microsoft Windows NT Version 4.0（x86））］、IGES 版本［Autodesk IGES Translator R14.3（Aug7 1998）from Autodesk，Inc.］，接着是系统内部表示不同类型数据的二进制位数、接收端指定图号、模型空间与实际空间比例（1.0 D0）、使用英制单位（IN）、线条宽度分级和最大值、文件生成日期（19990413）和时间等。

3）目录条目段 D1～D32 是目录条目段。IGES 文件中的每个实体在目录条目段中都有一个目录条目。每个实体的条目由两个相邻的长度为 80 字符的行组成。每个域占用 8 个字符，共 20 个域。其中 D1～D12 是用来画 4 条直线和圆的，D13～D20 是用来标注直径尺寸的，D21～D32 是用来标注长度尺寸的。其中引用的类型单元包括：

100 圆弧单元。本例中代表图中的圆。

110 直线段单元。本例中代表 4 条直线。

212 一般注解单元。

214 箭头线单元。

206 直径尺寸单元。

216 长度尺寸单元。

106 点列数据组单元。

406 特性单元。

4）参数数据段　P1～P28 是文件的参数部分，其中：

110 单元中给出了直线段两端点的 x，y，z 坐标；

100 单元给出了圆弧的圆心坐标 z，x，y 以及圆弧的起点和终点坐标 x，y；

212 单元中给出了字符串的个数，字符串中字符个数，字符串的高、宽、型体以及字符串起点坐标和字符串。P10 行中的 2H40 和 P19 行中的 3H100 分别表示标注尺寸字符“40”“100”。

在目录条目段和参数数据段中，代表同一条图素的记录间有相互联系，可以相互检索。例如，本例中有一条直线，其目录条目段记录为：

110　3　0　1　0　0　0　000000000D　5

其参数数据段记录为：

110，200.0D0，100.0D0，0.0D0，200.0D0，180.0D0，0.0D0；　5P　3

在 D5 行中，单元类型号 110 后面的第一个参数 3 表示与其相对应的参数数据顺序行号为 3，即 P3；在 P3 行中，字符 P 前的参数 5 则表示此行参数对应的目录条目段记录为 D5。

5）结束段　文件的最后一行记录为：

S　1G　4D　32P　28　T　1

它是文件的结束部分。记录了上述四个部分各自的总记录行数。

5.2.3.3　STEP（产品模型数据交换标准）

在计算机集成制造系统中，产品模型数据是贯穿于整个产品生命周期全过程中共享的数据。因此，合理建立产品模型数据标准并在不同分系统之间采用统一的公用数据接口交换标准是非常重要的。20 世纪 80 年代以来，主要的工业国家和国际标准化组织已陆续开发了若干有关标准，主要有 IGES、SET、PDDI、PDES、VDAFS、CAD＊I、XBF、STEP 等。在众多的标准中，IGES 标准是应用最广的标准。现行的 CAD 系统主要采用 IGES 标准的中性文件交换。但 IGES 标准存在下列局限：① IGES 原定的开发目标是二维工程图样数据交换，不是完整的产品数据定义和交换，信息内容不全面，层次低；②只有文本文件一种输出形式。

为适应计算机集成系统的发展需要，国际标准化组织 ISO 从 1998 年起，着手制定产品数据表达与交换标准：Standard for the Exchange of Product Model Data，简称 ISO 10303 STEP。至 1998 年为止，参加该标准制定及派有观察员的成员国家和地区已达 48 个（包括中国、美国、英国、德国、日本等国家）。STEP 标准的目的是提供一种不依赖于具体系统的中性机制，能够描述产品整个生命周期中的产品数据。产品生命周期包括产品的设计、制造、使用、维护、报废等。产品信息的表达包括零件和装配体的表示；产品信息的交换包括信息的存储、传输、获取、存档。产品数据的表达和交换构成了 STEP 标准。

STEP 标准内容全面、技术先进，它将标准内容划分为若干部分，分别组织制定，根据标准成熟程度，分期讨论通过并颁布。

（1）STEP 标准内容和体系结构

STEP 标准将其标准文件分为若干系列编号发布。下面是各个系列的内容。

0 系列

1	概述和基本原理

10 系列：描述方法

11	EXPRESS 语言参考手册
12	EXPRESS-1 语言参考手册

20 系列：实现方法

21	物理文件格式
22	STEP 数据存取接口 SDAI
23	C＋＋联编
24	C 滞后联编
25	FORTRAN 滞后联编

30 系列：一致性测试方法

31	一致性测试方法与框架概念
32	一致性测试需求
33	抽象测试成套规范
34	对每个实现方法的抽象测试

40 系列：通用资源

41	产品描述与支持
42	几何与拓扑关系
43	通用资源表示结构
44	产品配置结构
45	材料
46	显示
47	公差
48	形状特征
49	加工过程结构及特性

100 系列：应用资源

101	绘图资源
102	船舶结构
103	电气线路
104	有限元分析
105	运动学

200 系列：应用协议

201	二维绘图协议
202	三维几何绘图协议
203	三维产品配置定义协议
204	边界表示实体模型机械设计协议
205	曲面表向模型机械设计协议
206	线框模型机械设计协议
207	钣金冲模设计协议
208	产品配置和更改管理协议

STEP 的体系结构可以看作三层。最上层是应用层，面向具体应用，包括应用协议及对应的抽象测试集。中间层是逻辑层，包括集成资源，是一个完整的产品模型，大多是实际应用中抽象出来的，与具体实现无关。最底层是物理层，包括实现方法，给出具体在计算机上的实现形式。图 32-5-14 给出了 STEP 标准体系结构。

（2）产品数据描述方法

STEP 标准采用形式化建模语言 EXPRESS。EXPRESS 语言是用以定义对象、描述概念模式的语言，不是一种程序设计语言，它不包含输入/输出等语句。设计 EXPRESS 的目标是使所描述的模型既要能为计算机所处理，也要能被人读懂。EXPRESS 语言的基础是模式（schema）。每种模型由若干模式组成。模式内又分为类型说明（type）、实体（entity）、规则（rule）、函数（function）与过程（procedure），其中重点是实体。实体由数据（data）与行为（behavior）定义，数据说明要处理的实体的性质，行为表示限制与操作。

EXPRESS 描述实体的典型格式如下：

```
ENTITY        abc
a1            :      INTEGER；
b1-data       :      OPTIONAL  REAL；
DERIVE
b1 :     REAL：=NVL（b1-data，func（a1））；
WHERE
WRI           :      constraint-func a1，b1）；
END-ENTITY；
```

上例中的 abc 是实体名称，a1、b1 是实体参数，b1 的类型是实数，但它是可选项（即可能不存在）。在实体定义中的 DERIVE 语句表示 b1 是导出属性项，它是由基本参数 a1 和 b1-data 计算导出的；NVL 是 EXPRESS 内部的一个函数；WHERE 语句也是用以表示约束函数。

在描述几何形状时，实体点的定义如下：

```
ENTITY point
  SUPERTYPE OF（ONE OF（cartesian-point，point-on-curve，point-on-surface））
  SUBTYPE OF（geometry）；
  END-ENTITY；
  ENTITY cartesian-point
  SUBTYPE OF（point）；
  x-coordinate：REAL；
  y-coordinate：REAL；
  z-coordinate：OPTIONAL REAL；
DRRIVE
  Dim：INTEGER：=coordinate-space（cartesian-point）；
END-ENTITY；
```

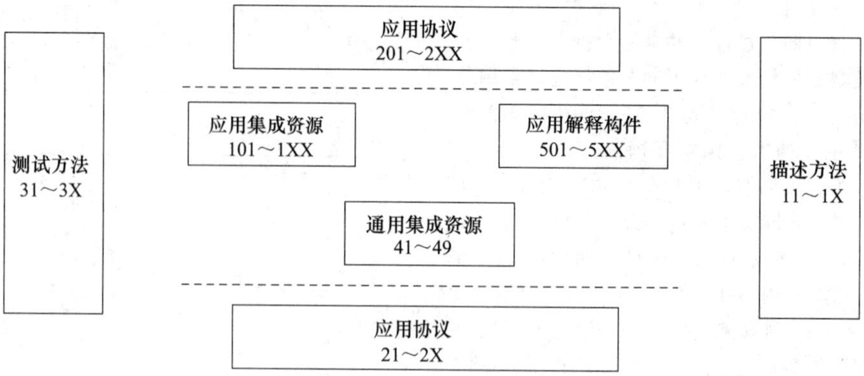

图 32-5-14　STEP 标准体系结构

上述定义中，SUPERTYPE（超型）和SUBTYPE（子型）分别用以说明实体之间的层次关系。点（point）是几何（geometry）的下一层实体，又是cartesian-point等的上一层实体；而cartesian-point实体定义中包括了三个坐标值（其中z向坐标是可选项）和一个导出整数项dim。coordinate-space是EXPRESS的一个内部函数，它按照函数中参量cartesian-point所包含坐标值项的数目将cartesian-point的维数（三维或二维）值返回给参数dim。

一个cartesian-point在STEP标准的数据物理文件中出现的形式如下：

＃ 321＝CARTESIAN-POINT（－12.68、6.0、500.0）

在该行中，321是该点的标识，而－12.68、6.0、500.0则是该点的x、y、z坐标值。

有关EXPRESS语言的详细内容见ISO 10303-11《EXPRESS语言参考手册》。

（3）集成资源

STEP逻辑层统一的概念模型为集成的产品信息模型，又称集成资源。它是STEP标准的主要部分，采用EXPRESS语言描述。集成资源提供的资源是STEP用以构建产品模型的基础件。集成资源分为通用资源、应用资源和应用解释构件，通用资源在应用上有通用性，与应用无关；而应用资源则描述某一应用领域的数据，它们依赖于通用资源的支持；应用解释构件是可以重用的资源实体。

通用资源部分有产品描述与支持的原理、几何与拓扑表示、结构表示、产品结构配置、材料、视图描绘、公差和形状特征等。应用资源部分有制图、船舶结构和有限元分析等。

产品描述与支持的基本原理包括通用产品描述资源、通用管理资源及支持资源三部分。通用产品描述资源包含产品定义结构配置、产品特征定义和产品特征显示表达等内容。

几何与拓扑表示包括几何部分、拓扑部分、几何形体模型等，用于产品外形的显示表达，其中几何部分只包括参数化曲线、曲面定义以及与此相关的定义，拓扑部分涉及物体的连通关系。几何形状模型提供了物体的一个完整外形表达，在很多场合，都要包括产品的几何和拓扑数据，它包含CSG模型和B-rep模型这两种主要的实体模型。

形状特征分为通道、凹陷、凸起、过渡、域和变形等6大类，并由此派生出具有各种细节的特征有相应的模式、实体及属性定义。

应用资源内容包括有关制图信息的资源，有图样定义模式、制图元素模式和尺寸图模式等。

关于集成资源标准的详细内容见ISO 10303-41～48，ISO 10303-101～105。

（4）应用协议

STEP标准支持广泛的应用领域，在具体的某个应用系统中很难采用标准的全部内容，一般只实现标准的一部分，如果不同的应用系统所实现的部分不一致，则在进行数据交换时，会产生类似IGES数据不可靠的问题。为了避免这种情况，STEP计划制定了一系列应用协议。应用协议不但规定了采用那些数据描述定义产品，并且也规定了这些数据是如何使用的。所谓应用协议是一份文件，用以说明如何用标准的STEP集成资源来解释产品数据模型文本，以满足工业需要。也就是说，根据不同应用领域的实际需要，确定标准的有关内容，或加上必须补充的信息，强制要求各应用系统在交换、传输和存储产品数据时应符合应用协议的规定。显示绘图应用协议AP201和产品控制配置应用协议AP203是已在使用的应用协议。

应用协议（AP）包括应用的范围、相关内容、信息需求的定义、应用解释模型（AIM）、规定的应用方式、一致性要求和测试意图。

关于应用协议的标准详细内容见ISO 10303-201～208。

（5）实现形式

STEP标准将数据交换的实现形式分为四种：文件交换、工作格式（working form）交换、数据库交换和知识库交换。对于不同的CAD/CAM系统，可以根据对数据交换的要求和技术条件选取一种或多种形式。

STEP文件交换有专门的格式规定，它是ASCII码顺序文件，采用WSN（with syntax notation）的形式化语言。STEP文件含有两个节：首部节和数据节。首部节的记录内容为文件名、文件生成日期、作者姓名、单位、文件描述、前后处理程序名等。数据节为文件的主体，记录内容主要是实体的实例及其属性值，实例用标识号和实体名表示，属性值为简单或聚合数据类型的值或引用其他实例的标识号。各应用系统之间数据交换是经过前置处理或后置处理程序处理为标准中性文件进行交换的。某种CAD/CAM系统的输出经前置处理程序映射成STEP中性文件，STFP中性文件再经后置处理程序处理传至另一CAD/CAM系统。在STEP应用中，由于有统一的产品数据模型，由模型到文件只有一种映射关系，前后处理程序比较简单。

工作格式交换是一种特殊的形式。它是产品数据结构在内存中的表现形式，利用内存数据管理系统使要处理的数据常驻内存，对它进行集中处理。其特点是待处理的数据常驻内存，故提高了运行速度。

ISO 10303-22《实现形式：标准数据存取接口》规定了以EXPRESS语言定义STEP数据存储区（文件、工作格式和数据库的统称）的接口实现方法，该接口称为标准存取接口SDAI（standard data access interface）。其他应用程序可以通过此接口来获取与操作产品数据。SDAI独立于编程语言，但提供编程语言适用的接口以联编方式引用。

数据库交换方式是通过共享数据库实现的。产品数据经数据库管理系统DBMS存入数据库，每个应用系统可从数据库取出所需的数据，运用数据字典。应用系统可以向数据库系统直接查询、处理、存储产品数据。

知识库交换是通过知识库来实现数据库交换的。各应用系统通过知识库管理向知识库存取产品数据，它们与数据库交换级的内容基本相同。

(6) 一致性测试和抽象测试

即使资源模型定义得非常完善，但经过应用协议，在具体的应用程序中，其数据交换是否符合原来意图，尚需经过一致性测试。STEP标准定有一致性测试过程、测试方法和测试评估标准。

一致性测试中分为结合应用程序实例的测试与抽象测试。前者根据定义的产品模型在应用程序运行后的实例，检查其数据表达、传输和交换中是否可靠和有效；后者作为标准的抽象测试，则用一种形式定义语言来定义抽象测试事例，每一个测试事例提出一套用于取得某种专门测试目标的说明、一致性测试的要求，以及测试过程由应用协议加以规定。抽象测试集包含支持一致性要求的应用协议的一组测试件。对于每个应用协议，都有对应的抽象测试集测试协议的实现是否满足协议的一致性要求。抽象测试件用形式化语言定义。每一抽象测试件提供了评测一个或数个一致性要求是否满足所需的数据和标准。一个应用协议的所有抽象测试件构成抽象测试集。抽象测试集在STEP中是单独的一类，系列编号为3XX，等于对应的应用协议系列号加100。

关于一致性测试和抽象测试的详细内容见ISO 10303-31～34。

5.3 工程数据的计算机处理

在机械产品的设计过程中，设计人员需要查阅各种设计规范中的数表、图表和线图等设计资料。这些数据资料一般是用设计手册的形式提供的，查阅起来既费时又容易出错。进行计算机辅助设计，首先就要对记录在各种手册上的数据做适当的处理并预先存入计算机，供计算机运行时自动检索。设计数据的处理方法有三种。

(1) 程序化

把数据直接编在应用程序中，在应用程序内部对这些数表及线图进行查表、处理或计算。具体处理方法有两种，第一种是将数表中的数据或线图经离散后存入一维、二维或三维数组，用查表、差值等方法检索所需要的数据；第二种是将数表或线图拟合成公式，编入程序计算出所需要的数据。这是一种简单的方式，但占用较大的内存，而且数据是程序的一部分，即使是变更一个数据，也要使程序做相应的修改，故这种方法适用于数表和数据较少以及数据变更少的情况。

(2) 建立数据文件

把数据和应用程序分开，建立一个独立于程序的数据文件，把它存放在外存储器中，当程序运行到一定时候，便可打开数据文件进行检索。其优点是应用程序简洁，所占内存量大大减少，数据更改比程序化处理方法方便。这种方法适合于表格数据比较多的情况。

(3) 建立数据库

将数表和线图（经离散化）中的数据按数据库的规定进行文件结构化，存放到数据库中。它的特点是数据独立于应用程序，数据更改和扩充时不需要修改应用程序。

5.3.1 数表的程序化

在机械设计中，许多参数之间的函数关系难于用简单的数学公式表达，因此在设计资料中大量地采用数据表格来表达设计参数的关系。例如，V带传动中影响传动能力的包角系数K_α与小带轮包角α的关系由表32-5-13给出。又如，轴的6种常用材料的力学性能，根据材料牌号和毛坯直径分为11种规格，各种规格的材料性能用表32-5-14表示。

设计人员经常利用这类数表查取数据，在CAD系统中将数表程序化，有直接存取数表数据和事先将数表数据转化为计算公式两种途径。

5.3.1.1 数表的存储

若直接存取数表，数表有两种存储方式。

① 用数组存储。当数据不多时用数组来存储比较简单。像表32-5-13这类数表，可用二维数组或两个一维数组同时存储α和K_α。表32-5-14中的材料种类i可不必存储。在程序中，可以用赋值语句、DATA语句等直接对数组赋初值。

第32篇

② 数组存储要占用计算机内存，当在 CAD 系统中使用大量的数表时，可以把数表中的数据存储在外部存储介质（例如磁盘）上的数据文件中，或者存放在 CAD 系统的数据库中。在引用某数表查取数据时，由程序根据预先指定的数据文件名或数据库的管理信息将该数表读入内存。这样，在程序中只需要一块公用的数据区，就可以供所有的数表查取使用。这种做法不仅节省内存，而且将数据与程序分开，增加了程序的独立性。

5.3.1.2 一元数表的查取方法

像表 32-5-13 这类数表，由一个参数（α）的值，查取与之对应的另一个参数（K_α）的值，称作一元数表，表达了单自变量函数关系。表 32-5-14 中根据材料牌号和毛坯直径将材料分为 11 种规格。每种力学性能由材料种类 i 决定，所以也是一元数组，它表达了多个单变量函数关系。

查取一元数表时，如果作为自变量的设计参数，只能取某些确定的值。例如表 32-5-14 中的材料种类 i、齿轮传动中的模数等。那么可直接从存储的数表中查取与所给自变量值对应的函数值。

但是，很多数表中自变量参数的取值没有这种限制，而是可在一个容许范围内任选。例如 V 带传动中，若小带轮包角 $\alpha=114.5°$，则不能直接从表 32-5-13 中查出对应的 K_α 值。这时，就需要利用数表数据用插值的方法计算函数值。

设参数之间的函数关系为 $y=f(x)$，一元数表中已给出组数据 x_i、y_i（$i=1,2,\cdots,n$），它们就是插值结点。一元数表查取中常用的插值方法如下。

1）线性插值　对给出的自变量 x 值，先找出邻近的两个结点 P_i 和 P_{i+1}，近似地认为在区间（x_i，x_{i+1}）上函数是线性关系。用下面的插值公式计算：

$$y=y_i+\frac{y_{i+1}-y_i}{x_{i+1}-x_i}(x-x_i) \qquad (32\text{-}5\text{-}1)$$

线性插值在查取数表中经常使用，可编制如下的子程序实现：

```
      SUBROUTINE   LINIPL(N,P,x,y,F)
      INTEGER N,N1,N2,I
      REAL   P,F,U,x(N),y(N)
      N2=N-21=          DO   20 I=1,N2
      IF (P-x(I+1))10,10,20
10    NI=I
    GOTO 40
20    CONTINUE
      NI=N-1
40 U=(P-x(NI))/(x(NI+1)-x(NI))
   F=y(NI)+U* (y(NI+1)-y(NI))
RETURN
END
```

子程序有 5 个形式参数，N 是数表给定的插值结点个数；数组 x 和 y 分别存放各自结点的自变量和函数值，x 自变量从小到大排列；P 为插值点，自变量值 x 以上均为输入变量。F 为插值计算得到的函数值 y，是输出变量。程序中 NI 就是式（32-5-1）中的下标 i。

表 32-5-13　　包角系数 K_α

包角 α	70°	80°	90°	100°	110°	120°	130°	140°	150°	160°	170°	180°	190°	200°	210°	220°
K_α	0.56	0.62	0.68	0.73	0.78	0.82	0.86	0.89	0.92	0.95	0.98	1.0	1.05	1.1	1.15	1.2

表 32-5-14　　轴常用材料的力学性能

材料名称	材料牌号	毛坯直径/mm	种类 i	σ_b/MPa	σ_s/MPa	τ_s/MPa	σ_{-1}/MPa	τ_{-1}/MPa
数据	Q275	任意	1	520	275	150	220	130
	45	任意 120 80	2 3 4	560 800 900	280 550 650	150 300 390	250 350 380	150 210 230
	40Cr	任意 200 120	5 6 7	730 800 900	500 650 750	280 390 450	320 360 410	200 210 240
	40CrNi	任意 4200	8 9	820 920	650 750	390 450	360 420	210 250
	20	60	10	400	240	120	170	100
	20Cr	120	11	650	400	240	300	160

找到插值点所在区间后，可分为三种情况求插值。

①插值点在区间（$x(1)$，$x(N)$）内时用相邻两结点作内插值；②当 $P>x(N)$ 时，用最后两个结点连成直线进行插值（外插法）；③当 $P<x(N)$ 时，用最前边两个结点连线作外插值。

2）抛物线插值　通过相邻三个结点的抛物线近似拟合该区间中的函数关系。先由给出的自变量 x 值确定插值区间的三个结点 P_i、P_{i+1}、P_{i+2}，如图 32-5-15 所示，用下面公式计算函数值 y

$$y=y_i\frac{(x-x_{i+1})(x-x_{i+2})}{(x_i-x_{i+1})(x-x_{i+1})}+y_{i+1}\frac{(x-x_i)(x-x_{i+2})}{(x_{i+1}-x_i)(x_{i+1}-x_{i+2})}+y_{i+2}\frac{(x-x_i)(x-x_{i+1})}{(x_{i+2}-x_i)(x_{i+2}-x_{i+1})} \tag{32-5-2}$$

插值区间按下述方法确定。

① 当 $x\leqslant x_2$ 时，取 $i=1$，抛物线通过前三个结点 P_1、P_2 和 P_3。

② 当 $x>x_{n-2}$ 时，取 $i=n-2$，抛物线通过最后三个结点 P_{n-2}、P_{n-1} 和 P_n。

③ 除上述两种情况外，当 $x_j<x\leqslant x_{j+1}$（$2\leqslant j<n-2$）时，又分两种情况：

a. $x-x_j\geqslant x_{j+1}-x$ 时，取 $i=j$，如图 32-5-15（a）所示；

b. 当 $x-x_j\leqslant x_{j+1}-x$ 时，取 $i=j-1$，如图 32-5-15（b）所示。

一元抛物线差值子程序如下：

```
SUBROUTINE  QUAIPL(N,P,x,y,F)
INTEGER N,N1,N3
REAL  P,F,U,V,W,x1,x2,x3,x(N),y(N)
N3=N-3
DO  20  I=1,N3
IF (P-x(I+1))10,10,20
10  NI=I
GOTO 40
20  CONTINUE
NI=N-2
40  IF (NI.GT.1.AND.(P-X(NI)).LT.(x(NI+1)-P))NI=NI-1
x1=x(NI)
x2=x(NI+1)
x3=x(NI+2)
U=(P-x2)*(P-x3)/((x1-x2)*(x1-x3))
V=(P-x1)*(P-x3)/((x2-x1)*(x2-x3))
W=(P-x1)*(P-x2)/((x3-x1)*(x3-x2))
F=U*y(N1)+V*y(NI+1)+W*y(NI+2)
RETURN
END
```

五个形式参数的含义与子程序 LINIPL 中完全相同，NI 为式（32-5-2）中的下标 i。

5.3.1.3　二元数表的查取方法

由两个参数值查取第三个设计参数值的数表称作二元数表，它表达了两个自变量的函数关系 $z=f(x,y)$，例如，轴的过渡圆角处有效应力集中系数 $k_\sigma\left(\frac{D-d}{r}=2\right)$ 由两个参数决定，见表 32-5-15。

查取二元数表时，如果两个自变量都只能取标准值，则直接从已存入 CAD 系统的数表中取出相应的结点数值。否则需要用插值的方法计算函数值。

设二元数表中两个自变量的结点值分别给出 N 和 M 个，则共有 $N\times M$ 个插值结点。常用二元插值方法如下。

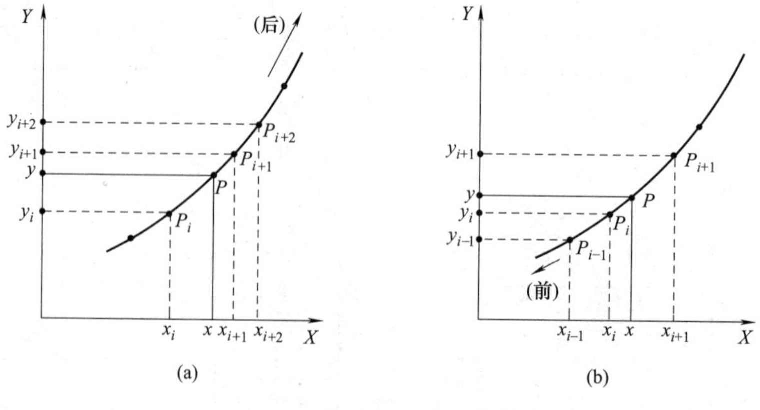

图 32-5-15　抛物线插值方法示意图

表 32-5-15 轴的过渡圆角处有效应力集中系数 $\kappa_\sigma\left(\frac{D-d}{r}=2\right)$

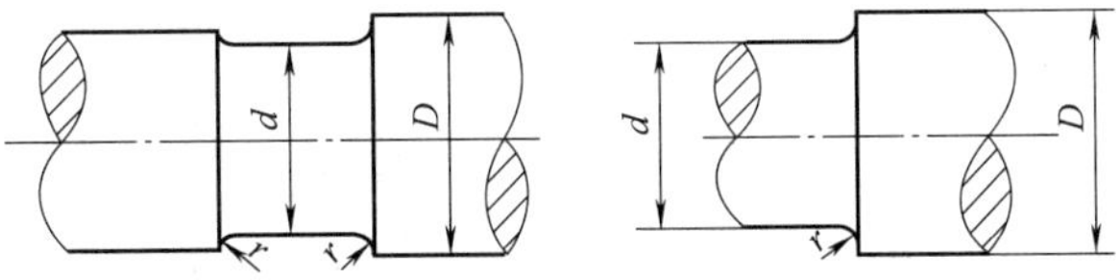

序号	j	1	2	3	4	5	6	7	8
i	δ_b/MPa ／ r/d	400	500	600	700	800	900	1000	1200
1	0.01	1.34	1.36	1.38	1.40	1.41	1.43	1.45	1.49
2	0.02	1.41	1.44	1.47	1.49	1.52	1.54	1.57	1.62
3	0.03	1.59	1.63	1.67	1.71	1.76	1.80	1.84	1.92
4	0.05	1.54	1.59	1.64	1.69	1.73	1.78	1.83	1.93
5	0.10	1.38	1.44	1.50	1.55	1.61	1.66	1.72	1.83

1）二元拟线性插值　先从 $N\times M$ 个结点中选取最靠近插值点 $P(x, y)$ 的 4 个相邻结点：(x_i, y_i)、(x_i, y_{i+1})、(x_{i+1}, y_i)、(x_{i+1}, y_{i+1})，$x_i<x\leqslant x_{i+1}$，$y_i<y\leqslant y_{i+1}$。取出它们对应的函数值 $z_{i,j}$，$z_{i,j+1}$，$z_{i+1,j}$，$z_{i+1,j+1}$，由下列公式计算差值点函数值 $z(x, y)$

$$\begin{cases}z(x,y)=(1-\alpha)(1-\beta)z_{i,j}\\ \qquad+\beta(1-\alpha)z_{i,j+1}\\ \qquad+\alpha(1-\beta)z_{i+1,j}\\ \qquad+\alpha\beta z_{i+1,j+1}\\ \alpha=\dfrac{x-x_i}{x_{i+1}-x_i},\beta=\dfrac{y-y_i}{y_{i+1}-y_i}\end{cases}\tag{32-5-3}$$

下面是二元拟线性插值的子程序：

```
    SUBROUTINE  TLNIPL(N,M,Ax,Ay,x,y,z,F)
    INTEGER  N,M,KI,KJ,NF2,NF3
    REAL  Ax,Ay,F,x(N),y(M),z(N,M)
    NF2=N－2
    DO  20  I=1,NF2
    IF (Ax－x(I+1))10,10,20
10  KI=I
    GOTO 40
    CONTINUE
    KI=N－1
40  NF3=M－2
    DO 70  J=1,NF3
    IF(Ay－y(J+1))50,50,60
50  KJ=J
GOTO 80
60  KJ=M－1
70  CONTINUE
80  AP=(Ax－x(KI))/(x(KI+1)－x(KI))
    BT=(Ay－y(KJ))/(y(KJ+1)－y(KJ))
    F=(1－AP)*(1－BT)*z(KI,KJ)+BT*(1－
AP)*z(KI,KJ+1)
      +AP*(1－BT)* z(KI+1,KJ)
      +AP* BT*z(KI+1,KJ+1)
    RETURN
    END
```

一维数组 x 和 y 存放结点自变量，二维数组 z 存放结点函数值，Ax 和 Ay 是插值点坐标，F 是计算结果。

2）二元抛物线插值　从数表中的 $N\times M$ 个结点中选取最靠近插值点 (x, y) 的相邻 9 个结点（图 32-5-16），由下面的插值公式计算插值点函数值

$$z(x,y)=\sum_{r=i}^{i+2}\sum_{s=j}^{j+2}\prod_{\substack{k=i\\k\neq r}}^{i+2}\frac{x-x_k}{x_r-x_k}\times\prod_{\substack{l=i\\l\neq s}}^{j+2}\frac{y-y_l}{y_s-y_l}\tag{32-5-4}$$

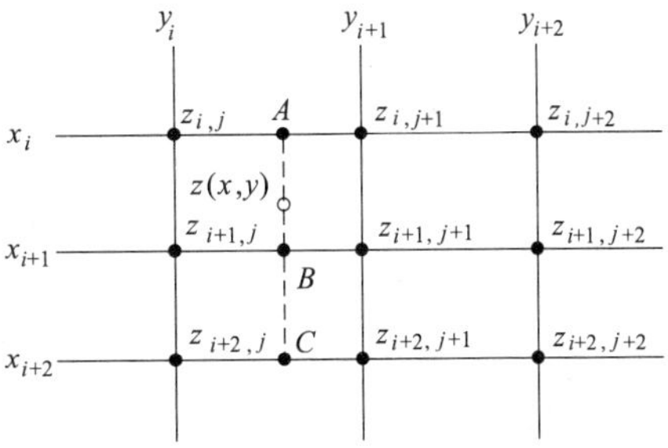

图 32-5-16　二元抛物线插值示意图

下面是二元抛物线插值的子程序：

```
SUBROUTINE TQAIPL(N,M,Ax,Ay,x,y,z,F)
INTEGER  N,M,I,J,N1,M1
REAL  Ax,Ay,F,x(N),y(M),z(N,M),U(3),V(3)
N1－N－3
M1=M－3
```

```
      DO 10 I=1,N1
      IF (Ax. LE. x(I+1))GOTO 20
10    CONTINUE
      I=N-2
20    DO 30 J=1,M1
        IF(Ay. LE. y(J+1))GOTO 40
30    CONTINUE
        J=M-2
40    IF(I. EQ. 1)GOTO 50
        IF((Ax-x(I)). GE. (x(I+1)-AX))
        GOTO  50
        I=I-1
50    IF(J. EQ. 1)GOTO 60
        IF((Ay-y(J)). GE. (y(J+1)-Ay))
        GOTO 60
        J=J-1
60    x1=x(I)
        x2=x(I+1)
        x3=x(I+2)
        y1=y(J)
        y2=y(J+1)
        y3=y(J+2)
        U(1)=(Ax-x2)*(Ax- x3)/((x1-x2)
(x1-x3))
        U(2)=(Ax-x1)*(Ax- x3)/((x2-x1)
(x2-x3))
        U(3)=(Ax-x1)*(Ax- x2)/((x3-x1)
(x3-x2))
        V(1)= (Ay-y2)*(Ay- y3)/((y1-y2)
(y1-y3))
        V(2)=(Ay-y1)*(Ay-y3)/((y2-y3)
(y2-y3))
        V(3)=(Ay-y1)*(Ay-y2)/((y3-y1)
(y3-y2))
        F=0.0
        DO 70 II=1,3
        DO 70 JJ=1,3
        I1=I+JJ-1
        J1=J+JJ-1
70      F=F+U(II)*V(JJ)*Z(I1,J1)
        RETURN
        END
```

子程序的形式参数与TLNIPL中的含义完全相同。

5.3.1.4　数表的公式化

将数表程序化的另一途径是：把数表转换为计算公式，根据公式编制程序。数表的公式化有两种情况。

一种情况是设计资料中有的数表是根据某个比较繁复的算法或者一系列规定的公式事先计算出来后再编制成表格。其目的是简化设计人员的手工计算。对这种数表，显然应尽可能地用原始计算公式编制程序。

另一种情况是有些数表给出的是由一组实验得到的数据或者是一系列的数值计算结果。对这类数表，可以在这些数据的基础上，建立经验公式或近似计算公式。由数表建立计算公式有下面两类方法。

（1）曲线插值方法

如果数表中的数据足够精确，要求近似公式代表的函数曲线严格地经过数表所给出的各个离散结点，就可用曲线插值的方法。这种方法三次样条曲线。

（2）曲线拟合方法

根据离散结点数值变化趋势选择拟合函数类型，拟合函数可能不能准确通过各离散结点。但可通过恰当选择拟合函数中的待定系数，使其误差为最小，这就是曲线拟合方法。常用的拟合函数有多项式和指数函数。

1）最小二乘法多项式拟合　已知 m 组数据 $(x_i,\ y_i)$ $(i=1,2,\cdots,m)$ 用 n 次多项式表示。

$$y(x)=a_0+a_1x+a_2x^2+\cdots+a_nx^n \tag{32-5-5}$$

作为未知函数的近似表达式，要求 m 远大于 n。

多项式的函数值与相应数据点之间的偏差记为 $D_i=y(x_i)-y_i$，y_i 是数表中离散点的函数值（见图32-5-17）。采用最小二乘法原理：最佳拟合曲线在各结点处的偏差平方和最小。由式（32-5-5）可知偏差的平方和是多项式系数 a_i 的函数。记为：

$$F(a_0,a_1,\cdots,a_n)=\sum_{i=1}^{m}[y(x_i)-y_i]^2 \tag{32-5-6}$$

求出使 $F(a_0,a_1,\cdots,a_n)$ 为极小的 a_i 值，代入式（32-5-5）就得到了所要的偏差平方和最小的多项式。

$F(a_0,a_1,\cdots,a_n)$ 极小化的条件是：

$$\frac{\partial F(a_0,a_1,\cdots,a_n)}{\partial a_j}\quad (j=1,2,\cdots,n) \tag{32-5-7}$$

即

$$a_0\sum_{i=1}^{m}x_i^j+a_1\sum_{i=1}^{m}x_i^{j+1}+\cdots+a_n\sum_{i=1}^{m}x_i^{j+n}=\sum_{i=1}^{m}x_i^jy_i \tag{32-5-8}$$

令
$$\sum_{i=1}^{m} x_i^k = s_k \qquad (32\text{-}5\text{-}9)$$

$$\sum_{i=1}^{m} x_i^k y_j = t_k \qquad (32\text{-}5\text{-}10)$$

则有 $n+1$ 阶线性方程组：

$$\sum_{j=0}^{n} s_{i+j} a_i = t_j \quad (j=0,1,\cdots,n) \qquad (32\text{-}5\text{-}11)$$

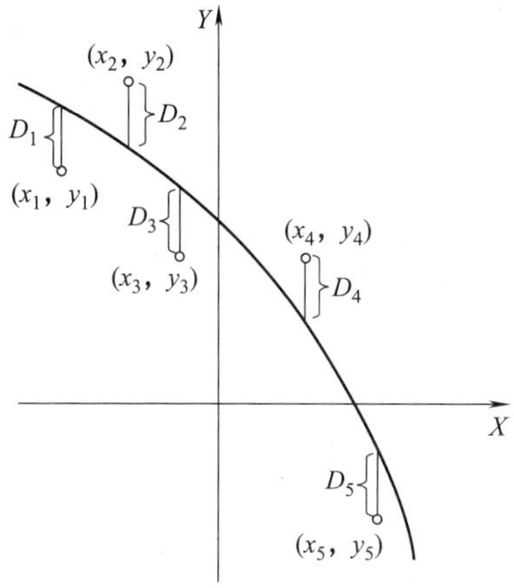

图 32-5-17　最小二乘法多项式的拟合

计算步骤：

① 由式（32-5-9）计算方程组的系数 s_k（$k=0,1,2,\cdots,2n$）；

② 由式（32-5-10）计算方程组右端项 t_k（$k=0,1,2,\cdots,n$）；

③ 求解线性方程组式（32-5-11），得到多项式（32-5-5）的各个系数 $a_0, a_1, \cdots, a_n$；

④ 按式（32-5-5）编制近似公式的计算程序。

如果取 $n=1$ 就得到线性近似公式

$$y=a_0+a_1x \qquad (32\text{-}5\text{-}12)$$

2）指数曲线拟合　如果数表中的结点画在对数坐标纸上呈线性分布趋势，则可用指数函数 $y=ax^b$ 来拟合，见图 32-5-18。具体作法可用作图法：在对数坐标纸上按结点分布趋势作一直线，直线在 Y 轴上的截距是常数 $\lg a$，直线斜率是指数 b。也可用最小二乘法确定 a、b 值，过程如下。

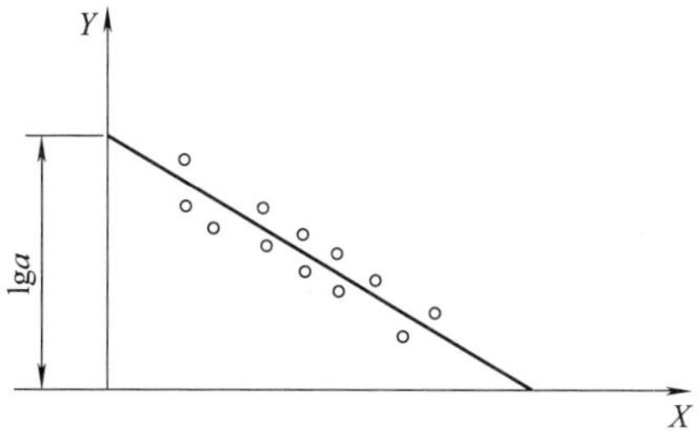

图 32-5-18　指数曲线的拟合

设拟合曲线的指数函数为：

$$y=ax^b \qquad (32\text{-}5\text{-}13)$$

将上式两边取对数得到：

$$\lg y=\lg a+b\lg x \qquad (32\text{-}5\text{-}14)$$

令
$$u=\lg y, v=\lg a, w=\lg x \qquad (32\text{-}5\text{-}15)$$

代入式（32-5-14）得：

$$u=v+bw \qquad (32\text{-}5\text{-}16)$$

由式（32-5-15）把已知数表中的 m 组数据（x_i，y_i）（$i=1,2,\cdots,m$）转换为（u_i，w_i），式（32-5-16）是 u 关于 w 的线性关系式。因此可采用前述的最小二乘多项式拟合的方法，由 m 组数据（u_i，w_i）确定线性方程（32-5-16）中的常系数 v 和 b。它们分别对应于式（32-5-12）中的 a_0 和 a_1。得到 v 值后，由式（32-5-15）可算出 a。将 a、b 代入式（32-5-13）就是所求的指数函数。

5.3.2　线图的程序化

在机械设计资料中，有些函数关系以计算线图的形式给出，供设计人员从线图上量取数据而代替计算。例如渐开线齿轮的齿形系数 Y_F，取决于齿数 z 和变位系数 x。图 32-5-19 中的曲线簇表达了它们的关系，这是两个自变量的二元线图。线图是不能直接在计算机中存储和参与运算的，同样需要进行程序化处理。

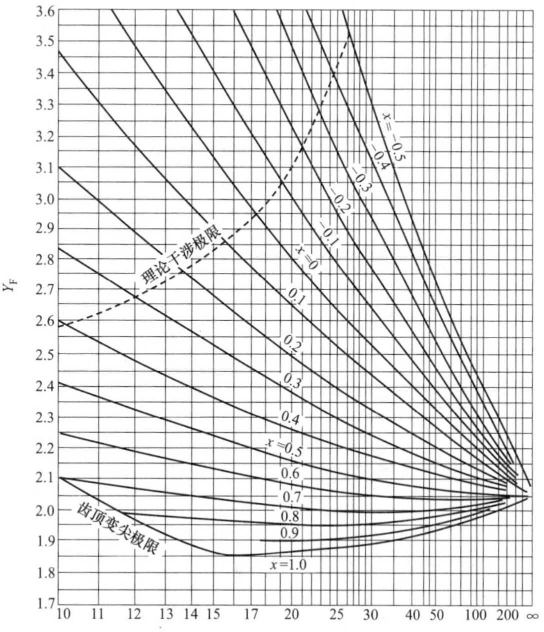

图 32-5-19　渐开线齿轮齿形系数

绘制计算线图的数据，一般由计算公式计算出来，或由实验、统计、数值计算得到。因此，线图程序化的基本方法，就是先将线图恢复为原始形式——公式或数表，然后采用前两小节介绍的公式和数表程序化的方法进行处理。如果找不到编制线图的原始数表，则可以从线图上量取若干个结点，将结点的坐标值列成数表，然后再对数表进行程序化。

5.3.3 建立数据文件

工程设计中如果数据量较大，而且多个程序共用数表（即共享数表），若采用程序化处理，不仅数据在程序中所占比例大，也会因重复输入而造成数据冗余。对于这种情况，可采用数据文件存放。该方法将数表与程序分开，单独建立数据文件，存储在计算机的外存上（软盘、硬盘等）。使用时，使用文件操作语句打开该文件，将数据读入内存，再做相应处理。用文件存储设计数据和存放设计结果，也是 CAD 系统各模块之间进行信息交换的主要手段。

数据文件可以用文本编辑软件建立和编辑。比如用 C 语言的编辑器、Windows 操作系统的记事本等，也可以用高级语言程序和数据库生成。建立数据文件时，数据应以一定的格式存放，读取时也应按相同的格式读取，否则会出错。以下内容是建立数据文件的具体方法。

（1）文本编辑软件编辑数据文件

用编辑的方法建立数据文件是在文本编辑软件的支持下，通过人机交互编辑产生数据文件，产生的数据文件为顺序文件。例如，用 Windows 操作系统的记事本应用程序编辑如表 32-5-16 所列的数据文件的方法如下。

表 32-5-16 凹模孔口参数表

材料厚度/mm	h/mm	α/(°)	β/(°)
≤0.5	5.0	0.25	2.0
>0.5～1.0	6.0	0.25	2.0
>1.0～2.5	7.0	0.25	2.0
>2.5～6.0	8.0	0.50	3.0
>6.0	10.0	0.50	3.0

① 打开 Windows 操作系统的记事本程序。

② 在进入编辑状态后按照一定的数据格式，输入数表中的数据，如图 32-5-20 所示。

③ 在检查无误后，保存所建的数据文件。数据文件即生成。

（2）用高级语言生成数据文件

用高级语言生成的数据文件主要用于 CAD 系统各模块之间进行信息交换或作为结果（中间或最终结果）保存。数据文件主要是应用高级语言的文件操作函数、文件操作语句来生成和操作。下面以 C 语言为例，说明文件操作函数、操作语句的格式及其

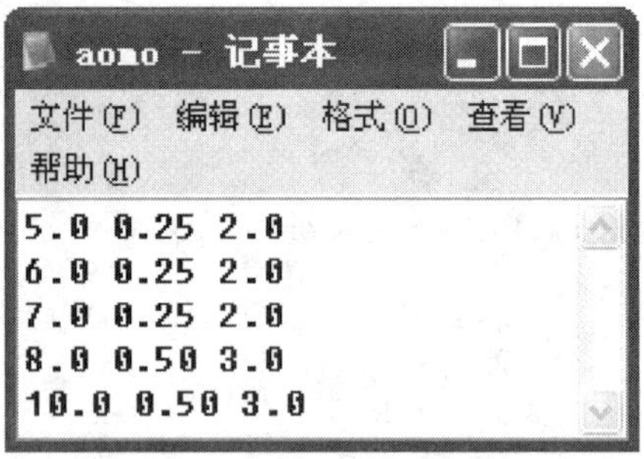

图 32-5-20 用记事本编辑数据文件

应用。

1）文件的打开与关闭 对文件进行操作之前应该首先“打开”该文件，而在使用之后应“关闭”文件。C 语言用 fopen（）函数的格式及调用方式为：

FILE * fp；

fp=fopen（文件名，使用文件方式）；

打开文件语句，告知编译系统 3 个问题：一是打开的文件名，也就是准备访问的文件名字；二是使用文件的方式（“读”还是“写”）等；三是用哪个指针变量指向被打开的文件。

例如：fp=fopen（“aomo. dat”，“r”）；

表示打开文件名字为 aomo. dat 的文件，使用文件的方式为“读入”（r 代表 read，即读入），fopen（）函数带回指向 aomo. dat 文件的指针并赋给 fp，这样 fp 就和文件 aomo. dat 建立了联系，或者说 fp 指向 aomo. dat。

在使用完一个文件后应该关闭它，以防止误用。C 语言用 fclose（）函数来关闭文件，fclose（）函数的调用格式一般为：

fclose（fp）；

执行该语句，通过 fp 将该文件关闭，即 fp 不再指向该文件。fclose（）函数也带回一个值，若顺利地执行了关闭操作，则返回值为 0；否则返回 EOF（−1）。

2）数据文件的读和写 文件的读写方式较多，不同的读写内容有不同的读写语句，下面以有格式读写为例，说明读写语句的格式和内容。

文件格式化读写用 fscanf 和 fprintf 语句，它们的调用方式为：

fprintf（文件指针，格式字符串，输出列表）；

fscanf（文件指针，格式字符串，输入列表）；

例如：

fprintf(fp,“%d,%6.2f”,i,t)； //将整型变量 i、实型变量 t 的值按%d、%6.2f 格式输出到 fp 指向的文件上。

fscanf(fp,“%d,%f”,&i,&t)； // 从磁盘文件

(fp 指向的文件)中读入一个整型量赋给变量 i(存入地址 i);读入一个实型量赋给 t(存入地址 t)。

(3) 用数据库生成数据文件　用数据库生成数据文件首先需要将数表建立数据库，然后通过相关命令生成数据文件（文本文件)，生成命令及方法见 5.3.4 节。

5.3.4 数表的数据库管理

利用数据文件来管理和使用工程数据的方法虽简单易行，但其使用也存在一些问题。例如，数据文件中数据对程序缺乏适应性，数据与应用程序相互依赖，如果为了某种用途数据结构需要修改时，应用程序也不得不做相应的修改。为解决数据存在的缺陷，可应用数据库管理技术对数表进行管理。

数据库技术产生于 20 世纪 60 年代末。它的出现使得计算机应用进入了一个新的时期，社会的每一领域都与计算机发生了联系。数据库技术聚集了数据处理最精华的思想，是管理信息最先进的工具。数据库中的数据存储独立于应用程序，应用程序能够共享数据库中的资源。因此，对于 CAD 系统中的量大、共享数据，采用数据库管理系统处理较为合适。

5.3.4.1 数据库系统简介

数据库系统是运用计算机技术管理数据的最新成就，是在克服文件系统缺点的基础上发展起来的一门新型数据管理技术，是一种能够管理大量的、永久的、可靠的、共享的数据管理手段。数据库系统是存储介质、处理对象和管理系统的集合体。它通常由数据库、数据库管理系统、数据库应用程序、操作系统和数据管理员组成。数据库管理系统是数据库系统的核心，数据库由数据库管理系统统一管理，数据的插入、修改和检索均要通过数据库管理系统进行。数据管理员负责创建、监控和维护整个数据库，使数据能被任何有权使用的人有效使用。

数据库系统的个体含义是指一个具体的数据库管理系统软件和用它建立起来的数据库；它的学科含义是指研究、开发、建立、维护和应用数据库系统所涉及的理论、方法、技术所构成的学科。在这一含义下，数据库系统是软件研究领域的一个重要分支，常称为数据库领域。

数据库研究跨越计算机应用、系统软件和理论研究三个领域，其中应用促进新系统的研制开发，新系统带来新的理论研究，而理论研究又对前两个领域起着指导作用。数据库系统的出现是计算机应用的一个里程碑，它使得计算机应用从以科学计算为主转向以数据处理为主，并使计算机得以在各行各业乃至家庭普遍使用。在它之前的文件系统虽然也能处理持久数据，但是文件系统不提供对任意部分数据的快速访问，而这对数据量不断增大的应用来说是至关重要的。为了实现对任意部分数据的快速访问，就要研究许多优化技术。这些优化技术往往很复杂，是普通用户难以实现的，所以就由系统软件（数据库管理系统）来完成，而提供给用户的是简单易用的数据库语言。由于对数据库的操作都由数据库管理系统完成，所以数据库就可以独立于具体的应用程序而存在，从而数据库又可以为多个用户所共享。因此，数据的独立性和共享性是数据库系统的重要特征。数据共享节省了大量人力物力，为数据库系统的广泛应用奠定了基础。

数据库系统的特点大致有：数据的结构化、数据的共享性好、数据的独立性好、数据管理系统、为用户提供了友好的接口。

数据库系统的基础是数据模型，现有的数据库系统均是基于某种数据模型的。数据库系统的常见数据模型有层次型、网络型和关系型。其中关系型数据模型是多数数据库系统采用的数据模型。

5.3.4.2 数据库管理系统在 CAD 中的应用

数据库管理系统（data base management systems，DBMS）是专门负责组织和管理数据库的软件系统，其主要功能是维护数据库，接受并完成用户程序或命令提出的访问数据的各种要求，协助用户建立和使用数据库。用数据库管理系统管理数据，可以使数据与应用程序真正实现相互独立，最大限度地消除数据的冗余，做到数据为多用户共享（图 32-5-21)，进一步满足了 CAD 作业的需求，支持和促进了 CAD 技术的发展。因此，数据库管理系统已成为现代 CAD 系统的重要组成部分。

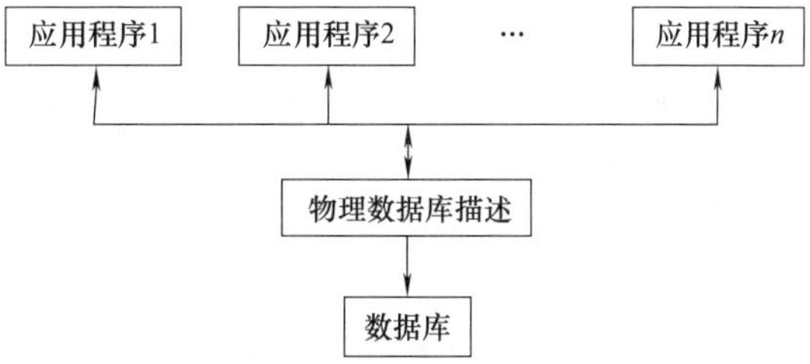

图 32-5-21　数据库与应用程序

当前，CAD 技术发展的一个主要方向是 CAD/CAM 一体化，即通过计算机将产品的设计（CAD）制造（CAM）集成为一体，甚至进一步将计算机经营决策和生产管理集成起来，成为计算机集成制造系统（computer integrated manufacturing system,

CIMS）。在 CIMS 系统中，由于设计、制造、经营和管理作业之间的密切关系，许多数据是共同的或彼此相关的，因而数据的组织管理显得尤为重要，数据库管理系统的作用更为突出。

CAD 系统中常用的具有代表性的数据管理系统有：Oracle、Microsoft SQL Server、Access 等。

5.3.5 工程数据库

5.3.5.1 工程数据库的概念

工程数据库（engineering database，EDB）是指在工程设计与制造中，主要是 CAD/CAM 中所用到的数据库。

工程数据库是 CAD/CAM 系统中重要的支撑环境。在 CAD/CAM 的工作流程中每一工作步骤都必须和工程数据库通信，以取得必要的信息或将设计中产生的中间结果存放于工程数据库中，一个综合的工程数据库实际上是一个 CAD/CAM 系统的大脑部分。通常将支持 CAD/CAM 集成和 CIMS 的数据库系统叫集成工程数据库系统。一般工程数据库系统主要包括工程数据库（EDB）、工程数据库管理系统（engineering database system，EDBS）。

工程数据库存储了工程应用系统所需要的大量的格式化和非格式化数据，主要有：

① 产品图形、图像数据，包括产品和零部件的各种图形和图像（二维、三维图形）；

② 产品文字数据，包括产品与零部件的各种文字信息（如零件的材料、公差配合等）以及产品的结构信息等（如产品和部件的组成以及其装配关系等）；

③ 设计制造所需参数和设计分析数据（如设计标准、设备数据、材料数据等）；

④ 加工工艺数据（如加工设备、加工工艺规程、加工工序、加工的数控代码等）。

工程数据库管理系统存储了管理工程数据库中的数据，提供生成、检索、修改工程数据库中数据的操作，以及对用户的设计事务进行处理，实行规定的设计约束。工程数据库管理系统需要提供程序设计接口，供工程应用软件或其他软件调用。

5.3.5.2 工程数据库的特点

由于在工程中的环境、要求不同，工程数据与商用和管理数据相比，主要有以下特点。

① 工程数据中静态（如一些标准、设计规范、材料数据等）和动态（如随设计过程变动而变化的设计对象中间设计结果数据）数据共存。

② 数据类型的多样化，不但包括数字、文字，而且包含结构化图形数据。

③ 数据之间复杂的网状结构关系（如一个基本图形可用于多个复杂图形的定义，一个产品往往由许多零件组成）。

④ 大部分工程数据是在试探性交互式设计过程中形成的。

由此可以看出，对于工程数据库系统有特殊的要求，归纳起来，EDBMS 应具有以下功能和特点。

（1）支持多个工程应用程序

一个工程数据库必须适应多个工程应用程序，以支持不断发展的新的应用环境。最初的概念设计、详细设计、制造设计和计划都需要直接进入到工程数据库中去，从设计到生产后期所进行的操作、生产控制和服务等，都需要利用在产品设计和制造阶段的信息。

（2）支持动态模式的修改和扩充

数据库的结构确定物体在数据库中建模的关系。一个工程必须经过计划分析、设计、施工、调试、生产等阶段，相应的工程数据库也是通过各阶段逐步明确，逐步详细，最后得到满意的结果。为此，必须记载整个过程的全部图形和数据，作为文档保存，以便在工程中修改，以及在工程建成后的扩充和改建。

产品的计算机辅助设计（CAD）是一个变化频繁的动态过程，不仅数据变化频繁，而且数据的机构也会有所改变，这就要求工程数据库具有动态修改和易于改变数据结构的能力。修改结构的功能应当“在空中”操作，而不需要结构的再编辑或者数据库的再装配。为 CAD/CAM 数据库设计的数据模型必须支持工程数据类型和工程应用中复杂的物理模型。

（3）支持反复的试探性设计

在工程中解决一个问题往往是一个多次重复、反复修改的过程，不同于一般事务数据。CAD/CAM 数据库必须适合设计过程中的试凑、重复和发展的特点，即在一般情况下，数据库必须保持数据的一致性，在特殊情况下，工程数据库应允许暂时的、不一致数据存在，并能加以管理。

（4）支持在数据库中嵌入语义信息

语义信息用来描述在数据库中存储的数据，它包括物体和关系的建模，有关物体和关系的信息在数据库中是怎样表示的，怎样获得和使用这些信息的。一个集成和数据词典/字典系统是用来记录指定含义的，并是使用数据库中数据记录的工具。这个功能一般不仅仅是资料程序员利用，也是文件的主要来源。更多的语义信息被机器占用，成为数据库中一个集成部分，可用于人和机器直接相互作用及数据库的修改。

（5）支持存储和管理各种设计结果版本

在人工设计中，存在几种设计版本的情况是经常发生的，每一个设计版本尽管不同，但均满足设计所要求的全部功能，均可供选择。设计问题很少只有唯一的方案解，当在设计中对重要条件强调的重点不同时，一般有几种可供选择的方案。理想情况下，一个 CAD/CAM 数据库应当具有支持一个设计任务多个版本的能力。

(6) 支持复杂的抽象层次表示

设计单元之间的许多复杂关系可以在抽象层次中模型化。设计过程常被看成自顶向下的工作方式，即将复杂的问题不断分解到子问题层中，这些子问题概念简单，可以组合起来解决原问题。例如，工程所涉及的工程图很少是仅由一张图来表示的，通常采用分层表示法，即上层工程图中的一个符号表示下层某一张子工程图（即上层的一个抽象部件符号代表下层若干个部件的组合），这些子工程图中的一个符号又能表示更下一层的某一张子工程图……即自顶向下逐层表示，直至最下层为止。

(7) 支持多 CPU/分布式处理环境

通常支持 CAD/CAM 一体化系统的硬件是由异种机组成的计算机网络系统。因此，要求工程数据库管理系统应是一个分布式的数据库管理系统，并为所有基本单元系统存取全局数据提供统一的数据接口标准。

(8) 支持建立和临时存取数据库

在设计和制造过程中，存在许多临时性数据，这些不需长期保存的数据可存入临时数据库中，使用完毕即可删除。

(9) 支持交互式和多用户工作及并行设计

工程设计时，为了及时传达设计人员的思想和意图，需要进行交互式工作。而且现代设计工作绝不是一个人能胜任的，为提高工程设计质量、加快速度，必须开展并行作业，使若干名设计人员既能同时工作，又可达到资源共享。为此，要求工程数据库能随时提供数据并存储数据，提供多用户使用和进行并行设计。

(10) 支持多种表示处理

在设计和制造过程中，应用程序往往要利用同一物体的不同表示形式来实现不同的目的和要求。例如，在几何造型中，可以使用 CSC 树、边界表示、八叉树等多种表示形式来表示同一形体。因此，工程数据库要有存储和管理同一形体的多种表示形式的功能，而且要保持这些表示形式之间的一致性。

(11) 支持数据库与应用程序的接口

为了支持工程那个数据库的应用过程，数据库必须与多种程序语言交互。数据库与应用常年供需的接口有两类：子语句方式和 CALL 方式。子语句方式将数据库的 DML 语句看成特殊的应用程序语句。CALL 方式将数据库的 DML 语句设计成宿主语言的一个过程或函数，应用程序通过 CALL 语句调用它们。

(12) 支持工程事务处理

在工程应用中，解决一个工程问题需要花费很长时间，涉及的数据量也很多，这种解决工程问题的过程称为工程事务。由于这类问题工作时间很长，中间出现意外错误或认为中断的可能性较高。因此，商业数据库系统中处理事务的方法在此已不适用。工程数据库系统应具备处理工程事务的能力。

目前，由于工程数据库的特殊要求，而面向事务处理的商用数据库管理系统缺乏必要的支持手段，一般通过下述途径满足工程数据库提出的要求：

① 在现有商用事务 DBMS 的外层增加一层软件，弥补商用事务 DBMS 用于工程环境的不足。

② 增加现有 DBMS 的功能，满足工程数据管理的要求。

③ 建立专用的文件管理器，把现有的 DBMS 作为一项应用。

④ 研究新的数据模型，开发新的工程数据库管理系统，使它具有新的功能和性能，满足工程数据管理的要求。

前 3 种方法可在原有的事务数据库管理系统的基础上增加功能，满足工程应用的要求。其优点是易于实现、开发工作量小；缺点是忽视了工程数据库的整体要求，增加了界面之间的转换，使整个系统的效率下降。

第 4 种方法是从满足工程数据库的要求出发，开发新的工程数据库管理系统，其优点是可以满足工程数据的管理要求，系统效率高；缺点是技术难度和投资大，开发工作量大，开发周期长。

为了满足企业对工程数据库的迫切需要，目前一些实用的工程数据库系统大多采用前 3 种方法，而对于开发新一代的 EDBMS，则选用第 4 种方法。

5.4 CAD 软件工程技术

随着计算机技术在产品设计与制造中的广泛应用，对各种高质量、实用的 CAD 软件的需求量也越来越大。因为任何一个通用 CAD 软件都不可能解决某个特定行业用户在产品设计与制造中的全部问题，所以，在 CAD 应用领域，更多的用户和技术人员要在基于某个应用系统（如 CATIA、UGⅡ、Pro/E 和 AutoCAD 等）的基础上，针对企业或行业的特殊需要进行二次开发．以满足本企业或某行业在产品设计、制造上的特殊要求，或者针对 CAD 的某个应用领域进行专用 CAD 软件开发，以完成特殊的造型、计算、分析等专业应用要求。但无论是通用还是专用 CAD 应用软件，其开发与其他产品的设计、制造一样，均是解决实际工程问题，都应从工程的角度组织和实施。采用软件工程的方法可以高效、高质量地保证软件开发的顺利进行。

5.4.1 软件工程的基本概念

软件工程技术是软件开发的关键技术之一。软件工程主要是针对 20 世纪 60 年代的“软件危机”而提出的，至今已有 40 多年的历史，自这一概念提出以来，围绕软件项目，开展了有关开发模型、方法以及支持工作的研究，在此期间出现了大量的研究成果，并进行了大量的技术实践。由于学术界和产业界的共同努力，软件工程已发展成为一门成熟的专业学科，它以提高软件开发的质量和效果为宗旨，在软件产业的发展中起到了重要的技术保障和促进作用。

软件是基于计算机的系统的核心。随着 CAD 技术的发展和其他领域对软件需求的日益增长，软件在计算机系统乃至整个国民经济中扮演着越来越重要的角色。由于软件开发需要大量人的创造性思维活动和手工编程劳动，因此，采用先进的软件开发方法和手段显得尤为重要。

（1）软件

随着计算机在各个领域中的广泛应用，计算机软件也在发挥着越来越重要的作用。软件已成为一种驱动力，它是进行商业决策的引擎，是现代科学研究和解决工程问题的基础，同时也是区分现代产品与服务的关键因素。软件既是一种产品，又是开发和运行产品的载体。作为一种产品，软件表达出了计算机硬件体现的计算潜能。作为开发和运行产品的载体，软件既是计算机控制（操作系统）与信息通信（网络）的基础，也是创建和控制其他程序（软件工具和环境）的基础。软件作为一种特殊的产品，它是逻辑的而不是物理的。因此，软件具有与硬件完全不同的特征，具体体现在以下几方面。

• 软件是逻辑产品，是由开发或工程化形成的，而不是传统意义上的制造产品。

• 软件的成本集中于开发上，因此，对软件项目能像对硬件制造项目那样进行管理。

• 从物理意义上讲，软件不会“磨损”。在软件生存周期内，随着时间的推移其各项功能可能会逐渐无法满足日益更新的应用需要而直至退出某个应用领域，但软件自身是不会“磨损”的。

• 大多数软件是根据某种应用需要“定制”的，而非通过已有的构件组装而成的。尽管随着软件工程的发展，各种可重复使用的、标准化的软件构件越来越多，但任何一个软件都无法仅通过对各种可复用软件构件的简单组装来完成。

• 由于软件开发需要大量的软件技术人员经过复杂的脑力劳动来完成，因此，软件的开发费用很高。

基于上述描述，可以说，软件是一种特殊的逻辑产品，是在计算机上运行的各种程序及说明程序的各种文档。

信息的内容和确定性是决定一个软件应用特性的重要因素。通常，软件可分为系统软件（一组为其他程序服务的程序）、实时软件（管理、分析、控制现实业界中发生的事件的程序）、商业软件（商业信息处理）、工程和科学计算软件、嵌入式软件（驻留在只读内存中，用于控制智能产品的程序）、个人计算机软件及人工智能软件等。

（2）软件危机

软件是基于计算机的系统及产品的关键组成部分。在计算机系统的发展过程中，一系列与软件相关的问题一直存在着，有时甚至非常严重。这些问题体现在以下几个方面。

• 硬件的发展一直超过软件，而软件的开发难以发挥硬件的所有潜能。

• 人们开发新软件的能力远远无法满足用户对新程序的需求，同时，新程序的开发速度也不能满足商业和市场的需求。

• 计算机的普遍使用使得整个社会越来越依赖于可靠的软件，如果软件发生问题，会造成巨大的经济损失。

• 软件的质量和可靠性有待进一步提高。

• 软件开发中某些拙劣的设计和资源的缺乏使得软件开发人员难以支持和增强已有的软件。

这些问题造成了软件危机的出现。软件危机是指在计算机软件开发中遇到的一系列无法完全解决的问题。

危机的主要表现为：经常突破经费预算、开发的软件不能满足用户要求、软件的可维护性及可靠性差。造成软件危机的原因主要是软件的规模越来越大，软件开发的管理越来越困难，开发费用不断增加，开发技术落后，以及生产方式和开发工具的落后而导致软件开发的生产效率提高缓慢。

（3）软件过程和软件工程

为解决在软件开发中存在的问题，软件产业采用了软件工程技术。在软件开发中，采用软件工程方法并不能完全消除软件危机的产生，但该方法为建造高质量的软件提供了一个可靠的前提和保障，并且可以大大减少软件危机的产生。

任何工程产品（包括软件）都是在一个生产过程中完成的。软件过程是指建造高质量软件需要完成的任务的框架。一个软件过程定义了软件开发中采用的方法，同时还包括该过程应用的技术——技术方法和各种自动化工具。软件工程采用软件过程模型（又称软件生命周期模型），从时间的角度上将软件开发与维护的整个周期进行分解，通过各开发阶段的文档从技术和管理两个方面对开发过程进行严格的审查，从而保证软件的顺利开发，保证软件的质量和可维护性。软件工程是有创造力、有组织的人在定义好的、成熟的软件过程框架中进行的。

软件工程是指用工程化的思想进行软件开发。因此，软件工程是将系统化的、规范的、可度量的方法应用于软件的开发、运行和维护的过程，即将工程化应用于软件开发中。同时，软件工程也包括对上述各种方法的研究。

5.4.2 CAD 应用软件开发

软件工程学就是运用工程学的方法，从技术与管理两个方面研究软件开发方法、软件开发工具、软件开发管理的一门新学科，它是适应软件开发工程化的要求而发展形成的。

CAD 软件和其他软件一样，它的开发应遵循软件工程学的原理、方法和规范标准开发，我国已颁布了《信息技术—软件生存周期过程》《信息处理—数据流程图、程序流程图、系统流程图和系统资源图的文件编制符号及约定》等有关国家标准。

软件不仅仅是程序，还应该有整套文档资料，文档是不可缺少的部分。作为商品，它必须有必要的说明，才能为用户接受并指导使用。制定并要求开发软件时严格遵守统一工程规范，是保证软件开发质量的重要措施。

CAD 软件工程具有以下特点。

① CAD 技术作为一个综合应用领域，涉及众多的学科和专业。与其他计算机软件相比，CAD 应用软件具有规模大、复杂程度高和跨学科性等特点，故其开发需要多学科人员特别是计算机专业人员和工程设计人员合作进行。因此，要合理组织和管理不同专业人员，使他们有效地沟通交流思想，发挥各自长处，协同工作。

② 文档的完善性。CAD 软件从立项、论证、需求分析、设计、实现、测试到形成产品，都要有全面的文档记录，以便把 CAD 应用软件开发过程中的各种隐患控制在最小范围内。

③ 专用的工具与方法。通常，CAD 应用软件不仅具有众多的功能模块，也包含处理各种工程专业问题的专业技术知识与技巧。简单的框图与流程图很难描述 CAD 软件的复杂结构，只有借助于 CAD 软件工程的工具和方法，才能将复杂的应用程序结构描述成可控的文本文件。

④ 较强的专业性。CAD 应用软件是跨学科的，因而，在 CAD 软件工程实施中要求针对不同的应用学科采用专业化的文字描述，以及在通用软件工程方法之外的、具有本专业特点且行之有效的工程化方法。

5.4.3 软件开发流程

工程应用软件开发的基本要求是：软件能正确、完整地实现既定的功能；软件运行可靠，容错及越界处理功能较强；软件简明易懂，程序层次分明，接口规范、简单；软件易维护，易实现修订及适应完善性维护；软件应采用结构化设计方法和模块化结构；软件文档齐全、格式规范。

按照国家颁布的《信息技术　软件生存周期过程》（GB/T 8566—2007），软件开发应按以下步骤进行。

（1）可行性研究与项目开发计划

1）任务

① 清楚要解决的问题以及提出解决问题的方法。首先要明确该项目的整体构成，即该项目是由哪些部分构成的；其次明确软件部分在整个项目中所占的地位；然后进行广泛的调查，弄清问题的背景、开发系统的现状、开发的理由和条件、问题的性质、类型范围、功能和环境要求；最后要提出各种解决问题的方案，写成问题定义报告。

② 对要开发的系统的技术可行性、经济可行性、运行可行性和法律可行性进行分析和论证。

③ 进行成本估计、效益分析、制定工作任务、进度安排。

2）完成标志

① 产生一个反映用户意图、对待开发的软件系统和范围较清晰的书面描述。

② 成本效益分析应提供可选择的解答。

③ 构想的系统能满足客户所有主要需求。

④ 项目开发计划中有明确的阶段完成标志。

3）应交付的文档

① 可行性研究报告。

② 项目开发计划。

③ 合同书。

④ 软件质量保证计划。

（2）需求分析

1）任务　对要开发的软件进行系统分析，确定软件的运行环境、功能和性能要求、设计约束。通过与用户的密切交流，准确地了解用户的具体要求，得到经过用户确认的系统逻辑模型，避免盲目、急于着手进行设计的倾向。

在此阶段应交付下述文档：软件需求说明书、修改后的项目开发计划、测试计划和初步的用户手册等。

2）完成标志　指定的文档要齐全，并经过评审，软件需求说明书经过用户认可。

3）应交付的文档

① 软件需求说明书。

② 数据要求说明书。

③ 修改后的项目开发计划。

④ 测试计划。

⑤ 初步用户手册。

⑥ 软件配置管理计划。

4）需求分析的重要意义及其主要方法　需求分析的意义在于能够完整、准确、清晰、具体地确定用户的需求，减小软件开发失败的可能性。一般情况下，用户不能完整准确地表达他们的要求，也不知如何用软件实现；软件的开发人员具有开发软件的经验，但是对有些行业的需求却不清楚。因此需要系统分析员和用户密切合作，真正确定用户的需求、

传统的需求分析的方法主要是结构化分析方法 SA（structured analysis）。结构化分析方法 SA 就是使用数据流图和数据字典，描述面向数据流的需求。其核心思想是分解化简问题，将物理表示和逻辑表示分开，对系统进行数据与结构的抽象。

（3）系统的总体设计

1）任务　根据软件需求说明，建立目标系统的总体结构，研究模块划分，确定模块间的关系，定义各个功能模块间的数据接口、控制接口，设计数据结构，规定设计限制。

2）完成标志

① 设计的系统覆盖软件需求的所有功能。

② 建立系统的结构，指明模块的功能、模块间的层次关系及接口控制特性。

③ 具备完整的数据库设计和数据结构设计文档。

3）应交付的文档　应交付的文档包括：概要设计说明书、数据结构和数据库设计结果。

概要设计说明书主要内容如下。

① 概要：软件系统的目标任务、应用范围、限制条件、运行环境、主要参考文献及相关的文档目录。

② 软件设计的主要原理、模型建立方法、计算公式。

③ 软件总体结构框图和数据库结构框图，该软件与其他软件系统的接口方式。

④ 系统模块结构：各级子系统的模块层次图，按功能的模块列表及模块名称、功能、调用关系、参数接口、运行条件的详细说明。

⑤ 用数据流图说明主要模块之间的数据流动；主要的输入、输出数据内容和格式；各项数据的名称、定义、格式、量纲、值域及相互之间的逻辑关系。

4）总体设计的方法及原则　系统设计的方法主要有面向行为的结构化设计和面向数据的设计方法以及最新发展起来的面向对象的系统设计方法。

① 面向行为的结构化设计方法的原则和步骤。面向行为的结构化设计中，通过数据流分析，研究数据的输入、变换、输出；通过功能分解和逐步求精，将研究开发的软件划分为高内聚性的模块。模块划分一般遵循如下规则。

a. 分解原则。分解原则是处理复杂事务的常用方法，把一个复杂的问题划分为若干小的问题会使总的工作量减小。但是，并不是把模块划分得越小，问题的总工作量和总复杂度就会越小。软件工作量与模块数及总成本的关系如图 32-5-22 所示。

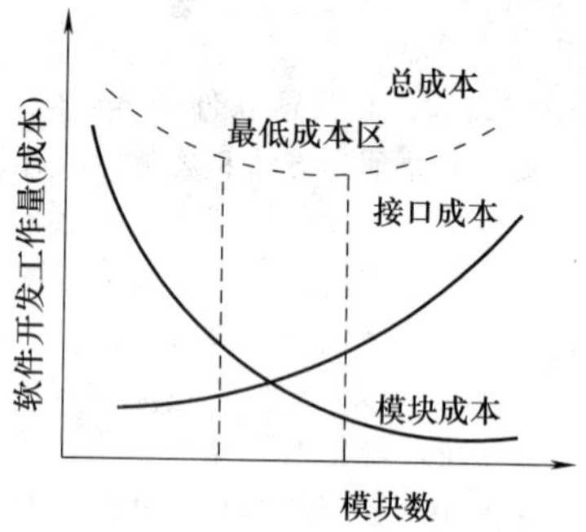

图 32-5-22　软件工作量与模块数及总成本的关系图

b. 信息隐蔽原则。在设计阶段就把可变性因素划分在一个或几个模块中以使一个模块修改时不会影响其他的模块。

c. 模块独立原则。模块独立性概括了把软件划分为模块时要遵守的规则，也是判断模块是否合理的标准。一般认为坚持模块的独立性是良好设计的关键。应从两个方面判别模块的独立性：即模块本身的内聚性和模块之间的耦合性。

结构概要设计的主要步骤如下。

a. 建立目标系统的总体结构。

b. 给出各个功能模块之间的功能描述、数据结构的描述、外部文件及全局数据的描述。

c. 设计数据结构和数据库。

② 面向对象的设计方法和评价标准。

a. 基本概念。

• 对象。对象是现实世界中个体或事物的抽象表示，是其属性和相关操作的封装。属性表示对象的性质，属性值规定了对象所有可能的状态。对象的操作是可以展现的外部服务。

• 类。类是某些对象的共同特征的表示，可用一组属性和操作来表达。

• 继承。类之间的继承关系是现实世界中遗传关系的直接模拟，它表示类之间的内在联系以及对属性和操作的共享。

• 消息。消息传递是对象与外部世界相互关联的唯一途径。对象可以向其他对象发送消息以请求服务，也可以响应其他对象传来的消息，完成相应的操作。

b. 基本模型。用面向对象的方法开发软件，通常需要建立 3 种形式的模型，即描述系统数据结构的对象模型；描述系统控制结构的动态模型、描述功能结构的功能模型。

对象模型是最基本最重要的模型，它是其他两个模型的基础。对象模型表示静态的结构化的系统的数据性质。它是对客观世界实体的对象及对象之间彼此关系的映射，它描述了系统的静态结构。功能模型指出了系统应该做什么，动态模型明确规定了什么时候做。

c. 评价标准。面向对象的设计的评价准则如下。

• 耦合度尽量低。耦合反映了面向对象设计片段之间的相互联系。面向对象的设计要求片段之间的联系尽可能少，要求对系统的一部分的改动做到对其他部分的影响最小。

• 高内聚。内聚反映了组成一个面向对象设计的各成分之间相互关系的密切程度。高内聚的面向对象设计成分与其他的成分之间的交流尽量减少，内部的联系尽量密切。

• 重用度高。面向对象的设计和分析要求较高的重用度。尽量建立构件库，提高软件的常用性。

• 此外，还要求有高的设计清晰度，保持类和对象的简洁性、接口和服务之间联系的简洁性等。

（4）软件详细设计和编码

1）任务　该阶段的主要任务如下。

① 确定每个模块采用的算法。选择某种适当的工具表达算法过程，写出模块的详细过程性描述。

② 确定每一模块采用的数据结构。

③ 确定模块的接口细节。

④ 为每个模块设计出组测试用例。

2）完成标志

① 详细规定了各模块之间的接口，包括参数的形式和传递方式、上下层调用关系等。

② 确定了模块内的算法和数据结构。

③ 生成实现各功能的源代码。

3）应交付的文档及其主要的内容

① 详细设计说明书。详细设计说明书是关于软件产品细节的技术文档，它的主要内容如下。

a. 产品结构与输入、输出要求。

b. 各子系统的功能、输入输出和接口。

c. 详细的数据结构说明。

d. 算法描述。

e. 与外部软件接口。

f. 出错处理。

g. 设计开发中的约束条件。

h. 对软件产品进一步开发的设想。

② 软件开发卷宗。

③ 软件源代码。

4）详细设计及编码的常用规则和方法　详细设计的常用规则归纳如下。

① 清晰第一原则。程序设计语言尽量少使用 GOTO 语句，以确保程序结构的独立性。

② 采用结构化的程序设计结构。程序设计尽量使用单入口单出口的控制结构，确保程序的静态结构与动态执行情况一致，确保程序易于理解。程序的控制结构一般采用如图 32-5-23 所示的三种控制结构，即顺序、选择、循环三种基本结构。

可以证明，任何程序的逻辑均可用顺序、选择、循环（DO-WHILE）3 种控制结构或它们的组合来实现。

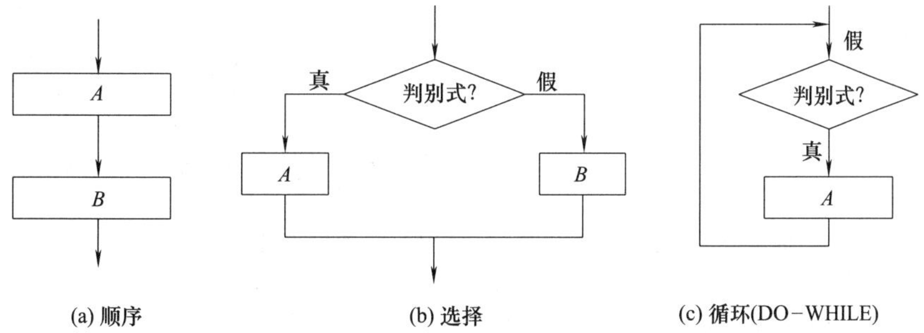

图 32-5-23　三种基本结构的控制流程图

③ 采用逐步细化的实现方法。详细设计阶段的工具分为 3 类：图形、表格、语言。目前在国内比较流行的是程序流程图 PFC（program flow chart）。

④ 程序的文档化。就是在程序编写的过程中，在程序代码中给出函数功能的简单注释、出入口参数的解释；在较难理解的语句后面注有简单的说明，以便提高程序的可读性，便于以后系统维护。

（5）测试

测试包括系统的组装测试和确认测试。组装测试是指根据概要设计中各功能模块的说明及制订的测试计划，将通过单元测试的模块进行组装（集成）和测试。组装测试阶段应交付可运行的系统源程序清单和测试分析报告。

确认测试是指根据软件需求说明书中定义的全部功能和性能要求，并根据测试计划由用户或用户委托的第三方对软件系统进行测试验收，提交确认测试报告，并对软件产品做出成果评价。此阶段应交付的文档包括测试分析报告、经过修改及确认的用户手册和操作手册，以及项目开发总结报告。

常用的软件测试方法是黑箱法，就是在已知软件功能的前提下，把软件看作一个黑箱，只对其输入、输出接口测试，检验其每个功能是否都能正常使用。如果根据已知的程序内部构造去检验程序内部执行过程是否按要求的规则正常进行，就是白箱法。但这一般要借助于测试工具，因为程序内部的路径组合总数往往很大。另外，也可把一些测试语句插入程序的指定处，检查程序运行状态。例如，用输出语句显示程序的中间执行结果，这是寻找错误的一种常见而又很有效的作法。

（6）运行和维护

软件的交付运行并不意味着软件开发工作的结束。软件在运行过程中应不断地被维护，并根据新提出的需求和运行中发现的问题进行必要且可能的扩充和修改，软件维护通常分为以下 4 类。

• 改正性维护：诊断和改正运行中发现的软件错误。

• 适应性维护：修改软件以适应环境的变化。

• 完善性维护：根据用户的要求改进或扩充软件以使其更加完善。

• 预防性维护：修改软件为将来的维护活动做准备。

CAD 软件开发工作通常按照上述生命周期阶段，分阶段进行，可称为生命周期（瀑布式）模式开发。它的优点是把复杂的软件开发工作从时间流程上化解为多阶段开发，然后一个阶段一个阶段地进行，每个阶段的开始和结束都有严格明确的规范标准；每个阶段结束之前都必须进行严格的技术审查和管理复审。审查的一条主要标准就是验收符合要求的文档资料，从而使开发工作有条不紊并保证了软件的质量和可维护性。

5.4.4 CAD 软件的文档编制规范

软件工程是以文档驱动的，因此文档在软件开发的各个阶段发挥着重要的作用。在上述各个阶段开发工作的说明中，已对各个文档的内容作了相应的说明。以下介绍 CAD 应用软件开发中，一些常用文档的编制规范。

5.4.4.1 可行性研究报告

可行性研究报告的编写目的是说明该软件开发项目的实现在技术、经济和社会条件等方面的可行性：详述为合理地达到开发目标而可能选择的各种方案；说明并论证所选定的方案。

可行性研究报告一般应包括以下内容。

• 引言：说明所建议开发的软件系统的名称、项目委托单位、项目承办单位或软件开发单位、用户，列出本报告中用到的专门术语和外文首字母组词的定义，列出要用到的参考资料。

• 可行性研究的前提：说明对所建议的开发项目的要求、目标、假定和限制等，并说明进行可行性研究时所用的方法。

• 对现有系统的分析：说明现有系统（可能是计算机系统，也可能是机械系统甚至是一个人工系统）的数据流程和处理流程、工作负荷、费用开支、所用人员和设备、局限性。论述建议中开发新系统或修改现有系统的必要性。

• 所建议的系统：概要说明所建议开发系统的数据流程和处理流程，以及与现有系统相比的改进之处，建立所建议系统时所带来的影响、新系统仍然存在的局限性和限制，并说明在开发新系统时技术条件方面的可行性。

• 可选择的其他系统方案：概要说明可选择的其他系统方案，并说明未被选中的理由。

• 投资及效益分析：说明开发及运行此系统时的经费支出以及能带来的各种收益，并说明经济上是否合算。

• 社会条件方面的可行性：说明此系统的开发是否符合各种法律、法规的有关规定，使用此系统的社会条件是否具备。

• 结论：说明可行性研究的结论，是可以立即进行还是需要等待某些条件具备之后才能进行或者需要修改开发目标之后才能进行，又或者是根本不能进行。

5.4.4.2　项目开发计划

编制项目开发计划的目的是用文档的形式把对开发过程中各项工作的负责人员、开发进度、所需经费预算、所需软硬件条件等所做出的安排记载下来，以便根据本计划开展和检查本项目的开发工作。

项目开发计划一般应包括以下内容。

• 引言：说明待开发的软件系统的名称、项目委托单位、项目承办单位或软件开发单位、用户，列出本计划中用到的专门术语和外文首字母组词的定义，并列出要用到的参考资料。

• 项目概述：说明本项目的工作内容、主要参加人员、产品（包括程序、文档、数据和服务内容）和验收标准。

• 实施计划：说明工作任务分解与人员分工、进度要求、预算及关键问题。

• 支持条件：说明支持本项目开发所需的各种条件，包括计算机系统、需要用户承担的工作和需由其他单位提供的条件。

• 专题计划要点：说明本项目开发中需制订的各个专题计划（如分合同计划、培训计划、测试计划、安全保密计划、质量保证计划、配置管理计划、系统安装计划等）的要点。

5.4.4.3　软件需求说明书

软件需求说明书的编制是为了确定一个反映用户和软件开发单位双方共同理解的该软件系统的具体开发目标，使之作为整个开发工作的基础。

软件需求说明书一般应包括以下内容。

•引言：说明待开发的软件系统的名称、项目委托单位、项目承办单位或软件开发单位、用户，列出本文档中用到的专门术语和外文首字母组词的定义，并列出有关的参考资料。

• 任务概述：说明该项目软件开发的意图、应用目标和作用范围，说明软件用户的特点以及开发工作中的假定和约束。

• 需求规定：说明该软件的功能和性能要求、输入/输出要求、数据管理能力、故障处理以及其他专门要求。

• 运行环境规定：说明对该软件的运行环境的要求，如所要求的计算机硬件、支持软件、接口要求和所要求的控制信息等。

5.4.4.4　数据要求说明书

数据要求说明书的编写目的是向整个开发过程提供关于被处理数据的描述和数据采集要求的技术信息。

数据要求说明书一般应包括如下内容。

• 引言：说明待开发软件系统的名称、项目委托单位、项目承办单位或软件开发单位、用户，列出本文档中用到的专门术语和外文首字母组词的定义，并列出有关的参考资料。

• 数据的逻辑描述：说明软件系统中涉及的各类数据（如数字型、字符型、图形/模型及其文本数据项，而图形/模型数据又包括基本图形元素、图形符号、模型部件及各级图形/模型数据等），分别说明它们的名称（包括缩行和代码）、定义（或物理意义）、类型、格式、度量单位和值域，并说明使用中的限制。

• 数据的采集：说明数据采集的要求、范围、采集方法、采集和输入的承担者，并说明采集到的这些数据被软件系统使用之前应进行的预处理。

5.4.4.5　概要设计说明书

编制概要设计说明书的目的是说明对一个软件系统的设计考虑，包括该软件系统的基本处理流程、系统的组织结构、模块划分、功能分配、接口设计、运行设计、数据结构设计和出错处理设计等，为程序的详细设计提供基础。

概要设计说明书一般应包括以下内容。

•引言：说明待开发的软件系统的名称、项目委托单位、项目承办单位或软件开发单位、用户，列出本文档中用到的专门术语和外文首字母组词的定义，并列出有关的参考资料。

•系统总体设计：说明本软件系统应满足的功能、性能要求，规定的运行环境，本系统的组织结构，并说明在本软件系统工作过程中不得不包含的人工处理过程（如果有的话）。

•接口设计：说明本系统同外界的所有接口，包括人-机界面（输入、输出及操作设计）、软件与硬件之间的接口、本系统与各支持软件之间的接口，并说明本系统之内的各个成分之间的接口。

•运行设计：说明对系统施加不同的外界运行控制时所引起的各种不同的运行过程。

• 系统数据结构设计：说明本系统内所使用的每个数据结构的逻辑结构设计要点、物理结构设计要点以及各个数据结构与访问这些数据结构的各个程序之间的对应关系。

•系统出错处理设计：给出所设计的各项出错信息的一览表，说明故障出现后可能采取的补救措施，并说明为了系统维护的方便而在程序内部设计中做出的安排。

5.4.4.6 详细设计说明书

详细设计说明书的编制目的是说明一个软件系统各个层次中的每一个模块（或子模块）的设计考虑。如果一个软件系统比较简单，层次很少，本文档可以不单独编写，有关的内容可并入概要设计说明书。

详细设计说明书一般应包括以下内容。

• 引言：说明待开发软件系统的名称、项目委托单位、项目承办单位或软件开发单位、用户，列出本文档中用到的专门术语和外文首字母组词的定义，并列出要用到的参考资料。

• 软件系统的结构：用一系列图表列出本系统内每个模块的名称、标识符和它们之间的层次关系。

• 模块1（标识符）设计说明：从本步开始，逐个地给出本系统中每个模块的设计考虑，包括安排模块的目的，本模块的功能、性能、输入项、输出项、算法、逻辑流程、上下层调用关系（接口）、参数赋值和调用方式、存储分配、注释安排、运行限制条件和单元测试计划。

• 模块2（标识符）设计说明：用类似上一步的方式，说明对模块2的设计考虑。

……

直至列出所有模块的设计说明。

5.4.4.7 测试计划

这里所说的测试，主要是指整个程序系统的组装测试和确认测试。本文档的编制是为了提供一个对该软件的测试计划，包括对每项测试活动的内容、进度安排、设计考虑、测试数据的整理方法及评价准则。

测试计划一般应包括如下内容。

• 引言：说明所开发软件系统的名称、项目委托单位、项目承办单位或软件开发单位、用户，列出本文档中用到的专门术语和外文首字母组词的定义，并列出用到的参考资料。

• 计划：列出组装测试和确认测试中的每一项测试内容（包括名称、进度安排、内容、目的、条件和所需的测试资料等）。

• 测试设计说明：逐项说明测试内容的测试设计考虑，如控制方式是人工还是半自动或自动引入、输入数据、输出数据、完成测试的步骤和控制命令等。

• 评价准则：说明测试用例能够检查的范围，并把测试数据加工成便于评价的形式，确定判断测试工作是否通过的准则。

5.4.4.8 测试分析报告

测试分析报告的编写是为了把组装测试和确认测试的结果、发现及分析写成文档加以记载。

测试分析报告一般应包括如下内容。

• 引言：说明所开发软件系统的名称、项目委托单位、项目承办单位或软件开发单位、用户，列出本文档中用到的专门术语和外文首字母组词的定义，并列出要用到的参考资料。

• 测试概要：列出每一项测试的标识符及测试内容，并指明实际进行的测试工作内容与测试中预设计的内容之间的差别及原因。

• 测试结果及发现：逐项列出每一测试项在测试中实际得到的动态输出（包括内部生成数据输出）结果与对应的动态输出要求进行比较，陈述其中的发现。

• 对软件功能的结论：列出所开发的软件系统的功能，包括为满足某项功能而设计的软件能力以及经过测试已证实的能力和测试期间在该软件中查出的缺陷和局限性。

• 分析摘要：描述经过测试证实了的本软件的能力、仍存在的缺陷和限制及其对软件性能带来的影响；对每项缺陷提出改进建议，并说明这软件的开发是否已达到预定目标，能否交付使用。

• 测试消耗资源：总结测试工作的资源消耗数据，如工作人员的水平级别、数量、机时消耗等。

5.4.4.9 项目开发总结报告

项目开发总结报告的编制是为了总结本项目开发工作的经验，说明实际取得的开发结果以及对整个开发工作的各个方面的评价。

项目开发总结报告一般应包括如下内容。

• 引言：说明所开发的软件系统的名称、项目委托单位、项目承办单位或软件开发单位、用户，列出本文档中用到的专门术语和外文首字母组同的定义，并列出要用到的参考资料。

• 实际开发结果：说明实际开发出来的产品（包括程序、文档和数据库）、产品的主要功能和性能、计划进度与实际进度、经费预算与实际开支、计划工时与实际消耗工时等。

• 开发工作评价：给出对生产效率的评价、对产品质量的评价（同质量保证计划相对照）、对技术方法的评价及对开发中出现错误的原因分析。

• 经验与教训：说明在这项开发工作中取得的主要经验与教训，以及对今后的项目开发工作的建议。

第 6 章　有限元分析技术

6.1　弹性力学基础

弹性体力学，简称弹性力学、弹性理论（theory of elasticity 或 elasticity），研究弹性体由于受外力、边界约束或温度改变等原因而发生的应力、形变和位移。弹性力学的研究对象是弹性体；研究的目标是变形等效应，即应力、形变和位移；而引起变形等效应的原因主要是外力作用、边界约束作用（固定约束、弹性约束、边界上的强迫位移等）以及弹性体内温度改变的作用。

比较几门力学的研究对象：理论力学一般不考虑物体内部的形变，把物体当成刚性体来分析其静止或运动状态；材料力学主要研究杆件，如柱体、梁和轴，在拉压、剪切、弯曲和扭转等作用下的应力、形变和位移；结构力学研究杆系结构，如桁架、刚架或两者混合的构架等；而弹性力学研究各种形状的弹性体，除杆件外，还研究平面体、空间体，板和壳等。因此，弹性力学的研究对象要广泛得多。

从研究方法来看，弹性力学和材料力学既有相似之外，又有一定区别。弹性力学研究问题，在弹性体区域内必须严格考虑静力学、几何学和物理学三方面条件，在边界上严格考虑受力条件或约束条件，由此建立微分方程和边界条件进行求解，得出较精确的解答。而材料力学虽然也考虑这几方面的条件，但不是十分严格的。例如，材料力学常引用近似的计算假设（如平面截面假设）来简化问题，使问题的求解大为简化；并在许多方面进行了近似的处理，如在梁中忽略了 σ_y 的作用，且平衡条件和边界条件也不是严格地满足的。一般地说，由于材料力学建立的是近似理论，因此得出的是近似的解答。但是，对于细长的杆件结构而言，材料力学解答的精度是足够的，符合工程上的要求（例如误差在 5%以下）。对于非杆件结构，用材料力学方法得出的解答，往往具有较大的误差。这就是为什么材料力学只研究和适用于杆件问题的原因。

弹性力学是固体力学的一个分支，实际上它也是各门固体力学的基础。因为弹性力学在区域内和边界上所考虑的一些条件，也是其他固体力学必须考虑的基本条件。弹性力学的许多基本解答，也常供其他固体力学应用或参考。

弹性力学在机械、汽车、建筑、水利、土木、航空、航天等工程学科中占有重要的地位。这是因为，许多工程结构是非杆件形状的，需要用弹性力学方法进行分析；并且对于许多现代的大型工程结构，安全性和经济性的矛盾十分突出，既要保证结构的安全使用，又要尽可能减少巨大的投资，因此必须对结构进行严格而精确的分析，这就需要用到弹性力学的理论。

6.1.1　弹性力学的主要物理量

弹性力学的主要物理量的名称、代号和物理意义见表 32-6-1。

表 32-6-1　弹性力学的主要物理量

名　称	符　号	物理意义	名　称	符　号	物理意义
体力	Q_V	分布在物体体积内的外力，通常与物体的质量成正比，且是各质点位置的函数，如重力、惯性力等	正应变	ε	任一线素的长度的变化与原有长度的比值
体力分量	X	体力在 X 轴方向分量	正应变分量	ε_x	正应变在 X 轴方向分量
体力分量	Y	体力在 Y 轴方向分量	正应变分量	ε_y	正应变在 Y 轴方向分量
体力分量	Z	体力在 Z 轴方向分量	正应变分量	ε_z	正应变在 Z 轴方向分量
面力	Q_S	物体内任意一点处的微小面积上作用的力与该面积之比	角应变	γ	任意两个原来彼此正交的线素，在变形后其夹角的变化值
面力分量	$\overline{X}$	面力在 X 轴方向分量	角应变分量	γ_{xy}	角应变在 XOY 面分量
面力分量	$\overline{Y}$	面力在 Y 轴方向分量	角应变分量	γ_{yz}	角应变在 YOZ 面分量
面力分量	$\overline{Z}$	面力在 Z 轴方向分量	角应变分量	γ_{zx}	角应变在 ZOX 面分量
正应力	σ	物体内某点的法向应力	位移	δ	任意点变形后移动距离
正应力分量	σ_x	作用在垂直于 X 轴的面上同时也沿着 X 轴方向作用的应力	位移分量	u	位移在 X 轴方向分量

第 32 篇

续表

名 称	符 号	物理意义	名 称	符 号	物理意义
正应力分量	σ_y	作用在垂直于 Y 轴的面上同时也沿着 Y 轴方向作用的应力	位移分量	v	位移在 Y 轴方向分量
正应力分量	σ_z	作用在垂直于 Z 轴的面上同时也沿着 Z 轴方向作用的应力	位移分量	w	位移在 Z 轴方向分量
剪应力	τ	物体内某点的切向应力	位移	θ	圆柱坐标系位移
剪应力分量	τ_{xy}	剪应力作用面为垂直 X 轴，方向为 Y 轴方向（$\tau_{xy}=\tau_{yx}$）	位移分量	θ_x	位移在圆柱坐标系 X 轴方向分量
剪应力分量	τ_{yz}	剪应力作用面为垂直 Y 轴，方向为 Z 轴方向（$\tau_{yz}=\tau_{zy}$）	位移分量	θ_y	位移在圆柱坐标系 Y 轴方向分量
剪应力分量	τ_{zx}	剪应力作用面为垂直 Z 轴，方向为 X 轴方向（$\tau_{zx}=\tau_{xz}$）	位移分量	θ_z	位移在圆柱坐标系 Z 轴方向分量
弹性模量	E		泊松系数	μ	

6.1.2 弹性力学的基本方程

弹性力学的基本方程是弹性力学的核心，是解决弹性力学基本问题的理论依据。弹性力学基本方程见表 32-6-2。

表 32-6-2 **弹性力学基本方程**

方程名称	反映关系	方 程
平衡微分方程	应力分量和体力分量的关系	$\frac{\partial\sigma_x}{\partial x}+\frac{\partial\tau_{yx}}{\partial y}+\frac{\partial\tau_{zx}}{\partial z}+X=0$ $\frac{\partial\tau_{xy}}{\partial x}+\frac{\partial\sigma_y}{\partial y}+\frac{\partial\tau_{zy}}{\partial z}+Y=0$ $\frac{\partial\tau_{xz}}{\partial x}+\frac{\partial\tau_{yz}}{\partial y}+\frac{\partial\sigma_z}{\partial z}+Z=0$
几何方程	应变分量和位移分量的关系	$\boldsymbol{\varepsilon}=\begin{Bmatrix}\varepsilon_x\\ \varepsilon_y\\ \varepsilon_z\\ \gamma_{xy}\\ \gamma_{yz}\\ \gamma_{zx}\end{Bmatrix}=\begin{Bmatrix}\frac{\partial u}{\partial x}\\ \frac{\partial v}{\partial y}\\ \frac{\partial w}{\partial z}\\ \frac{\partial v}{\partial x}+\frac{\partial u}{\partial y}\\ \frac{\partial w}{\partial y}+\frac{\partial v}{\partial z}\\ \frac{\partial u}{\partial z}+\frac{\partial w}{\partial x}\end{Bmatrix}$
变形协调方程	应变分量和位移分量的关系	$\frac{\partial^2\varepsilon_x}{\partial y^2}+\frac{\partial^2\varepsilon_y}{\partial x^2}=\frac{\partial^2\gamma_{xy}}{\partial x\partial y}$ $\frac{\partial^2\varepsilon_y}{\partial z^2}+\frac{\partial^2\varepsilon_z}{\partial y^2}=\frac{\partial^2\gamma_{yz}}{\partial y\partial z}$ $\frac{\partial^2\varepsilon_z}{\partial x^2}+\frac{\partial^2\varepsilon_x}{\partial z^2}=\frac{\partial^2\gamma_{zx}}{\partial z\partial x}$ $\frac{\partial}{\partial x}\left(\frac{\partial\gamma_{zx}}{\partial y}+\frac{\partial\gamma_{xy}}{\partial z}-\frac{\partial\gamma_{yz}}{\partial x}\right)=2\frac{\partial^2\varepsilon_x}{\partial y\partial z}$ $\frac{\partial}{\partial y}\left(\frac{\partial\gamma_{xy}}{\partial z}+\frac{\partial\gamma_{yz}}{\partial x}-\frac{\partial\gamma_{zx}}{\partial y}\right)=2\frac{\partial^2\varepsilon_y}{\partial x\partial z}$ $\frac{\partial}{\partial z}\left(\frac{\partial\gamma_{yz}}{\partial x}+\frac{\partial\gamma_{zx}}{\partial y}-\frac{\partial\gamma_{xy}}{\partial z}\right)=2\frac{\partial^2\varepsilon_z}{\partial x\partial y}$

续表

方程名称	反映关系	方　　程
物理方程	应力分量和应变分量的关系	$\boldsymbol{\sigma}=\boldsymbol{D}\boldsymbol{\varepsilon}$ 其中： $\boldsymbol{D}=\frac{E(1-\mu)}{(1+\mu)(1-2\mu)}\begin{Bmatrix} 1 & \frac{\mu}{1-\mu} & \frac{\mu}{1-\mu} & 0 & 0 & 0 \\ \frac{\mu}{1-\mu} & 1 & \frac{\mu}{1-\mu} & 0 & 0 & 0 \\ \frac{\mu}{1-\mu} & \frac{\mu}{1-\mu} & 1 & 0 & 0 & 0 \\ 0 & 0 & 0 & \frac{1-2\mu}{2(1-\mu)} & 0 & 0 \\ 0 & 0 & 0 & 0 & \frac{1-2\mu}{2(1-\mu)} & 0 \\ 0 & 0 & 0 & 0 & 0 & \frac{1-2\mu}{2(1-\mu)} \end{Bmatrix}$

注：在求解弹性力学基本问题时，由于几何方程和变形协调方程均是反映应变分量和位移分量的关系的，因此，在应用时两者只能任选其一。

6.1.3　弹性力学问题的主要解法

（1）弹性力学的主要解法

① 解析法：根据上述的静力学、几何学、物理学等条件，建立区域内的微分方程组和边界条件，并应用数学分析方法求解这类微分方程的边值问题，得出的解答是精确的函数解。

② 变分法（能量法）：根据变形体的能量极值原理，导出弹性力学的变分方程，并进行求解。这也是一种独立的弹性力学问题的解法。由于得出的解答大多是近似的，所以常将变分法归入近似的解法。

③ 差分法：是微分方程的近似数值解法。它将上面导出的微分方程及其边界条件化为差分方程（代数方程）进行求解。

④ 有限单元法：是近半个世纪发展起来的非常有效、应用非常广泛的数值解法。它首先将连续体变换为离散化结构，再将变分原理应用于离散化结构，并使用计算机进行求解。

⑤ 实验方法：模型试验和现场试验的各种方法。

（2）解析法求解弹性力学问题的基本解法

求解弹性力学问题主要是求解受力体上各点的应力、应变和位移情况，共有 15 个未知数：6 个应力分量、6 个应变分量和 3 个位移分量，而由弹性力学理论可列出的基本方程有 15 个：平衡微分方程 3 个，几何方程（变形协调）6 个，物理方程 6 个。于是，15 个方程中 15 个未知数，加上边界条件用于确定积分常数，可满足求解各种弹性力学问题。

解析法求解弹性力学问题主要有两种不同的途径：一种是用位移法求解；另一种是用应力法求解。

1）位移法　以位移分量为基本未知数，求出位移分量，由几何方程求出应变分量，继而用物理方程求出应力分量。目前，求解弹性力学基本问题多用这种方法。

2）应力法　应力法是取应力分量为基本未知函数，从方程和边界条件中消去位移和形变分量，导出只含应力分量的方程和边界条件，并由此解出满足平衡微分方程的 6 个应力分量，再通过物理方程求出应变分量，由几何方程求出位移分量。

位移法的方程和边界条件是比较复杂的，由于求解的困难，得出的函数式解答很少。但是，在各种近似解法中，位移法是一种广泛应用的解法，这是由于位移法适用于任何边界条件。

对于许多工程实际问题，由于边界条件、外载荷及约束等较为复杂，所以常常应用近似解法——变分法、差分法、有限单元法等求解。

6.2　有限元法基础

6.2.1　有限元法的基本思想

假想地把一连续体分割成数目有限的小体（单元），彼此间只在数目有限的指定点（节点）处相互连接，组成一个单元的集合体以代替原来的连续体，再在节点上引进等效力以代替实际作用于单元上的外力。选择一个简单的函数来近似地表示位移分量的分布规律，建立位移和节点力之间的关系。有限元法的实质是：把有无限个自由度的连续体理想化为只有有限个自由度的单元集合体，使问题简化为适于数值解法的结构型问题。

6.2.2 有限元法的基本步骤

有限元法的计算步骤归纳为以下四个基本步骤：力学模型选取、网格划分、单元分析和整体分析。

（1）力学模型的选取

根据受力体的特点把它归结为平面问题，平面应变问题，平面应力问题，轴对称问题，空间问题，板、梁、杆或组合体问题等等，并注意利用受力体的对称或反对称性质。

（2）单元的选取、结构的离散化（网格划分）

有限元法的基础是用有限个单元体的集合来代替原有的连续体。因此首先要对弹性体进行必要的简化，再将弹性体划分为有限个单元组成的离散体。单元之间通过单元节点相连接。由单元、节点、节点连线构成的集合称为网格。

通常把平面问题划分成三角形或四边形单元的网格，把三维实体划分成 4 面体或 6 面体单元的网格，如图 32-6-1、图 32-6-2 所示。

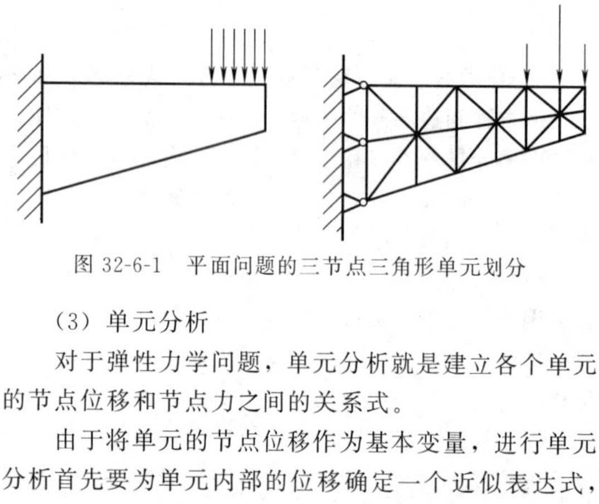

图 32-6-1 平面问题的三节点三角形单元划分

（3）单元分析

对于弹性力学问题，单元分析就是建立各个单元的节点位移和节点力之间的关系式。

由于将单元的节点位移作为基本变量，进行单元分析首先要为单元内部的位移确定一个近似表达式，然后计算单元的应变、应力，再建立单元中节点力与节点位移的关系式。

以平面问题的三角形 3 节点单元为例。如图 32-6-3所示，单元 e 有三个节点 i、j、m，每个节点有两个位移 u、v 和两个节点力 U、V。

单元的所有节点位移、节点力，可以表示为节点位移向量（vector）和节点力向量：

$$节点位移\ \boldsymbol{\delta}^e=\begin{Bmatrix}u_i\\v_i\\u_j\\v_j\\u_m\\v_m\end{Bmatrix}\quad 节点力\ \boldsymbol{F}^e=\begin{Bmatrix}U_i\\V_i\\U_j\\V_j\\U_m\\V_m\end{Bmatrix}$$

单元的节点位移和节点力之间的关系用张量

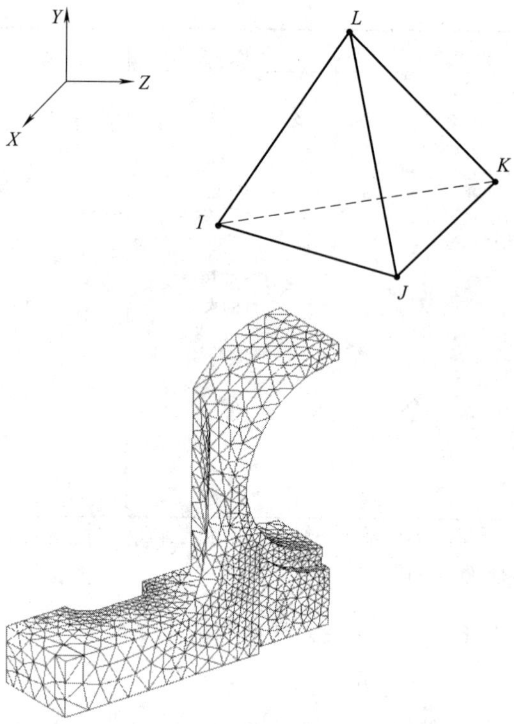

图 32-6-2 四节点四面体单元及三维实体的四面体单元划分

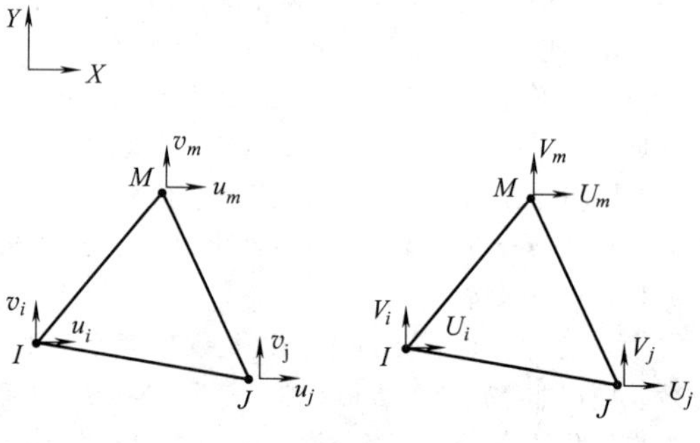

图 32-6-3 三节点三角形单元

（tensor）来表示：

$$\boldsymbol{F}^e=\boldsymbol{k}^e\boldsymbol{\delta}^e \tag{32-6-1}$$

上式就是表征单元的节点力和节点位移之间关系的刚度方程，$\boldsymbol{k}^e$ 就是单元刚度矩阵，对平面问题单元刚度矩阵是与单元各节点坐标及材料常数 E 和 μ 有关的常数矩阵。

（4）整体分析

对由各个单元组成的整体进行分析，建立节点外载荷与节点位移的关系，以解出节点位移，这个过程为整体分析。再以弹性力学的平面问题为例，假设弹性体被划分为 N 个单元和 n 个节点，对每个单元按前述方法进行分析计算，便可得到 N 组式（32-6-1）的方程。将这些方程集合起来，就可得到表征整个弹性体的平衡关系式。为此，我们先引入整个弹性体的节点位移列阵 $\boldsymbol{\delta}_{2n\times1}$，它是由各节点位移按节点号码以从小到大的顺序排列组成的。

$$\boldsymbol{\delta}_{2n\times1}=[\boldsymbol{\delta}_1^{\mathrm{T}}\quad \boldsymbol{\delta}_2^{\mathrm{T}}\quad \cdots\quad \boldsymbol{\delta}_n^{\mathrm{T}}]^{\mathrm{T}} \tag{32-6-2}$$

其中子矩阵

$$\boldsymbol{\delta}_i=[u_i\quad v_i]^{\mathrm{T}}(i=1,2,\cdots,n) \tag{32-6-3}$$

是节点 i 的位移分量。

继而再引入整个弹性体的载荷列阵 $\boldsymbol{R}_{2n\times1}$，它是移置到节点上的等效节点载荷依节点号码从小到大的顺序排列组成的，即

$$\boldsymbol{R}_{2n\times1}=[\boldsymbol{R}_1^{\mathrm{T}}\quad \boldsymbol{R}_2^{\mathrm{T}}\quad \cdots\quad \boldsymbol{R}_n^{\mathrm{T}}]^{\mathrm{T}} \tag{32-6-4}$$

其中子矩阵

$$\boldsymbol{R}_i=[X_i\quad Y_i]^{\mathrm{T}}=\left[\sum_{e=1}^{N}U_i^e\quad \sum_{e=1}^{N}V_i^e\right]^{\mathrm{T}}\frac{1}{n}$$

$$(i=1,2,\cdots,n) \tag{32-6-5}$$

是节点 i 上的等效节点载荷。

各单元的节点力列阵经过这样的扩充之后就可以进行相加，把全部单元的节点力列阵叠加在一起，便可得到弹性体的载荷列阵，即

$$\boldsymbol{R}=\sum_{e=1}^{N}\boldsymbol{R}^e=[\boldsymbol{R}_1^{\mathrm{T}}\quad \boldsymbol{R}_2^{\mathrm{T}}\quad \cdots\quad \boldsymbol{R}_n^{\mathrm{T}}]^{\mathrm{T}} \tag{32-6-6}$$

这是由于相邻单元公共边内力引起的等效节点力，在叠加过程中必然会全部相互抵消，所以只剩下载荷所引起的等效节点力。

同样，将式（32-6-1）的六阶方阵 $\boldsymbol{k}$ 加以扩充，使之成为 $2n$ 阶的方阵。

考虑到 $\boldsymbol{k}$ 扩充以后，除了对应的 i、j、m 双行和双列上的九个子矩阵之外，其余元素均为零，故式（32-6-1）中的单元位移列阵 $\boldsymbol{\delta}^e_{2n\times1}$ 便可用整体的位移列阵 $\boldsymbol{\delta}_{2n\times1}$ 来替代。这样，式（32-6-1）可改写为

$$\boldsymbol{k}_{2n\times2n}\boldsymbol{\delta}_{2n\times1}=\boldsymbol{R}^e_{2n\times1} \tag{32-6-7}$$

把上式对 N 个单元进行求和叠加，得：

$$\left(\sum_{e=1}^{N}\boldsymbol{k}\right)\boldsymbol{\delta}=\sum_{e=1}^{N}\boldsymbol{R}^e \tag{32-6-8}$$

上式左边就是弹性体所有单元刚度矩阵的总和，称为弹性体的整体刚度矩阵（或简称为总刚），记为 $\boldsymbol{K}$。由此，便可得到关于节点位移的所有 $2n$ 个线性方程，即

$$\boldsymbol{K\delta}=\boldsymbol{R} \tag{32-6-9}$$

在上式中，整体刚度矩阵 $\boldsymbol{K}$ 中的各个元素均可由单元刚度矩阵求出，$\boldsymbol{R}$ 载荷列向量为各节点等效节点力，均可求出，由此通过迭代法或消元法解 $2n$ 个线性方程可求出各节点的位移。然后，由位移法可求出各节点的应变和应力。

6.2.3　常用单元的位移模式

（1）单元位移模式的概念

对弹性体划分网格，每一个网格叫单元，每一单元中线与线的交点叫节点，以节点位移为基本未知量，选择一个简单的函数近似表示位移随坐标变化的规律，这个函数就叫单元的位移模式。

（2）常用单元的位移模式

假设：

a_1、a_2、…为待定常数；

u 为单元中某节点的 x 轴位移；

v 为单元中某节点的 y 轴位移；

w 为单元中某节点的 y 轴位移；

x、y、z 为某节点的 x、y、z 轴坐标。

常用单元的位移模式见表 32-6-3。

表 32-6-3　　常用单元的位移模式

单元名称	单元图形	单元位移模式
三节点三角形	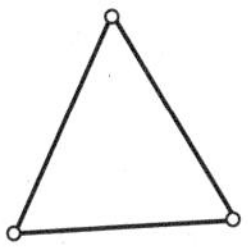	$u=a_1+a_2x+a_3y$ $v=a_4+a_5x+a_6y$
四节点矩形	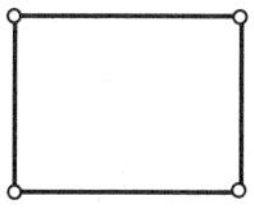	$u=a_1+a_2x+a_3y+a_4xy$ $v=a_5+a_6x+a_7y+a_8xy$
六节点三角形	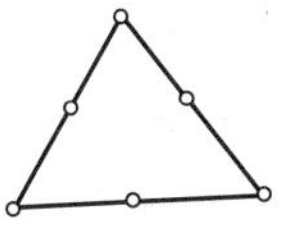	$u=a_1+a_2x+a_3y+a_4x^2+a_5xy+a_6y^2$ $v=a_7+a_8x+a_9y+a_{10}x^2+a_{11}xy+a_{12}y^2$

续表

单元名称	单元图形	单元位移模式
八节点矩形	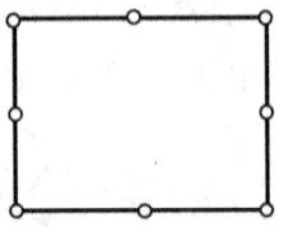	$u=a_1+a_2x+a_3y+a_4x^2+a_5xy+a_6y^2+a_7x^2y+a_8xy^2$ $v=a_9+a_{10}x+a_{11}y+a_{12}x^2+a_{13}xy+a_{14}y^2+a_{15}x^2y+a_{16}xy^2$
四节点四面体	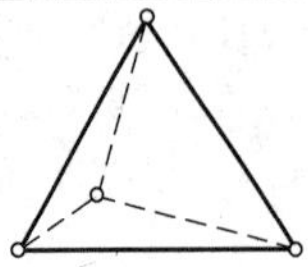	$u=a_1+a_2x+a_3y+a_4z$ $v=a_5+a_6x+a_7y+a_8z$ $w=a_9+a_{10}x+a_{11}y+a_{12}z$
八节点六面体	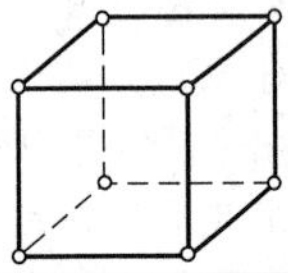	$u=a_1+a_2x+a_3y+a_4z+a_5xy+a_6xz+a_7yz+a_8xyz$ $v=a_9+a_{10}x+a_{11}y+a_{12}z+a_{13}xy+a_{14}xz+a_{15}yz+a_{16}xyz$ $w=a_{17}+a_{18}x+a_{19}y+a_{20}z+a_{21}xy+a_{22}xz+a_{23}yz+a_{24}xyz$

6.2.4 非节点载荷的移置

在进行有限元分析时，受力体要受到体力、集中载荷、分布载荷等各种载荷的作用，这些载荷必须向节点移置。载荷移置的依据是：虚功原理和圣维南原理。三角形单元等效节点载荷的移置见表 32-6-4。

表 32-6-4 三角形单元等效节点载荷的移置

载荷类型	图 形	公 式
重力载荷	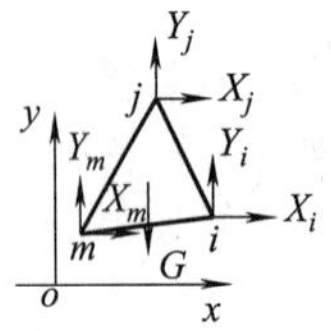	重力载荷为 G，作用点在单元重心 $\boldsymbol{P}^e=[X_i \quad Y_i \quad X_j \quad Y_j \quad X_m \quad Y_m]^{\mathrm{T}}$ $=[0 \quad -\frac{1}{3}G \quad 0 \quad -\frac{1}{3}G \quad 0 -\frac{1}{3}G]^{\mathrm{T}}$
集中载荷	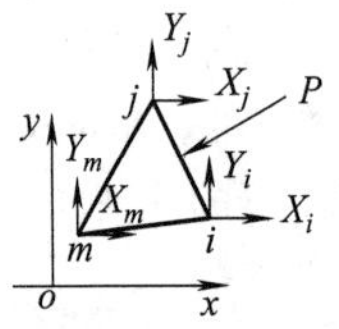	载荷 P 作用在 ij 边上，ij 边长 l，与 x 轴正方向夹角为 θ，x 方向分量为 P_x，y 方向分量为 P_y，作用点距 i 点距离为 l_i，距 j 点距离为 l_j $\boldsymbol{P}^e=[X_i \quad Y_i \quad X_j \quad Y_j \quad X_m \quad Y_m]^{\mathrm{T}}$ $=\left[-\frac{l_j}{l}P_x -\frac{l_j}{l}P_y -\frac{l_i}{l}P_x -\frac{l_i}{l}P_y \quad 0 \quad 0\right]^{\mathrm{T}}$
分布载荷	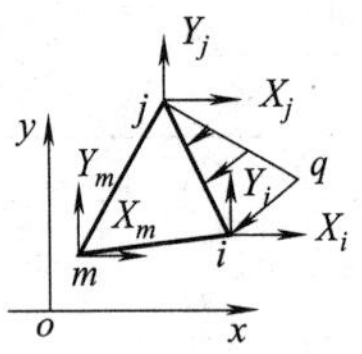	分布载荷作用在 ij 边上，ij 边长 l，最大载荷值为 q，与 x 轴正方向夹角为 θ $\boldsymbol{P}^e=[X_i \quad Y_i \quad X_j \quad Y_j \quad X_m \quad Y_m]^{\mathrm{T}}$ $=\left[-\frac{1}{3}ql\cos\theta \quad -\frac{1}{3}ql\sin\theta \quad -\frac{1}{6}ql\cos\theta \quad -\frac{1}{6}ql\sin\theta \quad 0 \quad 0\right]^{\mathrm{T}}$
分布载荷	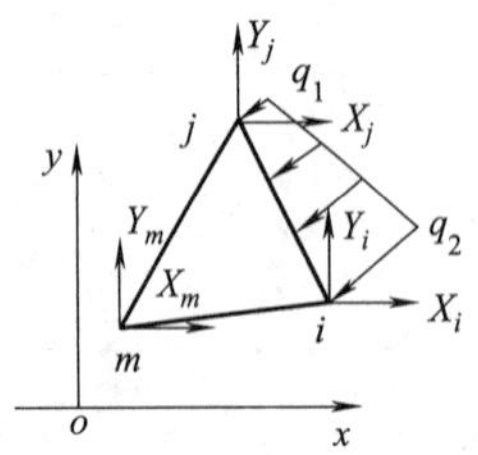	分布载荷作用在 ij 边上，ij 边长 l，j 点载荷值为 q_1，i 点载荷值为 q_2，方向与 x 轴正方向夹角为 θ $\boldsymbol{P}^e=[X_i \quad Y_i \quad X_j \quad Y_j \quad X_m \quad Y_m]^{\mathrm{T}}$ $=\left[-\left(\frac{1}{3}q_2+\frac{1}{6}q_1\right)l\cos\theta \quad -\left(\frac{1}{3}q_2+\frac{1}{6}q_1\right)l\sin\theta \quad -\left(\frac{1}{6}q_2+\frac{1}{3}q_1\right)l\cos\theta\right.$ $\left.-\left(\frac{1}{6}q_2+\frac{1}{3}q_1\right)l\sin\theta \quad 0 \quad 0\right]^{\mathrm{T}}$
载荷分量方向与对应坐标轴正方向一致时，移置载荷为正，否则为负		

6.2.5　有限元分析应注意的问题

在对受力体进行有限元分析时，要遵循一定的原则，应注意以下问题。

（1）根据分析对象的特点选择合适的单元

常用的平面问题单元有三节点三角形、四节点矩形、六节点三角形、八节点矩形；常用的空间单元有四节点四面体单元、八节点六面体单元等。

（2）单元节点编号的原则

单元编号原则是编号从 1 开始，按每次递增 1 顺序编号，不能有间断；节点编号原则为编号从 1 开始，按每次递增 1 顺序编号，不能有间断。

（3）单元划分的疏密对计算精度和计算成本的影响

单元划分得密，则计算精度高，但计算成本高（对计算机硬件的要求高，计算时间长）；反之，单元划分得稀疏，则计算精度低，但计算成本低（对计算机硬件的要求低，计算时间短）。因此，在划分单元时要根据计算精度的要求适度控制单元划分的疏密。

（4）划分网格应注意的问题

边界曲折、应力集中、应力变化大的部位，单元划分应细化，否则，可划分得稀疏一些。单元由细到疏应当逐步过渡，如图 32-6-4 所示。

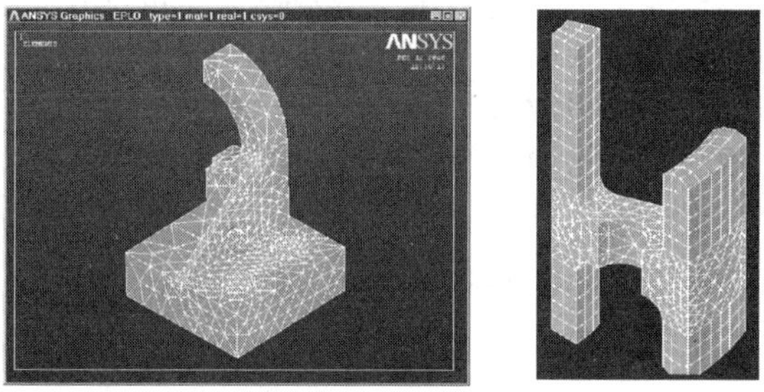

(a) 复杂形体的网格划分　(b) 边界曲折形体的单元划分

图 32-6-4　网格的划分

（5）同一单元边长的要求

对三角形单元，三条边长应尽量接近，不能出现钝角，以免计算结果出现大的误差；对矩形单元，长度和宽度不宜相差过大；对空间单元的各条边边长也应尽量接近，否则，边长相差越大，则产生的误差也越大。

（6）单元之间的要求

任意一个单元的角点必须同时也是相邻单元的角点，而不能是相邻单元边上的内点，划分单元必须遵守此原则。

（7）受力体中不同材料、不同厚度的处理

如果计算对象具有不同的厚度或不同的弹性系数，则厚度或弹性系数突变之处应是单元的边线。

（8）应力集中和应力突变的处理

应力分布有突变之处，或者有受应力集中载荷处布置节点，其附近的单元也应划分得细些。

（9）对称性的利用

应充分利用受力体结构的对称性（几何形状和支承条件对某轴对称，同时截面和材料性质也对此轴对称）。

6.2.6　有限元法的应用

有限元法不仅能应用于结构分析，还能解决归结为场问题的工程问题，从 20 世纪 60 年代中期以来，有限元法得到了巨大的发展，特别是近 20 年来有限元理论的发展和有限元分析软件的应用为工程设计和优化提供了有力的工具。

（1）算法与有限元软件

从 20 世纪 60 年代中期以来，进行了大量的理论研究，不但拓展了有限元法的应用领域，还开发了许多通用或专用的有限元分析软件。理论研究的一个重要领域是计算方法的研究，主要有：

① 大型线性方程组的解法；

② 非线性问题的解法；

③ 动力问题计算方法。

目前应用较多的通用有限元分析软件如表 32-6-5 所示。

表 32-6-5　常用通用有限元分析软件

软件名称	简　介
MSC/Nastran	著名结构分析程序，最初由 NASA 研制
MSC/Dytran	动力学分析程序
MSC/Marc	非线性分析软件
ANSYS	通用结构分析软件
ADINA	非线性分析软件
ABAQUS	非线性分析软件

在结构分析中，ANSYS 软件因功能强大，被广泛应用。ANSYS 是世界上著名的大型通用有限元计算软件，它包括热、电、磁、流体和结构等诸多模块，具有强大的求解器和前、后处理功能，为我们解决复杂、庞大的工程项目和致力于高水平的科研攻关提供了一个优良的工作环境，更使我们从烦琐、单调的常规有限元编程中解脱出来。ANSYS 本身不仅具有较为完善的分析功能，同时也为用户自己进行二次开发提供了友好的开发环境。

ANSYS 程序自身有着较为强大的三维建模能力，仅靠 ANSYS 的 GUI（图形界面）就可建立各种复杂的几何模型；此外，ANSYS 还提供较为灵活的图形接口及数据接口。因而，利用这些功能，可以实现不同分析软件之间的模型转换。

ANSYS/Multiphysics 是 ANSYS 产品的“旗舰”，它包括所有工程学科的所有性能，ANSYS 产品家族如图 32-6-5 所示。

ANSYS/Multiphysics 有三个主要的组成产品：

• ANSYS/Mechanical-ANSYS：机械-结构及热。

• ANSYS/Emag-ANSYS：电磁学。

• ANSYS/FLOTRAN-ANSYS：计算流体动力学。

其他产品：

• ANSYS/LS-DYNA：高度非线性结构问题。

• Design Space：CAD 环境下，适合快速分析容易使用的设计和分析工具。

• ANSYS/ProFEA：Pro/ENGINEER 等三维软件的 ANSYS 分析接口。

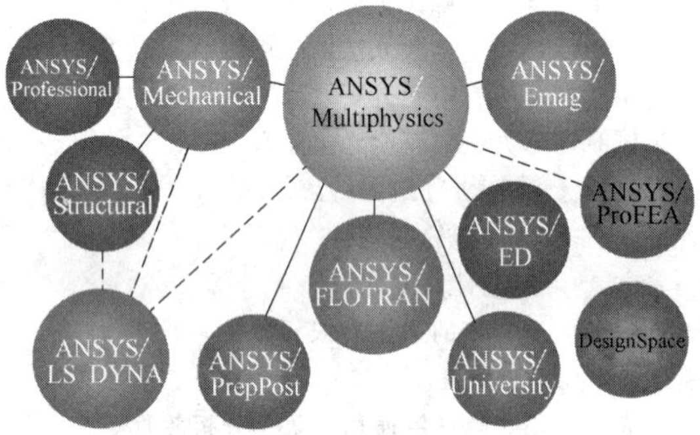

图 32-6-5 ANSYS 产品家族

(2) ANSYS 软件进行有限元分析的基本方法

有限元分析的基本方法

1) 建立实际工程问题的计算模型

a. 利用几何、载荷的对称性简化模型；

b. 建立等效模型。

2) 选择适当的分析工具 侧重考虑以下几个方面：

a. 物理场耦合问题；

b. 大变形；

c. 网格重划分。

3) 前处理 (Preprocessing)

a. 单元属性定义 (单元类型、实常数、材料属性)；

b. 建立几何模型 (Geometric Modeling，自下而上，或基本单元组合)；

c. 有限单元划分 (Meshing) 与网格控制。

4) 求解 (Solution)

a. 施加约束 (Constraint) 和载荷 (Load)；

b. 求解方法选择；

c. 计算参数设定；

d. 求解 (Solve)。

5) 后处理 (Postprocessing) 后处理的目的在于分析计算模型是否合理，提出结论。可进行以下工作：

a. 用可视化方法查看分析结果 (等值线、等值面、色块图)，包括位移、应力、应变、温度等；

b. 最大最小值分析；

c. 检验结果。

6.3 各类问题的有限元法

6.3.1 平面问题的有限元法

(1) 平面三角形单元的有限元格式

对于平面问题，三角形单元是最简单、最常用的单元，在平面应力问题中，单元为三角形板，而在平面应变问题中则是三棱柱。

假设受力体采用三角形单元，把弹性体划分为有限个互不重叠的三角形。这些三角形在其顶点（即节点）处互相连接，组成一个单元集合体，以替代原来的弹性体。同时，将所有作用在单元上的载荷（包括集中载荷、表面载荷和体积载荷），都按虚功等效的原则移置到节点上，成为等效节点载荷。由此便得到了平面问题的有限元计算模型，如图 32-6-6 所示。编号为 e，节点号分别为 i、j、m 的单元分析公式见表 32-6-6。

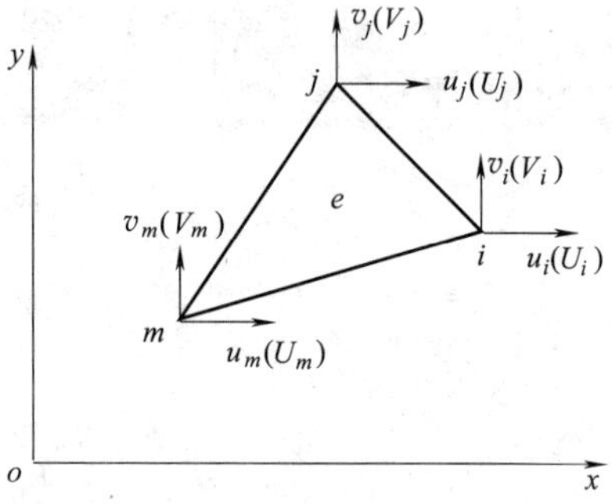

图 32-6-6 三节点三角形单元

(2) 平面矩形单元的有限元格式

矩形单元也是一种常用的单元，它采用了比常应变三角形单元次数更高的位移模式，因而可以更好地反映弹性体中的位移状态和应力状态。

矩形单元 1234 如图 32-6-7 所示，其边长分别为 2a 和 2b，两边分别平行于 x、y 轴。若取该矩形的四个角点为节点，因每个节点位移有两个分量，则矩

表 32-6-6　**三节点三角形单元分析公式**

<table>
<tr><th>序号</th><th>类别</th><th>符号</th><th>公　式</th></tr>
<tr><td>1</td><td>节点力</td><td>$\boldsymbol{R}^e$</td><td>$\boldsymbol{R}^e=[\boldsymbol{R}_i^T\ \ \boldsymbol{R}_j^T\ \ \boldsymbol{R}_m^T\ ]^T=[U_i\ \ V_i\ \ U_j\ \ V_j\ \ U_m\ \ V_m]^T$</td></tr>
<tr><td>2</td><td>节点位移</td><td>$\boldsymbol{\delta}^e$</td><td>$\boldsymbol{\delta}^e=[\boldsymbol{\delta}_i^T\ \ \boldsymbol{\delta}_j^T\ \ \boldsymbol{\delta}_m^T]^T=[u_i\ \ v_i\ \ u_j\ \ v_j\ \ u_m\ \ v_m]^T$</td></tr>
<tr><td>3</td><td>位移模式</td><td></td><td>$u=a_1+a_2x+a_3y$
$v=a_4+a_5x+a_6y$</td></tr>
<tr><td>4</td><td>位移函数</td><td>$\boldsymbol{u}$
$\boldsymbol{v}$</td><td>$\boldsymbol{u}=N_iu_i+N_ju_j+N_mu_m$
$\boldsymbol{v}=N_iv_i+N_jv_j+N_mv_m$
其中：
$N_i=\frac{1}{2\Delta}(a_i+b_ix+c_iy)$　　$(i,j,m$ 轮换)
$a_i=\begin{vmatrix} x_j & y_j \\ x_m & y_m \end{vmatrix}=x_jy_m-x_my_j$
$b_i=-\begin{vmatrix} 1 & y_j \\ 1 & y_m \end{vmatrix}=y_j-y_m$　　$(i,j,m$ 轮换)
$c_i=\begin{vmatrix} 1 & x_j \\ 1 & x_m \end{vmatrix}=-(x_j-x_m)$
$2\Delta=\begin{vmatrix} 1 & x_i & y_i \\ 1 & x_j & y_j \\ 1 & x_m & y_m \end{vmatrix}$</td></tr>
<tr><td>5</td><td>应变</td><td>$\boldsymbol{\varepsilon}$</td><td>$\boldsymbol{\varepsilon}=[\varepsilon_x\ \ \varepsilon_y\ \ \gamma_{xy}]^T$
$\boldsymbol{\varepsilon}=\frac{1}{2\Delta}\begin{bmatrix} b_i & 0 & b_j & 0 & b_m & 0 \\ 0 & c_i & 0 & c_j & 0 & c_m \\ c_i & b_i & c_j & b_j & c_m & b_m \end{bmatrix}\boldsymbol{\delta}^e$</td></tr>
<tr><td>6</td><td>应力</td><td>$\boldsymbol{\sigma}$</td><td>$\boldsymbol{\sigma}=[\sigma_x\ \sigma_y\ \tau_{xy}]^T=\boldsymbol{D}\{\boldsymbol{\varepsilon}\}$
对平面应力问题
$\boldsymbol{D}=\frac{E}{1-\mu^2}\begin{bmatrix} 1 & \text{对} & \\ \mu & 1 & \text{称} \\ 0 & 0 & \frac{1-\mu}{2} \end{bmatrix}$
对平面应变问题
将上式 $\boldsymbol{D}$ 中的 E 和 μ 分别换成 $E/(1-\mu^2)$ 和 $\mu/(1-\mu)$</td></tr>
<tr><td>7</td><td>单元刚度矩阵</td><td>$\boldsymbol{k}^e$</td><td>$\boldsymbol{k}^e=\begin{bmatrix} \boldsymbol{k}_{ii} & \boldsymbol{k}_{ij} & \boldsymbol{k}_{im} \\ \boldsymbol{k}_{ji} & \boldsymbol{k}_{jj} & \boldsymbol{k}_{jm} \\ \boldsymbol{k}_{mi} & \boldsymbol{k}_{mj} & \boldsymbol{k}_{mm} \end{bmatrix}$
对平面应力问题
$\boldsymbol{k}_{rs}=\frac{Et}{4(1-\mu^2)\Delta}\begin{bmatrix} b_rb_s+\frac{1-\mu}{2}c_rc_s & \mu b_rc_s+\frac{1-\mu}{2}c_rb_s \\ \mu c_rb_s+\frac{1-\mu}{2}b_rc_s & c_rc_s+\frac{1-\mu}{2}b_rb_s \end{bmatrix}$
$(r=i,j,m;s=i,j,m)$
对平面应变问题
将上式中的 E 和 μ 分别换成 $E/(1-\mu^2)$ 和 $\mu/(1-\mu)$</td></tr>
</table>

续表

序号	类别	符号	公　　式
8	总体刚度矩阵	$\boldsymbol{K}$	$\boldsymbol{K}=\begin{bmatrix} \boldsymbol{K}_{11} & \cdots & \boldsymbol{K}_{1i} & \cdots & \boldsymbol{K}_{1j} & \cdots & \boldsymbol{K}_{1m} & \cdots & \boldsymbol{K}_{1n} \\ \vdots & \ddots & \vdots & \ddots & \vdots & \ddots & \vdots & \ddots & \vdots \\ \boldsymbol{K}_{i1} & \cdots & \boldsymbol{K}_{ii} & \cdots & \boldsymbol{K}_{ij} & \cdots & \boldsymbol{K}_{im} & \cdots & \boldsymbol{K}_{in} \\ \vdots & \ddots & \vdots & \ddots & \vdots & \ddots & \vdots & \ddots & \vdots \\ \boldsymbol{K}_{j1} & \cdots & \boldsymbol{K}_{ji} & \cdots & \boldsymbol{K}_{jj} & \cdots & \boldsymbol{K}_{jm} & \cdots & \boldsymbol{K}_{jn} \\ \vdots & \ddots & \vdots & \ddots & \vdots & \ddots & \vdots & \ddots & \vdots \\ \boldsymbol{K}_{m1} & \cdots & \boldsymbol{K}_{mi} & \cdots & \boldsymbol{K}_{mj} & \cdots & \boldsymbol{K}_{mm} & \cdots & \boldsymbol{K}_{mn} \\ \vdots & \ddots & \vdots & \ddots & \vdots & \ddots & \vdots & \ddots & \vdots \\ \boldsymbol{K}_{n1} & \cdots & \boldsymbol{K}_{ni} & \cdots & \boldsymbol{K}_{nj} & \cdots & \boldsymbol{K}_{nm} & \cdots & \boldsymbol{K}_{nn} \end{bmatrix}$ $[K_{rs}]_{2\times 2}=\sum_{e=1}^{N}[k_{rs}]\qquad \begin{pmatrix} r=1,2,\cdots,n \\ s=1,2,\cdots,n \end{pmatrix}$
9	整体平衡方程		$\boldsymbol{K\delta}=\boldsymbol{R}$ $\boldsymbol{\delta}=[u_1\quad v_1\quad u_2\quad v_2\quad \cdots\quad u_{2n}\quad v_{2n}]^{\mathrm{T}}$ $\boldsymbol{R}=[X_1\quad Y_1\quad X_2\quad Y_2\quad \cdots\quad X_{2n}\quad Y_{2n}]^{\mathrm{T}}$
备注	N_i、N_j、N_m 为单元 e 的形状函数，简称形函数；Δ 为三角形单元 ijm 的面积；$\boldsymbol{D}$ 为弹性矩阵；$\boldsymbol{R}$ 为所有节点的节点力矢量		

形单元共有 8 个自由度。引入一个局部坐标系 ξ、η。

在图 32-6-7 中，取矩形单元的形心为局部坐标系的原点，ξ 和 η 轴分别与整体坐标轴 x 和 y 平行，且 $\xi=x/a$，$\eta=y/b$。

单元分析公式见表 32-6-7。

(3) 计算实例

图 32-6-8 为一平面应力问题离散化以后的结构图，其中图 (a) 所示为离散化后的总体结构，图 (b) 所示为单元 1、2、4 的结构，图 (c) 所示为单元 3 的结构。用有限元法计算节点位移、单元应变及单元应力（为简便起见，取泊松比 $\mu=0$，单元厚度 $t=1$）。

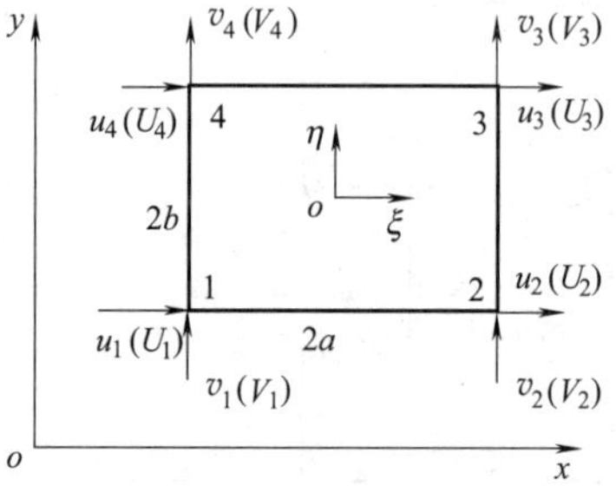

图 32-6-7　矩形单元

表 32-6-7　　　　四节点矩形单元分析公式

序号	类别	符号	公　　式
1	节点力	$\boldsymbol{R}^e$	$\boldsymbol{R}^e=[U_1\quad V_1\quad U_2\quad V_2\quad U_3\quad V_3\quad U_4\quad V_4]^{\mathrm{T}}$
2	节点位移	$\boldsymbol{\delta}^e$	$\boldsymbol{\delta}^e=[u_1\quad v_1\quad u_2\quad v_2\quad u_3\quad v_3\quad u_4\quad v_4]^{\mathrm{T}}$
3	位移模式		$u=a_1+a_2\xi+a_3\eta+a_4\xi\eta$ $v=a_5+a_6\xi+a_7\eta+a_8\xi\eta$
4	位移函数	$\boldsymbol{u}$ $\boldsymbol{v}$	$\boldsymbol{u}=N_1u_1+N_2u_2+N_3u_3+N_4u_4=\sum_{i=1}^{4}N_iu_i$ $\boldsymbol{v}=N_1v_1+N_2v_2+N_3v_3+N_4v_4=\sum_{i=1}^{4}N_iv_i$ 其中： 统一公式：$N_i=(1+\xi_0)(1+\eta_0)/4$ 其中：$\xi_0=\xi_i\xi$，$\eta_0=\eta_i\eta$，$i=1,2,3,4$
5	应变	$\boldsymbol{\varepsilon}$	$\boldsymbol{\varepsilon}=[\boldsymbol{\varepsilon}_x\quad \boldsymbol{\varepsilon}_y\quad \boldsymbol{\gamma}_{xy}]^{\mathrm{T}}$ $\boldsymbol{\varepsilon}=\boldsymbol{B\delta}^e\quad \boldsymbol{B}_i=\frac{1}{ab}\begin{bmatrix} b\frac{\partial N_i}{\partial \xi} & 0 \\ 0 & a\frac{\partial N_i}{\partial \eta} \\ a\frac{\partial N_i}{\partial \eta} & b\frac{\partial N_i}{\partial \xi} \end{bmatrix}=\frac{1}{4ab}\begin{bmatrix} b\xi_i(1+\eta_0) & 0 \\ 0 & a\eta_i(1+\xi_0) \\ a\eta_i(1+\xi_0) & b\xi_i(1+\eta_0) \end{bmatrix}\quad i=1,2,3,4$

续表

序号	类别	符号	公　　式
6	应力	$\boldsymbol{\sigma}$	$\boldsymbol{\sigma}=[\sigma_x \quad \sigma_y \quad \tau_{xy}]^{\mathrm{T}}$ $\boldsymbol{\sigma}=\boldsymbol{D\varepsilon}\Rightarrow\boldsymbol{\sigma}=\boldsymbol{DB\delta}^e=\boldsymbol{S\delta}^e$ 应力矩阵　$\boldsymbol{S}=\boldsymbol{DB}=\boldsymbol{D}[\boldsymbol{B}_1 \quad \boldsymbol{B}_2 \quad \boldsymbol{B}_3 \quad \boldsymbol{B}_4]=[\boldsymbol{S}_1 \quad \boldsymbol{S}_2 \quad \boldsymbol{S}_3 \quad \boldsymbol{S}_4]$ 对平面应力问题 $\boldsymbol{S}_i=\dfrac{E}{4ab(1-\mu^2)}\begin{bmatrix} b\xi_i(1+\eta_0) & \mu a\eta_i(1+\xi_0) \\ \mu b\xi_i(1+\eta_0) & a\eta_i(1+\xi_0) \\ \dfrac{1-\mu}{2}a\eta_i(1+\xi_0) & \dfrac{1-\mu}{2}b\xi_i(1+\eta_0) \end{bmatrix} \quad i=1,2,3,4$ 对平面应变问题 将上式 $\boldsymbol{D}$ 中的 E 和 μ 分别换成 $E/(1-\mu^2)$ 和 $\mu/(1-\mu)$
7	单元刚度矩阵	$\boldsymbol{k}^e$	$\boldsymbol{k}^e=\begin{bmatrix} \boldsymbol{k}_{11} & \boldsymbol{k}_{12} & \boldsymbol{k}_{13} & \boldsymbol{k}_{14} \\ \boldsymbol{k}_{21} & \boldsymbol{k}_{22} & \boldsymbol{k}_{23} & \boldsymbol{k}_{24} \\ \boldsymbol{k}_{31} & \boldsymbol{k}_{32} & \boldsymbol{k}_{33} & \boldsymbol{k}_{34} \\ \boldsymbol{k}_{41} & \boldsymbol{k}_{42} & \boldsymbol{k}_{43} & \boldsymbol{k}_{44} \end{bmatrix}$ 对平面应力问题 $\boldsymbol{k}_{ij}=tab\int_{-1}^{1}\int_{-1}^{1}\boldsymbol{B}_i^{\mathrm{T}}\boldsymbol{S}_j d\xi d\eta$ $=$ $\dfrac{Et}{4(1-\mu^2)}\begin{bmatrix} \dfrac{b}{a}\xi_i\xi_j\left(1+\dfrac{1}{3}\eta_i\eta_j\right)+\dfrac{1-\mu}{2}\dfrac{a}{b}\eta_i\eta_j\left(1+\dfrac{1}{3}\xi_i\xi_j\right) & \mu\xi_i\eta_j+\dfrac{1-\mu}{2}\eta_i\xi_j \\ \mu\eta_i\xi_j+\dfrac{1-\mu}{2}\xi_i\eta_j & \dfrac{a}{b}\eta_i\eta_j\left(1+\dfrac{1}{3}\xi_i\xi_j\right)+\dfrac{1-\mu}{2}\dfrac{b}{a}\xi_i\xi_j\left(1+\dfrac{1}{3}\eta_i\eta_j\right) \end{bmatrix}$ $(I,j=1,2,3,4)$ 对平面应变问题 将上式中的 E 和 μ 分别换成 $E/(1-\mu^2)$ 和 $\mu/(1-\mu)$
8	总体刚度矩阵	$\boldsymbol{K}$	$\boldsymbol{K}=\begin{bmatrix} \boldsymbol{K}_{11} & \cdots & \boldsymbol{K}_{1i} & \cdots & \boldsymbol{K}_{1j} & \cdots & \boldsymbol{K}_{1m} & \cdots & \boldsymbol{K}_{1n} \\ \vdots & \ddots & \vdots & \ddots & \vdots & \ddots & \vdots & \ddots & \vdots \\ \boldsymbol{K}_{i1} & \cdots & \boldsymbol{K}_{ii} & \cdots & \boldsymbol{K}_{ij} & \cdots & \boldsymbol{K}_{im} & \cdots & \boldsymbol{K}_{in} \\ \vdots & \ddots & \vdots & \ddots & \vdots & \ddots & \vdots & \ddots & \vdots \\ \boldsymbol{K}_{j1} & \cdots & \boldsymbol{K}_{ji} & \cdots & \boldsymbol{K}_{jj} & \cdots & \boldsymbol{K}_{jm} & \cdots & \boldsymbol{K}_{jn} \\ \vdots & \ddots & \vdots & \ddots & \vdots & \ddots & \vdots & \ddots & \vdots \\ \boldsymbol{K}_{m1} & \cdots & \boldsymbol{K}_{mi} & \cdots & \boldsymbol{K}_{mj} & \cdots & \boldsymbol{K}_{mm} & \cdots & \boldsymbol{K}_{mn} \\ \vdots & \ddots & \vdots & \ddots & \vdots & \ddots & \vdots & \ddots & \vdots \\ \boldsymbol{K}_{n1} & \cdots & \boldsymbol{K}_{ni} & \cdots & \boldsymbol{K}_{nj} & \cdots & \boldsymbol{K}_{nm} & \cdots & \boldsymbol{K}_{nn} \end{bmatrix}$ $[K_{rs}]_{2\times2}=\sum_{e=1}^{N}[k_{rs}] \qquad \begin{pmatrix} r=1,2,\cdots,n \\ s=1,2,\cdots,n \end{pmatrix}$
9	整体平衡方程		$\boldsymbol{K\delta}=\boldsymbol{R}$ $\boldsymbol{\delta}=[u_1 \quad v_1 \quad u_2 \quad v_2 \quad \cdots \quad u_{2n} \quad v_{2n}]^{\mathrm{T}}$ $\boldsymbol{R}=[X_1 \quad Y_1 \quad X_2 \quad Y_2 \quad \cdots \quad X_{2n} \quad Y_{2n}]^{\mathrm{T}}$
备注	N_1、N_2、N_3、N_4 为单元 e 的形状函数，简称形函数；$\boldsymbol{D}$ 为弹性矩阵；$\boldsymbol{B}$ 为单元应变矩阵；$\boldsymbol{S}$ 为应力矩阵；t 为单元厚度；$\boldsymbol{R}$ 为所有节点的节点力矢量		

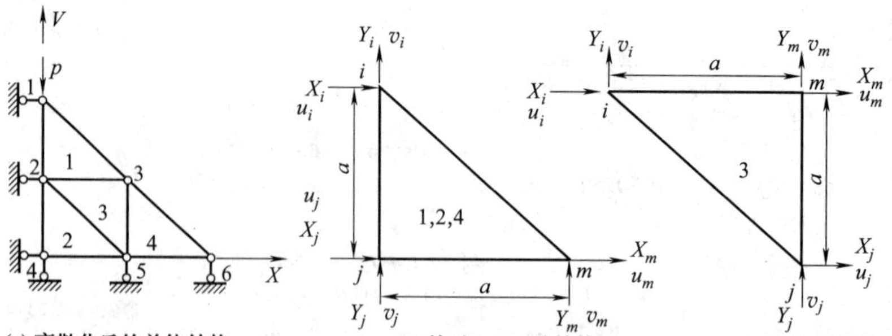

(a) 离散化后的总体结构　　(b) 单元1、2、4的结构　　(c) 单元3的结构

图 32-6-8　计算实例结构图

首先确定各单元刚度所需的系数 b_i、b_j、b_m、c_i、c_j、c_m 及面积 A，对于单元 1、2、4 有：

$b_i=0$，$b_j=-a$，$b_m=a$

$c_i=a$，$c_j=-a$，$c_m=0$

$A=a^2/2$

对于单元 3 有：

$b_i=-a$，$b_j=0$，$b_m=a$

$c_i=0$，$c_j=-a$，$c_m=a$

$A=a^2/2$

其次，求出各单元的单元刚度矩阵。对于单元 1、2、4，其单元刚度矩阵为：

$$\boldsymbol{k}^{(1,2,4)}=\frac{E}{4}\begin{bmatrix}1&0&-1&-1&0&1\\0&2&0&-2&0&0\\-1&0&3&1&-2&-1\\-1&-2&1&3&0&-1\\0&0&-2&0&2&0\\1&0&-1&-1&0&1\end{bmatrix}$$

对于单元 3，其单元刚度矩阵为：

$$\boldsymbol{k}^{(3)}=\frac{E}{4}\begin{bmatrix}2&0&0&0&-2&0\\0&1&1&0&-1&-1\\0&1&1&0&-1&-1\\0&0&0&2&0&-2\\-2&-1&-1&0&3&1\\0&-1&-1&-2&1&3\end{bmatrix}$$

各单元的节点编号与总体节点总编号之间的对应关系见表 32-6-8。

表 32-6-8　各单元节点编号与总体节点编号对应表

单元号	1	2	3	4
节点号	节点总编号			
i	1	2	2	3
j	2	4	5	5
m	3	5	3	6

将各单元刚度矩阵按节点总数及相应的节点号关系扩充成 12×12 矩阵，分别如下：

$$\boldsymbol{k}^1_{12\times12}=$$

$$\frac{E}{4}\begin{array}{c}\overbrace{\qquad}^{1}\ \overbrace{\qquad}^{2}\ \overbrace{\qquad}^{3}\ \overbrace{\qquad}^{4}\ \overbrace{\qquad}^{5}\ \overbrace{\qquad}^{6}\\ \begin{bmatrix}1&0&-1&-1&0&1&0&0&0&0&0&0\\0&2&0&-2&0&0&0&0&0&0&0&0\\-1&0&3&1&-2&-1&0&0&0&0&0&0\\-1&-2&1&3&0&-1&0&0&0&0&0&0\\0&0&-2&0&2&0&0&0&0&0&0&0\\1&0&-1&-1&0&1&0&0&0&0&0&0\\0&0&0&0&0&0&0&0&0&0&0&0\\0&0&0&0&0&0&0&0&0&0&0&0\\0&0&0&0&0&0&0&0&0&0&0&0\\0&0&0&0&0&0&0&0&0&0&0&0\\0&0&0&0&0&0&0&0&0&0&0&0\\0&0&0&0&0&0&0&0&0&0&0&0\end{bmatrix}\end{array}\begin{array}{l}\}1\\ \\ \}2\\ \\ \}3\\ \\ \}4\\ \\ \}5\\ \\ \}6\\ \end{array}$$

$$\boldsymbol{k}^2_{12\times12}=$$

$$\frac{E}{4}\begin{array}{c}\overbrace{\qquad}^{1}\ \overbrace{\qquad}^{2}\ \overbrace{\qquad}^{3}\ \overbrace{\qquad}^{4}\ \overbrace{\qquad}^{5}\ \overbrace{\qquad}^{6}\\ \begin{bmatrix}0&0&0&0&0&0&0&0&0&0&0&0\\0&0&0&0&0&0&0&0&0&0&0&0\\0&0&1&0&0&0&-1&-1&0&1&0&0\\0&0&0&2&0&0&0&-2&0&0&0&0\\0&0&0&0&0&0&0&0&0&0&0&0\\0&0&0&0&0&0&0&0&0&0&0&0\\0&0&-1&0&0&0&3&1&-2&-1&0&0\\0&0&-1&-2&0&0&1&3&0&-1&0&0\\0&0&0&0&0&0&-2&0&2&0&0&0\\0&0&1&0&0&0&-1&-1&0&1&0&0\\0&0&0&0&0&0&0&0&0&0&0&0\\0&0&0&0&0&0&0&0&0&0&0&0\end{bmatrix}\end{array}\begin{array}{l}\}1\\ \\ \}2\\ \\ \}3\\ \\ \}4\\ \\ \}5\\ \\ \}6\\ \end{array}$$

$$
\boldsymbol{k}^{3}_{12\times12}=
\frac{E}{4}
\begin{array}{c}
\begin{array}{cccccc}
\overbrace{\qquad\quad}^{1} & \overbrace{\qquad\quad}^{2} & \overbrace{\qquad\quad}^{3} & \overbrace{\qquad\quad}^{4} & \overbrace{\qquad\quad}^{5} & \overbrace{\qquad\quad}^{6}
\end{array}\\
\left[\begin{array}{cccccccccccc}
0&0&0&0&0&0&0&0&0&0&0&0\\
0&0&0&0&0&0&0&0&0&0&0&0\\
0&0&2&0&-2&0&0&0&0&0&0&0\\
0&0&0&1&-1&-1&0&0&1&0&0&0\\
0&0&-2&-1&3&1&0&0&-1&0&0&0\\
0&0&0&-1&1&3&0&0&-1&-2&0&0\\
0&0&0&0&0&0&0&0&0&0&0&0\\
0&0&0&0&0&0&0&0&0&0&0&0\\
0&0&0&1&-1&-1&0&0&1&0&0&0\\
0&0&1&0&0&-2&0&0&0&2&0&0\\
0&0&0&0&0&0&0&0&0&0&0&0\\
0&0&0&0&0&0&0&0&0&0&0&0
\end{array}\right]
\end{array}
\begin{array}{l}
\\
\left.\begin{matrix}\\\end{matrix}\right\}1\\
\left.\begin{matrix}\\\end{matrix}\right\}2\\
\left.\begin{matrix}\\\end{matrix}\right\}3\\
\left.\begin{matrix}\\\end{matrix}\right\}4\\
\left.\begin{matrix}\\\end{matrix}\right\}5\\
\left.\begin{matrix}\\\end{matrix}\right\}6
\end{array}
$$

$$
\boldsymbol{k}^{4}_{12\times12}=
\frac{E}{4}
\begin{array}{c}
\begin{array}{cccccc}
\overbrace{\qquad\quad}^{1} & \overbrace{\qquad\quad}^{2} & \overbrace{\qquad\quad}^{3} & \overbrace{\qquad\quad}^{4} & \overbrace{\qquad\quad}^{5} & \overbrace{\qquad\quad}^{6}
\end{array}\\
\left[\begin{array}{cccccccccccc}
0&0&0&0&0&0&0&0&0&0&0&0\\
0&0&0&0&0&0&0&0&0&0&0&0\\
0&0&0&0&0&0&0&0&0&0&0&0\\
0&0&0&0&0&0&0&0&0&0&0&0\\
0&0&0&0&1&0&0&0&-1&-1&0&1\\
0&0&0&0&0&2&0&0&0&-2&0&0\\
0&0&0&0&0&0&0&0&0&0&0&0\\
0&0&0&0&0&0&0&0&0&0&0&0\\
0&0&0&0&-1&0&0&0&3&1&-2&-1\\
0&0&0&0&-1&-2&0&0&1&3&0&-1\\
0&0&0&0&0&0&0&0&-2&0&2&0\\
0&0&0&0&1&0&0&0&-1&-1&0&1
\end{array}\right]
\end{array}
\begin{array}{l}
\\
\left.\begin{matrix}\\\end{matrix}\right\}1\\
\left.\begin{matrix}\\\end{matrix}\right\}2\\
\left.\begin{matrix}\\\end{matrix}\right\}3\\
\left.\begin{matrix}\\\end{matrix}\right\}4\\
\left.\begin{matrix}\\\end{matrix}\right\}5\\
\left.\begin{matrix}\\\end{matrix}\right\}6
\end{array}
$$

将扩充后的各单元刚度矩阵相加，得总体刚度矩阵 K：

$$
\boldsymbol{K}=\sum_{e=1}^{4}\boldsymbol{k}^{(e)}_{12\times12}=\frac{E}{4}
\begin{array}{c}
\begin{array}{cccccc}
1\qquad\quad & 2\qquad\quad & 3\qquad\quad & 4\qquad\quad & 5\qquad\quad & 6\qquad\quad
\end{array}\\
\left[\begin{array}{cccccccccccc}
1&0&-1&-1&0&1&0&0&0&0&0&0\\
0&2&0&-2&0&0&0&0&0&0&0&0\\
-1&0&6&1&-4&-1&-1&-1&0&1&0&0\\
-1&-2&1&6&-1&-2&0&-2&1&0&0&0\\
0&0&-4&-1&6&1&0&0&-2&-1&0&1\\
1&0&-1&-2&1&6&0&0&-1&-4&0&0\\
0&0&-1&0&0&0&3&1&-2&-1&0&0\\
0&0&-1&-2&0&0&1&3&0&-1&0&0\\
0&0&0&1&-2&-1&-2&0&6&1&-2&-1\\
0&0&1&0&-1&-4&-1&-1&1&6&0&-1\\
0&0&0&0&0&0&0&0&-2&0&2&0\\
0&0&0&0&1&0&0&0&-1&-1&0&1
\end{array}\right]
\end{array}
\begin{array}{c}
\\
1\\ \\ 2\\ \\ 3\\ \\ 4\\ \\ 5\\ \\ 6\\ \\
\end{array}
$$

所以结构总方程为：

$$\boldsymbol{R}=\boldsymbol{K}\boldsymbol{\delta}\tag{32-6-10}$$

其中：

$$\boldsymbol{\delta}=\{u_1\quad v_1\quad u_2\quad v_2\quad u_3\quad v_3\quad u_4\quad v_4\quad u_5\quad v_5\quad u_6\quad v_6\}^{\mathrm{T}}\tag{32-6-11}$$

$$\boldsymbol{R}=\{0\quad -P\quad 0\quad 0\quad 0\quad 0\quad 0\quad 0\quad 0\quad 0\quad 0\quad 0\}^{\mathrm{T}}\tag{32-6-12}$$

考虑到边界条件：$u_1=u_2=u_4=v_4=v_5=v_6=0$

用对角元乘大数法消除奇异性后的结构总体方程为：

$$
\frac{E}{4}
\begin{bmatrix}
1\times10^{15}&0&-1&-1&0&1&0&0&0&0&0&0\\
0&2&0&-2&0&0&0&0&0&0&0&0\\
-1&0&6\times10^{15}&1&-4&-1&-1&-1&0&1&0&0\\
-1&-2&1&6&-1&-2&0&-2&1&0&0&0\\
0&0&-4&-1&6&1&0&0&-2&-1&0&1\\
1&0&-1&-2&1&6&0&0&-1&-4&0&0\\
0&0&-1&0&0&0&3\times10^{15}&1&-2&-1&0&0\\
0&0&-1&-2&0&0&1&3\times10^{15}&0&-1&0&0\\
0&0&0&1&-2&-1&-2&0&6&1&-2&-1\\
0&0&1&0&-1&-4&-1&-1&1&6\times10^{15}&0&-1\\
0&0&0&0&0&0&0&0&-2&0&2&0\\
0&0&0&0&1&0&0&0&-1&-1&0&1\times10^{15}
\end{bmatrix}
\begin{Bmatrix}
u_1\\ v_1\\ u_2\\ v_2\\ u_3\\ v_3\\ u_4\\ v_4\\ u_5\\ v_5\\ u_6\\ v_6
\end{Bmatrix}
=
\begin{Bmatrix}
0\\ P\\ 0\\ 0\\ 0\\ 0\\ 0\\ 0\\ 0\\ 0\\ 0\\ 0
\end{Bmatrix}
$$

由以上方程解得的各节点的位移为：

$$\boldsymbol{\delta}=\begin{Bmatrix} u_1 \\ v_1 \\ u_2 \\ v_2 \\ u_3 \\ v_3 \\ u_4 \\ v_4 \\ u_5 \\ v_5 \\ u_6 \\ v_6 \end{Bmatrix}=\frac{P}{E}\begin{Bmatrix} 0 \\ -3.252 \\ 0 \\ -1.252 \\ -0.088 \\ -0.374 \\ 0 \\ 0 \\ 0.176 \\ 0 \\ 0.176 \\ 0 \end{Bmatrix}$$

然后将相应的节点位移代入公式，可分别求得各单元的应变和应力。

对于单元 1：

$$\boldsymbol{\varepsilon}^{(1)}=\begin{Bmatrix} \varepsilon_x \\ \varepsilon_y \\ \gamma_{xy} \end{Bmatrix}=\frac{1}{a^2}\begin{bmatrix} 0 & 0 & -a & 0 & a & 0 \\ 0 & a & 0 & -a & 0 & 0 \\ a & 0 & -a & -a & 0 & a \end{bmatrix}\begin{Bmatrix} u_1 \\ v_1 \\ u_2 \\ v_2 \\ u_3 \\ v_3 \end{Bmatrix}=\frac{P}{Ea}\begin{Bmatrix} -0.088 \\ -2.000 \\ 0.880 \end{Bmatrix}$$

$$\boldsymbol{\sigma}^{(1)}=\begin{Bmatrix} \sigma_x \\ \sigma_y \\ \tau_{xy} \end{Bmatrix}=E\begin{bmatrix} 1 & 0 & 0 \\ 0 & 1 & 0 \\ 0 & 0 & 0.5 \end{bmatrix}\begin{Bmatrix} \varepsilon_x \\ \varepsilon_y \\ \gamma_{xy} \end{Bmatrix}=\frac{P}{a}\begin{Bmatrix} -0.088 \\ -2.000 \\ 0.440 \end{Bmatrix}$$

对于单元 2：

$$\boldsymbol{\varepsilon}^{(2)}=\begin{Bmatrix} \varepsilon_x \\ \varepsilon_y \\ \gamma_{xy} \end{Bmatrix}=\frac{1}{a^2}\begin{bmatrix} 0 & 0 & -a & 0 & a & 0 \\ 0 & a & 0 & -a & 0 & 0 \\ a & 0 & -a & -a & 0 & a \end{bmatrix}\begin{Bmatrix} u_2 \\ v_2 \\ u_4 \\ v_4 \\ u_5 \\ v_5 \end{Bmatrix}=\frac{P}{Ea}\begin{Bmatrix} 0.176 \\ -1.252 \\ 0 \end{Bmatrix}$$

$$\boldsymbol{\sigma}^{(2)}=\begin{Bmatrix} \sigma_x \\ \sigma_y \\ \tau_{xy} \end{Bmatrix}=E\begin{bmatrix} 1 & 0 & 0 \\ 0 & 1 & 0 \\ 0 & 0 & 0.5 \end{bmatrix}\begin{Bmatrix} \varepsilon_x \\ \varepsilon_y \\ \gamma_{xy} \end{Bmatrix}=\frac{P}{a}\begin{Bmatrix} 0.176 \\ -1.252 \\ 0 \end{Bmatrix}$$

对于单元 3：

$$\boldsymbol{\varepsilon}^{(3)}=\begin{Bmatrix} \varepsilon_x \\ \varepsilon_y \\ \gamma_{xy} \end{Bmatrix}=\frac{1}{a^2}\begin{bmatrix} -a & 0 & 0 & 0 & a & 0 \\ 0 & 0 & 0 & -a & 0 & a \\ 0 & -a & -a & 0 & a & a \end{bmatrix}\begin{Bmatrix} u_2 \\ v_2 \\ u_5 \\ v_5 \\ u_3 \\ v_3 \end{Bmatrix}=\frac{P}{Ea}\begin{Bmatrix} -0.088 \\ -0.374 \\ 0.614 \end{Bmatrix}$$

$$\boldsymbol{\sigma}^{(3)}=\begin{Bmatrix}\sigma_x\\ \sigma_y\\ \tau_{xy}\end{Bmatrix}=E\begin{bmatrix}1&0&0\\0&1&0\\0&0&0.5\end{bmatrix}\begin{Bmatrix}\varepsilon_x\\ \varepsilon_y\\ \gamma_{xy}\end{Bmatrix}=\frac{P}{a}\begin{Bmatrix}-0.088\\-0.374\\0.307\end{Bmatrix}$$

对于单元 4：

$$\boldsymbol{\varepsilon}^{(4)}=\begin{Bmatrix}\varepsilon_x\\ \varepsilon_y\\ \gamma_{xy}\end{Bmatrix}=\frac{1}{a^2}\begin{bmatrix}0&0&-a&0&a&0\\0&a&0&-a&0&0\\a&0&-a&-a&0&a\end{bmatrix}\begin{Bmatrix}u_3\\v_3\\u_5\\v_5\\u_6\\v_6\end{Bmatrix}=\frac{P}{Ea}\begin{Bmatrix}0\\-0.374\\-0.264\end{Bmatrix}$$

$$\boldsymbol{\sigma}^{(4)}=\begin{Bmatrix}\sigma_x\\ \sigma_y\\ \tau_{xy}\end{Bmatrix}=E\begin{bmatrix}1&0&0\\0&1&0\\0&0&0.5\end{bmatrix}\begin{Bmatrix}\varepsilon_x\\ \varepsilon_y\\ \gamma_{xy}\end{Bmatrix}=\frac{P}{a}\begin{Bmatrix}0\\-0.374\\-0.132\end{Bmatrix}$$

6.3.2　轴对称问题的有限元法

轴对称问题是弹性力学空间问题的一个特殊情况。如果弹性体的几何形状、约束以及外载荷都对称于某一轴，则弹性体内各点所有的位移、应变及应力也都对称于此轴，这类问题称为轴对称问题。

轴对称结构体可以看成由任意一个纵向剖面绕着纵轴旋转一周而形成。此旋转轴即为对称轴，纵向剖面称为子午面，如图 32-6-9 表示一圆柱体的子午面被分割为若干个三角形单元，再经过绕对称轴旋转，圆柱体被离散成若干个三棱圆环单元，各单元之间用圆环形的铰链相连接。对于轴对称问题，采用圆柱坐标较为方便。以弹性体的对称轴为 z 轴，其约束及外载荷也都对称于 z 轴，因此弹性体内各点的各项应力分量、应变分量和位移分量都与环向坐标 θ 无关，只是径向坐标 r 和轴向坐标 z 的函数。轴对称三角形单元的节点力和位移如图 32-6-10 所示，单元的分析公式见表 32-6-9。

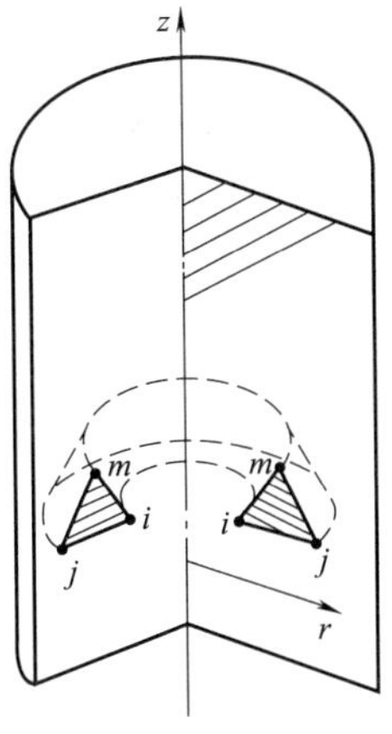

图 32-6-9　轴对称结构

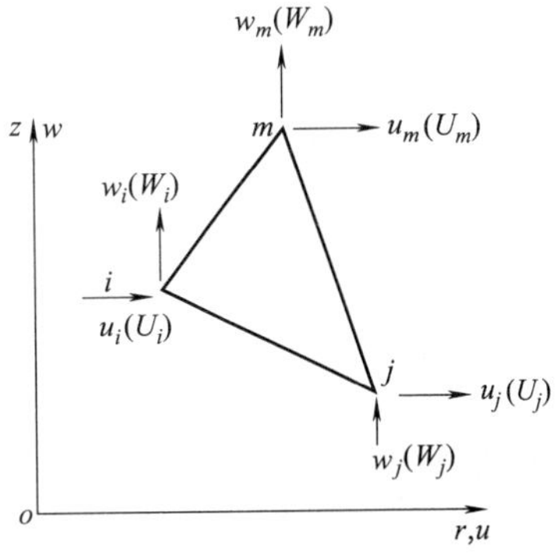

图 32-6-10　轴对称三角形单元

6.3.3　杆件系统的有限元法

杆件系统在机械工程中应用广泛，许多机器的机架都是由杆件构成的。杆件结构分析通过确定结构的位移、应力和应变等，为机械设计中的强度、刚度和稳定性等分析计算提供依据。

（1）平面杆件系统

在同一平面内的若干杆件以焊接或铆接等方式连接起来的结构，若其所承受的载荷也在该平面内，则称此结构为平面杆件系统。

在平面杆件系统中，取节点为 i 和 j 之间的梁为梁单元，如图 32-6-11 所示。采用右手坐标系，使 x 轴与梁轴重合，而 y 轴和 z 轴为梁截面的主惯性轴方向。因为外载荷都在同一平面内，所以梁单元总是处于轴向拉压和平面弯曲的组合变形状态。在节点 i 和 j 上所受到的节点力为轴力、剪力和弯矩，即 N_i、Q_i、M_i 和 N_j、Q_j、M_j；与之相对应的节点位移分别为 u_i、v_i、θ_i 和 u_j、v_j、θ_j。单元的分析公式见表 32-6-10。

表 32-6-9 **轴对称问题单元分析公式**

序号	类别	符号	公式
1	节点力	$\boldsymbol{R}^e$	$\boldsymbol{R}^e=[\boldsymbol{R}_i^{\mathrm{T}}\quad \boldsymbol{R}_j^{\mathrm{T}}\quad \boldsymbol{R}_m^{\mathrm{T}}]^{\mathrm{T}}=[U_i\quad W_i\quad U_j\quad W_j\quad U_m\quad W_m]^{\mathrm{T}}$
2	节点位移	$\boldsymbol{\delta}^e$	$\boldsymbol{\delta}^e=[\boldsymbol{\delta}_i\quad \boldsymbol{\delta}_j\quad \boldsymbol{\delta}_m]^{\mathrm{T}}=[u_i\quad w_i\quad u_j\quad w_j\quad u_m\quad v_m]^{\mathrm{T}}$
3	位移模式		$w=\beta_4+\beta_5 r+\beta_6 z$ $u=\beta_1+\beta_2 r+\beta_3 z$
4	位移函数	$\boldsymbol{u}$ $\boldsymbol{w}$	$\boldsymbol{u}=N_i u_i+N_j u_j+N_m u_m$ $\boldsymbol{w}=N_i w_i+N_j w_j+N_m w_m$ 其中： $N_i=\dfrac{a_i+b_i r+c_i z}{2A}\quad a_i=r_j y_m-r_m z_j$ $b_i=z_j-z_m$ $c_i=r_m-r_j$ $A=\dfrac{1}{2}\begin{bmatrix}1 & r_i & z_i\\ 1 & r_j & z_j\\ 1 & r_m & z_m\end{bmatrix}$
5	应变	$\boldsymbol{\varepsilon}$	$\boldsymbol{\varepsilon}=[\boldsymbol{\varepsilon}_r\quad \boldsymbol{\varepsilon}_\theta\quad \boldsymbol{\varepsilon}_x\quad \boldsymbol{\gamma}_{rz}]^{\mathrm{T}}$ $\boldsymbol{\varepsilon}=\boldsymbol{B}\boldsymbol{\delta}^e=[\boldsymbol{B}_i\quad \boldsymbol{B}_j\quad \boldsymbol{B}_m]\boldsymbol{\delta}^e$ $\boldsymbol{B}_i=\begin{bmatrix}\dfrac{\partial N_i}{\partial r} & 0\\ \dfrac{N_i}{r} & 0\\ 0 & \dfrac{\partial N_i}{\partial z}\\ \dfrac{\partial N_i}{\partial z} & \dfrac{\partial N_i}{\partial r}\end{bmatrix}=\dfrac{1}{2A}\begin{bmatrix}b_i & 0\\ h_i & 0\\ 0 & c_i\\ c_i & b_i\end{bmatrix}\qquad h_i=\dfrac{a_i}{r}+b_i+c_i\dfrac{z}{r}$ （i,j,m 轮换）
6	应力	$\boldsymbol{\sigma}$	$\boldsymbol{\sigma}=[\sigma_r\quad \sigma_x\quad \sigma_\theta\quad \tau_{rz}]^{\mathrm{T}}=\boldsymbol{D}\boldsymbol{\varepsilon}$ $\boldsymbol{D}=\dfrac{E(1-\mu)}{(1+\mu)(1-2\mu)}\begin{bmatrix}1 & \dfrac{\mu}{1-\mu} & \dfrac{\mu}{1-\mu} & 0\\ \dfrac{\mu}{1-\mu} & 1 & \dfrac{\mu}{1-\mu} & 0\\ \dfrac{\mu}{1-\mu} & \dfrac{\mu}{1-\mu} & 1 & 0\\ 0 & 0 & 0 & \dfrac{1-2\mu}{2(1-\mu)}\end{bmatrix}$
7	单元刚度矩阵	$\boldsymbol{k}^e$	$\boldsymbol{k}^e=\begin{bmatrix}\boldsymbol{k}_{ii} & \boldsymbol{k}_{ij} & \boldsymbol{k}_{im}\\ \boldsymbol{k}_{ji} & \boldsymbol{k}_{jj} & \boldsymbol{k}_{jm}\\ \boldsymbol{k}_{mi} & \boldsymbol{k}_{mj} & \boldsymbol{k}_{mm}\end{bmatrix}$ $\boldsymbol{k}_{rs}=g_3\begin{bmatrix}b_r b_s+h_r h_s+g_1(b_r h_s+h_r b_s)+g_2 c_r c_s & g_1(b_r c_s+h_r c_s)+g_2 c_r b_s\\ g_1(c_r b_s+c_r h_s)+g_2 b_r c_s & c_r c_s+g_2 b_r b_s\end{bmatrix}$ $(r,s=i,j,m)$ $g_1=\dfrac{\mu}{1-\mu},g_2=\dfrac{1-2\mu}{2(1-\mu)},g_3=\dfrac{\pi E(1-\mu)r}{2(1+\mu)(1-2\mu)A}$

续表

序号	类别	符号	公式
8	总体刚度矩阵	$\boldsymbol{K}$	$\boldsymbol{K}=\begin{bmatrix}\boldsymbol{K}_{11} & \cdots & \boldsymbol{K}_{1i} & \cdots & \boldsymbol{K}_{1j} & \cdots & \boldsymbol{K}_{1m} & \cdots & \boldsymbol{K}_{1n}\\ \vdots & \ddots & \vdots & \ddots & \vdots & \ddots & \vdots & \ddots & \vdots\\ \boldsymbol{K}_{i1} & \cdots & \boldsymbol{K}_{ii} & \cdots & \boldsymbol{K}_{ij} & \cdots & \boldsymbol{K}_{im} & \cdots & \boldsymbol{K}_{in}\\ \vdots & \ddots & \vdots & \ddots & \vdots & \ddots & \vdots & \ddots & \vdots\\ \boldsymbol{K}_{j1} & \cdots & \boldsymbol{K}_{ji} & \cdots & \boldsymbol{K}_{jj} & \cdots & \boldsymbol{K}_{jm} & \cdots & \boldsymbol{K}_{jn}\\ \vdots & \ddots & \vdots & \ddots & \vdots & \ddots & \vdots & \ddots & \vdots\\ \boldsymbol{K}_{m1} & \cdots & \boldsymbol{K}_{mi} & \cdots & \boldsymbol{K}_{mj} & \cdots & \boldsymbol{K}_{mm} & \cdots & \boldsymbol{K}_{mn}\\ \vdots & \ddots & \vdots & \ddots & \vdots & \ddots & \vdots & \ddots & \vdots\\ \boldsymbol{K}_{n1} & \cdots & \boldsymbol{K}_{ni} & \cdots & \boldsymbol{K}_{nj} & \cdots & \boldsymbol{K}_{nm} & \cdots & \boldsymbol{K}_{nn}\end{bmatrix}$ $[K_{rs}]_{2\times2}=\sum^{N}[k_{rs}]\qquad\begin{pmatrix}r=1,2,\cdots,n\\ s=1,2,\cdots,n\end{pmatrix}$
9	整体平衡方程		$\boldsymbol{K\delta}=\boldsymbol{R}$ $\boldsymbol{\delta}=[u_1\ v_1\ u_2\ v_2\cdots u_{2n}\ v_{2n}]^{\mathrm{T}}$ $\boldsymbol{R}=[X_1\ Y_1\ X_2\ Y_2\cdots X_{2n}\ Y_{2n}]^{\mathrm{T}}$
10	节点等效载荷		体积力：$\{P_i\}_q^e=\{P_j\}_q^e=\{P_m\}_q^e=2\pi\begin{Bmatrix}q_r\\ q_z\end{Bmatrix}\frac{rA}{3}$
			惯性力：$\{P_i\}_q^e=\frac{\pi\gamma\omega^2A}{15g}(9r+2r_i^2-r_jr_m)\qquad(i,j,m\quad i\neq j\neq m)$
			表面力（ij 边 r 方向）：$\{P_i\}_p^e=\frac{\pi l_{ij}}{6}[(3r_i+r_j)p_i^r+(r_i+r_j)p_j^r]$
备注	N_i、N_j、N_m 为单元 e 的形状函数，简称形函数；A 为三角形单元 ijm 的面积；$\boldsymbol{D}$ 为弹性矩阵；$\boldsymbol{R}$ 为所有节点的节点力矢量；q_r、q_z 为集中力 g 在 r 向和 z 向的分量；γ 为重度；ω 为角速度		

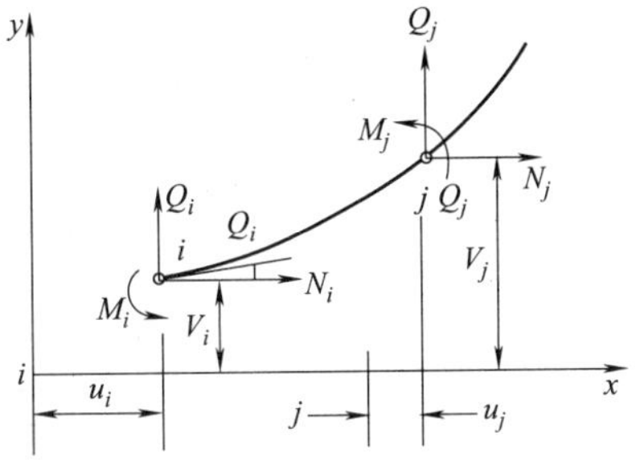

图 32-6-11　平面梁单元

表 32-6-10　**平面梁单元分析公式**

序号	类别	符号	公式
1	节点力	$\boldsymbol{R}^e$	$\boldsymbol{R}^e=[N_i\quad Q_i\quad M_i\quad N_j\quad Q_j\quad M_j]^{\mathrm{T}}$
2	节点位移	$\boldsymbol{\delta}^e$	$\boldsymbol{\delta}^e=[\boldsymbol{\delta}_i^{\mathrm{T}}\quad \boldsymbol{\delta}_j^{\mathrm{T}}]^{\mathrm{T}}\quad \boldsymbol{\delta}_i=[u_i\quad v_i\quad \theta_i]^{\mathrm{T}}\quad \boldsymbol{\delta}_j=[u_j\quad v_j\quad \theta_j]^{\mathrm{T}}$
3	位移模式		$u=a_0+a_1x$ $v=b_0+b_1x+b_2x^2+b_3x^3$
4	位移函数	$\boldsymbol{u}$ $\boldsymbol{v}$	$\boldsymbol{f}=\begin{Bmatrix}\boldsymbol{u}\\ \boldsymbol{v}\end{Bmatrix}=\begin{bmatrix}\boldsymbol{H}_{\mathrm{u}}(x)\\ \boldsymbol{H}_{\mathrm{v}}(x)\end{bmatrix}\boldsymbol{A\delta}^e=\boldsymbol{N\delta}^e$ 其中： $\boldsymbol{H}_{\mathrm{u}}(x)=[1\quad 0\quad 0\quad x\quad 0\quad 0]$ $\boldsymbol{H}_{\mathrm{v}}(x)=[0\quad 1\quad x\quad 0\quad x^2\quad x^3]$ $\boldsymbol{A}=\begin{bmatrix}1 & 0 & 0 & 0 & 0 & 0\\ 0 & 1 & 0 & 0 & 0 & 0\\ 0 & 0 & 1 & 0 & 0 & 0\\ -1/l & 0 & 0 & 1/l & 0 & 0\\ 0 & -3/l^2 & -2/l & 0 & 3/l^2 & -1/l\\ 0 & 2/l^3 & 1/l^2 & 0 & -2/l^3 & 1/l^2\end{bmatrix}$

续表

序号	类别	符号	公　式
5	应变	$\boldsymbol{\varepsilon}$	$\boldsymbol{\varepsilon}=\begin{Bmatrix}\boldsymbol{\varepsilon}_0\\ \boldsymbol{\varepsilon}_b\end{Bmatrix}=\begin{Bmatrix}\dfrac{du}{dx}\\ -y\dfrac{d^2v}{dx^2}\end{Bmatrix}=\begin{bmatrix}\boldsymbol{H}'_u(x)\\ -y\boldsymbol{H}''_v(x)\end{bmatrix}\boldsymbol{A\delta}^e=\boldsymbol{B\delta}^e$ $\boldsymbol{H}'_u(x)=[0\quad 0\quad 0\quad 1\quad 0\quad 0]$ $\boldsymbol{H}''_v(x)=[0\quad 0\quad 0\quad 0\quad 2\quad 6x]$
6	应力	$\boldsymbol{\sigma}$	$\boldsymbol{\sigma}=\begin{Bmatrix}\boldsymbol{\sigma}_0\\ \boldsymbol{\sigma}_b\end{Bmatrix}=E\boldsymbol{\varepsilon}=E\boldsymbol{B\delta}^e$
7	单元刚度矩阵	$\boldsymbol{k}^e$	$\boldsymbol{k}^e=\begin{bmatrix}\frac{EA}{l} & & & & & \\ 0 & \frac{12EI}{l^3} & & \text{对} & & \\ 0 & \frac{6EI}{l^2} & \frac{4EI}{l} & & \text{称} & \\ -\frac{EA}{l} & 0 & 0 & \frac{EA}{l} & & \\ 0 & -\frac{12EI}{l^3} & -\frac{6EI}{l^2} & 0 & \frac{12EI}{l^3} & \\ 0 & \frac{6EI}{l^2} & \frac{2EI}{l} & 0 & -\frac{6EI}{l^2} & \frac{4EI}{l}\end{bmatrix}$
备注	l 为梁单元的长度；I 为梁截面的弯曲惯性矩；A 为梁截面面积		

（2）空间杆件系统

若杆件系统、截面主轴或作用载荷不在同一平面内，则这类情况属于空间杆件系统问题。一般情况下，空间梁单元的每个节点的位移具有六个自由度，对应于六个节点力，如图 32-6-12 所示。单元的分析公式见表 32-6-11。

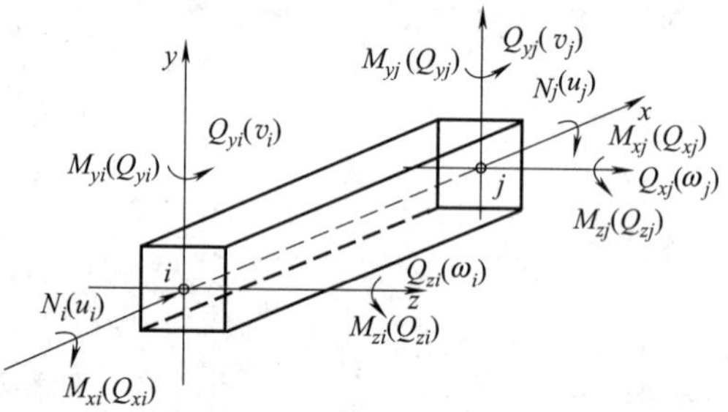

图 32-6-12　空间梁单元

6.3.4　空间问题的有限元法

空间问题的有限元法，与平面问题和轴对称问题有限元法的原理和解题过程是类似的。即将空间结构

表 32-6-11　　空间梁单元分析公式

序号	类别	符号	公　式
1	节点力	$\boldsymbol{F}^e$	$\boldsymbol{F}^e=[\boldsymbol{F}_i^T\quad \boldsymbol{F}_j^T]^T$ $\boldsymbol{F}_i=[N_i\quad Q_{yi}\quad Q_{zi}\quad M_{xi}\quad M_{yi}\quad M_{zi}]^T$ $\boldsymbol{F}_j=[N_j\quad Q_{yj}\quad Q_{zj}\quad M_{xj}\quad M_{yj}\quad \theta_{zj}]^T$
2	节点位移	$\boldsymbol{\delta}^e$	$\boldsymbol{\delta}^e=[\boldsymbol{\delta}_i^T\quad \boldsymbol{\delta}_j^T]^T$ $\boldsymbol{\delta}_i=[u_i\quad v_i\quad w_i\quad \theta_{xi}\quad \theta_{yi}\quad \theta_{zi}]^T$ $\boldsymbol{\delta}_j=[u_j\quad v_j\quad w_j\quad \theta_{xj}\quad \theta_{yj}\quad \theta_{zj}]^T$
3	位移模式		$u=a_0+a_1x$ $v=b_0+b_1x+b_2x^2+b_3x^3$

续表

序号	类别	符号	公式
4	位移函数	$\boldsymbol{u}$ $\boldsymbol{v}$	$$f=\begin{Bmatrix}\boldsymbol{u}\\ \boldsymbol{v}\end{Bmatrix}=\begin{bmatrix}\boldsymbol{H}_{\mathrm{u}}(x)\\ \boldsymbol{H}_{\mathrm{v}}(x)\end{bmatrix}\boldsymbol{A\delta}^{e}=\boldsymbol{N\delta}^{e}$$ 其中： $$\boldsymbol{H}_{\mathrm{u}}(x)=[1\quad 0\quad 0\quad x\quad 0\quad 0]$$ $$\boldsymbol{H}_{\mathrm{v}}(x)=[0\quad 1\quad x\quad 0\quad x^{2}\quad x^{3}]$$ $$\boldsymbol{A}=\begin{bmatrix}1&0&0&0&0&0\\0&1&0&0&0&0\\0&0&1&0&0&0\\-1/l&0&0&1/l&0&0\\0&-3/l^{2}&-2/l&0&3/l^{2}&-1/l\\0&2/l^{3}&1/l^{2}&0&-2/l^{3}&1/l^{2}\end{bmatrix}$$
5	应变	$\boldsymbol{\varepsilon}$	$$\boldsymbol{\varepsilon}=\begin{Bmatrix}\boldsymbol{\varepsilon}_{0}\\ \boldsymbol{\varepsilon}_{\mathrm{b}}\end{Bmatrix}=\begin{Bmatrix}\dfrac{\mathrm{d}\boldsymbol{u}}{\mathrm{d}x}\\ -y\dfrac{\mathrm{d}^{2}\boldsymbol{v}}{\mathrm{d}x^{2}}\end{Bmatrix}=\begin{bmatrix}\boldsymbol{H}'_{\mathrm{u}}(x)\\ -y\boldsymbol{H}''_{\mathrm{v}}(x)\end{bmatrix}\boldsymbol{A\delta}^{e}=\boldsymbol{B\delta}^{e}$$ $$\boldsymbol{H}'_{\mathrm{u}}(x)=[0\quad 0\quad 0\quad 1\quad 0\quad 0]$$ $$\boldsymbol{H}''_{\mathrm{v}}(x)=[0\quad 0\quad 0\quad 0\quad 2\quad 6x]$$
6	应力	$\boldsymbol{\sigma}$	$$\boldsymbol{\sigma}=\begin{Bmatrix}\boldsymbol{\sigma}_{0}\\ \boldsymbol{\sigma}_{\mathrm{b}}\end{Bmatrix}=E\boldsymbol{\varepsilon}=E\boldsymbol{B\delta}^{e}$$
7	单元刚度矩阵	k^{e}	$$k=\begin{bmatrix}\frac{EA}{l}&0&0&0&0&0&-\frac{EA}{l}&0&0&0&0&0\\0&\frac{12EI_z}{l^3(1+\Phi_y)}&0&0&0&\frac{6EI_z}{l^2(1+\Phi_y)}&0&-\frac{12EI_z}{l^3(1+\Phi_y)}&0&0&0&\frac{6EI_z}{l^2(1+\Phi_y)}\\0&0&\frac{12EI_y}{l^3(1+\Phi_z)}&0&-\frac{6EI_y}{l^2(1+\Phi_z)}&0&0&0&-\frac{12EI_y}{l^3(1+\Phi_z)}&0&-\frac{6EI_y}{l^2(1+\Phi_z)}&0\\0&0&0&\frac{GJ_{\mathrm{k}}}{l}&0&0&0&0&0&-\frac{GJ_{\mathrm{k}}}{l}&0&0\\0&0&-\frac{6EI_y}{l^2(1+\Phi_z)}&0&\frac{(4+\Phi_z)EI_y}{l(1+\Phi_z)}&0&0&0&\frac{6EI_y}{l^2(1+\Phi_z)}&0&\frac{(2-\Phi_z)EI_y}{l(1+\Phi_z)}&0\\0&\frac{6EI_z}{l^2(1+\Phi_y)}&0&0&0&\frac{(4+\Phi_y)EI_z}{l(1+\Phi_y)}&0&-\frac{6EI_z}{l^2(1+\Phi_y)}&0&0&0&\frac{(2-\Phi_y)EI_z}{l(1+\Phi_y)}\\-\frac{EA}{l}&0&0&0&0&0&\frac{EA}{l}&0&0&0&0&0\\0&-\frac{12EI_z}{l^3(1+\Phi_y)}&0&0&0&-\frac{6EI_z}{l^2(1+\Phi_y)}&0&\frac{12EI_z}{l^3(1+\Phi_y)}&0&0&0&-\frac{6EI_z}{l^2(1+\Phi_y)}\\0&0&-\frac{12EI_y}{l^3(1+\Phi_z)}&0&\frac{6EI_y}{l^2(1+\Phi_z)}&0&0&0&\frac{12EI_y}{l^3(1+\Phi_z)}&0&\frac{6EI_y}{l^2(1+\Phi_z)}&0\\0&0&0&-\frac{GJ_{\mathrm{k}}}{l}&0&0&0&0&0&\frac{GJ_{\mathrm{k}}}{l}&0&0\\0&0&-\frac{6EI_y}{l^2(1+\Phi_z)}&0&\frac{(2-\Phi_z)EI_y}{l(1+\Phi_z)}&0&0&0&\frac{6EI_y}{l^2(1+\Phi_z)}&0&\frac{(4+\Phi_z)EI_y}{l(1+\Phi_z)}&0\\0&\frac{6EI_z}{l^2(1+\Phi_y)}&0&0&0&\frac{(2-\Phi_y)EI_z}{l(1+\Phi_y)}&0&-\frac{6EI_z}{l^2(1+\Phi_y)}&0&0&0&\frac{(4+\Phi_y)EI_z}{l(1+\Phi_y)}\end{bmatrix}$$ 其中： $$\Phi_y=\frac{12EI_z}{GA_yl^2}\qquad \Phi_z=\frac{12EI_y}{GA_zl^2}$$
备注	l 为梁单元的长度；I_y、I_z是对 y 和 z 轴的主惯性矩；J_{k}是对 x 轴的扭转惯性矩；A_y、A_z是梁截面沿 y 和 z 轴方向的有效抗剪面积；Φ_y、Φ_z是对 y 和 z 轴方向的剪切影响系数		

划分为有限个单元，通过单元分析得到单元的刚度矩阵，采用刚度组集方法，形成整体刚度矩阵，再确定等效载荷列阵，从而得到整体刚度方程，经过约束条件处理并求解方程得到问题的解。本节以空间四面体单元为例，进行空间问题的有限元分析，其他空间问题求解步骤与之相同。

如图 32-6-13 所示的空间四面体单元，单元节点的编码为 i、j、m、n。每个节点的位移具有三个分量 $\boldsymbol{u}$、$\boldsymbol{v}$、$\boldsymbol{w}$。单元分析公式见表 32-6-12。

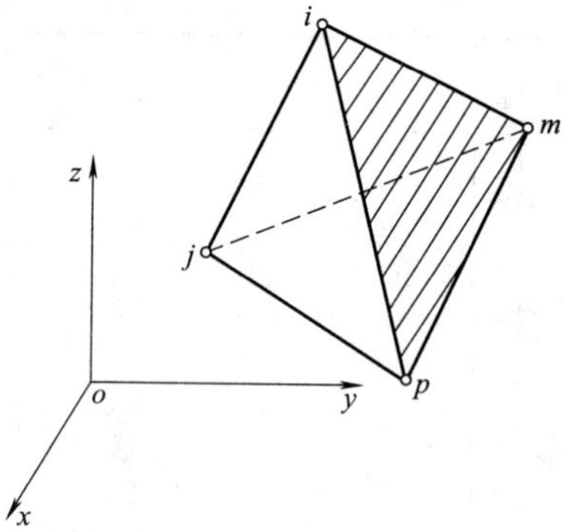

图 32-6-13　空间四面体单元

表 32-6-12　　　　**空间四面体单元分析公式**

序号	类别	符号	公　式
1	节点力	$\boldsymbol{F}^e$	$\boldsymbol{F}^e=[X_i\quad Y_i\quad Z_i\quad X_j\quad Y_j\quad Z_j\quad X_m\quad Y_m\quad Z_m\quad X_n\quad Y_n\quad Z_n]^{\mathrm{T}}$
2	节点位移	$\boldsymbol{\delta}^e$	$\boldsymbol{\delta}^e=\begin{Bmatrix}\boldsymbol{\delta}_i\\ \boldsymbol{\delta}_j\\ \boldsymbol{\delta}_m\\ \boldsymbol{\delta}_n\end{Bmatrix}=[u_i\quad v_i\quad w_i\quad u_i\quad v_i\quad w_i\quad u_i\quad v_i\quad w_i\quad u_i\quad v_i\quad w_i]^{\mathrm{T}}$
3	位移模式		$u=a_1+a_2x+a_3y+a_4z$ $v=a_5+a_6x+a_7y+a_8z$ $w=a_9+a_{10}x+a_{11}y+a_{12}z$
4	位移函数	$\boldsymbol{u}$ $\boldsymbol{v}$ $\boldsymbol{w}$	$\boldsymbol{u}=N_iu_i+N_ju_j+N_mu_m+N_nu_n$ $\boldsymbol{v}=N_iv_i+N_jv_j+N_mv_m+N_nv_n$ $\boldsymbol{w}=N_iw_i+N_jw_j+N_mw_m+N_nw_n$ 其中： $N_i=\frac{1}{6V}(a_i+b_ix+c_iy+d_iz)$ $N_j=-\frac{1}{6V}(a_j+b_jx+c_jy+d_jz)$ $N_m=\frac{1}{6V}(a_m+b_mx+c_my+d_mz)$ $N_n=-\frac{1}{6V}(a_n+b_nx+c_ny+d_nz)$ $V=\frac{1}{6}\begin{vmatrix}1 & x_i & y_i & z_i\\ 1 & x_j & y_j & z_j\\ 1 & x_m & y_m & z_m\\ 1 & x_n & y_n & z_n\end{vmatrix}$ $a_i=\begin{vmatrix}x_j & y_j & z_j\\ x_m & y_m & z_m\\ x_n & y_n & z_n\end{vmatrix}\quad b_i=-\begin{vmatrix}1 & y_j & z_j\\ 1 & y_m & z_m\\ 1 & y_n & z_n\end{vmatrix}$　　（i,j,m,n 轮换） $c_i=-\begin{vmatrix}x_j & 1 & z_j\\ x_m & 1 & z_m\\ x_n & 1 & z_n\end{vmatrix}\quad d_i=-\begin{vmatrix}x_j & y_j & 1\\ x_m & y_m & 1\\ x_n & y_n & 1\end{vmatrix}$

续表

序号	类别	符号	公　　式
5	应变	$\boldsymbol{\varepsilon}$	$\boldsymbol{\varepsilon}=\boldsymbol{B\delta}^e=[\boldsymbol{B}_i\ -\boldsymbol{B}_j\quad \boldsymbol{B}_m\ -\boldsymbol{B}_n]\boldsymbol{\delta}^e$ 其中 $\boldsymbol{B}_i=\begin{bmatrix}\frac{\partial N_i}{\partial x}&0&0\\0&\frac{\partial N_i}{\partial y}&0\\0&0&\frac{\partial N_i}{\partial z}\\\frac{\partial N_i}{\partial y}&\frac{\partial N_i}{\partial x}&0\\0&\frac{\partial N_i}{\partial z}&\frac{\partial N_i}{\partial y}\\\frac{\partial N_i}{\partial z}&0&\frac{\partial N_i}{\partial x}\end{bmatrix}=\frac{1}{6V}\begin{bmatrix}b_i&0&0\\0&c_i&0\\0&0&d_i\\c_i&b_i&0\\0&d_i&c_i\\d_i&0&b_i\end{bmatrix}$ $(i,j,m,n$ 轮换$)$
6	应力	$\boldsymbol{\sigma}$	$\boldsymbol{\sigma}=\boldsymbol{D\varepsilon}=\boldsymbol{DB\delta}^e=\boldsymbol{S\delta}^e=[S_j\quad -S_j\quad S_m\quad -S_n]\boldsymbol{\delta}^e$ $[S_i]=\boldsymbol{DB}_i=\frac{6A_3}{V}\begin{bmatrix}b_i&A_1c_i&A_1d_i\\A_1b_i&c_i&A_1d_i\\A_1b_i&A_1c_i&d_i\\A_2c_i&A_2b_i&0\\0&A_2d_i&A_2c_i\\A_2d_i&0&A_2b_i\end{bmatrix}$ $(i,j,m,n$ 轮换$)$ 其中： $A_1=\frac{\mu}{1-\mu}\quad A_2=\frac{1-2\mu}{2(1-\mu)}\quad A_3=\frac{E(1-\mu)}{36(1+\mu)(1-2\mu)}$
7	单元刚度矩阵	$\boldsymbol{k}^e$	$[k]^e=\begin{bmatrix}k_{ii}&-k_{ij}&k_{im}&-k_{in}\\-k_{ji}&k_{jj}&-k_{jm}&k_{jn}\\k_{mi}&-k_{mj}&k_{mm}&-k_{mn}\\-k_{ni}&k_{nj}&-k_{nm}&k_{nn}\end{bmatrix}$ $[k_{rs}]=\boldsymbol{B}_r{}^{\mathrm{T}}\boldsymbol{DB}_sV$ $=\frac{A_3}{V}\begin{bmatrix}b_rb_s+A_2(c_rc_s+d_rd_s)&A_1b_rc_s+A_2c_rb_s&A_1b_rb_s+A_2d_rd_s\\A_1c_rb_s+A_2b_rc_s&c_rc_s+A_2(d_rd_s+b_rb_s)&A_1c_rd_s+A_2d_rc_s\\A_1d_rb_s+A_2b_rd_s&A_1d_rc_s+A_2c_rd_s&d_rd_s+A_2(b_rb_s+c_rc_s)\end{bmatrix}$ $(r,s=i,j,m,n)$
备注	N_i、N_j、N_m、N_n 为单元的形状函数，简称形函数；$\boldsymbol{D}$ 为弹性矩阵；$\boldsymbol{B}$ 为单元应变矩阵；$\boldsymbol{S}$ 为应力矩阵；V 为四面体的体积		

6.3.5　等参数单元

三角形单元和四面体单元，其边界都是直线和平面，对于结构复杂的曲边和曲面外形，只能通过减小单元尺寸、增加单元数量进行逐渐逼近。这样，自由度的数目随之增加，计算时间长，工作量大。另外，这些单元的位移模式是线性模式，是实际位移模式的最低级逼近形式，问题的求解精度受到限制。

为了克服以上缺点，人们试图找出这样一种单元：一方面，单元能很好地适应曲线边界和曲面边界，准确地模拟结构形状；另一方面，这种单元要具有较高次的位移模式，能更好地反映结构的复杂应力分布情况，即使单元网格划分比较稀疏，也可以得到比较好的计算精度。等参单元具备以上两条优点。

等参单元的基本思想是：首先导出关于局部坐标系的规整形状的单元（母单元）的高阶位移模式的形函数，然后利用形函数进行坐标变换，得到关于整体坐标系的复杂形状的单元（子单元），如果子单元的位移函数插值节点数与其位置坐标变换节点数相等，其位移函数插值公式与位置坐标变换式都用相同的形函数与节点参数进行插值，则称其为等参数单元（也叫等参单元）。

（1）一维等参单元

采用局部坐标 ξ，$-1\leqslant\xi\leqslant1$，一维母单元为直线段，如图 32-6-14 所示，具体形式如下：

1）线性单元（2 节点）

$$N_1=\frac{1-\xi}{2}\qquad N_2=\frac{1+\xi}{2}\tag{32-6-13}$$

2）二次单元（3 节点）

$$N_1=-\frac{(1-\xi)\xi}{2}\qquad N_2=\frac{(1+\xi)\xi}{2}\qquad N_3=1-\xi^2\tag{32-6-14}$$

3）三次单元（4 节点）

$$N_1=\frac{(1-\xi)(9\xi^2-1)}{16}\qquad N_2=\frac{(1+\xi)(9\xi^2-1)}{16}$$

$$N_3=\frac{9(1-\xi^2)(1-3\xi)}{16}\qquad N_4=\frac{9(1-\xi)(1+\xi)}{16}\tag{32-6-15}$$

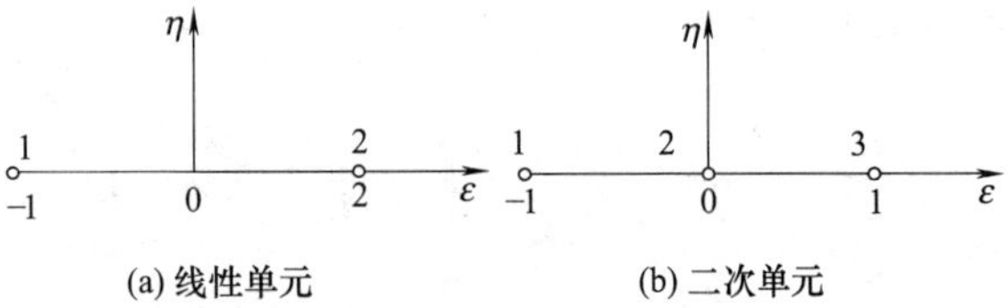

(a) 线性单元　(b) 二次单元　(c) 三次单元

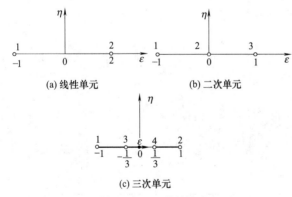

图 32-6-14　一维母单元

一维形函数可统一写成如下形式：

$$N_i^n=\frac{(\xi-\xi_1)(\xi-\xi_2)\cdots(\xi-\xi_{i-1})(\xi-\xi_{i+1})\cdots(\xi-\xi_n)}{(\xi_i-\xi_1)(\xi_i-\xi_2)\cdots(\xi_i-\xi_{i-1})(\xi_i-\xi_{i+1})\cdots(\xi_i-\xi_n)}\tag{32-6-16}$$

（2）二维等参单元

二维母单元是平面中的 2×2 正方形，坐标原点在单位形心上，单元边界是四条直线：$\xi=\pm1$，$\eta=\pm1$。为保证用形函数定义的未知量在相邻单元之间的连续性，单元节点数目应与形函数阶次相适应。因此，对于线性、二次和三次形函数，单元每边的节点数分别为两个、三个和四个。除四个角点外，其他节点位于各边的二分点或三分点上。如图 32-6-15 所示，具体形式如下：

1）线性单元（4 节点）

$$N_1=\frac{(1-\xi)(1-\eta)}{4}\qquad N_2=\frac{(1+\xi)(1-\eta)}{4}$$

$$N_3=\frac{(1-\xi)(1+\eta)}{4}\qquad N_4=\frac{(1+\xi)(1+\eta)}{4}\tag{32-6-17}$$

2）二次单元（8 节点）

$$N_i=\frac{1}{4}(1+\xi_0)(1+\eta_0)(\xi_0+\eta_0-1)$$

$$(i=1,2,3,4)$$

$$N_i=\frac{1}{2}(1-\xi^2)(1+\eta_0)\qquad(i=5,7)$$

$$N_i=\frac{1}{2}(1-\eta^2)(1+\xi_0)\qquad(i=6,8)\tag{32-6-18}$$

3）三次单元（12 节点）

角点：

$$N_i=\frac{1}{32}(1+\xi_0)(1+\eta_0)[9(\xi^2+\eta^2)-10]$$

$$(i=1,2,3,4)\tag{32-6-19}$$

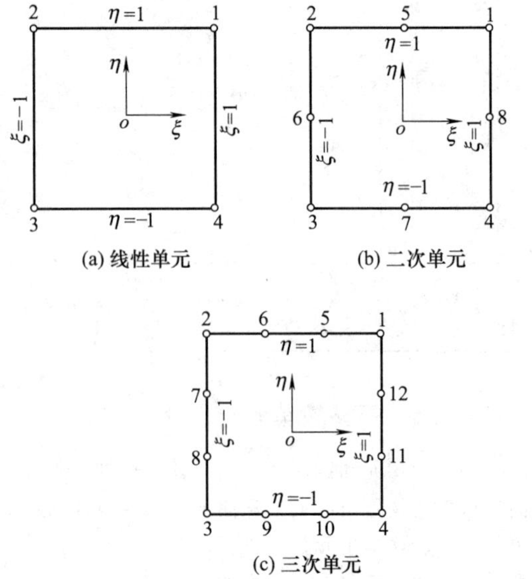

(a) 线性单元　(b) 二次单元　(c) 三次单元

图 32-6-15　二维母单元

边三分点：

$$N_i=\frac{9}{32}(1+\xi_0)(1-\eta^2)(1+9\eta_0)(i=5,6,7,8) \tag{32-6-20}$$

$$N_i=\frac{9}{32}(1+\eta_0)(1-\xi^2)(1+9\xi_0)(i=9,10,11,12) \tag{32-6-21}$$

在整体坐标系中，子单元内任一点的坐标用形函数表示如下：

$$\begin{aligned}x&=\sum N_i(\xi,\eta)x_i\\&=N_1(\xi,\eta)x_1+N_2(\xi,\eta)x_2+\cdots\\y&=\sum N_i(\xi,\eta)y_i\\&=N_1(\xi,\eta)y_1+N_2(\xi,\eta)y_2+\cdots\end{aligned} \tag{32-6-22}$$

（3）三维等参单元

三维母单元是坐标系中的 2×2×2 正六面体，坐标 $-1\leqslant\xi\leqslant+1$，$-1\leqslant\eta\leqslant+1$，$-1\leqslant\zeta\leqslant+1$，原点在单元形心上，单元边界是六个平面。单元节点在角点及各边的等分点上，如图 32-6-16 所示，具体形式如下：

1）线性单元（8 节点）

$$N_i=\frac{1}{8}(1+\xi_0)(1+\eta_0)(1+\zeta_0) \tag{32-6-23}$$

2）二次单元（20 节点）

角点：

$$N_i=\frac{1}{8}(1+\xi_0)(1+\eta_0)(1+\zeta_0)(\xi_0+\eta_0+\zeta_0-2) \tag{32-6-24}$$

典型边中点：

$$\xi_i=0,\quad \eta_i=\pm1,\quad \zeta_i=\pm1;$$

$$N_i=\frac{1}{4}(1-\xi^2)(1+\eta_0)(1+\zeta_0) \tag{32-6-25}$$

3）三次单元（32 节点）

角点：

$$N_i=\frac{1}{64}(1+\xi_0)(1+\eta_0)(1+\zeta_0)[9(\xi^2+\eta^2+\zeta^2)-19] \tag{32-6-26}$$

典型边中点：

$$\xi_i=\pm\frac{1}{3},\eta_i=\pm1,\zeta_i=\pm1$$

$$N_i=\frac{9}{64}(1-\xi^2)(1+9\xi_0)(1+\eta_0)(1+\zeta_0) \tag{32-6-27}$$

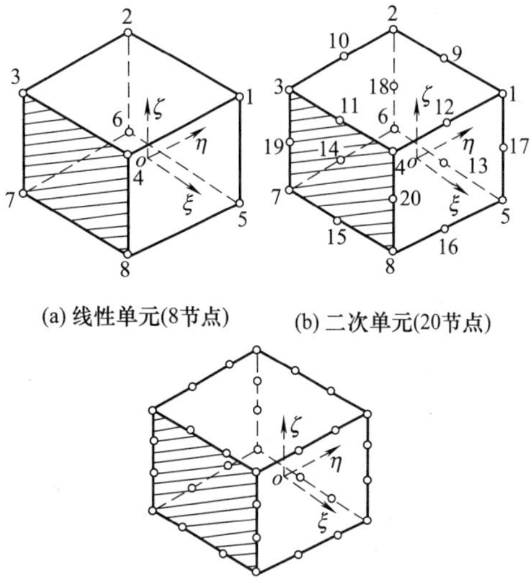

(a) 线性单元(8节点)　(b) 二次单元(20节点)

(c) 三次单元(32节点)

图 32-6-16　三维母单元

空间坐标变换公式如下：

$$\begin{aligned}x&=\sum N_i(\xi,\eta,\zeta)x_i\\&=N_1(\xi,\eta,\zeta)x_1+N_2(\xi,\eta,\zeta)x_2+\cdots\\y&=\sum N_i(\xi,\eta,\zeta)y_i\\&=N_1(\xi,\eta,\zeta)y_1+N_2(\xi,\eta,\zeta)y_2+\cdots\\z&=\sum N_i(\xi,\eta,\zeta)z_i\\&=N_1(\xi,\eta,\zeta)z_1+N_2(\xi,\eta,\zeta)z_2+\cdots\end{aligned} \tag{32-6-28}$$

（4）等参数单元用于弹性力学分析的一般格式

等参数单元通常以位移为基本未知量，广义坐标有限元法的一般格式对等参数单元同样适用，由于等参数单元的形函数是使用自然坐标给出的，等参数单元的一切计算都是在自然坐标系中规则的母单元内进行的，因此需要作坐标变换对广义坐标有限元法的一般格式加以修正得到等参数单元的一般格式。

1）母单元为 ξ，η，ζ 坐标系的立方体单元系列自然坐标有：

$$1\leqslant\xi\leqslant+1,\ -1\leqslant\eta\leqslant+1,\ -1\leqslant\zeta\leqslant+1$$

单元矩阵计算时，单元刚度矩阵和节点载荷列矩阵的表达式变为如下形式：

单元刚度矩阵：

$$\begin{aligned}\boldsymbol{k}^e&=\iiint[B_i]^{\mathrm{T}}[D][B_j]\mathrm{d}x\mathrm{d}y\mathrm{d}z\\&=\int_{-1}^{1}\int_{-1}^{1}\int_{-1}^{1}[B_i]^{\mathrm{T}}[D][B_j][J]\mathrm{d}\xi\mathrm{d}\eta\mathrm{d}\zeta\end{aligned} \tag{32-6-29}$$

分布体积力的单元等效节点载荷：

$$\boldsymbol{R}^e=\int_{-1}^{1}\int_{-1}^{1}\int_{-1}^{1}\boldsymbol{N}^{\mathrm{T}}\boldsymbol{p}t\boldsymbol{J}\,\mathrm{d}\xi\mathrm{d}\eta\mathrm{d}\zeta \tag{32-6-30}$$

分布面力的单元等效节点载荷：

$$\boldsymbol{R}^e=\int_{-1}^{1}\int_{-1}^{1}\boldsymbol{N}_{\xi=1}^{\mathrm{T}}\overline{\boldsymbol{P}}tJ_{\xi=1}\,\mathrm{d}\eta\mathrm{d}\zeta \tag{32-6-31}$$

集中载荷：

$$\boldsymbol{R}^e=\boldsymbol{N}_{(\xi_0,\eta_0,\zeta_0)}^{\mathrm{T}}\boldsymbol{P} \tag{32-6-32}$$

初应变与初应力单元等效节点载荷：

$$\boldsymbol{R}_{\varepsilon}^e=\int_{-1}^{1}\int_{-1}^{1}\int_{-1}^{1}\boldsymbol{B}^{\mathrm{T}}\boldsymbol{D}\boldsymbol{\varepsilon}\boldsymbol{J}\,\mathrm{d}\xi\mathrm{d}\eta\mathrm{d}\zeta$$

$$\boldsymbol{R}_{\sigma}^e=\int_{-1}^{1}\int_{-1}^{1}\int_{-1}^{1}\boldsymbol{B}^{\mathrm{T}}\boldsymbol{\sigma}\boldsymbol{J}\,\mathrm{d}\xi\mathrm{d}\eta\mathrm{d}\zeta \tag{32-6-33}$$

其中 $\boldsymbol{J}$ 为三维雅可比矩阵，其表达式为：

$$\boldsymbol{J}=\begin{bmatrix}\dfrac{\partial x}{\partial\xi} & \dfrac{\partial y}{\partial\xi} & \dfrac{\partial z}{\partial\xi}\\ \dfrac{\partial x}{\partial\eta} & \dfrac{\partial y}{\partial\eta} & \dfrac{\partial z}{\partial\eta}\\ \dfrac{\partial x}{\partial\zeta} & \dfrac{\partial y}{\partial\zeta} & \dfrac{\partial z}{\partial\zeta}\end{bmatrix} \tag{32-6-34}$$

2）二维和一维问题　对于二维和一维问题只需要将以上各公式退化就可以得到母单元为正方形和三角形系列的二维等参元以及直线系列的一维等参元的相应公式。

（5）高斯积分

计算复杂的定积分，通常采用数值积分法。在有限元分析中常用的一种数值积分方法是高斯积分法。

所谓数值积分是把定积分问题近似地化为加权求和问题，就是在积分区间选定某些点（称为积分点），求出积分点处的函数值，然后再乘上与这些积分点相对应的求积系数（又称加权系数），再求和，所得的结果被认为是被积函数的近似积分值。对于一维定积分问题，求积方法可表达如下：

$$\int_{-1}^{1}f(\xi)\,\mathrm{d}\xi\approx\sum_{i=1}^{n}H_if(\xi_i) \tag{32-6-35}$$

式中　n——积分点的个数，是积分点 i 的坐标；

H_i——加权系数。

高斯积分仍然采用上述格式，其中积分点坐标 ξ_i 及其对应的加权系数 H_i 如表 32-6-13 所示。

逐次利用一维高斯求积公式可以构造出二维和三维高斯求积公式：

$$\int_{-1}^{1}\int_{-1}^{1}f(\xi,\eta)\,\mathrm{d}\xi\mathrm{d}\eta\approx\sum_{i=1}^{n}\sum_{j=1}^{m}H_iH_jf(\xi_i,\eta_j)$$

$$\int_{-1}^{1}\int_{-1}^{1}\int_{-1}^{1}f(\xi,\eta,\zeta)\,\mathrm{d}\xi\mathrm{d}\eta\mathrm{d}\zeta\approx\sum_{i=1}^{n}\sum_{j=1}^{m}\sum_{k=1}^{l}H_iH_jH_kf(\xi_i,\eta_j,\zeta_k) \tag{32-6-36}$$

表 32-6-13　高斯积分法中的 ξ_i 和 H_i

积分点数 n	积分点坐标 ξ_i	加权系数 H_i
2	±0.5773503	1.0000000
3	0.0000000	0.8888889
	±0.7745967	0.5555556
4	±0.8611363	0.3478548
	±0.3399810	0.6521452
5	0.0000000	0.5688889
	±0.9061798	0.2369269
	±0.5384693	0.4786287

高斯积分的阶数 n，通常根据等参单元的维数和节点数来选取。对于平面和空间等参单元，可按表 32-6-14 选取。

表 32-6-14　高斯积分的阶数 n 的选取

维　数	4 节点	8 节点	20 节点
二维	2	3	—
三维	—	2	3

6.3.6　板壳问题的有限元法

6.3.6.1　平板弯曲问题的有限元法

（1）基本概念和假设

在弹性力学里，把两个平行面和垂直于这两个平行面的柱面或棱柱面所围成的物体称为平板，简称为板，如图 32-6-17 所示。两个板面之间的距离 t 称为板的厚度，而平分厚度 t 的平面称为板的中间平面，简称中面。如果板的厚度 t 远小于中面的最小尺寸 b（如小于 $b/8\sim b/5$），该板就称为薄板，否则就称为厚板。

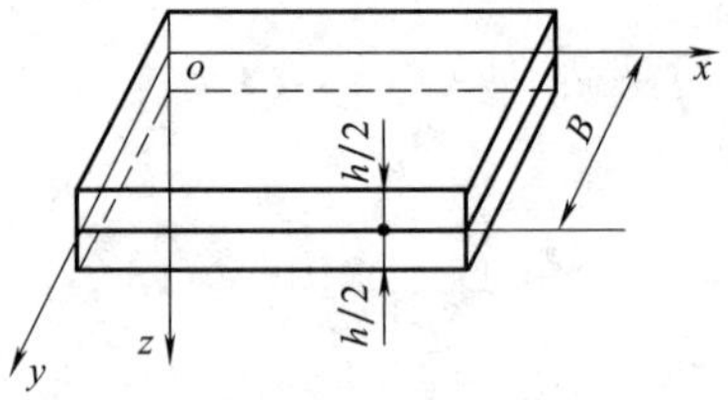

图 32-6-17　平板结构

对于薄板，通过一些计算假定已建立了一套完整的理论，可用于计算工程上的问题。但对于厚板，还没有便于解决工程问题的可行计算方案。

当薄板受有一般载荷时，总可将载荷分解为两个分量，一个是作用在薄板的中面之内的所谓纵向载荷；另一个是垂直于中面的所谓横向载荷。对于纵向载荷，可以认为它们沿厚度方向均匀分布，因而它们所引起的应力、应变和位移，都可以按平面应力问题进行计算。而横向载荷将使薄板产生弯曲，所引起的应力、应变和位移可以按薄板弯曲问题进行计算。

在薄板弯曲时，中面所弯成的曲面称为薄板的弹性曲面，而中面内各点在垂直于中面方向的位移称为挠度。线弹性薄板理论只讨论所谓的小挠度弯曲的情况。即，薄板虽然很薄，但仍然具有相当的弯曲刚度，因而它的挠度远小于它的厚度。如果薄板的弯曲刚度很小，以至于其挠度与厚度属于同阶大小，则必须建立所谓的大挠度弯曲理论（大变形理论）。

薄板的小挠度弯曲理论，是以三个计算假定为基础的（事实上这些假定已被大量的实验所证实）。取薄板的中面为 xy，这些假定可陈述如下：

① 垂直于中面方向的正应变（即应变分量 ε_z）极其微小，可以忽略不计。取 $\varepsilon_z=0$，则由几何方程第三式得 $\partial\omega/\partial z=0$，故有 $w=w(x, y)$。

② 应力分量 τ_{zx}、τ_{zy} 和 σ_z 远小于其余三个应力分量，因而是次要的，由它们所引起的应变可以忽略不计（但它们本身却是维持平衡所必需的，不能不计）。

③ 薄板中面内的各点都没有平行于中面的位移，即中面的任意一部分，虽然弯曲成为弹性曲面的一部分，但它在 xy 面上的投影形状却保持不变。

（2）矩形板单元

矩形板单元的四条边分别平行于 x 轴和 y 轴，每个节点 3 个自由度：挠度 ω、绕 x 轴和 y 轴转角 θ_x、θ_y，其有限元分析公式见表 32-6-15。

表 32-6-15　矩形板单元有限元分析公式

序号	类别	符号	公式
1	节点力	$\boldsymbol{F}^e$	$\boldsymbol{F}^e=[W_1 \quad M_{\theta x1} \quad M_{\theta y1} \quad W_2 \quad M_{\theta x2} \quad M_{\theta y2} \quad W_3 \quad M_{\theta x3} \quad M_{\theta y3} \quad W_4 \quad M_{\theta x4} \quad M_{\theta y4}]^T$
2	节点位移	$\boldsymbol{\delta}^e$	$\boldsymbol{\delta}^e=[w_1 \quad \theta_{x1} \quad \theta_{y1} \quad w_2 \quad \theta_{x2} \quad \theta_{y2} \quad w_3 \quad \theta_{x3} \quad \theta_{y3} \quad w_4 \quad \theta_{x4} \quad \theta_{y4}]^T$
3	位移函数	$\boldsymbol{w}$	$w=a_1+a_2\xi+a_3\eta+a_4\xi^2+a_5\xi\eta+a_6\eta^2+a_7\xi^3+a_8\xi^2\eta+a_9\xi\eta^2+a_{10}\eta^3+a_{11}\xi^3\eta+a_{12}\xi\eta^3$ $w=\sum_{i=1}^{4}(N_iw_i+N_{xi}\theta_{xi}+N_{yi}\theta_{yi})=\sum_{i=1}^{4}[N]_i\boldsymbol{\delta}_i$ $[N]_i=[N_i \quad N_{xi} \quad N_{yi}]^T$ $N_i=(1+\xi_0)(1+\eta_0)(2+\xi_0+\eta_0-\xi^2-\eta^2)/8$ $N_{xi}=-b\eta_i(1+\xi_0)(1+\eta_0)(1-\eta^2)/8$ $N_{yi}=a\xi_i(1+\xi_0)(1+\eta_0)(1-\xi^2)/8$ 式中 $\xi_0=\xi_i\xi, \eta_0=\eta_i\eta$
4	应变	$\boldsymbol{\varepsilon}$	$\boldsymbol{\varepsilon}=\begin{Bmatrix}\varepsilon_x\\ \varepsilon_y\\ \gamma_{xy}\end{Bmatrix}=\begin{Bmatrix}\dfrac{\partial u}{\partial x}\\ \dfrac{\partial v}{\partial y}\\ \dfrac{\partial u}{\partial y}+\dfrac{\partial v}{\partial x}\end{Bmatrix}=-z\begin{Bmatrix}\dfrac{\partial^2 w}{\partial x^2}\\ \dfrac{\partial^2 w}{\partial y^2}\\ 2\dfrac{\partial^2 w}{\partial x\partial y}\end{Bmatrix}$
5	应力	$\boldsymbol{\sigma}$	$\boldsymbol{\sigma}=\begin{Bmatrix}\sigma_x\\ \sigma_y\\ \tau_{xy}\end{Bmatrix}=\boldsymbol{D}\boldsymbol{\varepsilon}=-z\boldsymbol{D}\begin{Bmatrix}\dfrac{\partial^2 w}{\partial x^2}\\ \dfrac{\partial^2 w}{\partial y^2}\\ 2\dfrac{\partial^2 w}{\partial x\partial y}\end{Bmatrix}$
6	内力矩	$\boldsymbol{M}$	$\boldsymbol{M}=\begin{Bmatrix}M_x\\ M_y\\ M_{xy}\end{Bmatrix}=\int_{-h/2}^{h/2}z\boldsymbol{\sigma}\,\mathrm{d}z=-\dfrac{h^3}{12}\boldsymbol{D}\begin{Bmatrix}\dfrac{\partial^2 w}{\partial x^2}\\ \dfrac{\partial^2 w}{\partial y^2}\\ 2\dfrac{\partial^2 w}{\partial x\partial y}\end{Bmatrix}$

续表

序号	类别	符号	公式
7	单元刚度矩阵	$\boldsymbol{k}^e$	$\boldsymbol{k}^e=\begin{bmatrix}\boldsymbol{k}_{11} & \boldsymbol{k}_{12} & \boldsymbol{k}_{13} & \boldsymbol{k}_{14}\\ \boldsymbol{k}_{21} & \boldsymbol{k}_{22} & \boldsymbol{k}_{23} & \boldsymbol{k}_{24}\\ \boldsymbol{k}_{31} & \boldsymbol{k}_{32} & \boldsymbol{k}_{33} & \boldsymbol{k}_{34}\\ \boldsymbol{k}_{41} & \boldsymbol{k}_{42} & \boldsymbol{k}_{43} & \boldsymbol{k}_{44}\end{bmatrix}$ 其中子矩阵为： $\boldsymbol{k}_{ij}=\iiint[B_i]^{\mathrm{T}}[D][B_j]\mathrm{d}x\mathrm{d}y\mathrm{d}z=\int_{-h/2}^{h/2}\int_{-1}^{1}\int_{-1}^{1}[B_i]^{\mathrm{T}}[D][B_j]ab\mathrm{d}\xi\mathrm{d}\eta$ $=\frac{D}{ab}\int_{-1}^{1}\int_{-1}^{1}\left(\frac{b^2}{a^2}[N]_{i,\xi\xi}^{\mathrm{T}}[N]_{j,\xi\xi}+\mu[N]_{i,\xi\xi}^{\mathrm{T}}[N]_{j,\eta\eta}+\mu[N]_{i,\eta\eta}^{\mathrm{T}}[N]_{j,\xi\xi}\right.$ $\left.+\frac{b^2}{a^2}[N]_{i,\eta\eta}^{\mathrm{T}}[N]_{j,\eta\eta}+2(1-\mu)[N]_{j,\xi\eta}^{\mathrm{T}}[N]_{j,\xi\eta}\right)\mathrm{d}\xi\mathrm{d}\eta$ 式中 $D=\frac{Eh^3}{12(1-\mu^2)}$
8	等效节点力	$\boldsymbol{Q}_i^e$	当平板单元受有分布横向载荷 q 时，其相应的等效节点力为 $\boldsymbol{Q}_i^e=\begin{Bmatrix}\overline{W}_i\\ \overline{M}_{\theta xi}\\ \overline{M}_{\theta yi}\end{Bmatrix}=\int_{-1}^{1}\int_{-1}^{1}q([N]_i)^Tab\mathrm{d}\xi\mathrm{d}\eta\ (i=1,2,3,4)$ 若 $q=q_0$ 为常量时，有 $\overline{W}_i=q_0ab,\overline{M}_{\theta xi}=-\frac{q_0ab^2}{3}\eta_i,\overline{M}_{\theta yi}=\frac{q_0a^2b}{3}\xi_i\ (i=1,2,3,4)$
备注	N_1、N_2、N_3、N_4 为单元的形状函数，简称形函数；$\boldsymbol{D}$ 为平板的弹性矩阵，与平面应力中的弹性矩阵完全相同；a、b 为矩形板单元的边长；ξ、η 为矩形板单元的局部坐标，以矩形中心为原点		

6.3.6.2 壳体弯曲问题

对于两个曲面所限定的物体，如果曲面之间的距离比物体的其他尺寸小，就称之为壳体。并且这两个曲面就称为壳面。距两壳面等远的点所形成的曲面，称为中间曲面，简称为中面。中面的法线被两壳面截断的长度，称为壳体的厚度。对于非闭合曲面（开敞壳体），一般都假定其边缘（壳边）总是由垂直于中面的直线所构成的直纹曲面。实质上，壳体是从平板演变而来的，在分析壳体的应力时，平板理论中的基本假定同样有效。但因为壳体的变形与平板变形相比有很大的不同，它除了弯曲变形外还存在着中面变形，所以壳体中的内力包括有弯曲内力和中面内力。

在壳体理论中，有以下几个计算假定：

① 垂直于中面方向的正应变极其微小，可以不计；

② 中面的法线总保持为直线，且中面法线及其垂直线段之间的直角也保持不变，即这两方向的剪应变为零；

③ 与中面平行的截面上的正应力（即挤压应力），远小于其垂直面上的正应力，因而它对变形的影响可以不计；

④ 体力及面力均可化为作用在中面的载荷。

如果壳体的厚度 h 远小于壳体中面的最小曲率半径 R，则比值 h/R 将是很小的一个数值，这种壳体就称为薄壳。反之，即为厚壳。对于薄壳，可以在壳体的基本方程和边界条件中略去某些很小的量（一般是随着比值 h/R 的减小而减小的量），从而使得这些基本方程在边界条件下可以求得一些近似的、工程上足够精确的解答。对于厚壳，与厚板类似，尚无完善可行的计算方法，一般只能作为空间问题来处理。

使用有限单元法分析壳体结构时，大多采用平面单元。平面单元尽管存在几何上的离散误差，但却简单而有效。

壳体载荷可以分解为两组，一组是作用在平面内，另一组则是垂直作用于平面。前一组可用平面问题中的计算方法，后一组可用平板弯曲问题中的计算方法。壳体平面单元在局部坐标系中，每个节点都有五个广义节点位移和对应的节点力，即

$$\{\delta'_i\}=[u'_i \quad v'_i \quad w'_i \quad \theta'_{xi} \quad \theta'_{yi}]^T$$

$$\{F'_i\}=[U'_i \quad V'_i \quad W'_i \quad M'_{\theta xi} \quad M'_{\theta yi}]^T \tag{32-6-37}$$

由于在整体坐标系中，节点位移和节点力分别具有六个分量。为了在进行坐标变换后，不影响对整体坐标系下的各特征量的计算，可将局部坐标系下的节点位移和节点力分量扩展为六个，即

$$\{\delta'_i\}=[u'_i \quad v'_i \quad w'_i \quad \theta'_{xi} \quad \theta'_{yi} \quad \theta'_{zi}]^T$$

$$\{F'_i\}=[U'_i \quad V'_i \quad W'_i \quad M'_{\theta xi} \quad M'_{\theta yi} \quad M'_{\theta zi}]^T \tag{32-6-38}$$

式中，θ'_{zi} 与 $M'_{\theta xi}$ 总是等于零。

局部坐标系下的单元刚度矩阵 $\boldsymbol{k}'$ 为：

$$\boldsymbol{k}'_{rs}=\begin{bmatrix} \multicolumn{2}{c}{\boldsymbol{k}'^{p}_{rs}} & 0 & 0 & 0 & 0 \\ & & 0 & 0 & 0 & 0 \\ 0 & 0 & & & & 0 \\ 0 & 0 & & \boldsymbol{k}'^{b}_{rs} & & 0 \\ 0 & 0 & & & & 0 \\ 0 & 0 & 0 & 0 & 0 & 0 \end{bmatrix} \tag{32-6-39}$$

式中的两个子矩阵分别对应于平面应力问题和平板弯曲问题的子矩阵，是 2×2 和 3×3 阶矩阵；$n=3$ 是对应于三角形单元；$n=4$ 是对应于四边形单元。

通过坐标变换矩阵可以得到整体坐标系下的单元刚度矩阵，即

$$\boldsymbol{k}_{ij}=\boldsymbol{\lambda}\boldsymbol{k}'_{ij}\boldsymbol{\lambda}^T \tag{32-6-40}$$

壳体中的应力分量可通过简单的叠加方法求得，即

$$\sigma_x=\sigma_x^p+\sigma_x^b$$

$$\sigma_y=\sigma_y^p+\sigma_y^b$$

$$\tau_{xy}=\tau_{xy}^p+\tau_{xy}^b \tag{32-6-41}$$

6.3.7　稳态热传导问题的有限元法

(1) 热传导方程与换热边界

在分析工程问题时，经常要了解工件内部的温度分布情况，例如发动机的工作温度、金属工件在热处理过程中的温度变化、流体温度分布等。物体内部的温度分布取决于物体内部的热量交换，以及物体与外部介质之间的热量交换，一般认为是与时间相关的。物体内部的热交换采用以下的热传导方程（Fourier 方程）来描述：

$$\rho c\frac{\partial T}{\partial t}=\frac{\partial}{\partial x}\left(\lambda_x\frac{\partial T}{\partial x}\right)+\frac{\partial}{\partial y}\left(\lambda_y\frac{\partial T}{\partial y}\right)+\frac{\partial}{\partial z}\left(\lambda_z\frac{\partial T}{\partial z}\right)+\overline{Q} \tag{32-6-42}$$

式中　ρ——密度，kg/m^3；

c——比热容，J/(kg·K)；

λ_x，λ_y，λ_z——热导率，W/(m·K)；

T——温度，℃；

t——时间，s；

$\overline{Q}$——内热源密度，W/m^3。

对于各向同性材料，不同方向上的热导率相同，热传导方程可写为以下形式：

$$\rho c\frac{\partial T}{\partial t}=\lambda\frac{\partial^2 T}{\partial x^2}+\lambda\frac{\partial^2 T}{\partial y^2}+\lambda\frac{\partial^2 T}{\partial z^2}+\overline{Q} \tag{32-6-43}$$

除了热传导方程，计算物体内部的温度分布还需要指定初始条件和边界条件。初始条件是指物体最初的温度分布情况：

$$T|_{t=0}=T_0(x,y,z) \tag{32-6-44}$$

边界条件是指物体外表面与周围环境的热交换情况。在传热学中一般把边界条件分为三类。

① 给定物体边界上的温度，称为第一类边界条件。

物体表面上的温度或温度函数为已知：

$$T|_s=T_s$$

或

$$T|_s=T_s(x,y,z,t) \tag{32-6-45}$$

② 给定物体边界上的热量输入或输出，称为第二类边界条件。

已知物体表面上热流密度：

$$\left(\lambda_x\frac{\partial T}{\partial x}n_x+\lambda_y\frac{\partial T}{\partial y}n_y+\lambda_z\frac{\partial T}{\partial z}n_z\right)\Bigg|_s=q_s$$

或

$$\left(\lambda_x\frac{\partial T}{\partial x}n_x+\lambda_y\frac{\partial T}{\partial y}n_y+\lambda_z\frac{\partial T}{\partial z}n_z\right)\Bigg|_s=q_s(x,y,z,t) \tag{32-6-46}$$

③ 给定对流换热条件，称为第三类边界条件。

物体与其相接触的流体介质之间的对流换热系数和介质的温度为已知。

$$\lambda_x\frac{\partial T}{\partial x}n_x+\lambda_y\frac{\partial T}{\partial y}n_y+\lambda_z\frac{\partial T}{\partial z}n_z=h(T_f-T_s) \tag{32-6-47}$$

式中　h——换热系数，$W/(m^2·K)$；

T_s——物体表面的温度；

T_f——介质温度。

如果边界上的换热条件不随时间变化，物体内部的热源也不随时间变化，在经过一定时间的热交换后，物体内各点温度也将不随时间变化，即

$$\frac{\partial T}{\partial t}=0 \tag{32-6-48}$$

这类问题称为稳态（steady state）热传导问题。稳态热传导问题并不是温度场不随时间变化，而是指温度分布稳定后的状态，我们不关心物体内部的温度场如何从初始状态过渡到最后的稳定温度场。随时间变化的瞬态（transient）热传导方程就退化为稳态热传导方程，三维问题的稳态热传导方程为：

$$\frac{\partial}{\partial x}\left(\lambda_x \frac{\partial T}{\partial x}\right)+\frac{\partial}{\partial y}\left(\lambda_y \frac{\partial T}{\partial y}\right)+\frac{\partial}{\partial z}\left(\lambda_z \frac{\partial T}{\partial z}\right)+\overline{Q}=0 \tag{32-6-49}$$

对于各向同性的材料，可以得到以下方程，称为Poisson方程：

$$\frac{\partial^2 T}{\partial x^2}+\frac{\partial^2 T}{\partial y^2}+\frac{\partial^2 T}{\partial z^2}+\frac{\overline{Q}}{\lambda}=0 \tag{32-6-50}$$

考虑物体不包含内热源的情况，各向同性材料中的温度场满足Laplace方程：

$$\frac{\partial^2 T}{\partial x^2}+\frac{\partial^2 T}{\partial y^2}+\frac{\partial^2 T}{\partial z^2}=0 \tag{32-6-51}$$

在分析稳态热传导问题时，不需要考虑物体的初始温度分布对最后的稳定温度场的影响，因此不必考虑温度场的初始条件，而只需考虑换热边界条件。计算稳态温度场实际上是求解偏微分方程的边值问题。温度场是标量场，将物体离散成有限单元后，每个单元节点上只有一个温度未知数，比弹性力学问题要简单。进行温度场计算时有限单元的形函数与弹性力学问题计算时的完全一致，单元内部的温度分布用单元的形函数，由单元节点上的温度来确定。由于实际工程问题中的换热边界条件比较复杂，在许多场合下也很难进行测量，如何定义正确的换热边界条件是温度场计算的一个难点。

（2）稳态温度场分析的一般有限元列式

稳态温度场计算是一个典型的场问题。可以采用虚功方程建立弹性力学问题分析的有限元格式，推导出的单元刚度矩阵有明确的力学含义。在这里，介绍如何用加权余量法（weighted residual method）建立稳态温度场分析的有限元列式。

微分方程的边值问题，可以一般地表示为未知函数 u 满足微分方程组：

$$\boldsymbol{A}(u)=\begin{Bmatrix} A_1(u) \\ A_2(u) \\ \cdots \end{Bmatrix}=0 \quad (\text{在域}\ \Omega\ \text{内}) \tag{32-6-52}$$

未知函数 u 还满足边界条件：

$$\boldsymbol{B}(u)=\begin{Bmatrix} B_1(u) \\ B_2(u) \\ \cdots \end{Bmatrix}=0 \quad (\text{在边界}\ \Gamma\ \text{上}) \tag{32-6-53}$$

如果未知函数 u 是上述边值问题的精确解，则在域中的任一点上 u 都满足微分方程，在边界的任一点上都满足边界条件。对于复杂的工程问题，这样的精确解往往很难找到，需要设法寻找近似解。所选取的近似解是一族带有待定参数的已知函数，一般表示为：

$$u \approx \overline{u}=\sum_{i=1}^{n} N_i a_i=\boldsymbol{Na} \tag{32-6-54}$$

式中 a_i——待定系数；

N_i——已知函数，被称为试探函数。

试探函数要取自完全的函数序列，是线性独立的。由于试探函数是完全的函数序列，任一函数都可以用这个序列来表示。

采用这种形式的近似解不能精确地满足微分方程和边界条件，所产生的误差就称为余量。

微分方程的余量为：

$$\boldsymbol{R}=\boldsymbol{A}(\boldsymbol{Na}) \tag{32-6-55}$$

边界条件的余量为：

$$\overline{\boldsymbol{R}}=\boldsymbol{B}(\boldsymbol{Na}) \tag{32-6-56}$$

选择一族已知的函数，使余量的加权积分为零，强迫近似解所产生的余量在某种平均意义上等于零：

$$\int_{\Omega} \boldsymbol{W}_j^{\mathrm{T}} \boldsymbol{R}\,\mathrm{d}\Omega+\int_{\Gamma} \overline{\boldsymbol{W}}_j^{\mathrm{T}} \overline{\boldsymbol{R}}\,\mathrm{d}\Gamma=0 \tag{32-6-57}$$

W_j 和 $\overline{W}_j$ 称为权函数。

这种使余量的加权积分为零来求得微分方程近似解的方法称为加权余量法。对权函数的不同选择就得到了不同的加权余量法，常用的方法包括配点法、子域法、最小二乘法、力矩法和伽辽金法（Galerkin method）。在很多情况下，采用Galerkin法得到的方程组的系数矩阵是对称的，在这里也采用Galerkin法建立稳态温度场分析的一般有限元列式。在Galerkin法中，直接采用试探函数序列作为权函数，取 $W_j=N_j$，$\overline{W}_j=-N_j$。

假定单元的形函数为：

$$[N]=[N_1 \quad N_2 \quad \cdots \quad N_n] \tag{32-6-58}$$

单元节点的温度为：

$$[T]^e=[T_1 \quad T_2 \quad \cdots \quad T_n]^{\mathrm{T}} \tag{32-6-59}$$

单元内部的温度分布为：

$$T=[N][T]^e \tag{32-6-60}$$

以二维问题为例，说明用Galerkin法建立稳态温度场的一般有限元格式的过程。二维问题的稳态热传导方程为：

$$\frac{\partial}{\partial x}\left(\lambda_x \frac{\partial T}{\partial x}\right)+\frac{\partial}{\partial y}\left(\lambda_y \frac{\partial T}{\partial y}\right)+\overline{Q}=0 \tag{32-6-61}$$

第一类换热边界为：

$$T|_s=T_s \tag{32-6-62}$$

第二类换热边界条件为：

$$\lambda_x \frac{\partial T}{\partial x} n_x + \lambda_y \frac{\partial T}{\partial y} n_y = q_s \qquad (32\text{-}6\text{-}63)$$

第三类边界条件为：

$$\lambda_x \frac{\partial T}{\partial x} n_x + \lambda_y \frac{\partial T}{\partial y} n_y = h(T_f - T_s) \qquad (32\text{-}6\text{-}64)$$

在一个单元内的加权积分公式为：

$$\int_\Omega^e w_1 \left[\frac{\partial}{\partial x}\left(\lambda_x \frac{\partial \widetilde{T}}{\partial x}\right) + \frac{\partial}{\partial y}\left(\lambda_y \frac{\partial \widetilde{T}}{\partial y}\right) + \overline{Q}\right] \mathrm{d}\Omega = 0 \qquad (32\text{-}6\text{-}65)$$

由分部积分得：

$$\frac{\partial}{\partial x}\left(w_1 \lambda_x \frac{\partial \widetilde{T}}{\partial x}\right) = \frac{\partial w_1}{\partial x}\left(\lambda_x \frac{\partial \widetilde{T}}{\partial x}\right) + w_1 \frac{\partial}{\partial x}\left(\lambda_x \frac{\partial \widetilde{T}}{\partial x}\right)$$

$$\frac{\partial}{\partial y}\left(w_1 \lambda_y \frac{\partial \widetilde{T}}{\partial y}\right) = \frac{\partial w_1}{\partial y}\left(\lambda_y \frac{\partial \widetilde{T}}{\partial y}\right) + w_1 \frac{\partial}{\partial y}\left(\lambda_y \frac{\partial \widetilde{T}}{\partial y}\right) \qquad (32\text{-}6\text{-}66)$$

应用Green定理，一个单元内的加权积分公式写为：

$$-\int_\Omega^e \left[\frac{\partial w_1}{\partial x}\left(\lambda_x \frac{\partial \widetilde{T}}{\partial x}\right) + \frac{\partial w_1}{\partial y}\left(\lambda_y \frac{\partial \widetilde{T}}{\partial y}\right) - w_1 \overline{Q}\right] \mathrm{d}\Omega + \oint_\Gamma^e w_1 \left(\lambda_x \frac{\partial \widetilde{T}}{\partial x} n_x + \lambda_y \frac{\partial \widetilde{T}}{\partial y} n_y\right) \mathrm{d}\Gamma = 0 \qquad (32\text{-}6\text{-}67)$$

采用Galerkin方法，选择权函数为：

$$w_1 = N_i \qquad (32\text{-}6\text{-}68)$$

单元的加权积分公式为：

$$\int_\Omega^e \left[\frac{\partial N_i}{\partial x}\left(\lambda_x \frac{\partial [N]}{\partial x}\right) + \frac{\partial N_i}{\partial y}\left(\lambda_y \frac{\partial [N]}{\partial y}\right)\right] [T]^e \mathrm{d}\Omega - \int_\Omega^e N_i \overline{Q} \mathrm{d}\Omega - \int_{\Gamma 2}^e N_i q_s \mathrm{d}\Gamma + \int_{\Gamma 3}^e N_i h [N][T]^e \mathrm{d}\Gamma - \int_{\Gamma 3}^e N_i h T_f \mathrm{d}\Gamma = 0 \qquad (32\text{-}6\text{-}69)$$

换热边界条件代入后，相应出现了第二类换热边界项 $-\int_{\Gamma 3}^e N_i q_s \mathrm{d}\Gamma$，第三类换热边界项 $\int_{\Gamma 3}^e N_i h[N][T]^e \mathrm{d}\Gamma - \int_{\Gamma 3}^e N_i h T_f \mathrm{d}\Gamma$，但没有出现与第一类换热边界对应的项。这是因为，采用 N_i 作为权函数，第一类换热边界被自动满足。写成矩阵形式有：

$$\int_\Omega^e \left[\left(\frac{\partial [N]}{\partial x}\right)^{\mathrm{T}} \left(\lambda_x \frac{\partial [N]}{\partial x}\right) + \left(\frac{\partial [N]}{\partial y}\right)^{\mathrm{T}} \left(\lambda_y \frac{\partial [N]}{\partial y}\right)\right] [T]^e \mathrm{d}\Omega - \int_\Omega^e [N]^{\mathrm{T}} \overline{Q} \mathrm{d}\Omega - \int_{\Gamma 2}^e [N]^{\mathrm{T}} q_s \mathrm{d}\Gamma + \int_{\Gamma 3}^e h [N]^{\mathrm{T}} [N][T]^e \mathrm{d}\Gamma - \int_{\Gamma 3}^e [N]^{\mathrm{T}} h T_f \mathrm{d}\Gamma = 0 \qquad (32\text{-}6\text{-}70)$$

公式中是 n 个联立的线性方程组，可以确定 n 个节点的温度 T_i。按有限元格式可表示为：

$$\boldsymbol{K}^e \boldsymbol{T}^e = \boldsymbol{P}^e \qquad (32\text{-}6\text{-}71)$$

式中 $\boldsymbol{K}^e$——单元的导热矩阵或称为温度刚度矩阵；

$\boldsymbol{T}^e$——单元的节点温度向量；

$\boldsymbol{P}^e$——单元的温度载荷向量或热载荷向量（thermal load vector）。

对于某个特定单元，单元导热矩阵 $\boldsymbol{K}^e$ 和温度载荷向量 $\boldsymbol{P}^e$ 的元素分别为：

$$K_{ij} = \int_\Omega^e \left(\lambda_x \frac{\partial N_i}{\partial x} \times \frac{\partial N_j}{\partial x} + \lambda_y \frac{\partial N_i}{\partial y} \times \frac{\partial N_j}{\partial y}\right) \mathrm{d}\Omega + \int_{\Gamma 3}^e h N_i N_j \mathrm{d}\Gamma$$

$$P_i = \int_{\Gamma 2}^e N_i q_s \mathrm{d}\Gamma + \int_{\Gamma 3}^e N_i h T_f \mathrm{d}\Gamma + \int_\Omega^e N_i \overline{Q} \mathrm{d}\Gamma \qquad (32\text{-}6\text{-}72)$$

如果某个单元完全处于物体的内部，则：

$$K_{ij} = \int_\Omega^e \left(\lambda_x \frac{\partial N_i}{\partial x} \times \frac{\partial N_j}{\partial x} + \lambda_y \frac{\partial N_i}{\partial y} \times \frac{\partial N_j}{\partial y}\right) \mathrm{d}\Omega \qquad (32\text{-}6\text{-}73)$$

$$P_i = \int_\Omega^e N_i \overline{Q} \mathrm{d}\Gamma$$

在整个物体上的加权积分方程是单元积分方程的和。

$$\sum_e \int_\Omega^e \left[\left(\frac{\partial [N]}{\partial x}\right)^{\mathrm{T}} \left(\lambda_x \frac{\partial [N]}{\partial x}\right) + \left(\frac{\partial [N]}{\partial y}\right)^{\mathrm{T}} \left(\lambda_y \frac{\partial [N]}{\partial y}\right)\right] [T]^e \mathrm{d}\Omega - \sum_e \int_\Omega^e [N]^{\mathrm{T}} \overline{Q} \mathrm{d}\Omega - \sum_e \int_{\Gamma 2}^e [N]^{\mathrm{T}} q_s \mathrm{d}\Gamma + \sum_e \int_{\Gamma 3}^e h [N]^{\mathrm{T}} [N] \{T\}^e \mathrm{d}\Gamma - \sum_e \int_{\Gamma 3}^e [N]^{\mathrm{T}} h T_f \mathrm{d}\Gamma = 0 \qquad (32\text{-}6\text{-}74)$$

根据单元节点的局部编号与整体编号的关系，直接求和得到整体刚度矩阵，整体方程组为：

$$\boldsymbol{KT} = \boldsymbol{P} \qquad (32\text{-}6\text{-}75)$$

(3) 瞬态热传导问题

瞬态温度场与稳态温度场的主要差别是瞬态温度场的场函数不仅是空间区域 Ω 的函数，而且还是时间域 t 的函数。在瞬态热传导问题中，节点温度 T_i 是时间的函数。

插值函数 N_i 只是空间域的函数，与稳态热传导问题相同。将近似函数代入二维问题的稳态热传导方程及第二类和第三类边界的边界条件即可。

6.3.8 动力学问题的有限元法

在工程实际中，结构受到的载荷常常是随时间变化的动载荷，只有当结构由此载荷而产生的运动非常缓慢，以致其惯性力小到可以忽略不计时，才可以按静力计算，因此，静力问题可以看作是动力问题的一种特例。一般工程中为了简化计算常把许多动力问题简化为静力问题处理。随着科技的发展，工程中对动态设计要求越来越多。工程结构所受的常见动载荷有谐激振力、周期载荷、脉冲或冲击载荷、地震力载荷、路面谱和移动式动载荷等。由于受这些随时间变化的动载荷的作用，引起结构的位移、应变和应力等响应也是随时间变化的。虽然有些结构受的动载荷幅值并不明显，但当动载荷的频率接近于结构的某一阶固有频率时，结构就要产生共振，将引起很大的振幅和产生很大的动应力，以致结构发生破坏或产生大变形而不能正常工作。因此对某些工程问题，必须进行动力分析。

弹性系统离散化以后，系统的运动方程为：

$$\boldsymbol{M}\ddot{\boldsymbol{\delta}}(t)+\boldsymbol{C}\dot{\boldsymbol{\delta}}(t)+\boldsymbol{K}\boldsymbol{\delta}(t)=\boldsymbol{P}(t) \quad (32\text{-}6\text{-}76)$$

式中 $\ddot{\boldsymbol{\delta}}(t)$，$\dot{\boldsymbol{\delta}}(t)$——系统的节点加速度向量和节点速度向量；

$\boldsymbol{M}$，$\boldsymbol{C}$，$\boldsymbol{K}$，$\boldsymbol{P}(t)$——系统的质量矩阵、阻尼矩阵、刚度矩阵和节点载荷向量。

分别由各自的单元矩阵和向量集成：

$$\boldsymbol{M}=\sum_e \boldsymbol{M}^e,\boldsymbol{C}=\sum_e \boldsymbol{C}^e,\boldsymbol{K}=\sum_e \boldsymbol{K}^e,\boldsymbol{P}=\sum_e \boldsymbol{P}^e \quad (32\text{-}6\text{-}77)$$

$$\boldsymbol{M}^e=\int_{v\mathrm{e}}\rho\boldsymbol{N}^{\mathrm{T}}\boldsymbol{N}\mathrm{d}V,\ \boldsymbol{C}^e=\int_{v\mathrm{e}}c\boldsymbol{N}^{\mathrm{T}}\boldsymbol{N}\mathrm{d}V$$

$$\boldsymbol{K}^e=\int_{v\mathrm{e}}\boldsymbol{B}^{\mathrm{T}}D\boldsymbol{B}\mathrm{d}V$$

式中 $\boldsymbol{M}^{\mathrm{e}}$，$\boldsymbol{C}^{\mathrm{e}}$，$\boldsymbol{K}^{\mathrm{e}}$——单元的质量矩阵、刚度矩阵、阻尼矩阵；

ρ——系统的密度；

c——阻尼系数。

$$\boldsymbol{P}^e=\int_{v\mathrm{e}}\boldsymbol{N}^{\mathrm{T}}f\mathrm{d}V+\int_{S_\sigma^e}\boldsymbol{N}^{\mathrm{T}}q\mathrm{d}S \quad (32\text{-}6\text{-}78)$$

式中 $\boldsymbol{P}^e$——单元载荷向量；

f，q——单位的分布体积力和分布面力。

忽略阻尼的影响，则系统的运动方程简化为：

$$\boldsymbol{M}\ddot{\boldsymbol{\delta}}(t)+\boldsymbol{K}\boldsymbol{\delta}(t)=\boldsymbol{P}(t) \quad (32\text{-}6\text{-}79)$$

6.3.8.1 质量矩阵与阻尼矩阵

（1）协调质量矩阵和集中质量矩阵

① 协调质量矩阵（一致质量矩阵）：从单元的动能导出，质量分布按照实际分布情况，同时位移插值函数和从位能导出刚度矩阵所采用的形式相同。其表达式为：

$$\boldsymbol{M}^e=\iiint_{ve}\rho\boldsymbol{N}^{\mathrm{T}}\boldsymbol{N}\mathrm{d}V \quad (32\text{-}6\text{-}80)$$

② 集中质量矩阵（团聚质量矩阵）：假定单元的质量集中在节点上，次质量矩阵为对角阵。

对于平面应力和应变单元，以三角形为例，其单元的协调质量矩阵为：

$$\boldsymbol{M}^e=\frac{W}{3}\begin{bmatrix}\frac{1}{2}&0&\frac{1}{4}&0&\frac{1}{4}&0\\0&\frac{1}{2}&0&\frac{1}{4}&0&\frac{1}{4}\\\frac{1}{4}&0&\frac{1}{2}&0&\frac{1}{4}&0\\0&\frac{1}{4}&0&\frac{1}{2}&0&\frac{1}{4}\\\frac{1}{4}&0&\frac{1}{4}&0&\frac{1}{2}&0\\0&\frac{1}{4}&0&\frac{1}{4}&0&\frac{1}{2}\end{bmatrix} \quad (32\text{-}6\text{-}81)$$

式中 W——单元的质量，$W=\rho t\Delta$；

t——单元的密度；

Δ——三角形单元的面积。

其单元的集中质量矩阵为：

$$\boldsymbol{M}^e=\frac{W}{3}\begin{bmatrix}1&0&0&0&0&0\\0&1&0&0&0&0\\0&0&1&0&0&0\\0&0&0&1&0&0\\0&0&0&0&1&0\\0&0&0&0&0&1\end{bmatrix} \quad (32\text{-}6\text{-}82)$$

（2）阻尼矩阵

阻尼力正比于质点运动速度的单元阻尼矩阵表示为：

$$\boldsymbol{C}^e=\int_{v\mathrm{e}}c\boldsymbol{N}^{\mathrm{T}}\boldsymbol{N}\mathrm{d}V \quad (32\text{-}6\text{-}83)$$

上式的阻尼矩阵称为协调阻尼矩阵，通常均将介质阻尼简化为这种情况。这时的阻尼矩阵比例于单元质量矩阵。

阻尼力比例于应变速度的阻尼，例如由于材料内摩擦引起的结构阻尼，这时阻尼力可以表示成 $cD\dot{\boldsymbol{\varepsilon}}$，则单元阻尼矩阵表示为：

$$\boldsymbol{C}^e=\int_{v\mathrm{e}}c\boldsymbol{B}^{\mathrm{T}}\boldsymbol{D}\boldsymbol{B}\mathrm{d}V \quad (32\text{-}6\text{-}84)$$

此单元阻尼矩阵比例于单元刚度矩阵。

在实际分析中，要精确地决定阻尼矩阵是相当困难的，通常允许将实际结构的阻尼矩阵简化为 $\boldsymbol{M}$ 和 $\boldsymbol{K}$ 的线性组合，即

$$\boldsymbol{C}=\alpha\boldsymbol{M}+\beta\boldsymbol{K} \quad (32\text{-}6\text{-}85)$$

式中 α，β——不依赖于频率的常数。

这种振型阻尼称为 Rayleigh 阻尼。

第32篇

6.3.8.2 直接积分法

直接积分法是指在积分运动方程之前不进行方程形式的变换，而直接进行逐步数值积分。

（1）中心差分法

利用中心差分法逐步求解运动方程的算法步骤归结如下。

1）初始计算

① 形成刚度矩阵 $\boldsymbol{K}$，质量矩阵 $\boldsymbol{M}$ 和阻尼矩阵 $\boldsymbol{C}$。

② 给定 $\boldsymbol{\delta}_0$、$\dot{\boldsymbol{\delta}}_0$ 和 $\ddot{\boldsymbol{\delta}}_0$。

③ 选择时间步长 Δt，$\Delta t < t_{cr}$，并计算积分常数：

$$c_0=\frac{1}{\Delta t^2},\quad c_1=\frac{1}{2\Delta t},\quad c_2=2c_0,\quad c_3=\frac{1}{c_2}。$$

④ 计算 $\boldsymbol{\delta}_{-\Delta t}=\boldsymbol{\delta}_0-\Delta t\dot{\boldsymbol{\delta}}_0+c_3\ddot{\boldsymbol{\delta}}_0$。

⑤ 形成有效质量矩阵 $\hat{\boldsymbol{M}}=c_0\boldsymbol{M}+c_1\boldsymbol{C}$。

⑥ 三角分解 $\hat{\boldsymbol{M}}$：$\hat{\boldsymbol{M}}=\boldsymbol{LDL}^{\mathrm{T}}$。

2）对于每一时间步长

① 计算时间 t 的有效载荷：

$$\hat{\boldsymbol{P}}_t=\boldsymbol{P}_t-(\boldsymbol{K}-c_2\boldsymbol{M})\boldsymbol{\delta}_t-(c_0\boldsymbol{M}-c_1\boldsymbol{C})\boldsymbol{\delta}_{t-\Delta t} \tag{32-6-86}$$

② 求解时间 $t+\Delta t$ 的位移：

$$\boldsymbol{LDL}^{\mathrm{T}}\boldsymbol{\delta}_{t+\Delta t}=\hat{\boldsymbol{P}}_t \tag{32-6-87}$$

③ 如果需要，计算时间 t 的加速度和速度：

$$\ddot{\boldsymbol{\delta}}_t=c_0(\boldsymbol{\delta}_{t-\Delta t}-2\boldsymbol{\delta}_t+\boldsymbol{\delta}_{t+\Delta t})$$

$$\dot{\boldsymbol{\delta}}_t=c_1(\boldsymbol{\delta}_{t-\Delta t}+\boldsymbol{\delta}_{t+\Delta t}) \tag{32-6-88}$$

（2）Newmark 方法

Newmark 积分方法实质上是线性加速度法的一种推广。它采用下列假设：

$$\dot{\boldsymbol{\delta}}_{t+\Delta t}=\dot{\boldsymbol{\delta}}_t+[(1-\beta)\ddot{\boldsymbol{\delta}}_t+\beta\ddot{\boldsymbol{\delta}}_{t+\Delta t}]\Delta t$$

$$\boldsymbol{\delta}_{t+\Delta t}=\boldsymbol{\delta}_t+\dot{\boldsymbol{\delta}}_t\Delta t+\left[\left(\frac{1}{2}-\alpha\right)\ddot{\boldsymbol{\delta}}_t+\alpha\ddot{\boldsymbol{\delta}}_{t+\Delta t}\right]\Delta t^2 \tag{32-6-89}$$

式中 α，β——按积分精度和稳定性要求而决定的参数。

利用 Newmark 方法求解方程的算法步骤归结如下。

1）初始计算

① 形成刚度矩阵 $\boldsymbol{K}$，质量矩阵 $\boldsymbol{M}$ 和阻尼矩阵 $\boldsymbol{C}$。

② 给定 $\boldsymbol{\delta}_0$、$\dot{\boldsymbol{\delta}}_0$ 和 $\ddot{\boldsymbol{\delta}}_0$。

③ 选择时间步长 Δt，参数 α 和 β，并计算积分常数：

$$\beta\geqslant 0.5,\alpha\geqslant 0.25(0.5+\delta)^2$$

$$c_0=\frac{1}{\alpha\Delta t^2},c_1=\frac{\beta}{\alpha\Delta t},c_2=\frac{1}{\alpha\Delta t},$$

$$c_3=\frac{1}{2\alpha}-1,c_4=\frac{\beta}{\alpha}-1,c_5=\frac{\Delta t}{2}\left(\frac{\beta}{\alpha}-2\right),$$

$$c_6=\Delta t(1-\beta),c_7=\beta\Delta t \tag{32-6-90}$$

④ 形成有效刚度矩阵 $\hat{\boldsymbol{K}}=\boldsymbol{K}+c_0\boldsymbol{M}+c_1\boldsymbol{C}$。(32-6-91)

⑤ 三角分解 $\hat{\boldsymbol{K}}$：$\hat{\boldsymbol{K}}=\boldsymbol{LDL}^{\mathrm{T}}$ (32-6-92)

2）对于每一时间步长

① 计算时间 t 的有效载荷：

$$\hat{\boldsymbol{P}}_t=\boldsymbol{Q}_{t+\Delta t}+\boldsymbol{M}(c_0\boldsymbol{\delta}_t+c_2\dot{\boldsymbol{\delta}}_t+c_3\ddot{\boldsymbol{\delta}}_t)+\boldsymbol{C}(c_1\boldsymbol{\delta}_t+c_4\dot{\boldsymbol{\delta}}_t+c_5\ddot{\boldsymbol{\delta}}_t) \tag{32-6-93}$$

② 求解时间 $t+\Delta t$ 的位移：

$$\boldsymbol{LDL}^{\mathrm{T}}\boldsymbol{\delta}_{t+\Delta t}=\hat{\boldsymbol{P}}_t \tag{32-6-94}$$

③ 如果需要，计算时间 t 的加速度和速度：

$$\ddot{\boldsymbol{\delta}}_{t+\Delta t}=c_0(\boldsymbol{\delta}_{t+\Delta t}-\boldsymbol{\delta}_t)-c_2\dot{\boldsymbol{\delta}}_t-c_3\ddot{\boldsymbol{\delta}}_t \tag{32-6-95}$$

$$\dot{\boldsymbol{\delta}}_{t+\Delta t}=\dot{\boldsymbol{\delta}}_t+c_6\ddot{\boldsymbol{\delta}}_t+c_7\ddot{\boldsymbol{\delta}}_{t+\Delta t}$$

6.3.8.3 振型叠加法

时间历程很大时，利用直接积分法计算很费时，采用振型叠加法是相当有利的。振型叠加法可分为以下三个主要步骤。

（1）将运动方程转换到正则振型坐标系

在系统的运动方程中，令 $\boldsymbol{P}(t)=0$ 得到自由振动方程。在实际工程中，阻尼对结构的自振频率和振型的影响不大，因此可进一步忽略阻尼力，得到无阻尼自由振动的运动方程如下：

$$\boldsymbol{M}\ddot{\boldsymbol{\delta}}(t)+\boldsymbol{K}\boldsymbol{\delta}(t)=0 \tag{32-6-96}$$

并设解得形式：

$$\boldsymbol{\delta}=\boldsymbol{\phi}\sin\omega(t-t_0) \tag{32-6-97}$$

式中 $\boldsymbol{\phi}$——n 阶向量；

ω——向量 $\boldsymbol{\phi}$ 振动的频率；

t——时间变量；

t_0——有初始条件确定的时间常数。

由以上两式可得齐次方程，如下：

$$\boldsymbol{K\phi}-\omega^2\boldsymbol{M\phi}=0 \tag{32-6-98}$$

解得 n 个固有频率 ω_i 和 n 个固有振幅 ϕ_i。并且有：

$$\boldsymbol{\phi}_i^{\mathrm{T}}\boldsymbol{M\phi}_i=1\quad(i=1,2,\cdots,n) \tag{32-6-99}$$

则这样规定的固有振型又称为正则振型。

定义：

$$\boldsymbol{\phi}=[\boldsymbol{\phi}_1\quad\boldsymbol{\phi}_2\quad\cdots\quad\boldsymbol{\phi}_n] \tag{32-6-100}$$

$$\boldsymbol{\Omega}^2=\begin{bmatrix}\omega_1^2 & & & & \\ & \omega_2^2 & & 0 & \\ & & \ddots & & \\ & & & \ddots & \\ & 0 & & & \ddots \\ & & & & & \omega_n^2\end{bmatrix} \tag{32-6-101}$$

则有：

$$\boldsymbol{\phi}^{\mathrm{T}}\boldsymbol{M}\boldsymbol{\phi}=\boldsymbol{I} \qquad \boldsymbol{\phi}^{\mathrm{T}}\boldsymbol{K}\boldsymbol{\phi}=\boldsymbol{\Omega}^2 \quad (32\text{-}6\text{-}102)$$

引入变换：

$$\boldsymbol{\delta}_t=\boldsymbol{\phi}\boldsymbol{x}(t)=\sum_{i=1}^{n}\boldsymbol{\phi}_i\boldsymbol{x}_i \quad (32\text{-}6\text{-}103)$$

其中：

$$\boldsymbol{x}=[x_1 \quad x_2 \quad \cdots \quad x_n]^{\mathrm{T}} \quad (32\text{-}6\text{-}104)$$

将以上变换代入系统的运动方程，可得到新基向量空间内的运动方程：

$$\ddot{\boldsymbol{x}}(t)+\boldsymbol{\phi}^{\mathrm{T}}\boldsymbol{C}\boldsymbol{\phi}\dot{\boldsymbol{x}}(t)+\boldsymbol{\Omega}^2\boldsymbol{x}(t)=\boldsymbol{\phi}^{\mathrm{T}}\boldsymbol{P}(t) \quad (32\text{-}6\text{-}105)$$

初始条件也相应地转换成：

$$\boldsymbol{x}_0=\boldsymbol{\phi}^{\mathrm{T}}\boldsymbol{M}\boldsymbol{\delta}_0 \qquad \boldsymbol{x}_0=\boldsymbol{\phi}^{\mathrm{T}}\boldsymbol{M}\dot{\boldsymbol{\delta}}_0 \quad (32\text{-}6\text{-}106)$$

(2) 求解单自由度系统振动方程

单自由度系统振动方程的求解可以应用直接积分方法和杜哈美积分。杜哈美积分又称为叠加积分，其基本思想是将任意激振力分解为一系列微冲量的连续作用，分别求出系统对每个微冲量的响应，然后根据线性叠加原理，将它们叠加起来，得到系统对任意激振的响应。杜哈美积分的结果是：

$$x_i(t)=\frac{1}{\overline{\omega}_i}\int_0^t r_i(\tau)e^{-\varepsilon_i\overline{\omega}_i(t-\tau)}\sin\overline{\omega}_i(t-\tau)\mathrm{d}\tau + e^{-\varepsilon_i\overline{\omega}_i t}(a_i\sin\overline{\omega}_i t+b_i\cos\overline{\omega}_i t) \quad (32\text{-}6\text{-}107)$$

式中 $\overline{\omega}_i=\omega_i\sqrt{1-\xi_i^2}$；

a_i，b_i——由起始条件决定的；

$\xi_i(i=1,2,\cdots,n)$——第 i 阶振型阻尼比。

(3) 振型叠加得到系统的响应

在得到每个振型的响应后，将它们叠加起来就得到系统的响应，即

$$\boldsymbol{\delta}(t)=\sum_{i=1}^{n}\boldsymbol{\phi}_i\boldsymbol{x}_i(t) \quad (32\text{-}6\text{-}108)$$

6.3.8.4 大型特征值问题的解法

应用较为广泛的效率较高的特征值的解法主要是矩阵反迭代法和子空间迭代法。前者算法简单，比较适合于只要求得到系统的很少数目特征解的情况。后者实质上是将前者推广为同时利用若干个向量进行迭代的情况，可以用于要求得到系统稍多一些特征解的情况。

(1) 反迭代法

利用反迭代法求解广义特征值问题是依次逐个求解特征解 (ω_1^2, ϕ_1)，(ω_2^2, ϕ_1)，……。

(2) 子空间迭代法是求解大型矩阵特征值问题的最有效方法之一，适合于求解部分特征值，广泛应用于结构动力学的有限元分析中。

子空间迭代法是假设 r 个起始向量同时进行迭代，以求得矩阵的前 s 个特征值和特征向量。

(3) Ritz 向量直接叠加法

Ritz 向量直接叠加法的基本点是：根据载荷空间分布模式按一定规律生成一组 Ritz 向量，在将系统的运动方程转换到这组 Ritz 向量空间以后，只要求解一次缩减了的标准特征值问题，再经过坐标变换，就可以得到原系统的运动方程的部分特征解。

6.3.8.5 缩减系统自由度的方法

缩减系统自由度数目是广泛使用的求解动力学响应问题的方法，主要有主从自由度法和模拟中和法。

(1) 主从自由度法

主从自由度法中，将根据刚度矩阵要求划分的网格总自由度，即位移向量 $\boldsymbol{\delta}$，分为 $\boldsymbol{\delta}_{\mathrm{m}}$ 和 $\boldsymbol{\delta}_{\mathrm{s}}$ 两部分，并假定 $\boldsymbol{\delta}_{\mathrm{s}}$ 按照一定确定的方法依赖于 $\boldsymbol{\delta}_{\mathrm{m}}$。因此 $\boldsymbol{\delta}_{\mathrm{m}}$ 称为主自由度，而 $\boldsymbol{\delta}_{\mathrm{s}}$ 称为从自由度。所以有：

$$\boldsymbol{\delta}=\begin{bmatrix}\boldsymbol{I}\\ \boldsymbol{T}\end{bmatrix}\boldsymbol{\delta}_{\mathrm{m}}=\boldsymbol{T}\cdot\boldsymbol{\delta}_{\mathrm{m}} \quad (32\text{-}6\text{-}109)$$

其中 $\boldsymbol{\delta}_{\mathrm{s}}=\boldsymbol{T}\cdot\boldsymbol{\delta}_{\mathrm{m}}$，$\boldsymbol{T}$ 规定了 $\boldsymbol{\delta}_{\mathrm{s}}$ 和 $\boldsymbol{\delta}_{\mathrm{m}}$ 的依赖关系。

采用上式建立的 $\boldsymbol{\delta}_{\mathrm{s}}$ 和 $\boldsymbol{\delta}_{\mathrm{m}}$ 之间的关系，实质上假定对应于 $\boldsymbol{\delta}_{\mathrm{s}}$ 自由度上的惯性力项已按静力等效原则转移到 $\boldsymbol{\delta}_{\mathrm{m}}$ 自由度上。这只是当对应于这些自由度质量较小而刚度较大，以及频率较低时才认为合理。随着频率的升高，误差也将增大，所以采用主从自由度法时，通常不宜分析高阶的频率和振型。

(2) 模态中和法

模态中和法分析实际结构的主要步骤如下。

① 将总体结构分割为若干子结构。依照结构的自然特点和分析的方便，将结构分成若干子结构，各个子结构通过交界面上的节点相互连接。

② 子结构的模态分析。仍以节点位移为基向量（简称物理坐标）建立子结构的运动方程：

$$\boldsymbol{M}^s\ddot{\boldsymbol{\delta}}^s(t)+\boldsymbol{C}^s\dot{\boldsymbol{\delta}}^s(t)+\boldsymbol{K}^s\boldsymbol{\delta}^s(t)=\boldsymbol{P}^s(t)+\boldsymbol{R}^s(t) \quad (32\text{-}6\text{-}110)$$

式中 上标 s——该矩阵或向量是属于子结构 $s(s=1,2,\cdots,r)$ 的；

r——子结构数；

$\boldsymbol{P}^s(t)$——外载荷向量；

$\boldsymbol{R}^s(t)$——交界面上的力向量。

而后对每个子结构按照求解运动方程的一般步骤求解。

③ 中和各子结构的运动方程得到整个结构系统的运动方程并求解。

④ 由模态坐标返回到子结构的物理坐标。

第32篇

6.3.9　材料非线性问题的有限元法

如当钢材的应力超过其比例极限后，应力应变关系便是非线性的；又如土壤和岩石的应力应变关系也是非线性的。这些称为材料非线性。当材料的应力应变关系是非线性时，刚度矩阵不是常数，而与应变和变位值有关。这时结构的整体平衡方程是如下的非线性方程组：

$$\boldsymbol{K}(\delta)\boldsymbol{\delta}+\boldsymbol{f}=0 \qquad (32\text{-}6\text{-}111)$$

6.3.9.1　材料非线性本构关系

在初始弹性范围内，应力与应变之间存在一一对应的关系，即广义胡克定律。进入塑性状态后，一般来说，不再存在着应力与应变之间的一一对应关系，只能建立应力增量与应变增量之间的关系。这种用增量形式表示的材料本构关系，称为增量理论或流动理论。

在小应变的情况下，应变增量可以分为弹性和塑性两部分，即

$$\mathrm{d}\xi_{ij}=\mathrm{d}\xi_{ij}^{\mathrm{e}}+\mathrm{d}\xi_{ij}^{\mathrm{p}} \qquad (32\text{-}6\text{-}112)$$

式中　上标 e——弹性；

上标 p——塑性。

根据 Mises 提出的塑性位势理论，塑性流动的方向（塑性应变增量矢量的方向）与塑性位势函数 Q 的梯度方向一致，即

$$\mathrm{d}\boldsymbol{\varepsilon}_{\mathrm{p}}=\mathrm{d}\boldsymbol{\lambda}\ \frac{\partial Q}{\partial\boldsymbol{\sigma}} \qquad (32\text{-}6\text{-}113)$$

式中　$\mathrm{d}\boldsymbol{\lambda}$——正的有限量，它的具体数值和材料硬化法则有关；

Q——塑性势函数，一般说它是应力状态和塑性应变的函数。

对于任一应力分量，有

$$\mathrm{d}\boldsymbol{\varepsilon}_{ij}=\mathrm{d}\boldsymbol{\lambda}\ \frac{\partial Q}{\partial\boldsymbol{\sigma}_{ij}} \qquad (32\text{-}6\text{-}114)$$

式中　$\boldsymbol{\sigma}_{ij}$——应力张量分量。

其中 $\mathrm{d}\boldsymbol{\lambda}$ 的一般表达式为：

$$\mathrm{d}\boldsymbol{\lambda}=\frac{(\partial\boldsymbol{f}/\partial\boldsymbol{\sigma}_{ij})\boldsymbol{D}_{rskl}^{\mathrm{e}}\,\mathrm{d}\boldsymbol{\varepsilon}_{kl}}{(\partial\boldsymbol{f}/\partial\boldsymbol{\sigma}_{ij})\boldsymbol{D}_{ijkl}^{\mathrm{e}}(\partial\boldsymbol{f}/\partial\boldsymbol{\sigma}_{kl})+(4/9)\boldsymbol{\sigma}_{s}^{2}\boldsymbol{E}^{\mathrm{p}}} \qquad (32\text{-}6\text{-}115)$$

应力应变的增量关系式：

$$\mathrm{d}\boldsymbol{\sigma}_{ij}=\boldsymbol{D}_{ijkl}^{\mathrm{ep}}\,\mathrm{d}\boldsymbol{\varepsilon}_{kl} \qquad (32\text{-}6\text{-}116)$$

其中：

$$\boldsymbol{D}_{ijkl}^{\mathrm{ep}}=\boldsymbol{D}_{ijkl}^{\mathrm{e}}-\boldsymbol{D}_{ijkl}^{\mathrm{p}} \qquad (32\text{-}6\text{-}117)$$

式中　$\boldsymbol{D}_{ijkl}^{\mathrm{p}}$——塑性矩阵，它的一般表达式是：

$$\boldsymbol{D}_{ijkl}^{\mathrm{p}}=\frac{\boldsymbol{D}_{ijmn}^{\mathrm{e}}(\partial\boldsymbol{f}/\partial\boldsymbol{\sigma}_{mn})\boldsymbol{D}_{rskl}^{\mathrm{e}}(\partial\boldsymbol{f}/\partial\boldsymbol{\sigma}_{rs})}{(\partial\boldsymbol{f}/\partial\boldsymbol{\sigma}_{ij})\boldsymbol{D}_{ijkl}^{\mathrm{e}}(\partial\boldsymbol{f}/\partial\boldsymbol{\sigma}_{kl})+(4/9)\boldsymbol{\sigma}_{s}^{2}E^{\mathrm{p}}} \qquad (32\text{-}6\text{-}118)$$

对于九维应力空间，$\mathrm{d}\boldsymbol{\lambda}$ 和 $\boldsymbol{D}_{ijkl}^{\mathrm{p}}$ 可以化简为：

$$\mathrm{d}\boldsymbol{\lambda}=\frac{(\partial\boldsymbol{f}/\partial\boldsymbol{\sigma}_{ij})\mathrm{d}\boldsymbol{\varepsilon}_{kl}}{(2/9)(\boldsymbol{\sigma}_{s}^{2}/G)(3G+E^{\mathrm{p}})} \qquad (32\text{-}6\text{-}119)$$

$$\boldsymbol{D}_{ijkl}^{\mathrm{p}}=\frac{(\partial\boldsymbol{f}/\partial\boldsymbol{\sigma}_{ij})(\partial\boldsymbol{f}/\partial\boldsymbol{\sigma}_{kl})}{(1/9)(\boldsymbol{\sigma}_{s}^{2}/G^{2})(3G+E^{\mathrm{p}})} \qquad (32\text{-}6\text{-}120)$$

式中　$\boldsymbol{f}$——结构载荷。

各种硬化材料在九维应力空间中的具体表达式如下：

对于各向同性硬化材料：

$$\mathrm{d}\boldsymbol{\lambda}=\frac{\boldsymbol{s}_{ij}\,\mathrm{d}\boldsymbol{\varepsilon}_{ij}}{(2/9)(\boldsymbol{\sigma}_{s}^{2}/G)(3G+E^{\mathrm{p}})} \qquad (32\text{-}6\text{-}121)$$

$$\boldsymbol{D}_{ijkl}^{\mathrm{p}}=\frac{\boldsymbol{s}_{ij}\boldsymbol{s}_{kl}}{(1/9)(\boldsymbol{\sigma}_{s}^{2}/G^{2})(3G+E^{\mathrm{p}})} \qquad (32\text{-}6\text{-}122)$$

式中　$\boldsymbol{s}_{ij}$——偏斜应力张量分量，$\boldsymbol{s}_{ij}=\boldsymbol{\sigma}_{ij}-\boldsymbol{\sigma}_{\mathrm{m}}\boldsymbol{\delta}_{ij}$；

$\boldsymbol{\sigma}_{\mathrm{m}}$——平均应力，$\boldsymbol{\sigma}_{\mathrm{m}}=\frac{1}{3}(\boldsymbol{\sigma}_{11}+\boldsymbol{\sigma}_{22}+\boldsymbol{\sigma}_{33})$；

$\boldsymbol{\delta}_{ij}$——Kronecker 函数。

对于理想塑性材料：

$$\mathrm{d}\boldsymbol{\lambda}=\frac{\boldsymbol{s}_{ij}\,\mathrm{d}\boldsymbol{\varepsilon}_{ij}}{2\boldsymbol{\sigma}_{\mathrm{so}}^{2}/3} \qquad (32\text{-}6\text{-}123)$$

$$\boldsymbol{D}_{ijkl}^{\mathrm{p}}=\frac{\boldsymbol{s}_{ij}\cdot\boldsymbol{s}_{kl}}{\boldsymbol{\sigma}_{\mathrm{so}}^{2}/3G} \qquad (32\text{-}6\text{-}124)$$

式中　$\boldsymbol{\sigma}_{\mathrm{so}}$——材料初始屈服应力。

对于运动硬化材料：

$$\mathrm{d}\boldsymbol{\lambda}=\frac{(\boldsymbol{s}_{ij}-\overline{\boldsymbol{a}}_{ij})\mathrm{d}\boldsymbol{\varepsilon}_{ij}}{(2\boldsymbol{\sigma}_{\mathrm{so}}^{2}/9G)(3G+E^{\mathrm{p}})} \qquad (32\text{-}6\text{-}125)$$

$$\boldsymbol{D}_{ijkl}^{p}=\frac{(\boldsymbol{s}_{ij}-\overline{\boldsymbol{a}}_{ij})(\boldsymbol{s}_{kl}-\overline{\boldsymbol{a}}_{ij})}{(\boldsymbol{\sigma}_{\mathrm{so}}^{2}/9G^{2})(3G+E^{\mathrm{p}})} \qquad (32\text{-}6\text{-}126)$$

对于混合硬化材料：

$$\mathrm{d}\lambda=\frac{(\boldsymbol{s}_{ij}-\overline{\boldsymbol{a}}_{ij})\mathrm{d}\boldsymbol{\varepsilon}_{ij}}{[2\boldsymbol{\sigma}_{s}^{2}(\boldsymbol{\varepsilon}^{\mathrm{p}},\boldsymbol{M})/9G](3G+E^{\mathrm{p}})} \qquad (32\text{-}6\text{-}127)$$

$$\boldsymbol{D}_{ijkl}^{p}=\frac{(\boldsymbol{s}_{ij}-\overline{\boldsymbol{a}}_{ij})(\boldsymbol{s}_{kl}-\overline{\boldsymbol{a}}_{ij})}{[2\boldsymbol{\sigma}_{s}^{2}(\boldsymbol{\varepsilon}^{\mathrm{p}},\boldsymbol{M})/9G](3G+E^{\mathrm{p}})} \qquad (32\text{-}6\text{-}128)$$

式中　$\overline{\boldsymbol{a}}_{ij}$——移动张量的偏斜分量。

将以上应力应变关系的一般表达式改写成矩阵形势为：

$$\mathrm{d}\boldsymbol{\lambda}=\frac{(\partial\boldsymbol{f}/\partial\boldsymbol{\sigma})^{\mathrm{T}}\boldsymbol{D}_{\mathrm{e}}\,\mathrm{d}\boldsymbol{\varepsilon}}{(\partial\boldsymbol{f}/\partial\boldsymbol{\sigma})^{\mathrm{T}}\boldsymbol{D}_{\mathrm{e}}(\partial\boldsymbol{f}/\partial\boldsymbol{\sigma})+(4/9)\boldsymbol{\sigma}_{s}^{2}E^{\mathrm{p}}} \qquad (32\text{-}6\text{-}129)$$

$$\boldsymbol{D}_{\mathrm{p}}=\frac{\boldsymbol{D}_{\mathrm{e}}(\partial\boldsymbol{f}/\partial\boldsymbol{\sigma})(\partial\boldsymbol{f}/\partial\boldsymbol{\sigma})^{\mathrm{T}}\boldsymbol{D}_{\mathrm{e}}}{(\partial\boldsymbol{f}/\partial\boldsymbol{\sigma})^{\mathrm{T}}\boldsymbol{D}_{\mathrm{e}}(\partial\boldsymbol{f}/\partial\boldsymbol{\sigma})+(4/9)\boldsymbol{\sigma}_{s}^{2}E^{\mathrm{p}}} \qquad (32\text{-}6\text{-}130)$$

6.3.9.2　弹塑性增量分析有限元格式

基于增量形式虚位移原理有限元表达格式的建立步骤和一般全量形式的完全相同。首先将各单元内的位移增量表示成节点位移增量的插值形式：

$$\Delta \boldsymbol{u}=N\Delta\boldsymbol{\delta}^{e} \tag{32-6-131}$$

再利用几何关系，得到：

$$\Delta\boldsymbol{\varepsilon}=B\Delta\boldsymbol{\delta}^{e} \tag{32-6-132}$$

再由增量形式的最小势能原理，并由虚位移的任意性，得到有限元系统的平衡方程：

$$^{\tau}\boldsymbol{K}_{\mathrm{ep}}\Delta\boldsymbol{\delta}=\Delta\boldsymbol{P} \tag{32-6-133}$$

式中　$^{\tau}\boldsymbol{K}_{\mathrm{ep}}$——系统的弹塑性刚度矩阵；

$\Delta\boldsymbol{\delta}$——增量位移向量；

$\Delta\boldsymbol{P}$——不平衡力向量。

它们分别由单元的各个对应量集成，即

$$\left.\begin{aligned}&^{\tau}\boldsymbol{K}_{\mathrm{ep}}=\sum_{e}{}^{l}\boldsymbol{K}_{\mathrm{ep}}^{e},\Delta\boldsymbol{\delta}=\sum_{e}\Delta\boldsymbol{\delta}^{e}\\&\Delta\boldsymbol{P}={}^{t+\Delta t}\boldsymbol{P}_{l}-{}^{tt}\boldsymbol{P}_{i}=\sum_{e}{}^{t}\boldsymbol{P}_{l}^{e}-\sum_{e}{}^{t}\boldsymbol{P}_{i}^{e}\end{aligned}\right\} \tag{32-6-134}$$

并且

$$^{\tau}\boldsymbol{K}_{\mathrm{ep}}^{e}=\int_{V_{\mathrm{e}}}\boldsymbol{N}^{\mathrm{T}\tau}\boldsymbol{D}_{\mathrm{ep}}\boldsymbol{B}\,\mathrm{d}\boldsymbol{S}$$

$$^{t+\Delta t}\boldsymbol{P}_{l}^{e}=\int_{V_{\mathrm{e}}}\boldsymbol{N}^{\mathrm{T}t+\Delta t}\,\overline{\boldsymbol{F}}\mathrm{d}V+\int_{S_{\sigma}}\boldsymbol{N}^{\mathrm{T}t+\Delta t}\,\overline{\boldsymbol{T}}\mathrm{d}\boldsymbol{S}$$

$$^{t}\boldsymbol{P}_{i}^{e}=\int_{V_{\mathrm{e}}}\boldsymbol{B}^{\mathrm{T}t}\boldsymbol{\sigma}\,\mathrm{d}\boldsymbol{S} \tag{32-6-135}$$

式中　$^{t+\Delta t}\boldsymbol{P}_{l}^{e}$，$^{t}\boldsymbol{P}_{i}^{e}$——外加载荷向量和内力向量；

$\Delta\boldsymbol{P}$——不平衡力向量，如果$^{t}\boldsymbol{P}_{l}$和$^{t}\boldsymbol{P}_{i}$满足平衡的要求，则 $\Delta\boldsymbol{P}$ 表示载荷增量向量。

6.3.9.3　非线性方程组的解法

非线性问题的有限元离散化后将得到下列形式的代数方程组：

$$\boldsymbol{K}(\boldsymbol{\delta})\boldsymbol{\delta}=\boldsymbol{P}\text{ 或 }\boldsymbol{\psi}(\boldsymbol{\delta})=\boldsymbol{K}(\boldsymbol{\delta})\boldsymbol{\delta}+\boldsymbol{f}=0 \tag{32-6-136}$$

其中，$\boldsymbol{f}=-\boldsymbol{P}$ 在以节点位移作为未知量的有限元分析中，一次施加全部载荷，然后逐步调整位移，使上式得到满足。

（1）直接迭代法

用迭代法求解非线性问题时，一次施加全部荷载，然后逐步调整位移，使基本方程

$$\boldsymbol{K}(\boldsymbol{\delta})\boldsymbol{\delta}+\boldsymbol{f}=0\text{ 得到满足}$$

假设有某个初始的试探解：

$$\boldsymbol{\delta}=\boldsymbol{\delta}_{0} \tag{32-6-137}$$

代入上式的 $\boldsymbol{K}(\boldsymbol{\delta})$ 中，可以求得被改进了的一次近似解：

$$\boldsymbol{\delta}^{1}=-(\boldsymbol{K}^{0})^{-1}\boldsymbol{f} \tag{32-6-138}$$

其中

$$\boldsymbol{K}^{0}=\boldsymbol{K}(\boldsymbol{\delta}_{0}) \tag{32-6-139}$$

重复上述过程，可以求得 n 次近似解：

$$\boldsymbol{\delta}^{n}=-(\boldsymbol{K}^{n-1})^{-1}\boldsymbol{f} \tag{32-6-140}$$

一直到误差的某种范数小于某个规定的容许小量 $\boldsymbol{e}^{r}$，即

$$\|\boldsymbol{e}\|=\|\boldsymbol{\delta}^{n}-\boldsymbol{\delta}^{n-1}\|\leqslant\boldsymbol{e}^{r} \tag{32-6-141}$$

上述迭代过程可以终止。

（2）牛顿迭代法

对于方程：

$$\boldsymbol{\psi}(\boldsymbol{\delta})=\boldsymbol{K}(\boldsymbol{\delta})\boldsymbol{\delta}+\boldsymbol{f}=0 \tag{32-6-142}$$

设 $\boldsymbol{\delta}_{n}$ 是上式的第 n 次近似解，一般地，有：

$$\boldsymbol{\psi}(\boldsymbol{\delta}_{n})=\boldsymbol{K}(\boldsymbol{\delta}_{n})\boldsymbol{\delta}_{n}+\boldsymbol{f}\neq0 \tag{32-6-143}$$

由迭代式：

$$\boldsymbol{\delta}_{n+1}=\boldsymbol{\delta}_{n}-[\boldsymbol{K}_{\mathrm{t}}^{n}]^{-1}\boldsymbol{\psi}_{n} \tag{32-6-144}$$

式中　$\boldsymbol{K}_{\mathrm{t}}^{n}$——切线刚度矩阵，$\boldsymbol{K}_{\mathrm{t}}^{n}=\dfrac{\mathrm{d}\boldsymbol{\psi}}{\mathrm{d}\boldsymbol{\delta}}$。

重复上式，直至满足精确要求为止。

（3）修正牛顿法

对大型问题来说形成刚度矩阵并求逆是很费计算时间的。修正牛顿法就是将牛顿法中每次迭代中切线刚度矩阵求逆的过程省略，将第一次迭代时的切线刚度矩阵 $\boldsymbol{K}_{\mathrm{t}}^{0}$，并求出逆矩阵，用于每次迭代过程的切线刚度矩阵，则迭代公式成为：

$$\boldsymbol{\delta}_{n+1}=\boldsymbol{\delta}_{n}-[\boldsymbol{K}_{\mathrm{t}}^{0}]^{-1}\boldsymbol{\psi}_{n} \tag{32-6-145}$$

这样每一次迭代可以节省很多时间，尤其是求解大型问题。

6.3.10　几何非线性问题的有限元法

在工程设计中，如梁、板及薄壳等结构失稳后，由于产生了大位移，其应变位移关系是非线性的，其有限元解法称为几何非线性问题的有限元法。

6.3.10.1　大变形情况下的应变和应力

（1）应变的质量

在固定的笛卡儿坐标系内的一物体，在某种外力的作用下连续地改变其位形，如图 32-6-18 所示。用$^{0}x_{i}$($i=1$，2，3) 表示物体处于 0 时刻位形内的坐标，由于外力作用，在以后的 t 时刻，物体运动并变形到新的位形，用$^{t}x_{i}$($i=1$，2，3) 表示。物体的位形变化可以看作是从$^{0}x_{i}$ 到$^{t}x_{i}$ 的一种数学变换，即

$$^{t}x_{i}={}^{t}x_{i}({}^{0}x_{1},{}^{0}x_{2},{}^{0}x_{3}) \tag{32-6-146}$$

利用以上各式可以得到变形的度量，即物体上任

意两点之间的线段长度在变形前后的变化，对此有两种表示，即

$$({}^t ds)^2-({}^0 ds)^2=({}^t_0 x_k,{}^t_{i0} x_{k,j}-\delta_{ij})d^0x_i d^0x_j$$
$$=2{}^t_0\varepsilon_{ij}d^0x_i d^0x_j$$
$$({}^t ds)^2-({}^0 ds)^2=(\delta_{ij}-{}^t_0 x_k,{}^t_{it} x_{k,j})d^0x_i d^0x_j$$
$$=2{}^t_t\varepsilon_{ij}d^tx_i d^tx_j \qquad (32\text{-}6\text{-}147)$$

其中左下标表示该量对什么时候位形的坐标求导数，右下标“,”后的符号表示该量对之求偏导数的坐标号。

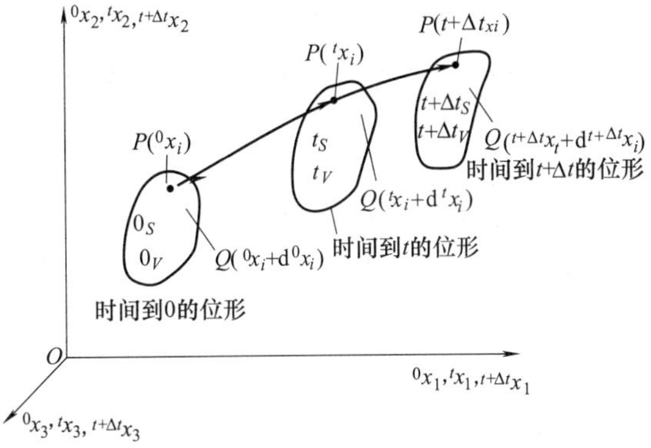

图 32-6-18　笛卡儿坐标系内物体的运动和变形

从而定义了两种应变张量，即

$${}^t_0\boldsymbol{\varepsilon}_{ij}=\frac{1}{2}({}^t_0 x_k,{}^t_{i0} x_{k,j}-\delta_{ij})$$
$${}^t_t\boldsymbol{\varepsilon}_{ij}=\frac{1}{2}(\delta_{ij}-{}^t_0 x_k,{}^0_{it} x_{k,j}) \qquad (32\text{-}6\text{-}148)$$

根据变形的连续性要求，这种变换必须是一一对应的，也即变换是单值连续的，同时上述变换应有唯一的逆变换，即

$${}^0x_i={}^0x_i({}^tx_1,{}^tx_2,{}^tx_3) \qquad (32\text{-}6\text{-}149)$$

利用上述变换，可以将 d^0x_i 和 d^tx_i 表示成：

$$d^0x_i=\left(\frac{\partial^0 x_i}{\partial^t x_j}\right)d^tx_j,\ d^tx_i=\left(\frac{\partial^t x_i}{\partial^0 x_j}\right)d^0x_j$$
$$(32\text{-}6\text{-}150)$$

引用符号：

$${}^0_t x_{i,j}=\frac{\partial^0 x_i}{\partial^t x_j},\ {}^t_0 x_{i,j}=\frac{\partial^t x_i}{\partial^0 x_j}$$

则 d^0x_i 和 d^tx_i 可表示成：

$$d^0x_i={}^0_t x_{i,j}d^tx_j,\ d^tx_i={}^t_0 x_{i,j}d^0x_j$$
$$(32\text{-}6\text{-}151)$$

${}^t_0\varepsilon_{ij}$ 称为 Green-Lagrange 应变张量（简称 Green 应变张量），它是用变形前坐标表示的，即它是 Lagrange 坐标的函数。${}^t_{0t}\boldsymbol{\varepsilon}_{ij}$ 称为 Almansi 应变张量，它是用变形后坐标表示的，即它是 Euler 坐标的函数。其中左下标表示用什么时刻位形的坐标表示的，即相对于什么位形度量的。

当位移很小时，上式中的位移导数的二次项相对于它的一次项可以忽略，这时 Green 应变张量${}^t_0\boldsymbol{\varepsilon}_{ij}$ 和 Almansi 应变张量${}^t_t\boldsymbol{\varepsilon}_{ij}$ 都简化为小位移情况下的无限小应变张量 $\boldsymbol{\varepsilon}_{ij}$，它们之间的差别消失，即

$${}^t_0\boldsymbol{\varepsilon}_{ij}={}^t_t\boldsymbol{\varepsilon}_{ij}=\boldsymbol{\varepsilon}_{ij} \qquad (32\text{-}6\text{-}152)$$

另外，在大变形条件下，$({}^t ds)^2-({}^0 ds)^2=0$ 意味着${}^t_0\boldsymbol{\varepsilon}_{ij}=0$ 和${}^t_t\boldsymbol{\varepsilon}_{ij}=0$，反之亦然，即物体为刚体运动的必要充分条件是${}^t_0\boldsymbol{\varepsilon}_{ij}$ 和${}^t_t\boldsymbol{\varepsilon}_{ij}$ 的所有分量均为零。

（2）应力的度量

在大变形问题中，平衡方程和与之相等效的虚功原理是从变形后的物体内载取出的微元体来建立的，如图 32-6-19 所示。在从变形后的物体内截取出的微元体上面定义的应力称为 Euler 应力张量，用${}^t\boldsymbol{\tau}_{ij}$ 表示。

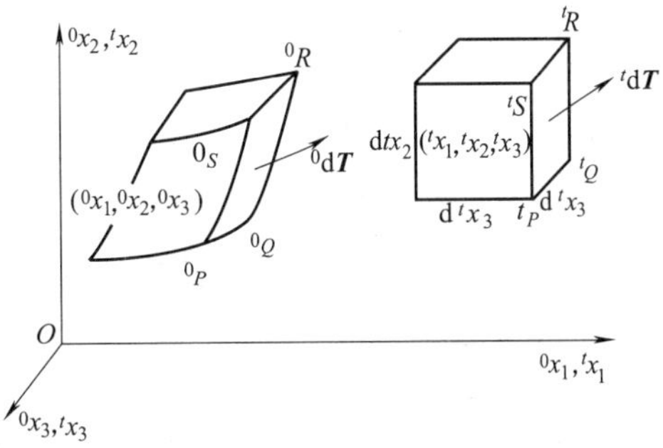

图 32-6-19　应力的度量

在分析过程中，应变是用变形前坐标表示的 Green 应变张量，则需要定义关于变形前位形的应力张量与之对应。因此，假设变形后位形某一表面上的应力是${}^t d\boldsymbol{T}/{}^t dS$，相应的变形前位形的该表面上的虚拟应力是${}^0 d\boldsymbol{T}/{}^0 dS$，其中${}^0 dS$ 和${}^t dS$ 分别是变性前和变形后的面积微元。${}^0 d\boldsymbol{T}$ 和${}^t d\boldsymbol{T}$ 之间的相应关系通常有以下规定（参见图 32-6-20）：

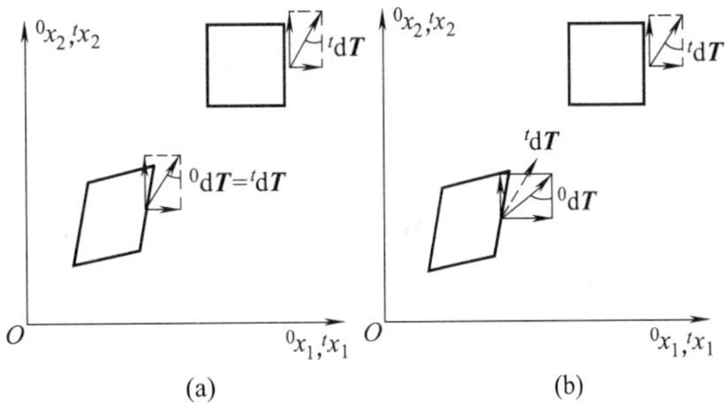

(a)　　　　(b)

图 32-6-20　二维情况 Lagrange 和 Kirchhoff 应力规定的示意图

① Lagrange 规定

$$ {}^{0}\mathrm{d}\boldsymbol{T}_i^{(L)} = {}^{t}\mathrm{d}\boldsymbol{T}_i \tag{32-6-153}$$

上式规定变形前面积微元上的内力分量和变形后面积微元上的内力分量相等。

② Kirchhoff 规定

$$ {}^{0}\mathrm{d}\boldsymbol{T}_i^{(K)} = {}_{t}^{0}x_{i,j}\,{}^{t}\mathrm{d}\boldsymbol{T}_i \tag{32-6-154}$$

上式规定${}^{0}\mathrm{d}\boldsymbol{T}^{(K)}$和${}^{t}\mathrm{d}\boldsymbol{T}$用和$\mathrm{d}^{0}x_i = {}_{t}^{0}x_{i,j}\,{}^{t}\mathrm{d}^{t}x_i$相同的规律相联系。

变形后位形的应力分量与内力的关系式如下：

$$ {}^{t}\mathrm{d}\boldsymbol{T}_i = {}^{t}\boldsymbol{\tau}_{ji}^{t}\boldsymbol{v}_j\,{}^{t}\mathrm{d}S \tag{32-6-155}$$

式中 $\boldsymbol{v}_j$——变形后面积微元${}^{t}\mathrm{d}S$上法线的方向余弦。

类似上式所表示的关系用于变形前的位形，可得出以下两个关系式，如用 Lagrange 规定，则有：

$$ {}^{0}\mathrm{d}\boldsymbol{T}_i^{(L)} = {}_{0}^{t}\boldsymbol{T}_{ji}\,{}^{0}\boldsymbol{v}_j\,{}^{0}\mathrm{d}S = {}^{t}\mathrm{d}\boldsymbol{T}_i \tag{32-6-156}$$

如用 Kirchhoff 规定，则有：

$$ {}^{0}\mathrm{d}\boldsymbol{T}_i^{(K)} = {}_{0}^{t}\boldsymbol{S}_{ji}\,{}^{0}\boldsymbol{v}_j\,{}^{0}\mathrm{d}S = {}_{t}^{0}x_{i,j}\,{}^{t}\mathrm{d}\boldsymbol{T}_i \tag{32-6-157}$$

式中 ${}^{0}\boldsymbol{v}_j$——变形前面积微元${}^{t}\mathrm{d}S$上法线的方向余弦；

${}_{0}^{t}\boldsymbol{T}_{ji}$，${}_{0}^{t}\boldsymbol{S}_{ji}$——第一类和第二类 Piola-Kirchhoff 应力张量，或分别称为 Lagrange 应力张量和 Kirchhoff 应力张量；

左上标 t——应力张量是属于变形后（时刻 t）位形的；

左下标 0——变形前（时刻 0）位形内度量的。

三种应力张量之间的变换形式如下：

$$ {}^{t}\boldsymbol{\tau}_{ji} = \frac{{}^{t}\rho_t}{{}^{0}\rho_0}x_{i,k}\,{}_{0}^{t}\boldsymbol{T}_{kj} = \frac{{}^{t}\rho_t}{{}^{0}\rho_0}x_{i,\alpha}\,{}_{0}^{t}x_{j,\beta}\,{}_{0}^{t}\boldsymbol{S}_{\beta\alpha}$$

$$ {}_{0}^{t}\boldsymbol{T}_{ij} = {}_{0}^{t}\boldsymbol{S}_{ik}\,{}_{0}^{t}x_{j,k} \tag{32-6-158}$$

式中 ${}^{0}\rho_0$，${}^{t}\rho_t$——变形前位形和变形后位形的材料密度。

Lagrange 应力张量${}_{0}^{t}T_{ij}$是非对称的，不适合用于应力应变关系；而 Kirchhoff 应力张量${}_{0}^{t}\boldsymbol{S}_{ij}$是对称的，更适用于应力应变关系。在小变形情况下，由于${}_{0}^{t}x_{i,j}\approx\delta_{ij}$，${}^{0}\rho/{}^{t}\rho\approx1$，这时可以忽略${}_{0}^{t}\boldsymbol{S}_{ij}$和${}^{t}\boldsymbol{\tau}_{ji}$之间的差别，它们都退化为工程应力$\boldsymbol{\sigma}_{ij}$。

对于依赖于材料变形历史的非弹性问题，通常情况下需要采用增量理论进行分析，其中材料本构关系应采用微分型或速率型的。因此，在连续介质力学中还定义了一种其分量不随材料刚体转动而变化的速率型的应力张量，即 Jaumann 应力速率张量${}^{t}\dot{\boldsymbol{\sigma}}_{ij}^{J}$：

$$ {}^{t}\dot{\boldsymbol{\sigma}}_{ij}^{J} = {}^{t}\dot{\boldsymbol{\tau}}_{ij} - {}^{t}\boldsymbol{\tau}_{ip}\cdot{}^{t}\boldsymbol{\Omega}_{pj} - {}^{t}\boldsymbol{\tau}_{jp}\cdot{}^{t}\boldsymbol{\Omega}_{pi} \tag{32-6-159}$$

式中 上标“·”——对时间的导数；

$\boldsymbol{\Omega}_{ij}$——旋转张量。

$$ {}^{t}\boldsymbol{\Omega}_{ij} = \frac{1}{2}\left(\frac{\partial^{t}\dot{\boldsymbol{u}}_j}{\partial^{t}\boldsymbol{x}_i} - \frac{\partial^{t}\dot{\boldsymbol{u}}_i}{\partial^{t}\boldsymbol{x}_j}\right) = \frac{1}{2}({}^{t}\dot{\boldsymbol{u}}_{j,i} - {}^{t}\dot{\boldsymbol{u}}_{i,j}) \tag{32-6-160}$$

它的物理意义是表示材料的角速度。

Jaumann 应力速率张量是对称张量，它是不随材料微元的刚体旋转而发生变化的客观张量。与它对偶的应变速率张量是：

$$ {}^{t}\dot{\boldsymbol{e}}_{ij} = \frac{1}{2}\left(\frac{\partial^{t}\dot{\boldsymbol{u}}_i}{\partial^{t}x_j} - \frac{\partial^{t}\dot{\boldsymbol{u}}_j}{\partial^{t}x_i}\right) = \frac{1}{2}({}^{t}\dot{\boldsymbol{u}}_{i,j} + {}^{t}\dot{\boldsymbol{u}}_{j,i}) \tag{32-6-161}$$

${}^{t}\dot{\boldsymbol{e}}_{ij}$也是对称的，且是不随材料微元的刚体旋转而发生变化的客观张量。${}^{t}\dot{\boldsymbol{\sigma}}_{ij}^{J}$和${}^{t}\dot{\boldsymbol{e}}_{ij}$在物理上分别代表真应力和真应变的瞬时变化率。

6.3.10.2 几何非线性问题的表达格式

在涉及几何非线性问题的有限单元法中，通常采用增量分析的方法。考虑一个在笛卡尔坐标系内运动的物体，增量分析的目的是确定此物体在一系列离散的时间点 0、Δt、$2\Delta t$……处于平衡状态的位移、速度、应变、应力等运动学和静力学参量。

为得到用以求解时间 $t+\Delta t$ 位形内各个未知变量的方程，首先建立虚位移原理。与时间 $t+\Delta t$ 位移内物体的平衡条件相等效的虚位移原理可表示为：

$$ \int_{t+\Delta t}^{t+\Delta t}\boldsymbol{\tau}_{ij}\cdot\boldsymbol{\delta}_{t+\Delta t}\cdot\boldsymbol{e}_{ij}{}^{t+\Delta t}\mathrm{d}V = {}^{t+\Delta t}\boldsymbol{Q} \tag{32-6-162}$$

式中 $\boldsymbol{\delta}_{t+\Delta t}\cdot\boldsymbol{e}_{ij}$——相应的无穷小应变的变分；

${}^{t+\Delta t}\boldsymbol{Q}$——时间 $t+\Delta t$ 位形的外载荷的虚功。

因为上式所参考的时间 $t+\Delta t$ 位形是未知的，所以方程不能直接求解。在实际分析中采用以下两种格式进行求解。

（1）全 Lagrange 格式（T. L. 格式）

在此格式中，与时间 $t+\Delta t$ 位形内物体的平衡条件相等效的虚位移原理被转换为参考物体初始（时间 0）位形的等效形式，也即方程中所有变量都是以初始位形为参考位形，方程表示为：

$$ \int_{eV}^{t+\Delta t}{}_{0}\boldsymbol{S}_{ij}\cdot\boldsymbol{\delta}^{t+\Delta t}\cdot{}_{0}\boldsymbol{\varepsilon}_{ij}\,\mathrm{d}V = {}^{t+\Delta t}\boldsymbol{Q} \tag{32-6-163}$$

式中 ${}_{0}\boldsymbol{S}_{ij}$，${}_{0}\boldsymbol{\varepsilon}_{ij}$——从时间 t 到 $t+\Delta t$ 位形的 Kirchhoff 应力和 Green 应变的增量，并都是参考于初始位形度量的。

进一步考虑，Green 应变${}_{0}\boldsymbol{\varepsilon}_{ij}$可以表示成：

$$ {}_{0}\boldsymbol{\varepsilon}_{ij} = {}_{0}\boldsymbol{e}_{ij} + {}_{0}\boldsymbol{\eta}_{ij} \tag{32-6-164}$$

式中 ${}_{0}\boldsymbol{e}_{ij}$，${}_{0}\boldsymbol{\eta}_{ij}$——关于位移增量 u_i 的线性项和二次项（非二次项）。

$$ {}_{0}\boldsymbol{e}_{ij} = \frac{1}{2}({}_{0}\boldsymbol{u}_{i,j} + {}_{0}\boldsymbol{u}_{j,i} + {}_{0}^{t}\boldsymbol{u}_{k,j}\,,{}_{0}\boldsymbol{u}_{k,j} + {}_{0}^{t}\boldsymbol{u}_{k,j}\,,{}_{0}\boldsymbol{u}_{k,i})$$

$$ {}_{0}\boldsymbol{\eta}_{ij} = \frac{1}{2}{}_{0}\boldsymbol{u}_{k,i}\cdot{}_{0}\boldsymbol{u}_{k,j} \tag{32-6-165}$$

（2）更新的 Lagrange 格式（U. L. 格式）

在此格式中，与时间 $t+\Delta t$ 位形内物体的平衡条件相等效的虚位移原理被转换为参考物体更新（时间 t）位形的等效形式，也即方程中所有变量都是以时间 t 位形为参考位形，方程可表示为：

$$\int_{tV}^{t+\Delta t} {}_{t}\boldsymbol{S}_{ij} \cdot \boldsymbol{\delta} \cdot {}_{t}^{t+\Delta t}\boldsymbol{\varepsilon}_{ij}\,{}^{t}\mathrm{d}V = {}^{t+\Delta t}Q \qquad (32\text{-}6\text{-}166)$$

式中　${}_{t}^{t+\Delta t}\boldsymbol{S}_{ij}$，${}_{t}^{t+\Delta t}\boldsymbol{\varepsilon}_{ij}$——时间 $t+\Delta t$ 位形的 Kirchhoff 应力张量，它们都是参考于时间 t 的位形。

与全 Lagrange 格式类似，更新 Lagrange 格式的 Green 应变可以分解为：

$${}_{t}\boldsymbol{\varepsilon}_{ij} = {}_{t}\boldsymbol{e}_{ij} + {}_{t}\boldsymbol{\eta}_{ij} \qquad (32\text{-}6\text{-}167)$$

其中

$${}_{t}\boldsymbol{e}_{ij} = \frac{1}{2}({}_{t}\boldsymbol{u}_{i,j} + {}_{t}\boldsymbol{u}_{j,i}),\ {}_{t}\boldsymbol{\eta}_{ij} = \frac{1}{2}\,{}_{t}\boldsymbol{u}_{k,i} \cdot {}_{t}\boldsymbol{u}_{k,j} \qquad (32\text{-}6\text{-}168)$$

6.3.10.3　大变形条件下的本构关系

在实际分析中，从结构变形特点考虑，可以将大变形问题进一步区分为两类问题：大位移、大转动、小应变问题和大位移、大转动、大应变问题（简称为大应变问题）。从材料特点考虑，实际问题又可以区分为弹性问题和非弹性问题。前者应力和应变之间有一一对应的关系，而不依赖变形的历史。后者则应力和应变不存在一一对应的关系，而与变形的历史有关。

（1）弹性

1）大位移、大转动、小应变情况　对比情况采用小变形线弹性本构关系的推广形式得：

$${}_{0}^{t}\boldsymbol{S}_{ij} = {}_{0}^{t}\boldsymbol{D}_{ijkl} \cdot {}_{0}^{t}\boldsymbol{\varepsilon}_{kl} \qquad (32\text{-}6\text{-}169)$$

式中　${}_{0}^{t}\boldsymbol{S}_{ij}$——Kirchhoff 应力张量；

${}_{0}^{t}\boldsymbol{\varepsilon}_{kl}$——Green 应力张量；

${}_{0}^{t}\boldsymbol{D}_{ijkl}$——常数弹性本构张量。

对于三维应力状态：

$${}_{0}^{t}\boldsymbol{D}_{ijkl} = \boldsymbol{D}_{ijkl} = 2G\left(\boldsymbol{\delta}_{ik} \cdot \boldsymbol{\delta}_{jl} + \frac{\mu}{1-2\mu}\boldsymbol{\delta}_{ij} \cdot \boldsymbol{\delta}_{kl}\right) \qquad (32\text{-}6\text{-}170)$$

式中　G，μ——材料弹性常数。

2）应变情况　对于大应变情况，在连续介质力学中用超弹性来表征这种材料特性。此时假定材料有一应变能函数 ${}^{t}\boldsymbol{W}$，它是 Green 应变张量 ${}_{0}^{t}\boldsymbol{\varepsilon}_{kl}$ 的解析函数，但不限于 ${}^{t}\boldsymbol{W} = \frac{1}{2}\,{}_{0}^{t}\boldsymbol{D}_{ijkl} \cdot {}_{0}^{t}\boldsymbol{\varepsilon}_{ij} \cdot {}_{0}^{t}\boldsymbol{\varepsilon}_{kl}$ 的形式，它可能包含 ${}_{0}^{t}\boldsymbol{\varepsilon}_{kl}$ 的高次项。从 ${}^{t}\boldsymbol{W}$ 导出 Kirchhoff 应力张量 ${}_{0}^{t}\boldsymbol{S}_{ij}$，即

$${}_{0}^{t}\boldsymbol{S}_{ij} = {}^{0}\rho\,\frac{\partial^{t}\boldsymbol{W}}{\partial_{0}^{t}\boldsymbol{\varepsilon}_{ij}} \qquad (32\text{-}6\text{-}171)$$

由此可以得到切线本构张量：

$${}_{0}\boldsymbol{D}_{ijkl} = {}^{0}\rho\,\frac{\partial^{2t}\boldsymbol{W}}{\partial_{0}^{t}\boldsymbol{\varepsilon}_{ij}\,\partial_{0}^{t}\boldsymbol{\varepsilon}_{kl}} \qquad (32\text{-}6\text{-}172)$$

在实际分析中，采用更新的 Lagrange 格式时，联系 Euler 应力张量 ${}^{t}\boldsymbol{\tau}_{ij}$ 和 Almansi 应变张量 ${}_{t}^{t}\boldsymbol{\varepsilon}_{kl}$ 的本构关系式是：

$${}^{t}\boldsymbol{\tau}_{ij} = {}_{t}^{t}\boldsymbol{D}_{ijkl} \cdot {}_{t}^{t}\boldsymbol{\varepsilon}_{kl} \qquad (32\text{-}6\text{-}173)$$

其中

$${}_{t}^{t}\boldsymbol{D}_{ijkl} = \frac{{}^{t}\rho^{t}}{{}_{0}\rho_{0}}\,{}_{0}^{t}x_{i,m}\,{}_{0}^{t}x_{j,n}\,{}_{0}^{t}\boldsymbol{D}_{mnpq}\,{}_{0}^{t}x_{k,p}\,{}_{0}^{t}x_{l,q} \qquad (32\text{-}6\text{-}174)$$

（2）非弹性

1）大位移、大转动、小应变情况　因为 Kirchhoff 应力张量 ${}_{0}^{t}\boldsymbol{S}_{ij}$ 和 Green 应变张量 ${}_{0}^{t}\boldsymbol{\varepsilon}_{ij}$ 是不随材料微元的刚体转动而变化的客观张量，并且在小应变情况下数值上就等于工程应力和工程应变，因此利用它们建立现在情况的本构关系，即

$$\mathrm{d}_{0}^{t}\boldsymbol{S}_{ij} = {}_{0}\boldsymbol{D}_{ijkl}^{t}\,\mathrm{d}_{0}^{t}\boldsymbol{\varepsilon}_{kl} \qquad (32\text{-}6\text{-}175)$$

式中　$\mathrm{d}_{0}^{t}\boldsymbol{S}_{ij}$，$\mathrm{d}_{0}^{t}\boldsymbol{\varepsilon}_{kl}$——Kirchhoff 应力张量和 Green 应变张量的微分；

${}_{0}\boldsymbol{D}_{ijkl}^{t}$——时间 t 位形的、参考于时间 0 的切线本构张量，它是 Kirchhoff 应力张量和 Green 应变张量的函数。

对于弹塑性变形情况 ${}_{0}\boldsymbol{D}_{ijkl}$ 和前一节的材料非线性情况在形式上完全相同，只是用 ${}_{0}^{t}\boldsymbol{S}_{ij}$ 和 ${}_{0}^{t}\boldsymbol{\varepsilon}_{ij}$ 代替了其中的工程应力和工程应变。

2）大应变（包含大位移、大转动）情况

在大应变情况下，${}_{0}^{t}\boldsymbol{S}_{ij}$ 和 ${}_{0}^{t}\boldsymbol{\varepsilon}_{ij}$ 在数值上不等于工程应力和工程应变，不便于用来确定本构关系中的材料常数，因此更便于应用真应力和真应变及其速率。Jaumann 应力速率张量 ${}^{t}\dot{\boldsymbol{\sigma}}_{ij}^{J}$ 和应变速率张量 ${}^{t}\dot{\boldsymbol{e}}_{ij}$ 在物理上分别代表真实应力速率张量和真实应变速率张量，在大应变情况下它们之间的本构关系可以表示为：

$${}^{t}\dot{\boldsymbol{\sigma}}_{ij}^{J} = {}^{t}\boldsymbol{D}_{ijkl}^{J} \cdot {}^{t}\dot{\boldsymbol{e}}_{kl} \qquad (32\text{-}6\text{-}176)$$

和前面小应变情况下列出的格式相类似，可以列出大应变情况的各个表达式，只是其中 ${}_{0}^{t}\boldsymbol{S}_{ij}$ 和 $\mathrm{d}_{0}^{t}\boldsymbol{\varepsilon}_{ij}$ 被 $t_{\tau\,ij}$ 和 $\mathrm{d}_{t}\boldsymbol{e}_{ij}$ 所代替。

6.3.10.4　几何非线性问题的求解方法

用有限单元法求解几何非线性问题，首先需要用等参单元对求解域进行离散，每个单元内的坐标和位移可以用其节点值插值表示如下

$$
{}^0x_i=\sum_{k=1}^{n}N_k{}^0x_i^k,\ {}^tx_i=\sum_{k=1}^{n}N_k{}^tx_i^k,\ {}^{t+\Delta t}x_i=\sum_{k=1}^{n}N_k{}^{t+\Delta t}x_i^k\ (i=1,2,3) \qquad (32\text{-}6\text{-}177)
$$

$$
{}^tu_i=\sum_{k=1}^{n}N_k{}^0u_i^k,\ u_i=\sum_{k=1}^{n}N_k{}^tu_i^k\quad (i=1,2,3) \qquad (32\text{-}6\text{-}178)
$$

式中　${}^tx_i^k$——节点 k 在时间 t 的 i 方向坐标分量；

${}^tu_i^k$——节点 k 在时间 t 的 i 方向位移分量，其他 ${}^0x_i^k$，${}^{t+\Delta t}x_i^k$，u_i^k 的意义类似；

N_k——和节点 k 相关联的插值函数；

n——单元的节点数。

在只考虑一个单元的情况下，利用全 Lagrange 格式和更新的 Lagrange 格式可以得到不同的有限元求解方程。

应用全 Lagrange 格式的矩阵求解方程是：

$$
({}_0^t\boldsymbol{K}_{\mathrm{L}}+{}_0^t\boldsymbol{K}_{\mathrm{NL}})\boldsymbol{\delta}={}^{t+\Delta t}\boldsymbol{Q}-{}_0^t\boldsymbol{F} \qquad (32\text{-}6\text{-}179)
$$

式中　$\boldsymbol{\delta}$——节点位移向量。

$$
{}_0^t\boldsymbol{K}_{\mathrm{L}}=\int_V^o {}_0^t\boldsymbol{B}_{\mathrm{L}}^{\mathrm{T}}\boldsymbol{D}{}_0^t\boldsymbol{B}_{\mathrm{L}}{}^0\mathrm{d}V \qquad (32\text{-}6\text{-}180)
$$

$$
{}_0^t\boldsymbol{K}_{\mathrm{NL}}=\int_V^o {}_0^t\boldsymbol{B}_{\mathrm{NL}}^{\mathrm{T}}{}_0^t\boldsymbol{S}{}_0^t\boldsymbol{B}_{\mathrm{NL}}{}^0\mathrm{d}V \qquad (32\text{-}6\text{-}181)
$$

$$
{}_0^t\boldsymbol{F}=\int_V^o {}_0^t\boldsymbol{B}_{\mathrm{L}}^{\mathrm{T}}{}_0^t\hat{\boldsymbol{S}}{}^0\mathrm{d}V \qquad (32\text{-}6\text{-}182)
$$

式中　${}_0^t\boldsymbol{B}_{\mathrm{L}}$，${}_0^t\boldsymbol{B}_{\mathrm{NL}}$——线性应变 ${}_0\boldsymbol{e}_{ij}$ 和非线性应变 ${}_0\boldsymbol{\eta}_{ij}$ 与位移的转换矩阵；

$\boldsymbol{D}$——材料本构矩阵；

${}_0^t\boldsymbol{S}$，${}_0^t\hat{\boldsymbol{S}}$——第二类 Piola-Kirchhoff 应力矩阵和向量。

所有这些矩阵和向量的元素都是对应于时间 t 位形并参考于时间 0 位形确定的。

类似地，应用更新的 Lagrange 格式的矩阵求解方程是：

$$
({}_t^t\boldsymbol{K}_{\mathrm{L}}+{}_t^t\boldsymbol{K}_{\mathrm{NL}})\boldsymbol{\delta}={}^{t+\Delta t}\boldsymbol{Q}-{}_t^t\boldsymbol{F} \qquad (32\text{-}6\text{-}183)
$$

其中

$$
{}_t^t\boldsymbol{K}_{\mathrm{L}}=\int_{{}^tV} {}_t^t\boldsymbol{B}_{\mathrm{L}}^{\mathrm{T}}\boldsymbol{D}{}_t^t\boldsymbol{B}_{\mathrm{L}}{}^t\mathrm{d}V \qquad (32\text{-}6\text{-}184)
$$

$$
{}_t^t\boldsymbol{K}_{\mathrm{NL}}=\int_{{}^tV} {}_t^t\boldsymbol{B}_{\mathrm{NL}}^{\mathrm{T}}{}^t\boldsymbol{\tau}{}_t^t\boldsymbol{B}_{\mathrm{NL}}{}^t\mathrm{d}V \qquad (32\text{-}6\text{-}185)
$$

$$
{}_t^t\boldsymbol{F}=\int_{{}^tV} {}_t^t\boldsymbol{B}_{\mathrm{L}}^{\mathrm{T}}{}^t\hat{\boldsymbol{\tau}}{}^t\mathrm{d}V \qquad (32\text{-}6\text{-}186)
$$

式中　${}_t^t\boldsymbol{B}_{\mathrm{L}}$，${}_t^t\boldsymbol{B}_{\mathrm{NL}}$——线性应变 ${}_t\boldsymbol{e}_{ij}$ 和非线性应变 ${}_t\boldsymbol{\eta}_{ij}$ 与位移的转换矩阵；

$\boldsymbol{D}$——材料本构矩阵；

${}^t\boldsymbol{\tau}$，${}^t\hat{\boldsymbol{\tau}}$——Cauchy 应力矩阵和向量。

所有这些矩阵和向量的元素都是对应于时间 t 位形，并参考于同一位形确定的。

6.4　有限元分析算例

6.4.1　结构线性静力分析算例

静力结构分析是有限元分析（FEM）中最基础、最基本的内容，下面在 ANSYS Workbench 下说明结构静力学分析的过程。

6.4.1.1　平面问题的有限元分析

［例 1］　如图 32-6-21 所示，有一块不锈钢板厚 5mm，右面压力 $p=10\mathrm{MPa}$，其受力、约束及其他尺寸如图所示，对其进行静力学分析。

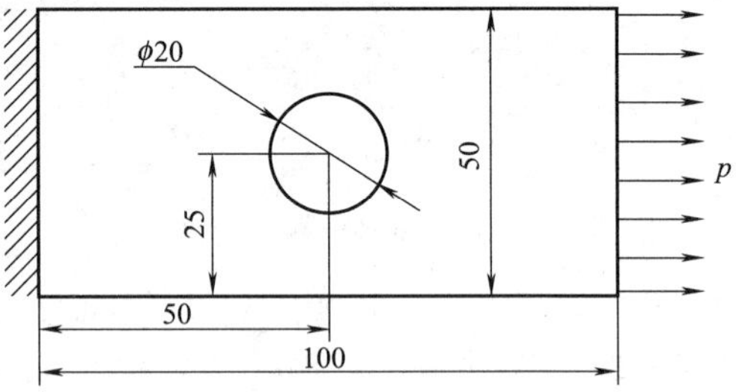

图 32-6-21　2D 分析模型

（1）建立模型

1）启动 Workbench　启动 ANSYS Workbench，进入 Workbench，单击 Save As 按钮，将文件另存为 2D，然后关闭弹出的信息框。

2）进入 DM 界面　将 Analysis Systems 中的 Static Structural 拖放至 Project Schematic 空白区内，出现 Static Structural 分析 A 栏，如图 32-6-22 所示。双击 A3 栏 Geometry 项进入 DM 界面。

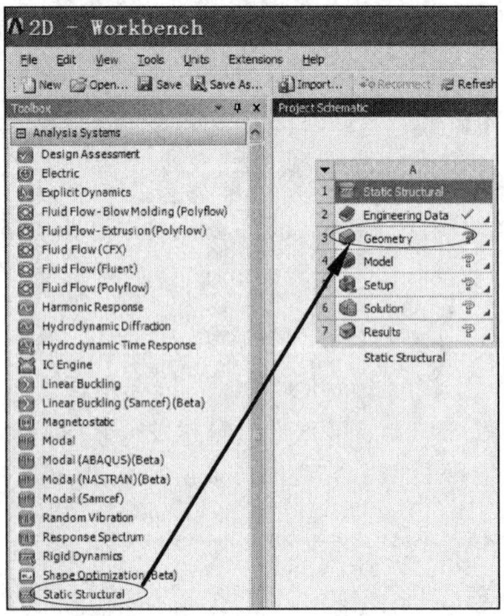

图 32-6-22　启动分析项，进入 DM 界面

3）建立模型　设置建模单位为 mm，在 DM 下建立模型，绘制矩形和圆，标注尺寸如图 32-6-23 所示。

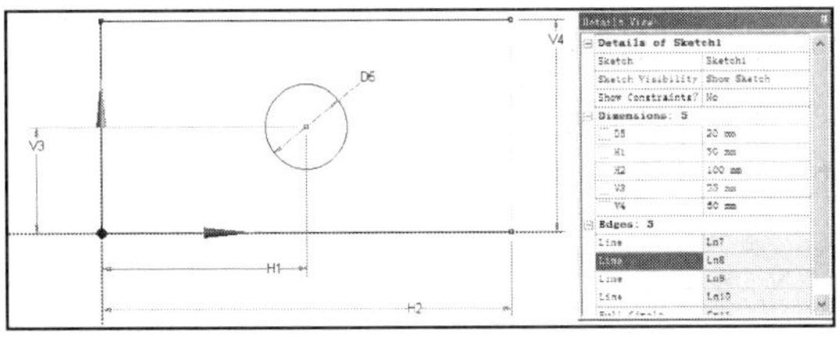

图 32-6-23　绘制图形，标注尺寸参数

4）生成模型　执行 Concept→Surfaces From Sketches，在 Details View 中的 Base Objects 选择 Sketchel，单击 Apply，再单击 Generate 按钮生成面体。

5）返回 Workbench 界面　执行 File→Close DesignModeler 返回 Workbench。

（2）设置材料属性

1）启动工具栏和属性栏　执行 View 菜单，勾选 Toolbox 和 Properties（如果已经勾选则跳过此步骤）。

2）设置材料属性　如图 32-6-24 所示，双击 A2 栏中的 Engineering Data 进入材料设置界面，执行 View 菜单，勾选 Outlines。单击右上角的 Engineering Data Sources 按钮，在弹出的数据源列表中单击 A3 项 General Materials 项，出现所选材料输出列表，在 Stainless Steel 栏中按“+”，增加不锈钢材料，按 Return to Project 完成材料添加，返回 Workbench。

（3）设置 2D 分析环境

单击 A3 栏即 Geometry，出现其属性列表如图 32-6-25 所示，在属性列表中的 Analysis Type 中将分析类型确定为 2D。

（4）静力学分析

1）进入分析环境　双击 A4（Model），进入 Mechanical。

2）2D 分析设置　单击树形窗口中的 Geometry，然后在 Details of“Geometry”中的 2D Behavior 中选择 Plane Stress（平面应力），如图 32-6-26 所示；再单击树形窗中 Surface Body，在详细栏中输入厚度为 5mm，材料为 Stainless Steel，如图 32-6-27 所示。

3）划分网格设置　单击树形窗口的 Mesh 项，单击右键弹出快捷菜单中选 Insert→Mapped Face Meshing，然后在过滤器中将鼠标过滤为面，选取面，再单击 Apply，如图 32-6-28 所示。

4）划分网格　单击树形窗口的 Mesh 项，单击右键弹出快捷菜单中选 Insert→Sizing，然后在过滤器中将鼠标过滤为面，选取面，再单击 Apply。在详细栏中确定单元尺寸为 4mm，最后执行 Mesh→Generate Mesh，如图 32-6-29 所示

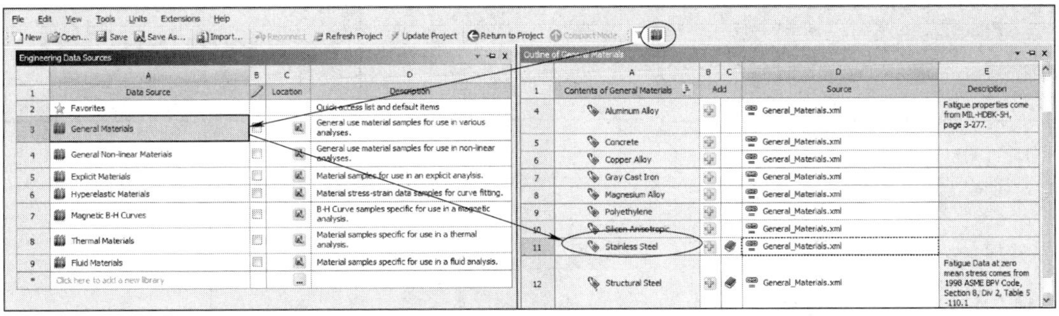

图 32-6-24　设置材料属性

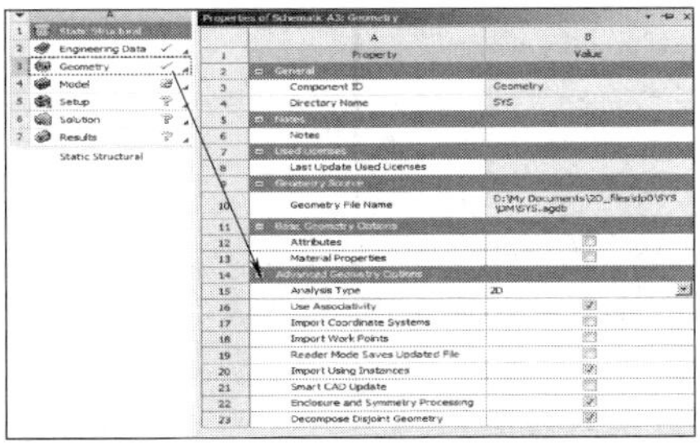

图 32-6-25　设置 2D 分析环境

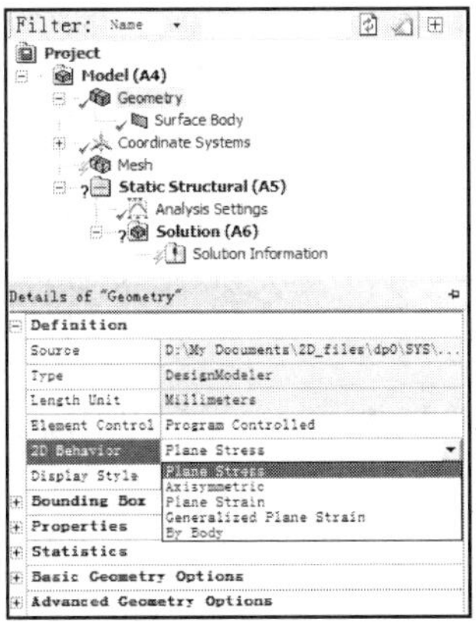

图 32-6-26　设置分析类型

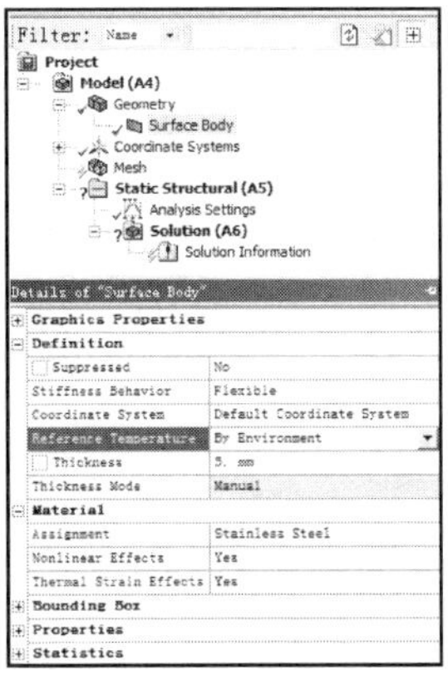

图 32-6-27　设置厚度和材料

5）施加约束和载荷　单击树形窗口的 Static Structural（A5）项，执行 Support→Fixed Support，然后在过滤器中将鼠标过滤为线，选取左面的直线，再单击 Apply，如图 32-6-30 所示；再执行 Loads→Pressure，然后在过滤器中将鼠标过滤为线，选取右面的直线，再单击 Apply，在详细栏中选中 Components，施加 *X* 方向载荷为 10MPa，如图 32-6-31 所示。

6）求解　执行 Deformation→Total 来求解总变形，执行 Stress→Equivalent（von-Mises）求解等效应力，单击树形窗口的 Solution（A6）项，单击鼠标右键，执行 Evaluate All Results 进行求解。

（5）后处理

1）显示总变形　执行树形窗口的 Total Deformation 项，显示总变形如图 32-6-32 所示。

2）显示等效应力　执行树形窗口的 Equivalent Stress 项，显示等效应力如图 32-6-33 所示。

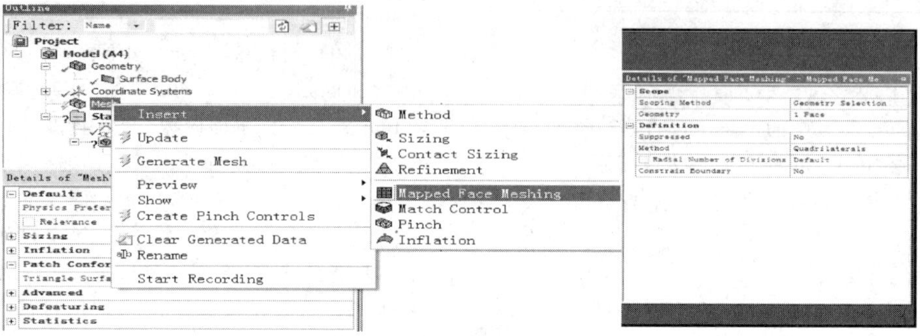

图 32-6-28　划分网格设置

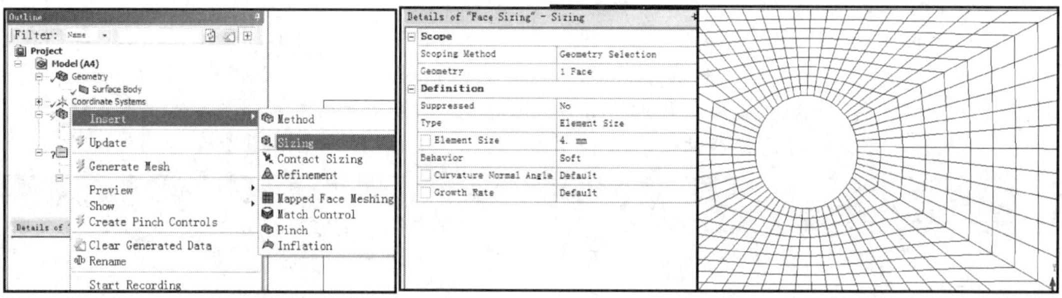

图 32-6-29　划分网格

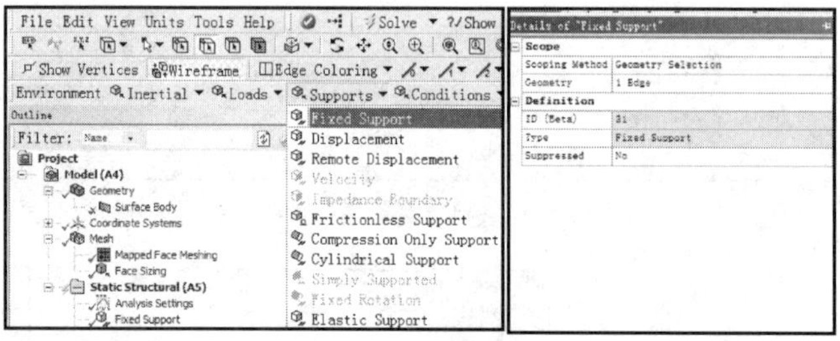

图 32-6-30　施加约束

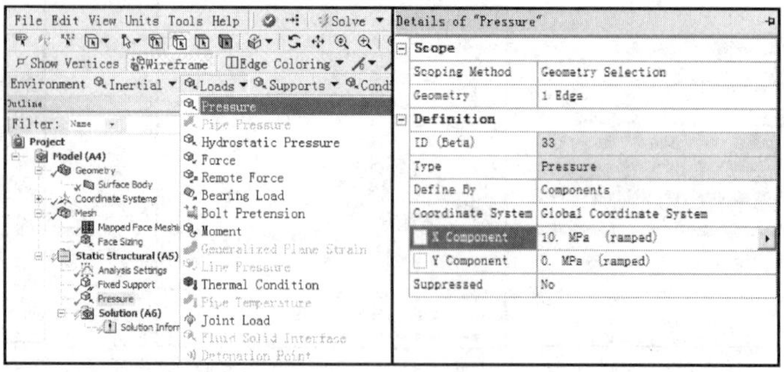

图 32-6-31　施加载荷

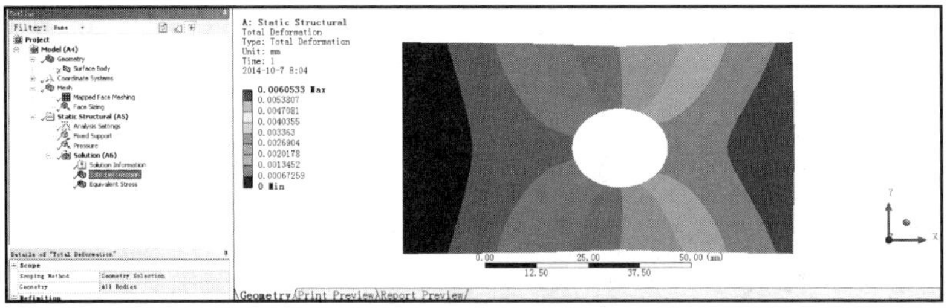

图 32-6-32　总变形结果

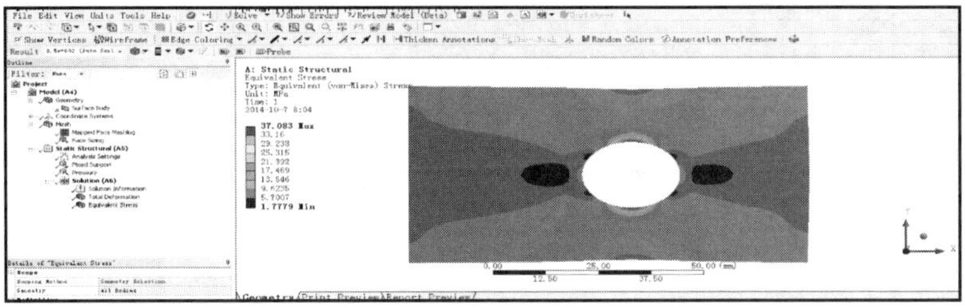

图 32-6-33　等效应力结果

3）保存文件　执行 File→Save Project 保存文件。

6.4.1.2　桁架和梁的有限元分析

［例 2］　有一钢结构人字形屋架，其几何尺寸受力如图 32-6-34 所示，1 点和 5 点受固定约束，杆件为圆形截面，半径为 0.025m，进行静力学分析。

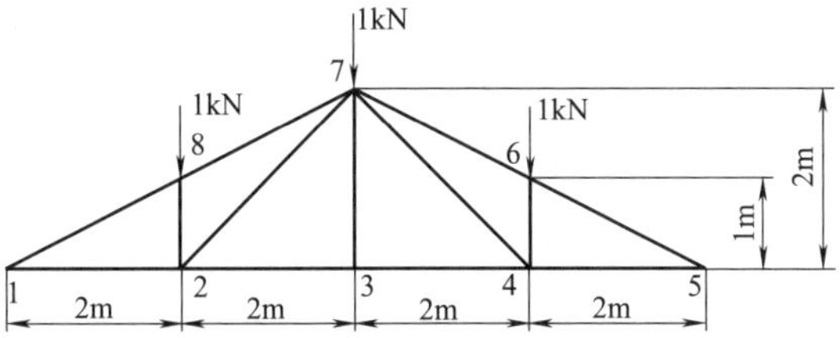

图 32-6-34　人字形屋架图

（1）建立模型

1）启动 Workbench　启动 ANSYS Workbench，进入 Workbench，单击 Save As 按钮，将文件另存为 Beam，然后关闭弹出的信息框。

2）进入 DM 界面　将 Analysis Systems 中的 Static Structural 拖放至 Project Schematic 空白区内，出现 Static Structural 分析 A 栏，双击 A3 栏 Geometry 项进入 DM 界面。

3）建立模型　设置建模单位为 m，在 DM 下建立模型，绘制直线，标注尺寸如图 32-6-35 所示。

4）生成线体　执行 Concept→Lines From Sketches，单击树形窗口的 XYPlane→Sketch1，在 Details View 中的 Base Objects 选择 Sketche1，单击 Apply，再单击 Generate 按钮生成线体。

5）定义梁的截面　执行 Concept→Cross Section→Circular，在 Details View 中的 R 栏中输入圆的半径为 0.025，再单击 Generate 按钮确认，如图 32-6-36 所示。

6）把截面属性设置为线体　单击树形窗口的 1Part，1Body → Line Body，在 Details View 中的 Cross Section 中选择截面形状为 Circular，单击 Generate 按钮确认，如图 32-6-37 所示。

7）返回 Workbench 界面　执行 File → Close DesignModeler 返回 Workbench。

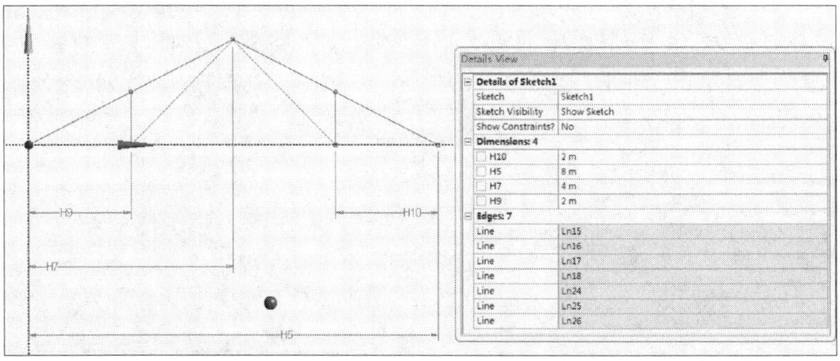

图 32-6-35　绘制计算模型，标注尺寸

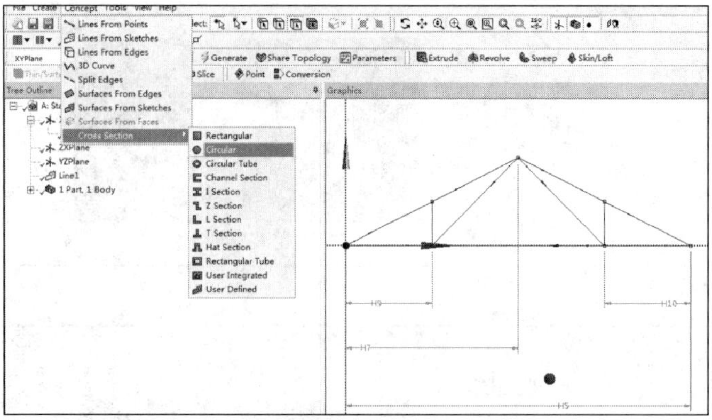

图 32-6-36 定义梁截面

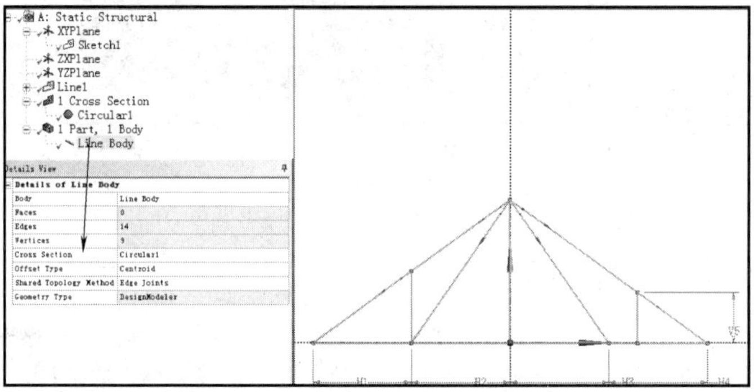

图 32-6-37 给梁截面赋予形状

（2）设置材料属性

本实例材料是结构钢，为系统默认的材料。因此，可采用系统默认材料。

（3）静力学分析

1）进入分析环境 双击 A4（Model），进入 Mechanical，执行 Units→Metric（m，kg，N，s，V，A）。

2）划分网格 单击树形窗口的 Mesh 项，单击右键在弹出快捷菜单中选 Insert→Sizing，然后在过滤器中将鼠标过滤为体，选取线体，再单击 Apply。在详细栏中确定单元尺寸为 0.2m，最后执行 Mesh→Generate Mesh，如图 32-6-38 所示。

3）施加约束和载荷 单击树形窗口的 Static Structural（A5）项，执行 Support→Fixed Support，然后在过滤器中将鼠标过滤为点，选取图中的 1 点，然后按住 Ctrl 键再选 5 点，单击 Apply 完成约束的施加；再执行 Loads→Force，在过滤器中将鼠标过滤为点，选取 6 点，然后按住 Ctrl 键再选 7 点和 8 点，单击 Apply 选定施加载荷点，在详细栏中选中 Components，施加 Y 方向载荷为－1000N，如图 32-6-39 所示。

4）求解 执行 Deformation→Total 来求解总变形，执行 Beam Results→Axial Force 求解轴向应力，单击树形窗口的 Solution（A6）项，单击鼠标右键，执行 Evaluate All Results 进行求解。

（4）后处理

1）显示总变形 执行树形窗口的 Total Deformation 项，显示总变形如图 32-6-40 所示。

2）显示轴向力 执行树形窗口的 Axial Force 项，显示等效应力如图 32-6-41 所示。

3）保存文件 执行 File→Save Project 保存文件。

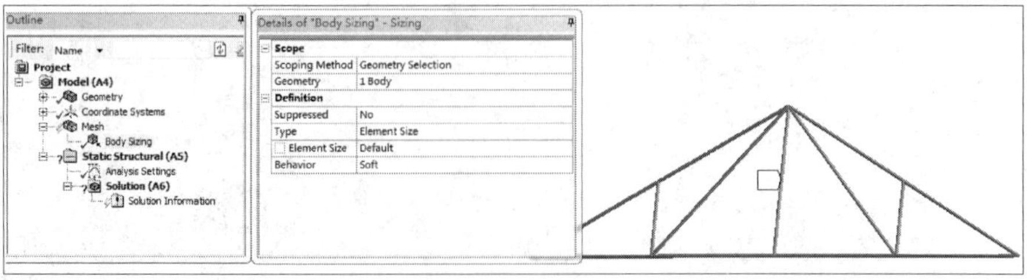

图 32-6-38 划分网格

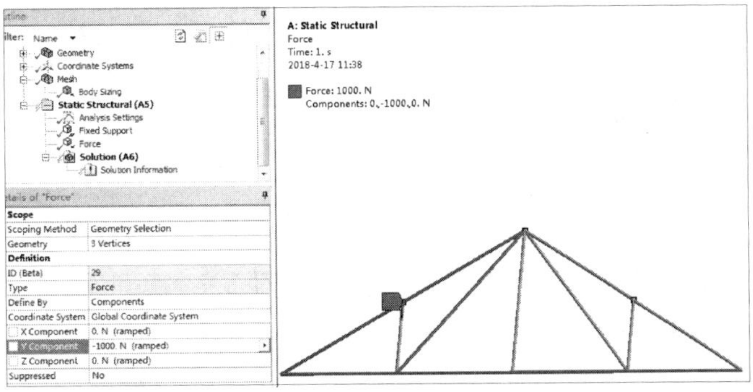

图 32-6-39　施加载荷

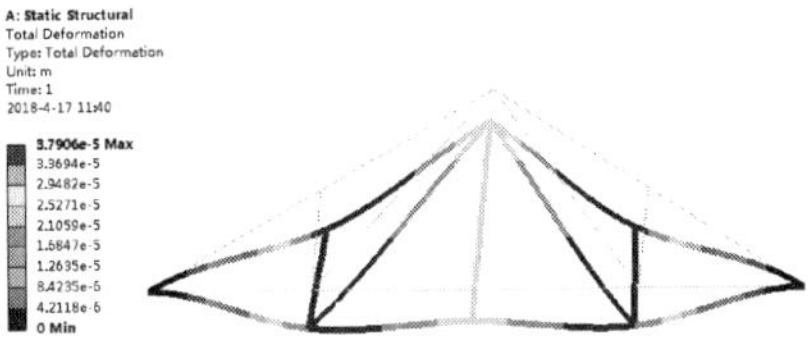

图 32-6-40　总变形图

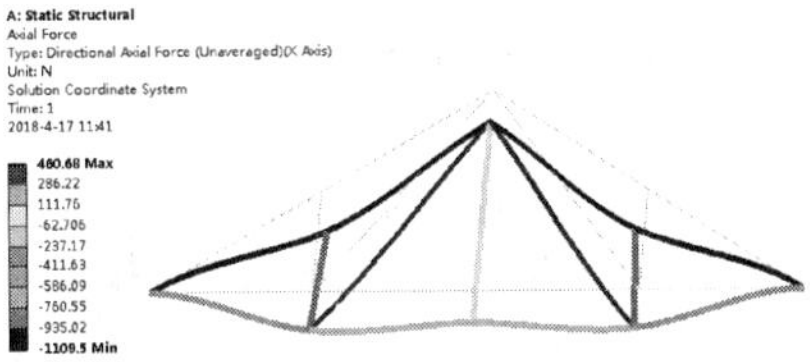

图 32-6-41　轴向力图

6.4.1.3　多体装配有限元分析

［例 3］　如图 32-6-42 所示，有一个由两个部件组成的装配体，长方体材料为 Structure Steel，其长宽高分别为 100mm、50mm、20mm；圆柱材料为 Stainless Steel，位于长方体上部中间位置，直径为 20mm，高为 20mm，长方体底部固定，圆柱体上表面受水平方向压力 10MPa、竖直向下压力 10MPa，进行静力学分析。

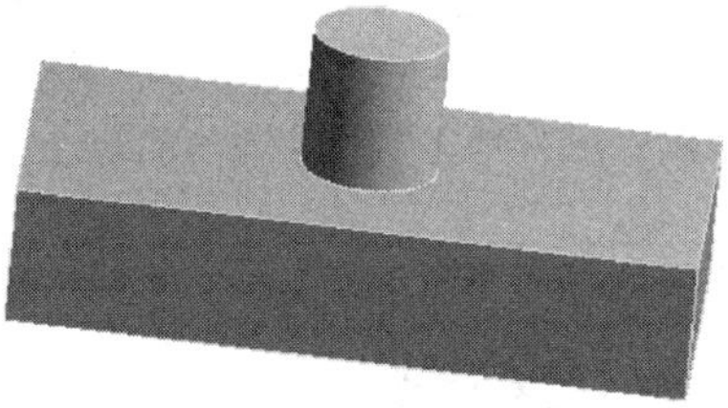

图 32-6-42　多部件装配体

（1）建立模型

1）启动 Workbench　启动 ANSYS Workbench，进入 Workbench，单击 Save As 按钮，将文件另存为 Assembly，然后关闭弹出的信息框。

2）进入 DM 界面　将 Component Systems 中的 Geometry 拖放至 Project Schematic 空白区内，出现 Geometry 实体建模 A 栏。双击 A2 栏 Geometry 项进入 DM 界面，设置建模单位为 mm。

3）建立长方体　在 DM 下建立模型，绘制矩形，标注尺寸如图 32-6-43 所示。

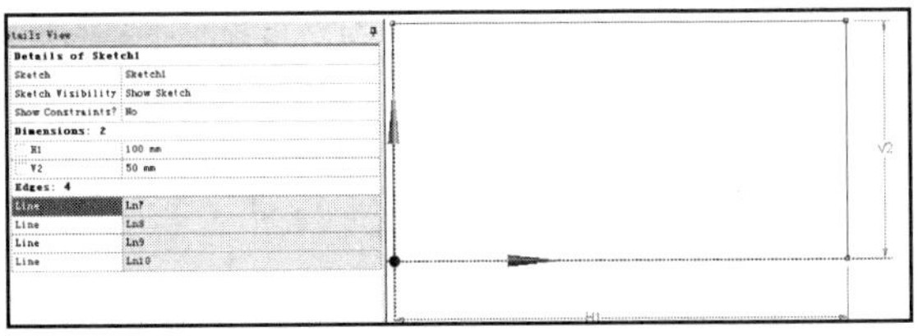

图 32-6-43　建立长方体

4）生成长方体　按 Extrude 按钮，单击树形窗口的 XYPlane→Sketch1，在 Details View 中的 Geometry 选择 Sketche1，单击 Apply，厚度 "FD1，Depth" 改为 20mm，再单击 Generate 按钮生成体。

5）建立圆柱体　单击平面/草图控制工具栏中的创建新平面按钮创建平面，在参数详细列表中 Type 设置为 From Face，选择长方体上表面为 Base Face，单击 Apply 按钮完成选择；单击 Generate 按钮生成草图平面。

6）生成圆柱体　按 Extrude 按钮，单击树形窗口的 XYPlane→Sketch2，在 Details View 中的 Geometry 选择 Sketche2，单击 Apply，厚度 "FD1，Depth" 改为 20mm，再单击 Generate 按钮生成圆柱体，如图 32-6-44 所示。

（2）分离为多体

1）冻结并切片　以上建立的两个部件在 Workbench 中是一个体，需要把它分为两个体。执行 Tools→Freeze 冻结体，然后执行 Create→Slice，在参数详细列表中 Slice Type 设置为 Slice by Surface，单击 Apply 按钮完成选择，再单击 Generate 按钮完成体的分离，如图 32-6-45 所示。

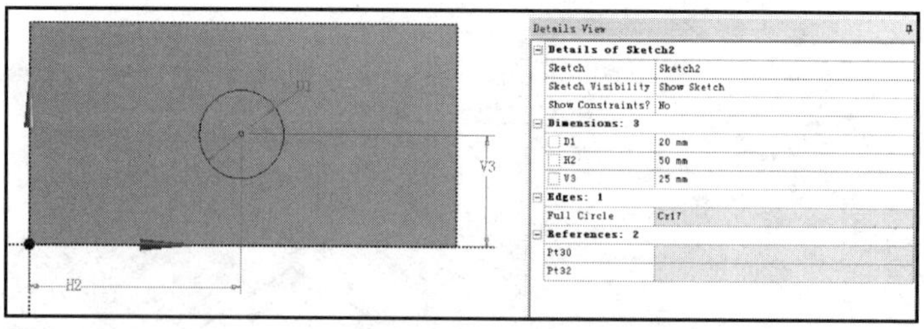

图 32-6-44　生成圆柱体

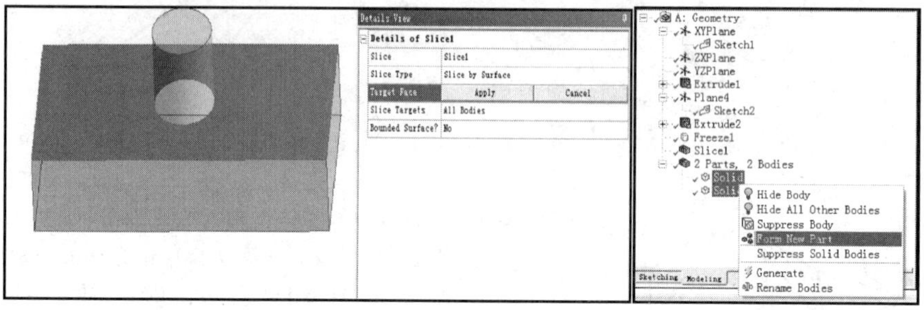

图 32-6-45　分离为多体

2）生成为一个部件　在左侧树形窗口按住 Ctrl 键选择两个 Solid，然后按鼠标右键，在弹出的快捷菜单中选 Form New Part 使两个零件合为一个部件。

3）返回 Workbench 界面　执行 File→Close DesignModeler 返回 Workbench。

（3）静力学分析

1）启动静力学分析模块　插入 Analysis Systems 中的 Static Structure 模块，用鼠标直接拖住 Toolbox 中的 Static Structure 至 A2 栏中，生成静力学分析的 B 栏。

2）设置材料　双击 B2 栏中的 Engineering Data 进入材料设置界面，执行 View 菜单，勾选 Outlines（如果已选择则略过此步）。单击右上角的 Engineering Data Sources 按钮，在弹出的数据源列表中单击 A3 项 General Materials 项，出现所选材料输出列表，在 Stainless Steel 栏中按"+"，增加不锈钢材料，按 Return to Project 完成材料添加，返回 Workbench。

3）进入分析环境　双击 A4（Model），进入 Mechanical，执行 Units→Metric（mm，kg，N，s，mV，mA）。

4）赋予材料属性　单击树形窗口中的 Geometry→Part，分别选择 Solid，然后在 Details of "Geometry" 中的 Assignment 项中的材料分别设置为 Stainless Steel 和 Structure Steel。

5）设置接触　单击树形窗口中的 Connection，执行 Contact→Bonded，然后在过滤器中将鼠标过滤为面，在参数详细列表中先选择 Contact，选择长方体上面，按 Apply 按钮完成 Contact 选择，再在参数详细列表中先选择 Target，然后选择圆柱体表面，按 Apply 按钮完成 Target 选择，如图 32-6-46 所示。

6）划分网格　单击树形窗口的 Mesh 项，单击右键弹出快捷菜单，选择 Generate Mesh 完成网格划分，如图 32-6-47 所示。

7）施加约束和载荷　单击树形窗口的 Static Structural（B5）项，执行 Support→Fixed Support，然后在过滤器中将鼠标过滤为面，选取长方体地面，单击 Apply 完成约束的施加；再执行 Loads→Pressure，在过滤器中将鼠标过滤为面，选取圆柱体上面，单击 Apply 选定施加载荷面，在详细栏中选中 Components，施加 X 方向载荷为 10MPa，施加 Y 方向载荷为 −10MPa，如图 32-6-48 所示。

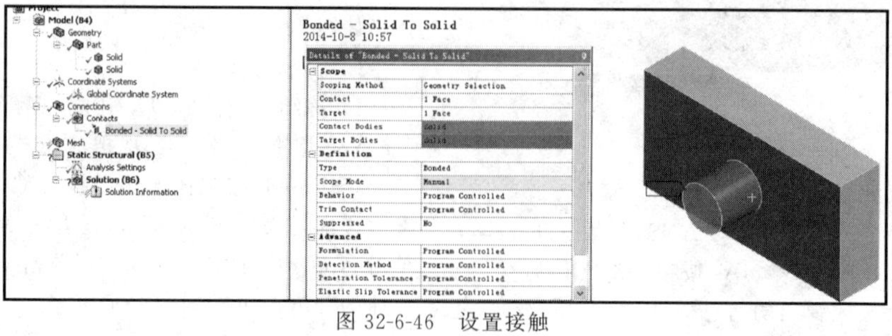

图 32-6-46　设置接触

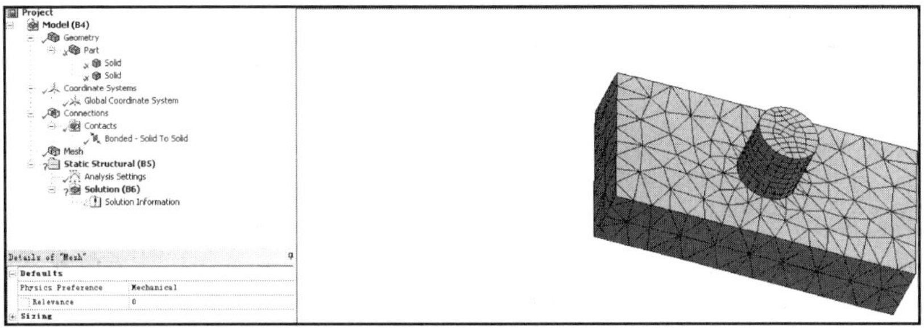

图 32-6-47　划分网格

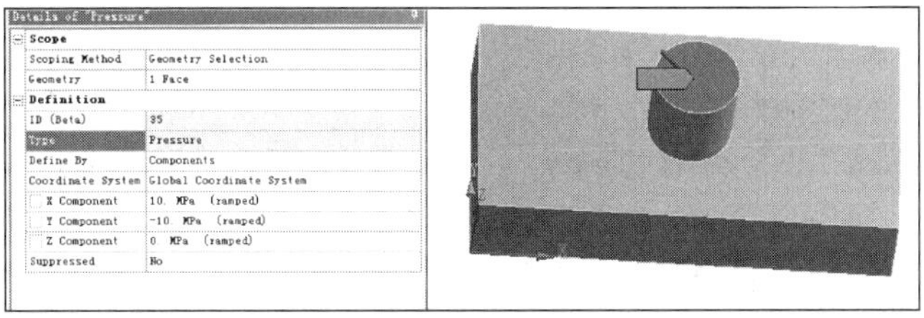

图 32-6-48　施加约束和载荷

8）求解　执行 Deformation→Total 来求解总变形，执行 Stress→Equivalent（von-Mises）求解等效应力，单击树形窗口的 Solution（B6）项，单击鼠标右键，执行 Solve 进行求解。

（4）后处理

1）显示总变形　执行树形窗口的 Total Deformation 项，显示总变形如图 32-6-49 所示。

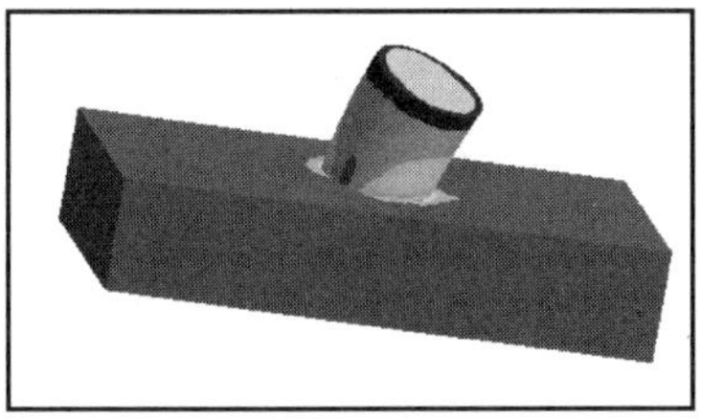

图 32-6-49　总变形图

2）显示等效应力　执行树形窗口的 Equivalent Stress 项，显示等效应力如图 32-6-50 所示。

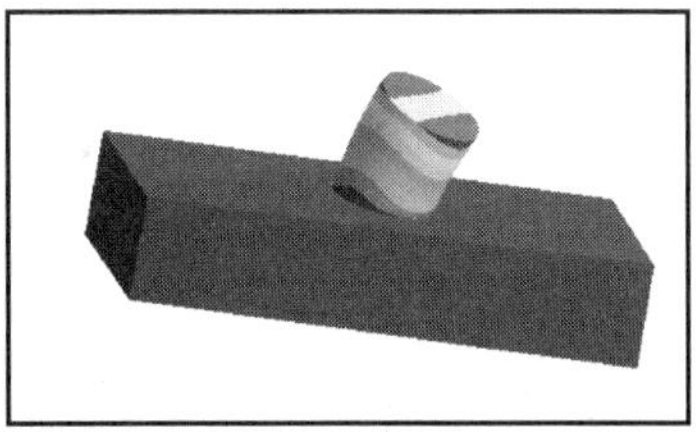

图 32-6-50　等效应力图

6.4.1.4　静力学分析综合应用实例——矿井提升机主轴装置静力学分析

（1）已知条件

1）主轴装置图　主轴装置是摩擦轮与主轴的组合，通过 SolidWorks 创建摩擦轮与主轴的三维模型，并完成主轴装置的装配，如图 32-6-51 所示。

2）材料属性　摩擦轮材料为 16Mn，主轴材料为 45。其材料物理属性如表 32-6-16 所示。

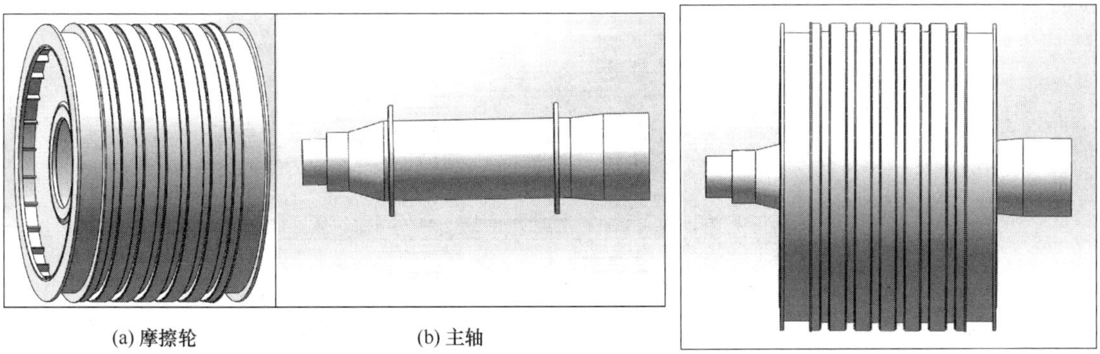

(a) 摩擦轮　(b) 主轴　(c) 主轴装置装配体

图 32-6-51　主轴装置图

表 32-6-16　主轴装置材料物理属性

材料	弹性模量/Pa	泊松比	密度/kg·m^{-3}
16Mn	2.12×10^{11}	0.31	7870
45	2.09×10^{11}	0.269	7890

3）边界条件　约束——主轴两端周面固定约束；载荷——将作用力简化为作用在绳槽内的垂直于圆柱表面的均匀面载荷。

（2）启动 ANSYS Workbench 并建立分析项目

1）启动 ANSYS Workbench 仿真分析系统，进入主界面。

2）选择 File→Save，弹出另存为对话框，在文件名项输入工作文件名，本例中输入工作文件名为 Engine，单击 OK 按钮，完成工作文件名的定义。

3）选择 Toolbox→Analysis Systems→Static Structural 模块，按住鼠标左键拖至 Project Schematic 界面内，如图 32-6-52 所示。

（3）定义材料属性

① 双击项目 A 中的 A2 栏，进入材料参数设置界面，在界面空白处右击，弹出快捷菜单中选择 Engineering Date Source 命令，在 Engineering Date Source 选择 A＊栏，输入 NEW，给出文件名并保存到所需位置；在 A＊栏分别输入 16Mn、45，并在左侧 Toolbox 中分别选择 Physical Properties-Density 和 Linear Elasticity-Isotropic Elasticity，按住鼠标左键，拖放到 Properties of Outline Row 3：16Mn 与 45 的属性栏中，并在属性表中输入两种材料的参数，如图 32-6-53 所示。

② 单击 Return to project，完成材料添加，返回 Workbench 界面中。

（4）模型导入及操作

1）模型导入及布尔操作　右键单击 A3 将主轴装置模型导入 Workbench 中，选择单位为 Millimeter 并点击 Generate 生成主轴装置模型。单击 Crate-Boolean 并单击左侧 Tree-Outline 中的 part 选项，进行布尔操作，逐个选取摩擦轮上的各个肋板、加强筋筒壳等（即除主轴外所有零件）合并为一个零件，如图 32-6-54 所示，单击 Apply、Generate 生成含摩擦轮与主轴的装配体。

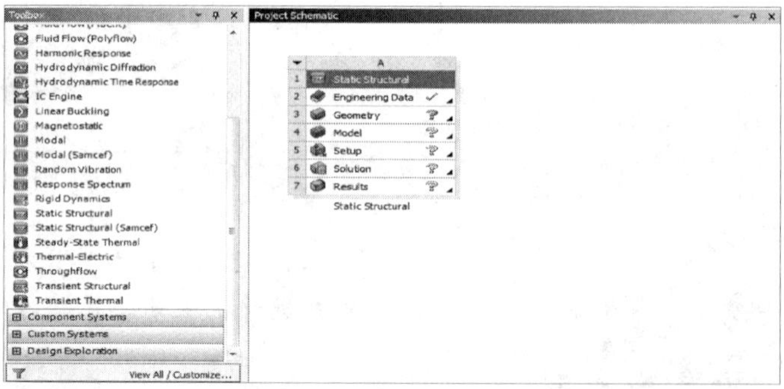

图 32-6-52　静力分析模块

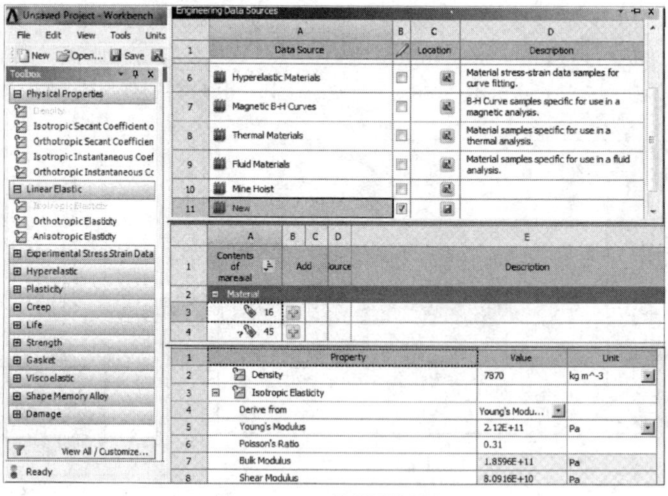

图 32-6-53　材料属性设置

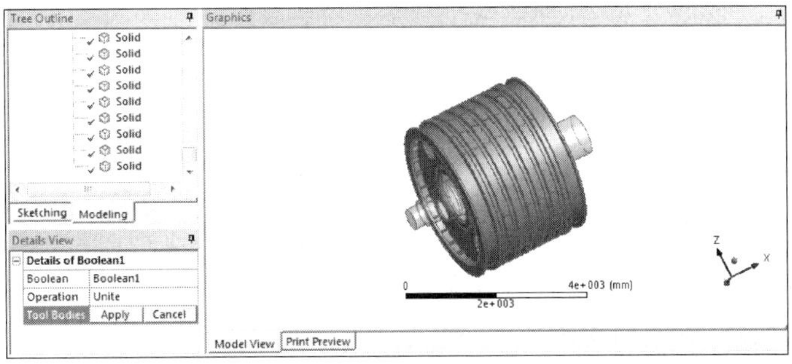

图 32-6-54　摩擦轮布尔操作

2）主轴切割　由于主轴为回转体结构，可以通过扫掠方式得到六面体网格，因此在此处对主轴进行切分，以便划分出六面体网格，选择阶梯轴端面作为切割面。首先对摩擦轮进行抑制，选择摩擦轮，单击右键 Suppress-Body。单击 Slice，在 Slice-Type 中选择 Slice by surface，以端面作为 Target Face 如图 32-6-55 所示。

单击 Apply 后再次单击 Generate 完成切割，并重复上述操作，最终将主轴分为六个规则部分，如图 32-6-56 所示。

3）解除抑制　在 Tree-Outline 中摩擦轮的 Solid 右键选择 Unsuppress Body 对摩擦轮取消抑制，关闭 DM 模块完成几何模型的操作。

（5）设置材料及接触

1）添加材料　单击 Geometry 在 Material-Assignment 中分别将材料 45 与 16Mn 赋予主轴与摩擦轮，如图 32-6-57 所示。

2）设置接触对　设置主轴的各部分（切割过的）为 Bonded 连接。主轴与摩擦轮之间的接触面也为 Bonded 连接，如图 32-6-58 所示。

（6）划分网格

1）设置网格　单击 Geometry 设计树，选中摩擦轮单击右键 Hide-Body 隐藏摩擦轮以便于对主轴分网，首先对主轴进行扫掠分网单击 Mesh-Insert-Method，依次选中主轴各部分单击 Apply，并在 Definition-Method 中选择 MultiZone（多区扫掠），完成主轴各部分扫掠网格的添加，将隐藏的摩擦轮模型显示，选中摩擦轮单击右键 Show-Body，单击 Mesh-Show Mappable Faces，查看能够实现映射网格划分的面，摩擦轮表面均能实现映射网格划分，再次单击 Mesh-Insert-Mapped Face Meshing，对摩擦轮进行映射网格划分，单击 Mesh-Generate Mesh 生成网格，如图 32-6-59 所示。

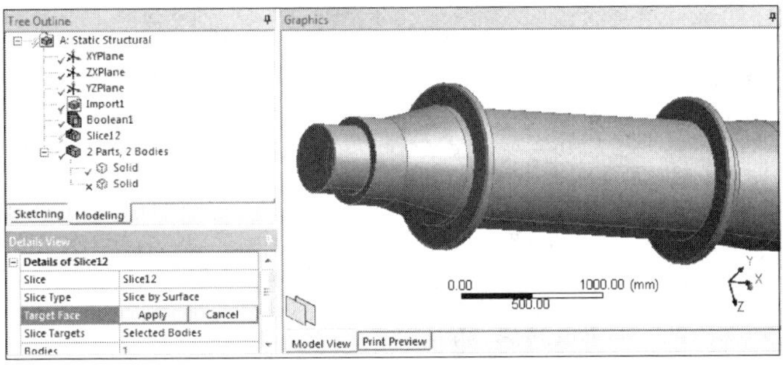

图 32-6-55　主轴切割

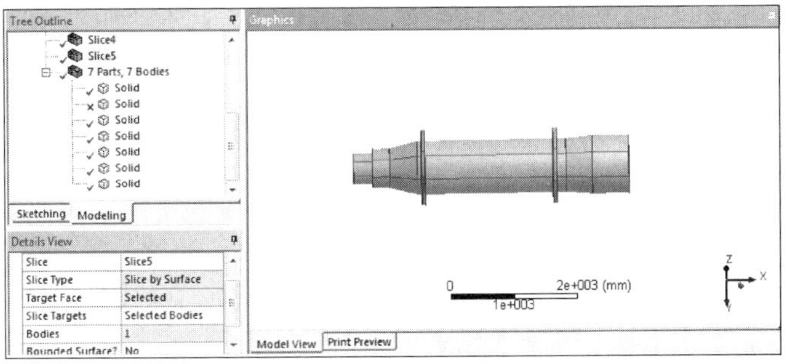

图 32-6-56　主轴切割完毕

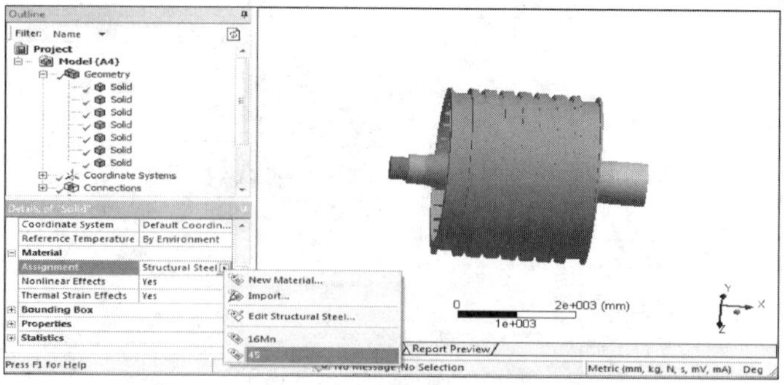

图 32-6-57　选择主轴与摩擦轮材料

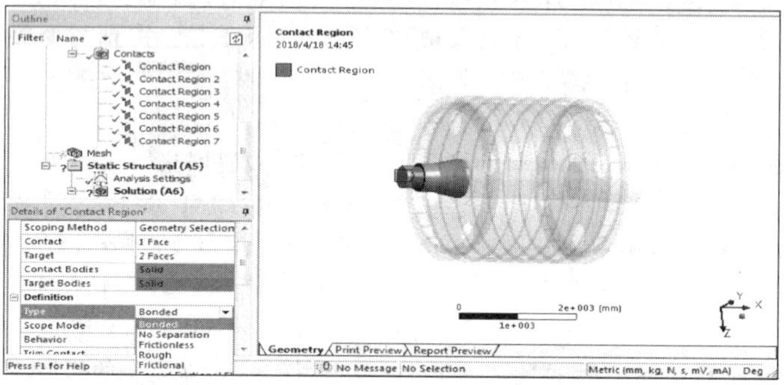

图 32-6-58　设置接触对

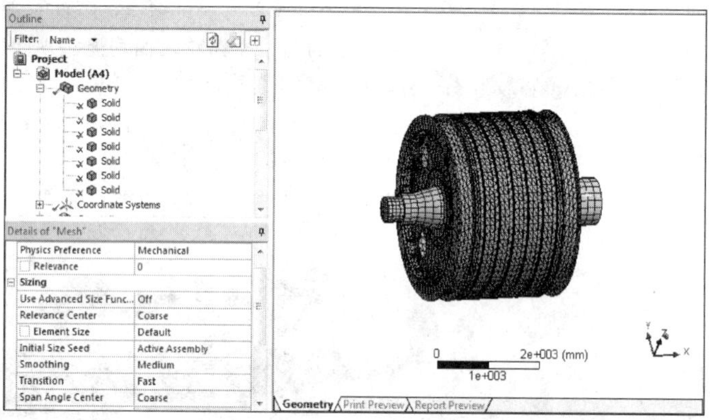

图 32-6-59　生成的网格

2）网格质量检测　单击 Statistics 在 Mesh Metric 中选择 Element Quality，得到网格检测数据如图 32-6-60 所示，查看 Average 大约为 0.36，网格质量低。

3）优化网格　通过调整网格尺寸、疏密程度及过渡情况等参数以提高网格质量，设置 Relevance Center、Element Size、Transition、Smoothing 等参数，单击 Mesh-Generate Mesh 生成网格，如图 32-6-61 所示。

4）重新进行网格质量检测　单击 Statics 在 Mesh Metric 中选择 Element Quality，如图 32-6-62 所示，查看 Average 大约为 0.77，网格质量较好。

（7）施加边界条件及载荷

1）施加约束　单击 Support-Fixed Support 选择主轴两侧的周面，并单击 Apply 完成约束的施加，如图 32-6-63 所示。

2）施加载荷　单击 Load-Pressure 选取 6 个绳槽面并单击 Apply 完成选择，在 Magnitude 中输入数值大小为 0.62MPa，方向选择 Normal to 完成力的加载，如图 32-6-64 所示。

（8）求解及后处理

1）求解　单击 Solution，选择添加 Deformation-Total、Stress-Equivalent。单击 Solve 求解。

2）后处理　应力及变形云图如图 32-6-65 所示。

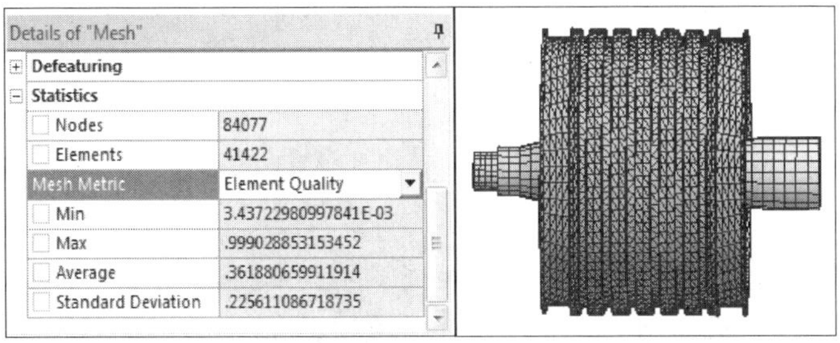

图 32-6-60　生成网格质量

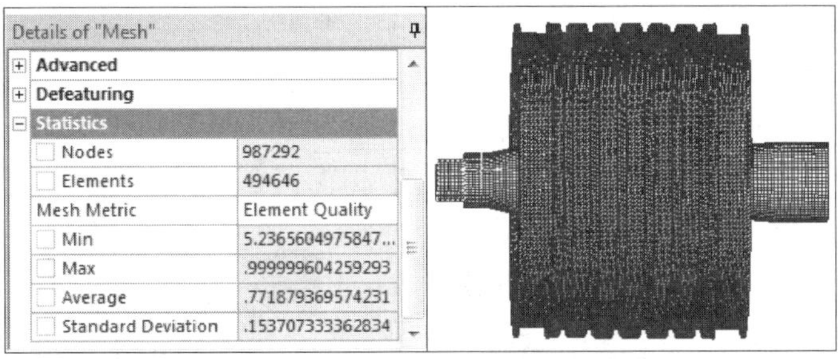

图 32-6-61　优化后网格

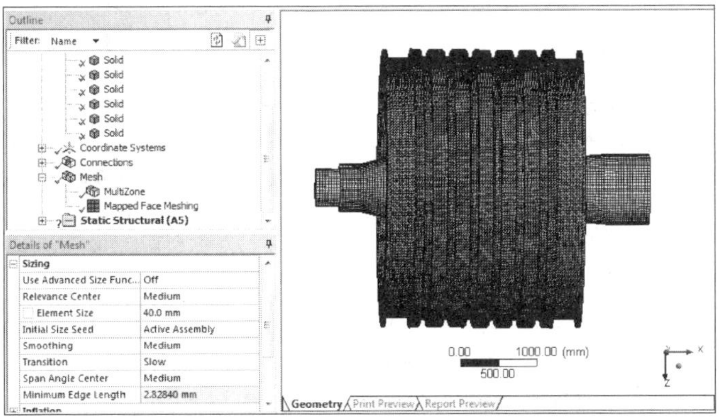

图 32-6-62　优化后网格质量

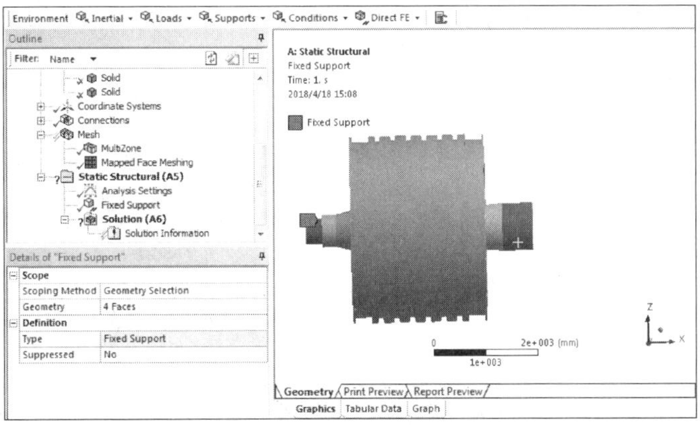

图 32-6-63　施加约束

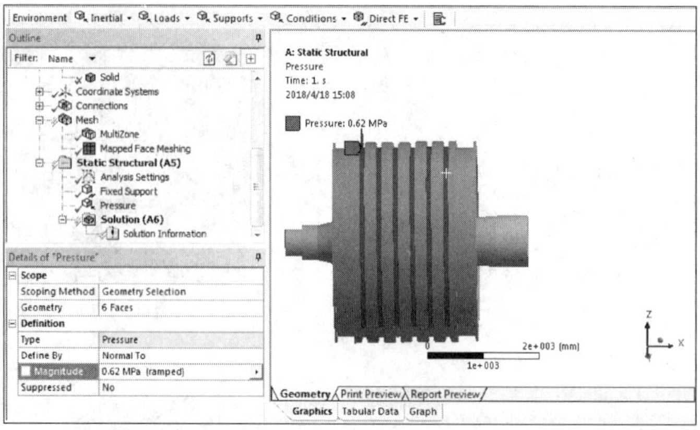

图 32-6-64 施加载荷

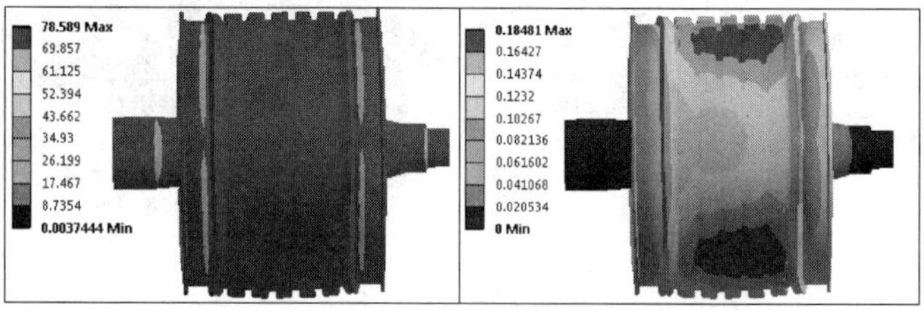

(a) 主轴装置应力图 (b) 主轴装置变形图

图 32-6-65 求解结果

6.4.1.5 静力学分析综合应用实例——材料非线性有限元分析

（1）案例概述

在发动机密封系统中，气缸垫的密封主要通过自身的变形来补偿气缸盖与气缸体接触面之间由于加工不平整所造成的误差。而气缸垫具有高非线性材料性质，如果只考虑其线性材料性质会使其分析结果不准确。ANSYS Workbench 有限元分析软件对于垫片这类材料具有特定的赋予材料属性的方法。本案例主要通过对某汽油发动机气缸垫密封性能的有限元分析，展示了对发动机气缸垫这种高非线性垫片材料的分析方法。

（2）准备工作

1）发动机模型简化　由于本例汽油发动机数模比较复杂，网格单元与节点数目较多，需要考虑计算机的计算工作量、计算速度以及硬盘内存等诸多方面因素，因此在保证计算结果精度的前提下，需要对其缸体缸盖进行简化处理。如图 32-6-66 所示为发动机缸体、缸盖简化后数模，其中，图 32-6-66（a）所示为发动机缸盖数模，图 32-6-66（b）所示为发动机缸体数模。

2）螺栓简化　本例所使用的螺栓为 10.9 级 M10 螺栓，在工程实际中为了减小计算成本通常会对其进行简化处理，简化主要表现在螺纹处。由于螺栓的螺纹连接可以近似地看成绑定接触，所以螺纹处可以简化成与缸体螺纹孔大小一致的圆柱体。如图 32-6-67 所示为螺栓简化后数模。

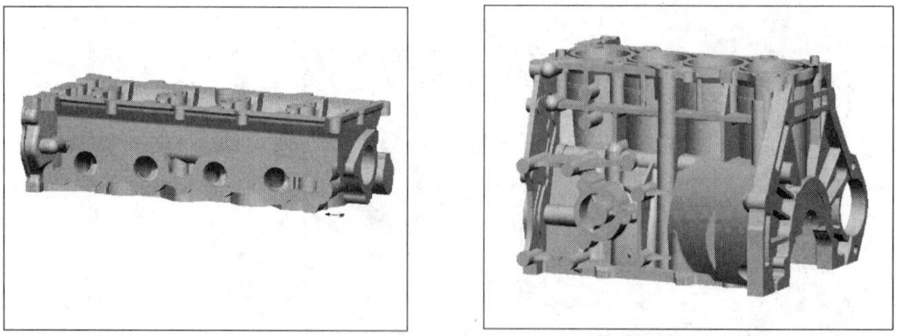

(a) 缸盖数模 (b) 缸体数模

图 32-6-66 发动机数模

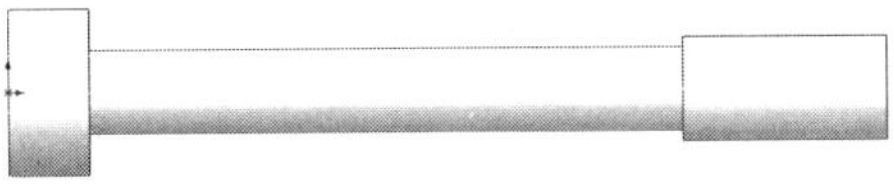

图 32-6-67　螺栓数模

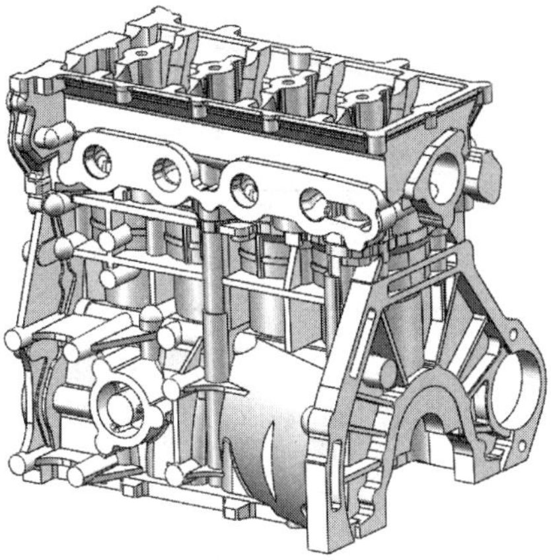

图 32-6-68　整机装配数模

3）整机装配　将处理好的模型通过 SolidWorks 软件进行整机装配并检查干涉情况。如图 32-6-68 所示为整机装配数模。

4）模型截取　为了提高计算收敛性以及减小计算时的误差，需要提前将缸体缸盖中与密封筋的接触位置进行截取，这样做保证接触位置网格一致，同时方便局部控制接触位置网格的密度，以达到提高精度的目的。将装配好的数模进行局部切分操作，并将切分后的装配体保存为 x_t 格式。

（3）有限元分析操作过程

1）模型导入　启动 ANSYS Workbench 仿真分析系统，进入主界面。选择 Toolbox→Analysis Systems→Static Structural 模块，按住鼠标左键拖至 Project Schematic 界面内，如图 32-6-69（a）所示。在静力场模块中的 Geometry 上单击鼠标右键，在其快捷菜单中依次选择 Import Geometry→Browse 选择前面步骤中保存好的 x _ t 格式文件，完成模型导入操作，导入结果如图 32-6-69（b）所示。

2）添加材料库　在 Static Structural 项目列表中双击 Engineering Data 选项，在弹出的界面单击 Engineering Data Sources 选项进入材料数据库。新建一种新的材料取名为 GK，点击左侧 Toolbox 中的 Gasket 选项，双击 Gasket Model 完成加载的插入。双击 3 次左侧 Toolbox 中的 Gasket-Additional Data 选项中的 Nonlinear Unloading 完成非线性卸载的插入，将插入的加载卸载中输入实验获得的相对应的实验数据即可完成添加垫片材料的操作，结果如图 32-6-70所示。新建另一种材料取名为 BJ，用同样的方法完成材料属性输入的操作。

3）设置材料属性　双击 Static Structural 项目列表中的 Model 项目进入 Mechanical 环境。Outline→Model（B4）→Geometry 进行材料属性的设置，密封筋缸口处的材料设置为 GK，在 Definition→Stiffness Behavior 设为 Gasket，并在 Gasket Mesh Control 中选择缸口筋的一个面为 Source 面，点击 Apply 确认。将 Definition→Element Midside Nodes 选项选择为 Dropped 低节点单元，以提高收敛性，如图 32-6-71 所示。同样的方法对半筋进行材料属性的设置。

4）接触对设置　本例中主要用到 Bonded 绑定接触以及 Rough 粗糙接触。其中螺栓与缸体间的螺纹连接以及切分出的实体与原实体的接触设为绑定接触，并将 Definition 选项卡中的 Behavior 选项设置为 Asymmetric 非对称接触，如图 32-6-72（a）所示。将剩下的接触对设置为 Rough 接触，将 Definition 选项卡中的 Behavior 选项设置为 Asymmetric 非对称接触，同时将 Advanced 选项卡中的 Formulation 选项选成 Normal Lagrange 拉格朗日算法。结果如图 32-6-72（b）所示。

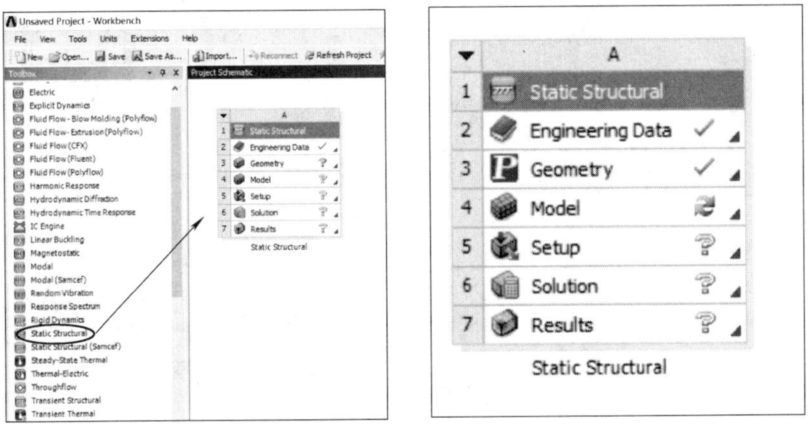

(a) 创建静力场模块　(b) 模型导入

图 32-6-69　模型导入

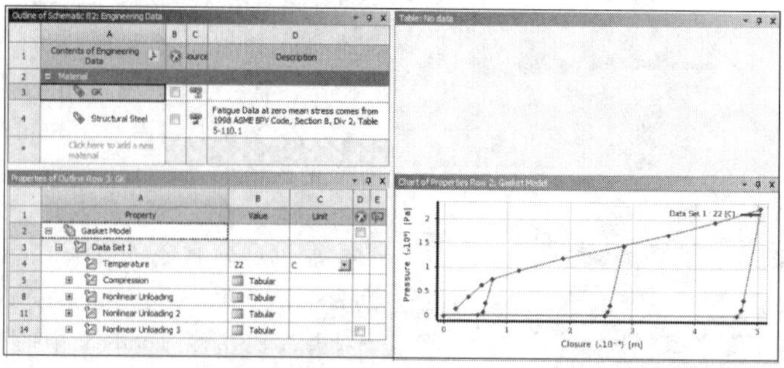

图 32-6-70 添加材料库

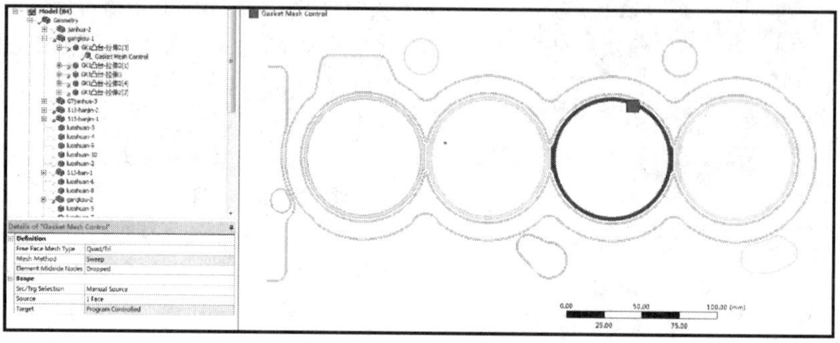

图 32-6-71 设置材料属性

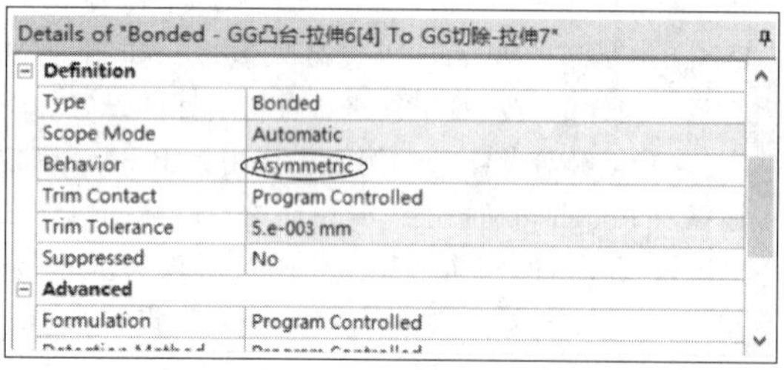

(a) Bonded接触属性

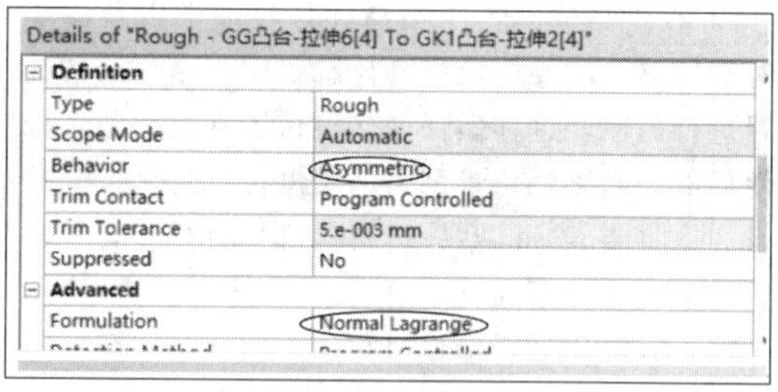

(b) Roush接触属性

图 32-6-72 设置接触对

5）网格划分 对于本例的螺栓选用六面体网格划分，单元大小选择 2mm 尺寸即可满足计算精度要求，划分结果如图 32-6-73 所示。缸体、缸盖切分下来与密封筋接触的部分选择扫掠网格划分，由于这一部分计算精度要求很高，所以网格尺寸选择 1mm，同时为了提高收敛性选择 Dropped 低节点单元，划分结果如图 32-6-74 所示。剩余的缸体、缸盖由于其网格大小对计算结果影响很小，选择自由网格划分即可满足计算精度要求，网格划分结果如图 32-6-75 所示。

6）施加约束与载荷 在 Outline 窗口中的 Static Structural（B5）选项单击鼠标右键，在 Insert 选项中选择 Fixed Support 插入一个固定约束，选择发动机缸体底面为固定约束面，如图 32-6-76（a）所示。用同样的方法插入十个 Bolt Pretension 螺栓预紧力，分别选择十个螺栓（杆表面施加螺栓预紧力，如图 32-6-76（b）所示。

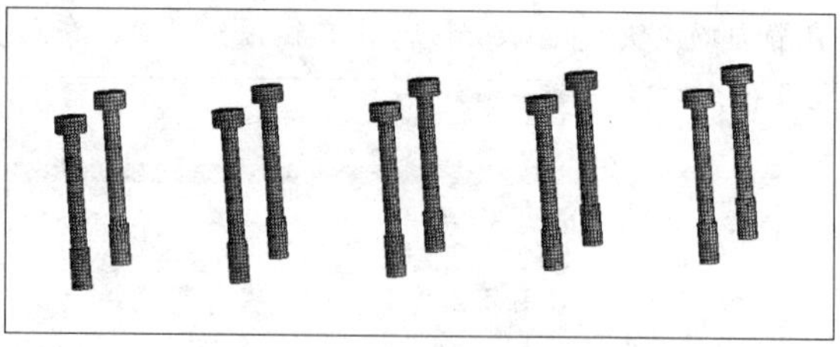

图 32-6-73 螺栓网格

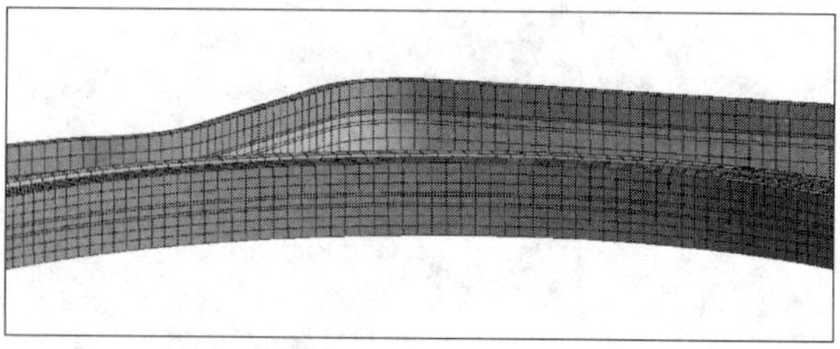

图 32-6-74 接触位置网格

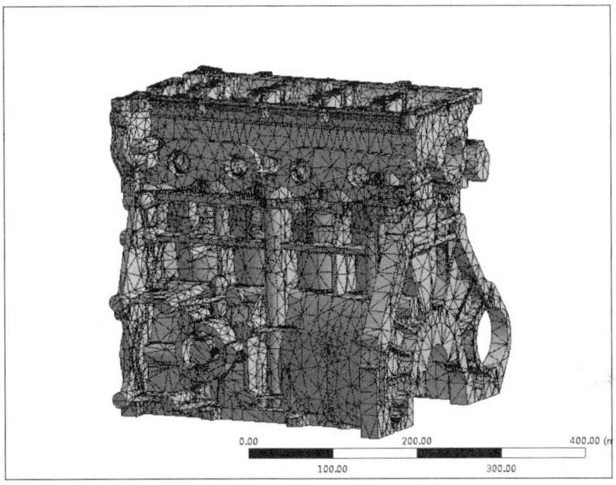

图 32-6-75　缸体缸盖网格

7）插入结果云图并求解　在 Outline 窗口中的 Solution（B6）选项中单击右键，在 Insert 列表中的 Gasket 列表选择 Normal Gasket Pressure 插入一个垫片的法向压力，点击 Solve 进行运算。计算结果云图见图 32-6-77。

6.4.2　结构线性动力学分析算例

6.4.2.1　模态分析

（1）基本知识

模态分析是最基本的动力学分析，它是瞬态分析、谐响应分析、响应谱分析和随机振动分析等动力学分析的基础。因为模态分析能够反映出结构的基本动力学特性，所以在进行其他类型的动力学计算之前，首先要进行结构的模态分析。

模态分析主要是用于确定机器结构或部件的固有频率和振型，一方面可以使设计出来的结构能有效地避免产生共振或自激振荡，如吊车梁等；另一方面可以使机器以特定的频率进行振动。除此之外还可以使工程师了解不同类型的动力载荷对结构是如何响应的，并且有助于在其他动力分析中估算求解控制参数等。

通用结构动力学方程为：

$$M\ddot{\mu}+C\dot{\mu}+K\mu=F(t) \tag{32-6-187}$$

无阻尼线性结构自由振动的方程为：

$$M\ddot{\mu}+K\mu=\{0\} \tag{32-6-188}$$

对于线性系统，自由振动为简谐运动，则：

$$\mu=\Phi_i\sin(\omega_i t+\theta_i) \tag{32-6-189}$$

$$\ddot{\mu}=-\omega_i^2\Phi_i\sin(\omega_i t+\theta_i) \tag{32-6-190}$$

将位移和加速度代入到式（32-6-188）中，可得无阻尼模态的理论分析方程

$$(K-\omega^2 M)\Phi_i=\{0\} \tag{32-6-191}$$

有两种情况可以满足式（32-6-191）中的方程式，分别为：

①　$$\Phi_i=0 \tag{32-6-192}$$

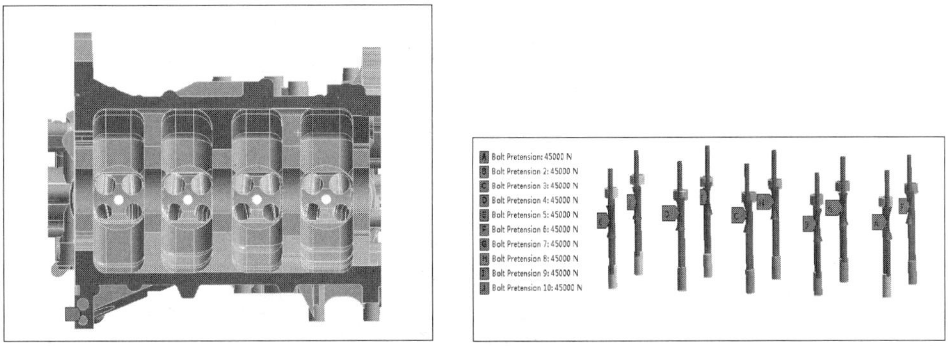

(a) 固定约束示意图　(b) 螺栓预紧力示意图

图 32-6-76　约束与载荷

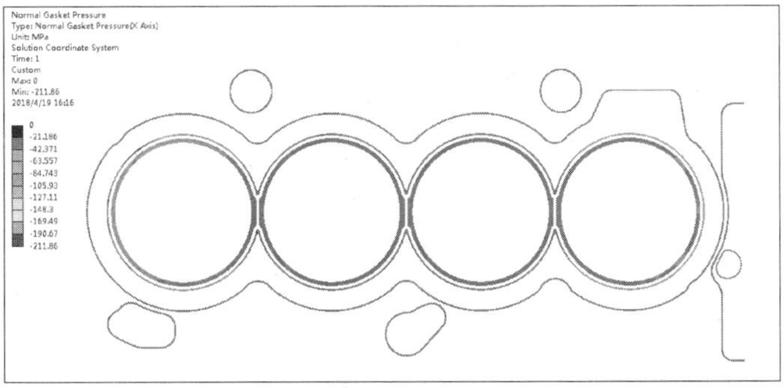

图 32-6-77　结果云图

第 32 篇

这种情况表明结构没有振动，不予考虑舍去。

② $$K-\omega^2 M\{0\} \quad (32\text{-}6\text{-}193)$$

这种情况是一个经典的特征值问题，此方程的特征值为 ω_i^2。该特征值对应的特征向量为 $\boldsymbol{\Phi}_i$。将特征值 ω_i^2 开方后可得到自振圆频率 ω_i（rad·s^{-1}），进而可以求出固有频率为 $f_i=\frac{\omega_i}{2\pi}$，其中 f_i 的单位为 Hz。

注意：上述方程是在一定假设条件下求解的。

① 材料是线弹性材料；

② 使用小挠度理论，并且不包含非线性特性；

③ $\boldsymbol{K}$ 和 $\boldsymbol{M}$ 都是常量；

④ 由于 $\boldsymbol{C}=0$，所以不包含阻尼；

⑤ 由于 $\boldsymbol{F}=0$，所以假设结构没有激励。

模态分析过程与线性静态结构分析过程十分相似，步骤大致可以分为：

① 建模或导入模型；

② 设置材料属性；

③ 定义接触；

④ 划分网格；

⑤ 定义边界条件；

⑥ 设置所需的模态阶数；

⑦ 求解；

⑧ 查看结果。

除了常规的模态分析外，Workbench 还可以计算有预应力的模态分析，在进行预应力模态分析前需要对结构进行静力分析，模型中所包含的接触关系的计算仅与静力分析中的初始状态有关。

（2）模态分析实例

如图 32-6-78 所示为一简易桁架吊车的桁架结构，其总长度为 6m，总宽度由 0.58m，总高度为 0.82 m，对其进行模态分析。该桁架结构上部由 4.0mm×80mm×80mm 和 4.0mm×60mm×60mm 的方管组成，下部为 28a 型工字钢，采用焊接方式进行连接，材质均为 Q235A。

桁架两端采用 Supports-Remote Displacement 进行约束，弹性模量为 2.12×10^{11} Pa，泊松比为 0.288。

1）启动 ANSYS Workbench 并建立分析项目

① 启动 ANSYS Workbench。

② 进入 Workbench 后，单击 Save As 按钮，将文件另存为 Truss。

③ 双击主界面 Toolbox（工具箱）中的 Component Systems→Geometry 命令，在 Project Schematic 创建项目 A，如图 32-6-79 所示。

④ 导入模型。用鼠标选中 Geometry 中 A2 栏后在右键弹出的快捷菜单中选择并导入 asm0001. x_t 文件，如图 32-6-80 所示。导入后双击 A2 栏进入 Design Modeler 模块，选择长度单位为 Millimeter 后点击 OK 按钮，然后点击 Generate 按钮，生成模型如图 32-6-81 所示。

⑤ 双击主界面 Toolbox（工具箱）中的 Analysis Systems→Modal，创建模态分析项目 B，并将 A2 直接拖拽到 B3 项即可，如图 32-6-82 所示。

2）添加材料库

① 双击项目 B 中的 B2 栏，进入材料参数设置界面。在界面空白处右击，在弹出的快捷菜单中选择 Engineering Date Sources 命令，在 Engineering Date Sources 表中选择 A＊栏，输入“new materials”给出文件名并保存到所需位置；在 Outline of new materials 表中选择 A＊栏并输入 Q235A，并在左侧 Toolbox 中分别选择 Physical Properties-Density 和 Linear Elasticity-Isotropic Elasticity，按鼠标左键拖放到 Properties of Outline Row 3：Q235A 的属性（Properties）栏中，在属性表中输入 Q235A 钢的相关参数，如图 32-6-83 所示。

② 去掉 Engineering Date Sources 表中 A10 栏 B 列中的“√”号，点击弹出菜单中的“是（Y）”，然后点击 Outline of new materials 表中选择 A3 栏 B 列中的“＋”，完成对新材料 Q235A 钢的添加。

③ 单击 Return to Project 完成材料添加，返回 Workbench 界面中。

说明：在进行材料添加时，要确保勾选 View 菜单中的 Outline、Properties、Table 和 ToolBox，否则相关对话框将不能显示。

3）添加材料属性

① 双击项目 B 中的 B4 Model 栏，进入 Mechanical 界面，在该界面中可以进行网格划分、设置约束、载荷和观察结果等操作。

② 选择 Mechanical 界面左侧 Model（B4）→Geometry 下的 280×124×10_5 和 110_SOLID 两项，单击 Details of“Multiple Selection”中 Material 下的 Assignment 后的展开按钮，选择 Q235A 即可将其添加到模型中，如图 32-6-84 所示。

4）划分网格

① 选择 Mechanical 界面左侧 Model（B4）→Mesh 选项，此时可在 Details of“Mesh”表中修改网格设置参数，如图 32-6-85 所示，将 Defaults-Relevance 设置为 50，其余采用默认设置。

② 在左侧 Mesh 选项上右击，在弹出的快捷菜单中选择 Generate Mesh 命令，此时会弹出网格划分进度显示条，表示网格正在划分。网格划分完成后，进度条自动消失，划分结果如图 32-6-86 所示。

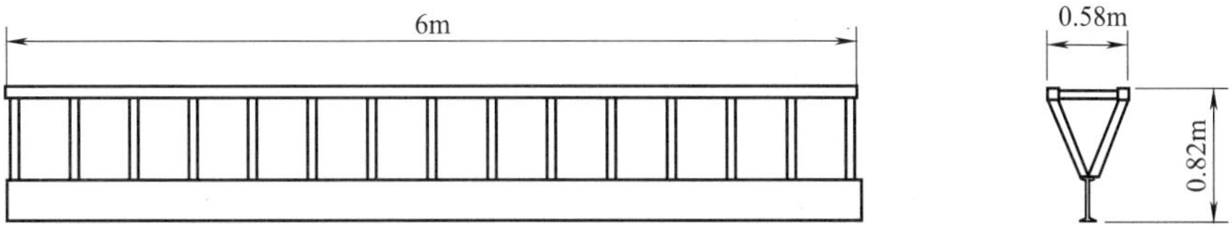

图 32-6-78 桁架结构图

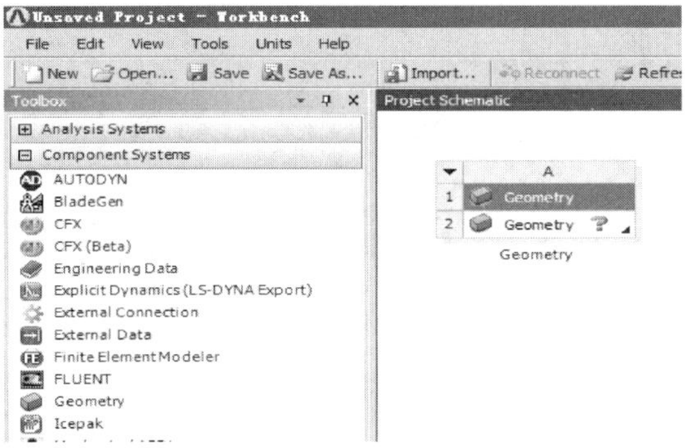

图 32-6-79 创建项目 A

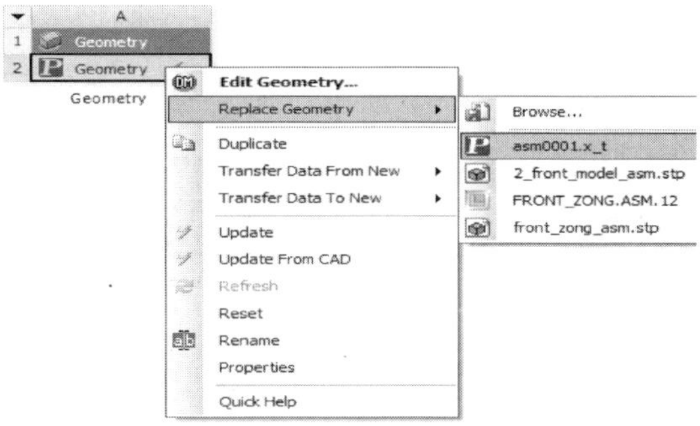

图 32-6-80 导入模型

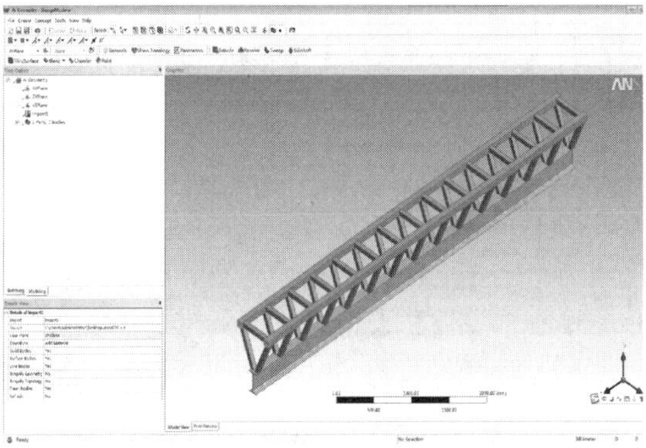

图 32-6-81 进入 Design Modeler 模块

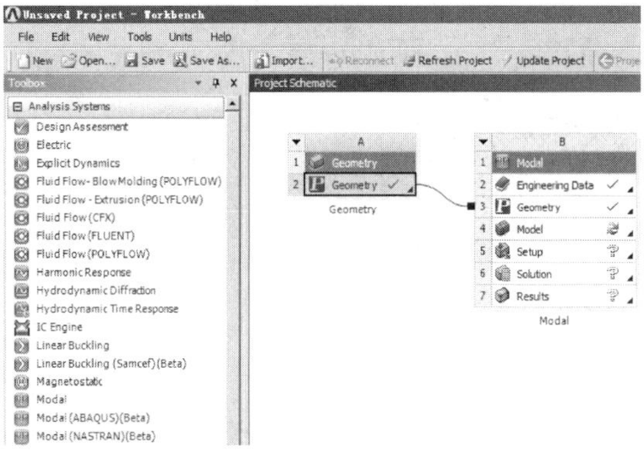

图 32-6-82 创建项目 B

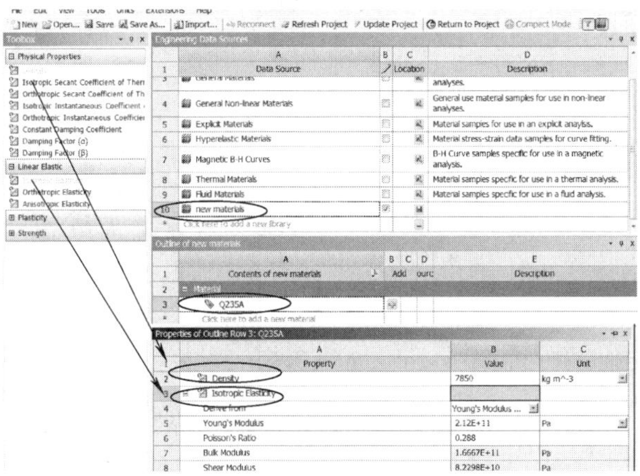

图 32-6-83 材料属性设置

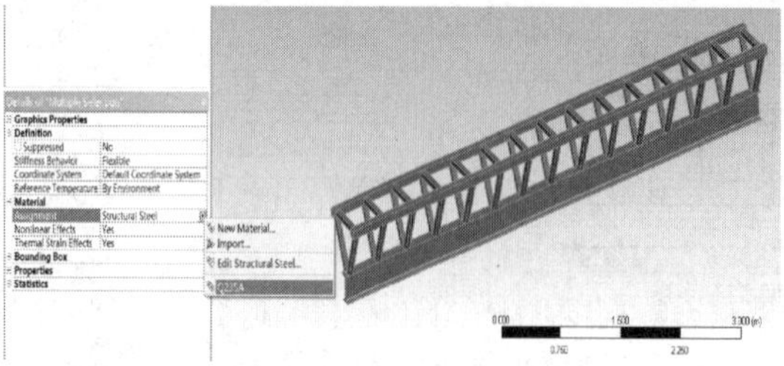

图 32-6-84 设置材料界面

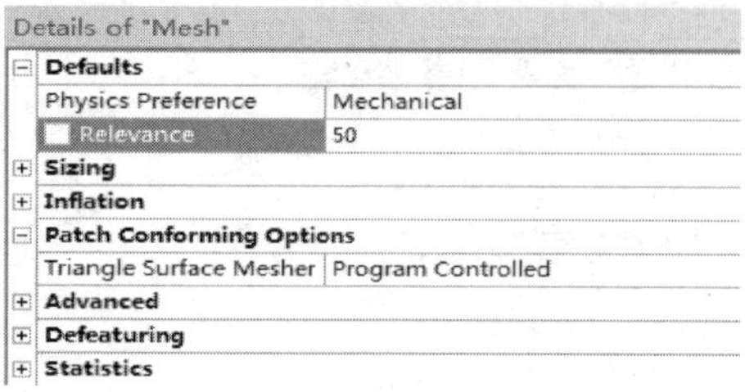

Details of "Mesh"	
Defaults	
Physics Preference	Mechanical
Relevance	50
Sizing	
Inflation	
Patch Conforming Options	
Triangle Surface Mesher	Program Controlled
Advanced	
Defeaturing	
Statistics	

图 32-6-85 “Mesh”设置界面

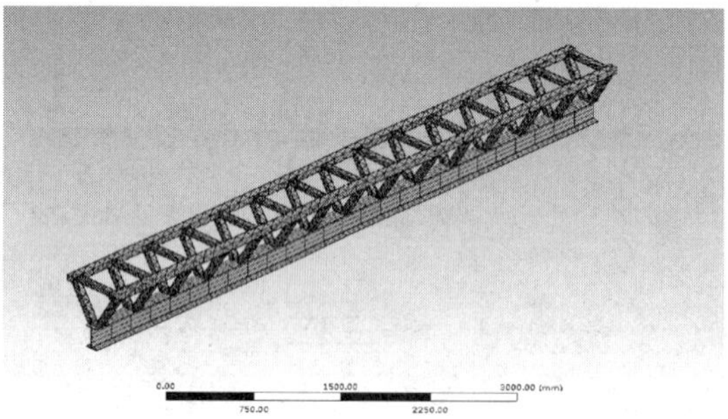

图 32-6-86 划分网格

5）施加载荷与约束

① 选择 Mechanical 界面左侧 Modal（B5）选项，此时会出现 Environment 工具栏，选择 Environment 工具栏中的 Supports→Remote Displacement 命令，然后选择桁架梁一端的三个面，点击 Details of “Remote Displacement” 表中 Scope→Geometry→Apply，并将 Details of “Remote Displacement” 表中 Definition 下的三个平动自由度设置为零，绕 Y、Z 轴的转动自由度也设置为零，如图 32-6-87 所示。

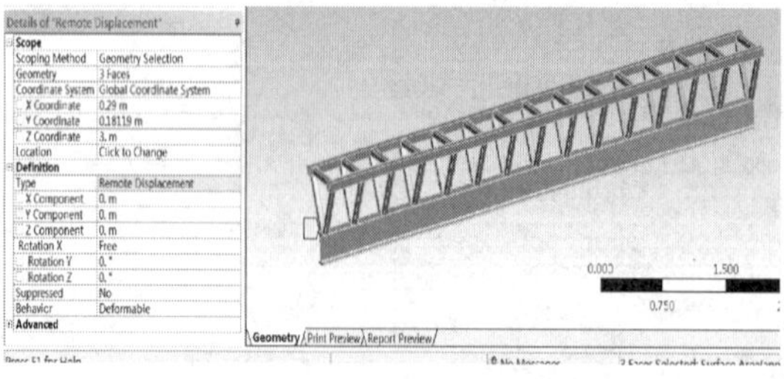

图 32-6-87 设置一端约束

② 同步骤 2，选择桁架梁另一端的三个面，并将 X、Y 轴的平动自由度设置为零，Y、Z 轴的转动自由度设置为零。

③ 在 Mechanical 界面左侧 Modal（B5）选项右击，在弹出的快捷菜单中选择 Solve 命令求解。

6）分析设置 选择 Mechanical 界面左侧 Modal（B5）→ Analysis Settings 选项，在 Details of “Analysis Settings” 表中将 Max Modes to Find 项设置为 6 即可，如图 32-6-88 所示。

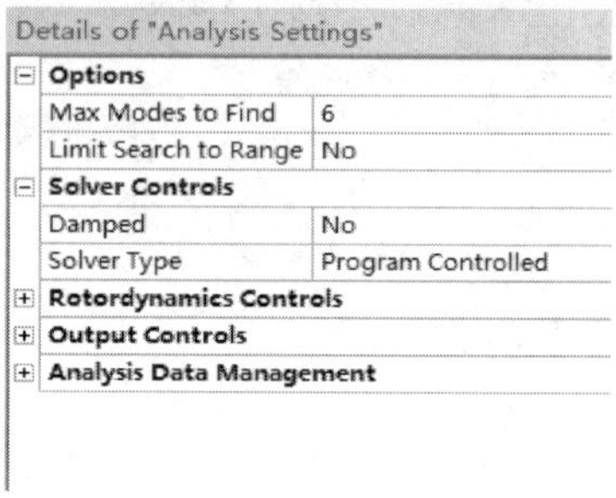

Details of "Analysis Settings"	
Options	
Max Modes to Find	6
Limit Search to Range	No
Solver Controls	
Damped	No
Solver Type	Program Controlled
Rotordynamics Controls	
Output Controls	
Analysis Data Management	

图 32-6-88 Analysis Settings 界面

7）求解 在 Solution（B6）选项上右击，在弹出的快捷菜单中选择 Solve 命令，如图 32-6-89 所示，此时会弹出求解状态进度显示条，求解完成后，进度条自动消失。

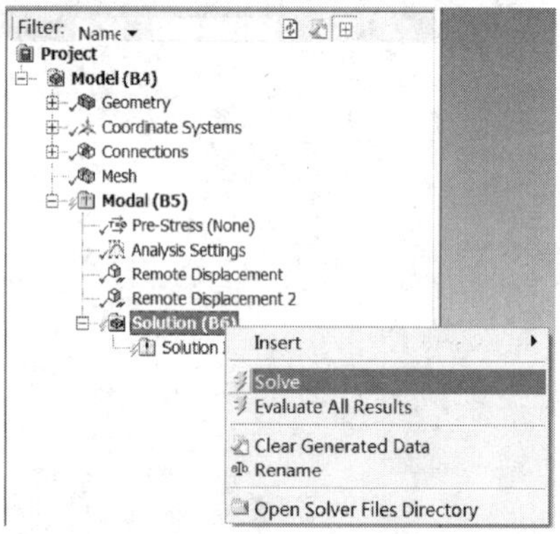

图 32-6-89 求解 Solve 界面

8）结果后处理

① 选择 Mechanical 界面左侧 Solution（B6）选项，可查看生成的前 6 阶固有频率结果，如图 32-6-90所示，在 Tabular Date 表中的空白部分鼠标右键单击，弹出的快捷菜单中选择 Select All 选项，再在空白处右击选择快捷菜单中的 Create Mode Shape Results 选项，生成六阶模态分析项，如图 32-6-91所示。

② 选择 Mechanical 界面左侧 Solution（B6）选项，右键单击，在弹出的快捷菜单中选择 Evaluate

All Results 选项，生成模态分析结果如图 32-6-92～图 32-6-97 所示。

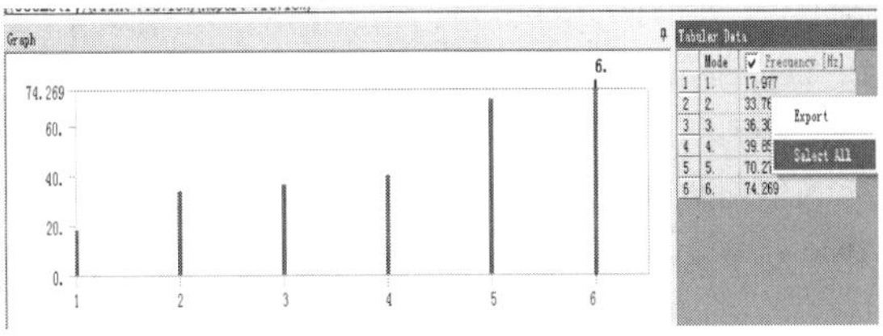

图 32-6-90　前 6 阶固有频率结果

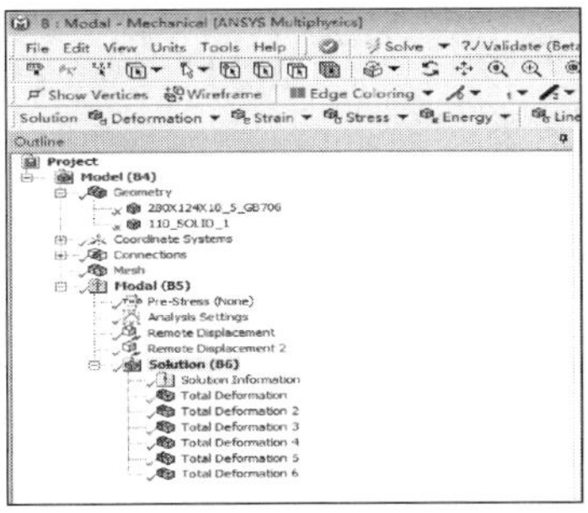

图 32-6-91　生成结果

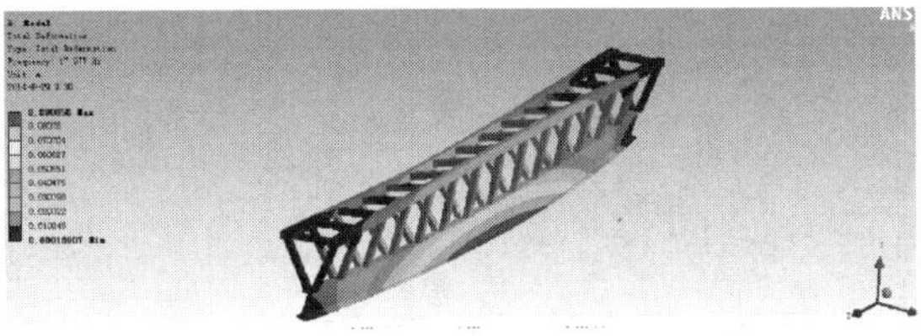

图 32-6-92　一阶模态

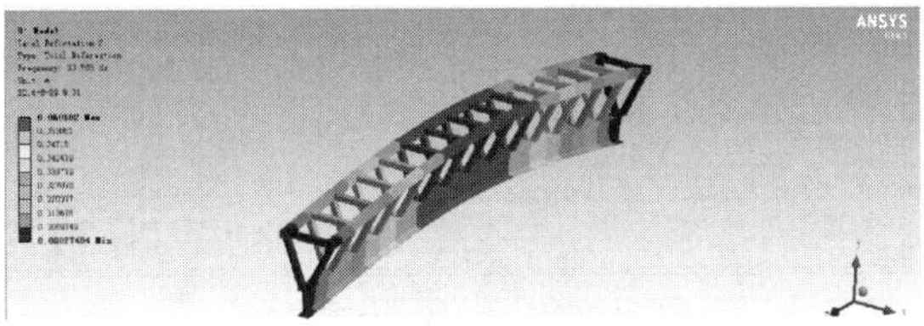

图 32-6-93　二阶模态

图 32-6-94　三阶模态

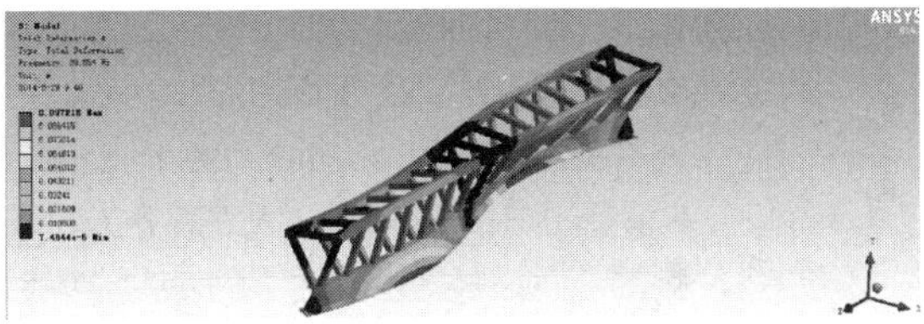

图 32-6-95　四阶模态

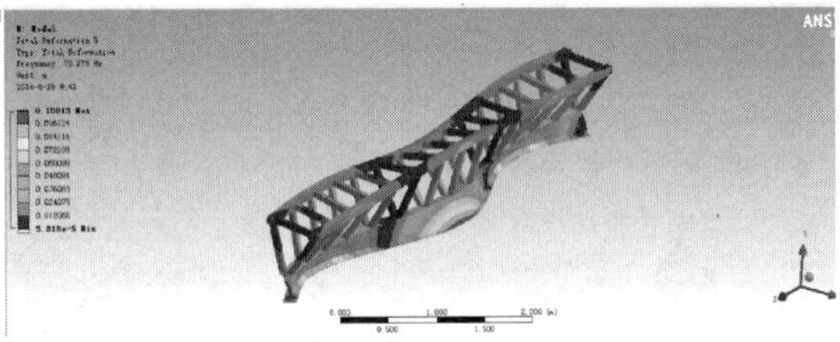

图 32-6-96　五阶模态

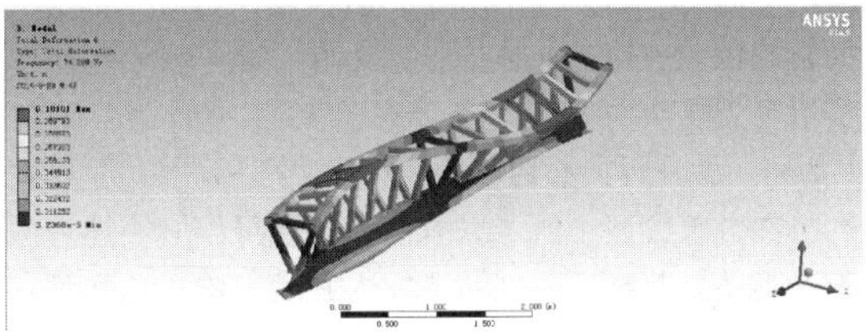

图 32-6-97　六阶模态

9）保存与退出

① 单击 Mechanical 界面右上角的关闭按钮，退出 Mechanical 返回到 Workbench 主界面，此时主界面中的分析项目均已完成，如图 32-6-98 所示。

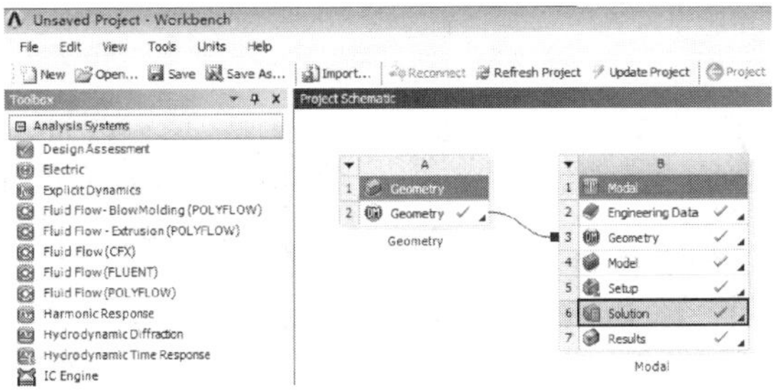

图 32-6-98　项目全部完成

② 在 Workbench 主界面中单击常用工具栏中的 Save 按钮，保存分析结果。然后单击右上角的关闭按钮，退出 Workbench 主界面，完成项目分析。

6.4.2.2　瞬态分析

（1）基本知识

瞬态动力学分析（也称时间历程分析）是用于确定承受任意的随时间变化载荷的结构的动力学响应的一种方法。可以用瞬态动力学分析确定结构在静载荷，瞬态载荷和简谐载荷的任意组合下的随时间变化的位移、应变、应力及力。载荷和时间的相关性使得惯性力和阻尼作用比较显著。

瞬态动力学的基本运动方程是：

$$\boldsymbol{M}\ddot{\boldsymbol{u}}+\boldsymbol{C}\dot{\boldsymbol{u}}+\boldsymbol{K}\boldsymbol{u}=\boldsymbol{F}(t) \qquad (32\text{-}6\text{-}194)$$

式中　$\boldsymbol{M}$——质量矩阵；

第 32 篇

$\boldsymbol{C}$——阻尼矩阵；

$\boldsymbol{K}$——刚度矩阵；

$\ddot{\boldsymbol{u}}$——节点加速度向量；

$\dot{\boldsymbol{u}}$——节点速度向量；

$\boldsymbol{u}$——节点位移向量。

瞬态动力学分析中包含静力分析、刚体动力分析等内容，它包含各种连接、各类载荷和约束支撑等内容，其中很重要的一个概念是时间步长。时间步长是从一个时间点到另一个时间点的增量，它决定了求解的精确度，因而其数值应仔细选取，起码要小到足够获取动力响应频率。一般来说初始值可设为：$\Delta t = 1/20f$，f 是所关心的响应频率。

在分析模型中既可以有变形体也可以有刚体：对于变形体，其材料属性需要输入密度、泊松比和弹性模量。变形体可划分网格，刚体不能划分网格；对于刚体部件，应用时要注意线体（梁）不能设为刚体。另外对于多体零部件，只能全部设为刚体，刚体材料属性只需要输入密度。

（2）瞬态动力学有限元分析实例——热压机上板受力分析

图 32-6-99 为热压机上板三维模型示意图，零件由 SolidWorks 软件绘制完成。

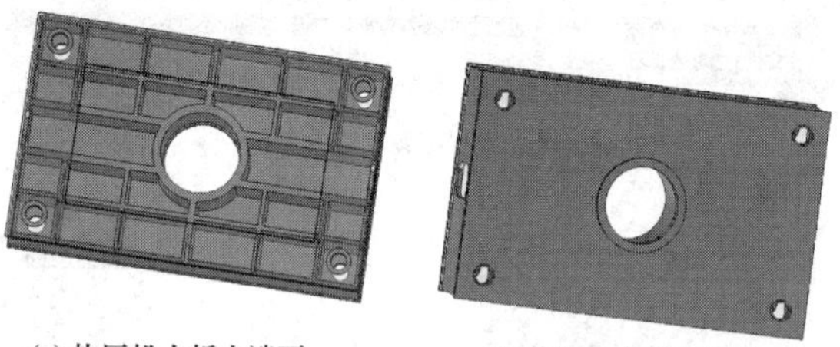

(a) 热压机上板上端面（模型上板设为透明显示） (b) 热压机上板下端面

图 32-6-99 热压机上板三维模型示意图

热压机上板中间孔的下端面上在 0～2s 时间内受 0～25.9Pa 的压力，并保持 1s 的时间。上端面和下端面的四个圆柱孔的端面上施加 Z 方向的约束，圆柱孔的内圆柱面受 X 方向和 Y 方向的水平约束，在热压机工作过程中试求其变形是否小于 0.5mm，并查看其应力分布。材料属性参数为：弹性模量为 2.0×10^{11} Pa，泊松比为 0.3，密度为 7850 $\mathrm{kg\cdot m^{-3}}$。

1）Workbench 分析开始准备工作　指定工作文件名。选取 File→Save，弹出“另存为”对话框，在“文件名”项输入工作文件名，单击 OK 按钮完成工作文件名的定义。

2）建立瞬态力模块　选取 Toolbox→Analysis Systems→Transient Structural 模块，用鼠标拖至 Project Schematic，如图 32-6-100 所示。

3）定义材料属性　双击 Engineering Data 项，在弹出的 Outline of Schematic A2：Engineering Data 窗口中将 Material 项目中名称改为 Q235；在 Properties of Outline Row3：Q235 项目中的 Density 项输入 7 850，Young’s Modulus 项输入 2e11，Posson’s Ratio 项输入 0.3，如图 32-6-101 所示。完成选择后，单击主菜单中 Refresh Project，再单击 Return to Project，返回图 32-6-100 所示界面。

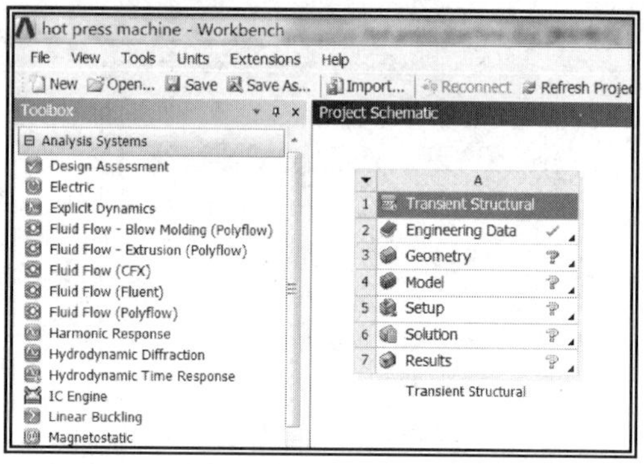

图 32-6-100 添加瞬态力模块

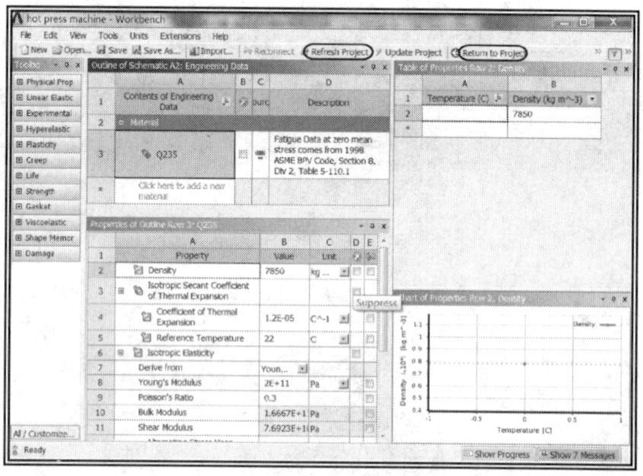

图 32-6-101 定义材料属性

4）导入三维实体模型并设置系统单位

① 模型导入。右键单击 Geometry 项，单击 Import Geometry → Browse，导入文件（文件名为 changjin9）。双击 Setup 进入 Mechanical［ANSYS Multiphysics］界面，如图 32-6-102 所示。

② 选定工作单位。在 Mechanical［ANSYS Multiphysics］界面中选取 Units→Metric（mm，kg，N，s，mV，mA）。

5）设置模型材料属性　单击 Outline→Project→Model（A4）→Geometry→changjin9。将 Details of “changjin9” 对话框中的 Assignment 项设置为 Q235。

6）划分网格　选择 Outline→Project→Model（A4），右键单击 Mesh，单击左键选取 Insert→Meth-

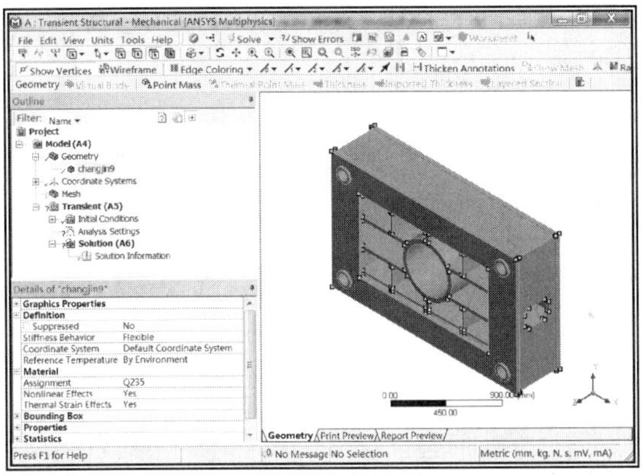

图 32-6-102　模型导入

od。在 Details of "Automatic Method" -Method 对话框中 Geometry 项目选择为实体模型；在 Method 项目中选择 Hex Dominant。

第二次右键单击 Mesh，单击左键选取 Sizing，将 Details of "Body Sizing" -Sizing 对话框中 Element Size 项设置为 50mm。

第三次右键单击 Mesh，单击左键选取 Generate Mesh，完成模型的网格划分，如图 32-6-103 所示。

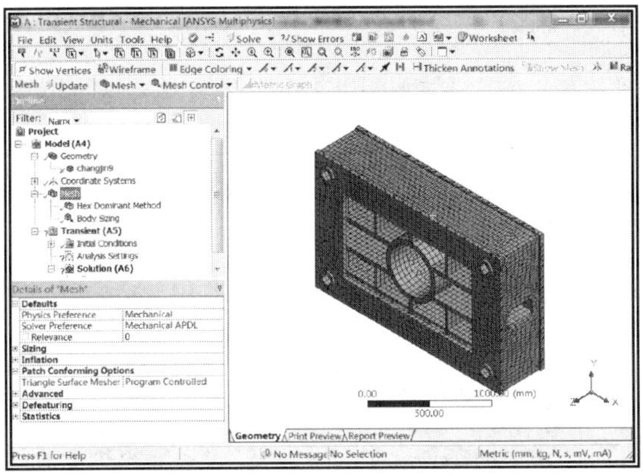

图 32-6-103　划分网格

7）设置模型载荷及边界条件　选择 Outline→Project→Model（A4）→Transient（A5），左键单击 Analysis Settings，将 Details of "Analysis Settings" 对话框中的 Step End Time 项设置为 3s，将 Auto Time Stepping 项设置为 Off，将 Define By 项设置为 Substeps，将 Number of Substeps 项设置为 10，如图 32-6-104 所示。

选择 Outline→Project→Model（A4），右键单击 Transient（A5），左键单击 Insert→Pressure，将 Details of "Pressure" 对话框中 Geometry 项目选择为模型下板中间孔圆柱端面；在 Magnitude 项目中设置 Tabular Data，将 Tabular Data 中的各项数值设置为如图 32-6-105 所示。

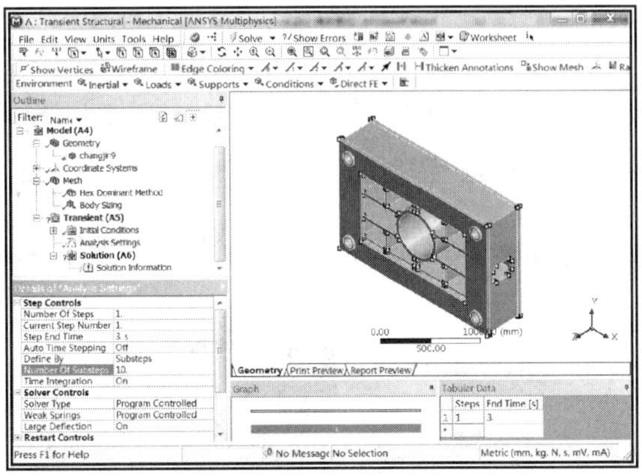

图 32-6-104　定义瞬态加载步

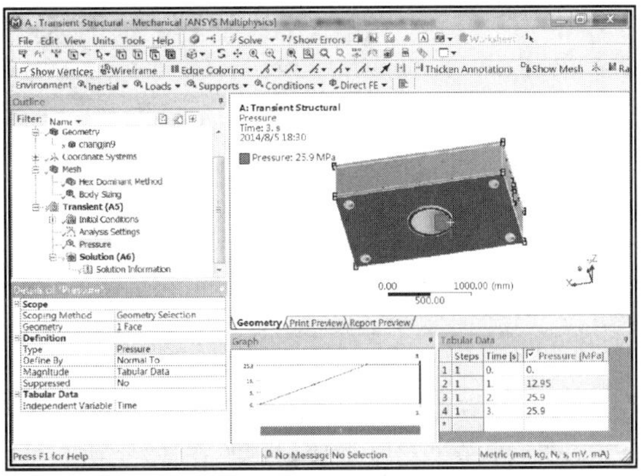

图 32-6-105　定义模型载荷

第二次右键单击 Transient（A5），左键单击 Insert→Displacement，将 Details of "Displacement" 对话框中 Geometry 项目选择为模型上下面四周孔的端面（共 8 个），在 Z Component 项中输入 0，其他项为默认，如图 32-6-106 所示。

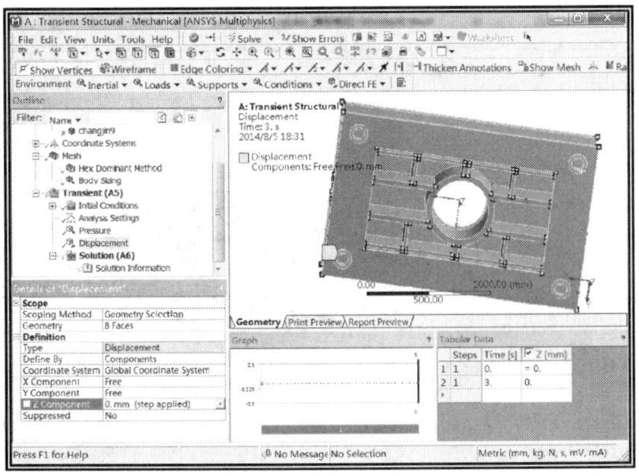

图 32-6-106　定义模型 *Z* 向约束

第三次右键单击 Transient（A5），左键单击

Insert→Displacement，将 Details of“Displacement2”对话框中 Geometry 项目选择为模型上下面四周孔的内表面（共 8 个），在 X Component、Y Component 项中均输入 0，其他项为默认，如图 32-6-107 所示。

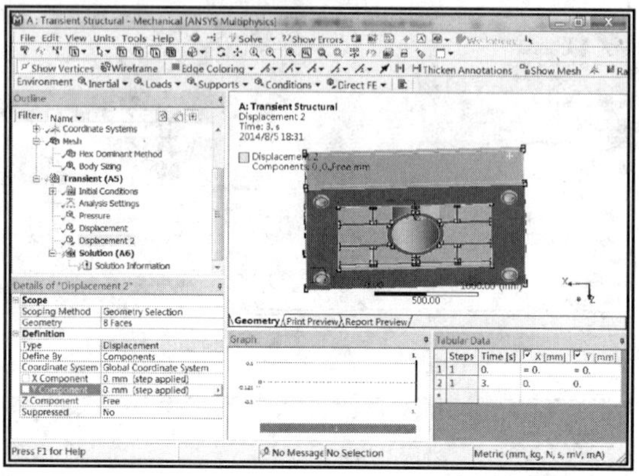

图 32-6-107　定义模型 *X*，*Y* 方向约束

8）设置模型求解项　选择 Outline→Project→Model（A4）→Transient（A5），右键单击 Solution（A6），左键单击 Insert→Deformation→Total。

第二次右键单击 Solution（A6），左键单击 Insert→Stress→Equivalent（von-Mises）。

第三次右键单击 Solution（A6），左键单击 Solve 进行求解。模型形变云图见图 32-6-108，应力云图见图 32-6-109。选择 Outline→Project→Model（A4）→Transient（A5）→Solution（A6）→Total Defermation，在 Details of“Total Defermation”对话框中的 Display Time 项设置需要查询的时间，右键再次单击 Solution（A6）→Total Defermation，左键单击 Retrieve This Result 得到该时间的温度云图。

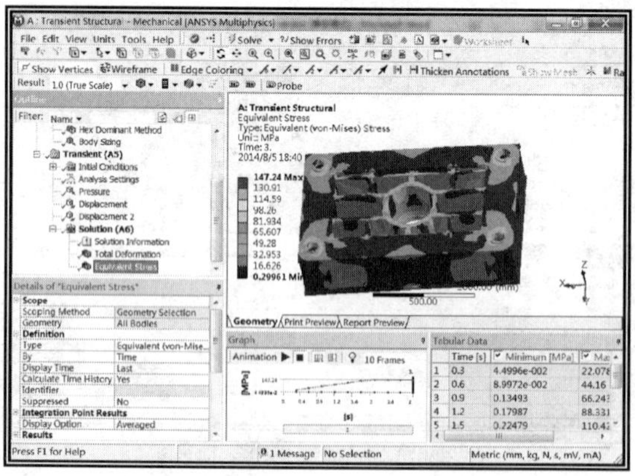

图 32-6-108　模型形变云图

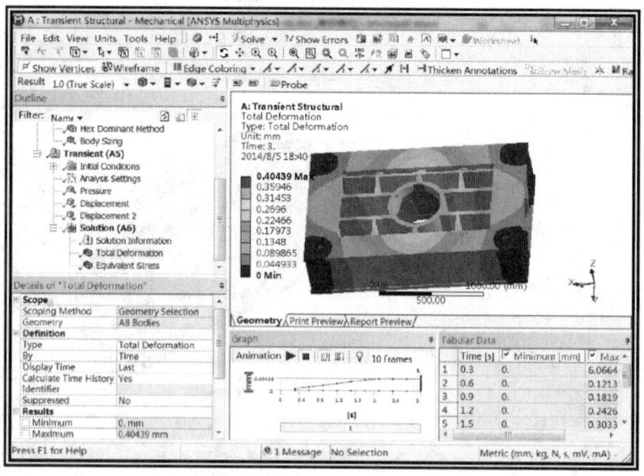

图 32-6-109　模型应力云图

6.4.2.3　热分析

（1）基本知识

热分析用于研究结构在热载荷下的热响应。一般而言，工程上通常关心的是结构的温度和热流率量，同时也能得到热通量。它在许多工程应用中扮演重要角色，如内燃机、涡轮机、换热器等的热量的获取或损失、热梯度及热流密度（热通量）等。

ANSYS 热分析领域有两种：稳态传热、瞬态传热。

由物理学定律可知，通用非线性热平衡矩阵方程为：

$$\boldsymbol{C}(T)\dot{\boldsymbol{T}}+\boldsymbol{K}(T)\boldsymbol{T}=\boldsymbol{Q}(T,t) \quad (32\text{-}6\text{-}195)$$

式中　t——时间；

$\boldsymbol{T}$——温度矩阵；

$\boldsymbol{C}$——比热容矩阵（热容）；

$\boldsymbol{K}$——热传导矩阵；

$\boldsymbol{Q}$——热流率载荷向量。

系统中的净热流率为 0，即流入系统的热量加上系统自身产生的热量等于流出系统的热量：$q_{流入}+q_{生成}-q_{流出}=0$，则系统处于热稳态，在热稳态分析中任一节点的温度不随时间变化。稳态热分析的能量平衡方程为：

$$\boldsymbol{KT}=\boldsymbol{Q} \quad (32\text{-}6\text{-}196)$$

式中　$\boldsymbol{K}$——热传导矩阵，包含热导率、对流系数及辐射率和形状系数；

$\boldsymbol{T}$——节点温度向量；

$\boldsymbol{Q}$——节点热流率向量，包含热生成。

瞬态传热过程是指一个系统的加热或冷却过程。在这个过程中的系统的温度、热通率、热边界条件以及系统内能随时间都有明显变化。瞬态热平衡可以表达为：

$$C\dot{T}+KT=Q \qquad (32\text{-}6\text{-}197)$$

式中　K——热传导矩阵，包含热导率、对流系数及辐射率和形状系数；

C——比热容矩阵，考虑内能的增加；

T——节点温度向量；

$\dot{T}$——温度对时间的导数；

Q——节点热流率向量，包含热生成。

ANSYS 热分析包括热传导、热对流及热辐射三种热传递方式，通常又称为自然界中热量传递的三种基本方式。此外，它还可以分析相变、有内热源和接触热阻等问题。

热传导是当物体内部存在温度梯度时，热量会从物体的高温部分传到低温部分。严格来说，只有在固体中才能出现纯粹的热传导，因为其指物理的介质之间无宏观运动的传热现象。在气体和液体中，即使它们是处于静止状态，其中也会由于温度梯度造成的密度差而发生介质流动。热对流源于流体运动，流体中温度不同的各部分流体之间由于发生相对运动而将热量从一处带到另一处的热现象，即通过介质的运动来传递热量，其主要发生在气体和液体中。热辐射是通过电磁波（或光子流）的方式传播能量的过程，它是在真空中传递热量的唯一的方式，因为其传播不需要介质。

（2）稳态热有限元分析案例

案例——水晶玻璃杯温度有限元分析

图 32-6-110 为水晶玻璃杯模型示意图。零件由三维 CAD 软件 SolidWorks 绘制完成。试求水晶玻璃杯在装满热水时（热水温度恒定，忽略其散热）杯体的最终温度示意。

图 32-6-110　水晶玻璃杯模型示意图

杯中热水温度为 85℃，杯子外表面处于正常室温（22℃）下，水晶玻璃热导率为 $1.6\text{W}\cdot\text{m}^{-1}\cdot\text{K}^{-1}$，空气对流传热系数为 $5\text{W}\cdot\text{m}^{-2}\cdot℃^{-1}$。

1）Workbench 分析开始准备工作　指定工作文件名。选取 File→Save，弹出“另存为”对话框，在“文件名”项输入工作文件名，本例中输入的工作文件名为 steady state thermal，单击 OK 按钮完成工作文件名的定义。

2）建立稳态热模块　选取 Toolbox→Analysis Systems→Steady-State Thermal 模块，用鼠标拖至 Project Schematic，如图 32-6-111 所示。

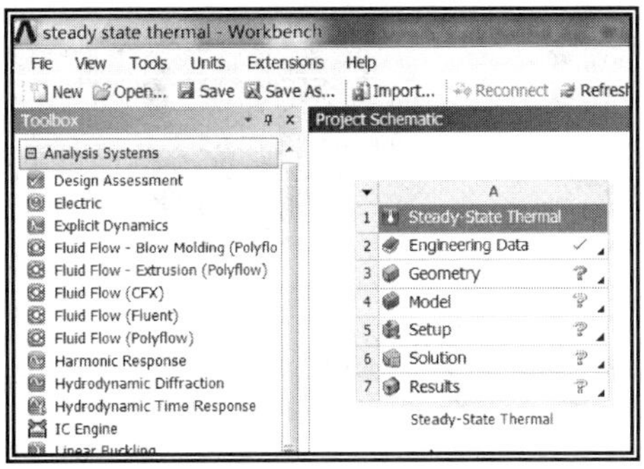

图 32-6-111　建立稳态热模块

3）定义材料属性　双击 Engineering Data 项，在弹出的 Outline of Schematic A2：Engineering Data 窗口中将 Material 项目中名称改为 Crystal；将 Properties of Outline Row3：crystal 项目中的 Isotropic Thermal Conductivity 项输入 1.6，如图 32-6-112 所示。完成选择后，单击主菜单中 Refresh Project，再单击 Return to Project，返回图 32-6-111 所示的界面。

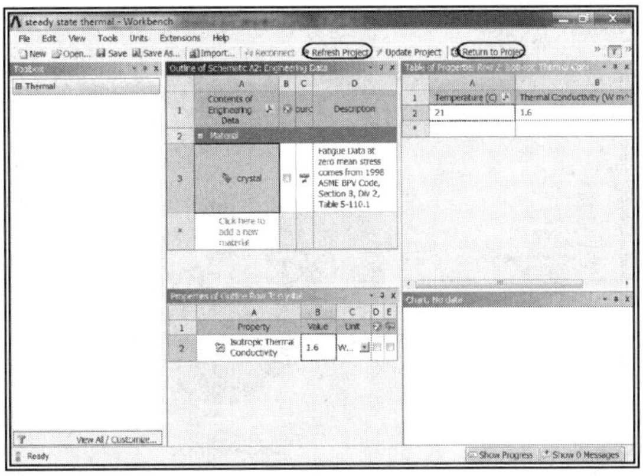

图 32-6-112　定义材料属性

4）导入三维实体模型并设置系统单位

① 模型导入。右键单击 Geometry 项，单击 Import Geometry→Browse，在弹出的“打开”窗口中选择“shuibei”模型，单击打开。双击 Setup 进入 Mechanical［ANSYS Multiphysics］界面。

② 选定工作单位。在 Mechanical［ANSYS Multiphysics］界面中选取 Units→Metric（mm，kg，N， s，mV，mA)。

5）设置模型材料属性　单击 Outline→Project→Model（A4）→ Geometry → shuibei。将 Details of "shuibei" 对话框中的 Assignment 项设置为 crystal，如图 32-6-113 所示。

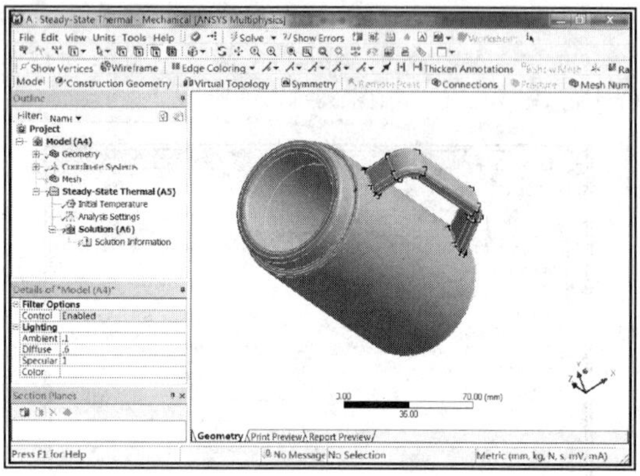

图 32-6-113　定义模型材料属性

6）划分网格　选择 Outline→Project→Model（A4），右键单击 Mesh，单击左键选取 Insert→Method。在 Details of "Automatic Method" -Method 对话框中将 Geometry 项目选择为实体模型；在 Method 项目中选择 Hex Dominant。

第二次右键单击 Mesh，单击左键选取 Sizing，将 Details of "Body Sizing" -Sizing 对话框中 Element Size 项设置为 4mm。

第三次右键单击 Mesh，单击左键选取 Generate Mesh，完成模型的网格划分，如图 32-6-114 所示。

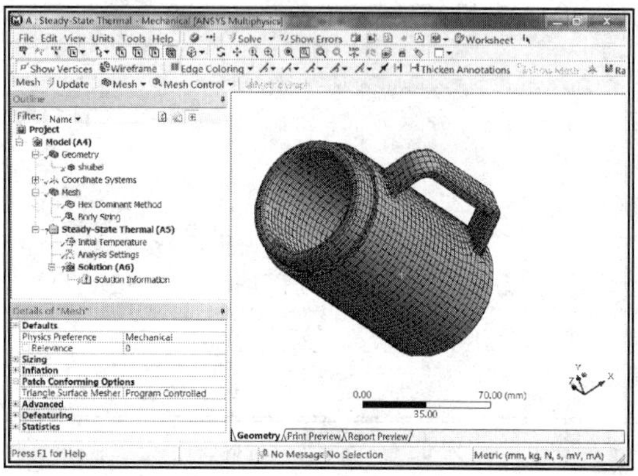

图 32-6-114　划分网格

7）设置模型载荷及边界条件　选择 Outline→Project→Model（A4），右键单击 Stead-State Thermal（A5），左键单击 Insert→Temperature，将 Details of "Temperature" 对话框中 Geometry 项目选择为模型内侧表面与内底面；在 Magnitude 项目中输入 85 ℃，如图 32-6-115 所示。

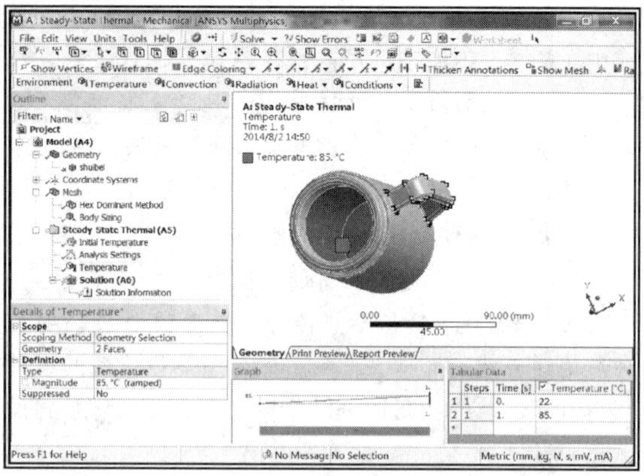

图 32-6-115　定义模型载荷

再次右键单击 Stead-State Thermal（A5），左键单击 Insert→Convection，将 Details of "Convection" 对话框中 Geometry 项目选择为模型外表面（除去上步选择的两个内表面的所有外表面）；在 Film Coefficient 项目中单击右侧黑色小三角选择 Import（第二个），在 Import Convection Data 窗口中选择 Stagnant Air-Simplified Case 一项，单击 OK 按钮，如图 32-6-116 所示。

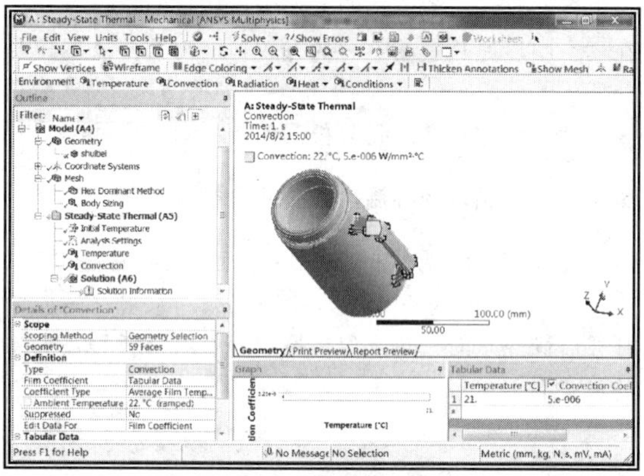

图 32-6-116　定义模型边界条件

8）设置模型求解项　选择 Outline→Project→Model（A4）→ Stead-State Thermal（A5），右键单击 Solution（A6），左键单击 Insert→Thermal→Temperature。

第二次右键单击 Solution（A6），左键单击 Insert→Thermal→Total Heat Flux。

第三次右键单击 Solution（A6），左键单击 Solve 进行求解。模型温度云图见图 32-6-117，热流量云图见图 32-6-118。

查看杯体内部温度：在菜单中选择 New Section Plane 按钮，在模型上任意画一条直线，将杯体剖开，查看温度云图及热流量云图，如图 32-6-119 和图 32-6-120 所示。

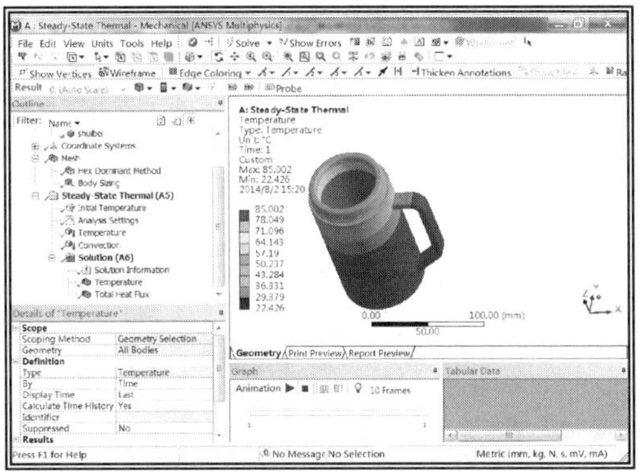

图 32-6-117　模型温度云图

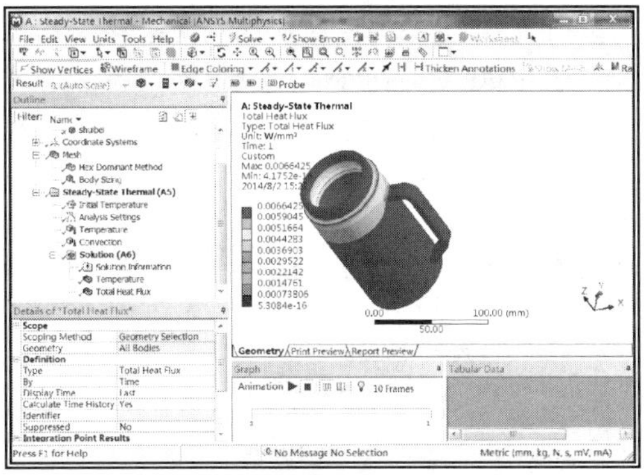

图 32-6-118　模型热流量云图

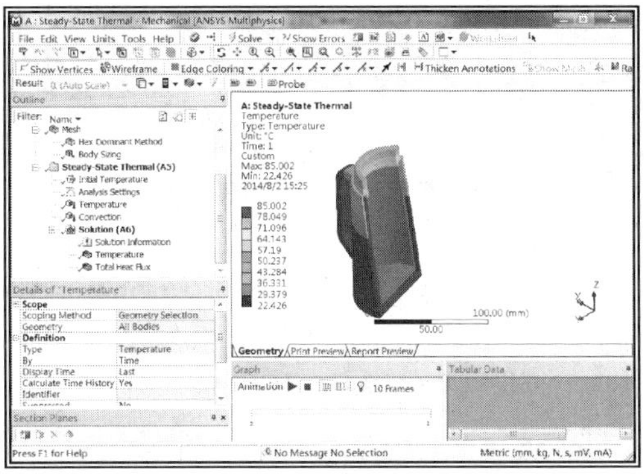

图 32-6-119　模型内部温度云图

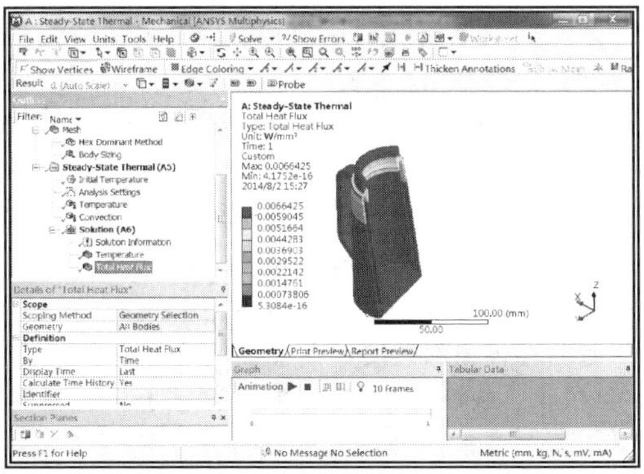

图 32-6-120　模型内部热流量云图

（3）瞬态热有限元分析案例

案例 1——水晶玻璃杯温度有限元分析（初始条件非稳态）

水晶玻璃杯模型示意图见图 32-6-110。

在室温状态下用时 1s 向水晶玻璃杯中倒满 85℃的热水，经过 2s 停留，将杯中热水全部倒出用时仍为 1s，分析在这一过程中，杯体的温度变化情况。

杯中热水温度为 85℃，杯子外表面处于正常室温（22℃）下，水晶玻璃热导率为 $1.6W \cdot m^{-1} \cdot K^{-1}$，杯子材料密度为 $2900kg \cdot m^{-3}$，材料的比热容为 $722J \cdot kg^{-1} \cdot ℃^{-1}$，空气对流传热系数为 $5W \cdot m^{-2} \cdot ℃^{-1}$。

1）Workbench 分析开始准备工作　启动 ANSYS Workbench，指定工作路径和文件名。

2）建立瞬态热模块　选取 Toolbox→Analysis Systems→transient thermal 模块，用鼠标拖至 Project Schematic，如图 32-6-121 所示。

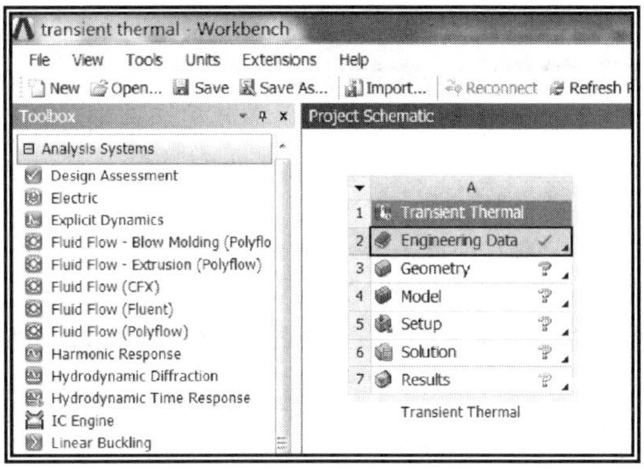

图 32-6-121　建立瞬态热模块

3）定义材料属性　双击 Engineering Data 项，在弹出的 Outline of Schematic A2：Engineering Data 窗口中将 Material 项目中名称改为 Crystal；在 Properties of Outline Row3：crystal 项目中的 Density 项输入 2900，Isotropic Thermal Conductivity 项输入 1.6，Specific Heat 项输入 722，如图 32-6-122 所示。完成选择后，单击主菜单中 Refresh Project，再单击 Return to Project，返回图 32-6-121 所示的界面中。

4）导入三维实体模型并设置系统单位

① 模型导入。右键单击 Geometry 项，单击 Import Geometry→Browse，在弹出的“打开”窗口中选择“shuibei”模型，单击打开。双击 Setup 进入 Mechanical［ANSYS Multiphysics］界面。

② 选定工作单位。在 Mechanical［ANSYS Multiphysics］界面中选取 Units→Metric（mm，kg，N，s，mV，mA）。

5）设置模型材料属性　单击 Outline→Project→Model（A4）→Geometry→shuibei。将 Details of

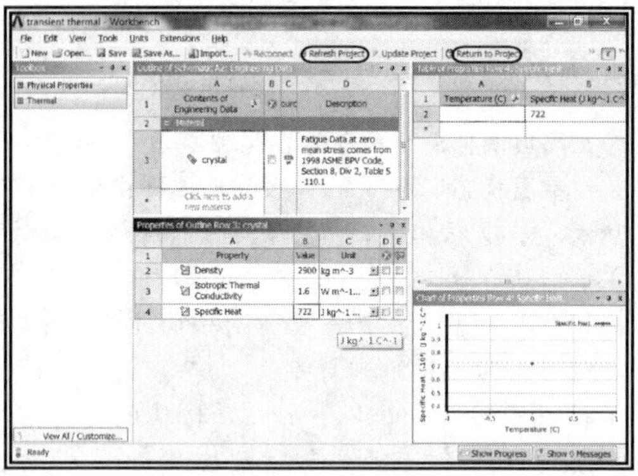

图 32-6-122　定义材料属性

“shuibei” 对话框中的 Assignment 项设置为 crystal。

6）划分网格　选择 Outline→Project→Model（A4），右键单击 Mesh，单击左键选取 Insert→Method。在 Details of “Automatic Method” -Method 对话框中将 Geometry 项目选择为实体模型；在 Method 项目中选择 Hex Dominant。

第二次右键单击 Mesh，单击左键选取 Sizing，将 Details of “Body Sizing” -Sizing 对话框中 Element Size 项设置为 4mm。

第三次右键单击 Mesh，单击左键选取 Generate Mesh，完成模型的网格划分，如图 32-6-123 所示。

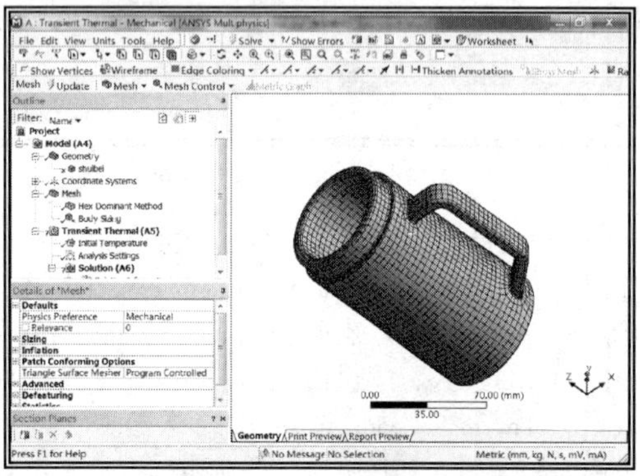

图 32-6-123　划分网格

7）设置模型载荷及边界条件　选择 Outline→Project→Model（A4）→Transient Thermal（A5），左键单击 Analysis Settings，将 Details of “Analysis Settings” 对话框中的 Step End Time 项设置为 4s，将 Auto Time Stepping 项设置为 Off，将 Define By 项设置为 Substeps，将 Number of Substeps 项设置为 40。

选择 Outline→Project→Model（A4），右键单击 Transient Thermal（A5），左键单击 Insert→Temperature，将 Details of “Temperature” 对话框中 Geometry 项目选择为模型内侧表面与内底面；在 Magnitude 项目中设置 Tabular Data，将 Tabular Data 中的各项数值设置为如图 32-6-124 所示。

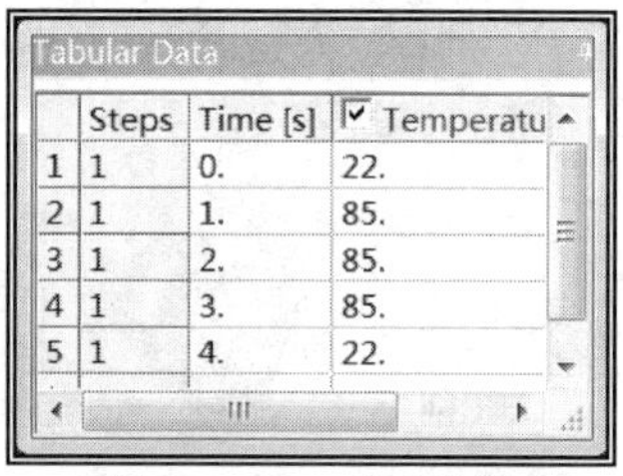

Tabular Data

	Steps	Time [s]	Temperatu
1	1	0.	22.
2	1	1.	85.
3	1	2.	85.
4	1	3.	85.
5	1	4.	22.

图 32-6-124　定义数值

再次右键单击 Transient Thermal（A5），左键单击 Insert→Convection，将 Details of “Convection” 对话框中的 Geometry 项目选择为模型外表面（除去上步选择的两个内表面的所有外表面）；在 Film Coefficient 项目中单击右侧黑色小三角选择 Import（第二个选项），在 Import Convection Data 窗口中选择 Stagnant Air-Simplified Case 一项，单击 OK 按钮，如图 32-6-125 所示。

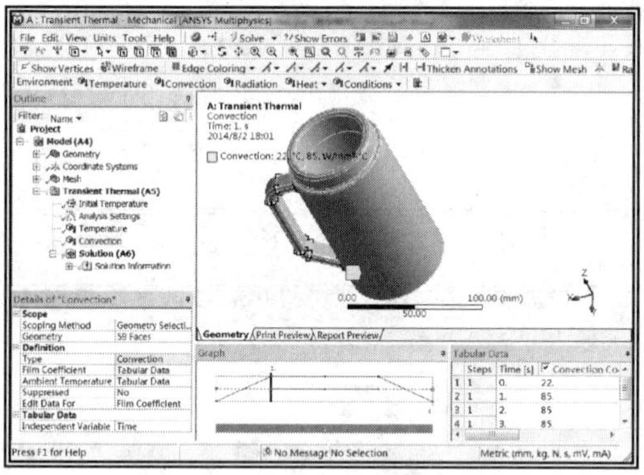

图 32-6-125　定义模型边界条件

8）设置模型求解项　选择 Outline→Project→Model（A4）→Transient Thermal（A5），右键单击 Solution（A6），左键单击 Insert→Thermal→Temperature。

第二次右键单击 Solution（A6），左键单击 Insert→Thermal→Total Heat Flux。

第三次右键单击 Solution（A6），左键单击 Solve 进行求解。模型温度云图见图 32-6-126，热流量云图见图 32-6-127。选择 Outline→Project→Model（A4）→Transient Thermal（A5）→Solution（A6）→Temperature，在 Details of “Temperature” 对话框中的 Display Time 项设置需要查询的时间，右键再次单击 Solution（A6）→Temperature，左键单击 Retrieve This Result 得到该时间的温度云图。

查看杯体内部温度：在菜单中选择 New Section Plane 按钮，在模型上任意画一条直线，将杯体剖开，查看温度云图及热流量云图，如图 32-6-128 和 32-6-129 所示。

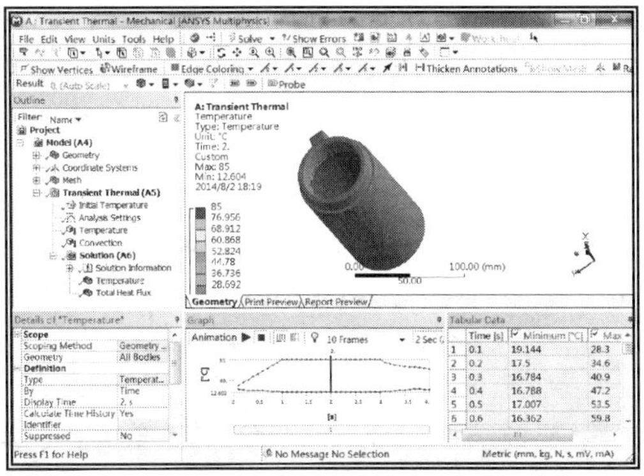

图 32-6-126　模型温度云图

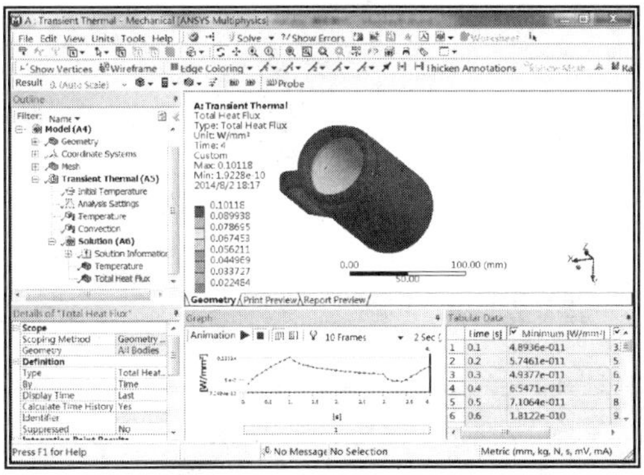

图 32-6-127　模型热流量云图

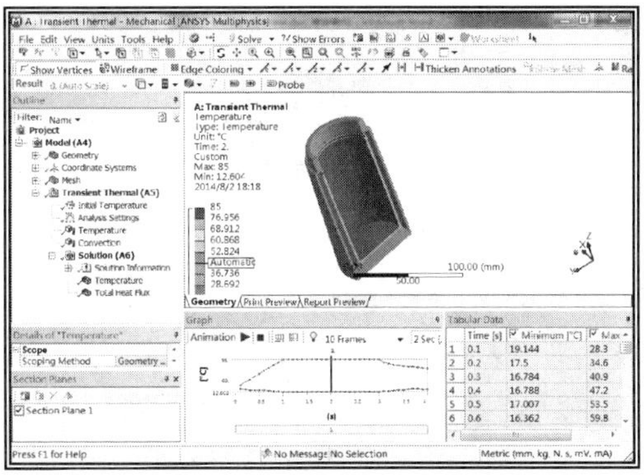

图 32-6-128　模型内部温度云图

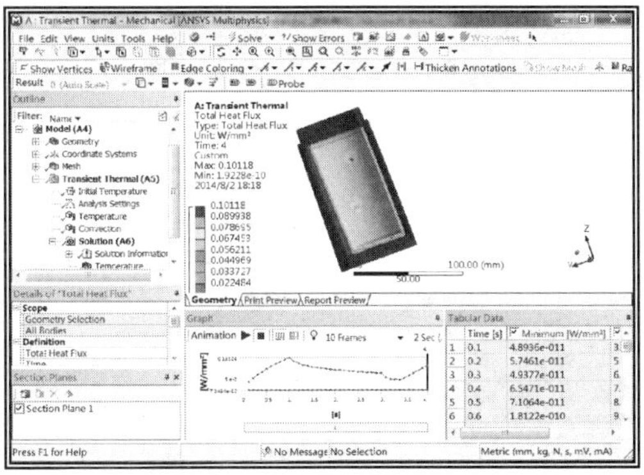

图 32-6-129　模型内部热流量云图

案例 2——水晶玻璃杯温度有限元分析（初始条件为稳态）

水晶玻璃杯模型示意图见图 32-6-110。

水晶玻璃杯中事先装满 85℃的热水，待杯体温度稳定 1s 后，用 1s 的时间将杯中热水全部倒出，查看这两个过程及杯中水全部倒出后 1s 杯体的温度变化情况。

杯中热水温度为 85℃，杯子外表面处于正常室温（22℃）下，水晶玻璃热导率为 $1.6W \cdot m^{-1} \cdot K^{-1}$，杯子材料密度为 $2900kg \cdot m^{-3}$，材料的比热容为 $722J \cdot kg^{-1} \cdot ℃^{-1}$，空气对流传热系数为$5W \cdot m^{-2} \cdot ℃^{-1}$。

1）Workbench 分析开始准备工作　打开稳态热分析文件，在已做完的稳态分析的基础上进行瞬态分析，完成瞬态热分析以稳态为初始条件。

2）建立瞬态热模块　选取 Toolbox→Analysis Systems→Transient Thermal 模块，用鼠标拖至 Project Schematic → Steady-State Thermal 中的 Solution 一项，如图 32-6-130 所示。本例中模型、划分网格及系统单位沿用 Steady-State Thermal 模块分析中已设定完成的。

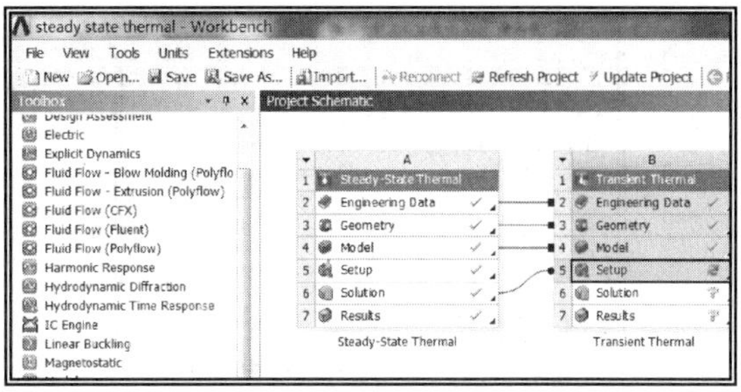

图 32-6-130　建立瞬态热模块

3）定义材料属性　双击 Steady-State Thermal 中 Engineering Data 项，在 Properties of Outline Row3：crystal 项目中的 Density 项输入 2900，Specific Heat 项输入 722，如图 32-6-131 所示。完成选择后，单击主菜单中 Refresh Project，再单击 Return to Project，返回图 32-6-130 所示界面。双击 Transient Thermal 模块中 Setup 进入 Mechanical［ANSYS Multiphysics］界面。

4）设置模型载荷及边界条件　选择 Outline→Project → Model（A4，B4）→ Transient Thermal (B5)，左键单击 Analysis Settings，将 Details of “Analysis Settings” 对话框中的 Step End Time 项设置为 3s，将 Auto Time Stepping 项设置为 Off，将 Define By 项设置为 Substeps，将 Number of Substeps 项设置为 30。

第 32 篇

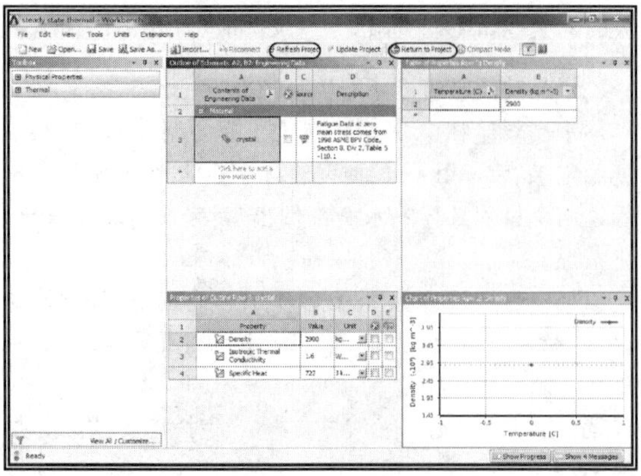

图 32-6-131 定义材料属性

选择 Outline→Project→Model（A4，B4）→Steady-State Thermal（A5）中的 Temperature 一项，用鼠标拖至 Transient Thermal（B5）模块，将 Details of“Temperature”对话框中 Magnitude 项目设置为 Tabular Data，将 Tabular Data 中的各项数值设置为如图 32-6-132所示。同理将 Steady-State Thermal（A5）中 Convection 一项，用鼠标拖至 Transient Thermal（B5）模块中。完成图见图 32-6-133。

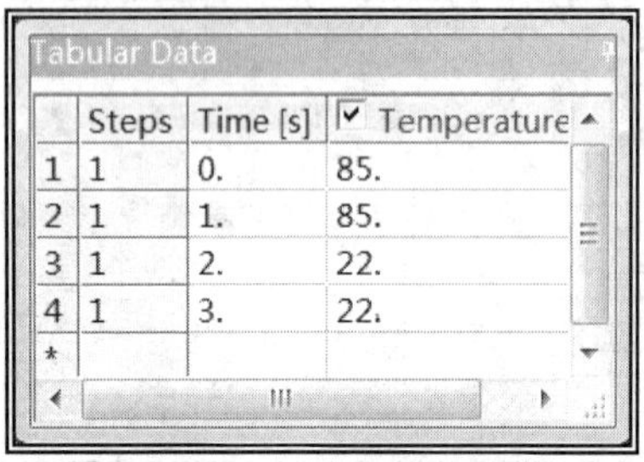

Tabular Data

	Steps	Time [s]	Temperature
1	1	0.	85.
2	1	1.	85.
3	1	2.	22.
4	1	3.	22.
*			

图 32-6-132 定义温度数值

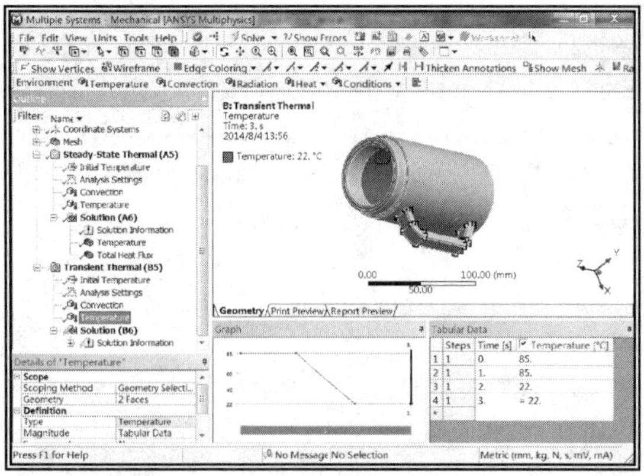

图 32-6-133 定义模型载荷及边界条件

5）设置模型求解项　同理将 Steady-State Thermal（A5）→Solution（A5）一项中的 Temperature 和 Total Heat Flux，用鼠标拖至 Transient Thermal（B5）→Solution（B5）模块中。右键单击 Transient Thermal（B5）→Solution（B5），左键单击 Solve 进行求解。模型温度云图见图 32-6-134，热流量云图见图 32-6-135。查看杯体内部温度：在菜单中选择 New Section Plane 按钮，在模型上任意画一条直线，将杯体剖开，查看温度云图及热流量云图，如图 32-6-136 和图 32-6-137 所示。

查看结果方法同本章瞬态有限元分析（初始条件非稳态）案例。

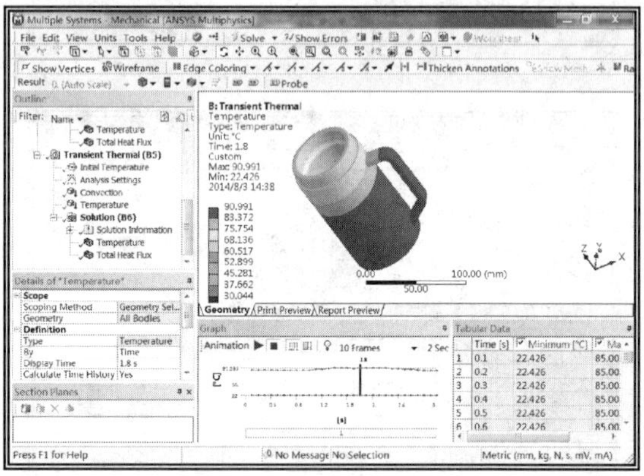

图 32-6-134 模型温度云图

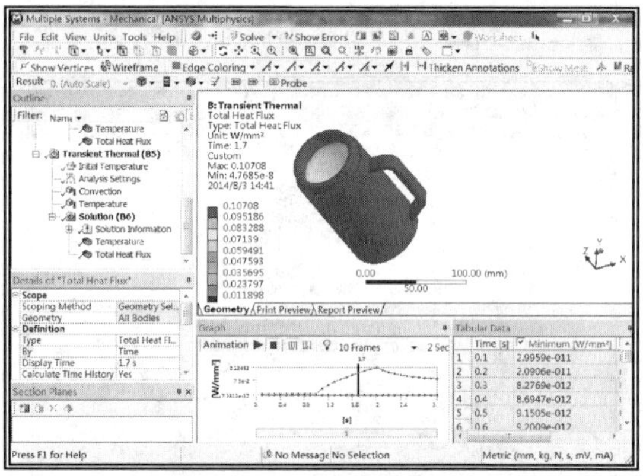

图 32-6-135 模型热流量云图

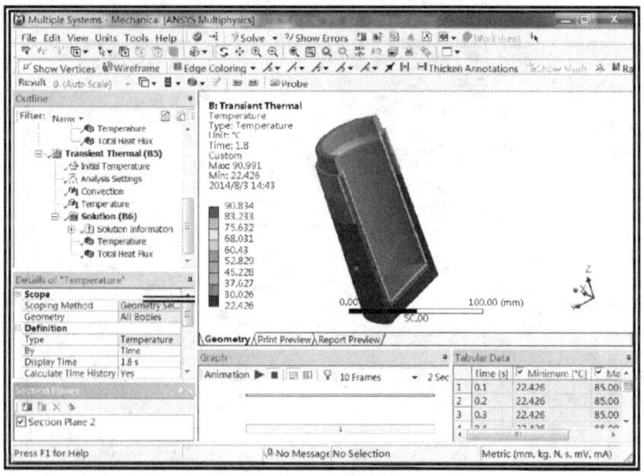

图 32-6-136 模型内部温度云图

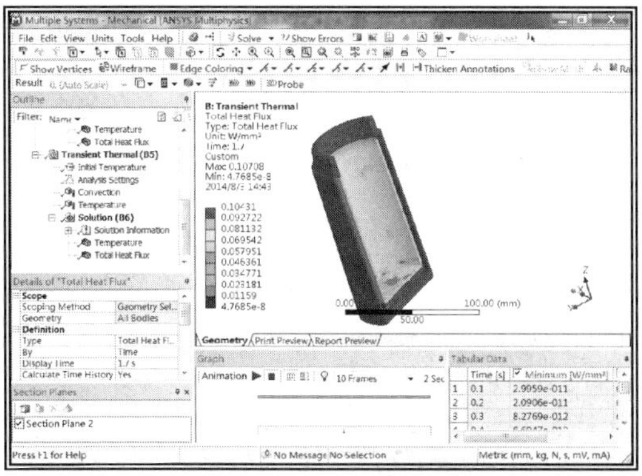

图 32-6-137　模型内部热流量云图

6.4.2.4　流体动力学分析

计算流体动力学（computer fluid dynamics，CFD）的基本原理是数值求解控制流体流动的微分方程，从而得到流场在连续区域上的离散分布，进而近似模拟流体流动情况。ANSYS Workbench 软件的流体动力学分析程序有 ANSYS CFX 和 ANSYS FLUENT 两种，各有优点。

（1）CFD 简介

计算流体动力学（CFD）是流体力学的一个分支，它通过计算机模拟获得某种流体在特定条件下的有关信息，实现用计算机代替试验装置完成“计算试验”，为工程技术人员提供实际工况下模拟仿真软件的操作平台，已广泛应用于航空航天、热能动力、土木水利、汽车工程、铁道、船舶工业、化学工程、流体机械、环境工程等领域。

1）CFD 基础　CFD 是通过计算机数值计算和图像显示，对包含有流体流动和热传导等相关物理现象的系统所做的分析。CFD 的基本思想可以归结为：把原来在时间域及空间域上连续的物理量的场，如速度场和压力场，用一系列有限个离散点上的变量值的集合来代替，通过一定的原则和方式建立起关于这些离散点上场变量之间关系的代数方程组，然后求解代数方程组获得场变量的近似值。

CFD 程序内部实际是利用计算机求解各种守恒控制偏微分方程组的技术。因为 CFD 涉及流体力学（湍流力学）、数值方法乃至计算机图形学等多学科，且因问题的不同，模型方程与数值方法也会有所差别。通过 CFD 分析，可以分析并显示流程中发生的现象，并且在比较短的时间内，能预测流程性能并通过改变各种参数达到最佳设计效果。工程上经 CFD 分析后，可以深刻地理解问题产生机理，指导实验，从而节省所需人力、物力和时间，并有助于整理实验结果和总结规律等。

CFD 计算的理论基础是以下几组基本方程。

① 质量守恒方程。质量守恒定律是自然界的守恒定律之一，在 CFD 中可以表述为：控制体中质量增加等于流入的质量减去流出的质量，若用数学表达其连续方程为：

$$\frac{\partial \rho}{\partial t}+\nabla(\rho\vec{V})=0 \qquad (32\text{-}6\text{-}198)$$

CFD 中的质量守恒定律可以用图 32-6-138 形象地表达。

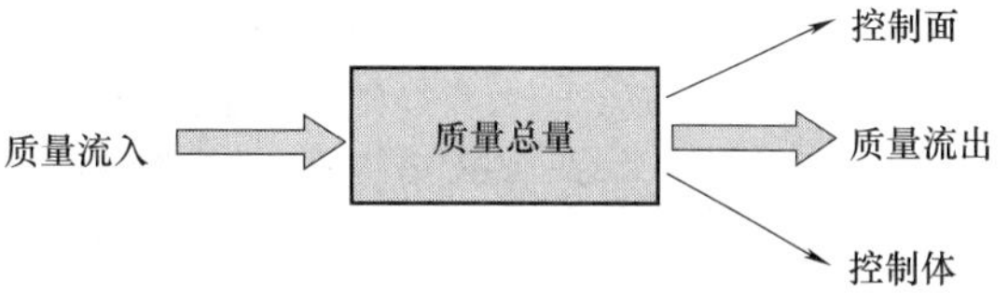

图 32-6-138　质量守恒

② 动量守恒方程。动量守恒定律在 CFD 中可以表述为：净力等于增加动量增加率加上流出的动量减去流入的动量，若用数学表达其连续方程为：

$$\frac{\partial(\rho\vec{V})}{\partial t}+\nabla(\rho\vec{V}\cdot\vec{V})=\rho\vec{F}+\nabla\vec{\vec{\tau}} \qquad (32\text{-}6\text{-}199)$$

其中：$\vec{\vec{\tau}}=-p\vec{\vec{I}}+\vec{\vec{\tau}}^{*}$，则上式可写成

$$\frac{\partial(\rho\vec{V})}{\partial t}+\nabla(\rho\vec{V}\cdot\vec{V}+p\vec{\vec{I}})=\rho\vec{F}+\nabla\vec{\vec{\tau}}^{*} \qquad (32\text{-}6\text{-}200)$$

式中　$\vec{\vec{\tau}}^{*}$——黏性应力张量。

动量守恒方程亦称作 N-S 方程，也是牛顿运动定律在流体力学中的表述。动量守恒可以用图 32-6-139 来形象地表达。

图 32-6-139　动量守恒

③ 能量守恒方程。能量守恒在 CFD 中可以表述为：流入热量减去输出功率等于内部能力变化率加上流出的焓减去流入的焓，若用数学表达其连续方程为：

$$\frac{\partial E}{\partial t}+\nabla(E\vec{V})=\rho\vec{F}\cdot\vec{V}-\nabla\vec{q}+\nabla(\vec{\vec{\tau}}\cdot\vec{v}) \qquad (32\text{-}6\text{-}201)$$

式中　$\nabla(\vec{\vec{\tau}}\cdot\vec{v})=-\nabla(p\vec{V})+\nabla(\vec{\vec{\tau}}^{*}\cdot\vec{v})$

$\nabla\vec{q}=\nabla(k\nabla T)$

$$\frac{\partial E}{\partial t}+\nabla[(E+p)\vec{V}]=\rho\vec{F}\cdot\vec{V}+\nabla(k\nabla T)+\nabla(\vec{\vec{\tau}}^{*}\cdot\vec{V})$$

$$E=\frac{p}{\gamma-1}+\frac{\rho^{2}}{2}$$

能量守恒方程实际是热力第一定律在流体力学中的表述。能量守恒可以用图 32-6-140 来形象地表达。

图 32-6-140　能量守恒

以上三组方程是 CFD 计算的理论基础，三组守恒的表达式以不同阶次偏微分方程形式描述，对于这类方程理论解通常只有一些简单情况、具有简单的边界条件时才能获得。然而流动方程通常是复杂和非线性的，一般情况下是无法求解理论结果（解析解）的，故必须借助于近似的离散方法，如有限元、有限体或有限差分原理求得数值解。

CFD 可以认为是在流动基本方程（质量守恒方程、动量守恒方程、能量守恒方程）控制下对流动的数值模拟。通过这种数值模拟，我们可以得到极其复杂问题的流场内各个位置上的基本物理量（如速度、压力、温度、浓度等）的分布，以及这些物理量随时间的变化情况，确定旋涡分布特性、空化特性及脱流区等。还可据此算出相关的其他物理量，如旋转式流体机械的转矩、水力损失和效率等。此外，与 CAD 联合，还可进行结构优化设计等。

2）CFD 流体数值模拟步骤

采用 CFD 的方法对流体流动进行数值模拟，通常包括如下步骤：

① 建立反映工程问题或物理问题本质的数学模型。具体地说就是要建立反映问题各个量之间关系的微分方程及相应的定解条件，这是数值模拟的出发点。如果没有正确完善的数学模型，数值模拟就毫无意义。流体的基本控制方程通常包括质量守恒方程、动量守恒方程、能量守恒方程，以及这些方程相应的定解条件。

② 寻求高效率、高准确度的计算方法，即建立针对控制方程的数值离散化方法，如有限差分法、有限元法、有限体积法等。这里的计算方法不仅包括微分方程的离散化方法及求解方法，还包括贴体坐标的建立、边界条件的处理等。这些内容，可以说是 CFD 的核心。

③ 编制程序和进行计算。这部分工作包括计算网格划分、初始条件和边界条件的输入、控制参数的设定等。这是整个工作中花时间最多的部分。由于求解的问题比较复杂，比如 Navier-stokes 方程就是一个十分复杂的非线性方程，数值求解方法在理论上不是绝对完善的，所以需要通过实验加以验证。正是从这个意义讲，数值模拟又叫数值试验。应该指出，这部分工作不是轻而易举就可以完成的。

④ 显示计算结果。计算结果一般通过图表等方式显示，这对检查和判断分析质量和结果有重要参考意义。

以上这些步骤构成了 CFD 数值模拟的全过程。其中数学模型的建立是理论研究的课题，一般由理论工作者完成。不擅长 CFD 的其他专业研究人员使用 ANSYS CFD 软件也能够轻松地进行流体动力学的数值计算。

（2）ANSYS Workbench CFD 分析实例

现有一工程管道，在管道的中间有一个阀门（图 32-6-141）。工作时，管道中流动的流体为水，进口端水的速度为 1m/s，试分析管道中的流场（要求采用 CFX 和 Fluent 来模拟）。

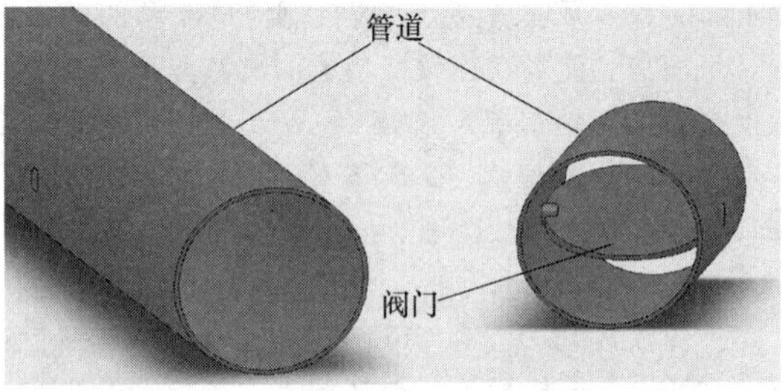

图 32-6-141　管道结构示意图

解题过程：

1）启动 Workbench 并建立分析项目

① 启动 ANSYS Workbench，进入主界面。

② 进入 Workbench 后，单击工具栏中的 Save as 按钮，将文件另存为 Pipe-cfd。

③ 双击主界面 Toolbox（工具箱）中的 Analysis Systems→Fluid Flow（CFX）选项，即可在 Project Schematic（项目管理区）创建分析项目 A，如图 32-6-142 所示。

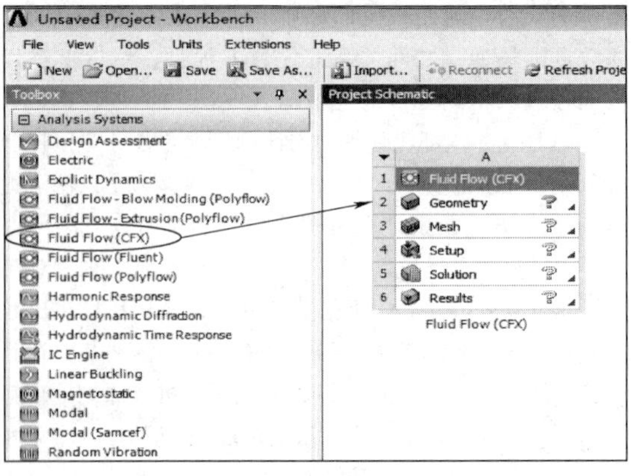

图 32-6-142　创建分析项目 A

2）导入几何模型

① 在 A2 栏 Geometry 项上单击右键，在弹出的快捷菜单中选择 Import Geometry→Browse 命令，如图 32-6-143 所示，此时会出现“文件打开”对话框。

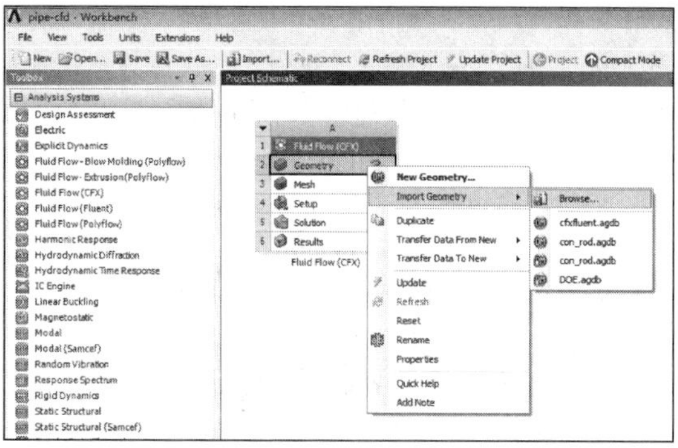

图 32-6-143　导入几何体

② 选择光盘源文件中的 pipe. agdb，并单击“打开”按钮，将管道几何模型导入 Workbench 中。

3）进入 Mechanical，准备好流体模型

① 双击 A3 栏 Mesh，进入 Mechanical 环境。

② 双击树形目录中的 Geometry 分支，用鼠标同时（选择时，按住键盘 Ctrl 键）选中 Geometry 下方的固体部件管道（pipe）和阀门（value），之后单击右键，在弹出的快捷菜单中选中 Suppress Body（抑制），最后只剩下流体域（water），如图 32-6-144 所示。

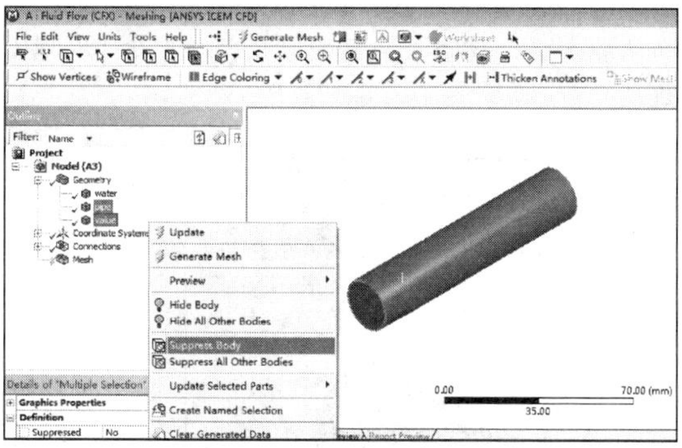

图 32-6-144　流体模型

③ 部件命名。

a. 为了在后面的 CFD 分析过程中操作方便，可以对一些部件命名。操作时先在过滤器工具条中将鼠标过滤为面，然后用鼠标在屏幕中直接选中（左键单击）Z 轴最大值处的端面，再单击右键，在弹出的快捷菜单中选中 Create Named Selection（如图 32-6-145 所示），然后再随后弹出的对话框中输入 inlet（代表流体流入面），单击 OK 按钮（如图 32-6-146 所示），完成流体流入面的命名。

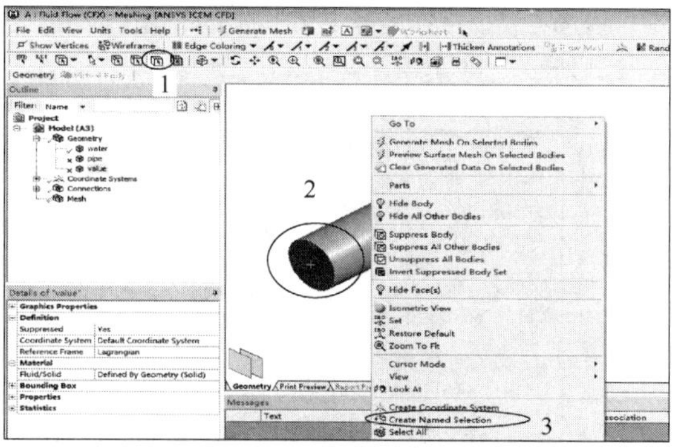

图 32-6-145　命名 Z 轴最大值处的端面

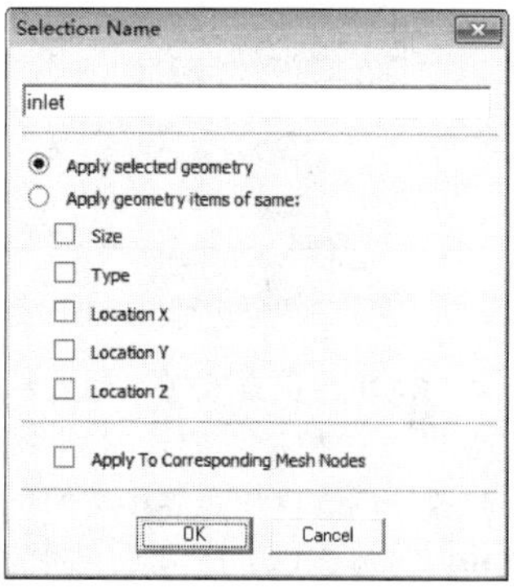

图 32-6-146　输入命名为 inlet

b. 同样，单击左键，选中 Z 轴最小值处的端面，将其命名为 outlet（代表流体流出面）。

c. 同样，选择阀门与流体水接触面处的共 14 个面命名为 FSI。

为了便于操作，可以先将圆柱面隐藏，即先用鼠标在屏幕中选中外圆柱面，单击右键，在弹出的快捷菜单中选中 Hide Face（s）（如图 32-6-147 所示），这样流体中间部分就完全暴露出来了，接下来将工具条中鼠标的选择方式改成 Box Select（如图 32-6-148 所

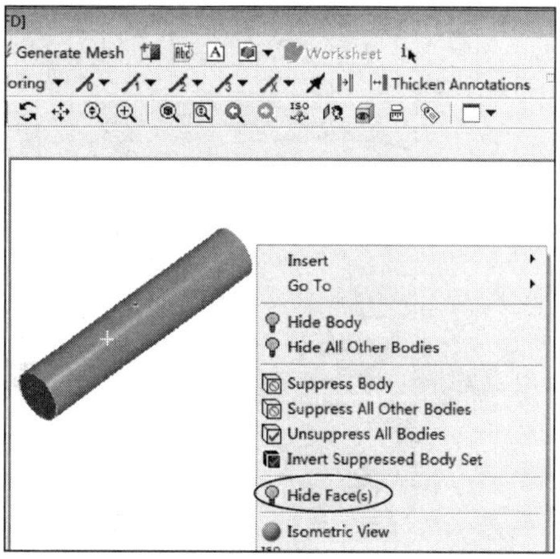

图 32-6-147　隐藏圆柱面

示）框选方式，再在屏幕中用框选方式选中阀门与流体接触处的共 14 个面。

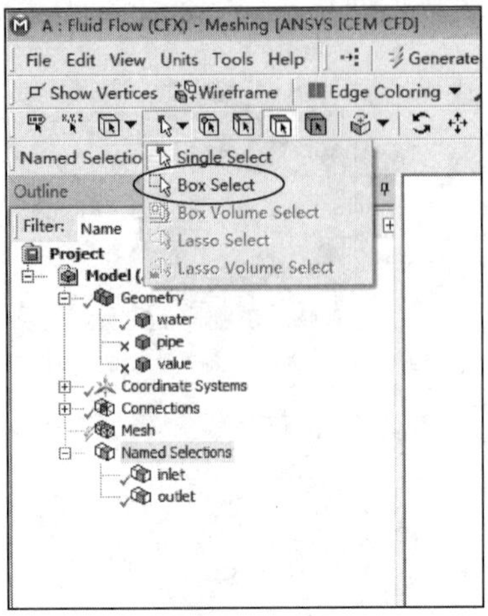

图 32-6-148 更改鼠标的选择方式

注意：此处使用框选方式时鼠标要从左拖到右的方向框选，如果方向相反，即从右拖至左的方式框选，则会将与鼠标框选窗口边界相交的所有表面都选中。实际操作中可体会一下这两种不同的框选顺序产生的不同结果。

d. 选中 14 个面后，同前述操作一样，即单击右键，在弹出的快捷菜单中选中 Create Named Selection，然后在弹出的对话框中输入 FSI 并单击 OK 按钮，完成 FSI 的命名。

e. 最后将工具栏中鼠标的选择方式再改回习惯上的 Single Select（单选）方式并用鼠标在屏幕中任意空的位置单击右键，在弹出的快捷菜单中选中 Show Hidden Faces（显示隐藏的面）。

④ 网格划分。单击目录树的 Mesh 分支，在属性管理器中 Sizes 项设置为 Coarse（因本例主要是 CFD 操作过程演示，故网格划分得较粗糙），然后再右键单击目录树的 Mesh 分支，在弹出的快捷菜单中选择 Generate Mesh，完成流体模型的网格划分。操作过程见图 32-6-149。

至此，流体模型准备完毕。单击主菜单 File→Save Project 保存工程，再单击 Mechanical 界面右上角的关闭按钮，返回 Workbench 主界面。

4）进入 CFX 的前处理

① 在 Workbench 界面中，单击 A3 栏（Mesh），再单击右键，在弹出的快捷菜单中选中 Update（更新），如图 32-6-150 所示，则 Mesh 栏右边的图标由闪电符号变成✓符号。

② 双击 A4 栏（Setup），进入 CFX 的前处理环境。

③ 确定 CFX 中的分析类型。操作时先双击树形窗口中的 Analysis Type，再在随后弹出的对话框中选中 Steady State（稳态分析），如图 32-6-151 所示，单击 OK 按钮确认。

④ 确定流体介质。操作时先双击树形窗口中的 Default Domain 项，再在随后弹出的对话框中单击 Basic Settings（基本设置）并确定流体介质是水，然后单击 Fluid Models（流体模型），设定如图 32-6-152 所示的参数，其余参数采用默认值，单击 OK 按钮确认。

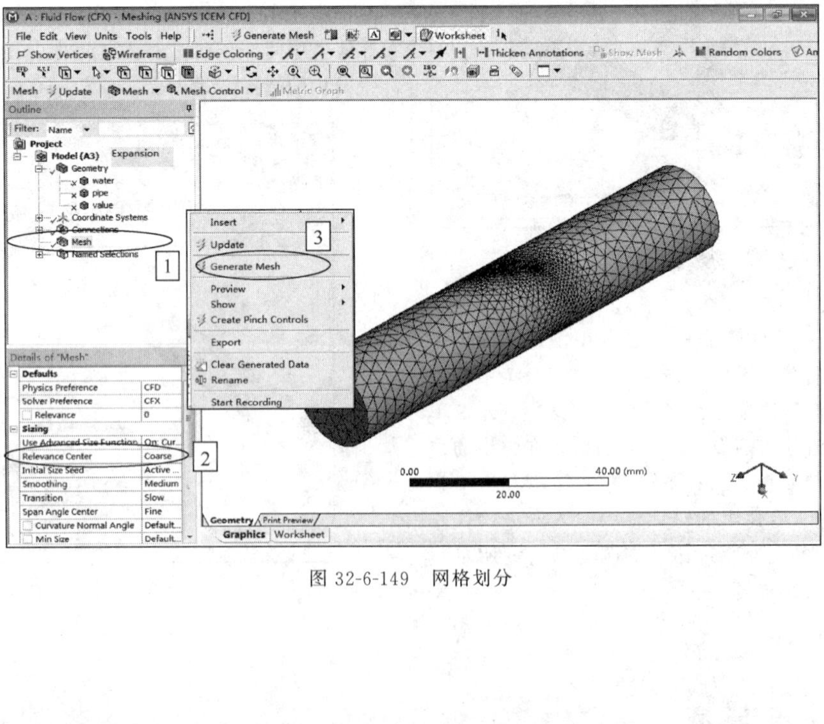

图 32-6-149 网格划分

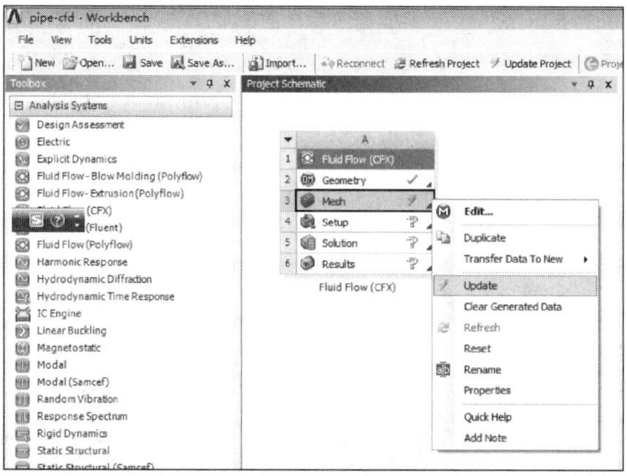

图 32-6-150　更新 Mesh

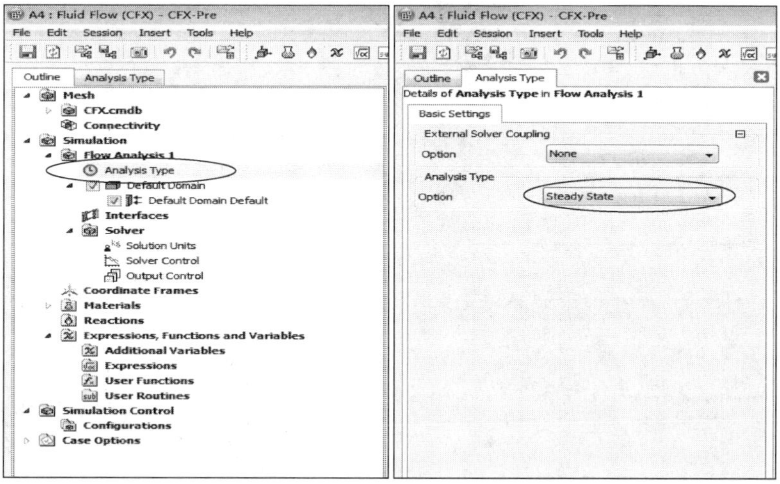

图 32-6-151　确定分析类型

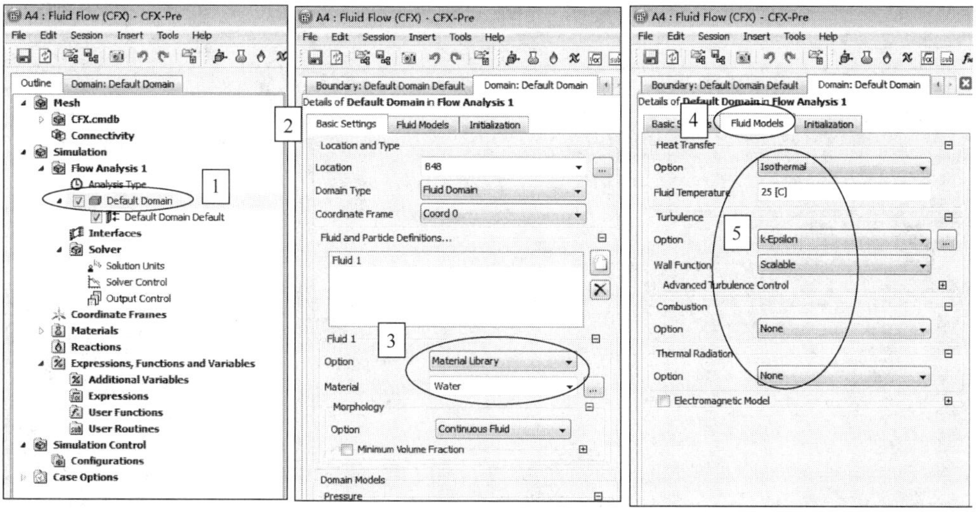

图 32-6-152　确定流体介质

⑤ 设定边界条件。

a. 设置进水口。操作时先用鼠标选中工具栏中的创建边界的图标，然后在弹出的对话框中输入创建的边界名为 inlet 并单击 OK 按钮（如图32-6-153

第
32
篇

所示），再在详细栏中单击 Basic Settings（基础设置）并确定 Boundary Type（边界条件的类型）是 inlet（进口），Location（所在的位置）就是上面命名的 inlet，再用鼠标单击 Boundary Details（边界详细设置）项，输入进口速度大小为 1m/s，其余参数如图 32-6-154 所示，单击 OK 按钮确认。

b. 设置出水口。操作与步骤 a 相同，即先用鼠标选中工具栏中的创建边界的图标，然后在弹出的对话框中输入创建的边界名为 outlet 并单击 OK 按钮。再在详细栏中单击 Basic Settings（基础设置）并确定 Boundary Type（边界条件的类型）为 Opening，Location（所在的位置）为 outlet（如图 32-6-155 所示），再用鼠标单击 Boundary Details（边界详细设置）项，相对压力为 0MPa，其余参数如图 32-6-156 所示，单击 OK 按钮确认。

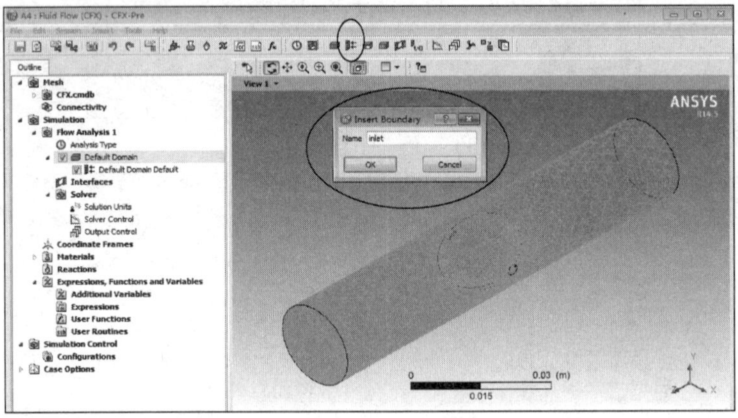

图 32-6-153　确定进水口

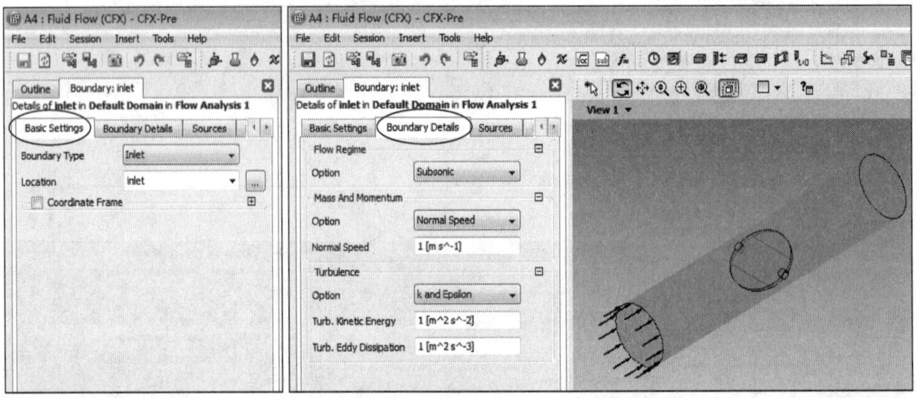

图 32-6-154　设置进水口各项参数

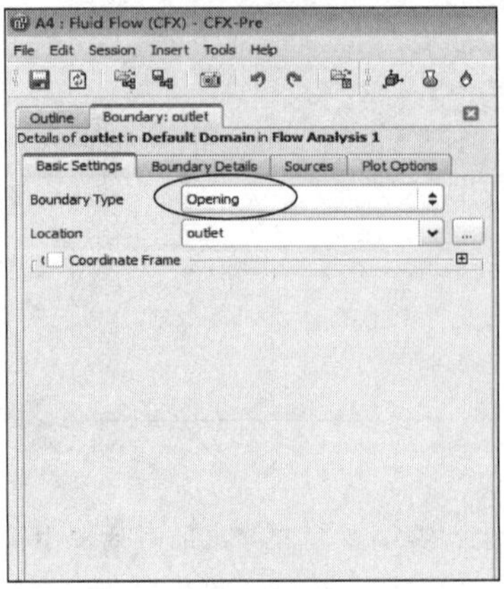

图 32-6-155　确定出水口

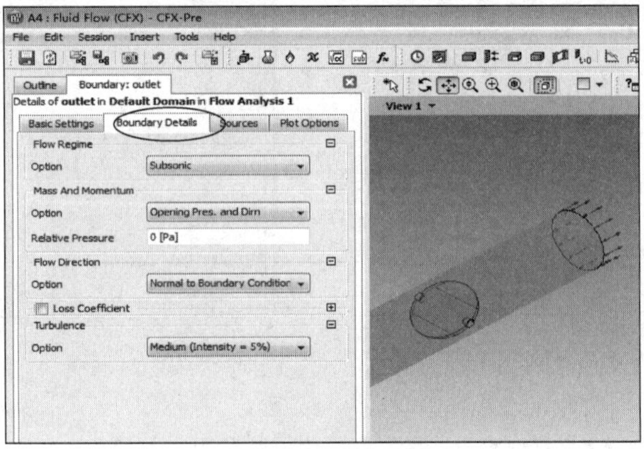

图 32-6-156　设置出水口各项参数

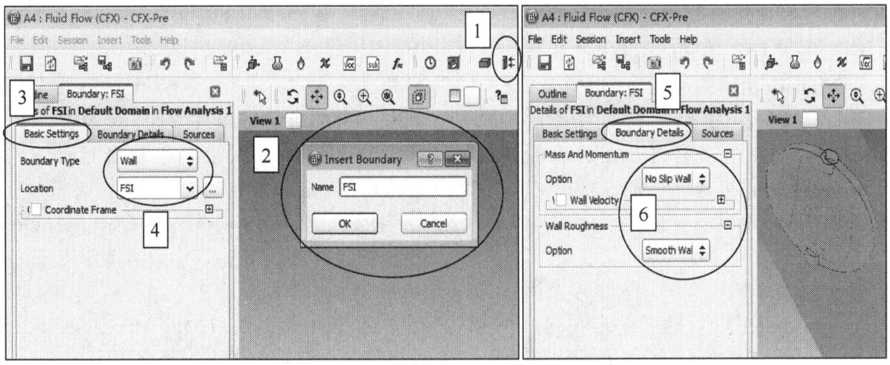

图 32-6-157　命名 FSI 并设置其参数

c. 设置 FSI（即阀门和流体的接触面处）。操作与前述设置进水口和出水口的过程相同。命名为 FSI，边界条件的类型 Boundary Type 为 Wall（墙），位置 Location 为 FSI。具体操作过程如图 32-6-157 所示，最后单击 OK 按钮确认。

d. 单击工具条中的保存按钮。

e. 单击界面右上角关闭按钮，返回 Workbench 主界面。

5）求解设定　双击 A5 栏（Solution）项，弹出 Define Run 对话框，设置 Run mode 项（若是多核的计算机可进行并行设置，如图 32-6-158 所示，然后单击 Start Run 按钮进行求解。求解结束后，单击界面右上角的关闭按钮，返回 Workbench 主界面。

6）进入后处理，查看结果　双击 A6 栏（Results）项，进入后处理，用鼠标选中工具栏中的流线图标，再在随后弹出的对话框中设置流线名称（本例采用默认名称 Streamline1），单击 OK 按钮。然后在左侧 Streamline1 的详细窗口中设置 Start From（起始端）是 inlet，Variable（变量）是 Velocity（速度），最后单击 Apply 按钮，便可产生流体的速度场，操作过程及结果如图 32-6-159 所示。

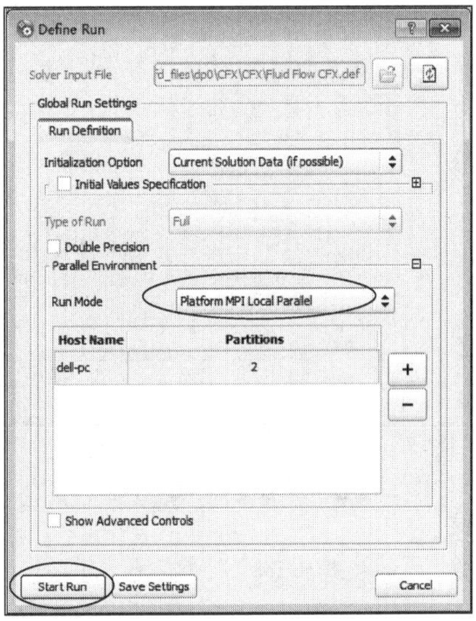

图 32-6-158　求解设定

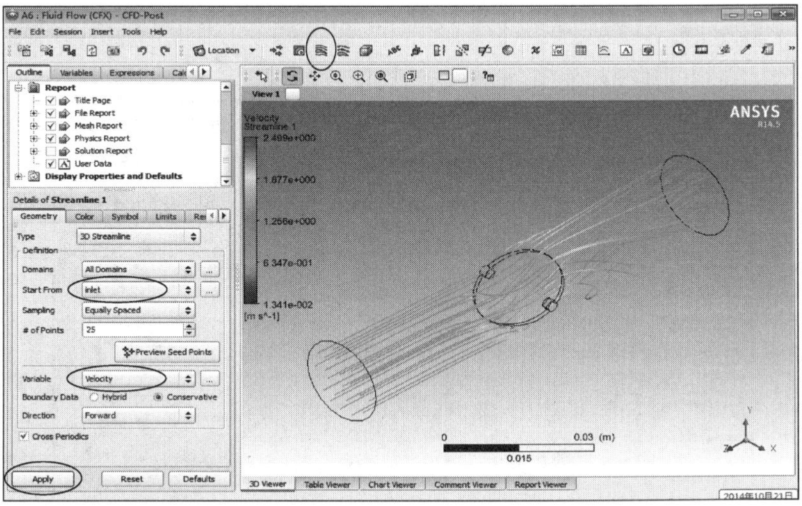

图 32-6-159　流体的速度场

同样，也可以查看其他参数的后处理结果。

上面操作是应用了 CFX 模拟管道中的流场，下面应用 FLUENT 来模拟相同的流场。

7）建立 FLUENT14.5 项目　操作时用鼠标选中 A5 栏（Solution）项，单击右键，在弹出的快捷菜单中选中 Transfer Data To New→Fluid Flow（Fluent），过程如图 32-6-160 所示。

8）进入 FLUENT 前处理

① 更新 A 块（即 CFX 项目），操作时先用鼠标点中 A1 栏 Fluid Flow（CFX），随后单击右键，在弹出的对话框中选中 Update（更新）。

② 双击 B4 栏 Setup 项（如图 32-6-161 所示），弹出 Fluent Launcher（Setting Edit Only）对话框，若是多核的计算机可进行并行设置（如图 32-6-162 所示），单击 OK 按钮，进入 FLUENT。

9）确定分析类型

① 在 FLUENT 界面树形窗口中选中 General 项，然后在其详细设置窗口中设置类型是 Steady（稳态），如图 32-6-163 所示。

② 选中树形窗口中的 Models 项，在随后弹出的

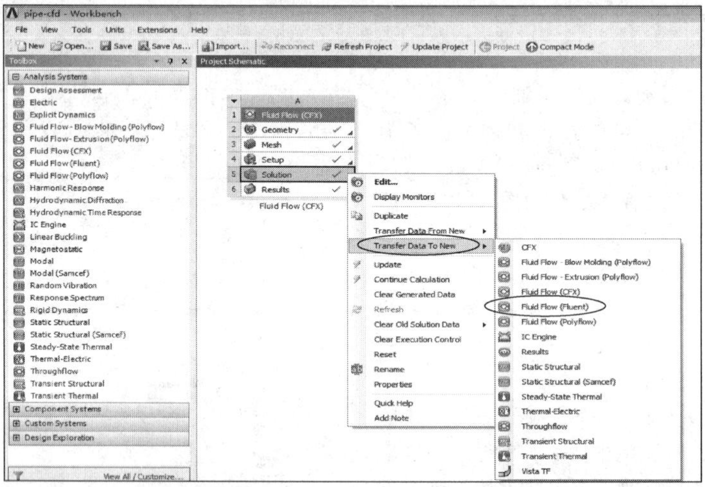

图 32-6-160　建立 FLUENT14.5 项目

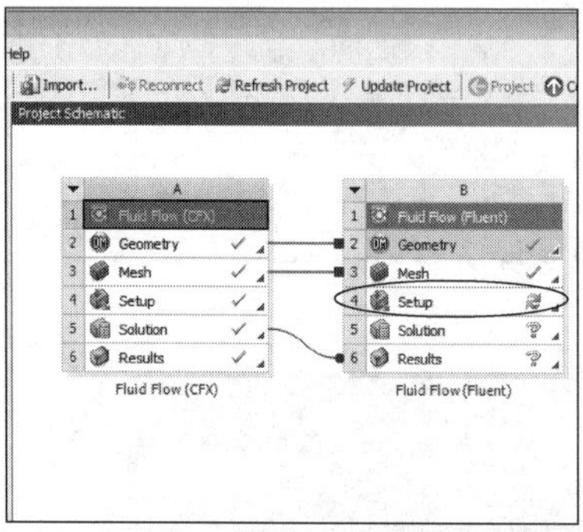

图 32-6-161　准备进入 FLUENT

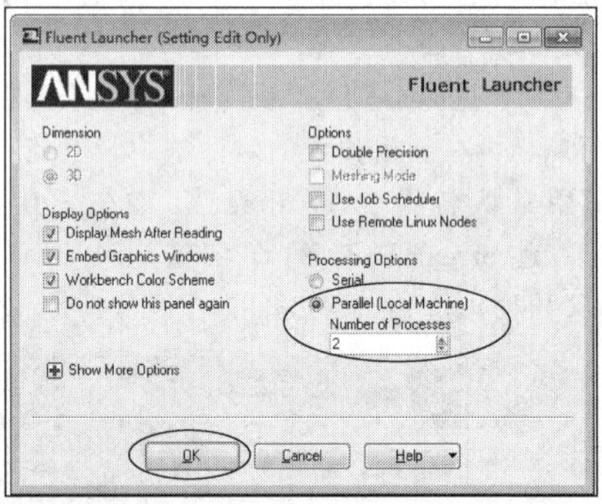

图 32-6-162　进入 FLUENT 中

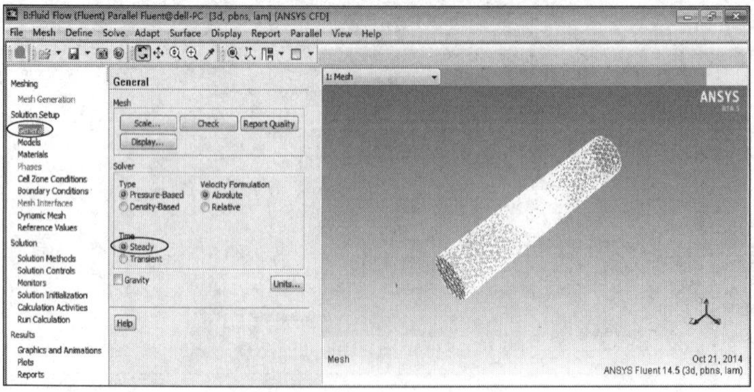

图 32-6-163　确定分析类型

窗口中双击 Viscous-Laminar 项，最后确定相关设置参数，如图 32-6-164 所示。

10）导入流体介质（水）

① 选中树形窗口中的材料项 Materials，在随后弹出的窗口中双击 Fluid（如图 32-6-165 所示），再在弹出的对话框中选中 FLUENT Database 按钮。在弹出的 Fluent Database Materials 对话框中选出液态水，然后单击 Copy 按钮导入液态水（如图 32-6-166 所示），最后单击 Close 按钮。

② 导入液态水后，可以检查或编辑其特性。操作时只要双击树形窗口中的 Cell Zone Condition，在随后弹出的对话框中双击 Water，在弹出的对话框中就能查看或编辑 Water 的特性了，本例的参数均采用默认值，如图 32-6-167 所示。

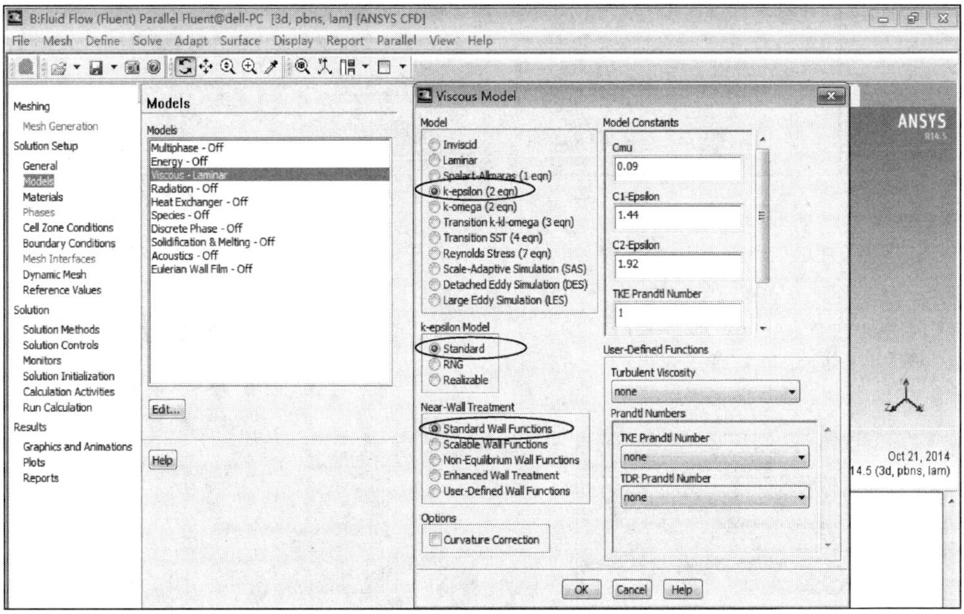

图 32-6-164　分析类型各项参数设置

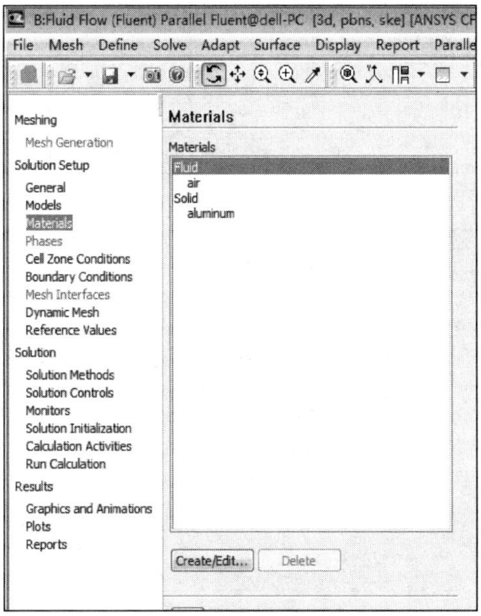

图 32-6-165　添加材料

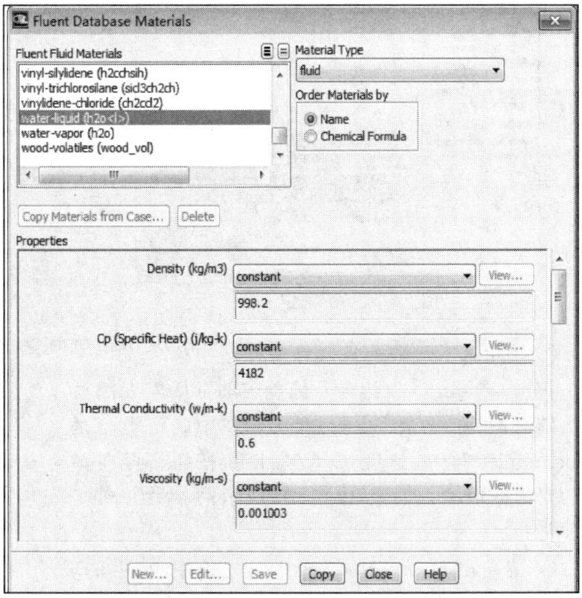

图 32-6-166　在 Fluent 材料数据库中选择液态水

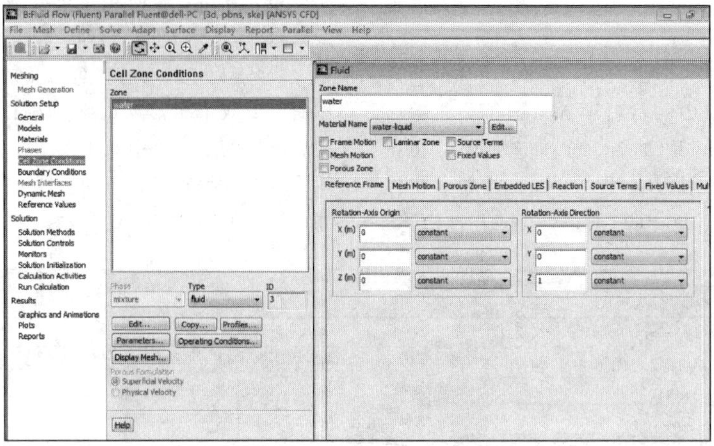

图 32-6-167　查看或编辑水特性

11）确定边界条件

① 确定 FSI，类型为 Wall。操作时先单击选中树形窗口中的 Boundary Conditions（边界条件），在随后弹出的对话框中单击 fsi，再在弹出的对话框中确定类型为 Wall，如图 32-6-168 所示。

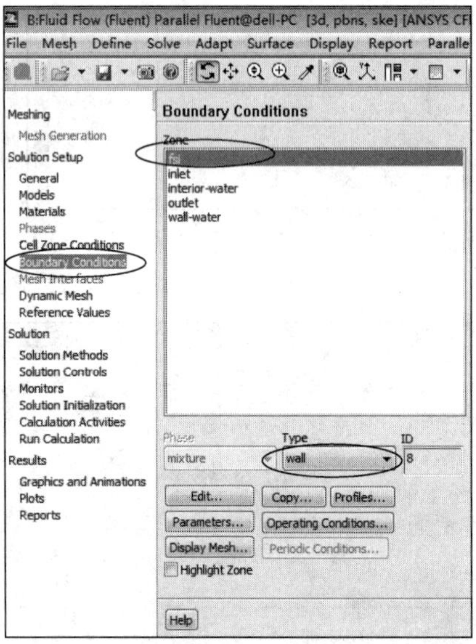

图 32-6-168　确定 FSI

② 确定入水口 inlet。操作时先选中树形窗口中 Boundary Conditions（边界条件）中的 inlet，在随后弹出的对话框（如图 32-6-169 所示）中确定类型是 velocity-inlet（输入速度），单击 Edit 按钮，再在弹出的对话框中输入如图 32-6-170 所示的参数并单击 OK 按钮。

③ 确定出水口 outlet。操作时先选中 Boundary Conditions（边界条件）中的 outlet，在随后弹出的对话框（如图 32-6-171 所示）中确定类型是 pressure-outlet（压力输出），单击 Edit 按钮，再在弹出的对话框中输入相关参数并单击 OK 按钮。

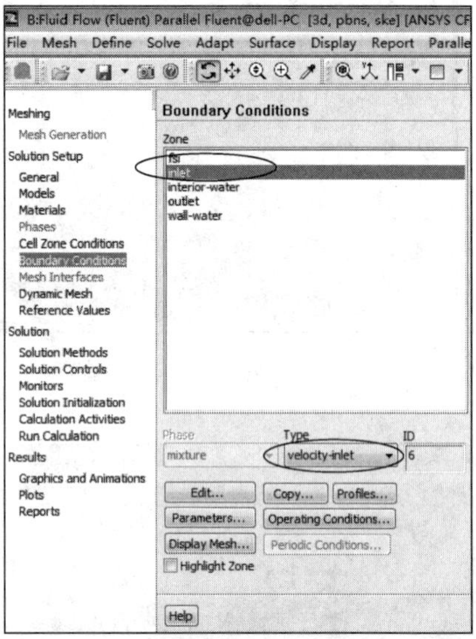

图 32-6-169　确定入水口 inlet

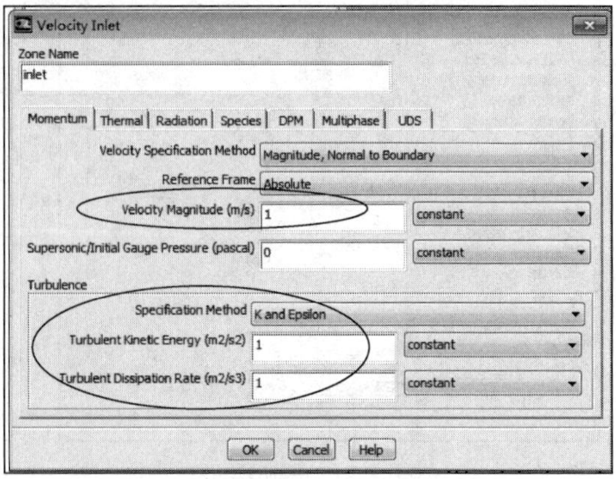

图 32-6-170　设置入水口 inlet 各项参数

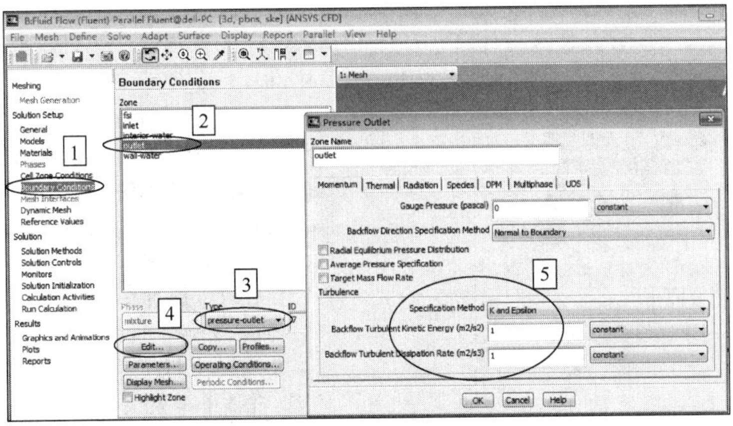

图 32-6-171　确定出水口 outlet 及参数

12）求解初始化　操作时单击树形窗口中的 Solution Initialization，在随后弹出的对话框中选择 Standard Initialization 项，按照图 32-6-172 所示，输入参数并单击 Initialize 按钮。

13）求解法选择　操作时单击树形窗口中的 Solution Methods，确定如图 32-6-173 所示的参数。

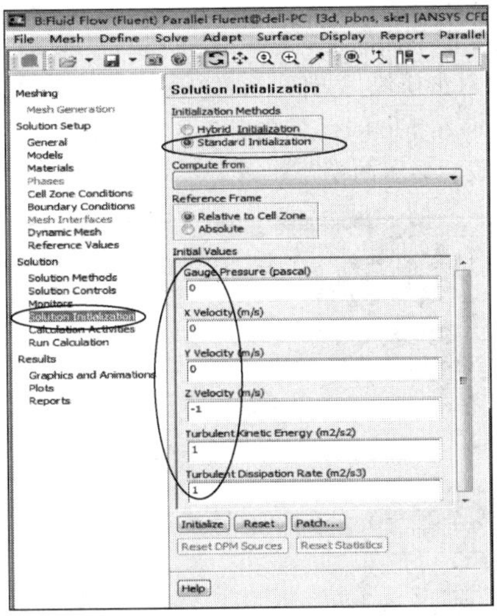

图 32-6-172　求解初始化

14）计算设置　操作时单击树形窗口中的 Run Calculation，在随后弹出的对话框中确定迭代次数，本例中输入 100，并单击 Calculate 按钮，如图 32-6-174所示。

15）计算结束，进入后处理提取结果　对于 FLUENT 的老用户，可以在当前界面中直接操作，如图 32-6-175 所示（此过程略）。

小结：在 ANSYS Workbench 中，由于 FLUENT 和 CFX 均已集成于其中，因此它们有统一的后处理界面，本例就是在统一的后处理界面中提取结果。操作时先关闭当前界面，退出 FLUENT 环境，返回 Workbench 主界面，再双击 B6 栏（Result 项），即可进入统一的后处理界面中。

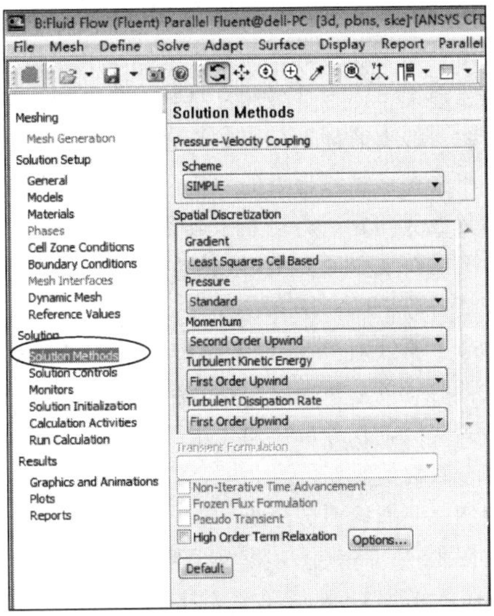

图 32-6-173　求解法选择

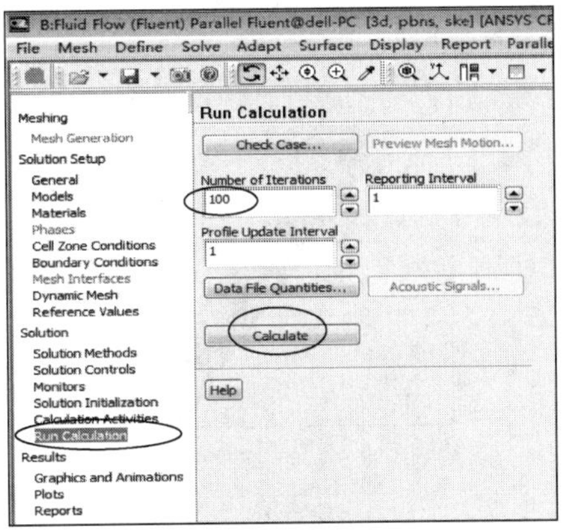

图 32-6-174　计算设置

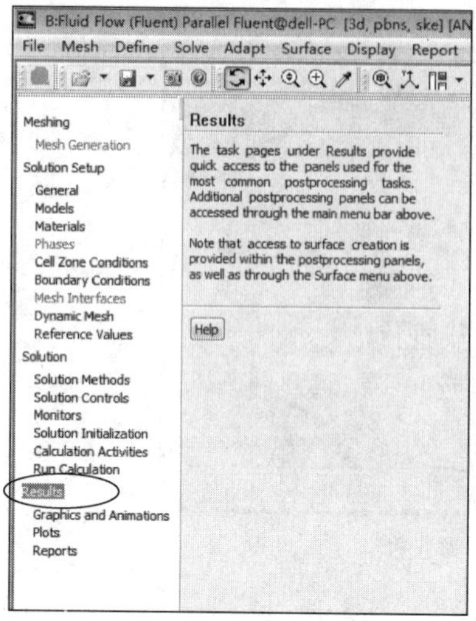

图 32-6-175 FLUENT 进入后处理

6.4.3 结构疲劳分析算例

强度、刚度和疲劳寿命是工程结构和机械使用的三个基本要求。而疲劳破坏又是其失效的主要原因之一，引起疲劳失效的循环载荷的峰值往往小于根据静态条件下校核所估算出来的“安全”载荷。因此，针对结构的疲劳问题进行分析及研究具有重要的意义。本章主要结合实例介绍在 ANSYSY Workbench 环境下进行疲劳分析的方法和过程。

本节主要针对 ANSYSY Workbench 静态力学分析模块下的疲劳分析功能，结合生产和生活中常见的螺栓紧固实例，在外载荷的作用下仿真分析其寿命周期和安全系数等。

案例——螺栓疲劳分析

如图 32-6-176 所示，模型采用 GB/T 5782—2016 螺栓 M16×100-38 外形尺寸，其螺纹部分模型用分割线将曲面分割，以便分析时添加固定约束。试对螺栓承受 10000N 的恒定振幅载荷及 10000N 任意载荷历程两种情况下进行疲劳分析。

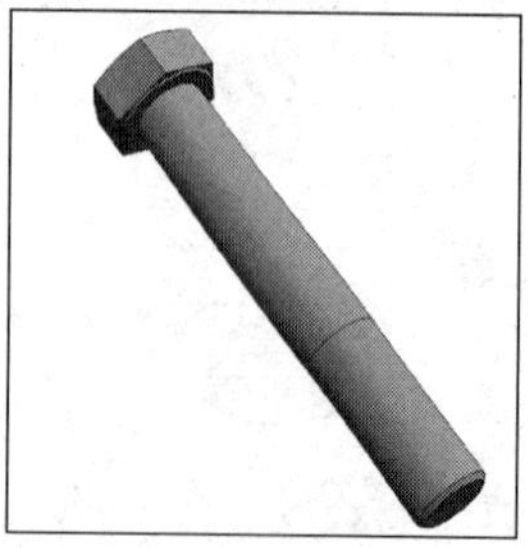

图 32-6-176 螺栓模型

分析模型的材料为系统默认的 Structural Steel。

(1) 启动 ANSYS Workbench 并建立分析项目

① 启动 ANSYS Workbench 仿真分析系统，进入主界面。

② 进入主界面后，选择主菜单栏 File→Save 命令，在弹出的对话框中选择保存路径并输入文件名 fatigue，然后单击保存退出。

③ 在对话框左侧 Toolbox（工具箱）区域中找到 Analysis Systems→Static Structural（静态结构分析），然后双击即可在 Project Schematic（项目管理区域）创建该模块 A。

(2) 导入分析模型

① 右键单击模块 A3：Geometry 单元，在弹出的快捷菜单中选择 Import Geometry→Browse 命令，此时会弹出“打开”对话框。

② 在弹出的“打开”对话框中选择分析模型文件路径，导入分析模型文件，此时会发现 A3：Geometry 后面的符号由 ? 变成 ✓，表明分析模型文件已经存在。

③ 单击工具栏 Units 选项，在所弹出的下拉菜单中改变系统单位为公制 metric（m，kg，Pa…）完成系统分析单位的定义。

④ 双击模块 A 中 A3：Geometry 单元，则会进入到 Design Modeler 界面，单击菜单栏 Generate 命令，加载后显示的模型如图 32-6-177 所示。

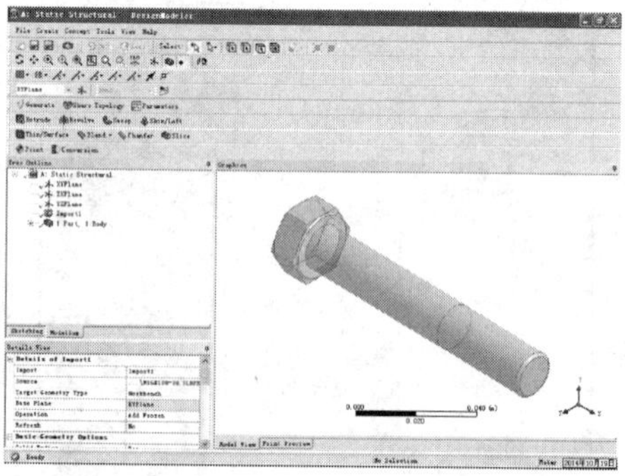

图 32-6-177 Design Modeler 环境下的模型

⑤ 单击 Design Modeler 界面关闭按钮 ✕，退出 Design Modeler 环境，返回主界面。

(3) 定义材料属性并赋予模型材料特性

① 本例材料使用的是工程材料库默认中的 structural steel 材料，即无需对 A2：Engineering Date 单元进行编辑。

② 双击主界面项目管理区模块 A 中 A4：Model 单元，进入图 32-6-178 所示 Mechanical 界面，在该界面下即可进行划分网格、分析设置、添加结果、仿真运算及分析结果等操作。

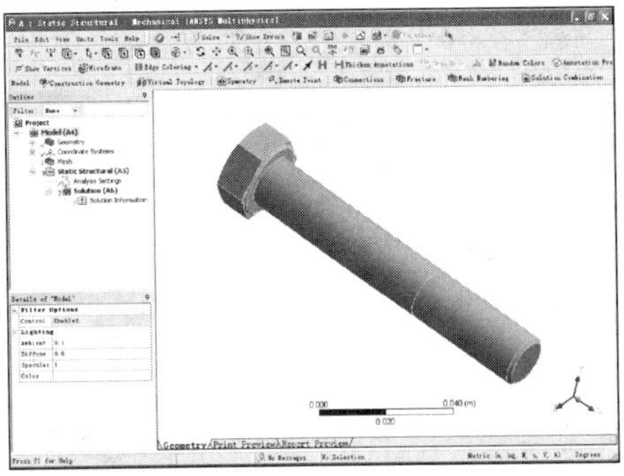

图 32-6-178 Mechanical 界面

③ 进入 Mechanical 界面后，选择界面左侧Outline→Project→Model（A4）→Geometry→M16X100-38，然后在其 Details of “M16X100-38”（参数列表）中选择添加相应的模型材料，本例材料选用默认的 structural steel 材料，即无需进行修改。

（4）网格划分

① 单击选中当前 Mechanical 界面 Outline→Project→Model（A4）→Mesh，然后可在其 Details of “Mesh”（参数列表）中进行网格划分参数的设置，本例在参数 Sizing 中的 Relevace Center 处选择 Medium，其余设置均采用默认即可。

② 在完成网格划分参数设置后，右键单击 Outline→Project→Model（A4）→Mesh，在弹出的快捷菜单中选择 Generate Mesh 命令。执行该命令后，界面会弹出进度显示条，显示网格划分过程中各个步骤的执行情况。

③ 当网格划分完成后，进度条自动消失，最终的网格划分效果如图 32-6-179 所示。

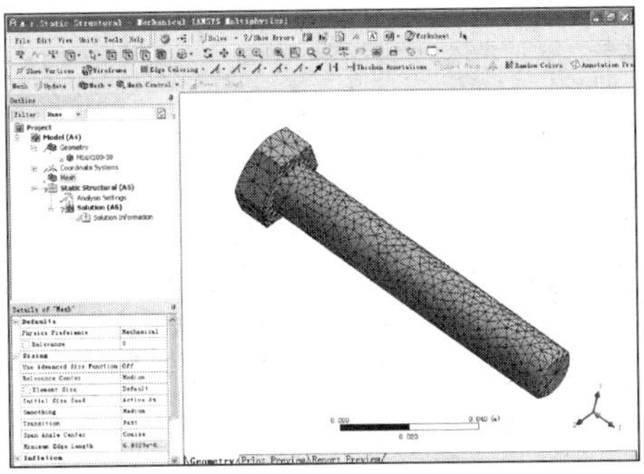

图 32-6-179 划分网格

（5）施加约束及载荷

① 首先添加一个固定约束，分析模型螺栓在实际工况中，依靠自身及螺纹孔螺纹进行固定，本例将螺纹进行简化，即在模型螺纹区域面添加固定约束。具体操作是：单击螺栓螺纹区域面选择加亮，然后右键单击 Outline→Project→Model（A4）→Static Structural（A5），在弹出的快捷菜单中选择 Insert→Fixed Support 完成固定约束的添加，如图 32-6-180 所示。

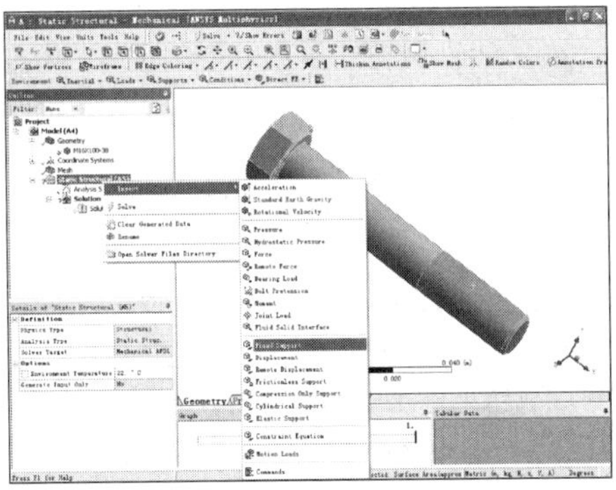

图 32-6-180 添加固定约束

② 单击螺栓承受载荷区域面选择加亮，然后右键单击 Outline→Project→Model（A4）→Static Structural（A5），在弹出的快捷菜单中执行 Insert→Force 命令，并在 Details of “Force”（参数列表）中定义载荷大小及方向，即在 Magnitud 栏输入 −10000 完成载荷的加载，如图 32-6-181、图 32-6-182 所示。

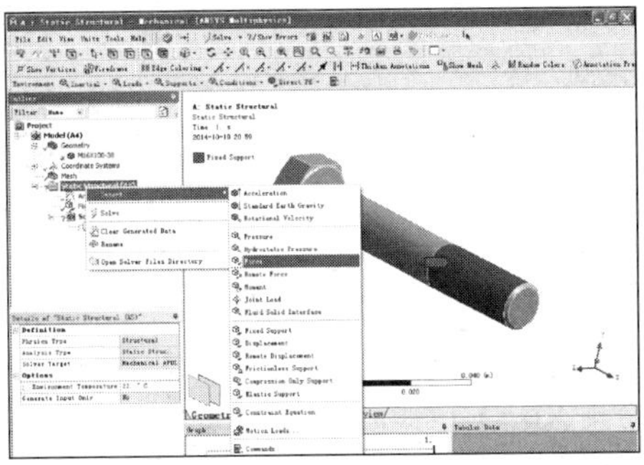

图 32-6-181 螺栓载荷的添加

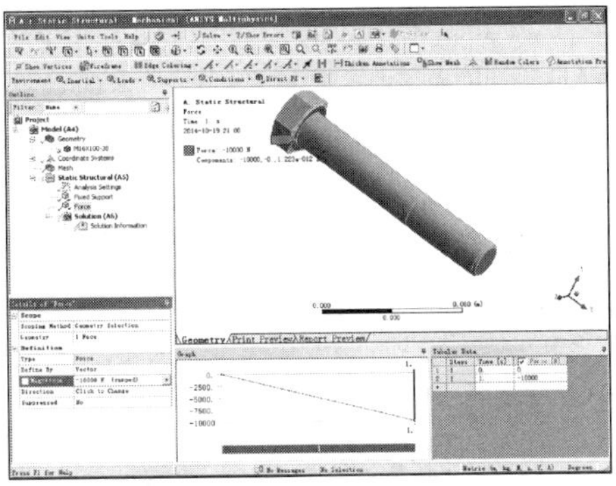

图 32-6-182 螺栓载荷的定义

（6）添加静态结构分析结果

① 选择 Outline→Project→Model（A4）→Static Structural（A5）→Solution（A6），右键单击 Solution（A6），在弹出的快捷菜单中执行 Insert →

Deformation→Total 命令，插入总体应变云图。

② 选择 Outline→Project→Model（A4）→Static Structural（A5）→Solution（A6），右键单击 Solution（A6），在弹出的快捷菜单中执行 Insert→strain→Equivalent（von-Mises）命令，插入等效弹性应力云图。

③ 选择 Outline→Project→Model（A4）→Static Structural（A5）→Solution（A6），右键单击 Solution（A6），在弹出的快捷菜单中执行 Insert→stress→Equivalent（von-Mises）命令，插入应力云图。

④ 完成结果添加之后，选择 Outline→Project→Model（A4）→Solution（A6），在弹出的快捷菜单中执行 Solve 命令进行求解，如图 32-6-183 所示。之后，弹出进度显示条，表示正在求解及各求解过程情况，当求解完成后进度条自动消失。

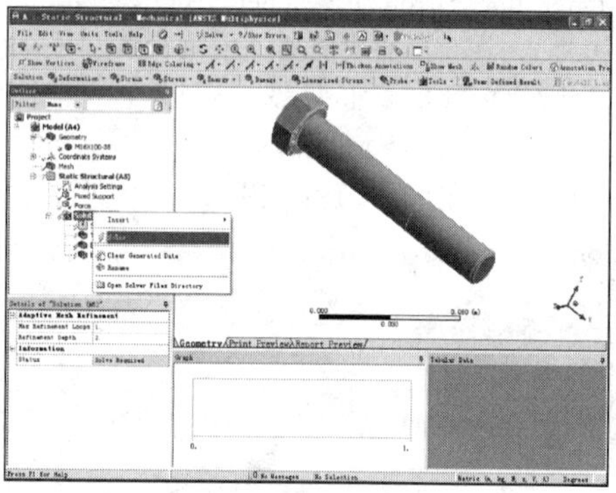

图 32-6-183 执行求解命令

（7）查看静态结构分析结果

分别选择 Outline→Project→Model（A4）→Solution（A6）→Total Deformation 和 Outline→Project→Model（A4）→Solution（A6）→Equivalent Elastic Strain 及 Outline→Project→Model（A4）→Solution（A6）→Equivalent Stress 查看总体应变云图、等效弹性应力云图、应力云图结果，分别如图 32-6-184～图 32-6-186 所示。

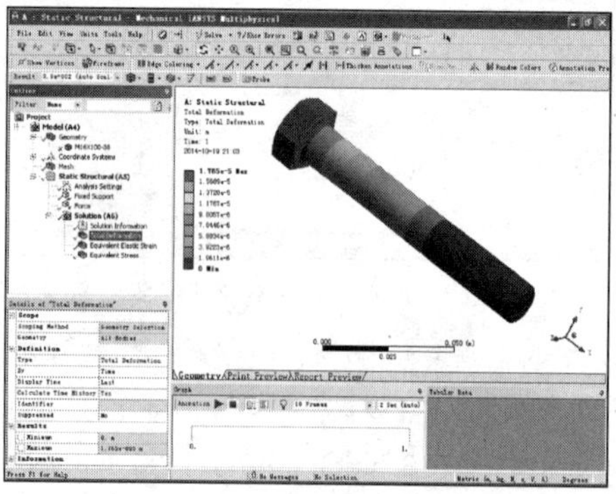

图 32-6-184 应变云图

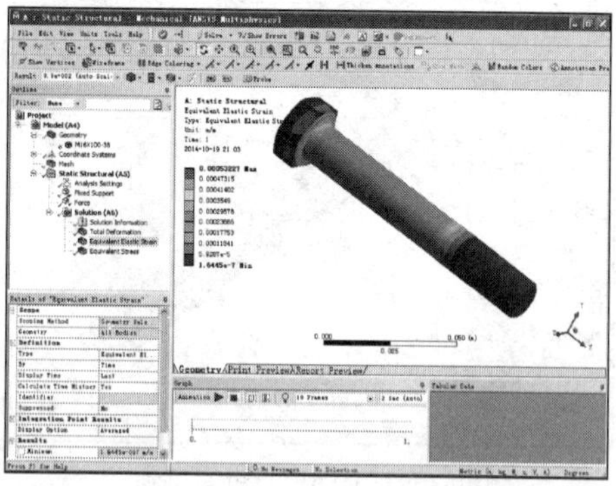

图 32-6-185 等效弹性应力云图

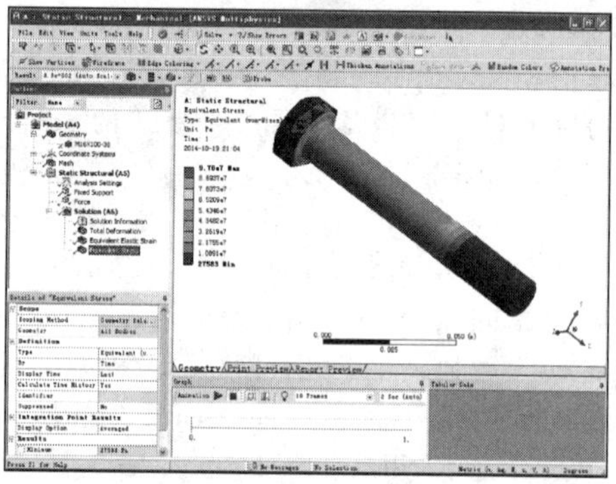

图 32-6-186 应力云图

（8）添加疲劳分析处理工具

① 选择 Outline→Project→Model（A4）→Static Structural（A5）→Solution（A6），右键单击 Solution（A6），在弹出的快捷菜单中执行 Insert→Fatigue→Fatigue Tool 命令，添加疲劳分析工具如图 32-6-187 所示。

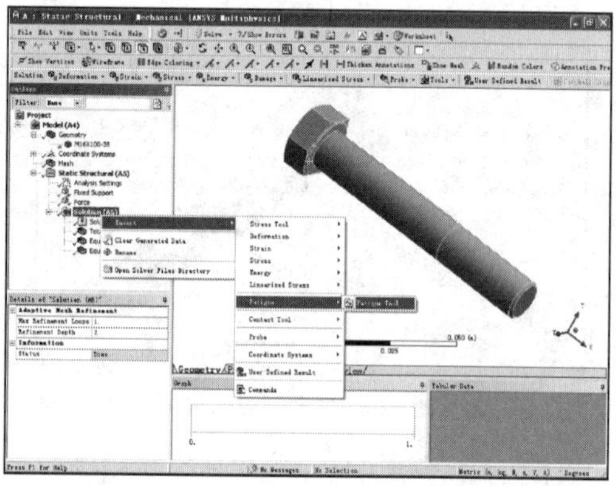

图 32-6-187 添加疲劳分析工具

② 选择 Outline→Project→Model（A4）→Static Structural（A5）→Solution（A6）→Fatigue Tool，在相应的 Details of “Fatigue Tool” 中定义疲劳分析参数。本例定义 Materials 中的 Fatigue Strength Factor

(KF) 为 0.8，该设置表明所分析模型为光滑和在役构件；定义 loading 中的 Type 载荷类型为 Zero-Based，表明载荷从零开始加载（本例中忽略螺栓预紧力的影响）；定义 Options 中 Analysis Type（分析类型）为 Stress Life，Stress Component 为 Equivalent（Von Mises），表明分析类型为应力寿命分析、分析应力构成为等效平均应力，如图 32-6-188 所示。

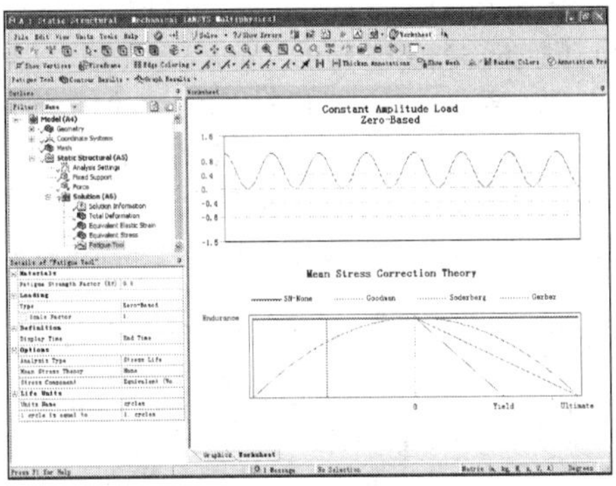

图 32-6-188　定义 “Fatigue Tool” 参数

③ 选择 Outline→Project→Model（A4）→Static Structural（A5）→Solution（A6）→Fatigue Tool，右键单击 Fatigue Tool，在弹出的快捷菜单中执行 Insert→Fatigue→Safety Factor 命令，添加疲劳安全系数。

④ 选择 Outline→Project→Model（A4）→Static Structural（A5）→Solution（A6）→Fatigue Tool→Safety Factor，在相应的 Details of “Safety Factor”（参数列表）中定义疲劳安全系数参数，设置 Definition 中 Design Life（设计寿命）为 1000000 次循环次数。

⑤ 选择 Outline→Project→Model（A4）→Static Structural（A5）→Solution（A6）→Fatigue Tool，右键单击 Fatigue Tool，在弹出的快捷菜单中执行 Insert→Fatigue→Fatigue Sensitivity 命令，添加疲劳敏感性。

⑥ 选择 Outline→Project→Model（A4）→Static Structural（A5）→Solution（A6）→Fatigue Tool→Fatigue Sensitivity，在相应的 Details of “Fatigue Sensitivity”（参数列表）中定义疲劳敏感性参数。设置 Options 中 Lower Variation（载荷变化下限比）和 Upper Variation（载荷变化上限比）分别为 50% 和 200%。表明本例中定义了一个最小基本载荷变化幅度为 50% 和一个最大基本载荷变化幅度为 200%。

⑦ 选择 Outline→Project→Model（A4）→Static Structural（A5）→Solution（A6）→Fatigue Tool，右键单击 Fatigue Tool，在弹出的快捷菜单中执行 Insert→Fatigue→Biaxiality Indication 命令，添加双轴指示云图。

⑧ 完成疲劳结果添加和定义之后，选择 Outline→Project→Model（A4）→Solution（A6）→Fatigue Tool，右键单击 Fatigue Tool，在弹出的快捷菜单中执行 Evaluate All Results 命令进行求解，如图 32-6-189所示，之后会弹出进度显示条，显示正在求解及各求解过程情况，当求解完成后进度条自动消失。

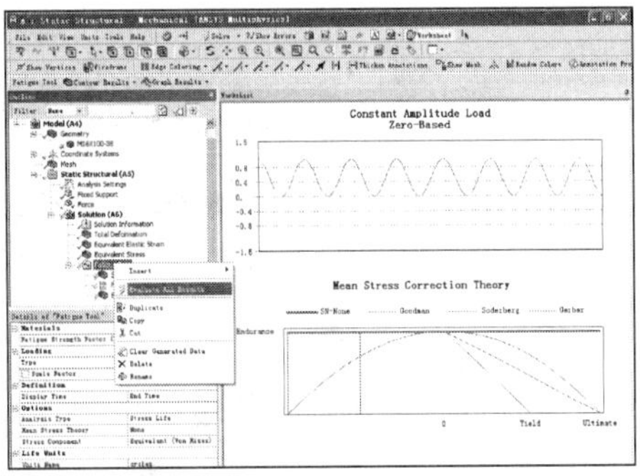

图 32-6-189　执行 Evaluate All Results 命令

(9) 查看疲劳分析结果（一）

① 选择 Outline→Project→Model（A4）→Static Structural（A5）→Solution（A6）→Fatigue Tool→Safety Factor 选项，查看本例中分析对象对于设计寿命为 1000000 次的循环次数的安全系数 Safety Factor 云图，如图 32-6-190 所示。

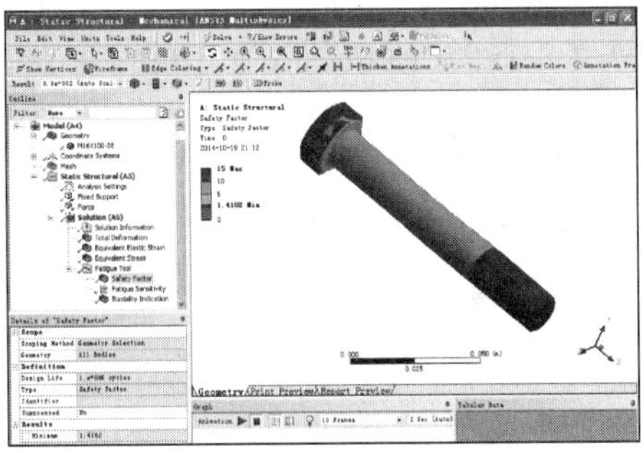

图 32-6-190　安全系数 Safety Factor 云图

② 选择 Outline→Project→Model（A4）→Static Structural（A5）→Solution（A6）→Fatigue Tool→Fatigue Sensitivity 选项，查看关于一个最小基本载荷变化幅度为 50% 和一个最大基本载荷变化幅度为 200% 的疲劳敏感结果曲线 Fatigue Sensitivity，如图 32-6-191所示。

③ 选择 Outline→Project→Model（A4）→Static Structural（A5）→Solution（A6）→Fatigue Tool→Biaxiality Indication 选项，查看本例中分析对象的双轴

第
32
篇

指示 Biaxiality Indication 结果云图，如图32-6-192所示。

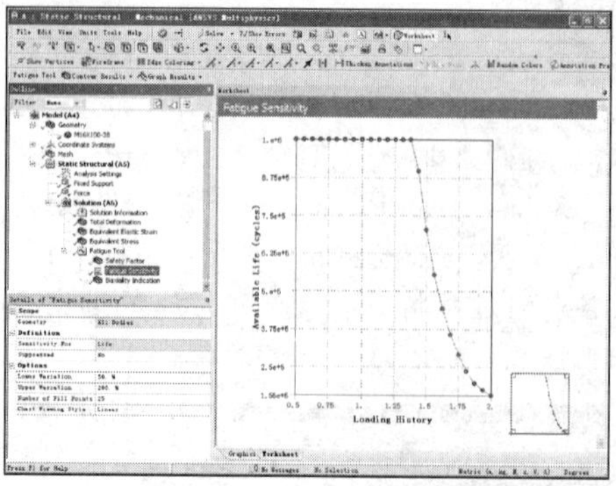

图 32-6-191　疲劳敏感结果曲线

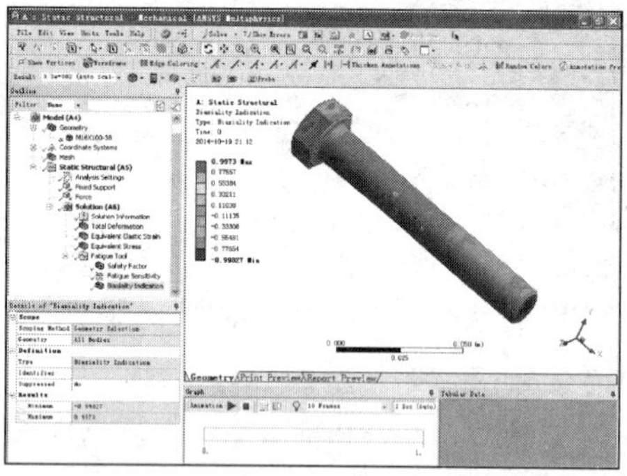

图 32-6-192　双轴指示 Biaxiality Indication 结果云图

注意：接近危险区域的应力状态应接近单轴的（0.1～0.2），因为材料特性是单轴的。即在特殊情况下如 0 Biaxiality 与单轴应力一致；当 −1 Biaxiality 时，为纯剪切；当 1 Biaxiality 时，为纯双轴状态。

（10）添加第二个 Fatigue Tool 分析模型承受 10000N 的任意载荷的疲劳寿命情况

① 选择 Outline→Project→Model（A4）→Static Structural（A5）→Solution（A6），右键单击 Solution（A6），在弹出的快捷菜单中执行 Insert→Fatigue→Fatigue Tool 命令，添加疲劳分析工具，生成 Fatigue Tool 2 选项，如图 32-6-193 所示。

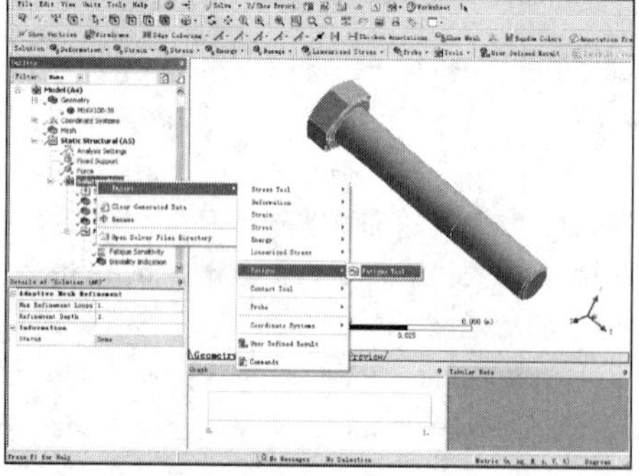

图 32-6-193　生成疲劳分析工具 Fatigue Tool 2

② 选择 Outline→Project→Model（A4）→Static Structural（A5）→Solution（A6）→Fatigue Tool 2，在相应的 Details of “Fatigue Tool 2”（参数列表）中定义疲劳分析参数。本例中需要定义 Materials 中的 Fatigue Strength Factor（KF）（疲劳强度因子）为 0.8，该设置表明所分析模型材料为光滑试件和在役构件。

③ 定义 loading 中的 Type 载荷类型为 History Date；History Date Location 为 SAEBracketHistory（浏览并打开 SAEBracketHistory.dat 文件），表明所定义的疲劳载荷源于一个比例历程，本例选择了包括应变评估结果的试件范围内的比例历程文件；Scale Factor 比例系数为 0.005（该系数规范化载荷历程，以便使载荷与载荷历程文件中的比例系数相匹配）。

$$\left(\frac{1}{1000\text{lbs}}\times\text{有限元仿真分析载荷}\right)\times\left(\frac{1000\text{lbs}}{200\text{strain gauge}}\right)$$

$$=\frac{1}{200\text{strain gauge}}\times\text{有限元仿真分析载荷}$$

$$=0.005\,\frac{\text{有限元仿真分析载荷}}{\text{strain gauge}}$$

④ 定义 Options 中 Analysis Type（分析类型）为 Stress Life；定义 Mean Stress Theory 为 Goodman；定义 Stress Component 为 Signed Von Mises（使用 Signed Von Mises 使由于 Goodman 理论平均应力的形式不同）；定义 Bin Size 为 32，表明之后将要添加的雨流矩阵 Rainflow 和损伤矩阵 Damage Matrices 是 32×32 的形式，完成定义 Fatigue Tool 2 参数如图 32-6-194 所示。

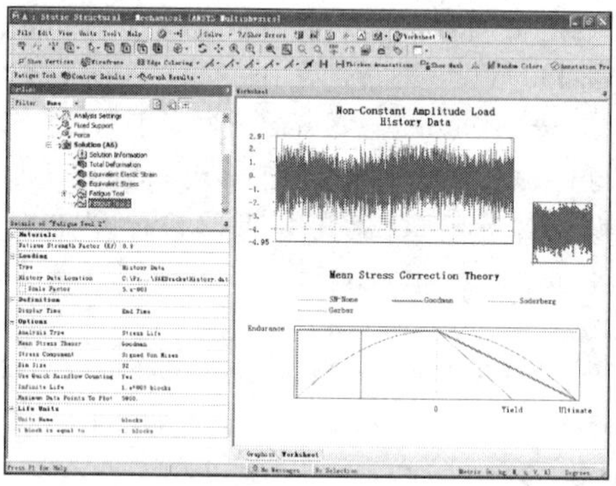

图 32-6-194　定义 Fatigue Tool 2 参数

⑤ 选择 Outline→Project→Model（A4）→Static Structural（A5）→Solution（A6）→Fatigue Tool 2，右键单击 Fatigue Tool 2，在弹出的快捷菜单中执行 Insert→Fatigue→Life 命令，添加疲劳寿命云图。

⑥ 选择 Outline→Project→Model（A4）→Static Structural（A5）→Solution（A6）→Fatigue Tool 2，右键单击 Fatigue Tool 2，在弹出的快捷菜单中执行 Insert

→Fatigue→Safety Factor 命令，添加疲劳安全系数。

⑦ 选择 Outline→Project→Model（A4）→Static Structural（A5）→Solution（A6）→Fatigue Tool 2→Safety Factor，在相应的 Details of "Safety Factor"（参数列表）中定义疲劳安全系数参数。设置 Definition 中 Design Life（设计寿命）为 1000 次循环次数。

⑧ 选择 Outline→Project→Model（A4）→Static Structural（A5）→Solution（A6）→Fatigue Tool 2，右键单击 Fatigue Tool 2，在弹出的快捷菜单中执行 Insert→Fatigue→Fatigue Sensitivity 命令，添加疲劳敏感性。

⑨ 选择 Outline→Project→Model（A4）→Static Structural（A5）→Solution（A6）→Fatigue Tool 2→Fatigue Sensitivity，在相应的 Details of "Fatigue Sensitivity"（参数列表）中定义疲劳敏感性参数。设置 Options 中 Lower Variation（载荷变化下限比）和 Upper Variation（载荷变化上限比）分别为 50%和 200%。

⑩ 选择 Outline→Project→Model（A4）→Static Structural（A5）→Solution（A6）→Fatigue Tool 2，右键单击 Fatigue Tool 2，在弹出的快捷菜单中执行 Insert→Fatigue→Biaxiality Indication 命令，添加双轴指示云图。

⑪ 选择 Outline→Project→Model（A4）→Static Structural（A5）→Solution（A6）→Fatigue Tool 2，右键单击 Fatigue Tool 2，在弹出的快捷菜单中执行 Insert→Fatigue→Rainflow Matrix 命令，添加雨流矩阵。

⑫ 选择 Outline→Project→Model（A4）→Static Structural（A5）→Solution（A6）→Fatigue Tool 2，右键单击 Fatigue Tool 2，在弹出的快捷菜单中执行Insert→Fatigue→Damage Matrix 命令，添加损伤矩阵。

⑬ 选择 Outline→Project→Model（A4）→Static Structural（A5）→Solution（A6）→Fatigue Tool 2→Danage Matrx，在相应的 Details of "Damage Matrx"（参数列表）中，定义 Definition 中 Design Life（设计寿命）为 1000 次循环次数。

⑭ 完成疲劳结果添加和定义之后，选择 Outline→Project→Model（A4）→Solution（A6）→Fatigue Tool 2，右键单击 Fatigue Tool 2，在弹出的快捷菜单中执行 Evaluate All Results 命令进行求解，此时会弹出进度显示条，表示正在求解及各求解过程情况，当求解完成后进度条自动消失。

(11) 查看疲劳分析结果（二）

① 选择 Outline→Project→Model（A4）→Static Structural（A5）→Solution（A6）→Fatigue Tool 2→Life 选项，查看本例中分析对象疲劳寿命云图，如图 32-6-195 所示。

② 选择 Outline→Project→Model（A4）→Static Structural（A5）→Solution（A6）→Fatigue Tool 2→Safety Factor 选项，查看本例中分析对象对于设计寿命为 1000 个历程的安全系数 Safety Factor 云图，如图 32-6-196 所示。

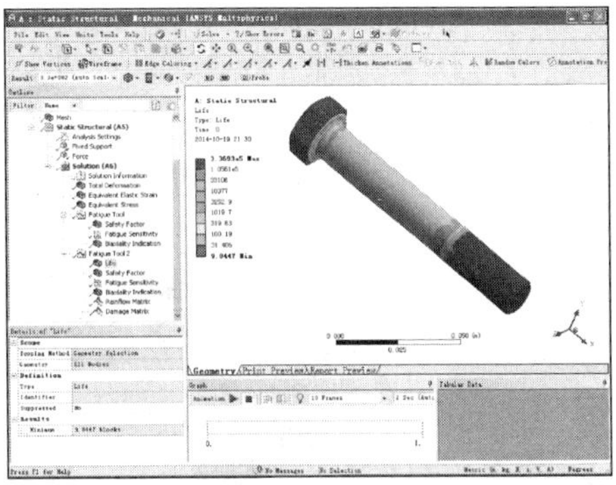

图 32-6-195　疲劳寿命云图

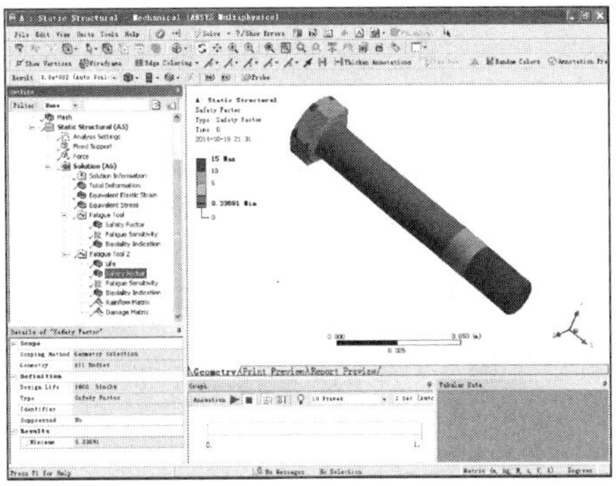

图 32-6-196　设计寿命为 1000 个历程的安全系数 Safety Factor 云图

③ 选择 Outline→Project→Model（A4）→Static Structural（A5）→Solution（A6）→Fatigue Tool 2→Fatigue Sensitivity 选项，查看关于一个最小基本载荷变化幅度为 50%和一个最大基本载荷变化幅度为 200%的疲劳敏感结果曲线 Fatigue Sensitivity，如图 32-6-197 所示。

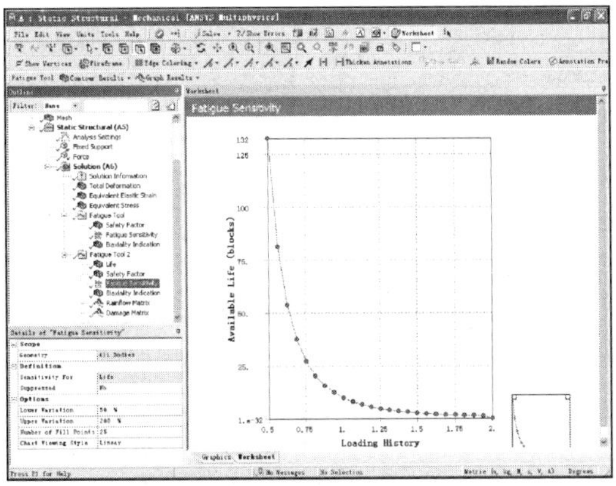

图 32-6-197　疲劳敏感结果曲线

④ 选择 Outline→Project→Model（A4）→Static Structural（A5）→Solution（A6）→Fatigue Tool→Biaxiality Indication 选项，查看本例中分析对象的双轴指示 Biaxiality Indication 结果云图，如图 32-6-198 所示。

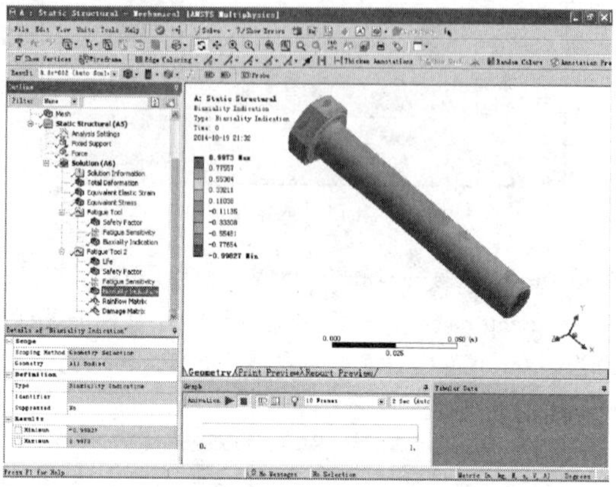

图 32-6-198 双轴指示 Biaxiality Indication 结果云图

⑤ 选择 Outline→Project→Model（A4）→Static Structural（A5）→Solution（A6）→Fatigue Tool 2→Rainflow Matrx 选项，查看该工况下模型的雨流矩阵 Rainflow Matrx 结果，如图 32-6-199 所示。从雨流矩阵图可以看出，Cycle Counts 绝大多数是在低平均应力和低应力幅度条件下。

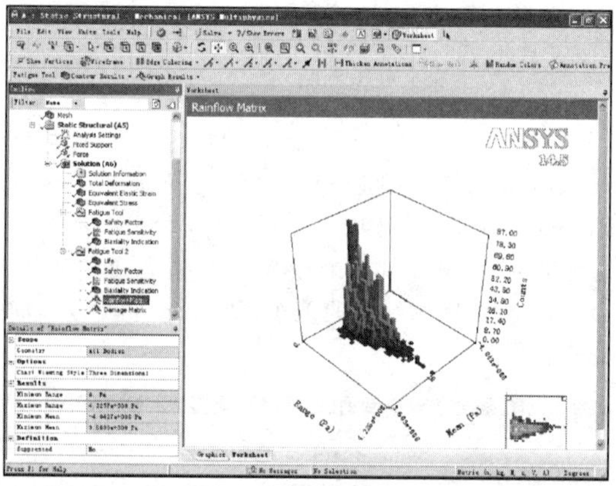

图 32-6-199 雨流矩阵 Rainflow Matrx 结果

⑥ 选择 Outline→Project→Model（A4）→Static Structural（A5）→Solution（A6）→Fatigue Tool 2→Damage Matrx 选项，查看该工况下模型的损伤矩阵 Damage Matrx 结果，如图 32-6-200 所示。从损伤矩阵图可以看出，在 1000 次该历程载荷情况中，中间应力幅循环在危险处位置造成的损伤最大。

小结：ANSYS Workbench 疲劳分析模块允许用户采用基于应力理论的处理方法来解决高周疲劳问题。本章应用 ANSYS Workbench 对螺栓承受 10000N 的恒定振幅载荷及 10000N 任意载荷历程两种情况下进行疲劳分析，详尽地阐述了整个分析仿真的过程。即疲劳分析是在静力分析之后，通过设计仿真自动执行的分析结果。

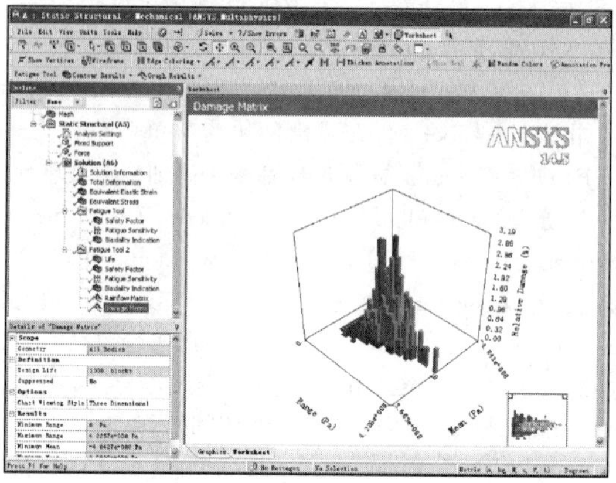

图 32-6-200 疲劳损伤矩阵 Damage Matrx 结果

① 对疲劳工具的添加，无论是在求解前还是在求解之后，对疲劳分析结果都没有影响，因为疲劳计算并不依赖应力分析计算。

② 尽管疲劳与循环重复载荷有关，但使用的结果却基于线性静力分析，而不是谐分析。尽管在模型中也有可能存在非线性，但疲劳分析却假设线性行为的分析。

6.4.4 结构优化设计算例

传统的结构优化设计是由设计者提供几个不同的设计方案，从中比较，挑选出最优化的方法。这种方法，往往是建立在设计者经验的基础上，再加上资源时间的限制，提供的可选方案数量有限，往往不一定是最优方案。如果想获得最佳方案，就要提供更多的设计方案进行比较，这就需要大量的资源，单靠人力往往难以做到，只能靠计算机来完成。到目前为止，能够做结构优化的软件并不多，ANSYS 软件作为通用的有限元分析工具，除了拥有强大的前后处理器外，还有很强大的优化设计功能——既可以做结构尺寸优化也能做拓扑优化，其本身提供的算法能满足工程需要。

6.4.4.1 优化设计

（1）优化设计流程

一个典型的 CAD 与 CAE 联合优化过程通常需要经过以下的步骤来完成：

① 参数化建模：利用 CAD 软件的参数化建模功能把将要参与优化的数据（设计变量）定义为模型参

数，为以后软件修正模型提供可能。

② CAE求解：对参数化CAD模型进行加载与求解。

③ 后处理：将约束条件和目标函数（优化目标）提取出来供优化处理器进行优化参数评价。

④ 优化参数评价：优化处理器根据本次循环提供的优化参数（设计变量、约束条件、状态变量及目标函数）与上次循环提供的优化参数作比较之后确定该次循环目标函数是否达到了最小，或者说结构是否达到了最优，如果是最优，则完成迭代，退出优化循环圈；否则，进行下一步。

⑤ 根据已完成的优化循环和当前优化变量的状态修正设计变量，重新投入循环。

（2）优化设计实例

在本例中对连杆模型进行六西格玛优化设计，连杆模型如图32-6-201所示。本例的目的是检查工作期间连杆的安全因子是否大于6，并且决定满足这个条件的重要因素有哪些。

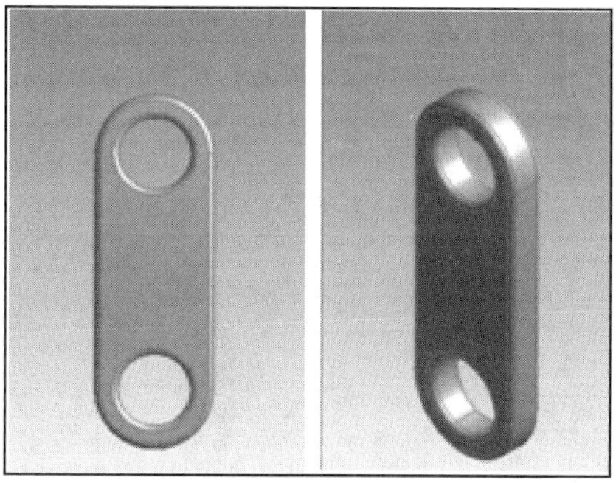

图32-6-201 连杆几何模型

因在工作中有人为误差会影响到杆的结构性能，故系统通过设计来确定六西格玛性能。通过本例，讲解在Design Exploreration中进行DOE分析的流程，并建立响应图。

解题过程如下：

1）启动Workbench并建立分析项目

① 启动ANSYS Workbench，进入主界面。

② 双击主界面Toolbox（工具箱）中的Analysis Systems→Static Structural（静态结构分析）选项，即可在Project Schematic（项目管理区）创建分析项目A如图32-6-202所示。

③ 设置项目单位。单击菜单栏中的Units→Metric（kg，m，s，℃，A，N，V），然后选择Display Value in project Units，如图32-6-203所示。

2）导入几何模型 在A3：Geometry上右击，

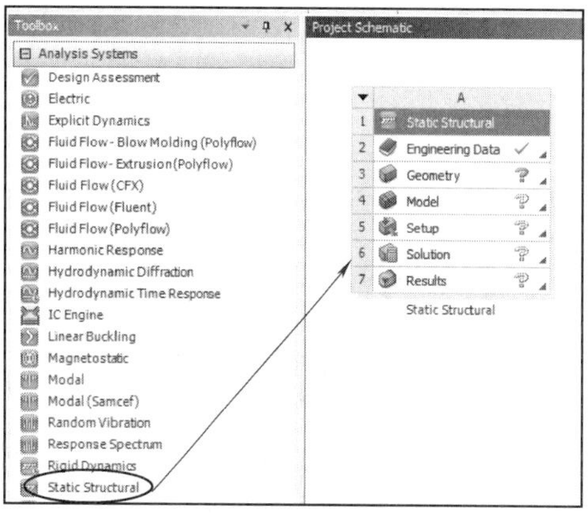

图32-6-202 创建分析项目A

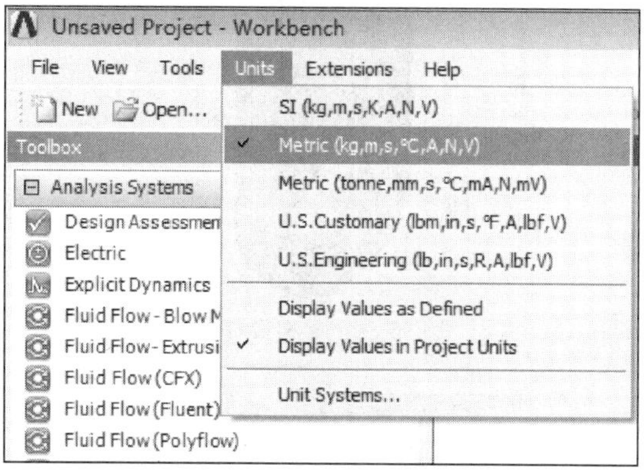

图32-6-203 设置项目单位

在弹出的快捷菜单中选择Import Geometry→Browse命令，此时会出现“文件打开”对话框，选择源文件并单击“打开”按钮。

3）Mechanical前处理

① 双击A4：Model，进入图32-6-204所示的有限元分析平台。

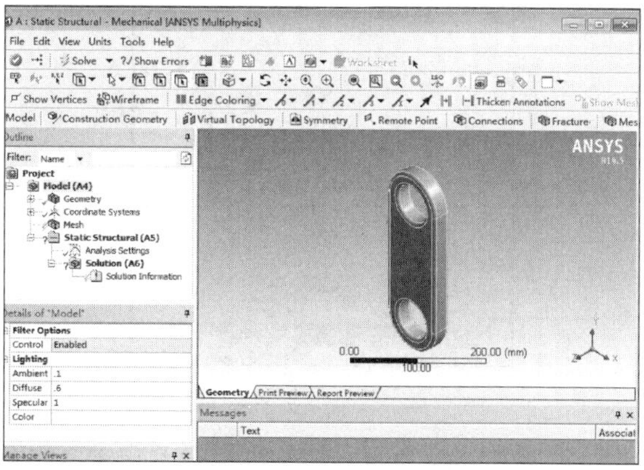

图32-6-204 Mechanical应用程序

② 设置单位系统。在主菜单中选择Units→

第32篇

Metric（mm，kg，N，s，mV，mA），设置单位为米制单位。

③ 网格划分。单击树形目录中的 Mesh 分支，在属性管理器中将 Element Size 更改为 10mm，如图 32-6-205 所示。在树形目录中右击 Mesh 分支，单击快捷菜单中的 Generate Mesh 进行网格的划分，划分完成后的结果如图 32-6-206 所示。

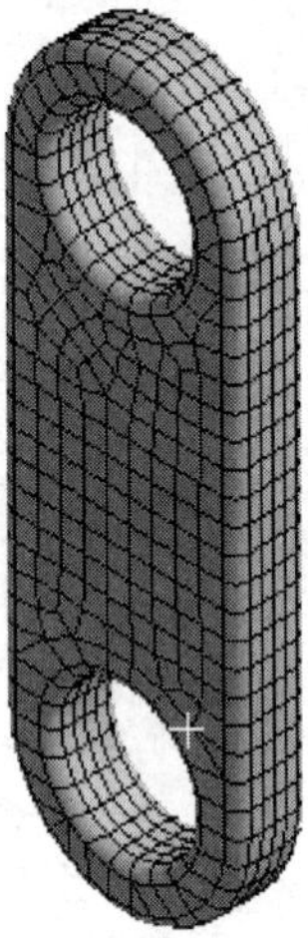

图 32-6-205 网格划分

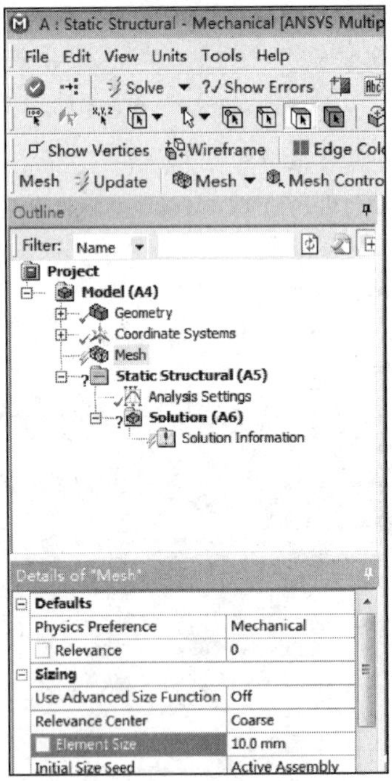

图 32-6-206 网格划分尺寸

④ 施加固定约束。选择树形目录中的 Static Structural（A5）项，单击工具栏中的 Supports 按钮，在弹出的下拉列表中选择 Fixed Supports，插入一个 Fixed Supports，指定固定面为上端圆孔的上顶面，然后单击属性管理器中的 Apply 按钮，如图 32-6-207所示。

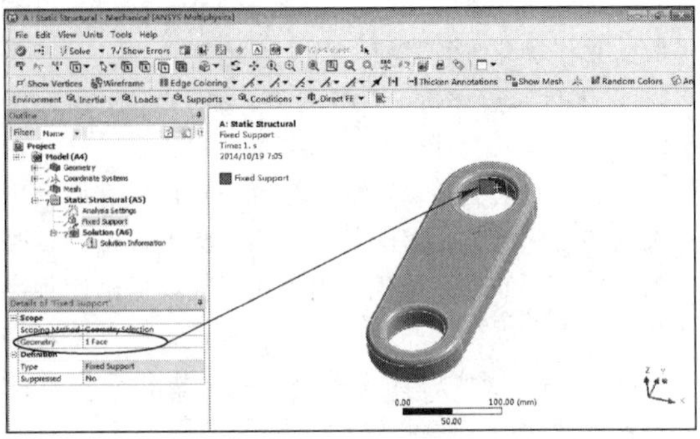

图 32-6-207 施加固定约束

⑤ 施加集中载荷。实体最大负载为 10000N，作用于下圆孔垂直向下。单击工具栏中的 Loads 按钮，在弹出的下拉列表中选择 Force，插入一个 Force。在树形目录中将出现一个 Force 选项。

⑥ 选择集中力受力面，并指定位置为下圆孔的下底面，然后单击属性管理器中的 Apply 按钮，将 Define By 栏更改为 Components，并更改 Y component 值为－10000N。符号表示方向沿 Y 轴负方向，大小为 10000N，如图 32-6-208 所示。

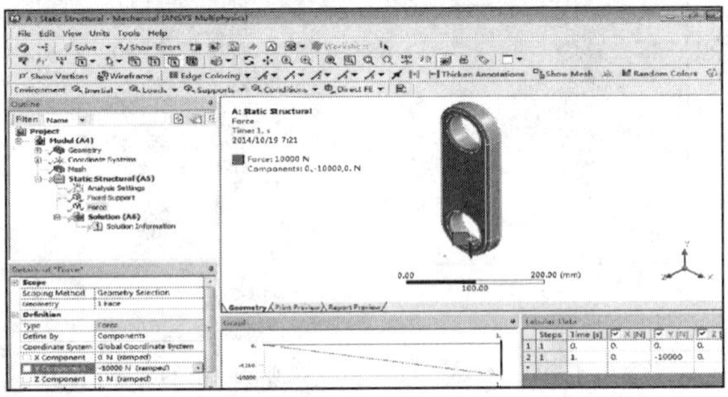

图 32-6-208 施加载荷

4）设置求解

① 设置绘制总体位移求解。单击树形目录中的 Solution（A6），在工具栏中单击 Deformation，选择下拉列表中的 Total，如图 32-6-209 所示，添加总体位移求解。在属性管理器中单击 Results 组内 Maximum 栏前方框，使最大变形值作为参数输出。

② 设置绘制总体应力求解。在工具栏中单击 Stress，选择下列列表中的 Equivalent（Von-Mises），如图 32-6-210 所示，添加总体应力求解。在属性管理器中单击 Results 组内 Maximum 栏前方框，使最大应力值作为参数输出。

③ 设置应力工具求解。在工具栏中单击 Tools，选择下列列表中的 Stress Tools，如图 32-6-211 所示，

添加应力工具求解。展开树形目录中的 Stress Tool 分支，单击其中的 Safety Factor，然后在属性管理器中单击 Results 组内 Minimum 栏前方框，使最小变形值作为参数输出。

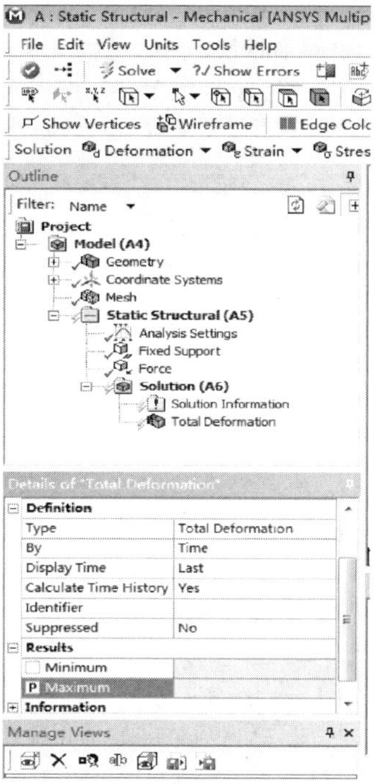

图 32-6-209　总体位移求解

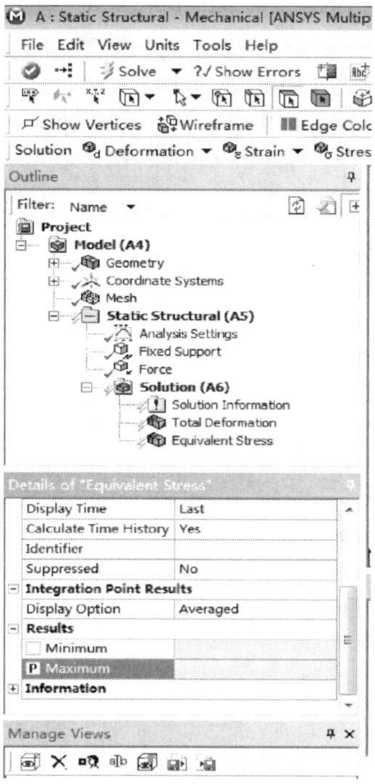

图 32-6-210　总体应力求解

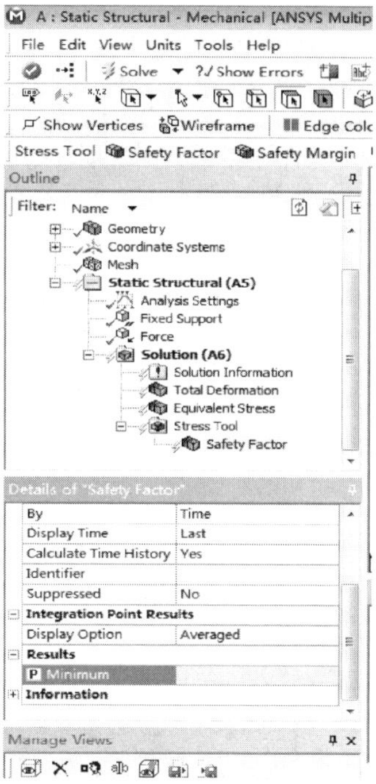

图 32-6-211　定向位移求解

④ 求解模型。单击工具栏中 Solve 按钮，进行求解。

⑤ 查看最小安全因子。求解结束后可以查看结果，在属性管理器中结果组内有最小安全因子，可以看到求解的结果为 5.877，如图 32-6-212 所示。因为这个结果接近期待的 6.0 目标，在计算中包含了人为的不确定性，所以将应用到 Design Exploration 的六西格玛来分析它。

⑥ 选择主菜单中的 File→Close Mechanical 命令，关闭 Mechanical 应用程序界面，返回 Workbench 主界面。

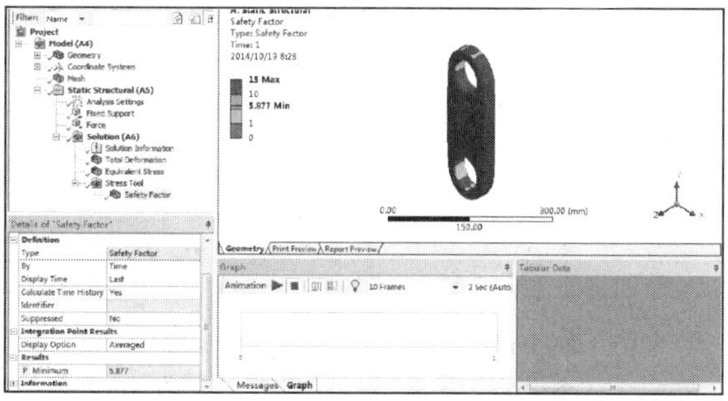

图 32-6-212　设置优化参数

5）六西格玛设计

① 展开左边工具箱中的 Design Exploration 栏，双击其中的 Six Sigma Analysis 选项，在项目管理界

面中建立一个含有 Six Sigma Analysis 的项目模块 B，结果如图 32-6-213 所示。

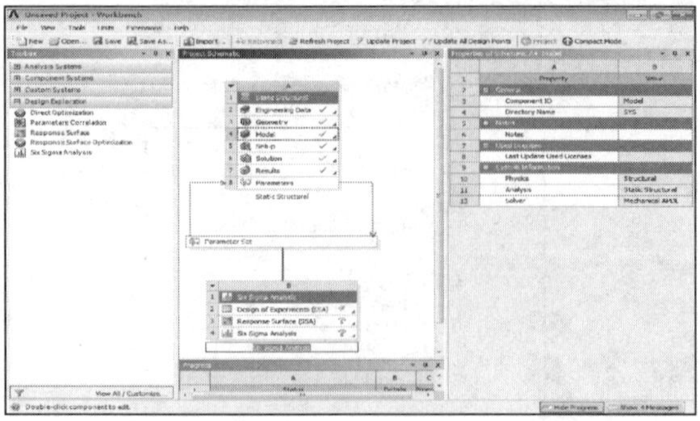

图 32-6-213 添加六西格玛设计

② 双击 B2 栏 Design of Experiments（SSA），打开 Design of Experiments（SSA）模块，如图 32-6-214 所示。

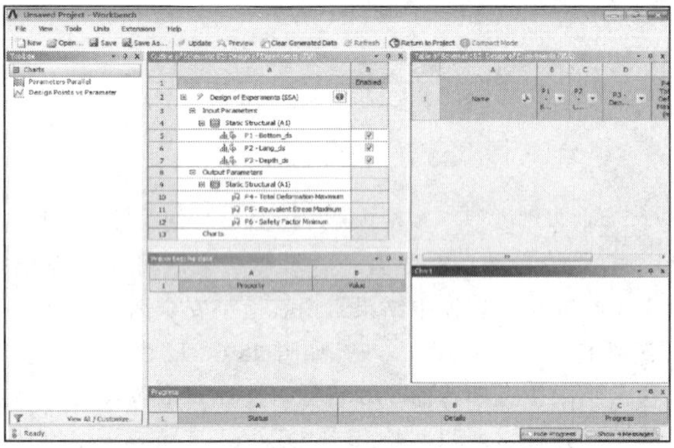

图 32-6-214 Design of Experiments（SSA）模块

③ 更改输入参数。单击 Outline of Schematic B2：Design of Experiments（SSA）窗格中的第 5 栏中的 P1-Botton_ds，在 Properties of Schematic B2：Design of Experiments（SSA）窗格中第 15 栏，将标准差 Standard Deviation 更改为 0.8，如图 32-6-215 所示，可看到数据的分布形式为：正态分布。采用同样的方式更改 P2-lang_ds 和 P3-Depth_ds 输入参数，将它们的标准差均更改为 0.8。

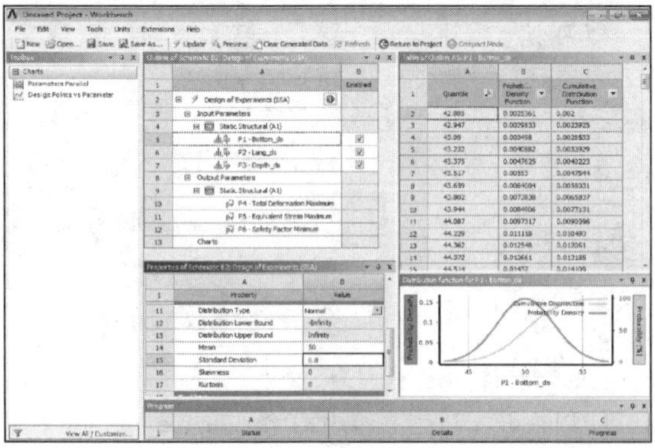

图 32-6-215 更改输入参数

④ 查看 DOE 类型。单击 Outline of Schematic B2：Design of Experiments（SSA）窗格中的第 2 栏，即 Design of Experiments（SSA）栏，在其下方窗格中查看第 7 栏和第 8 栏，确保与图 32-6-216 所示相同。

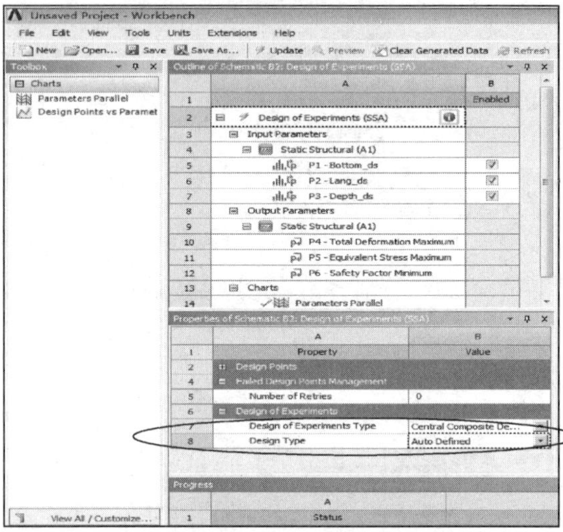

图 32-6-216 查看 DOE 类型

⑤ 查看和更新 DOE（SSA）。单击工具栏中的 Preview 按钮，查看 Table of Schematic B2：Design of Experiments（SSA）窗格中列举的三个输入参数。如果无误的话可以单击 Update 按钮，进行更新数据。这个过程需要的时间比较长，表中列举的 15 行数据都要进行计算，结果如图 32-6-217 所示。

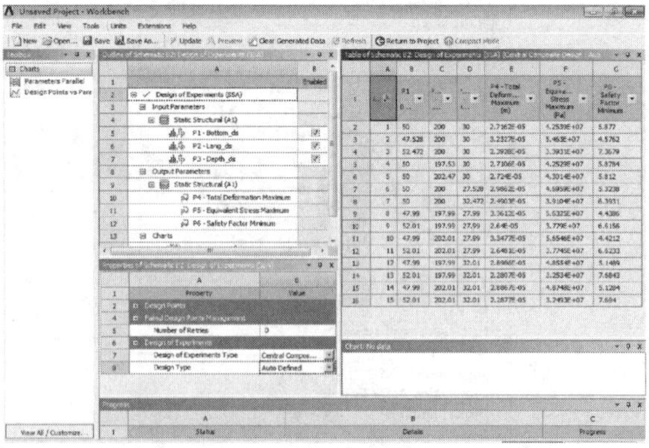

图 32-6-217 计算结果

⑥ 计算完成后，单击工具栏中 Return to Project 按钮返回到 Workbench 主界面。

⑦ 进入 Response Surface（SSA）中。双击 B3

栏 Response Surface（SSA），打开响应面模块，如图 32-6-218 所示。

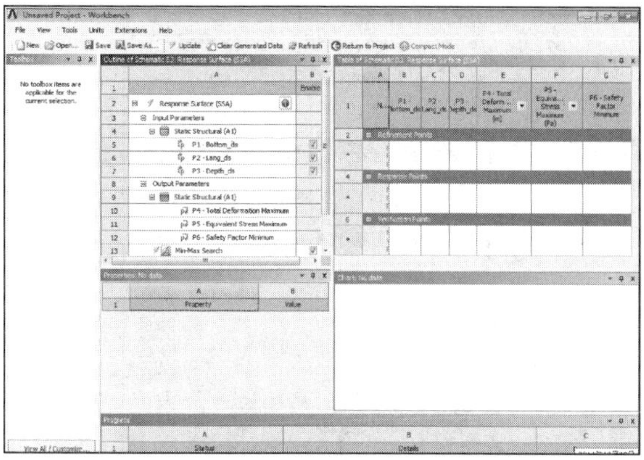

图 32-6-218　响应面界面

⑧ 设置响应面类型。单击 Outline of Schematic B3：Response Surface（SSA）窗格中的 Response Surface（SSA）栏，在其下方的属性管理器中查看响应面类型，确保它为完全二次多项式，如图32-6-219 所示。

⑨ 更新响应面。单击工具栏中的 Update 按钮，进行响应面的更新。

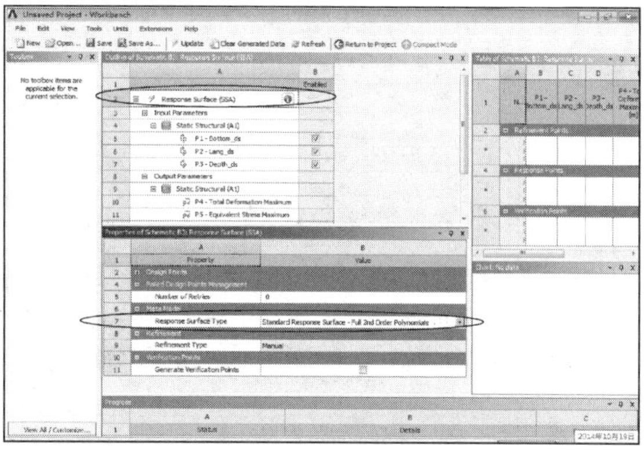

图 32-6-219　查看相应面类型

⑩ 查看图形模式。响应面更新后可以进行图示的查看，在 Outline of Schematic B3：Response Surface（SSA）窗格中单击第 18 栏，默认为二维模式查看 Total Deformation vs Bottom _ ds，如图 32-6-220所示。还可以通过更改查看方式来查看三维显示的方式，即将属性管理器中的第 4 栏 Mode 值选择为 3D，如图 32-6-221 所示。

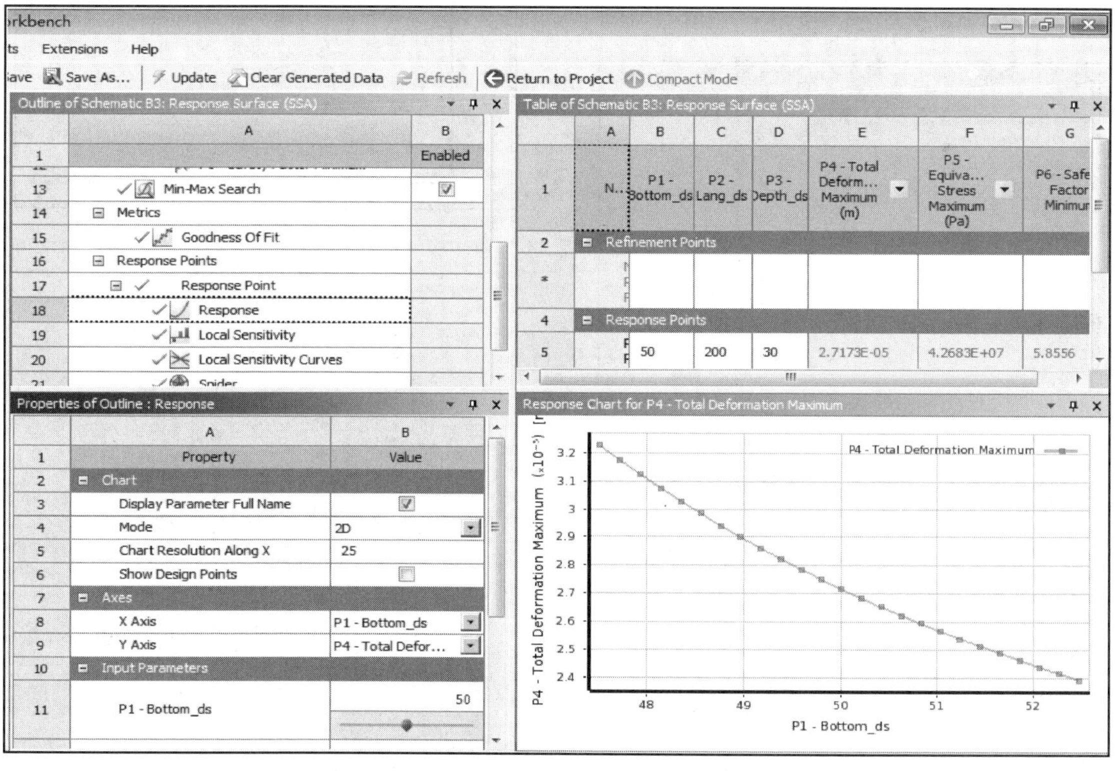

图 32-6-220　二维显示

第32篇

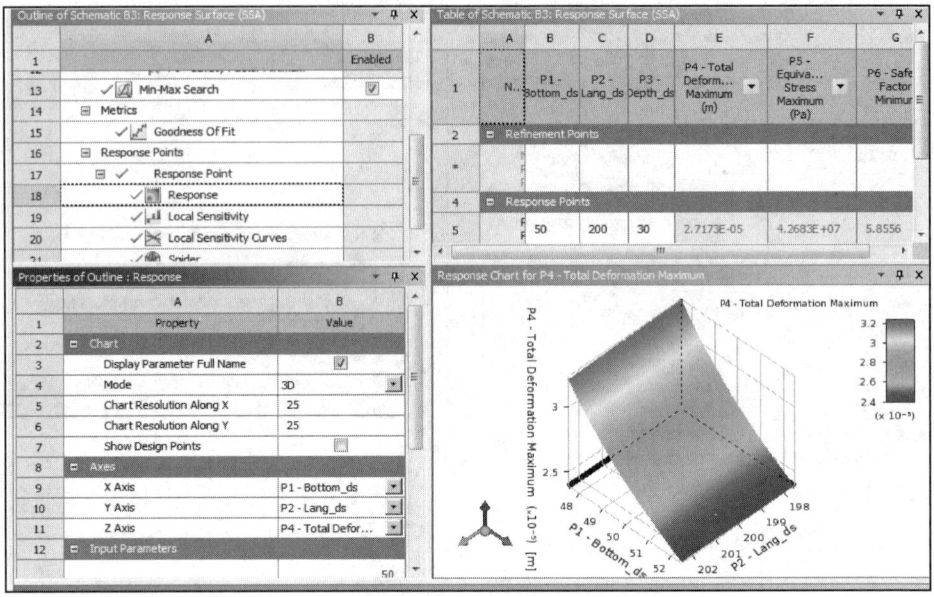

图 32-6-221 三维显示

⑪ 查看蛛状图。单击 Outline of Schematic B3：Response Surface（SSA）窗格中第 21 栏，可以查看蛛状图。另外可以通过分别单击 Local Sensitivity 和 Local Sensitivity Curves 得到局部灵敏度图、局部灵敏度曲线图，如图 32-6-222～图 32-6-224 所示。

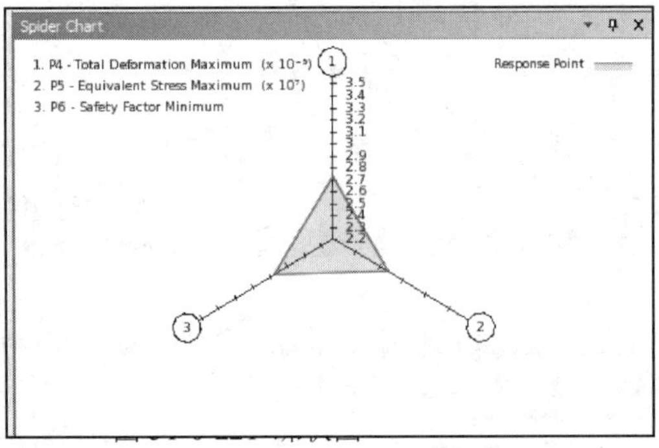

图 32-6-222 蛛状图

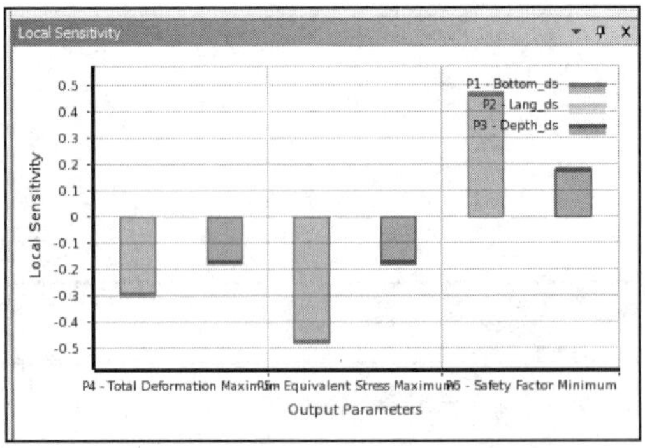

图 32-6-223 局部灵敏度图

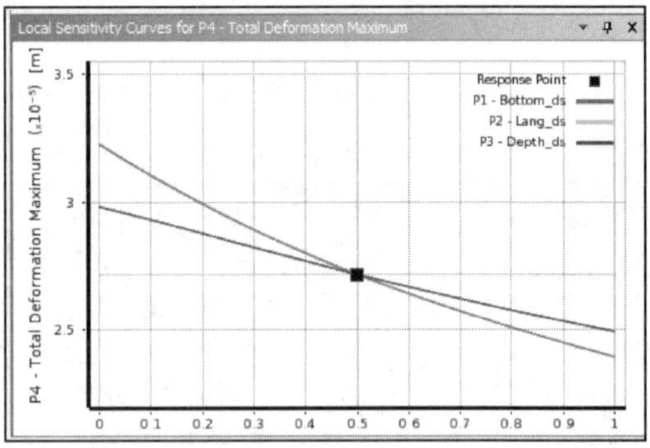

图 32-6-224 局部灵敏度曲线

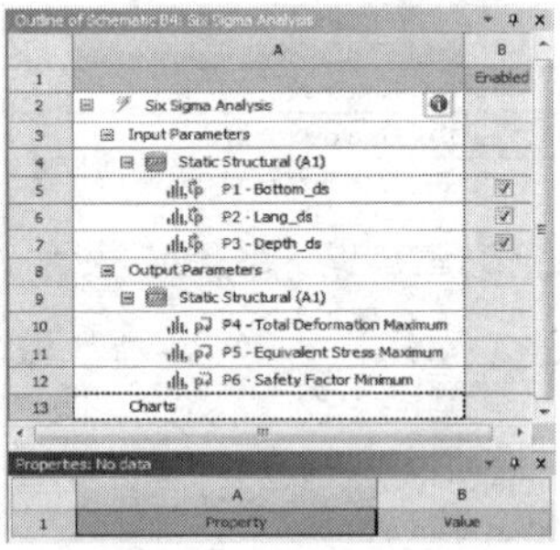

图 32-6-225 Six Sigma Analysis 分析模块

⑫ 完成后，单击工具栏中 Return to Project 按钮返回到 Workbench 界面。

⑬ 进入六西格玛分析。双击项目概图中的 B4 栏 Six Sigma Analysis，打开 Six Sigma Analysis 分析模块，如图 32-6-225 所示。

⑭ 更改样本数。单击 Outline of Schematic B4：

Six Sigma Analysis 窗格中的 Six Sigma Analysis，在其下方的属性管理器窗口中，将第 4 栏 Number of Samples 样本值更改为 10000。然后单击 Update 按钮，进行数据更新。

⑮ 查看结果。单击 Outline of Schematic B4：Six Sigma Analysis 窗格中的第 12 栏 P6-Safety Factor Minimum，查看柱状图和累积分布函数信息和，如图 32-6-226 所示。

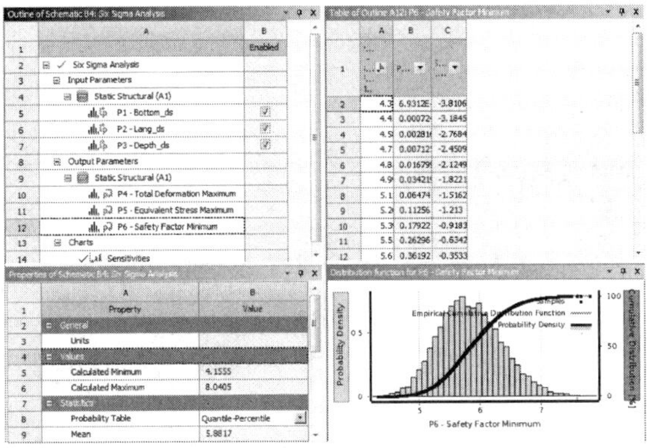

图 32-6-226　柱状图和累积分布函数信息和

⑯ 查看西格玛计算结果。在 Table of Outline A12：P6-Safety Factor Minimum 窗格中，在最后一栏新建单元格中输入 6.0，确定连杆的安全因子等于 6.0，如图 32-6-227所示。输入完成后可以看到，本例中统计信息显示了安全因子低于目标 6 的可能性大约是 60%。

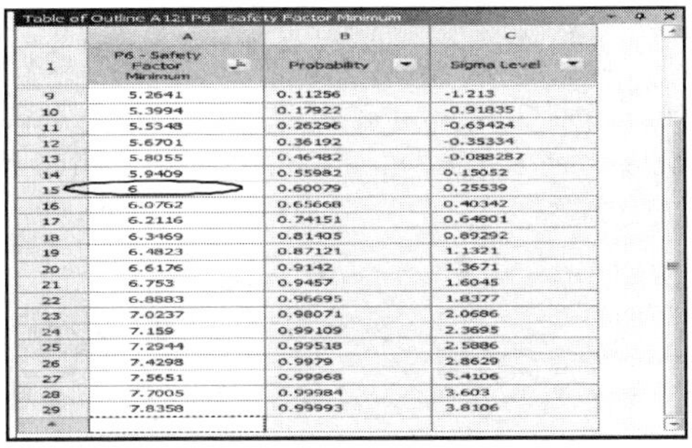

Table of Outline A12: P6 - Safety Factor Minimum

	A	B	C
1	P6 - Safety Factor Minimum	Probability	Sigma Level
9	5.2641	0.11256	-1.213
10	5.3994	0.17922	-0.91835
11	5.5348	0.26296	-0.63424
12	5.6701	0.36192	-0.35334
13	5.8055	0.46482	-0.088287
14	5.9409	0.55982	0.15052
15	6	0.60079	0.25539
16	6.0762	0.65668	0.40342
17	6.2116	0.74151	0.64801
18	6.3469	0.81405	0.89292
19	6.4823	0.87121	1.1321
20	6.6176	0.9142	1.3671
21	6.753	0.9457	1.6045
22	6.8883	0.96695	1.8377
23	7.0237	0.98071	2.0686
24	7.159	0.99109	2.3695
25	7.2944	0.99518	2.5886
26	7.4298	0.9979	2.8629
27	7.5651	0.99968	3.4106
28	7.7005	0.99984	3.603
29	7.8358	0.99993	3.8106
*			

图 32-6-227　查看结果

6.4.4.2　拓扑优化

结构拓扑优化的基本思想是将寻求结构的最优拓扑问题转化为在给定的设计区域内寻求最优材料分布的问题。通过拓扑优化分析，设计人员可以全面了解产品的结构和功能特征，可以有针对性地对总体结构和具体结构进行设计。特别是在产品设计初期，仅凭经验和想象进行零部件的设计是不够的。只有在适当的约束条件下，充分利用拓扑优化技术进行分析，并结合丰富的设计经验，才能设计出满足最佳技术条件和工艺条件的产品。

拓扑优化实例：

如图 32-6-228 所示，欲在道路上建造一座钢质桥，其长为 50m，高为 20m，宽为 10m，左右两端点连接公路两侧，下面左右端点是桥的两个桥墩安装的位置点。桥面施加 100MPa 的载荷，求在体积减小 60%的条件下寻找最合适的桥梁形状。

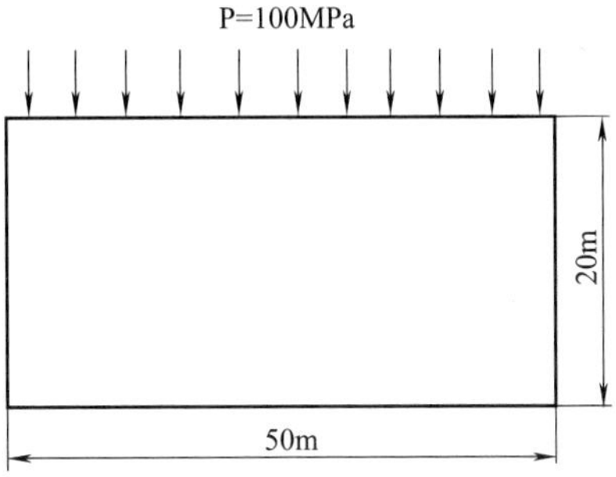

图 32-6-228　拟实行拓扑优化的钢质桥示意图

（1）建立模型

在 Workbench 初始界面执行 Tools→Options…出现如图 32-6-229 所示的界面，左面选 Appearance，在右面的选项中勾选里面的 Beta Options 项，这时在左边 Toolbox 的 Analysis Systems 里面就有 Shape Optimization 了。

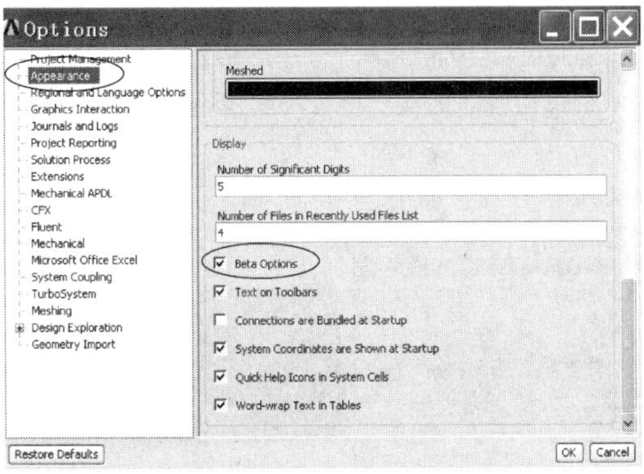

图 32-6-229　启动拓扑优化模块

（2）建立模型

1）启动 Workbench　启动 ANSYS Workbench，进入 Workbench，单击 Save As 按钮，将文件另存为 Topolt，然后关闭弹出的信息框。

2）进入 DM 界面　将 Analysis Systems 中的 Static Structural 拖放至 Project Schematic 空白区内，出现 Static Structural 分析 A 栏。双击 A3 栏 Geometry 项进入 DM 界面。

3）建立模型　设置建模单位为 Metric，在 DM 下建立模型，绘制矩形，标注尺寸如图 32-6-230 所示。

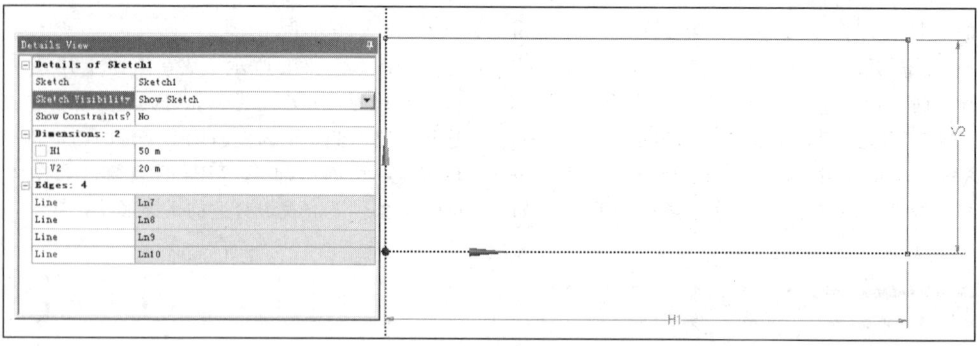

图 32-6-230 绘制计算模型，标注尺寸

4）生成体 执行 Extrude，单击树形窗口的 XYPlane→Sketch1，在 Details View 中的 Geometry 选择 Sketch1，单击 Apply，将厚度 FD1，Depth 改为 10m，再单击 Generate 按钮生成体。

5）返回 Workbench 界面 执行 File→Close Design Modeler 返回 Workbench。

（3）设置材料属性

本实例材料是结构钢，为系统默认的材料。因此，可采用系统默认材料。

（4）静力学分析

1）进入分析环境 双击 A4（Model），进入 Mechanical，执行 Units→Metric（m，kg，N，s，V，A）。

2）划分网格 单击树形窗口的 Mesh 项，单击右键弹出快捷菜单中选 Insert→Sizing，然后在过滤器中将鼠标过滤为体，选取体，再单击 Apply。在详细栏中确定单元尺寸为 1m，最后执行 Mesh→Generate Mesh，如图 32-6-231 所示。

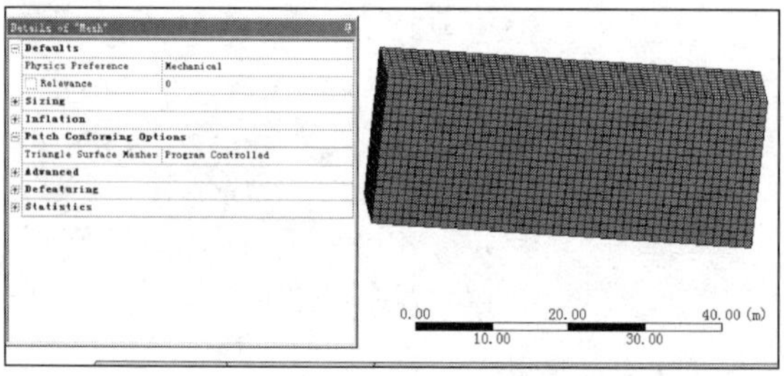

图 32-6-231 划分网格

3）施加约束和载荷 单击树形窗口的 Static Structural（A5）项，执行 Support→Fixed Support，然后在过滤器中将鼠标过滤为线，选取图中的左下角的线，然后按住 Ctrl 键再选右下角线，单击 Apply 完成约束的施加；再执行 Loads→Pressure，在过滤器中将鼠标过滤为面，选取上面，单击 Apply 选定施加载荷面，在详细栏中选中 Components，施加 Y 方向载荷为－100e6 N，如图 32-6-232 所示。

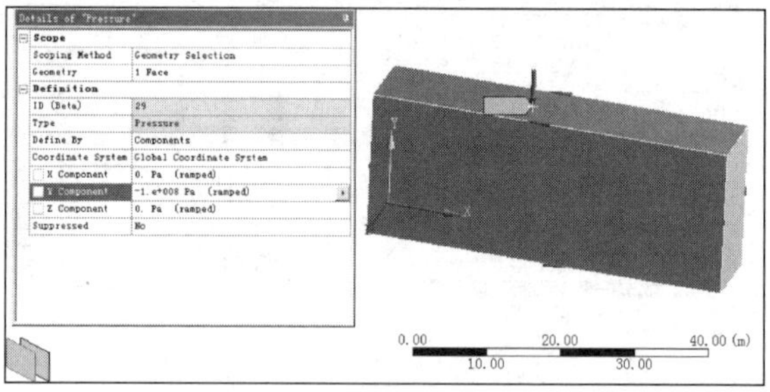

图 32-6-232 施加约束和载荷

4）求解 执行 Deformation→Total 来求解总变形，执行 Stress→Equivalent（von-Mises）求解等效应力，单击树形窗口的 Solution（A6）项，单击鼠标右键，执行 Evaluate All Results 进行求解。

（5）拓扑优化

1）启动拓扑优化模块 插入 Analysis Systems 中的 Shape Optimization 模块，用鼠标直接拖住 Toolbox 中的 Shape Optimization 至 A4 栏中，如图 32-6-233 所示。

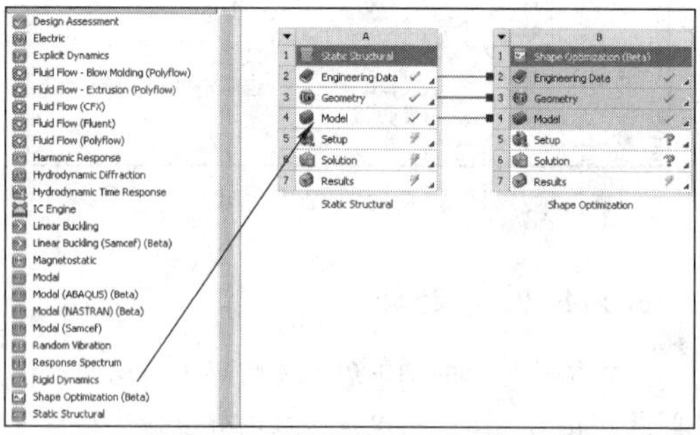

图 32-6-233 启动拓扑优化模块

2）施加约束和载荷 对 B5 项施加载荷和约束，使之与静力分析相同。

3）优化设置 点击左侧结构树中的 Shape Finder，选择模型，将 Target Reduction 设置为 60%，如图 32-6-234 所示。

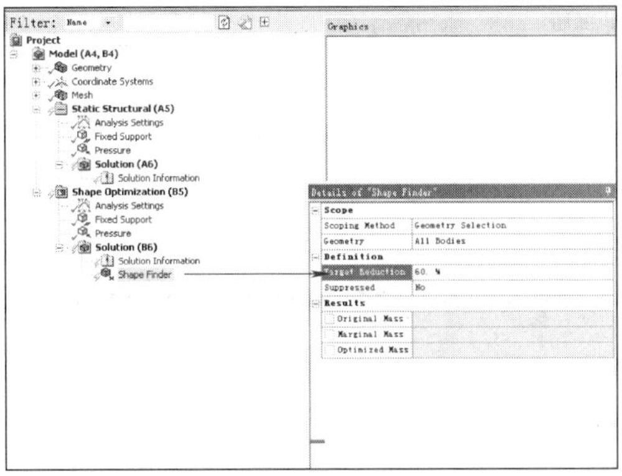

图 32-6-234　Target Reduction 设置为 60%

4）求解　查看拓扑优化结果，其位移、应力目标质量如图 32-6-235 所示。

5）保存文件　执行 File→Save Project 保存文件。

6.4.5　耦合场分析算例

案例——发动机热流固多物理场耦合有限元分析

（1）已知条件

1）发动机数模　由于发动机数模相较为复杂，网格单元、节点较多，需要考虑计算机的计算工作量、计算速度以及磁盘内存等诸多方面因素，因此在保证计算结果精度的前提下，根据发动机的实际结构和工作状况对其数模以截取形式进行简化。如图 32-6-236 所示为发动机数模，其中，图 32-6-236（a）所示为未处理前的发动机数模，图 32-6-236（b）所示为用于本案例分析的处理后发动机半机数模，发动机数模由三维 CAD 软件 SolidWorks 绘制及处理完成。

2）材料属性　发动机的气缸盖和气缸体材料为铸铝合金，气缸垫的材料为不锈钢 301，其材料物理属性如表 32-6-17 所示。

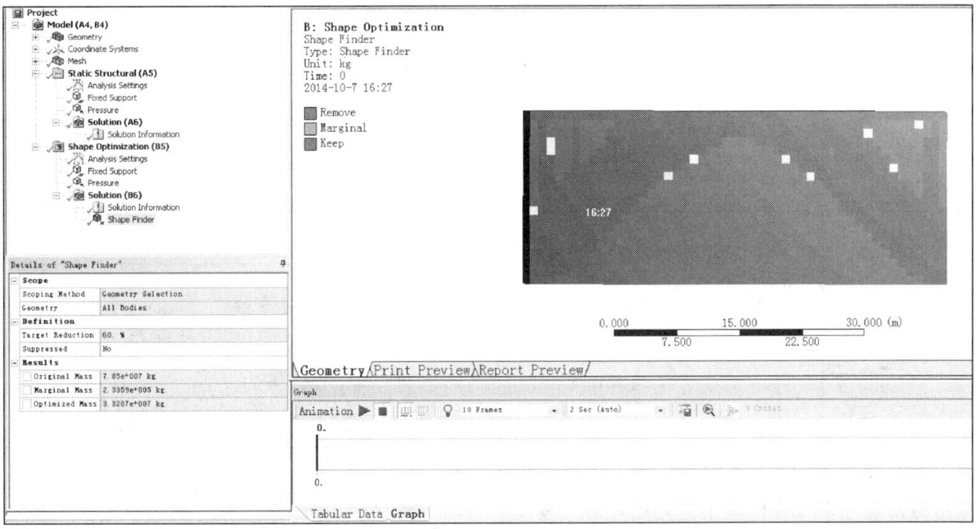

图 32-6-235　拓扑优化结果

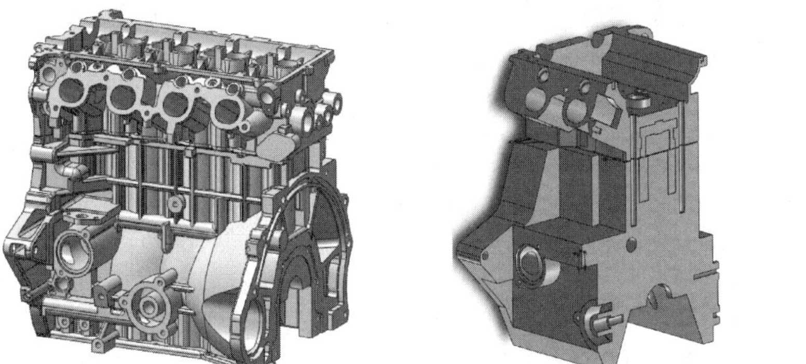

(a) 未处理前的发动机数模　　(b) 处理后的发动机半机数模

图 32-6-236　发动机数模

表 32-6-17　　发动机材料物理属性

材料名称	杨氏模量/Pa	泊松比	密度/kg・m^{-3}	热膨胀系数/K^{-1}	热导率/W・m^{-1}・K^{-1}	比热容/J・kg^{-1}・K^{-1}
铸铝合金	7.1×10^{10}	0.31	2700	2.3E-5	162	871
不锈钢 301	1.93×10^{11}	0.247	7900	1.6E-5	16.3	502

发动机水套内部的流体为水和乙醇的混合液，其物理属性如表 32-6-18 所示。

表 32-6-18　　流体物理属性

物理量	数值
密度/kg・m^{-3}	1015
比热容/J・kg^{-1}・K^{-1}	3660
热导率/W・m^{-1}・K^{-1}	0.6
黏度/Pa・s^{-1}	0.001218

3）主要边界条件　发动机各燃烧室气缸的工作顺序为 1—3—4—2，其数模被截取留下的部分是燃烧室 1 气缸和燃烧室 2 气缸一侧，发动机处于温度为 320K 的强制空气对流中，对流传热系数为 50W・m^{-2}・K^{-1}，经换算公式得螺栓垫片凸台受轴向向下的力为 47550N。另外，其各冲程燃烧室壁面热载荷和机械载荷的边界条件，如表 32-6-19 所示。

表 32-6-19　　边界条件

燃烧室气缸工况	温度/K	对流传热系数/W・m^{-2}・K^{-1}	爆破压强/MPa
进气	350	290	0.09
压缩	475	365	1.5
做功	920	500	6
排气	550	425	0.4

注意：本多物理场耦合分析案例所应用到的流体网格和结构网格是用 ICEM 模块预先处理好的，具体文件名分别为 fluent.msh 和 engine.uns。

（2）启动 ANSYS Workbench 并建立分析项目

① 在 Windows 操作系统下执行，开始→所有程序，启动 ANSYS Workbench 仿真分析系统，进入主界面。

② 选择 File→Save，弹出“另存为”对话框，在“文件名”项输入工作文件名为 Engine，单击 OK 按钮，完成工作文件名的定义。

③ 选择 Toolbox→Analysis Systems→Fluid Flow (Fluent) 模块，按住鼠标左键拖至 Project Schematic 界面内，如图 32-6-237 所示。

（3）设置初始条件及求解类型

① 鼠标右键单击 Mesh（A3）项，选择 Import Mesh File，导入模型文件，假设文件名为 fluent.msh，将预先用 ICEM 模块处理好的发动机数模流体网格进行导入。

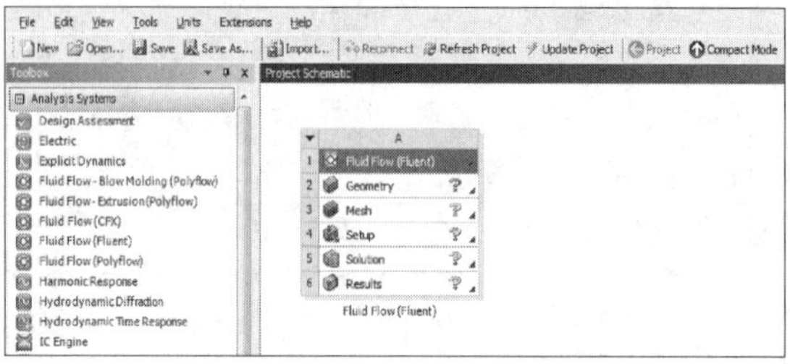

图 32-6-237　建立流体分析模块

② 鼠标左键双击 Setup（A4），进入 Fluent Launcher 界面。

③ 鼠标点选 OK 按钮确认进入。

General 属性的设置如表 32-6-20 所示。

表 32-6-20　General 属性的设置

Tab	Setting	Value
Basic Settings	General→Mesh→Scale→Options	mm
	General→Mesh→Check	>0
	General→Solver→Time→Options	Transient
	Gravity	9.8

（4）设置求解方程

鼠标点选 Models，启动能量方程和紊流模型方程，如表 32-6-21 所示。

表 32-6-21　Models 属性的设置

Tab	Setting	Value
Basic Settings	Models→Edit→Energy→Options	OK
	Models→Edit→Viscous-Laminar→K-epsilon→Options	OK

（5）设置材料属性

① 鼠标点选 Materials，导入流体分析需要使用的材料属性。

② 鼠标点选 Cell Zone Conditions，根据表 32-6-17和表 32-6-18 所示数据对数模赋予相应的材料属性，如表 32-6-22 所示。

操作画面如图 32-6-238 所示。

表 32-6-22　Materials 材料属性的设置

Tab	Setting
Basic Setting	Materials→Create/Edit Materials→fluent Database→Material Type→Change/Create
	Cell Zone Conditions→Zone→Type→Edit→Material Name→OK

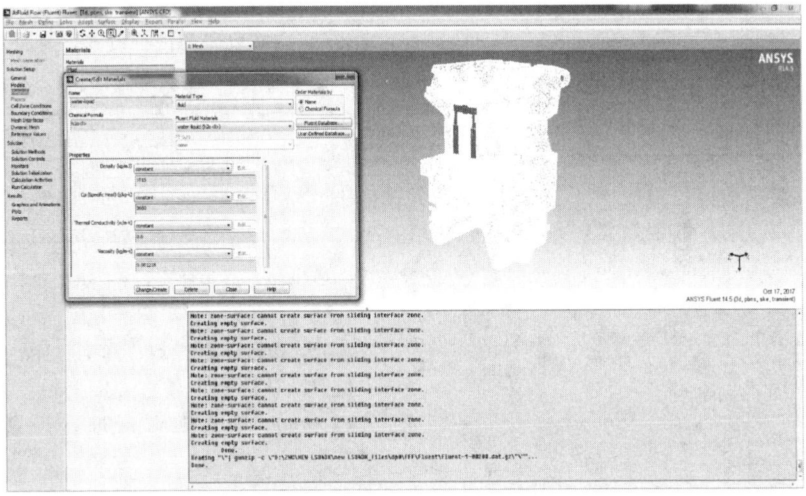

图 32-6-238　设置材料属性

(6) 设置入口边界条件

鼠标点选 Boundary Conditions，在 Zone 项目中，对流体入口进行 inlet 设置，如表 32-6-23 所示。

表 32-6-23　inlet 边界属性的设置

Tab	Setting	Value
Basic Settings	Boundary	Velocity-inlet
Boundary Details	Momentum→Velocity Magnitude	2.5m/s
	Thermal→Temperature	343K

(7) 设置出口边界条件

鼠标点选 Boundary Conditions，在 Zone 项目中，对流体出口进行 outlet 设置，如表 32-6-24 所示。

表 32-6-24 outlet 边界属性的设置

Tab	Setting	Value
Basic Settings	Boundary	Pressure-outlet
Boundary Details	Momentum→Gauge Pressure	0MPa(Default)
	Thermal→Temperature	300K(Default)

(8) 设置流固交界面

鼠标点选 Boundary Conditions，在 Zone 项目中，对流固交界面进行 interface 设置，如表 32-6-25 所示。

表 32-6-25 interface 交界面的设置

Tab	Setting	Value
Basic Settings	Boundary	Interface

(9) 设置机体壁面

鼠标点选 Boundary Conditions，在 Zone 项目中，对机体壁面进行 wall 设置，如表 32-6-26 所示。

表 32-6-26　wall 边界条件属性的设置

Tab	Setting	Value
Basic Settings	Boundary	Wall
Boundary Details	Momentum→ Thermal→ Convection	Heat Transfer Coefficient $50\mathrm{W}\cdot\mathrm{m}^{-2}\cdot\mathrm{K}^{-1}$
		Temperature 320K

(10) 设置接触对

鼠标点选 Mesh interface，将 Interface Zone1 中气缸盖、气缸体、水套内壁表面与 Interface Zone2 中相应的气缸垫、流体表面进行配对，如表 32-6-27 所示。

表 32-6-27　Mesh interface 接触对的设置

Tab	Setting	Value
Basic Settings	Mesh interface→Interface Zone1-Interface Zone2	Create

(11) 设置求解参数

鼠标点选 Solution Controls，对 Under-Relaxation Factors 项目中进行求解参数设置，如表 32-6-28 所示。

表 32-6-28　求解参数的设置

Tab	Setting	Options	Value
Basic Settings	Solution Controls	Pressure	0.3
		Density	1
		Body Forces	1
		Momentum	0.7
		Turbulent Kinetic Energy	0.8

(12) 计算结果初始化

鼠标点选 Solution Initialization，进行计算结果初始化，如表 32-6-29 所示。

表 32-6-29　计算结果初始化的设置

Tab	Setting
Basic Setting	Solution Initialization→Standard Initialization →compute from→all zones→Initialize

(13) 流体计算求解

进行计算求解的具体数值设置，如图 32-6-239 所示。

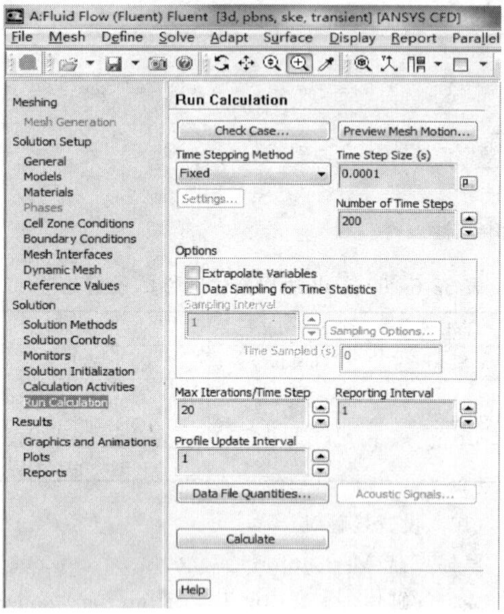

图 32-6-239　计算求解

(14) 查看流体计算结果

在 Project Schematic 界面，鼠标左键双击 Fluid Flow (Fluent) 模块中 Results (A5) 项，进入 CFD Post 查看分析结果。

① 鼠标点选主菜单栏 Insert→Vector1，插入发动机水套内的流体流速矢量云图，在弹出的对话框中保留默认名称，单击 OK 按钮。在左侧的 Details of Vector1 中按表所列进行设置，如表 32-6-30 所示。

表 32-6-30　查看流体流速计算结果的设置

Tab	Setting	Value
Geometry	Domains	liuti body
	Location	liuti inlet, liuti interface, liuti outlet
	Variable	Velocity

单击 Apply 按钮，显示结果如图 32-6-240 所示。

② 鼠标点选主菜单栏 Insert→Contour1，插入查看水套内流体流固接触面压力云图，在弹出的对话框中保留默认名称，单击 OK 按钮。在左侧的 Details of Contour1 中按表所列进行设置，如表 32-6-31 所示。

表 32-6-31　查看流体压力计算结果的设置

Tab	Setting	Value
Geometry	Domains	Liuti body
	Location	Liuti inlet, liuti interface, liuti outlet
	Variable	Pressure

单击 Apply 按钮，显示结果如图 32-6-241 所示。

(15) 建立瞬态热分析项目及模型的处理

流体求解计算完成后，关闭 CFD Post，返回 Project Schematic 界面。选择 Toolbox→Component Systems→Finite Element Modeler 模块，按住鼠标左键拖至 Project Schematic 界面内，鼠标右键单击 Model 项，选择 Add Input Mesh→Browse，导入模型文件，假设文件名为 engine. uns，即将预先用 ICEM 模块处理好的发动机数模结构网格进行导入。然后鼠标右键单击 Fluid Flow (Fluent) 分析模块中的 Solution 生成与之相连的 Transient Thermal 分析模块 B，再按住鼠标左键将 Finite Element Modeler 模块 Model 项中的数据拖至 Transient Thermal 分析模块 B 中的 Model 项，如图 32-6-242 所示。

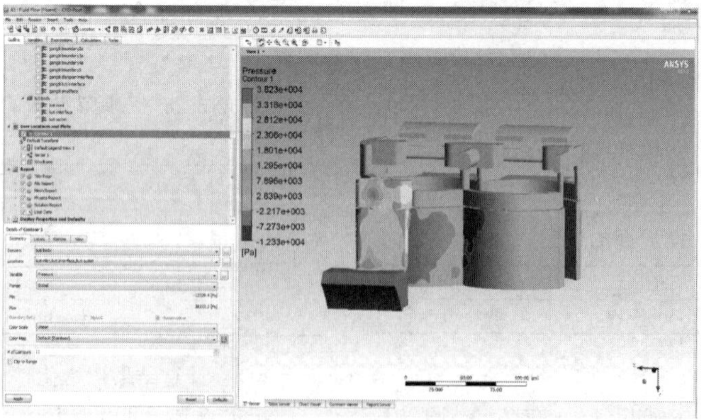

图 32-6-240　Vector1 流速分布云图

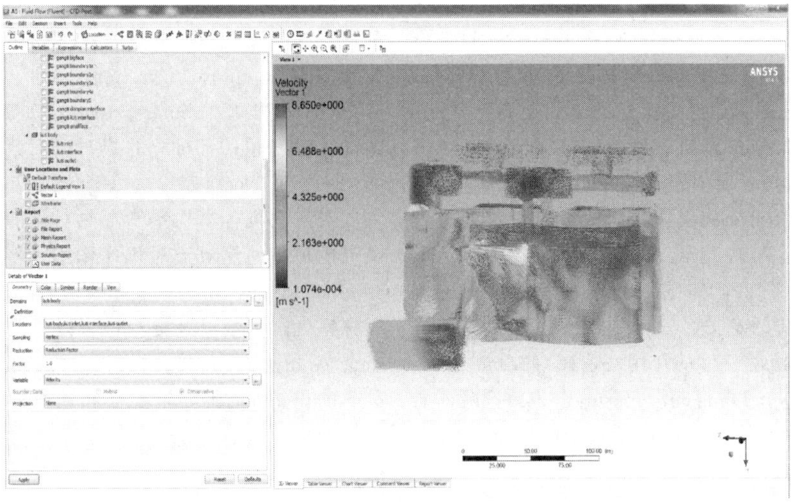

图 32-6-241 Contour1 压力分布云图

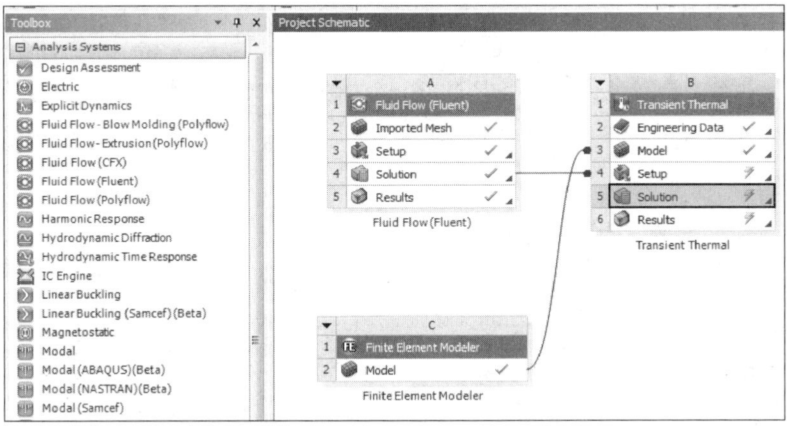

图 32-6-242 建立瞬态热分析模块

（16）数模材料的定义

鼠标左键双击 Engineering Data（B2）项，在空白界面鼠标右键单击，在弹出的 Engineering Data Sources 窗口中的 General Materials（A3）中分别选择 Aluminum Alloy（A4）和 Stainless（A11），再鼠标右键单击，选择 Engineering Data Sources，返回 Outline of Schematic，在弹出的 Outline of Schematic（A2）中，根据表1所示的数据进行数模材料属性的定义。完成定义后，鼠标点选 Return to Project，返回主界面。

（17）定义瞬态热分析边界条件

① 由于 Transient Thermal 分析模块和 Finite Element Modeler 分析模块相连接，所以 Transient Thermal 中的 Model（B3）项已经定义，可以直接鼠标左键双击 Model（B3）项进入 Transient Thermal 分析模块的平台界面。

② 定义瞬态热分析的载荷步。选择 Outline→Project→Model（B3）→Transient Thermal（B4），鼠标点选 Initial Temperature，在 Initial Temperature Value 项中输入 320K，再鼠标点选 Analysis Settings，在 Details of "Analysis Settings" 中的 Number Of Steps 项输入 4，在 Current Step Number 中分别输入 1、2、3、4 各时间步，然后在 1、2、3、4 各时间步的分别对应下，在 Step Time 中分别输入 0.005s、0.01s、0.015s、0.02s，其中，在 Initial Time Step 中皆输入 0.0002s，在 Minimum Time Step 中皆输入 0.00004s，在 Maximum Time Step 中皆输入 0.001s。再在 Details of "Analysis Settings" 中的 Define By 选择 Substeps，在 Initial Substeps 中输入 2，在 Minimum Substeps 中输入 2，在 Maximum Substeps 中输入 5。

③ 定义流体对机体作用的载荷。选择 Outline→Project→Model（B3）→Transient Thermal（B4）→Imported Load（Solution），在弹出的快捷菜单中鼠标右

键单击，选择 Insert→Temperature，将 Details of "Imported Temperature" 对话框中的 Geometry 项目选定为机体数模中的流固交界面，鼠标点选 Apply 按钮，将 CFD Surface 选择为已经定义过的流固交界面 "liuti Interface"，接着在分析界面下侧 Imported Temperature 表中的 Analysis time 项中输入需要映射温度的时间，由于发动机工作由 4 个冲程循环组成，所以需要进行本操作 4 次，输入映射温度时间依次为 0.005s、0.01s、0.015s、0.02s，如图 32-6-243 所示，完成流体对机体作用载荷的定义。

④ 定义热对流对机体的作用。选择 Outline→Project→Model (B3)→Transient Thermal (B4)，鼠标右键单击，在弹出的快捷菜单中选择 Insert→Convection，首先确定燃烧室气缸热对流对机体的作用，将 Details of "Convection" 对话框中的 Geometry 项目选择为发动机数模各气缸的燃烧室内壁以及缸口位置的表面，鼠标点选 Apply 按钮，接着在 Film Coefficient 中选择 Tabular Data，将如表 32-6-19 所示的各冲程温度和其所对应的热对流系数输入表格中，如图 32-6-244 (a) 所示，另一个燃烧室气缸设置同理，完成对发动机各燃烧室气缸热对流的定义。然后再定义周围环境的热对流对机体作用，将 Details of "Convection" 对话框中的 Geometry 项目选择为除发动机各燃烧室气缸内壁以及缸口位置以外的其他表面，鼠标点选 Apply 按钮，接着在 Film Coefficient 中选择 Tabular Data，将周围环境温度和其所对应的热对流系数输入表格中，如图 32-6-244 (b) 所示，完成对机体各表面热对流的定义。

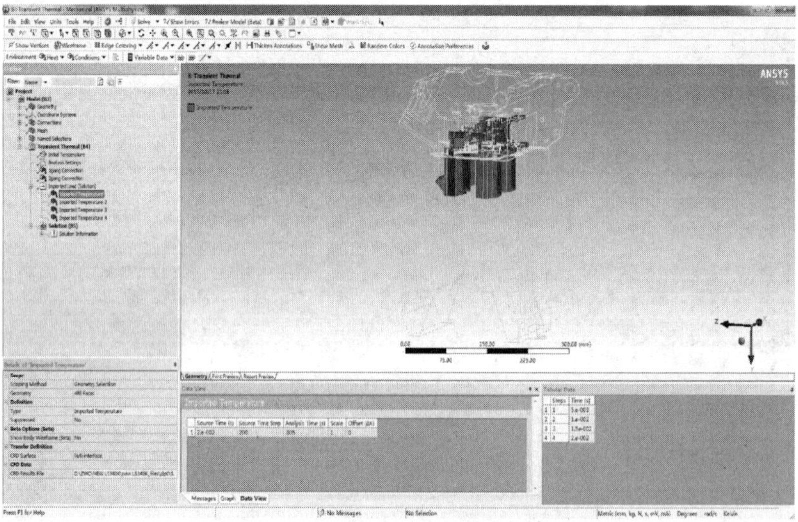

图 32-6-243 添加流体对机体作用边界条件

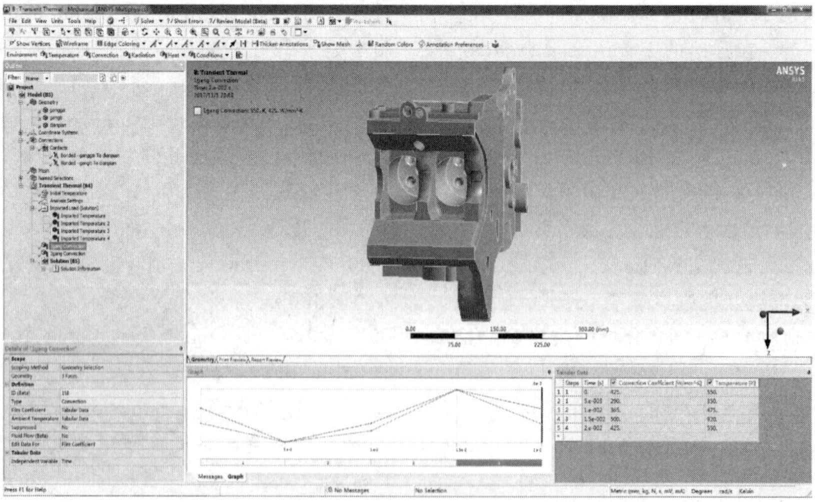

(a) 定义燃烧室气缸热对流边界条件

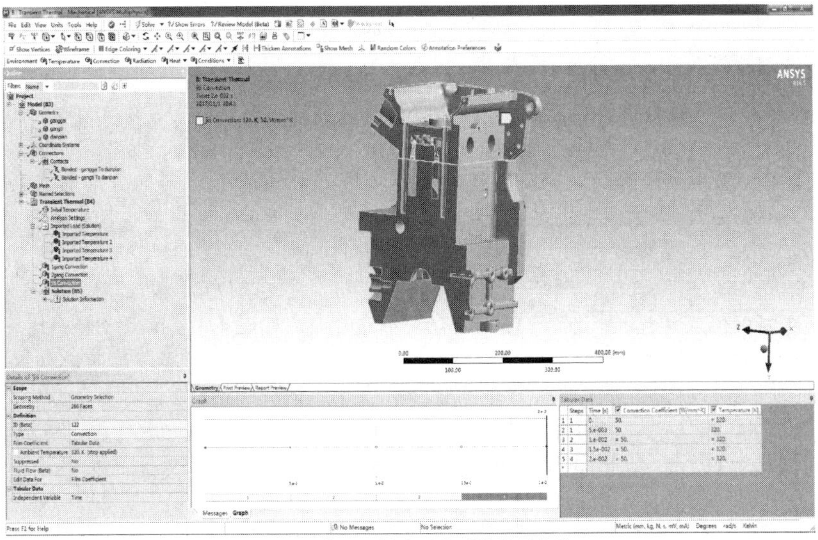

(b) 定义机体表面热对流边界条件

图 32-6-244　定义热对流边界条件

(18) 求解并查看瞬态热分析结果

① 完成热对流的定义后，添加期望的求解结果。选择 Outline → Project → Model (B3) → Transient Thermal (B4)→Solution (B5)，鼠标右键单击，在弹出的快捷菜单中执行 Insert→Thermal→Temperature 命令，将 Details of "Temperature" 中的 Display Time 项输入需要查询的时间。由于发动机工作由 4 个冲程循环组成，所以需要进行本操作 4 次，依次输入的时间为 0.005s、0.01s、0.015s、0.02s，完成插入各冲程时间所对应的温度云图。

② 完成求解结果添加后，进行求解计算。选择 Outline→ Project → Model (B3) → Transient Thermal (B4)→Solution (B5)，鼠标右键单击，在弹出的快捷菜单中执行 Solve 命令进行求解，此时会弹出进度显示条，表示正在求解及各求解过程情况，当求解完成后进度条自动消失。

③ 计算完成后查看结果，选择 Outline→Project→ Model (B3) → Transient Thermal (B4) → Solution (B5)→Temperature 查看温度云图，如图 32-6-245 所示。

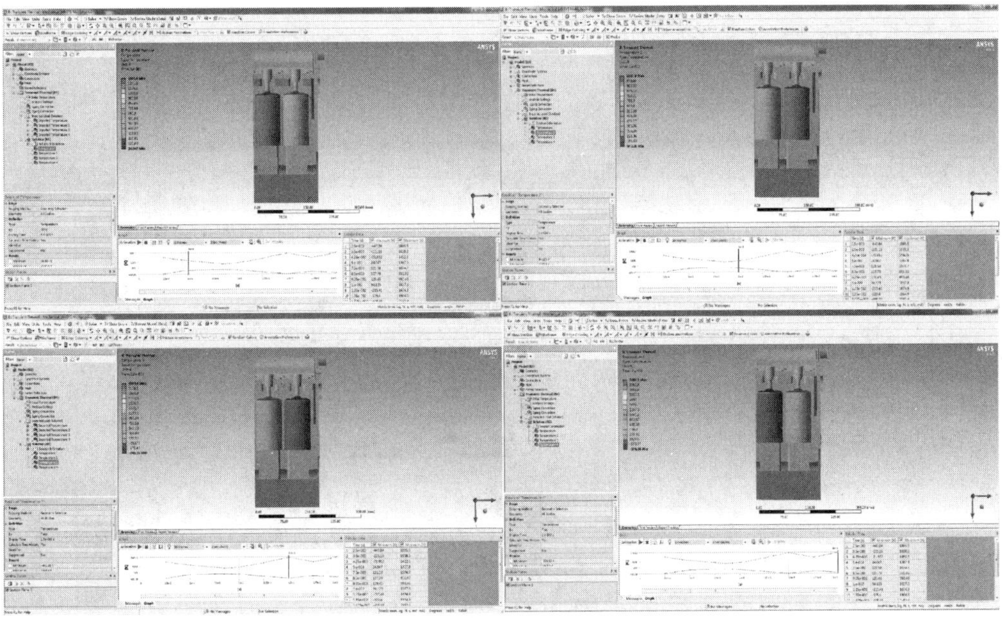

图 32-6-245　机体内部的温度变化云图

(19) 建立瞬态结构分析模块

选择 Toolbox → Analysis Systems → Transient Structure 分析模块，按住鼠标左键拖至 Transient Thermal 分析模块之上，直至 Transient Thermal 分析模块的（B2）、（B3）、（B4）、（B6）项目都变红即可松开鼠标左键，则生成与 Transient Thermal 分析模块相连接的 Transient Structure（C），如图 32-6-246 所示。

(20) 定义瞬态结构分析边界条件

① 由于 Transient Structure 分析模块和 Transient Thermal 分析模块相连接，所以 Transient Structure 中的 Model（C3）项已经定义，可以直接鼠标左键双击 Setup（C4）项进入 Transient Thermal 分析模块的平台界面。

② 定义瞬态结构分析的载荷步。操作内容与定义瞬态热分析的载荷步同理，操作内容区别是在 1、2、3、4 各时间步的分别对应下，在 Maximum Substeps 中输入 100。

③ 定义温度对机体作用的载荷。选择 Outline→Project→Setup（C4）→Transient Structure（C4）→Imported Load（Solution），鼠标右键单击，在弹出的快捷菜单中选择 Insert→Temperature，将 Details of “Imported Body Temperature” 对话框中的 Geometry 项目选择为发动机的气缸盖、气缸垫以及气缸体，鼠标点选 Apply 按钮，再在分析界面下侧 Imported Temperature 表中的 Source time 和 Analysis time 中输入需要映射温度的时间，由于发动机工作由 4 个冲程循环组成，所以需要进行本操作 4 次，输入查询时间依次为 0.005s、0.01s、0.015s、0.02s，如图 32-6-247 所示，完成各冲程温度对机体作用载荷的定义。

④ 定义全位移约束对发动机机底的作用。选择 Outline→Project→Setup（C4）→Transient Structure（C4），鼠标右键单击，在弹出的快捷菜单中选择 Insert→Fixed Support，将 Details of “Fixed Support” 中 Geometry 项目选择为气缸体的底表面，鼠标点选 Apply 按钮，完成对发动机机底全位移约束的定义。

⑤ 定义对称位移约束对机体截取剖面的作用。选择 Outline → Project → Setup（C4）→ Transient Structure（C4），鼠标右键单击，在弹出的快捷菜单中选择 Insert → Frictionless Support，将 Details of “Frictionless Support” 中 Geometry 项目选择为发动机数模的截取剖面，鼠标点选 Apply 按钮，完成对机体截取剖面对称位移约束的定义。

⑥ 定义水平位移约束对机体前端面的作用。选

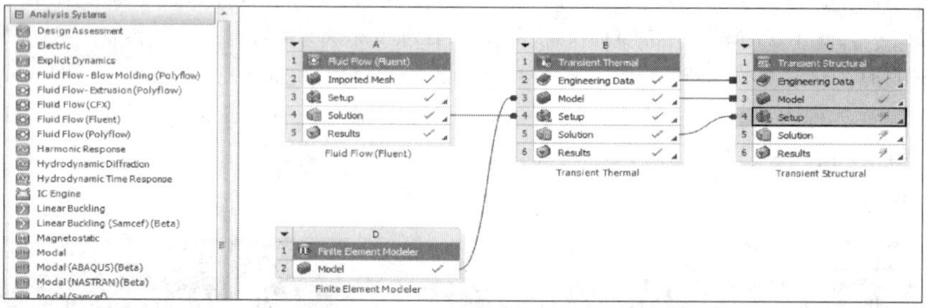

图 32-6-246 建立瞬态结构分析模块

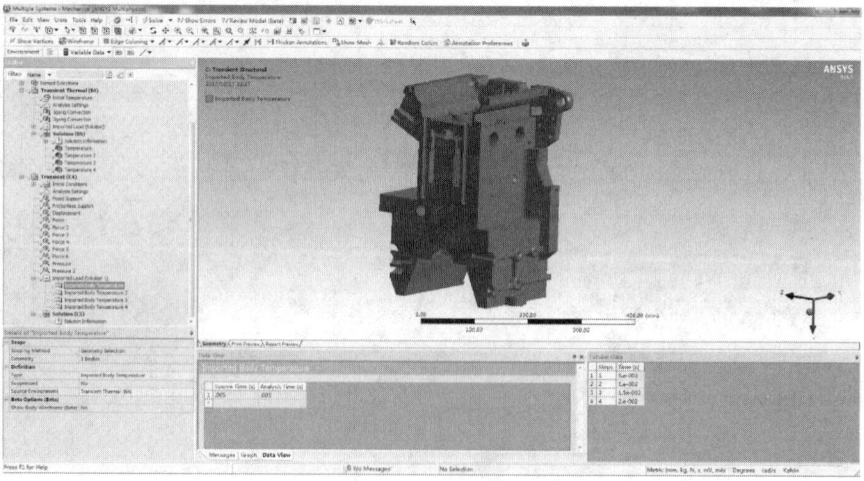

图 32-6-247 添加温度对机体作用边界条件

择 Outline→Project→Setup（C4）→Transient Structure（C4），鼠标右键单击，在弹出的快捷菜单中选择 Insert→Displacement，将 Details of “Displacement” 中 Geometry 项目选择为发动机数模的前端面，鼠标点选 Apply 按钮，再在 X Component 项中输入 0，其他项默认，完成对机体前端面水平位移约束的定义。

⑦ 定义螺栓预紧力对机体的作用。选择 Outline→Project→Setup（C4）→Transient Structure（C4）→Imported Load（Solution），鼠标右键单击，在弹出的快捷菜单中选择 Insert→Force，将 Details of “Force” 中 Geometry 项目选择为发动机螺栓凸台上表面，鼠标点选 Apply 按钮，接着在 Magnitude 项目中输入 47550N，并在 Direction 项中选择力的方向为垂直向下，其余螺栓预紧力的设置同理，注意对截取剖面处的螺栓凸台上表面进行预紧力添加时，在 Magnitude 项中输入 23775N，完成对发动机螺栓预紧力的定义。

⑧ 定义爆破压力对机体的作用。选择 Outline→Project→Setup（C4）→Transient Structure（C4），鼠标右键单击，在弹出的快捷菜单中选择 Insert→Pressure，将 Details of “Pressure” 中 Geometry 项目选择为发动机燃烧室气缸内壁以及缸口的壁面，鼠标点选 Apply 按钮，再在 Details of “Force” 中 Magnitude 项中选择 Tabular Data，将如表 32-6-19 所示的各冲程压力值输入表格中，如图 32-6-248 所示。另一个燃烧室气缸设置同理，完成对发动机各燃烧室气缸爆破压力的定义。

（21）求解并查看瞬态结构分析结果

① 完成位移约束和机械载荷的定义后，添加期望的等效应力求解结果。选择 Outline→Project→Setup（C4）→Transient Structure（C4）→Solution（C5），鼠标右键单击，在弹出的快捷菜单中执行 Insert→Stress→Equivalent（von-Mises）命令，将 Details of “Equivalent Stress” 中的 Display Time 项输入需要查询的时间，由于发动机工作由 4 个冲程循环组成，所以需要进行本操作 4 次，输入查询时间依次为 0.005s、0.01s、0.015s、0.02s，最终完成插入各冲程所对应的等效应力云图。

② 添加期望的总体变形求解结果的操作方法同上，在弹出的快捷菜单中执行 Insert→Deformation→Total 命令，将 Details of “Total Deformation” 中的 Display Time 项输入需要查询的时间，最终完成插入各冲程所对应的总体变形云图。

③ 完成结果添加后，进行求解计算。选择 Outline→Project→Setup（C4）→Transient Structure（C4）→Solution（C5），在弹出的快捷菜单中执行 Solve 命令进行求解，此时会弹出进度显示条，表示正在求解及各求解过程情况，当求解完成后进度条自动消失。

④ 计算完成后查看结果，选择 Outline→Project→Setup（C4）→Transient Thermal（C4）→Solution（C5）→Equivalent Stress 查看各时间点的等效应力云图，如图 32-6-249 所示。

由等效应力云图可知，发动机所承受等效应力最大的位置在气缸盖、气缸垫以及气缸体的接触结合处，为 645MPa。

⑤ 计算完成后查看结果，选择 Outline→Project→Setup（C4）→Transient Thermal（C4）→Solution（C5）→Total Deformation 查看各时间点的总体变形云图，如图 32-6-250 所示。

由总体变形云图可知，发动机所承受总体变形最大的位置在燃烧室气缸体的内壁处，为 0.17mm。

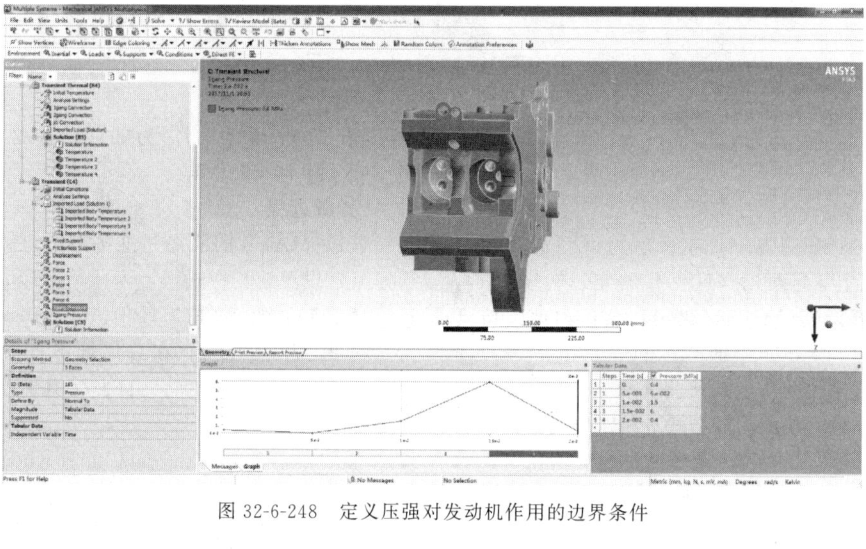

图 32-6-248　定义压强对发动机作用的边界条件

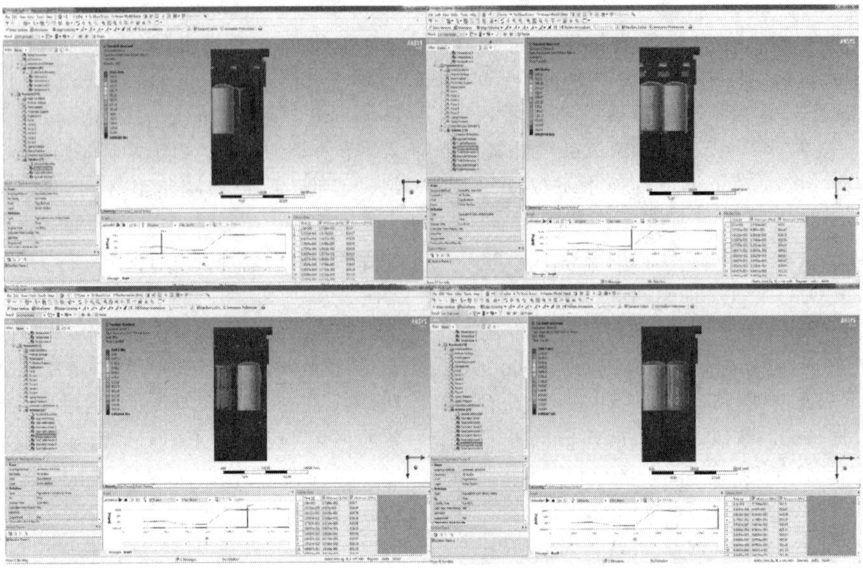

图 32-6-249 机体内部的等效应力变化云图

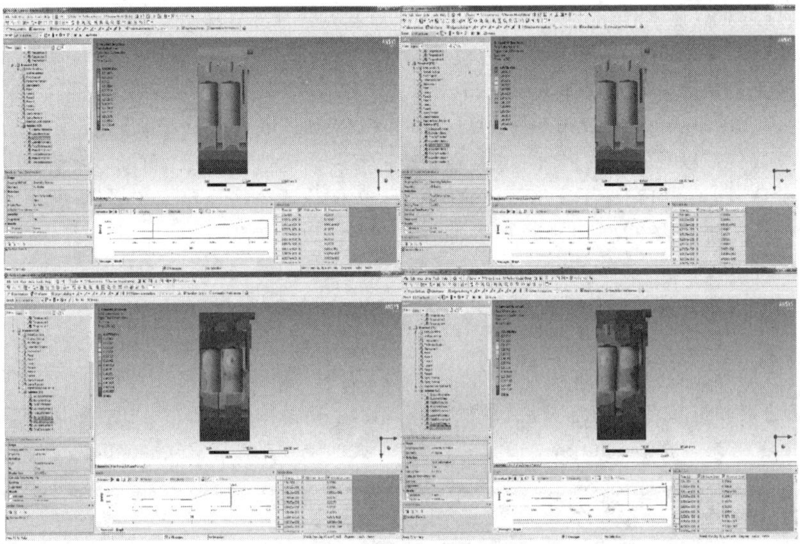

图 32-6-250 机体内部的总体变形云图

6.4.6 电磁分析算例

案例——Maxwell 2D 电磁分析

问题描述：如图 32-6-251 所示为微型混合动力汽车用永磁同步电动机（HSG）的定、转子结构，对该电动机模型进行稳态空载仿真分析和动态仿真分析。

条件：该永磁同步电动机为 4 极 48 槽内置径向式转子磁路结构，绕组为分布式三相双线制结构，以材料库中的 steel_1008 作为定转子材料为例，电动机模型的具体参数如表 32-6-32 所示，其中永磁体材料 N40uh 的矫顽力 H_c 为 987kA/m，剩磁 B_r 为 1.29T，不计损耗。

分析过程：

（1）MAXWELL 分析准备工作

1）设置工具栏选项

① 启动 MAXWELL 软件，打开 Tools→Options→Maxwell 2D Options，在对话框中点击 General Options，选中以下选项，其他默认，点击“确定”按钮。

☑ Use Wizards for data input when creating new boundaries

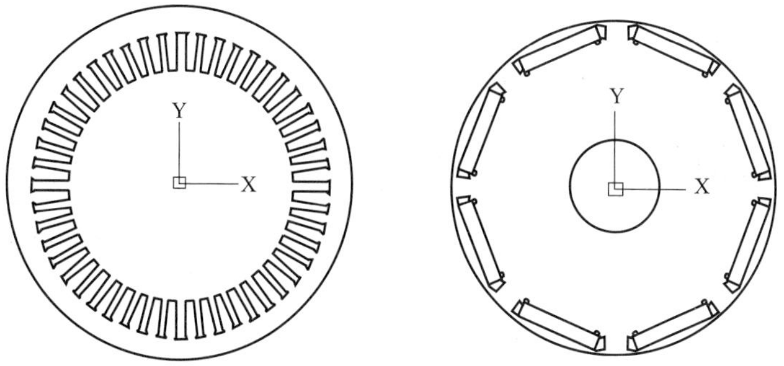

(a) 定子结构模型　　(b) 转子结构模型

图 32-6-251　定、转子结构模型示意图

表 32-6-32　**电动机模型参数**

项目	绕组匝数	定子长	最大工作电流	最高转速	定、转子材料	永磁体材料	绕组材料
参数	4	79.8mm	100A	$15000r \cdot min^{-1}$	steel_1008	N40uh	铜

☑ Duplicate boundaries/mesh operations with geometry

② 打开 Tools→Options→Modeler Options，在对话框中点击 Operation，选中：

☑ Automatically cover closed polylines

在对话框中点击 Drawing，选中：

☑ Edit property of new primitives

其他默认，点击“确定”按钮。

2）新建工程　如图 32-6-252 所示，将新建工程 Project1 改名为 HSG，在菜单栏中点击 Project→Insert Maxwell 2D Design，或点击图标，并改名为 1_whole_model。

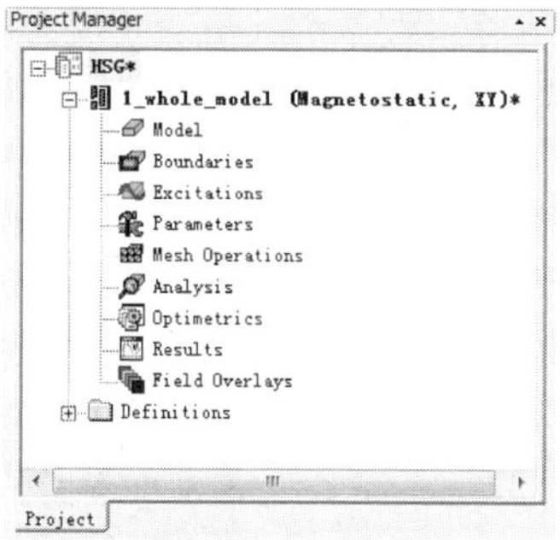

图 32-6-252　新建工程

3）设置模型单位　在菜单栏中点击 Modeler→Units→Select units 下拉栏中选择单位 mm，点击 OK。

（2）导入 2D 模型

1）导入定子模型

① 在菜单栏中点击 Modeler→Import…选择 Stator 文件并打开，弹出对话框，点击 Options 选项，确认单位为 mm，导入定子模型如图 32-6-253 所示。

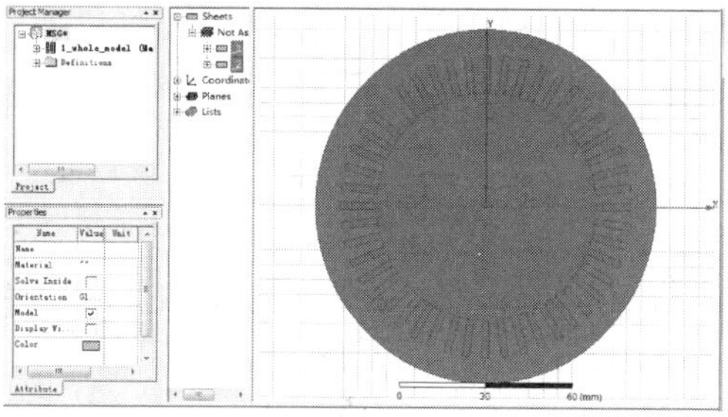

图 32-6-253　导入定子模型

② 进行布尔减运算，同时选中_1 和_2，右键点击 Edit→Boolean→Subtract…弹出布尔减对话框，正确选择 Blank Parts 和 Tool Parts 项，左键点击 OK，定子模型如图 32-6-254 所示。

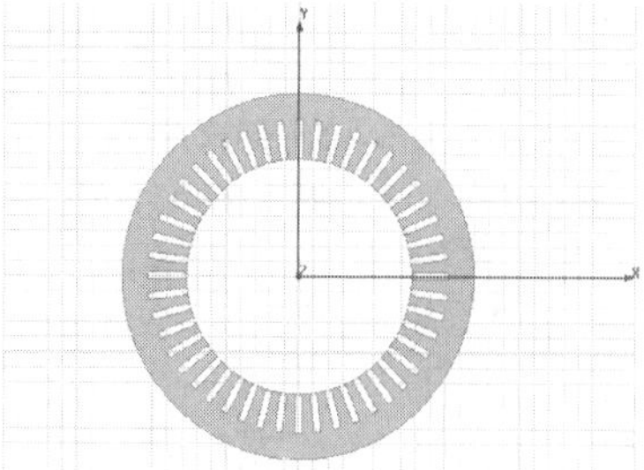

图 32-6-254　定子模型

③ 在工程状态栏中修改属性，改名为 Stator，颜色为紫色。

2）导入转子与永磁体模型　方法与定子模型导入相同，先导入模型，再进行布尔减运算，得到转子模型，改名为 Rotor，颜色为蓝色。选中所有永磁体模型改名为 Magnets，颜色为粉色。

3）创建定子绕组

① 在菜单栏中选中 Draw→Rectangle 或者直接点击菜单工具栏中的图标，在右下角的坐标输入窗口中将坐标系改为 Cartesian（笛卡尔），绝对值输入 Absolute（绝对）并在坐标输入窗口输入矩形一个顶点位置坐标：

X：39.8；Y：0.8；Z：0，按 Enter 键输入。

接着输入矩形对角顶点坐标的相对尺寸：

dX：11.2；dY：−1.6；dZ：0；双击 Enter 键完成，如图 32-6-255 所示。

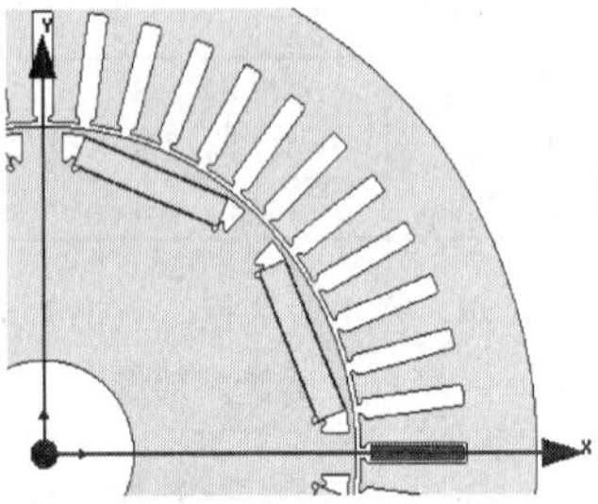

图 32-6-255　创建绕组

② 开启面选模型，选中绘制的绕组 Rectangle1 和定子，点击右键 Edit→Arrange→Rotate 弹出旋转对话框，如图 32-6-256 所示，Axis 选择 Z 轴，Angle 为 11.25°，即为绕 Z 轴旋转 11.25°，确认设置。

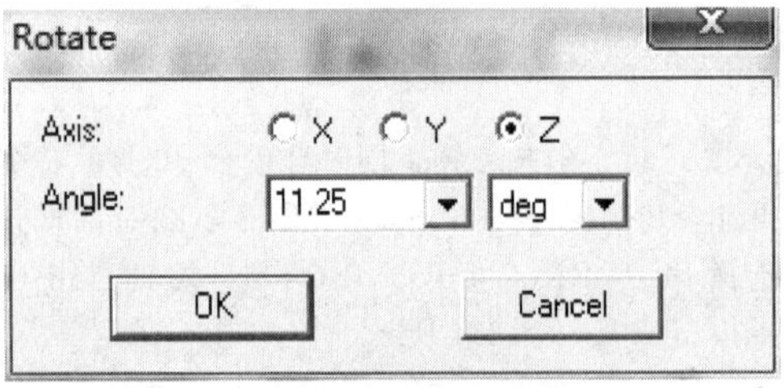

图 32-6-256　旋转参数

③ 再选中 Rectangle1，右键选择 Edit→Duplicate→Around Axis…绕 Z 轴复制旋转 15°，Total number 为 3，如图 32-6-257 所示，确认设置。

④ 重命名 Rectangle1 为 PhaseA，更改颜色为黄色；重命名 Rectangle1_2 为 PhaseB，更改颜色为淡蓝色；重命名 Rectangle1_1 为 PhaseC，更改颜色为深绿色。

⑤ 同时选中 PhaseA、PhaseB、PhaseC，绕 Z 轴复制旋转 37.5°，其中 Total number 为 2。

⑥ 选中已有的 6 相绕组，绕 Z 轴复制旋转 45°，其中 Total number 为 8，则生成所有绕组，完整电动机模型如图 32-6-258 所示。

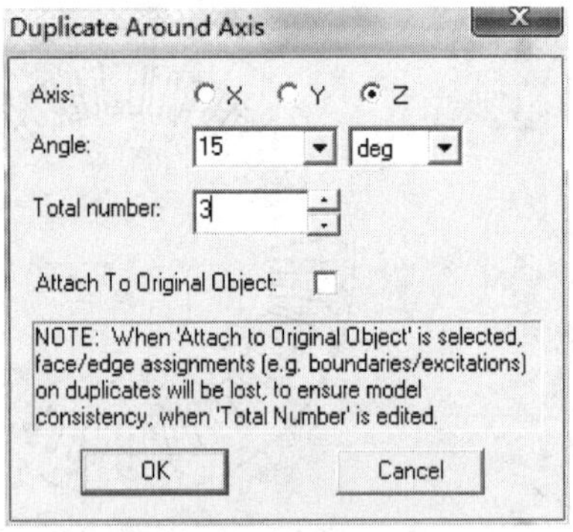

图 32-6-257　旋转复制参数

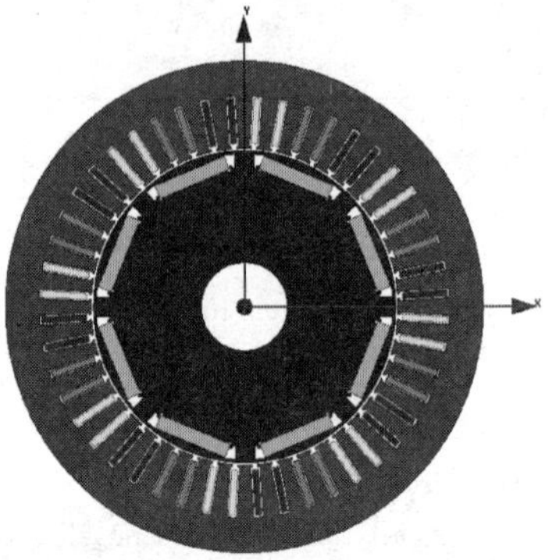

图 32-6-258　完整电动机模型

（3）简化 2D 模型

保存工程，保存在英文路径下，复制工程 1_whole_model 并粘贴，将其改名为 2_partial_model。仿真电动机的尺寸可以通过拓扑结构来减小，以电动机的 1/4 模型进行仿真。下文以 2_partial_model 为仿真模型，进行操作。

1）简化模型

① 使用 Ctrl＋A 全选模型，右键点击选择菜单栏 Edit→Boolean→Split 或者使用工具栏中图标，弹出如图 32-6-259 所示分割选项对话框，Split plane 选择 XZ 平面，其他默认，点击 OK，只有 1/2 模型被保留。

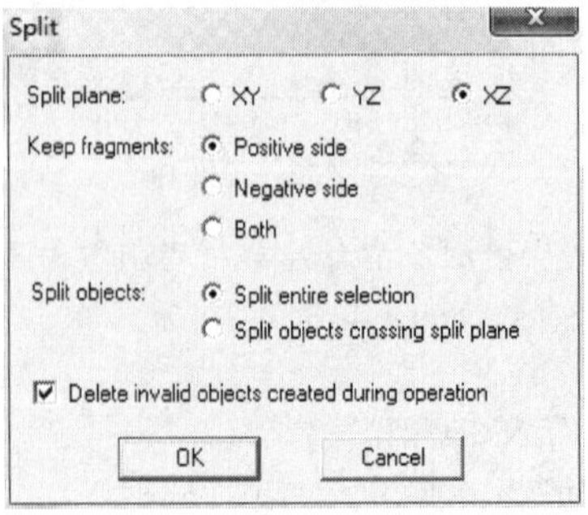

图 32-6-259　分割选项对话框

② 继续使用分割命令，Split plane 选择 YZ 平面，其他默认，点击 OK，只有 1/4 模型被保留，即为简化后的仿真电动机模型，如图 32-6-260 所示。

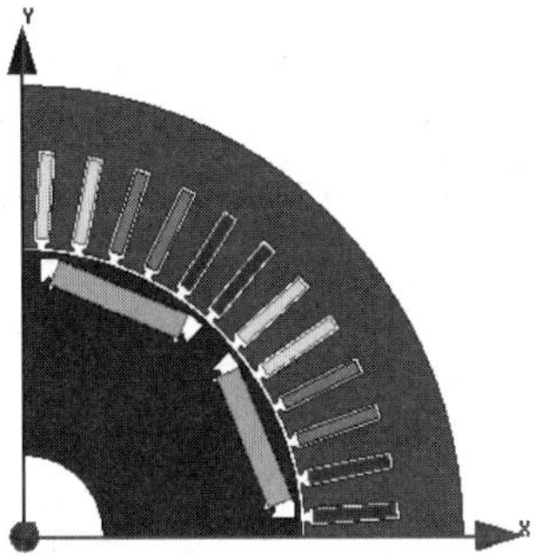

图 32-6-260　简化后的 2D 模型

③ 顺时针方向将两个永磁体分别重命名为 PM1、PM2，颜色改为粉色。

④ 逆时针方向将定子绕组分别重命名为 PhaseA1、PhaseA2、PhaseC1、PhaseC2、PhaseB1、PhaseB2、PhaseA1_1、PhaseA2_1、PhaseC1_1、PhaseC2_1、PhaseB1_1、PhaseB2_1。

2）创建 Region 区域　Region 区域是一个包围电动机的真空区域，即其材料属性为 vacuum，由于磁力线集中分布在电动机的内部，所以这个区域不需要创建很大。

以原点为起点沿 X 轴方向画一条长为 80mm 的直线，再选中 Polyline1，右键点击并选中菜单栏 Edit→Sweep→Around Axis，Polyline1 绕 Z 轴旋转扫描 90°，其中段数 Number of segments 输入 10，如图 32-6-261 所示输入，点击 OK 完成。重命名 Polyline1 为 Region，通过增加区域的透明度来改变其渲染效果，如图 32-6-262 所示。

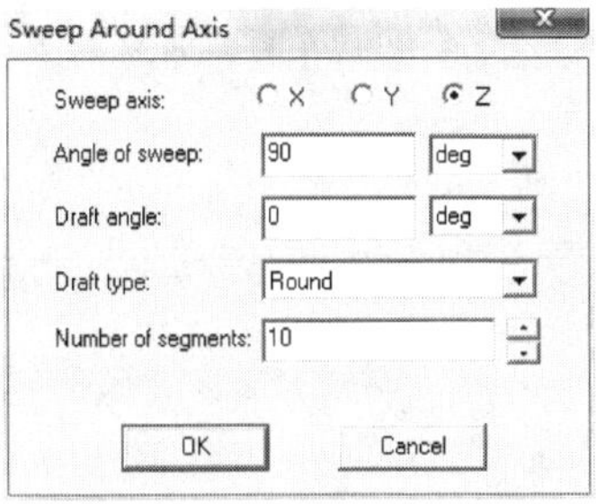

图 32-6-261　绕 Z 轴扫描

（4）设置 HSG 材料属性及旋转坐标系

1）定、转子材料属性设置　同时选中 Rotor 和 Stator，右键选择 Properties，弹出属性对话框，如图 32-6-263 所示，在 Material 栏选择 Edit，弹出材料库，在材料库中选择 steel_1008 材料，点击确定完成定、转子材料定义。

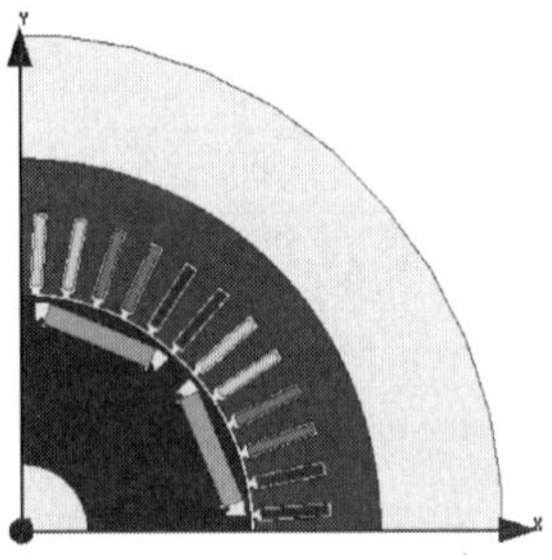

图 32-6-262　建立 Region 区域

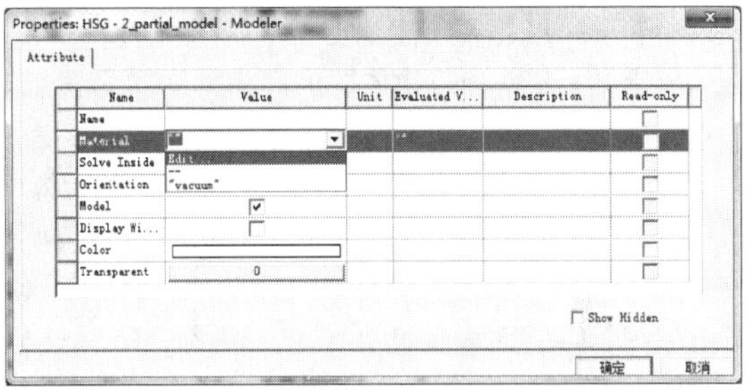

图 32-6-263　材料属性对话框

2）绕组材料属性设置　同时选中所有绕组，将其材料属性修改为 copper 材料。

3）永磁体材料属性设置　由于材料库中没有 N40uh 材料，需要手动添加，选中 PM1 和 PM2，右键选择 Properties，弹出属性对话框，在 Material 栏选择 Edit，弹出材料库，在材料库中选择 Add Material，弹出 View/Edit Material 窗口，如图 32-6-264 所示，更改材料名为 N40uh，在对话框下方选择“Permanent Magnet”，弹出对话框“Properties for Permanent Magnet”，如图 32-6-265 所示，输入 Hc：−987000，单位为 A_per_meter，Br：1.29，单位为 tesla，点击 OK，点击 Validate material，点击 OK，点击确定，完成永磁材料属性设置。

4）设置旋转面坐标系　由于永磁体是随着转子

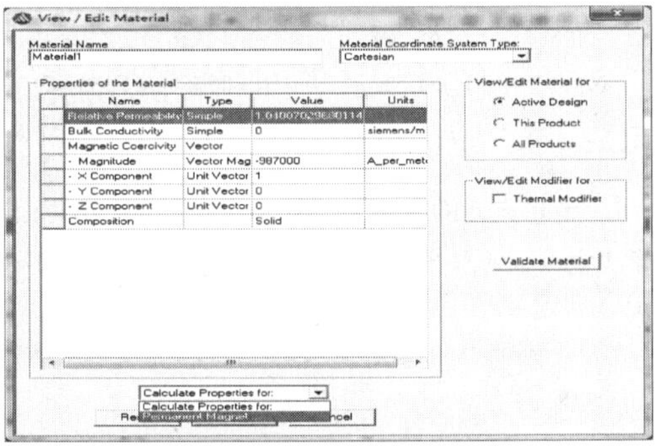

图 32-6-264　添加材料

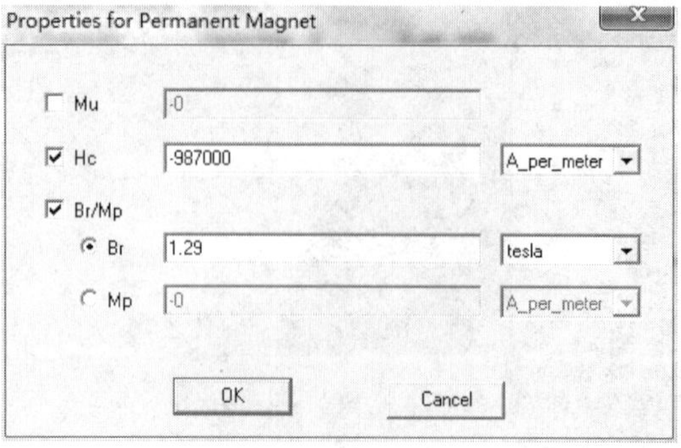

图 32-6-265　输入材料参数

不断旋转的，因此要使用面坐标系来完成永磁体定向，面坐标系是一种与物体的表面相关联的坐标系，当物体旋转时，面坐标系随之旋转。

① 在面选模式下选择永磁体 PM1，建立于这个表面相关联的面坐标系，在菜单栏中选择 Modeler→Coordinate System→Create→Face CS 或直接点击工具栏图标 ；此时模型处于绘图状态，第一点为坐标系的原点，应位于所选中的永磁体平面上，用鼠标捕捉此平面上任意一个顶点，这样就确定了面坐标系的中心，如图 32-6-266（a）所示；用鼠标捕捉永磁体平面同侧的另一个顶点，如图 32-6-266（b）所示，则 X 轴方向确定，面坐标系 FaceCS1 建立完成，如图 32-6-266（c）所示。

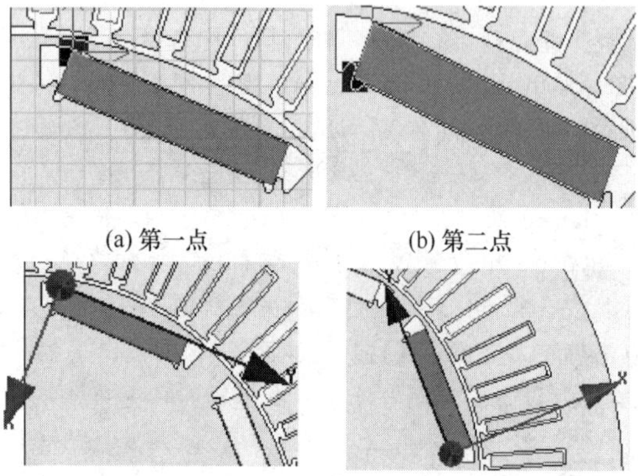

(a) 第一点　　(b) 第二点

(c) 面坐标系FaceCS1　　(d) 面坐标系FaceCS2

图 32-6-266　建立面坐标系

② 使用同样的方法来建立于 PM2 相关联的面坐标系 FaceCS2，要注意的是此时 X 轴的方向应指向气隙，如图 32-6-242 所示（d）。

③ 分别将 FaceCS1、FaceCS2 重命名为 PM1_CS、PM2_CS。

④ 分别在 PM1、PM2 的属性栏中将 Orientation 对应的 Value 值依次改为 PM1_CS、PM2_CS，旋转面坐标系建立完成，在坐标系统树 Coordinate Systems 下点击 Global 返回全局坐标系。

（5）设置主、从边界及零向量边界

设置主、从边界能充分利用电动机的周期性特点，下面将定义主边界和从边界。要注意的是从边界上的任一点的磁场强度与主边界上任一点的磁场强度相对应，即大小相等，同向或反向。

① 在线选模式下，选择 Region 沿 X 轴方向的一条边界线，右键单击并选中 Assign Boundary→Master，弹出对话框，要注意向量 $\boldsymbol{u}$ 的方向，可以通过选择对话框中的 Reverse Direction 来改变方向，设为沿 X 轴正向，点击 OK 设置生效，如图 32-6-267 所示。

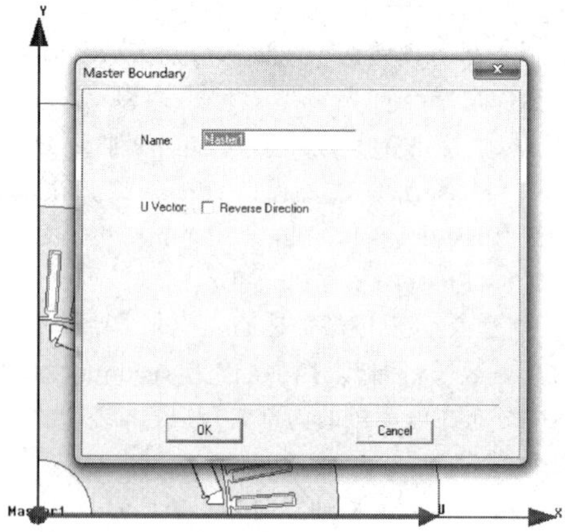

图 32-6-267　设置主边界

② 选择 Region 沿 Y 轴方向的另一条边界线，右键单击并选中 Assign Boun dary→Slave，弹出对话框，在 Master 项中选择 Master1，在 Relation 这一项中选择 $B_s=B_m$，要注意向量 $\boldsymbol{u}$ 的方向，可以通过选择对话框中的 Reverse Direction 来改变方向，设为沿 Y 轴正向，点击 OK 设置生效，如图 32-6-268 所示。

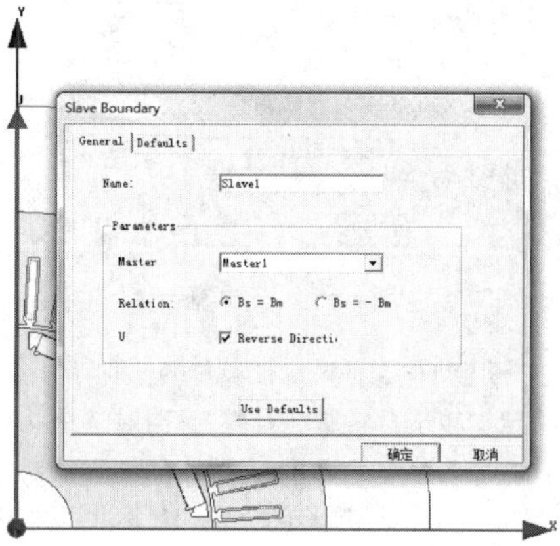

图 32-6-268　设置从边界

③ 选择 Region 的最外边的圆弧，共有 11 个小线段组成，使用 Ctrl 键进行多选，右键点击 Assign Boundary→factor Potential，弹出对话框，改名为 Zero_Flux，将 Value 赋值为零，点击 OK 完成设置。

（6）稳态空载分析

1）保存工程　保存工程并复制“2_partial_model”工程，粘贴后将工程改名为“3_partial_motor_MS”，由此开始以“3_partial_motor_MS”为研究模型。选中所有绕组在工程状态栏中的模型属性窗口中勾去 Model 按钮，通过菜单栏 View→Visibility→Hide Selection→Active view 或使用工具栏图标来隐藏绕组。

2）划分网格

① 选中物体 Rotor，右键单击并选中 Assign Mesh Operation→Inside Selection→Length Based，弹出图 32-6-269 所示对话框，限制划分单元的长度为 5mm，重命名划分操作为 Rotor。

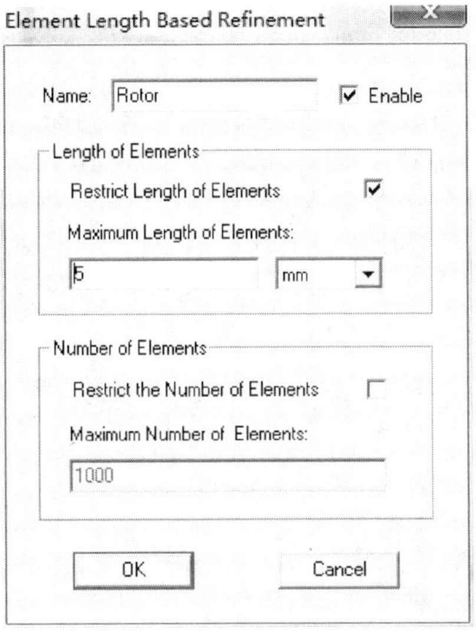

图 32-6-269　转子网格划分图

② 选择物体 Stator，为减少网格划分的单元数目，右键单击并选中 Assign Mesh Operation→Surface Approximation，弹出图 32-6-270 所示对话框，在 Maximum surface deviation 一栏中输入 10deg，Maximum aspect Ratio 一栏中输入 5，重命名划分操作为 SA_Stator。

③ 选中物体 PM1、PM2，采用与 Rotor 相同的划分方法，限制划分单元的长度为 3mm，重命名划分操作为 Magnets。

3）添加分析设置　在工程管理栏中 3_partial_motor_MS 树下右键单击并选中 Analysis→Add Solution Setup，弹出对话框，在不同栏目中输入如表 32-6-33 对应的参数，其他设置均为默认值，点击 OK 按钮保存分析设置。

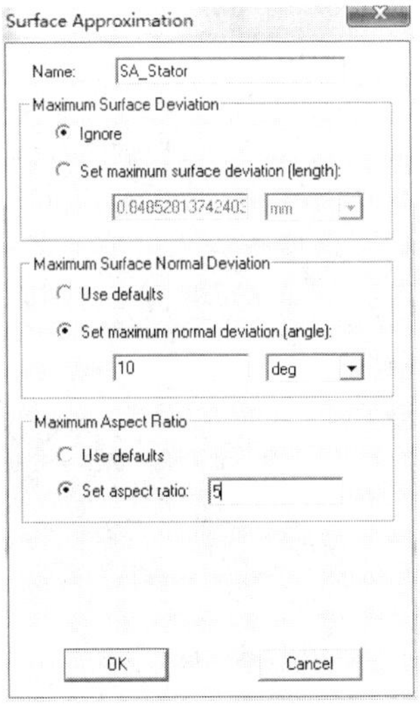

图 32-6-270　定子网格划分

表 32-6-33　分析设置参数

项目	General		Convergence	Solver
	Maximum Number of Passe	Percent error	Refinement Per Pass	Non Residual
数值	10	0.1	15	1×10^{-6}

4）分析　进行电动机转矩求解，选择 PM1、PM2 和 Rotor，右键点击并选中 Assign Parameters→Torque，默认设置点击 OK。右键单击 Analysis→Analyze All 或直接点击工具栏图标，进入分析状态，所需要时间较短。

5）后处理

① 在工程管理栏中的 Analysis 下右键单击 Setup1 再选中 Convergence，弹出 Solution 对话框，如图 32-6-271 所示，可以看出需要 5 步才达到收敛。

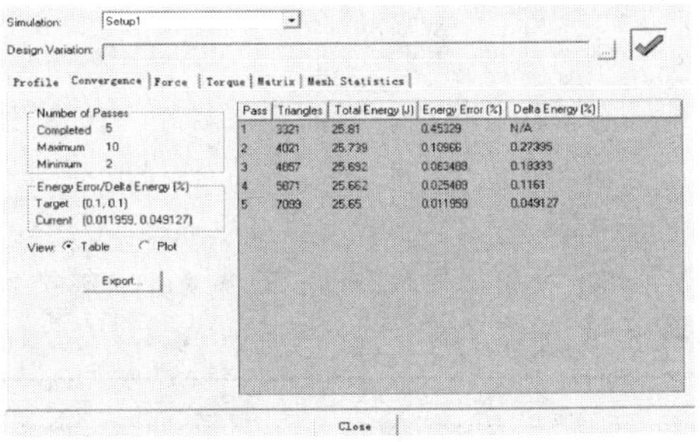

图 32-6-271　Solution 对话框

第32篇

② 转矩值的求解。如图 32-6-272 所示，在 Solutions 对话框中选择 Torque 项，将 Torque Unit 值改为 mNewton Meter，可以看出此时的转矩值，这个转矩值是电动机铁芯长为 1m 时的转矩值。定转子之间的位置角不同，计算得出的转矩值也不同。

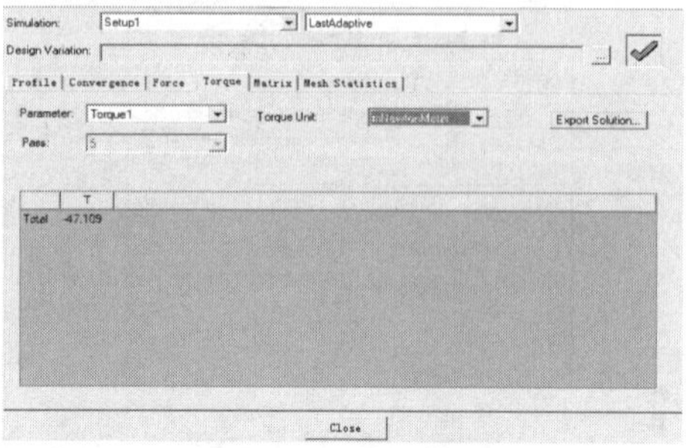

图 32-6-272 转矩值求解

③ 绘制磁通密度分布图。同时选中 Rotor、Stator、PM1、PM2 右键点击并选择 Fields→B→Mag _ B，在弹出的对话框中选择 AllObjects，点击 Done，得到磁通密度分布图，如图 32-6-273 所示。

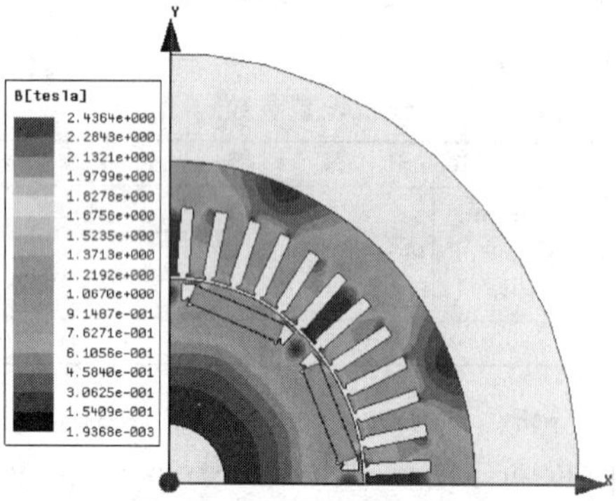

图 32-6-273 磁通密度分布图

④ 观察气隙的磁场强度 ***H*** 分布。在做此步后处理时，需要绘制一条线来观察磁场强度 ***H*** 分布：首先绘制一条 90°直径为 38.3mm 的圆弧，将弧线改名为 airgap _ arc；然后选中圆弧 airgap _ arc，在绘图区右键单击并选中菜单栏 Fields→H→H _ vector，选择 AllObjects，单击 Done 完成绘图器设置，得到 ***H*** 矢量分布图，如图 32-6-274 所示。

（7）动态分析

动态分析是分析电动机的瞬态特性。保存项目，复制 2 _ partial _ model 粘贴后将工程改名为 4 _ partial _ motor _ TR。右键单击 4 _ partial _ motor _ TR 在菜单选项中选择 Solution Type，把解算类型由 Magnetostatic 改为 Transient 点击 OK，由此开始以 4 _ partial _ motor _ TR 为研究模型。

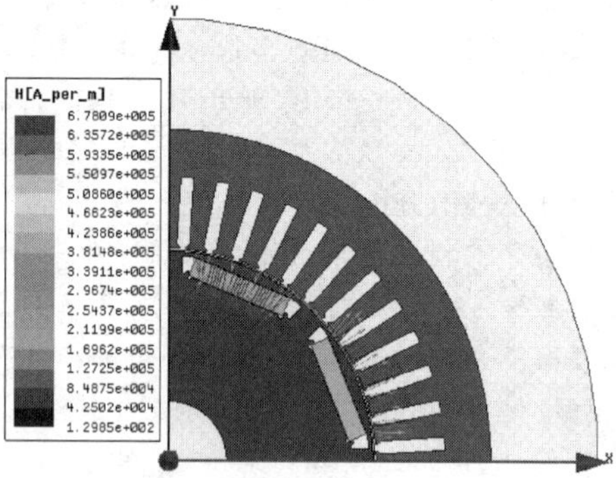

图 32-6-274 ***H*** 矢量分布图

1）创建线圈 选中所有线圈 PhaseA1、PhaseA2、PhaseC1、PhaseC2、PhaseB1、PhaseB2、PhaseA1 _ 1、PhaseA2 _ 1、PhaseC1 _ 1、PhaseC2 _ 1、PhaseB1 _ 1、PhaseB2 _ 1，右键点击并选中菜单栏 Assign Excitation→Coil，保留默认名称，在导体数 Number of Conductors 项输入 4，确认设置，线圈定义完成。

打开 4 _ partial _ motor _ TR→Excitations→PhaseC1 右键选择 Properties，将线圈的极性 Polarity 从正极性 Positiv 改为负极性 Negative，如图 32-6-275 所示。使用相同方法将线圈 PhaseC2、PhaseA1 _ 1、PhaseA2 _ 1、PhaseB1 _ 1、PhaseB2 _ 1 的极性改为负极性。

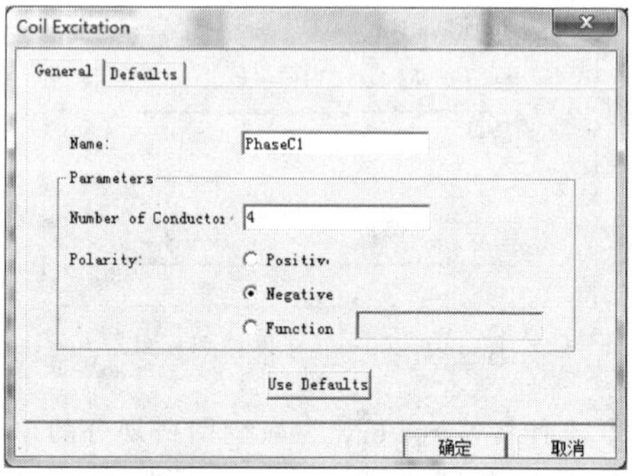

图 32-6-275 线圈属性设置

2）设置激励参数 在菜单栏中选择 Maxwell2D→Design Properties，弹出参数窗口对话框，点击添加 Add 按钮来添加电动机的激励参数，参数如表 32-6-34 所示。

表 32-6-34 激励参数

Name	Value	说明
Poles	8	极数
PolePair	Poles/2	极对数

续表

Name	Value	说明
Speed_rpm	2160	以 r・min^{-1}为单位的转速
Omega	360 * Speed_rpm * Polepair/60	以 degrees・s^{-1}为单位的激励变化率
Omega_rad	Omega * pi/180	以 rad・s^{-1}为单位的变化率
Thet_deg	30degree	电动机的功率角
Thet	Thet_deg * pi/180	是以弧度表示的功率角
Imax	100A	电动机绕组电流的峰值

输入完成后，设计选项面板显示如图 32-6-276 所示，点击确定完成激励参数设置。

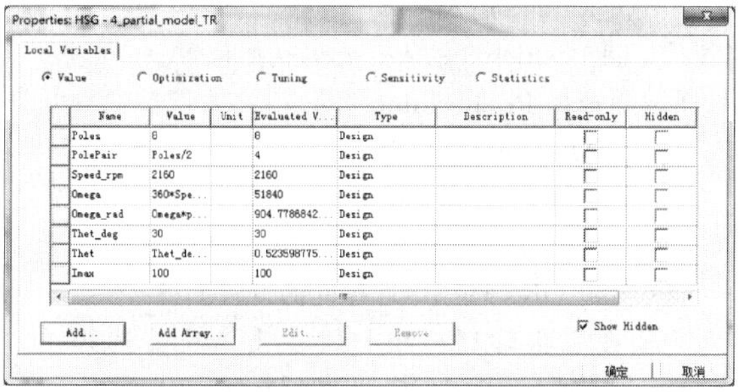

图 32-6-276　设计选项面板

3）定义绕组　电动机的绕组是三相对称连续的，输入激励为正弦波，各相在每个时间点相差 120°角，其中负载角也是加在其中。

首先定义 A 相绕组。在工程管理栏右键点击 Excitations→Add Winding，弹出对话框，如图 32-6-277 所示。

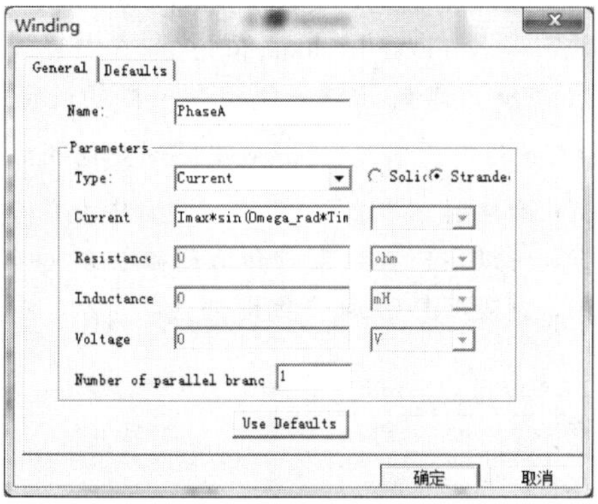

图 32-6-277　添加绕组

名称输入：PhaseA。

Type 输入：Current，因为每个端面有 4 匝，所以选择 Stranded。

Current 输入：Imax * sin（Omega _ rad * Time＋Thet），其中 Time 是时间变量，表示当前时间。

完成设置后，在工程管理栏中 Excitations 树下右键点击 PhaseA→Add Coils，弹出对话框，如图 32-6-278 所示，同时选中 PhaseA1、PhaseA2、PhaseA1 _ 1、PhaseA2 _ 1 四个线圈，点击 OK，A 相绕组定义完成。

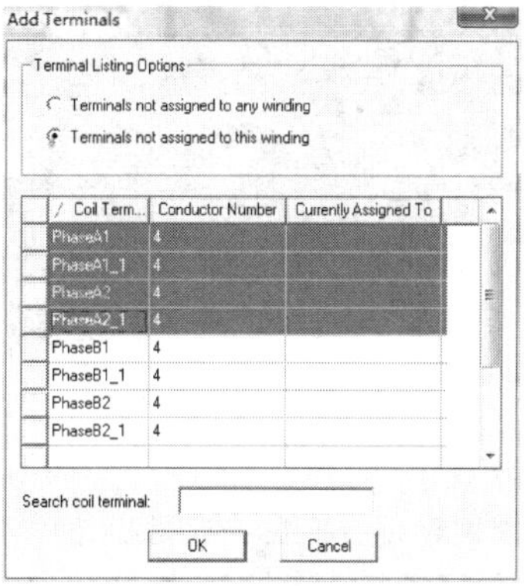

图 32-6-278　添加线圈

使用相同的方法定义 B 相和 C 相绕组，不同的是：

B 相绕组：Current 输入 Imax * sin（Omega _ rad * Time-2 * pi/3＋Thet)，添加四个线圈 PhaseB1、PhaseB2、PhaseB1 _ 1、PhaseB2 _ 1。

C 相绕组：Current 输入 Imax * sin（Omega _ rad * Time ＋ 2 * pi/3 ＋ Thet)，添加四个线圈 PhaseC1、PhaseC2、PhaseC1 _ 1、PhaseC2 _ 1。

定义完成后，在工程管理栏的 Excitations 树下，每相绕组应包含如图 32-6-279 所示线圈。

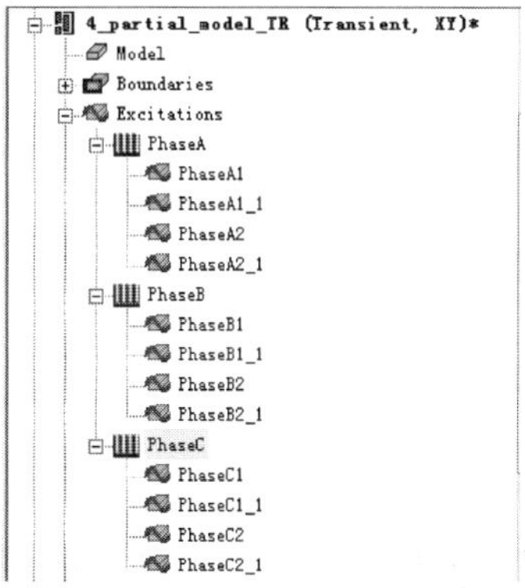

图 32-6-279　定义的绕组与线圈

4）添加 Band　转子和永磁体作为运动部件需要包围在空气部件 Band 中，这样可以把运动部件和项目中固定的部件分离开来。Band 区域的创建方法与 Region 区域创建方法相同，只将扇形区域的半径改为 38.3mm，重命名所建立的扇形区域为 Band，保留其 vacuum 的材料属性，通过增加区域的透明度来改变其渲染效果，Band 区域如图 32-6-280 所示。

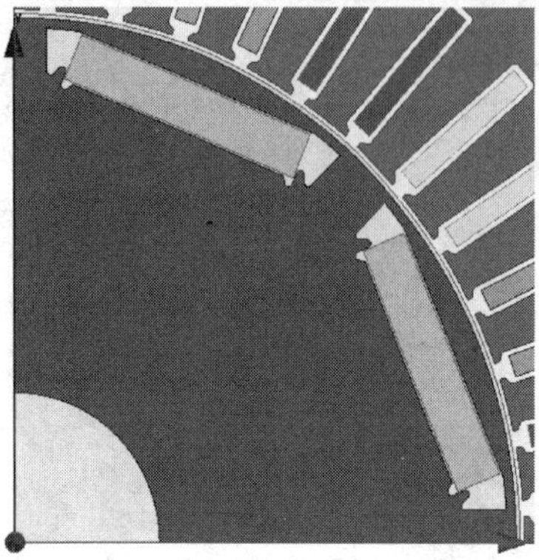

图 32-6-280　创建 Band 区域

5）网格划分

① 线圈网格划分。在工程树栏选中所有线圈，右键单击选中菜单栏 Assign Mesh Operations→Inside Selection→Length Based，弹出对话框，进行如下操作：

• Name：重命名为 Coils。

• Length of　Element：选中 Restrict Length of Elements 选项，在 Maximum Length of Elements 输入 4mm。

• Number of Elements：取消选择 Restrict the Number of Element 选项。

• 点击 OK 确认设置。

② 使用与线圈网格划分相同的方法，分别对永磁体 PM1 和 PM2、定子 Stator、转子 Rotor 进行网格划分，并分别重命名为 PMs、Stator、Rotor，在 Maximum Length of Elements 项输入的值分别为 3mm、4mm、4mm，其他设置与线圈网格划分设置一致。

6）运动属性设置

① 在工程树栏中选中 Band，点击右键并选中菜单栏 Assign Band，弹出对话框：

• 在 Type 栏输入：

Motion：选择 Rotate 选项。

Moving：选择 Global：Z，Positiv。

• 在 Date 栏输入：

Intial Position：输入 0°作为初始位置。

取消选择 Rotate Limi。

• 在 Mechanical 栏输入：

取消选择 Consider Mechanical Trans。

Angular Velocity：输入 2160rpm 为速度值。

• 点击 OK 确定 Band 部件的设置。

② 在工程管理栏中右键点击 Model 选择 Set Symmetry Multiplier，弹出 2D Design Setting 对话框，输入以下参数：

• 选择 Symmety Multiplier 栏，由于所建立的电动机是 1/4 模型，所以输入 4。

• 选择 Moder Depth 栏，在 Moder 中输入 79.8，单位为 mm，点击“确定”按钮接受设置。

7）添加一个求解设置　在工程管理栏中右键点击 Analysis 在菜单栏中选择 Add Solution Setup，弹出 Solve Setup 对话框，设置仿真时间为 30ms，步长为 0.15ms，Nolinear Residual 值为 1×10^{-6}。

8）求解　求解前首先使用菜单栏的验证按钮检查项目设置情况，Maxwell 将对几何图形、激励定义、网格划分等做检查。由于设计中没有考虑涡流效应，所以在检查结束后会出现如图 32-6-281 所示警告，直接点击 Close 关闭即可。

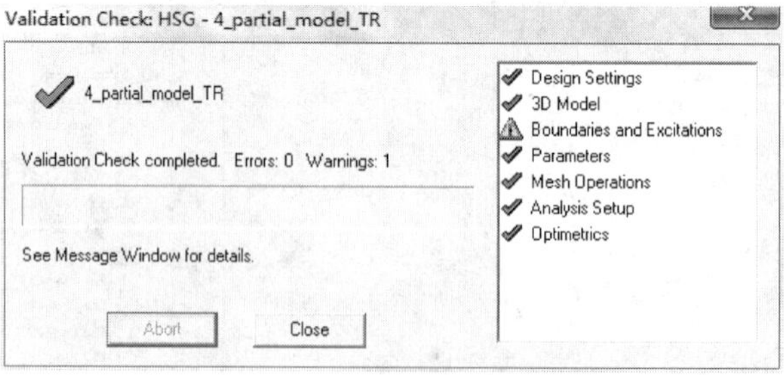

图 32-6-281　未设置涡流效应警告

在工程管理栏中打开 Analysis 树并右键单击 Setup1 在菜单栏中选择 Analyze 或者直接在菜单栏中点击按钮，进入仿真阶段，如图 32-6-282 所示，整个过程需要较长一段时间。

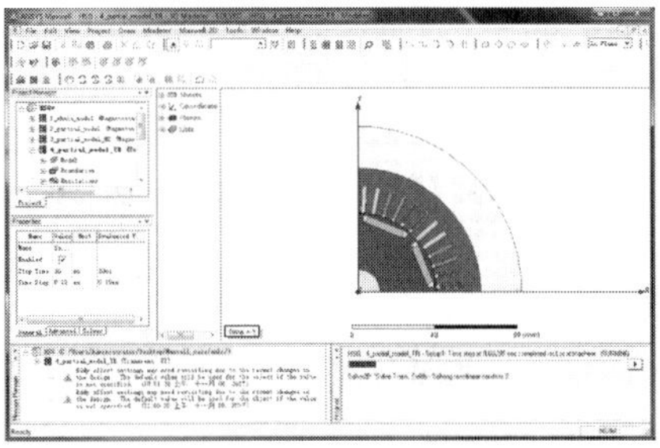

图 32-6-282　仿真过程

9）后处理

① 转矩随时间变化曲线（Torque versus Time）。在仿真的过程中，可以右键点击工程管理栏结构树中的 Results，在弹出的菜单栏选中 Create Quick Report 弹出对话框选择 Torque，对应于时间的转矩曲线显示出来，随着仿真的继续进行，可以用鼠标右键点击 Results 树下 Torque，在弹出的菜单栏中选择 Update Report 来更新曲线，最终得到的转矩曲线如图 32-6-283 所示。

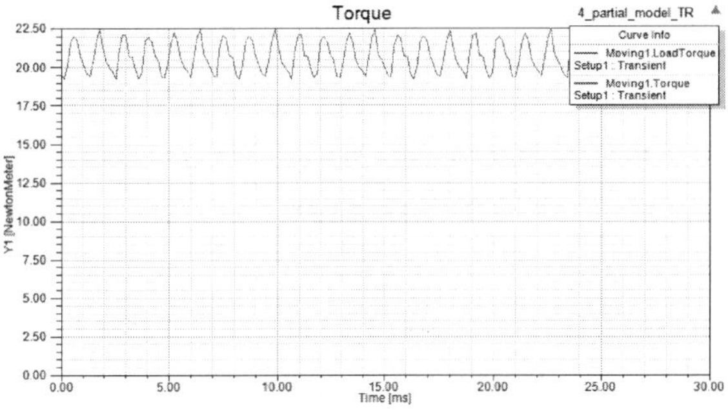

图 32-6-283　转矩随时间变化曲线

② 线圈磁链随时间变化曲线（Flux linkage versus Time）。在工程管理栏结构树中右键选中 Results → Create TransientReport Plot → Rectangular Plot，弹出对话框，如图 32-6-284 所示；

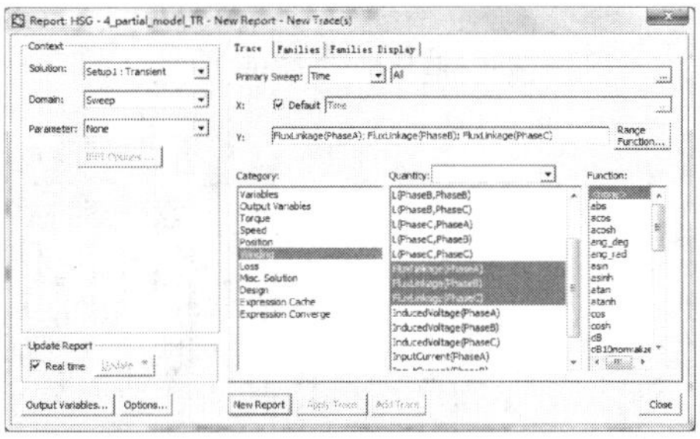

图 32-6-284　磁链曲线设置图

在 Category 栏中选择绕组 Winding 项；

在 Quantity 栏中选择 Flux Linkage（PhaseA）、Flux Linkage（PhaseB）、Flux Linkage（PhaseC）；

点击 New Report，得到磁链随时间变化图，如图 32-6-285 所示。

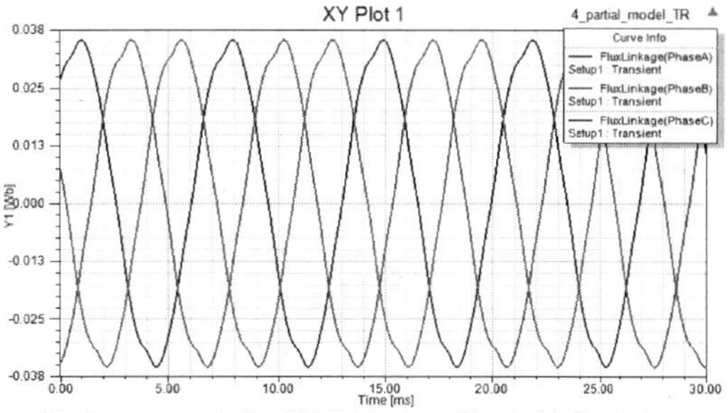

图 32-6-285　线圈磁链随时间变化曲线

③ 绘制网格。使用 Ctrl＋A 选中所有部件，右键选择 Plot Mesh 弹出对话框点击 Done 按钮。选择菜单栏 View→Set Solution Context 弹出设置视图对话框，如图 32-6-286 所示，直接点击“确定”按钮，得到网格划分结果，如图 32-6-287 所示。

图 32-6-286　视图设置

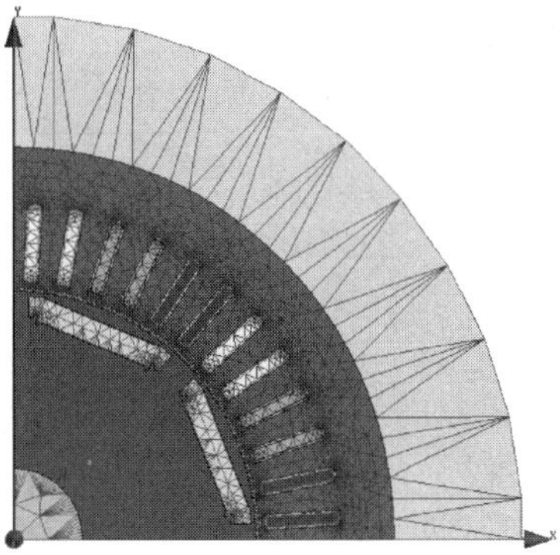

图 32-6-287　绘制网格

④ 绘制磁通密度。在菜单栏中选择 View→Set Solution Context，弹出如图 32-6-286 所示视图设置对话框，在 Time 项中任选一个时刻，如 0.01005s，点击“OK”按钮。

选中 Rotor、Stator、PM1、PM2，点击鼠标右键弹出菜单栏选择 Fields→B→Mag B，结束设置，得到 0.01005s 时刻的磁通密度 B 的云图，如图 32-6-288 所示。

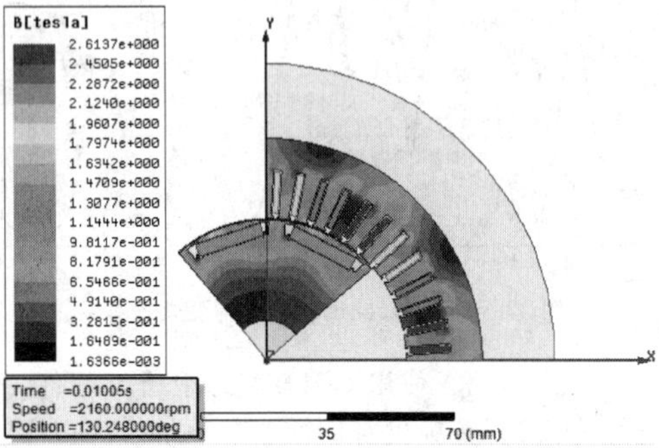

图 32-6-288　磁通密度云图

⑤ 绘制磁通密度动画。磁通密度云图可实现动画显示，在菜单栏中选择 Maxwell2D→Fields→Anima tion，弹出对话框，如图 32-6-289 所示，确认 Swept variable 项为 Time，点击"OK"按钮确认设置，即可显示动态磁通密度。

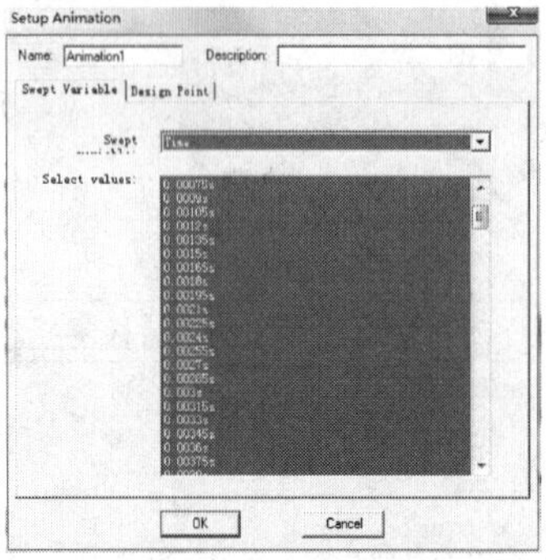

图 32-6-289　动画设置

10）计算最大反电势曲线与齿槽转矩曲线　由于最大反电势随着转速的增加而增大，所以需要重新设置最高转速。为了节约时间，直接在项目管理栏中复制 4 _ partial _ motor _ TR，并粘贴重命名为 5 _ partial _ motor _ TR，在项目 5 _ partial _ motor _ TR 中进行参数修改，具体操作如下：

a. 删除已有的仿真结果曲线和云图；

b. 打开 Model 树，双击 MotionSetup1，弹出对话框，选择 Mechanical 项，将 Angular Velocity 值修改为 15000r·min^{-1}。

c. 重新设置求解器。打开 Analysis 树，双击 Setup1 弹出求解器设置，修改参数为：仿真时间为 4ms，步长为 0.02ms，Nolinear Residual 值为 1×10^{-6}。

d. 在菜单栏中选择 Maxwell2D → Design Properties 弹出对话框，将 Speed _ rpm 值由 2160 修改为 15000；Imax 值由 100 修改为 0，其他参数不变。

按以上修改设置完成后，使用菜单栏的验证按钮进行项目设置检查，检查无误后，直接在菜单栏中点击按钮，进入仿真阶段，整个过程需要较长一段时间。

① 感应电动势随时间变化曲线（Induce Voltage versus Time）。右键选中 Results→Create Transient Report Plot→Rectangular Plot，弹出如图 32-6-284 所示对话框；

在 Category 栏中选择绕组 Winding 项；

在 Quantity 栏中选择 Induced Voltage（PhaseA）、Induced Voltage(PhaseB)、Induced Voltage（PhaseC)；

点击 New Report，再点击 Close，得到感应电动势波形，如图 32-6-290 所示。

② 齿槽转矩曲线。使用相同操作，并进行如下设置：

在 Category 栏中选择绕组 Torque 项；

在 Quantity 栏中选择 Moving. Torque；

点击 New Report，再点击 Close，得到齿槽转矩波形，如图 32-6-291 所示。

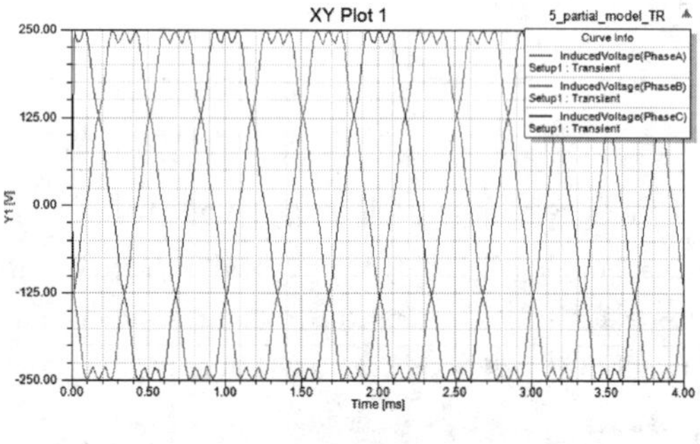

图 32-6-290　感应电动势随时间变化曲线

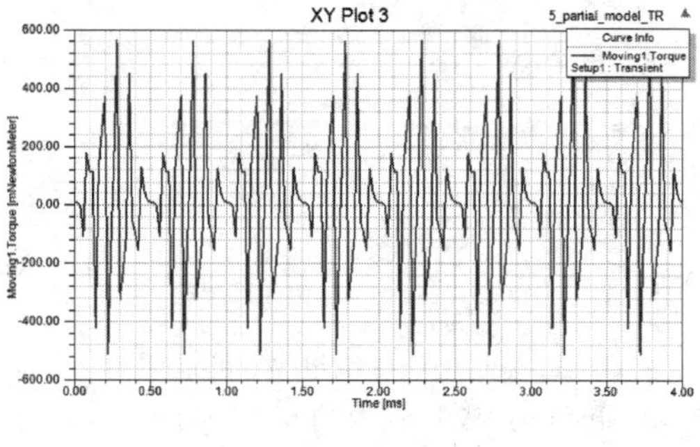

图 32-6-291　齿槽转矩波形

6.4.7　注塑分析算例（Moldflow）

随着计算机技术的发展，塑料模具的设计方式产生重大变化。传统做法是仅依靠模具技术人员的经验进行设计，模具结构合理与否、制品是否有缺陷，只有经过试模后才能知道，这使得模具的制造成本高、周期长。在现代塑料模具设计与制造中，采用数字化设计技术极大地提高了塑料模具的设计制造水平、效率和塑件制品质量。本算例基于 Moldflow 软件，对某汽车发电机端盖的注塑模具设计及注塑工艺进行模拟和分析。

6.4.7.1　问题描述

本例中所述的塑件为某汽车发电机端盖，其材料为 PA66＋30％GF，平均壁厚为 1.5mm，基于 Moldflow 软件，辅助完成其塑料模具设计以及其注塑工艺参数优化。端盖 3D 数模如图 32-6-292 所示。该模型采用 UG 软件建立（限于篇幅，此处对其 3D 建模过程不予赘述），以 stl 格式存储，最后将其导入 Moldflow 软件。

6.4.7.2　分析过程

基于 Moldflow 软件的有限元分析主要包括前处理、加载、计算、后处理以及方案优化几个步骤。

本实例前处理中的网格处理主要包括：塑件网格模型修复、流道模型建立、冷却水路模型建立三个方面。

图 32-6-292　端盖 3D 模型

（1）塑件网格模型修复

① 新建工程。打开 Moldflow 软件，新建工程，给出新工程的名称和创建位置。

② 端盖 3D 模型导入 Moldflow。将 stl 文件导入 Moldflow，由于该塑件属于小型薄壁产品，因此使用双层面网格并以毫米为单位进行网格划分，如图 32-6-293、图 32-6-294 所示。

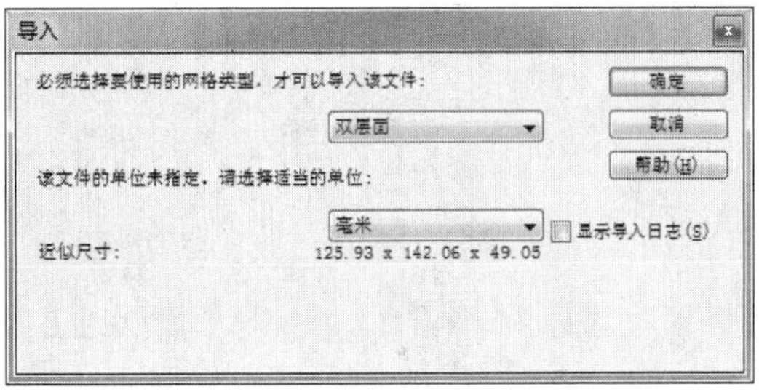

图 32-6-293　导入塑件 3D 模型

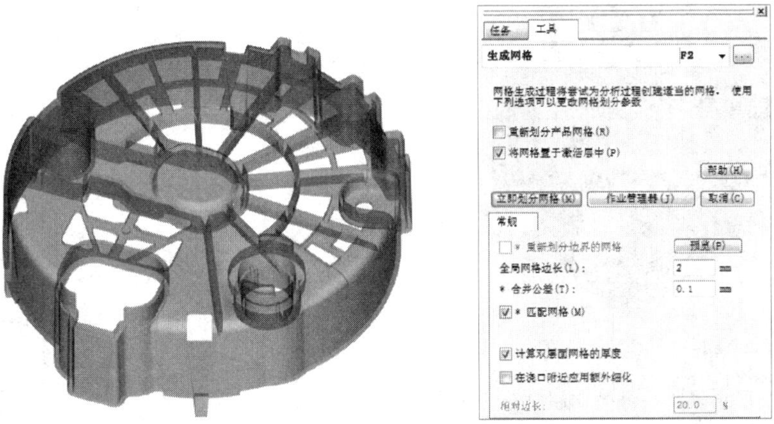

图 32-6-294　导入后的塑件模型和生成网格对话框

③ 网格划分。在“网格”菜单栏中，使用“生成网格”命令进行网格划分。根据塑件整体尺寸选择网格长度为 2mm，合并公差为 0.1mm，勾选“将网格置于激活层中”。网格划分模型如图 32-6-295 所示。

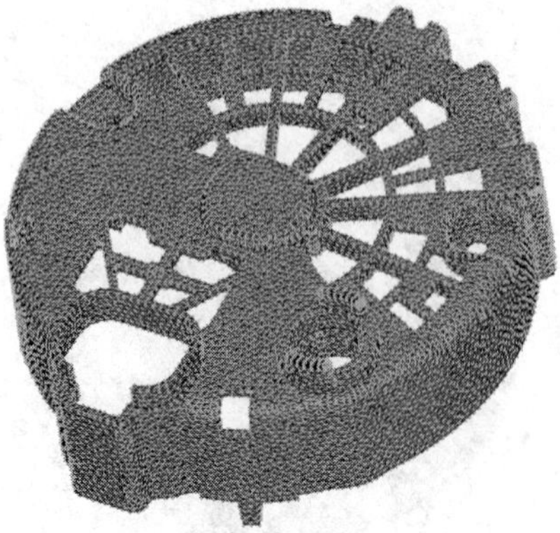

图 32-6-295 塑件双层面网格划分模型

④ 网格质量统计及修复。在 Mouldflow 中，进行冷却、充填和保压等分析时，要求网格匹配百分比为 85%及以上，进行翘曲分析时则要求网格匹配率达到 90%及以上。

使用 Mouldflow“网格统计”功能，查看网格模型的纵横比、网格取向以及匹配百分比等模型信息，如图 32-6-296 所示。

查看网格纵横比，由于塑件为小型产品，因此指定网格最大纵横比不超过 6，将“显示诊断结果的位置”由“文本”改为“显示”，如图 32-6-297 所示。

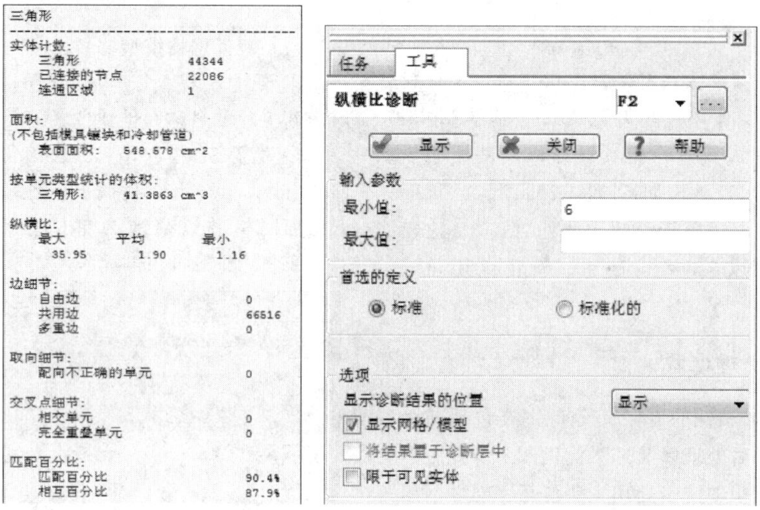

图 32-6-296 网格统计与纵横比诊断

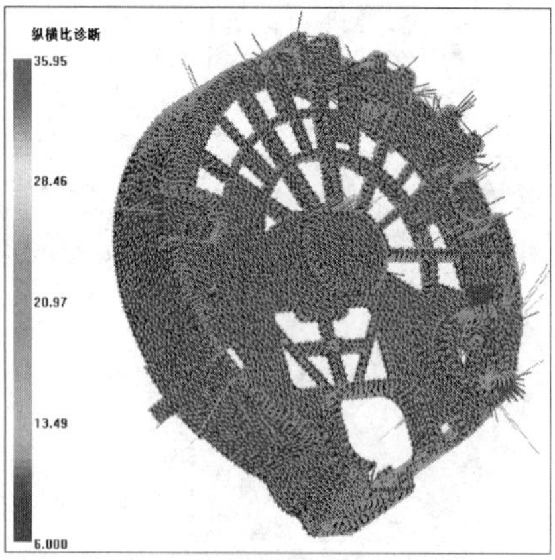

图 32-6-297 网格模型纵横比诊断

如图 32-6-297 所示，所有纵横比超过 6 的网格将会被显示出来，左侧颜色线条由蓝至红以由小到大的方式表示超出纵横比设定值的网格。

对于纵横比超过 6 的网格要进行网格修复。首先用 Moldflow 中的快速网格修复工具进行自动修复，对于部分不能自动修复的网格，可使用手动修复方法进行网格修复使模型达到分析标准。修复过程中使用网格工具栏中的“网格统计”与“取向”检验最终网格模型，直至模型所有单元纵横比均小于 6，无自由边、无多重边、无配向不正确单元、无相交单元等。本实例修复后的最终网格模型如图 32-6-298 所示。

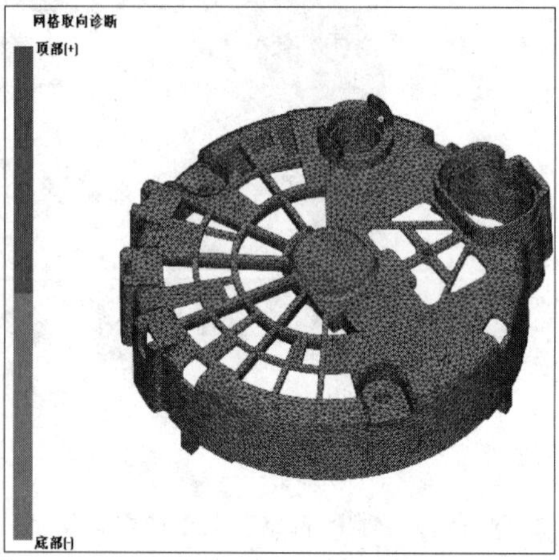

图 32-6-298 网格修复结果

（2）流道网格模型建立

Moldflow 中常用的流道建模方法有两种，第一种是先在 Moldflow 中建立线，设置线的属性，指定线的网格大小，最后划分有限元网格；第二种是预先在其他 3D 软件中建立流道模型，导出流道模型中心线并保存为 igs 格式的文件，然后导入 Moldflow，设置线的属性，指定线的网格大小，最后划分有限元网格。此例采用第二种方法，由于 3D 软件中导出的线可能存在重复与多段线，因此导入 Moldflow 后，部分线需要进行修剪或重建。

① 流道模型处理。在 UG 软件中抽取流道 3D 模型中心线，导出为 igs 格式并将其导入 Moldflow。在 Moldflow 中，“导入”功能为新建工程，若想实现在现有模型中添加数据，可使用“添加”功能。处理结果如图 32-6-299 所示。

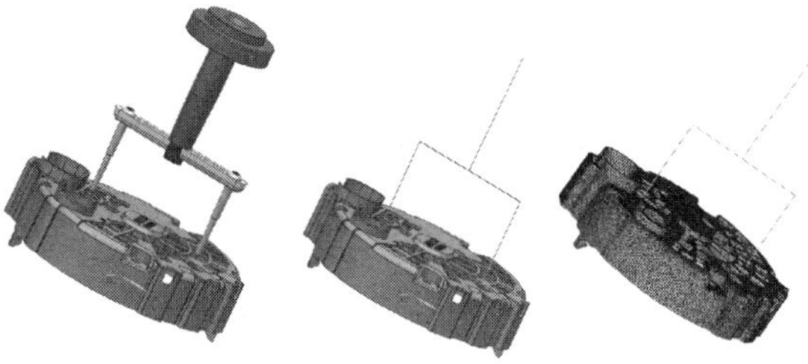

图 32-6-299　流道模型处理

② 流道网格模型建立。在 Moldflow 中，流道的建模规范主要包括：

• 主流道和分流道的单个网格长度为流道直径的 2.5 倍；

• 冷浇口和热浇口的浇口部位网格不论大小，其数量至少为 3 个，当浇口长度非常短时也同样适用；

• 浇口与流道的衔接过渡处的网格数量不少于三个。

本例中流道网格模型的建立过程如下：

a. 选中要划分网格的流道线段，鼠标右键单击该线段选择“定义网格密度”，用户可根据需求更改网格长度，如图 32-6-300 所示。

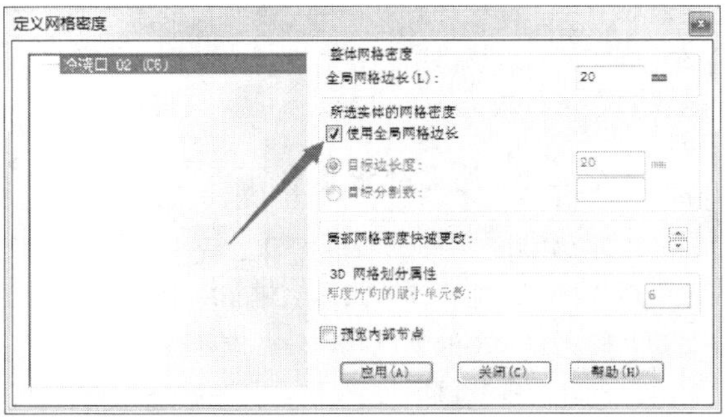

图 32-6-300　定义网格密度

b. 定义线段属性。右击该线段选择“属性”，选择“新建”，指定线段的属性。此时可编辑流道的名称、形状与尺寸，如图 32-6-301 所示。

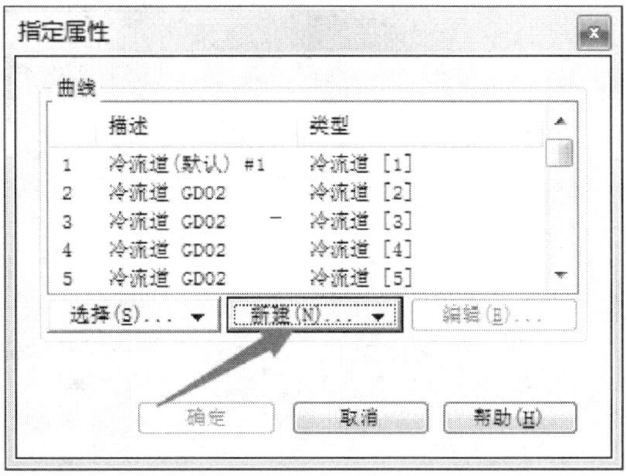

(a) 定义线段属性

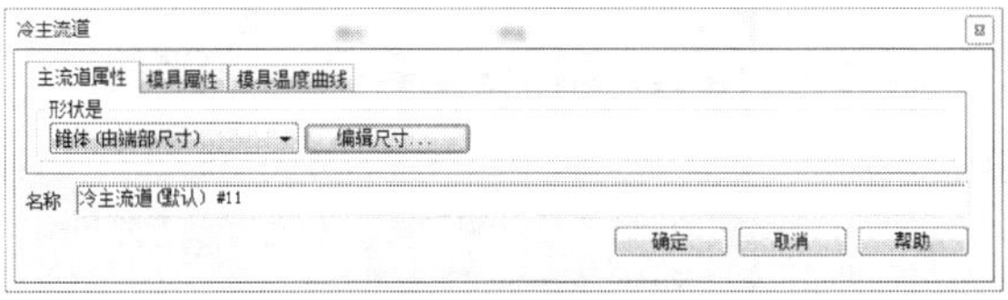

(b) 定义流道模型名称与形状

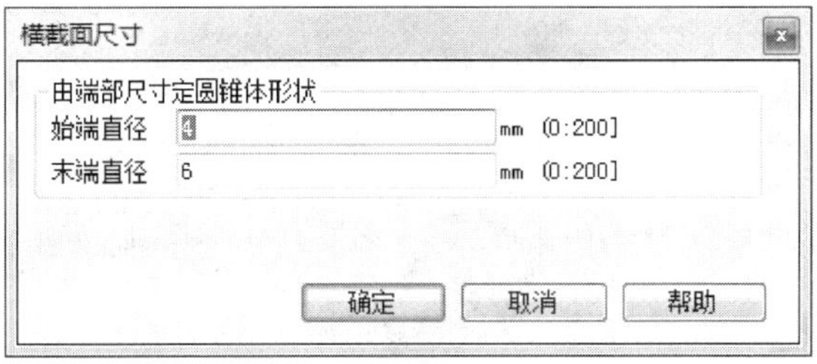

(c) 定义模型尺寸

图 32-6-301　流道模型定义

上述定义完成后进行网格划分，最终两浇口与整体流道网格模型结果见图 32-6-302。

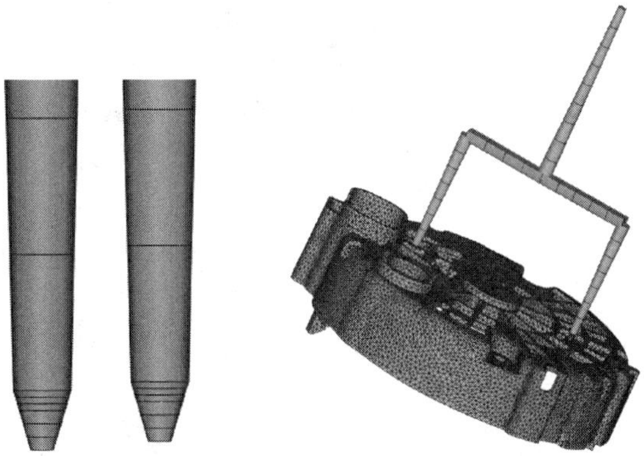

(a) 浇口处网格模型　　(b) 流道整体网格模型

图 32-6-302　流道网格模型

c. 流道模型检查。

Moldflow 分析中浇口网格模型通过共节点与塑件连接，在完成流道网格模型划分后需检查两者的连通性。使用网格诊断工具中的“连通性”功能进行检验，如图 32-6-303 所示，将选项中的显示方式由“文本”改为“显示”。

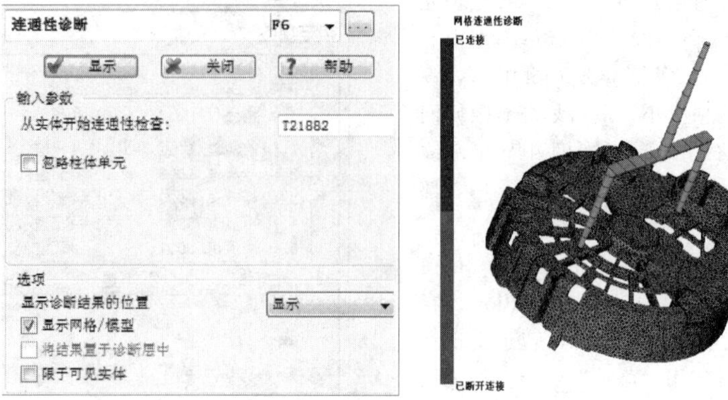

(a)　　　　(b)

图 32-6-303　网格模型连通性诊断

(3) 冷却水路网格模型建立

Moldflow 中的冷却水路建模方法与流道建模方法一致，本实例选择从 UG 中导入冷却水路线段进行网格模型建立，如图 32-6-304 所示。

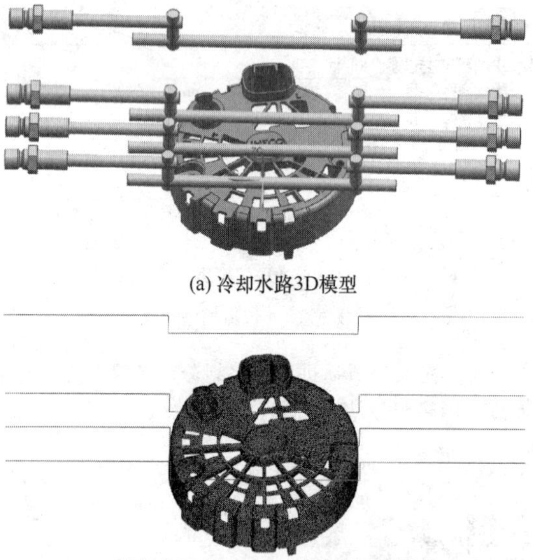

(a) 冷却水路3D模型

(b) 导入Moldflow后冷却水路网格模型

图 32-6-304　冷却水路线段导入

在 Moldflow 中，冷却水路的网格模型建模规范为：水路的单元网格长度为水路直径的 2.5～3 倍。

a. 选中要划分网格的水路线段，右击该线段选择“定义网格密度”，如图 32-6-305 所示，用户可根据需求更改网格长度。

b. 定义冷却水路线段属性。右击该线段选择“属性”，选择“新建”，指定线段的属性。在 Moldflow 中，冷却水路的属性名称为“管道”，单击“新建”，选择“管道”以定义线段属性，此时可编辑冷却水路的名称、形状与尺寸，如图 32-6-306 所示。

图 32-6-305　定义冷却水路模型网格长度

c. 使用 Moldflow 网格工具自动划分冷水路网格模型，如图 32-6-307 所示。

(4) 前处理最终结果

经过上述处理后，即可得到符合分析要求的网格模型。最终前处理网格模型网格长径比均小于 6，网格取向一致，没有自由边、相交单元及多重边等，网格连通性良好，柱体单元长度满足分析要求，结果如图 32-6-308 所示。

6.4.7.3　设定分析参数

在 Moldflow 中完成网格建模之后，用户还需指定注射位置、添加冷却液入口、定义冷却介质及其温度等条件，为后续的分析和后处理做好准备。

(1) 分析参数设定

双击要进行分析的工程，Moldflow 会弹出进行

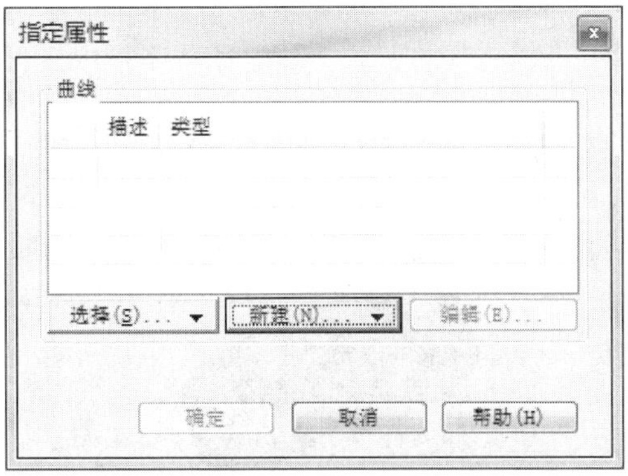

(a) 指定线段属性

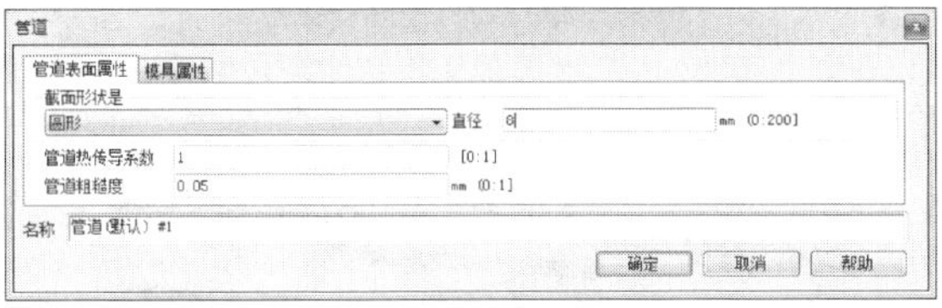

(b) 定义线段截面属性

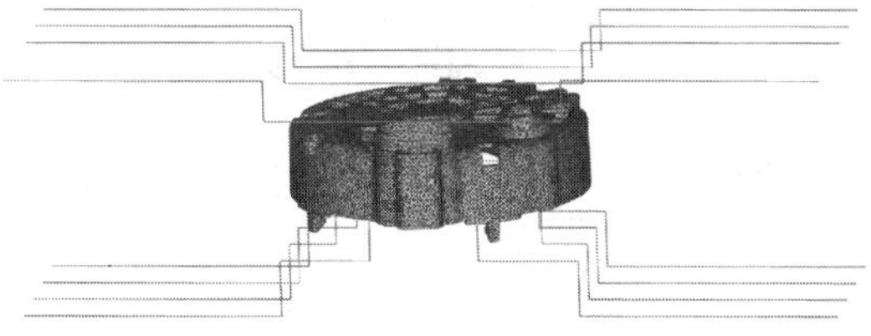

(c) 冷却水路线段定义结果

图 32-6-306　定义冷却水路线段属性

图 32-6-307　冷却水路网格模型

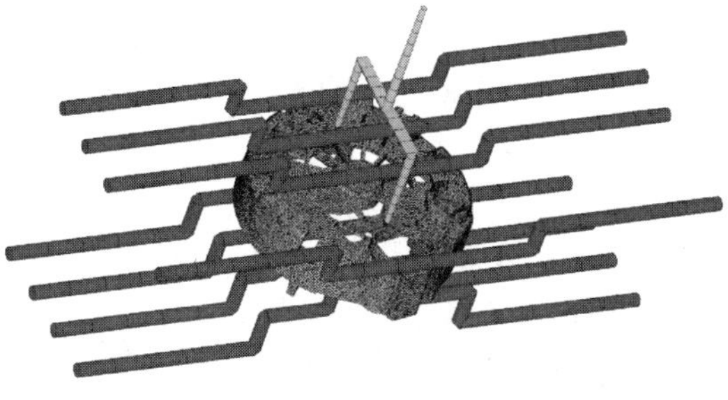

图 32-6-308　前处理最终网格模型

分析需要定义的分析参数对话框。用户可在此设定要分析的序列、塑件材料、注射位置等相关参数条件，如图 32-6-309 所示。

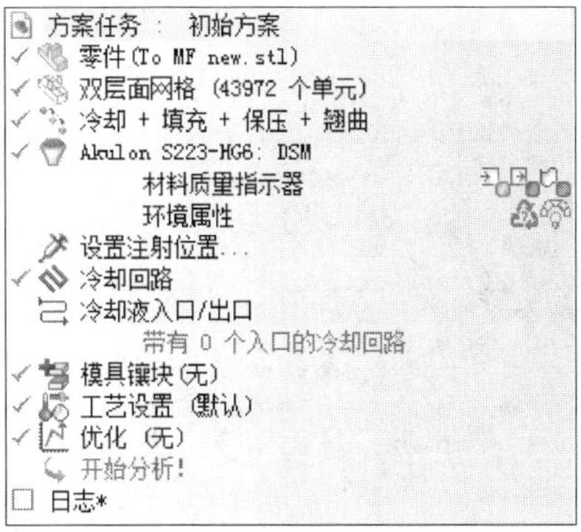

图 32-6-309　分析参数设定对话框

（2）分析序列选择

根据本实例需求，双击要进行分析的工程，在众多分析序列中选择“冷却＋充填＋保压＋翘曲”，如图 32-6-310 所示。

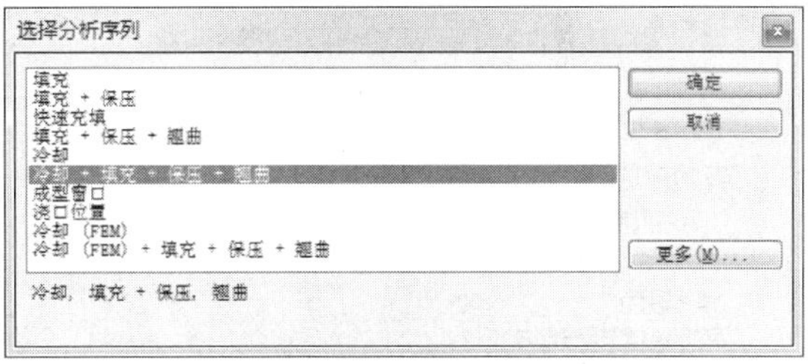

图 32-6-310　选择分析序列

（3）定义塑件材料

Moldflow 自带材料库，提供了比较齐全的注塑材料，用户可在“选择材料”对话框使用“搜索”功能，在此 Moldflow 为用户提供了多种材料搜索方式，此处不一一介绍，如图 32-6-311 所示，由于本实例塑件使用材料为 PA66＋30％GF，因此选择材料名称缩写搜索功能。在选定材料后可查看该材料的详细信息和推荐工艺条件。

（4）设置注射位置

Moldflow 中该项参数是指模具中与注塑机喷嘴相连的位置，选择该选项，在流道网格模型的主流道上选择注射位置，如图 32-6-312 所示。

（5）冷却液入口/出口设置

Moldflow 中提供了多种冷却介质，用户可根据需求选择冷却介质类型，查看冷却介质详细参数并定义冷却介质温度。本实例选择纯水为冷却介质，冷却介质温度为 20℃，冷却液入口/出口设置如图 32-6-313所示。

（6）工艺设置

在初次分析中，该项参数通常全部选用软件默认

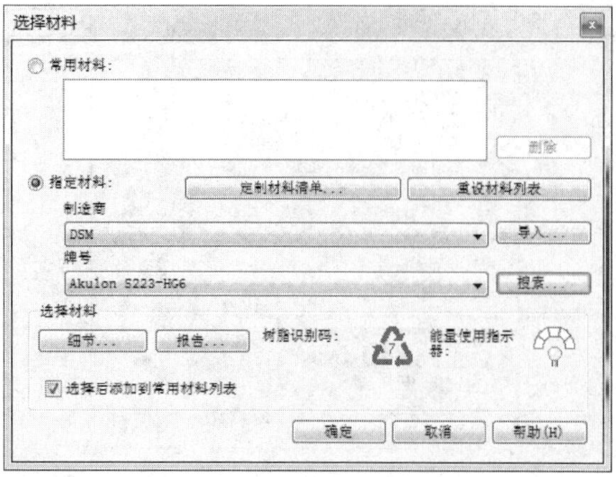

(a)

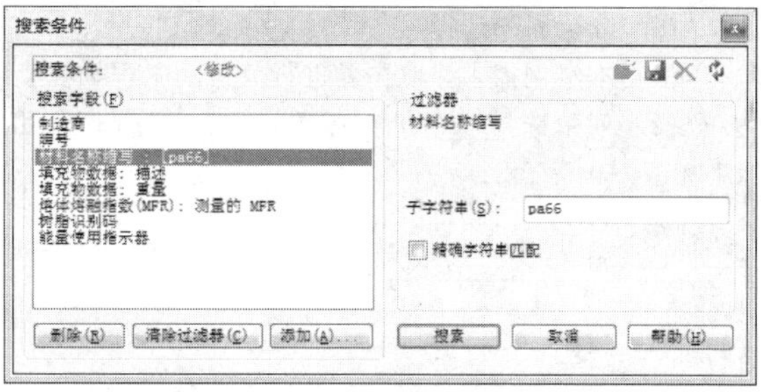

(b)

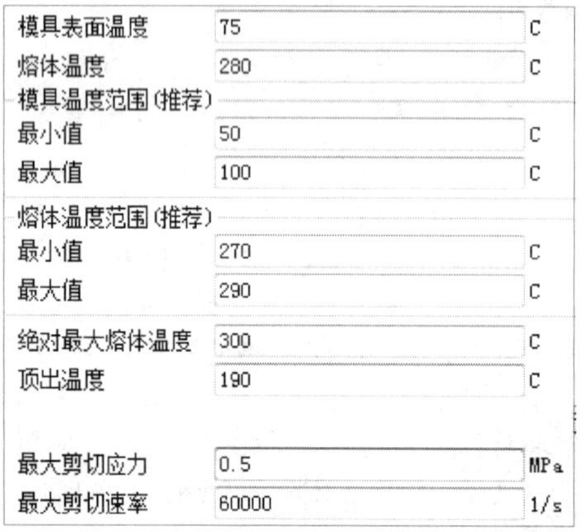

(c)

图 32-6-311　材料选定

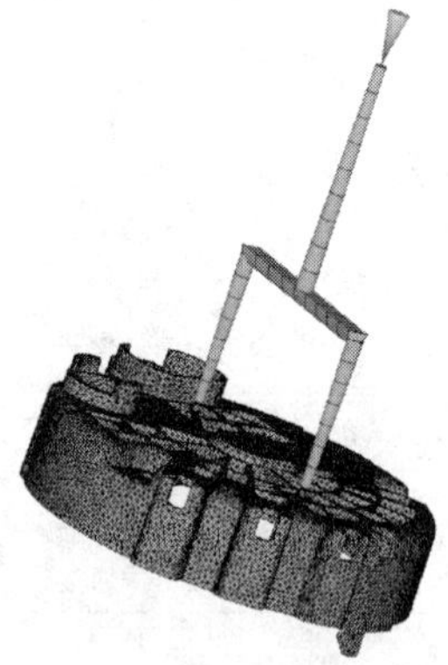

图 32-6-312　注射位置

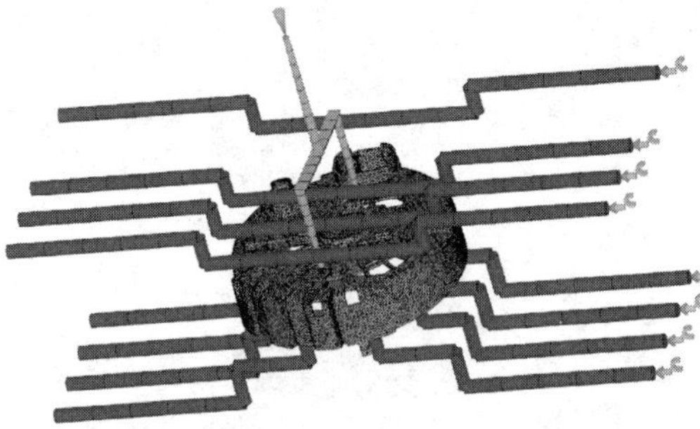

图 32-6-313　冷却液入口/出口设置

参数进行分析，故在此不做更改。对于有分离翘曲原因需求的用户，可在该项参数设置中，勾选“分离翘曲原因”便于查看影响塑件翘曲的因素，如图32-6-314所示。

6.4.7.4　后处理

Moldflow的后处理主要是对初次仿真结果进行详细分析并依据分析结果进行多次优化，该软件以流动、冷却和翘曲三大模块为基础，每个模块提供非常详细的分析数据，便于用户快速找出不足之处并进行优化。

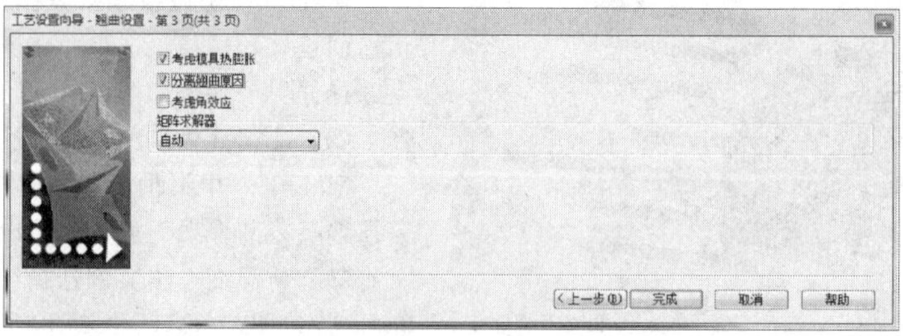

图 32-6-314　工艺设置

(1) 流动分析

Moldflow的流动分析提供非常全面的分析数据，本实例主要围绕充填时间、速度/压力切换时间和压力XY图等分析结果展开。

1）充填时间　充填时间是指熔料从注塑机喷嘴经浇注系统到充满模具型腔时所耗费的时间。分析结果如图 32-6-315 所示。

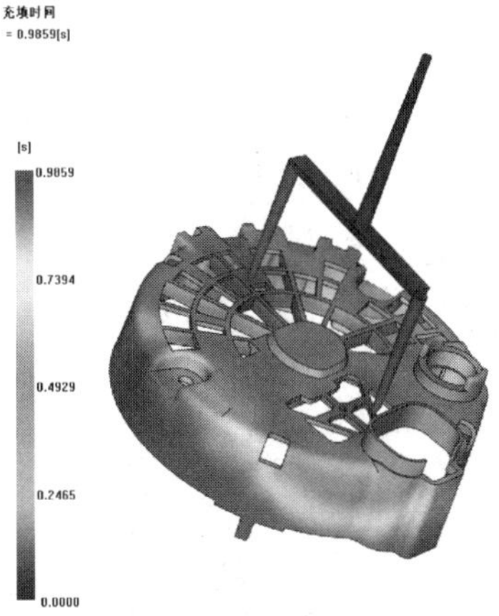

图 32-6-315　充填时间

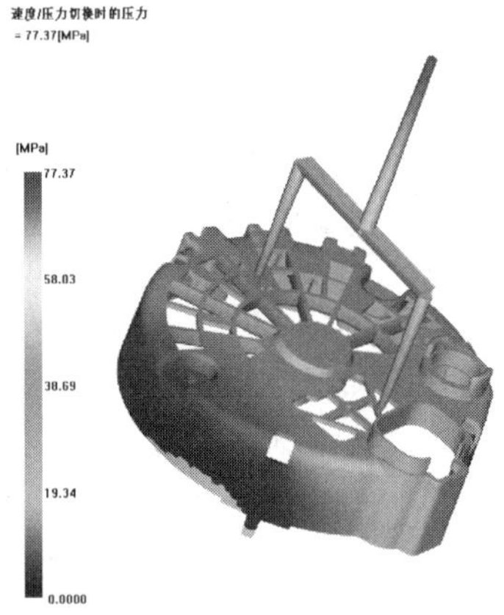

图 32-6-316　速度/压力切换时的压力

2）速度/压力切换时的压力　速度/压力切换时的压力简称 V/P 切换压力，是指从注塑机在由注塑转为保压时注塑机使用的注塑压力，即注塑机完成充填所需的最大注塑压力值。该项分析主要用于验证模具所需最大注塑压力是否匹配注塑机。分析结果见图 32-6-316，图中所示塑件灰色部分表示在充填结束时尚未得到充填的部分，该部分将会在保压过程中充填完成。

3）压力 XY 图　在分析结果模块中，右击“流动”，选择“新建图”，添加“压力”，在图形类型中选择“XY 图”，如图 32-6-317 所示。压力 XY 图通常用于查看塑件某一路径上压力变化趋势是否一致，借此判断塑件充填是否压力均匀，残余应力是否过大。此项分析主要用于工艺优化对比，故在此不列举。

由图 32-6-318 可知，在当前工艺下，塑件任意处的压力增衰趋势并不十分理想，存在可优化的空间。

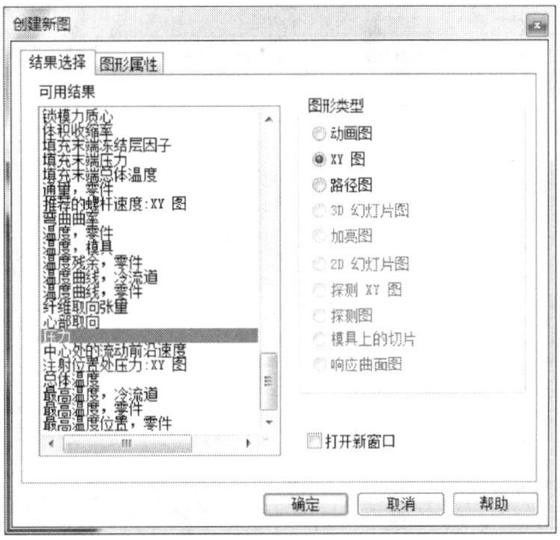

图 32-6-317　创建新图

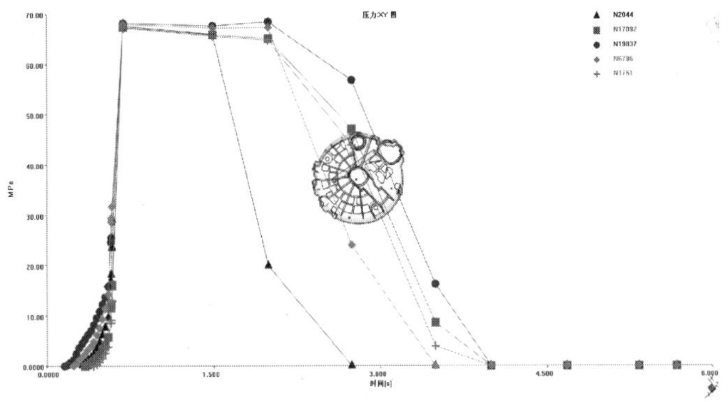

图 32-6-318　模型任意点处压力 XY 图

（2）冷却分析

Moldflow 冷却分析模块可以通过对冷却介质在不同温度和不同冷却时间条件设定下，模拟冷却系统对塑件充填、保压和冷却收缩的影响，在各种复杂条件下计算最佳冷却时长，对注塑模具设计具有良好的指导性和验证性。Moldflow 在进行冷却分析时，主要从冷却回路温度变化、回路冷却介质流动速率等方面来分析所模具冷却系统是否合理。

1）冷却回路温度变化 冷却液回路温度是指在模具正常生产过程中，冷却水道的冷却介质温度。在普通注塑模具注塑生产中，业内常用的判断方法是，冷却回路的入水口温度和出水口温度相差不超过±5℃。分析结果见图 32-6-319。

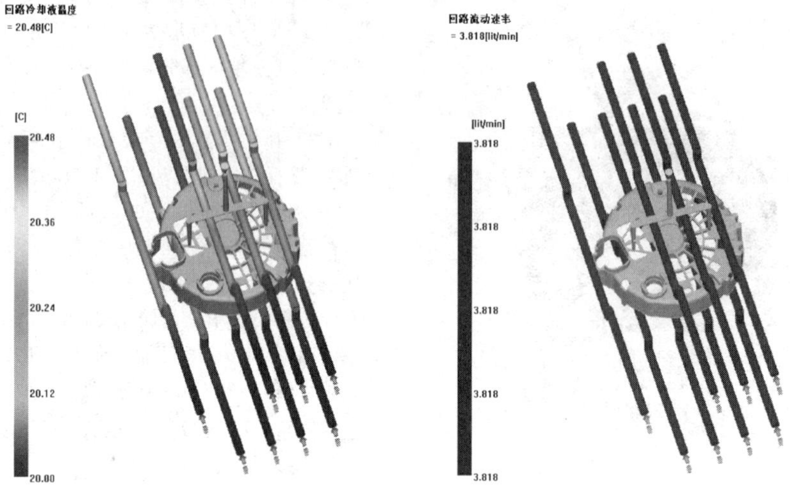

(a) (b)

图 32-6-319 冷却回路分析

2）回路冷却介质流动速率 冷却回路流动速率指的是所有冷却水路中每分钟流过的冷却介质总量。为保证模具的冷却效果，冷却水管中必须在指定的冷却时长中达到一定量的冷却介质流动。

回路雷诺数是指冷却回路中冷却介质的流动状态，为保证冷却和生产效率，回路雷诺数正是能否达到流量要求的关键。工程中常用的冷却回路雷诺数≥10000，以实现冷却介质流动为湍流状态，保证冷却效率。

（3）翘曲分析

翘曲变形是指塑件未按照预期设计的形状成形，而发生了表面扭曲或部分设计特征变形。本实例从冷却不均、收缩不均和取向效应三个方面分析塑件翘曲变形的主要因素并进行工艺优化，其翘曲分析变形结果如图 32-6-320 所示。

6.4.7.5 工艺优化

注塑工艺是指注塑过程中塑件的生产工艺参数。本实例以提高模具生产效率为原则，以保证产品质量为前提进行工艺优化。

（1）成型时间优化

在 Moldflow 成型时间优化中，由于流道和模腔采用的剪切热算法不同，因此在优化成型时间时不对浇注系统划分网格。最终的优化结果包括：质量（成型窗口）XY 图、最低流动前沿温度（成型窗口）XY 图、最大剪切速率（成型窗口）XY 图和最大剪切应力（成型窗口）XY 图等。

1）最佳成型时间 由于 Moldflow 软件不指定确切的成型时间，而是根据工程师设定的一系列边界条件，按照首选、可行、不可行三等级来推荐成型窗口，通常情况下首推“首选”成型窗口。经计算，得到的首选成型窗口约为 0.23～0.43s。

为探究最佳成型时间，本次优化将使用 Moldflow 的“探测解决空间”方法，即更改软件初始设定，将模具温度和熔体温度设定为条件，将注射时间设定为变量，在计算得到的函数曲线中探究塑件最佳成型时间。

经计算得到如图 32-6-321 所示的质量（成型窗口）XY 图，经查询函数曲线数据，塑件的最佳成型时间为 0.32s。

为验证该结论是否可行，将会从最低流动前沿温度、最大剪切速率和最大剪切应力三个关键方面逐一验证。

2）最佳成型时间验证

经计算得到如图 32-6-321 所示的质量（成型窗口）XY 图，经查询函数曲线数据，塑件的最佳成型时间为 0.32s。

为验证该结论的可行性，此次优化将在首选成型时间范围内，探究在最佳成型时间设定下，最低流动前沿温度和最大剪切速率两个关键方面是否可行。

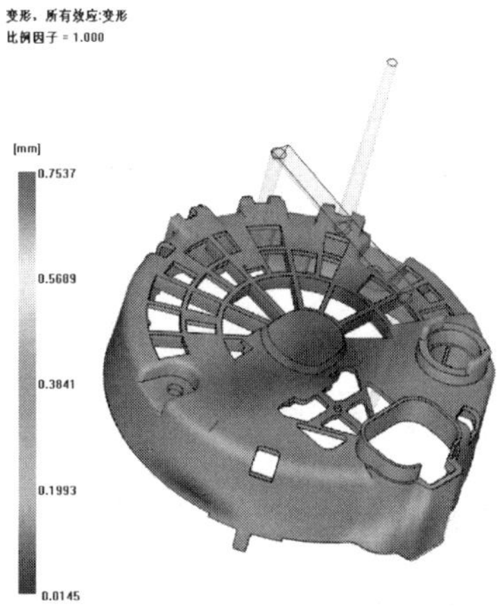

(a) 所有效应下的翘曲变形

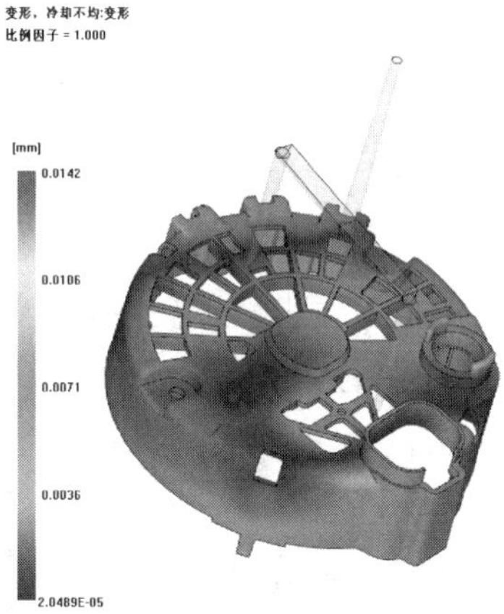

(b) 由冷却不均造成的翘曲变形

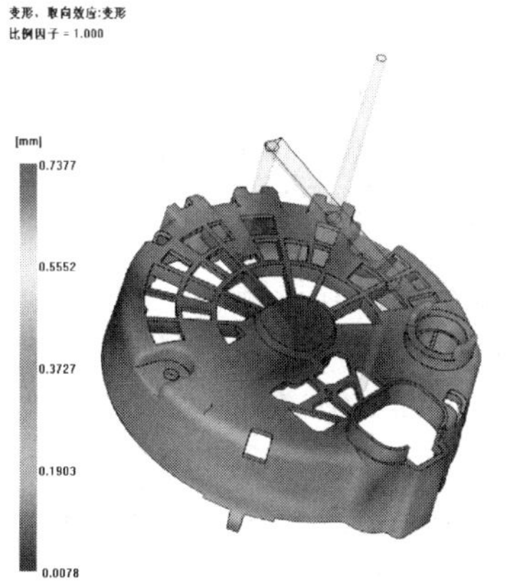

(c) 由取向效应造成的翘曲变形

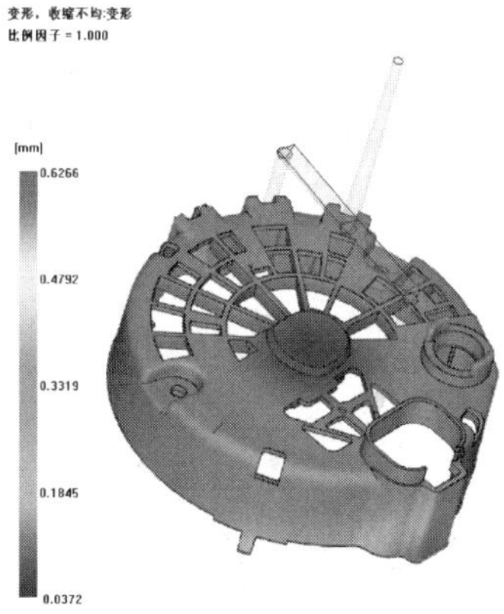

(d) 由收缩不均造成的翘曲变形

图 32-6-320　塑件翘曲分析

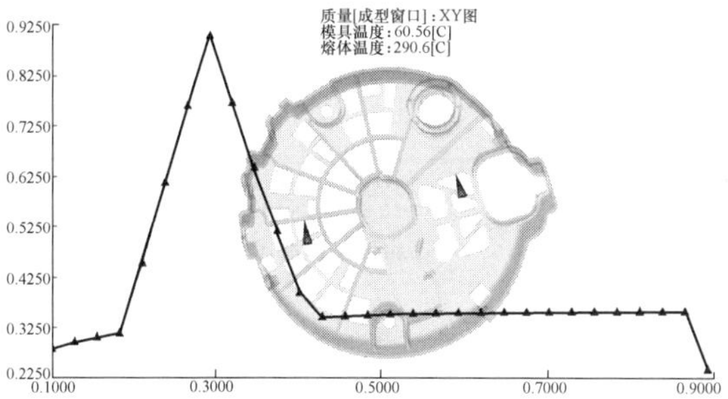

图 32-6-321　质量（成型窗口）XY 图

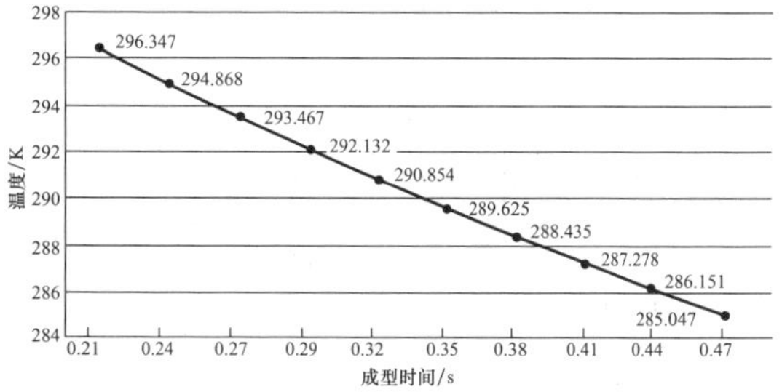

图 32-6-322　最低流动前沿温度

注：表中横坐标表示注塑成型时间，纵坐标表示最低流动前沿温度

① 最低流动前沿温度。在注塑成型时间内，熔料的最低流动前沿温度越稳定并趋近原材料的推荐工艺参数对塑件成型越有利。

如图 32-6-322 所示，在使用前文得到的最佳成型时间 0.32s 条件下，熔体最低流动前沿温度为 290.9°，极为接近原料的推荐工艺；当成型时间高于或低于 0.32s 时，最低流动前沿温度将会远离原料推荐的工艺条件。

② 最大剪切速率。熔料的最大剪切速率过高会导致熔料汽化甚至烧伤塑件，剪切速率过低则易使熔料温度降低不利于塑件成型。如图 32-6-323 所示，本实例在最佳成型时间 0.32s 条件下的最大剪切速率最接近原料的推荐工艺。

经研究计算和验证，最终将塑件的成型时间参数

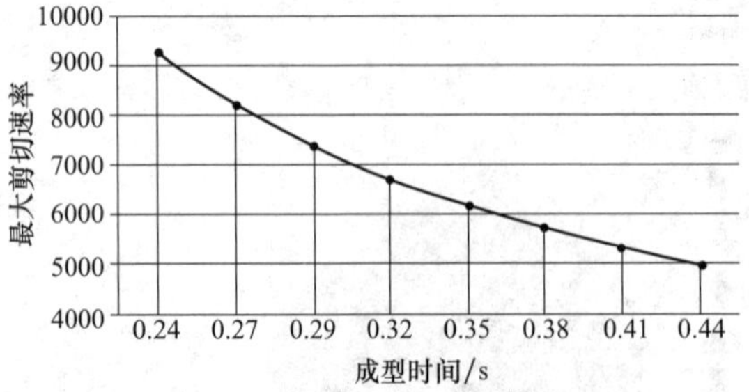

图 32-6-323　最大剪切速率

优化为 0.32s。

(2) 保压曲线优化

保压曲线是注塑模具保压压力和保压时间的关系函数曲线。通过保压曲线的使用和优化可以有效降低塑件体积收缩率并减小残余应力，对塑件由收缩不均引起的翘曲问题改善效果明显。其优化方法如图 32-6-324所示。

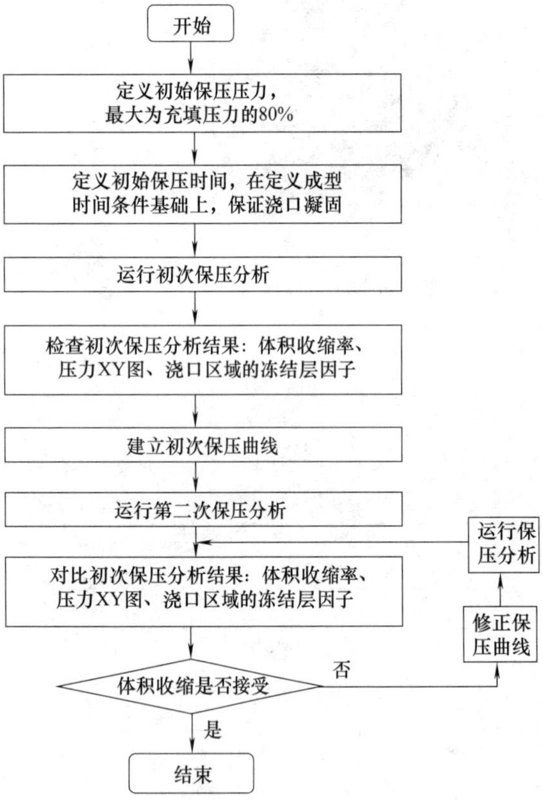

图 32-6-324　保压曲线优化方法

1) 初始保压时间计算　保压时间是指从充填结束到浇口融料完全凝固之间的时间段。在初次充填分析的基础上定义初始的保压时间，查看浇口冻结层因子 XY 图计算保压时间。计算结果表明，浇口在 4.5s 时完全凝固，说明塑件在 4.5s 时长中完成充填和保压。由初次流动分析知塑件最终充填时间为 0.46s，经计算最终得到塑件保压时间为 4.1s，如图 32-6-325 所示。

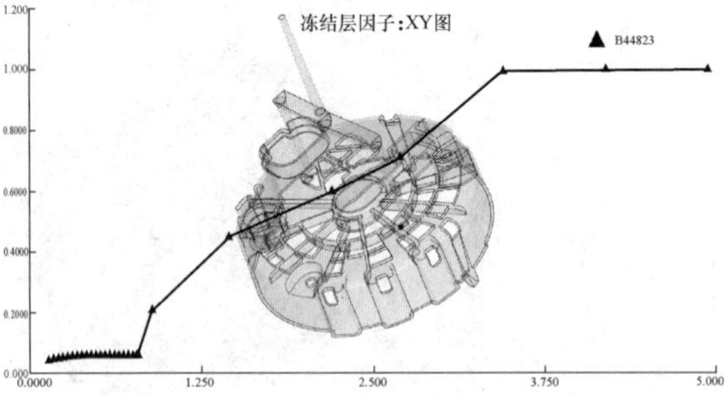

图 32-6-325　浇口冻结层因子 XY 图

2) 优化保压曲线　保压曲线的优化方法之一是在保证充填末端收缩率合格的前提下，减小近浇口区域的保压压力使塑件整体收缩率均匀分布。

在 Moldflow 中提取塑件充填末端节点 N17864 节点处压力数据，该节点压力最大时刻为 0.9s，压力衰减到零时刻为 2.5s，初步定义充填末端压力最大和最小时间之和的二分之一减去 V/P 切换时间为恒压时间，即保压衰减开始时刻。保压压力采用 Moldflow 默认值，建立初步保压优化曲线，如图 32-6-326（a）所示。

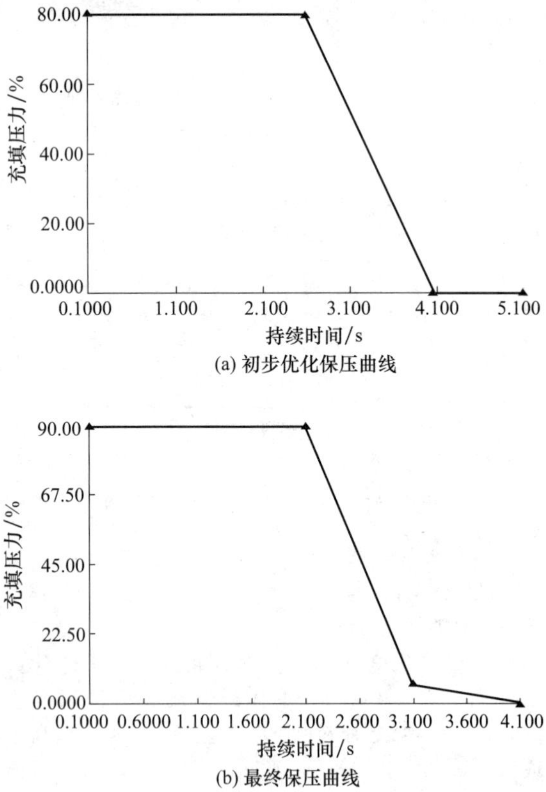

(a) 初步优化保压曲线

(b) 最终保压曲线

图 32-6-326　保压优化曲线

经过不断调整优化保压参数，最终确定得到本次注塑工艺的最佳工艺参数，绘制保压曲线，如图 32-6-326（b）所示，同时记录优化后的保压曲线参数表，见表 32-6-35。

表 32-6-35　保压曲线参数表

保压阶段	持续时间/s	充填压力/%
1	0.1	90
2	2	90
3	1	8

3）保压曲线优化前后对比　保压曲线的优良与否主要体现在：塑件的体积收缩率是否均匀，塑件任意位置压力变化趋势是否相近，以及由收缩不均引起的翘曲变形是否得到改善等方面。

a. 塑件充填初始到充填末端路径的体积收缩率。经计算结果显示，在塑件充填始端到末端路径的体积收缩率变化范围由优化前的 8%～5.2% 降低到 6.4%～5%，说明塑件收缩率整体分布更加均匀，如图 32-6-327 所示。

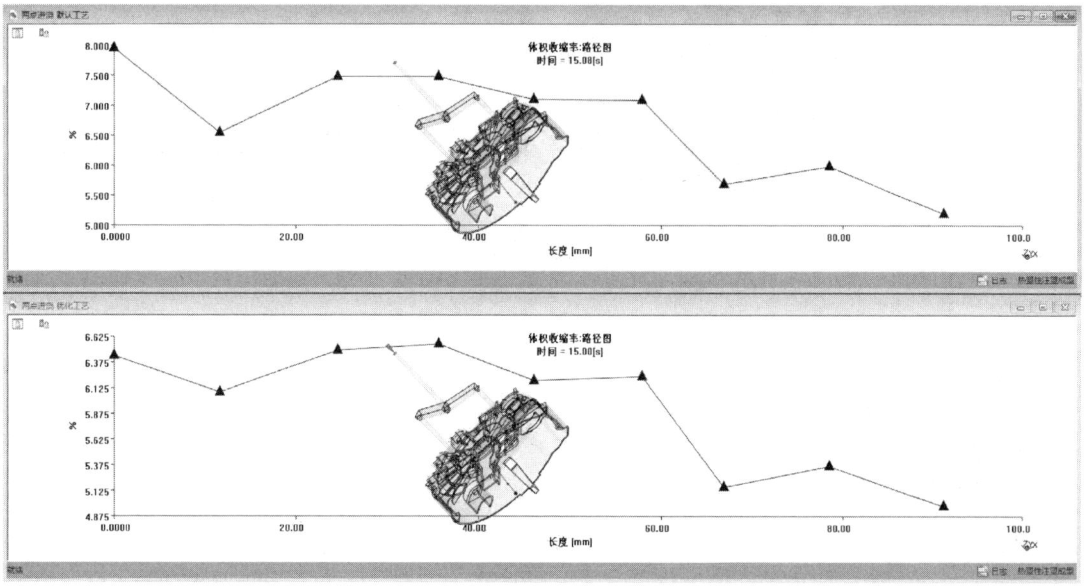

图 32-6-327　体积收缩率对比

b. 塑件任意位置压力变化趋势。优化前塑件任意位置压力变化幅度大且趋势不一，优化后压力变化幅度降低，趋势相近，表明在保压曲线优化后塑件所含残余应力大大减小，如图 32-6-328 所示。

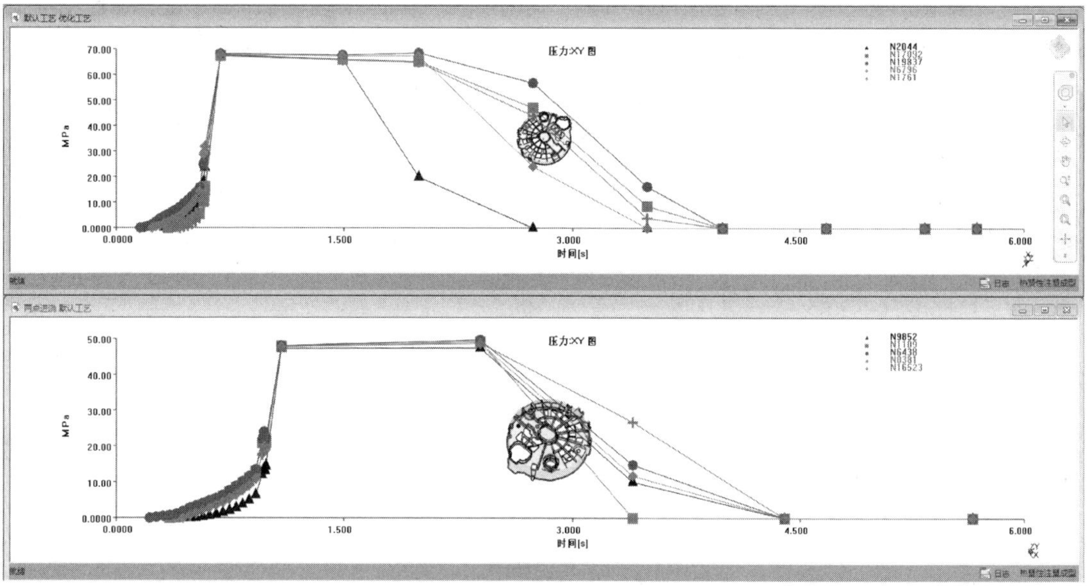

图 32-6-328　塑件压力变化趋势

c. 收缩不均引起的翘曲变形。保压曲线优化后，由于塑件体积收缩率整体分布更加均衡，塑件由收缩不均引起的翘曲变形从 0.63mm 降低到 0.59mm，较优化前翘曲值峰值降低了 6.7%，如图 32-6-329 所示。

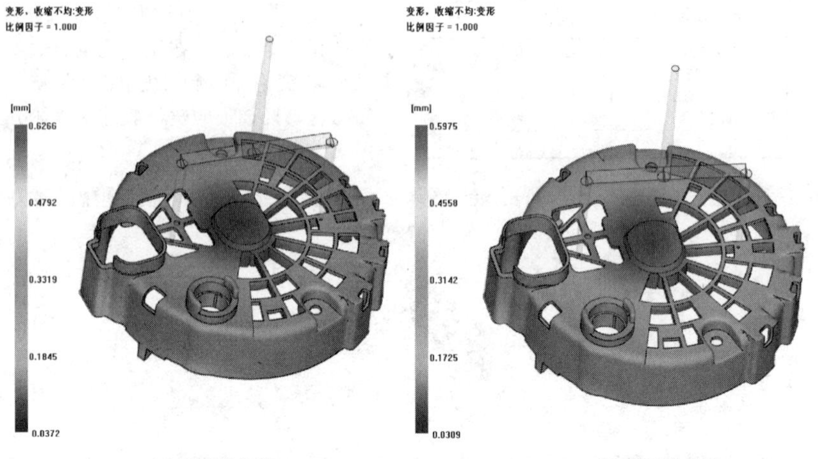

(a) 保压优化前　　(b) 保压优化后

图 32-6-329　收缩不均引起的翘曲变形

(3) 工艺优化结果

通过上文所提出的注塑工艺参数优化，确定了最终的注塑工艺参数，见表 32-6-36。

表 32-6-36　注塑工艺参数表

熔料温度 /℃	模具温度 /℃	充填时间 /s	注塑压力 /MPa	保压时间 /s
280	75	0.46	70	4.1
保压压力 /MPa	冷却介质	冷却温度 /℃	冷却时间 /s	开模时间 /s
63	水	50	15	5

在 Moldflow 中输入表 32-6-36 中的最佳注塑工艺参数，最终得到产品在所有影响因素下的翘曲变形数据，如图 32-6-330 所示。

由分析结果可知，塑件在所有效应下最大翘曲变形值为 0.65mm，符合产品工艺要求。

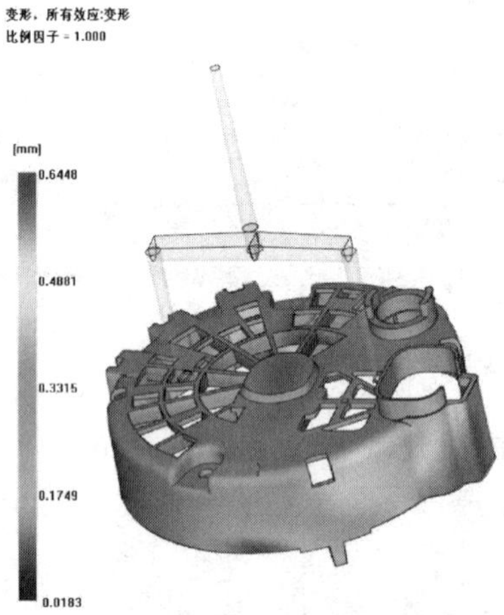

图 32-6-330　塑件所有效应翘曲变形

本实例通过深度分析研究一系列工艺参数，提出了注塑模具工艺参数的优化方法，再对比工艺参数优化前后的不同，找到了本次研究的最佳注塑工艺参数。

第 7 章　并行工程技术

并行工程（concurrent engineering，CE）是先进制造技术中的一种。它是针对企业中存在的传统串行产品开发方式的一种根本性的改进，是一种新的产品开发技术。

7.1　并行工程的内涵

7.1.1　并行工程的产生背景

长期以来，新产品开发的模式是采用传统的“串行”方式进行（图 32-7-1），即市场调研→产品计划→产品设计→修改设计→工艺准备→正式投产。

串行开发模式和组织模式通常是递阶结构，各阶段的工作是按顺序进行的，一个阶段的工作完成后，下一阶段的工作才开始，各个阶段依次排列，各阶段都有自己的输入和输出。在这种开发模式中存在以下缺点：首先，以上诸环节需按固定顺序进行，多个环节不能同时进行，忽视了不相邻活动之间的交流和协调，形成以部门利益为重而不考虑全局最优化的“抛过墙”式工作环境；其次，各部门对产品开发整体过程缺乏综合考虑，造成局部最优而非全局最优；另外，上下游矛盾与冲突不能及时得到调解。总之，串行模式中，若前期某个环节出现问题，往往会影响后期环节的开发。这会使产品开发过程成为设计、加工、测试、修改、设计大循环，从而造成产品设计工作量大，产品开发周期长，成本增加，难以适应激烈的市场竞争。

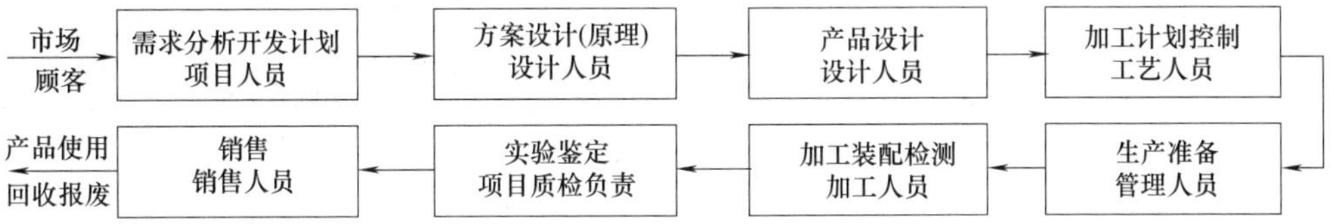

图 32-7-1　产品串行生产模式

20 世纪 80 年代中期以来，同类商品日益增多，企业之间的竞争越来越激烈，而且越来越具有全球性。竞争的焦点是满足用户的 TQCSE（上市时间、产品质量、产品成本、售后服务和绿色环保）等指标，竞争的核心问题就是时间。企业的竞争力体现在必须能够以最快的速度设计出高质量的产品，并尽快投放市场。这种形势迫切要求企业采用新的产品开发手段以保证产品开发早期阶段能作出正确的决策，从而缩短产品开发时间，提高产品质量，降低研发成本。因此，在 20 世纪 80 年代末，制造业提出了并行工程的思想。

并行工程是对传统产品开发模式的一种根本性改进。它一开始就考虑整个产品生命周期，把产品开发活动看成一个整体、集成的过程，组织以产品为核心的多学科跨部门集成产品开发团队来进行产品开发，并通过改进开发流程、采用计算机信息技术辅助工具，实现产品的全生命周期数字化和信息集成，从而使在产品开发过程的早期便能作出正确的决策，进而达到缩短产品上市周期、降低生产成本、提高产品质量的目的。

7.1.2　并行工程的概念

1988 年美国国家防御分析研究所（IDA）完整地提出了并行工程的概念，即并行工程是集成地、并行地设计产品及其相关过程（包括制造过程和支持过程）的系统方法。这种方法要求研制者从一开始就考虑整个产品生命周期（从概念形成到产品报废处置）中的全部要素，包括质量、成本、进度及顾客需求。并行工程要求特别重视源头设计，在设计的开始阶段，就设法把产品开发所需的所有信息进行综合考虑，把许多学科专家的经验和智慧汇集在一起，融为一体。

并行工程的目标为提高质量、降低成本、缩短产品开发周期和产品上市时间。并行工程的具体做法是：在产品开发初期，组织多种职能协同工作的项目组，使有关人员从一开始就获得对新产品需求的要求和信息，积极研究涉及本部门的工作业务，并将所需要求提供给设计人员，使许多问题在开发早期就得到解决，从而保证了设计的质量，避免了大量的返工浪费。基于并行工程方式进行产品开发，使得在产品的设计开发期间，将概念设计、结构设计、工艺设计、最终需求等结合起来，保证以最快的速度按要求的质量完成；各项工作由与此相关的项目小组完成；进程中小组成员各自安排自身的工作，但可以定期或随时反馈信息并对出现的问题协调解决；依据适当的信息系统工具，反馈与协调整个项目的进行。利用现代CIM技术，在产品的研制与开发期间，辅助项目进程的并行化。

并行工程与传统生产方式之间的本质区别在于：并行工程把产品开发的各个活动看成是一个集成的过程，并从全局优化的角度出发，对集成过程进行管理与控制，同时对已有的产品开发过程进行不断地改进与提高，以克服传统串行产品开发过程反馈造成的长周期与高成本等缺点，增强企业产品的竞争力。从经营方面考虑，并行工程意味着产品开发过程重组（reengineering）以便并行地组织作业。

7.1.3 并行工程的主要特点

并行工程的主要特点如下。

（1）并行工程所面对的是产品及其生命周期

由并行工程的定义可知，并行工程所面对的是产品及其生命周期，尤其是产品生命周期中早期的产品开发过程，这一点不同于CIMS。CIMS所面对的是企业及企业的整体生产经营和管理活动。

（2）在产品开发的早期阶段并行考虑后续阶段的各种因素

并行工程强调在产品开发一开始，就考虑到产品生命周期从概念生成到产品报废整个过程所有的因素，力求做到综合优化设计，最大限度避免设计错误，减少设计更改和反复次数，提高质量，降低成本，使产品开发一次成功，缩短产品的开发周期。

（3）摆脱传统的串行，强调并行

并行工程摆脱了传统产品开发模式的串行，强调产品开发过程的并行，通过过程的并行和集成优化，达到缩短产品开发周期的目的。产品开发过程一般由若干子过程组成，并行工程强调各子过程要尽可能地并行。

（4）强调协同、一体化设计

并行工程强调产品及相关过程的一体化设计和协同设计。并行工程的“并行”其英文concurrent除了具有“并行、平行”的含义，还具有“协作、协同”的意义。“协同”因而也是并行工程的重要特征。并行工程主张协同、集成和一体化，主张在产品开发过程取消专业部门及由此形成的人为阻隔，从根本上摒弃“抛过墙”式的串行产品开发模式的种种缺陷。

（5）重视客户的需求

并行工程重视用户声音（voice of customers，VOC），要求在产品开发早期阶段注重用户需求，提倡通过用户对整个产品开发过程的参与，及时发现并避免不满足用户需求的问题，确保最终产品的最佳用户满意度。

（6）突出人的作用，强调人们的协同工作

产品开发是一项创造性极强的劳动。人是整个产品开发的主体。也就是说，产品的开发离不开人的参与，离不开人们的协同工作，因此，必须重视调动人的主观能动性，突出人的作用。

（7）并行交叉地进行产品及其有关过程的设计

“并行”不仅意味着产品开发过程的并行，更意味着产品及相关过程设计的并行。一个复杂的产品往往需要开发人员共同完成大量的产品及相关过程的设计。并行工程强调所有这些人员要并行地进行设计。一些学者甚至将并行设计视为并行工程，可见并行设计在并行工程中的重要性。

（8）持续地改进产品设计与开发的有关过程

并行工程强调持续改进产品及相关过程的设计，持续改进产品开发过程。对于任何一项产品及相关过程的设计，产品生命周期上下游之间难免会出现冲突，通过设计协调，可使冲突消除，设计得到改进。

7.2 并行工程的实质及其过程

（1）并行工程强调面向过程（process-oriented）和面向对象（object-oriented）

并行工程强调要面向整个过程或产品对象，因此它特别强调设计人员在设计时不仅要考虑设计，还要考虑各种过程的可行性，即在针对产品的设计中，主要考虑设计的工艺性、可制造性、可生产性及可维修性等因素，工艺部门的人也要同样考虑其他过程，设计某个部件时要考虑与其他部件之间的配合。所以并行工程着眼于整个过程（process）和目标（object），并将两者同时考虑。

（2）并行工程强调系统集成与整体优化

并行工程强调系统集成与整体优化，它并不完全追求单个部门、局部过程和单个部件的最优，而是追求全局优化，追求整体的竞争能力。对产品而言，这种竞争能力就是产品的TQCS综合指标——交货期（time）、质量（quality）、价格（cost）及服务（service）。在不同情况下，侧重点不同。在现阶段，交货期可能是关键因素，有时是质量，有时是价格，有时是它们中的几个综合指标。对每一个产品而言，企业都对它有一个竞争目标的合理定位，因此并行工程应围绕这个目标来进行整个产品开发活动。只要达到整体优化和全局目标，并不追求每个部门的工作最优。因此对整个工作是根据整体优化结果来评价的。

(3) 并行工程把全生命周期作为研究过程

并行工程将整个研究（开发）对象生命周期分解为许多阶段，每个阶段有自己的时间段，组成全过程，时间段之间有一部分相互重叠，重叠部分代表过程的同时进行。一般情况下相邻两个阶段可以相互重叠，需要时也可能出现两个以上阶段相互重叠。在这些相互重叠的设计阶段间实行并行工程，显然首先要求信息集成和相互间的通信能力，其次要求以团队的方式工作，这些团队不仅包括与相应设计阶段有关的人员，还应包括参与产品生产和销售过程的相关部门的人员。

在并行工程中，并行工作小组可以在前面的工作小组完成任务之前开始他们的工作；第二个工作小组在消化理解第一工作小组已做的工作和传递来的信息的基础上，开展工作，依此类推。与串行设计的一次性输出结果不同，相关的工作小组之间的信息输出与传送是持续的，设计工作每完成一部分，就将结果输出给相关过程，设计工作逐步完善；当工作小组不再有输出需求时，设计工作即完成。所以，所有的工作小组不仅要做好本小组的工作，更需要考虑到整个设计团队的工作，设计小组应该把完成相关小组的需求看作自己必须完成的工作。显然，并行工程完成产品设计的时间远远小于串行工程所用的时间。在整个设计过程中，从产品开发到批量生产和销售，涉及许多部门，与传统顺序的、线性的、部门功能化的过程相比，并行工程的方法要求以平行、交互、多学科团队互相合作的方式进行产品开发。

(4) 并行工程对数据共享的要求

在并行工程环境中，由于不同设计阶段需要同时进行，每个阶段生成（或需要）的数据，在没有完成设计之前是不完整的，数据模型和数据共享的管理成为并行工程的关键技术之一，所以支持并行工程必须有一个产品设计模型，并能将产品设计数据定义成多个对象，这些对象的组合可以构成面向不同应用领域对象（视图），各个设计过程在同一个设计主模型上操作，保证数据模型的一致性和安全性。

(5) 并行工程过程中产品模型的更改

无论串行设计模式还是并行设计模式，设计的更改是不可避免的。某个设计的更改，应体现在产品数据模型的更改上，为了使上游设计更改所产生的新版本数据不至于引起下游活动从头开始，需要建立一种数据更改模式。在技术设计阶段，设计修改之后，产品数据模型也随之更改。在施工设计阶段，施工设计过程是随着技术设计和施工设计的上游的更改而更改的，产品制造过程亦是如此。这种模式在并行工程产品开发过程中具有十分重要的现实意义。为此，产品数据的更改必须做到以下几点：

① 需要一种渐进式的数据更改及表达模式；

② 必须是准确的、完全的、无二义的；

③ 仅仅是局部的产品模型更改或调整。

产品数据的更改虽然在理论上可以由任意阶段提出要求，要求任意阶段进行更改，但是这样会造成产品数据更改的复杂性和过程管理的复杂性，一般情况下，采用逐级反馈的方式，这样对于过程的管理和产品数据的组织都比较简单，需要时也可以采用越级反馈的方式，越级反馈主要用于过程之间的信息反馈，而产品数据的更新采用逐级更改的方式。

在并行工程的实施过程中，必然遇到一些冲突，如 CAD 的输出是 CAPP、CAM 的输入，CAPP 的输出又是 CAM 的输入，而且，各个阶段的输出/输入信息又不完备，不完备的信息模型为信息的处理带来许多矛盾和冲突，处理好这些冲突是并行工程的重点。处理方法有两种：一是将不同事件的启动时间稍退后半拍或一拍；二是事先假设一个中间结果（产品模型），在实施中不断验证结果是否符合假设，随时修改并替代原来的假设。

在并行工程中，对于不完备的产品模型，通过彼此的并行交错实施、及时的反馈及评价，完成设计→评价→再设计的小循环。为了实施并行工程，需要组织一个多学科产品开发队伍，构造一个能协调地支持产品设计、制造过程及解决冲突，由人、方法、工具等组成完整的、一体化的机制。该机制必须具备以下功能：

① 建立统一的产品信息模型；

② 及时、尽早、完善、持续地掌握客户的要求与优先考虑的问题；

③ 利用系统工程的设计方法，对产品开发全过程进行描述、管理和控制；

④ 对产品设计的各阶段和支持活动等进行持续的评价和完善。

7.3　并行工程原理

并行工程是在产品设计、开发活动中的重要体现，并行工程的中心思想是在产品开发的初始阶段（尤其是概念设计阶段），就综合考虑产品生命周期中工艺设计、技术设计和制造等活动的影响，即将各个产品设计活动并行进行，以达到缩短产品开发周期、降低成本及提高产品质量的目的。并行工程强调产品设计与后续活动的协调与并行，并行工程的核心是并行设计，计算机辅助并行工程的关键是建立集成化、智能化并行设计环境，并且有相应的设计工具（如DFA、DFM 和 DFQ 等）支持。图 32-7-2 是计算机辅助并行设计系统原理图，该系统由概念层、逻辑层及物理层三部分组成，系统的各层功能如下。

（1）概念层

该层是一种支持产品并行设计的设计平台（即并行设计控制器），它是一个能支持设计过程各项活动的信息集成和功能集成的并行设计环境，它能为设计者提供友好的交互式设计界面。在计算机网络技术的支持下，实现多学科专家之间的信息交流与协调，使上游、下游过程协同工作，帮助设计者进行并行设计，如：工作小组中的各成员应及时获得有关产品的数据和设计的变更信息，来引导各成员工作，每个成员对设计进行评价并反馈修改信息，从而指导产品设计。该层主要完成设计过程引导、控制和信息管理等功能，从而实现产品并行设计的信息集成和功能集成。

（2）逻辑层

该层由七个模块组成，包括广义特征建模、概念设计及评价、结构设计及评价、详细设计及评价（特征设计、特征工艺设计和特征可制造性评价）、总体评价、过程优化和过程仿真，该层在概念层控制下实现各模块的功能集成。

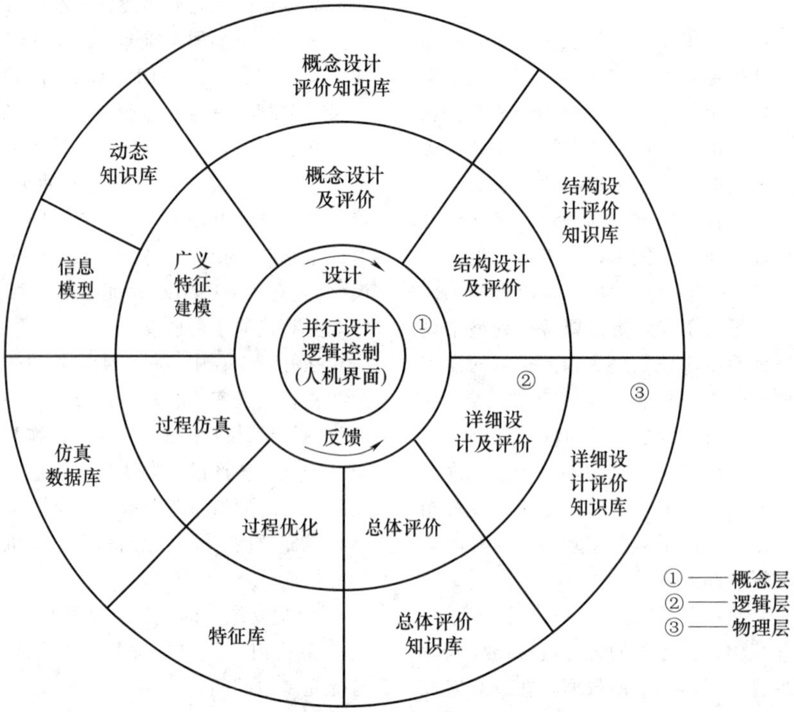

图 32-7-2 计算机辅助并行设计系统原理图

（3）物理层

该层由产品信息模型、产品特征库、产品动态数据库、各种知识库和各种数据库组成。动态数据库主要存储特定设计产品的初始信息、中间设计结果和最终信息，它的内容随不同产品的不同设计过程而变化，知识库用于存储与设计、制造、装配有关的知识，这些知识采用面向对象的知识表达方式，即规划和框架等，利用这些设计、制造知识和制造资源由专家系统进行推理决策。

产品设计过程在概念层的逻辑控制下进行并行设计，在图 32-7-2 中，箭头顺时针方向旋转表示产品设计过程，逆时针方向旋转表示对设计过程的反馈控制，反馈控制指导产品设计与修改，产品的并行设计过程就是在多循环反馈控制下进行的。

并行设计平台应具有多进程管理功能、灵活的控制功能、友好的用户界面、可靠的系统运行、良好的通用性和开放性。

7.4 并行工程的体系结构

从广义上讲，并行工程的体系结构是由技术环境、支持环境、应用环境及管理环境等环境组成的

(图 32-7-3)。以网络设计为例，在进行网络设计过程中，应组成相应的设计人员队伍，收集相关信息，确定应用软、硬件及其他设备，明确应用对象并进行过程管理。

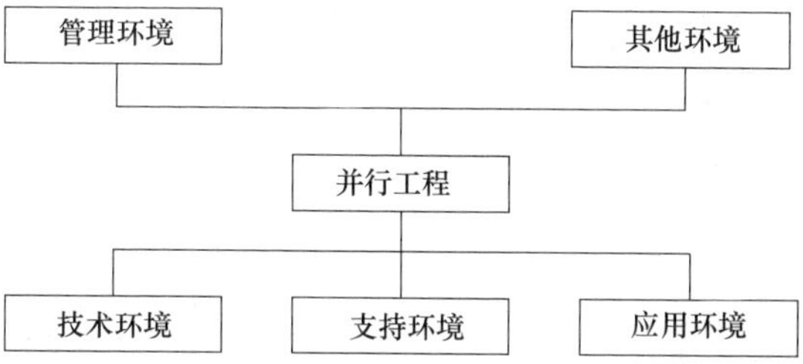

图 32-7-3　并行工程体系结构（广义）

而就工程设计而言，并行工程通常是由过程管理与控制、工程设计、质量管理与控制、生产制造及支持环境等分系统所组成的，其体系结构如图 32-7-4 所示。

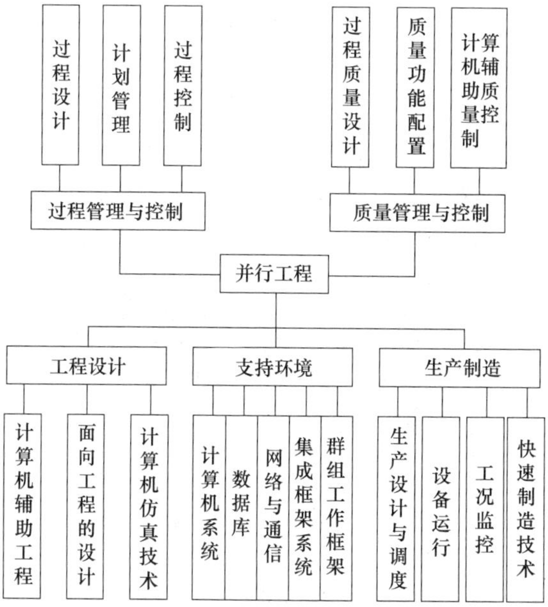

图 32-7-4　并行工程体系结构（工程设计）

(1) 过程管理与控制分系统

该分系统包括分析和建立产品开发过程，利用产品数据管理（PDM）等技术进行整个并行工程的过程设计、计划管理和过程控制。产品数据管理是管理所有与产品本身相关的信息和开发过程相关的信息的技术。它将数据库的数据管理能力、网络通信能力、过程控制能力集合在一起，实现在分布环境中的产品数据统一管理，它是并行工程的重要使能技术。

(2) 工程设计分系统

该分系统主要进行产品的全生命周期设计工作，它是利用计算机集成制造技术（CIM）、计算机辅助工程技术（CAX）、面向工程的设计技术（DFX）、共同对象请求代理结构技术（common object request broker architecture，CORBA）和 Web 技术等，进行基于产品数据管理的产品全生命周期的工程设计。

(3) 质量管理与控制分系统

该分系统以质量功能配置（QFD）为核心，对产品开发过程全生命周期中的各个阶段进行质量分析，提出质量功能要求，以保证所生产的产品能最大限度地满足用户和市场的需求。质量功能配置过程实质上是一个优化设计过程，质量保证应贯穿于整个产品的开发过程中，形成用户需求、产品特征、设计特征、工艺特征、生产计划等质量功能配置链，它是一种瀑布式的串并联分解流程结构。

(4) 生产制造分系统

其主要工作是在计算机上利用仿真技术进行生产计划和调度、设备运行及工况监控等，仿真包括加工仿真、调度仿真等。对于一些重要的零部件，为了保证其性能和质量，仍可采用制作实物或模型进行必要的试验，确定其结构。零部件的实质制造可采用快速原型制造等方法，以加快制造进度。

(5) 支持环境分系统

并行工程的支持环境，除计算机系统、数据库、网络通信技术外，还有计算机集成框架系统、群组工作集成框架、产品数据交换标准（STEP）、产品数据管理（PDM）、计算机仿真软件等，这是由于它是在计算机集成制造系统的基础上进行的，同时，又是在产品数据管理下由异地分布的产品开发群组协同工作的。

7.5 并行工程关键技术及关键要素

7.5.1 并行工程的关键技术

并行工程是一种系统化、集成化的产品开发模式，其核心就是组建集成产品开发团队（简称 IPT）和产品开发过程重构。

(1) 集成产品开发团队（IPT）

集成产品开发团队是并行工程唯一的组织模式。这种模式和串行工程的组织模式相比较有着显著的不同：第一，在组建集成产品开发团队时，针对产品开发过程中的不同阶段选择有着相对应专业背景的技术人员；第二，所有的产品开发技术人员是在统一的规划和组织下，共同完成产品及相关过程的设计；第三，集成产品开发团队，负责整个产品过程的开发和设计；第四，在开发过程中，不同专业的技术人员一方面负责自己相对应专业的产品过程的开发和设计，同时虚心接受其他人员对自己的成果提出的审查意见，一方面依靠自身知识水平对其他开发人员的成果进行技术审查。这种组织模式能够最大限度地实现产品开发过程的整体优化。

并行工程的集成产品开发团队式组织模式，不同于传统的串行产品开发组织模式，它已打破“泰勒制”的强调专业分工、按专业部门组织管理产品的开发，它更注重于产品开发的合作、协同和一体化，为产品开发创建了一种协同化的工作环境，并营造出并行工程的协同企业文化。

(2) 产品开发过程建模

并行工程与传统的产品开发方式的本质区别在于它把产品开发的各个活动视为一个集成的过程，从全局优化的角度出发对该集成过程进行管理与控制，并实施过程的不断改进。无论是过程的集成、还是全局优化或对过程实施管理与控制以及过程的改进，其基础都是过程模型。产品开发过程建模就是用数学化的语言、工具和手段，设计、描述并表示出产品的开发过程，形成产品开发过程的数学模型。基于所建立的过程模型，对产品开发过程的并行性、集成性、敏捷性和精良性等各种过程特性进行仿真。通过仿真，优化和改进产品的开发过程。依据所建立的产品开发过程模型，面向进度、质量、成本、技术流程、人员(组织)和资源等，实施产品开发管理。

(3) 产品生命周期数字化定义

产品生命周期数字化定义，即数字化产品建模(digital product model)，将产品开发人员头脑中的设计构思转换为计算机所能够识别的图形、符号和算式，形成产品的计算机内部数据模型，存储于计算机之中。不同专业背景的产品开发人员，基于同一的数字化产品模型协同、并行地开展产品及相关过程的设计，实施技术交流和协商、协作，并进行产品不同组成单元及阶段的设计综合优化。

(4) 产品数据管理

采用了产品生命周期数字化定义之后，伴随产品的开发，各产品开发阶段必然生成大量与产品有关的工程设计数据，需要存储于计算机。产品数据管理系统要高效、自动化地组织和管理这些数据，以方便产品开发人员有效地存取、浏览或修改这些产品数据，并支持对这些数据进行再利用或做进一步的处理等。产品数据管理作为产品生命周期信息集成的重要工具和手段，可以帮助不同产品开发阶段或活动的产品开发人员协同、并行地开展产品及相关过程的设计。

(5) 质量功能展开

质量功能展开是一种用户驱动的产品开发方法，它首先是采用系统化、规范化的方法调查和分析用户的需求，然后将用户的需求作为重要的质量保证要求和控制参数，通过质量屋(house of quality，HOQ)的形式，一步一步地转换为产品特征、零部件特征、工艺特征和制造特征等，并将用户需求全面映射到整个产品开发过程的各项开发活动，用以指导、监控产品的开发活动，使所开发的产品完全满足用户需求。

(6) 面向X的设计

并行工程的工作模式强调“力图使开发者们从一开始就考虑到产品生命周期(从概念形成到产品报废)中的所有因素”，DFX中的X代表的就是产品生命周期中所有的因素，包括制造、装配、拆卸、检测、维护、测试、回收、可靠性、质量、成本、安全性以及环境保护等。对应于这些因素，常见的DFX有：DFM、DFA、面向质量的设计、面向成本的设计、面向可靠性的设计、面向可维修性的设计、面向可测试性的设计、面向可再制造性的设计、面向安全性的设计以及面向环保的设计等。通过这些面向X的设计，使得产品开发人员能够在早期的产品设计阶段并行地考虑产品生命周期后续阶段的各种影响因素，实现产品设计的综合优化，实现产品及相关过程设计的协同和一体化。

(7) 并行工程集成框架

产品开发不同阶段和不同产品开发活动，需要使用不同的工具软件。

例如：CAD、CAE、CAPP、CAM、DFX、CAQ、计算机辅助快速报价、计算机辅助项目管理、计算机辅助采购供应以及面向产品开发的资源管理等各种工具软件也都会在产品开发过程用到。这些工具软件可能是基于相同的计算机及网络硬件软件平台，也可能不是，一般来自不同开发商。在产品开发过程中，这些工具软件面向同一产品数据模型，为着共同的产品开发任务，协同地辅助各具体产品及相关过程开发，它们之间必须能进行数据交换、信息集成和知识共享，在功能上也要互相支持、相互配合。

为了这一目的，这些工具软件首先要能够相互操作并相互集成在一起。并行工程的集成框架就是要集成这些产品开发过程中不同类型的工具软件，集成源于这些工具的产品生命周期各种信息模型，集成产品创新开发及开发管理所应用的诸方法，集成产品创新开发及开发管理过程的各项任务，实现异构、分布式计算机环境下企业内各类应用系统的信息集成、功能集成和过程集成。

7.5.2 并行工程的关键要素

如果想要成功地实施并行工程，就需要对下面几个方面进行改进：第一，要整合产品开发团队，形成以产品为主线的集成产品开发团队，并负责整个产品过程的设计和开发；第二，对传统的串行产品开发过程进行重构，形成集成化的并行产品开发过程；第三，实施综合优化设计；第四，建立支持 IPT 及协同设计的工作环境，包括硬件环境、软件环境和文化环境等。这四个方面就是并行工程的四大关键要素。

(1) 组织变革（管理）要素

并行工程离不开高效、柔性和强健的组织，包括产品开发队伍的组织、产品开发过程的组织和产品开发工作的组织等。传统的产品开发模式，正是由于其串行化和按部门划分的组织模式的种种弊端，为并行、协同和一体化产品设计造成了一系列障碍。并行工程主张采用集成开发团队式的组织模式。来自各相关专业的开发人员，共同组成一个集成化的产品开发团队，获得独立授权，对整个产品的开发负责。并行工程团队式的组织模式，打破了传统的按部门划分的组织模式，更有利于产品开发工作的协作、协同和并行优化。

(2)（产品形成）过程要素

由于产品是过程的结果，产品形成过程的每个阶段对产品的性能都有着重要的影响，产品的 TQCSE 也在很大程度上取决于产品形成过程。并行工程面向产品的开发，必须对产品的形成过程，也就是产品的开发过程进行策划、组织和控制，实行面向并行、高效、敏捷和精良设计的过程集成。制造业从计算机集成制造发展到现代集成制造，集成作为不变的主题，也正在由信息集成进入过程集成并走向企业间集成。一般认为：CIMS 重点解决信息集成，并行工程则强调过程集成。过程集成是并行工程最重要的技术特征。

(3) 产品要素

并行工程强调面向产品开发过程，最终目标是产品，产品和产品开发是并行工程的根本。产品的开发一般需要特定的产品设计/开发技术，尤其对于并行工程所强调的协同、并行及综合优化的产品设计，更需要先进的产品设计/开发技术与方法。产品的开发必须遵循产品形成规律与开发技术流程。在并行工程中，各产品开发活动既要协同和并行，又要实现产品和过程的综合优化。这些都需要 DFX、CAX、QFD 和 PDM 等技术与工具的支持。另外，不容忽视的是：产品开发仍是掌握着相关设计技术的产品开发人员借助于这些工具来完成的，是一种创造性强的工作。最终产品是否满足用户需求，主要取决于这些创造性工作。

(4)（支持）环境要素

并行工程需要一个支持协同、一体化、并行设计的自动化集成环境。这个环境是并行工程实施的必要条件。自动化集成环境的要求如下：

第一，必须能够实现产品生命周期信息的集成，真正做到“在正确的时刻把正确的信息以正确的方式传递至正确的地方”；

第二，必须实现自动化产品数据管理；

第三，在产品数据管理的基础上，进一步实现产品生命周期包括产品信息、组织管理信息、过程信息和资源信息等所有信息的自动化管理；

第四，为各阶段不同单元的产品开发活动和产品开发管理提供支持工具，如 CAX、数控加工设备和产品开发管理视图工具等；

第五，通过知识管理，支持上层产品开发决策和产品优化设计等；

第六，为产品开发人员创造一个轻松愉快的工作环境。

7.6 并行工程的并行化途径

(1) 建立集成化的支撑环境

并行、一体化的产品创新与开发，离不开一个高效自动化的产品开发及管理集成环境的支持。通过这样的一个集成环境，实现产品开发过程数据通信、信息集成和知识共享，实现产品开发工具和方法的共用，实现产品开发活动的协同和综合优化。不难想象，若产品开发人员相互之间连信息都无法及时地沟通，就不可能实现产品开发工作或活动的并行和一体化。因此，要实现产品创新与开发并行和一体化，就必须首先建立一个支持并行工程工作方式的自动化集成环境，使原本串行才能完成的任务得以并行地实现。

(2) 实施并行化的过程规划

面向产品生命周期的过程并行规划是并行工程实现产品创新与开发活动的并行和一体化的技术关键，它需要并行的产品开发过程建模、分析等技术和工具的支持，需要并行化的产品开发过程控制理论和思想的指导，并需要依靠并行、一体化的组织模式与管理方法来组织和管理产品的创新与开发。传统的基于线性规划和运筹学的方法如网络计划法，对于前后两活动间具有典型串行特性的过程规划问题具有明显的优势，但它对于产品开发过程的并行规划不一定适应。

(3) 采取团队式组织模式和管理方式

面向并行工程的集成开发团队式产品创新与开发过程的管理，与传统产品开发过程的管理模式、方法和思想等都有较大的不同，采用的各种使能工具和技术手段也将不同。这种管理更注重团队精神，注重开发团队的协同，注重创新，注重创新与开发活动的并行和一体化，注重产品及过程的持续改进，并关注用户的满意度。

(4) 引用现代化使能工具和技术手段

现代产品创新与开发，离不开现代化的开发工具和技术手段的支持。借助于这些现代化的计算机辅助工具以及先进的产品设计制造技术手段和装备，可以促进并行工程的并行化理念在实际产品开发中的实现，推动产品创新与开发的并行化进程。DFX、PDM、CAX、QFD等都是并行工程所强调和采用的具有代表性的技术工具。它们蕴涵了并行工程的基本思想与理念。

(5) 坚持并行工程的产品创新与开发

产品创新与开发人员，是实施产品创新与开发的主体。并行工程不同于传统的产品开发模式，它对产品开发模式、开发方法及支持工具等，都提出了独特的要求，并形成并行工程先进的思想与理念。产品创新与开发人员必须按照并行工程的这些思想与理念，并依据并行工程的方法和原则，实施具体的产品创新与开发。

7.7 并行工程研究热点

目前并行工程的研究热点如下。

① 并行工程基础理论的研究：主要包括概念设计模型、并行设计理论、鲁棒设计及支持产品开发全过程的模型研究。尤其是并行设计的建模技术，建模就是指建立产品模型，而产品模型包括产品生命周期各阶段的信息及访问、操作这些信息的算法。在计算机环境下，进行并行设计要求信息模型能够获取和表达产品信息、制造信息和资源信息；能够方便地获得有关产品可制造性、可装配性、可维护性、安全性等方面的信息；能够使小组成员共享信息。要满足这些要求，必须建立一个能够表达和处理有关产品生命周期各阶段所有信息的统一产品模型。统一模型的建立可以在特征建模基础上进行，但是特征建模只是强调设计和制造信息的集成，在多学科人员协同工作环境下，当产品开发某环节数据被改动后，它不具备自动更新相关数据的能力，即不支持全相关性。国际标准化组织（ISO）提出的产品数据模型STEP标准是建立模型的工具，但由于产品数据复杂多变，标准仍在试用阶段。从支持并行设计建模技术研究现状来看，目前的模型对详细设计阶段以及下游诸环节支持得较为充分，但在产品概念设计阶段其信息描述能力较弱，这是需要深入研究的课题。

② 制造环境建模：在并行工程中产品的设计阶段就考虑制造因素，使得产品设计和工艺设计同时进行，因此，在产品的初期方案设计或详细设计阶段都要及时地进行产品可加工性及可装配性的评价并生成合适的工艺，这就必然涉及从现实制造资源角度评价所涉及产品的制造工艺性能，同时还涉及工厂、车间、工段的生产能力、设备布局及负荷情况等，这样制造环境的数据和知识模型就是达到并行必不可少的部分。

③ 面向并行工程的CAPP：传统的CAPP不具备与产品设计并行交互的能力，不能对产品或零件进行可制造性评价并反馈结果，为实现计算机辅助并行工程，面向并行工程的CAPP是关键。为了达到这一目的，零件信息模型应是一个动态的数据结构，设计者可以在设计中的任何阶段将设计结果移交工艺评价模块，并根据评价结果修改模型或继续设计；该模型应将零件功能与零件特征间建立一种映射关系；此模型还应便于多知识源的协同处理，一般可采用“黑板结构”，即一组负责相应功能的知识源系统在“管理者”的协调控制下，对领域黑板上的当前零件信息模型进行操作。

④ 面向工程的设计DFX：在这一领域中，主要集中于DFM和DFA这两个方向上。面向制造的设计（DFM）是并行工程中最重要的研究内容之一，它是指在产品设计阶段尽早地考虑与制造有关的约束（如可制造性），全面评价产品设计和工艺设计，并提出改进的反馈信息，及时改进设计。在DFM中包含着设计与制造两个方面，传统上制造都是考虑设计要求的，但是设计考虑制造上的要求不够充分，在DFM中必须充分考虑制造要求，一般通过可制造性评价来实现。面向装配的设计（DFA）与DFM类似，它是将可装配性在设计时加以考虑，设计与装配在计算机的支持下统一于一个通用的产品模型，来达到易于装配、节省装配时间、降低装配成本的目的。

⑤ 并行工程集成框架：集成框架就是使企业内的各类应用实现信息集成、功能集成和过程集成的软件系统，主要包括基于思想模型的辅助决策系统、支持多功能小组的多媒体会议系统、计算机辅助冲突解决的协调系统等，一般可以采用多媒体技术、客户服务器模型进行开发，但在知识共享、多领域数据信息转换、设计意图表达等方面还没有找到切实可行的办法，建立一个包括信息集成、工具集成和人员集成的理想网络环境仍是一个长期的努力过程。

⑥ 冲突消解及知识处理、协同：在并行工程中产品的早期涉及阶段能够得到的信息大多是模糊和不确定的，仅仅运用经典数学的精确方法来处理往往不能真实地反映客观世界的现实，具有很大的局限性，由美国自动控制专家L. A. Zadeh创立的模糊集理论在处理定性和模糊的知识方面显示了强大的生命力，因此将模糊集理论应用于并行工程中的知识协同处理

取得了良好的效果。

⑦ 面向并行工程企业的体系结构和组织机制：主要包括人的集成（客户、设计者、制造者和管理者）、企业各部门功能集成、信息集成及设计、制造工具集成的组织机制。

⑧ 并行工程中产品开发过程的管理：从我国制造业企业的实际出发，提出具有可操作性的与并行方式相适应的平面化、网络化的企业组织管理机制、企业文化以及产品开发团队的组织、运行方式，并对企业从目前串行的组织管理模式转变为适应并行方式的过程中所要面临的问题、所应采取的措施及方法进行深入研究。

⑨ 仿真技术在企业各部门及产品开发过程中的应用：以快速工装准备为主体，以功能部件的可组装化、参数化为核心，消除传统工装准备中的备料、切削加工及检测环节，使得工装准备基本上成为一个组装过程，并通过建立参数化元件、部件库为工装设计提供便利，使设计时间显著缩减。

⑩ 质量工程的研究：主要包括田口（Taguchi）方法、全面质量管理（TQC）及质量功能配置（QFD）。

⑪ 在制造领域以外大力倡导、推广应用并行工程理论。

总之，如何应用新技术来推动并行工程的实施，已成为目前国内外学术界研究的热点。

7.8　并行工程的发展趋势

经过近30年的研究与工程实施，并行工程的技术思想、方法、工具取得了飞速的进展，从理论研究走向工程实用化，为企业获得市场竞争优势提供了有效的手段。随着需求的进一步深入，可以预计，在今后的一段时间内，并行工程的发展主要集中在以下几个方面。

（1）并行工程的方法体系结构更加完备

并行工程已经从传统的产品与过程设计的并行发展到产品、过程、设备的开发与组织管理的并行集成优化，集成范围更加广泛，而在此基础上，并行工程的方法体系也将更加完备。

（2）团队与支持团队协同工作环境支持全球化动态企业联盟

团队技术发展十分迅猛，各种类型的团队和组织管理模式在发展中逐步统一和规范化。随着计算机网络技术的进展，项目管理软件功能的增加，集成框架、CAX/DFX、PDM/ERP、INTERNET/INTRANET以及协同工作环境与工具的飞速发展和应用领域的不断扩大，以集成产品团队为核心的组织管理模式日益成熟。IPT从企业内部走出，进一步发展为与客户和供应商共同工作，并在特定情况下与竞争对手合作。可以说：IPT（或其他团队形式）正在逐步发展为跨企业、地域乃至遍布全球的规模。IPT的组织管理方式也发生了根本变化，散步性和动态性更加明显。团队、CSCW技术将有力支持全球化动态企业联盟。

（3）过程重组技术逐渐成熟、应用范围和规模不断扩大

随着信息技术的广泛使用（共享数据库、专家系统、决策支持工具、通信、过程建模仿真等），团队等并行工程技术的发展，企业组织结构由金字塔形变为扁平化，人员素质提高，BPR技术逐渐成熟，应用范围和领域也不断扩大，经营过程重组也随之从单一企业的重组逐步走向世界范围内跨国经营过程重组的需求。值得注意的是，跨地域、企业的国际化合作因其多面性和深层次结构增加了经营过程的复杂性，也对重新设计经营过程的选择产生巨大的影响。经营过程重组必须考虑其内容、活动结构、国际化和复杂性的巨大变化。

（4）产品数字化定义技术、工具和支撑平台将日趋完善

研究人员的工作重点进一步完善CAX/DFX理论，开发商正致力于实现数字化产品定义工具的实用化与通用化。产品全局数字化模型将更加完备，基于标准和特征技术实现集成化也将成为人们关注的中心。产品数据管理（PDM）系统和支持并行工程的框架技术的功能将不断加强，跨平台的PDM系统和框架已问世，基于Web技术的系统成为其发展新方向。

（5）实施模式与评价方法的系统化、规范化

随着并行工程技术的推广，实施模式与评价方法的研究也将逐渐加深，企业对实施模式与评价体系的系统化、规范化的要求日益强烈。有关并行工程实施的通用方法、评价体系方面的研究都取得了很大的进展，系统化、规范化工作将进一步完善。

7.9　并行工程应用案例

7.9.1　波音777并行设计工程实例

（1）背景介绍

随着商业飞机的不断发展，波音公司在原有模式下的产品成本不断增加，并且积压的飞机越来越多。在激烈的市场竞争当中，波音公司是如何用较少的费

用设计制造高性能的飞机的呢？资料分析表明，产品设计制造过程中存在着巨大的发展潜力，节约开支的有效途径是减少更改、错误和返工所带来的消耗。一个零件从设计完成后，要经过工艺计划、工装设计、制造和装配等过程，在这一过程内，设计约占 15%的费用，制造和装配占 85%的费用，任何在零件图纸交付前的设计更改都能节约其后 85%的生产费用。过去的飞机开发大都沿用传统的设计方法，按专业部门划分设计小组，采用串行的开发流程。大型客机从设计到原型制造花费时间多则十几年，少则 7～8 年。

美国波音公司在波音 777 大型民用客机的开发研制过程中，运用 CIMS（计算机集成制造系统）和 CE 技术，在企业南北地理分布 50km 的区域内，由 200 个研制小组形成了群组协同工作，产品全部进行数字定义，采用电子预装配技术检查飞机零件干涉有 2500 多处，减少了工程更改 50%以上，建立了电子样机。波音 777 成为除起落架舱外世界上第一架无原型样机而一次成功飞上蓝天的喷气客机，也是世界航空发展史上最高水平的"无图纸"研制的飞机。它的研制周期与波音 767 相比，缩短了 13 个月，实现了从设计到试飞的一次成功。

图 32-7-5 表示了该型飞机开发的组织模式演变过程。

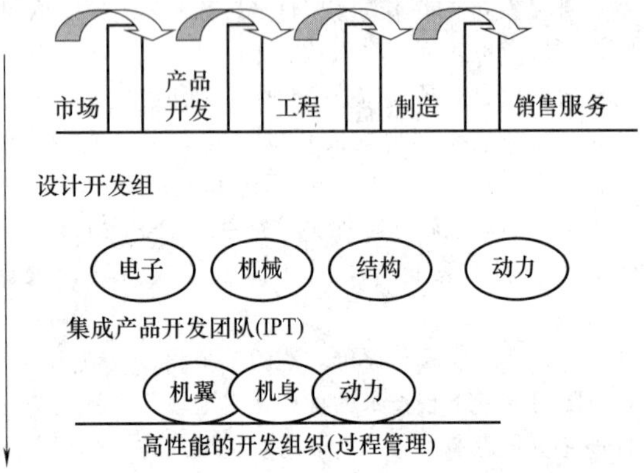

图 32-7-5　波音公司民用飞机开发的组织模式演变过程

（2）波音公司并行工程技术的实施特点

1）集成产品开发团队　波音公司在商业飞机制造领域积累了 75 年的开发经验，成功地推出了707～777 等不同型号的飞机。在这些型号的开发过程中，产品开发的组织模式在很大程度上决定了产品开发周期。

IPT 作为一种新的产品开发组织模式，与企业的文化背景和社会环境密切相关。IPT 包括各个专业的技术人员，他们在产品设计中起协调作用，制造过程 IPT 成员的尽早参与最大限度地减少了更改、错误和返工。

2）改进产品开发过程　为什么波音公司在过去的十多年中也采用了 CAD/CAM 系统却没有明显地加快进度、降低费用和提高质量呢？原因是其开发过程和管理还停留在原来的水平上，CAD/CAM 系统的应用能有效地减少更改和设计返工的次数，设计进程也大大加快，由此而带来的效益远比减少更改和返工所带来的直接效益大。波音 777 采用全数字化的产品设计，在设计发图前，设计出飞机所有零件的三维模型，并在发图前完成所有零件、工装和部件的数字化整机预装配。同时，采用其他的计算机辅助系统，如用于管理零件数据集与发图的 IDM 系统、用于线路图设计的 WIRS 系统、集成化工艺设计系统，以及所有下游的发图和材料清单数据管理系统。由于采用了一些先进的计算机辅助手段，波音公司在波音 777 开发时改进了相应的产品开发过程，如在发图前进行系统设计分析，在 CATIA 上建立三维零件模型，进行数字化预装配，检查干涉配合情况，增加设计过程的反馈次数，减少设计制造之间的大返工。

3）主要的设计过程

① 工程设计研制过程。设计研制过程起始于 3D 模型的建立，它是一个反复循环过程。设计人员用数字化预装配检查 3D 模型，完善设计，直到所有的零件配合满足要求为止。最后，建立零件图、部装图、总装图模型，2D 图形完成并发图。设计研制过程需要设计制造团队来协调。

② 数字化整机预装配过程。数字化预装配利用 CAD/CAM 系统进行有关 3D 飞机零部件模型的装配仿真与干涉检查，确定零件的空间位置，根据需要建立临时装配图。作为对数字化预装配过程的补充，设计员接收工程分析、测试、制造的反馈信息。数字化预装配模型的数据管理是一项庞大、繁重的工作，它需要一个专门的数字化预装配管理小组来完成，确保所有用户能方便进入并在发图前作最后的检查。

③ 数字化样件设计过程。波音 777 利用 CAD/CAM 系统进行数字化预装配，数字化样件设计过程负责每个零件设计和样件安装检查。

④ 区域设计（AM）。区域设计是飞机区域零件的一个综合设计过程，它利用数字化预装配过程设计飞机区域的各类模型。区域设计不仅包括零件干涉检查，而且包括间隙、零件兼容、包装、系统布置美学、支座、重要特性、设计协调情况等。区域设计由每个设计组或设计制造团队成员负责，各工程师、设计员、计划员、工装设计员都应参与区域设计。区域设计是设计小组或设计制造团队每个成员的任务，它

的完成需要设计组、结构室、设计制造团队的通力协作。

⑤ 设计制造过程。设计制造团队由各个专业的技术人员组成，在产品设计中起协调作用，最大限度地减少更改、错误和返工。

⑥ 综合设计检查过程。综合设计检查过程用于检查所有设计部件的分析、部件树、工装、数控曲面的正确性。综合设计检查过程涉及设计制造团队和有关质量控制、材料、用户服务和子承包商，一般在发图阶段进行。有关人员定期检查情况，对不合理的地方提出更改建议。综合设计检查是设计制造团队任务的一部分。

⑦ 集成化计划管理过程。集成化计划管理是一个提高联络速度、制订制造工艺计划、测试及飞机交付计划的过程。集成化计划管理过程不但制订一些专用过程计划，而且对整个开发过程的各种计划进行综合。集成化计划的管理，将提高总体方案的能见度。

(3) 采用 DPA 等数字化方法与工具在设计早期尽快发现下游的各种问题

数字化整机预装配（DPA）是一个计算机模拟装配过程，它根据设计员、分析员、计划员、工装设计员要求，利用各个层次中的零件模型进行预装配。零件是以 3D 实体形式进行干涉、配合及设计协调情况检查。利用整机预装配过程，全机所有的干涉均能被查出，并得到合理解决。波音 757 的 1600～1720 站位之间的 46 段，约 1000 个零件，需要容纳于 12 个 CATIA 模型中进行数字化预装配。

(4) 大量应用 CAD/CAM/CAE 技术，做到无图纸生产

采用 100％数字化技术设计飞机零部件；建立了飞机设计的零件库与标准件库；采用 CAE 工具进行工程特性分析；采用计算机辅助制造工程与 NC 编程；采用计算机辅助工装设计。

(5) 利用巨型机支持的产品数据管理系统辅助并行设计

要充分发挥并行设计的效能，支持设计制造团队进行集成化产品设计，还需要一个覆盖整个功能部门的产品数据管理系统的支持，以保证产品设计过程的协同进行，共享产品模型和数据库。

波音 777 采用一个大型的综合数据库管理系统，用于存储和提供配置控制，控制多种类型的有关工程、制造和工装数据，以及图形数据、绘图信息、资料属性、产品关系以及电子签字等，同时对所接收的数据进行综合控制。

管理控制包括产品研制、设计、计划、零件制造、部装、总装、测试和发送等过程。它保证将正确的产品图形数据和说明内容发送给使用者。通过产品数据管理系统进行数字化资料共享，实现数据的专用、共享、发图和控制。

(6) 效益分析

波音公司并行设计技术的有效运用带来了以下几方面的效益：

① 提高设计质量，极大地减少了早期生产中的设计更改；

② 缩短产品研制周期，和常规的产品设计相比，并行设计明显地加快了设计进程；

③ 降低了制造成本；

④ 优化了设计过程，减少了报废和返工率。

7.9.2　并行工程在重庆航天新世纪卫星应用技术有限责任公司中的应用

重庆航天新世纪卫星应用技术有限责任公司是一家从事航天遥测产品和固体火箭发动机研制的企业。经过近 20 年的发展，公司在遥测和固体火箭发动机领域已初步形成了自有的核心技术优势。公司现在明确提出，要在今后 5～10 年内，建成两个基地：一是中高空气象探测产品的生产基地；二是中近程导弹武器飞行试验遥测产品的研制基地。公司要为国家中高空参考大气标准的制定、国家大型航天活动和中近程导弹武器试验提供多层次的保障服务。

并行工程在研发项目中的应用。国家实施载人航天工程以来，要求及时完善为大型航天发射任务提供技术、可靠性、安全性等方面的相关配套保障设施。重庆航天新世纪卫星应用技术有限责任公司于 2007 年获得高空气象系统的研制任务，按要求，要在 3 年之内完成该项目的所有研制工作，达到可随时装备应用的水平。按国内航天型号研制项目开展的常规做法，要完成这样一个系统工程，对重庆航天新世纪卫星应用技术有限责任公司来说至少要 6 年以上的研制周期。面对这一挑战，首次承担系统总体任务的重庆航天新世纪卫星应用技术有限责任公司立即采用并行工程的方法，最终将产品开发周期缩短 50％，按要求完成了合同规定的目标。

该项目是一个综合火箭推进技术、高空分离技术、高空探测技术和地面雷达接收处理技术等多领域多专业的系统工程。对于此前只从事配套研制生产根本没有集成研究经验的重庆航天新世纪卫星应用技术有限责任公司来说，最终能在比常规做法缩短一半周期的情况下顺利完成研制工作的关键，是采用了并行工程方法，即公司所称的集成产品开发（integrated product devel opment，IPD）。这是该公司第一次将 IPD 应用于项目研制中，并取得了极大的成功。在接

到研制项目后，公司对原有产品的设计和制造方式进行了大胆变革，下面从几个方面对重庆航天新世纪卫星应用技术有限责任公司公司实施并行工程的主要方法和技术展开分析。

① 及时聘请相关领域专家组成顾问组。接到项目后，公司立即动员各方力量，聘请了航天运载火箭总体设计、高空气象探测和航天系统工程指挥等领域的离退休老专家做顾问，专门成立一个3人顾问小组。请这些顾问定期到公司开展相关专业的信息传递和专题讲座，让全公司有关人员尽可能多了解、掌握关于该项目的各专业领域的信息，特别是国内外有关类似系统研制的成功经验和失败原因，此举使公司的研制工作从一开始就站在了一个较高的起点上。与公司此前开发新项目所进行的繁杂的事前调研、论证相比，避免了许多盲目的调研和信息收集工作，大大节省了项目正式启动前的准备时间，也提高了经费使用效率。

② 组织集成产品研制队伍。在项目中，重庆航天新世纪卫星应用技术有限责任公司采用并行的集成化产品开发方法（IPD），根据项目需要，从公司各个部门抽调人员，建立了5个研制小组，共同组成项目研制团队，各个小组分头负责研制本小组的分项目。

这种多学科开发小组之间的相互渗透，在提高产品质量和降低成本的同时，大大减少了设计和工艺过程中可能出现的错误和返工现象。这种方法最直接的结果是缩短了项目的开发周期，加快了产品设计和制造的进度，并成功地将设计基本单元集成为一个整体的过程。

③ 实现信息集成与共享。公司为项目的研制专门升级了公司内部的局域网，安装了多个工程设计和制造应用软件，包括AutoCAD和Pro/E以及各种Formtek的软件模块。这些模块支持过程控制和应用通信，以及文件索引、注释、浏览、划线、扫描、绘图、格式转换和打印等功能。为了实现并行化产品开发，各应用系统之间必须达到有效的信息集成与共享。数据转换程序对于支持异构平台和应用软件非常重要。工程图样是以光栅版本形式分发的，以保证该图样可以进行网上的检查和评审。各种文件格式之间的有效转换，保证了文件在应用层的交换和共享。通过这些内部公共信息系统的建立和完善，比传统的会议交流和纸面传输方式节省了40%以上的信息获取时间，节约了60%以上的因打印、复印带来的信息交流成本。

在项目为期3年的研制过程中，工程设计一直是开发工作的重点。但工程设计数据必须支持后续的制造过程和维护阶段，即实现产品数据在整个开发周期的信息集成。为此，在设计、产品试制和产品试验的各个阶段，一些设计、工程变更、试验和实验数据，随着项目的不断进展，都进入数据库，以备随时核查。

④ 研制流程的并行工程化改进。在项目工作的前期，公司花费了大量的精力对项目开发中的各个过程进行分析，采用集成化的并行设计方法，优化了这些过程的支持系统，具体包括供应商集成、设计评审和建立设计过程的知识档案三个方面。

重庆航天新世纪卫星应用技术有限责任公司对供应商是否有能力支持其项目开发过程做了严格的选择。为了使供应商能够及时提供相应的支持，让供应商参与到开发小组中来，这个小组中的成员在同一个环境下共同工作，从画草图开始，到开发每一个模型，重庆航天新世纪卫星应用技术有限责任公司选择了高空探测仪作为典型部件进行产品开发小组与供应商的协同工作。高空探测仪是项目中一个非常复杂又非常关键的分系统，供应商通过反复探讨帮助该产品开发小组更好、更快地工作以及更为有效地沟通，同时完成对设计模型的详细描述。

在项目中，重庆航天新世纪卫星应用技术有限责任公司改用了一种新的设计评审检查方法，在公司内部项目组各成员和顾问组成员的计算机终端安装了支持项目的信息管理系统。该系统建立在工作站、网络和电子文件基础上，因此它能支持在线检查，可以将图样以一定方式分发给相关人员。检查人员在需要的时候可以在各自的终端上查询和检查设计文件。这样就大大缩短了设计评审与检查的时间（一般仅需3个小时），并且可以同时进行，大大缩短了检查周期，又提高了检查的质量。重庆航天新世纪卫星应用技术有限责任公司在Q项目中以这种方式进行了550多次设计评审检查，仅此一项措施就缩短了6个月的研制周期。

记录一个完整的检查、评论和表决的设计过程相关档案资料，可以在设计修改或再次设计导弹系统的主要部件时，不需要重新从头进行开发，可以重用服务器上的数据文件。这样，在新一轮的设计循环中，工作量就大为减少，设计进度加快。对于项目经理来说，记录档案有助于他们对项目当前状况进行详细了解，根据所掌握最新的项目进展情况，进行相应决策以便使一些设计活动提前开始。通过对检查和评审过程的记录建档，重庆航天新世纪卫星应用技术有限责任公司能永久性地拥有一个独立的知识库。即使有些小组成员发生了变动，但有了该知识库，就可以查看相关过程的一些记录。与以往的工作方式不同，一个小组要负责从概念到飞行设计这一完整的过程，项目组有权进行设计进度安排和项目预算。由于采用了 E-mail 方式进行通信，对于保证计划与预算的执行，有非常重要的意义。

⑤ 建立基于计算机网络的数据信息管理系统。重庆航天新世纪卫星应用技术有限责任公司在项目研制之初，即确定了要充分利用现有的发达的计算机网络技术，并及时开发安装了适应于本项目信息化管理的各种计算机软件系统，对项目组成员的计算机终端进行应用软件的统一、用户界面的统一，相关信息共享管理。用户主要借助光缆分布式数据接口 FDDI 支持的工程应用软件来进行数据传递。另外，还有一道“数据防火墙”来防止对项目信息资源的非法入侵。

公司还采用了一个成熟的工程数据管理系统辅助并行产品开发。这个系统能够按照一定的方式将工程文件发送给工作在各个平台上的工程师，并获取他们在工程检查过程中的评审和反馈信息。公司通过支持设计和工程信息管理的 7 个基本过程，有效地管理它的工程数据。这 7 个关键的工程数据管理的基本过程是：数据获取、存储、查询、分配、检查和标记、工作流管理及产品配置管理。公司大多数的独立部门分 3 个阶段实现对工程数据的管理：基本的工程数据支持服务，即工程数据的获取、存储、查询、分配和检查；扩展了第一阶段的应用范围，并加入工作流管理来支持文件的检查和批准程序；将基本的工程数据支持服务推广到整个企业，将企业流程扩展至所有相关的用户，并加入产品结构配置管理。

重庆航天新世纪卫星应用技术有限责任公司将并行工程方法应用到公司的项目研制工作中，取得了非常显著的效益：

① 大幅缩短了项目的开发周期。通过采用并行工程方法，及时聘请相关领域专家组成顾问团，组织集成产品研制队伍，实现信息集成与共享，研制流程的并行工程化改进和充分利用先进的网络通信技术，支持异地的电子评审，将该项目研制周期由过去通常的 6 年缩短到现在的 3 年，节约了一半的研制时间。

② 在项目研制过程中，充分采用了现代网络通信和信息化管理技术，大大减少了以往项目人员三天两头在外地跑的现象，省去了以往因讨论、检查、审核的需要而必须投入的琐碎工作，大大节约了项目研制的人力和物力成本。

③ 有利于及时发现并改正项目研制进程中出现的错误、失误，避免了大幅度返工情况的发生，保证了各阶段的顺利进行和最终产品的质量。

④ 一些新技术如产品数据管理、异地网上电子评审、信息集成与共享等在该项目的实施过程中得到成功的应用，为公司以后的产品开发和研制创造了良好条件。

由上述项目并行开发过程的案例分析可以看出，并行工程的新产品开发模式使该公司顺利并提早完成了项目。该公司通过实施并行工程开发模式，项目的开发时间从 6 年缩短到 3 年，取得了良好的经济效益。重庆航天新世纪卫星应用技术有限责任公司并行工程应用的成功经验可以归纳为以下几个方面：①设计流程变革；②建立集成产品开发团队；③集中产品数据管理；④高层管理人员的重视；⑤计算机辅助设计应用；⑥重要供应商介入产品开发。该公司的成功经验为国内企业更好地实施并行工程以提升新产品开发绩效提供了可资借鉴的模式。

需要进一步指出的是，在新产品开发活动中实施并行工程对不同环节的开发设计人员（包括过程技术人员、财务分析和控制人员以及营销策划人员等）的沟通和合作的要求也会相应提高。这需要一种高度的协作精神，更需要一个强有力的管理者或协调机构，这个组织的管理者必须具备快速的决策能力和灵活的协调能力。在重大产品创新活动中，甚至有必要对企业的整个结构及员工的工作方式均加以变革，因此，并行开发的组织形式是有一定管理难度的。

第 8 章　虚拟样机技术

8.1　虚拟样机及虚拟样机技术内涵

8.1.1　虚拟样机

(1) 虚拟样机的定义

1994 年波音 777 在世界上首次借助虚拟样机(virtual prototyping，VP) 技术成功取代大型物理模型，保证了机翼和机身的一次接合成功，缩短了数千小时的研发周期，开创了 VP 研究应用的先河。随着技术的发展，对于 VP 的概念不同领域对它的定义各有不同。例如，MDI 公司提出 VP 是在物理样机前优化设计的软件，它允许工程小组移动零件建立产品模型并仿真其全部运动行为。北美技术工业基础组织(NATIBO) 对用于改革美加间军事服务的仿真采办的协同虚拟样机 (collaborative VP，CVP) 的定义：CVP 是分布式建模和仿真在支持系统开发全生命周期中性能折中分析的集成环境的应用，基于集成产品和过程开发 (integrated product and process design，IPPD) 的新的设计开发范例。Lockheed Martin 和他的供应链成员针对跨越多组织复杂大系统设计的下一代虚拟样机 (next-generation VP，NGVP) 的定义：VP 应支持产品全生命周期并可适用于整个系统工程从概念设计到训练的多种需求，它应该捕获所有与产品定义相关的信息，提供与产品行为全方位交互的机制，产品的复杂性迫使 VP 部件的详细知识分布共享在供应链组织间。

以上研究表明，VP 概念正向广度和深度发展，其范畴正从单一领域向多领域综合设计扩展，涉及的内容从产品 CAX/DFX 设计向面向系统全生命周期的过程、业务和商业化设计扩展，目的从设计优化向决策分析和知识重用拓展，方法上从单系统建模仿真向复杂系统并行协同设计发展。因此，VP 是一种在 IPPD 方法论指导下集成的、跨学科的、并行协同的技术，它利用虚拟现实 (VR) 等先进的交互手段、支持跨多领域的组织重组和产品重构、提供产品全方位多粒度数据、支持集成产品小组 (IPT) 并行协同设计和产品及过程的智能决策优化的、面向全生命周期的集成分布式建模仿真技术。它以人为中心，将优化产品开发过程的方法与 VR 技术相结合，集成不同领域的模型，不依赖物理样机就可及早地进行有效的、可验证的设计工作，增强了产品开发项目中开发者与开发者、产品和客户的交互，使设计面向过程、面向市场。

虚拟样机是虚拟样机技术的核心，是实际产品在计算机内部的一种表示，这种表示能全面、准确地反映产品在功能、性能、外观等各个方面的特征和特性。即虚拟样机是物理样机在计算机内的一种映射(图 32-8-1)，这种映射能够保证基于虚拟样机的仿真结果和基于物理样机的测试结果在一定精度范围内等同，从而可用仿真替代测试。

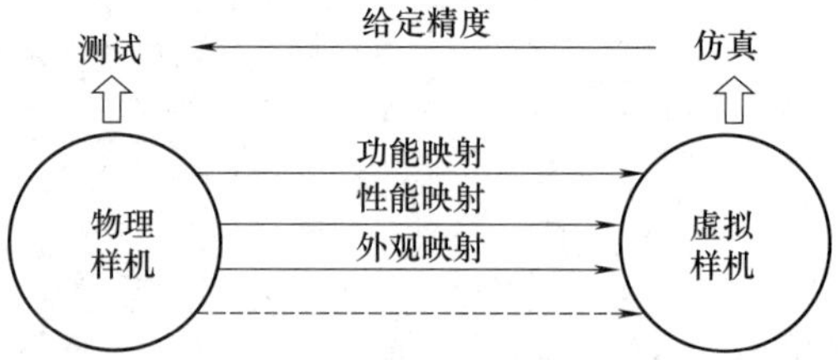

图 32-8-1　虚拟样机与物理样机的关系

虚拟样机是产品数字模型的一种拓展。后者是产品信息在计算机内的一种数字化表示，其特征是数字量与模拟量的区别，它侧重于产品几何信息的描述，并能完成一些基于几何信息的仿真 (如装配、切削过程模拟)，现有 CAD 模型均属于数字模型。而虚拟样机不仅包括产品的几何信息，同时还包括各种物理仿真的规则数据，以支持不同领域、不同学科的基于物理原理的数值计算。

(2) 虚拟样机的特性

虚拟样机应具有以下特性。

1) 多视图特性　产品往往具有多个领域、多种类型的物理特性，如力学性能、电气性能、控制性能、美学特性、人机友好特性等。为了能对产品特性进行全面仿真，虚拟样机必须能够反映产品的各种性能，以为不同领域的仿真提供相应的原始数据。因此虚拟样机应具有多个不同的特性视图，图 32-9-2 给出了虚拟样机的多视图结构。

2) 集成性与一致性　虚拟样机是不同领域 CAX/DFX 模型、仿真模型与 VR/可视化模型的有效集成，实现虚拟样机的关键是对这些模型进行统一、一致的描述。

虚拟样机建模技术应能给用户提供一个可描述产

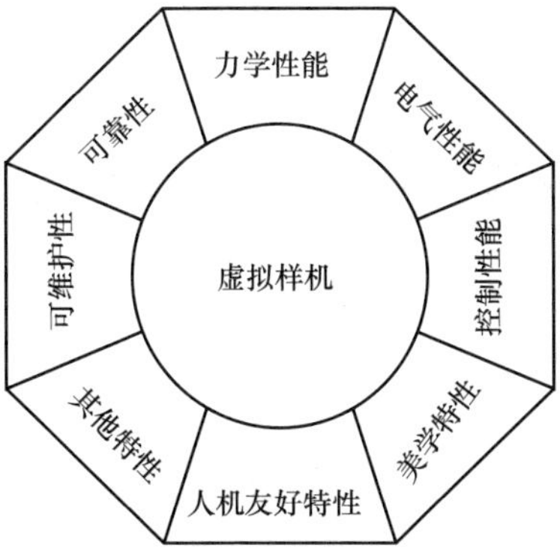

图 32-8-2　虚拟样机的多视图结构

品全生命周期各种信息且逻辑上一致的公共产品模型描述方法，它可以：

① 支持模型在产品全生命周期的一致表示；

② 支持各类不同模型的信息共享、集成与协同运行；

③ 支持模型相关数据信息的映射、提炼与交换；

④ 支持各类模型的协同建模与协同仿真活动。

3）耦合性　各领域数据并非完全独立，它们存在一定程度的相互影响。因此在虚拟样机的建模中必须考虑这些影响及其规律，以正确反映产品特征和特性。

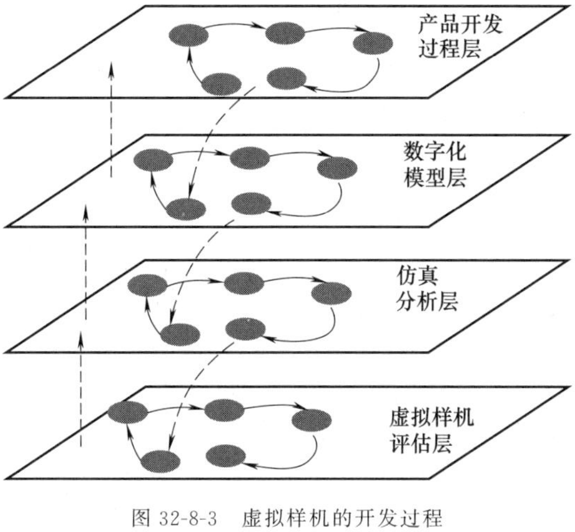

图 32-8-3　虚拟样机的开发过程

（3）虚拟样机开发过程

虚拟样机开发分为四个层次，如图 32-8-3 所示，即在每一层上是螺旋迭代的过程，在层与层之间是瀑布式的开发过程。首先，建立产品开发过程的模型，采用 IDFF3（复杂系统建模分析和设计的系统方法）类过程描述工具进行描述，利用已有的知识对产品开发过程进行分析和改进，根据得到的过程模型，在产品数据管理中心建立工作流程。其次，进行数字化模型的建立工作，包括利用 CAX 进行辅助建模，同时建立仿真和分析模型。然后，利用仿真工具集和优化分析工具集对初步的模型进行各种功能与性能的分析。最后，对得到的虚拟样机进行评估。

8.1.2　虚拟样机技术

虚拟样机技术（virtual prototyping technology，VPT）是 20 世纪 80 年逐渐兴起、基于计算机技术的一个新概念。从国内外对虚拟样机技术的研究可以看出，虚拟样机技术的概念还处于发展的阶段，在不同应用领域中存在不同定义。

美国国防部对虚拟样机技术有关概念的建设性意见如下。

① 虚拟样机定义：虚拟样机是建立在计算机上的原型系统或子系统模型，它在一定程度上具有与物理样机相当的功能真实度。

② 虚拟样机设计：利用虚拟样机代替物理样机来对其候选设计的各种特性进行测试和评价。

③ 虚拟样机设计环境：是模型、仿真和仿真者的一个集合，它主要用于引导产品从思想到样机的设计，强调子系统的优化与组合，而不是实际的硬件系统。

国内外学者对虚拟样机技术的定义大同小异，下面是几种有代表性的论述。

① 虚拟样机技术是将 CAD 建模技术、计算机支持的协同工作（CSCW）技术、用户界面设计、基于知识的推理技术、设计过程管理和文档化技术、虚拟现实技术集成起来，形成一个基于计算机、桌面化的分布式环境以支持产品设计过程中的并行工程方法。

② 虚拟样机技术的概念与集成化产品和加工过程开发 IPPD 是分不开的。IPPD 是一个管理过程，这个过程将产品概念开发到生产支持的所有活动集成在一起，对产品及其制造和支持过程进行优化，以满足性能和费用目标。IPPD 的核心是虚拟样机，而虚拟样机技术必须依赖 IPPD 才能实现。

③ 虚拟样机技术就是在建立第一台物理样机之前，设计师利用计算机技术建立机械系统的数学模型，进行仿真分析并从图形方式显示该系统在真实工程条件下的各种特性，从而修改并得到最优设计方案的技术。

④ 虚拟样机技术是一种建立计算机模型的技术，它能够反映实际产品的特性，包括外观、空间关系以及运动学和动力学特性。借助于这项技术，设计师可以在计算机上建立机械系统模型，伴之以三维可视化

处理，模拟在真实环境下系统的运动和动力特性并根据仿真结果精简和优化系统。

⑤ 虚拟样机技术利用虚拟环境在可视化方面的优势以及可交互式探索虚拟物体功能，对产品进行几何、功能、制造等许多方面交互的建模与分析。它在CAD模型的基础上，把虚拟技术与仿真方法相结合，为产品的研发提供了一个全新的设计方法。

在建模和仿真领域比较通用的关于虚拟样机技术的概念是美国国防部建模和仿真办公室（DMSO）的定义。DMSO将虚拟样机技术定义为对一个与物理原型具有功能相似性的系统或者子系统模型进行的基于计算机的仿真；而虚拟样机技术则是使用虚拟样机来代替物理样机，对候选设计方案的某一方面的特性进行仿真测试和评估的过程。

虚拟样机技术的特点如下。

虚拟样机技术是一种崭新的产品开发技术，它在建造物理样机之前，通过建立机械系统的数字模型（即虚拟样机）进行仿真分析，并用图形显示该系统在真实工程条件下的运动特性，辅助修改并优化设计方案。虚拟样机技术涉及多体系统运动学、动力学建模理论及其技术实现，是基于先进的建模技术、多领域仿真技术、信息管理技术、交互式用户界面技术和虚拟现实技术等的综合应用技术。

常规的产品开发过程首先是概念设计和方案论证，然后设计图纸、制造实物样机、检测实物样机、根据检测出的数据改进设计、重新制造实物样机或部件、再检测实物样机，直至测试数据达到设计要求后正式生产。设计图纸、制造实物样机、检测实物样机是一个反复循环的过程，一个产品往往要经过多次循环才能达到设计要求，尤其对于结构复杂的系统更是如此。有的产品性能试验十分危险，还有的产品甚至根本无法实施样机试验，如航天飞机、人造地球卫星等，有时这些实验是破坏性的，样机制作成本很高。另外，往往新产品的设计流程要经过多次制造和测试实物样机，需要花费大量的时间和费用，设计周期很长，对市场不能灵活反应。很多时候，工程师为了保证产品按时投放市场而简化了试验过程，使产品在上市时便有先天不足的毛病。基于实际样机的设计验证过程严重制约了产品质量的提高、成本的降低和对市场的占有率。产品要在异常激烈的市场竞争中取胜，传统的设计方法和设计软件已无法满足要求。因此，一些公司开始研究应用虚拟样机、虚拟测试等技术，以便图纸设计、样机制造、样机检测等能在计算机上完成，尽可能减少制造和检测实物样机的次数，取得了很好的效果。

通常虚拟样机的建立步骤如图 32-8-4 所示。

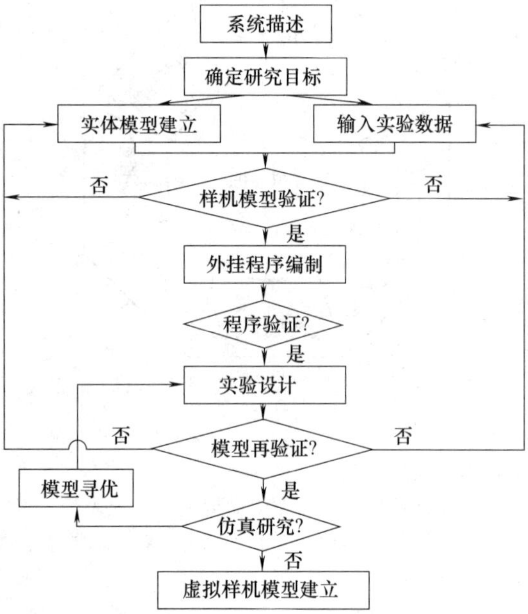

图 32-8-4　虚拟样机的建立步骤

8.1.3　虚拟样机技术实现方法

目前，国际上已经出现基于虚拟样机技术的商业软件。ADAMS是美国MDI公司开发的非常著名的虚拟样机分析软件。运用该软件可以非常方便地对虚拟机械系统进行静力学、运动学和动力学分析。同时该软件还能实现虚拟样机相关技术的各项功能。其中ADAMS/Solver是ADAMS强大的数学分析器，可以自动求解机械系统的运动方程；ADAMS/View可以完成几何建模、模型分析以及驱动元件的建模；ADAMS/Flex可以进行结构分析；ADAMS/Controls可以进行控制系统的设计；同时ADAMS还能进行最优化设计。

从上面的描述可知运用ADAMS软件可以非常方便地进行虚拟样机分析和设计。ADAMS的功能虽然强大，但是它主要是进行机械系统的静力学、运动学和动力学分析，相对而言其他方面功能较弱。如在几何建模、结构分析和控制系统设计方面ADAMS就不如那些专门进行这些方面分析和设计的软件。如何提高虚拟样机设计的效率，如何得到最精确的分析结果呢？ADAMS跟其他软件联合仿真就能达到这种要求。

(1) ADAMS与Solidworks的联合使用

ADAMS虽然功能强大，但造型功能相对薄弱，难以用它创建具有复杂特性的零件，但ADAMS支持现在通用的几种图形标准IGES、STEP和

Parasolid 等，通过 ADAMS/Ex-change 模块可以输入其他 CAD 软件生成的模型文件。

SolidWorks 为机械设计自动化软件，易学易用。使用这套简单易学的工具，机械设计工程师能快速地按照其设计思想绘制草图、尝试运用各种特征与不同尺寸，以及生成实体模型。

SolidWorks 同 ADAMS 的数据交换原理如图 32-8-5所示。

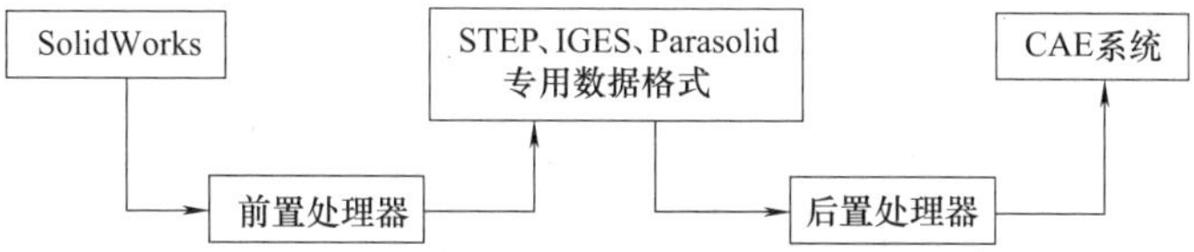

图 32-8-5　数据交换原理图

(2) ADAMS 与 ANSYS 的联合使用

ADAMS 软件是著名的机械系统动力学仿真分析软件，分析对象主要是多刚体。但如果同 ANSYS 软件联合使用便可以考虑零部件的弹性特性。反之，ADAMS 的分析结果可为 ANSYS 分析提供人工难以确定的边界条件。

ANSYS 进行模拟分析的同时，可生成供 ADAMS 使用的柔性体模态中性文件（即 .mnf 文件）。然后利用 ADAMS 以生成模型中的柔性体，利用模态叠加法计算其在动力学仿真过程中的变形及连接点上的受力情况。这样在机械系统的动力学模型中就可以考虑零部件的弹性特性，从而提高系统仿真的精度。

反之，ADAMS 在进行动力学分析时可生成 ANSYS 软件使用的载荷文件（即 .lod 文件），利用此文件可向 ANSYS 软件输出动力学仿真后的载荷谱和位移谱信息，ANSYS 可直接调用此文件生成有限元分析中力的边界条件，以进行应力、应变以及疲劳寿命的评估分析和研究，这样可得到基于精确动力学仿真结果的应力应变分析结果，提高计算精度。

图 32-8-6 描述了 ADAMS 与 ANSYS 联合使用步骤。

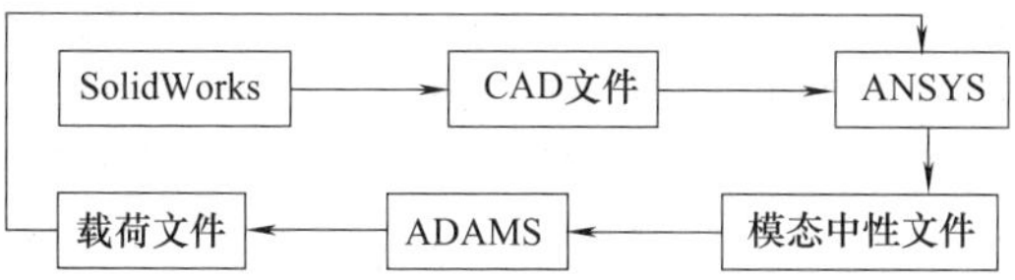

图 32-8-6　ADAMS 与 ANSYS 联合使用步骤图

(3) ADAMS 与 MATLAB 的联合使用

控制系统设计是复杂机械系统进行设计和分析的基本环节之一。针对一些复杂的机械系统，要想准确地控制其运动，仅依靠 ADAMS 自身是很难做到的。好在 ADAMS 提供了 ADAMS/Controls 模块，易于机械与控制系统的结合，通过 ADAMS/Controls 模块，可融入其他控制软件（如 MATLAB）强大的仿真功能，控制系统在外部完成设计，再加载到模型上，并在虚拟环境中完成试验。

图 32-8-7 描述了控制系统和机械系统结合起来进行仿真的 4 个简便的步骤。

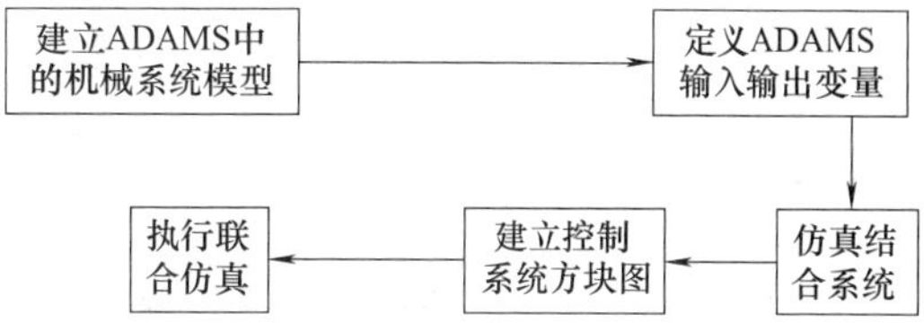

图 32-8-7　ADAMS 与 MATLAB 联合使用步骤图

8.2　虚拟样机技术体系

8.2.1　虚拟样机系统的体系结构

一个复杂的产品通常由电子、机械、软件及控制等系统组成，其虚拟样机工程系统的体系结构如图 32-8-8 所示，由协同设计支撑平台、模型库、虚拟样机（VP）引擎和虚拟现实（VR）/可视化环境四部分组成。其中，协同设计支撑平台提供一个协同设计环境，包括集成平台/框架、团队/组织管理、工作流管理、虚拟产品管理、项目管理等工具。模型库中的模型包括系统级产品主模型、电子分系统模型、机械分系统模型、控制分系统模型、软件分系统模型和环境模型等。

系统级模型负责产品在系统层次上的设计开发与样机的外观、功能、行为、性能的建模，如样机的动力学运动学建模仿真、在特定环境下的行为建模仿真等。

VP 引擎包括各领域 CAX/DFX 工具集，对样机外观、功能、行为及环境进行模拟仿真，并将生成的仿真数据送入 VR/可视化环境，经 VR 渲染后，从外观、功能及在虚拟环境中的各种行为上展示样机。

虚拟样机的开发过程实质上是一种基于模型的不断提炼与完善的过程。虚拟样机技术将建模和仿真扩展到新产品研制开发的全过程，它以计算机支持的协

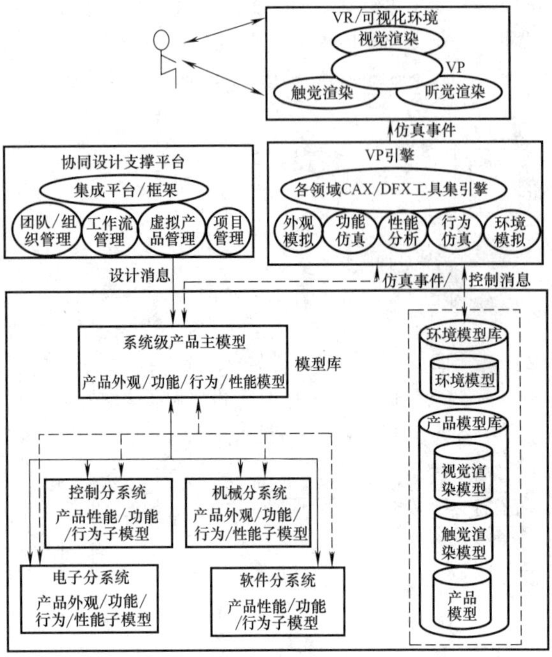

图 32-8-8 虚拟样机工程系统的体系结构

同工作（CSCW）为底层技术基础，通过支持协同工作、CAD、CAM、建模仿真、效能分析、计算可视化、虚拟现实的计算机工具等，将各个集成化产品小组（IPT）的设计、分析人员联系在一起，共同完成新产品的概念探讨、运作分析、初步设计、详细设计、可制造性分析、效能评估、生产计划和生产管理等工作。

虚拟样机系统的主要支撑技术是基于 PDM 的共享数据管理。以计算机为工具，以 PDM 为支撑框架，对设计数据进行分类、整理、数字化和模型化，以有效地存储和利用，实现设计数据转移和共享；并通过网络化与数字化平台，将具有各种数据的人和组织联系起来，并支持他们的协同工作和创新活动。

CAX 与 DFX 技术利用各种计算机辅助工具进行产品的数字化建模，通过应用数字化产品模型定义进行 DFA、DFM 等，在产品开发早期综合考虑产品生命周期中的各种因素，力争从设计到制造的一次成功。建立可重用的、可动态修改的共享产品模型，一个支持参数化、变量化设计的 CAD 系统是必需的。

仿真工具集是虚拟样机系统的核心技术，提供基于 CAD/CAE 通用软件集成技术的快速有限元和机构优化建模技术和方法、基于参数化设计技术的有限元分析与优化设计模型参数化动态修改技术。主要研究虚拟样机模型的性能分析和仿真分析，为产品的设计开发方案决策提供直接和有效的参考。通过数字化产品建模与相关计算机仿真分析技术等，可以部分或全部代替物理模型，完成产品设计开发中的分析试验，降低产品开发成本，提高创新产品质量。

8.2.2 虚拟样机技术建立的基础

虚拟样机技术是一门综合的多学科的技术。它的核心部分是多体系统运动学与动力学建模理论及其技术实现。

工程中进行设计优化与性态分析的对象可以分为两类。一类是结构，如桥梁、车辆壳体及零部件本身，在正常工况下结构中的各构件之间没有相对运动；另一类是机构，其特征是系统在运动过程中部件之间存在相对运动，如汽车、机器人等复杂机械系统。复杂机械系统的力学模型是多个物体通过运动副连接的系统，称为多体系统。

尽管虚拟样机技术以机械系统运动学、动力学和控制理论为核心，但虚拟样机技术在技术与市场两个方面也与计算机辅助设计（CAD）技术的成熟发展及大规模推广应用密切相关。首先，CAD 中的三维几何造型技术能够使设计师们的精力集中在创造性设计上，把绘图等烦琐的工作交给计算机去做。这样，设计师就有额外的精力关注设计的正确和优化问题。其次，三维造型技术使虚拟样机技术中的机械系统描述问题变得简单。再次，由于其强大的三维几何编辑修改技术，使机械设计系统的快速修改变为可能，在这个基础上，在计算机上的设计、试验、设计的反复过程才有时间上的意义。

虚拟样机技术的发展也直接受其构成技术的制约。一个明显的例子是它对于计算机硬件的依赖，这种依赖在处理复杂系统时尤其明显。例如火星探测器的动力学及控制系统模拟是在惠普 700 工作站上进行的，CPU 时间用了 750h。另外，数值方法上的进步、发展也会对基于虚拟样机的仿真速度及精度有积极的影响。作为应用数学一个分支的数值算法及时地提供了求解这种问题的有效、快速的算法。此外，计算机可视化技术及动画技术的发展为虚拟样机技术提供了友好的用户界面，CAD/FEA 等技术的发展为虚拟样机技术的应用提供了技术环境。

目前，虚拟样机技术已成为一项相对独立的产业技术，它改变了传统的设计思想，将分散的零部件设计和分析技术（如零部件的 CAD 和 FEA 有限元分析）集成在一起，提供了一个全新的研发机械产品的设计方法。它通过设计中的反馈信息不断地指导设计，保证产品的寻优开发过程顺利进行，对制造业产生了深远的影响。

8.2.3　系统总体技术

VP 系统总体技术从全局出发，解决涉及系统全局的问题，考虑构成 VP 的各部分之间的关系，规定和协调各分系统的运行，并将它们组成有机的整体，实现信息和资源共享，实现总体目标。总体技术涉及规范化体系结构和采用的标准、规范与协议，网络与数据库技术，系统集成技术和集成工具，以及系统运行模式等。其中系统集成技术和集成工具从全局考虑各分系统之间的关系，研究各分系统之间的接口问题。

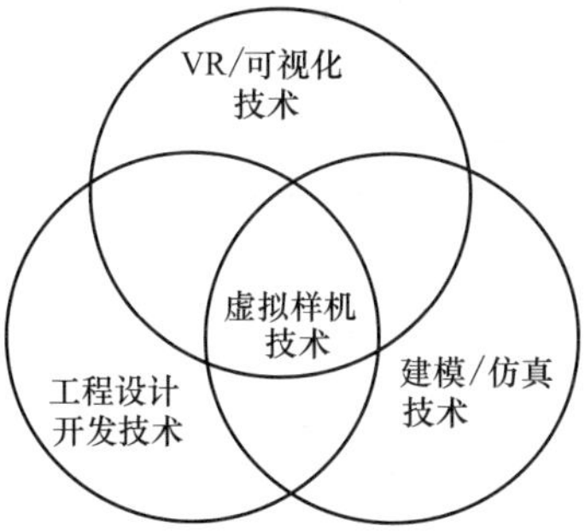

图 32-8-9　VP 三类技术的集成

对虚拟样机技术来说，其核心是工程设计开发技术、建模/仿真技术和 VR/可视化技术这三类技术的集成，如图 32-8-9 所示。它包括：

① 产品工程设计环境、产品功能/行为建模仿真环境与 VR/可视化环境之间的集成技术；

② 多领域产品开发环境之间的集成技术；

③ 多领域分布建模集成技术；

④ 多领域分布协同仿真技术；

⑤ CAD/CAE/CAM/DFX 的集成技术；

⑥ 建模仿真工具的集成技术等。

随着信息技术的飞速发展，系统集成技术领域发展十分迅速，如基于 Web 技术的应用系统集成技术；采用面向对象和浏览器/客户机/服务器技术；基于 CORBA 和 COM/OLE 规范的企业集成平台/框架技术；以因特网和企业内部网及虚拟网络为代表的企业网络技术；异构分布的多库集成和数据仓库技术等。其中，尤其值得指出的是基于 HLA 标准的先进仿真技术的发展，提供了支持三类仿真（构造仿真/虚拟仿真/实况仿真）应用集成的综合仿真环境，支持不同领域、不同类型的模型、仿真应用之间的互操作与重用，可实现不同领域、类型的模型/仿真应用之间的分布、协同建模/仿真，支持各类建模/仿真工具的集成等。

8.2.4　建模技术

虚拟样机是不同领域 CAX/DFX 模型、仿真模型与 VR 可视化模型的有效集成与协同应用。因此，实现虚拟样机技术的核心是对这些模型进行一致和有效的描述、组织/管理以及协同运行。通过给用户提供一个逻辑上一致的、可描述产品全生命周期相关的各类信息的公共产品模型描述方法，支持各类不同模型的信息共享、集成与协同运行，实现不同层次上产品的外观、功能和在特定环境下的行为的描述与模拟；支持模型在产品全生命周期上的一致表示与信息交换和共享，实现在产品全生命周期上的应用；支持模型相关数据信息的映射、提炼与交换，实现对产品全方位的协同测试、分析与评估；支持虚拟产品各类模型的协同集成与协同仿真活动，实现开发环境与运行环境的紧密集成。

8.2.4.1　虚拟样机建模的特点

虚拟样机建模主要有以下特点。

① 多主体、多层次性：建模活动由多个学科、多个领域的设计小组协同工作。

② 多目标、多模式性：各领域的应用背景、工作条件、参与角色不同，设计目标、协同方式、工作流程也各不相同。

③ 异地、异构性：支持异地、异构情况下的建模活动。

④ 开放性、柔性：支持多种模型的装入和卸出，支持模型的灵活配置，以及剪裁、重组、重用等操作。

8.2.4.2　虚拟样机建模技术的核心

传统的产品建模已经取得了可观的研究结果，但主要集中在单领域产品的建模，对产品信息描述的完备性不够，产品定义的标准化和规范化程度不好，缺乏一种集成化、完整的、一致的有效方法，尤其对复杂产品难以在系统层次上进行统一表达，不能有效支持产品全生命周期的集成化开发过程。从当前建模技术的发展趋势上看，采用层次化建模和模型抽象技术（复杂模型的集成与分解技术）、多模式建模概念（对系统从不同抽象级进行建模，集成不同的建模技术）、并行和分布式建模技术、基于元模型的建模技术、基于知识的建模（提供不同的知识表示方案和推理技术，在模型中描述系统知识）是未来复杂产品建模技术的发展方向。

虚拟样机是不同领域模型的有机集成，这些模型通常是同一系统的不同角度或不同领域的描述，模型之间存在密切的联系。有效地对这些模型进行一致的描述、组织和管理，是虚拟样机建模技术的核心。

虚拟样机建模技术能够给用户提供一个可描述产品全生命周期相关的各种信息的并且逻辑上一致的公共产品模型描述方法，它可以：

① 支持模型在产品全生命周期的一致表示与信息交换和共享；

② 支持各类不同模型的信息共享、集成与协同运行；

③ 支持模型相关数据信息的映射、提炼与交换；

④ 支持产品各类模型的协同建模与协同仿真活动。

为了支持协同产品开发的工作模式，复杂系统协同建模技术也应运而生，它最主要的特征是位置的分布性和工作的协同性，即人员、工具、模型所处位置和状态的分布性与实施时的协同性：其核心是高层建模技术，即复杂系统的顶层、抽象描述技术，它是将不同位置、不同人员、不同工具开发出的子模型集成为完整的系统模型的关键。

表 32-8-1 各国的产品数据交换标准

项目名称	开发机构及项目编号	开发时间/年
IGES	(美)ANSIY14.26M	1979
XBF	(美)CAD-1	1980
SET	(法)AFNORZ68-300	1982
PDDI	(美)DOD	1982
VDAFS	(德)DIN66301	1983
CADX1	ESPRIT-322	1984
EDIF	(美)EIA	1984
PDES	IPO	1984

目前提出的产品建模方式主要是基于 STEP 标准的产品建模方式。STEP 是 ISO（国际标准化组织）制定的一个产品数据表达与交换标准。产品数据表达与交换标准的制定起源于 20 世纪 70 年代末美国国家标准局联合一些工业部门开发的初始图形交换规范 (IGES)。其后不断地扩充其功能和进行版本升级。80 年代以来，美、法、德等国家的各部门或公司又先后针对不同的应用领域或根据本国需要分别制定出多个产品数据交换标准（见表 32-8-1）。其中，美国 IGES 组织制定的 ODES 计划克服了 IGES 标准仅局限于几何图形信息的弱点，提出了能够支持产品设计、分析、制造和测试等过程的产品数据交换标准。1983 年，ISO 设立了专门的机构 TC184/SC4 来制定一项产品数据表达与交换的国际标准 ISO 10303，即 STEP 标准。

STEP 标准的目标是提供一种不依赖于具体系统的中性机制以描述产品整个生命周期中的产品数据，并在不同的系统间进行交换时保持数据的一致性与完整性。计算机辅助环境下的产品数据包括：①产品形状，如几何拓扑表示；②产品特征，如面、体、侧角等形状特征，回转等加工特征，提拉、挤压等设计特征；③产品管理信息，如 BOM、零件标号等；④公差，如尺寸、形位等；⑤材料，如品种、类型、强度等；⑥表面处理，如表面粗糙度、喷涂等；⑦工艺信息、加工信息、质检信息、装配信息等内容；⑧有关产品的其他信息。

基于 STEP 标准的产品数据交换主要有 4 种形式：中性文件交换、工作格式交换、数据库交换和知识库交换。其中中性文件交换方式比较成熟，采用专门格式的 ASCII 码文件和 WSN（wirth syntax notation）形式化语法，其交换实现如图 32-8-10 所示。

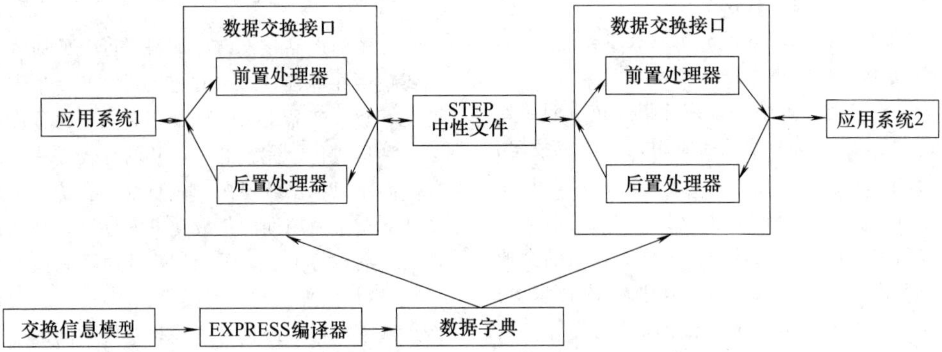

图 32-8-10 基于 STEP 中性文件的数据交换

前面提到，虚拟样机包含产品的 SAD 模型、产品的外观表示模型、产品的功能和性能仿真模型、产品的各种分析模型、产品的使用和维护模型与环境模型等类型众多的模型。因此，需要一种建模方法将这些模型组织在一个统一的框架下，并且从满足虚拟设计的角度，应该满足以下要求。

① 完整性：完整地表示产品零件的造型方面和制造方面的工艺信息及其内涵，以满足不同的应用

要求。

② 唯一性：能够检查所表达的产品信息的一致性，避免二义性，使计算机能等正确理解产品信息。

③ 通用性：所表达的产品零件信息能方便地在系统各模块中使用或方便地转换。

④ 相容性：产品零件的某信息被修改时，有关的信息应能进行相应地修改，保持数据相容性。

⑤ 动态性：能动态地表示零件在设计制造过程中的变化情况。

STEP 标准能够作为实现虚拟样机建模的重要起点，在很大程度上可以满足虚拟样机的需要。另外，STEP 还为开发各种系统，提供了一种标准化的建模工具和方法论，其具体步骤如下。

① 应用以 IDEFO 为基础的功能分析法建立 AAM，以描述具体系统的过程、信息流和功能需求。一个 AAM 可以看作一个模式，其中每个活动可以看作一个实体，活动的输入信息看作实体的属性，活动的控制信息看作实体属性的各种约束。

② 应用 EXPRESS-G、IDEF1x、NIAM 数据分析和设计方法建立 ARM 以描述集体系统的信息要求、约束、功能及对象。EXPRESS-G 是 EXPRESS 语言的子集，提供数据模型的图形表示法，它通过对 AAM 的每一个活动进行抽象，抽取每个活动描述的对象及其相关属性。

③ 根据 AAM 和 ARM，从集成资源中抽取出所需资源构件。增加约束、关系和属性，建立用 EXPRESS 语言描述的 AIM，形成具体系统的概念模式。这就完成了产品模型信息的建模过程。

近年来一种新的标识语言——XML（xtensible markup language，可扩展标志语言）的出现，为产品建模中的数据交换提供了一个新的途径。XML 是 SGML 的一个优化子集。SGML 是 ISO 在 1986 年推出的一个用来创建标识语言的语言标准。SGML 的全称是标准通用标识语言，它可以用于创建成千上万的标识语言，并为语法标识提供异常强大的工具，同时也具有良好的扩展性，主要用在科技文献和政府办公文件中。但是 SGML 非常复杂，而且相关软件也十分昂贵，例如 Adobe Frarne Worker 软件的标准价格为 850 美元，这导致几个主要浏览器厂商拒绝支持 SGML。相比之下，HTML（超文本标识语言）免费、简单，从而得到广泛的支持。但是 HTML 具有许多致命的弱点：它是针对描述主页的表现形式而设计的，因而缺乏对信息语义及其内部结构的描述，不能适应日益增多的信息检索和存档要求；它对表现形式的描述功能也很不够，无法描述矢量图形、科技符号和一些特殊显示效果；随着标记集日益臃肿，松散的语法要求使得文档结构混乱而缺乏条理，导致浏览器设计越来越复杂，降低了浏览的时间与空间效率。

XML 是一种开放的、以文字为基础的标识（markup）语言，它可以提供结构完整的以及与语义有关的信息给数据。这些数据或元数据（metadata）提供附加的意义和目录给使用那些数据的应用程序，而且也将以网络为基础的信息管理和操作提升到一个新的水平。XML 语言用于建模，主要在于利用其强大的数据描述功能。XML 文件被认为具有自我描述的能力，也就是说，每个文件包含一组规则，文件中的数据都必须遵从这些规则。因为任何一组规则都可以方便地在其他文件中重复使用，其他开发者可以方便地创造出相同的文件类别。良好的数据存储结构、可扩展性、高度结构化和便于网络传输是 XML 的 4 大特点。已经有人提出采用 XML 和 STEP 共同完成产品信息建模和数据共享。

8.2.4.3　虚拟样机建模的实现方法

虚拟样机模型的建立是实现其各种仿真的基础，任何仿真都必须从 VP 模型的建立开始。目前 VP 技术的一般实现方法有三种。

① 使用 CAD 软件（如 UG、Pro/E、Solidworks 等）进行三维实体建模，将模型导入运动学、动力学分析软件 ADAMS 建立仿真模型，再进行仿真分析。

② 面向 CAD /CAE 集成的 VP 建模方法：此种方法是产品整机实体参数化的 CAD/CAE 一体化的 VP 建模方法，实现了优化数学模型到 VP 模型的自动转换和无缝集成，其仿真模型的自动建模过程如图 32-8-11 所示。

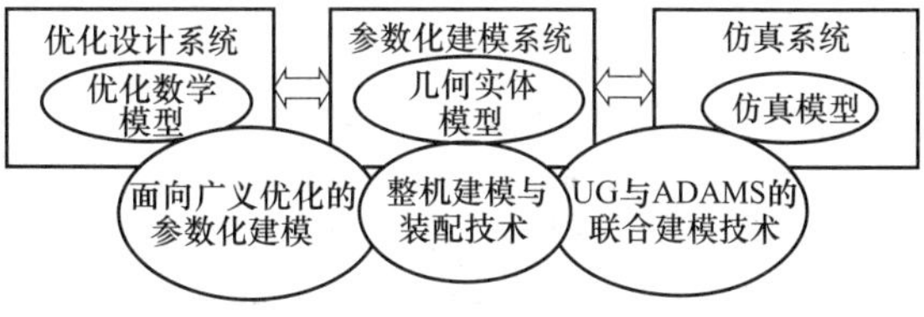

图 32-8-11　VP 建模流程图

它包括广义优化建模、几何实体建模和仿真建模 3 个步骤。

a. 通过面向广义优化的参数化建模技术建立产品参数与实体模型间的映射与驱动关系。在此过程中要保持优化数学模型与几何实体模型的驱动参数对应关系，并延续到仿真模型阶段，以保证在整个建模过程中仿真结果评估能正确反馈到优化数学模型上。

b. 整机建模与装配技术实现实体模型的创建。产品实体模型在整个设计阶段中是连接优化设计模型与仿真运动模型的纽带，在此过程中我们要从全局的角度出发，采用布局与骨架模型的参数化建模技术，将部件及参数化建模推进到整机参数化建模阶段，建立整机的参数化模型。

c. UG 与 ADAMS 的联合建模技术实现实体模型向仿真运动模型的转化。在对广义优化所产生的实体模型进行处理后（如在 UG 中定义刚体、运动副和载荷等），就可以将 CAD 建模的结果输入 ADAMS 系统中，建立机械、液压和控制等子系统模型，并在 ADAMS 环境中利用参数关联和模型集成技术建立机电液一体化的 VP 模型。这样，通过上述方法就实现了 CAD 的设计优化与 CAE 运动仿真的联动，根据仿真分析所产生的优化结果可以驱动参数化实体模型，实现 CAD/CAE 一体化建模的自动转变，并自动导入 ADAMS 中产生新的虚拟样机模型，ADAMS 的宏命令可以实现液压系统、控制系统等的自动加载，从而生成一个完整的 VP，最终达到了以 CAE 的运动仿真结果驱动设计模型进行优化的目的。

③ 多维系统 VP 的建模方法：系统是由机构、液压、驱动、电气和控制等构成的复杂系统。对这一复杂系统的仿真要求，产生了多学科联合仿真的理论和软件实现。多学科联合仿真目前采用的方法有：a. 在三维的 VP 软件中结合简单的有限元分析、电气液分析和部分控制功能，如 ADAMS 等；b. 采用数学模型替代三维几何实体，以精巧的电气液和控制仿真为基础实现多学科联合仿真，如 EASYS、MATLAB 等；c. 采用通信接口将不同的软件连接起来进行联合仿真。从可视化的角度，将以三维实体模型为主体的系统动态仿真和有限元分析称为三维仿真，将电气液和控制系统仿真称为平面仿真。鉴于上述考虑，可采用以三维仿真技术为主体，有机结合平面仿真技术，构建机械系统多维 VP 技术，以建立更加符合真实情况的 VP 模型，获得更可靠的仿真结果。系统多维 VP 技术，以三维 CAD 几何建模为基础，将系统动态仿真技术与有限元分析技术、电气液和控制仿真技术等有机融合，在此过程中采用可重构建模思想和标准化建模原理，构建开放式的建模和仿真平台，按照系统化方法建立较为完整的接近于真实系统的多维 VP 模型，实现全方位的系统动态仿真。

VP 技术的实现是以 VP 模型的建立为基础的。可以预见，在 21 世纪 VP 技术必将成为机械工程领域产品研发的主流，具有广阔的发展前景，而 VP 建模技术的不断发展和完善，必将为 VP 技术的发展和应用起到关键的推动作用。

8.2.4.4 虚拟样机建模技术应用实例

以复杂机械抓斗装卸桥设计为例，抓斗装卸桥是一个比较复杂的机械，主要由大车运行机构、门架结构、小车、抓斗等部件组成，见图 32-8-12。这要求在建模过程中考虑优化的建模方法，才能建立合理的模型。这不仅可以降低对计算机性能的要求，而且能保证对装卸桥仿真的准确。

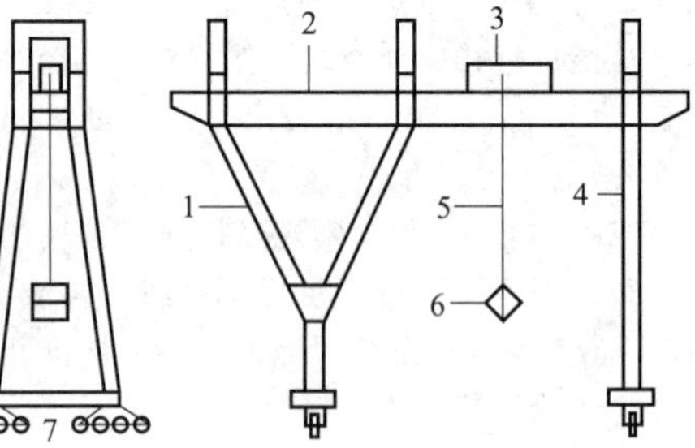

图 32-8-12 抓斗装卸桥结构简图

1—刚性腿；2—主梁；3—小车；4—柔性腿；5—钢丝绳；6—抓斗；7—大车运行机构

门架结构是装卸桥的主要承载构件，由 2 根主梁、2 根连接梁、3 根上横梁、2 根刚性腿、1 根柔性腿、2 根下横梁等部件组成，主梁、支腿等主要承载构件的金属结构均为箱型构件。整台装卸桥的大车运行机构有 4 套，每套大车运行机构有车轮 4 个，其中 2 个为驱动轮。小车是装卸桥的主要工作机构，由小车架、小车运行机构和提升机构等部件组成，提升机构用来控制抓斗的上升、下降和抓取货物，小车的整个工作过程见图 32-8-13。

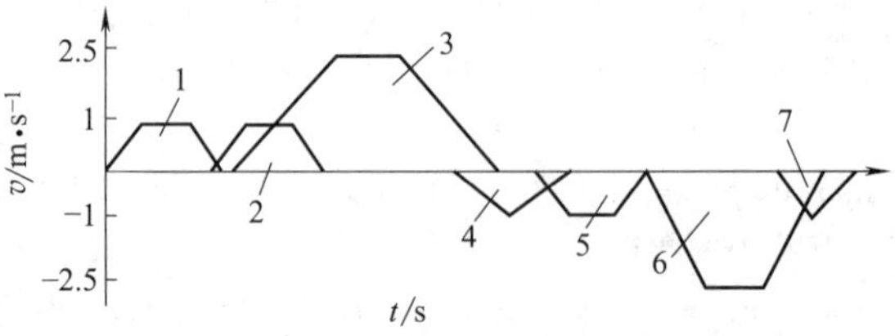

图 32-8-13 装卸桥运行图

1—抓取；2—提升；3—小车去程；4—下降；5—加料；6—小车回程；7—复位

根据装卸桥各部件的结构，依据产品设计资料、施工图纸的尺寸，首先建立基准线与基准平面；然后采用拉伸特征构造出各部件的外部形状；再采用切割特征构造刚性腿、柔性腿、主梁内部的箱型金属结构；采用倒圆、倒角、拔模、阵列等特征，构造各部件的一些细节特征；最后装配成装卸桥整体的三维模型。通过对各部件三维模型的质心、质量等物理参数的计算，得到的结果与设计制造资料提供的各项参数基本相符。

装卸桥虚拟样机模型建立：在众多的虚拟样机软

件中，选用 SIMPACK 软件。SIMPACK 是德国 INTEC 公司开发的机械/机电系统运动学/动力学仿真分析的多体动力学软件。利用 SIMPACK 软件，可以快速建立机械系统和机电系统的动力学模型，包含关节、约束、各种外力或相互作用力，并自动形成其动力学方程，然后利用各种求解方式，如时域积分，得到系统的动态特性；或频域分析，得到系统的固有模态及频率以及快速预测复杂机械系统整机的运动学/动力学性能和系统中各零部件所受载荷。由于 SIMPACK 软件强大的运动学/动力学分析功能，可建立任意复杂机械或机电系统的虚拟样机模型，包括从简单的少数自由度系统到高度复杂的机械、机电系统（如链条、列车等）。图 32-8-14、图 32-8-15 所示是门架结构和大车运行机构的三维模型。

图 32-8-14　门架结构三维模型

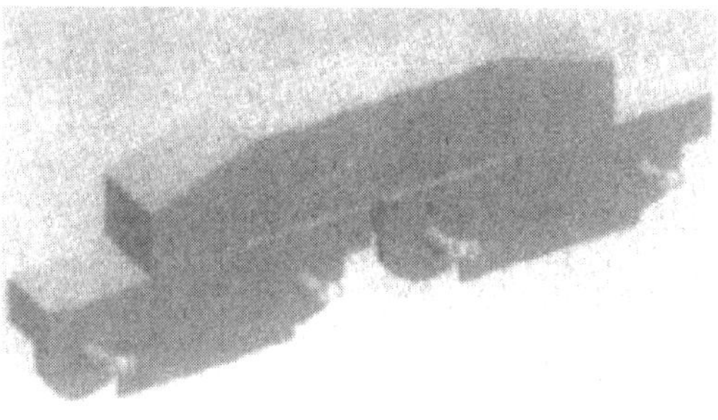

图 32-8-15　大车运行机构三维模型

在完成装卸桥的三维建模之后，要对三维模型进行机械系统动态仿真。用 SIMPACK 对装卸桥进行仿真，首先要对装卸桥的结构进行分析，根据系统各部分的相对运动关系，构建拓扑图（图 32-8-16）。通过拓扑图得到简化模型，施加运动副和运动约束，施加载荷，建立虚拟仿真机械系统。

在拓扑图中，将装卸桥整体分解为一个个的刚体，例如刚性腿、主梁、柔性腿等，刚体与刚体之间用运动副、运动约束或力元素相互连接起来，同时设定刚体与刚体之间的自由度（其中 x、y、z 代表 X、Y、Z 3 个坐标轴方向上的平移自由度，α、β、γ 代表绕 X、Y、Z 3 个坐标轴的转动自由度）。

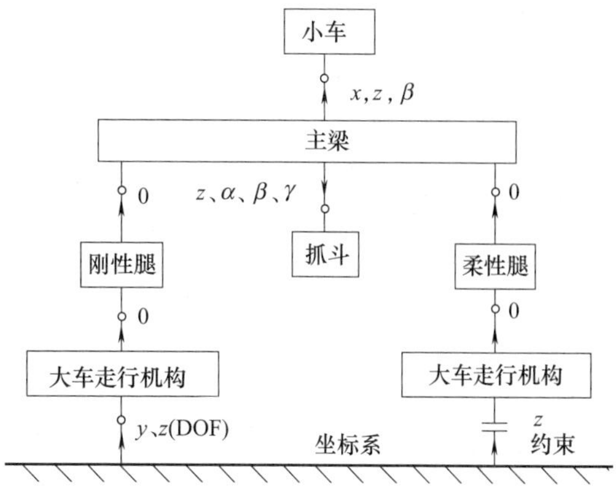

图 32-8-16　装卸桥结构拓扑图

进行虚拟仿真，首先将 Pro/E 建好的门架结构、大车行走机构及小车抓斗的三维模型通过 CAD 接口导入虚拟仿真软件 SIMPACK 中，根据拓扑图中的连接方式，用运动副将各个零部件连接起来，构成装卸桥整体（图 32-8-17）。SIMPACK 提供数十种运动副的类型，运动副实际上代表了相邻刚性体间的相互运动规律，通过运动副设定装卸桥的各个部件之间的相互运动，模拟装卸桥在运行时的实时运动状态；还可以对模型中的任何一个部件施加各种外力或相互作用力或力矩，其数值大小可为定值也可为变值；或对模型中的任何一个部件施加扰动、时间激励或输入函数，来模拟装卸桥运行时外界对装卸桥的影响，最大限度地模拟装卸桥的真实工况。之后还可以利用 SIMPACK 提供的 SIMBEAM 模块将虚拟机械系统中的刚性体转换成柔性体来进行仿真，更真实地模拟装卸桥的实际工况。最后将用 Pro/E 计算出的三维模型的质量、转动惯量、质心位置等物理特性参数输入 SIMPACK 软件中，对装卸桥的运行作进一步的仿真分析。

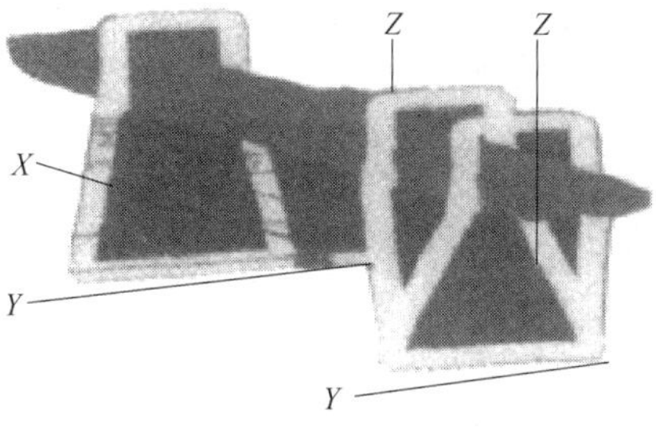

图 32-8-17　装卸桥仿真

利用三维建模软件与虚拟仿真软件建立了装卸桥的虚拟机械系统，下一步可以对装卸桥进行各种分析，包括静力学分析、运动学分析、动力学分析、逆动力学分析、模态分析、受迫振动响应分析。

通过对装卸桥的虚拟仿真，不仅有效地分析了影响装卸桥安全运行的因素，有效地降低了安全检验的成本，还为装卸桥提供了可靠的数据，因而提高了装卸桥安全性能，保障了港口的安全生产。

8.2.5 虚拟样机协同仿真技术

协同设计与仿真技术作为虚拟样机技术的主要关键技术，是基于建模技术、分布仿真技术和信息管理技术的综合应用技术，是在各领域建模/仿真分析工具和 CAX/DFX 技术基础上的进一步发展。协同仿真既包含在时间轴上对产品全生命周期的单点仿真分析，也强调在同一时间点上不同人员/工具对同一产品对象在系统层面上的联合仿真分析。利用协同仿真技术，通过虚拟机环境下的多学科协同设计，在设计早期考虑某一时刻所涉及的多学科耦合问题，全局考虑机械、液压、动力学参数对产品整体性能的影响，进行合理的设计决策，避免出现大循环的设计返工，加速复杂产品的研制过程。

协同仿真技术是不同的人员采用各自领域的专业设计/分析工具协同地开发复杂系统的一条有效途径。将协同仿真技术应用于复杂产品的虚拟样机开发，实现虚拟环境下产品性能的优化设计，对于启迪设计创新、改进设计质量、缩短开发周期、降低产品成本，具有十分重要的意义。

8.2.5.1 虚拟样机协同仿真技术的实现

虚拟样机协同仿真技术的实现过程包括需求定义阶段、概念模型开发阶段、设计与开发阶段、集成测试阶段和运行与分析阶段，在此过程中设计的工具包括需求定义工具、概念模型分析和设计工具、仿真系统开发和设计工具、系统测试和评估工具、模型库数据库管理系统、项目管理系统以及各个学科的开发工具（机械、电子、控制、软件等），因此，建立统一的模型规范成为虚拟样机全生命周期控制的一个不可或缺的环节。

复杂产品的协同仿真技术包括高层建模技术、协同仿真实验技术和协同仿真运行管理技术等几个方面。复杂产品高层建模技术是复杂系统的顶层描述。复杂产品协同仿真实验技术主要解决这些由不同工具、不同算法甚至不同描述语言实现的分布、异构模型之间的互操作与分布式仿真问题，以及在系统层次上对虚拟产品进行外观、功能与行为的模拟和分析问题。协同仿真运行管理技术负责管理在协同仿真运行中各类模型的状态及其流程设计与管理等。

虚拟样机技术要求在设计过程中大量引入计算机仿真，而且要将原有的由物理样机完成的试验尽可能由计算机仿真来代替，这就需要大量的满足各个领域仿真需要的仿真工具，比如机械多体动力学仿真、控制系统仿真、电子电路仿真、流体力学仿真、有限元分析和嵌入式系统仿真等。目前，产品的设计模型通常不能直接用于仿真，需要针对所要进行的仿真进行专门的建模。这些仿真模型也是虚拟样机的重要组成部分，它们与产品的其他模型（几何模型等）存在一定的对应关系，比如几何模型的修改自然影响到机械动力学仿真模型。如何通过一个一体化的建模技术将这些模型有效组织在一起是一个有待解决的问题。

在虚拟设计中，异地的设计人员在协同设计过程中，自然会出现矛盾和冲突，如不及时发现和协调解决，就会造成返工和损失。靠商谈或某种通信工具（比如电话）进行讨论并加以解决的方式很难做到及时、充分地协商和讨论。计算机支持协同设计是 CSCW 技术在设计领域的一种应用，它用于支持设计群体成员交流设计思想、讨论设计结果、发现成员之间接口的矛盾和冲突，及时地加以协调和解决，可减少甚至避免设计的反复，从而进一步提高设计工作的效率和质量。

8.2.5.2 协同仿真实例

（1）挖掘机的虚拟样机仿真

挖掘机的虚拟样机仿真采用 SolidWorks 和 ADAMS 软件协同完成，借助 COSMOSMotion 插件实现数据传输的完整和精确仿真流程：

① 利用 SolidWorks 软件的特征建模技术、参数化和变量化建模技术创建挖掘机各个零件的三维实体模型。

② 创建装配体，插入各个零件并正确定义相互之间的配合及约束关系，完成挖掘机的总体装配。

③ 点击“工具”→“插件”→COSMOSMotion 载入插件并切换到运动分析界面，根据分析需要正确定义运动/静止零部件、力和约束，运行仿真。

④ 将仿真结果输出为 ADAMS 数据。

⑤ 在 ADAMS 中导入第④步中输出的数据（.cmd 格式）。

⑥ 对导入的模型作适当修改，根据分析需要定义正确的仿真条件，进行相应的虚拟样机仿真。

为了保证仿真过程的顺利和仿真结果的正确性，需要注意：

① 从建模界面切换到运动分析界面后，需要对

运动/静止零部件和映射过来的约束关系重新定义，以适合仿真要求；

② 在输出 ADAMS 数据时，保存目录必须为英文，保存选项选第二项，保证输出数据的完整；

③ 在 ADAMS 中读入数据时，文件的存放目录也必须为英文。

(2) 挖掘机的有限元分析

挖掘机的有限元分析采用 Pro/E 和 ANSYS Workbench 软件协同完成，仿真流程如下。

① 利用 PRO/E 软件的参数化建模技术创建挖掘机零部件的三维实体模型。

② 创建挖掘机总装配体。

③ 点击 ANSYS→Simulation 将挖掘机实体模型传入 ANSYS Workbench 的仿真环境。

④ 在仿真环境中根据分析需要对相关零部件施加载荷、约束等边界条件，划分网格，进行有限元分析。

注意事项：

① 协同仿真时需保证 ANSYS Workbench 软件的版本高于 Pro/E 的版本。

② 如有需要，可将分析结果输入 NASTRAN、ABAQUS 等有限元软件进行更深入的分析和研究。

由此可见，在产品的设计中采用 CAD 和 CAE 软件进行协同仿真，有利于充分发挥软件的潜能、提高产品的设计效率。实践证明，选用适当的软件组合并进行正确的设置，尽量保证两种软件之间的无缝连接，能够有效提升协同仿真的质量。

8.2.6　虚拟样机数据管理技术

虚拟样机开发过程中，需要集成大量的 CAD/DFX 建模工具和仿真工具，涉及大量的数据、模型、工具、流程及人员管理问题。如何合理高效地组织它们实现整个系统内的信息集成，保证在正确的时刻把正确的数据按正确的方式传递给正确的人，是能否优质地、成功地进行虚拟样机开发的必要条件，直接关系到整个产品开发的效率甚至成败。

产品数据管理（product data management，PDM）作为管理产品全生命周期数据的管理系统，是相对成熟而完善的。它为企业设计和生产等活动构筑一个并行进行的产品环境平台。一个成熟的 PDM 系统能够使所有参与创建、交流、维护、设计等的人在整个产品信息生命周期中自由共享和传递与产品相关的所有异构数据。也就是说，PDM 为企业的产品开发、设计，产品的信息管理，乃至生产管理等活动提供一个信息交换的平台或计算机操作系统。

在复杂产品虚拟样机管理系统中，完全可以借鉴产品数据管理的技术和管理经验，管理虚拟样机中的文档、仿真工具、工作流及人员。但是，传统产品数据管理技术不能完全适应复杂产品虚拟样机系统，需进一步拓展其功能和性能。

基于复杂产品虚拟样机系统的特点，作为其支撑平台的产品数据管理系统有如下几个要求。

① 支持协同开发团队的组建。虚拟样机开发过程是一个在异构环境下多领域协同开发的过程。如何使不同领域、不同地区的专家、技术人员能协同工作，互相交换信息，在正确的时候将正确的数据传给正确的人是复杂产品虚拟样机 PDM 要解决的关键问题。

② 实现数据的共享和互操作。复杂产品虚拟样机开发涉及不同的企业、行业组织，存在着信息模型不一致、外部数据交换格式不统一的弊病，无法抽象成单一数据库模式。所以复杂产品虚拟样机的 PDM 研究的重点在于如何实现这些数据共享和互操作。

③ 数据读取的安全性。虚拟样机系统中的文件都是以电子文件形式在计算机网络上交流的，更迫切地需要解决数据的安全性问题。要求能够实现根据系统中各类人员所承担的不同职责，分别赋予不同的数据访问权限，处理不同范围的资料。

④ 能够集成不同环境下的应用系统。由于虚拟样机系统涉及不同领域的不同应用系统，因此虚拟样机系统的集成框架必须能充分集成现有的应用系统，对跨地域的产品数据同样实现信息集成。

综上所述，并结合目前典型的商用 PDM 软件的功能，我们对系统提出如图 32-8-18 所示的功能树。

系统由系统维护、仿真项目管理、模型数据管理、模型结构配置管理、仿真人员工作平台这几个模块构成。

系统维护：系统维护包括人员权限管理、系统日志管理和数据库维护 3 部分。本系统采用基于角色的权限管理机制，一个角色可以拥有多个权限，不同的人员在不同的情况下可以担当不同的角色。另外系统将组织管理分为项目组、部门组、企业组和联盟组。一个人员只能属于一个部门组，但是可以属于不同的项目组。数据库维护包括数据备份和数据恢复，在突发情况下保障数据的安全性。

仿真项目管理：项目管理是为了在确定的时间内完成特定的任务，通过一系列的方式合理组织有关人员，并有效管理项目中的所有资源与数据，控制项目进度。

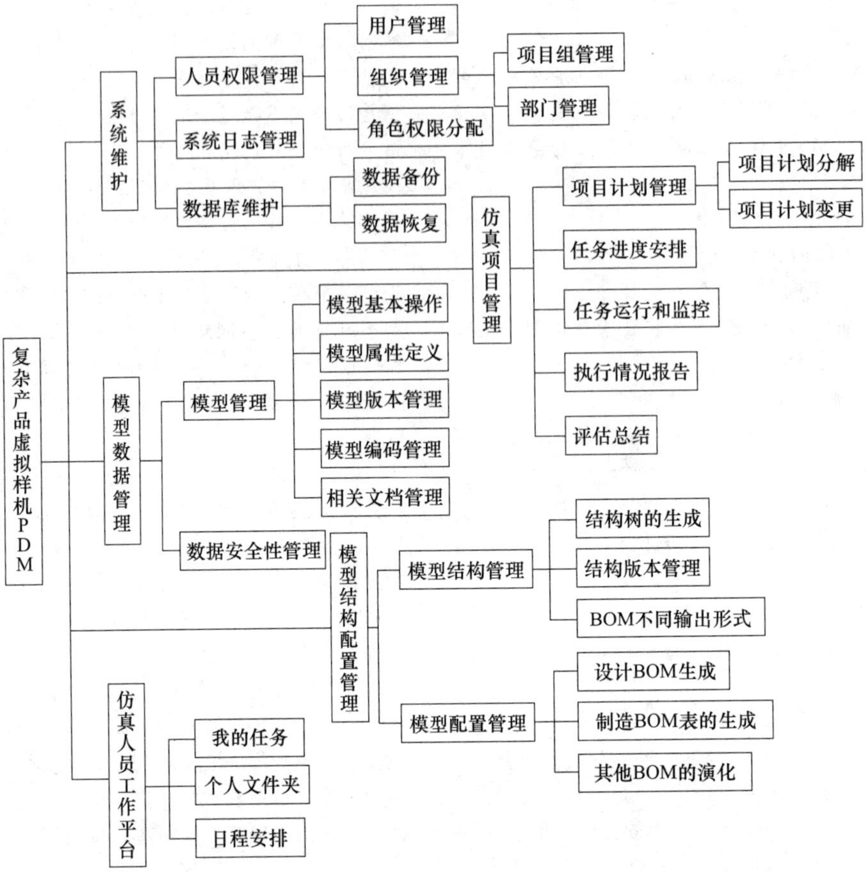

图 32-8-18 系统功能树

模型数据管理：这一模块主要完成对模型的基本操作（创建、删除、修改、查询）。用户可以自己定义模型的属性，这样可以根据属性将模型分类管理，方便查找。版本的管理有助于历史的回溯，保留旧版本也有助于经验的积累。将相关文档通过超级链接的方式与模型关联起来，方便仿真人员的查看。

模型结构配置管理：将模型按其装配结构生成结构树，有利于模型的查询。设计 BOM、制造 BOM 及其他形式的 BOM 将与产品相关的信息以不同的形式表示出来，以满足不同部门的人员的需求。

仿真人员工作平台：可以设为系统的主页，用户一登入系统，就可以知道自己的任务，并且设有个人文件夹，可以将私有文件放到此目录下，其他任何人都没有察看权限；利用日程安排工具，仿真人员可以为自己或者其他人制订工作计划，及时反映计划完成情况。

虚拟样机模型库管理系统拓展了传统 PDM 系统的功能，除了要实现产品的结构树管理、文档管理、版本管理、配置管理外，还要实现对虚拟样机仿真系统全生命周期的模型、文档和数据管理。所以我们归纳了虚拟样机模型库管理系统的关键技术有以下 5 个。

① 基于 PDM 技术的复杂仿真工程全生命周期各类模型、资源的管理。

② 基于 XML 技术，采用层次化体系结构，实现模型定义/模型库构造的灵活性与开放性，定义一套面向复杂仿真工程的模型库置标语言。

③ 采用中间件技术（语义互操作与数据互操作），支持各类模型的重用、集成与互操作，支持分布建模与协同仿真，实现开发环境与运行环境的无缝集成。

④ 采用面向服务的模型调度管理模式：支持对模型以服务的形式封装和管理；支持复杂仿真系统的快速构造；支持异地模型资源的重构。

⑤ 支持按项目组织仿真工程全生命周期的各类模型、资源的管理。

为了更好地研究虚拟样机管理平台，下面我们具体分析一下模型库管理系统的体系结构。体系结构如图 32-8-19 所示。

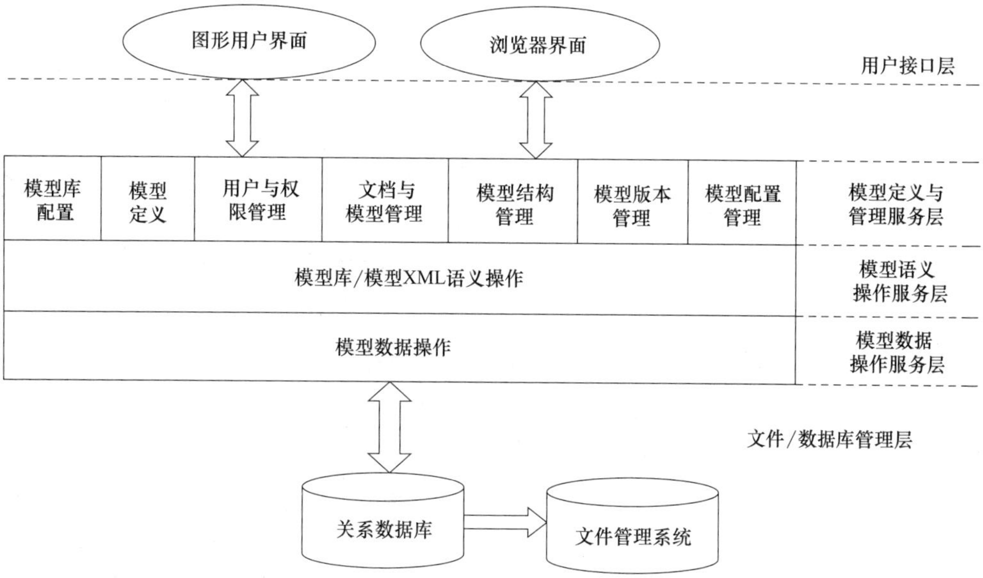

图 32-8-19　虚拟样机模型库管理系统的体系结构

① 用户接口层：分为 Windows 风格的图形用户界面和基于 Web 的浏览器界面，为用户提供友好的使用界面。

② 模型定义与管理服务层：主要功能模块有仿真实体模型的用户与权限管理、模型结构管理、模型文档与模型管理、模型版本管理、模型配置管理等。

③ 模型语义操作服务层：用 XML 描述模型，实现模型的语义描述。XML 语言作为一种元语言，它可以定义自己的标签。使标签之间的数据含义很清楚，把标签编成与模型数据的特殊格式相匹配，就能使程序代码容易读懂和编写。

④ 模型数据操作服务层：提供对数据库的操作，是介于应用程序和数据库之间的数据库访问服务层。它分离程序的界面和功能，方便程序员对数据库的访问，同时使程序更有层次感，提高可读性。

⑤ 文件/数据库管理层：用现在流行的关系数据库，如 Oracle、SQL server 等作为后台，管理数据，实现数据的并行访问、安全存储等功能。关系数据库中保存指向物理模型/数据/文件的指针和模型/数据/文件的基本属性，如相关人员、日期等。

模型库管理系统管理协同仿真项目全生命周期涉及的各类数据、模型、文档和工具等，是开发环境与运行环境的桥梁，支持对标准组件模型的管理和组装，使用户可以轻松地构造复杂仿真系统。

8.2.7　其他相关技术

与虚拟样机相关的还有以下技术。

(1) 支撑环境技术

虚拟样机支撑环境应该是一个支持并管理产品全生命周期虚拟化设计过程与性能评估活动支持分布异地的团队采用协同 CAX/DFX 技术来开发和实施虚拟样机工程的集成应用系统平台。

它应能提供相应数据、模型、CAX/DFX 设计工具、基于知识管理的协同环境等，支持复杂产品全生命周期的设计活动。

它应能提供相应数据、模型库（包括相关产品模型与环境模型等）、相关模拟与仿真应用系统、协同仿真平台和可视化环境等，支持对复杂产品全生命周期的仿真和分析活动。

它应能支持虚拟样机开发过程中组织、技术和过程 3 个关键要素的有机结合，支持虚拟产品数据模型和项目的管理与优化，支持不同工具、不同应用系统的集成，支持并行工程方法学。

(2) 信息/过程管理技术

完整的虚拟产品包含了大量的、多层次的知识和信息，从上到下可大致分为 3 层：第 1 层由信息技术知识和多文化知识组成；第 2 层是过程知识和生命周期知识；最底层是基础知识、经验知识和产品知识，如图 32-8-20 所示。因此，在虚拟样机开发过程中必然涉及大量的数据、模型、工具、流程和人员，这就需要高效的组织和管理，实现优化运行，即在正确的时刻把正确的数据按正确的方式传递给正确的人。

虚拟样机开发过程中的管理技术包括数据模型的管理和项目过程的管理，亦即信息集成和过程集成，其具体内容包括 IPT 团队的组建与管理，虚拟产品数据、模型的管理，虚拟样机开发流程的建立、重组

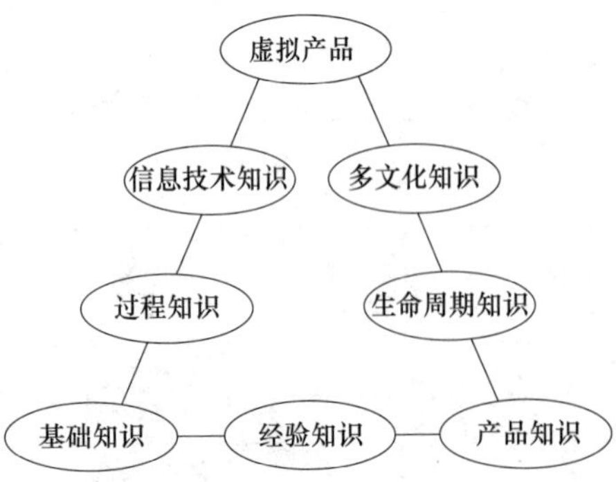

图 32-8-20 虚拟产品知识

优化与管理和复杂虚拟样机工程项目管理等方面。基于已有项目管理技术和产品数据管理技术，进一步拓展对项目的多目标、模型库和知识库的管理功能和性能是实施复杂产品数据、模型、工具、流程以及人员管理的有效途径。

（3）虚拟现实技术

虚拟现实技术综合了计算机图形技术、计算机仿真技术、传感器技术、显示技术等多种科学技术，它在多维信息空间上创建一个虚拟信息环境，能使用户具有身临其境的沉浸感，具有与环境完善的交互作用能力，并有助于启发构思，它已经成为构造虚拟样机、支持虚拟样机技术的重要工具。虚拟样机必须存在于虚拟环境之中。虚拟现实是一种由计算机全部或部分生成的多维感觉环境，使参与者产生沉浸感。通过这个虚拟环境，人们可以进行观察、感知和决策等活动。目前虚拟现实正向着基于虚拟现实造型语言和分布式交互仿真标准的分布式虚拟现实方向发展。尤其在军事对抗仿真系统中，虚拟战场环境的综合仿真，包括地面（地形和地貌）、海洋、大气、空间和电磁环境。虚拟环境仿真需要解决环境仿真模型的建立和环境效应的模拟等问题。应逐步完善和建立各种环境数据库，利用虚拟现实技术开发分布式虚拟环境技术，以满足大规模分布式仿真的需要。涉及的关键技术有高速网络数据的实时交换与显示、数据融合与挖掘、3S（遥测、地理信息系统和全球定位系统）技术以及地形绘制、天气描述、运动和传感等。

虚拟现实技术已成为新产品设计开发的重要手段。在虚拟现实环境下进行协同设计，团队成员可以同步或异步地在虚拟环境下从事构造和操作虚拟对象的活动，并可对虚拟对象进行评估讨论以及重新设计等活动。设计人员面对相同的虚拟设计对象，通过在共享的虚拟环境中协同地使用声音和视频工具，在设计初期消除设计缺陷，减少上市时间，提高产品质量。

此外，传统的信息处理环境一直是“人适应计算机”，而当今的目标或理念是要逐步使“计算机适应人”，使我们能够通过视觉、听觉、触觉、嗅觉，以及形体、手势或口令，参与到信息处理的环境中去，从而取得身临其境的体验。这种信息处理系统已不再是建立在单维的数字化空间上，而是建立在一个多维的信息空间中，虚拟现实技术就是支撑这个多维信息空间的关键技术。

（4）模型VV&A（校验、验证和确认）技术

大型虚拟样机分布式仿真系统涉及的模型类型众多，组成关系复杂，如军事领域武器样机仿真系统模型由作战模型、实体模型、环境模型和评估模型4类模型组成。同时，数学模型的正确与否和精确度直接影响到仿真的置信度。规范、标准的模型VV&A（校验、验证和确认）过程是保证分布式仿真置信度的关键技术，它包括建立规范、标准的系统性能评估模型与评估方法，建立分布仿真VVA（建模与仿真的校模、验证和确认）/VVC（数据的校核、验证和认证），以及仿真置信度/可信性评估的规范化方法与典型基准题例等。

模型VV&A技术根据分布仿真系统的应用目标、功能需求和模型说明，选择对系统置信度影响最大的技术指标进行量化与统计计算，设计相应的评估方案与典型基准题例，以检验系统的标准兼容性、系统的时空一致性、系统的功能正确性、系统运行平台的综合性能、系统仿真精度、系统的强壮性和系统可靠性等。

（5）可视化技术

虚拟样机可视化技术是可视化技术在虚拟样机领域的应用，它为虚拟样机提供从定性到定量的直观的实时或非实时的图形、图像显示，利用各种特殊效应图像来对模型驱动的试验过程进行渲染从而生动形象地反映出虚拟样机的品质与性能，使用户直观地了解到虚拟样机的运行状况，因而能最大限度地发挥虚拟样机相对于物理样机的优势。

虚拟样机可视化仿真运行环境是虚拟样机可视化支撑平台的重要组成部分，根据虚拟样机支撑平台的层次结构可以分为可视化资源支撑层、可视化运行层和图形用户界面层三部分。其中可视化资源支撑层提供了与虚拟样机可视化仿真运行相关的各类资源，包括可视化造型、可视化数据驱动、可视化渲染等可视化数据以及常用功能模块；可视化运行层对支撑层中的可视化资源进行调用和配置，完成可视化仿真任务的初始化及实时运行；图形用户界面用于二维/三维可视化显示以及用户对仿真过程的控制。

虚拟样机仿真运行环境正向着异地协同、多人员、多平台的方向发展，虚拟样机用户对仿真资源共

享的需求越来越明显，其中可视化资源是共享资源的重要组成部分。将可视化仿真运行环境移植到 Web 通用平台上，完成可视化资源的服务化是实现可视化资源共享的优良途径。相对于传统的可视化运行环境，基于 Web 的虚拟样机可视化仿真服务的优势在于以下几个方面。

① 前者主要基于单机或局域网环境构建，而后者基于广域网形成可视化资源共享，不受地域的限制。

② 前者主要集中在对各类模型、数据等可视化资源的共享，而在后者中仿真用户还可以共享仿真服务器上的计算资源、软件资源，并通过服务器提供的通用仿真接口配置和定制可视化仿真任务并实时运行。

③ 前者大多数采用 Client/Server 应用模式，以桌面应用的方式实现对资源的获取与访问，对协同环境中的每个节点都要进行客户端环境的配置和维护；而后者大多数采用基于 Web 的仿真网络门户应用方式，客户端通过浏览器就能够接入仿真服务，方便地获取仿真资源，因此仿真用户能不受地域和数目的限制共享服务器端的可视化仿真功能。

④ 前者的可视化仿真运行模式中，应用程序与仿真需求紧耦合，后者将可视化仿真通用模块从具体仿真需求中分离出来，提出了基于通用模块的仿真应用快速创建模式，具有更大的灵活性和可扩展性。

虚拟样机可视化仿真服务使得虚拟样机可视化运行环境中的可视化资源共享更加广泛和灵活，支持在广域网环境中仿真用户基于浏览器快速定制和运行可视化仿真任务的实现。

8.2.8　虚拟样机结构分析实例

以轮式装载机的工作装置机构分析为例，通常在对轮式装载机的工作装置进行机构分析时一般采用图解法或解析法。采用图解法精度较低，使用解析法计算又很复杂，因此一般只对几个作业位置进行分析计算，难以了解全部工况的作业性能及负荷变化。为了解决这一问题，可以应用机械系统运动学与动力学分析的代表性仿真软件系统 MSC. ADAMS 对其进行分析。基本的 MSC. ADAMS 配置方案包括交互式图形环境 MSC. ADAMS/View 和求解器 MSC. ADAMS/Solver。作为一项工程分析技术，它可以帮助设计人员在设计早期阶段，通过虚拟样机在系统水平上真实地预测机械结构的工作性能，实现系统的最优设计。

MSC. ADAMS/Solver 自动形成机械系统模型的动力学方程，并提供静力学、运动学和动力学的解算结果。MSC. ADAMS/View 采用分层方式完成建模工作，其物理系统由一组构件通过机械运动副连接在一起，弹簧或运动激励可作用于运动副，任意类型的力均可作用于构件之间或单个构件上，由此组成机械系统。其仿真结果采用形象直观的方式描述系统的动力学性能，并将分析结果进行形象化输出。

（1）建模方法

MSC. ADAMS/View 虽然功能强大，但其造型功能相对薄弱，难以用它创建具有复杂特征的零件，用它创建类似装载机工作装置这样复杂的机构是不现实的。因此，用 Pro/E 创建图 32-8-21 所示的实体模型，然后将模型传送给 MSC. ADAMS 进行分析。MSC. ADAMS/View 支持多种数据接口，如 STEP、IGES、DWG 等，MSC. ADAMS 软件包中还提供了嵌入 Pro/E 中使用的 MRCHANISM/PRO 和 IGES 模块。使用这两个模块，可以在 Pro/E 中精确地定义刚体、运动副和载荷，并可以方便地把整个模型传送给 MSC. ADAMS/View。

图 32-8-21　轮式装载机模型图

（2）约束和载荷

装载机工作装置的模型如图 32-8-22 所示，为简化计算，在不考虑偏载的情况可以将所有的运动副和载荷定义在对称面上。工作装置的各铰点定义为回转副（revolute），液压缸的活塞杆和缸筒间定义为滑动副（slide），轮胎与地面间在不考虑滑转率的情况下可定义为齿轮齿条副（gear）。

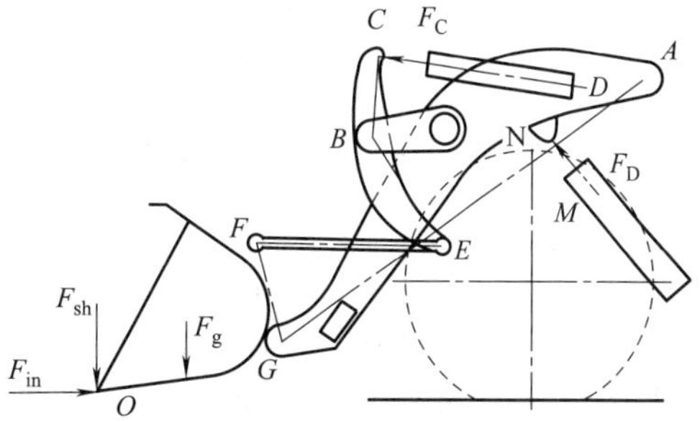

图 32-8-22　装载机工作装置模型

装载机典型的工作过程包括插入、铲装、重载运输、卸载和空载运输。不考虑运输工况，工作装置所受的载荷有插入阻力 F_{in}、铲取阻力 F_{sh}、物料重力 F_g 和装载机自身的重力。

最大插入阻力 F_{in} 受限于最大牵引力，可由下式计算：

$$F_{in}=\frac{Mi\eta}{R_k} \quad (32\text{-}8\text{-}1)$$

式中 M——变矩器蜗轮输出力矩；

i——变矩器蜗轮至轮边的传动比；

η——传动效率；

R_k——轮胎动力半径。

最大铲取阻力 F_{sh} 可用铲取时的最大转斗阻力矩换算取得。最大转斗阻力矩发生在开始转斗的一瞬间，其值可用下列实验公式计算：

$$M_{max}=1.1F_{in}\left[0.4\left(X-\frac{1}{3}Lc_{max}\right)+Y\right] \quad (32\text{-}8\text{-}2)$$

式中 X，Y——铲斗斗尖到铲斗回转轴 G 的水平和垂直距离；

Lc_{max}——铲斗插入料堆的最大深度。

则
$$F_{sh}=\frac{M_{max}}{X}$$

分析典型的作业过程可知，铲斗的插入和铲装是顺序进行的（不考虑联合铲装工况），插入阻力和铲取阻力也依次达到最大值，物料重力则在铲取开始阶段达到最大值，各构件的自重则不发生变化。自重可由系统加载，F_{in}、F_{sh} 和 F_g 则需要使用系统提供的 step 函数模拟，三个力随时间的变化情况如图 32-8-23所示。

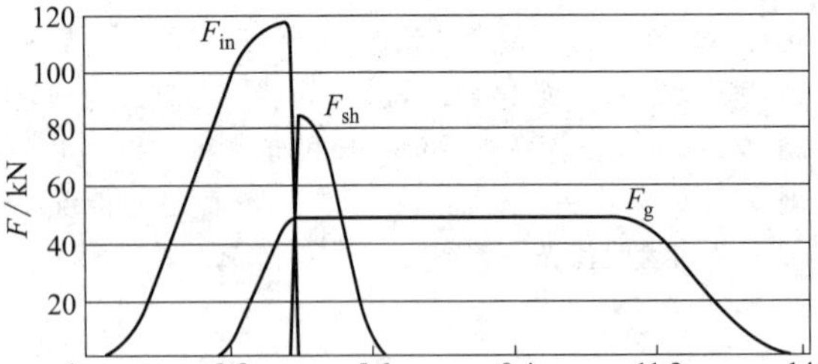

图 32-8-23 插入阻力、铲取阻力、物料重力的变化情况

（3）数据分析

1）典型工作过程仿真 在以上设定的情况下对系统进行仿真，得到动臂缸和铲斗缸在作业过程中的受力情况，如图 32-8-24 所示。从图 32-8-24 中可知，负载随着铲斗插入深度的增加而增大，并在开始铲掘时达到最大。之后动臂缸重载举升，受力随着传力比的减小而增大，最后随着卸载减到最小值。该图实际上反映了整机在作业过程中的负载变化情况。

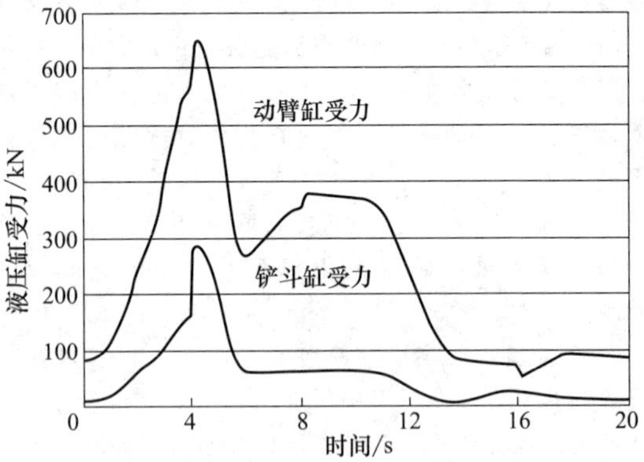

图 32-8-24 动臂缸和铲斗缸在作业过程中的受力情况

习惯上使用倍力系数作为评价工作机构连杆系统力传递性能优劣的参数，但由于计算倍力系数时不考虑自重，而工作机构本身的自重很大，占据负载相当大的部分，因此忽略自重的影响后显然不能准确地了解机构的性能。

图 32-8-25 表示了各传动构件间的夹角在作业过程中的变化情况。可以看出，各处传动角（夹角）均符合大于 10°的要求，而且最小传动角的发生位置均在卸载结束处，这说明机构的设计是合理的。

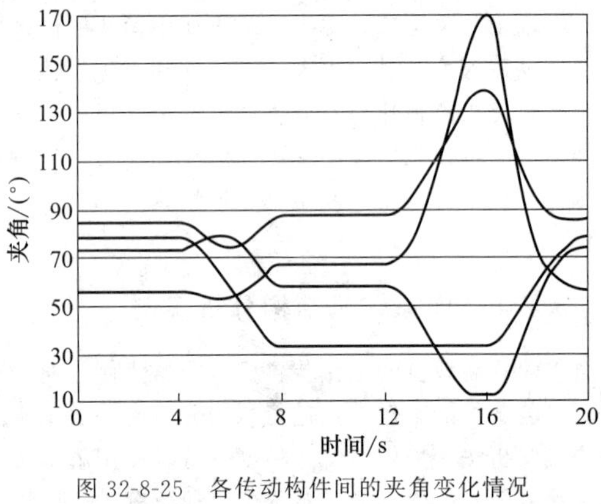

图 32-8-25 各传动构件间的夹角变化情况

2）铲斗举升平动分析 在铲斗装满物料被举升到最高卸载位置的过程中，为避免铲斗中的物料洒出，要求铲斗做近似平动，即铲斗倾角变化不应大于 10°。为此，在模型中要对铲斗的位置角进行测量，并让动臂缸匀速举升，得到如图 32-8-26 所示铲斗位置角的变化曲线。由图 32-8-26 可见，该机构的举升平动性能不是很理想。

3）铲斗自动放平分析 使铲斗从高位卸载状态下落到插入状态，期间保持转斗缸的长度不变，测量铲斗底面与水平面间角度的变化，即可得到机构的自动放平性能。如图 32-8-27 所示，铲斗下落后斗底与

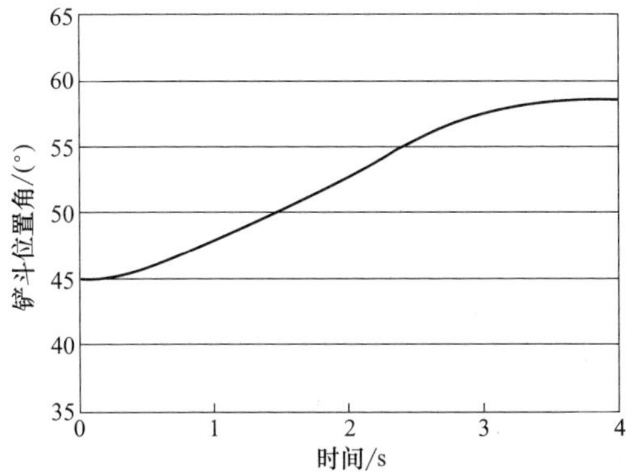

图 32-8-26　铲斗位置角变化曲线

地面的夹角约为 8°，基本达到要求。

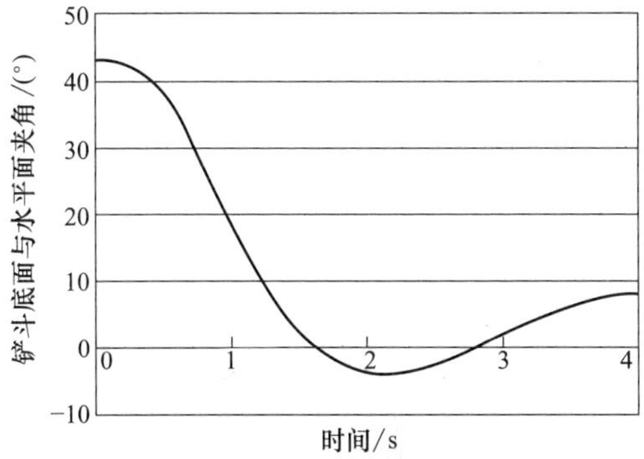

图 32-8-27　机构的自动放平性能

通过以上的分析可知，对轮式装载机工作装置所做的设计基本合理，但在铲斗举升平动、自动放平性能上稍有不足，还需要做进一步优化改进。

8.3　虚拟样机技术的工业应用

8.3.1　虚拟样机技术在产品全生命周期中的应用

随着科技的飞速发展，企业间的竞争日趋激烈，市场的变化不断加快。企业的新产品开发也随之出现一些新的特点。

① 产品生命周期明显缩短。以汽车为例，新产品的生命周期从 20 世纪 90 年代的 5～8 年降至目前的 3～5 年。

② 产品品种急剧增加。为适应用户需求，企业大力发展订货式的个性化产品。即使是大批量生产的产品，也可根据顾客多样化的功能要求和喜好实现订货方式的销售模式。

③ 产品开发周期极大压缩。以汽车为例，产品改型设计开发周期从过去的 4～5 年压缩为目前 2 年左右。

因此，对大型企业来言，及时开发出适应市场需求的高质量、高性能和低成本产品已成为企业保持竞争力的关键，而建立高效、低成本的新产品快速响应开发体系则是实现这一目标的保证。显而易见，传统的产品设计方法已经很难满足需要，面对这种严峻挑战，要求不断发展和应用先进的生产制造技术来适应这一变化。正是在这种日益严酷环境的催生下，虚拟产品开发技术正在迅速发展起来。它为企业带来了一个全新的发展空间。

虚拟样机技术支持产品开发全生命周期从需求分析、设计、测试评估、生产制造，到使用维护和训练等不同阶段。其中设计阶段又可以分为概念设计、初步设计和详细设计 3 个阶段，如图 32-8-28 所示。

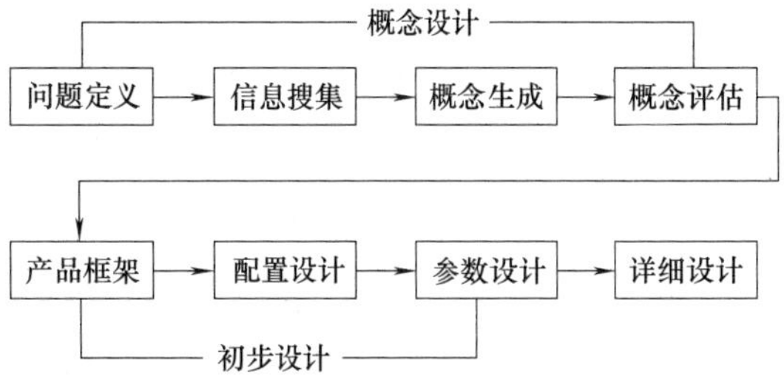

图 32-8-28　产品开发的设计过程

8.3.1.1　需求分析及概念设计阶段

顾客的真实需求是产品开发原动力，获取顾客需求主要采取这几种途径：面谈、讨论会、顾客调查、顾客投诉。

以上几种方式对于准确地获取顾客的想法和愿望确实发挥了十分重要的作用，但是它们也有一些不足之处，尤其是针对新产品开发。新产品是以前没有被开发制造出来的产品，顾客和工程师都对新产品只有一个模糊的概念，即它的具体造型、功能指标、性能指标等特征还没有确定。面谈与讨论会主要通过语言交流，对产品的各种特征达成一定的共识（通常需要花费很长的时间），但是这种对产品的认识是停留在头脑中的抽象（或模糊的形象化）的表示。顾客与销售人员（工程师）主要通过语言将其表达出来，但是由于可能存在对语言理解上的分歧，最后导致获取到的需求不能完全准确地反映顾客的真实需求。

顾客调查通常采用问卷、电话、E-mail 等形式获取顾客对于已有产品或新产品的意见与想法，主要采用统计的方法进行信息的筛选，但是如何从中获取准确的顾客需求却不是容易的事情。顾客投诉主要用于对已有产品的改进设计、修复原有产品的缺陷，很少用于新产品开发。

再者，需求分析工作除了准确获取消费者的需求以外，还要对获取的需求进行分析和评估，以确定哪些需求是合理的，哪些是可以实现的，哪些是可以经济地实现的（即顾客经济上能够接受的）。E. A. Magrab将顾客级别分为四个级别。

① Expecters：指顾客期望产品具有的基本功能。这些是必须满足的，这些需求通常很容易发现。

② Spokens：指顾客希望产品具有的特殊功能。这些功能的实现决定了顾客的满意度。

③ Unspokens：指顾客通常没有要求的，或不愿谈及的，或没有想到的，但又十分重要的产品功能，通常需要很有经验的人员才能发现这些需求。

④ Exciters：指产品具有的其他产品所不具备的特殊功能，这类功能的缺少不会使用户的满意度降低。

利用虚拟样机技术，根据用户需求建立的未来产品的可视化和数字化描述，描述产品功能和外部行为的结构模型：借助数字模型，进行未来产品的功能仿真，给设计部门演示和说明产品功能的具体要求和使用环境，给出未来产品的性能要求及其粗略组成框架。在需求分析阶段，用户是十分重要的角色，因而能否有效地使用户参与到需求分析工作中是决定需求分析的好坏的关键。虚拟样机技术通过虚拟现实人机接口让用户看到未来产品的外观造型、色彩和材质等。并可通过粗略的功能仿真，给用户演示和说明产品的主要功能，从而获得较为准确的意见反馈，指导需求的修改。这是一个反复迭代的过程，根据修改的需求再次建立虚拟样机，交由用户（或设计人员）进行评估，再次反复修改，直到满意为止。

这种基于虚拟样机技术的需求分析比以往的几种获取顾客需求更具有直观性，通过可视化的虚拟模型将用户与设计人员之间的理解歧义减小到最低程度，保证了所获取需求的准确性，使开发出的产品能够真正满足用户需求。

8.3.1.2 初步设计阶段

初步设计（embodiment design）一词来自Pahl和Beitz的《Engineering Design：A Systematic Approach》一书，现在已被大多数的欧洲作者所采用。许多美国作者采用preliminary design或analysis design一词来表示。

初步设计阶段的活动主要包括产品框架设计、产品配置设计和参数设计3个部分。这3个部分是串行的过程，这里需要一提的是，由于并行工程的思想的采用，这3个部分活动可以并行展开。

产品框架设计是指安排产品的物理组成以实现期望的功能。产品框架在概念设计阶段是以功能模块图、粗略概念框架或者概念验证模型的形式出现的。而在初步设计阶段，需要在上一阶段工作的基础上，设计产品的结构布局，细化功能模块和模块间的信息流动关系。Ulrich和Eppinger在其《Product Design and Development》一书中将产品的物理组成部分组织成块（chunks），这些块的其他术语包括子系统、子装配件或者模块。每一个块包含一个或多个部件完成一个特定的功能。产品的框架就由这些部件的联系及其实现的功能决定了。产品结构通常有两种对立的形式：模块化（modular）和一体化（integral）。这两种结构各有优缺点，实际的很多产品都采用模块化和一体化的混合结构。

配置设计确定产品部件的形状和尺寸大小，精确的尺寸和公差在参数设计时确定。部件是一个笼统的概念，其中包括标准零件、特殊零件和装配件等。部件的形状在很大程度上依赖于制造材料和加工方法，图32-9-29显示了形状、功能、材料和加工方法之间的相互关系。

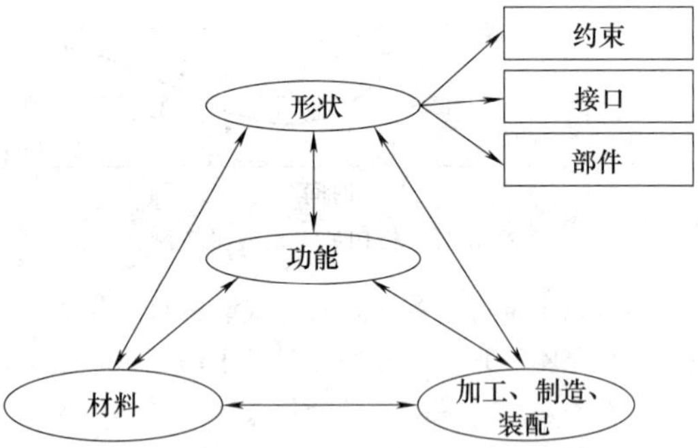

图32-8-29　形状、功能、材料和加工方法间的相互关系

参数设计是根据产品结构框架决定各个部件的最佳形状。量化推理在其中扮演着重要角色。在配置设计中确定的零件属性在这里作为设计变量（design variable），通常是尺寸或公差。

利用虚拟样机技术，在前一阶段样机基础上，对所提出未来产品的方案设想的可视化和数字化描述进一步细化，通过三维计算机图形显示，模拟产品的组成结构以及各个部分的连接关系；通过虚拟环境，设计人员还可以漫游在产品内部，从各个方位观察产品的内部细节，对于某些设计缺陷，可以明显地通过眼睛观察出来，从而有助于提高产品质量；功能模块和模块之间的信息流动关系的细化，为产品的性能和外部行为提供物理细节和更详细的可视化描述，数字模型中加入了模拟物理现象的模型（比如重力、摩擦等）；初步设计的产品模型的各个子系统进行各类性能、功能仿真，还可以方便地对多种设计方案进行分析比较，从中选择较优的方案；利用产品数字模型对产品的可制造性、可装配性及其可维护性进行概略评估，及时发现潜在的产品缺陷。James C. Schaaf 等对基于虚拟样机的初步设计做了研究，并以某武器装备的研发为例，指出在初步设计阶段采用虚拟样机对产品进行一般可行性分析，并对产品造型、后勤维护以及人的因素进行分析，大大缩短了产品研发周期。

8.3.1.3　详细设计阶段

详细设计主要包括详细的设计图纸、物料清单、详细的产品规格、详细的成本估计和最终设计评审等工作。

在这一阶段，虚拟样机随着详细设计的进行而得到进一步细化，主要由产品的各种物理性能模型、CAD 模型以及其他模型（成本、维护等）组成。

使用虚拟样机开展产品的各种仿真试验工作，评估详细设计方案的优缺点，并对设计进行优化，比如在汽车产品设计中，根据装配部件的机构运动约束及保证性能最优的目标进行机构设计优化，对发动机进行曲柄连杆运动、动力学仿真、发动机配气机构运动以及发动机的平衡性分析，对悬架、转向机构进行各种独立悬架、非独立悬架的运动分析、悬架与转向机构运动干涉分析、转向梯形结构运动分析等，并在这些分析的基础上进行结构参数优化。

利用虚拟样机，还可以对产品的可制造性、可装配性、可维护性等进行精度较高的仿真，并根据评估结果对产品的开发和生产进度、成本、质量提出更为全面的要求。

8.3.1.4　测试评估阶段

在产品开发的各个阶段都有相应的测试评估工作，这里的测试评估主要针对产品样机整体的全方位的测试评估。测试评估工作主要是根据检验产品是否能够满足指定的性能指标，以及发现设计中的缺陷。确认满足后，便可正式投入生产，进入市场。

产品的性能指标可以粗略分为两类。

① 根据需求分析得到的用户所期望的产品指标。这些指标通常主要是用户关心的功能和性能指标。

② 产品所属行业的一些行业指标或国家、国际标准。这类指标通常不是来自需求分析，有的并不为用户所关心（或者用户默认为是必须满足的），但却是要必须满足的。比如，标准零件的尺寸是否符合国家标准、制造材料是否对人身安全构成威胁等。

以往的物理样机测试的方法存在很多缺陷，但是仍然是在产品正式投产以前的重要的设计检验手段。复杂产品本身内部各个组成部分存在复杂的交互活动，而且与周围环境也存在复杂的交互活动。设计人员通常只能把握几个关键的交互活动，有时为了便于理解，还需要将这些交互活动孤立开来分别考虑，这就使得设计出的产品在性能上存在一定的不可知性。通过实物试验，可以发现这些不可知性，从而可以修改设计以消除不利的因素。

在测试评估阶段，虚拟样机基本定型，相当于物理样机的计算机上的本质实现。根据设计方案建立虚拟样机，通过虚拟样机试验来获取设计方案全方位的信息，指导设计改进。评估优化及决策支持是以产品的仿真模型作为对象，通过各种途径的测试（包括单领域、多领域协同仿真），将仿真结果与目标比较，然后通过两个渠道实现设计优化：一是直接对设计提出定性的修改意见，由设计人员修改后，再采用虚拟样机进行测试；二是对仿真模型进行的参数修改，并反复进行测试，获得满意的结果后，将模型相应的修改对应为相应的设计修改，如图 32-8-30 所示。

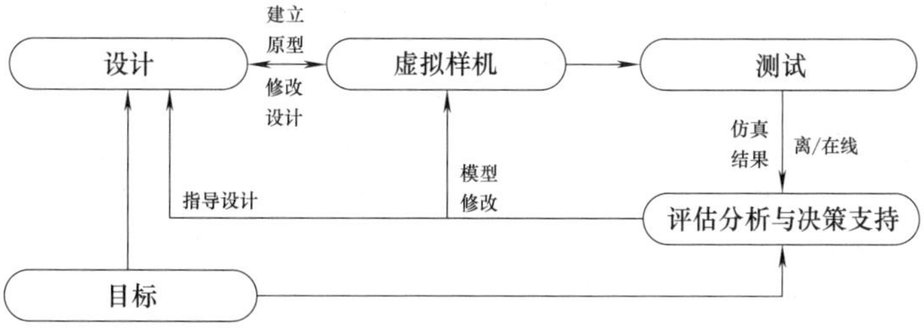

图 32-8-30　基于虚拟样机的测试评估过程

由于技术条件的限制，目前虚拟样机的实际应用在于与物理样机测试相结合的混合样机的应用。计算机仿真结果的准确性是由仿真模型的精确度和仿真方法决定的，目前很多复杂的自然现象还无法建立精确的数学模型，甚至有些精确模型的建立比建造相应的物理样机要复杂和昂贵得多。因而，在计算机仿真比较成熟的一些领域，可以建立较为精确的计算机仿真模型；对于其他领域，则采用计算机模型进行精度较低的仿真试验，对于高精度仿真仍然采用物理样机，通过数据接口（包括传感器、A/D、D/A 等）将虚拟样机与物理样机连接起来，共同完成仿真。若要考虑环境和人的因素，可以利用 VR 技术，将虚拟样机与实际使用环境相结合，检验产品的实际使用效果，并对详细设计中得到的详细的产品指标进行测试，根据评估结果进一步改进设计方案。

8.3.1.5 生产制造及使用维护阶段

在确认详细设计方案满足预定指标后，产品开始正式投产。产品的制造过程也是相当复杂的一个过程，涉及很多学科领域与技术，有兴趣的读者可自行阅读有关文献，这里不作详细介绍。虚拟样机技术可以模拟产品的真实加工制造过程，以及辅助设计加工生产线，以提高生产效率。

用于模拟产品制造加工过程的技术有：

① 集成化刀位轨迹检查、NC 代码验证、碰模干涉检验系统；

② 基于表面质量分析的切削参数选择技术；

③ 基于应力的加工质量评价技术；

④ 装配信息建模、工艺过程规划与仿真、公差分析与综合技术；

⑤ 虚拟测量技术，包括虚拟仪器、测量过程仿真、测试数据管理等。

在使用维护阶段，向产品的虚拟样机中加入可靠性模型、维护模型和可用性模型，支持产品的虚拟维护。另外，在虚拟样机中加入操作模型，用户通过操作这个系统，达到了解熟悉的目的。例如汽车、摩托车驾驶的模拟仪表盘、战斗机的模拟飞行驾驶舱等。在军事领域，很多新研制的武器（特别是信息化、电子化武器）在正式投入使用之前，可以使用虚拟样机和先进的人机交互技术对军事人员进行使用培训。这种仿真训练对于提高人员的素质、改善装置运行条件、减少事故发生等都具有十分重要的意义。

总之，虚拟样机技术可应用于产品开发的全生命周期，支持产品的全方位测试、分析与评估。基于虚拟样机的产品开发过程是以并行工程为基础，大量采用单领域、多领域仿真技术，在产品的设计阶段早期就能经济、方便地分析和比较多种设计方案，确定影响性能的敏感参数；通过可视化技术来设计产品，预测产品在真实环境下的行为特征，以及优化设计。

8.3.2 虚拟样机技术的工业应用实例

虚拟样机技术被看作是未来产品设计的发展趋势，目前的应用由于受到技术水平的限制，还无法像人们所期望的那样系统地、全面地应用于产品设计，而只是在一些大型企业得到了局部和片面的应用。这些应用虽然达不到前面所说的那种程度，但是可以看作虚拟样机技术在企业产品设计中应用的“雏形”。下面介绍虚拟样机技术在德国宝马、德国大众、EDO 公司的应用实例。

8.3.2.1 德国宝马汽车公司（BMW）

德国宝马公司已经利用一种交互式碰撞仿真环境 SIM-VR，为设计人员提供三维虚拟环境中的交互式碰撞仿真研究：改变汽车物理结构（如拓扑结构、钢板厚度等），然后投入碰撞仿真运行，快速得到碰撞仿真结果，并对结果进行显示、分析。SIM-VR 环境支持从汽车噪声、振动、尖啸、防撞性能和汽车自身重量等多个指标进行综合考虑，优选材料和板材厚度。

SIM-VR 环境的系统构成中仿真采用 128 节点的 SGI Origin 2000（195MHz）超级计算机。运行 PAM-CRASH 碰撞仿真软件（大规模性并行处理 MPP 版本），碰撞可视化则采用 12 节点/4 矢量管道 SGI Onyx2 计算机作为响应工作台（responsive workbench，RWB），运行 GMD 公司的 AVANGO 可视化软件。仿真超级计算机和可视化计算机位于不同地方，两者之间的数据传递，则采用基于 CORBA 的因特网实现。每隔 40 个仿真步，碰撞仿真中间结果就被添加到可视化序列中，并在响应工作台（RWB）上进行动画显示，仿真分析人员则可以随意停止（stop）、步进、步退可视化序列以对碰撞仿真结果进行详细分析。响应工作台（RWB）还为仿真分析人员提供头部跟踪立体镜装置（head-tracked stereo），这样分析人员可以身临其境地在汽车内部随意转动头部而进行观察，同时分析人员还可以使用立体鼠标输入设备并在三维空间中进行定位。

计算机流体力学（CFD）起源于航空、航天领域，但它在汽车设计中也获得了极为广泛的应用。宝马公司都已采用 Exa Corp 公司的 PowerFLOW 软件，对新设计的汽车进行外部空气动力学和空气声学的仿真研究。

外部空气动力学性能对汽车安全（稳定性）、汽车油耗都有非常重要的影响。传统的汽车外部空气动力学分析通常是参照航空、航天器的风动测试而进行的，首先制作汽车模型（通常是按一定比例缩小），然后进行风洞测试，记录在各种模拟环境下汽车车身所受的空气阻力，然后用于设计分析和验证，这种方法需要制作样车模型，不但成本高，而且耗时长。据有关统计，风洞试验费用每小时高达 2000 美元，而每个设计完成一次风洞测试则需要长达几个月的时间。利用虚拟样机技术，通过汽车外部空气动力学仿真，人们在产品设计阶段即可以对汽车进行外部空气动力学分析，从而验证汽车外形设计是否满足空气动力学要求，并可进行汽车外形的优化设计。

除了用于外部空气动力学的分析之外，计算流体力学 CFD 还可用于汽车设计的以下方面。

① 车内气候控制（climate control）：可用于车厢内的气流分布分析（airflow distrbution）；对除霜管道（the defroster duct）的形状和位置进行优化，以取得较好的除霜效果；车厢内制冷、加热仿真分析。此外，计算流体力学 CFD 还可用于采暖、通风和空调（HVAC）单元，压力通风罩（cowl-plenum）的几何形状进行优化设计等。

② 引擎盖下总成的（under-hood）空气/热力学管理（aero/thermal management）：包括在高速和空载情况下（highway and idling conditions）引擎（发动机）前端冷却气流的确定；引擎盖下关键零部件温度场分析，以确保不会发生热失效（thermal related failure）。

③ 功率系（power-train）零部件的优化。对各种零部件，如发动机进气、排气管（intake and exhaust manifolds）的形状优化；废气排放系统的优化，如消声器（muffler）和催化转器（catalytic converter）优化；发动机头部冷却罩的气流分布分析等。

8.3.2.2 德国大众汽车公司（Volkswagen）

德国大众（Volkswagen）汽车公司在 Fraunhafer Institute IGD 公司的帮助下，从 1994 年开始将虚拟样机技术成功用于新产品开发，以缩短产品开发时间、提高产品质量、降低产品开发成本。

虚拟现实所具有的沉浸式和交互式能力，使开发人员在开发新产品的时候，可以在计算机产生的虚拟环境中，以实时交互的方式对产品进行设计操作，从而能够以连续、拟真的方式观察产品。为此，Volkswagen 公司采用 Fraunhafer Institute IGD 公司提供的虚拟现实软件，搭建了专业的虚拟现实环境。系统的主要要求如下。

第一，必须要有高性能的图形处理计算机，并配带可视化立体输出。如 SGI 公司的 Indigo MAXIMUM IMPACT 计算机或 Onyx Infinite Reality 计算机，并配备一个或者多个的图形管道（graphic pipe）。

第二，需要立体（stereascopic）显示。对沉浸感（immerse）需求的质量将决定采用何种立体（stereo）显示。头盔式显示器（head mounted display，HMD）将观察者同外部世界完全隔绝开来，而立体监视器（stero monitor）则同快门眼镜（shutter glasses）一起，为用户营造立体视图，其沉浸感程度较头盔式显示器要低，但却有更高的临场感，观察者在实验中就能看见真实世界中自己的身体。以上两种情形都是极端情况，还有它们的各种组合，如立体墙（stereo wall）、显示工作台（workbench），或者最复杂的 CAPE（计算机辅助虚拟现实环境）。CAVE 是多面的立体投影系统（multiside stereo projection），它具有高度的沉浸感和临场感，但其价格过于昂贵，需要巨大的空间，以及同立体墙相比较差的光照度（light intensity）和对比度（contrast）。

第三，为了同虚拟现实环境进行交互，还必须配备输入设备。最常见的输入设备有二维鼠标、三维鼠标、语音输入设备，或者更为复杂的带有多个关节的数据手套等。

第四，有关空间定位的设备。跟踪器被用于确定定位坐标和方向。目前最常见的是利用磁场进行空间定位，但其对金属物体敏感，而且精度不是很高。在不久的将来，光学跟踪器将变得越来越普遍，其精度也将更高。

第五，力反馈和触觉反馈设备。这些反馈对于汽车装配仿真分析，以及在虚拟现实空间中对汽车进行外形（shape）和表面质量（surface）的评估具有重要作用。

虚拟现实环境的具体配置如表 32-8-2 所示。

表 32-8-2 虚拟现实环境的具体配置

序号(套数)	设　备	用　途
1(1)	Onyx Infinite Reality 8xR10000 处理器，2GB 内存，2 图形管道，20GB 硬盘空间	着色，头盔式显示 HMD 的碰撞检测，立体投影
2(1)	Onyx Infinite Reality 8xR10000 处理器，2GB 内存，3 图形管道，20GB 硬盘空间	着色，头盔式显示 HMD 的碰撞检测，立体投影，以及为 CAVE 环境预留
3(1)	Maximum 1xR10000 处理器，256M 内存，1 图形管道	测试、开发 VR 软件着色，碰撞检测，立体屏幕
4(3)	Solid IMPACT 工作站	数据准备，软件开发
5(3)	数据手套	交互
6(3)	Tracker Polhemus Fastrak/Flock of Birds	头/手跟踪
7(8)	三维鼠标	导航、交互

续表

序号(套数)	设 备	用 途
8(2)	语言识别系统	麦克风语音输入
9(2)	声音系统	声学反馈
10(1)	头盔式显示 HMD n-Vision,高分辨率	立体显示,分辨率 1280×1024
11(2)	立体投影系统 TAN passive polarisation	立体显示,2/3m 对角线
12(1)	CAVE 多立体投影(规划)	3 面或更多面的主动立体显示系统

大众汽车公司将该虚拟环境系统应用于以下几个方面。

(1) 在汽车人机工程研究(ergonomic)中的应用

Volkswagen 汽车公司利用虚拟样机技术进行驾驶员人机工程方面的研究，如驾驶人员手、腿、脚的最佳位置分析，驾驶人员视野状况分析，以及驾驶人员的舒适性分析。Volkswagen 汽车公司将人机工程假人“Ramsis”置入虚拟“汽车”中。通过“Ramsis”的任意移动，可以模拟真实驾驶人员在汽车内的各种状态。

设计人员对一辆新的虚拟汽车进行汽车“座位”关系(seat relationship)的研究。各种不同尺寸的假人(从5%大小的女性婴儿到95%大小的成年男性)被放到虚拟汽车的座位上，以全面覆盖所有可能驾驶人员的身材状况，而假人则在有关软件的控制下，选取最可能的姿势和位置。研究人员则可以在立体投影墙(stereo wall)上直观观察到留给驾驶人员腿、脚的空间是否足够，比如一个大块头男性驾驶员的膝盖是否会抵到方向盘上。

设计人员通过假人可以观察到，在虚拟汽车接近交通指示灯的时候，驾驶人员的视野是否足够开阔而能够方便地观察到交通指示灯。

设计人员检查汽车仪表盘的哪一部分区域将会被表示驾驶人员最佳视觉区的“锥体”所覆盖。该“锥体”定义了驾驶人员不需转动头部就可以准确看到的区域，在设计时要求仪表盘必须位于由该锥体定义的区域中。

(2) 在汽车表面检测中的应用

在汽车开发过程中，制造汽车泥塑模型(clay models)以及汽车实物原型的花费十分巨大。利用虚拟样机技术，通过提供高质量的汽车模型取代实物模型进行汽车表面的检测，可以节省大量时间和开发成本。

用于汽车表面检测的高质量汽车模型，不但应当包括从机械 CAD 软件中导出的能够高质量显示汽车外形和汽车表面的信息，而且还应当包括提供某些物理功能的信息，如汽车光泽(如强光照射、色彩、反射等)、汽车外部轮廓变化(包括柔性体零部件的轮廓变化等)。

(3) 在汽车“诊断”中的应用

为了避免错误的开发，汽车制造商往往将概念车放在所谓的汽车诊室(car clinics)中进行测试，而这样的研究往往只有在昂贵的外观样车(styling madels)被制作出来之后才能进行。

大众汽车公司在 VRLab 公司的帮助下，利用虚模样机技术对汽车内部、外观进行完整的分析、研究。为了获得真实、直观的印象，大众汽车公司对汽车的外观进行了反射映射处理(reflection mapping)，而对汽车内部元素如汽车座位、位表盘和汽车底部等则进行了相应的纹理处理。

虚拟样车模型出现在一个大的立体投影墙上，并可以用三维鼠标进行随意移动，而测试人员则可以随意地开关车门，进入汽车并坐到座位上。该方法既可用于设计人员对汽车内部、外观进行分析、研究，也可以将汽车消费者直接引入汽车内部和外观的评价中进行直观的市场调查分析。

(4) 用于汽车制造和维护的装配与拆卸仿真

利用虚拟样机技术进行汽车的装配、拆卸仿真，可广泛应用于汽车的制造规划，如人/机工程设计、制造序列规划、制造可行性、避碰设计和汽车维护服务等。这些应用的前提是精确的跟踪能力、力反馈和触觉反馈信息。

一个典型应用是用于焊接白车身的点焊工作单元仿真。几个焊接机器人站立在工作单元内，它们一起共同工作，将车身有关零件连接并焊在一起。当焊接机器人之间，或者焊接机器人与焊接零件之间发生干涉(碰撞)时，干涉的空间关系可以确定下来。

通过立体投影墙(stereo wall)以及适合的交互设备，如三维鼠标(3D mouse)、像距手套以及声音识别装置等，研究人员可以在工作单元内随意走动，并观察机械人的工作概况。在研究人员走动的过程中，碰撞状态将被实时计算出来。如果发生碰撞，研究人员将可以直观地观察到。

8.3.2.3 EDO Marine and Aircraft Systems 公司(EDO)

中程空对空导弹高级垂直弹射器被用来对导弹进

行发射加速，使其快速达到末冲程速度，确保被发射导弹在发动机点火之前能够同飞机产生的气流有效地分离，以保证发射安全。

EDO 公司同洛克西德马丁公司签订合同，为其生产的 F22 猛禽战术攻击机设计和制造高性能、轻量化的 AVEL。在设计 AVEL 的时候，最大的挑战来自于确保在各种不同飞行条件下，AVEL 都能够将导弹在发动机点火之前将其同飞机产生的气流进行有效的分离。同时，为达到 F22 猛禽战术攻击机的隐身目的，要求 AVEL 必须能够安装在飞机机体内，从而要求 AVEL 所占空间要小、自身重量要轻。

EDO 公司设计人员在设计 AVEL 的时候，创造性设计了一个气动/液压弹射机构。当处于非工作状态时，该弹射机构可以像剪刀一样折叠起来，而处于工作状态时，该弹射机构被气动作动器快速推出 9in（1in＝0.0254m）长，以达到期望的末冲程速度，使导弹在发动机点火之前能够同战斗机产生的气流有效地分离。所以弹射动作必须在短短的几个毫秒之内完成，这必然会产生巨大的动态负荷。

EDO 公司在以往设计垂直弹射器的时候，不得不专门制作一个测试夹具将有关载荷作用到导弹上，以模拟各种负荷环境，而制作测试夹具和进行单次或多次的测试所带来的成本花销都是十分巨大的。而且最重要的一点是：洛克西德马丁公司要求 AVEL 弹射器的设计必须在 F22 猛禽战术攻击机实际试飞之前完成。

为克服传统方法的缺点，EDO 公司采用了虚拟样机技术来开发 AVEL。设计人员首先利用机械 CAD 软件对 AVEL 进行建模，然后将得到的机械 CAD 模型引入到采用 ADAMS 软件建模的 AVEL 多体动力学模型中。为提高仿真置信度，设计人员还将 AVEL 主要部件——上梁、下梁以及 4 个连接臂的弹性模型引入到多体动力学模型中。在上述基础上，设计人员将 F22 猛禽战术攻击机在各种不同飞行条件下的空气动力（这些数据由洛克西德马丁公司提供）、惯性力和振荡力（oscillatory forces）组合成 223 个严格的负荷条件，分别作用到 AVEL 多体动力学模型上。对每一种负荷条件，设计人员都运行预定的 15 个仿真时间步，以模拟导弹的发射和同飞机气流的有效分离。

虚拟样机技术使得在更短时间和更少成本内进行要求严格的高级垂直弹射器设计成为现实。

参考文献

[1] 苏春. 数字化设计与制造. 北京：机械工业出版社，2006.
[2] Tele-Cooperative system based on Internet，http：//www. cocreate. com，2015.
[3] 张洁，秦威，鲍劲松等. 制造业大数据 [M]. 上海：上海科学技术出版社，2017.
[4] 范玉顺等. 网络化制造系统及其应用实践 [M]. 北京：机械工业出版社，2003.
[5] 殷国富，陈永华. 计算机辅助设计技术与应用 [M]. 北京：科学出版社. 2006.
[6] 谢驰，李三雁. 数字化设计与制造技术 [M]. 北京：中国石化出版社. 2016.
[7] 郭丙炎. 计算机辅助设计与制造. 北京：机械工业出版社，2016.
[8] 吴晓波，朱克力. 读懂中国制造 2025. 北京：中国出版集团，2016.
[9] 彭俊松. 工业 4.0 驱动下制造业数字化转型. 北京：机械工业出版社，2017.
[10] 张杰，秦威，鲍劲松. 制造业大数据. 上海：上海科学技术出版社，2016.
[11] 于晓丹，李卫民等. 计算机绘图. 沈阳：东北大学出版社，2008.
[12] 崔洪斌等. 计算机辅助设计基础及应用. 北京：清华大学出版社，2004.
[13] 李卫民等. CAD 技术基础. 沈阳：东北大学出版社，2008.
[14] 迟毅林，杨建明，刘康算. 计算机辅助设计基础. 重庆：重庆大学出版社，2000.
[15] 吴永明，沈建华等. 计算机辅助设计基础. 北京：高等教育出版社，2005.
[16] 崔洪斌，方忆湘等. 计算机辅助设计基础. 北京：清华大学出版社，2004.
[17] 唐龙，许忠信等. 计算机辅助设计技术基础. 北京：清华大学出版社，2002.
[18] 机械设计手册编委会. 机械设计手册：第 5 卷. 第 3 版. 北京：机械工业出版社，2004.
[19] 潘云鹤. 计算机图形学：原理、方法及应用. 北京：高等教育出版社，2001.
[20] 汪厚祥，杨积极等. 现代计算机图形学. 北京：高等教育出版社，2005.
[21] 杜晓增. 计算机图形学基础. 北京：机械工业出版，2004.
[22] 《机械工程师手册》第 2 版编辑委员会. 机械工程师手册. 第 2 版. 北京：机械工业出版社，2000，
[23] 童秉枢等. 机械 CAD 技术基础. 第 3 版. 北京：清华大学出版社，2008.
[24] 机械设计手册编委会. 机械设计手册：第 6 卷. 第 3 版. 北京：机械工业出版社，2004.
[25] 戴同. 机构与机械零部件 CAD. 第 2 版. 武汉：华中科技大学出版社，2003.
[26] 陈桦，韩艳艳. 凸轮三维图形库系统的构建研究. 机械设计与制造，2007（11）：66-67.
[27] 沈丽萍. 创建和管理 AutoCAD 中的图形库. 辽宁省普通高等专科学校学报，2005，7（1）：58-59.
[28] 袁正刚，唐卫清，吴雪琴等. 面向工程 CAD 的图形库设计. 计算机辅助设计与图形学学报，2001，13（3）：198-200.
[29] 李世国，机械 CAD 图库管理系统的研究和开发 [J]. 机电工程，1999，16（4）：1-2.
[30] 黄尧民. 机械 CAD. 北京：机械工业出版社，1995.
[31] 杨雄飞. 计算机辅助设计. 北京：机械工业出版社，2006.
[32] 童秉枢，李学志等. 机械 CAD 技术基础. 北京：清华大学出版社，1996.
[33] 余世浩等. CAD/CAM 基础. 北京：国防工业出版社，2007.
[34] 王鸿博. 数据库技术及工程应用. 北京：机械工业出版社. 2002.
[35] 吴宗泽. 机械设计手册：下册. 北京：机械工业出版社. 2002.
[36] 孙大涌. 先进制造技术. 北京：机械工业出版社，1999.
[37] 国水应. CAD 系统中的工程数据库系统. 安徽技术师范学院学报，2005，19（3）：23-27.
[38] 张甲寅，赵东辉. 工程数据库技术及发展趋势，黑龙江通信技术，2001，12（4）：39-42.
[39] 曹卫东. 工程数据库与商用数据库的区别. 中国民航学院学报，2003，21（1）：46-49.
[40] 颜云辉，谢里阳，韩清凯等. 结构分析中的有限元法及其应用. 沈阳：东北大学出版社，2006.
[41] 李卫民，杨红义，王宏祥等. ANSYS 工程结构实用案例分析. 北京：化学工业出版社，2007.
[42] 吴问霆，成思源，张相伟等. 手持式激光扫描系统及其应用 [J]. 机械设计与制造，2009（11）：78-80.
[43] 曹晓兴. 逆向工程模型重构关键技术及应用 [D]. 郑州：郑州大学，2012.
[44] 钱锦锋. 逆向工程中的点云处理 [D]. 杭州：浙江大学，2005.
[45] 周立萍，陈平. 逆向工程发展现状研究. 计算机工程与设计 [J]. 2004，25（10）. 1658-1666.
[46] 李小伟. 逆向工程关键技术的研究 [D]. 合肥：合肥工业大学，2007.
[47] Seabee Son，Humping Park，Kwan Hale. Automated Laser Scanning System for Reverse Engineering and Inspection [J]. International Journal of Machine Tools & Manufacture，2007，（12）：889-891.

[48] Marek Vanco, Guido Brunnett. Direct Segmentation of Algebraic Models for Reverse Engineering [J]. Computing, 2004: 207-220.
[49] Gup, Yan X. Neural network approach to the reconstruction of free from surfaces for reverse engineering [J]. CAD, 1995, 27 (1): 54-64.
[50] Bogue R. Car manufacturer uses novel laser scanner to reduce time to production [J]. Assembly Automation, 2008: 113-114.
[51] 李卫民，赵文川. 基于Handyscan 3D激光扫描仪的逆向工程关键技术研究 [J]. 机床与液压，2017 (20): 31-34.
[52] 秦现生等. 并行工程的理论与方法. 西安：西北工业大学出版社，2008.
[53] 马世骁. 并行工程理论研究与应用 [D]. 沈阳：东北大学，2004.
[54] 熊光楞等. 并行工程的理论与实践. 北京：清华大学出版社；海德堡：施普林格出版社，2001.
[55] Paashuis Victor , Boer Heary. Orgnizing for concurrent engineering: An integration mechanism framework. Integration Manufacturing System , 1997, 8 (2): 79-89.
[56] Mark Klein. Core services for coordination in concurrent engineering. Computers in Industry, 1996, 29: 105-115.
[57] Hsioa S. W. Concurrent engineering based method for developing a baby carriage, International Journals Advanced Manufacturing Technology, 1997, 12 (6): 455-462.
[58] 荣烈润. 先进制造哲理——并行工程. 航空精密制造技术，2007，43 (2): 3-7，28.
[59] 钟亮，张璐. 并行工程的探索与分析. 现代商业，2012 (6): 124-126.
[60] Marcel Tichem. Designer support for product structuring—development of a DFX tool within the design coordination framework. Computers in Industry, 1997, 33: 155-163.
[61] 宁汝新等. 并行工程的发展及实现机理. 先进生产模式与制造哲理研讨会论文集. 大连：大连理工大学，1997.
[62] Mark. Computer-Aided Production Engineering Pro-ceedings of the 15th International Cape conference [M]. University of Durham 19-20 Appil, 1999.
[63] 张玉云，熊光楞，李伯虎. 并行工程方法、技术与实践 [J]. 自动化学报，1996，22 (6): 745-754.
[64] 陈国权. 并行工程管理方法与应用 [M]. 北京：清华大学出版社，1998.
[65] 潘学增. 并行工程原理及应用 [M]. 北京：清华大学出版社，1997.
[66] 熊光楞，郭斌等. 协同仿真与虚拟样机技术. 北京：清华大学出版社，2004.
[67] 万丽荣. 基于虚拟样机的复杂产品协同仿真与设计技术研究 [D]. 济南：山东大学. 2008.
[68] 杜平安等. 虚拟样机技术的技术与方法体系研究. 系统仿真学报，2007 (8): 3447-3448.
[69] 刘小平等. 虚拟样机及其相关技术研究与实践. 机械科学与技术，2003. 11: 235-236.
[70] 申承均等. 虚拟样机研究技术及发展趋势. 农业化研究，2008. 8: 234-235.
[71] 王小东等. 虚拟样机的未来前景. 机械管理开发，2004. 12: 81-82.
[72] 席俊杰. 虚拟样机技术的发展与应用. 制造业自动化，2006. 11: 21-22.
[73] 刘极峰. 计算机辅助设计与制造. 北京：高等教育出版社，2004.
[74] 王侃等. 虚拟样机技术综述. 新技术新工艺，2008. 3: 29-31.
[75] 李丹等. 虚拟样机技术在制造业中的应用及研究现状. 机械，2008 (6): 1-4.
[76] 熊光楞，等. 虚拟样机技术. 系统仿真学报，2001，13 (1): 115-116.
[77] 吴修彬. 虚拟样机建模技术浅析. 机械制造与研究，2007 (5): 33-34.
[78] 史金鹏等. 装卸桥虚拟样机建模技术. 起重运输机械，2006 (10): 41-43.
[79] 孟祥德等. CAD/CAE协同仿真技术应用于研究，机械设计与制造，2007 (9): 213-214.
[80] 虞敏等. 复杂产品虚拟样机数据管理技术研究. 计算机工程与设计，2006 (9): 3403-3405.
[81] 陈铮等. 虚拟样机可视化仿真服务的研究与实现. 系统仿真学报，2006 (8): 519-520.
[82] 宋晓等. 虚拟样机模型库管理系统初步研究. 系统仿真学报，2004 (4): 731-734.
[83] 熊光楞，王克明，郭斌. 数字化设计与虚拟样机技术. CAD/CAM与制造业信息化，2004 (1): 33-35.